本书获华东理工大学研究生教育基金资助

Matrix Theory and Calculation (MATLAB version)

矩阵理论与计算

（MATLAB版）

李建奎　李继根◎编著

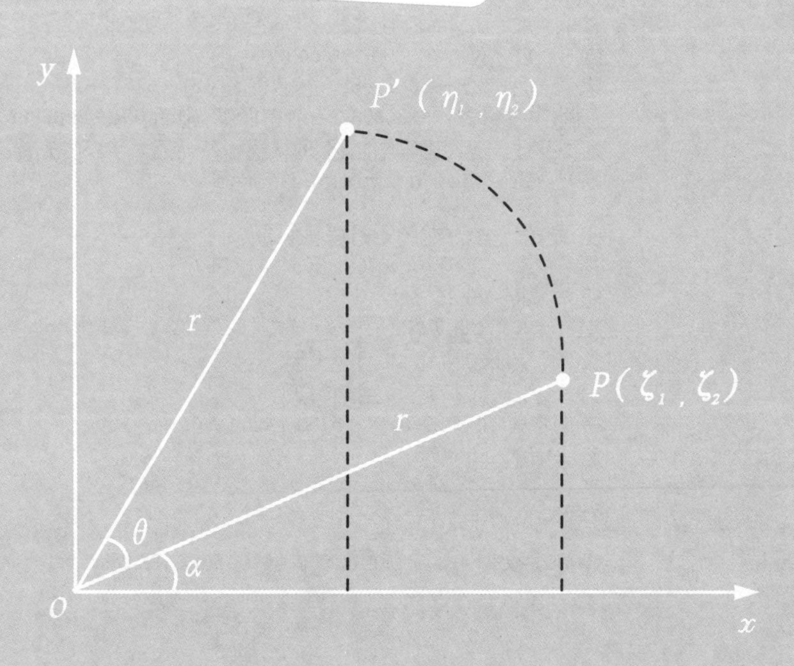

华东师范大学出版社
·上海·

图书在版编目（CIP）数据

矩阵理论与计算：MATLAB 版／李建奎，李继根编著.—上海：华东师范大学出版社，2023
ISBN 978-7-5760-4204-7

Ⅰ.①矩… Ⅱ.①李…②李… Ⅲ.①Matlab 软件—应用—矩阵—计算方法 Ⅳ.①O151.21-39

中国国家版本馆 CIP 数据核字(2023)第 191701 号

矩阵理论与计算（MATLAB 版）

编　　著　李建奎　李继根
责任编辑　蒋梦婷
审读编辑　王小双
责任校对　王丽平
装帧设计　俞　越

出版发行　华东师范大学出版社
社　　址　上海市中山北路 3663 号　邮编 200062
网　　址　www.ecnupress.com.cn
电　　话　021-60821666　行政传真 021-62572105
客服电话　021-62865537　门市(邮购)电话 021-62869887
地　　址　上海市中山北路 3663 号华东师范大学校内先锋路口
网　　店　http://hdsdcbs.tmall.com

印 刷 者　上海龙腾印务有限公司
开　　本　787 毫米×1092 毫米　1/16
印　　张　26.25
字　　数　493 千字
版　　次　2023 年 10 月第 1 版
印　　次　2023 年 10 月第 1 次
书　　号　ISBN 978-7-5760-4204-7
定　　价　65.00 元

出 版 人　王　焰

前言 Foreword

矩阵究竟是何物？最直观的说法，就是微观的元素视角，即“矩阵 $A=(a_{ij})$ 就是一堆数，按照一定的位置关系排列而成，并在其上规定了一些运算”.这从逻辑上可视为数的发展史，即“自然数→有理数→实数→复数→超复数（四元数等）→向量→矩阵”的反映.而从宏观的符号视角看，矩阵 A 整体上就是一个“超数”，一个完全的抽象符号 A，对应一个从线性函数 $y=kx$ 推广而来的线性变换（算子）$y=Ax$，即 $x\xrightarrow{A}y=Ax$.这种对应可概括为“矩阵即变换”，这实际上已经是用泛函分析的眼光来看待矩阵了.

在数学名著《古今数学思想》（1972）中，美国数学史大师克莱因（M. Kline，1908—1992）写道：

> “（行列式与矩阵）在数学上并不是大的改革……尽管行列式和矩阵用作紧凑的表达式，尽管矩阵在领悟群论的一般定理方面具有作为具体的群的启发作用，但它们都没有深刻地影响数学的进程.然而已经证明这两个概念是高度有用的工具，现在是数学器具的一部分.”[1：P197]

处在当时，他的观点无可厚非.但计算机的飞速发展和智能社会的如火如荼，使得矩阵世界在这几十年里发生了翻天覆地的变化.

首先是矩阵计算（即数值线性代数）的异军突起.计算机的横空出世给线性代数研究带来了新的机遇和挑战，极大地促进了矩阵计算、科学计算乃至智能计算的兴起和发展，使得原本被许多人认为已经“寿终正寝”的线性代数“枯木逢春”.反过来矩阵计算的研究以及 MATLAB 等计算软件的不断改进，更使得矩阵成为大规模、高速、并行、移动、网络、云端、智能等计算中的得力工具，这进一步促进了诸如“模型降阶”等化解“维数之咒”的新兴领域的蓬勃发展.世界顶尖的数值分析学家特雷弗腾（L. N. Trefethen）早在 1997 年就深刻地指出：“如果除了微积分与微分方程之外，还有什么领域是数学科学的基础的话，那就是数值线性代数."[2,前言]世界上最大的专业学术组织 IEEE(电器与电子工程师学会)主办的《科学与工程计算》杂志,在 2000 年评选出了"二十世纪十大算法",其中就有三个与矩阵计算直接相关(1950 年提出的 Krylov 子空间迭代法、1951 年提出的矩阵计算的分解方法、1959 年至 1961 年间提出的计算矩阵特征值的 QR 算法).[3]

其次是我国数学大师吴文俊先生(1919—2017)的数学史研究,它校正了人们对数学世界的传统看法.受西方中心论的束缚,之前人们普遍认为"中国古代数学著作都是应用问题集"、"在古代中国的数学思想中,最大的缺点是缺少严格求证的思想".吴先生通过大量分析,明确推出"近代数学之所以能够发展到今天,主要是靠中国[式]的数学,而非希腊[式]的数学,决定数学历史发展进程的主要是靠中国[式]的数学,而非希腊[式]的数学",并将中世纪数学发展过程概括为:

中国 —5 世纪→ 印度
希腊 —9 世纪→ 阿拉伯
(印度、阿拉伯) —10 世纪→ 欧洲

后来,他进一步深刻地指出[4,前言: x]:

> "从数学有史料为依据的几千年发展过程来看,以公理化思想为主的演绎倾向以及以机械化思想为主的算法倾向互为消长."
>
> "在历史长河中,数学机械化算法体系与数学公理化演绎体系曾多次反复互为消长交替成为数学发展中的主流."

这就从理论上回答了什么是世界数学发展的主流问题.吴先生的研究更使大家明确意识到:对待演绎体系与算法体系,合理的态度应该是取两者之长,兼收并蓄,而不能厚此薄彼,褒一贬一.事实上,深厚的数学基础和丰富的计算机知识是从事矩阵计算的必要条件.

再次则是 20 世纪形式主义学派带来的革命性冲击.希尔伯特(D. Hilbert, 1862—1943)作为 20 世纪最有影响的数学家,不仅主张用公理化的形式系统整合古典数学,还进行了积极的实践,从而成为形式主义学派的奠基人.之后集大成的布尔巴基学派则高举"结构数学"的大旗,认为数学就是关于结构的科学.结构数学主要的研究对象就是集合上的各种结构(指的是元素与元素、元素与子集、子集与子集之间的关系),而基本结构(母结构)有三种:引入代数运算后所得的代数结构(群、环、域等),它们来自现实世界的数量关系;考察元素顺序后所得的序结构(偏序、全序等),它们来自现实世界的时间观念;考察元素的连续性所得的拓扑结构(邻域、连续、连通性、维数等),它们来自现实世界的空间观念.结构数学成为现代数学的主流,使得大学数学课程中传统的"旧三高"(高等代数、数学分析和空间解析几何)被"新三高"(抽象代数、泛函分析和拓扑学)所取代,以至于有学者断言:"毫不夸张地说,现代数学就是布尔巴基的数学."[5: P246]

在上述大背景下,如今的情况则是"凡有多元处必有矩阵"[6,前言],矩阵(包括向量)知识早已成为大学生必备的数学基础知识,矩阵理论也逐步进入各高校理工商等学科的研究生课堂,并最终演变成许多专业的基础核心课程,甚至有学者断言它相当于"研究生的线性代数+高等数学"[7,本书导读],是后续数学课程和专业课程的基础,这同时也说明本科阶段的线性代数和高等数学是学习矩阵理论的必备基础.正如有学生在课程小结中所总结的那样:矩阵理论课程给我们提供了一种看待世界的不一样的视角,这种思维方式的改变就像大一新生初次接触高数时发生的变化一样.

在我们看来,矩阵理论的主要内容可大致划分为三个模块(空间与变换、矩阵分析、矩阵分解):(1)"空间与变换"是课程的基础模块,往下以线性代数知识为依托,往上进一步抽象则属于泛函分析与抽象代数,因此以变换(算子)的眼光看待矩阵,自然就能够高屋建瓴,具有"一览众山小"的视野;(2)"矩阵分析"属于课程的核心模块,它是数学分析(实分析与复分析)的推广,将极限、导数、积分、级数、微分方程等分析方法和思想从实数域和复数域推广到了矩阵空间;(3)"矩阵分解"模块主要阐述的是将矩阵分解为几个特殊矩阵之积的理论和方法,进一步深入下去则是矩阵计算.至于矩阵理论在数学学科外的应用,最适宜的比喻恐怕只能是"浩浩汤汤,横无际涯".

正是基于上述认识,以及对数学教育的理解,我们认为在矩阵理论课程的教学中,更需要"返璞归真,改变思维",需要"抛弃各种有形和无形的思想枷锁"[8: P81].因此在本教材的体系、选材和编写中,我们力求突出以下特点:

1. 重新整合内容体系,兼顾矩阵计算

将非线性问题线性化、离散化、算法化,最终变成可运行的计算机程序,演化出了计算数学(也称为数值计算方法或数值分析,包括矩阵计算、微分方程数值解、最优化计算、概率计算等分支)的理论、算法及其语言实现,使得"(科学)计算"成为继实验和理论之后的"第三种科学方法"[9].计算数学中需要大量矩阵理论知识,这使得矩阵计算成为矩阵理论与计算数学深度交叉的领域，因此应该将矩阵理论课程看成是实践性很强的理论性课程.然而由于方方面面的制约，目前已有的教材都很少涉及实践性方面，而这正是我们希望通过本书加以弥补的目标之一.为此，我们精心挑选了矩阵计算中处理三大核心问题(求解线性方程组、最小二乘问题和特征值问题)的一些最重要的算法，尽可能详细地阐明它们的设计思想和理论依据.为此，我们重新整合了矩阵理论的内容，特别是把矩阵分解模块"分解"到各个章节，以免给人以突兀之感.例如，在阐述了欧氏空间中的 Gram-Schmidt 正交化过程之后，我们转而用矩阵语言对之进行重新描述，由此自然地引入了矩阵的 QR 分解及其算法，实现了两者的无缝连接.当然，读者若需要系统地了解计算数学知识，仍需要修读相关课程.

对于教材中的许多例题，我们不仅给出了手算解答，还给出了 MATLAB 机算程序，目的是让学生鲜明地看到软件计算是化繁为简的大杀器.同时许多程序稍加修改，完全可用于类似计算题的机算.另外，在课程内容的阐述中我们还渗入了计算思维，比如拉普拉斯展开法和克莱姆法则何以被摒弃的复杂度分析.这些点到即止式的安排，除了能让学生初步掌握软件计算工具，更希望能借此培养学生根据问题类型灵活选择恰当的计算技术(算法意识)并编程实现的机算能力.读者可发邮件至 jgli@ecust.edu.cn 索取本书的配套程序.

2. *注重启发式教学，力争将"冰冷的美丽"转变成"火热的思考"*

结构数学对数学知识的系统整理方式，也给数学教育带来了对形式严格性的过度注重，表现在教材编写上，就是"定义——定理和公式——应用"似乎成了数学类教材的典型模式.这种形式化的编写方式，好处是能让学生快速领略数学大厦的结构和宏伟，更呼应了快节奏的现代社会需求.但这种展示性的模式，学生从心理上往往难以接受，因为他们经常觉得数学知识就像孙悟空一样，是从石头缝里蹦出来的.这种"空降部队"也使得从问题出发抽象出数学知识再回到问题这种丰富多彩的数学思维活动被"掐了两头，只剩中间"，变成了纯粹的逻辑推理，从定理到定理，从结论到结论.

很多年前，我国当代文艺理论家钱谷融先生(1919—2017)就大胆地提出"文学是人学"，因为好的作品往往揭示了人性中共同的东西.事实上，数学教育亦当如此，我们不能一味只注重展示数学大厦"冰冷的美丽"，却忽视了数学教育"火热的思考".[10] 数学教育必须要考虑数学学习心理学，要进行适度的启发式教育，要对材料进行教学法加工，要引导学生探索这座宏伟的大厦，逐步建构起初步的认知地图，然后再根据个人兴趣有选择地进行丰富充实.这种知识探索路径富有个性化特征，与个体的认知结构紧密相连，也最容易让个体获得“我懂了”的成就感.

事实上，大量数学心理学研究表明，数学学习过程实质上是数学认知结构的个性化建构过程.其中的数学认知结构，指的是客观的数学知识结构在学习者头脑中内化后的个性化主观心理系统，它以概念言语和数学表象(分别对应左右脑)形式存储于学习者的长时记忆之中，反映了学习者在学习数学的过程中通过认知活动积累起来的数学观念，包括经验、理解和看法等等.以此为基础的数学教育必须要充分揭示概念的形成过程和结论的发现过程.因为数学概念的形成，往往需要经历比较、抽象、概括、假设和验证等一系列过程；而数学结论的发现，则往往经历了实验、比较、归纳、猜想和检验等一系列过程.通过这些过程的揭示，不仅有助于学生建构良好的概念认知图式和稳定灵活的产生式系统，从而强化对概念和结论的理解和记忆，更有助于学生从中学到研究问题和提出概念的思想方法，以及发现问题和提出问题的能力.一句话，发现与创新能力的培养，是需要通过日常教学中的“再发现”(心理学家布鲁纳(Jerome Seymour Bruner, 1915—2016)的提法)与“再创造”(数学教育学家弗赖登塔尔(H. Freudenthal, 1905—1990)的提法)来培养的.[11-12] 数学作为“模式的科学”，是最容易进行“再发现”与“再创造”的.在我们看来，这种“模式”的特征在矩阵理论知识中表现得非常明显，因此我们在本书中进行了大量尝试和探索.例如，借助于类比思维，我们从$\mathbb{R}^n$的标准内积定义自然地“再创造”了无限维向量空间、矩阵空间以及函数空间的标准内积定义.

令人遗憾的是，注重学习心理必定要花费大量时间，属于“慢工出细活”.同时编出的教材很厚，满是大量的文字和少量的公式，不符合一般人对数学书的认知.所以如何找到两者之间的平衡，对各方都是考验.

3. 淡化部分结论的理论证明，适当增加矩阵的各类应用

考虑到教学中的实际情况及篇幅等因素，书中适当略去了部分定理的证明.但为了方便需要深入研究的读者，同时也为了鼓励这种难能可贵的“打破砂锅问到底”的执着精神，我们给出了详细到页码的文献信息.同时为了充分展示矩阵工具的强大，以加强本课程对修读学生的吸引力，帮助学生快速进入实践环节，教材中还加入了一些具体应用.我们也希望通过它们，可以提供解决实际问题的理论框架和思想方法.这些应用，既包括数学内

部的应用，比如矩阵的谱半径、线性方程组的扰动分析；也包括跨学科的各种应用，比如线性系统中的状态空间理论、图像压缩算法等等.

感谢华东理工大学研究生院将本书立项为校研究生教学用书建设项目，同时将矩阵理论课程纳入校一流研究生课程在线课程(慕课)建设项目. 感谢数学学院办公室常福珍老师在行政上落实这两个项目的经费上付出的大量繁琐工作. 与本书配套的在线课程(慕课)即将上线清华大学学堂在线慕课平台(https://www.xuetangx.com)，将本书与在线课程(慕课)搭配"服用"，效果更佳. 书中不当乃至谬误之处，诚盼各位方家高手来函批评指正.

编　者

于华东理工大学数学学院

目 录 —— Contents

第 1 章

线性方程组

微积分中对非线性问题采用线性化近似之后，就产生了大量线性方程组求解问题.借助于矩阵秩这个核心概念，线性方程组解的三种状态得到完美的阐述，因此线性代数一度被认为已“寿终正寝”.然而计算机的横空出世，使得线性代数“枯木逢春”，催生出发展最快，思想也空前活跃的数值线性代数(矩阵计算).如今几乎所有的数值计算软件都能求解线性方程组.

1.1 线性方程组的解法回顾

1.1.1 从中国消元法谈起

例 1.1.1 解线性方程组

$$(\mathrm{I}):\begin{cases} x_1+2x_2-x_3=0 & ① \\ 3x_1+x_2=-1 & ② \\ -x_1-x_2-2x_3=1 & ③ \end{cases} \tag{1.1.1}$$

根据中学的学习经验，首先想到的解法应该如下.

解法一：初等行变换法(elementary row transformation).

先是**消元过程**(elimination process).

$$(\mathrm{I})\xrightarrow[1\times①+③]{(-3)\times①+②}\begin{cases} x_1+2x_2-x_3=0 & ① \\ -5x_2+3x_3=-1 & ② \\ x_2-3x_3=1 & ③ \end{cases}$$

$$\xrightarrow[\left(-\frac{5}{12}\right)\times③]{\frac{1}{5}\times②+③}(\mathrm{II}):\begin{cases} x_1+2x_2-x_3=0 & ① \\ -5x_2+3x_3=-1 & ② \\ x_3=-\frac{1}{3} & ③ \end{cases}$$

接下来是**回代过程**(back substitution process).

$$(\mathrm{II})\xrightarrow[1\times③+①]{(-3)\times③+②}\begin{cases} x_1+2x_2=-\frac{1}{3} & ① \\ -5x_2=0 & ② \\ x_3=-\frac{1}{3} & ③ \end{cases}$$

$$\xrightarrow[(-2)\times②+①]{\left(-\frac{1}{5}\right)\times②}\text{(III)}:\begin{cases}x_1=-\dfrac{1}{3} & ①\\ x_2=\quad 0 & ②\\ x_3=-\dfrac{1}{3} & ③\end{cases}$$

线性代数课程中引入矩阵记号后,上述过程可简洁地表示为:

$$\bar{\boldsymbol{A}}=\left(\begin{array}{ccc:c}1&2&-1&0\\3&1&0&-1\\-1&-1&-2&1\end{array}\right)\begin{array}{c}r_{12}(-3)\\ \sim\\ r_{13}(1)\end{array}\left(\begin{array}{ccc:c}1&2&-1&0\\0&-5&3&-1\\0&1&-3&1\end{array}\right)$$

$$\begin{array}{c}r_{23}(1/5)\\ \sim\\ r_3(-5/12)\end{array}\left(\begin{array}{ccc:c}1&2&-1&0\\0&-5&3&-1\\0&0&1&-1/3\end{array}\right)\begin{array}{c}r_{32}(-3)\\ \sim\\ r_{31}(1)\end{array}\left(\begin{array}{ccc:c}1&2&0&-1/3\\0&-5&0&0\\0&0&1&-1/3\end{array}\right)$$

$$\begin{array}{c}r_2(-1/5)\\ \sim\\ r_{21}(-2)\end{array}\left(\begin{array}{ccc:c}1&0&0&-1/3\\0&1&0&0\\0&0&1&-1/3\end{array}\right)$$

故所求线性方程组的解向量为 $\boldsymbol{x}=(x_1,\ x_2,\ x_3)^{\mathrm{T}}=\left(-\dfrac{1}{3},\ 0,\ -\dfrac{1}{3}\right)^{\mathrm{T}}$.

上述求解过程中的 $r_{12}(-3)$ 等符号,表示的是矩阵的初等变换,定义如下.

定义 1.1.1(矩阵的初等变换)　下面三类变换统称为矩阵的**初等行变换**.

(1) **对换变换**,即对换矩阵中任意的两行.用记号 r_{ij} 表示对换 i, j 两行.

(2) **数乘变换**,即用一个非零常数乘以矩阵中的某一行的所有元素.用记号 $r_i(k)$ 表示用常数 k 乘以矩阵的第 i 行.

(3) **倍加变换**,将矩阵某行的所有元素的常数倍加到另一行的对应元素上去.用记号 $r_{ij}(k)$ 表示将第 i 行的 k 倍加到第 j 行.

类似地,可定义三类初等列变换:c_{ij} (对换 i, j 两列), $c_i(k)$ (用非零常数 k 乘以矩阵的第 i 列), $c_{ij}(k)$ (将第 i 列的 k 倍加到第 j 列).

矩阵的初等行变换和初等列变换统称为**矩阵的初等变换**.

注意初等变换前后的矩阵可以用符号"→"或"～"连接起来,但千万不能用"＝"来连接,因为"＝"仅适用于两个矩阵相等的情形.

解法一中使用的变换一律是初等行变换(所谓"单曲循环"),而不能同时做初等行变换和初等列变换(所谓“左右开弓”),是因为此时系数矩阵的行与列地位不平等(行对应的是方程,列对应的是未知数).若使用初等列变换,会涉及未知数的变换,比如 c_{12} 意味着要交换未知数 x_1 与 x_2.

初等行变换法又称**高斯消元法**,因为德国数学家高斯(C. F. Gauss, 1777—1855)在《算术研究》(1801)一书中重新发现了上述的消元策略.说“重新发现”,是因为早在成书于公元一世纪的中国古代数学名著《九章算术》的第八章方程中,不仅通过算筹表示了线性方程组的增广矩阵,而且还通过筹算过程,实际上给出了求解线性方程组的初等行变换法.[13-14] 即使国外最严谨的数学史家卡茨(V. J. Katz, 1914—1984)也承认:“事实上,中国人的解法实质上与高斯消元法一致,而且是用矩阵的形式表示出来的.”[15] 从这个意义上说,我们觉得初等行变换法更应该称为**中国消元法**.

在初等行变换法中,通过舍弃线性方程组中未知数等非本质因素,紧紧抓住系数和常数及其位置信息等本质因素,得到了与线性方程组等价的增广矩阵.众所周知,有了矩阵工具,思维就不再拘泥于元素层面,而是可以根据问题的需要在三个层面(即符号层面、向量层面和元素层面)之间灵活切换.正如英国数学家怀特海(A. N. Whitehead, 1861—1947)所指出的:“术语或符号的引入,往往是为了理论的易于表达和解决问题.特别是在数学中,只要细加分析,即可发现符号化给数学理论的表述和论证带来极大的方便.”

对于矩阵这个工具,读者需要注意两个视角的“俄罗斯套娃”:

(1) 从维数视角,可将序列“长方阵→方阵→行向量或列向量→数”视为矩阵维数在逐渐收缩或者在逐步特殊化,其逆序列则可视为矩阵维数在逐渐扩张或者在逐步一般化.特别地,数可视为阶数为 1 的矩阵。

(2) 从元素视角,可将序列“方阵→上(下)三角阵→对角阵→数量阵→单位阵”视为矩阵元素取值的逐步特殊化,其逆序列则可视为矩阵元素取值的逐步一般化.

进一步引入矩阵乘法后,线性方程组就简化为等价的**矩阵方程**

$$\boldsymbol{A}\boldsymbol{x}=\boldsymbol{b}. \tag{1.1.2}$$

而上述初等行变换法的求解过程,无非是通过一系列的初等行变换,最终将增广矩阵化成了一个比较特殊的矩阵:增广矩阵左侧的系数矩阵先化成了上三角矩阵(对应的是消元过程),然后一路高奏凯歌(对应的是回代过程),最终化成了单位矩阵.此时增广矩阵的最后一列即常数列则化成了原方程组的解向量.用矩阵符号表示,就是当系数矩阵 $\boldsymbol{A}$ 可逆时,有

$$\bar{A}=(A,\ b)\xrightarrow{\text{消元}}(\blacktriangledown,\ *)\xrightarrow{\text{回代}}(I,\ x). \tag{1.1.3}$$

上述变换过程的理论依据何在？事实上，通过引入初等矩阵这个工具，可将矩阵的初等变换转化为矩阵乘法.

定义 1.1.2(初等矩阵) 由单位矩阵 $\boldsymbol{I}$ 经过一次初等变换后得到的方阵统称为**初等矩阵**.三种初等行变换分别对应三种**行初等矩阵**，分别记为 $\boldsymbol{R}_{ij}$，$\boldsymbol{R}_i(\lambda)$ 和 $\boldsymbol{R}_{ij}(k)$；三种初等列变换分别对应三种**列初等矩阵**，分别记为 $\boldsymbol{C}_{ij}$，$\boldsymbol{C}_i(\lambda)$ 和 $\boldsymbol{C}_{ij}(k)$.

不难发现 $\boldsymbol{R}_{ij}=\boldsymbol{C}_{ij}$，$\boldsymbol{R}_i(\lambda)=\boldsymbol{C}_i(\lambda)$，$\boldsymbol{R}_{ij}(k)=\boldsymbol{C}_{ji}(k)$（注意角标的变化).

定理 1.1.1(初等变换与矩阵乘法) 对 $m\times n$ 阶矩阵 $\boldsymbol{A}$ 施行一次初等行变换(一次初等列变换)，相当于在 $\boldsymbol{A}$ 的左边(右边)乘以相应的 m 阶行初等矩阵 $\boldsymbol{R}$(n 阶列初等矩阵 $\boldsymbol{C}$)，即

$$\begin{aligned}&\boldsymbol{A}\xrightarrow{\text{一次初等行变换}}\boldsymbol{B}\Leftrightarrow\boldsymbol{B}=\boldsymbol{R}\boldsymbol{A},\\&\boldsymbol{A}\xrightarrow{\text{一次初等列变换}}\boldsymbol{B}\Leftrightarrow\boldsymbol{B}=\boldsymbol{A}\boldsymbol{C}.\end{aligned} \tag{1.1.4}$$

根据初等变换的意义和定理 1.1.1，可知(其中 $\lambda\neq 0$)

$$\begin{aligned}&\boldsymbol{I}\xrightarrow{r_{ij}}\boldsymbol{R}_{ij}\xrightarrow{r_{ij}}\boldsymbol{I}\quad\Leftrightarrow\quad\boldsymbol{R}_{ij}\cdot\boldsymbol{R}_{ij}=\boldsymbol{I},\\&\boldsymbol{I}\xrightarrow{r_i(\lambda)}\boldsymbol{R}_i(\lambda)\xrightarrow{r_i\left(\frac{1}{\lambda}\right)}\boldsymbol{I}\quad\Leftrightarrow\quad\boldsymbol{R}_i\left(\frac{1}{\lambda}\right)\cdot\boldsymbol{R}_i(\lambda)=\boldsymbol{I},\\&\boldsymbol{I}\xrightarrow{r_{ij}(k)}\boldsymbol{R}_{ij}(k)\xrightarrow{r_{ij}(-k)}\boldsymbol{I}\quad\Leftrightarrow\quad\boldsymbol{R}_{ij}(-k)\cdot\boldsymbol{R}_{ij}(k)=\boldsymbol{I}.\end{aligned}$$

因此有

$$\boldsymbol{R}_{ij}^{-1}=\boldsymbol{R}_{ij},\ \boldsymbol{R}_i^{-1}(\lambda)=\boldsymbol{R}_i\left(\frac{1}{\lambda}\right),\ \boldsymbol{R}_{ij}^{-1}(k)=\boldsymbol{R}_{ij}(-k). \tag{1.1.5}$$

对列初等矩阵，也有类似结论：

$$\boldsymbol{C}_{ij}^{-1}=\boldsymbol{C}_{ij},\ \boldsymbol{C}_i^{-1}(\lambda)=\boldsymbol{C}_i\left(\frac{1}{\lambda}\right),\ \boldsymbol{C}_{ij}^{-1}(k)=\boldsymbol{C}_{ij}(-k). \tag{1.1.6}$$

因此初等矩阵都可逆，而且其逆矩阵仍然是同类初等矩阵.

由于可逆矩阵可以分解成有限个初等矩阵的乘积，因此定理 1.1.1 可推广如下.

定理 1.1.2(初等变换与可逆矩阵) 对 $m\times n$ 阶矩阵 $\boldsymbol{A}$ 施行一系列初等行变换 r_1，

r_2，…，r_s（初等列变换 c_1，c_2，…，c_t），相当于在 $\boldsymbol{A}$ 的左边（右边）乘以相应的 m 阶可逆矩阵 $\boldsymbol{R}=\boldsymbol{R}_s\boldsymbol{R}_{s-1}\cdots\boldsymbol{R}_1$（$n$ 阶可逆矩阵 $\boldsymbol{C}=\boldsymbol{C}_1\boldsymbol{C}_2\cdots\boldsymbol{C}_t$），即

$$\begin{aligned}&\boldsymbol{A}\xrightarrow{r_1,\ \cdots,\ r_s}\boldsymbol{B}\Leftrightarrow\boldsymbol{B}=\boldsymbol{R}\boldsymbol{A},\\&\boldsymbol{A}\xrightarrow{c_1,\ \cdots,\ c_t}\boldsymbol{B}\Leftrightarrow\boldsymbol{B}=\boldsymbol{A}\boldsymbol{C},\end{aligned}\tag{1.1.7}$$

其中，行初等矩阵 $\boldsymbol{R}_i$ 对应 r_i，列初等矩阵 $\boldsymbol{C}_j$ 对应 $c_j(i=1,2,\cdots,s;\ j=1,2,\cdots,t)$.

按定理 1.1.2，如果 $m\times n$ 阶矩阵 $\boldsymbol{A}$ 经过一系列初等变换化为矩阵 $\boldsymbol{B}$，意味着存在 m 阶可逆矩阵 $\boldsymbol{R}$ 及 n 阶可逆矩阵 $\boldsymbol{C}$，使得

$$\boldsymbol{RAC}=\boldsymbol{B}.\tag{1.1.8}$$

此时，称矩阵 $\boldsymbol{A}$ 与 $\boldsymbol{B}$ **等价**（equivalence）或**相抵**，记为 $\boldsymbol{A}\sim\boldsymbol{B}$. 一般而言，矩阵 $\boldsymbol{B}$ 越特殊越好，其中一些形状简单的特殊矩阵，被命名为某某**标准型**（standard form）. 学习矩阵理论，必须要厘清各种标准型，特别是它们之间的关系（具体可参阅 4.6.2 小节）.

对于可逆矩阵，变换的终极目标显然是单位矩阵. 至于任意的一般矩阵，终极目标则应该是某种与单位矩阵类似而且“形状简单”的特殊矩阵.

定理 1.1.3（矩阵标准型定理）　任意 $m\times n$ 阶矩阵 $\boldsymbol{A}$ 经过有限次初等变换，必能化成如下形式的**等价标准型**（equivalent canonical form）：

$$\boldsymbol{N}=\begin{pmatrix}\boldsymbol{I}_r & \boldsymbol{O}_{r,\ n-r}\\ \boldsymbol{O}_{m-r,\ r} & \boldsymbol{O}_{m-r,\ n-r}\end{pmatrix},$$

其中，$r=r(\boldsymbol{A})$ 为矩阵 $\boldsymbol{A}$ 的秩. 另外，当 $r=0$ 时，约定 $\boldsymbol{I}_0$ 为零矩阵.

证明： 可参阅文献[6: P20].

由矩阵标准型定理及式（1.1.8），可知存在 m 阶可逆矩阵 $\boldsymbol{R}'$ 及 n 阶可逆矩阵 $\boldsymbol{C}'$，使得 $\boldsymbol{R}'\boldsymbol{A}\boldsymbol{C}'=\boldsymbol{N}$，也即存在 m 阶可逆矩阵 $\boldsymbol{R}=(\boldsymbol{R}')^{-1}$ 及 n 阶可逆矩阵 $\boldsymbol{C}=(\boldsymbol{C}')^{-1}$，使得矩阵 $\boldsymbol{A}$ 有如下的**标准型分解**（canonical decomposition）：

$$\boldsymbol{A}=\boldsymbol{RNC}.\tag{1.1.9}$$

回到矩阵方程（1.1.2），当系数矩阵 $\boldsymbol{A}$ 可逆时，其解为 $\boldsymbol{x}=\boldsymbol{A}^{-1}\boldsymbol{b}$. 结合定理 1.1.2 和式（1.1.3），可知存在可逆矩阵 $\boldsymbol{P}$，使得 $(\boldsymbol{I},\ \boldsymbol{x})=\boldsymbol{P}\bar{\boldsymbol{A}}=\boldsymbol{P}(\boldsymbol{A},\ \boldsymbol{b})=(\boldsymbol{PA},\ \boldsymbol{Pb})$，也就是当 $\boldsymbol{PA}=\boldsymbol{I}$ 时，必有

$$\boldsymbol{x}=\boldsymbol{Pb}=\boldsymbol{A}^{-1}\boldsymbol{b}.$$

这就解释了初等行变换法的合法性.

由于线性方程组(1.1.2)的解 $\boldsymbol{x}=\boldsymbol{A}^{-1}\boldsymbol{b}$ 是由逆矩阵 $\boldsymbol{A}^{-1}$ 与常数列 $\boldsymbol{b}$ 相乘而得,因此问题也可转化为求出 $\boldsymbol{A}^{-1}$,再考虑矩阵向量积 $\boldsymbol{A}^{-1}\boldsymbol{b}$. 在式(1.1.7)的第一式中,设 $\boldsymbol{B}=\boldsymbol{RA}=\boldsymbol{I}$,则此式可理解成 $\boldsymbol{A}=\boldsymbol{A}^1$ 被一系列初等行变换 $r_1, r_2, \cdots, r_s$ 变换成了 $\boldsymbol{B}=\boldsymbol{RA}=\boldsymbol{I}=\boldsymbol{A}^0$,即用矩阵 $\boldsymbol{R}$ 左乘矩阵 $\boldsymbol{A}$ 的效果,就是将矩阵 $\boldsymbol{A}$ 的幂由 1 降为 0,因此若想得到 $\boldsymbol{A}$ 的 -1 次幂 $\boldsymbol{A}^{-1}$,只需将同样的这一系列初等行变换 $r_1, r_2, \cdots, r_s$ 作用到 $\boldsymbol{I}=\boldsymbol{A}^0$ 上即可.这就产生了**矩阵求逆法**,其核心是下述的初等行变换法求逆矩阵:

$$(\boldsymbol{A}, \boldsymbol{I}) \xrightarrow{\text{初等行变换}} (\boldsymbol{I}, \boldsymbol{A}^{-1}). \tag{1.1.10}$$

解法二:矩阵求逆法.

先求系数矩阵 $\boldsymbol{A}$ 的逆矩阵.

$$(\boldsymbol{A} \vdots \boldsymbol{I})=\left(\begin{array}{ccc:ccc} 1 & 2 & -1 & 1 & 0 & 0 \\ 3 & 1 & 0 & 0 & 1 & 0 \\ -1 & -1 & -2 & 0 & 0 & 1 \end{array}\right) \sim \left(\begin{array}{ccc:ccc} 1 & 0 & 0 & -1/6 & 5/12 & 1/12 \\ 0 & 1 & 0 & 1/2 & -1/4 & -1/4 \\ 0 & 0 & 1 & -1/6 & -1/12 & -5/12 \end{array}\right).$$

$$\boldsymbol{A}^{-1}=\begin{pmatrix} -1/6 & 5/12 & 1/12 \\ 1/2 & -1/4 & -1/4 \\ -1/6 & -1/12 & -5/12 \end{pmatrix}=\frac{1}{12}\begin{pmatrix} -2 & 5 & 1 \\ 6 & -3 & -3 \\ -2 & -1 & -5 \end{pmatrix}, \ \boldsymbol{x}=\boldsymbol{A}^{-1}\boldsymbol{b}=\begin{pmatrix} -1/3 \\ 0 \\ -1/3 \end{pmatrix}.$$

在线性代数中,还学习了伴随矩阵法和克莱姆法则.克莱姆法则源自瑞士数学家克莱姆(G. Cramer, 1704—1752)于 1750 年出版的著作,可事实上它最早由苏格兰数学家麦克劳林(C. Maclaurin, 1698—1746)创立于 1729 年,并写入了其 1748 年出版的遗作《代数学》之中.数学史上充满了这样的“误称定律”(the law of misonomy),即当代科学史专家施蒂格勒(S. Stigler, 1911—1991)于 1980 年提出的一个富有戏谑性的说法: Nothing in mathematics is ever named after the person who discovered it(数学中没有任何东西是以发现它的人的名字命名的).

解法三:伴随矩阵法.

由于 $|\boldsymbol{A}|=12$,且

$$A_{11}=-2,\ A_{12}=6,\ A_{13}=-2,\ A_{21}=5,\ A_{22}=-3,$$

$$A_{23}=-1,\ A_{31}=1,\ A_{32}=-3,\ A_{33}=-5,$$

所以 $\boldsymbol{A}^{-1}=\frac{1}{|\boldsymbol{A}|}\boldsymbol{A}^{*}=\frac{1}{12}\begin{pmatrix}-2&5&1\\6&-3&-3\\-2&-1&-5\end{pmatrix}$，其中 $\boldsymbol{A}^{*}$ 表示 $\boldsymbol{A}$ 的伴随矩阵.从而

$$\boldsymbol{x}=\boldsymbol{A}^{-1}\boldsymbol{b}=\left(-\frac{1}{3},\ 0,\ -\frac{1}{3}\right)^{\mathrm{T}}.$$

若记 $\boldsymbol{A}^{-1}=(b_{ij})$，则伴随矩阵法给出了逆矩阵元素的显示公式：$b_{ij}=|\boldsymbol{A}|^{-1}\boldsymbol{A}_{ji}$. 对于仅关心 $\boldsymbol{A}^{-1}$ 的某些特定元素的情形，显然意义重大.

解法四：克莱姆法则法.

由于系数行列式 $D=|\boldsymbol{A}|=12\neq 0$，且

$$D_1=\begin{vmatrix}0&2&-1\\-1&1&0\\1&-1&-2\end{vmatrix}=-4,\ D_2=\begin{vmatrix}1&0&-1\\3&-1&0\\-1&1&-2\end{vmatrix}=0,$$

$$D_3=\begin{vmatrix}1&2&0\\3&1&-1\\-1&-1&1\end{vmatrix}=-4.$$

因此 $\boldsymbol{x}=\left(\frac{D_1}{D},\ \frac{D_2}{D},\ \frac{D_3}{D}\right)^{\mathrm{T}}=\left(-\frac{1}{3},\ 0,\ -\frac{1}{3}\right)^{\mathrm{T}}.$

思考：求解线性方程组的上述四种解法可以形象地比喻为“四朵金花”，那么问题来了：在如此诱人的“四朵金花”中，哪一朵才是最娇艳欲滴的呢？

这个问题读者可能一时难以回答.不过只要查阅一下 MATLAB 软件的内置函数，就能给出初步解答.事实上，MATLAB 提供了内置函数 rref，可将矩阵化成**行最简型**(matrix in **r**ow **r**educed **e**chelon **f**orm).同时，MATLAB 提供了内置函数 inv，可用于求逆矩阵(**inv**erse matrix).当然求逆矩阵还可以借助幂运算符“^”(本质上也是内置函数)或左除运算符“\”(本质上使用的是内置函数 rref).

本例的 MATLAB 代码实现，详见本书配套程序 exm101.

不难发现 MATLAB 中没有为伴随矩阵法和克莱姆法则提供专门的内置函数，这是否已暗示了哪一朵“金花”是最娇艳欲滴的了呢？

1.1.2 计算复杂性分析

关于“四朵金花”，前面的分析只涉及到表象，需要深入探讨问题的本质，以给出更有

说服力的解释.特别要注意的是,要从各个角度尽可能地将问题一般化,这意味着在“四朵金花”问题中,具体的系数矩阵要被一般化为任意的可逆矩阵 $\boldsymbol{A}$, 矩阵的阶数也要从 3 阶一般化为 n 阶,因此线性方程组(1.1.1)将被一般化为线性方程组 $\boldsymbol{Ax}=\boldsymbol{b}$, 其中 $\boldsymbol{A}$ 是 n 阶可逆方阵.

判断一个算法的优劣,有很多标准,其中涉及算法效率的计算复杂性分析,主要指算法执行时需要消耗的计算机资源的“时”“空”分析,包括运行时间的开销(**时间复杂度**)和存储的开销(**空间复杂度**).显然时间复杂度和空间复杂度越小,说明该算法效率越高,越有价值.算法最好“又快又省”,但鱼与熊掌往往不可兼得.考虑到人生苦短,一般采取“空间换时间”的策略,即主要考虑降低时间复杂度,同时兼顾甚至牺牲空间复杂度.

由于计算机性能的差异,显然不能用时间的绝对量来“测度”算法的时间复杂度,更加合理的应该是采用基本运算次数,也就是算法的所有运算次数的总和.具体到矩阵算法问题,正如“维数灾难”所揭示的那样,矩阵的大小显然影响矩阵的运算量,以此观之,时间复杂度就是矩阵维数的函数.对于 n 阶方阵而言,可记时间复杂度为 $T(n)$. 这就引出了算法复杂度阶数的概念.

定义 1.1.3(算法复杂度的阶数) 如果存在正常数 C 和 N, 使得当 $n>N$ 时,对于某矩阵算法的时间复杂度 $T(n)$, 总成立函数 $f(n)$, 使得 $T(n)\leqslant Cf(n)$, 则称该算法的时间复杂度 $T(n)$ 是 $f(n)$ 阶的,并借鉴高等数学中表示同阶无穷小的大 O 表示法,记作 $T(n)=O(f(n))$.

对于一些常用的 $f(n)$, 成立下列重要关系:

$$\begin{aligned} &O(1)<O(\log n)<O(n)<O(n\log n)<O(n^2)\\ &\quad<O(n^3)<O(2^n)<O(3^n)<O(n!)<O(n^n). \end{aligned} \tag{1.1.11}$$

值得一提的是, $O(n^3)$ 到 $O(2^n)$ 是一个重要的分水岭.前者说明 $T(n)$ 是 n 的多项式函数,当 n 增长时, $T(n)$ 的增长是可以忍受的,因此算法被视为“好”算法;后者则说明 $T(n)$ 是 n 的指数函数,当 n 增长时, $T(n)$ 的增长让人难以忍受,因此算法被视为“坏”算法.如果某问题存在多项式算法即“好”算法,则该问题为多项式时间可解问题,简称**多项式**(polynomial)**问题**.与之相关的 P/NP 问题(NP 代表 non-deterministic polynomial)是计算复杂性理论(computational complexity theory)中至今尚未解决的问题.

下面从计算复杂性的视角来深入分析“四朵金花”问题.

众所周知,拉普拉斯展开定理将一个 n 阶行列式的计算转化为 n 个 $n-1$ 阶行列式的计算.若按此定理来计算行列式,那么显然可有 $T(n)=nT(n-1)$,从而 $T(n)=nT(n-1)=n(n-1)T(n-2)=\cdots=n!T(1)$,因此 $T(n)$ 是 $n!$ 阶的,即 $T(n)=O(n!)$,这显然是比指数增长 $O(2^n)$ 还要“坏”的算法.因此尽管拉普拉斯展开定理在理论上非常重要,但计算上一般仅用于低阶或特殊行列式.

克莱姆法则要计算 $n+1$ 个 n 阶行列式,按拉普拉斯展开定理折算,这相当于计算一个 $n+1$ 行列式,即 $T(n)$ 是 $(n+1)!$ 阶的;伴随矩阵法要计算 1 个 n 阶行列式以及 n^2 个 $n-1$ 阶的代数余子式,后者相当于 n 个 n 阶行列式,因此总体计算量相当于一个 $n+1$ 行列式,$T(n)$ 也是 $(n+1)!$ 阶的,与克莱姆法则持平.这两朵“金花”的计算复杂度都是 $(n+1)!$ 阶的,根据前面的分析,当维数达到一定规模后,这显然是“不可能完成的任务”,只能忍痛割爱.

至于矩阵求逆法,显然比初等行变换法费时,这是因为前者求逆时要处理的长方形矩阵是 $n\times 2n$ 阶的,而且还需要处理矩阵向量积 $\boldsymbol{A}^{-1}\boldsymbol{b}$,而后者只需要处理 $n\times(n+1)$ 阶的增广矩阵,并且不必处理矩阵向量积 $\boldsymbol{A}^{-1}\boldsymbol{b}$.

至此,不难发现基于中国消元策略的初等行变换法是最娇艳欲滴的那朵“金花”.事实上,可以证明这种方法的时间复杂度 $T(n)=O(n^3)$. 一句话: 变换是王道!

思考: MATLAB 提供了内置函数 det,可用于计算方阵的行列式(determinant).既然拉普拉斯定理不能用于高阶行列式的数值计算,那么问题来了: 高阶行列式的数值算法又是基于什么原理呢?

1.2　矩阵的 LU 分解

类似于数的素因子分解和代数式的因式分解,矩阵的各种分解也承担着相当重要的角色.LU 分解本质上是中国消元法,因此其起源可追溯到《九章算术》或高斯.但用矩阵来表示它们,并在其中注入数值计算的思想,则是图灵(A. Turing, 1912—1954)的贡献.

1.2.1　LU 分解的概念

回看线性方程组(1.1.1)的解法一,这里聚焦于系数矩阵的变换情况:

$$\boldsymbol{A}=\begin{pmatrix}1&2&-1\\3&1&0\\-1&-1&-2\end{pmatrix}\underset{r_{13}(1)}{\overset{r_{12}(-3)}{\sim}}\begin{pmatrix}1&2&-1\\0&-5&3\\0&1&-3\end{pmatrix}\overset{r_{23}(1/5)}{\sim}\begin{pmatrix}1&2&-1\\0&-5&3\\0&0&-12/5\end{pmatrix}=\boldsymbol{U}.$$

显然$\boldsymbol{U}$是上三角矩阵,其对角元称为消元过程中的**主元**(pivot),三个变换$r_{12}(-3)$、$r_{13}(1)$和$r_{23}(1/5)$中使用的倍数称为**乘子**(multiplier).

由定理1.1.2可知,$\boldsymbol{R}_{23}(1/5)\boldsymbol{R}_{13}(1)\boldsymbol{R}_{12}(-3)\boldsymbol{A}=\boldsymbol{U}$,结合逆矩阵的穿脱原则,有

$$\begin{aligned}\boldsymbol{A}&=[\boldsymbol{R}_{23}(1/5)\boldsymbol{R}_{13}(1)\boldsymbol{R}_{12}(-3)]^{-1}\boldsymbol{U}=[\boldsymbol{R}_{12}(-3)]^{-1}[\boldsymbol{R}_{13}(1)]^{-1}[\boldsymbol{R}_{23}(1/5)]^{-1}\boldsymbol{U}\\&=\boldsymbol{R}_{12}(3)\boldsymbol{R}_{13}(-1)\boldsymbol{R}_{23}(-1/5)\boldsymbol{U}\\&=\begin{pmatrix}1&0&0\\3&1&0\\-1&-1/5&1\end{pmatrix}\begin{pmatrix}1&2&-1\\0&-5&3\\0&0&-12/5\end{pmatrix}=\boldsymbol{LU}.\end{aligned}\tag{1.2.1}$$

称形如$\boldsymbol{L}$这样的对角元都为1的下三角矩阵为**单位下三角矩阵**(unit lower triangular matrix).类似地,称对角元都为1的上三角矩阵为**单位上三角矩阵**(unit upper triangular matrix).

思考:观察矩阵$\boldsymbol{L}$下三角部分的三个元素,它们与三个乘子有什么关系?

定义1.2.1(LU分解) 如果方阵$\boldsymbol{A}$可以分解成单位下三角矩阵$\boldsymbol{L}$与上三角矩阵$\boldsymbol{U}$的乘积,即

$$\boldsymbol{A}=\boldsymbol{LU},\tag{1.2.2}$$

则称式(1.2.2)为矩阵$\boldsymbol{A}$的**LU分解**(LU decomposition)或**三角分解**(triangular matrix decomposition),并称$\boldsymbol{L}$、$\boldsymbol{U}$为$\boldsymbol{A}$的LU因子,如图1-1所示.

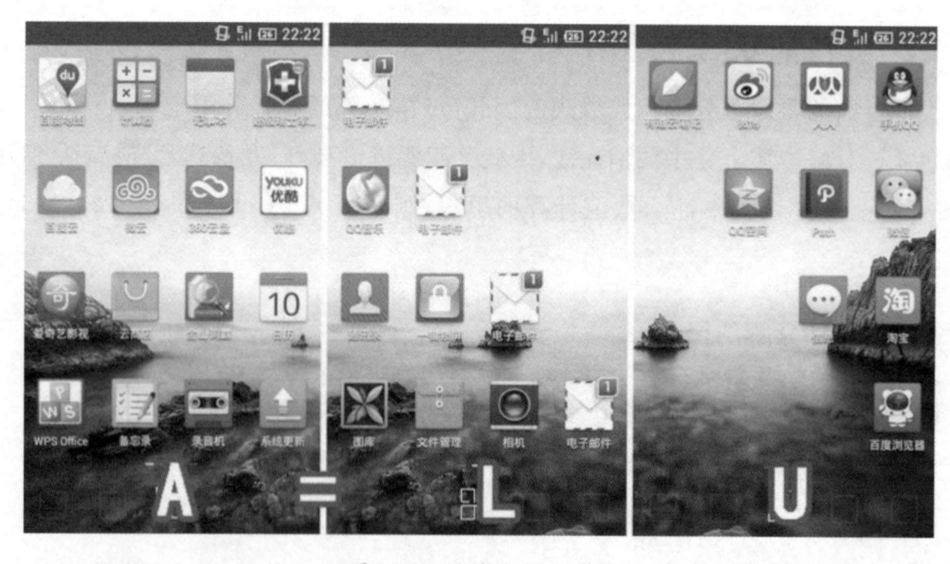

图1-1 矩阵的LU分解

显然L和U是西方语境中对三角矩阵几何形象的字母化表征，其中L代表“lower”，U代表“upper”.仅仅在特型矩阵上，线性代数和矩阵理论中就大量借鉴了这种几何形象，例如对角元、行阶梯矩阵等.

对线性方程组 $\boldsymbol{Ax}=\boldsymbol{b}$ 而言，如果系数矩阵 $\boldsymbol{A}$ 存在LU分解，则有 $\boldsymbol{Ax}=\boldsymbol{LUx}=\boldsymbol{L}(\boldsymbol{Ux})=\boldsymbol{b}$，即求解方程组 $\boldsymbol{Ax}=\boldsymbol{b}$ 转化为求解两个特殊的**三角方程组** $\boldsymbol{Ly}=\boldsymbol{b}$，$\boldsymbol{Ux}=\boldsymbol{y}$. 事实上，这正是MATLAB等数值软件中采用的方法.

例1.2.1 用LU分解重解线性方程组(1.1.1).

解： 由上述分析，可知问题已转化为求解两个三角方程组 $\boldsymbol{Ly}=\boldsymbol{b}$ 和 $\boldsymbol{Ux}=\boldsymbol{y}$，即

$$\begin{pmatrix}1&0&0\\3&1&0\\-1&-1/5&1\end{pmatrix}\begin{pmatrix}y_1\\y_2\\y_3\end{pmatrix}=\begin{pmatrix}0\\-1\\1\end{pmatrix},\quad\begin{pmatrix}1&2&-1\\0&-5&3\\0&0&-12/5\end{pmatrix}\begin{pmatrix}x_1\\x_2\\x_3\end{pmatrix}=\begin{pmatrix}y_1\\y_2\\y_3\end{pmatrix}.$$

对第一个方程 $\boldsymbol{Ly}=\boldsymbol{b}$，采用**向前消去法**，可依次确定未知数 y_1，y_2，y_3，即

$$y_1=0,\ y_2=-1-3y_1=-1,\ y_3=1+y_1+\frac{1}{5}y_2=\frac{4}{5}.$$

接着采用**向后消去法**解第二个方程 $\boldsymbol{Ux}=\boldsymbol{y}$，可依次确定未知数 x_3，x_2，x_1，即

$$x_3=\frac{4/5}{-12/5}=-\frac{1}{3},\ x_2=-\frac{1}{5}(-1-3x_3)=0,\ x_1=0-2x_2+x_3=-\frac{1}{3}.$$

上述求解三角方程组的解法显然可推广到一般形式.

对于三角方程组 $\boldsymbol{Ly}=\boldsymbol{b}$，令 $\boldsymbol{L}=(l_{ij})_{n\times n}$，$\boldsymbol{y}=(y_1,\ y_2,\ \cdots,\ y_n)^T$，$\boldsymbol{b}=(b_1,\ b_2,\ \cdots,\ b_n)^T$，则通过解第 i 个方程求出 y_i 即可得此解法的一般形式

$$y_i=b_i-l_{i1}y_1-\cdots-l_{i,\,i-1}y_{i-1}.$$

如果 i 从1到 n 向前依次计算 y_1，y_2，$\cdots$，y_n，则 $\boldsymbol{y}$ 的所有分量都可求出.

对于三角方程组 $\boldsymbol{Ux}=\boldsymbol{y}$，令 $\boldsymbol{U}=(u_{ij})_{n\times n}$，$\boldsymbol{x}=(x_1,\ x_2,\ \cdots,\ x_n)^T$，则通过解第 i 个方程求出 x_i 即可得此解法的一般形式

$$x_i=u_{ii}^{-1}(y_i-u_{i,\,i+1}x_{i+1}-\cdots-u_{i,\,n}x_n).$$

如果 i 从 n 到1向后依次计算 x_n，x_{n-1}，$\cdots$，x_1，则 $\boldsymbol{x}$ 的所有分量都可求出.

根据上述分析，不难给出本例的MATLAB代码实现，详见本书配套程序exm102.

1.2.2 LU分解的计算

什么样的矩阵才有LU分解呢？因为LU分解可用于求解线性方程组 $\boldsymbol{Ax}=\boldsymbol{b}$，首先自然想到 $\boldsymbol{A}$ 是可逆方阵.

设有LU分解 $\boldsymbol{A}=\boldsymbol{LU}$，其中 $\boldsymbol{A}$ 可逆.根据行列式的柯西定理(也称柯西-比内定理,即乘积的行列式等于行列式的乘积),并注意到 $|\boldsymbol{L}|=1$，则 $0\neq|\boldsymbol{A}|=|\boldsymbol{L}||\boldsymbol{U}|=|\boldsymbol{U}|$，故 $\boldsymbol{U}$ 也是可逆矩阵,其对角元(主元)都不为零.将 $\boldsymbol{A}$，$\boldsymbol{L}$，$\boldsymbol{U}$ 适当分块如下：

$$\begin{pmatrix}\boldsymbol{A}_{11} & \boldsymbol{A}_{12}\\ \boldsymbol{A}_{21} & \boldsymbol{A}_{22}\end{pmatrix}=\begin{pmatrix}\boldsymbol{L}_{11} & \boldsymbol{O}\\ \boldsymbol{L}_{21} & \boldsymbol{L}_{22}\end{pmatrix}\begin{pmatrix}\boldsymbol{U}_{11} & \boldsymbol{U}_{12}\\ \boldsymbol{O} & \boldsymbol{U}_{22}\end{pmatrix}=\begin{pmatrix}\boldsymbol{L}_{11}\boldsymbol{U}_{11} & \times\\ \times & \times\end{pmatrix},$$

其中,“×”表示不关心相应的元素值,则有 $\boldsymbol{A}_{11}=\boldsymbol{L}_{11}\boldsymbol{U}_{11}$，故

$$|\boldsymbol{A}_{11}|=|\boldsymbol{L}_{11}\boldsymbol{U}_{11}|=|\boldsymbol{L}_{11}||\boldsymbol{U}_{11}|=|\boldsymbol{U}_{11}|.$$

由于 $|\boldsymbol{U}_{11}|\neq 0$，因此 $|\boldsymbol{A}_{11}|\neq 0$. 由于 $\boldsymbol{A}_{11}$ 是矩阵 $\boldsymbol{A}$ 的顺序主子矩阵,且在阶数上具有任意性,因此矩阵 $\boldsymbol{A}$ 的任意阶顺序主子式都不为零.显然这个结论要比“矩阵 $\boldsymbol{A}$ 可逆”强得多.那么它是否也是充分的呢?

定理1.2.1(LU分解定理) 如果 n 阶方阵 $\boldsymbol{A}$ 的各阶顺序主子式 $\Delta_k\neq 0(k=1,2,\cdots,n)$，即 $\boldsymbol{A}$ 的各阶顺序主子矩阵 $\boldsymbol{A}_k$ 都可逆,则存在唯一的单位下三角矩阵 $\boldsymbol{L}$ 与唯一的可逆上三角矩阵 $\boldsymbol{U}$，使得 $\boldsymbol{A}=\boldsymbol{LU}$.

证明: 通过对阶数 k 使用数学归纳法证明每个 $\boldsymbol{A}_k$ 都有LU分解.

当 $k=1$ 时,由于 $\boldsymbol{A}=\boldsymbol{A}_1=(a_{11})$ 可逆,因此 $\boldsymbol{L}=(1)$，$\boldsymbol{U}=(a_{11})$.

设 $\boldsymbol{A}_k$ 具有LU分解 $\boldsymbol{A}_k=\boldsymbol{L}_k\boldsymbol{U}_k$. 由于 $\boldsymbol{A}_k$ 可逆,故 $|\boldsymbol{A}_k|=|\boldsymbol{L}_k\boldsymbol{U}_k|=|\boldsymbol{L}_k||\boldsymbol{U}_k|\neq 0$，从而 $\boldsymbol{L}_k$ 和 $\boldsymbol{U}_k$ 都可逆,并且 $\boldsymbol{A}_k^{-1}=\boldsymbol{U}_k^{-1}\boldsymbol{L}_k^{-1}$. 这样 $\boldsymbol{A}_{k+1}$ 就有下列分解

$$\boldsymbol{A}_{k+1}=\begin{pmatrix}\boldsymbol{A}_k & \boldsymbol{\alpha}\\ \boldsymbol{\beta}^{\mathrm{T}} & a_{k+1,k+1}\end{pmatrix}=\begin{pmatrix}\boldsymbol{L}_k & \\ \boldsymbol{\beta}^{\mathrm{T}}\boldsymbol{U}_k^{-1} & 1\end{pmatrix}\begin{pmatrix}\boldsymbol{U}_k & \boldsymbol{L}_k^{-1}\boldsymbol{\alpha}\\ & u_{k+1,k+1}\end{pmatrix}=\boldsymbol{L}_{k+1}\boldsymbol{U}_{k+1},\tag{1.2.3}$$

其中,$\boldsymbol{\alpha}$ 和 $\boldsymbol{\beta}$ 分别是 $\boldsymbol{A}_{k+1}$ 的最后一列和最后一行的前 k 个元素构成的 k 维列向量,$u_{k+1,k+1}=a_{k+1,k+1}-\boldsymbol{\beta}^{\mathrm{T}}\boldsymbol{A}_k^{-1}\boldsymbol{\alpha}$.

根据归纳假设,$\boldsymbol{L}_k$ 是单位下三角矩阵,$\boldsymbol{U}_k$ 是上三角矩阵,因此 $\boldsymbol{L}_{k+1}$ 仍然是单位下三角矩阵,$\boldsymbol{U}_{k+1}$ 仍然是上三角矩阵,这样式(1.2.3)就是 $\boldsymbol{A}_{k+1}$ 的LU分解.同时注意到 $|\boldsymbol{L}_{k+1}|=1$ 及 $\boldsymbol{A}_{k+1}$ 可逆,故

$$|\boldsymbol{U}_{k+1}|=|\boldsymbol{L}_{k+1}||\boldsymbol{U}_{k+1}|=|\boldsymbol{L}_{k+1}\boldsymbol{U}_{k+1}|=|\boldsymbol{A}_{k+1}|\neq 0.$$

因此 $\boldsymbol{U}_{k+1}$ 也是可逆的，且其最后一个主元 $u_{k+1,k+1}\neq 0$.

由数学归纳法，可知 $\boldsymbol{A}$ 的顺序主子矩阵 $\boldsymbol{A}_k$ 都具有 LU 分解，因此最大的顺序主子矩阵 $\boldsymbol{A}_n=\boldsymbol{A}$ 也具有 LU 分解.

下面用反证法证明 LU 分解的唯一性.

设 $\boldsymbol{A}=\boldsymbol{L}\boldsymbol{U}$ 和 $\boldsymbol{A}=\boldsymbol{L}'\boldsymbol{U}'$ 都是 $\boldsymbol{A}$ 的 LU 分解，则由 $\boldsymbol{A}$ 可逆可知 $\boldsymbol{L}$, $\boldsymbol{U}$ 和 $\boldsymbol{L}'$, $\boldsymbol{U}'$ 都是可逆的，因此 $(\boldsymbol{L}')^{-1}\boldsymbol{L}=\boldsymbol{U}'\boldsymbol{U}^{-1}$. 由于单位下三角矩阵的乘积和逆矩阵仍然都是单位下三角矩阵，上三角矩阵的乘积和逆矩阵仍然都是上三角矩阵，所以 $(\boldsymbol{L}')^{-1}\boldsymbol{L}$ 是单位下三角矩阵，$\boldsymbol{U}'\boldsymbol{U}^{-1}$ 是上三角矩阵，因此只能有 $(\boldsymbol{L}')^{-1}\boldsymbol{L}=\boldsymbol{U}'\boldsymbol{U}^{-1}=\boldsymbol{I}$，此即 $\boldsymbol{L}'=\boldsymbol{L}$, $\boldsymbol{U}'=\boldsymbol{U}$. 证毕.

在矩阵的 LU 分解中，显然矩阵 $\boldsymbol{L}$ 和 $\boldsymbol{U}$ 的地位不平等. 要解决这个问题，只需对矩阵 $\boldsymbol{U}$ 的每一行提取适当倍数（即除以各乘子），将之改造成单位上三角矩阵即可.

定理 1.2.2（LDU 分解定理） 如果 n 阶方阵 $\boldsymbol{A}$ 的顺序主子式 $\Delta_k\neq 0$ $(k=1,2,\cdots,n)$，则 $\boldsymbol{A}$ 存在 **LDU 分解**，即存在唯一的单位下三角矩阵 $\boldsymbol{L}$、唯一的单位上三角矩阵 $\boldsymbol{U}$ 以及唯一的对角矩阵 $\boldsymbol{D}$，使得 $\boldsymbol{A}=\boldsymbol{LDU}$.

如何手工计算矩阵的 LU 分解呢？

如果有 LU 分解 $\boldsymbol{A}=\boldsymbol{LU}$，那么矩阵 $\boldsymbol{L}$ 可逆，即存在可逆矩阵 $\boldsymbol{L}_1$，使得 $\boldsymbol{L}_1\boldsymbol{L}=\boldsymbol{I}$，从而 $\boldsymbol{L}_1\boldsymbol{A}=\boldsymbol{L}_1\boldsymbol{L}\boldsymbol{U}=\boldsymbol{U}$，这也就意味着

$$\boldsymbol{L}_1(\boldsymbol{A},\boldsymbol{I})=(\boldsymbol{L}_1\boldsymbol{A},\boldsymbol{L}_1)=(\boldsymbol{U},\boldsymbol{L}_1). \tag{1.2.4}$$

根据定理 1.1.4，从变换的视角看(1.2.4)，说明可通过对矩阵 $(\boldsymbol{A},\boldsymbol{I})$ 做一系列初等行变换来求出 $\boldsymbol{U}$ 和 $\boldsymbol{L}_1$，进而就可求出 $\boldsymbol{L}_1$ 的逆矩阵 $\boldsymbol{L}$. 因此手算 LU 分解的步骤大致如下：

$$(\boldsymbol{A},\boldsymbol{I})\xrightarrow{\text{初等行变换}}(\boldsymbol{U},\boldsymbol{L}_1),\ (\boldsymbol{L}_1,\boldsymbol{I})\xrightarrow{\text{初等行变换}}(\boldsymbol{I},\boldsymbol{L}). \tag{1.2.5}$$

例 1.2.2 求矩阵 $\boldsymbol{A}=\begin{pmatrix}1&2&-1\\3&1&0\\-1&-1&-2\end{pmatrix}$ 的 LU 分解和 LDU 分解.

解： 由于 $\Delta_1=1$, $\Delta_2=-5$, $\Delta_3=12$，即各阶顺序主子式都不为零，根据 LU 分解定理，可知矩阵 $\boldsymbol{A}$ 具有唯一的 LU 分解.

$$(\boldsymbol{A}\,\vdots\,\boldsymbol{I})\sim\left(\begin{array}{ccc:ccc}1&2&-1&1&0&0\\0&-5&3&-3&1&0\\0&0&-12/5&2/5&1/5&1\end{array}\right)=(\boldsymbol{U}\,\vdots\,\boldsymbol{L}_1),$$

从而 $\boldsymbol{L}=\boldsymbol{L}_1^{-1}=\begin{pmatrix}1&0&0\\3&1&0\\-1&-1/5&1\end{pmatrix}$，故所求的 LU 分解和 LDU 分解分别为

$$\boldsymbol{A}=\begin{pmatrix}1&0&0\\3&1&0\\-1&-1/5&1\end{pmatrix}\begin{pmatrix}1&2&-1\\0&-5&3\\0&0&-12/5\end{pmatrix}=\boldsymbol{LU},$$

$$\boldsymbol{A}=\begin{pmatrix}1&0&0\\3&1&0\\-1&-1/5&1\end{pmatrix}\begin{pmatrix}1&0&0\\0&-5&0\\0&0&-12/5\end{pmatrix}\begin{pmatrix}1&2&-1\\0&1&-3/5\\0&0&1\end{pmatrix}=\boldsymbol{LDU}.$$

本例的 MATLAB 代码实现,详见本书配套程序 exm103.

读者应该已经注意到以下事实：单位下三角阵矩阵 $\boldsymbol{L}$ 下三角部分的三个元素 3、-1 和 $-1/5$,实际上就是将 $\boldsymbol{A}$ 变换成 $\boldsymbol{U}$ 的过程中所使用的三个乘子的相反数,并且元素的位置也与相应的初等行变换相对应.这个事实在理论上也可以说明清楚,为此需要引入**基本矩阵** $\boldsymbol{E}_{ij}$ (fundamental matrix,即第 i 行第 j 列元素为 1、其余元素都为 0 的 $m\times n$ 矩阵,名称上不要与初等矩阵混淆).注意到

$$\boldsymbol{E}_{ij}\boldsymbol{E}_{kl}=\delta_{jk}\boldsymbol{E}_{il}(1\leqslant i\leqslant m,\ 1\leqslant j,\ k\leqslant p,\ 1\leqslant l\leqslant n), \tag{1.2.6}$$

其中,克罗内克记号 $\delta_{jk}=\begin{cases}1, & j=k,\\0, & j\neq k.\end{cases}$ 由于 n 阶行初等矩阵

$$\boldsymbol{R}_{ij}(s)=\boldsymbol{I}+s\boldsymbol{E}_{ji},\ \boldsymbol{R}_{ik}(t)=\boldsymbol{I}+t\boldsymbol{E}_{ki}(1\leqslant i,\ j,\ k\leqslant n).$$

注意到当 $i\neq k$ 时,有 $\boldsymbol{E}_{ji}\boldsymbol{E}_{ki}=\boldsymbol{O}$, 从而

$$\boldsymbol{R}_{ij}(s)\boldsymbol{R}_{ik}(t)=(\boldsymbol{I}+s\boldsymbol{E}_{ji})(\boldsymbol{I}+t\boldsymbol{E}_{ki})=\boldsymbol{I}+s\boldsymbol{E}_{ji}+t\boldsymbol{E}_{ki}+st\boldsymbol{E}_{ji}\boldsymbol{E}_{ki}=\boldsymbol{I}+s\boldsymbol{E}_{ji}+t\boldsymbol{E}_{ki}.$$

回到本节开头的例子,由式(1.2.1)易知 $\boldsymbol{L}=\boldsymbol{R}_{12}(3)\boldsymbol{R}_{13}(-1)\boldsymbol{R}_{23}(-1/5)$. 由于 $\boldsymbol{R}_{12}(3)\boldsymbol{R}_{13}(-1)=\boldsymbol{I}+3\boldsymbol{E}_{21}-\boldsymbol{E}_{31}$, 因此

$$\begin{aligned}\boldsymbol{L}&=(\boldsymbol{I}+3\boldsymbol{E}_{21}-\boldsymbol{E}_{31})\boldsymbol{R}_{23}(-1/5)=(\boldsymbol{I}+3\boldsymbol{E}_{21}-\boldsymbol{E}_{31})\left(\boldsymbol{I}-\frac{1}{5}\boldsymbol{E}_{32}\right)\\&=\boldsymbol{I}+3\boldsymbol{E}_{21}-\boldsymbol{E}_{31}-\frac{1}{5}\boldsymbol{E}_{32}-\frac{3}{5}\boldsymbol{E}_{21}\boldsymbol{E}_{32}+\frac{1}{5}\boldsymbol{E}_{31}\boldsymbol{E}_{32}=\boldsymbol{I}+3\boldsymbol{E}_{21}-\boldsymbol{E}_{31}-\frac{1}{5}\boldsymbol{E}_{32}.\end{aligned}$$

这就解释了上述事实.不过要提醒读者的是,用乘子来确定矩阵 $\boldsymbol{L}$,虽然对一般情形也成立,但其理论分析却比较繁琐,有兴趣的读者可进一步查阅文献[2: P131－133].

LU 分解的发现,要归功于计算机科学之父及人工智能之父图灵.众所周知,他是计算机逻辑的奠基者,提出了"图灵机"和"图灵测试"等重要概念.1945 年,他提交了报告书《关于自动电子计算机(ACE)的数学设计说明书》(1972 年才被解密),最先用文字表述了存储程序控制的概念,并据此设计出计算机.在随后的几年里,他致力于计算机程序理论的研究,并于 1948 年发表了《矩阵方法的舍入误差(Rounding-off errors in matrix processes)》一文,正式提出了 LU 分解.这件史实也再次印证了计算机理论研究与矩阵计算的紧密关系.

MATLAB 中提供了内置函数 lu,用于机算矩阵 $\boldsymbol{A}$ 的 LU 分解,其调用格式为

```
[L,U] = lu(A)
```

用内置函数 lu 来机算例 1.2.2(详见本书配套程序 exm103),得到的 $\boldsymbol{L}$ 和 $\boldsymbol{U}$ 如下所示:

```
L =

    1/3          1          0
      1          0          0
   -1/3       -2/5          1

U =

      3          1          0
      0        5/3         -1
      0          0      -12/5
```

显然上面的矩阵 $\boldsymbol{L}$ 不是单位下三角阵矩阵,这是怎么回事呢?稍加观察,不难发现只要交换其第 1 行和第 2 行,又可以得到一个单位下三角矩阵.这又意味着什么呢?

1.2.3　列选主元法

例 1.2.3　求矩阵 $\boldsymbol{B}=\begin{pmatrix}3 & 1 & 0\\ 1 & 2 & -1\\ -1 & -1 & -2\end{pmatrix}$ 的 LU 分解.

解: 手算可知所求为

$$B=\begin{pmatrix}1 & 0 & 0\\ 1/3 & 1 & 0\\ -1/3 & -2/5 & 1\end{pmatrix}\begin{pmatrix}3 & 1 & 0\\ 0 & 5/3 & -1\\ 0 & 0 & -12/5\end{pmatrix}=LU.$$

如果使用 MATLAB 内置函数 lu,则所求 LU 分解为:

```
L =

     1           0           0
     0         1/3           1
     1        -1/3        -2/5

U =

     0           3           1
    -1           0         5/3
 -12/5           0           0
```

显然手算与机算的结果完全一致.

不难发现,通过一次第一类初等行变换 r_{12},即可将例 1.2.2 中的矩阵 A 变换成这里的矩阵 B,即有 $R_{12}A=B=LU$. 这说明可以通过对矩阵进行适当的处理,使得它的 LU 分解的手算与机算结果完全一致.要深入研究这种思路,需要先引入置换矩阵的概念.

定义 1.2.2(置换矩阵)　每一行和每一列上正好有一个元素为 1,而其余元素都为 0 的方阵 P,称为**置换矩阵**或**排列矩阵**(permutation matrix).

例如,矩阵 $P=(e_1, e_3, e_4, e_2)$ 就是按序号(1342)重排四阶单位矩阵 $I=(e_1, e_2, e_3, e_4)$ 的相关列后得到的排列矩阵,此时对四阶方阵 $A=(\alpha_1, \alpha_2, \alpha_3, \alpha_4)$,验算可知 $B=AP=(\alpha_1, \alpha_3, \alpha_4, \alpha_2)$,即用 P 右乘 A 所得的矩阵 B,实际上就是按序号(1342)重排矩阵 A 的列所得的矩阵.由于矩阵 P 也可通过按序号(1423)重排单位矩阵 I 的相关行来得到,因此用矩阵 P 左乘矩阵 A,效果等价于按序号(1423)重排 A 的行.当矩阵 A 特殊为向量 $x=(x_1, x_2, x_3, x_4)^{\mathrm{T}}\in\mathbb{R}^4$ 时,有 $Px=(x_1, x_4, x_2, x_3)^{\mathrm{T}}$,即向量 x 的元素也按序号(1423)被重排.

第一类初等矩阵即对换矩阵(R_{ij} 和 C_{ij})显然是特殊的置换矩阵.事实上,置换矩阵还具有以下性质:

(1) 置换矩阵的乘积和幂仍然是置换矩阵;

(2) 置换矩阵 P 的逆矩阵和转置矩阵仍然是置换矩阵,且有 $P^{-1}=P^{\mathrm{T}}$.

定义 1.2.3(PLU 分解) 如果存在置换矩阵 $\boldsymbol{P}$，单位下三角矩阵 $\boldsymbol{L}$ 与上三角矩阵 $\boldsymbol{U}$，使得方阵 $\boldsymbol{A}$ 满足

$$\boldsymbol{PA}=\boldsymbol{LU}, \tag{1.2.7}$$

则称式(1.2.7)为矩阵 $\boldsymbol{A}$ 的**带 $\boldsymbol{P}$ 的 LU 分解**，或矩阵 $\boldsymbol{A}$ 的 **PLU 分解**.

显然当 $\boldsymbol{P}=\boldsymbol{I}$ 时，$\boldsymbol{PA}=\boldsymbol{LU}$ 退化为 $\boldsymbol{A}=\boldsymbol{LU}$，因此 PLU 分解是 LU 分解的推广形式.这也意味着 LU 分解定理中对矩阵的严苛条件会减弱.事实上，当方阵 $\boldsymbol{A}$ 仅为可逆阵即满秩阵时，根据矩阵秩的定义，此时矩阵 $\boldsymbol{A}$ 存在各阶非零子式，因此可以通过置换矩阵 $\boldsymbol{P}$ 重排 $\boldsymbol{A}$ 的行，使得所得矩阵 $\boldsymbol{B}=\boldsymbol{PA}$ 的各阶顺序主子式都非零，然后就可以对 $\boldsymbol{B}$ 进行 LU 分解了.

定理 1.2.3(列主元 LU 分解定理) 对 n 阶可逆方阵 $\boldsymbol{A}$，存在置换矩阵 $\boldsymbol{P}$，单位下三角矩阵 $\boldsymbol{L}$ 与上三角矩阵 $\boldsymbol{U}$，使得 $\boldsymbol{PA}=\boldsymbol{LU}$.

证明：对 n 阶可逆方阵 $\boldsymbol{A}$，考察其前 $n-1$ 列，易知其中的 n 个 $n-1$ 阶子矩阵中必有一个是可逆的，否则将 $|\boldsymbol{A}|$ 按第 n 列拉普拉斯展开后，必有 $|\boldsymbol{A}|=0$，这与 $\boldsymbol{A}$ 可逆相矛盾.通过置换矩阵 $\boldsymbol{P}_1$(显然 $\boldsymbol{P}_1$ 未必唯一，为什么)将 $\boldsymbol{A}$ 中的这个可逆的 $n-1$ 阶子矩阵行置换到 $n-1$ 阶主子矩阵的位置，从而 $\boldsymbol{B}_1=\boldsymbol{P}_1\boldsymbol{A}$ 的 $n-1$ 阶主子矩阵是可逆的，即 $\boldsymbol{B}_1$ 的第 $n-1$ 个顺序主子式 $\Delta_{n-1}\neq 0$. 同样，如果有必要，对 $\boldsymbol{B}_1$ 的前 $n-1$ 行，也可以通过置换矩阵 $\boldsymbol{P}_2$，将其中的可逆的 $n-2$ 阶子矩阵行置换到 $n-2$ 阶主子矩阵的位置，即 $\boldsymbol{B}_2=\boldsymbol{P}_2\boldsymbol{B}_1=\boldsymbol{P}_2\boldsymbol{P}_1\boldsymbol{A}$ 的第 $n-2$ 个顺序主子式 $\Delta_{n-2}\neq 0$. 继续这个过程，可得置换矩阵 $\boldsymbol{P}=\boldsymbol{P}_{n-1}\cdots\boldsymbol{P}_2\boldsymbol{P}_1$，使得 $\boldsymbol{B}=\boldsymbol{PA}$ 的所有顺序主子矩阵全部可逆，即 $\boldsymbol{PA}$ 具有 LU 分解. 证毕.

对式(1.2.7)两边求行列式，并注意到 $|\boldsymbol{P}|=\pm 1$，$|\boldsymbol{L}|=1$，可得

$$\pm|\boldsymbol{A}|=|\boldsymbol{P}||\boldsymbol{A}|=|\boldsymbol{PA}|=|\boldsymbol{LU}|=|\boldsymbol{L}||\boldsymbol{U}|=|\boldsymbol{U}|.$$

此即 $|\boldsymbol{A}|=\pm|\boldsymbol{U}|=\pm u_{11}\cdots u_{nn}$，这说明可通过计算 $\boldsymbol{U}$ 的对角元之积(即主元之积)来计算 $\boldsymbol{A}$ 的行列式.分析表明，这种方法的时间复杂度为 $O(n^3)$，远远小于使用拉普拉斯展开定理所耗费的 $O(n!)$. 事实上，MATLAB 中计算行列式的内置函数 det 就是基于 LU 分解来实现的.

当系数矩阵 $\boldsymbol{A}$ 可逆时，根据列主元 LU 分解定理，显然存在置换矩阵 $\boldsymbol{P}$，使得线性方程组 $\boldsymbol{Ax}=\boldsymbol{b}$ 变成了 $\boldsymbol{PAx}=\boldsymbol{LUx}=\boldsymbol{L}(\boldsymbol{Ux})=\boldsymbol{Pb}$，这说明也可以通过求解两个特殊的三角方程组 $\boldsymbol{Ly}=\boldsymbol{Pb}$，$\boldsymbol{Ux}=\boldsymbol{y}$ 来求解线性方程组 $\boldsymbol{Ax}=\boldsymbol{b}$. 这种想法的 MATLAB 代码实现，详见本书配套程序 exm104.

根据列主元LU分解定理,可知手算PLU分解的步骤大致如下:

$$(\boldsymbol{PA},\ \boldsymbol{I}) \xrightarrow{\text{初等行变换}} (\boldsymbol{U},\ \boldsymbol{L}_1),\ (\boldsymbol{L}_1,\ \boldsymbol{I}) \xrightarrow{\text{初等行变换}} (\boldsymbol{I},\ \boldsymbol{L}). \tag{1.2.8}$$

例 1.2.4 求矩阵 $\boldsymbol{A}=\begin{pmatrix}1&2&3\\2&4&5\\3&5&6\end{pmatrix}$ 的PLU分解.

分析: 3个顺序主子式分别为 $\Delta_1=1$, $\Delta_2=0$, $\Delta_3=-1$,其中 $\Delta_2=0$ 不满足LU分解定理的条件,但矩阵 $\boldsymbol{A}$ 却满足列主元LU分解定理的条件,因此只能求PLU分解.

解: 由于 $\boldsymbol{A}$ 的前2列中的三个2阶方子矩阵中,$\begin{pmatrix}1&2\\3&5\end{pmatrix}$ 和 $\begin{pmatrix}2&4\\3&5\end{pmatrix}$ 都可逆,因此 $\boldsymbol{P}_1$ 可取 $\boldsymbol{R}_{13}$ 或 $\boldsymbol{R}_{23}$,这里取 $\boldsymbol{P}_1=\boldsymbol{R}_{13}$(能否取 $\boldsymbol{P}_1=\boldsymbol{R}_{23}$?).进一步计算后可知 $\boldsymbol{P}_2=\boldsymbol{I}$.因此 $\boldsymbol{P}=\boldsymbol{P}_2\boldsymbol{P}_1=\boldsymbol{R}_{13}$.

$$(\boldsymbol{PA},\ \boldsymbol{I})=\begin{pmatrix}3&5&6&1&0&0\\2&4&5&0&1&0\\1&2&3&0&0&1\end{pmatrix}\sim\begin{pmatrix}3&5&6&1&0&0\\0&2/3&1&-2/3&1&0\\0&0&1/2&0&-1/2&1\end{pmatrix}=(\boldsymbol{U},\ \boldsymbol{L}_1),$$

从而 $\boldsymbol{L}=\boldsymbol{L}_1^{-1}=\begin{pmatrix}1&0&0\\2/3&1&0\\1/3&1/2&1\end{pmatrix}$,于是所求的PLU分解为

$$\boldsymbol{PA}=\begin{pmatrix}0&0&1\\0&1&0\\1&0&0\end{pmatrix}\begin{pmatrix}1&2&3\\2&4&5\\3&5&6\end{pmatrix}=\begin{pmatrix}1&0&0\\2/3&1&0\\1/3&1/2&1\end{pmatrix}\begin{pmatrix}3&5&6\\0&2/3&1\\0&0&1/2\end{pmatrix}=\boldsymbol{LU}. \tag{1.2.9}$$

MATLAB提供的内置函数lu也可用于机算PLU分解,其语法格式为(注意返回矩阵的顺序)

```
[L,U,P] = lu(A)
```

本例的MATLAB代码实现,详见本书配套程序exm105.

显然置换矩阵 $\boldsymbol{P}$ 未必唯一,因此如何确定置换矩阵 $\boldsymbol{P}$,是一个麻烦的问题.更要命的则是用有限的机器数来近似表示无限的实数,可能会导致下面的误差危害.

例 1.2.5 **(小主元带来的误差危害)** 考虑线性方程组 $\boldsymbol{Ax}=\boldsymbol{b}$,这里 $\boldsymbol{A}=\begin{pmatrix}0&1\\1&1\end{pmatrix}$,$\boldsymbol{b}=$

$\begin{pmatrix}1\\0\end{pmatrix}$，易知其理论解为 $\boldsymbol{x}=\begin{pmatrix}-1\\1\end{pmatrix}$. 如果系数矩阵被**扰动**成 $\widetilde{\boldsymbol{A}}=\begin{pmatrix}10^{-20} & 1\\1 & 1\end{pmatrix}$，手算可知它的两个 LU 因子分别为

$$\widetilde{\boldsymbol{L}}=\begin{pmatrix}1 & 0\\10^{20} & 1\end{pmatrix},\ \widetilde{\boldsymbol{U}}=\begin{pmatrix}10^{-20} & 1\\0 & 1-10^{20}\end{pmatrix}.$$

机器数浮点运算具有如下规则：两数相加时，大数会“吃掉”小数.假设机器精度为 $\varepsilon=10^{-16}$，则在 $\widetilde{\boldsymbol{U}}$ 中的元素 $1-10^{20}$ 中，大数 10^{20}“吃掉”了小数1，因此产生的浮点矩阵为 $\boldsymbol{A}'=\widetilde{\boldsymbol{A}}$，$\boldsymbol{L}'=\widetilde{\boldsymbol{L}}$，$\boldsymbol{U}'=\begin{pmatrix}10^{-20} & 1\\0 & -10^{20}\end{pmatrix}$. 虽然对于接近 $\widetilde{\boldsymbol{A}}$ 的矩阵 $\boldsymbol{A}'$（这里 $\boldsymbol{A}'=\widetilde{\boldsymbol{A}}$），它的 LU 因子 $\boldsymbol{L}'$ 和 $\boldsymbol{U}'$ 非常接近理论上的因子 $\widetilde{\boldsymbol{L}}$ 和 $\widetilde{\boldsymbol{U}}$，即 LU 分解是稳定的.但显然此时 $\boldsymbol{L}'\boldsymbol{U}'=\begin{pmatrix}10^{-20} & 1\\1 & 0\end{pmatrix}$ 与 $\widetilde{\boldsymbol{A}}$ 明显不同，因为在(2, 2)位置上，$\widetilde{\boldsymbol{A}}$ 中的1变成了 $\boldsymbol{L}'\boldsymbol{U}'$ 中的0.现在 $\boldsymbol{L}'\boldsymbol{U}'\boldsymbol{x}'=\boldsymbol{b}$ 的理论解为 $\boldsymbol{x}'=(0,1)^{\mathrm{T}}$，显然不等于前面的理论解 $\boldsymbol{x}=(-1,1)^{\mathrm{T}}$，而且 $\boldsymbol{x}'$ 明显不接近 $\boldsymbol{x}$，这说明将 LU 分解用到解线性方程组 $\boldsymbol{A}\boldsymbol{x}=\boldsymbol{b}$ 上是不稳定的.究其原因，是因为 $\widetilde{\boldsymbol{U}}$ 中的第一个主元 10^{-20} 太小，导致第二个主元中1与 10^{20} 的值相差悬殊，出现了“大数吃小数”的情况.

如果 $\boldsymbol{b}$ 也被扰动成 $\widetilde{\boldsymbol{b}}=(1,10^{-20})^{\mathrm{T}}$，此时扰动方程组为 $\widetilde{\boldsymbol{A}}\widetilde{\boldsymbol{x}}=\widetilde{\boldsymbol{b}}$，即

$$\begin{pmatrix}10^{-20} & 1\\1 & 1\end{pmatrix}\widetilde{\boldsymbol{x}}=\begin{pmatrix}1\\10^{-20}\end{pmatrix}. \tag{1.2.10}$$

计算易知其理论解为 $\widetilde{\boldsymbol{x}}=(-1,1+10^{-20})^{\mathrm{T}}$，与扰动前的理论解 $\boldsymbol{x}=(-1,1)^{\mathrm{T}}$ 非常接近.然而按中国消元法，则有

$$(\widetilde{\boldsymbol{A}},\widetilde{\boldsymbol{b}})=\begin{pmatrix}10^{-20} & 1 & 1\\1 & 1 & 10^{-20}\end{pmatrix}\overset{r_{12}(-10^{20})}{\sim}\begin{pmatrix}10^{-20} & 1 & 1\\0 & 1-10^{20} & 10^{-20}-10^{20}\end{pmatrix}. \tag{1.2.11}$$

在浮点运算中，后一个矩阵变成了 $\begin{pmatrix}10^{-20} & 1 & 1\\0 & -10^{20} & -10^{20}\end{pmatrix}$，对应的数值解为 $\boldsymbol{x}''=(1,0)^{\mathrm{T}}$，与扰动前的理论解 $\boldsymbol{x}=(-1,1)^{\mathrm{T}}$ 之间的误差也非常大.这恰似著名的“蝴蝶效应”：蝴蝶仅仅拍动了一下翅膀，却导致万里之外的一场飓风.其罪魁祸首，仍然是第一个主元 10^{-20} 太小，导致第二个主元 $1-10^{20}$ 中1与 10^{20} 的值相差悬殊.

如何避免上述危害呢？联想到置换矩阵 $\boldsymbol{P}$ 的技巧需求，意味着在消元过程中，需要通过适当的选主元技术，来避免放大数据误差.

常用的选主元技术就是**列选主元法**：设 $m \times n$ 阶矩阵 $\boldsymbol{A}$ 的秩 $r=r(\boldsymbol{A})$，在确定第 k $(k=1, 2, \cdots, r)$ 个主元 $a_{kj_k}^{(k)}(j_k \geqslant k)$ 时，先从第 k 列的主元位置 (k, j_k) 至列尾的所有元素 $a_{kj_k}^{(k)}, \cdots, a_{mj_k}^{(k)}$ 中选择绝对值最大的元素，与 $a_{kj_k}^{(k)}$ 交换，然后将 $a_{k+1, j_k}^{(k)}, \cdots, a_{mj_k}^{(k)}$ 化为零.对 k 继续这个过程，直至将矩阵 $\boldsymbol{A}$ 化成其行阶梯形 $\boldsymbol{H}_{\boldsymbol{A}}$.

注：(1) 对可逆方阵 $\boldsymbol{A}$，列选主元法最后得到的就是上三角矩阵 $\boldsymbol{U}$.

(2) 列选主元法可以保证消去过程中的乘子都不超过1，从而抑制了数据误差的放大和传播.

下面用列选主元法重新审视前面的几个例题.

在例1.2.4中，易知矩阵 $\boldsymbol{A}$ 第一列中元素 $a_{13}^{(1)}=3$ 绝对值最大，需要交换，故选择 $\boldsymbol{P}_1=\boldsymbol{R}_{13}$. 继续执行消元变换 $r_{12}(-2/3)$ 和 $r_{13}(-1/3)$ 后，有 $|a_{22}^{(2)}|=2/3>|a_{23}^{(2)}|=1/3$，不需要交换，故选择 $\boldsymbol{P}_2=\boldsymbol{I}$. 因此所求置换矩阵为 $\boldsymbol{P}=\boldsymbol{P}_2\boldsymbol{P}_1=\boldsymbol{R}_{13}$.

在例1.2.3中，易知矩阵 $\boldsymbol{A}$ 第一列中元素 $a_{11}^{(1)}=3$ 绝对值最大，不需要交换，故选择 $\boldsymbol{P}_1=\boldsymbol{I}$. 继续执行消元变换 $r_{12}(-1/3)$ 和 $r_{13}(1/3)$ 后，有 $|a_{22}^{(2)}|=5/3>2/3=|a_{23}^{(2)}|$，仍然不需要交换，故选择 $\boldsymbol{P}_2=\boldsymbol{I}$. 因此所求置换矩阵为 $\boldsymbol{P}=\boldsymbol{P}_2\boldsymbol{P}_1=\boldsymbol{I}$.

再看例1.2.2，易知需选择 $\boldsymbol{P}_1=\boldsymbol{R}_{12}$，$\boldsymbol{P}_2=\boldsymbol{I}$. 因此所求置换矩阵为 $\boldsymbol{P}=\boldsymbol{P}_2\boldsymbol{P}_1=\boldsymbol{R}_{12}$.

不难验证上述分析与机算结果完全一致，这说明列选主元法既可用于确定置换矩阵 $\boldsymbol{P}$，也是MATLAB内置函数lu的实现算法的理论依据.事实上，通过阅读莫勒(C. B. Moler，MATLAB联合创始人之一，1939—)提供的lutx函数(lu函数的可阅读版本，可见于文献[6：P50])，不难发现这个事实.本书配套程序中的ncm文件夹即为该莫勒提供的NCM程序包.

用列选主元法解扰动方程组(1.2.10)，可知

$$\boldsymbol{P}(\widetilde{\boldsymbol{A}}, \widetilde{\boldsymbol{b}})=\begin{pmatrix}0 & 1\\ 1 & 0\end{pmatrix}\begin{pmatrix}10^{-20} & 1 & 1\\ 1 & 1 & 10^{-20}\end{pmatrix}=\begin{pmatrix}1 & 1 & 10^{-20}\\ 10^{-20} & 1 & 1\end{pmatrix}\sim\begin{pmatrix}1 & 1 & 10^{-20}\\ 0 & 1-10^{-20} & 1-10^{-40}\end{pmatrix},$$

从而易知其理论解为 $\widetilde{\boldsymbol{x}}=(-1, 1+10^{-20})^{\mathrm{T}}$，完美地避开了前述的误差危害.

其他的选主元技术还有全选主元技术、对角选主元技术、随机选主元技术等等，需要深入了解的读者可查阅[16,17]等文献.文献[6]中矩阵标准型定理的证明，实际上就是全选主元技术.

如果进一步放宽LU分解中对LU因子的限制，那么对任意方阵，不难发现有的没有LU分解，有的却有无穷多种LU分解.例如 $\begin{pmatrix}0&2\\0&1\end{pmatrix}=\begin{pmatrix}1&0\\a&1\end{pmatrix}\begin{pmatrix}0&2\\0&1-2a\end{pmatrix}$，其中 a 为任意实数.具体请参阅习题1.9—1.11.

至于长方阵，由于它总能通过列选主元法化成行阶梯矩阵，因此形式上总能保证 $\boldsymbol{PA}=\boldsymbol{LU}$：对任意的 $m\times n$ 阶矩阵 $\boldsymbol{A}$，当 $m\geqslant n$ 时，$\boldsymbol{L}$ 也是 $m\times n$ 阶矩阵，而 $\boldsymbol{U}$ 是 n 阶方阵；当 $m<n$ 时，$\boldsymbol{L}$ 是 m 阶方阵，而 $\boldsymbol{U}$ 则是 $m\times n$ 阶矩阵.例如(MATLAB代码实现详见本书配套程序exm106)

$$\begin{pmatrix}0&0&1\\0&1&0\\1&0&0\end{pmatrix}\begin{pmatrix}1&2\\2&4\\3&5\end{pmatrix}=\begin{pmatrix}1&0\\2/3&1\\1/3&1/2\end{pmatrix}\begin{pmatrix}3&5\\0&2/3\end{pmatrix},\quad\begin{pmatrix}0&0&1\\0&1&0\\1&0&0\end{pmatrix}\begin{pmatrix}1\\2\\3\end{pmatrix}=\begin{pmatrix}1\\2/3\\1/3\end{pmatrix}(3).$$

$$\begin{pmatrix}0&1\\1&0\end{pmatrix}\begin{pmatrix}1&2&3\\3&5&6\end{pmatrix}=\begin{pmatrix}1&0\\1/3&1\end{pmatrix}\begin{pmatrix}3&5&6\\0&1/3&1\end{pmatrix},\quad(1)(3\quad 5\quad 6)=(1)(3\quad 5\quad 6).$$

上述推广的LU分解显然可看成分解式(1.2.9)的**约化**(reduced，也译为**精简**)形式(“约化”的概念，在3.2节的QR分解以及4.4节中的SVD分解中还会涉及)，而且适当扩充后，可变成方阵的情形.例如

$$\begin{pmatrix}0&0&1\\0&1&0\\1&0&0\end{pmatrix}\begin{pmatrix}1&2&0\\2&4&0\\3&5&1\end{pmatrix}=\begin{pmatrix}1&0&0\\2/3&1&0\\1/3&1/2&1\end{pmatrix}\begin{pmatrix}3&5&1\\0&2/3&-2/3\\0&0&0\end{pmatrix},$$

$$\begin{pmatrix}0&0&1\\0&1&0\\1&0&0\end{pmatrix}\begin{pmatrix}1&0&0\\2&1&0\\3&0&1\end{pmatrix}=\begin{pmatrix}1&0&0\\2/3&1&0\\1/3&0&1\end{pmatrix}\begin{pmatrix}3&0&1\\0&1&-2/3\\0&0&-1/3\end{pmatrix}.$$

LU分解还可以进一步推广到四分块矩阵的情形.不难验证分块矩阵的下列LDU分解：

(1) 主子矩阵 $\boldsymbol{A}$ 可逆时，成立

$$\begin{pmatrix}\boldsymbol{A}&\boldsymbol{B}\\\boldsymbol{C}&\boldsymbol{D}\end{pmatrix}=\begin{pmatrix}\boldsymbol{I}&\boldsymbol{O}\\\boldsymbol{CA}^{-1}&\boldsymbol{I}\end{pmatrix}\begin{pmatrix}\boldsymbol{A}&\boldsymbol{O}\\\boldsymbol{O}&\boldsymbol{D}-\boldsymbol{CA}^{-1}\boldsymbol{B}\end{pmatrix}\begin{pmatrix}\boldsymbol{I}&\boldsymbol{A}^{-1}\boldsymbol{B}\\\boldsymbol{O}&\boldsymbol{I}\end{pmatrix}.\tag{1.2.12}$$

(2) 主子矩阵 $\boldsymbol{D}$ 可逆时,成立

$$\begin{pmatrix} \boldsymbol{A} & \boldsymbol{B} \\ \boldsymbol{C} & \boldsymbol{D} \end{pmatrix} = \begin{pmatrix} \boldsymbol{I} & \boldsymbol{B}\boldsymbol{D}^{-1} \\ \boldsymbol{O} & \boldsymbol{I} \end{pmatrix} \begin{pmatrix} \boldsymbol{A}-\boldsymbol{B}\boldsymbol{D}^{-1}\boldsymbol{C} & \boldsymbol{O} \\ \boldsymbol{O} & \boldsymbol{D} \end{pmatrix} \begin{pmatrix} \boldsymbol{I} & \boldsymbol{O} \\ \boldsymbol{D}^{-1}\boldsymbol{C} & \boldsymbol{I} \end{pmatrix}. \tag{1.2.13}$$

在式(1.2.12)中,称矩阵 $\boldsymbol{D}-\boldsymbol{C}\boldsymbol{A}^{-1}\boldsymbol{B}$ 为主子矩阵 $\boldsymbol{A}$ 的**舒尔补**(Schur complement);在式(1.2.13)中,称矩阵 $\boldsymbol{A}-\boldsymbol{B}\boldsymbol{D}^{-1}\boldsymbol{C}$ 为主子矩阵 $\boldsymbol{D}$ 的舒尔补.舒尔补在矩阵理论、统计分析、矩阵计算、线性方程组求解、线性系统、控制理论等领域有着广泛的应用.

1.2.4 特殊矩阵的 LU 分解

特殊矩阵在矩阵理论与计算中扮演着重要的角色,甚至可以说,具有各种特殊性的矩阵构成了这个领域的血与肉.从大的方面讲,特殊矩阵可分为特性矩阵和特型矩阵两大类(这两类可以有交集).前者通过具有不易直观识别的性质来刻画,典型的有可逆矩阵、正交矩阵、正定矩阵、幂等矩阵 ($\boldsymbol{A}^2=\boldsymbol{A}$) 等;后者则可以通过非常容易识别的结构或模式来刻画,比如三角矩阵、置换矩阵、对称矩阵、带状矩阵等.这里仅考虑实对称正定矩阵和带状矩阵的 LU 分解.

众所周知,实对称正定矩阵 $\boldsymbol{A}$ 在存储上可节约大约一半的空间,那么在求解以 $\boldsymbol{A}$ 为系数矩阵的线性方程组 $\boldsymbol{A}\boldsymbol{x}=\boldsymbol{b}$ 时,是否也能利用 $\boldsymbol{A}$ 的特殊结构来减少计算量呢?

当 $\boldsymbol{A}$ 为 n 阶实对称正定矩阵时,其所有顺序主子式 $\Delta_k>0\ (k=1,\ 2,\ \cdots,\ n)$,故有 LDU 分解 $\boldsymbol{A}=\boldsymbol{L}\boldsymbol{D}\boldsymbol{U}$,且对角矩阵 $\boldsymbol{D}=\mathrm{diag}(d_1,\ d_2,\ \cdots,\ d_n)$ 的对角元都为正数.易知 $\boldsymbol{A}^{\mathrm{T}}=\boldsymbol{U}^{\mathrm{T}}\boldsymbol{D}\boldsymbol{L}^{\mathrm{T}}$,这里 $\boldsymbol{U}^{\mathrm{T}}$ 是单位下三角矩阵,$\boldsymbol{L}^{\mathrm{T}}$ 是单位上三角矩阵.又因为 $\boldsymbol{A}=\boldsymbol{A}^{\mathrm{T}}$,故 $\boldsymbol{A}=\boldsymbol{L}\boldsymbol{D}\boldsymbol{U}=\boldsymbol{U}^{\mathrm{T}}\boldsymbol{D}\boldsymbol{L}^{\mathrm{T}}=\boldsymbol{A}^{\mathrm{T}}$. 由 $\boldsymbol{L}\boldsymbol{D}\boldsymbol{U}$ 分解的唯一性,可知必有 $\boldsymbol{L}=\boldsymbol{U}^{\mathrm{T}}$,$\boldsymbol{U}=\boldsymbol{L}^{\mathrm{T}}$,即有 $\boldsymbol{A}=\boldsymbol{L}\boldsymbol{D}\boldsymbol{L}^{\mathrm{T}}$. 若记 $\sqrt{\boldsymbol{D}}=\boldsymbol{D}^{1/2}=\mathrm{diag}(\sqrt{d_1},\ \sqrt{d_2},\ \cdots,\ \sqrt{d_n})$,则有

$$\boldsymbol{A}=\boldsymbol{L}\boldsymbol{D}^{1/2}\boldsymbol{D}^{1/2}\boldsymbol{L}^{\mathrm{T}}=(\boldsymbol{L}\boldsymbol{D}^{1/2})(\boldsymbol{L}\boldsymbol{D}^{1/2})^{\mathrm{T}}=\boldsymbol{L}_1\boldsymbol{L}_1^{\mathrm{T}},$$

其中,$\boldsymbol{L}_1=\boldsymbol{L}\boldsymbol{D}^{1/2}$ 是可逆的下三角矩阵.

定理 1.2.4(楚列斯基分解定理) 设 $\boldsymbol{A}$ 是实对称正定矩阵,则存在唯一的可逆下三角矩阵 $\boldsymbol{L}$,使得

$$\boldsymbol{A}=\boldsymbol{L}\boldsymbol{L}^{\mathrm{T}}. \tag{1.2.14}$$

称式(1.2.14)为实对称正定矩阵 $\boldsymbol{A}$ 的**楚列斯基(Cholesky)分解**,也常写成 $\boldsymbol{A}=\boldsymbol{R}^{\mathrm{T}}\boldsymbol{R}$ 的形式,其中的 $\boldsymbol{R}$ 是可逆的上三角矩阵.楚列斯基(A.-L. Cholesky, 1875—1918)是法国数

学家，在20世纪初对法国的测绘工作中提出了楚列斯基分解，但当时未引起重视.二战后楚列斯基分解才被学者引入分析课程.

有了楚列斯基分解后，实对称正定线性方程组 $\boldsymbol{Ax}=\boldsymbol{b}$（实对称正定系统）的计算就转化为求解 $\boldsymbol{LL}^{\mathrm{T}}\boldsymbol{x}=\boldsymbol{b}$，即求解两个三角方程组 $\boldsymbol{Ly}=\boldsymbol{b}$，$\boldsymbol{L}^{\mathrm{T}}\boldsymbol{x}=\boldsymbol{y}$. 这要求先对矩阵 $\boldsymbol{A}$ 做 LU 分解，再求出对角矩阵 $\boldsymbol{D}$ 和楚列斯基分解因子 $\boldsymbol{L}$. 遗憾的是，分析表明这种方法并未利用矩阵的对称性来减小运算量.更有针对性的则是平方根法等方法，详见[18,19]等文献.

MATLAB 中提供了内置函数 chol，可用于计算矩阵 $\boldsymbol{A}$ 的楚列斯基分解，具体格式有

```
L = chol(A,'lower'), R = chol(A).
```

例 1.2.6 **（热传导问题）**热量从系统的一部分传到另一部分或由一个系统传到另一个系统的现象叫**热传导**.对于热传导问题，重要的是确定稳定状态下的温度分布场.对于截面为矩形薄片的导热铁杆（如图 1-2 所示），假设四周温度已知（上、下、左、右的温度分别为 0°、10°、5°和 20°），则其截面在稳定状态下的温度分布函数 $u(x, y)$ 满足**拉普拉斯方程**

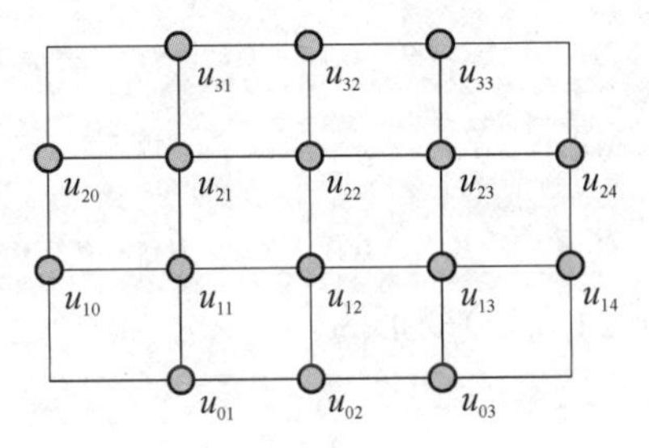

图 1-2 网格点选取方案（自然排序法）

$$\Delta u=\frac{\partial^2 u}{\partial x^2}+\frac{\partial^2 u}{\partial y^2}=0. \tag{1.2.15}$$

许多像拉普拉斯方程这样的偏微分方程没有或难以求出解析解（理论解），因此更合理的希望是求出其数值解.通过在水平方向和垂直方向分别作两族**步长**为 h 的平行线，然后采用数值解法计算出**网格点**的温度近似值，就可以得到拉普拉斯方程在网格点的数值解.

首先，利用高等数学中的泰勒公式，可以证明

$$f''(x)\approx\frac{1}{h^2}[f(x+h)-2f(x)+f(x-h)], \tag{1.2.16}$$

这是因为 $f(x\pm h)=f(x)\pm f'(x)h+\frac{1}{2!}f''(x)h^2+o(h^2)$，从而有

$$f(x+h)+f(x-h)=2f(x)+f''(x)h^2+o(h^2).$$

略去高阶无穷小 $o(h^2)$，并稍加整理，即可得出式(1.2.16).

记 $u(x_i, y_j)=u_{ij}$，将式(1.2.16)分别应用到二阶偏导数 $\left.\frac{\partial^2 u}{\partial x^2}\right|_{(x_i, y_j)}$ 和 $\left.\frac{\partial^2 u}{\partial y^2}\right|_{(x_i, y_j)}$，则有

$$\left.\frac{\partial^2 u}{\partial x^2}\right|_{(x_i, y_j)} \approx \frac{1}{h^2}(u_{i+1, j}-2u_{ij}+u_{i-1, j}), \quad \left.\frac{\partial^2 u}{\partial y^2}\right|_{(x_i, y_j)} \approx \frac{1}{h^2}(u_{i, j+1}-2u_{ij}+u_{i, j-1}).$$

将上式代入拉普拉斯方程(1.2.15)，即得“**+型**”**五点差分格式**

$$\frac{1}{h^2}(u_{i-1, j}+u_{i, j-1}-4u_{ij}+u_{i, j+1}+u_{i+1, j})=0.$$

这样拉普拉斯方程(1.2.15)就变成了线性方程组

$$u_{i-1, j}+u_{i, j-1}-4u_{ij}+u_{i, j+1}+u_{i+1, j}=0 \ (i=1, 2;\ j=1, 2, 3), \tag{1.2.17}$$

其中，$u_{01}=u_{02}=u_{03}=10^\circ$，$u_{14}=u_{24}=20^\circ$，$u_{31}=u_{32}=u_{33}=0^\circ$，$u_{10}=u_{20}=5^\circ$.

令 $\boldsymbol{u}=(u_{11}, u_{12}, u_{13}, u_{21}, u_{22}, u_{23})^{\mathrm{T}}$，$\boldsymbol{b}=(15, 10, 30, 5, 0, 20)^{\mathrm{T}}$，则线性方程组(1.2.17)变形为

$$\boldsymbol{A}\boldsymbol{u}=\boldsymbol{b}, \tag{1.2.18}$$

其系数矩阵 $\boldsymbol{A}=\begin{pmatrix} 4 & -1 & 0 & -1 & & \\ -1 & 4 & -1 & 0 & -1 & \\ 0 & -1 & 4 & 0 & 0 & -1 \\ -1 & 0 & 0 & 4 & -1 & 0 \\ & -1 & 0 & -1 & 4 & -1 \\ & & -1 & 0 & -1 & 4 \end{pmatrix}$ 是带宽为 7 的带状矩阵.

定义 1.2.4(带状矩阵) 对于 n 阶方阵 $\boldsymbol{A}=(a_{ij})$，若当 $|i-j|>l$ 时 $a_{ij}=0$，且至少有一个 k 值，使得 $a_{k, k-l}\neq 0$ 或 $a_{k, k+l}\neq 0$ 成立，则称矩阵 $\boldsymbol{A}$ 为**带状矩阵**(band matrix)，称 $2l+1$ 为其**带宽**(bandwidth)，称 l 为其**半带宽**(half bandwidth)，并且称其对角线为第 0 条对角线，往上依次是第 1 条，……，第 l 条对角线，往下则依次是第 -1 条，……，第 $-l$ 条对角线.

一般地，带状矩阵的带宽应该远远小于其阶数. 显然最特殊的带状矩阵是对角矩阵(带宽为 1)，其次则是带宽为 3 的三对角矩阵.

因为带状矩阵结构的特殊性，自然希望运算能保持这种结构，即**保结构**. 但使用

MATLAB 内置函数 inv 机算可知，带状矩阵 $\boldsymbol{A}$ 的逆矩阵 $\boldsymbol{A}^{-1}$ 不再是带状矩阵，实际上 $\boldsymbol{A}^{-1}$ 中没有一个零元素，这显然增加了存储空间，说明用矩阵求逆法解线性方程组(1.2.18)，不是一种保结构的算法.可是对 $\boldsymbol{A}$ 使用 LU 分解法，却惊喜连连，因为算出的 $\boldsymbol{L}$ 和 $\boldsymbol{U}$ 不仅是三角矩阵，而且仍然是带宽矩阵，带宽为 4(可称为**半带宽矩阵**).

MATLAB 机算出的最终结果为 $\boldsymbol{u}=(7.018\,6,\ 8.664\,6,\ 12.018\,6,\ 4.409\,9,\ 5.621\,1,\ 9.409\,9)^{\mathrm{T}}$. 再加上已知的四周温度，就构成了温度分布函数 $u(x,\ y)$ 在相应网格点温度的近似值，可以借助于 MATLAB 代码绘出 $u(x,\ y)$ 的图形，结果如图 1-3 所示.显然图中的图形非常不光滑，这是因为网格点取得太少.有兴趣的读者不妨适当增加网格点数，再重绘温度分布场 $u(x,\ y)$.

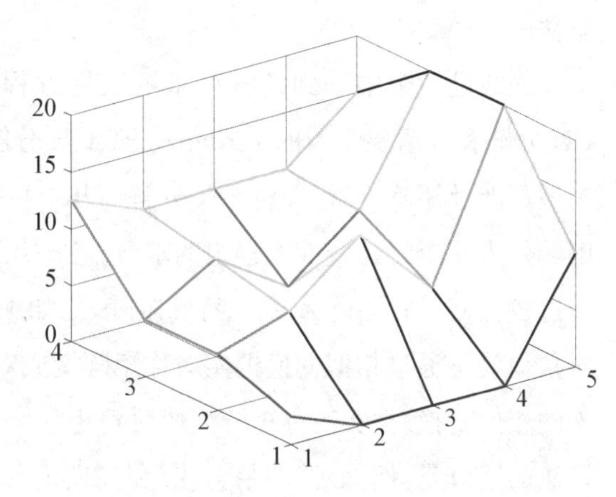

图 1-3　温度场 $u(x,\ y)$ 的分布图

MATLAB 提供了语法 `A = diag(v,k)` 来生成 $N+|k|$ 阶的方阵 $\boldsymbol{A}$，其中向量 $\boldsymbol{v}$ 的维数为 N，其元素从上到下依次构成 $\boldsymbol{A}$ 的第 k 条对角线上的元素.当 $k=0$ 时可使用缺省形式的语法 `A = diag(v)`.本例的 MATLAB 代码实现，详见本书配套程序 exm107.

1.3　线性方程组数值解法概述

线性方程组求解、最小二乘问题和特征值问题是数值线性代数(又称矩阵计算)的三大基本问题.数学史研究表明，线性方程组的求解几乎与人类文明同行，因而历史最为悠久，也最源远流长，这也催生了各种各样的方法，它们五花八门，争奇斗艳.

按使用的基本思想，数值计算大体上可分为直接法和迭代法.所谓**直接法**(direct method)，就是假定在计算过程中没有舍入误差，而且理论上只需要经过有限步计算就能得到精确解的解法.这类方法特别适用于中小型稠密问题.至于**迭代法**(iterative method)，则是不直接求出精确解，而是通过一个近似序列逐步逼近问题的精确解.因为此序列的极限才是问题的精确解，因此只经过有限次运算一般得不到精确解.

线性方程组的数值解法自然也可如此分类.不过对于线性方程组 $\boldsymbol{Ax}=\boldsymbol{b}$ 的求解问题，一般还按系数矩阵 $\boldsymbol{A}$ 的阶数或维数，将之划分为中小规模的问题(比如阶数不超过 1 000)和大规模的问题.这是因为随着维数增加，将很快面临"**维数灾难**"(curse of dimensionality,又译维数之咒).如何化解“维数灾难”,是目前各类工程和科学计算对数值线性代数研究的热切期盼,也是当前的研究热点.当然,矩阵 $\boldsymbol{A}$ 是否为特型或特性矩阵也是重要的考虑因素.尤其是大规模矩阵,一般都具有各种特性和特型结构,比如稀疏性(即 $\boldsymbol{A}$ 中非零元素很稀疏,一般不超过10%)、对称性、带状性,等等.这自然催生了各种保结构算法.

在线性代数中学到的各种求解线性方程组的方法(比如前文的“四朵金花”),以及LU分解和今后要学习的Jordan分解、QR分解、SVD等方法,都可归入直接法之列.它们一般都涉及矩阵分解,即将矩阵分解为几个特殊矩阵的乘积,从而将一般线性方程组的求解转化为几个特殊线性方程组的求解.完成矩阵分解的途径最终都会落实到初等变换,即通过各种变换将矩阵 $\boldsymbol{A}$ 变成特殊矩阵,比如LU分解就是把 $\boldsymbol{A}$ 变成上三角矩阵 $\boldsymbol{U}$,相似对角化就是通过相似变换把实对称矩阵变成对角矩阵,正交对角化则是通过正交变换(特殊的相似变换)把实对称矩阵变成对角矩阵.它们的算法复杂性分析一般就是计算或估算算法的运算量,例如对“四朵金花”和高斯消元法的分析.当然由于舍入误差的存在,纯粹意义上的直接法是不存在的.要特别注意的是,直接法也可用于求解大规模问题.对于稀疏的大规模线性方程组,直接法的基本思想仍然是中国消元法,但需要考虑“填入现象”,而且算法设计和实现都涉及很多技巧.因此目前的一种趋势是采取结合策略,即糅合直接法和迭代法各自的优势,比如线性方程组求解的预处理迭代法.

不动点迭代(fixed-point iteration)指的是用迭代方程 $\boldsymbol{x}=\varphi(\boldsymbol{x})$ 或迭代格式 $\boldsymbol{x}^{(k+1)}=\varphi(\boldsymbol{x}^{(k)})$ 迭代产生近似解序列

$$\boldsymbol{x}^{(0)},\ \boldsymbol{x}^{(1)},\ \cdots,\ \boldsymbol{x}^{(k)},\ \cdots$$

这样当 $\boldsymbol{x}^{(k)}$ 收敛于 $\boldsymbol{x}^*$ 即 $\boldsymbol{x}^{(k)}\to\boldsymbol{x}^*$ 时,$\boldsymbol{x}^*$ 就是满足迭代方程 $\boldsymbol{x}=\varphi(\boldsymbol{x})$ 的**不动点**(fixed-point).

用迭代法求解线性方程组时,必须把 $\boldsymbol{Ax}=\boldsymbol{b}$ 转化为迭代方程 $\boldsymbol{x}=\varphi(\boldsymbol{x})$,显然 $\varphi(\boldsymbol{x})$ 必须保持“线性性”,即它必须是向量 $\boldsymbol{x}$ 的“线性函数”:$\varphi(\boldsymbol{x})=\boldsymbol{Bx}+\boldsymbol{f}$,其中矩阵 $\boldsymbol{B}$ 为常数矩阵,称为**迭代矩阵**(iteration matrix).此时迭代方程为 $\boldsymbol{x}=\boldsymbol{Bx}+\boldsymbol{f}$,迭代格式为

$$\boldsymbol{x}^{(k+1)}=\boldsymbol{Bx}^{(k)}+\boldsymbol{f}\ (k=0,\ 1,\ 2,\ \cdots). \tag{1.3.1}$$

对迭代法来说,必须注意以下问题:

(1) 如何构造迭代序列?

(2) 构造的迭代序列是否收敛?何时收敛?

(3) 如何刻画并比较各种方法收敛的快慢?

(4) 近似解的误差估计.

当然,如何构造迭代格式,存在千差万别的方法.按照所用的思想及提出的时间,可将线性方程组求解的迭代法大致划分为古典迭代法和现代迭代法.前者主要依据矩阵分裂技巧,后者则是基于投影的子空间迭代法,包括 Arnoldi 法、Lanczos 法和共轭梯度法等.

如今几乎所有的数值计算软件都具有求解线性方程组的功能,使用的则多为线性代数软件包 LAPACK (Linear Algebra PACKage),其中基本上都采用了部分选主元技术,可处理单精度和双精度的实(复)矩阵.

LAPACK 的底层使用了基本线性代数子程序 BLAS(Basic Linear Algebra Subprograms),这是一个应用程序接口(API)标准,用以规范发布基础线性代数操作的数值库(如矢量或矩阵乘法).在高性能计算领域,BLAS 如今已被广泛使用.

按实现功能,BLAS 被分为三个级别:

(1) BLAS1 是 $O(n)$ 级别的,涉及向量的数乘、点积和向量的更新(注意返回的是向量).例如, $\boldsymbol{x} \leftarrow a\boldsymbol{x}$, $\alpha \leftarrow \boldsymbol{x}^{\mathrm{T}}\boldsymbol{y}$ 和 saxpy 运算 $\boldsymbol{y} \leftarrow a\boldsymbol{x} + \boldsymbol{y}$.

(2) BLAS2 是 $O(n^2)$ 级别的,涉及矩阵向量乘法或向量的外积运算(注意返回的是矩阵).例如,gaxpy 运算 $\boldsymbol{y} \leftarrow \boldsymbol{A}\boldsymbol{x} + \boldsymbol{y}$ 和外积修正 $\boldsymbol{A} \leftarrow \boldsymbol{A} + \boldsymbol{x}\boldsymbol{y}^{\mathrm{T}}$.

(3) BLAS3 是 $O(n^3)$ 级别的,涉及矩阵乘法.例如,矩阵相乘的修正 $\boldsymbol{C} \leftarrow \boldsymbol{A}\boldsymbol{B} + \boldsymbol{C}$.

1.4　本章总结及拓展

本章首先回顾了求解线性方程组的四种方法,并进行了简单的计算复杂性分析.然后从中引申出矩阵的 LU 分解及其定理,进而推广到可逆矩阵的 PLU 分解,即列选主元技术.接下来转入楚列斯基分解和带状矩阵的 LU 分解,并通过求解热传导问题展示了矩阵工具的强大.

在最基本的 LU 分解即式(1.2.2)的基础上,本章对之进行了五种推广:(1) PLU 分解(适用于可逆矩阵);(2) 主元可取零的 LU 分解(习题 1.9);(3) 秩 r 矩阵的 LU 分解(习题 1.10);(4) 约化的 LU 分解(适用于任意长方阵);(5) Shur 补等技术(适用于分块矩阵).建议读者厘清它们之间的逻辑关系.

有人精辟地指出:线性代数的精妙不仅仅在于对具体概念的表述,更强调对概念之间的联系和对概念的解读.编者的看法,则是线性代数学习需要注意以下四个方面:(1) 深刻理解概念群,特别是它们之间的逻辑联系;(2) 熟练掌握计算,包括笔算和机算;(3) 注意数形结合,特别是几何直观;(4) 注意类比思维,特别是低维类比高维,以及字母类比矩阵.

需要复习线性代数的读者,编者推荐文献[20—29].我们觉得文献[20]特别有助于“洗刷”考研数学的负面影响.该书将矩阵向量积 $\boldsymbol{Ax}$ 看成矩阵 $\boldsymbol{A}$ 的列向量组的线性组合,用线性变换为线索贯穿全书,同时非常强调正交性和最小二乘问题,也非常重视几何直观.书中还包含了大量的应用.作者雷(D. C. Lay)是美国“线性代数课程研究小组(LASCG)”的核心成员,也积极参与了“用软件工具增强线性代数的教学(ATLAST)”项目.关于该项目的程序包(即本书配套程序中的文件夹 atlast65),读者可进一步参阅文献[21,22].关于 MATLAB 软件的入门介绍,可参阅文献[23]的附录.文献[23]是本书编者在华东理工大学开展“线性代数实验班”教学改革的经验结晶.至于 MATLAB 支持的大量线性代数运算,可参阅文献[24].文献[25]特别突出了以矩阵为主线的新颖体系,非常有利于学生从“数”到“矩阵”的跨越,进而提高他们用代数方法思考和解决实际问题的能力.文献[26]中给出了大量原创性的几何解释,是一名工科毕业的电子工程师十余年执着于线性代数几何直观化的丰硕成果.关于国内的工科线性代数教学,文献[22,27]中提出的问题都值得师生深思.文献[28,29]中则包含了大量应用,特别适合于对计算机科学或数据科学研究领域感兴趣的读者.

文献[9]中明确地将科学计算称为第三种科学方法,与之前大家公认的实验和理论并列,并提纲挈领地介绍了科学计算领域的若干基本情况.若只需初步了解数值计算,可以阅读略有数学味的“引论”性文献[30].如果需要深入系统地学习,则需要在熟练掌握矩阵理论知识的前提下,深入阅读专门性的教材,例如文献[19,31—33].如果需要侧重于算法和 MATLAB 实现,编者推荐文献[16,17],其中文献[16]是莫勒本人为了推广 MATLAB 亲自撰写的入门性教材.如果仅仅局限于数值线性代数(矩阵计算)领域,文献[18]是经典著作,其他的则有[2,34—38],其中文献[37]是国内最流行的本科教材.关于矩阵计算的扰动分析,国内最经典的文献是[39],更旧的则是外文文献[40,41].

关于各类特殊矩阵,比较综合的文献有[42,43].

另外,由定理 1.1.2 可知,对 $m\times n$ 阶矩阵 $\boldsymbol{A}$ 及其行阶梯形 $\boldsymbol{H}_A$,列选主元法意味着存在 m 阶可逆矩阵 $\boldsymbol{R}'$,使得 $\boldsymbol{R}'\boldsymbol{A}=\boldsymbol{H}_A$,也即存在 m 阶可逆矩阵 $\boldsymbol{R}$,这里 $\boldsymbol{R}=(\boldsymbol{R}')^{-1}$,使得 $\boldsymbol{A}=\boldsymbol{R}\boldsymbol{H}_A$.将 $\boldsymbol{H}_A$ 及 $\boldsymbol{R}$ 分别行列分块为 $\boldsymbol{H}_A=\begin{pmatrix}\boldsymbol{C}\\ \boldsymbol{O}\end{pmatrix}$,$\boldsymbol{R}=(\boldsymbol{B},\boldsymbol{B}')$,其中 $\boldsymbol{C}$ 为 $r\times n$ 阶行满秩矩阵,$\boldsymbol{B}$ 为 $m\times r$ 阶列满秩矩阵,即 $r(\boldsymbol{B})=r(\boldsymbol{C})=r$,这里 $r=r(\boldsymbol{A})$ 为矩阵 $\boldsymbol{A}$ 的秩,则有

$$A = RH_A = (B,\ B')\begin{pmatrix} C \\ O \end{pmatrix} = BC + B'O = BC.$$

上式$A=BC$称为矩阵A的**满秩分解**(full rank decomposition),即任意矩阵可分解为列满秩矩阵与行满秩矩阵的乘积[44,45].满秩分解显然不唯一,因为对任意r阶可逆阵P,$A=(BP)(P^{-1}C)$恒成立.满秩分解在广义逆的研究与计算中有着重要应用.需要了解广义逆的读者,文献[44,45]中提供了入门知识,进一步则可阅读文献[46,47].

思考题

1.1　矩阵是何物?有何用?如何理解看待矩阵的三个视角(符号层面、向量层面及元素层面)?

1.2　从字母代数推广到矩阵代数,运算规则保留了什么?放弃了什么?何以如此?

1.3　目前你已经掌握了哪些矩阵求逆法?它们各自的优劣在哪里?

1.4　矩阵和/差有求逆公式吗?为什么?

1.5　矩阵行列式傍地走,如何辨别谁雌雄?

1.6　初等变换与矩阵乘法之间的关系是什么?两者的互相转化意味着什么?

1.7　如何用降幂的思想解释矩阵的初等行变换求逆法?

1.8　目前你已经掌握了哪些求解线性方程组的方法?它们各自的优劣在哪里?

1.9　矩阵的LU分解有何用?

1.10　未选主元法和列选主元法有何区别?为什么我们更关心列选主元法?

1.11　如何理解LU分解的各种推广形式?

1.12　矩阵的PLU分解中,矩阵P是否唯一?为什么?

习题一

1.1　从变换的角度,分别解释用对角矩阵左乘和右乘矩阵的效果,并据此证明LDU定理.

1.2 设 n 阶方阵 $\boldsymbol{A}$ 可逆，且 $\boldsymbol{A}\xrightarrow{r_{ij}}\boldsymbol{B}$. 证明：$\boldsymbol{B}$ 可逆，求 $\boldsymbol{AB}^{-1}$，并证明 $\boldsymbol{A}^{-1}$ 交换第 i、j 列后可得矩阵 $\boldsymbol{B}^{-1}$.

1.3 设 n 阶方阵 $\boldsymbol{A}$ 可逆，若 $\boldsymbol{A}$ 的第 i 行乘以常数 $k(k\neq 0)$ 后得到矩阵 $\boldsymbol{B}$.

(1) 证明：矩阵 $\boldsymbol{B}$ 可逆；(2) 求初等矩阵 $\boldsymbol{C}$，使得 $\boldsymbol{B}^{-1}=\boldsymbol{A}^{-1}\boldsymbol{C}$；(3) 求 $\boldsymbol{AB}^{-1}$ 及 $\boldsymbol{BA}^{-1}$.

1.4 设 3 阶方阵 $\boldsymbol{A}$ 满足 $\boldsymbol{AB}=\begin{pmatrix}1&-1&0\\0&1&0\\0&0&1\end{pmatrix}$，其中 $\boldsymbol{B}=\begin{pmatrix}2&0&1\\3&1&2\\1&4&3\end{pmatrix}$，求 $\boldsymbol{A}^{-1}$.

1.5 $\boldsymbol{A}=\begin{pmatrix}a_{11}&a_{12}&a_{13}\\a_{21}&a_{22}&a_{23}\\a_{31}&a_{32}&a_{33}\end{pmatrix}$，$\boldsymbol{B}=\begin{pmatrix}a_{21}&a_{22}+2a_{23}&a_{23}\\a_{31}&a_{32}+2a_{33}&a_{33}\\a_{11}&a_{12}+2a_{13}&a_{13}\end{pmatrix}$，$\boldsymbol{P}_1=\begin{pmatrix}0&1&0\\0&0&1\\1&0&0\end{pmatrix}$，

$\boldsymbol{P}_2=\begin{pmatrix}1&0&0\\0&1&0\\0&2&1\end{pmatrix}$，试确定四矩阵 $\boldsymbol{A}$，$\boldsymbol{B}$，$\boldsymbol{P}_1$，$\boldsymbol{P}_2$ 满足的关系式.

1.6 求下列矩阵的 LU 分解和 PLU 分解：

(1) $\boldsymbol{A}=\begin{pmatrix}2&3&4\\1&1&9\\1&2&-6\end{pmatrix}$；(2) $\boldsymbol{A}=\begin{pmatrix}2&3&4\\3&5&2\\4&3&30\end{pmatrix}$；(3) $\boldsymbol{A}=\begin{pmatrix}12&-3&3\\-18&3&-1\\1&1&1\end{pmatrix}$.

1.7 证明置换矩阵的下列性质：

(1) 置换矩阵的乘积和幂仍然是置换矩阵；

(2) 置换矩阵的逆矩阵和转置矩阵仍然是置换矩阵且相等.

1.8 利用 LU 分解法解线性方程组 $\begin{cases}2x_1+3x_2+4x_3=1,\\x_1+x_2+9x_3=-7,\\x_1+2x_2-6x_3=9.\end{cases}$

1.9 如果放宽限制，允许上三角矩阵 $\boldsymbol{U}$ 的部分对角元为零，求下列矩阵的 LU 分解和 PLU分解：

(1) $\boldsymbol{A}=\begin{pmatrix}2&1&1\\4&2&0\\6&3&2\end{pmatrix}$；(2) $\boldsymbol{A}=\begin{pmatrix}2&-1&3\\1&2&1\\2&4&2\end{pmatrix}$.

1.10 设 $\boldsymbol{A}$ 是秩为 r 的 n 阶矩阵，且 $\Delta_k\neq 0\ (k=1, 2, \cdots, r)$，证明：存在 LU 分解 $\boldsymbol{A}=$

$\boldsymbol{LU}$，且 $\boldsymbol{L}$ 或 $\boldsymbol{U}$ 是可逆矩阵.

1.11 矩阵 $\boldsymbol{A}=\begin{pmatrix}0&1\\1&0\end{pmatrix}$ 能否进行 LU 分解？PLU 分解呢？为什么？

1.12 求三对角矩阵 $\boldsymbol{A}=\begin{pmatrix}1&1&0&0\\1&2&1&0\\0&1&3&1\\0&0&1&4\end{pmatrix}$ 的 LU 分解.

1.13 设 $\boldsymbol{A}$ 是可逆矩阵，证明：$\begin{vmatrix}\boldsymbol{A}&\boldsymbol{B}\\\boldsymbol{C}&\boldsymbol{D}\end{vmatrix}=|\boldsymbol{A}||\boldsymbol{D}-\boldsymbol{C}\boldsymbol{A}^{-1}\boldsymbol{B}|$. 如果 $\boldsymbol{A}$ 的 Schur 补 $\boldsymbol{G}=\boldsymbol{D}-\boldsymbol{C}\boldsymbol{A}^{-1}\boldsymbol{B}$ 也可逆，证明：**四分块求逆公式**

$$\begin{pmatrix}\boldsymbol{A}&\boldsymbol{B}\\\boldsymbol{C}&\boldsymbol{D}\end{pmatrix}^{-1}=\begin{pmatrix}\boldsymbol{A}^{-1}+\boldsymbol{A}^{-1}\boldsymbol{B}\boldsymbol{G}^{-1}\boldsymbol{C}\boldsymbol{A}^{-1}&-\boldsymbol{A}^{-1}\boldsymbol{B}\boldsymbol{G}^{-1}\\-\boldsymbol{G}^{-1}\boldsymbol{C}\boldsymbol{A}^{-1}&\boldsymbol{G}^{-1}\end{pmatrix}.$$

1.14 设 $\boldsymbol{A}$ 为 $m\times n$ 阶矩阵，$\boldsymbol{B}$ 为 $n\times m$ 阶矩阵，证明：$|\boldsymbol{I}_m-\boldsymbol{AB}|=|\boldsymbol{I}_n-\boldsymbol{BA}|$，并给出 $m=1$ 时的情形.

1.15 设 $\boldsymbol{A}$ 为 $m\times n$ 阶矩阵，$\boldsymbol{B}$ 为 $n\times m$ 阶矩阵，证明：$r(\boldsymbol{AB})\leqslant\min\{r(\boldsymbol{A}),\ r(\boldsymbol{B})\}$.

1.16 设 $\boldsymbol{A}$ 为 $m\times n$ 阶矩阵，$\boldsymbol{B}$ 为 $n\times p$ 阶矩阵，证明：**西尔维斯特(Sylvester)不等式**

$$r(\boldsymbol{AB})\geqslant r(\boldsymbol{A})+r(\boldsymbol{B})-n.$$

特别地，当 $\boldsymbol{AB}=\boldsymbol{O}$ 时，有 $r(\boldsymbol{A})+r(\boldsymbol{B})\leqslant n$.

1.17 设 $\boldsymbol{A}$ 为 $m\times n$ 阶矩阵，$\boldsymbol{B}$ 为 $n\times p$ 阶矩阵，$\boldsymbol{C}$ 为 $p\times q$ 阶矩阵，证明：**弗罗贝尼乌斯(Frobenius)不等式**

$$r(\boldsymbol{ABC})\geqslant r(\boldsymbol{AB})+r(\boldsymbol{BC})-r(\boldsymbol{B}).$$

第 2 章

线性空间与线性变换

伟大的罗素爵士(B. Russell, 1872—1970)曾经喟叹道:"发现一对鸡、两昼夜都是 2 的实例,一定需要很多年代,其中所包含的抽象程度确实不易达到."[48: P8]的确,寓言里的猴子就没弄明白"朝三暮四"与"朝四暮三"的相同之处,因为这需要抽象的加法交换律.众所周知,抽象思维对人类可谓功莫大焉,而在以高度抽象性著称的数学中,抽象更是扮演着重要的角色.

2.1　向量空间

2.1.1　从解空间到向量空间

对应于现代文明人的逻辑思维,在经典著作《原始思维》中,法国学者列维-布留尔(Levy-Bruhl, 1857—1939)将人类早期的思维称之为原始思维,并给出了非常详细的论述.他指出,虽然"原始思维的过程是以截然不同的方式进行着",但这两种思维结构之间不存在铜墙铁壁,而且常常共存于同一社会的同一意识之中.[49]

学习矩阵理论,姑且也先从"原始人"做起.众所周知,求解齐次线性方程组 $\boldsymbol{Ax}=\boldsymbol{0}$ 的通解时,不仅要把系数矩阵 $\boldsymbol{A}$ 化成**行阶梯矩阵** $\boldsymbol{H_A}$ (matrix in row echelon form,也称为 **Hermite 标准型**),还要乘胜追击,将 $\boldsymbol{H_A}$ 进一步化到**行最简矩阵(行最简型)** $\boldsymbol{U_A}$.

定义 2.1.1(行阶梯矩阵)　一个 $m\times n$ 阶实矩阵称为**行阶梯矩阵**(row echelon form),如果它满足下列两个条件:(1) 若某行是零行(即没有非零元),则其下所有行(如果有的话)都是零行;(2) 若某行是非零行,则其首个非零元(简称为**首元**)的列号必大于上一行(若有)首元的列号.

特别地,首元均为 1 且首元所在列无其他非零元的行阶梯矩阵,称为**行最简矩阵**(row simplest matrix).

例 2.1.1　用初等行变换法解齐次线性方程组 $\boldsymbol{Ax}=\boldsymbol{0}$,其中 $\boldsymbol{A}$ 见下文中.

解: 对系数矩阵进行初等行变换,可得

$$\boldsymbol{A}=\begin{pmatrix}1 & 1 & 1 & 4 & -3\\ 1 & -1 & 3 & -2 & -1\\ 2 & 1 & 3 & 5 & -5\\ 3 & 1 & 5 & 6 & -7\end{pmatrix}\sim\begin{pmatrix}1 & 0 & 2 & 1 & -2\\ 0 & 1 & -1 & 3 & -1\\ 0 & 0 & 0 & 0 & 0\\ 0 & 0 & 0 & 0 & 0\end{pmatrix}=\boldsymbol{U_A}.$$

由行最简矩阵$\boldsymbol{U}_A$，得同解方程组$\begin{cases}x_1=-2x_3-x_4+2x_5\\x_2=x_3-3x_4+x_5\end{cases}$，再令$x_3=c_1$，$x_4=c_2$，$x_5=c_3$，则得原方程组的通解

$$x_1=-2c_1-c_2+2c_3,\ x_2=c_1-3c_2+c_3,\ x_3=c_1,\ x_4=c_2,\ x_5=c_3,$$

写成列向量形式，就是

$$\boldsymbol{x}=\begin{pmatrix}x_1\\x_2\\x_3\\x_4\\x_5\end{pmatrix}=c_1\begin{pmatrix}-2\\1\\1\\0\\0\end{pmatrix}+c_2\begin{pmatrix}-1\\-3\\0\\1\\0\end{pmatrix}+c_3\begin{pmatrix}2\\1\\0\\0\\1\end{pmatrix}=c_1\boldsymbol{u}_1+c_2\boldsymbol{u}_2+c_3\boldsymbol{u}_3.$$

因此所求通解即为$\boldsymbol{u}_1$，$\boldsymbol{u}_2$，$\boldsymbol{u}_3$的一切线性组合的集合

$$S=\{\boldsymbol{x}\mid \boldsymbol{x}=c_1\boldsymbol{u}_1+c_2\boldsymbol{u}_2+c_3\boldsymbol{u}_3,\ c_1,\ c_2,\ c_3\in\mathbb{R}\}.$$

形如这样的集合S被为齐次线性方程组$\boldsymbol{Ax}=\boldsymbol{0}$的**解空间**(solution space).

事实上，矩阵$\boldsymbol{A}$经过初等行变换化为行最简型$\boldsymbol{U}_A$，意味着存在可逆矩阵$\boldsymbol{R}$使得$\boldsymbol{RA}=\boldsymbol{U}_A$，故$\boldsymbol{Ax}=\boldsymbol{0}$与$\boldsymbol{U}_A\boldsymbol{x}=\boldsymbol{0}$同解.这就是用初等行变换法求解$\boldsymbol{Ax}=\boldsymbol{0}$的理论依据.

MATLAB提供了内置函数hermiteForm，用于求解矩阵的Hermite标准型$\boldsymbol{H}_A$. 调用格式为

```
[R,H] = hermiteForm(A)
```

其中，$\boldsymbol{H}$即为$\boldsymbol{H}_A$，$\boldsymbol{R}$满足$\boldsymbol{RA}=\boldsymbol{H}_A$.

例2.1.1的MATLAB代码实现，详见本书配套程序exm201.

接下来我们用"现代人"的眼光来考察上面的集合S，因为不难发现这样的集合大量存在.在修习矩阵理论上，宜且行且思，慢慢"享受"这种逻辑思维逐步抽象化(一般化)的过程.

首先，考察S的元素所具有的一般性质.显然有：

对任意$\boldsymbol{u}=c_1\boldsymbol{u}_1+c_2\boldsymbol{u}_2+c_3\boldsymbol{u}_3$，$\boldsymbol{v}=c'_1\boldsymbol{u}_1+c'_2\boldsymbol{u}_2+c'_3\boldsymbol{u}_3\in S$及任意$k\in\mathbb{R}$，有

$$\boldsymbol{u}+\boldsymbol{v}=(c_1+c'_1)\boldsymbol{u}_1+(c_2+c'_2)\boldsymbol{u}_2+(c_3+c'_3)\boldsymbol{u}_3\in S,$$

$$k\boldsymbol{u}=(kc_1)\boldsymbol{u}_1+(kc_2)\boldsymbol{u}_2+(kc_3)\boldsymbol{u}_3\in S.$$

这说明集合 S 对元素的加法和数乘都封闭，即它满足：

(1) 齐次性：$\boldsymbol{u} \in S, k \in \mathbb{R} \Rightarrow k\boldsymbol{u} \in S$；

(2) 可加性：$\boldsymbol{u}, \boldsymbol{v} \in S \Rightarrow \boldsymbol{u} + \boldsymbol{v} \in S$.

不难发现，齐次性和可加性等价于下面的线性性：

(3) 线性性：$\boldsymbol{u}, \boldsymbol{v} \in S, k, l \in \mathbb{R} \Rightarrow k\boldsymbol{u} + l\boldsymbol{v} \in S$.

对具体的 S 进行一般化的数学抽象，即得向量空间的概念.

定义 2.1.2(向量空间及其子空间)　如果 V 是 n 维实向量的非空集合，并且 V 对于加法及数乘这两种向量运算(合称为线性运算)都封闭，则称 V 为实数域 $\mathbb{R}$ 上的一个**向量空间**(vector space). 如果集合 $V_1 \subset V$，且 V_1 也是向量空间，则称 V_1 是 V 的一个**子空间**(subspace).

注：(1) 非空集合 A 对于某种运算 f 封闭，通俗地说就是在 A 的范围内能够自由地进行运算 f，生成的元素仍然属于 A，也就是说集合 A 对运算 f 能够实现自给自足，不需要借助于集合外的新元素. 封闭性是现代数学的一个重要概念.

(2) 集合 $\{\boldsymbol{0} \mid \boldsymbol{0} = (0, 0, \cdots, 0)^{\mathrm{T}}\}$ 也是向量空间，称为**零空间**(zero space).

(3) 零空间和向量空间 V 都是 V 的子空间，称为 V 的平凡子空间.

(4) 空集 $\varnothing$ 不是任意向量空间 V 的子空间，因为子空间至少需要包含零向量 $\boldsymbol{0}$.

(5) 除非特别说明，下文的向量都默认为列向量，而且本章及下章的数域都默认为实数域 $\mathbb{R}$.

例 2.1.2　全体 2 维向量的集合 $\mathbb{R}^2$ 是一个向量空间. 一般地，全体 n 维向量的集合 $\mathbb{R}^n$ 是一个向量空间. 类似地，全体 n 维复向量的集合 $\mathbb{C}^n$ 也是一个向量空间.

注意：实数域 $\mathbb{R} = \mathbb{R}^1$ 也是一个向量空间. 类似地，复数域 $\mathbb{C}$ 也是一个向量空间.

不难发现解空间 S 是一个具体的向量空间，而且是向量空间 $\mathbb{R}^5$ 的一个子空间，即 $\mathbb{R}^5$ 中只有部分向量(而不是全部向量)是相应齐次线性方程组的解.

例 2.1.3　集合 $T = \{\boldsymbol{x} \mid \boldsymbol{x} = (x_1, 0)^{\mathrm{T}}, x_1 \in \mathbb{R}\}$ 是一个向量空间. 因为对任意 $\boldsymbol{x}$, $\boldsymbol{y} \in T$ 及任意 $k, l \in \mathbb{R}$，都有

$$k\boldsymbol{x} + l\boldsymbol{y} = k(x_1, 0)^{\mathrm{T}} + l(y_1, 0)^{\mathrm{T}} = (kx_1 + ly_1, 0)^{\mathrm{T}} \in T.$$

称向量空间 T 为 $\mathbb{R}^2$ 的**投影子空间**(projective subspace)，因为它是由 $\mathbb{R}^2$ 中的任意向量 $\boldsymbol{x} = (x_1, x_2)^{\mathrm{T}}$ 在 x_1 轴上的投影向量所构成的.

例 2.1.4　向量空间 $\mathbb{R}$ 不是向量空间 $\mathbb{R}^2$ 的子空间，因为从集合上看，$\mathbb{R} \not\subset \mathbb{R}^2$. 只有 $\mathbb{R}$

中的向量都加上“0”尾巴后所得的新向量空间 T 才是 $\mathbb{R}^2$ 的一个子空间.

例 2.1.5 集合 $U=\{\boldsymbol{x} \mid \boldsymbol{x}=(x_1, 1)^{\mathrm{T}}, x_1 \in \mathbb{R}\}$ 不是一个向量空间,因为它对加法和数乘都不封闭.例如, $2\boldsymbol{x}=\boldsymbol{x}+\boldsymbol{x}=(2x_1, 2)^{\mathrm{T}} \notin U$.

从几何上看,上述的 U 和 T 都是 $\mathbb{R}^2$ 中的直线,而且互相平行,但前者不是向量空间,后者却是向量空间.这是因为 T 过原点,而 U 不过原点.一般地, $\mathbb{R}^n$ 中不过原点的子集都不是向量空间.

2.1.2 向量空间的基与坐标

接下来考察 S 中的向量组 $\boldsymbol{u}_1, \boldsymbol{u}_2, \boldsymbol{u}_3$ 与 S 的关系.不难发现,仅给出这“三个代表” $\boldsymbol{u}_1, \boldsymbol{u}_2, \boldsymbol{u}_3$,就能线性组合出 S 中的所有向量.这个想法显然可以一般化.

例 2.1.6 向量组 $\boldsymbol{\alpha}_1, \boldsymbol{\alpha}_2, \cdots, \boldsymbol{\alpha}_s \in \mathbb{R}^n$ 的所有线性组合的集合

$$\{\boldsymbol{x} \mid \boldsymbol{x}=k_1\boldsymbol{\alpha}_1+k_2\boldsymbol{\alpha}_2+\cdots+k_s\boldsymbol{\alpha}_s, k_1, k_2, \cdots, k_s \in \mathbb{R}\}$$

是向量空间,记为 $\mathrm{span}\{\boldsymbol{\alpha}_1, \boldsymbol{\alpha}_2, \cdots, \boldsymbol{\alpha}_s\}$ 或 $\mathrm{span}\{\boldsymbol{A}\}$,其中矩阵 $\boldsymbol{A}=(\boldsymbol{\alpha}_1, \boldsymbol{\alpha}_2, \cdots, \boldsymbol{\alpha}_s)$. 特别地, $\mathrm{span}\{\boldsymbol{0}\}=\{\boldsymbol{0}\}$. 另外,约定 $\mathrm{span}\{\varnothing\}=\{\boldsymbol{0}\}$.

线性组合意味着**叠加原理**(superposition principle),即用一部分向量可以生成向量空间中的所有向量,故称 $\mathrm{span}\{\boldsymbol{\alpha}_1, \boldsymbol{\alpha}_2, \cdots, \boldsymbol{\alpha}_s\}$ 是由向量组 $\{\boldsymbol{\alpha}_i\}_1^s$ 所**张成**(span)的向量空间,并称 $\{\boldsymbol{\alpha}_i\}_1^s$ 为此空间的一组**生成元**(set of generators).

注:(1) 生成元是无顺序的.例如:

$$\mathrm{span}\{\boldsymbol{\alpha}_1, \boldsymbol{\alpha}_2, \boldsymbol{\alpha}_3\}=\mathrm{span}\{\boldsymbol{\alpha}_1, \boldsymbol{\alpha}_3, \boldsymbol{\alpha}_2\}=\cdots=\mathrm{span}\{\boldsymbol{\alpha}_3, \boldsymbol{\alpha}_2, \boldsymbol{\alpha}_1\}.$$

(2) 本书中将向量组 $\boldsymbol{\alpha}_1, \boldsymbol{\alpha}_2, \cdots, \boldsymbol{\alpha}_s$ 简写为 $\{\boldsymbol{\alpha}_i\}_1^s$,其他以此类推.

(3) 单个非零向量 $\boldsymbol{\alpha}$ 所生成的子空间 $\mathrm{span}\{\boldsymbol{\alpha}\}$,就是 $\boldsymbol{\alpha}$ 的所有数乘 $k\boldsymbol{\alpha}$ (包括 $k=0$ 的情形)组成的集合.几何上, $\mathrm{span}\{\boldsymbol{\alpha}\}$ 就是过原点且以 $\boldsymbol{\alpha}$ 为方向向量的直线.

(4) $\mathrm{span}\{\boldsymbol{\alpha}_1, \boldsymbol{\alpha}_2, \cdots, \boldsymbol{\alpha}_s\}$ 是 $\mathbb{R}^n$ 中包含 $\{\boldsymbol{\alpha}_i\}_1^s$ 的最小子空间.

每个生成元是否都缺一不可(所谓“独当一面”),也就是说其中是否存在可被其他生成元线性组合(所谓“人浮于事”)的向量呢? 这就需要引入向量组线性无关与线性相关的概念.

定义 2.1.3(线性相关和线性无关) 若存在一组不全为零的数 $x_1, x_2, \cdots, x_m$,使得下式成立:

$$x_1\boldsymbol{\alpha}_1+x_2\boldsymbol{\alpha}_2+\cdots+x_m\boldsymbol{\alpha}_m=\mathbf{0}, \tag{2.1.1}$$

则称 m 维向量组 $\{\boldsymbol{\alpha}_i\}_1^m$ **线性相关**(linear dependence)，否则称 $\{\boldsymbol{\alpha}_i\}_1^m$ **线性无关**(linear independence).特别地，约定单个向量线性无关，当且仅当该向量是非零向量.

不难发现，两个向量构成的向量组线性相关的充要条件是它们的对应分量成比例，表现在几何上就是它们平行或共线；三个向量构成的向量组线性相关，表现在几何上就是它们共面.因此从几何上看，线性相关是两向量共线及三向量共面的推广.另外，含有零向量的向量组显然是线性相关的.

显然上文的解空间 $S=\mathrm{span}\{\boldsymbol{u}_1,\ \boldsymbol{u}_2,\ \boldsymbol{u}_3\}$，并且其生成元 $\{\boldsymbol{u}_i\}_1^3$ 线性无关，因为

$$k_1\boldsymbol{u}_1+k_2\boldsymbol{u}_2+k_3\boldsymbol{u}_3=\mathbf{0}\Leftrightarrow k_1=k_2=k_3=0.$$

问题是作为解空间 S 的生成元，此向量组 $\{\boldsymbol{u}_i\}_1^3$ 是否唯一？一组生成元的个数最少又应该是多少？对这些问题的一般化解答，需要引入下述概念.

定义 2.1.4(向量空间的基与维数)　设 $\{\boldsymbol{\alpha}_i\}_1^r$ 为向量空间 V 中的向量组，且满足：

(1) $\{\boldsymbol{\alpha}_i\}_1^r$ 线性无关，即向量组 $\{\boldsymbol{\alpha}_i\}_1^r$ 的秩为 r.

(2) V 中任意向量 $\boldsymbol{\alpha}$ 都能由 $\{\boldsymbol{\alpha}_i\}_1^r$ 唯一地线性表示，即存在唯一的一组实数 x_1，x_2，…，x_r，使得

$$\boldsymbol{\alpha}=x_1\boldsymbol{\alpha}_1+x_2\boldsymbol{\alpha}_2+\cdots+x_r\boldsymbol{\alpha}_r, \tag{2.1.2}$$

则称 $\{\boldsymbol{\alpha}_i\}_1^r$ 为 V 的一个(组)**基**(base)，称 $\boldsymbol{\alpha}_i$ 为第 i 个**基向量**(base vector) $(i=1,\ 2,\ \cdots,\ r)$，称 $\boldsymbol{x}=(x_1,\ x_2,\ \cdots,\ x_r)^{\mathrm{T}}$ 为向量 $\boldsymbol{\alpha}$ 在这个基下的**坐标向量**(coordinate vector)，称其中的 x_i 为向量 $\boldsymbol{\alpha}$ 在这个基下的第 i 个**坐标**(coordinate).另外称这个基中的向量个数 r 为向量空间 V 的**维数**(dimension)，记为 $\dim V=r$. 特别地，约定零空间的基为空集，维数为 0.

按此定义，易知解向量组 $\{\boldsymbol{u}_i\}_1^3$ 就是解空间 S 的一个基，即 $\dim S=3$(而不是 $\dim S=5$).

几点说明：

(1) 若令 $\boldsymbol{A}=(\boldsymbol{\alpha}_1,\ \boldsymbol{\alpha}_2,\ \cdots,\ \boldsymbol{\alpha}_r)$，则式(2.1.2)可写成 $\boldsymbol{Ax}=\boldsymbol{\alpha}$，这样求任意向量 $\boldsymbol{\alpha}\in V$ 在基 $\{\boldsymbol{\alpha}_i\}_1^r$ 下的坐标 x_1，x_2，…，x_r，就转化为求线性方程组 $\boldsymbol{Ax}=\boldsymbol{\alpha}$ 的解向量 $\boldsymbol{x}$. 显然此方程组有唯一解，并且最简洁的求解方法是初等行变换法.

(2) 任意向量 $\boldsymbol{\alpha}$ 的坐标向量 $\boldsymbol{x}$ 既是 $\boldsymbol{\alpha}$ 的唯一标识，也反映了 $\boldsymbol{\alpha}$ 的构成方式，即以 x_i

为权重取相应的基向量 $\boldsymbol{\alpha}_i$ 线性组合而成.

(3) 一个向量组中能找到的向量个数最多的线性无关部分组,称为该向量组的**极大无关组**(也称为**极小生成向量组**),并称此极大无关组中的向量个数为该**向量组的秩**.若把向量空间 V 看作无穷个向量组成的向量组,那么 V 的基就是该向量组的极大无关组,V 的维数就是该向量组的秩.一旦给定一个基后,向量空间 V 中剩余的向量都是**冗余向量**(redundant vector),都可以被这个基线性组合.

(4) 一个基中的基向量是无序的,但为了叙述方便需要编号,这导致向量 $\boldsymbol{\alpha}$ 在该基下的坐标向量 $\boldsymbol{x}$ 成为一个有序实数数组.

(5) 若向量组 $\{\boldsymbol{\alpha}_i\}_1^r$ 是向量空间 V 的一个基,则 $V=\text{span}\{\boldsymbol{\alpha}_1, \boldsymbol{\alpha}_2, \cdots, \boldsymbol{\alpha}_r\}$.

(6) 向量个数与向量空间 V 的维数相等的线性无关组都是 V 的基,因此基不是唯一的.

(7) 维数 r 为有限自然数以及零的向量空间称为**有限维向量空间**,否则称为**无限维向量空间**.后者是泛函分析课程关注的内容.除非特别说明,本书主要考虑有限维向量空间.

(8) 对 $\mathbb{R}^3$ 而言,零维子空间是原点即零空间 $\{\boldsymbol{0} \mid \boldsymbol{0}=(0, 0, 0)^{\mathrm{T}}\}$,一维子空间是经过原点的任意直线,二维子空间是经过原点的任意平面(该平面中任何不共线的两个向量都是它的一个基),三维子空间是它自身(任何不共面的三个向量都是它的一个基).

(9) 向量空间的基是解析几何中坐标系概念的推广.例如,三维笛卡尔坐标系中,三个坐标轴上的单位向量 $\boldsymbol{i}, \boldsymbol{j}, \boldsymbol{k}$,显然对应 $\mathbb{R}^3$ 的**自然基**(natural basis) $\boldsymbol{e}_1=(1, 0, 0)^{\mathrm{T}}$, $\boldsymbol{e}_2=(0, 1, 0)^{\mathrm{T}}$, $\boldsymbol{e}_3=(0, 0, 1)^{\mathrm{T}}$;复数域 $\mathbb{C}$ 是 2 维向量空间,因为任意复数 $z=a+b\mathrm{i}$ 可写成 $z=a\cdot 1+b\cdot \mathrm{i}$,其中 $\mathrm{i}=\sqrt{-1}$,即 z 在基 $1, \mathrm{i}$ 下的坐标向量为 $(a, b)^{\mathrm{T}}$,这里基 $1, \mathrm{i}$ 显然分别对应复平面上实轴和虚轴的单位向量.一般地,称 n 阶单位矩阵 $\boldsymbol{I}=(\boldsymbol{e}_1, \boldsymbol{e}_2, \cdots, \boldsymbol{e}_n)$ 的列向量组 $\{\boldsymbol{e}_i\}_1^n$ 为 $\mathbb{R}^n$ 的**自然基**.

(10) 人类的大脑难以想象四维空间乃至更高维空间的几何模型,但却可以方便地在其中进行代数运算.这就是代数抽象的魅力所在.当然,我们仍然可以借助于低维空间的几何模型对高维空间进行类比和想象.关于这方面的有趣描述,读者可以进一步阅读科幻小说《平面国》[50]以及加来道雄的科普名作《超越时空》[51].

例 2.1.7 已知向量组 $\boldsymbol{\alpha}_1=\begin{pmatrix}1\\2\\-1\end{pmatrix}$, $\boldsymbol{\alpha}_2=\begin{pmatrix}3\\1\\0\end{pmatrix}$, $\boldsymbol{\alpha}_3=\begin{pmatrix}-7\\1\\2\end{pmatrix}$ 和 $\boldsymbol{\beta}_1=\begin{pmatrix}0\\5\\-3\end{pmatrix}$, $\boldsymbol{\beta}_2=$

$\begin{pmatrix}-3\\-11\\6\end{pmatrix}$，$\boldsymbol{\beta}_3=\begin{pmatrix}-1\\3\\2\end{pmatrix}$，证明：$\{\boldsymbol{\alpha}_i\}_1^3$ 是 $\mathbb{R}^3$ 的基，并求 $\{\boldsymbol{\beta}_i\}_1^3$ 在此基下的坐标.

分析： 若 $\{\boldsymbol{\alpha}_i\}_1^3$ 是 $\mathbb{R}^3$ 的基，则 $\{\boldsymbol{\alpha}_i\}_1^3$ 线性无关，即矩阵 $\boldsymbol{A}=(\boldsymbol{\alpha}_1,\boldsymbol{\alpha}_2,\boldsymbol{\alpha}_3)$ 可逆.而求 $\{\boldsymbol{\beta}_i\}_1^3$ 的坐标，也就是寻找一组数 $x_{ij}(i,j=1,2,3)$，使得 $\boldsymbol{\beta}_j=x_{1j}\boldsymbol{\alpha}_1+x_{2j}\boldsymbol{\alpha}_2+x_{3j}\boldsymbol{\alpha}_3$.写成矩阵形式，并记 $\boldsymbol{B}=(\boldsymbol{\beta}_1,\boldsymbol{\beta}_2,\boldsymbol{\beta}_3)$，即为

$$\boldsymbol{B}=(\boldsymbol{\beta}_1,\boldsymbol{\beta}_2,\boldsymbol{\beta}_3)=(\boldsymbol{\alpha}_1,\boldsymbol{\alpha}_2,\boldsymbol{\alpha}_3)\begin{pmatrix}x_{11}&x_{12}&x_{13}\\x_{21}&x_{22}&x_{23}\\x_{31}&x_{32}&x_{33}\end{pmatrix}=\boldsymbol{AX}.$$

问题转化为求解矩阵方程 $\boldsymbol{AX}=\boldsymbol{B}$，这里 $\boldsymbol{X}=(x_{ij})$ 是向量组 $\{\boldsymbol{\beta}_i\}_1^3$ 在基 $\{\boldsymbol{\alpha}_i\}_1^3$ 下的**坐标矩阵**(coordinate matrix).作为矩阵方程 $\boldsymbol{Ax}=\boldsymbol{b}$ 的推广，矩阵方程 $\boldsymbol{AX}=\boldsymbol{B}$ 最简洁的求解方法显然也是初等行变换法.

解： 令 $\boldsymbol{A}=(\boldsymbol{\alpha}_1,\boldsymbol{\alpha}_2,\boldsymbol{\alpha}_3)$，$\boldsymbol{B}=(\boldsymbol{\beta}_1,\boldsymbol{\beta}_2,\boldsymbol{\beta}_3)$. 因为 $|\boldsymbol{A}|\neq 0$，即 $\boldsymbol{A}$ 可逆，所以向量组 $\{\boldsymbol{\alpha}_i\}_1^3$ 线性无关.又因为 $\{\boldsymbol{\alpha}_i\}_1^3$ 中向量的个数等于向量的维数，所以它是 $\mathbb{R}^3$ 的一个基.

设所求坐标矩阵为 $\boldsymbol{X}$，则有 $(\boldsymbol{\beta}_1,\boldsymbol{\beta}_2,\boldsymbol{\beta}_3)=(\boldsymbol{\alpha}_1,\boldsymbol{\alpha}_2,\boldsymbol{\alpha}_3)\boldsymbol{X}$，此即矩阵方程 $\boldsymbol{AX}=\boldsymbol{B}$. 因为 $\boldsymbol{A}$ 可逆，因此它有唯一解.由于

$$(\boldsymbol{A},\boldsymbol{B})=\begin{pmatrix}1&3&-7&0&-3&-1\\2&1&1&5&-11&3\\-1&0&2&-3&6&2\end{pmatrix}\sim\begin{pmatrix}1&0&0&3&-6&2\\0&1&0&-1&1&-1\\0&0&1&0&0&1\end{pmatrix}=(\boldsymbol{I},\boldsymbol{X})$$

故有

$$(\boldsymbol{\beta}_1,\boldsymbol{\beta}_2,\boldsymbol{\beta}_3)=(\boldsymbol{\alpha}_1,\boldsymbol{\alpha}_2,\boldsymbol{\alpha}_3)\begin{pmatrix}3&-6&0\\-1&1&2\\0&0&1\end{pmatrix}.$$

因此向量组 $\{\boldsymbol{\beta}_i\}_1^3$ 在基 $\{\boldsymbol{\alpha}_i\}_1^3$ 下的坐标向量分别为 $(3,-1,0)^{\mathrm{T}}$，$(-6,1,0)^{\mathrm{T}}$ 和 $(0,2,1)^{\mathrm{T}}$.

显然也有 $|\boldsymbol{B}|\neq 0$，即向量组 $\{\boldsymbol{\beta}_i\}_1^3$ 与线性无关，因此它也是 $\mathbb{R}^3$ 的一个基，且基 $\{\boldsymbol{\alpha}_i\}_1^3$ 在基 $\{\boldsymbol{\beta}_i\}_1^3$ 下的坐标矩阵为 $\boldsymbol{Y}=\boldsymbol{X}^{-1}=\dfrac{1}{3}\begin{pmatrix}-1&-6&12\\-1&-3&6\\0&0&3\end{pmatrix}$.

本例的 MATLAB 代码实现,详见本书配套程序 exm202.

定义 2.1.5(基变换与过渡矩阵) 设(I):$\{\boldsymbol{\alpha}_i\}_1^n$ 和(II):$\{\boldsymbol{\beta}_i\}_1^n$ 是 n 维向量空间 V 的两个基,且存在可逆矩阵 $\boldsymbol{P}$,使得

$$(\boldsymbol{\beta}_1, \boldsymbol{\beta}_2, \cdots, \boldsymbol{\beta}_n) = (\boldsymbol{\alpha}_1, \boldsymbol{\alpha}_2, \cdots, \boldsymbol{\alpha}_n)\boldsymbol{P}, \tag{2.1.3}$$

则称式(2.1.3)为基(I)到基(II)的**基变换公式**(base transformation formula),称矩阵 $\boldsymbol{P}$ 为基(I)到基(II)的**过渡矩阵**(transition matrix,也译为**转换矩阵**).

不难发现

$$\boldsymbol{P} = (\boldsymbol{\alpha}_1, \boldsymbol{\alpha}_2, \cdots, \boldsymbol{\alpha}_n)^{-1}(\boldsymbol{\beta}_1, \boldsymbol{\beta}_2, \cdots, \boldsymbol{\beta}_n). \tag{2.1.4}$$

参照例 2.1.7 的分析过程,易知求过渡矩阵 $\boldsymbol{P}$ 的问题即为求解矩阵方程 $\boldsymbol{AX}=\boldsymbol{B}$,其中 $\boldsymbol{A}=(\boldsymbol{\alpha}_1, \boldsymbol{\alpha}_2, \cdots, \boldsymbol{\alpha}_n)$, $\boldsymbol{B}=(\boldsymbol{\beta}_1, \boldsymbol{\beta}_2, \cdots, \boldsymbol{\beta}_n)$ 称为**基矩阵**(basis matrix).

根据定义 2.1.4,可知 n 维向量空间 V 中任意 n 个线性无关的向量都可以作为 V 的一个基,而同一个向量在不同基下的坐标显然是不同的.比如在例 2.1.7 中,$\boldsymbol{\beta}_1$ 在基 $\{\boldsymbol{\beta}_i\}_1^3$ 下的坐标向量为 $(1, 0, 0)^{\mathrm{T}}$,与它在基 $\{\boldsymbol{\alpha}_i\}_1^3$ 下的坐标向量 $(3, -1, 0)^{\mathrm{T}}$ 明显不同.

那么问题马上来了:对同一个向量,随着基的改变,坐标又如何改变呢?不难想象作为反映基的改变状况的过渡矩阵,必然也能反映坐标的变换状况.

事实上,若有 $\boldsymbol{\alpha}=(\boldsymbol{\alpha}_1, \boldsymbol{\alpha}_2, \cdots, \boldsymbol{\alpha}_n)\boldsymbol{x}=(\boldsymbol{\beta}_1, \boldsymbol{\beta}_2, \cdots, \boldsymbol{\beta}_n)\boldsymbol{y}$,即 $\boldsymbol{\alpha}=\boldsymbol{Ax}=\boldsymbol{By}$,由基变换公式,并注意到矩阵 $\boldsymbol{A}$ 可逆及式(2.1.4),可知

$$\boldsymbol{x}=\boldsymbol{A}^{-1}\boldsymbol{\alpha}=\boldsymbol{A}^{-1}\boldsymbol{By}=\boldsymbol{Py}.$$

定理 2.1.1(坐标变换公式) 设 n 维向量空间 V 中的任意向量 $\boldsymbol{\alpha}$ 在基(I):$\{\boldsymbol{\alpha}_i\}_1^n$ 与基(II):$\{\boldsymbol{\beta}_i\}_1^n$ 下的坐标向量分别为 $\boldsymbol{x}$ 和 $\boldsymbol{y}$,$\boldsymbol{P}$ 为基(I)到基(II)的过渡矩阵,则成立**坐标变换公式**(coordinate transformation formula)

$$\boldsymbol{x}=\boldsymbol{Py} \text{ 或 } \boldsymbol{y}=\boldsymbol{P}^{-1}\boldsymbol{x}. \tag{2.1.5}$$

几何上,如果将每个 n 维向量视为向量空间 V 中的一个"点",则坐标变换公式无非是把旧坐标系 $\{\boldsymbol{\alpha}_i\}_1^n$ 中的旧点 $\boldsymbol{x}$ 变换到新坐标系 $\{\boldsymbol{\beta}_i\}_1^n$ 中的新点 $\boldsymbol{y}$.这是一种图像固定但坐标系移动的变换.

思考:(1) 是否存在与"坐标系无关"(即 $\boldsymbol{y}=\boldsymbol{x}$)的向量?其意义又何在?

(2) 对于所要考虑的问题,如何找到最合适的一个基(坐标系)?

2.1.3　矩阵的零空间与列空间

最后，将求解特定的齐次线性方程组一般化为求解任意的齐次线性方程组 $\boldsymbol{A}_{m\times n}\boldsymbol{x}=\boldsymbol{0}$，易知有如下结论.

定理 2.1.2　设向量组 $\{\boldsymbol{u}_i\}_1^t$ 都是 $\boldsymbol{A}_{m\times n}\boldsymbol{x}=\boldsymbol{0}$ 的解，则它们的线性组合 $\boldsymbol{u}=c_1\boldsymbol{u}_1+c_2\boldsymbol{u}_2+\cdots+c_t\boldsymbol{u}_t$ 也是 $\boldsymbol{A}_{m\times n}\boldsymbol{x}=\boldsymbol{0}$ 的解.

这意味着解空间 S 也可以推广到一般情形，即对系数矩阵为任意 $m\times n$ 阶矩阵 $\boldsymbol{A}$ 的齐次线性方程组 $\boldsymbol{A}\boldsymbol{x}=\boldsymbol{0}$，其解集

$$N(\boldsymbol{A})=\{\boldsymbol{x}\in\mathbb{R}^n \mid \boldsymbol{A}\boldsymbol{x}=\boldsymbol{0}\} \tag{2.1.6}$$

也是一个向量空间（而且是 $\mathbb{R}^n$ 的一个子空间），称为 $\boldsymbol{A}\boldsymbol{x}=\boldsymbol{0}$ 的**解空间**，并称其基为 $\boldsymbol{A}\boldsymbol{x}=\boldsymbol{0}$ 的**基础解系**（fundamental system of solutions）.

定理 2.1.3　齐次线性方程组 $\boldsymbol{A}_{m\times n}\boldsymbol{x}=\boldsymbol{0}$ 的解空间 $N(\boldsymbol{A})$ 的维数为 $\dim N(\boldsymbol{A})=n-r(\boldsymbol{A})$，其中 $r=r(\boldsymbol{A})$ 为矩阵 $\boldsymbol{A}$ 的秩（rank），即矩阵 $\boldsymbol{A}$ 的行阶梯矩阵 $\boldsymbol{H}_{\boldsymbol{A}}$ 或行最简矩阵 $\boldsymbol{U}_{\boldsymbol{A}}$ 中非零行的个数，也就是矩阵 $\boldsymbol{A}$ 的列（行）向量组的极大无关组中的向量个数.

证明： 将例 2.1.1 中所用方法一般化，即可构造出解空间 $N(\boldsymbol{A})$ 最典型的一个基础解系，据此即可给出此定理的证明.具体可查阅文献[52：P96,97].

如果进一步剥离这里的齐次线性方程组背景，只考虑矩阵 $\boldsymbol{A}$，则称 $N(\boldsymbol{A})$ 为矩阵 $\boldsymbol{A}$ 的**零空间**（null space，注意不要与零空间 $\{\boldsymbol{0}\}$ 混淆）.

在例 2.1.1 中，$n-r(\boldsymbol{A})=5-2=3$，因此 $\dim S=3$，即只能选出 3 个解向量 $\boldsymbol{u}_1,\ \boldsymbol{u}_2,\ \boldsymbol{u}_3$，它们构成解空间 S 的一个基（也就是方程组的一个基础解系）.从矩阵的视角看，它们也是相应系数矩阵的零空间 $N(\boldsymbol{A})$ 的一个基.

更一般地，若 $\boldsymbol{u}_1,\ \boldsymbol{u}_2,\ \cdots,\ \boldsymbol{u}_{n-r}$ 是齐次线性方程组 $\boldsymbol{A}_{m\times n}\boldsymbol{x}=\boldsymbol{0}$ 的一个基础解系，其中 $r=r(\boldsymbol{A})$，则 $N(\boldsymbol{A})=\mathrm{span}\{\boldsymbol{u}_1,\ \boldsymbol{u}_2,\ \cdots,\ \boldsymbol{u}_{n-r}\}$.

与 $m\times n$ 阶矩阵 $\boldsymbol{A}$ 的零空间 $N(\boldsymbol{A})$ 相伴的，则是 $\boldsymbol{A}$ 的全体矩阵向量积 $\boldsymbol{A}\boldsymbol{x}$（即 $\boldsymbol{A}$ 的列向量组的线性组合）的集合

$$R(\boldsymbol{A})=\{\boldsymbol{y}\in\mathbb{R}^m \mid \boldsymbol{y}=\boldsymbol{A}\boldsymbol{x},\ \boldsymbol{x}\in\mathbb{R}^n\}. \tag{2.1.7}$$

易知 $R(\boldsymbol{A})$ 也是一个向量空间（而且是 $\mathbb{R}^m$ 的一个子空间），称为矩阵 $\boldsymbol{A}$ 的**列空间**（column space）.相应地，称矩阵 $\boldsymbol{A}$ 的行向量组所张成的向量空间为矩阵 $\boldsymbol{A}$ 的**行空间**（row space），这显然就是矩阵 $\boldsymbol{A}^{\mathrm{T}}$ 的列空间 $R(\boldsymbol{A}^{\mathrm{T}})$，因此行空间的问题都可以转化为相应列空

间的问题.事实上,矩阵列空间的对偶概念不是矩阵的行空间,而是矩阵的零空间.

不难理解矩阵 $\boldsymbol{A}$ 的列空间 $R(\boldsymbol{A})$ 就是它的列向量组所张成的空间,因此 $\boldsymbol{A}$ 的列向量组的极大无关组就是 $R(\boldsymbol{A})$ 的一个基,问题是怎么求这个极大无关组呢?

在例 2.1.1 中,令 $\boldsymbol{U}_A=(\boldsymbol{\beta}_1, \boldsymbol{\beta}_2, \cdots, \boldsymbol{\beta}_5)$,不难发现其主元列为 $\boldsymbol{\beta}_1$, $\boldsymbol{\beta}_2$,且有

$$\boldsymbol{\beta}_3=2\boldsymbol{\beta}_1-\boldsymbol{\beta}_2,\ \boldsymbol{\beta}_4=\boldsymbol{\beta}_1+3\boldsymbol{\beta}_2,\ \boldsymbol{\beta}_5=-2\boldsymbol{\beta}_1-\boldsymbol{\beta}_2,$$

故 $R(\boldsymbol{U}_A)=\mathrm{span}\{\boldsymbol{\beta}_1, \boldsymbol{\beta}_2\}=\mathrm{span}\{(1, 0, 0, 0)^{\mathrm{T}}, (0, 1, 0, 0)^{\mathrm{T}}\}$.

由于 $\boldsymbol{RA}=\boldsymbol{U}_A$,即 $\boldsymbol{U}_A$ 是矩阵 $\boldsymbol{A}$ 经过可逆的初等行变换得到的,我们自然会进一步追问:这些结论对变换前的矩阵 $\boldsymbol{A}$ 是否也成立?

事实上,在例 2.1.1 中,令 $\boldsymbol{A}=(\boldsymbol{\alpha}_1, \boldsymbol{\alpha}_2, \cdots, \boldsymbol{\alpha}_5)$,验证后不难发现其主元列确为 $\boldsymbol{\alpha}_1$, $\boldsymbol{\alpha}_2$,且有

$$\boldsymbol{\alpha}_3=2\boldsymbol{\alpha}_1-\boldsymbol{\alpha}_2,\ \boldsymbol{\alpha}_4=\boldsymbol{\alpha}_1+3\boldsymbol{\alpha}_2,\ \boldsymbol{\alpha}_5=-2\boldsymbol{\alpha}_1-\boldsymbol{\alpha}_2,$$

故 $R(\boldsymbol{A})=\mathrm{span}\{\boldsymbol{\alpha}_1, \boldsymbol{\alpha}_2\}=\mathrm{span}\{(1, 1, 2, 3)^{\mathrm{T}}, (1, -1, 1, 1)^{\mathrm{T}}\}$.

定理 2.1.4 初等行变换不改变矩阵列向量组中的线性关系.

证明: 设 $n\times s$ 阶矩阵 $\boldsymbol{A}$ 经过初等行变换变成了新矩阵 $\boldsymbol{B}$,即存在可逆矩阵 $\boldsymbol{P}$,使得 $\boldsymbol{PA}=\boldsymbol{B}$,则线性方程组 $\boldsymbol{Ax}=\boldsymbol{0}$ 同解于线性方程组 $\boldsymbol{Bx}=\boldsymbol{0}$,即线性组合 $\boldsymbol{Ax}$ 与线性组合 $\boldsymbol{Bx}$ 中的组合系数 $\boldsymbol{x}$ 相同,因此初等行变换不改变矩阵列向量组中的线性关系. 证毕.

据此产生的方法称为**初等行变换法**:将矩阵 $\boldsymbol{A}$ 初等行变换为行最简型矩阵 $\boldsymbol{U}_A$,通过 $\boldsymbol{U}_A$ 的列向量组所具有的线性关系,求出矩阵 $\boldsymbol{A}$ 的列向量组的极大无关组(也就是 $R(\boldsymbol{A})$ 的一个基)以及剩余列向量关于极大无关组的线性组合.

MATLAB 提供了内置函数 null,可用于机算矩阵零空间的基.要得到手算的那种简洁结果,还必须设置为“有理形式”,即使用命令语句

```
Z = null(A,'r')
```

其中,参数`'r'`表示返回的是“有理”基,即用有理数(rational number)表示的基或其近似值;返回的矩阵 $\boldsymbol{Z}$ 是基矩阵,其列向量组即为所求的基.其实现原理,是先求出矩阵 $\boldsymbol{A}$ 的行最简形 $\boldsymbol{U}_A$,再通过适当操作,构造出基矩阵 $\boldsymbol{Z}$. 具体可参考 ATLAST 函数 nulbasis.注意机算结果与手算未必完全一致.

MATLAB 还提供了内置函数 colspace,可用于机算矩阵列空间的基.调用格式为

```
B = colspace(sym(A))
```

返回的基矩阵 $\boldsymbol{B}$，其列向量组即为所求.注意 colspace 只支持符号计算，同时机算与手算未必完全一致.

求例 2.1.1 中矩阵 $\boldsymbol{A}$ 的 $N(\boldsymbol{A})$ 和 $R(\boldsymbol{A})$ 的 MATLAB 代码实现，详见本书配套程序 exm203.

另外，在例 2.1.1 中，注意到 $r(\boldsymbol{A}^{\mathrm{T}})=r(\boldsymbol{A})=2$，故有 $m-r(\boldsymbol{A}^{\mathrm{T}})=4-2=2$，这意味着可以用两个方程（这里是前两个）来线性组合出剩下的两个方程（称为**冗余方程**，redundant equation）.读者不难手算出相应的组合系数.这些计算的 MATLAB 代码实现，详见本书配套程序 exm204.

思考：注意到 $r(\boldsymbol{A})=r(\boldsymbol{A}^{\mathrm{T}})$，那么是否有 $N(\boldsymbol{A})=N(\boldsymbol{A}^{\mathrm{T}})$ 以及 $R(\boldsymbol{A})=R(\boldsymbol{A}^{\mathrm{T}})$？你觉得 $N(\boldsymbol{A})$ 和 $N(\boldsymbol{A}^{\mathrm{T}})$ 之间是否存在关系？如果存在，会是何种关系？如果不存在，而且上文提到 $N(\boldsymbol{A})$ 与 $R(\boldsymbol{A})$ 相伴，那么它们之间存在何种关系？建议从例 2.1.1 出发进行你的探索.

例 2.1.8　已知 $\boldsymbol{A}=\begin{pmatrix}1 & 1 & 2\\ 0 & 1 & 1\\ 1 & 2 & 3\end{pmatrix}$，求 $N(\boldsymbol{A})$，$R(\boldsymbol{A})$，$R(\boldsymbol{A}^{\mathrm{T}})$ 和 $N(\boldsymbol{A}^{\mathrm{T}})$.

分析：若有 $\boldsymbol{RA}=\boldsymbol{U}_{\mathrm{A}}$，其中 $\boldsymbol{U}_{\mathrm{A}}$ 为 $\boldsymbol{A}$ 的行最简型矩阵，$\boldsymbol{R}$ 为可逆矩阵，则 $\boldsymbol{U}_{\mathrm{A}}$ 的每一行都是 $\boldsymbol{A}$ 的各行的线性组合（组合系数为 $\boldsymbol{R}$ 的相应行向量），故有 $R(\boldsymbol{U}_{\mathrm{A}}^{\mathrm{T}})=R(\boldsymbol{A}^{\mathrm{T}})$；设 $r(\boldsymbol{A})=r$，则 $\boldsymbol{U}_{\mathrm{A}}$ 的最后 $m-r$ 行均为 0，因此矩阵 $\boldsymbol{R}$ 的最后 $m-r$ 行是齐次线性方程组 $\boldsymbol{y}^{\mathrm{T}}\boldsymbol{A}=\boldsymbol{0}$ 的线性无关解，即 $N(\boldsymbol{A}^{\mathrm{T}})$（称为 $\boldsymbol{A}$ 的**左零空间**）的一个基.

解：对矩阵 $(\boldsymbol{A},\ \boldsymbol{I})$ 进行初等行变换，可得

$$(\boldsymbol{A} \vdots \boldsymbol{I})=\left(\begin{array}{ccc:ccc}1 & 1 & 2 & 1 & 0 & 0\\ 0 & 1 & 1 & 0 & 1 & 0\\ 1 & 2 & 3 & 0 & 0 & 1\end{array}\right)\sim\left(\begin{array}{ccc:ccc}1 & 0 & 1 & 1 & -1 & 0\\ 0 & 1 & 1 & 0 & 1 & 0\\ 0 & 0 & 0 & -1 & -1 & 1\end{array}\right)=(\boldsymbol{U}_{\mathrm{A}},\ \boldsymbol{R}),$$

因此有 $\boldsymbol{RA}=\boldsymbol{U}_{\mathrm{A}}$，即

$$\begin{pmatrix}1 & -1 & 0\\ 0 & 1 & 0\\ -1 & -1 & 1\end{pmatrix}\begin{pmatrix}1 & 1 & 2\\ 0 & 1 & 1\\ 1 & 2 & 3\end{pmatrix}=\begin{pmatrix}1 & 0 & 1\\ 0 & 1 & 1\\ 0 & 0 & 0\end{pmatrix}.$$

故所求为

$$N(\boldsymbol{A})=N(\boldsymbol{U}_A)=\text{span}\{(-1,-1,1)^{\mathrm{T}}\},\ R(\boldsymbol{A})=\text{span}\{(1,0,1)^{\mathrm{T}},(1,1,2)^{\mathrm{T}}\},$$

$$R(\boldsymbol{A}^{\mathrm{T}})=R(\boldsymbol{U}_A^{\mathrm{T}})=\text{span}\{(1,0,1)^{\mathrm{T}},(0,1,1)^{\mathrm{T}}\},\ N(\boldsymbol{A}^{\mathrm{T}})=\text{span}\{(-1,-1,1)^{\mathrm{T}}\}.$$

本例的 MATLAB 代码实现,留给读者作为练习.

2.2 线性空间

线性空间是向量空间在元素和线性运算上的推广和抽象,它的元素可以是向量、矩阵、多项式、函数等,它的线性运算既可以是众所周知的普通运算,也可以是自定义的各种特殊运算.向量空间中的线性组合、线性相关、线性无关、基、坐标等概念和结论都可以推广到线性空间,尤其是坐标,能够将线性空间的问题转化成向量空间的问题,是一个十分有力的工具.

2.2.1 什么是线性

什么是线性?这是个庞大的问题.例如,高等数学的一个核心思想就是(局部)线性化,即“以直代曲”.这里先通过线性函数这种最简单同时也是最重要的函数来加以说明.

众所周知,数学研究的是现实世界中的数量关系和空间形式(也有观点认为数学是关于模式的科学).两变量 x,y 之间最简单的关系,莫过于平移和正比例关系,即 $y=x+b$ 和 $y=kx$(k 为正比例系数),复合在一起,就得到**一元线性函数**(linear function of one variable) $y=kx+b$,几何上就是 $\mathbb{R}^2$ 中的一条直线,这就是它何以被形象地称为“线性”函数的缘故.特别地,当 $b=0$ 时所得的正比例函数 $y=kx$ 又称为**一元线性齐次函数**(linear homogeneous function of one variable),这里的“齐次”指的是表达式每项中变量出现的次数都整齐划一,均为一次.从运算上看,$y=kx+b$ 涉及的运算仅为加法和乘法.不难发现,线性函数具有很多有趣的性质,比如线性函数的反函数仍为线性函数,线性函数的复合函数仍为线性函数,等等.

在表达式 $y=kx+b$ 中,b 的作用并不重要,因为它仅仅改变了起始点,即将直线平移了一下.真正重要的参数是 k,因为增量 $\Delta y=[k(x+\Delta x)+b]-(kx+b)=k\Delta x$,即 Δy 是 Δx 的线性齐次函数,b 不起作用.问题是:为什么 $y=kx$ 中的变量 x 与 y 会呈正比例变化?答案是:线性齐次函数 $y=kx$ 具有可加性.

定义 2.2.1(函数的可加性) 设函数 $f(x)$ 的定义域为 $D\subset\mathbb{R}$,若对任意 x,$y\in D$,都有 $x+y\in D$,以及

$$f(x+y)=f(x)+f(y), \tag{2.2.1}$$

则称函数 $f(x)$ 具有**可加性**(additivity),并称式(2.2.1)为**可加性方程**(additive equation).

一元线性函数 $f(x)=kx$ 显然具有可加性,具体有如下定理:

定理 2.2.1　定义域内任意实数 x, y 都满足可加性方程(2.2.1)的唯一连续函数 $f(x)$ 是一元齐次函数 $f(x)=kx$,其中 $k=f(1)$ 是任意常数.

证明:请参阅文献[53:P52].

综上可知,可加性是一元连续函数成为一元线性齐次函数的充要条件,因此它是一元线性齐次函数的特征性质.其他函数都不具备可加性.例如, $f(x)=x^2$, $f(x)=\ln x$ 和 $f(x)=\sin x$ 都是非线性函数,因为它们都不满足可加性方程.

推广到 n 个自变量的情形,称 $f(x_1, x_2, \cdots, x_n)=k_1x_1+k_2x_2+\cdots+k_nx_n+b$ 为 n **元线性函数**,称 $b=0$ 时的特殊情形 $f(x_1, x_2, \cdots, x_n)=k_1x_1+k_2x_2+\cdots+k_nx_n$ 为 n **元线性齐次函数**.经过类似的分析,可知 n 元线性齐次函数更加重要,而且它也具有可加性,即

$$f(x_1+y_1, x_2+y_2, \cdots, x_n+y_n)=f(x_1, x_2, \cdots x_n)+f(y_1, y_2, \cdots, y_n). \tag{2.2.2}$$

注意到 n 元线性齐次函数是 n 个一元线性齐次函数 $f_i(x)=k_ix$ $(i=1,2, \cdots, n)$ 之和,如果只让某个自变量 x_i 取得增量 Δx_i (其他自变量保持不变),则引起的因变量增量为 $\Delta f=k_i\Delta x_i$,即 Δf 与 Δx_i 成正比例.这也意味着,若把自变量 x_1, x_2, $\cdots$, x_n 看作影响函数值的独立因素,那么每一个独立因素作用的结果,都与它的大小成正比例,而且各因素作用的总效果等于每个因素单独作用的效果之和.用与前面类似的手法,可以证明 n 元线性齐次函数具有**齐次性**(homogeneity):

$$f(kx_1, kx_2, \cdots, kx_n)=kf(x_1, x_2, \cdots, x_n). \tag{2.2.3}$$

关于线性关系及其应用,更全面的综述可参阅文献[53].

上面的讨论说明线性关系的要害在于可加性.对 n 维向量空间 $\mathbb{R}^n$ 而言,情况也大抵如此.对 $\mathbb{R}^n$ 中的“数”(即 n 维向量),定义了“加法”(即向量加法),并且满足如下的交换律和结合律(对任意向量 $\boldsymbol{\alpha}$, $\boldsymbol{\beta}$, $\boldsymbol{\gamma}\in\mathbb{R}^n$):

(A1) 加法交换律: $\boldsymbol{\alpha}+\boldsymbol{\beta}=\boldsymbol{\beta}+\boldsymbol{\alpha}$;

(A2) 加法结合律: $(\boldsymbol{\alpha}+\boldsymbol{\beta})+\boldsymbol{\gamma}=\boldsymbol{\alpha}+(\boldsymbol{\beta}+\boldsymbol{\gamma})$.

$\mathbb{R}^n$ 中有一个特殊的度量基准点被当作坐标原点(即零向量),同时在任何方向上都可以建立数轴,即每个向量都存在反方向以保证向量在两个相反的方向上都是无限延伸的,这就是说,$\mathbb{R}^n$ 具有下列加法单位元和加法逆元:

(A3) 加法单位元:存在零向量 $\mathbf{0}\in\mathbb{R}^n$,使得 $\boldsymbol{\alpha}+\mathbf{0}=\boldsymbol{\alpha}$;

(A4) 加法逆元:对任意 $\boldsymbol{\alpha}\in\mathbb{R}^n$,存在 $-\boldsymbol{\alpha}\in\mathbb{R}^n$,使得 $\boldsymbol{\alpha}+(-\boldsymbol{\alpha})=\mathbf{0}$.

对线性齐次函数而言,可加性和连续性可以推导出正比例性,这对于 $\mathbb{R}^n$ 也是类似的.这里 $\mathbb{R}^n$ 中的"乘法"即数乘.对任意 $\boldsymbol{\alpha}\in\mathbb{R}^n$,显然 $2\boldsymbol{\alpha}=(1+1)\boldsymbol{\alpha}=1\boldsymbol{\alpha}+1\boldsymbol{\alpha}=\boldsymbol{\alpha}+\boldsymbol{\alpha}$.一般地,$k\boldsymbol{\alpha}$ 就是 k 个 $\boldsymbol{\alpha}$ 之和.当然,这要求 $\mathbb{R}^n$ 必须先满足下列性质(对任意 k, $l\in\mathbb{R}$):

(M1) 数乘单位元:存在数乘的单位元 1,使得 $1\boldsymbol{\alpha}=\boldsymbol{\alpha}$;

(D1) 向量对数的分配律:$(k+l)\boldsymbol{\alpha}=k\boldsymbol{\alpha}+l\boldsymbol{\alpha}$.

由于 $\mathbb{R}^n$ 在每一个方向上都具有比例关系,这意味着它还满足数乘的结合律:

(M2) 数乘的结合律:$k(l\boldsymbol{\alpha})=(kl)\boldsymbol{\alpha}$.

最后,考虑向量加法的三角形法则,即若把 $\boldsymbol{\alpha}$, $\boldsymbol{\beta}$, $\boldsymbol{\alpha}+\boldsymbol{\beta}$ 视为一个三角形,那么放大 k 倍后的 $k\boldsymbol{\alpha}$, $k\boldsymbol{\beta}$, $k(\boldsymbol{\alpha}+\boldsymbol{\beta})$ 不仅仍然构成三角形,而且与原三角形还是相似的,此即 $\mathbb{R}^n$ 还满足下列分配律:

(D2) 数对向量的分配律:$k(\boldsymbol{\alpha}+\boldsymbol{\beta})=k\boldsymbol{\alpha}+k\boldsymbol{\beta}$.

2.2.2 线性空间的概念及性质

众所周知,向量是特殊的矩阵,而对所有 $m\times n$ 阶实矩阵的集合 $\mathbb{R}^{m\times n}$ 而言,不难验证它对矩阵的加法和数乘运算封闭,并且也满足上述 8 条运算律,因此也应该是"向量空间".当然这里的"向量"已推广到实矩阵!按此思路,可以从元素、运算以及数域上入手,将向量空间推广到更一般的线性空间."原始人"至此总算进化成"文明人"了.

定义 2.2.2(线性空间) 考虑非空集合 V 及数域 $\mathbb{F}$.如果对任意元素 α, $\beta\in V$,都存在唯一的元素 $\delta\in V$ 与它们对应,则称 δ 为 α 与 β 的**和**,记作 $\delta=\alpha+\beta$.同时对任意 $k\in\mathbb{F}$ 及任意 $\alpha\in V$,都存在唯一的元素 $\eta\in V$ 与它们对应,则称 η 为 k 与 α 的**数乘或标量积**(scalar product),记作 $\eta=k\alpha$.如果 V 中的加法和数乘这两种运算(合称为线性运算)不仅封闭(即和 $\delta\in V$,数乘 $\eta\in V$),还满足下面 8 条运算律(对任意元素 α, β, $\gamma\in V$ 及任意 k, $l\in\mathbb{F}$):

(A1) 加法交换律:$\alpha+\beta=\beta+\alpha$;

(A2) 加法结合律:$(\alpha+\beta)+\gamma=\alpha+(\beta+\gamma)$;

(A3) 加法单位元：存在**零元** $\theta \in V$，使得 $\alpha + \theta = \alpha$；

(A4) 加法逆元：存在 $-\alpha \in V$（称为 α 的**负元**），使得 $\alpha + (-\alpha) = \theta$；

(M1) 数乘的单位元：$1\alpha = \alpha$；

(M2) 数乘的结合律：有 $k(l\alpha) = (kl)\alpha$；

(D1) 分配律 1：$(k + l)\alpha = k\alpha + l\alpha$；

(D2) 分配律 2：$k(\alpha + \beta) = k\alpha + k\beta$.

则称 V 为数域 $\mathbb{F}$ 上的**线性空间**(linear space).

几点说明：

(1) 在线性空间 V 的定义中，不仅不再关心元素的特定属性，而且也不再关心线性运算的具体形式.同时数域也被推广到了更一般的数域 $\mathbb{F}$（比如有理数域 $\mathbb{Q}$），此时称数域 $\mathbb{F}$ 为 V 的**系数域**.标量积实际上是用标量 k 定义的元素 α 的一个乘法，可通俗地理解成元素 α 的 k 倍.本书中，数域 $\mathbb{F}$ 仅指实数域 $\mathbb{R}$ 和复数域 $\mathbb{C}$，相应的线性空间分别称为**实线性空间**和**复线性空间**.除非特别说明，本书到第三章结束之前大多考虑的是实线性空间.

(2) 在线性齐次函数和 $\mathbb{R}^n$ 中，可从加法运算推导出数乘运算.但结合定理 2.2.1 的证明过程，不难注意到一般的线性空间 V 中的元素未必可取极限，更未必连续，因此定义 2.2.2 中脱离加法单独定义了数乘.同时为了运算方便，还要求它满足相应的运算律.

(3) 向量空间是最特殊的一类线性空间.在论述一般线性空间 V 的性质时，为了强调抽象性，同时为了区别于向量的粗体符号，本书采用了非粗体符号表示其中的元素，有时简称元，以与抽象代数对接，但有时为了利用直观性来增强理解，仍然会形象地称为“向量”，这就是事物的一体两面，该直则直，该抽则抽.毕竟，空间的原型概念是欧几里得《几何原本》中的线面体，元素的原型概念是点.当然，对于元素类型已知（矩阵，多项式，函数，等等）的线性空间，本书会尽可能说得具体些.

(4) 线性空间是线性代数最基本的概念之一，它要求的无非就是“两种封闭运算和八条运算规律”.从最原初的三维向量空间 $\mathbb{R}^3$，到如今的抽象代数结构，我们对空间的数学抽象一路螺旋式上升，视野也一路开阔.然而，线性空间也只是开始，更多的空间即将陆续抵达，心急的读者不妨先去观瞻一下图 3 - 13.

思考：八条运算律中，为什么会有两条分配律？去掉其中一条是否可以？

例 2.2.1　(矩阵空间)全体 $m \times n$ 阶的实(复)矩阵组成的集合 $\mathbb{R}^{m\times n}$（$\mathbb{C}^{m\times n}$），按矩阵的加法和数乘运算，构成线性空间，称为数域 $\mathbb{R}$（$\mathbb{C}$）上的**矩阵空间**(matrix space).显然向量空间 $\mathbb{R}^n$ 和 $\mathbb{C}^n$ 都可以看成特殊的矩阵空间.

例 2.2.2 **(多项式空间)**所有一元实系数多项式组成的集合 $\mathbb{P}[x]$，按通常的多项式加法和数与多项式的乘法运算，构成线性空间，称为数域 $\mathbb{R}$ 上的**多项式空间**(polynomial space).特别地，次数小于$n(n \geqslant 0)$的所有实系数多项式以及零多项式即 0 的集合 $\mathbb{P}[x]_n$，按通常的多项式加法和数与多项式的乘法运算，也构成数域 $\mathbb{R}$ 上的线性空间.特别地，$\mathbb{P}[x]_1$ 就是 $\mathbb{R}$. 约定 $\mathbb{P}[x]_0=\{0\}$.

注意：零多项式的次数约定为 $-\infty$，这样很多结果不再有例外，例如，即使有零因子 $p=0$，多项式乘积 pq 的次数仍然等于 p，q 的次数之和.

思考：对于 $\mathbb{P}[x]_n$ 中的多项式，为什么不是规定“次数等于 n”？能否将规定改为“次数不超过 n”？

例 2.2.3 所有收敛的实数数列组成的集合 $L\mathbb{R}^{\infty}$，按数列极限的加法和数乘运算，构成数域 $\mathbb{R}$ 上的线性空间.

例 2.2.4 **(连续函数空间)**闭区间 $[a, b]$ 上所有一元连续实函数的集合 $\mathbb{C}[a, b]$，按通常的函数加法和数与函数的乘法运算，构成线性空间，称为数域 $\mathbb{R}$ 上的**连续函数空间**(continuous function space).一般地，存在区间 I 上的连续函数空间，记为 $\mathbb{C}(I)$.

注：如果一定要在 $\mathbb{C}[a, b]$ 中寻找向量空间的原始踪迹，不妨将 $\mathbb{C}[a, b]$ 中的函数 f 看成无穷维向量，它在每一个点 $x \in [a, b]$ 都有一个分量，那就是该点的函数值 $f(x)$.

例 2.2.5 **(可微函数空间)**闭区间 $[a, b]$ 上所有无限阶可微的一元实函数(即所谓光滑函数)的集合 $\mathbb{C}^{\infty}[a, b]$，按通常的函数加法和数与函数的乘法运算，构成线性空间，称为数域 $\mathbb{R}$ 上的**可微函数空间**(spaces of differentiable functions).特别地，闭区间 $[a, b]$ 上所有 n 阶可微一元实函数的集合 $\mathbb{C}^{n}[a, b]$ 也构成线性空间.为叙述方便，可将 $\mathbb{C}[a, b]$ 看成 $\mathbb{C}^{0}[a, b]$，即将连续函数看成 0 阶可微函数.

例 2.2.6 已知数域 $\mathbb{F}$ 上的线性空间 V，则 $\{\alpha_i\}_1^s \in V$ 的所有线性组合的集合

$$W=\{\boldsymbol{x}=k_1\alpha_1+k_2\alpha_2+\cdots+k_s\alpha_s \mid k_1, k_2, \cdots, k_s \in \mathbb{F}\}$$

构成数域 $\mathbb{F}$ 上的一个线性空间，称为由**生成元** $\{\alpha_i\}_1^s$ 所**张成**的空间，记为 $\operatorname{span}\{\alpha_1, \alpha_2, \cdots, \alpha_s\}$. 特别地，$\operatorname{span}\{\theta\}=\{\theta\}$. 另外，约定 $\operatorname{span}\{\varnothing\}=\{\theta\}$.

例 2.2.7 设有 $\mathbb{R}$ 上的正实数集 $\mathbb{R}^{+}$，对任意 $a, b \in \mathbb{R}^{+}$ 和任意 $k \in \mathbb{R}$，规定 $\mathbb{R}^{+}$ 中的加法运算为 $a \oplus b=ab$，乘法运算为 $k \otimes a=a^k$，则 $\mathbb{R}^{+}$ 按这两种运算构成 $\mathbb{R}$ 上的线性空间.

证明： 易知 $\mathbb{R}^+$ 对两种运算$\oplus$和$\otimes$都封闭，且对任意 $a,\ b,\ c\in\mathbb{R}^+$，有

$$a\oplus b=ab=b\oplus a,$$
$$(a\oplus b)\oplus c=ab\oplus c=(ab)c=a(bc)=a\oplus(bc)=a\oplus(b\oplus c).$$

由 $a\oplus 1=a\cdot 1=a$ 可知零元 $\theta=1$，又 $a\oplus a^{-1}=aa^{-1}=1=\theta$，故 a^{-1} 是 a 的(加法)逆元.

显然 $k=1$ 时，有 $1\otimes a=a^1=a$，且对任意 $k,\ l\in\mathbb{R}$ 及 $a,\ b\in\mathbb{R}^+$，有

$$k\otimes(l\otimes a)=k\otimes(a^l)=(a^l)^k=a^{kl}=(kl)\otimes a,$$
$$(k+l)\otimes a=a^{k+l}=a^k a^l=a^k\oplus a^l=(k\otimes a)\oplus(l\otimes a),$$
$$k\otimes(a\oplus b)=k\otimes(ab)=(ab)^k=a^k b^k=a^k\oplus b^k=(k\otimes a)\oplus(k\otimes b).$$

例 2.2.8　设有集合 $V=\{(a,\ b)\mid a,\ b\in\mathbb{R}\}$，对 V 中的任意元 $\alpha=(a,\ b)$，$\beta=(c,\ d)$ 以及任意 $k\in\mathbb{R}$，规定 V 中的加法 $\oplus$ 和数乘运算 $\otimes$ 分别为：

$$\alpha\oplus\beta=(a+c,\ b+d+ac),\ k\otimes\alpha=\left(ka,\ kb+\frac{1}{2}k(k-1)a^2\right),$$

则 V 在这两种运算下构成 $\mathbb{R}$ 上的线性空间.

以上两个例题说明线性空间中的加法和数乘仅仅是对形式运算的一种约定俗成的称呼.需要再次强调的是：线性空间中的元素可以是向量、矩阵、多项式、函数等，其中的线性运算可以任意指定，而且同一个集合还可以指定不同的线性运算，因此线性空间不仅仅指的是某个集合，还意味着相应的两种运算及八条运算律.通过前面的举例，不难发现大量熟悉的数学对象集合加上相应的两种运算后都构成了线性空间.

例 2.2.9　非齐次线性方程组 $\boldsymbol{Ax}=\boldsymbol{b}$ ($\boldsymbol{A}\in\mathbb{R}^{m\times n}$) 的解集

$$V=\{\boldsymbol{x}\in\mathbb{R}^n\mid \boldsymbol{x}=\boldsymbol{\eta}+C_1\boldsymbol{u}_1+C_2\boldsymbol{u}_2+\cdots+C_{n-r}\boldsymbol{u}_{n-r}\},\tag{2.2.4}$$

不构成 $\mathbb{R}$ 上的线性空间，其中 $\{\boldsymbol{u}_i\}_1^{n-r}$ 是对应齐次线性方程组 $\boldsymbol{Ax}=\boldsymbol{0}$ 的一个基础解系，$\boldsymbol{\eta}$ 为 $\boldsymbol{Ax}=\boldsymbol{b}$ 的一个特解.事实上，不难发现 $\boldsymbol{\eta}$ 对数乘不封闭，因为 $\boldsymbol{A}(2\boldsymbol{\eta})=2\boldsymbol{A\eta}=2\boldsymbol{b}\neq\boldsymbol{b}$，即 $2\boldsymbol{\eta}\notin V$.

例 2.2.10　所有 $n(n\geqslant 1)$ 次实系数多项式的集合

$$V=\{f=f(t)\mid f(t)=a_0+a_1t+a_2t^2+\cdots+a_nt^n,\ a_0,\ a_1,\ a_2,\ \cdots,\ a_n\in\mathbb{R},\ a_n\neq 0\}.$$

按通常的多项式加法和数乘运算，不构成 $\mathbb{R}$ 上的线性空间.这是因为 V 不包含零多项式，

即 V 中没有零元,所以不是线性空间.

可以证明,数域 $\mathbb{F}$ 上的线性空间 V 还具有下列性质(对任意 $\alpha, \beta, \gamma \in V$ 及任意 $k \in \mathbb{F}$):

(A5) 零元 θ 是唯一的.

(A6) 每个元的负元是唯一的.

(A7) 加法消去律:当 $\alpha+\beta=\alpha+\gamma$ 时,必有 $\beta=\gamma$.

(M3) $0\alpha=\theta$, $k\theta=\theta$.

(M4) 数乘消去律:当 $k\alpha=\theta$ 时,必有 $k=0$ 或 $\alpha=\theta$.

2.2.3 线性空间的基、坐标及其变换

向量空间中向量组的线性关系(线性组合、线性表示、线性相关与线性无关、等价、极大无关组、秩)以及向量空间的基、坐标、维数等概念和结论,都可以自然地推广到线性空间.这里仅叙述一些易混淆的地方,其余不再赘述.

例 2.2.11 向量空间 $\mathbb{C}$ 是实数域 $\mathbb{R}$ 上的二维空间,其基可取为 1, i, 即

$$\mathbb{C}=\mathrm{span}\{1, \mathrm{i}\}=\{a\cdot 1+b\cdot \mathrm{i},\ a,\ b\in\mathbb{R}\}.$$

同时向量空间 $\mathbb{C}$ 也是复数域 $\mathbb{C}$ 上的一维空间,其基可取为 1, 即

$$\mathbb{C}=\mathrm{span}\{1\}=\{k\cdot 1,\ k\in\mathbb{C}\}.$$

例 2.2.12 对于例 2.2.7 中的线性空间 $\mathbb{R}^+$. 设有某个 $a\in\mathbb{R}^+$ 且 $a\neq 1$. 对任意 $b\in\mathbb{R}^+$, 由对数恒等式 $b=a^{\log_a b}$, 存在唯一的 $k=\log_a b\in\mathbb{R}$, 使得 $b=a^k=k\otimes a$, 因此 $\mathbb{R}^+$ 的基可取任意非 1 的正数 a, 且 $\dim\mathbb{R}^+=1$.

定理 2.2.2(基的扩张定理) 设 V 为数域 $\mathbb{F}$ 上的 n 维线性空间,则 V 中任意一个线性无关组 $\{\alpha_i\}_1^r(1\leqslant r\leqslant n)$ 都可以扩充成 V 的一个基.

证明: 如果 $r=n$, 则 $\{\alpha_i\}_1^r$ 已是 V 的一个基,结论得证;如果 $r<n$, 令 $W=\mathrm{span}\{\alpha_1, \alpha_2, \cdots, \alpha_r\}$, 则必有 $\alpha_{r+1}\in V$ 且 $\alpha_{r+1}\notin W$, 使得 $\{\alpha_i\}_1^{r+1}$ 线性无关,否则对任意 $\beta\in V-W=\{\gamma\mid\gamma\in V,\ \gamma\notin W\}$, 可知 $\alpha_1, \alpha_2, \cdots, \alpha_r, \beta$ 线性相关,即 $\beta\in W$, 这与 $\beta\in V-W$ 矛盾.

如果 $r+1=n$, 则 $\{\alpha_i\}_1^{r+1}$ 就是 V 的一个基,结论亦得证;如果 $r+1<n$, 则更新 W 为 $W=\mathrm{span}\{\alpha_1, \alpha_2, \cdots, \alpha_{r+1}\}$, 重复上述做法,可找出 $\alpha_{r+2}\in V-W$, 使得 $\{\alpha_i\}_1^{r+2}$ 线性无关.

依次下去,由于 n 的有限性,最终必可得 V 的一个基 $\{\alpha_i\}_1^n$.　　证毕.

基的扩张定理不仅提供了寻找有限维线性空间的一个基的常规方法,也说明了基不是唯一的.但特别需要注意的是,一旦确定了基,不难证明元的坐标却是唯一的.

定理 2.2.3　数域 $\mathbb{F}$ 上的线性空间 V 中,任意元在给定基下的坐标向量是唯一的.

例 2.2.13　已知多项式空间 $\mathbb{P}[x]_3$ 及多项式 $p=3+2x+4x^2$.

(1) 证明: $1, x, x^2$ 是 $\mathbb{P}[x]_3$ 的一个基(称为 $\mathbb{P}[x]_3$ 的**自然基**);

(2) 求多项式 p 在自然基下的坐标向量 $\boldsymbol{x}$;

(3) 证明 $1, x-2, (x-2)^2$ 也是 $\mathbb{P}[x]_3$ 的一个基,并分别求自然基 $1, x, x^2$ 及多项式 p 在新基下的坐标向量 $\boldsymbol{p}_1, \boldsymbol{p}_2, \boldsymbol{p}_3$ 及 $\boldsymbol{y}$.

证明: (1) 按定义法,易知 $f_1=1, f_2=x, f_3=x^2$ 线性无关,因为根据多项式性质,当且仅当 $k_1f_1+k_2f_2+k_3f_3=0$ 时,可知 $k_1=k_2=k_3=0$. 另外,对任意多项式 $f=a_0+a_1x+a_2x^2\in\mathbb{P}[x]_3$,易知其坐标向量 $\boldsymbol{x}=(a_0, a_1, a_2)^{\mathrm{T}}$ (注意坐标顺序)是唯一的,因此 $\{f_i\}_1^3$ 是 $\mathbb{P}[x]_3$ 的一个基,即 $\dim\mathbb{P}[x]_3=3$.

(2) 由(1)知所求 $\boldsymbol{x}=(3, 2, 4)^{\mathrm{T}}$ (注意坐标顺序).

(3) 按定义法,易证 $g_1=1, g_2=x-2, g_3=(x-2)^2$ 也线性无关,这是因为当且仅当 $k_1g_1+k_2g_2+k_3g_3=0$ 时,有

$$(k_1-2k_2+4k_3)+(k_2-4k_3)x+k_3x^2=0,$$

从而有 $k_1=k_2=k_3=0$. 又 $\mathbb{P}[x]_3$ 的维数为 3,因此 $\{g_i\}_1^3$ 也是 $\mathbb{P}[x]_3$ 的一个基.

由高等数学中的泰勒公式,可知

$$f_1=1\cdot 1+0\cdot(x-2)+0\cdot(x-2)^2=1g_1+0g_2+0g_3,$$

$$f_2=2\cdot 1+1\cdot(x-2)+0\cdot(x-2)^2=2g_1+1g_2+0g_3,$$

$$f_3=4\cdot 1+4\cdot(x-2)+1\cdot(x-2)^2=4g_1+4g_2+1g_3,$$

$$p=23\cdot 1+18\cdot(x-2)+4\cdot(x-2)^2=23g_1+18g_2+4g_3.$$

故所求坐标向量分别为 $\boldsymbol{p}_1=(1, 0, 0)^{\mathrm{T}}$, $\boldsymbol{p}_2=(2, 1, 0)^{\mathrm{T}}$, $\boldsymbol{p}_3=(4, 4, 1)^{\mathrm{T}}$ 和 $y=(23, 18, 4)^{\mathrm{T}}$.

将此例的结论推广到 $\mathbb{P}[x]_n$, 易知 $\mathbb{P}[x]_n$ 的**自然基**为 $1, x, \cdots, x^{n-1}$. 因而 $\dim\mathbb{P}[x]_n=n$. 至于 $\mathbb{P}[x]$, 类推可知其**自然基**为 $1, x, \cdots, x^{n-1}, \cdots$ 这说明 $\dim\mathbb{P}[x]=+\infty$, 即 $\mathbb{P}[x]$ 是无限维线性空间. 注意到多项式是特殊的函数,更一般地,不难发现

$\mathbb{C}[a, b]$、$\mathbb{C}^n[a, b]$和$\mathbb{C}^\infty[a, b]$都是无限维线性空间.

如果将此例中的两个基分别从形式上记成向量(f_1, f_2, f_3)和(g_1, g_2, g_3)，那么形式上也有

$$g_1=(f_1, f_2, f_3)\boldsymbol{p}_1,\ g_2=(f_1, f_2, f_3)\boldsymbol{p}_2,\ g_3=(f_1, f_2, f_3)\boldsymbol{p}_3.$$

这样各式的等号右边都可以依照“行乘列”法则理解为矩阵乘法.进一步地，如果将坐标向量排列成坐标矩阵$\boldsymbol{P}=(\boldsymbol{p}_1, \boldsymbol{p}_2, \boldsymbol{p}_3)$，那么形式上也有基变换公式

$$(g_1, g_2, g_3)=(f_1, f_2, f_3)\boldsymbol{P}.$$

定义 2.2.3(基变换和过渡矩阵) 设(I)：$\{\alpha_i\}_1^n$和(II)：$\{\beta_i\}_1^n$是n维线性空间V的两个基，且存在矩阵$\boldsymbol{P}$，使得

$$(\beta_1, \beta_2, \cdots, \beta_n)=(\alpha_1, \alpha_2, \cdots, \alpha_n)\boldsymbol{P}, \tag{2.2.5}$$

则称式(2.2.5)为**基变换公式**，称矩阵$\boldsymbol{P}$为基(I)到基(II)的**过渡矩阵**.

注：(1) 记号$(\alpha_1, \alpha_2, \cdots, \alpha_n)$是形式上的向量.在仅涉及加法和数乘运算时，矩阵线性运算仍然成立.

(2) 当V特殊为向量空间$\mathbb{R}^n$时，基$\{\boldsymbol{\alpha}_i\}_1^n$是线性无关的$n$维列向量组，因此式(2.1.4)成立.但对于一般的线性空间，式(2.1.4)未必成立，因为此时形式上的向量$(\alpha_1, \alpha_2, \cdots, \alpha_n)$未必是矩阵，更遑论是否可逆.这是一般的线性空间$V$与特殊的向量空间$\mathbb{R}^n$之间的一个重大区别.

(3) 过渡矩阵$\boldsymbol{P}$是以新基(II)的各基元在旧基(I)下的坐标向量为列向量构成的坐标矩阵，它一定是可逆矩阵.事实上，若矩阵$\boldsymbol{P}$不可逆，则齐次线性方程组$\boldsymbol{Pk}=\boldsymbol{0}$有非零解$\boldsymbol{k}=(k_1, \cdots, k_n)^{\mathrm{T}}$，因此

$$\begin{aligned}k_1\beta_1+k_2\beta_2+\cdots+k_n\beta_n&=(\beta_1, \beta_2, \cdots, \beta_n)\boldsymbol{k}=(\alpha_1, \alpha_2, \cdots, \alpha_n)\boldsymbol{Pk}\\&=(\alpha_1, \alpha_2, \cdots, \alpha_n)\boldsymbol{0}=\theta,\end{aligned}$$

从而$\{\beta_i\}_1^n$线性相关.这与$\{\beta_i\}_1^n$是一个基矛盾.所以$\boldsymbol{P}$是可逆的.

定理 2.2.4 设(I)：$\{\alpha_i\}_1^n$和(II)：$\{\beta_i\}_1^n$是n维线性空间V的两个基，V中任意元α在这两个基下的坐标向量分别为$\boldsymbol{x}$和$\boldsymbol{y}$，$\boldsymbol{P}$为基(I)到基(II)的过渡矩阵，则成立**坐标变换公式**：

$$\boldsymbol{x}=\boldsymbol{Py}\ \text{或者}\ \boldsymbol{y}=\boldsymbol{P}^{-1}\boldsymbol{x} \tag{2.2.6}$$

证明：由于 $\alpha=(\alpha_1,\alpha_2,\cdots,\alpha_n)\boldsymbol{x}=(\beta_1,\beta_2,\cdots,\beta_n)\boldsymbol{y}$，注意到式(2.2.5)，代入可知

$$\alpha=(\beta_1,\beta_2,\cdots,\beta_n)\boldsymbol{y}=(\alpha_1,\alpha_2,\cdots,\alpha_n)\boldsymbol{P}\boldsymbol{y}.$$

再根据定理 2.2.3，即得 $\boldsymbol{x}=\boldsymbol{P}\boldsymbol{y}$. 由于 $\boldsymbol{P}$ 可逆，故亦有 $\boldsymbol{y}=\boldsymbol{P}^{-1}\boldsymbol{x}$.　　证毕.

例 2.2.14　由例 2.2.13 可知，多项式 $p=3+2x+4x^2$ 在基 $\{f_i\}_1^3$ 下的坐标向量为 $\boldsymbol{x}=(3,2,4)^{\mathrm{T}}$，而基 $\{f_i\}_1^3$ 到基 $\{g_i\}_1^3$ 的过渡矩阵为 $\boldsymbol{P}=\begin{pmatrix}1&-2&4\\0&1&-4\\0&0&1\end{pmatrix}$，所以多项式 p 在基 $\{f_i\}_1^3$ 下的坐标向量为 $\boldsymbol{y}=\boldsymbol{P}^{-1}\boldsymbol{x}=(23,18,4)^{\mathrm{T}}$.

思考：本例中计算 $\boldsymbol{y}$ 的方法，运算量明显比例 2.2.13 中大，那么其意义又何在呢？

例 2.2.15　已知矩阵空间 $\mathbb{R}^{2\times 2}$ 中的两组矩阵：

$$(\mathrm{I}):\boldsymbol{A}_1=\begin{pmatrix}1&0\\0&1\end{pmatrix},\boldsymbol{A}_2=\begin{pmatrix}1&0\\0&-1\end{pmatrix},\boldsymbol{A}_3=\begin{pmatrix}0&1\\1&0\end{pmatrix},\boldsymbol{A}_4=\begin{pmatrix}0&1\\-1&0\end{pmatrix};$$

$$(\mathrm{II}):\boldsymbol{B}_1=\begin{pmatrix}1&1\\1&1\end{pmatrix},\boldsymbol{B}_2=\begin{pmatrix}1&1\\1&0\end{pmatrix},\boldsymbol{B}_3=\begin{pmatrix}1&1\\0&0\end{pmatrix},\boldsymbol{B}_4=\begin{pmatrix}1&0\\0&0\end{pmatrix}.$$

(1) 证明：(I)和(II)都是 $\mathbb{R}^{2\times 2}$ 的基；

(2) 求基(I)到基(II)的过渡矩阵 $\boldsymbol{C}$；

(3) 分别求任意矩阵 $\boldsymbol{A}=\begin{pmatrix}a&b\\c&d\end{pmatrix}\in\mathbb{R}^{2\times 2}$ 在基(I)和基(II)下的坐标向量 $\boldsymbol{x}$ 和 $\boldsymbol{y}$.

解：(1) 易知(I)线性无关，因为若有 $k_1\boldsymbol{A}_1+k_2\boldsymbol{A}_2+k_3\boldsymbol{A}_3+k_4\boldsymbol{A}_4=\boldsymbol{O}$，则

$$k_1+k_2=0,k_3+k_4=0,k_3-k_4=0,k_1-k_2=0,$$

解得 $k_1=k_2=k_3=k_4=0$. 又对任意矩阵 $\boldsymbol{A}=\begin{pmatrix}a&b\\c&d\end{pmatrix}\in\mathbb{R}^{2\times 2}$，有

$$\boldsymbol{A}=\frac{1}{2}(a+d)\boldsymbol{A}_1+\frac{1}{2}(a-d)\boldsymbol{A}_2+\frac{1}{2}(b+c)\boldsymbol{A}_3+\frac{1}{2}(b-c)\boldsymbol{A}_4.\tag{2.2.7}$$

因此(I)是 $\mathbb{R}^{2\times 2}$ 的一个基，且 $\dim\mathbb{R}^{2\times 2}=4$. 同理可知(II)也是 $\mathbb{R}^{2\times 2}$ 的一个基.

(2) 联想到第 1 章中的基本矩阵 $\boldsymbol{E}_{ij}$，并注意到 $\boldsymbol{A}=a\boldsymbol{E}_{11}+b\boldsymbol{E}_{12}+c\boldsymbol{E}_{21}+d\boldsymbol{E}_{22}$，这里

$$(\mathrm{III}):\boldsymbol{E}_{11}=\begin{pmatrix}1&0\\0&0\end{pmatrix},\boldsymbol{E}_{12}=\begin{pmatrix}0&1\\0&0\end{pmatrix},\boldsymbol{E}_{21}=\begin{pmatrix}0&0\\1&0\end{pmatrix},\boldsymbol{E}_{22}=\begin{pmatrix}0&0\\0&1\end{pmatrix}.$$

显然(III)也是 $\mathbb{R}^{2\times 2}$ 的一个基(称为 $\mathbb{R}^{2\times 2}$ 的**自然基**).

注意到 $\boldsymbol{A}_1=\boldsymbol{E}_{11}+\boldsymbol{E}_{22}=1\boldsymbol{E}_{11}+0\boldsymbol{E}_{12}+0\boldsymbol{E}_{21}+1\boldsymbol{E}_{22}$,所以 $\boldsymbol{A}_1$ 在自然基(III)下的坐标向量为 $(1,0,0,1)^{\mathrm{T}}$. 类似地,$\boldsymbol{A}_2$, $\boldsymbol{A}_3$ 和 $\boldsymbol{A}_4$ 在自然基(III)下的坐标向量分别为 $(1,0,0,-1)^{\mathrm{T}}$, $(0,1,1,0)^{\mathrm{T}}$ 和 $(0,1,-1,0)^{\mathrm{T}}$. 因此基(III)到基(I)的过渡矩阵为

$$\boldsymbol{C}_1=\begin{pmatrix}1 & 1 & 0 & 0\\ 0 & 0 & 1 & 1\\ 0 & 0 & 1 & -1\\ 1 & -1 & 0 & 0\end{pmatrix}.$$

同理可得基(III)到基(II)的过渡矩阵为

$$\boldsymbol{C}_2=\begin{pmatrix}1 & 1 & 1 & 1\\ 1 & 1 & 1 & 0\\ 1 & 1 & 0 & 0\\ 1 & 0 & 0 & 0\end{pmatrix}.$$

由于 $(\boldsymbol{A}_1,\boldsymbol{A}_2,\boldsymbol{A}_3,\boldsymbol{A}_4)=(\boldsymbol{E}_{11},\boldsymbol{E}_{12},\boldsymbol{E}_{21},\boldsymbol{E}_{22})\boldsymbol{C}_1$,即 $(\boldsymbol{E}_{11},\boldsymbol{E}_{12},\boldsymbol{E}_{21},\boldsymbol{E}_{22})=(\boldsymbol{A}_1,\boldsymbol{A}_2,\boldsymbol{A}_3,\boldsymbol{A}_4)\boldsymbol{C}_1^{-1}$,代入到 $(\boldsymbol{B}_1,\boldsymbol{B}_2,\boldsymbol{B}_3,\boldsymbol{B}_4)=(\boldsymbol{E}_{11},\boldsymbol{E}_{12},\boldsymbol{E}_{21},\boldsymbol{E}_{22})\boldsymbol{C}_2$ 中,即得

$$(\boldsymbol{B}_1,\boldsymbol{B}_2,\boldsymbol{B}_3,\boldsymbol{B}_4)=(\boldsymbol{A}_1,\boldsymbol{A}_2,\boldsymbol{A}_3,\boldsymbol{A}_4)\boldsymbol{C}_1^{-1}\boldsymbol{C}_2,$$

也就是说所求过渡矩阵为

$$\boldsymbol{C}=\boldsymbol{C}_1^{-1}\boldsymbol{C}_2=\frac{1}{2}\begin{pmatrix}1 & 0 & 0 & 1\\ 1 & 0 & 0 & -1\\ 0 & 1 & 1 & 0\\ 0 & 1 & -1 & 0\end{pmatrix}\begin{pmatrix}1 & 1 & 1 & 1\\ 1 & 1 & 1 & 0\\ 1 & 1 & 0 & 0\\ 1 & 0 & 0 & 0\end{pmatrix}=\frac{1}{2}\begin{pmatrix}2 & 1 & 1 & 1\\ 0 & 1 & 1 & 1\\ 2 & 2 & 1 & 0\\ 0 & 0 & 1 & 0\end{pmatrix}.$$

(3) 由式(2.2.7)可知 $\boldsymbol{x}=\dfrac{1}{2}(a+d,a-d,b+c,b-c)^{\mathrm{T}}$.

下面换一种方式来求 $\boldsymbol{y}$. 由(2)知 $\boldsymbol{A}$ 在基(III)下的坐标向量为 $\boldsymbol{z}=(a,b,c,d)^{\mathrm{T}}$,而基(III)到基(II)的过渡矩阵为 $\boldsymbol{C}_2$,由坐标变换公式,可知 $\boldsymbol{y}=\boldsymbol{C}_2^{-1}\boldsymbol{z}=(d,c-d,b-c,a-b)^{\mathrm{T}}$.

本例的 MATLAB 代码实现,详见本书配套程序 exm205.

注: 本例中引入了“自然基”作为中介,因为矩阵在自然基下的坐标就是相应的矩阵

元素.题中 $(\boldsymbol{A}_1, \boldsymbol{A}_2, \boldsymbol{A}_3, \boldsymbol{A}_4)$ 等记号仍然是形式上的向量,没有逆矩阵,所以不满足式(2.1.4).

由于 $\boldsymbol{E}_{11}, \boldsymbol{E}_{12}, \boldsymbol{E}_{21}, \boldsymbol{E}_{22}$ 是矩阵空间 $\mathbb{R}^{2\times2}$ 的自然基,因此 $\dim \mathbb{R}^{2\times2}=4=2\times2$. 推广到矩阵空间 $\mathbb{R}^{m\times n}$, 易知 $\dim \mathbb{R}^{m\times n}=mn$, 而且 $\mathbb{R}^{m\times n}$ 的自然基就是基本矩阵组

$$\boldsymbol{E}_{11}, \boldsymbol{E}_{12}, \cdots, \boldsymbol{E}_{1n}, \boldsymbol{E}_{21}, \cdots, \boldsymbol{E}_{mn}. \tag{2.2.8}$$

例 2.2.16 满足 $\boldsymbol{A}^{\mathrm{T}}=\boldsymbol{A}$ 的实矩阵 $\boldsymbol{A}$ 称为**实对称矩阵**(symmetric matrix).

(1) 证明:所有二阶实对称矩阵的集合 $\mathbb{SR}^{2\times2}$ 构成 $\mathbb{R}$ 上的线性空间;

(2) 求 $\mathbb{SR}^{2\times2}$ 的一个基.

解: (1) 留作练习.

(2) 对任意 $\boldsymbol{A}\in\mathbb{SR}^{2\times2}$, 由于 $\boldsymbol{A}^{\mathrm{T}}=\boldsymbol{A}$, 故有

$$\boldsymbol{A}=\begin{pmatrix} a & b \\ b & c \end{pmatrix}=a\begin{pmatrix} 1 & 0 \\ 0 & 0 \end{pmatrix}+b\begin{pmatrix} 0 & 1 \\ 1 & 0 \end{pmatrix}+c\begin{pmatrix} 0 & 0 \\ 0 & 1 \end{pmatrix}=a\boldsymbol{E}_1+b\boldsymbol{E}_2+c\boldsymbol{E}_3,$$

易证 $\{\boldsymbol{E}_i\}_1^3$ 线性无关,因此 $\{\boldsymbol{E}_i\}_1^3$ 即为所求.

推广到 n 阶的情形,易证所有 n 阶实对称矩阵的集合 $\mathbb{SR}^{n\times n}$ 仍然构成 $\mathbb{R}$ 上的线性空间.进一步注意到 $n=2$ 时 $\boldsymbol{E}_1=\boldsymbol{E}_{11}$, $\boldsymbol{E}_3=\boldsymbol{E}_{22}$, $\boldsymbol{E}_2=\boldsymbol{E}_{12}+\boldsymbol{E}_{21}$, 则可得 $\mathbb{SR}^{n\times n}$ 的一个基为

$$\boldsymbol{F}_{11}, \boldsymbol{F}_{12}, \cdots, \boldsymbol{F}_{1n}, \boldsymbol{F}_{22}, \boldsymbol{F}_{23}, \cdots, \boldsymbol{F}_{nn}, \tag{2.2.9}$$

其中, $\boldsymbol{F}_{ii}=\boldsymbol{E}_{ii}$, $\boldsymbol{F}_{ij}=\boldsymbol{E}_{ij}+\boldsymbol{E}_{ji}$ $(i, j=1, 2, \cdots, n$ 且 $j>i)$, 且 $\dim \mathbb{SR}^{n\times n}=\dfrac{1}{2}n(n+1)$.

思考: 满足 $\boldsymbol{A}^{\mathrm{T}}=-\boldsymbol{A}$ 的 n 阶实矩阵 $\boldsymbol{A}$ 称为**反对称矩阵**(real anti-symmetric matrix).对所有 n 阶反对称矩阵的集合 $\mathbb{SSR}^{n\times n}$ 而言,上述问题的结果又是什么呢?

2.2.4 线性空间的同构

先回顾下集合间的映射概念.设 σ 为集合 X 到集合 Y 的映射.如果对任意 $x_1, x_2\in X$, 当 $x_1\neq x_2$ 时都有 $\sigma(x_1)\neq\sigma(x_2)$, 则称 σ 为单射;如果对任意 $y\in Y$, 都有 $x\in X$ 使得 $\sigma(x)=y$, 则称 σ 为满射;如果 σ 既是单射又是满射,则称 σ 为双射或一一映射.

向量空间 $\mathbb{F}^n$ 不仅是一种特殊的线性空间 V, 而且借助于"基"这个强大的工具,两者之间还存在更重要的联系:在给定的基 $\{\alpha_i\}_1^n$ 之下,任意元 $\alpha=(\alpha_1, \alpha_2, \cdots, \alpha_n)\boldsymbol{x}\in V$ 与

向量空间 $\mathbb{F}^n$ 中的坐标向量 $\boldsymbol{x}$ 是一一对应的，即在 V 与 $\mathbb{F}^n$ 之间，实质上存在一个映射 σ：$\alpha \mapsto \boldsymbol{x}$，它既是单射又是满射，即它是双射(一一映射).

更一般地，可以引入两个线性空间之间的类似联系.

定义 2.2.4(线性映射) 设 V_1，V_2 是数域 $\mathbb{F}$ 上的两个线性空间，σ 是 V_1 到 V_2 的映射.如果对任意 α，$\beta \in V_1$ 和任意 $k \in \mathbb{F}$，都有

(1) 可加性：$\sigma(\alpha+\beta)=\sigma(\alpha)+\sigma(\beta)$；

(2) 齐次性：$\sigma(k\alpha)=k\sigma(\alpha)$.

则称 σ 为 V_1 到 V_2 的**线性映射**(linear mapping)或**线性算子**(linear operator)，称 V_1 为 σ 的**定义域**(domain)，称 V_2 为 σ 的**目标空间**.

特别地，当 $V_2=\mathbb{F}$ 时，称 σ 为 V_1 上的**线性泛函**(linear functional)；当 $V_1=V_2=V$ 时，称 σ 为 V 上的**线性变换**(linear transformation)或**线性算子**.

注：(1) 取 $V_1=V_2=\mathbb{R}$ 时，根据定理 2.2.1，线性变换就特殊为线性函数 $y=kx$，因此线性变换和线性映射是线性函数的推广，它们的原型概念就是线性函数.

(2) 线性空间抽象自向量空间，而线性性是向量空间的基本属性，因此考察两个线性空间之间的映射时，首先进入脑海的想法自然是保持线性性.事实上，将可加性与齐次性合在一起就是线性性：

$$\sigma(k\alpha+l\beta)=k\sigma(\alpha)+l\sigma(\beta),\ \alpha,\ \beta \in V_1,\ k,\ l \in \mathbb{F}.$$

(3) 借用几何直观，称 $\alpha'=\sigma(\alpha)$ 为 α 在线性映射 σ 下的的**像**(image)，称 α 为 $\alpha'=\sigma(\alpha)$ 在 σ 下的**原像**(inverse image)，此时可加性意味着“和的像等于像的和”，即 σ：$\alpha+\beta \mapsto \alpha'+\beta'$；齐次性则意味着“数乘的像等于像的数乘”，即 σ：$k\alpha \mapsto k\alpha'$；线性性意味着“线性组合的像等于像的线性组合，且组合系数不变”.一言以蔽之，线性映射就是保持了线性空间的线性运算的映射，是一种保运算的映射.

思考：(1) 不难发现二次型和迹都是矩阵空间 $\mathbb{R}^{n\times n}$ 上的线性泛函，那么矩阵的秩是不是矩阵空间 $\mathbb{R}^{m\times n}$ 上的线性泛函？方阵的行列式呢？

(2) 易知定积分 $\int_a^b f(x)\mathrm{d}x$ 是线性空间 $\mathbb{C}[a,\ b]$ 上的线性泛函.你能否构造出 $\mathbb{C}[a,\ b]$ 上的其他线性泛函？

定义 2.2.5(同构映射) 设 V_1，V_2 是数域 $\mathbb{F}$ 上的两个线性空间，如果 σ 是 V_1 到 V_2 的线性映射，并且是一一对应的(即双射)，则称 σ 为 V_1 到 V_2 的(线性)**同构映射**(isomorphism)，并称 V_1 与 V_2 **同构**(isomorphic)，记为 $V_1 \cong V_2$.

例 2.2.17　考虑 $\mathbb{R}^2$ 到 T 的**投影变换** $\mathcal{P}$: $(x_1, x_2)^{\mathrm{T}} \mapsto (x_1, 0)^{\mathrm{T}}$，其中 T 的定义见例 2.1.3，不难验证 $\mathcal{P}$ 是一个线性映射，但不是一个同构映射.

同构映射是特殊的线性映射，也是抽象代数最重要的概念之一.甚至可以说，“抽象代数研究的是代数系统那些在同构映射之下仍然保持不变的性质.”[54; P30]

例 2.2.18　考虑线性空间 V 中的**平移变换**(translation transformation) $\mathcal{M}$: $\alpha \mapsto \alpha + \alpha_0$，其中 α_0 为 V 中的某个特定的非零元.显然平移变换是一一映射的，但却不是线性变换，因为

$$\mathcal{M}(2\alpha) = (2\alpha + \alpha_0) \neq 2(\alpha + \alpha_0) = 2\mathcal{M}(\alpha).$$

不难证明，同构映射具有下列基本性质.

定理 2.2.5(同构映射的性质)　设 σ 是数域 $\mathbb{F}$ 上线性空间 V_1 到 V_2 的同构映射，则

(I1) 零元对应零元：$\sigma(\theta) = \theta'$，其中 θ 是 V_1 的零元，θ' 是 V_2 的零元；

(I2) 负元对应负元：$\sigma(-\alpha) = -\sigma(\alpha)$；

(I3) 叠加性或线性性：$\sigma(\sum_{i=1}^{s} k_i\alpha_i) = \sum_{i=1}^{s} k_i\sigma(\alpha_i)$；

(I4) 线性无关组对应线性无关组：V_1 中的向量组 $\{\alpha_i\}_1^s$ 线性无关的充要条件是 V_2 中的向量组 $\{\sigma(\alpha_i)\}_1^s$ 线性无关.

例 2.2.19　在同构映射 $\sigma(a) = \lg a$ 下，$\mathbb{R}^+ \cong \mathbb{R}$，这里的 $\mathbb{R}^+$ 见例 2.2.7.

$\mathbb{R}^+ \cong \mathbb{R}$ 表明，$\mathbb{R}^+$ 中的乘法和乘方运算分别对应于 $\mathbb{R}$ 中的加法和乘法运算，这就是对数运算的理论依据.对数、解析几何和微积分被恩格斯誉为“17 世纪数学的三大成就”.对数的伟大之处正在于借助这种同构关系，把 $\mathbb{R}^+$ 中复杂的乘法和乘方运算分别转化为 $\mathbb{R}$ 中简单的加法和乘法运算.一言以蔽之，运算优先级都降了一级.下面的定理进一步表明，这类转化在数学里仅仅是沧海一粟而已.

定理 2.2.6(线性空间的同构定理 1)　数域 $\mathbb{F}$ 上的任意 n 维线性空间 $V \cong \mathbb{F}^n$.

证明： 根据本小节开头的分析，对映射 σ: $V \mapsto \mathbb{F}^n$，即

$$\alpha = (\alpha_1, \alpha_2, \cdots, \alpha_n)\boldsymbol{x} \in V \xrightarrow{\sigma} \boldsymbol{x} \in \mathbb{F}^n,$$

易证 σ 是同构映射.

同构定理 1 意味着在千差万别的线性空间 V 中，无论线性空间中的元如何“美丑妍媸”，无论线性空间中涉及的运算如何“千奇百怪”，最终都可归结为对坐标的计算，也就是数的运算，正所谓“万物皆数”.如此说来，向量空间 $\mathbb{F}^n$ 并不仅仅是一个特殊的线性空间，

它还是选出的“代表”,是“全村最靓的仔”,集万千宠爱于一身.

再来看线性空间的维数.数域 $\mathbb{F}$ 上的 n 维线性空间 $V_1 \cong \mathbb{F}^n$, m 维线性空间 $V_2 \cong \mathbb{F}^m$, 显然 $V_1 \cong V_2$ 等价于 $\mathbb{F}^n \cong \mathbb{F}^m$, 也就是 $m=n$.

定理 2.2.7(线性空间的同构定理 2) 数域 $\mathbb{F}$ 上的任意两个有限维线性空间同构的充要条件是它们有相同的维数.

根据同构定理,维数是有限维线性空间唯一的本质特征.例如:$\mathbb{P}[x]_4 \cong \mathbb{R}^{2\times 2} \cong \mathbb{R}^4$, $\mathbb{P}[x]_3 \cong \mathbb{SR}^{2\times 2} \cong \mathbb{R}^3$. 在同构意义下,维数相同的有限维线性空间可以不加区分,它们最终都归结为数.“道生一,一生二,二生三,三生万物.”面对“数”这个“万物之本”,我们不禁要陷入深思:维数究竟为何物?

根据同构定理 2 以及同构映射的性质(I4),不难发现线性空间 V_1 到 V_2 的同构映射 σ 把 V_1 的一个基 $\{\alpha_i\}_1^n$ 映射为 V_2 的一个基 $\{\sigma(\alpha_i)\}_1^n$.

例 2.2.20 (复数的矩阵表示) 易知矩阵集 $V=\left\{\boldsymbol{K} \mid \boldsymbol{K}=\begin{pmatrix} a & b \\ -b & a \end{pmatrix}, a, b \in \mathbb{R}\right\}$ 构成一个线性空间,且在 $\mathbb{C}$(看成实数域上的线性空间)到 V 的线性映射 σ: $z=a+b\mathrm{i} \mapsto \boldsymbol{K}$ 下,有 $\mathbb{C} \cong V$. $\mathbb{C}$ 的自然基为 1, i, 因此 V 中与之相对应的(自然)基为 $\boldsymbol{K}_1=\begin{pmatrix} 1 & 0 \\ 0 & 1 \end{pmatrix}$ (对应 $a=1, b=0$), $\boldsymbol{K}_2=\begin{pmatrix} 0 & 1 \\ -1 & 0 \end{pmatrix}$ (对应 $a=0, b=1$). 不难发现 $\sigma(\bar{z})=\begin{pmatrix} a & -b \\ b & a \end{pmatrix}=\boldsymbol{K}^{\mathrm{T}}$ 以及复数的乘法对应相应矩阵的乘法.因此复数问题的研究也可以借助于矩阵工具来进行.

2.3 线性子空间

对于太庞大的整体,经常希望能够“化整为零,通过部分来获知整体”,例如软件设计中采用的结构化方法.对线性空间的研究亦是如此,即希望将一个高维线性空间分解为多个低维线性子空间的和甚至直和,并通过对线性子空间的研究,更加深刻地揭示整个线性空间的结构.

2.3.1 子空间的交与和

向量空间的子集可能还是向量空间,类似地,线性空间的子集也可能还是线性空间.

定义 2.3.1(线性子空间) 设 U 是线性空间 V 的非空子集.如果 U 在 V 中规定的加法和数乘运算下仍然构成线性空间,则称 U 是 V 的(线性)子空间,仍记为 $U \subset V$.

例 2.3.1　显然 $\mathbb{R}=\mathbb{P}[x]_1$ 是 $\mathbb{P}[x]_2$ 的子空间，$\mathbb{P}[x]_2$ 又是 $\mathbb{P}[x]_3$ 的子空间……即有以下“俄罗斯套娃”形式的子空间序列：

$$\mathbb{R}=\mathbb{P}[x]_1 \subset \mathbb{P}[x]_2 \subset \cdots \subset \mathbb{P}[x]_n \subset \cdots \subset \mathbb{P}[x].$$

判定非空集合 V 是否为线性空间，要核验“二八佳人”的真实性，那是“相当地麻烦”.至于判定线性空间 V 的子集 U 是否仍然是线性空间，就比较方便了.因为 U 首先作为子集，自然保留了(A1)、(A2)、(M1)、(M2)，以及(D1)和(D2)，剩下的要求就是“两种运算封闭”以及(A3)和(A4).如果对数乘运算封闭，只要分别令 $k=0,\ -1$，就得到了(A3)和(A4).

定理 2.3.1(子空间判别法)　设 V 是数域 $\mathbb{F}$ 上的线性空间，U 是 V 的非空子集，则 U 是 V 的子空间的充要条件是 U 对 V 中的两种运算都封闭，即对任意 $\alpha,\ \beta \in U$ 和任意 $k \in \mathbb{F}$，都有 $\alpha+\beta \in U$ 和 $k\alpha \in U$.

注：(1) “两种运算都封闭”可以合并为：对任意 $\alpha,\ \beta \in U$ 和任意 $k,\ l \in \mathbb{F}$，都有 $k\alpha + l\beta \in U$.

(2) 线性空间 V 和只有零元 θ 的零空间 $\{\theta\}$ 都是 V 的子空间，称为 V 的平凡子空间.

(3) 空集 $\varnothing$ 不是任意线性空间 V 的子空间，因为子空间至少需要包含零元 θ.

例 2.3.2　$\mathbb{C}^1[a,\ b]$ 是 $\mathbb{C}[a,\ b]$ 的子空间，$\mathbb{C}^2[a,\ b]$ 又是 $\mathbb{C}^1[a,\ b]$ 的子空间，……即有以下“俄罗斯套娃”形式的子空间序列：

$$\mathbb{C}^{\infty}[a,\ b] \subset \cdots \subset \mathbb{C}^2[a,\ b] \subset \mathbb{C}^1[a,\ b] \subset \mathbb{C}^0[a,\ b]=\mathbb{C}[a,\ b].$$

例 2.3.3　$\mathbb{SR}^{n\times n}$ 是 $\mathbb{R}^{n\times n}$ 的子空间，$\mathbb{SSR}^{n\times n}$ 也是 $\mathbb{R}^{n\times n}$ 的子空间.

例 2.3.4　对任意矩阵 $\boldsymbol{A} \in \mathbb{R}^{m\times n}$，易知 $N(\boldsymbol{A})$ 是 $\mathbb{R}^n$ 的子空间，$R(\boldsymbol{A})$ 是 $\mathbb{R}^m$ 的子空间.

例 2.3.5　已知数域 $\mathbb{F}$ 上的线性空间 V 及 V 中的向量组 $\{\alpha_i\}_1^s$，则 $W=\mathrm{span}\{\alpha_1,\ \alpha_2,\ \cdots,\ \alpha_s\}$ 是 V 的一个子空间.注意向量组 $\{\alpha_i\}_1^s$ 不一定线性无关.

子空间首先是子集，所以接下来考虑它们的三大运算，即“交并补”.

定理 2.3.2　如果 $V_1,\ V_2$ 是数域 $\mathbb{F}$ 上的线性空间 V 的两个子空间，则它们的交 $V_1 \cap V_2$ 也是 V 的子空间.

证明：留作练习.

子空间的并是不是子空间？很遗憾，“这回真不是！”例如，设 $\boldsymbol{e}_1,\ \boldsymbol{e}_2$ 为 $\mathbb{R}^2$ 的自然基，

则 $span\{\boldsymbol{e}_1\}$（几何上就是 x 轴）和 $\text{span}\{\boldsymbol{e}_2\}$（几何上就是 y 轴）都是 $\mathbb{R}^2$ 的子空间，但它们的并集 $W=\text{span}\{\boldsymbol{e}_1\}\cup\text{span}\{\boldsymbol{e}_2\}$ 不是子空间，因为 $\boldsymbol{e}_1+\boldsymbol{e}_2=(1,1)^{\mathrm{T}}\notin W$，即 W 对加法不封闭.

并运算仅仅是把子空间的元合并在一起，没有考虑到元之间通过“互动”（特别是加法运算）会生成新元.考虑到线性空间必须对加法封闭，因此作为集合论中子集并的类似概念，需要研究子空间的和运算.

定义 2.3.2(子空间的和) 设 V_1，V_2 是数域 $\mathbb{F}$ 上线性空间 V 的两个子空间，则称集合

$$\{\alpha_1+\alpha_2 \mid \alpha_1\in V_1,\ \alpha_2\in V_2\}$$

为子空间 V_1 与 V_2 的（线性）**和**（sum），记为 V_1+V_2.

定理 2.3.3 如果 V_1，V_2 是数域 $\mathbb{F}$ 上的线性空间 V 的两个子空间，那么它们的和 $W=V_1+V_2$ 也是 V 的子空间.

证明： 对任意 $\gamma_1\in V_1\subset V$，$\gamma_2\in V_2\subset V$，可知它们的和 $\gamma_1+\gamma_2\in V$. 再由 $\theta=\theta+\theta$ 可知 $\theta\in W$，故 W 是 V 的非空子集.

对任意 α，$\beta\in V_1+V_2$，存在 α_1，$\beta_1\in V_1$ 及 α_2，$\beta_2\in V_2$，使得 $\alpha=\alpha_1+\alpha_2$，$\beta=\beta_1+\beta_2$. 任取 k，$l\in\mathbb{F}$，由于 $k\alpha_1+l\beta_1\in V_1$，$k\alpha_2+l\beta_2\in V_2$，故

$$k\alpha+l\beta=(k\alpha_1+k\alpha_2)+(l\beta_1+l\beta_2)=(k\alpha_1+l\beta_1)+(k\alpha_2+l\beta_2)\in W,$$

从而 W 也是 V 的子空间. 证毕.

可以验证，子空间的交与和满足交换律和结合律.

子空间的交与和也可以推广到有限个的情形，相应的定理则可推广如下.

定理 2.3.4 设 V_1，V_2，…，V_s 是数域 $\mathbb{F}$ 上的线性空间 V 的一组子空间，则它们的交 $V_1\cap V_2\cap\cdots\cap V_s$ 与和 $V_1+V_2+\cdots+V_s$ 也是 V 的子空间.

不难发现 $\text{span}\{\boldsymbol{e}_1\}+\text{span}\{\boldsymbol{e}_2\}=\text{span}\{\boldsymbol{e}_1,\boldsymbol{e}_2\}=\mathbb{R}^2$. 因为子空间的和运算本质上是它们元的求和运算，因此从生成元的角度看，定理 2.3.4 意味着将子空间的生成元合并在一起，就成了和空间的一组生成元，此即如下定理.

定理 2.3.5 设 V_1，V_2 都是线性空间 V 的子空间，且 $V_1=\text{span}\{\alpha_1,\alpha_2,\cdots,\alpha_s\}$，$V_2=\text{span}\{\beta_1,\beta_2,\cdots,\beta_t\}$，则 $V_1+V_2=\text{span}\{\alpha_1,\alpha_2,\cdots,\alpha_s,\beta_1,\beta_2,\cdots,\beta_t\}$.

证明： 留作练习.

显然合并后的生成元中可能存在冗余，因此需要“打假”.那么和空间中又该保留多少

个生成元呢？我们先通过一个例子来寻找规律.

例 2.3.6　已知 $\boldsymbol{\alpha}_1=(2, 1, 3, 1)^{\mathrm{T}}$, $\boldsymbol{\alpha}_2=(-1, 1, -3, 1)^{\mathrm{T}}$ 及 $\boldsymbol{\beta}_1=(4, 5, 3, -1)^{\mathrm{T}}$, $\boldsymbol{\beta}_2=(1, 5, -3, 1)^{\mathrm{T}}$, 并且 $V_1=\mathrm{span}\{\boldsymbol{\alpha}_1, \boldsymbol{\alpha}_2\}$, $V_2=\mathrm{span}\{\boldsymbol{\beta}_1, \boldsymbol{\beta}_2\}$. 求 $V_1\cap V_2$ 和 V_1+V_2 的基与维数.

解: 任取 $\boldsymbol{\alpha}\in V_1\cap V_2$, 则 $\boldsymbol{\alpha}\in V_1$ 且 $\boldsymbol{\alpha}\in V_2$, 故可令 $\boldsymbol{\alpha}=k_1\boldsymbol{\alpha}_1+k_2\boldsymbol{\alpha}_2=l_1\boldsymbol{\beta}_1+l_2\boldsymbol{\beta}_2$, 从而有 $k_1\boldsymbol{\alpha}_1+k_2\boldsymbol{\alpha}_2+(-l_1)\boldsymbol{\beta}_1+(-l_2)\boldsymbol{\beta}_2=0$, 此即系数矩阵为 $\boldsymbol{A}=(\boldsymbol{\alpha}_1, \boldsymbol{\alpha}_2, \boldsymbol{\beta}_1, \boldsymbol{\beta}_2)$, 未知向量为 $\boldsymbol{x}=(k_1, k_2, -l_1, -l_2)^{\mathrm{T}}$ 的齐次线性方程组 $\boldsymbol{Ax}=\boldsymbol{0}$. 由于

$$\boldsymbol{A}=(\boldsymbol{\alpha}_1, \boldsymbol{\alpha}_2, \boldsymbol{\beta}_1, \boldsymbol{\beta}_2)=\begin{pmatrix}2 & -1 & 4 & 1\\ 1 & 1 & 5 & 5\\ 3 & -3 & 3 & -3\\ 1 & 1 & -1 & 1\end{pmatrix}\sim\begin{pmatrix}1 & 0 & 0 & 0\\ 0 & 1 & 0 & 5/3\\ 0 & 0 & 1 & 2/3\\ 0 & 0 & 0 & 0\end{pmatrix},$$

故可解得 $k_1=0$, $k_2=\frac{5}{3}l_2$, $l_1=-\frac{2}{3}l_2$, 因此 $\boldsymbol{\alpha}=k_1\boldsymbol{\alpha}_1+k_2\boldsymbol{\alpha}_2=\frac{5}{3}l_2\cdot\boldsymbol{\alpha}_2$(能否使用 $\boldsymbol{\alpha}=l_1\boldsymbol{\beta}_1+l_2\boldsymbol{\beta}_2$?), 这说明 $\boldsymbol{\alpha}_2$ 为 $V_1\cap V_2$ 的基, 即 $\dim(V_1\cap V_2)=1$.

由于

$$\boldsymbol{0}=k_1\boldsymbol{\alpha}_1+k_2\boldsymbol{\alpha}_2+(-l_1)\boldsymbol{\beta}_1+(-l_2)\boldsymbol{\beta}_2=0\boldsymbol{\alpha}_1+\frac{5}{3}l_2\boldsymbol{\alpha}_2+\frac{2}{3}l_2\boldsymbol{\beta}_1+(-l_2)\boldsymbol{\beta}_2,$$

即 $\boldsymbol{\beta}_2=0\boldsymbol{\alpha}_1+\frac{5}{3}\boldsymbol{\alpha}_2+\frac{2}{3}\boldsymbol{\beta}_1$, 而 $\boldsymbol{\alpha}_1$, $\boldsymbol{\alpha}_2$, $\boldsymbol{\beta}_1$ 线性无关, 故由定理 2.3.5, 可知

$$V_1+V_2=\mathrm{span}\{\boldsymbol{\alpha}_1, \boldsymbol{\alpha}_2, \boldsymbol{\beta}_1, \boldsymbol{\beta}_2\}=\mathrm{span}\{\boldsymbol{\alpha}_1, \boldsymbol{\alpha}_2, \boldsymbol{\beta}_1\},$$

即 $\boldsymbol{\alpha}_1$, $\boldsymbol{\alpha}_2$, $\boldsymbol{\beta}_1$ 是 V_1+V_2 的一个基, $\dim(V_1+V_2)=3$.

本例的 MATLAB 代码实现, 详见本书配套程序 exm206.

注: 本题的一般性解法及其原理, 即如何同时求两个生成子空间的交与和的基, 可参阅文献[55: P289-292].

结合此例不难发现, 在定理 2.3.5 中, 即使子空间 V_1 和 V_2 的生成元 $\{\alpha_i\}_1^s$ 和 $\{\beta_j\}_1^t$ 分别都是线性无关的, 在考虑和空间 V_1+V_2 的生成元时, 仍然需要剔除重复计算的生成交空间 $V_1\cap V_2$ 的生成元, 这显然类似于集合计数公式 $n(A\cup B)=n(A)+n(B)-n(A\cap B)$, 其中 $n(A)$ 表示有限集合 A 中的元素个数. 从维数角度看这个发现, 就是下述的维数公式.

定理 2.3.6(维数公式,又称格拉斯曼公式) 设 V_1, V_2 是数域 F 上的线性空间 V 的两个有限维子空间,则 $V_1 \cap V_2$ 与 V_1+V_2 都是有限维的,并且有维数公式

$$\dim(V_1+V_2)=\dim V_1+\dim V_2-\dim(V_1 \cap V_2).$$

证明[6,44,55]: 令 $\dim V_1=k$, $\dim V_2=l$, $\dim(V_1 \cap V_2)=m$, 由于维数实质上就是线性空间的一个基中基元的个数,因此从基入手.取 $V_1 \cap V_2$ 的一个基 $\{\alpha_i\}_1^m$,并分别扩充成 V_1 和 V_2 的一个基,即有

$$V_1=\operatorname{span}\{\alpha_1, \alpha_2, \cdots, \alpha_m, \beta_1, \cdots, \beta_{k-m}\}, V_2=\operatorname{span}\{\alpha_1, \alpha_2, \cdots, \alpha_m, \gamma_1, \cdots, \gamma_{l-m}\},$$

则 $V_1+V_2=\operatorname{span}\{\alpha_1, \alpha_2, \cdots, \alpha_m, \beta_1, \cdots, \beta_{k-m}, \gamma_1, \cdots, \gamma_{l-m}\}$.

设有

$$k_1\alpha_1+\cdots+k_m\alpha_m+p_1\beta_1+\cdots+p_{k-m}\beta_{k-m}+q_1\gamma_1+\cdots+q_{l-m}\gamma_{l-m}=\theta, \quad (2.3.1)$$

并令 $\alpha=k_1\alpha_1+\cdots+k_m\alpha_m+p_1\beta_1+\cdots+p_{k-m}\beta_{k-m}$, 则 $\alpha \in V_1$. 又由式(2.3.1)可知

$$\alpha=-(q_1\gamma_1+\cdots+q_{l-m}\gamma_{l-m}), \quad (2.3.2)$$

则 $\alpha \in V_2$. 因此 $\alpha \in V_1 \cap V_2$. 从而又可令 $\alpha=l_1\alpha_1+\cdots+l_m\alpha_m$. 这样 α 的两种表示相等,即

$$l_1\alpha_1+\cdots+l_m\alpha_m=-(q_1\gamma_1+\cdots+q_{l-m}\gamma_{l-m}).$$

注意到上式中的 $\{\alpha_i\}_1^m$, $\{\gamma_i\}_1^{l-m}$ 是 V_2 的一个基,因此它们线性无关,这意味着 $l_1=\cdots=l_m=q_1=\cdots=q_{l-m}=0$. 代入式(2.3.2),可知 $\alpha=\theta$, 进而由式(2.3.1)可知

$$\alpha=k_1\alpha_1+\cdots+k_m\alpha_m+p_1\beta_1+\cdots+p_{k-m}\beta_{k-m}=\theta,$$

再由 $\{\alpha_i\}_1^m$, $\{\beta_i\}_1^{k-m}$ 线性无关,可知 $k_1=\cdots=k_m=p_1=\cdots=p_{k-m}=0$.

至此已推得

$$k_1=\cdots=k_m=p_1=\cdots=p_{k-m}=q_1=\cdots=q_{l-m}=0,$$

从而 $\{\alpha_i\}_1^m$, $\{\beta_i\}_1^{k-m}$, $\{\gamma_i\}_1^{l-m}$ 线性无关,故它是 V_1+V_2 的一个基,即 $\dim(V_1+V_2)=k+l-m$. 证毕.

2.3.2 子空间的直和

维数公式告诉我们,和空间的维数不超过各子空间的维数之和.那么等号何时成立呢? 由维数公式,此时 $\dim(V_1 \cap V_2)=0$, 即 $V_1 \cap V_2=\{\theta\}$.

定义 2.3.3(直和)　设 V_1, V_2 是数域 $\mathbb{F}$ 上线性空间 V 的两个子空间，如果 $V_1 \cap V_2 = \{\theta\}$，则称和 $W = V_1 + V_2$ 为**直和**(direct sum)，记为 $V_1 \oplus V_2$，并称 V_1, V_2 为直和 W 的直和项.

注: 如果说子空间的和类似于子集的并，那么子空间的直和则类似于子集的不交并.

定理 2.3.7　设 V_1, V_2 是数域 $\mathbb{F}$ 上的线性空间 V 的两个子空间，$W = V_1 + V_2$，则下列命题是等价的:

(1) 和 $W = V_1 + V_2$ 是直和;

(2) $\dim W = \dim V_1 + \dim V_2$;

(3) 和 W 中零元 θ 的表示法唯一，即若有 $\alpha_1 + \alpha_2 = \theta$，其中 $\alpha_1 \in V_1$, $\alpha_2 \in V_2$，则必有 $\alpha_1 = \alpha_2 = \theta$，也就是零元只有平凡分解 $\theta = \theta + \theta$;

(4) 和 W 中每个元的表示法是唯一的.

证明: 显然(1)与(2)等价，且(4)⇒(3). 下证(1)⇒(4)及(3)⇒(1).

(1)⇒(4). 设 $V_1 \cap V_2 = \{\theta\}$，如果对任意 $\alpha \in V_1 + V_2$，有 $\alpha = \alpha_1 + \alpha_2 = \alpha_1' + \alpha_2'$，其中 α_1, $\alpha_1' \in V_1$, α_2, $\alpha_2' \in V_2$. 由于 $\alpha_1 - \alpha_1' \in V_1$, $\alpha_2' - \alpha_2 \in V_2$ 且 $\alpha_1 - \alpha_1' = \alpha_2' - \alpha_2$，故 $\alpha_1 - \alpha_1' = \alpha_2' - \alpha_2 \in V_1 \cap V_2 = \{\theta\}$，此即 $\alpha_1 - \alpha_1' = \alpha_2' - \alpha_2 = \theta$，从而 $\alpha_1 = \alpha_1'$, $\alpha_2 = \alpha_2'$.

(4)⇒(1). 对任意 $\alpha \in V_1 \cap V_2$，有 $\theta = \alpha + (-\alpha)$，这里 $\alpha \in V_1$, $-\alpha \in V_2$. 再由(3)，零元的表示法是唯一的，因此 $\alpha = -\alpha = \theta$. 由 α 的任意性可知 $V_1 \cap V_2 = \{\theta\}$.

注: (1) 子空间之间的直和关系，可以看成向量组的线性无关关系的推广.

(2) 直和的概念及其结论也可以推广到多个子空间的情形.

例 2.3.7　证明: $\mathbb{R}^{n\times n} = \mathbb{SR}^{n\times n} \oplus \mathbb{SSR}^{n\times n}$.

证明: 任意实方阵 $\boldsymbol{A} \in \mathbb{R}^{n\times n}$ 可分解为实对称矩阵与实反对称矩阵之和，即

$$\boldsymbol{A} = \frac{1}{2}(\boldsymbol{A} + \boldsymbol{A}^T) + \frac{1}{2}(\boldsymbol{A} - \boldsymbol{A}^T) = \boldsymbol{B} + \boldsymbol{C}.$$

显然 $\boldsymbol{B}^{\mathrm{T}} = \boldsymbol{B}$, $\boldsymbol{C}^{\mathrm{T}} = -\boldsymbol{C}$，即 $\boldsymbol{B} \in \mathbb{SR}^{n\times n}$, $\boldsymbol{C} \in \mathbb{SSR}^{n\times n}$. 这说明 $\mathbb{R}^{n\times n} = \mathbb{SR}^{n\times n} + \mathbb{SSR}^{n\times n}$ 成立. 下证此和为直和.

证法一: 对任意矩阵 $\boldsymbol{D} \in \mathbb{SR}^{n\times n} \cap \mathbb{SSR}^{n\times n}$，有 $\boldsymbol{D} \in \mathbb{SR}^{n\times n}$ 且 $\boldsymbol{D} \in \mathbb{SSR}^{n\times n}$，故 $\boldsymbol{D}^{\mathrm{T}} = \boldsymbol{D}$ 且 $\boldsymbol{D}^{\mathrm{T}} = -\boldsymbol{D}$，从而 $\boldsymbol{D} = -\boldsymbol{D}$，即 $\boldsymbol{D} = \boldsymbol{O}$，也就是说 $\mathbb{SR}^{n\times n} \cap \mathbb{SSR}^{n\times n} = \{\boldsymbol{O}\}$，故 $\mathbb{R}^{n\times n} = \mathbb{SR}^{n\times n} \oplus \mathbb{SSR}^{n\times n}$.

证法二: 由式(2.2.8)和例 2.2.16，可知 $\dim \mathbb{R}^{n\times n} = n^2$, $\dim \mathbb{SR}^{n\times n} = \frac{1}{2}n(n+1)$，再由

习题 2.19,可知 $\dim \mathbb{SSR}^{n\times n}=\frac{1}{2}n(n-1)$. 注意到

$$\dim \mathbb{R}^{n\times n}=n^2=\frac{1}{2}n(n+1)+\frac{1}{2}n(n-1)=\dim \mathbb{SR}^{n\times n}+\dim \mathbb{SSR}^{n\times n},$$

故由定理 2.3.7,即得 $\mathbb{R}^{n\times n}=\mathbb{SR}^{n\times n}\oplus \mathbb{SSR}^{n\times n}$. 证毕.

两种证法中,证法一比较简单,但只适用于判断两个子空间是否存在直和分解;证法二虽然复杂,却适用于任意个子空间的情形.另外,本例也意味着对方阵的研究可以转化为对对称矩阵与反对称矩阵的研究.

有限集合的一个分划(partition),就是将该集合不重不漏地分解为一些子集的不交并.类似地,高维线性空间也可以分解为一些"互相独立"(交空间为零空间)的低维子空间的直和,其基可由这些低维子空间的基合并而成.

定理 2.3.8(直和分解) 设 V_1 是数域 $\mathbb{F}$ 上的 n 维线性空间 V 的一个 m 维子空间 $(n\geqslant m)$,则一定存在 V 的另一个 $n-m$ 维子空间 V_2,使得空间 V 具有**直和分解**(direct sum decomposition) $V=V_1\oplus V_2$. 从基的视角来描述:若 $\boldsymbol{\alpha}_1, \boldsymbol{\alpha}_2, \cdots, \boldsymbol{\alpha}_m$ 是 V_1 的一个基,$\boldsymbol{\alpha}_{m+1}, \boldsymbol{\alpha}_{m+2}, \cdots, \boldsymbol{\alpha}_n$ 是 V_2 的一个基,则 $\boldsymbol{\alpha}_1, \boldsymbol{\alpha}_2, \cdots, \boldsymbol{\alpha}_m, \boldsymbol{\alpha}_{m+1}, \boldsymbol{\alpha}_{m+2}, \cdots, \boldsymbol{\alpha}_n$ 是 V 的一个基.

证明: 利用基的扩张定理即可.

注: (1) 称 V_2 是 V_1 在 V 中的**补子空间**(complement subspace),同时称 V_1 和 V_2 是 V 中互补的子空间.子空间的补子空间未必是唯一的,即线性空间的直和分解未必是唯一的,因此可以根据需要对线性空间做各种各样的直和分解.例如,若 $\boldsymbol{\alpha}_1=(1, 0)^{\mathrm{T}}$, $\boldsymbol{\beta}_1=(0, 1)^{\mathrm{T}}$, $\boldsymbol{\beta}_2=(1, 1)^{\mathrm{T}}$, 则 $U=\operatorname{span}\{\boldsymbol{\alpha}_1\}$ 是 $\mathbb{R}^2$ 的一个子空间,而且几何上不难发现 $\operatorname{span}\{\boldsymbol{\beta}_1\}$ 和 $\operatorname{span}\{\boldsymbol{\beta}_2\}$ 都是 U 在 $\mathbb{R}^2$ 中的补子空间.

(2) 三个子空间即便两两直和,它们的和也未必是直和.例如,若

$$\boldsymbol{\alpha}_1=(1, 0, 0)^{\mathrm{T}}, \boldsymbol{\alpha}_2=(0, 1, 0)^{\mathrm{T}}, \boldsymbol{\alpha}_3=(1, 1, 0)^{\mathrm{T}}, V_i=\operatorname{span}\{\alpha_i\}\ (i=1, 2, 3),$$

显然 $V_1\cap V_2=V_1\cap V_3=V_2\cap V_3=\{\mathbf{0}\}$,但是却有 $\mathbf{0}=\boldsymbol{\alpha}_1+\boldsymbol{\alpha}_2-\boldsymbol{\alpha}_3$,即 $\mathbb{R}^3$ 中零向量的分解不唯一,且 $V_3\subset V_1\oplus V_2$,这说明和 $V_1+V_2+V_3$ 不是直和,而且 $\mathbb{R}^3\neq V_1+V_2+V_3$.

(3) 若有 $V=V_1+V_2$,则称维数差 $\operatorname{codim} V_1=\dim V-\dim V_1$ 为 V_1 在 V 中的**余维数**(codimension).特别地,当 $V=V_1\oplus V_2$ 时,有 $\operatorname{codim} V_1=\dim V_2$. 余维数为 1 的子空间称为 V 中的**超平面**(hyperplane).

直和分解也可以推广到多个子空间的情形,相应的定理则可推广如下.

定理 2.3.9　设 $V_1, V_2, \cdots, V_s$ 是数域 $\mathbb{F}$ 上的线性空间 V 的 s 个子空间，且 $W=V_1+V_2+\cdots+V_s$，则下列命题是等价的(其中 $i=1, 2, \cdots, s$)：

(1) 和 $W=V_1+V_2+\cdots+V_s$ 是直和，即 $W=V_i \cap \sum_{j\neq i} V_j=\{\theta\}$；

(2) $\dim W=\dim V_1+\dim V_2+\cdots+\dim V_s$；

(3) 零元的表示法唯一；

(4) 和 W 中每个元的表示法唯一；

(5) 和 W 的一个基为 $\{\alpha_{1j}\}_1^{r_1}, \cdots, \{\alpha_{sj}\}_1^{r_s}$，这里 $\dim V_i=r_i$，且 $\{\alpha_{ij}\}_1^{r_i}$ 是 V_i 的一个基.

证明：请参阅文献[55：P293－294].

例 2.3.8　根据定理 2.3.9，不难得到下列直和分解：

(1) $\mathbb{P}[x]_n=\mathrm{span}\{1\} \oplus \mathrm{span}\{x\} \oplus \cdots \oplus \mathrm{span}\{x^{n-1}\}$；

(2) $\mathbb{R}^n=\mathrm{span}\{\boldsymbol{e}_1\} \oplus \cdots \oplus \mathrm{span}\{\boldsymbol{e}_n\}$，其中 $\{\boldsymbol{e}_i\}_1^n$ 为 $\mathbb{R}^n$ 的自然基；

(3) $V=\mathrm{span}\{\alpha_1\} \oplus \cdots \oplus \mathrm{span}\{\alpha_n\}$，其中 $\{\alpha_i\}_1^n$ 是数域 $\mathbb{F}$ 上的线性空间 V 的一个基.

最后一个直和分解显然是对 n 维线性空间 V 最彻底的直和分解，此时 V 分解为 n 个 1 维子空间 $V_i=\mathrm{span}\{\alpha_i\}$ 的直和，V 中每个元在每个 1 维子空间 V_i 中都存在一个分量，从而将 V 中元的线性运算化归到各个子空间之中，这显然与坐标方法有异曲同工之妙.

2.4　线性映射及其矩阵表示

线性映射及其特殊情形线性变换是线性空间的核心内容之一.作为线性函数的推广，它反映的是线性空间中元之间的一种最简单、最基本的联系，体现出一种动态的、直观的视角.借助于线性空间的基，可在线性映射(变换)与矩阵之间建立一一对应关系，从而将几何上的线性映射(变换)问题转化为代数上的矩阵问题.一言以蔽之，“变换即矩阵”.

2.4.1　几种基本的线性变换

仍然先从“原始人”做起.观察图 2－1，图形经过反射变换(图 b)或旋转变换(图 f)，只是位置发生改变，形状和大小都没有改变，所有的长度和角度都保持不变，直线仍然变成了直线，三角形、长方形、正方形、平行四边形、圆仍然变成了三角形、长方形、正方形、平行四边形、圆，也就是说变换前后的图形是全等的.而图形经过伸缩变换(图c和图d)及**剪切变换**(shear transformation，即倍加变换，图e)后，虽然位置没有发生改变，而且直线仍然变成了直线，三角形、平行四边形仍然变成了三角形、平行四边形，但图形中的长度、角度、形状和大小都有所改变，正方形变成了长方形乃至平行四边形，圆变成了椭圆，也就是说变换前后的图形未必是全等的.

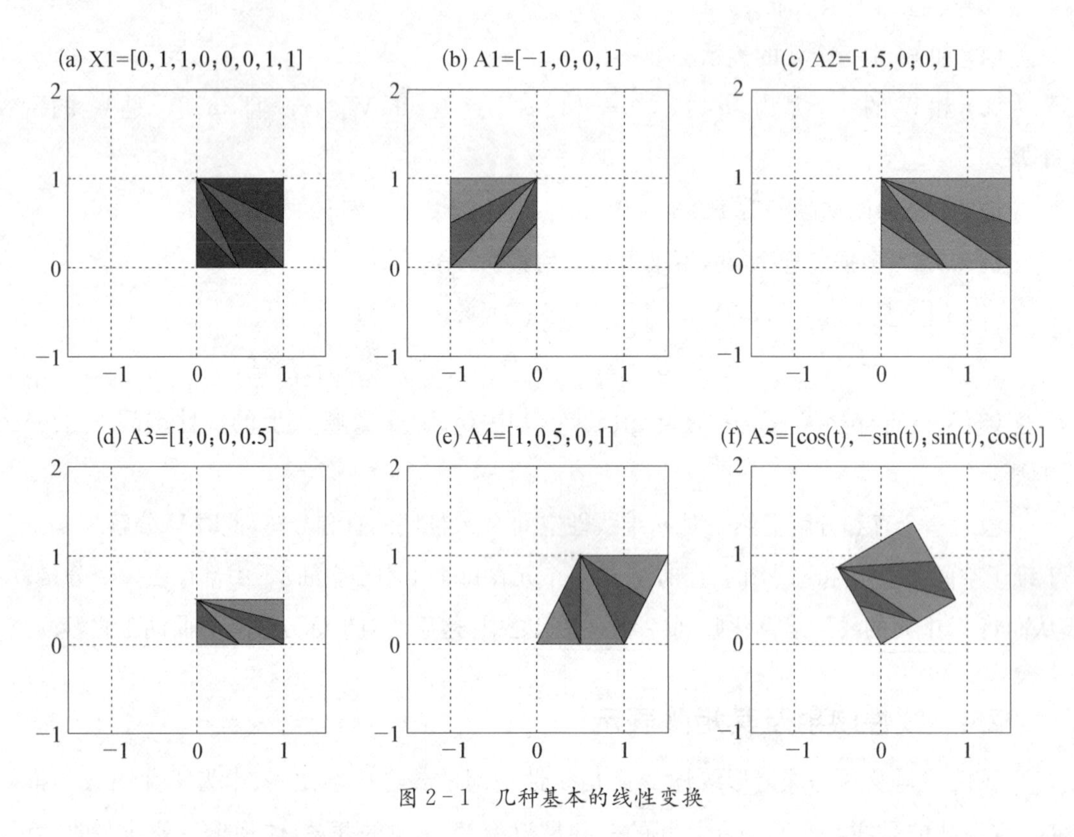

图2-1　几种基本的线性变换

本例的MATLAB代码实现，详见本书配套程序exm207.

接下来对它们进行深入研究.

例2.4.1　(**旋转变换，也称为Givens变换或旋转算子，rotation transformation**)如图2-2所示，将$\mathbb{R}^2$中的任意向量$\overrightarrow{OP}=(\xi_1, \xi_2)$绕原点逆时针旋转角$\theta$至$\overrightarrow{OP'}=(\eta_1, \eta_2)$，显然

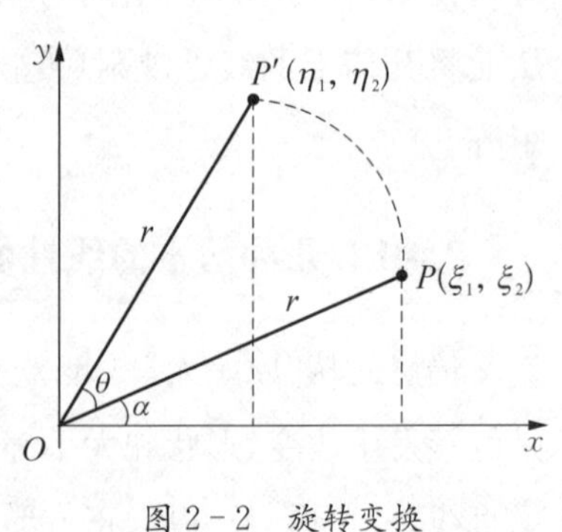

图2-2　旋转变换

$$\begin{aligned}\eta_1 &= r\cos(\alpha+\theta) = r\cos\alpha\cos\theta - r\sin\alpha\sin\theta \\ &= \xi_1\cos\theta - \xi_2\sin\theta,\end{aligned}$$

$$\begin{aligned}\eta_2 &= r\sin(\alpha+\theta) = r\sin\alpha\cos\theta + r\cos\alpha\sin\theta \\ &= \xi_2\cos\theta + \xi_1\sin\theta.\end{aligned}$$

因此像 (η_1, η_2) 与原像 (ξ_1, ξ_2) 之间的关系为

$$\begin{pmatrix}\eta_1\\ \eta_2\end{pmatrix} = \begin{pmatrix}\cos\theta & -\sin\theta\\ \sin\theta & \cos\theta\end{pmatrix}\begin{pmatrix}\xi_1\\ \xi_2\end{pmatrix} = \boldsymbol{G}\begin{pmatrix}\xi_1\\ \xi_2\end{pmatrix}, \tag{2.4.1}$$

其中,矩阵 $\boldsymbol{G}=\boldsymbol{G}(\theta)$ 称为**旋转矩阵或 Givens 矩阵**.在图 2-1(f)中,角 $\theta=\dfrac{\pi}{6}$.

特别地,当 $\theta=\dfrac{\pi}{2}$ 时,$\boldsymbol{G}=\begin{pmatrix}0 & -1\\ 1 & 0\end{pmatrix}$,表示逆时针旋转 90°;当 $\theta=\pi$ 时 $\boldsymbol{G}=\begin{pmatrix}-1 & 0\\ 0 & -1\end{pmatrix}$,表示逆时针旋转 180°(即关于原点的反射变换).

思考: 角 θ 为何值时,可使得 $\eta_2=0$? 这在几何上意味着什么? 有何意义?

例 2.4.2 (**反射变换,也称为 Householder 变换或反射算子, reflection transformation**)如图 2-3 所示,设 l_θ 为 $\mathbb{R}^2$ 中与 x 轴正向夹角为 θ 且过原点的直线.将 $\mathbb{R}^2$ 中的任意向量 $\overrightarrow{OP}=(\xi_1, \xi_2)$ 以 l_θ 为轴反射至 $\overrightarrow{OP'}=(\eta_1, \eta_2)$. 显然

$$\begin{aligned}\eta_1 &= r\cos(\alpha+\theta) = r\cos(2\theta-(\theta-\alpha))\\ &= r\cos(\theta-\alpha)\cos 2\theta + r\sin(\theta-\alpha)\sin 2\theta\\ &= \xi_1\cos 2\theta + \xi_2\sin 2\theta,\\ \eta_2 &= r\sin(\alpha+\theta)\\ &= r\cos(\theta-\alpha)\sin 2\theta - r\sin(\theta-\alpha)\cos 2\theta\\ &= \xi_1\sin 2\theta - \xi_2\cos 2\theta.\end{aligned}$$

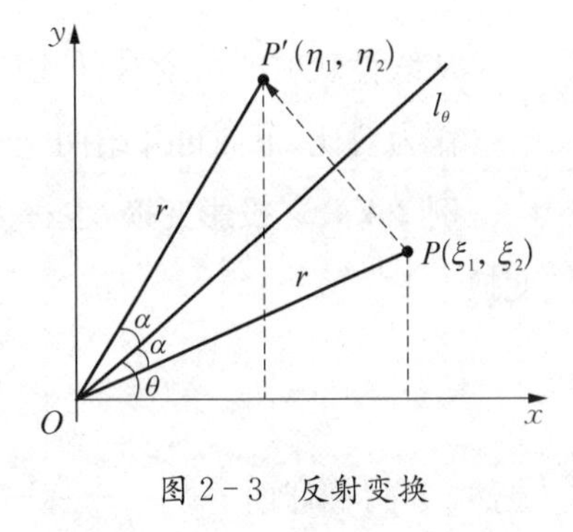

图 2-3　反射变换

因此像 (η_1, η_2) 与原像 (ξ_1, ξ_2) 之间的关系为

$$\begin{pmatrix}\eta_1\\ \eta_2\end{pmatrix} = \begin{pmatrix}\cos 2\theta & \sin 2\theta\\ \sin 2\theta & -\cos 2\theta\end{pmatrix}\begin{pmatrix}\xi_1\\ \xi_2\end{pmatrix} = \boldsymbol{H}\begin{pmatrix}\xi_1\\ \xi_2\end{pmatrix}, \tag{2.4.2}$$

其中,矩阵 $\boldsymbol{H}$ 称为**初等反射矩阵或 Householder 矩阵**.

特别地,当 $\theta=\dfrac{\pi}{2}$ 时,$\boldsymbol{H}=\begin{pmatrix}-1 & 0\\ 0 & 1\end{pmatrix}$,对应图 2-1(b)中关于 y 轴的反射变换;当 $\theta=$

$\frac{\pi}{4}$时，$\boldsymbol{H}=\begin{pmatrix}0 & 1\\ 1 & 0\end{pmatrix}$，对应关于一三象限对角线的反射变换(即交换向量的两个坐标分量).

从线性映射的角度看，旋转变换和反射变换显然是同构映射.

例 2.4.3 (**伸缩变换**，也称为**尺度变换**，**比例变换**或**比例算子**，**scaling transformation**) 将 $\mathbb{R}^2$ 中的任意向量 $\overrightarrow{OP}=(\xi_1,\ \xi_2)$ 的分量分别拉伸 a 倍和 b 倍后变成 $\overrightarrow{OP'}=(\eta_1,\ \eta_2)$，易知像 $(\eta_1,\ \eta_2)$ 与原像 $(\xi_1,\ \xi_2)$ 之间的关系为

$$\begin{pmatrix}\eta_1\\ \eta_2\end{pmatrix}=\begin{pmatrix}a & 0\\ 0 & b\end{pmatrix}\begin{pmatrix}\xi_1\\ \xi_2\end{pmatrix}=\boldsymbol{D}\begin{pmatrix}\xi_1\\ \xi_2\end{pmatrix},\tag{2.4.3}$$

其中，矩阵 $\boldsymbol{D}$ 是对角矩阵.

特别地，当 $a=b>0$ 时，对应的是图形的相似变换(等比例变换)；当 $a=b=-1$ 时，对应逆时针旋转 180°(即关于原点的反射变换)；当 $a=-1,\ b=1$ 时，对应图 2-1(b)中的反射变换；当 $a=1.5,\ b=1$ 时，对应图 2-1(c)；当 $a=1,\ b=0.5$ 时，对应图 2-1(d).

同理可知，经过伸缩变换，单位圆 $x^2+y^2=1$ 变成了椭圆 $\frac{x^2}{a^2}+\frac{y^2}{b^2}=1$.

从线性映射的角度看，伸缩变换显然也是同构映射.

作为对比，下面再介绍两个特殊变换.

例 2.4.4 (**投影变换**，也称为**投影算子**，**projective transformation**)考察 $\mathbb{R}^3$ 中的投影变换

$$\mathcal{P}:\ (x,\ y,\ z)\mapsto(x,\ y,\ 0).\tag{2.4.4}$$

显然，$\mathcal{P}$ 将椭球面 $\frac{x^2}{a^2}+\frac{y^2}{b^2}+\frac{z^2}{c^2}=1$ 变换成了椭圆 $\frac{x'^2}{a^2}+\frac{y'^2}{b^2}=1,\ z'=0$，即

$$\begin{pmatrix}x'\\ y'\\ z'\end{pmatrix}=\begin{pmatrix}1 & 0 & 0\\ 0 & 1 & 0\\ 0 & 0 & 0\end{pmatrix}\begin{pmatrix}x\\ y\\ z\end{pmatrix}=\boldsymbol{P}\begin{pmatrix}x\\ y\\ z\end{pmatrix},$$

其中，矩阵 $\boldsymbol{P}$ 被称为**投影矩阵(projective matrix)**.

从线性映射的角度看，投影变换不是单射，因此不是同构映射.因为 $\mathbb{R}^3$ 中任何与 z 轴平行的直线上的向量点，都被压缩到该直线与 xOy 平面的交点处，这使得 $\mathbb{R}^3$ 中大量的向

量都对应同一个向量. 当然,这个投影变换也完全丢失了第三个维度的信息.

图 2-4　分形蕨

例 2.4.5　(**分形蕨**)在 MATLAB 命令窗口执行命令 `finitefern(500000)`,会调用莫勒 ncm 程序包中的程序 finitefern(类似的程序还有 fern)[16],所得结果如图 2-4 所示,图中的分形蕨可以看成右下方的子蕨被不断收缩并沿主茎干往上平移,同时这个子蕨被反射到主茎干左侧后也如法炮制. 事实上,finitefern 的代码中涉及了**仿射变换**(affine transformation) $\mathcal{F}$: $\boldsymbol{x} \mapsto \boldsymbol{A}\boldsymbol{x} + \boldsymbol{b}$. 由例 2.2.18 可知,仿射变换 $\mathcal{F}$ 不是线性变换.

可以证明,旋转变换、反射变换和平移变换是 $\mathbb{R}^2$ 中三种最基本的**全等变换**(又称合同变换,congruent transformation). 在全等变换下,直线变为直线,线段变为线段,射线变为射线,三角形、多边形和圆分别变为与它们全等的三角形、多边形和圆;两直线所成的角度(包括平行和垂直的特殊情形)都不变;共线点变为共线点,且保持顺序关系不变;封闭图形的面积不变. 遗憾的是,平移变换却不是线性变换,而伸缩变换、投影变换等反而是线性变换,这无疑给线性变换披上了神秘的面纱.

2.4.2　线性映射的性质和运算

接下来用"现代人"的眼光考察一批线性映射及其特殊情形线性变换.

例 2.4.6　(**归零映射和归零变换,零算子**)将线性空间 V_1 中每个元 α 映射成线性空间 V_2 中的零元 θ' 的映射是线性映射,称为**归零映射**,记为 $\mathcal{O}$, 即对任意 $\alpha \in V_1$, 有 $\mathcal{O}(\alpha) = \theta'$. 显然归零映射不是单射,自然也不是同构映射.

特别地,当 $V_1 = V_2 = V$ 时,称归零映射为**归零变换**,仍记为 $\mathcal{O}$.

例 2.4.7　(**数乘变换,数乘算子**)将任意 $\alpha \in V$ 映射成它的 k 倍的线性映射是一个线性变换,称为**数乘变换**,记为 $\mathcal{K}$, 即有 $\mathcal{K}(\alpha) = k\alpha$, $k \in \mathbb{F}$.

特别地,当 $k = 1$ 时称为**恒等变换**,记为 $\mathcal{I}$; 当 $k = 0$ 时就是归零变换 $\mathcal{O}$.

例 2.4.8　(**微积分的三大运算**)对线性空间 $L\mathbb{R}^\infty$ (见例 2.2.3)中的任意数列 $\{x_n\}$, 由 $\lim$: $x_n \mapsto a = \lim x_n$ 定义的极限运算 lim 是 $L\mathbb{R}^\infty$ 到 $\mathbb{R}$ 的线性映射(更具体地说是线性泛函).

对任意 $f(x) \in \mathbb{C}^\infty[a, b]$, 由

$$\mathcal{D}(f(x))=f'(x) \tag{2.4.5}$$

定义的**微分变换(微分算子)** $\mathcal{D}$ 是 $\mathbb{C}^{\infty}[a, b]$ 上的线性变换.

更一般地,对于 n 阶线性非齐次微分方程(自变量为 x)

$$y^{(n)}+a_{n-1}y^{(n-1)}+\cdots+a_1y'+a_0y=f,\ y\in\mathbb{C}^n[a, b],$$

可引入变换 $L(y)=y^{(n)}+a_{n-1}y^{(n-1)}+\cdots+a_1y'+a_0y$(本质上可以理解为一个与 $\mathcal{D}$ 有关的多项式,参阅定义 2.4.5),则 L 是一个线性变换,且 $L(y)=f$. 特别地,对齐次的情形即 n 阶线性齐次微分方程,有 $L(y)=0$, 即此时的 L 是个归零算子.

对任意 $f(x)\in\mathbb{C}[a, b]$, 由 $\mathcal{J}(f(x))=\int_a^x f(t)\mathrm{d}t$ 确定的**积分变换(积分算子)** $\mathcal{J}$ 是 $\mathbb{C}[a, b]$ 上的线性变换.

更一般地,积分变换 $\mathcal{L}(s)=\int_a^b k(s, t)f(t)\mathrm{d}t$ 是 $\mathbb{C}[a, b]$ 上带有**(积分)核**(integral kernel) $k(s, t)$ 的线性变换. 比如对任意 $f(t)\in\mathbb{C}[0, +\infty)$, **拉普拉斯变换**(Laplace transformation) $\mathcal{L}(s)=\int_0^{+\infty}\mathrm{e}^{-st}f(t)\mathrm{d}t$ 就是核为 $k(s, t)=\mathrm{e}^{-st}$ 的积分变换.

例 2.4.8 表明,微积分的三大基本运算(极限、微分和积分),从变换的角度看仅仅是三类特殊的线性映射(变换),因为它们都具有线性性,例如"函数线性组合的微分(积分)等于微分(积分)的线性组合".由此可见线性映射(变换)的胸怀有多么宽广,在理论与应用中有着多么广泛的应用.

思考: 对有限阶可微的函数空间 $\mathbb{C}^n[a, b]$, 情况又如何? 对多项式空间 $\mathbb{P}[x]_n$ 呢?

例 2.4.9 **(嵌入映射)**设 U 是线性空间 V 的子空间,对任意 $\alpha\in U$, 由 $\sigma: \alpha\mapsto\alpha$ 定义的嵌入映射(embedding map)是 U 到 V 的线性映射. 显然嵌入映射是单射,但未必是满射. 特别地,当 $U=V$ 时,嵌入映射就是 V 上的恒等变换 $\mathcal{I}$.

线性映射作为同构映射的推广,自然也具有和同构映射相同或类似的性质.

定理 2.4.1(线性映射的基本性质) 设 σ 是线性空间 V_1 到 V_2 的线性映射,任意 $\{\alpha_i\}_1^s\in V_1$, 则 σ 仍然具有同构映射的性质(I1)(I2)(I3),但性质(I4)需修改如下:

(I4a) 线性相关组到线性相关组: 若 $\{\alpha_i\}_1^s$ 线性相关,则 $\{\sigma(\alpha_i)\}_1^s$ 也线性相关;若 $\{\sigma(\alpha_i)\}_1^s$ 线性无关,则 $\{\alpha_i\}_1^s$ 也线性无关.

证明: 如果存在非零向量 $\boldsymbol{x}\in\mathbb{R}^s$, 使得 $(\alpha_1, \alpha_2, \cdots, \alpha_s)\boldsymbol{x}=\theta$, 则由叠加性,可知

$$(\sigma(\alpha_1), \sigma(\alpha_2), \cdots, \sigma(\alpha_s))\boldsymbol{x}=\sigma((\alpha_1, \alpha_2, \cdots, \alpha_s)\boldsymbol{x})=\sigma(\theta)=\theta'.$$

因此 $\{\sigma(\alpha_i)\}_1^s$ 也线性相关.

注： 若记 $\sigma(\alpha_1, \alpha_2, \cdots, \alpha_s)=(\sigma(\alpha_1), \sigma(\alpha_2), \cdots, \sigma(\alpha_s))$，$\boldsymbol{x}=(k_1, k_2, \cdots, k_s)^{\mathrm{T}}$，则叠加性意味着

$$\sigma((\alpha_1, \alpha_2, \cdots, \alpha_s)\boldsymbol{x})=(\sigma(\alpha_1), \sigma(\alpha_2), \cdots, \sigma(\alpha_s))\boldsymbol{x}=\sigma(\alpha_1, \alpha_2, \cdots, \alpha_s)\boldsymbol{x}, \tag{2.4.6}$$

这显然可以理解为“常数因子外提”的推广形式.

当线性映射特殊化为线性变换时，性质(I1)说明线性变换保持线性空间的原点不变，这一点从图 2-1 中可清晰看出. 这个性质也再次说明，改变了原点位置的变换(例如平移)肯定不是线性变换. 另外请读者一定要注意，非原点经过线性变换后也可能成为了原点. 例如 $\mathbb{R}^3$ 中的投影变换 $\mathcal{P}$ 就将 z 轴上的点都投影到原点.

性质(I2)说明线性空间中任意一点 α 的对称点 $-\alpha$ 的像就是像的对称点. 例如，在 $\mathbb{P}[x]_3$ 中将多项式 $f(x)=ax^2+bx+c$ 的首项系数反号而其他系数不变的变换，实质上就是 $\mathbb{R}^3$ 中将点 (a, b, c) 沿 yOz 平面反射到点 $(-a, b, c)$，也就是 $\mathbb{P}[x]_3$ 关于 $n-1$ 维超平面的反射变换.

线性映射的上述性质中，之所以只有性质(I4a)与同构映射存在区别，是因为线性映射未必是一一对应的. 比如，归零映射 $\mathcal{O}$ 只是满射而不是单射；$\mathbb{R}$ 到 $\mathbb{R}^2$ 的线性映射 $\sigma: x \to (x, 0)^{\mathrm{T}}$ 只是单射但不是满射. 这自然产生了新的问题：什么条件下线性映射才能特殊化为同构映射?

定义 2.4.1(线性映射的像与核)　设 σ 是线性空间 V_1 到 V_2 的线性映射，称 V_1 中所有元在 σ 下的像的集合为 σ 的**像**(image)或**值域**(range)，记作 $\mathrm{Im}(\sigma)$ 或 $\sigma(V_1)$，称 V_2 中的零元 θ' 在 σ 下的所有原像的集合为 σ 的**核**(kernel)，记作 $\mathrm{Ker}(\sigma)$ 或 $\sigma^{-1}(\theta')$，即

$$\mathrm{Im}(\sigma)=\{\sigma(\alpha) \mid \forall \alpha \in V_1\}, \ \mathrm{Ker}(\sigma)=\{\alpha \in V_1 \mid \sigma(\alpha)=\theta'\}.$$

易证 $\mathrm{Im}(\sigma)$ 是 V_2 的子空间，而且根据满射的定义，不难发现当且仅当 $\mathrm{Im}(\sigma)=V_2$ 时，σ 是满射. 特别地，若 $\{\alpha_i\}_1^n$ 是 n 维线性空间 V_1 的一个基，则有

$$\mathrm{Im}(\sigma)=\mathrm{span}\{\sigma(\alpha_1), \sigma(\alpha_2), \cdots, \sigma(\alpha_n)\}. \tag{2.4.7}$$

因为任取 $\sigma(\alpha) \in \mathrm{Im}(\sigma)$，由于 $\alpha \in V_1$，故可设 $\alpha=k_1\alpha_1+k_2\alpha_2+\cdots+k_n\alpha_n$，根据叠加性，有

$$\sigma(\alpha)=k_1\sigma(\alpha_1)+k_2\sigma(\alpha_2)+\cdots+k_n\sigma(\alpha_n).$$

故式(2.4.7)成立.

同样地,易证 $\mathrm{Ker}(\sigma)$ 是 V_1 的子空间,而且当且仅当 $\mathrm{Ker}(\sigma)$ 是零空间时 σ 是单射(留作习题).这个结论显然提供了判断一个线性映射是否为单射的简便方法.

根据上述分析,不难想象线性映射的像与核可用图 2-5 来直观描述.

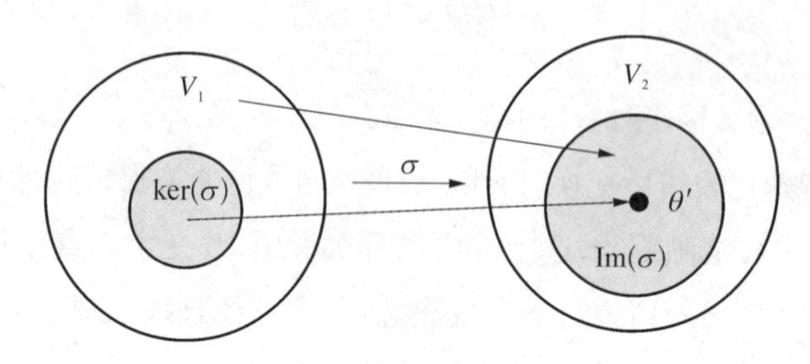

图 2-5　线性映射的像与核

定义 2.4.2(线性映射的秩与零度)　设 σ 是线性空间 V_1 到 V_2 的线性映射,称 $\mathrm{Im}(\sigma)$ 的维数为 σ 的**秩**(rank),记为 $r(\sigma)$,称 $\mathrm{Ker}(\sigma)$ 的维数为 σ 的**亏或零度**(nullity),记为 $n(\sigma)$.

例如,对例 2.4.4 中的投影变换 $\mathcal{P}$ 来说,$\mathrm{Im}(\mathcal{P})$ 就是 $\mathbb{R}^3$ 中的 xOy 平面,$r(\mathcal{P})=2$,即经过投影变换,$\mathbb{R}^3$ 降维为 2 维,损失了 1 个维度.与此同时,$\mathrm{Ker}(\mathcal{P})$ 就是 $\mathbb{R}^3$ 中的 z 轴,$n(\mathcal{P})=1$,这也说明 $\mathbb{R}^3$ 中损失的是它的子空间 $\mathrm{Ker}(\mathcal{P})$ 中的信息.

一般地,对 n 维线性空间 V_1 到 m 维线性空间 V_2 的线性映射 σ,设 $n(\sigma)=t$,则可在 $\mathrm{Ker}(\sigma)$ 中取到一个基 $\{\alpha_i\}_1^t$,并按基的扩张定理,将之扩充为 V_1 的一个基 $\{\alpha_i\}_1^n$. 由式(2.4.7),并注意到 $\{\sigma(\alpha_i)\}_1^t$ 都是 V_2 中的零元 θ',则有

$$\begin{aligned}\mathrm{Im}(\sigma)&=\mathrm{span}\{\sigma(\alpha_1),\ \sigma(\alpha_2),\ \cdots,\ \sigma(\alpha_t),\ \sigma(\alpha_{t+1}),\ \sigma(\alpha_{t+2}),\ \cdots,\ \sigma(\alpha_n)\}\\&=\mathrm{span}\{\sigma(\alpha_{t+1}),\ \sigma(\alpha_{t+2}),\ \cdots,\ \sigma(\alpha_n)\}.\end{aligned}$$

接下来的问题自然是:剩下的生成元 $\{\sigma(\alpha_i)\}_{t+1}^n$ 是线性无关的吗?答案是 yes!事实上,设有 $k_{t+1}\sigma(\alpha_{t+1})+k_{t+2}\sigma(\alpha_{t+2})+\cdots+k_n\sigma(\alpha_n)=\theta'$,同时,令 $\alpha=k_{t+1}\alpha_{t+1}+k_{t+2}\alpha_{t+2}+\cdots+k_n\alpha_n$,则由叠加性,可知 $\sigma(\alpha)=\sigma(k_{t+1}\alpha_{t+1}+k_{t+2}\alpha_{t+2}+\cdots+k_n\alpha_n)=\theta'$,即 $\alpha\in\mathrm{Ker}(\sigma)$,故 α 有如下的两种表示:

$$\alpha=k_{t+1}\alpha_{t+1}+\cdots+k_n\alpha_n=k_1\alpha_1+\cdots+k_t\alpha_t.$$

注意到 $\{\alpha_i\}_1^n$ 线性无关,故可得 $k_1=\cdots=k_n=0$. 因此 $\{\sigma(\alpha_i)\}_{t+1}^n$ 是线性无关的,即

$r(\sigma)=n-t$. 也就是说此时 $\{\sigma(\alpha_i)\}_{t+1}^n$ 是 $\text{Im}(\sigma)$ 的一个基.

将上述分析汇总,即得如下定理.

定理 2.4.2　设 σ 是 n 维线性空间 V_1 到 m 维线性空间 V_2 的线性映射,则:

(1) $\text{Ker}(\sigma)$ 是 V_1 的子空间, $\text{Im}(\sigma)$ 是 V_2 的子空间;

(2) 当且仅当 $\text{Ker}(\sigma)$ 是零空间时 σ 是单射,当且仅当 $\text{Im}(\sigma)=V_2$ 时 σ 是满射;

(3) **(秩+零度定理)** $r(\sigma)+n(\sigma)=n$, 即

$$\dim(\text{Im}(\sigma))+\dim(\text{Ker}(\sigma))=n; \tag{2.4.8}$$

(4) 若 $\{\alpha_i\}_1^n$ 是 V_1 的一个基且其中的 $\{\alpha_i\}_1^t$ 是 $\text{Ker}(\sigma)$ 的一个基,则

$$\text{Im}(\sigma)=\text{span}\{\sigma(\alpha_1), \sigma(\alpha_2), \cdots, \sigma(\alpha_n)\}=\text{span}\{\sigma(\alpha_{t+1}), \sigma(\alpha_{t+2}), \cdots, \sigma(\alpha_n)\}$$

且 $\{\sigma(\alpha_i)\}_{t+1}^n$ 是 $\text{Im}(\sigma)$ 的一个基,其中 $t=n(\sigma)$.

特别地,如果有限维线性空间 V_1, V_2 的维数相同,则有下述定理.

定理 2.4.3　设 σ 是线性空间 V_1 到线性空间 V_2 的线性映射,且 $\dim V_1=\dim V_2=n$, 则 σ 是单射当且仅当 σ 是满射.

证明: σ 是单射当且仅当 $\text{Ker}(\sigma)=\{\theta\}$, 这等价于 $n(\sigma)=0$, 根据秩+零度定理,这又等价于 $r(\sigma)=n=\dim V_2$, 即 $\text{Im}(\sigma)=V_2$, 也就是 σ 是满射.

更进一步地,如果线性空间 $V_1=V_2=V$, 且维数为 n, 则 $n(\sigma)=0$ 等价于 $\text{Im}(\sigma)=V$, 称此时的 σ 为**可逆线性变换**,否则就称为**不可逆线性变换**.

另外要特别注意的是,对于 n 维线性空间 V 上的线性变换 σ, 虽然有 $\dim(\text{Im}(\sigma))+\dim(\text{Ker}(\sigma))=n$, 但 $\text{Im}(\sigma)+\text{Ker}(\sigma)=V$ 却未必成立.例如,对 $\mathbb{P}[x]_n$ 上的微分变换 $\mathcal{D}$: $f\mapsto f'$, 有 $\text{Im}(\mathcal{D})=\mathbb{P}[x]_{n-1}$, $\text{Ker}(\mathcal{D})=\mathbb{R}$, 但显然 $\text{Im}(\mathcal{D})+\text{Ker}(\mathcal{D})=\mathbb{P}[x]_{n-1}\neq\mathbb{P}[x]_n$.

仔细再审视式(2.4.8),不难发现其中只涉及定义域 V_1 的维数 n, 这让目标空间 V_2 的维数 m 情何以堪! 事实上,维数 m 已被深深雪藏,需要更精巧的工具才能揭示出来,详见下一小节.

思考: (1) 根据秩+零度定理,若令 $r(\sigma)=r$, 则反过来有 $t=n(\sigma)=n-r$. 这自然让人联想到定理 2.1.3 中的结论 $\dim N(\mathbf{A})=n-r(\mathbf{A})$, 那么这两者存在何种关联呢?

(2) 对于 n 维线性空间 V 上的线性变换 σ, 何时有直和分解 $V=\text{Im}(\sigma)\oplus\text{Ker}(\sigma)$?

回头再看例 2.4.4 中的投影变换 $\mathcal{P}$. 任意向量 $\boldsymbol{\alpha}=(x, y, z)^{\text{T}}\in\mathbb{R}^3$ 被变换成 $\boldsymbol{\alpha}'=\mathcal{P}(\boldsymbol{\alpha})=(x, y, 0)^{\text{T}}$. 如果再用一个投影变换 $\mathcal{P}'$ 将像 $\boldsymbol{\alpha}'$ 投影到 x 轴,最终得到的是 $\boldsymbol{\alpha}''=$

$(x, 0, 0)^{\mathrm{T}}$，根据三垂线定理，这也可以看成 $\boldsymbol{\alpha}=(x, y, z)^{\mathrm{T}}$ 被某个投影变换直接投影到 x 轴.这说明两个线性变换可能会合成一个新的线性变换.联想到线性变换和线性映射是线性函数的推广，因此有必要研究线性变换和线性映射的运算.

定义 2.4.3(线性映射的和及数乘) 设 σ 和 τ 都是线性空间 V_1 到 V_2 上的线性映射，对任意 $\alpha \in V_1$ 及任意 $k \in \mathbb{F}$，分别定义它们的**和** $\sigma+\tau$ 及**数乘** $k\sigma$ 为

$$(\sigma+\tau)(\alpha)=\sigma(\alpha)+\tau(\alpha),\ (k\sigma)(\alpha)=k\sigma(\alpha).$$

显然，对任意 $\alpha, \beta \in V_1$ 及任意 $p, q \in \mathbb{F}$，有

$$\begin{aligned}(\sigma+\tau)(p\alpha+q\beta) &=\sigma(p\alpha+q\beta)+\tau(p\alpha+q\beta)\\ &=p\sigma(\alpha)+q\sigma(\beta)+p\tau(\alpha)+q\tau(\beta)\\ &=p(\sigma(\alpha)+\tau(\alpha))+q(\sigma(\beta)+\tau(\beta))\\ &=p(\sigma+\tau)(\alpha)+q(\sigma+\tau)(\beta).\end{aligned}$$

因此 $\sigma+\tau$ 是线性映射.同理可证 $k\sigma$ 也是线性映射.

这意味着线性空间 V_1 到 V_2 上的所有线性映射的集合 $L(V_1, V_2)$ 也是线性空间(其零元就是 V_1 到 V_2 的归零映射 $\mathcal{O}$). 当 $V_1=V_2=V$ 时，将 $L(V_1, V_2)$ 简记为 $L(V)$，表示 V 上所有线性变换构成的线性空间(其零元就是 V 上的归零变换 $\mathcal{O}$). 尽管 $L(V_1, V_2)$ 或 $L(V)$ 中的元素已经不是矩阵、多项式或函数之类的实体，而是似乎看不见也摸不着的线性映射或线性变换.但是如果将 V 特殊化为 $\mathbb{R}$，易知 $L(V)$ 就是 $\mathbb{R}$ 上的所有线性函数构成的线性空间.

提到函数，自然会联想到函数的复合运算，据此可以定义线性映射的乘积.

定义 2.4.4(线性映射的乘积) 对于线性映射 $\sigma \in L(V_1, V_2)$ 及 $\tau \in L(V_2, V_3)$，定义它们的**乘积** $\tau\sigma$ 为

$$(\tau\sigma)(\alpha)=\tau(\sigma(\alpha)),\ \alpha \in V_1.$$

同样易证乘积 $\tau\sigma$ 是线性空间 V_1 到 V_3 的线性映射，而且线性映射的乘法也满足结合律和两个分配律.不难想到线性映射的乘法不满足交换律，也没有消去律.读者可尝试举出反例.

定义 2.4.5(线性变换的幂和多项式) 对于线性变换 $\sigma \in L(V)$，定义 σ 的**幂**为

$$\sigma^0=\mathcal{I},\ \sigma^m=\sigma\sigma^{m-1}(m \in \mathbb{N}).$$

一般地，对于代数多项式 $f(t)=a_m t^m+\cdots+a_1 t+a_0 \in \mathbb{P}[t]$，定义 σ 的**多项式**

$$f(\sigma)=a_m \sigma^m+\cdots+a_1 \sigma+a_0 \mathcal{I}.$$

特别地，满足 $\sigma^2=\sigma$ 的线性变换 σ 称为**幂等变换**（Idempotent transformation），满足 $\sigma^m=\mathcal{O}$ 的线性变换 σ 称为**幂零变换**（Nilpotent transformation），其中的 m 称为**幂零指数**.

对线性映射的乘法来说，恒等变换 $\mathcal{I}$ 显然起到了数的乘法中 1 的效果，也就是矩阵乘法中单位矩阵 $\boldsymbol{I}$ 的效果，即 $\mathcal{I}_{V_2}\sigma=\sigma\mathcal{I}_{V_1}=\sigma$，这里 $\sigma \in L(V_1, V_2)$. 因此可引入逆映射的概念.

定理 2.4.4（可逆线性映射）　设线性映射 $\sigma \in L(V_1, V_2)$ 是可逆的，即存在 V_2 到 V_1 的映射 σ^{-1}（称为 σ 的逆映射），满足

$$\sigma\sigma^{-1}=\mathcal{I}_{V_2},\ \sigma^{-1}\sigma=\mathcal{I}_{V_1},$$

则逆映射 σ^{-1} 也是线性映射，且 $\sigma^{-1} \in L(V_2, V_1)$.

证明： 对任意 $\alpha, \beta \in V_1$ 及任意 $p, q \in \mathbb{F}$，有

$$\begin{aligned}\sigma^{-1}(p\alpha+q\beta)&=\sigma^{-1}(\mathcal{I}_{V_2}(p\alpha+q\beta))=\sigma^{-1}(p\mathcal{I}_{V_2}(\alpha)+q\mathcal{I}_{V_2}(\beta))\\&=\sigma^{-1}(p(\sigma\sigma^{-1})(\alpha)+q(\sigma\sigma^{-1})(\beta))=\sigma^{-1}(p\sigma(\sigma^{-1}(\alpha))+q\sigma(\sigma^{-1}(\beta)))\\&=\sigma^{-1}(\sigma(p\sigma^{-1}(\alpha)+q\sigma^{-1}(\beta)))=(\sigma^{-1}\sigma)(p\sigma^{-1}(\alpha)+q\sigma^{-1}(\beta)))\\&=\mathcal{I}_{V_1}(p\sigma^{-1}(\alpha)+q\sigma^{-1}(\beta)))=p\sigma^{-1}(\alpha)+q\sigma^{-1}(\beta).\end{aligned}$$

不难发现许多同构映射（例如例 2.2.1、例 2.2.2、例 2.4.1、例 2.4.2）都是可逆线性映射.事实上，由定理 2.2.5 可知，σ 是线性空间 V_1 到 V_2 的可逆线性映射，等价于 σ 是线性空间 V_1 到 V_2 的同构映射，再由线性空间的同构定理可知 $\dim V_1=\dim V_2$. 再次回到"万物皆数"！

2.4.3　线性映射的矩阵表示

对于线性空间 V 上的可逆线性变换 σ，显然存在逆变换 σ^{-1}，使得 $\sigma\sigma^{-1}=\sigma^{-1}\sigma=\mathcal{I}$，这与矩阵及其逆矩阵满足的关系极其相似.事实上，在初等变换、旋转变换、反射变换和投影变换中，都分别活跃着初等矩阵、Givens 矩阵、Householder 矩阵和投影矩阵的身影.这说明具体的矩阵可以与抽象的线性映射联系起来，从而可将线性映射的问题（几何问题）转化为矩阵的相应问题（代数问题），反之亦然."几何问题代数化，代数问题几何化"，这显然

是解析几何的思想.这中间的桥梁,自然就是线性空间的基(坐标系).坐标连接了“观察之眼”与“计算之手”(远山启).

设σ是n维线性空间V_1到m维线性空间V_2的线性映射,$\{\alpha_i\}_1^n$是V_1的一个基,$\{\beta_j\}_1^m$是V_2的一个基.显然像$\{\sigma(\alpha_i)\}_1^n$都可由$\{\beta_j\}_1^m$线性表示出来,故可设(注意系数的下标)

$$\sigma(\alpha_i)=a_{1i}\beta_1+a_{2i}\beta_2+\cdots+a_{mi}\beta_m(i=1,\ 2,\ \cdots,\ n). \tag{2.4.9}$$

若记$\sigma(\alpha_1,\ \alpha_2,\ \cdots,\ \alpha_n)=(\sigma(\alpha_1),\ \sigma(\alpha_2),\ \cdots,\ \sigma(\alpha_n))$,则上式可形式地记为

$$\sigma(\alpha_1,\ \alpha_2,\ \cdots,\ \alpha_n)=(\beta_1,\ \beta_2,\ \cdots,\ \beta_m)\boldsymbol{A}, \tag{2.4.10}$$

称其中的$m\times n$阶矩阵$\boldsymbol{A}=(a_{ij})$为**线性映射**σ**在**V_1**的基**$\{\alpha_i\}_1^n$**和**V_2**的基**$\{\beta_j\}_1^m$**下的矩阵(表示)**.显然$\boldsymbol{A}$的各列实际上是各基像$\sigma(\alpha_i)$在基$\{\beta_j\}_1^m$下的坐标向量.

对任意$\alpha=(\alpha_1,\ \alpha_2,\ \cdots,\ \alpha_n)\boldsymbol{x}\in V_1$,其坐标向量$\boldsymbol{x}\in\mathbb{R}^n$,则根据式(2.4.6),可知

$$\sigma(\alpha)=\sigma((\alpha_1,\ \alpha_2,\ \cdots,\ \alpha_n)\boldsymbol{x})=\sigma(\alpha_1,\ \alpha_2,\ \cdots,\ \alpha_n)\boldsymbol{x}=(\beta_1,\ \beta_2,\ \cdots,\ \beta_m)\boldsymbol{A}\boldsymbol{x}. \tag{2.4.11}$$

注意到像$\sigma(\alpha)\in V_2$,设其坐标向量为$\boldsymbol{y}\in\mathbb{R}^m$,即有$\sigma(\alpha)=(\beta_1,\ \beta_2,\ \cdots,\ \beta_m)\boldsymbol{y}$.由坐标向量的唯一性,即得坐标变换公式

$$\boldsymbol{y}=\boldsymbol{A}\boldsymbol{x}. \tag{2.4.12}$$

从本质上看,式(2.4.10)构造了$L(V_1,\ V_2)$到$\mathbb{R}^{m\times n}$的一个线性映射$\mathcal{A}$: $\sigma\mapsto\boldsymbol{A}$,而且矩阵$\boldsymbol{A}$由$\mathcal{A}$唯一确定.可以证明$\mathcal{A}$是$L(V_1,\ V_2)$到$\mathbb{R}^{m\times n}$的同构映射,即$L(V_1,\ V_2)\cong\mathbb{R}^{m\times n}$,因此$\dim L(V_1,\ V_2)=mn$,且$L(V_1,\ V_2)$中的每一个线性映射都可由$\mathbb{R}^{m\times n}$中的一个$m\times n$矩阵来唯一地代表.

特别地,当$V_1=V_2=V$且基$\{\alpha_i\}_1^n$就是基$\{\beta_j\}_1^m$时,式(2.4.10)特殊化为

$$\sigma(\alpha_1,\ \alpha_2,\ \cdots,\ \alpha_n)=(\alpha_1,\ \alpha_2,\ \cdots,\ \alpha_n)\boldsymbol{A}, \tag{2.4.13}$$

其中$\boldsymbol{A}\in\mathbb{R}^{n\times n}$为方阵,其各列是各基像$\sigma(\alpha_i)$在基$\{\alpha_i\}_1^n$下的坐标向量.同时式(2.4.11)特殊为

$$\sigma(\alpha)=(\alpha_1,\ \alpha_2,\ \cdots,\ \alpha_n)\boldsymbol{A}\boldsymbol{x}. \tag{2.4.14}$$

因此$L(V)$中的每一个线性变换都可用$\mathbb{R}^{n\times n}$中的一个方阵来唯一地代表.

进一步地，易知线性变换的和对应矩阵的和，线性变换的数乘和乘积分别对应矩阵的数乘和乘积，可逆线性变换的逆变换对应可逆矩阵的逆矩阵.因此对抽象的线性映射(算子)的研究，就转化为对具体的矩阵的研究.一言以蔽之，**矩阵即变换!**

例 2.4.1～2.4.3 中的旋转变换、反射变换和伸缩变换，在 $\mathbb{R}^2$ 的自然基下的矩阵分别为 Givens 矩阵 $\boldsymbol{G}(\theta)=\begin{pmatrix}\cos\theta & -\sin\theta\\ \sin\theta & \cos\theta\end{pmatrix}$、Householder 矩阵 $\boldsymbol{H}(\theta)=\begin{pmatrix}\cos 2\theta & \sin 2\theta\\ -\sin 2\theta & \cos 2\theta\end{pmatrix}$ 以及对角矩阵 $\boldsymbol{D}=\begin{pmatrix}a & 0\\ 0 & b\end{pmatrix}$. 例 2.4.4 中的投影变换，在 $\mathbb{R}^3$ 的自然基下的矩阵为投影矩阵 $\boldsymbol{P}=\begin{pmatrix}1 & 0 & 0\\ 0 & 1 & 0\\ 0 & 0 & 0\end{pmatrix}$.

按照线性变换与矩阵的一一对应关系，式样繁多的线性变换问题，借助于适当的基和坐标，都可转化为代数上矩阵和向量运算问题.反过来，矩阵向量积乃至于矩阵乘法，也可看成线性变换，而且用这种"一览众山小"的视角来看待代数上具体而繁杂的矩阵运算，会更逼近问题的本质.从这个意义上讲，线性变换反而体现了一种动态的、直观的、几何的手段.事实上，早在初学线性代数时，矩阵就已与线性变换水乳交融，其中最典型的，莫过于本书一开篇就指出的"初等变换与矩阵乘法之间的关系"(定理 1.1.1).

例 2.4.10　(行列式的几何意义)用"矩阵即变换"的眼光赋予行列式以几何意义.

以二阶矩阵 $\boldsymbol{A}=(\boldsymbol{\alpha}_1,\boldsymbol{\alpha}_2)=\begin{pmatrix}a_{11} & a_{12}\\ a_{21} & a_{22}\end{pmatrix}$ 为例，可将之看成以列向量组 $\boldsymbol{\alpha}_1,\boldsymbol{\alpha}_2$ 为邻边的平行四边形，并记其面积函数为 $S(\boldsymbol{\alpha}_1,\boldsymbol{\alpha}_2)$ 或 $S(\boldsymbol{A})$. 显然 $S(\boldsymbol{I})=1$.

从几何上，易证 $S(\boldsymbol{\alpha}_1,\boldsymbol{\alpha}_2)$ 具有下列性质(任意 $c\in\mathbb{R}$)：

(1) 列交换性：$S(\boldsymbol{\alpha}_1,\boldsymbol{\alpha}_2)=S(\boldsymbol{\alpha}_2,\boldsymbol{\alpha}_1)$；

(2) 列可加性：$S(\boldsymbol{\alpha}_1,\boldsymbol{\alpha}_2)=S(\boldsymbol{\alpha}_1+c\boldsymbol{\alpha}_2,\boldsymbol{\alpha}_2)$；

(3) 列数乘性：$S(c\boldsymbol{\alpha}_1,\boldsymbol{\alpha}_2)=|c|S(\boldsymbol{\alpha}_1,\boldsymbol{\alpha}_2)$.

若列向量组 $\boldsymbol{\alpha}_1,\boldsymbol{\alpha}_2$ 线性相关，显然 $S(\boldsymbol{A})=0=|\det(\boldsymbol{A})|$，几何上看就是两向量平行，平行四边形的面积退化为零；若 $\boldsymbol{\alpha}_1,\boldsymbol{\alpha}_2$ 线性无关，设 $a_{11}\neq 0$(否则交换 $\boldsymbol{\alpha}_1$ 与 $\boldsymbol{\alpha}_2$)，则

$$S(\boldsymbol{A})=S\begin{pmatrix}a_{11} & a_{12}\\ a_{21} & a_{22}\end{pmatrix}=S\begin{pmatrix}a_{11} & 0\\ a_{21} & a_{22}-ka_{21}\end{pmatrix}=S\begin{pmatrix}a_{11} & 0\\ 0 & a_{22}-ka_{21}\end{pmatrix}$$

$$=|a_{11}||a_{22}-ka_{21}|S\begin{pmatrix}1 & 0\\ 0 & 1\end{pmatrix}=|a_{11}a_{22}-a_{12}a_{21}|S(\boldsymbol{I})=|\det(\boldsymbol{A})|,$$

其中 $k=\dfrac{a_{12}}{a_{11}}$，因此行列式 $\det\boldsymbol{A}$ 就是相应平行四边形的"有向"面积.

考察三类初等列变换,则分别有

$$\boldsymbol{B}=(\boldsymbol{\alpha}_2,\ \boldsymbol{\alpha}_1)=\boldsymbol{AC}_{12},\ \boldsymbol{B}=(\boldsymbol{\alpha}_1+c\boldsymbol{\alpha}_2,\ \boldsymbol{\alpha}_2)=\boldsymbol{AC}_{21}(c),\ \boldsymbol{B}=(c\boldsymbol{\alpha}_1,\ \boldsymbol{\alpha}_2)=\boldsymbol{AC}_1(c).$$

注意到 $\det\boldsymbol{C}_{12}=-1$，$\det\boldsymbol{C}_{21}(c)=1$，$\det\boldsymbol{C}_1(c)=c$，故由柯西定理,分别可得

$$|\det\boldsymbol{B}|=|\det\boldsymbol{A}||\det\boldsymbol{C}_{12}|=|\det\boldsymbol{A}|,\ |\det\boldsymbol{B}|=|\det\boldsymbol{A}|,\ |\det\boldsymbol{B}|=|c||\det\boldsymbol{A}|.$$

这显然就是上述面积函数 $S(\boldsymbol{\alpha}_1,\ \boldsymbol{\alpha}_2)$ 的三条性质.

行列式的几何解释可推广到 3 阶行列式(平行六面体的有向体积)乃至 n 阶行列式(所谓单纯形的有向体积)[20,26].事实上,方阵的行列式的绝对值就是其所有奇异值之积(习题 4.44).

例 2.4.11 用线性变换解释为什么 $\mathrm{i}^2=-1$？ 为什么"负负得正"？

在 $\mathbb{R}^2$ 中,记 $\boldsymbol{e}=(1,\ 0)^{\mathrm{T}}$，$\boldsymbol{i}=(0,\ 1)^{\mathrm{T}}$，显然当 $\theta=\pi/2$ 时,计算可知

$$\boldsymbol{Ge}=\boldsymbol{G}\left(\frac{\pi}{2}\right)\boldsymbol{e}=\begin{pmatrix}0 & -1\\ 1 & 0\end{pmatrix}\begin{pmatrix}1\\ 0\end{pmatrix}=\begin{pmatrix}0\\ 1\end{pmatrix}=\boldsymbol{i}.$$

用变换来解释,就是将向量 $\boldsymbol{e}$ 逆时针旋转 $\pi/2$，就能得到向量 $\boldsymbol{i}$. 矩阵运算与旋转变换得以相互印证.如果再将向量 $\boldsymbol{i}$ 逆时针旋转 $\pi/2$，按照变换意义应得到向量 $-\boldsymbol{e}$，而计算可知 $\boldsymbol{Gi}=-\boldsymbol{e}$，两者又得以相互印证.这也说明连续两次逆时针旋转 $\pi/2$，向量 $\boldsymbol{e}$ 就变成了 $-\boldsymbol{e}$，计算上对应的是 $\boldsymbol{G}^2\boldsymbol{e}=\boldsymbol{G}(\boldsymbol{Ge})=\boldsymbol{Gi}=-\boldsymbol{e}$. 进一步地,计算可知 $\boldsymbol{G}^2=\boldsymbol{G}^2(\pi/2)=\boldsymbol{G}(\pi)$，故 $\boldsymbol{G}(\pi)\boldsymbol{e}=-\boldsymbol{e}$，这说明可将上述两次旋转变换合成为一次,即将向量 $\boldsymbol{e}$ 逆时针旋转 π，就得到了向量 $-\boldsymbol{e}$. 这在变换上也是显然的.

现在退化到一维的情形.此时 $\boldsymbol{e}$ 对应 1，$\boldsymbol{i}$ 对应 i，因此 $\boldsymbol{Ge}=\boldsymbol{i}$ 对应 $\mathrm{i}\cdot 1=\mathrm{i}$，即 $\boldsymbol{G}$ 对应 i，从而 $\boldsymbol{G}^2$ 对应 i^2，$\boldsymbol{G}^2\boldsymbol{e}=-\boldsymbol{e}$ 对应 $\mathrm{i}^2\cdot 1=-1$，此即 $\mathrm{i}^2=-1$.

进一步地,由于 $\boldsymbol{G}(\pi)(-\boldsymbol{e})=\boldsymbol{e}$，即 $\boldsymbol{G}^2(-\boldsymbol{e})=\boldsymbol{e}$，这显然对应着 $\mathrm{i}^2\cdot(-1)=1$，也就是 $(-1)\cdot(-1)=1$，至此也就不难理解负数运算中鼎鼎大名的"负负得正"法则了.

思考: 如何用变换解释 $(-1)\cdot(+1)=-1$，$(+1)\cdot(-1)=-1$ 以及 $\mathrm{i}\cdot 2=2\mathrm{i}$ 呢?

例 2.4.12 (旋转变换的逆变换)将 $\mathbb{R}^2$ 中的任意向量 $\overrightarrow{OP}=(\xi_1,\ \xi_2)$ 绕原点顺时针旋转角 θ 至 $\overrightarrow{OP'}=(\eta_1,\ \eta_2)$，易知像 $(\eta_1,\ \eta_2)$ 与原像 $(\xi_1,\ \xi_2)$ 之间的关系为

$$\begin{pmatrix}\eta_1\\ \eta_2\end{pmatrix}=\begin{pmatrix}\cos\theta & \sin\theta\\ -\sin\theta & \cos\theta\end{pmatrix}\begin{pmatrix}\xi_1\\ \xi_2\end{pmatrix}=\boldsymbol{G}'(\theta)\begin{pmatrix}\xi_1\\ \xi_2\end{pmatrix}.$$

这个线性变换显然就是例 2.4.1 中的旋转变换的逆变换，相应地，其矩阵 $\boldsymbol{G}'(\theta)$ 就是 Givens 矩阵 $\boldsymbol{G}(\theta)$ 的逆矩阵.

例 2.4.13　考察微分变换 $\mathcal{D}(f)=f'$, $f\in\mathbb{P}[x]_n$. 由于自然基 $\{x^i\}_0^{n-1}$ 在 $\mathcal{D}$ 下的像分别为

$$\begin{aligned}
\mathcal{D}(1)&=0=0\cdot 1+0\cdot x+0\cdot x^2+\cdots+0\cdot x^{n-2}+0\cdot x^{n-1},\\
\mathcal{D}(x)&=1=1\cdot 1+0\cdot x+0\cdot x^2+\cdots+0\cdot x^{n-2}+0\cdot x^{n-1},\\
\mathcal{D}(x^2)&=2x=0\cdot 1+2\cdot x+0\cdot x^2+\cdots+0\cdot x^{n-2}+0\cdot x^{n-1},\\
&\cdots\\
\mathcal{D}(x^{n-1})&=(n-1)x^{n-2}=0\cdot 1+0\cdot x+\cdots+0\cdot x^{n-3}+(n-1)\cdot x^{n-2}+0\cdot x^{n-1}.
\end{aligned}$$

因此 $\mathcal{D}$ 在自然基 $\{x^i\}_0^{n-1}$ 下的矩阵为

$$\boldsymbol{A}=\begin{pmatrix}0 & 1 & 0 & \cdots & 0\\ 0 & 0 & 2 & \ddots & 0\\ \vdots & \vdots & \ddots & \ddots & \vdots\\ 0 & 0 & 0 & \ddots & n-1\\ 0 & 0 & 0 & \cdots & 0\end{pmatrix}.$$

显然所得为带宽为 1 的上半带宽矩阵，元素是依次递增的自然数，反映了幂函数求导公式 $(x^n)'=nx^{n-1}$ 中“降幂”的特性.

例 2.4.14　在矩阵空间 $\mathbb{R}^{2\times 2}$ 中，对任意 $\boldsymbol{X}\in\mathbb{R}^{2\times 2}$，定义线性变换：$\sigma(\boldsymbol{X})=\boldsymbol{XB}$，其中 $\boldsymbol{B}=\begin{pmatrix}1 & 1\\ 1 & -1\end{pmatrix}$. 求 σ 在 $\mathbb{R}^{2\times 2}$ 的自然基下的矩阵.

解： $\mathbb{R}^{2\times 2}$ 的自然基为 $\boldsymbol{E}_{11}$, $\boldsymbol{E}_{12}$, $\boldsymbol{E}_{21}$, $\boldsymbol{E}_{22}$，并且

$$\sigma(\boldsymbol{E}_{11})=\boldsymbol{E}_{11}\boldsymbol{B}=\begin{pmatrix}1 & 1\\ 0 & 0\end{pmatrix}=\boldsymbol{E}_{11}+\boldsymbol{E}_{12}=1\cdot\boldsymbol{E}_{11}+1\cdot\boldsymbol{E}_{12}+0\cdot\boldsymbol{E}_{21}+0\cdot\boldsymbol{E}_{22},$$

$$\sigma(\boldsymbol{E}_{12})=\boldsymbol{E}_{12}\boldsymbol{B}=\boldsymbol{E}_{11}-\boldsymbol{E}_{12},\ \sigma(\boldsymbol{E}_{21})=\boldsymbol{E}_{21}\boldsymbol{B}=\boldsymbol{E}_{21}+\boldsymbol{E}_{22},\ \sigma(\boldsymbol{E}_{22})=\boldsymbol{E}_{21}-\boldsymbol{E}_{22}.$$

故所求矩阵为$\boldsymbol{A}=\begin{pmatrix}1 & 1 & 0 & 0\\ 1 & -1 & 0 & 0\\ 0 & 0 & 1 & 1\\ 0 & 0 & 1 & -1\end{pmatrix}=\begin{pmatrix}\boldsymbol{B} & \boldsymbol{O}\\ \boldsymbol{O} & \boldsymbol{B}\end{pmatrix}$. 显然所得是以$\boldsymbol{B}$为块对角元的块对角矩阵.

本例的 MATLAB 代码实现,详见本书配套程序 exm208.

例 2.4.15 定义$\mathbb{SR}^{2\times2}$到$\mathbb{R}^{2\times2}$的线性映射为$\sigma(\boldsymbol{X})=\boldsymbol{PX}+\boldsymbol{XP}$,其中$\boldsymbol{P}=\begin{pmatrix}1 & -1\\ 1 & 0\end{pmatrix}$. (1) 试求矩阵$\boldsymbol{X}$,使得$\sigma(\boldsymbol{X})=\boldsymbol{O}$,并解释结论的意义;(2) 试求矩阵$\boldsymbol{X}$,使得$\sigma(\boldsymbol{X})=\begin{pmatrix}4 & 3\\ 2 & 1\end{pmatrix}$,并解释结论的意义;(3) 求值域$\mathrm{Im}(\sigma)$的一个基.

解: 设$\boldsymbol{X}=\begin{pmatrix}a & b\\ b & c\end{pmatrix}\in\mathbb{SR}^{2\times2}$,则$\sigma(\boldsymbol{X})=\boldsymbol{PX}+\boldsymbol{XP}=\begin{pmatrix}2a & -a+b-c\\ a+b+c & 0\end{pmatrix}$ (I).

(1) 因为$\sigma(\boldsymbol{X})=\boldsymbol{O}$,对比(I)式,可知$2a=0$, $-a+b-c=0$, $a+b+c=0$,解得$a=b=c=0$,即$\boldsymbol{X}=\boldsymbol{O}$. 也就是说$\mathrm{Ker}(\sigma)$为零空间$\{\boldsymbol{O}\}$, $n(\sigma)=0$. 根据定理 2.4.2,这说明σ是单射.

(2) 题设$\sigma(\boldsymbol{X})=\begin{pmatrix}4 & 3\\ 2 & 1\end{pmatrix}$与(I)式对比,出现矛盾式$0=1$,故所求的$\boldsymbol{X}$不存在,即$\mathrm{Im}(\sigma)\neq\mathbb{R}^{2\times2}$. 根据定理 2.4.2,这说明$\sigma$不是满射.

(3) 易知$\boldsymbol{E}_1=\begin{pmatrix}1 & 0\\ 0 & 0\end{pmatrix}$, $\boldsymbol{E}_2=\begin{pmatrix}0 & 1\\ 1 & 0\end{pmatrix}$, $\boldsymbol{E}_3=\begin{pmatrix}0 & 0\\ 0 & 1\end{pmatrix}$为$\mathbb{SR}^{2\times2}$的一个基,故由定理 2.4.2 可知, $\dim\mathrm{Im}(\sigma)=n-n(\sigma)=3-0=3$,且

$$\sigma(\boldsymbol{E}_1)=\begin{pmatrix}2 & -1\\ 1 & 0\end{pmatrix},\ \sigma(\boldsymbol{E}_2)=\begin{pmatrix}0 & 1\\ 1 & 0\end{pmatrix},\ \sigma(\boldsymbol{E}_3)=\begin{pmatrix}0 & -1\\ 1 & 0\end{pmatrix}$$

是$\mathrm{Im}(\sigma)$的一个基.

思考: 由(I)式不难发现$\sigma(\boldsymbol{X})=a\begin{pmatrix}2 & -1\\ 1 & 0\end{pmatrix}+b\begin{pmatrix}0 & 1\\ 1 & 0\end{pmatrix}+c\begin{pmatrix}0 & -1\\ 1 & 0\end{pmatrix}$,由此也可得到$\mathrm{Im}(\sigma)$的基.试问这种方法的依据何在? 提示:考虑$\mathbb{SR}^{2\times2}$到$\mathbb{R}^3$的同构映射$\sigma$: $\boldsymbol{X}\mapsto(a,b,c)^{\mathrm{T}}$.

例 2.4.16　设 $\{\eta_i\}_1^4$ 为 4 维线性空间 V 的一个基，线性变换 σ 在这个基下的矩阵为

$$\boldsymbol{A}=(\boldsymbol{\alpha}_1,\ \boldsymbol{\alpha}_2,\ \boldsymbol{\alpha}_3,\ \boldsymbol{\alpha}_4)=\begin{pmatrix}1 & 0 & 2 & 1\\ -1 & 2 & 1 & 3\\ 1 & 2 & 5 & 5\\ 2 & -2 & 1 & -2\end{pmatrix}.$$

试求：(1) $\mathrm{Ker}(\sigma)$ 的一个基；(2) $\mathrm{Im}(\sigma)$ 的一个基.

解：(1) 对任意 $\eta\in\mathrm{Ker}(\sigma)$，设其在基 $\{\eta_i\}_1^4$ 下的坐标向量为 $\boldsymbol{x}$，则有 $\theta=\sigma(\eta)=(\eta_1,\ \eta_2,\ \eta_3,\ \eta_4)\boldsymbol{Ax}$，因此问题转化为解齐次线性方程组 $\boldsymbol{Ax}=\boldsymbol{0}$，其基础解系为

$$\boldsymbol{\xi}_1=(-4,\ -3,\ 2,\ 0)^{\mathrm{T}},\ \boldsymbol{\xi}_2=(-1,\ -2,\ 0,\ 1)^{\mathrm{T}},$$

则 $\mathrm{Ker}(\sigma)$ 的一个基为

$$\eta_1'=(\eta_1,\ \eta_2,\ \eta_3,\ \eta_4)\boldsymbol{\xi}_1=-4\eta_1-3\eta_2+2\eta_3,$$

$$\eta_2'=(\eta_1,\ \eta_2,\ \eta_3,\ \eta_4)\boldsymbol{\xi}_2=-\eta_1-2\eta_2+\eta_4.$$

(2) 由 $\mathrm{Im}(\sigma)=\mathrm{span}\{\sigma(\eta_1),\ \sigma(\eta_2),\ \sigma(\eta_3),\ \sigma(\eta_4)\}$ 及 $\sigma(\eta_1,\ \eta_2,\ \eta_3,\ \eta_4)=(\eta_1,\ \eta_2,\ \eta_3,\ \eta_4)\boldsymbol{A}$，可知问题转化为求矩阵 $\boldsymbol{A}$ 的列向量组 $\{\boldsymbol{\alpha}_i\}_1^4$ 的极大无关组.由于

$$\boldsymbol{A}=\begin{pmatrix}1 & 0 & 2 & 1\\ -1 & 2 & 1 & 3\\ 1 & 2 & 5 & 5\\ 2 & -2 & 1 & -2\end{pmatrix}\sim\begin{pmatrix}1 & 0 & 2 & 1\\ 0 & 1 & 3/2 & 2\\ 0 & 0 & 0 & 0\\ 0 & 0 & 0 & 0\end{pmatrix}=\boldsymbol{U}.$$

根据行最简型矩阵 $\boldsymbol{U}$，易知 $\boldsymbol{\alpha}_3=2\boldsymbol{\alpha}_1+\dfrac{3}{2}\boldsymbol{\alpha}_2$，$\boldsymbol{\alpha}_4=\boldsymbol{\alpha}_1+2\boldsymbol{\alpha}_2$，因此

$$\begin{aligned}\sigma(\eta_3)&=(\eta_1,\ \eta_2,\ \eta_3,\ \eta_4)\boldsymbol{\alpha}_3=2(\eta_1,\ \eta_2,\ \eta_3,\ \eta_4)\boldsymbol{\alpha}_1+\frac{3}{2}(\eta_1,\ \eta_2,\ \eta_3,\ \eta_4)\boldsymbol{\alpha}_2\\&=2\sigma(\eta_1)+\frac{3}{2}\sigma(\eta_2),\end{aligned}$$

$$\sigma(\eta_4)=(\eta_1,\ \eta_2,\ \eta_3,\ \eta_4)\boldsymbol{\alpha}_4=\sigma(\eta_1)+2\sigma(\eta_2),$$

故 $\mathrm{Im}(\sigma)=\mathrm{span}\{\sigma(\eta_1),\ \sigma(\eta_2)\}$，即 $\mathrm{Im}(\sigma)$ 的一个基为

$$\sigma(\eta_1)=(\eta_1,\ \eta_2,\ \eta_3,\ \eta_4)\boldsymbol{\alpha}_1=\eta_1-\eta_2+\eta_3-2\eta_4,$$

$$\sigma(\eta_2)=(\eta_1,\ \eta_2,\ \eta_3,\ \eta_4)\boldsymbol{\alpha}_2=2\eta_2+2\eta_3-2\eta_4.$$

本例的 MATLAB 代码实现,详见本书配套程序 exm209.注意由于基础解系选取的任意性,机算结果与手算未必完全一致.

矩阵即变换,通过本例不难发现线性变换的问题都转化为了相应的矩阵问题:对于线性变换 σ 及其矩阵 $\boldsymbol{A}$,求 σ 的核 $\mathrm{Ker}(\sigma)$ 的基,本质上是求 $\boldsymbol{A}$ 的零空间 $N(\boldsymbol{A})$ 的基;求 σ 的像 $\mathrm{Im}(\sigma)$ 的基,本质上是求 $\boldsymbol{A}$ 的列空间 $R(\boldsymbol{A})$ 的基.

事实上,对 n 维线性空间 V_1 到 m 维线性空间 V_2 的线性映射 σ 及其矩阵表示 $\boldsymbol{A}$,有:

(1) **矩阵维数定理**:$r(\sigma)=r(\boldsymbol{A})$, $n(\sigma)=\dim N(\boldsymbol{A})=n-r(\boldsymbol{A})$. 特别地,如果 $m=n$,那么 $N(\boldsymbol{A})=\{\boldsymbol{0}\}$ 当且仅当 $R(\boldsymbol{A})=\mathbb{R}^n$.

证明:可参阅文献[52:P207 - 208]或[44:P57].

(2) **最简表示定理**:存在 V_1 的一个基和 V_2 的一个基,使得 σ 在它们之下的矩阵表示为矩阵等价标准型 $\boldsymbol{N}=\begin{pmatrix}\boldsymbol{I}_r & \boldsymbol{O}\\ \boldsymbol{O} & \boldsymbol{O}\end{pmatrix}$,其中 $r=r(\sigma)=r(\boldsymbol{A})$.

证明:由定理 2.4.2, $n(\sigma)=n-r$,取 $\ker(\sigma)$ 的一个基 $\{\alpha_i\}_{r+1}^n$,将之扩充为 V_1 的一个基 $\{\alpha_i\}_1^n$,记 $\beta_j=\sigma(\alpha_j)$, $j=1, 2, \cdots, r$,则 $\{\beta_i\}_1^r$ 是 $\mathrm{Im}(\sigma)$ 的一个基,将之扩充为 V_2 的一个基 $\{\beta_j\}_1^m$,则线性映射 σ 在基 $\{\alpha_i\}_1^n$ 与基 $\{\beta_j\}_1^m$ 下的矩阵表示就是 $\boldsymbol{N}$.

显然最简表示定理(几何上)等价于矩阵标准型定理(代数上).还是那句话,矩阵即变换.

2.5 矩阵的相似对角化

2.5.1 相似变换与特征值

线性空间的不同基之间存在过渡矩阵,因此当线性空间的基发生改变后,线性映射的矩阵又该如何改变呢?

设 σ 为 n 维线性空间 V_1 到 m 维线性空间 V_2 上的线性映射,矩阵 $\boldsymbol{P}$ 为 V_1 的基 $\{\alpha_i\}_1^n$ 到基 $\{\beta_i\}_1^n$ 的过渡矩阵,矩阵 $\boldsymbol{Q}$ 为 V_2 的基 $\{\alpha_i'\}_1^m$ 到基 $\{\beta_i'\}_1^m$ 的过渡矩阵, σ 在基 $\{\alpha_i\}_1^n$ 和 $\{\alpha_i'\}_1^m$ 下的矩阵为 $\boldsymbol{A}$,在基 $\{\beta_i\}_1^n$ 和 $\{\beta_i'\}_1^m$ 下的矩阵为 $\boldsymbol{B}$,则

$$\sigma(\alpha_1, \alpha_2, \cdots, \alpha_n)=(\alpha_1', \alpha_2', \cdots, \alpha_m')\boldsymbol{A},\ \sigma(\beta_1, \beta_2, \cdots, \beta_n)=(\beta_1', \beta_2', \cdots, \beta_m')\boldsymbol{B}$$

$$(\beta_1, \beta_2, \cdots, \beta_n)=(\alpha_1, \alpha_2, \cdots, \alpha_n)\boldsymbol{P},\ (\beta_1', \beta_2', \cdots, \beta_m')=(\alpha_1', \alpha_2', \cdots, \alpha_m')\boldsymbol{Q}$$

且过渡矩阵 $\boldsymbol{P}$ 和 $\boldsymbol{Q}$ 都可逆,因此

$$\sigma(\beta_1, \beta_2, \cdots, \beta_n) = \sigma((\alpha_1, \alpha_2, \cdots, \alpha_n)\boldsymbol{P}) = \sigma(\alpha_1, \alpha_2, \cdots, \alpha_n)\boldsymbol{P}(\boldsymbol{P}\text{ 可外提,为什么? })$$
$$= (\alpha'_1, \alpha'_2, \cdots, \alpha'_m)\boldsymbol{AP} = (\beta'_1, \beta'_2, \cdots, \beta'_m)\boldsymbol{Q}^{-1}\boldsymbol{AP},$$

从而有

$$\boldsymbol{B} = \boldsymbol{Q}^{-1}\boldsymbol{AP}, \tag{2.5.1}$$

也就是说矩阵 $\boldsymbol{A}$ 与 $\boldsymbol{B}$ 是等价的.

上述过程中“$\boldsymbol{P}$ 可外提”的理由是线性变换 σ 的叠加性,具体为式(2.4.6)的推广.例如,若有 $\beta_1 = (\alpha_1, \alpha_2)\boldsymbol{p}_1$, $\beta_2 = (\alpha_1, \alpha_2)\boldsymbol{p}_2$, 即有 $(\beta_1, \beta_2) = (\alpha_1, \alpha_2)\boldsymbol{P}$, 其中 $\boldsymbol{P} = (\boldsymbol{p}_1, \boldsymbol{p}_2)$, 则由式(2.4.6),可知

$$\sigma((\alpha_1, \alpha_2)\boldsymbol{P}) = \sigma(\beta_1, \beta_2) = (\sigma(\beta_1), \sigma(\beta_2)) = (\sigma((\alpha_1, \alpha_2)\boldsymbol{p}_1), \sigma((\alpha_1, \alpha_2)\boldsymbol{p}_2))$$
$$= (\sigma(\alpha_1, \alpha_2)\boldsymbol{p}_1, \sigma(\alpha_1, \alpha_2)\boldsymbol{p}_2) = \sigma(\alpha_1, \alpha_2)(\boldsymbol{p}_1, \boldsymbol{p}_2) = \sigma(\alpha_1, \alpha_2)\boldsymbol{P}.$$

当 σ 特殊为 $V_1 = V_2 = V$ 上的线性变换,且基 $\{\alpha'_i\}_1^m$ 就是基 $\{\sigma(\alpha_i)\}_1^n$, 基 $\{\beta'_i\}_1^m$ 就是基 $\{\sigma(\beta_i)\}_1^n$, 易知此时 $\boldsymbol{Q} = \boldsymbol{P}$, 故式(2.5.1)特殊为

$$\boldsymbol{B} = \boldsymbol{P}^{-1}\boldsymbol{AP}. \tag{2.5.2}$$

若用图形来进行形象化描述,则如图 2-6 所示.

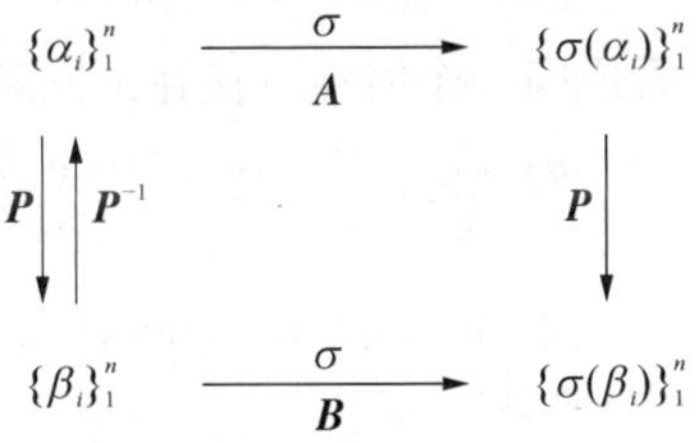

$$\begin{array}{ccc} \{\alpha_i\}_1^n & \xrightarrow[\boldsymbol{A}]{\sigma} & \{\sigma(\alpha_i)\}_1^n \\ \boldsymbol{P}\downarrow\uparrow\boldsymbol{P}^{-1} & & \downarrow\boldsymbol{P} \\ \{\beta_i\}_1^n & \xrightarrow[\boldsymbol{B}]{\sigma} & \{\sigma(\beta_i)\}_1^n \end{array}$$

图 2-6　相似变换示意图

定义 2.5.1(矩阵相似)　对 n 阶矩阵 $\boldsymbol{A}$, $\boldsymbol{B}$, 如果存在 n 阶可逆矩阵 $\boldsymbol{P}$, 使得

$$\boldsymbol{P}^{-1}\boldsymbol{AP} = \boldsymbol{B}, \tag{2.5.3}$$

则称 $\boldsymbol{A}$ 与 $\boldsymbol{B}$ **相似**(similar),或 $\boldsymbol{A}$ **相似于** $\boldsymbol{B}$,记为 $\boldsymbol{A} \simeq \boldsymbol{B}$, 称

$$\mathcal{S}_{\boldsymbol{P}}: \boldsymbol{A} \mapsto \boldsymbol{B} = \boldsymbol{P}^{-1}\boldsymbol{AP} \tag{2.5.4}$$

为**相似变换**(similarity transformation),并称 $\boldsymbol{P}$ 是**相似矩阵**(similarity martrix).

若将线性空间 V 中的线性变换 σ 在基(I)和基(II)下的矩阵记为${}_{\mathrm{II}}[\sigma]_{\mathrm{I}}$则式(2.4.12)即为

$$[\sigma(\boldsymbol{x})]_{\mathrm{II}} = {}_{\mathrm{II}}[\sigma]_{\mathrm{I}}[\boldsymbol{x}]_{\mathrm{I}}, \tag{2.5.5}$$

其中, $[\boldsymbol{x}]_{\mathrm{I}}$ 表示 $\boldsymbol{x}$ 在基(I)下的坐标向量, $[\sigma(\boldsymbol{x})]_{\mathrm{II}}$ 表示 $\boldsymbol{x}$ 的像 $\boldsymbol{y} = \sigma(\boldsymbol{x})$ 在基(II)下的坐标向量.特别地,当基(I)与基(II)完全相同时,相应的 ${}_{\mathrm{I}}[\sigma]_{\mathrm{I}}$ 就称为 σ 在基(I)下的矩阵,此

时式(2.5.5)变成了

$$[\sigma(\boldsymbol{x})]_{\mathrm{I}}={}_{\mathrm{I}}[\sigma]_{\mathrm{I}}[\boldsymbol{x}]_{\mathrm{I}}. \tag{2.5.6}$$

于是

$$\begin{aligned}
{}_{\mathrm{II}}[\sigma]_{\mathrm{II}}{}_{\mathrm{II}}[\boldsymbol{x}]_{\mathrm{II}} &= [\sigma(\boldsymbol{x})]_{\mathrm{II}}\text{(对基(II)使用式(2.5.6))}\\
&= [\mathcal{I}(\sigma(\boldsymbol{x}))]_{\mathrm{II}} = {}_{\mathrm{II}}[\mathcal{I}]_{\mathrm{I}}[\sigma(\boldsymbol{x})]_{\mathrm{I}}\text{(对 }\mathcal{I}\text{ 使用式(2.5.5))}\\
&= {}_{\mathrm{II}}[\mathcal{I}]_{\mathrm{I}}{}_{\mathrm{I}}[\sigma]_{\mathrm{I}}[\boldsymbol{x}]_{\mathrm{I}}\text{(式(2.5.6))}\\
&= {}_{\mathrm{II}}[\mathcal{I}]_{\mathrm{I}}{}_{\mathrm{I}}[\sigma]_{\mathrm{I}}[\mathcal{I}(\boldsymbol{x})]_{\mathrm{I}}\\
&= {}_{\mathrm{II}}[\mathcal{I}]_{\mathrm{I}}{}_{\mathrm{I}}[\sigma]_{\mathrm{I}}{}_{\mathrm{I}}[\mathcal{I}]_{\mathrm{II}}[\boldsymbol{x}]_{\mathrm{II}}.\text{(对 }\mathcal{I}\text{ 从基(II)到基(I)使用式(2.5.5))}
\end{aligned}$$

由 $\boldsymbol{x}$ 的任意性,即得 ${}_{\mathrm{II}}[\sigma]_{\mathrm{II}}={}_{\mathrm{II}}[\mathcal{I}]_{\mathrm{I}}{}_{\mathrm{I}}[\sigma]_{\mathrm{I}}{}_{\mathrm{I}}[\mathcal{I}]_{\mathrm{II}}$. 此即式(2.5.3),其中的 ${}_{\mathrm{I}}[\mathcal{I}]_{\mathrm{II}}$ 就是相似矩阵 $\boldsymbol{P}$,也就是基(I)到基(II)的过渡矩阵.[56]

定理 2.5.1 同一个线性变换在不同基下的矩阵是相似的;反之,相似的两个矩阵可看成同一个线性变换在不同基下的矩阵.

例 2.5.1 考虑 $\mathbb{R}^2$ 中关于 x 轴的反射变换 $\mathcal{H}$,显然 $\mathcal{H}$ 在自然基(I)下的矩阵为 $\boldsymbol{H}=\begin{pmatrix}1 & 0\\ 0 & -1\end{pmatrix}$. 对于 $\mathbb{R}^2$ 中的另一个基(II):$\boldsymbol{\alpha}_1=(1,\ 1)^{\mathrm{T}}$, $\boldsymbol{\alpha}_2=(-1,\ 1)^{\mathrm{T}}$,易知(I)到(II)的过渡矩阵为 $\boldsymbol{P}=\begin{pmatrix}1 & -1\\ 1 & 1\end{pmatrix}$,因此 $\mathcal{H}$ 在基(II)下的矩阵为 $\boldsymbol{H}'=\boldsymbol{P}^{-1}\boldsymbol{H}\boldsymbol{P}=\begin{pmatrix}0 & -1\\ -1 & 0\end{pmatrix}$. 事实上,由于 $\mathcal{H}(\boldsymbol{\alpha}_1)=(1,\ -1)^{\mathrm{T}}=-\boldsymbol{\alpha}_2$, $\mathcal{H}(\boldsymbol{\alpha}_2)=(-1,\ -1)^{\mathrm{T}}=-\boldsymbol{\alpha}_1$,确实有 $(\mathcal{H}(\boldsymbol{\alpha}_1),\ \mathcal{H}(\boldsymbol{\alpha}_2))=(\boldsymbol{\alpha}_1,\ \boldsymbol{\alpha}_2)\boldsymbol{H}'$. 从矩阵表示看,矩阵 $\boldsymbol{H}$ 比矩阵 $\boldsymbol{H}'$ 更特殊些(更接近单位矩阵),这说明自然基(I)比基(II)更好.

按照孟岩在博文《理解矩阵》[27]中给出的通俗比喻(即"猪照"论),相似的矩阵可以比喻成不同镜头位置上拍出的猪照,它们都是萌猪威尔伯(儿童文学经典《夏洛的网》中的主角猪)的不同表象,本质上都不是威尔伯本身,因为线性变换才是威尔伯本身,才是各种表象背后的本质.

这就不难理解,何以相似矩阵有许多相似不变量[23]:特征多项式、特征值(包括代数重数和几何重数)、行列式、迹及秩等.相似矩阵还具有一些优良的性质.例如,**矩阵多项式相似**:设有方阵 $\boldsymbol{A}$ 与 $\boldsymbol{B}$ 相似,$\boldsymbol{P}$ 为相似矩阵,且有代数多项式 $f(x)=a_m x^m+\cdots+a_1 x+a_0$,则对同一个相似矩阵 $\boldsymbol{P}$,矩阵多项式 $f(\boldsymbol{A})=a_m\boldsymbol{A}^m+\cdots+a_1\boldsymbol{A}+a_0\boldsymbol{I}$ 与 $f(\boldsymbol{B})=$

$a_m\boldsymbol{B}^m+\cdots+a_1\boldsymbol{B}+a_0\boldsymbol{I}$ 仍然相似，即

$$\boldsymbol{P}^{-1}f(\boldsymbol{A})\boldsymbol{P}=f(\boldsymbol{B}). \tag{2.5.7}$$

相似变换只改变表象，不改变本质，那为什么还要对矩阵进行相似变换呢？按照“猪照”论，这就是要找出一张萌猪威尔伯最萌的玉照.这样的玉照，可以更方便地揭示萌猪威尔伯的本质属性.因此相似变换的目的是将方阵 $\boldsymbol{A}$ 变换成形式简单的特殊矩阵 $\boldsymbol{B}$，由此产生了矩阵的**相似对角化**问题.

定义 2.5.2（相似对角化）　对 n 阶矩阵 $\boldsymbol{A}$，如果存在相似矩阵 $\boldsymbol{P}$ 和对角矩阵 $\boldsymbol{\Lambda}$，使得

$$\boldsymbol{P}^{-1}\boldsymbol{A}\boldsymbol{P}=\boldsymbol{\Lambda}, \tag{2.5.8}$$

则称 $\boldsymbol{A}$ 被相似对角化为 $\boldsymbol{\Lambda}$，并称 $\boldsymbol{A}$ 是**可对角化矩阵**(diagonalizable matrix).

若记 $\boldsymbol{\Lambda}=\mathrm{diag}(\lambda_1, \lambda_2, \cdots, \lambda_n)$，$\boldsymbol{P}=(\boldsymbol{p}_1, \boldsymbol{p}_2, \cdots, \boldsymbol{p}_n)$，则由式(2.5.8)，可知

$$\boldsymbol{A}\boldsymbol{P}=(\boldsymbol{A}\boldsymbol{p}_1, \boldsymbol{A}\boldsymbol{p}_2, \cdots, \boldsymbol{A}\boldsymbol{p}_n)=(\lambda_1\boldsymbol{p}_1, \lambda_2\boldsymbol{p}_2, \cdots, \lambda_n\boldsymbol{p}_n)=\boldsymbol{P}\boldsymbol{\Lambda},$$

也就是

$$\boldsymbol{A}\boldsymbol{p}_i=\lambda_i\boldsymbol{p}_i (i=1, 2, \cdots, n). \tag{2.5.9}$$

这说明对角矩阵 $\boldsymbol{\Lambda}$ 的对角元都是矩阵 $\boldsymbol{A}$ 的特征值(故称 $\boldsymbol{\Lambda}$ 为**特征值矩阵**)，相似矩阵 $\boldsymbol{P}$ 的各列都是相应的特征向量(故称 $\boldsymbol{P}$ 为**特征向量矩阵**).

对角矩阵 $\boldsymbol{\Lambda}$ 的特殊形式是数量矩阵 $\lambda\boldsymbol{I}$，其变换效果在几何上看就是图形在各维度按同一比例因子 λ 进行放缩，这显然就是欧几里得《几何原本》中大量讨论的相似形问题.相似矩阵、相似变换等“相似”系列的概念何以得名，可以从这个视角给出一种解释.

定义 2.5.3　对复矩阵 $\boldsymbol{A}\in\mathbb{C}^{n\times n}$，如果存在 $\lambda, \mu\in\mathbb{C}$ 及非零向量 $\boldsymbol{x}, \boldsymbol{y}\in\mathbb{C}^n$，使得

$$\boldsymbol{A}\boldsymbol{x}=\lambda\boldsymbol{x}, \boldsymbol{y}^{\mathrm{H}}\boldsymbol{A}=\mu\boldsymbol{y}^{\mathrm{H}}, \tag{2.5.10}$$

其中，$\boldsymbol{y}^{\mathrm{H}}=(\bar{\boldsymbol{y}})^{\mathrm{T}}$ 为 $\boldsymbol{y}$ 的**共轭转置**，则称 λ 为 $\boldsymbol{A}$ 的**特征值**，称 $\boldsymbol{x}$ 为 $\boldsymbol{A}$ 的属于特征值 λ 的**特征向量**，称 $(\lambda, \boldsymbol{x})$ 为 $\boldsymbol{A}$ 的**特征对**，称满足式(2.5.10)的所有向量 $\boldsymbol{x}$（也包括零向量）的集合 V_λ 为 $\boldsymbol{A}$ 的属于特征值 λ 的**特征子空间**.类似地，称 μ 为 $\boldsymbol{A}$ 的**左特征值**(left eigenvalue)，称 $\boldsymbol{y}$ 为 $\boldsymbol{A}$ 的属于特征值 μ 的**左特征向量**(left eigenvector)，称 $(\mu, \boldsymbol{y})$ 为 $\boldsymbol{A}$ 的**左特征对**(left eigenpair)，称满足式(2.5.10)的所有向量 $\boldsymbol{y}$（也包括零向量）的集合 V_μ 为 $\boldsymbol{A}$ 的属于特征值 μ 的**左特征子空间**(left eigenspace).

注意：实矩阵也可能有复特征值.例如，矩阵 $\boldsymbol{A}=\begin{pmatrix}0 & -1\\ 1 & 0\end{pmatrix}$ 的特征值为 $\pm\mathrm{i}$.

既然谈到特征值,那就用变换视角来考察一下它.

定义 2.5.4 设 V 是数域 $\mathbb{F}$ 上的线性空间,σ 是 V 上的一个线性变换,如果存在复数 λ 及非零元 $\alpha \in V\ (\alpha \neq \theta)$,使得

$$\sigma(\alpha)=\lambda\alpha, \tag{2.5.11}$$

则称 λ 为线性变换(算子)σ 的特征值,称非零元 α 为 σ 的属于特征值 λ 的特征向量,并称 (λ,α) 为 σ 的特征对.

从变换角度看,特征向量 α 满足变换后的像 $\sigma(\alpha)$ 与原像 α 成倍数(几何上就是平行或共线),而特征值 λ 就是那个放缩的倍数.事实上,易知定义 2.5.4 中的线性变换 σ 就是例 2.4.7 中的数乘变换 $\mathcal{K}$.

定理 2.5.2 线性变换的特征值就是其矩阵的特征值.

证明: 设 σ 在线性空间 V 的一个基 $\{\alpha_i\}_1^n$ 下的矩阵为 $\boldsymbol{A}$,且 $\alpha \in V$ 在此基下的坐标向量为 $\boldsymbol{x}$(显然 $\boldsymbol{x} \neq \boldsymbol{0}$),则由式(2.4.14),可知 $\sigma(\alpha)=(\alpha_1,\alpha_2,\cdots,\alpha_n)\boldsymbol{Ax}$,再由式(2.5.11),可知

$$\sigma(\alpha)=\lambda\alpha=\lambda(\alpha_1,\alpha_2,\cdots,\alpha_n)\boldsymbol{x}=(\alpha_1,\alpha_2,\cdots,\alpha_n)(\lambda\boldsymbol{x}),$$

故 $\boldsymbol{Ax}=\lambda\boldsymbol{x}$.

反过来,若有 $\boldsymbol{Ax}=\lambda\boldsymbol{x}$,构造 $\alpha=(\alpha_1,\alpha_2,\cdots,\alpha_n)\boldsymbol{x}$,则 $\sigma(\alpha)$ 在这个基 $\{\alpha_i\}_1^n$ 下的坐标为 $\boldsymbol{Ax}$,从而有

$$\sigma(\alpha)=(\alpha_1,\alpha_2,\cdots,\alpha_n)\boldsymbol{Ax}=\lambda(\alpha_1,\alpha_2,\cdots,\alpha_n)\boldsymbol{x}=\lambda\alpha.$$ 证毕.

同样地,按照"变换即矩阵"的思想,易知满足式(2.5.11)的所有元的集合,即 σ 属于特征值 λ 的全部特征向量再加上零元 θ,是 V 的一个子空间,称为 σ 的属于特征值 λ 的特征子空间,也记为 V_λ.

记微分方程 $y'=\lambda y$ 的解集为 $V=\{ce^{\lambda x},\ c\in\mathbb{R}\}$,易知 V 是线性空间.考察 V 上的微分变换 $\mathcal{D}$.显然对任意实数 λ,都有 $\mathcal{D}(e^{\lambda x})=\lambda e^{\lambda x}$,因此函数 $y=e^{\lambda x}$ 是 $\mathcal{D}$ 的属于特征值 λ 的特征向量.为了区别于 $\mathbb{C}^n$ 中的特征向量,这样的函数有时也被更具体地称为微分方程的特征函数.

下面是特征值和特征向量的一些基本性质(其中矩阵 $\boldsymbol{A}\in\mathbb{C}^{n\times n}$)[23,57]:

(1) 积与和:$\lambda_1\lambda_2\cdots\lambda_n=|\boldsymbol{A}|$,$\lambda_1+\lambda_2+\cdots+\lambda_n=\mathrm{tr}(\boldsymbol{A})=a_{11}+a_{22}+\cdots+a_{nn}$.

(2) 转置不变性:方阵 $\boldsymbol{A}$ 与 $\boldsymbol{A}^{\mathrm{T}}$ 的特征值相同(代数重数也相同),但特征向量却未必相

同.其中特征值的**代数重数**指的是特征值作为特征多项式 $\varphi(z)=|zI-A|$ 的根的重数.

(3) 谱映射定理：设 $(\lambda,\boldsymbol{x})$ 为 $\boldsymbol{A}$ 的特征对，则 $(p(\lambda),\boldsymbol{x})$ 是矩阵多项式

$$p(\boldsymbol{A})=a_m\boldsymbol{A}^m+\cdots+a_1\boldsymbol{A}+a_0\boldsymbol{I}$$

的特征对，其中代数多项式 $p(\lambda)=a_m\lambda^m+\cdots+a_1\lambda+a_0$.

特别地，数乘矩阵 $k\boldsymbol{A}$ 有特征对 $(k\lambda,\boldsymbol{x})$，幂矩阵 $\boldsymbol{A}^m$ 有特征对 $(\lambda^m,\boldsymbol{x})$.

(4) 逆矩阵的特征对：设 $(\lambda,\boldsymbol{x})$ 为可逆矩阵 $\boldsymbol{A}$ 的特征对，则 $(\lambda^{-1},\boldsymbol{x})$ 是逆矩阵 $\boldsymbol{A}^{-1}$ 的特征对.

(5) 不同特征值的特征向量线性无关.

(6) 相似不变量：相似矩阵有相同的特征多项式和特征值(包括其代数重数).

(7) 特征值的几何重数不超过其代数重数.其中特征值 λ 的**几何重数**指的是特征子空间 V_λ 的维数.几何重数等于代数重数的特征值称为**非亏损特征值**，否则称为**亏损特征值**.代数重数为 1 的特征值(单特征值)显然是非亏损特征值.

证明： 设 V_λ 的维数为 k，且 $\boldsymbol{x}_1,\boldsymbol{x}_2,\cdots,\boldsymbol{x}_k$ 为其一个基，则有 $\boldsymbol{A}\boldsymbol{x}_i=\lambda\boldsymbol{x}_i(i=1,2,\cdots,k)$. 令 $\boldsymbol{X}=(\boldsymbol{x}_1,\boldsymbol{x}_2,\cdots,\boldsymbol{x}_k)$，则 $\boldsymbol{AX}=(\boldsymbol{Ax}_1,\boldsymbol{Ax}_2,\cdots,\boldsymbol{Ax}_k)=(\lambda\boldsymbol{x}_1,\lambda\boldsymbol{x}_2,\cdots,\lambda\boldsymbol{x}_k)=\lambda\boldsymbol{X}$.

将 $\boldsymbol{x}_1,\boldsymbol{x}_2,\cdots,\boldsymbol{x}_k$ 扩充为 $\mathbb{C}^n$ 的一个基 $\boldsymbol{x}_1,\boldsymbol{x}_2,\cdots,\boldsymbol{x}_k,\boldsymbol{x}_{k+1},\boldsymbol{x}_{k+2},\cdots,\boldsymbol{x}_n$，并令 $\boldsymbol{X}_1=(\boldsymbol{x}_{k+1},\boldsymbol{x}_{k+2},\cdots,\boldsymbol{x}_n)$，$\boldsymbol{P}=(\boldsymbol{X},\boldsymbol{X}_1)$，则 $\boldsymbol{P}$ 可逆，且

$$(\boldsymbol{P}^{-1}\boldsymbol{X},\boldsymbol{P}^{-1}\boldsymbol{X}_1)=\boldsymbol{P}^{-1}\boldsymbol{P}=\boldsymbol{I}=\mathrm{diag}(\boldsymbol{I}_k,\boldsymbol{I}_{n-k}),$$

即有 $\boldsymbol{P}^{-1}\boldsymbol{X}=\begin{pmatrix}\boldsymbol{I}_k\\\boldsymbol{O}\end{pmatrix}$，从而有

$$\boldsymbol{P}^{-1}\boldsymbol{AP}=\boldsymbol{P}^{-1}(\boldsymbol{AX},\boldsymbol{AX}_1)=\boldsymbol{P}^{-1}(\lambda\boldsymbol{X},\boldsymbol{AX}_1)=(\lambda\boldsymbol{P}^{-1}\boldsymbol{X},\boldsymbol{P}^{-1}\boldsymbol{AX}_1)=\begin{pmatrix}\lambda\boldsymbol{I}_k & \times\\\boldsymbol{O} & \boldsymbol{C}\end{pmatrix}=\boldsymbol{B},$$

其中，$\boldsymbol{C}$ 为 $n-k$ 阶方阵，×表示不关心取值情况.

记矩阵 $\boldsymbol{A}$ 的特征多项式为 $\varphi_A(z)=|z\boldsymbol{I}-\boldsymbol{A}|$. 由于 $\boldsymbol{A}$ 与 $\boldsymbol{B}$ 相似，所以它们的特征多项式相等，即

$$\begin{aligned}\varphi_A(z)=\varphi_B(z)=|z\boldsymbol{I}-\boldsymbol{B}|&=\begin{vmatrix}(z-\lambda)\boldsymbol{I}_k & *\\\boldsymbol{O} & z\boldsymbol{I}_{n-k}-\boldsymbol{C}\end{vmatrix}\\&=(z-\lambda)^k\,|z\boldsymbol{I}_{n-k}-\boldsymbol{C}|=(z-\lambda)^k\varphi_C(z).\end{aligned}$$

因此 λ 是 $\boldsymbol{A}$ 的代数重数至少是 k 的特征值.

例 2.5.2 对 $\mathbb{P}[t]_3$ 中的任意多项式 $f=x_1+x_2t+x_3t^2$，定义线性变换

$$\sigma(f)=(x_2+x_3)+(x_3+x_1)t+(x_1+x_2)t^2.$$

试求 $\mathbb{P}[t]_3$ 的一个基,使 σ 在该基下的矩阵为对角矩阵.

解: 由于 $\mathbb{P}[t]_3$ 的自然基为 $\{t^i\}_0^2$，且

$$\sigma(1)=1+0t+0t^2=(0+0)+(0+1)t+(1+0)t^2=0\cdot1+1\cdot t+1\cdot t^2,$$

$$\sigma(t)=(1+0)+(0+0)t+(0+1)t^2=1\cdot1+0\cdot t+1\cdot t^2,$$

$$\sigma(t^2)=(0+1)+(1+0)t+(0+0)t^2=1\cdot1+1\cdot t+0\cdot t^2,$$

所以线性变换 σ 在自然基 $\{t^i\}_0^2$ 下的矩阵为 $\boldsymbol{A}=\begin{pmatrix}0&1&1\\1&0&1\\1&1&0\end{pmatrix}$.

设所求基为 $\{f_i\}_1^3$，则问题转化为求过渡矩阵 $\boldsymbol{P}$，使得 $(f_1, f_2, f_3)=(1, t, t^2)\boldsymbol{P}$. 由于 σ 在基 $\{f_i\}_1^3$ 下的矩阵为对角矩阵 $\boldsymbol{\Lambda}=\mathrm{diag}(\lambda_1, \lambda_2, \lambda_3)$，问题进一步转化为矩阵 $\boldsymbol{A}$ 的相似对角化问题,即求特征值矩阵 $\boldsymbol{\Lambda}$ 和特征向量矩阵 $\boldsymbol{P}$，使得 $\boldsymbol{P}^{-1}\boldsymbol{AP}=\boldsymbol{\Lambda}$. 由

$$|\boldsymbol{A}-\lambda\boldsymbol{I}|=\begin{vmatrix}-\lambda&1&1\\1&-\lambda&1\\1&1&-\lambda\end{vmatrix}=(2-\lambda)\begin{vmatrix}1&1&1\\1&-\lambda&1\\1&1&-\lambda\end{vmatrix}=(2-\lambda)(\lambda+1)^2=0,$$

解得特征值为 $\lambda_1=2$ 和 $\lambda_2=\lambda_3=-1$(二重).

当 $\lambda_1=2$ 时,解 $(\boldsymbol{A}-2\boldsymbol{I})\boldsymbol{x}=\boldsymbol{0}$，得特征向量 $\boldsymbol{p}_1=(1, 1, 1)^{\mathrm{T}}$ (取法不唯一,下同);

当 $\lambda_2=\lambda_3=-1$ 时,解 $(\boldsymbol{A}+\boldsymbol{I})\boldsymbol{x}=\boldsymbol{0}$，得特征向量 $\boldsymbol{p}_2=(1, -1, 0)^{\mathrm{T}}$，$\boldsymbol{p}_3=(1, 0, -1)^{\mathrm{T}}$. 故 $\boldsymbol{P}=(\boldsymbol{p}_1, \boldsymbol{p}_2, \boldsymbol{p}_3)=\begin{pmatrix}1&1&1\\1&-1&0\\1&0&-1\end{pmatrix}$ 即为所求的过渡矩阵,从而所求基为

$$f_1=(1, t, t^2)\boldsymbol{p}_1=1+t+t^2,\ f_2=(1, t, t^2)\boldsymbol{p}_2=1-t,\ f_3=(1, t, t^2)\boldsymbol{p}_3=1-t^2.$$

注:(1) 由于特征多项式 $\varphi(\lambda)=|\lambda\boldsymbol{I}-\boldsymbol{A}|=(-1)^n|\boldsymbol{A}-\lambda\boldsymbol{I}|$，因此特征方程 $\varphi(\lambda)=0$ 等价于 $|\boldsymbol{A}-\lambda\boldsymbol{I}|=0$. 计算简便起见,这里使用了后者(可以思考下这是为什么).

(2) 本例中,虽然自然基 $\{t^i\}_0^2$ 比 $\{f_i\}_1^3$ 形式更简单,但线性变换 σ 在后者下的矩阵是

最简单的对角矩阵,可见自然基未必一定是最好的基底.

MATLAB 中提供了内置函数 eig,可用于计算矩阵的特征值和特征向量,调用格式为

```
[P,D] = eig(A)
```

其中返回的对角矩阵 $\boldsymbol{D}$ 是特征值矩阵,但返回的特征向量矩阵 $\boldsymbol{P}$ 则是正交矩阵.

本例的 MATLAB 代码实现,详见本书配套程序 exm210.由于基础解系选取的任意性,机算结果与手算未必完全一致.

例 2.5.3　对于西尔维斯特(Sylvester)方程 $\boldsymbol{AX}-\boldsymbol{XB}=\boldsymbol{C}$,其中 $\boldsymbol{A}, \boldsymbol{X}, \boldsymbol{B} \in \mathbb{C}^{n\times n}$. 定义西尔维斯特变换

$$\mathcal{S}: \boldsymbol{X} \mapsto \boldsymbol{AX}-\boldsymbol{XB}.$$

如果矩阵 $\boldsymbol{A}$ 与 $\boldsymbol{B}$ 有公共特征值 ,那么变换 $\mathcal{S}$ 是不可逆的.

证明: 设 $(\lambda, \boldsymbol{x})$ 是矩阵 $\boldsymbol{A}$ 的特征对,$(\mu, \boldsymbol{y})$ 是矩阵 $\boldsymbol{B}$ 的左特征对,即有 $\boldsymbol{Ax}=\lambda\boldsymbol{x}$, $\boldsymbol{y}^{\mathrm{H}}\boldsymbol{B}=\mu\boldsymbol{y}^{\mathrm{H}}$, 则

$$S(\boldsymbol{x}\boldsymbol{y}^{\mathrm{H}})=\boldsymbol{A}(\boldsymbol{x}\boldsymbol{y}^{\mathrm{H}})-(\boldsymbol{x}\boldsymbol{y}^{\mathrm{H}})\boldsymbol{B}=(\boldsymbol{Ax})\boldsymbol{y}^{\mathrm{H}}-\boldsymbol{x}(\boldsymbol{y}^{\mathrm{H}}\boldsymbol{B})=\lambda\boldsymbol{x}\boldsymbol{y}^{\mathrm{H}}-\mu\boldsymbol{x}\boldsymbol{y}^{\mathrm{H}}=(\lambda-\mu)(\boldsymbol{x}\boldsymbol{y}^{\mathrm{H}}).$$

如果存在特征值 λ, μ 满足 $\lambda=\mu$, 则存在非零矩阵 $\boldsymbol{x}\boldsymbol{y}^{\mathrm{H}} \in \ker\mathcal{S}$, 即 $\dim\ker\mathcal{S}\neq 0$, 因此

$$\dim\operatorname{Im}(\mathcal{S})=n-\dim\ker\mathcal{S}<n,$$

从而变换 $\mathcal{S}$ 不可逆.　　证毕.

此例说明变换 $\mathcal{S}$ 可逆的必要条件是矩阵 $\boldsymbol{A}$ 与 $\boldsymbol{B}$ 没有公共特征值.可以证明这个条件也是充分的[56: P98].而 $\mathcal{S}$ 可逆意味着像 $\mathcal{S}(\boldsymbol{X})=\boldsymbol{C}$ 对应唯一的原像 $\boldsymbol{X}$, 即西尔维斯特方程有唯一解.因此 $\boldsymbol{A}$ 与 $\boldsymbol{B}$ 没有公共特征值也是西尔维斯特方程有唯一解的充要条件.

不难发现,当 $\boldsymbol{C}=\boldsymbol{O}$ 且 $\boldsymbol{X}$ 可逆时西尔维斯特方程特殊为 $\boldsymbol{X}^{-1}\boldsymbol{AX}=\boldsymbol{B}$, 即矩阵 $\boldsymbol{A}$ 与 $\boldsymbol{B}$ 相似.因此西尔维斯特方程可视为矩阵相似问题的推广.

2.5.2　线性变换的不变子空间

相似对角化的目的在于寻找最简矩阵(标准型),“矩阵即变换”,线性变换又是作用在线性空间上的,而线性空间的直和分解能够把线性空间分解为更小的子空间,那么把线性变换的作用分别限制在这些子空间上,以便得到更简单的矩阵表示,就成了显而易见的想法.

定义 2.5.5(线性变换的限制) 设 V 是数域 $\mathbb{F}$ 上的线性空间，σ 是 V 上的线性变换，W 是 V 的子空间.称 σ 作用在 W 上的部分即 $\sigma_W: W \mapsto V$ 为 σ 在 W 上的**限制**(restriction)，即

$$\sigma_W(\alpha)=\sigma(\alpha),\ \alpha \in W.$$

例如，σ 在 $\ker(\sigma)$ 上的限制就是归零变换 $\mathcal{O}$，在 V_λ 上的限制则是数乘变换 $\mathcal{K}$.

要注意的是，对于 V 中不属于子空间 W 的元素 η，$\sigma_W(\eta)$ 是没有意义的.

直和分解不仅要分解线性空间，更希望分解出的子空间越特殊越好，最基本的要求自然是限制的封闭性，特征子空间 V_λ 显然符合这个要求，因为它的像 $\sigma(V_\lambda)$ 仍在 V_λ 中.这样的子空间就是所谓的不变子空间.

定义 2.5.6(不变子空间) 设 V 是数域 $\mathbb{F}$ 上的线性空间，σ 是 V 上的线性变换，W 是 V 的子空间.如果对任意元 $\alpha \in W$ 都有 $\sigma(\alpha) \in W$，则称 W 是 σ 的**不变子空间**(invariant subspace).

易证线性空间 V 本身和零空间 $\{\theta\}$ 都是线性变换 σ 的不变子空间(称为 σ 的**平凡不变子空间**)，核空间 $\ker(\sigma)$ 和像空间 $\mathrm{Im}(\sigma)$ 也都是 σ 的不变子空间.进一步可以证明，σ 的不变子空间的交与和仍然是 σ 的不变子空间.读者可尝试完成这些证明.

有非平凡不变子空间的线性变换，其矩阵有什么样的特殊形式呢?

设 W 是 n 维线性空间 V 的一个非平凡不变子空间，且 $\dim W=m$，则 $0<m<n$.将 W 中的一个基 $\{\alpha_i\}_1^m$ 扩充成 V 的一个基 $\{\alpha_i\}_1^n$，因为 $\sigma(\alpha_j) \in W(j=1,2,\cdots,m)$，则有

$$\sigma(\alpha_1,\alpha_2,\cdots,\alpha_n)=(\alpha_1,\alpha_2,\cdots,\alpha_n)\begin{pmatrix}\boldsymbol{A}_{11} & \boldsymbol{A}_{12}\\ \boldsymbol{O} & \boldsymbol{A}_{22}\end{pmatrix},$$

其中

$$\boldsymbol{A}_{11}=\begin{pmatrix}a_{11} & \cdots & a_{1m}\\ \vdots & & \vdots\\ a_{m1} & \cdots & a_{mm}\end{pmatrix},\ \boldsymbol{A}_{12}=\begin{pmatrix}a_{1,m+1} & \cdots & a_{1,n}\\ \vdots & & \vdots\\ a_{m,m+1} & \cdots & a_{mn}\end{pmatrix},\ \boldsymbol{A}_{22}=\begin{pmatrix}a_{m+1,m+1} & \cdots & a_{m+1,n}\\ \vdots & & \vdots\\ a_{n,m+1} & \cdots & a_{nn}\end{pmatrix}.$$

定理 2.5.3 设 V 是数域 $\mathbb{F}$ 上的 n 维线性空间，σ 是 V 上的线性变换，则 σ 有非平凡不变子空间的充要条件是 σ 在 V 的一个基下的矩阵为形如 $\begin{pmatrix}\boldsymbol{A}_{11} & \boldsymbol{A}_{12}\\ \boldsymbol{O} & \boldsymbol{A}_{22}\end{pmatrix}$ 的块上三角矩阵.

证明: 必要性已如前述，下证充分性.

设 σ 在 V 的一个基 $\{\alpha_i\}_1^n$ 下的矩阵为块上三角矩阵 $\begin{bmatrix} \boldsymbol{A}_{11} & \boldsymbol{A}_{12} \\ \boldsymbol{O} & \boldsymbol{A}_{22} \end{bmatrix}$，其中 $\boldsymbol{A}_{11} \in \mathbb{F}^{m\times m}$ $(0<m<n)$. 由 $\sigma(\alpha_1, \cdots, \alpha_n)=(\alpha_1, \cdots, \alpha_n)\boldsymbol{A}$，可知

$$\sigma(\alpha_j)=a_{1j}\alpha_1+\cdots+a_{mj}\alpha_m(j=1, 2, \cdots, m).$$

令 $W=\mathrm{span}\{\alpha_1, \cdots, \alpha_m\}$，则 W 是 V 的一个 m 维子空间，并且 $\sigma(\alpha_j)\in W$. 故对任意 $\alpha=(\alpha_1, \cdots, \alpha_m)\boldsymbol{x}\in W$，有 $\sigma_W(\alpha)=(\alpha_1, \cdots, \alpha_m)\boldsymbol{A}_{11}\boldsymbol{x}$，同时注意到 $0<m<n$，所以 W 是 V 的非平凡不变子空间.　证毕.

面对上述结果，自然会进一步追问：在什么条件下矩阵 $\boldsymbol{A}_{12}$ 会特殊化为零矩阵？根据其在块上三角矩阵中的位置信息，自然会联想到答案应该是直和分解.

定理 2.5.4　设 V 是数域 $\mathbb{F}$ 上的 n 维线性空间，σ 是 V 上的线性变换，则 σ 在 V 的一个基 $\{\alpha_j^{(1)}\}_1^{k_1}, \cdots, \{\alpha_j^{(s)}\}_1^{k_s}$ 下的矩阵为块对角矩阵 $\mathrm{diag}(\boldsymbol{A}_1, \cdots, \boldsymbol{A}_s)$ 的充要条件是 V 可以分解为 σ 的一组不变子空间的直和，即

$$V=W_1\oplus W_2\oplus\cdots\oplus W_s.$$

这里 $k_i(i=1, 2, \cdots, s)$ 阶矩阵 $\boldsymbol{A}_i(k_1+k_2+\cdots+k_s=n)$ 为限制 σ_{W_i} 在相应基 $\{\alpha_j^{(1)}\}_1^{k_i}$ 下的矩阵.

证明： 必要性. 设 σ 在 V 的一个基 $\{\alpha_j^{(1)}\}_1^{k_1}, \cdots, \{\alpha_j^{(s)}\}_1^{k_s}$ 下的矩阵表示为块对角矩阵 $\mathrm{diag}(\boldsymbol{A}_1, \cdots, \boldsymbol{A}_s)$. 令 $W_i=\mathrm{span}\{\alpha_1^{(i)}, \cdots, \alpha_{k_i}^{(i)}\}$ $(i=1, 2, \cdots, s)$，则

$$\sigma_{W_i}(\alpha_1^{(i)}, \cdots, \alpha_{k_i}^{(i)})=(\alpha_1^{(i)}, \cdots, \alpha_{k_i}^{(i)})\boldsymbol{A}_i.$$

因此 $\sigma(\alpha_j^{(i)})\in W_i(j=1, 2, \cdots, k_i)$，从而 W_i 是 σ 的不变子空间，并且

$$V=W_1\oplus W_2\oplus\cdots\oplus W_s.$$

充分性. 设 V 可以分解为 σ 的一组非平凡不变子空间的直和，即有 $V=W_1\oplus\cdots\oplus W_s$. 在 W_i 中取一个基 $\{\alpha_j^{(1)}\}_1^{k_i}$，则由定理 2.3.9 可知 $\{\alpha_j^{(1)}\}_1^{k_1}, \cdots, \{\alpha_j^{(s)}\}_1^{k_s}$ 为 V 的一个基. 因为 W_i 是 σ 的不变子空间，所以 $\sigma_{W_i}(\alpha_1^{(i)}, \cdots, \alpha_{k_i}^{(i)})=(\alpha_1^{(i)}, \cdots, \alpha_{k_i}^{(i)})\boldsymbol{A}_i$，从而有

$$\begin{aligned}&\sigma(\alpha_1^{(1)}, \cdots, \alpha_{k_1}^{(1)}, \cdots, \alpha_1^{(s)}, \cdots, \alpha_{k_s}^{(s)})\\ =&(\alpha_1^{(1)}, \cdots, \alpha_{k_1}^{(1)}, \cdots, \alpha_1^{(s)}, \cdots, \alpha_{k_s}^{(s)})\mathrm{diag}(\boldsymbol{A}_1, \boldsymbol{A}_2, \cdots, \boldsymbol{A}_s).\end{aligned}$$

证毕.

根据此定理，线性变换的矩阵是块对角矩阵与线性空间直和分解为不变子空间是相对应的，而且线性空间的基可由各非平凡不变子空间的基合并而成. 考虑到线性变换的特

征子空间同时也是不变子空间,因此上述不变子空间可进一步特殊为线性变换的特征子空间.特别地,有如下推论.

推论 1 设 V 是数域 $\mathbb{F}$ 上的 n 维线性空间,σ 是 V 上的线性变换,则 σ 在 V 的某个基下的矩阵为对角矩阵 $\boldsymbol{\Lambda}=\mathrm{diag}(\underbrace{\lambda_1,\ \cdots,\ \lambda_1}_{k1},\ \cdots,\ \underbrace{\lambda_s,\ \cdots,\ \lambda_s}_{ks})$ 的充要条件是 V 可以分解为 σ 的 s 个 $k_i(i=1,\ 2,\ \cdots,\ s)$ 维特征子空间的直和,即 $V=V_{\lambda_1}\oplus V_{\lambda_2}\oplus\cdots\oplus V_{\lambda_s}$,其中 λ_i 为 σ 的代数重数为 k_i 的非亏损特征值,$k_1+k_2+\cdots+k_s=n$.

此推论说明,对于没有亏损特征值的矩阵 $\boldsymbol{A}$,适当选取它的特征子空间的基,按照定理 2.3.9,再合并在一起就构成了 V 的一个基,而且以这个基为列向量的矩阵就是特征向量矩阵 $\boldsymbol{P}$,并且成立 $\boldsymbol{P}^{-1}\boldsymbol{AP}=\boldsymbol{\Lambda}$,即矩阵 $\boldsymbol{A}$ 是可对角化矩阵.

推论 2 设 V 是数域 $\mathbb{F}$ 上的 n 维线性空间,σ 是 V 上的线性变换,则 σ 在 V 的某个基下的矩阵为对角矩阵 $\mathrm{diag}(\lambda_1,\ \lambda_2,\ \cdots,\ \lambda_n)$ 的充要条件是 V 可以分解为 σ 的 n 个一维特征子空间的直和,即 $V=V_{\lambda_1}\oplus V_{\lambda_2}\oplus\cdots\oplus V_{\lambda_n}$,其中 $\lambda_1,\ \lambda_2,\ \cdots,\ \lambda_n$ 为 σ 的两两互异的单特征值(代数重数和几何重数都为 1).

例 2.5.4 设 σ 为 $\mathbb{R}^3$ 上的线性变换,$\boldsymbol{A}=\begin{pmatrix}0&1&1\\1&0&1\\1&1&0\end{pmatrix}$ 为 σ 的矩阵表示,试将 $\mathbb{R}^3$ 分解为 σ 的特征子空间的直和.

解: 例 2.5.2 中已求得 $\boldsymbol{A}$ 的特征值 $\lambda_1=2,\ \lambda_2=\lambda_3=-1$,以及对应的特征向量

$$\boldsymbol{p}_1=(1,\ 1,\ 1)^{\mathrm{T}},\ \boldsymbol{p}_2=(1,\ -1,\ 0)^{\mathrm{T}},\ \boldsymbol{p}_3=(1,\ 0,\ -1)^{\mathrm{T}},$$

因此 $V_1=\mathrm{span}\{\boldsymbol{p}_1\}$,$V_2=\mathrm{span}\{\boldsymbol{p}_2,\ \boldsymbol{p}_3\}$ 都是 σ 的特征子空间,且有直和分解 $\mathbb{R}^3=V_1\oplus V_2$.

特别地,特征值 -1 的代数重数等于几何重数,因此 -1 是非亏损特征值.若令 $V_{21}=\mathrm{span}\{\boldsymbol{p}_2\}$,$V_{22}=\mathrm{span}\{\boldsymbol{p}_3\}$,则进一步有直和分解 $V_2=V_{21}\oplus V_{22}$ 以及直和分解 $\mathbb{R}^3=V_1\oplus V_{21}\oplus V_{22}$.

2.6 矩阵的 Jordan 分解

相似变换的目的是寻找相似矩阵集合中的"代表矩阵"."代表矩阵"当然越特殊越好.对于可对角化矩阵,"代表矩阵"就是对角矩阵(准确地说应该是特征值矩阵).但遗憾的是:任意方阵未必与对角矩阵相似!因此对任意方阵,只能"退而求其次",寻找"几乎对角的"矩阵.这就引出了任意方阵在相似变换下的标准型问题,其中的 Jordan 标准型是最

接近对角的矩阵,因为除了对角元之外,它只在第 1 条对角线上另取 1 或 0.

2.6.1　Jordan 标准型和 Jordan 分解

众所周知,算术基本定理指的是任意整数 $n(n \geqslant 2)$ 都有素因子分解式,形如

$$n = \pm p_1^{m_1} p_2^{m_2} \cdots p_s^{m_s},$$

其中,$\{p_i\}_1^s$ 是两两互异的素数,$\{m_i\}_1^s$ 是相应的重数.

推广到多项式的情形,高斯证明了代数基本定理,即任何复系数一元 $n(n \geqslant 1)$ 次首一代数多项式 $f(z)$ 在复数域内有且只有 n 个根(重根按重数计算),也就是(其中 $m_1 + m_2 + \cdots + m_s = n$)

$$f(z) = \sum_{k=0}^{n} a_k z^k = (z - z_1)^{m_1}(z - z_2)^{m_2} \cdots (z - z_s)^{m_s},$$

其中,$\{z_i\}_1^s$ 是两两互异的根,$\{m_i\}_1^s$ 是相应的代数重数.

上述想法推广到线性空间,就是线性空间的根子空间分解,也称**空间第一分解定理**.

定理 2.6.1(根子空间分解)　设 V 是复数域 $\mathbb{C}$ 上的线性空间,σ 是 V 上的线性变换,σ 在 V 的一个基下的矩阵表示为 $\boldsymbol{A}$. 如果 $\boldsymbol{A}$ 的特征多项式 $\varphi(\lambda) = |\lambda \boldsymbol{I} - \boldsymbol{A}|$ 可分解因式为

$$\varphi(\lambda) = (\lambda - \lambda_1)^{m_1}(\lambda - \lambda_2)^{m_2} \cdots (\lambda - \lambda_s)^{m_s}, \tag{2.6.1}$$

其中特征值 $\{\lambda_i\}_1^s$ 两两互异,$\{m_i\}_1^s$ 是相应的代数重数,则 V 可分解成一组不变子空间的直和,即 $V = N_1 \oplus N_2 \oplus \cdots \oplus N_s$,其中,$N_i = \ker((\sigma - \lambda \mathcal{I})^{m_i})$,$i = 1, 2, \cdots, s$.

证明: 请参阅文献[52:P211 - 213].

注: 这里依据特征多项式的分解选取的一组不变子空间 N_i,称为**根子空间**(root subspace)或**广义特征子空间**(generalized eigenspace).它们既是核空间,又类似于特征子空间.

由定理 2.5.4 可知,存在线性空间 V 的一个基,使得线性变换 σ 在此基下的矩阵 $\boldsymbol{A} = \operatorname{diag}(\boldsymbol{A}_1, \boldsymbol{A}_2, \cdots, \boldsymbol{A}_s)$. 现在进一步猜想:这些对角块 $\boldsymbol{A}_i$ 是否是由更小的对角块 $\boldsymbol{A}_{ij}$ 组成的块对角矩阵? 特别地,这些 $\boldsymbol{A}_{ij}$ 能否仅在对角线和第一条对角线上有非零元素,也就是说是否成立**空间第二分解定理**:每个根子空间 N_i 能否进一步分解为一些不变子空间 W_{ij} 的直和?

如果这样的猜想成立,那么结合定理 2.5.4,可以适当选取这些 W_{ij} 的基,合并起来即

为V的基(称为V的**Jordan 基**),并且σ在其下的矩阵$\boldsymbol{J}$为块对角阵

$$\boldsymbol{J}=\mathrm{diag}(\boldsymbol{J}_1, \boldsymbol{J}_2, \cdots, \boldsymbol{J}_t). \tag{2.6.2}$$

称$\boldsymbol{J}$为$\boldsymbol{A}$的**Jordan 标准型**(Jordan canonical form 或 Jordan normal form).其中,每个对角块$\boldsymbol{J}_k=\boldsymbol{J}_k(\lambda_k)$(称为**Jordan 块**)形如

$$\begin{pmatrix} \lambda_k & 1 & & \\ & \lambda_k & \ddots & \\ & & \ddots & 1 \\ & & & \lambda_k \end{pmatrix}. \tag{2.6.3}$$

要特别注意的是,与式(2.6.1)不同的是,对于式(2.6.2)中的不同 Jordan 块而言,不仅对角元(即特征值)可以相等,而且阶数也可以相等.

上述猜想可用矩阵语言叙述如下.

定理 2.6.2(Jordan 标准型的存在性) 设$\boldsymbol{A}\in\mathbb{C}^{n\times n}$. 如果$\boldsymbol{A}$的特征多项式$\varphi(\lambda)=|\lambda\boldsymbol{I}-\boldsymbol{A}|$有分解式(2.6.1),则$\boldsymbol{A}$经过相似变换可化成唯一的 Jordan 标准型$\boldsymbol{J}$(不计 Jordan 块的排列次序),即存在可逆矩阵$\boldsymbol{P}$,使得

$$\boldsymbol{P}^{-1}\boldsymbol{A}\boldsymbol{P}=\boldsymbol{J}. \tag{2.6.4}$$

证明: 可参阅[52: P214 - 216]或[58: P378 - 390],更多说明可参阅本章 2.8 节.

式(2.6.4)意味着任何复方阵$\boldsymbol{A}$都可通过相似变换化成 Jordan 标准型$\boldsymbol{J}$,称为方阵的**Jordan 化**问题.特别地,当$\boldsymbol{J}$特殊化为对角矩阵$\boldsymbol{\Lambda}$时,式(2.6.4)就特殊化为式(2.5.8),矩阵的 Jordan 化问题就特殊为矩阵的相似对角化问题.

把$\boldsymbol{J}$的同一个特征值的若干个 Jordan 块按一定规则(比如阶数从高到低)依次排列成块对角矩阵,就得到 Jordan 标准型

$$\boldsymbol{J}_A=\mathrm{diag}(\boldsymbol{A}_1(\lambda_1), \boldsymbol{A}_2(\lambda_2), \cdots, \boldsymbol{A}_s(\lambda_s)), \tag{2.6.5}$$

其中特征值$\lambda_1, \lambda_2, \cdots, \lambda_s$两两互异,$\boldsymbol{A}_i(\lambda_i)$ $(i=1, 2, \cdots, s)$称为特征值λ_i的**Jordan 子矩阵**(Jordan submatrix),它是n_i阶块对角矩阵,其中包含k_i个阶数分别为n_{ij} $(j=1, 2, \cdots, k_i)$的 Jordan 块$(n_{ik_1}+n_{ik_2}+\cdots+n_{ik_i}=n_i)$,即

$$\boldsymbol{A}_i(\lambda_i)=\mathrm{diag}(\boldsymbol{J}_{k_1}(\lambda_i), \boldsymbol{J}_{k_2}(\lambda_i), \cdots, \boldsymbol{J}_{k_i}(\lambda_i)). \tag{2.6.6}$$

另外不难发现,将式(2.6.4)稍加变形,可得

$$\boldsymbol{A}=\boldsymbol{P}\boldsymbol{J}\boldsymbol{P}^{-1}. \tag{2.6.7}$$

从矩阵分解的眼光来看，式(2.6.7)意味着矩阵 **A** 被分解成了几个特殊矩阵的乘积，称为 **A** 的 **Jordan 分解**(Jordan decomposition).同样地，当 $\boldsymbol{J}$ 特殊化为对角矩阵 $\boldsymbol{\Lambda}$ 时，即得

$$\boldsymbol{A}=\boldsymbol{P}\boldsymbol{\Lambda}\boldsymbol{P}^{-1}, \tag{2.6.8}$$

称式(2.6.8)为矩阵 **A** 的**特征值分解**(eigen-decomposition).

2.6.2　Jordan 分解的求法

下面先结合图 2-7 介绍一种简易求法.

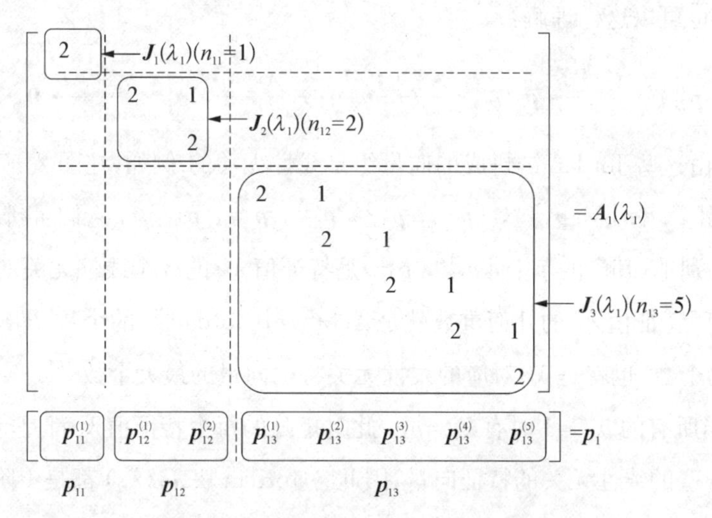

图 2-7　Jordan 子矩阵的结构示意图

在图 2-7 中，$\boldsymbol{A}_1(\lambda_1)$ 是由 3 个(即 $k_1=3$) 阶数分别为 $n_{11}=1$, $n_{12}=2$, $n_{13}=5$ 的 Jordan 块 $\boldsymbol{J}_1(\lambda_1)$, $\boldsymbol{J}_2(\lambda_1)$, $\boldsymbol{J}_3(\lambda_1)$ 构成的块对角矩阵，其阶数 $n_1=n_{11}+n_{12}+n_{13}=8$. 事实上，$n_1$ 就是特征值 λ_1 的代数重数.

一般地，首先根据 $\boldsymbol{J}_A$ 的结构，将相似矩阵 $\boldsymbol{P}$ 列分块为 $\boldsymbol{P}=(\boldsymbol{p}_1, \boldsymbol{p}_2, \cdots, \boldsymbol{p}_s)$，其中 $\boldsymbol{p}_i$ 是 $n\times n_i$ 阶的矩阵.由 $\boldsymbol{AP}=\boldsymbol{PJ}_A$，可知 $\boldsymbol{Ap}_i=\boldsymbol{p}_i\boldsymbol{A}_i(\lambda_i)$ $(i=1, 2, \cdots, s)$.

其次，根据 $\boldsymbol{A}_i(\lambda_i)$ 的结构，将 $\boldsymbol{p}_i$ 列分块为 $\boldsymbol{p}_i=(\boldsymbol{p}_{i1}, \boldsymbol{p}_{i2}, \cdots, \boldsymbol{p}_{ik_i})$，其中 $\boldsymbol{p}_{ij}$ 是 $n\times n_{ij}$ 阶的矩阵.由 $\boldsymbol{Ap}_i=\boldsymbol{p}_i\boldsymbol{A}_i(\lambda_i)$，可知 $\boldsymbol{Ap}_{ij}=\boldsymbol{p}_{ij}\boldsymbol{J}_j(\lambda_i)$ $(j=1, 2, \cdots, k_i)$.

在图 2-7 中，$\boldsymbol{p}_1=(\boldsymbol{p}_{11}, \boldsymbol{p}_{12}, \boldsymbol{p}_{13})$ 是 $n\times 8$ 阶矩阵，其中 $\boldsymbol{p}_{11}$ 是 $n\times 1$ 阶矩阵，$\boldsymbol{p}_{12}$ 是 $n\times 2$ 阶矩阵，$\boldsymbol{p}_{13}$ 是 $n\times 5$ 阶矩阵.

最后,根据 $\boldsymbol{J}_j(\lambda_i)$ 的结构,设 $\boldsymbol{p}_{ij}=(\boldsymbol{p}_{ij}^{(1)},\ \boldsymbol{p}_{ij}^{(2)},\ \cdots,\ \boldsymbol{p}_{ij}^{(n_{ij})})$. 由 $\boldsymbol{A}\boldsymbol{p}_{ij}=\boldsymbol{p}_{ij}\boldsymbol{J}_j(\lambda_i)$ 可知

$$\begin{cases}(\boldsymbol{A}-\lambda_i\boldsymbol{I})\boldsymbol{p}_{ij}^{(1)}=\boldsymbol{0},\\(\boldsymbol{A}-\lambda_i\boldsymbol{I})\boldsymbol{p}_{ij}^{(2)}=\boldsymbol{p}_{ij}^{(1)},\\\cdots\\(\boldsymbol{A}-\lambda_i\boldsymbol{I})\boldsymbol{p}_{ij}^{(n_{ij})}=\boldsymbol{p}_{ij}^{(n_{ij}-1)}.\end{cases}\tag{2.6.9}$$

解这个方程组,可得长度为 n_{ij} 的向量序列 $\{\boldsymbol{p}_{ij}^{(1)},\ \boldsymbol{p}_{ij}^{(2)},\ \cdots,\ \boldsymbol{p}_{ij}^{(n_{ij})}\}$,称之为 **Jordan 链**(Jordan chain),其中第一个向量 $\boldsymbol{p}_{ij}^{(1)}$ 是矩阵 $\boldsymbol{A}$ 关于特征值 λ_i 的特征向量,剩下的向量 $\boldsymbol{p}_{ij}^{(2)},\ \cdots,\ \boldsymbol{p}_{ij}^{(n_{ij})}$ 称为 λ_i 的**广义特征向量**(generalized eigenvector).

Jordan 链也可以这样理解:

$$\boldsymbol{p}_{ij}^{(n_{ij})}\xrightarrow{\boldsymbol{A}-\lambda_i\boldsymbol{I}}\boldsymbol{p}_{ij}^{(n_{ij}-1)}\xrightarrow{\boldsymbol{A}-\lambda_i\boldsymbol{I}}\cdots\cdots\xrightarrow{\boldsymbol{A}-\lambda_i\boldsymbol{I}}\boldsymbol{p}_{ij}^{(1)}\xrightarrow{\boldsymbol{A}-\lambda_i\boldsymbol{I}}\boldsymbol{0}.$$

可以证明由这些 Jordan 链拼成的向量组是线性无关的.例如,在图 2-7 中,存在 3 个 Jordan 链 $(\{\boldsymbol{p}_{11}^{(1)}\},\ \{\boldsymbol{p}_{12}^{(1)},\ \boldsymbol{p}_{12}^{(2)}\},\ \{\boldsymbol{p}_{13}^{(1)},\ \boldsymbol{p}_{13}^{(2)},\ \boldsymbol{p}_{13}^{(3)},\ \boldsymbol{p}_{13}^{(4)},\ \boldsymbol{p}_{13}^{(5)}\})$,它们可拼成 8 个向量的线性无关组.特别地,其中的 $\boldsymbol{p}_{11}^{(1)},\ \boldsymbol{p}_{12}^{(1)},\ \boldsymbol{p}_{13}^{(1)}$ 是特征值 λ_1 的 3 个线性无关的特征向量.

还可以证明特征值 λ_i 的几何重数就是 $\boldsymbol{A}_i(\lambda_i)$ 中 Jordan 块的个数,即特征值 λ_i 对应的 Jordan 链的个数,也就是 λ_i 对应的线性无关特征向量的最大个数[56].

特别地,当所有的 $n_{ij}=1$ 时有 $k_i=n_i$,此时矩阵的每个特征值 λ_i 都是非亏损特征值,$\boldsymbol{p}_i$ 的各列都是 λ_i 的线性无关的特征向量,因此各 Jordan 块 $\boldsymbol{J}_j(\lambda_i)$ 都是 1 阶的,即 Jordan 标准型 $\boldsymbol{J}_A$ 特殊化为特征值矩阵 $\boldsymbol{\Lambda}=\mathrm{diag}\{\underbrace{\lambda_1,\ \cdots,\ \lambda_1}_{n_1},\ \cdots,\ \underbrace{\lambda_s,\ \cdots,\ \lambda_s}_{n_s}\}$,相应地,$\boldsymbol{P}$ 特殊为 $\boldsymbol{A}$ 的特征向量矩阵.

例 2.6.1 求矩阵 $\boldsymbol{A}=\begin{pmatrix}-1&1&0\\-4&3&0\\1&0&2\end{pmatrix}$ 的 Jordan 分解.

解法一:简易求法.

$\boldsymbol{A}$ 的特征值为 $\lambda_1=2,\ \lambda_2=\lambda_3=1$,故设 $\boldsymbol{J}_A=\begin{pmatrix}\boldsymbol{A}_1(2)&\\&\boldsymbol{A}_2(1)\end{pmatrix}$.

特征值 $\lambda_1=2$ 为单根,故 $\boldsymbol{A}_1(2)=2$,且从 $(\boldsymbol{A}-2\boldsymbol{I})\boldsymbol{x}=\boldsymbol{0}$ 可得对应的特征向量 $\boldsymbol{\alpha}_1=(0,\ 0,\ 1)^{\mathrm{T}}$.

对于二重特征值 $\lambda_2=\lambda_3=1$，由 $(\boldsymbol{A}-\boldsymbol{I})\boldsymbol{x}=\boldsymbol{0}$ 只解得一个特征向量 $\boldsymbol{\alpha}_2=(1,\ 2,\ -1)^{\mathrm{T}}$，这说明此特征值是亏损特征值，易知此时 $\boldsymbol{A}_2(1)$ 中只有一个 Jordan 块，即 $\boldsymbol{A}_2(1)=\begin{pmatrix}1 & 1\\ 0 & 1\end{pmatrix}$. 求解非齐次线性方程组 $(\boldsymbol{A}-1\boldsymbol{I})\boldsymbol{\beta}=\boldsymbol{\alpha}_2$，可得所需的广义特征向量 $\boldsymbol{\beta}=(0,\ 1,\ -1)^{\mathrm{T}}$（取法不唯一）.

综合上述，即得所求的 Jordan 分解 $\boldsymbol{A}=\boldsymbol{P}\boldsymbol{J}_A\boldsymbol{P}^{-1}$，其中（注意 $\boldsymbol{P}$ 的各列要与 $\boldsymbol{J}_A$ 的各列相对应）

$$\boldsymbol{J}_A=\begin{pmatrix}2 & 0 & 0\\ 0 & 1 & 1\\ 0 & 0 & 1\end{pmatrix},\ \boldsymbol{P}=(\boldsymbol{\alpha}_1,\ \boldsymbol{\alpha}_2,\ \boldsymbol{\beta})=\begin{pmatrix}0 & 1 & 0\\ 0 & 2 & 1\\ 1 & -1 & -1\end{pmatrix}.$$

注：（1）不要将 $(\boldsymbol{A}-1\boldsymbol{I})\boldsymbol{\beta}=\boldsymbol{\alpha}_2$ 混淆为 $(1\boldsymbol{I}-\boldsymbol{A})\boldsymbol{\beta}=\boldsymbol{\alpha}_2$.

（2）由于特征向量和广义特征向量的取法不唯一，因此矩阵 $\boldsymbol{P}$ 不唯一.但若不计特征块的排列顺序的话，Jordan 矩阵 $\boldsymbol{J}_A$ 是唯一的.

（3）本例的解法二请参阅例 6.2.9.

MATLAB 的内置函数 eig 能求出所有特征值，但却不能求出广义特征向量（为保证程序不异常中断，MATLAB 填充以相应的特征向量）.好在 MATLAB 后来提供了内置函数 jordan，其调用格式为

```
[P,J]= jordan(A)
```

与 eig 不同的是，内置函数 jordan 返回的矩阵 $\boldsymbol{P}$ 未必是正交矩阵.

本例的 MATLAB 实现，详见本书配套程序 exm211.注意机算结果与手算未必完全一致.

例 2.6.2　用 Jordan 分解求解线性微分方程组（与 6.5 节一样，自变量默认为 t）

$$\begin{cases}x_1'=-x_1+x_2,\\ x_2'=-4x_1+3x_2,\\ x_3'=x_1+2x_3.\end{cases}$$

解： 令 $\boldsymbol{x}=(x_1,\ x_2,\ x_3)^{\mathrm{T}}$，$\boldsymbol{x}'=(x_1',\ x_2',\ x_3')^{\mathrm{T}}$，则线性微分方程组的矩阵形式为

$$\boldsymbol{x}'=\boldsymbol{A}\boldsymbol{x}, \tag{2.6.10}$$

其中，$\boldsymbol{A}$ 同前例，那里已求出 $\boldsymbol{J}_A$ 及 $\boldsymbol{P}$，故有 Jordan 分解 $\boldsymbol{A}=\boldsymbol{P}\boldsymbol{J}_A\boldsymbol{P}^{-1}$，代入式(2.6.10)，即得 $\boldsymbol{x}'=\boldsymbol{P}\boldsymbol{J}_A\boldsymbol{P}^{-1}\boldsymbol{x}$，也就是 $\boldsymbol{P}^{-1}\boldsymbol{x}'=\boldsymbol{J}_A\boldsymbol{P}^{-1}\boldsymbol{x}$. 注意到 $\boldsymbol{P}^{-1}\boldsymbol{x}'=(\boldsymbol{P}^{-1}\boldsymbol{x})'$，因此通过线性变换 $\boldsymbol{y}=\boldsymbol{P}^{-1}\boldsymbol{x}$，显然可将线性微分方程组(2.6.10)变形为

$$\boldsymbol{y}'=\boldsymbol{J}_A\boldsymbol{y}. \tag{2.6.11}$$

令 $\boldsymbol{y}=(y_1, y_2, y_3)^{\mathrm{T}}$，则原线性微分方程组等价于下列线性微分方程组

$$y_1'=2y_1,\ y_2'=y_2+y_3,\ y_3'=y_3,$$

解得 $y_1=c_1\mathrm{e}^{2t}$，$y_2=c_2\mathrm{e}^t+c_3t\mathrm{e}^t$，$y_3=c_3\mathrm{e}^t$，从而由可逆线性变换 $\boldsymbol{y}=\boldsymbol{P}^{-1}\boldsymbol{x}$ 即 $\boldsymbol{x}=\boldsymbol{P}\boldsymbol{y}$，可得原线性微分方程组的解为

$$\begin{cases}x_1=c_2\mathrm{e}^t+c_3t\mathrm{e}^t,\\ x_2=2c_2\mathrm{e}^t+c_3(2t+1)\mathrm{e}^t,\\ x_3=c_1\mathrm{e}^{2t}-c_2\mathrm{e}^t-c_3(t+1)\mathrm{e}^t.\end{cases}$$

MATLAB 提供了内置函数 dsolve，可用于求符号微分方程组的符号解.本题的调用格式为

```
[x1, x2, x3] = dsolve('Dx1 = -1 * x1 + x2',
'Dx2 = -4 * x1 + 3 * x2', 'Dx3 = x1 + 2 * x3')
```

当然，返回的结果与手算在表示形式上未必完全相同.

本例的 MATLAB 实现，详见本书配套程序 exm212.

例 2.6.3 在现代控制理论中，**线性定常系统**(Linear time invariant, LTI)的状态空间描述为

$$\begin{cases}\dot{\boldsymbol{x}}=\boldsymbol{A}\boldsymbol{x}+\boldsymbol{B}\boldsymbol{u},\\ \boldsymbol{y}=\boldsymbol{C}\boldsymbol{x}+\boldsymbol{D}\boldsymbol{u},\end{cases}$$

其中，矩阵 $\boldsymbol{A}$ 表示系统内部状态变量之间的联系，称为**系统矩阵**；矩阵 $\boldsymbol{B}$ 称为**输入矩阵**或**控制矩阵**；矩阵 $\boldsymbol{C}$ 称为**输出矩阵**或**观测矩阵**；矩阵 $\boldsymbol{D}$ 称为**直接观测矩阵**.此系统可简记为 $(\boldsymbol{A}, \boldsymbol{B}, \boldsymbol{C}, \boldsymbol{D})$.

对系统做可逆线性变换 $\bar{\boldsymbol{x}}=\boldsymbol{P}^{-1}\boldsymbol{x}$，可得

$$\begin{cases}\dot{\bar{\boldsymbol{x}}}=\boldsymbol{P}^{-1}\dot{\boldsymbol{x}}=\boldsymbol{P}^{-1}\boldsymbol{A}\boldsymbol{P}\boldsymbol{P}^{-1}\boldsymbol{x}+\boldsymbol{P}^{-1}\boldsymbol{B}\boldsymbol{u}=\bar{\boldsymbol{A}}\bar{\boldsymbol{x}}+\bar{\boldsymbol{B}}\boldsymbol{u},\\ \boldsymbol{y}=\boldsymbol{C}\boldsymbol{P}\bar{\boldsymbol{x}}+\boldsymbol{D}\boldsymbol{u}=\bar{\boldsymbol{C}}\bar{\boldsymbol{x}}+\bar{\boldsymbol{D}}\boldsymbol{u},\end{cases}$$

其中，$\bar{A}=P^{-1}AP$，$\bar{B}=P^{-1}B$，$\bar{C}=CP$，$\bar{D}=D$.

对任意方阵 A 而言，显然最简单的 $\bar{A}$ 就是 A 的 Jordan 标准型.此时虽然没有实现状态变量间的完全解耦，但也达到了可能达到的**最简耦合**形式.因此线性变换就是状态空间的基底变换，即通过将系统 (A, B, C, D) 变换成等价的系统 $(\bar{A}, \bar{B}, \bar{C}, \bar{D})$，以寻找描述同一系统运动行为尽可能简单的状态空间描述.[59]

求下列状态方程的最简耦合形式：

$$\dot{x}=Ax+Bu=\begin{pmatrix}0&1&0\\0&0&1\\2&3&0\end{pmatrix}x+\begin{pmatrix}0\\0\\1\end{pmatrix}u.$$

解： 计算可得 Jordan 分解 $A=PJ_AP^{-1}$，其中(注意 P 不唯一)

$$P=\begin{pmatrix}1&1&1\\2&-1&0\\4&1&-1\end{pmatrix},\ J_A=\begin{pmatrix}2&0&0\\0&-1&1\\0&0&-1\end{pmatrix}.$$

因此经过可逆线性变换 $\bar{x}=P^{-1}x$ 后，新的系统矩阵和控制矩阵分别为

$$\bar{A}=P^{-1}AP=J_A,\ \bar{B}=P^{-1}B=\frac{1}{9}(1,\ 2,\ -3)^{\mathrm{T}},$$

故所求即为 $\dot{\bar{x}}=\bar{A}\bar{x}+\bar{B}u$.

本例的 MATLAB 实现，详见本书配套程序 exm213.

注： 此题中 $\varphi(\lambda)=|\lambda I-A|=\lambda^3-0\lambda^2-3\lambda-2$，不考虑最高次项系数 1，剩下的三个系数的相反数，按升幂顺序(即 2,3,0)，正好就是矩阵 A 最后一行的三个元素，故矩阵 A 称为相应特征多项式 $\varphi(\lambda)$ 的**友矩阵**(companion matrix).

例 2.6.4　求矩阵 $A=\begin{pmatrix}-2&-1&-1&-1\\2&1&3&2\\1&1&0&1\\-1&-1&-2&-2\end{pmatrix}$ 的 Jordan 分解.

解法一：简易求法.

A 的特征值为 $\lambda_1=0$，$\lambda_2=\lambda_3=\lambda_4=-1$，故设 $J_A=\begin{pmatrix}A_1(0)&\\&A_2(-1)\end{pmatrix}$.

因为特征值$\lambda_1=0$为单根,所以$\boldsymbol{A}_1(0)=0$,并可从$(\boldsymbol{A}-0\boldsymbol{I})\boldsymbol{x}=\boldsymbol{0}$解得对应的特征向量为$\boldsymbol{\alpha}_1=(-1, 3, 1, -2)^{\mathrm{T}}$.

对于三重特征值$\lambda_2=\lambda_3=\lambda_4=-1$,由$(\boldsymbol{A}+\boldsymbol{I})\boldsymbol{x}=\boldsymbol{0}$可解得两个特征向量为

$$\boldsymbol{\alpha}_2=(1, 0, 0, -1)^{\mathrm{T}}, \boldsymbol{\alpha}_3=(0, 1, 0, -1)^{\mathrm{T}},$$

因此$\boldsymbol{A}_2(-1)$中有两个 Jordan 块,即(两种形式任取一个即可)

$$\boldsymbol{A}_2(-1)=\begin{pmatrix}-1 & 1 & \\ & -1 & \\ & & -1\end{pmatrix} \text{或} \boldsymbol{A}_2(-1)=\begin{pmatrix}-1 & & \\ & -1 & 1\\ & & -1\end{pmatrix}.$$

继续求解$(\boldsymbol{A}+\boldsymbol{I})\boldsymbol{\beta}=\boldsymbol{\alpha}_2$,无解!这让人不禁胸口一紧.赶紧换$\boldsymbol{\alpha}_3$,重新求解$(\boldsymbol{A}+\boldsymbol{I})\boldsymbol{\beta}=\boldsymbol{\alpha}_3$,可得所需的广义特征向量$\boldsymbol{\beta}=(-1, 0, 1, 0)^{\mathrm{T}}$.有惊无险,虚惊一场!

综合上述,所求即为$\boldsymbol{A}=\boldsymbol{P}\boldsymbol{J}_A\boldsymbol{P}^{-1}$,其中

$$\boldsymbol{P}=(\boldsymbol{\alpha}_1, \boldsymbol{\alpha}_2, \boldsymbol{\alpha}_3, \boldsymbol{\beta})=\begin{pmatrix}-1 & 1 & 0 & -1\\ 3 & 0 & 1 & 0\\ 1 & 0 & 0 & 1\\ -2 & -1 & -1 & 0\end{pmatrix}, \boldsymbol{J}_A=\begin{pmatrix}0 & & & \\ & -1 & & \\ & & -1 & 1\\ & & & -1\end{pmatrix}.$$

本例的 MATLAB 实现,详见本书配套程序 exm214.

注: 要特别当心的是,若选取三重特征值$\lambda_2=\lambda_3=\lambda_4=-1$的特征向量为

$$\boldsymbol{\alpha}_2=(1, 0, 0, -1)^{\mathrm{T}}, \boldsymbol{\alpha}'_3=(1, -1, 0, 0)^{\mathrm{T}}.$$

此时$(\boldsymbol{A}+\boldsymbol{I})\boldsymbol{\beta}=\boldsymbol{\alpha}_2$和$(\boldsymbol{A}+\boldsymbol{I})\boldsymbol{\beta}=\boldsymbol{\alpha}'_3$都无解!这说明在选取特征值$\lambda_i$的$k_i$个特征向量$\boldsymbol{p}_{i1}^{(1)}, \boldsymbol{p}_{i2}^{(1)}, \cdots, \boldsymbol{p}_{ik_i}^{(1)}$时,前述求法显然有待深化.

一种解决办法是取它们的线性组合$\boldsymbol{\alpha}=k_1\boldsymbol{\alpha}_2+k_2\boldsymbol{\alpha}'_3=(k_1+k_2, -k_2, 0, -k_1)^{\mathrm{T}}$,并适当选取待定系数$k_1, k_2$,使得$(\boldsymbol{A}+\boldsymbol{I})\boldsymbol{\beta}=\boldsymbol{\alpha}$有解.由于

$$(\boldsymbol{A}+\boldsymbol{I}, \boldsymbol{\alpha})=\begin{pmatrix}-1 & -1 & -1 & -1 & k_1+k_2\\ 2 & 2 & 3 & 2 & -k_2\\ 1 & 1 & 1 & 1 & 0\\ -1 & -1 & -2 & -1 & -k_1\end{pmatrix}\sim\begin{pmatrix}1 & 1 & 1 & 1 & 0\\ 0 & 0 & 1 & 0 & -k_2\\ 0 & 0 & 0 & 0 & k_1+k_2\\ 0 & 0 & 0 & 0 & 0\end{pmatrix},$$

因此当且仅当$k_1+k_2=0$时方程组有解.不妨取$k_1=-k_2=1$,得$\boldsymbol{\alpha}=\boldsymbol{\alpha}_3=(0, 1,$

0, $-1)^{\mathrm{T}}$. 以下同前,略去.

最后再介绍计算 Jordan 分解的**波尔曼法**,其详细证明可参见文献[58: P364-371].

设 λ_i 为复方阵 $\boldsymbol{A}$ 的特征值,其代数重数为 σ_i, k 为使得等式

$$r((\boldsymbol{A}-\lambda_i\boldsymbol{I})^k)=r((\boldsymbol{A}-\lambda_i\boldsymbol{I})^{k+1}) \tag{2.6.12}$$

成立的最小正整数(称为特征值 λ_i 的**指标**,index),也就是使得

$$(\boldsymbol{A}-\lambda_i\boldsymbol{I})^k\boldsymbol{x}=\boldsymbol{0},\ (\boldsymbol{A}-\lambda_i\boldsymbol{I})^{k-1}\boldsymbol{x}\neq\boldsymbol{0} \tag{2.6.13}$$

有非零解的最小正整数.

根据前面的分析,可以证明 λ_i 的指标 k 就是 λ_i 的最大 Jordan 块的阶数.

求 Jordan 分解的波尔曼法的步骤大致如下:

(1) 规定 $r_0=n$. 计算 $r_t=r((\boldsymbol{A}-\lambda_i\boldsymbol{I})^t)(t=0,1,2,\cdots)$;

(2) 计算 $d_t=r_{t-1}-r_t(t=1,2,\cdots,k+1)$,直至出现 $d_{k+1}=0$;

(3) 计算 $\delta_t=d_t-d_{t+1}(t=1,2,\cdots,k)$.

按此算法计算出的 δ_t 就是 t 阶 Jordan 块 $\boldsymbol{J}_t(\lambda_i)$ 的个数.不计顺序,就唯一确定了 Jordan 标准型 $\boldsymbol{J}_A$.

至于 $\boldsymbol{P}$ 中相应子矩阵 $\boldsymbol{p}_i$ 的构造,这里通过一个例子来说明.假定

$$n=10,\ \sigma_i=8,\ k=4,\ r_1=7,\ r_2=4,\ r_3=3,\ r_4=2,\ r_5=2,$$

则 $d_1=3$, $d_2=3$, $d_3=1$, $d_4=1$, $d_5=0$, 从而 $\delta_1=0$, $\delta_2=2$, $\delta_3=0$, $\delta_4=1$. 因此矩阵有 1 个 4 阶 Jordan 块 $\boldsymbol{J}_4(\lambda_i)$ 和 2 个 2 阶 Jordan 块 $\boldsymbol{J}_2(\lambda_i)$.

取 $\boldsymbol{p}_{i1}$ 满足式(2.6.13),则可得最长的 Jordan 链 $\{(\boldsymbol{A}-\lambda_i\boldsymbol{I})^3\boldsymbol{p}_{i1}, (\boldsymbol{A}-\lambda_i\boldsymbol{I})^2\boldsymbol{p}_{i1}, (\boldsymbol{A}-\lambda_i\boldsymbol{I})\boldsymbol{p}_{i1}, \boldsymbol{p}_{i1}\}$. 至于另外两条长为 2 的 Jordan 链,可选取为 $\{(\boldsymbol{A}-\lambda_i\boldsymbol{I})\boldsymbol{p}_{i2}, \boldsymbol{p}_{i2}\}$ 和 $\{(\boldsymbol{A}-\lambda_i\boldsymbol{I})\boldsymbol{p}_{i3}, \boldsymbol{p}_{i3}\}$, 这里 $\boldsymbol{p}_{i1}, \boldsymbol{p}_{i2}, \boldsymbol{p}_{i3}$ 线性无关, $(\boldsymbol{A}-\lambda_i\boldsymbol{I})^2\boldsymbol{p}_{il}=\boldsymbol{0}$ 且 $(\boldsymbol{A}-\lambda_i\boldsymbol{I})\boldsymbol{p}_{il}\neq\boldsymbol{0}(l=2,3)$. 把三条 Jordan 链合在一起,就构成了 $\boldsymbol{p}_i$ 的列向量组.

下面用这种方法重解例 2.6.4.

解法二: 波尔曼法.

特征值及 $\boldsymbol{\alpha}_1$ 的计算同前.对于三重特征值 -1, 计算可得

$$r_0=4,\ r_1=2,\ r_2=r_3=1;\ k=2;\ d_1=2,\ d_2=1,\ d_3=0;\ \delta_1=1, \delta_2=1,$$

因此矩阵有 1 个 2 阶 Jordan 块 $\boldsymbol{J}_2(-1)$ 和 1 个 1 阶 Jordan 块 $\boldsymbol{J}_1(-1)$.

记 $\boldsymbol{B}=\boldsymbol{A}+\boldsymbol{I}$. 解方程组 $\boldsymbol{B}^2\boldsymbol{x}=\boldsymbol{0}$ 及 $\boldsymbol{B}\boldsymbol{x}\neq\boldsymbol{0}$, 得非零向量 $\boldsymbol{\beta}=(1,0,-1,0)^{\mathrm{T}}$, 从而求得最长的 Jordan 链

$$\{\boldsymbol{B}\boldsymbol{\beta},\boldsymbol{\beta}\}=\{(0,-1,0,1)^{\mathrm{T}},(1,0,-1,0)^{\mathrm{T}}\}.$$

再解 $\boldsymbol{B}^1\boldsymbol{x}=\boldsymbol{0}$, 得非零向量 $\boldsymbol{\alpha}_2=(1,-1,0,0)^{\mathrm{T}}$. 显然 $\boldsymbol{\alpha}_2$, $\boldsymbol{\beta}$ 线性无关.

令 $\boldsymbol{P}=(\boldsymbol{\alpha}_1,\boldsymbol{\alpha}_2,\boldsymbol{B}\boldsymbol{\beta},\boldsymbol{\beta})=\begin{pmatrix}-1 & 1 & 0 & 1\\ 3 & -1 & -1 & 0\\ 1 & 0 & 0 & -1\\ -2 & 0 & 1 & 0\end{pmatrix}$, $\boldsymbol{J}_A=\begin{pmatrix}0 & & & \\ & -1 & & \\ & & -1 & 1\\ & & & -1\end{pmatrix}$, 则有 $\boldsymbol{A}=\boldsymbol{P}\boldsymbol{J}_A\boldsymbol{P}^{-1}$.

2.7 矩阵多项式的计算

计算方阵的任意次幂,是矩阵应用中的基本问题.初学线性代数时接触过的方法,一般有归纳法、二项展开式法、行乘列法等,但它们处理的都是非常特殊的方阵.之后利用特征值分解,可以计算一类特殊方阵即可对角化方阵的高次幂.如今利用 Jordan 分解,则可以计算任意方阵的高次幂.

2.7.1 Jordan 分解法

由 Jordan 分解 $\boldsymbol{A}=\boldsymbol{P}\boldsymbol{J}\boldsymbol{P}^{-1}$, 可知 $\boldsymbol{A}^n$ 与 $\boldsymbol{J}^n$ 相似,即

$$\boldsymbol{A}^n=\boldsymbol{P}\boldsymbol{J}^n\boldsymbol{P}^{-1}. \tag{2.7.1}$$

这样,一般方阵 $\boldsymbol{A}$ 的高次幂 $\boldsymbol{A}^n$ 的计算就转化为特殊矩阵 $\boldsymbol{J}$ 的高次幂 $\boldsymbol{J}^n$ 的计算.

推广到矩阵多项式 $f(\boldsymbol{A})=a_m\boldsymbol{A}^n+\cdots+a_1\boldsymbol{A}+a_0\boldsymbol{I}$, 其中 $f(x)=a_mx^n+\cdots+a_1x+a_0$ 是代数多项式,利用矩阵多项式相似即式(2.5.7)和 Jordan 分解,可知 $f(\boldsymbol{A})$ 与 $f(\boldsymbol{J})$ 相似,即

$$f(\boldsymbol{A})=\boldsymbol{P}f(\boldsymbol{J})\boldsymbol{P}^{-1}. \tag{2.7.2}$$

特别地,当 $\boldsymbol{A}$ 特殊为可对角化矩阵时,矩阵 $\boldsymbol{J}$ 特殊为对角矩阵 $\boldsymbol{\Lambda}$, 从而有

$$f(\boldsymbol{A})=\boldsymbol{P}f(\boldsymbol{\Lambda})\boldsymbol{P}^{-1}, \tag{2.7.3}$$

$$\boldsymbol{A}^n=\boldsymbol{P}\boldsymbol{\Lambda}^n\boldsymbol{P}^{-1}. \tag{2.7.4}$$

例 2.7.1　求 $\boldsymbol{A}=\begin{pmatrix}-1 & 1 & 0\\ -4 & 3 & 0\\ 1 & 0 & 2\end{pmatrix}$ 的矩阵多项式 $f(\boldsymbol{A})=\boldsymbol{A}^5-4\boldsymbol{A}^4+6\boldsymbol{A}^3-6\boldsymbol{A}^2+6\boldsymbol{A}-3\boldsymbol{I}$.

解法一：Jordan 分解法.

前文已得 Jordan 分解 $\boldsymbol{A}=\boldsymbol{PJP}^{-1}$，其中 $\boldsymbol{P}=\begin{pmatrix}0 & 1 & 0\\ 0 & 2 & 1\\ 1 & -1 & -1\end{pmatrix}$，$\boldsymbol{J}=\begin{pmatrix}2 & 0 & 0\\ 0 & 1 & 1\\ 0 & 0 & 1\end{pmatrix}$. 故

$$\boldsymbol{J}^n=\begin{pmatrix}2 & & \\ & 1 & 1\\ & & 1\end{pmatrix}^n=\begin{pmatrix}2^n & \\ & \begin{pmatrix}1 & 1\\ & 1\end{pmatrix}^n\end{pmatrix}=\begin{pmatrix}2^n & & \\ & 1 & n\\ & & 1\end{pmatrix},$$

从而有

$$\begin{aligned}f(\boldsymbol{A})&=\boldsymbol{P}f(\boldsymbol{J})\boldsymbol{P}^{-1}\ (\text{思考下，为什么不直接算出各个 } \boldsymbol{A}^n)\\ &=\boldsymbol{P}(\boldsymbol{J}^5-4\boldsymbol{J}^4+6\boldsymbol{J}^3-6\boldsymbol{J}^2+6\boldsymbol{J}-3\boldsymbol{I})\boldsymbol{P}^{-1}\\ &=\begin{pmatrix}0 & 1 & 0\\ 0 & 2 & 1\\ 1 & -1 & -1\end{pmatrix}\begin{pmatrix}1 & 0 & 0\\ 0 & 0 & 1\\ 0 & 0 & 0\end{pmatrix}\begin{pmatrix}-1 & 1 & 1\\ 1 & 0 & 0\\ -2 & 1 & 0\end{pmatrix}=\begin{pmatrix}-2 & 1 & 0\\ -4 & 2 & 0\\ 1 & 0 & 1\end{pmatrix}=\boldsymbol{A}-\boldsymbol{I}.\end{aligned}$$

思考： 答案 $\boldsymbol{A}-\boldsymbol{I}$ 显然很简单，这难道仅仅是巧合吗？

MATLAB 提供了内置函数 polyvalm，可用于计算矩阵多项式，调用格式为

```
B= polyvalm(ca,A)
```

其中，ca 是多项式的系数向量，降幂排列.

本例的 MATLAB 代码实现，详见本书配套程序 exm215.

例 2.7.2　求 m 阶 Jordan 块 $\boldsymbol{J}=\boldsymbol{J}_m(\lambda)$ 的幂 $\boldsymbol{J}^n$.

分析： 注意到 $\boldsymbol{J}$ 和数量矩阵 $\lambda\boldsymbol{I}$ 的亲缘性，可以拆分 $\boldsymbol{J}$ 然后使用牛顿二项展开式. 这是因为当同维方阵 $\boldsymbol{A}$，$\boldsymbol{B}$ 可交换即 $\boldsymbol{AB}=\boldsymbol{BA}$ 时，成立下述矩阵形式的牛顿二项展开式

$$(\boldsymbol{A}+\boldsymbol{B})^m=\sum_{k=0}^{m}C_m^k\boldsymbol{A}^k\boldsymbol{B}^{m-k}.$$

解：二项展开式法.

将 $\boldsymbol{J}$ 拆分为 $\boldsymbol{J}=\lambda\boldsymbol{I}+\boldsymbol{N}$，其中 $\boldsymbol{N}=\boldsymbol{J}_m(0)$. 计算可知

$$\boldsymbol{N}^2=\begin{pmatrix}0&0&1&0&\cdots&0\\&0&0&1&\ddots&\vdots\\&&0&0&\ddots&0\\&&&0&\ddots&1\\&&&&\ddots&0\\&&&&&0\end{pmatrix},\ \boldsymbol{N}^3=\begin{pmatrix}0&0&0&1&\cdots&0\\&0&0&0&\ddots&\vdots\\&&0&0&\ddots&1\\&&&0&\ddots&0\\&&&&\ddots&0\\&&&&&0\end{pmatrix},\ \cdots,\ \boldsymbol{N}^m=\boldsymbol{O}.$$

注意到数量矩阵 $\lambda\boldsymbol{I}$ 与 $\boldsymbol{N}$ 的可交换性，故由牛顿二项展开式，可知

$$\boldsymbol{J}^n=(\boldsymbol{N}+\lambda\boldsymbol{I})^n=\sum_{k=0}^{n}\mathrm{C}_n^k\boldsymbol{N}^k(\lambda\boldsymbol{I})^{n-k}=\sum_{k=0}^{m-1}\mathrm{C}_n^k\lambda^{n-k}\boldsymbol{N}^k$$

$$=\begin{pmatrix}\lambda^n&\mathrm{C}_n^1\lambda^{n-1}&\mathrm{C}_n^2\lambda^{n-2}&\cdots&\mathrm{C}_n^{m-1}\lambda^{n-m+1}\\&\lambda^n&\mathrm{C}_n^1\lambda^{n-1}&\cdots&\vdots\\&&\lambda^n&\ddots&\vdots\\&&&\ddots&\mathrm{C}_n^1\lambda^{n-1}\\&&&&\lambda^n\end{pmatrix}. \tag{2.7.5}$$

如果 $n=3$，$m=5$，显然 C_n^{m-1} 没有意义，而计算可知此时 $\boldsymbol{J}^n$ 右上角的元素 $\mathrm{C}_n^{m-1}\lambda^{n-m+1}$ 应该为零.由于这种情况具有一般性，因此规定：当 $k>m$ 时，$\mathrm{C}_m^k=0$.

MATLAB 提供了运算符“^”可用于直接计算一些特殊矩阵的高次幂.

本例的 MATLAB 代码实现，详见本书配套程序 exm216.

注：(1) 读者不难发现矩阵序列 $\boldsymbol{I}=\boldsymbol{N}^0$，$\boldsymbol{N}$，$\boldsymbol{N}^2$，$\cdots$，$\boldsymbol{N}^m=\boldsymbol{O}$ 中的“浪花递减”现象，即 $\boldsymbol{I}$ 中对角线上的 1，在 $\boldsymbol{N}$ 中全部移位到了第 1 条对角线，同时个数减一，……如此不断进行，最终在 $\boldsymbol{N}^m$ 中实现归零.这显然与约当链有异曲同工之妙，可为约当标准型的存在性证明提供新思路(详见 2.8 节的拓展).因此称矩阵 $\boldsymbol{N}=\boldsymbol{J}_m(0)$ 为**幂零矩阵**(Nilpotent matrix)，因为它对应的是幂零指数为 m 的幂零变换.另外这种现象也使得 $\boldsymbol{J}^n$ 变成了 $\boldsymbol{I}$，$\boldsymbol{N}$，$\boldsymbol{N}^2$，$\cdots$，$\boldsymbol{N}^{m-1}$ 的线性组合，这样逐步迭代计算 $\boldsymbol{J}^n$ 就是依次将单位矩阵的第 1，2，$\cdots$，$m-1$ 条对角线上的元素更新为相应的数.

(2) 上述算法利用了数量矩阵 $\lambda\boldsymbol{I}$ 与幂零矩阵 $\boldsymbol{N}$ 的可交换性.一般地，对于同维方阵 $\boldsymbol{A}$，$\boldsymbol{B}$，通过定义它们的**换位子**(Commutator，也称**李括号**) $[\boldsymbol{A},\boldsymbol{B}]=\boldsymbol{AB}-\boldsymbol{BA}$，可将对它

们可交换性的研究转化为对换位子$[\boldsymbol{A}, \boldsymbol{B}]$的研究.对换位子的深入研究催生了李代数等庞大的数学分支.

2.7.2 C-H法

Jordan分解法的理论基础是法国数学家约当(C. Jordan, 1838—1922)于1870年提出的Jordan标准型理论,但Jordan分解法的计算太复杂.事实上,早在1858年,英国数学家凯莱(A. Cayley, 1821—1895)和哈密顿(W. R. Hamilton, 1805—1865)就发现矩阵的特征多项式是矩阵的零化多项式,因此类比代数多项式的带余除法理论,以适当的零化多项式为商,就可以将计算矩阵多项式转化为计算相应的余式,从而降低计算量.

定理2.7.1(Cayley-Hamilton定理,简称C-H定理) n阶方阵$\boldsymbol{A}\in\mathbb{C}^{n\times n}$是其特征多项式$\varphi(\lambda)=|\lambda\boldsymbol{I}-\boldsymbol{A}|$的"根",即$\varphi(\boldsymbol{A})=\boldsymbol{O}$.

分析: 从形式上看,当$n=1$时,$\boldsymbol{A}=a$, $\varphi(\boldsymbol{A})=\varphi(a)=|a-a|=0$, 即$\boldsymbol{A}=a$为$\varphi(\lambda)=0$的根.故将$\boldsymbol{A}$形象地称为特征方程$\varphi(\lambda)=0$的"根".但就一般情形而言,显然$\varphi(\boldsymbol{A})\neq|\boldsymbol{AI}-\boldsymbol{A}|\neq\boldsymbol{O}$.

证明[60]**:** 设有Jordan分解$\boldsymbol{A}=\boldsymbol{PJP}^{-1}$. 注意到$\boldsymbol{J}$可表示为

$$\boldsymbol{J}=\begin{pmatrix}\lambda_1 & k_1 & & & \\ & \lambda_2 & \ddots & & \\ & & \ddots & k_{n-1} \\ & & & \lambda_n\end{pmatrix},$$

其中,$\lambda_1, \lambda_2, \cdots, \lambda_n$是$\boldsymbol{A}$的特征值(可以相等),$k_i=1$或$0(i=1, 2, \cdots, n-1)$. 则$\boldsymbol{A}$的特征多项式可表示为

$$\varphi(\lambda)=|\lambda\boldsymbol{I}-\boldsymbol{A}|=(\lambda-\lambda_1)(\lambda-\lambda_2)\cdots(\lambda-\lambda_n),$$

记$\boldsymbol{A}_i=\boldsymbol{A}-\lambda_i\boldsymbol{I}$, $\boldsymbol{B}_i=\boldsymbol{J}-\lambda_i\boldsymbol{I}$, 则有

$$\varphi(\boldsymbol{A})=\boldsymbol{A}_1\boldsymbol{A}_2\cdots\boldsymbol{A}_n=(\boldsymbol{PJP}^{-1}-\lambda_1\boldsymbol{I})(\boldsymbol{PJP}^{-1}-\lambda_2\boldsymbol{I})\cdots(\boldsymbol{PJP}^{-1}-\lambda_n\boldsymbol{I})=\boldsymbol{PB}_1\boldsymbol{B}_2\cdots\boldsymbol{B}_n\boldsymbol{P}^{-1}.$$

计算可知,$\boldsymbol{B}_1\boldsymbol{B}_2\cdots\boldsymbol{B}_n=\boldsymbol{O}$, 故$\varphi(\boldsymbol{A})=\boldsymbol{POP}^{-1}=\boldsymbol{O}$. 证毕.

定义2.7.1(零化多项式) 设$f(\lambda)$是关于λ的代数多项式.如果$f(\boldsymbol{A})=\boldsymbol{O}$, 则称$f(\lambda)$是矩阵$\boldsymbol{A}$的**零化多项式**(annihilator polynomial).

矩阵 $\boldsymbol{A}$ 的特征多项式 $\varphi(\lambda)$ 是 $\boldsymbol{A}$ 最常见的零化多项式.

例 2.7.3 用 C-H 定理重解例 2.7.1.

解法二：基于特征多项式的 C-H 法.

矩阵 $\boldsymbol{A}$ 的特征多项式为 $\varphi(\lambda)=|\lambda\boldsymbol{I}-\boldsymbol{A}|=\lambda^3-4\lambda^2+5\lambda-2$，则 $\varphi(\boldsymbol{A})=\boldsymbol{O}$. 由于

$$f(\lambda)=\lambda^5-4\lambda^4+6\lambda^3-6\lambda^2+6\lambda-3,$$

由多项式带余除法,可知 $f(\lambda)=(\lambda^2+1)\varphi(\lambda)+\lambda-1$，因此

$$f(\boldsymbol{A})=(\boldsymbol{A}^2+\boldsymbol{I})\varphi(\boldsymbol{A})+\boldsymbol{A}-\boldsymbol{I}=\boldsymbol{A}-\boldsymbol{I}=\begin{pmatrix}-2&1&0\\-4&2&0\\1&0&1\end{pmatrix}.$$

注：不难发现 C-H 法紧紧抓住矩阵多项式的多项式特性,计算非常简洁;Jordan 分解法则计算繁琐.但 Jordan 分解法通过 Jordan 标准型和相似矩阵深刻地揭示了矩阵的本质结构,并提供了大量信息.更重要的是,Jordan 分解法更具有普适性,可应用于更一般的矩阵函数的计算,详情请参阅 6.3 小节.

对于代数多项式 $f(\lambda)$ 的带余除式 $f(\lambda)=q(\lambda)g(\lambda)+r(\lambda)$，MATLAB 提供了内置函数 deconv,可用于求出商式 $q(\lambda)$ 和余式 $r(\lambda)$，调用格式为

```
[q,r] = deconv(f,g)
```

其中,参数 $\boldsymbol{f}$，$\boldsymbol{g}$，$\boldsymbol{q}$，$\boldsymbol{r}$ 为相应多项式的系数向量,按降幂排列.

本例的 MATLAB 代码实现,详见本书配套程序 exm217.

在上述带余除法中,不难想到：除式 $g(\lambda)$ 的次数越低,余式 $r(\lambda)$ 的次数也会越低,相应的计算量也会越低.

定义 2.7.2(最小多项式) 在矩阵 $\boldsymbol{A}$ 的所有零化多项式中,次数最低的首一多项式(monic polynomial,首项系数为 1 的多项式)称为 $\boldsymbol{A}$ 的**最小多项式**(minimal polynomial),记为 $m(\lambda)$.

矩阵 $\boldsymbol{A}$ 的最小多项式 $m(\lambda)$ 具有下列性质：

(1) $m(\lambda)$ 能整除 $\boldsymbol{A}$ 的任意零化多项式 $f(\lambda)$，即 $m(\lambda)\mid f(\lambda)$. 特别地，$m(\lambda)$ 能整除 $\boldsymbol{A}$ 的特征多项式 $\varphi(\lambda)=|\lambda\boldsymbol{I}-\boldsymbol{A}|$，即 $m(\lambda)\mid\varphi(\lambda)$.

(2) 最小多项式是唯一的.

(3) λ 是 $\boldsymbol{A}$ 的特征值,当且仅当 λ 是 $m(\lambda)$ 的零点,即方程 $m(\lambda)=0$ 的根.

证明：充分性.设有 $m(\lambda)=0$. 由于 $m(\lambda)\mid\varphi(\lambda)$，故存在多项式 $q(\lambda)$，使得 $\varphi(\lambda)=m(\lambda)q(\lambda)=0$，即 λ 是 $\boldsymbol{A}$ 的特征值.

必要性.设有 $\boldsymbol{Ax}=\lambda\boldsymbol{x}$ $(\boldsymbol{x}\neq\boldsymbol{0})$，则根据特征值的谱映射定理，有 $m(\boldsymbol{A})\boldsymbol{x}=m(\lambda)\boldsymbol{x}$，因为 $m(\boldsymbol{A})=\boldsymbol{O}$，故 $m(\lambda)\boldsymbol{x}=\boldsymbol{0}$. 再由 $\boldsymbol{x}\neq\boldsymbol{0}$，即得 $m(\lambda)=0$.

(4) 相似变换不改变矩阵的最小多项式.

(5) 块对角矩阵 $\boldsymbol{A}=\mathrm{diag}(\boldsymbol{A}_1,\boldsymbol{A}_2,\cdots,\boldsymbol{A}_t)$ 的最小多项式是各对角块的最小多项式的最小公倍式.

(6) $\boldsymbol{A}$ 与对角矩阵相似，当且仅当 $m(\lambda)$ 没有重根.

证明：设 $\lambda_1,\lambda_2,\cdots,\lambda_t$ 为矩阵 $\boldsymbol{A}$ 的相异特征值.

必要性.设有 $\boldsymbol{P}^{-1}\boldsymbol{AP}=\boldsymbol{\Lambda}=\mathrm{diag}\{\underbrace{\lambda_1,\cdots,\lambda_1}_{n_1},\cdots,\underbrace{\lambda_t,\cdots,\lambda_t}_{n_t}\}$，令 $m(\lambda)=(\lambda-\lambda_1)(\lambda-\lambda_2)\cdots(\lambda-\lambda_t)$，显然它没有重根，直接验算可知 $m(\boldsymbol{\Lambda})=(\boldsymbol{\Lambda}-\lambda_1\boldsymbol{I})(\boldsymbol{\Lambda}-\lambda_2\boldsymbol{I})\cdots(\boldsymbol{\Lambda}-\lambda_t\boldsymbol{I})=\boldsymbol{O}$，故 $m(\lambda)$ 是矩阵 $\boldsymbol{\Lambda}$ 的最小多项式，再根据性质(4)，可知它也是 $\boldsymbol{A}$ 的最小多项式.

充分性.设 $\boldsymbol{A}$ 的最小多项式为 $m(\lambda)=(\lambda-\lambda_1)(\lambda-\lambda_2)\cdots(\lambda-\lambda_t)$. 下证任意一个特征值 λ_i 的代数重数 n_i 等于几何重数 g_i. 因为 $g_i\leqslant n_i$，故只需证明 $g_i\geqslant n_i$，即证

$$n=\sum_{i=1}^{t}n_i\leqslant\sum_{i=1}^{t}g_i=\sum_{i=1}^{t}(n-r_i),$$

其中，$r_i=r(\lambda_i\boldsymbol{I}-\boldsymbol{A})$. 化简上式后，问题变成了证明 $\sum\limits_{i=1}^{t}r_i\leqslant(t-1)n$.

记 $\boldsymbol{A}_i=\boldsymbol{A}-\lambda_i\boldsymbol{I}$，则 $\boldsymbol{O}=m(\boldsymbol{A})=(\boldsymbol{A}-\lambda_1\boldsymbol{I})(\boldsymbol{A}-\lambda_2\boldsymbol{I})\cdots(\boldsymbol{A}-\lambda_t\boldsymbol{I})=\boldsymbol{A}_1\boldsymbol{A}_2\cdots\boldsymbol{A}_t$. 联想到著名的西尔维斯特秩不等式(见习题 1.15)，对上式反复使用它，可得

$$\begin{aligned}0=r(\boldsymbol{A}_1\boldsymbol{A}_2\cdots\boldsymbol{A}_t)&\geqslant r(\boldsymbol{A}_1\boldsymbol{A}_2\cdots\boldsymbol{A}_{t-1})+r(\boldsymbol{A}_t)-n\geqslant\cdots\geqslant\\&r(\boldsymbol{A}_1)+\cdots+r(\boldsymbol{A}_t)-(t-1)n,\end{aligned}$$

此即 $\sum\limits_{i=1}^{t}r(\boldsymbol{A}_i)=\sum\limits_{i=1}^{t}r_i\leqslant(t-1)n$.　　证毕.

如何求最小多项式呢？在例 2.7.1 中，矩阵 $\boldsymbol{A}$ 的特征多项式为 $\varphi(\lambda)=(\lambda-2)\cdot(\lambda-1)^2$，根据其形式和性质(1)和(3)，自然猜想最小多项式是否为 $m(\lambda)=(\lambda-2)\cdot(\lambda-1)$. 很遗憾，这个猜想是错误的，因为计算可知 $m(\boldsymbol{A})=(\boldsymbol{A}-2\boldsymbol{I})(\boldsymbol{A}-\boldsymbol{I})\neq\boldsymbol{O}$.

失败是成功之母，审视上述猜想过程，新的问题又来了：什么样的矩阵满足这种猜想

呢？一路寻寻觅觅不断尝试，终于觅得一个矩阵 $\boldsymbol{A}=\begin{pmatrix}3 & -3 & 2\\ -1 & 5 & -2\\ -1 & 3 & 0\end{pmatrix}$，其特征多项式为 $\varphi(\lambda)=(\lambda-2)^2(\lambda-4)$，而最小多项式恰好为 $m(\lambda)=(\lambda-2)(\lambda-4)$！但是这种反复“开盲盒”的方式显然不是个好办法，更好的方法自然是探究出其中的机制.欲知详情，请移步至 6.2.4 小节.

2.8 本章总结及拓展

本章首先从最熟悉的解空间抽象出向量空间，进而从运算和元素上将向量空间推广到更一般的线性空间，将向量空间中的基、坐标、维数、基变换与坐标变换等概念几乎平行地推广到了线性空间.同时利用同构定理，指出线性空间的运算本质上都可借助于基化归为向量空间的运算.然后研究了线性空间的子空间及其运算，进而引出线性空间的直和分解.接着笔锋一转，开始讨论线性空间之间的线性映射(及其特殊情形线性变换)，并借助基的概念，得到线性映射的矩阵表示，从而在线性映射与矩阵之间建立起一一对应关系.为了寻找用于直和分解的特殊子空间，接着又引出了线性映射的值域与核，以及线性变换的不变子空间.然后又将相似对角化推广到任意方阵的相似Jordan化，给出了 Jordan 分解的两种求法.最后则将 Jordan 分解应用于矩阵多项式的计算，并与利用 C-H 定理的经典方法进行了比较，从而初步领略了 Jordan 分解的威力和缺陷.

“线性”是线性代数的灵魂，线性代数只考虑“线性”的问题，因此在矩阵理论这门“线性代数高级课程”中，线性空间与线性变换自然是最核心最基础的概念，许多教材都会从不同层面和视角进行讲述.读者可在国内数学院系本科生经典教材即文献[52]中获得更多极具启发性的直观阐释.文献[61,62]也比较有特色.文献[63]则适合于不希望过分强调抽象性与形式化，同时又希望与微积分相关联的工科读者，毕竟该书是作者阿波斯托尔将其著名的微积分教材中的线性代数部分整理扩充而成.读者也可在文献[7,44,57]中找到更具综合性的阐述.至于更强调抽象的线性空间和线性映射(算子)的文献，我们觉得非文献[64]莫属，该书起点低，非常适合自学，也能够与后续课程泛函分析乃至算子理论相衔接.

众所周知，抽象代数主要研究集合及其上的代数运算.从抽象代数的视角看，线性空间是一个代数系统，对其中的加法构成阿贝尔群，而线性映射则是群同态.在经典文献

[65]中,矩阵群被置于中心地位.需要了解群论基础知识,特别是需要大量的图像和直观解释的读者,可以阅读文献[66].特别值得推荐的是文献[67],不仅凝练地阐述了线性空间及其线性映射,而且从模(一个代数结构在另一个代数结构上的作用)的高观点重新审视与认识了线性代数.需要更系统地掌握代数学的读者,建议阅读柯斯特利金的三卷本经典文献[68—70],也可以阅读席南华院士的三卷本本科生教材[71—73].

泛函分析主要研究无限维的函数空间及其上的各种算子(比如微分算子),是线性空间与拓扑空间结合的产物.泛函分析中的赋范空间、内积空间、有界线性算子及其谱理论等基础知识,都可在矩阵理论中找到对应部分.需要深入了解泛函分析的工科读者,可阅读文献[74,75].其中文献[74]采用类比、归纳等方法,把有限维空间的数学方法自然地推广到无穷维空间,同时在阐述上更多地强调了问题的来源和背景.

对于希望把目光暂时仅仅局限在矩阵理论和矩阵分析领域的读者,可以进一步阅读文献[7,44,56,57,76—82].文献[7]风格独树一帜,因为作者"从线性变换的观点看矩阵理论",对大量的抽象概念给出了简明的几何意义,同时行文极富启发性,可谓"呕心沥血"之作,值得反复阅读.文献[56,76]则是矩阵分析领域最经典的国外文献(译者都是张明尧教授),前者内容博大精深,后者则是教学简化版,非常容易上手.基于工科视角的经典文献则是[81—82].前者从矩阵的五大分析(梯度分析、奇异值分析、特征分析、子空间分析、投影分析)出发,构筑了矩阵分析的一个新体系,书中还整理了大量应用实例,是一本名副其实的"矩阵手册";后者"起点高,难度大",出版30余年来,尽管系统与控制领域有了翻天覆地的变化,仍然能帮助读者"进入现代控制理论的大门".

对于矩阵Jordan标准型的存在性证明这个"线性代数中最困难的问题",李尚志先生在文献[58]中给出了两种解决方式:其一是初等方式,即通过根子空间分解(空间第一分解定理)找到Jordan子矩阵,再通过根子空间的循环子空间分解(空间第二分解定理)找到Jordan块,进而证明了Jordan标准型的存在.因为受工具的约束,这种方式表述十分繁琐.文献[78,79]中改用算子工具描述后,则简洁很多.其二是高等方式,即从模分解的高度,将问题归结为λ矩阵的Smith标准型的应用(详见本书6.2节),这也是文献[44,52,67]中的处理方式.文献[7,56,76,78]中则采用了初等方式的一种变式:根据Schur引理(详见本书4.1.1节),令$\boldsymbol{A}=\lambda\boldsymbol{I}+\boldsymbol{N}$,其中$\boldsymbol{N}$是严格上三角矩阵,同时也是幂零矩阵,则$\boldsymbol{P}^{-1}\boldsymbol{A}\boldsymbol{P}=\lambda\boldsymbol{I}+\boldsymbol{P}^{-1}\boldsymbol{N}\boldsymbol{P}$,因此问题转化为研究$\boldsymbol{N}$的标准型$\boldsymbol{J}(0)$.

关于矩阵多项式,读者可在文献[83]中找到更综合更系统的阐述.

思考题

2.1 非齐次线性方程组解的基本定理是如何包含齐次的情形以及克莱姆法则的?

2.2 求秩本可以“左右开弓”,但为何在解线性方程组时只能“单曲循环”?

2.3 “问世间秩为何物,直教人稀里糊涂”,你对矩阵秩的认识是什么?

2.4 用矩阵秩的语言描述非齐次方程组 $\begin{cases}a_1x+b_1y=c_1,\\ a_2x+b_2y=c_2\end{cases}$ 的三种情形,它们从几何上如何理解?

2.5 你是如何理解线性相关与线性无关的? 向量空间的生成元与基之间存在何种关系?

2.6 基变换公式和坐标变换公式有何异同? 结合笛卡尔坐标系给出你对坐标变换公式的理解.

2.7 如何理解“线性”? 举例说明.

2.8 向量空间与线性空间有何关系? 为什么向量空间不需要考察八条运算律?

2.9 “基的扩张定理”对你有何启发?

2.10 例题中的“标准基中介”思想对你有何启发?

2.11 同构思想与“万物皆数”思想有何联系?

2.12 为什么我们讨论子空间的和,而不是子空间的并? 为什么要讨论子空间的直和?

2.13 你对维数公式的直观解释是什么?

2.14 什么是线性空间的直和分解? 子空间的补子空间是否唯一? 添加什么条件后会唯一? 结合平面坐标系举例说明.

2.15 平面旋转变换对应的矩阵是什么? 三维空间的情形呢? 平面反射变换对应的矩阵是什么? 三维呢?

2.16 如何理解线性映射与线性变换?

2.17 为什么在秩+零度定理中,只涉及定义域的维数,不涉及目标空间的维数?

2.18 $L(V)$ 是什么? 你能否举出例子,并给出分析.

2.19 如何理解“矩阵即变换”?

2.20 如何理解相似变换?

2.21 如何从变换角度理解特征对(特征值和特征向量)?

2.22 为什么要研究不变子空间?

2.23 为什么要研究约当标准型? 你觉得还可以有什么样的标准型?

2.24 什么是约当分解? 其中的计算难点在哪里? 它与特征值分解是什么关系? 这对你有何启发?

2.25 向量空间 V 的根子空间分解中,各子空间 N_i 有何特殊之处?

2.26 举例说明约当标准型、约当子矩阵与约当块之间的关系.

2.27 举例说明目前你已知道的计算矩阵高次幂的方法,并阐述约当分解法和C-H法的利弊.

习 题 二

2.1 分别举出 $\mathbb{R}^2$ 的一个非空子集 U,使得它满足下列条件,但却不是 $\mathbb{R}^2$ 的子空间:

(1) 对加法和取加法逆封闭;(2) 对数乘封闭.

2.2 在 $\mathbb{R}^4$ 中,求向量 $\boldsymbol{x}$ 在基 $\{\boldsymbol{\alpha}_i\}_1^4$ 下的坐标,其中:

(1) $\boldsymbol{\alpha}_1=(1,1,1,1)^{\mathrm{T}}$, $\boldsymbol{\alpha}_2=(1,1,-1,-1)^{\mathrm{T}}$, $\boldsymbol{\alpha}_3=(1,-1,1,-1)^{\mathrm{T}}$, $\boldsymbol{\alpha}_4=(1,-1,-1,1)^{\mathrm{T}}$; $\boldsymbol{x}=(1,2,1,1)^{\mathrm{T}}$.

(2) $\boldsymbol{\alpha}_1=(1,1,0,1)^{\mathrm{T}}$, $\boldsymbol{\alpha}_2=(2,1,3,1)^{\mathrm{T}}$, $\boldsymbol{\alpha}_3=(1,1,0,0)^{\mathrm{T}}$, $\boldsymbol{\alpha}_4=(0,1,-1,-1)^{\mathrm{T}}$; $\boldsymbol{x}=(0,0,0,1)^{\mathrm{T}}$.

2.3 已知 $\mathbb{R}^3$ 中的两个基:(I):$\boldsymbol{\alpha}_1=(1,-1,0)^{\mathrm{T}}$, $\boldsymbol{\alpha}_2=(0,1,-1)^{\mathrm{T}}$, $\boldsymbol{\alpha}_3=(0,0,1)^{\mathrm{T}}$ 和 (II):$\boldsymbol{\beta}_1=(1,-1,1)^{\mathrm{T}}$, $\boldsymbol{\beta}_2=(0,1,1)^{\mathrm{T}}$, $\boldsymbol{\beta}_3=(1,0,1)^{\mathrm{T}}$. 求:(1) 基(I)到基(II)的过渡矩阵 $\boldsymbol{P}$; (2) 在基(I)与基(II)下有相同坐标向量的所有向量.

2.4 求矩阵 $\boldsymbol{A}=\begin{bmatrix}1&2&0\\3&4&0\end{bmatrix}$ 的零空间 $N(\boldsymbol{A})$、列空间 $R(\boldsymbol{A})$、行空间 $R(\boldsymbol{A}^{\mathrm{T}})$ 及 $N(\boldsymbol{A}^{\mathrm{T}})$. 结果对你有何启发?

2.5 设 U 为 $\mathbb{R}^n$ 的任意子空间,证明:U 必为某个 n 元齐次线性方程组的解空间.

2.6 设非齐次线性方程组 $\boldsymbol{Ax}=\boldsymbol{b}$ 的解集为 $V=\{\boldsymbol{x}\mid \boldsymbol{x}=\boldsymbol{\eta}+k_1\boldsymbol{u}_1+\cdots+k_t\boldsymbol{u}_t\}$,其中 $\boldsymbol{A}\in\mathbb{R}^{m\times n}$, $t=n-r(\boldsymbol{A})$. 证明:向量组 $\boldsymbol{\eta}$, $\boldsymbol{\eta}+\boldsymbol{u}_1$, $\cdots$, $\boldsymbol{\eta}+\boldsymbol{u}_t$ 是 V 的一个极大无关组,

但不是 V 的基.

2.7 设 $\boldsymbol{A}\in\mathbb{R}^{m\times n}$, $\boldsymbol{x}\in\mathbb{R}^n$. (1) 若 $\boldsymbol{A}$ 为列满秩矩阵,证明 $\boldsymbol{Ax}=\boldsymbol{0}\Leftrightarrow\boldsymbol{x}=\boldsymbol{0}$. (2) 若 $\boldsymbol{A}$ 有满秩分解 $\boldsymbol{A}=\boldsymbol{BC}$. 证明: $\boldsymbol{Ax}=\boldsymbol{0}\Leftrightarrow\boldsymbol{Cx}=\boldsymbol{0}$, 即 $N(\boldsymbol{A})=N(\boldsymbol{C})$.

2.8 设 $\boldsymbol{A}\in\mathbb{R}^{m\times n}$, 证明: $r(\boldsymbol{A})=r(\boldsymbol{A}^{\mathrm{T}}\boldsymbol{A})=r(\boldsymbol{A}\boldsymbol{A}^{\mathrm{T}})$.

2.9 设 $\boldsymbol{A}\in\mathbb{R}^{n\times n}$ 有满秩分解 $\boldsymbol{A}=\boldsymbol{BC}$, 且 $\boldsymbol{A}^2=\boldsymbol{A}$, 证明: $\boldsymbol{CB}=\boldsymbol{I}$.

2.10 设 $\boldsymbol{A}\in\mathbb{R}^{m\times n}$, $\boldsymbol{B}\in\mathbb{R}^{n\times k}$. 证明: $R(\boldsymbol{AB})=R(\boldsymbol{A})$ 的充要条件是存在 $\boldsymbol{C}\in\mathbb{R}^{k\times n}$, 使得 $\boldsymbol{ABC}=\boldsymbol{A}$.

2.11 判断以下集合对于所给运算是否构成 $\mathbb{R}$ 上的线性空间:

(1) 全体上三角(下三角)矩阵,对于矩阵的加法和数乘;

(2) 迹为 0 的全体矩阵,对于矩阵的加法和数乘;

(3) 平面上不平行于某一向量的全部向量的集合,对于通常向量的加法和数乘;

(4) 函数集合 $D=\{f\mid f\in\mathbb{C}^2[-a,a],\ f(\pm a)=f(0)=0\}$, 对于通常的函数加法和数乘.

2.12 设线性空间 $V=\mathrm{span}\{\alpha_1,\alpha_2,\cdots,\alpha_s\}$, $W=\mathrm{span}\{\beta_1,\beta_2,\cdots,\beta_t\}$, 则 $V=W$ 的充要条件是生成元组 $\{\alpha_i\}_1^s$ 与 $\{\beta_i\}_1^t$ 等价.

2.13 使用范德蒙德行列式证明 $\mathbb{P}[x]_n$ 的自然基 $\{x^i\}_0^{n-1}$ 线性无关.

2.14 设线性空间 V 中向量组 $\{\alpha_i\}_1^n$ 与向量组 $\{\beta_i\}_1^n$ 满足关系式 $(\beta_1,\beta_2,\cdots,\beta_n)=(\alpha_1,\alpha_2,\cdots,\alpha_n)\boldsymbol{P}$, 其中 $\boldsymbol{P}$ 是 n 阶矩阵.证明: 下面三个条件(a)(b)(c)中任意两个成立时,余下的也成立:

(a) $\{\alpha_i\}_1^n$ 线性无关;(b) $\{\beta_i\}_1^n$ 线性无关;(c) $\boldsymbol{P}$ 可逆.

2.15 设 $\{\alpha_i\}_1^n$ 为线性空间 V 的一个基.

(1) 证明: $\beta_1=\alpha_1$, $\beta_2=\alpha_1+\alpha_2$, $\cdots$, $\beta_n=\alpha_1+\alpha_2+\cdots+\alpha_n$ 也是 V 的一个基;

(2) 设向量 α 在基 $\{\alpha_i\}_1^n$ 下的坐标为 $(n,n-1,\cdots,1)^{\mathrm{T}}$, 求 α 在基 $\{\beta_i\}_1^n$ 下的坐标.

2.16 已知 $\mathbb{R}^{2\times2}$ 中的两个基:

$$(\mathrm{I}):\ \boldsymbol{A}_1=\begin{pmatrix}0&1\\1&1\end{pmatrix},\ \boldsymbol{A}_2=\begin{pmatrix}1&0\\0&1\end{pmatrix},\ \boldsymbol{A}_3=\begin{pmatrix}1&1\\0&1\end{pmatrix},\ \boldsymbol{A}_4=\begin{pmatrix}1&1\\1&0\end{pmatrix}.$$

$$(\mathrm{II}):\ \boldsymbol{B}_1=\begin{pmatrix}1&1\\1&1\end{pmatrix},\ \boldsymbol{B}_2=\begin{pmatrix}1&-1\\1&1\end{pmatrix},\ \boldsymbol{B}_3=\begin{pmatrix}1&1\\-1&1\end{pmatrix},\ \boldsymbol{B}_4=\begin{pmatrix}1&1\\1&-1\end{pmatrix}.$$

求：(1) 基(I)到基(II)的过渡矩阵 $\boldsymbol{P}$；(2) 矩阵 $\boldsymbol{A}=\begin{pmatrix}1&2\\3&4\end{pmatrix}$ 在基(I)与基(II)下的坐标向量；(3) 在基(I)与基(II)下有相同坐标向量的矩阵.

2.17 已知 $\mathbb{P}[t]_3$ 中的两个基为：

(I)：$f_1=1$, $f_2=1+t$, $f_3=1+t+t^2$；

(II)：$g_1=1-t^2$, $g_2=1-t$, $g_3=t+t^2$.

求：(1) 基(I)到基(II)的过渡矩阵 $\boldsymbol{P}$；(2) 多项式 $f=3+2t+t^2$ 在基(I)下的坐标向量.

2.18 设线性空间 V 中基 $\{\alpha_i\}_1^n$ 到基 $\{\beta_i\}_1^n$ 的过渡矩阵为 $\boldsymbol{P}$. 证明：有非零向量 $\alpha\in V$，使得 α 在两个基下的坐标向量相同的充要条件是 1 为矩阵 $\boldsymbol{P}$ 的特征值.

2.19 证明：数域 $\mathbb{R}$ 上所有 n 阶反对称矩阵的集合 $\mathbb{SSR}^{n\times n}$ 构成线性空间，其维数为 $\frac{1}{2}n(n-1)$，并求其一个基.

2.20 已知矩阵 $\boldsymbol{A}=\operatorname{diag}(1,\omega,\omega^2)$，其中 $\omega=\dfrac{-1+\sqrt{3}\mathrm{i}}{2}$，证明：$\boldsymbol{A}$ 的整数次幂的集合 $V=\{\boldsymbol{A}^n\mid n\in\mathbb{Z}\}$ 构成数域 $\mathbb{R}$ 上的线性空间，并求其维数和一个基.

2.21 证明：与矩阵空间 $\mathbb{R}^{n\times n}$ 中任意矩阵**可交换**的矩阵是纯量矩阵 λI.

2.22 判断下列集合是否构成 $\mathbb{P}[x]$ 的子空间，其中 $f(x)\in\mathbb{P}[x]$：

(1) $V_1=\{f(x)\mid f(x)=0\}$；(2) $V_2=\{f(x)\mid f(x)$ 的常数项为 $0\}$；

(3) $V_3=\{f(x)\mid f(-x)=f(x)\}$.

2.23 判断下列集合是否构成 $\mathbb{R}^{n\times n}$ 的子空间，其中 $\boldsymbol{A}\in\mathbb{R}^{n\times n}$：

(1) $V_1=\{\boldsymbol{A}\mid\det\boldsymbol{A}=0\}$；(2) $V_2=\{\boldsymbol{A}\mid\boldsymbol{A}^2=\boldsymbol{A}\}$；(3) $V_3=\{\boldsymbol{A}\mid\boldsymbol{A}^2=\boldsymbol{O}\}$.

2.24 设 $U=\{\boldsymbol{X}\mid\boldsymbol{AX}=\boldsymbol{XA},\ \boldsymbol{A},\boldsymbol{X}\in\mathbb{R}^{n\times n}\}$. (1) 证明：$U$ 构成 $\mathbb{R}^{n\times n}$ 的子空间；(2) 当 $n=2$ 且 $\boldsymbol{A}=\begin{pmatrix}1&1\\-1&2\end{pmatrix}$ 时，求 U 的一个基与维数，并写出 U 中矩阵的一般形式.

2.25 已知 $\boldsymbol{\alpha}_1=(1,2,1,0)^{\mathrm{T}}$，$\boldsymbol{\alpha}_2=(-1,1,1,1)^{\mathrm{T}}$，$\boldsymbol{\beta}_1=(2,-1,0,1)^{\mathrm{T}}$，$\boldsymbol{\beta}_2=(1,-1,3,7)^{\mathrm{T}}$，$V_1=\operatorname{span}\{\boldsymbol{\alpha}_1,\boldsymbol{\alpha}_2\}$，$V_2=\operatorname{span}\{\boldsymbol{\beta}_1,\boldsymbol{\beta}_2\}$. 求 $V_1\cap V_2$ 和 V_1+V_2 的基与维数.

2.26 设 V_1，V_2 是数域 $\mathbb{F}$ 上 n 维线性空间 V 的两个子空间.

(1) 若 $\dim V_1+\dim V_2>n$，则 V_1 与 V_2 必含有公共的非零向量；

(2) 若 $V_1 \subset V_2$ 且 $\dim V_1 = \dim V_2$，则 $V_1 = V_2$；

(3) 若 $V_i \neq \{\theta\}$ 且 $V_i \neq V\ (i=1, 2)$，则 $V_1 \cup V_2 \neq V$，即存在 $\alpha \in V$，但 $\alpha \notin V_1$ 且 $\alpha \notin V_2$；

(4) 若 U 也是 V 的子空间，且 $V_1 + V_2$ 是直和，则 $(V_1 \cap U) + (V_2 \cap U)$ 也是直和，且

$$(V_1 \cap U) \oplus (V_2 \cap U) \subset (V_1 \oplus V_2) \cap U.$$

2.27 已知 $\mathbb{P}[t]_4$ 的子空间

$$U = \{f \mid f = a_0 + a_1 t + a_2 t^2 + a_3 t^3,\ 2a_0 + a_1 + a_2 = 0,\ a_1 + a_2 + 2a_3 = 0\},$$

求：(1) U 的一个基和维数；(2) U 在 $\mathbb{P}[t]_4$ 中的一个补子空间.

2.28 设 $U = \text{span}\{x, x^3\}$，求 W，使得 $\mathbb{P}[x]_4 = U \oplus W$.

2.29 设 V_1，V_2 分别是数域 $\mathbb{R}$ 上的线性方程组 $x_1 + x_2 + \cdots + x_n = 0$ 与 $x_1 = x_2 = \cdots = x_n$ 的解空间，证明：$\mathbb{R}^n = V_1 \oplus V_2$. 更一般地，如果 V_1，V_2 分别是数域 $\mathbb{R}$ 上的齐次线性方程组 $\boldsymbol{A}_1\boldsymbol{x} = \boldsymbol{0}$ 与 $\boldsymbol{A}_2\boldsymbol{x} = \boldsymbol{0}$ 的解空间，并且 $\boldsymbol{A} = \begin{bmatrix} \boldsymbol{A}_1 \\ \boldsymbol{A}_2 \end{bmatrix} \in \mathbb{R}^{n\times n}$，证明：$\boldsymbol{A}$ 可逆 $\Leftrightarrow \mathbb{R}^n = V_1 \oplus V_2$.

2.30 设 $\boldsymbol{A}, \boldsymbol{B}, \boldsymbol{C}, \boldsymbol{D} \in \mathbb{R}^{n\times n}$ **两两可交换**，且 $\boldsymbol{AC} + \boldsymbol{BD} = \boldsymbol{I}$. 证明：$N(\boldsymbol{AB}) = N(\boldsymbol{A}) \oplus N(\boldsymbol{B})$.

2.31 判断下面所定义的变换 σ 是否为线性变换，并说明理由：

(1) 在 $\mathbb{R}^3$ 中，$\sigma(x_1, x_2, x_3) = (x_1^2, x_2 + x_3, x_3)$；

(2) 在 $\mathbb{R}^3$ 中，$\sigma(x_1, x_2, x_3) = (2x_1 - x_2, x_2 + 2x_3, x_1)$；

(3) 在 $\mathbb{P}[x]$ 中，$\sigma(f(x)) = f(x-1)$.

2.32 构造一个非线性函数 $f: \mathbb{R}^2 \to \mathbb{R}$，满足齐次性，即对任意 $\boldsymbol{x} \in \mathbb{R}^2$ 和任意 $k \in \mathbb{R}$，都有 $f(k\boldsymbol{x}) = kf(\boldsymbol{x})$.

2.33 **(线性变换的构造)** (1) 设 $\{\alpha_i\}_1^n$ 是 n 维线性空间 V 的一个基. 对于 V 中任意一组向量 $\{\beta_i\}_1^n$，必存在唯一的线性变换 σ，使得 $\sigma(\alpha_i) = \beta_i\ (i = 1, 2, \cdots, n)$. 特别地，$\sigma$ 是可逆的当且仅当 $\{\beta_i\}_1^n$ 也是 V 的基.

(2) 设 $\{\alpha_i\}_1^k$ 和 $\{\beta_i\}_1^k$ 是线性空间 V 中的两个线性无关组，证明：一定存在 V 上的可逆线性变换 σ，使得 $\sigma(\alpha_i) = \beta_i\ (i = 1, 2, \cdots, k)$.

2.34 设有 $\sigma \in L(V_1, V_2)$，证明：σ 是单射当且仅当 $\mathrm{Ker}(\sigma)$ 是零空间.

2.35 设 $\{\alpha_i\}_1^n$ 是 n 维线性空间 V 的一个基，且有 $(\beta_1, \beta_2, \cdots, \beta_n)=(\alpha_1, \alpha_2, \cdots, \alpha_n)\boldsymbol{P}$，若 σ 是 V 上的线性变换，证明：$\sigma(\beta_1, \beta_2, \cdots, \beta_n)=\sigma(\alpha_1, \alpha_2, \cdots, \alpha_n)\boldsymbol{P}$.

2.36 设 σ 是 n 维线性空间 V 上的线性变换，且对某个向量 $\alpha \in V$，有 $\sigma^{n-1}(\alpha) \neq \theta$，但 $\sigma^n(\alpha)=\theta$. 证明：向量组 $\alpha, \sigma(\alpha), \cdots, \sigma^{n-1}(\alpha)$ 是 V 的一个基，并求 σ 在此基下的矩阵.

2.37 已知 $\mathbb{R}^3$ 中的线性变换 σ 在基(II)：$\boldsymbol{\beta}_1=(-1, 1, 1)^{\mathrm{T}}$，$\boldsymbol{\beta}_2=(1, 0, -1)^{\mathrm{T}}$，$\boldsymbol{\beta}_3=(0, 1, 1)^{\mathrm{T}}$ 下的矩阵为 $\boldsymbol{B}=\begin{pmatrix} 1 & 0 & 1 \\ 1 & 1 & 0 \\ -1 & 2 & 1 \end{pmatrix}$. 求：(1) σ 在 $\mathbb{R}^3$ 的标准基(I)下的矩阵 $\boldsymbol{A}$；(2) 向量 $\eta=(1, 1, 1)^{\mathrm{T}}$ 及 $\sigma(\eta)$ 在基(II)下的坐标向量.

2.38 设在 $\mathbb{R}^3$ 中，有 $\sigma(\boldsymbol{\alpha}_i)=\boldsymbol{\beta}_i (i=1, 2, 3)$，其中

$$\boldsymbol{\alpha}_1=(1, 0, -1)^{\mathrm{T}}, \boldsymbol{\alpha}_2=(2, 1, 1)^{\mathrm{T}}, \boldsymbol{\alpha}_3=(1, 1, 1)^{\mathrm{T}};$$
$$\boldsymbol{\beta}_1=(0, 1, 1)^{\mathrm{T}}, \boldsymbol{\beta}_2=(-1, 1, 0)^{\mathrm{T}}, \boldsymbol{\beta}_3=(1, 2, 1)^{\mathrm{T}}.$$

(1) 求 σ 在基 $\{\boldsymbol{\alpha}_i\}_1^3$ 下的矩阵 $\mathbf{A}$；(2) 求 σ 在自然基 $\{\boldsymbol{e}_i\}_1^3$ 下的矩阵 $\boldsymbol{C}$.

2.39 已知线性空间 $U=\{\boldsymbol{X}=(x_{ij})_{2\times 2} \in \mathbb{R}^{2\times 2} \mid x_{11}+x_{22}=0\}$ 上的线性变换

$$\sigma(\boldsymbol{X})=\boldsymbol{B}^{\mathrm{T}}\boldsymbol{X}-\boldsymbol{X}^{\mathrm{T}}\boldsymbol{B}, \boldsymbol{B}=\begin{pmatrix} 1 & 1 \\ 0 & 1 \end{pmatrix}.$$

求 U 的一个基，使得 σ 在该基下的矩阵为对角矩阵.

2.40 设 σ 是线性空间 V 上的一个线性变换，且 σ 在 V 的一个基 $\{\alpha_i\}_1^n$ 下的矩阵为 $\mathbf{A}$，若 n 元齐次线性方程组 $\mathbf{A}\boldsymbol{x}=\mathbf{0}$ 的一个基础解系为 $\{\boldsymbol{\beta}_i\}_1^{n-r}$，其中 $r(\mathbf{A})=r$，令 $\eta_k=(\alpha_1, \alpha_2, \cdots, \alpha_n)\boldsymbol{\beta}_k (k=1, 2, \cdots, n-r)$，证明：

$$\mathrm{Ker}(\sigma)=\mathrm{span}\{\eta_1, \eta_2, \cdots, \eta_{n-r}\}.$$

2.41 已知 $\mathbb{R}^4$ 到 $\mathbb{R}^3$ 的线性映射为

$$\sigma(x_1, x_2, x_3, x_4)=(x_1-x_2+x_3, x_1-x_3+x_4, x_2+x_3+x_4),$$

求 $\mathrm{Ker}(\sigma)$ 和 $\mathrm{Im}(\sigma)$ 的一个基和维数.

2.42 已知 $\mathbb{R}^3$ 中的线性变换为

$$\sigma(x_1, x_2, x_3)=(x_1+x_2-x_3, x_2+x_3, x_1+2x_2),$$

求 $\mathrm{Ker}(\sigma)$ 和 $\mathrm{Im}(\sigma)$ 的一个基和维数.

2.43 已知 $\mathbb{P}[t]_3$ 中的两个基为:

(I): $f_1=1+2t^2$, $f_2=t+2t^2$, $f_3=1+2t+5t^2$;

(II): $g_1=1-t$, $g_2=1+t^2$, $g_3=t+2t^2$.

线性变换 σ 满足

$$\sigma(g_1)=2+t^2,\ \sigma(g_2)=t,\ \sigma(g_3)=1+t+t^2.$$

求: (1) σ 在基(I)下的矩阵 $\boldsymbol{A}$; (2) 对于 $f=3+2t+t^2$, 求 $\sigma(f)$.

2.44 已知 $\mathbb{P}[t]_3$ 中的任意多项式 $f=a_0+a_1t+a_2t^2$ 在 σ 下的象为

$$\sigma(f)=(a_0-a_1)+(a_1-a_2)t+(a_2-a_0)t^2.$$

(1) 求 $\mathrm{Ker}(\sigma)$ 和 $\mathrm{Im}(\sigma)$ 的一个基和维数;

(2) 是否存在 $\mathbb{P}[t]_3$ 的一个基,使得 σ 在该基下的矩阵为对角矩阵?

2.45 已知 2 维线性空间 V 中, 基 α_1, α_2 到基 β_1, β_2 的过渡矩阵为 $\boldsymbol{P}=\begin{pmatrix}1 & 0\\ -1 & 2\end{pmatrix}$, 线性变换 σ 满足

$$\sigma(\alpha_1+2\alpha_2)=\beta_1+\beta_2,\ \sigma(2\alpha_1+\alpha_2)=\beta_1-\beta_2.$$

求: (1) σ 在 α_1, α_2 下的矩阵 $\boldsymbol{A}$; (2) $\sigma(\beta_1)$ 在基 α_1, α_2 下的坐标向量.

2.46 设 σ 和 τ 是线性空间 V 上的两个**可交换**的线性变换,即 $\sigma\tau=\tau\sigma$. 证明: (1) σ 的特征值子空间 V_λ 是 τ 的不变子空间; (2) σ 与 τ 在 V 中有公共特征向量(对应的特征值未必相同); (3) $\ker(\tau)$ 和 $\mathrm{Im}(\tau)$ 都是 σ 的不变子空间.

2.47 设 $\sigma\in L(V)$, 证明:

(1) $\{\theta\}\subseteq\mathrm{Ker}(\sigma)\subseteq\mathrm{Ker}(\sigma^2)\subseteq\cdots$; (2) $V\supseteq\mathrm{Im}(\sigma)\supseteq\mathrm{Im}(\sigma^2)\supseteq\cdots$;

(3) 存在一个正整数,使得 $V=\mathrm{Ker}(\sigma^k)\oplus\mathrm{Im}(\sigma^k)$.

2.48 设 $\mathbb{R}^3$ 中线性变换 σ 的矩阵 $\boldsymbol{A}=\begin{pmatrix}3 & 0 & 1\\ 2 & 2 & 2\\ 1 & 0 & 3\end{pmatrix}$, 试将 $\mathbb{R}^3$ 分解为 σ 的特征子空间的直和.

2.49 设 n 维线性空间 V 上的线性变换 σ 在某个基下的矩阵为 $\boldsymbol{A}$, 且 $\boldsymbol{A}$ 有 n 个相异特征值,试问用 σ 的特征子空间可以构造出多少个 σ 的不变子空间?

2.50 求下列矩阵的 Jordan 分解:

(1) $\begin{pmatrix} 13 & 16 & 16 \\ -5 & -7 & -6 \\ -6 & -8 & -7 \end{pmatrix}$；(2) $\begin{pmatrix} 4 & 5 & -2 \\ -2 & -2 & 1 \\ -1 & -1 & 1 \end{pmatrix}$；(3) $\begin{pmatrix} 2 & -1 & -1 \\ 2 & -1 & -2 \\ -1 & 1 & 2 \end{pmatrix}$；

(4) $\begin{pmatrix} 1 & 1 & -1 \\ -3 & -3 & 3 \\ -2 & -2 & 2 \end{pmatrix}$.

2.51 设 $\boldsymbol{A}_1=\begin{pmatrix} 1 & 1 \\ -4 & -3 \end{pmatrix}$，$\boldsymbol{A}_2=\begin{pmatrix} -1 & 0 & 0 \\ 0 & -1 & 0 \\ 2 & 0 & -1 \end{pmatrix}$，求矩阵 $\boldsymbol{A}=\begin{pmatrix} \boldsymbol{A}_1 & \\ & \boldsymbol{A}_2 \end{pmatrix}$ 的 Jordan 标准型 $\boldsymbol{J}$.

2.52 利用矩阵的标准型求解线性微分方程组 $\begin{cases} x_1'=3x_1+x_2-x_3, \\ x_2'=-2x_1+2x_3, \\ x_3'=-x_1-x_2+3x_3. \end{cases}$

2.53 求矩阵 $\boldsymbol{A}=\begin{pmatrix} -4 & 1 & 4 \\ -12 & 4 & 8 \\ -6 & 1 & 6 \end{pmatrix}$ 的所有 Jordan 链.

2.54 证明：方阵 $\boldsymbol{A}$ 与其转置矩阵 $\boldsymbol{A}^{\mathrm{T}}$ 有相同的标准型.

2.55 已知 4 维函数空间 $V=\mathrm{span}\{\mathrm{e}^x, x\mathrm{e}^x, x^2\mathrm{e}^x, \mathrm{e}^{2x}\}$. 求 V 的一个基，使得微分变换 $\mathcal{D}$ 在此基下的矩阵为 Jordan 标准型.

2.56 已知 $\boldsymbol{A}=\begin{pmatrix} 2 & -1 \\ 1 & 3 \end{pmatrix}$，求 $g(\boldsymbol{A})=\boldsymbol{A}^4-5\boldsymbol{A}^3+6\boldsymbol{A}^2+6\boldsymbol{A}-8\boldsymbol{I}$ 的逆矩阵.

2.57 已知 $\boldsymbol{A}=\begin{pmatrix} 2 & -1 & -2 \\ -1 & 2 & 2 \\ 0 & 0 & 1 \end{pmatrix}$，求 $g(\boldsymbol{A})=\boldsymbol{A}^8-9\boldsymbol{A}^6+\boldsymbol{A}^4-3\boldsymbol{A}^3+4\boldsymbol{A}^2-\boldsymbol{I}$.

2.58 设 3 阶矩阵 $\boldsymbol{A}$ 的特征值为 $-1, 1, 2$，试将 $\boldsymbol{A}^{2n}$ 表示为 $\boldsymbol{A}$ 的二次多项式.

2.59 已知 $\boldsymbol{A}=\begin{pmatrix} 1 & 1 & 0 \\ 0 & 0 & 1 \\ 0 & 1 & 0 \end{pmatrix}$，证明：$\boldsymbol{A}^n=\boldsymbol{A}^{n-2}+\boldsymbol{A}^2-\boldsymbol{I}\ (n\geqslant 3)$.

2.60 利用 C-H 定理证明：任意可逆矩阵 $\boldsymbol{A}$ 的逆矩阵 $\boldsymbol{A}^{-1}$ 都可以表示为 $\boldsymbol{A}$ 的多项式.

2.61 求习题 2.50 中各矩阵的最小多项式 $m(\lambda)$.

第 3 章

内积空间

众所周知，解析几何的成功在于数与形的统一.我国数学大师华罗庚(1910—1985)深刻地指出："数无形时少直觉，形少数时难入微，数与形，本是相倚依，焉能分作两边飞."线性空间中只涉及了线性运算，但在其原型概念向量空间中，还涉及长度、夹角等几何度量，因此必须把这些度量引入到线性空间之中，以实现代数与几何的完美结合.

3.1　从向量空间 $\mathbb{R}^n$ 到欧氏空间 $\mathbb{R}^n$

3.1.1　从向量的内积说起

众所周知，现实世界是 3 维向量空间 $\mathbb{R}^3$. 在微积分中，通过定义点积(数量积)，$\mathbb{R}^3$ 中的向量不仅有了长度，还有了夹角.特别是通过引入垂直概念，建立起了空间直角坐标系，从而用解析几何方法得到了许多优美的结果.它们显然可推广到一般的 n 维向量空间 $\mathbb{R}^n$，从而使得代数上的 n 维向量也具有一些几何度量.

把 $\mathbb{R}^2$ 和 $\mathbb{R}^3$ 中的点积(数量积)推广到 $\mathbb{R}^n$ 中，就得到了内积的概念.

定义 3.1.1(内积)　对于 $\mathbb{R}^n$ 中任意向量 $\boldsymbol{x}=(x_1, x_2, \cdots, x_n)^{\mathrm{T}}$ 和 $\boldsymbol{y}=(y_1, y_2, \cdots, y_n)^{\mathrm{T}}$，称它们对应分量的乘积之和为 $\boldsymbol{x}$ 与 $\boldsymbol{y}$ 的**内积**(inner product)，也称为 $\mathbb{R}^n$ 的**标准内积**，记为 $(\boldsymbol{x}, \boldsymbol{y})$，即有

$$(\boldsymbol{x}, \boldsymbol{y})=x_1y_1+x_2y_2+\cdots+x_ny_n, \tag{3.1.1}$$

称带标准内积的向量空间 $\mathbb{R}^n$ 为**欧氏空间**(Euclidean space) $\mathbb{R}^n$.

注：符号 $(\boldsymbol{x}, \boldsymbol{y})$ 有时也表示列向量依次为 $\boldsymbol{x}$ 和 $\boldsymbol{y}$ 的矩阵，请参考上下文来甄别.

将式(3.1.1)写成矩阵形式，同时结合乘法交换律，可得

$$(\boldsymbol{x}, \boldsymbol{y})=\boldsymbol{x}^{\mathrm{T}}\boldsymbol{y}=\boldsymbol{y}^{\mathrm{T}}\boldsymbol{x}=(\boldsymbol{y}, \boldsymbol{x}). \tag{3.1.2}$$

由此不难想到，原来矩阵乘法定义中的"行乘列法则"，实质上就是左边矩阵的行向量与右边矩阵的列向量进行内积运算.

思考：不难发现，当 $n=1$ 时，内积 $(\boldsymbol{x}, \boldsymbol{y})$ 退化为两个数的乘积 xy. 问题是：内积的推广定义为什么是"对应分量的乘积和"？又该如何理解内积与外积这对概念中的"内"与"外"？

从向量空间的角度,并结合式(3.1.2),易证标准内积 $(\boldsymbol{x}, \boldsymbol{y})$ 具有下列性质.

定理 3.1.1 对任意 $\boldsymbol{x}, \boldsymbol{y}, \boldsymbol{z} \in \mathbb{R}^n$ 及任意 $k \in \mathbb{R}$,有

(E1) 对称性:$(\boldsymbol{x}, \boldsymbol{y})=(\boldsymbol{y}, \boldsymbol{x})$;

(E2) 双线性性:

(E2a) $(\boldsymbol{x}+\boldsymbol{y}, \boldsymbol{z})=(\boldsymbol{x}, \boldsymbol{z})+(\boldsymbol{y}, \boldsymbol{z})$, $(k\boldsymbol{x}, \boldsymbol{y})=k(\boldsymbol{x}, \boldsymbol{y})$;

(E2b) $(\boldsymbol{x}, \boldsymbol{y}+\boldsymbol{z})=(\boldsymbol{x}, \boldsymbol{y})+(\boldsymbol{x}, \boldsymbol{z})$, $(\boldsymbol{x}, k\boldsymbol{y})=k(\boldsymbol{x}, \boldsymbol{y})$;

(E3) 正性:当 $\boldsymbol{x} \neq \boldsymbol{0}$ 时,$(\boldsymbol{x}, \boldsymbol{x})>0$;

(E4) 定性:$(\boldsymbol{x}, \boldsymbol{x})=0$ 当且仅当 $\boldsymbol{x}=\boldsymbol{0}$.

双线性性使得内积具有与线性变换类似的线性性,故称(E2a)为左线性性,称(E2b)为右线性性.根据性质(E1),显然左线性性等价于右线性性.

标准内积 $(\boldsymbol{x}, \boldsymbol{y})$ 还具有一个非常重要的性质,即 Cauchy-Schwarz 不等式(又称柯西-布涅柯夫斯基不等式).

定理 3.1.2(Cauchy-Schwarz 不等式) 对任意 $\boldsymbol{x}, \boldsymbol{y} \in \mathbb{R}^n$,恒有

$$(\boldsymbol{x}, \boldsymbol{y})^2 \leqslant (\boldsymbol{x}, \boldsymbol{x})(\boldsymbol{y}, \boldsymbol{y}), \text{ 即 } |(\boldsymbol{x}, \boldsymbol{y})| \leqslant \sqrt{(\boldsymbol{x}, \boldsymbol{x})(\boldsymbol{y}, \boldsymbol{y})}, \tag{3.1.3}$$

表达成坐标形式,即为

$$(x_1y_1+x_2y_2+\cdots+x_ny_n)^2 \leqslant (x_1^2+x_2^2+\cdots+x_n^2)(y_1^2+y_2^2+\cdots+y_n^2).$$

证明: 对任意 $\lambda \in \mathbb{R}$,有 $0 \leqslant (\boldsymbol{x}+\lambda\boldsymbol{y}, \boldsymbol{x}+\lambda\boldsymbol{y})=(\boldsymbol{x}, \boldsymbol{x})+2\lambda(\boldsymbol{x}, \boldsymbol{y})+\lambda^2(\boldsymbol{y}, \boldsymbol{y})$. 这是一个关于 λ 的一元二次不等式,它成立的充要条件是 $\Delta \leqslant 0$, 即 $4(\boldsymbol{x}, \boldsymbol{y})^2-4(\boldsymbol{x}, \boldsymbol{x})(\boldsymbol{y}, \boldsymbol{y}) \leqslant 0$.

等号成立时,有 $\boldsymbol{x}+\lambda\boldsymbol{y}=\boldsymbol{0}$, 即 $\boldsymbol{x}, \boldsymbol{y}$ 线性相关,且当 $\boldsymbol{y} \neq \boldsymbol{0}$ 时,有 $\lambda=-\dfrac{(\boldsymbol{x}, \boldsymbol{y})}{(\boldsymbol{y}, \boldsymbol{y})}$;反之,$\boldsymbol{x}, \boldsymbol{y}$ 线性相关时等号显然成立. 证毕.

在 $\mathbb{R}$ 中,实数 a 到原点的距离即为绝对值 $|a|=\sqrt{a \cdot a}$;在 $\mathbb{R}^2$ 中,点 $P(a, b)$ 到原点的距离为 $|\overrightarrow{OP}|=\sqrt{a^2+b^2}$;在 $\mathbb{R}^3$ 中,向量 $\boldsymbol{x}=(x_1, x_2, x_3)^{\mathrm{T}}$ 的长度为 $\sqrt{x_1^2+x_2^2+x_3^2}=\sqrt{(\boldsymbol{x}, \boldsymbol{x})}$.

推广到 $\mathbb{R}^n$,则定义向量 $\boldsymbol{x}=(x_1, x_2, \cdots, x_n)^{\mathrm{T}} \in \mathbb{R}^n$ 的**长度**或**范数**(norm)为

$$\|\boldsymbol{x}\|=\sqrt{x_1^2+x_2^2+\cdots+x_n^2}=\sqrt{(\boldsymbol{x}, \boldsymbol{x})}. \tag{3.1.4}$$

特别地,当 $\|\boldsymbol{x}\|=1$ 时称 $\boldsymbol{x}$ 为 n 维**单位向量**(unit vector).

任意 n 维非零向量 $\boldsymbol{x}$，经过规范化或单位化后，可得到相应的单位向量.

注：(1) 长度 $\|\boldsymbol{x}\|$ 为 $\mathbb{R}^n \mapsto \mathbb{R}$ 的映射.

(2) 如果把向量 $\boldsymbol{x}$ 看成点，那么长度 $\|\boldsymbol{x}\|$ 就是 $\boldsymbol{x}$ 到原点的距离.

MATLAB 提供了内置函数 norm，可用于计算向量 $\boldsymbol{x} \in \mathbb{R}^n$ 的长度，其调用格式为

```
norm(x)
```

注：不要混淆内置函数 norm 和 length.对于向量，后者仅仅指的是元素个数.

易知 $\mathbb{R}^n$ 中的长度(范数)具有下列性质.

定理 3.1.3 对任意 $\boldsymbol{x}, \boldsymbol{y} \in \mathbb{R}^n$ 及任意 $\lambda \in \mathbb{R}$，有：

(1) 正定性：$\|\boldsymbol{x}\| \geqslant 0$，$\|\boldsymbol{x}\| = 0 \Leftrightarrow \boldsymbol{x} = \boldsymbol{0}$；

(2) 正齐性：$\|\lambda \boldsymbol{x}\| = |\lambda| \cdot \|\boldsymbol{x}\|$；

(3) 三角不等式：$\|\boldsymbol{x} + \boldsymbol{y}\| \leqslant \|\boldsymbol{x}\| + \|\boldsymbol{y}\|$.

证明：只给出三角不等式的证明.由 Cauchy-Schwarz 不等式，可知 $(\boldsymbol{x}, \boldsymbol{y}) \leqslant \|\boldsymbol{x}\| \cdot \|\boldsymbol{y}\|$，因此

$$\begin{aligned}\|\boldsymbol{x}+\boldsymbol{y}\|^2 &= (\boldsymbol{x}+\boldsymbol{y}, \boldsymbol{x}+\boldsymbol{y}) = (\boldsymbol{x}, \boldsymbol{x}) + (\boldsymbol{y}, \boldsymbol{y}) + 2(\boldsymbol{x}, \boldsymbol{y}) \\ &\leqslant \|\boldsymbol{x}\|^2 + \|\boldsymbol{y}\|^2 + 2\|\boldsymbol{x}\| \cdot \|\boldsymbol{y}\| = (\|\boldsymbol{x}\| + \|\boldsymbol{y}\|)^2,\end{aligned}$$

此即 $\|\boldsymbol{x}+\boldsymbol{y}\| \leqslant \|\boldsymbol{x}\| + \|\boldsymbol{y}\|$. 显然，当 $\boldsymbol{x}, \boldsymbol{y}$ 同向时，等号成立.

注：(1) 从几何上看，上述性质是一目了然的，尤其是三角不等式，其名称来源于 $\mathbb{R}^2$ 中的性质"三角形两边之和不小于第三边".

(2) 正齐性和三角不等式显然涉及向量空间 $\mathbb{R}^n$ 的线性运算，但不再具有线性性(齐次性变成了正齐性，可加性变成了三角不等式).

(3) 三角不等式稍加变形，可得 $\|\boldsymbol{x}\| - \|\boldsymbol{y}\| \leqslant \|\boldsymbol{x} - \boldsymbol{y}\|$.

对于任意非零向量 $\boldsymbol{x}, \boldsymbol{y} \in \mathbb{R}^n$，由 Cauchy-Schwarz 不等式，可知 $\dfrac{|(\boldsymbol{x}, \boldsymbol{y})|}{\|\boldsymbol{x}\| \cdot \|\boldsymbol{y}\|} \leqslant 1$，联想到 $|\cos\theta| \leqslant 1$，故称 $\theta = \arccos\dfrac{(\boldsymbol{x}, \boldsymbol{y})}{\|\boldsymbol{x}\| \cdot \|\boldsymbol{y}\|}$ $(\theta \in [0, \pi])$ 为 n 维非零向量 $\boldsymbol{x}$ 与 $\boldsymbol{y}$ 的**夹角**(angle).易知 $(\boldsymbol{x}, \boldsymbol{y}) = \|\boldsymbol{x}\| \cdot \|\boldsymbol{y}\| \cos\theta$. 显然性质(E1)保证了夹角与向量的顺序无关.

特别地，当 $(\boldsymbol{x}, \boldsymbol{y}) = 0$ 时，称 $\boldsymbol{x}$ 与 $\boldsymbol{y}$ **正交**(orthogonal)或**垂直**(perpendicular)，记为 $\boldsymbol{x} \perp \boldsymbol{y}$.

关于长度,平面几何中最著名的莫过于勾股定理.与之类似,易证 $\mathbb{R}^n$ 中的长度(范数)具有**平行四边形公式**:

$$\| \boldsymbol{x}+\boldsymbol{y} \|^2+\| \boldsymbol{x}-\boldsymbol{y} \|^2=2\| \boldsymbol{x} \|^2+2\| \boldsymbol{y} \|^2. \tag{3.1.5}$$

这里 $\| \boldsymbol{x}+\boldsymbol{y} \|$, $\| \boldsymbol{x}-\boldsymbol{y} \|$ 分别是以 $\boldsymbol{x}$, $\boldsymbol{y}$ 为邻边的平行四边形的两条对角线的长.当维数特殊为 $n=1$ 时,式 (3.1.5) 就是恒等式 $(x+y)^2+(x-y)^2=2x^2+2y^2$.

特别地,当 $\boldsymbol{x} \perp \boldsymbol{y}$ 时,有勾股定理: $\| \boldsymbol{x}+\boldsymbol{y} \|^2=\| \boldsymbol{x} \|^2+\| \boldsymbol{y} \|^2$.

例 3.1.1 已知 $\boldsymbol{\alpha}_1=(1, 1, 1)^{\mathrm{T}}$, $\boldsymbol{\alpha}_2=(1, 0, -1)^{\mathrm{T}}$, 求 $\boldsymbol{\alpha}_3$, 使得 $\boldsymbol{\alpha}_3 \perp \boldsymbol{\alpha}_1$, $\boldsymbol{\alpha}_3 \perp \boldsymbol{\alpha}_2$.

解: 显然 $\boldsymbol{\alpha}_1^{\mathrm{T}}\boldsymbol{\alpha}_3=\boldsymbol{\alpha}_2^{\mathrm{T}}\boldsymbol{\alpha}_3=0$.

令 $\boldsymbol{A}=(\boldsymbol{\alpha}_1, \boldsymbol{\alpha}_2)$, $\boldsymbol{x}=(x_1, x_2, x_3)^{\mathrm{T}}$, 则问题变成解齐次线性方程组

$$\boldsymbol{A}^{\mathrm{T}}\boldsymbol{x}=\begin{pmatrix} \boldsymbol{\alpha}_1^{\mathrm{T}} \\ \boldsymbol{\alpha}_2^{\mathrm{T}} \end{pmatrix}\boldsymbol{x}=\boldsymbol{0},$$

解得基础解系 $\boldsymbol{u}=(1, -2, 1)^{\mathrm{T}}$. 所求不妨取为 $\boldsymbol{\alpha}_3=\boldsymbol{u}=(1, -2, 1)^{\mathrm{T}}$ 即可.

本例的 MATLAB 代码实现,详见本书配套程序 exm301.

思考: 已知 $\boldsymbol{\alpha}_1$, $\boldsymbol{\alpha}_2 \in \mathbb{R}^4$ 且 $\boldsymbol{\alpha}_1 \perp \boldsymbol{\alpha}_2$, 如何求 $\boldsymbol{\alpha}_3$, $\boldsymbol{\alpha}_4 \in \mathbb{R}^4$, 使得 $\boldsymbol{\alpha}_1$, $\boldsymbol{\alpha}_2$, $\boldsymbol{\alpha}_3$, $\boldsymbol{\alpha}_4$ 两两互相正交?

3.1.2 欧氏空间 $\mathbb{R}^n$ 的标准正交基

下面将 2 维欧氏空间 $\mathbb{R}^2$ 的直角坐标系推广到 n 维欧氏空间 $\mathbb{R}^n$.

众所周知,欧氏空间 $\mathbb{R}^2$ 的自然基 $\{\boldsymbol{e}_i\}_1^2$ 两两互相垂直,并且都是单位向量,因此是 $\mathbb{R}^2$ 的一个标准正交基.而且对任意 $\boldsymbol{x}=(x_1, x_2)^{\mathrm{T}} \in \mathbb{R}^2$, 有 $\boldsymbol{x}=x_1\boldsymbol{e}_1+x_2\boldsymbol{e}_2=(\boldsymbol{e}_1, \boldsymbol{e}_2)\boldsymbol{x}$. 不难发现:向量的坐标分量即为对应的坐标!

换一个新基 $\{\boldsymbol{\alpha}_i\}_1^2$, 情况又如何呢? 按照坐标变换公式,向量 $\boldsymbol{x}$ 在新基下的坐标向量为 $\boldsymbol{y}=(\boldsymbol{\alpha}_1, \boldsymbol{\alpha}_2)^{-1}(\boldsymbol{e}_1, \boldsymbol{e}_2)\boldsymbol{x}=\boldsymbol{P}^{-1}\boldsymbol{x}$, 一般来说 $\boldsymbol{y} \neq \boldsymbol{x}$! 这说明上述发现与自然基 $\{\boldsymbol{e}_i\}_1^2$ 有密切关系,难以直接推广到 $\mathbb{R}^n$, 原因其实很简单,因为它们拼合成的矩阵 $\boldsymbol{I}=(\boldsymbol{e}_1, \boldsymbol{e}_2)$ 是单位矩阵.要想实现推广,需要新的视角.

从内积的观点看, x_1 就是 $\boldsymbol{x}$ 在 $\boldsymbol{e}_1$ 上的投影向量的代数长度(即带正负号的长度),从而有

$$x_1=\| \boldsymbol{x} \| \cos(\boldsymbol{x}, \boldsymbol{e}_1)=\| \boldsymbol{x} \| \cdot \| \boldsymbol{e}_1 \| \cos(\boldsymbol{x}, \boldsymbol{e}_1)=(\boldsymbol{x}, \boldsymbol{e}_1),$$

类似地，$x_2=(\boldsymbol{x}, \boldsymbol{e}_2)$. 不难发现：向量的坐标分量是该向量与相应基向量的内积.因此向量 $\boldsymbol{x}$ 可分解为

$$\boldsymbol{x}=(\boldsymbol{x}, \boldsymbol{e}_1)\boldsymbol{e}_1+(\boldsymbol{x}, \boldsymbol{e}_2)\boldsymbol{e}_2.$$

推广到 $\mathbb{R}^n$，其自然基 $\{\boldsymbol{e}_i\}_1^n$ 也是两两互相垂直的单位向量，且对任意 $\boldsymbol{x}=(x_1, \cdots, x_n)^{\mathrm{T}}\in\mathbb{R}^n$，也有 $x_s=(\boldsymbol{x}, \boldsymbol{e}_s)$ $(s=1, 2, \cdots, n)$，即向量 $\boldsymbol{x}$ 也有类似的分解

$$\boldsymbol{x}=(\boldsymbol{x}, \boldsymbol{e}_1)\boldsymbol{e}_1+\cdots+(\boldsymbol{x}, \boldsymbol{e}_n)\boldsymbol{e}_n, \tag{3.1.6}$$

向量 $\boldsymbol{x}$ 仍然分解成了它在标准正交基的各个基向量 $\boldsymbol{e}_s$ 上的投影向量 $(\boldsymbol{x}, \boldsymbol{e}_s)\boldsymbol{e}_s$ 之和.称式(3.1.6)为 $\mathbb{R}^n$ 中向量 $\boldsymbol{x}$ 在自然基下的**正交分解**(orthogonal decomposition).

新的问题马上来了：换一个什么样的新基，上述结论仍然成立?

定义 3.1.2(标准正交基) 在欧氏空间 $\mathbb{R}^n$ 中，如果一组向量两两互相正交，则称它们为正交向量组；如果一个正交向量组又是一个基，则称它们为**正交基**(orthogonal base)；如果一个正交基的每个基向量又都是单位向量，则称它们为**标准正交基**(orthonormal basis).

显然，自然基 $\{\boldsymbol{e}_i\}_1^n$ 是 $\mathbb{R}^n$ 的一个标准正交基.

回到前面的发现.若向量 $\boldsymbol{x}$ 在标准正交基 $\{\varepsilon_i\}_1^n$ 下的坐标向量为 $\boldsymbol{a}=(a_1, \cdots, a_n)^{\mathrm{T}}$，则对 $i=1, 2, \cdots, n$，都有

$$(\varepsilon_i, \boldsymbol{x})=(\varepsilon_i, a_1\varepsilon_1+\cdots+a_n\varepsilon_n)=a_1(\varepsilon_i, \varepsilon_1)+\cdots+a_n(\varepsilon_i, \varepsilon_n)=a_i(\varepsilon_i, \varepsilon_i)=a_i,$$

即仍然有：**向量的坐标分量是该向量与相应基向量的内积！**因此式(3.1.6)可推广为

$$\boldsymbol{x}=(\boldsymbol{x}, \varepsilon_1)\varepsilon_1+\cdots+(\boldsymbol{x}, \varepsilon_n)\varepsilon_n, \tag{3.1.7}$$

即向量 $\boldsymbol{x}$ 可以分解为它在 $\mathbb{R}^n$ 的任何一个标准正交基的各个基向量上的投影向量之和.称式(3.1.7)为 $\mathbb{R}^n$ 中向量 $\boldsymbol{x}$ 的**正交分解**.

进一步地，对任意 $\boldsymbol{x}=a_1\varepsilon_1+\cdots+a_n\varepsilon_n=(\varepsilon_1, \cdots, \varepsilon_n)\boldsymbol{a}$，$\boldsymbol{y}=b_1\varepsilon_1+\cdots+b_n\varepsilon_n=(\varepsilon_1, \cdots, \varepsilon_n)\boldsymbol{b}\in\mathbb{R}^n$，有

$$\begin{aligned}(\boldsymbol{x}, \boldsymbol{y})&=(\boldsymbol{x}, b_1\varepsilon_1+\cdots+b_n\varepsilon_n)=b_1(\boldsymbol{x}, \varepsilon_1)+\cdots+b_n(\boldsymbol{x}, \varepsilon_n)\\&=a_1b_1+\cdots+a_nb_n=(\boldsymbol{a}, \boldsymbol{b}),\end{aligned}$$

即两向量的内积仍然是坐标向量的标准内积，尽管基向量已经从自然基推广到任意标准正交基！

接下来从矩阵视角看标准正交基.众所周知,以向量空间 $\mathbb{R}^n$ 的基为列向量组的矩阵是可逆的,因此以欧氏空间 $\mathbb{R}^n$ 的标准正交基为列向量组的矩阵肯定比可逆更特殊,那么它是什么样的特殊矩阵呢?

设 $\{\boldsymbol{\alpha}_i\}_1^n$ 为欧氏空间 $\mathbb{R}^n$ 的一个标准正交基,令 $\boldsymbol{A}=(\boldsymbol{\alpha}_1, \cdots, \boldsymbol{\alpha}_n)$, 注意到

$$\boldsymbol{\alpha}_i^{\mathrm{T}}\boldsymbol{\alpha}_j=(\boldsymbol{\alpha}_i, \boldsymbol{\alpha}_j)=\delta_{ij} \quad (i, j=1, 2, \cdots, n),$$

易得

$$\begin{pmatrix}\boldsymbol{\alpha}_1^{\mathrm{T}}\\ \vdots \\ \boldsymbol{\alpha}_n^{\mathrm{T}}\end{pmatrix}(\boldsymbol{\alpha}_1, \cdots, \boldsymbol{\alpha}_n)=(\delta_{ij}), \text{ 即 } \boldsymbol{A}^{\mathrm{T}}\boldsymbol{A}=\boldsymbol{I},$$

也就是说矩阵 $\boldsymbol{A}$ 是正交矩阵! 原来正交矩阵中"**正交**"一词的几何意义,指的就是正交矩阵的列向量组两两互相正交,而且都是单位向量.注意到正交矩阵的转置仍然是正交矩阵,所以正交矩阵的行向量组也两两互相正交,而且都是单位向量.

最后考察计算标准正交基的算法.

从标准正交基的定义看,有三个要件:(1) 线性无关性:它是一个基,即向量个数与维数相等的线性无关向量组;(2) 正交性:它是正交基;(3) 单位性:它的每个基向量都为单位向量.

三要件互相之间是否有重叠呢? 具体地说,向量组的正交性与线性无关性有什么联系呢? 注意到几何上 $\mathbb{R}^2$ 中两向量线性无关即不共线,也就是夹角不为 0 或 π, 这自然也包括特殊的垂直(正交),因此正交性是特殊的线性无关性.推广到 $\mathbb{R}^n$, 结论依然成立.

定理 3.1.4 若 $\{\boldsymbol{\alpha}_i\}_1^r$ 是欧氏空间 $\mathbb{R}^n$ 中的正交向量组,并且其中没有零向量,则 $\{\boldsymbol{\alpha}_i\}_1^r$ 必线性无关.

证明: 设有 $k_1\boldsymbol{\alpha}_1+\cdots+k_r\boldsymbol{\alpha}_r=\boldsymbol{0}$. 用 $\boldsymbol{\alpha}_1$ 与等式两端同时做内积,可得

$$(k_1\boldsymbol{\alpha}_1+\cdots+k_r\boldsymbol{\alpha}_r, \boldsymbol{\alpha}_1)=\sum_{i=1}^{s}k_i(\boldsymbol{\alpha}_i, \boldsymbol{\alpha}_1)=(\boldsymbol{0}, \boldsymbol{\alpha}_1)=0.$$

由于 $(\boldsymbol{\alpha}_i, \boldsymbol{\alpha}_1)=\delta_{i1}$, 因此 $k_1=0$. 类似地,可得 $k_2=\cdots=k_r=0$.

在 $\mathbb{R}^2$ 中,不共线的向量未必垂直(正交),因此定理 3.1.4 的逆命题不成立,那么问题来了:一个基如何"更上一层楼",成为一个标准正交基?

根据定理 3.1.4,标准正交基只剩下两个要件:正交性和单位性.正交性显然不易达

到.那么终极问题来了：如何将一个基改造成正交基呢？

设 $\{\boldsymbol{\alpha}_i\}_1^n$ 是欧氏空间 $\mathbb{R}^n$ 的一个基，$\{\boldsymbol{\beta}_i\}_1^n$ 是希望得到的正交基.显然，可令 $\boldsymbol{\beta}_1=\boldsymbol{\alpha}_1$. 问题是如何得到 $\boldsymbol{\beta}_2$ 呢？

联想到向量的正交分解式(3.1.6)，将 $\boldsymbol{\alpha}_2$ 正交分解为 $\boldsymbol{\alpha}_2=k\boldsymbol{\beta}_1+\boldsymbol{\gamma}_1$(如图 3-1a)，并考察残差向量 $\boldsymbol{\gamma}_1$(也就是向量 $\boldsymbol{\alpha}_2$ 在 $\boldsymbol{\beta}_1$ 上做正交投影后的残差向量).由于 $\boldsymbol{\gamma}_1=\boldsymbol{\alpha}_2-k\boldsymbol{\beta}_1$ 且 $\boldsymbol{r}_1\perp\boldsymbol{\beta}_1$，因此

$$0=(\boldsymbol{\gamma}_1,\boldsymbol{\beta}_1)=(\boldsymbol{\alpha}_2,\boldsymbol{\beta}_1)-k(\boldsymbol{\beta}_1,\boldsymbol{\beta}_1),$$

解得 $k=\dfrac{(\boldsymbol{\alpha}_2,\boldsymbol{\beta}_1)}{(\boldsymbol{\beta}_1,\boldsymbol{\beta}_1)}$. 故可令 $\boldsymbol{\beta}_2=\boldsymbol{\gamma}_1=\boldsymbol{\alpha}_2-\dfrac{(\boldsymbol{\alpha}_2,\boldsymbol{\beta}_1)}{(\boldsymbol{\beta}_1,\boldsymbol{\beta}_1)}\boldsymbol{\beta}_1$，显然此时有 $(\boldsymbol{\beta}_2,\boldsymbol{\beta}_1)=0$.

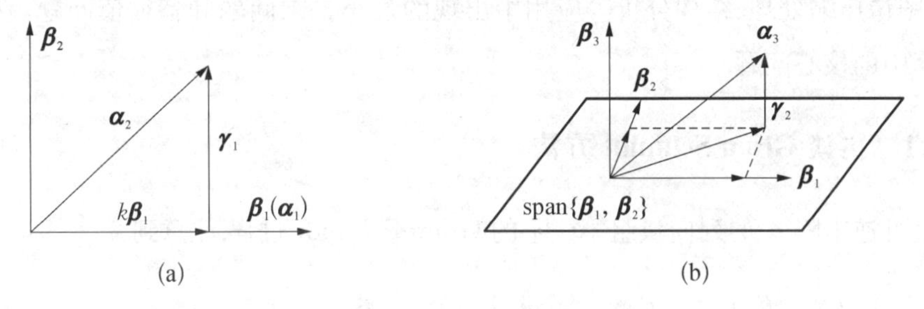

图 3-1 利用正交分解构造标准正交基

继续考察 $\boldsymbol{\alpha}_3$ 在 $\boldsymbol{\beta}_1$, $\boldsymbol{\beta}_2$ 所张平面 $\mathrm{span}\{\boldsymbol{\beta}_1,\boldsymbol{\beta}_2\}$ 上作正交投影后的残差向量(如图 3-1b)

$$\boldsymbol{\gamma}_2=\boldsymbol{\alpha}_3-k_1\boldsymbol{\beta}_1-k_2\boldsymbol{\beta}_2,\ \boldsymbol{\gamma}_2\perp\boldsymbol{\beta}_1,\ \boldsymbol{\gamma}_2\perp\boldsymbol{\beta}_2.$$

由 $(\boldsymbol{\gamma}_2,\boldsymbol{\beta}_1)=(\boldsymbol{\gamma}_2,\boldsymbol{\beta}_2)=0$ 及 $(\boldsymbol{\beta}_1,\boldsymbol{\beta}_2)=0$，得 $k_1=\dfrac{(\boldsymbol{\alpha}_3,\boldsymbol{\beta}_1)}{(\boldsymbol{\beta}_1,\boldsymbol{\beta}_1)}$, $k_2=\dfrac{(\boldsymbol{\alpha}_3,\boldsymbol{\beta}_2)}{(\boldsymbol{\beta}_2,\boldsymbol{\beta}_2)}$，故令

$$\boldsymbol{\beta}_3=\boldsymbol{\alpha}_3-\frac{(\boldsymbol{\alpha}_3,\boldsymbol{\beta}_1)}{(\boldsymbol{\beta}_1,\boldsymbol{\beta}_1)}\boldsymbol{\beta}_1-\frac{(\boldsymbol{\alpha}_3,\boldsymbol{\beta}_2)}{(\boldsymbol{\beta}_2,\boldsymbol{\beta}_2)}\boldsymbol{\beta}_2,$$

显然，此时有 $(\boldsymbol{\beta}_3,\boldsymbol{\beta}_1)=(\boldsymbol{\beta}_3,\boldsymbol{\beta}_2)=0$.

尽管 4 维空间在几何上已经难以想象，但从代数上看，上述构造性算法显然可以一般化如下：对 $j=1, 2, 3, \cdots, n$，令

$$\boldsymbol{\beta}_1=\boldsymbol{\alpha}_1,\ \boldsymbol{\beta}_j=\boldsymbol{\alpha}_j-\sum_{k=1}^{j-1}\frac{(\boldsymbol{\alpha}_j,\boldsymbol{\beta}_k)}{(\boldsymbol{\beta}_k,\boldsymbol{\beta}_k)}\boldsymbol{\beta}_k \tag{3.1.8}$$

这个一般化的构造性算法就是 **Gram-Schmidt 正交化方法**，它在矩阵计算中具有基础性的

地位.

定理 3.1.5 设 $\{\boldsymbol{\alpha}_i\}_1^n$ 是欧氏空间 $\mathbb{R}^n$ 的一个基,则按式(3.1.8)构造出的 $\{\boldsymbol{\beta}_i\}_1^n$ 就是 $\mathbb{R}^n$ 的正交基.

再将正交基 $\{\boldsymbol{\beta}_i\}_1^n$ 单位化,就得到了欧氏空间 $\mathbb{R}^n$ 的一个标准正交基

$$\varepsilon_1=\frac{\boldsymbol{\beta}_1}{\|\boldsymbol{\beta}_1\|},\ \cdots,\ \varepsilon_n=\frac{\boldsymbol{\beta}_n}{\|\boldsymbol{\beta}_n\|}.$$

3.2 QR 分解

QR 分解在矩阵计算中占据着相当重要的地位.利用 QR 分解,可以解决工程力学、流体力学、图像压缩处理、结构分析等应用中出现的最小二乘问题和特征值问题,它们都是矩阵计算中的核心问题.

3.2.1 再谈 Gram-Schmidt 方法

考察可逆矩阵 **A** 的列向量组 $\{\boldsymbol{\alpha}_i\}_1^n$ 的 Gram-Schmidt 过程.注意到

$$\frac{(\boldsymbol{\alpha}_j,\ \boldsymbol{\beta}_k)}{(\boldsymbol{\beta}_k,\ \boldsymbol{\beta}_k)}\boldsymbol{\beta}_k=\left(\boldsymbol{\alpha}_j,\ \frac{\boldsymbol{\beta}_k}{\sqrt{(\boldsymbol{\beta}_k,\ \boldsymbol{\beta}_k)}}\right)\frac{\boldsymbol{\beta}_k}{\sqrt{(\boldsymbol{\beta}_k,\ \boldsymbol{\beta}_k)}}=(\boldsymbol{\alpha}_j,\ \boldsymbol{\varepsilon}_k)\boldsymbol{\varepsilon}_k,$$

则有

$$\boldsymbol{\alpha}_1=\boldsymbol{\beta}_1=\|\boldsymbol{\beta}_1\|\boldsymbol{\varepsilon}_1,$$

$$\boldsymbol{\alpha}_2=\frac{(\boldsymbol{\alpha}_2,\ \boldsymbol{\beta}_1)}{(\boldsymbol{\beta}_1,\ \boldsymbol{\beta}_1)}\boldsymbol{\beta}_1+\boldsymbol{\beta}_2=(\boldsymbol{\alpha}_2,\ \boldsymbol{\varepsilon}_1)\boldsymbol{\varepsilon}_1+\|\boldsymbol{\beta}_2\|\boldsymbol{\varepsilon}_2,$$

$$\boldsymbol{\alpha}_3=\frac{(\boldsymbol{\alpha}_3,\ \boldsymbol{\beta}_1)}{(\boldsymbol{\beta}_1,\ \boldsymbol{\beta}_1)}\boldsymbol{\beta}_1+\frac{(\boldsymbol{\alpha}_3,\ \boldsymbol{\beta}_2)}{(\boldsymbol{\beta}_2,\ \boldsymbol{\beta}_2)}\boldsymbol{\beta}_2+\boldsymbol{\beta}_3=(\boldsymbol{\alpha}_3,\ \boldsymbol{\varepsilon}_1)\boldsymbol{\varepsilon}_1+(\boldsymbol{\alpha}_3,\ \boldsymbol{\varepsilon}_2)\boldsymbol{\varepsilon}_2+\|\boldsymbol{\beta}_3\|\boldsymbol{\varepsilon}_3.$$

一般地,对 $j=1,\ 2,\ \cdots,\ n$,有

$$\boldsymbol{\alpha}_j=(\boldsymbol{\alpha}_j,\ \boldsymbol{\varepsilon}_1)\boldsymbol{\varepsilon}_1+(\boldsymbol{\alpha}_j,\ \boldsymbol{\varepsilon}_2)\boldsymbol{\varepsilon}_2+\cdots+(\boldsymbol{\alpha}_j,\ \boldsymbol{\varepsilon}_{j-1})\boldsymbol{\varepsilon}_{j-1}+\|\boldsymbol{\beta}_j\|\boldsymbol{\varepsilon}_j. \tag{3.2.1}$$

这就是说,比基的扩张定理逐步扩张线性无关组更特殊的是,Gram-Schmidt 过程实际上就是逐步扩张正交向量组 $\{\boldsymbol{\varepsilon}_i\}_1^j$,使得

$$\mathrm{span}\{\boldsymbol{\alpha}_1,\ \boldsymbol{\alpha}_2,\ \cdots,\ \boldsymbol{\alpha}_j\}=\mathrm{span}\{\boldsymbol{\varepsilon}_1,\ \boldsymbol{\varepsilon}_2,\ \cdots,\ \boldsymbol{\varepsilon}_j\}, \tag{3.2.2}$$

并且成立

$$(\boldsymbol{\alpha}_1, \boldsymbol{\alpha}_2, \cdots, \boldsymbol{\alpha}_n) = (\boldsymbol{\varepsilon}_1, \boldsymbol{\varepsilon}_2, \cdots, \boldsymbol{\varepsilon}_n)\begin{pmatrix} r_{11} & \cdots & r_{1n} \\ & \ddots & \vdots \\ & & r_{nn} \end{pmatrix},$$

其中，$r_{ii} = \|\boldsymbol{\beta}_i\|$，$r_{ij} = (\boldsymbol{\alpha}_j, \boldsymbol{\varepsilon}_i)$ $(i, j = 1, 2, \cdots, n)$.

对可逆矩阵 $\boldsymbol{A} = (\boldsymbol{\alpha}_1, \boldsymbol{\alpha}_2, \cdots, \boldsymbol{\alpha}_n)$ 的列空间 $R(\boldsymbol{A})$ 而言，上述分析表明从其标准正交基 $\{\boldsymbol{\varepsilon}_i\}_1^n$ 到普通基 $\{\boldsymbol{\alpha}_i\}_1^n$ 的过渡矩阵是个上三角矩阵.用矩阵语言来描述，就是 $\boldsymbol{A} = \boldsymbol{QR}$，这里 $\boldsymbol{Q} = (\boldsymbol{\varepsilon}_1, \boldsymbol{\varepsilon}_2, \cdots, \boldsymbol{\varepsilon}_n)$ 是正交矩阵，$\boldsymbol{R} = (r_{ij})$ 是上三角矩阵.

定义 3.2.1(QR 分解) 对 n 阶方阵 $\boldsymbol{A} \in \mathbb{R}^{n\times n}$，如果存在正交矩阵 $\boldsymbol{Q}$ 和上三角矩阵 $\boldsymbol{R}$，使得

$$\boldsymbol{A} = \boldsymbol{QR}. \tag{3.2.3}$$

则称式(3.2.3)为矩阵 $\boldsymbol{A}$ 的**(完全)QR 分解**(full QR decomposition)或**正交三角分解**(orthogonal triangular decomposition).

显然，当矩阵 $\boldsymbol{A}$ 可逆时，线性方程组 $\boldsymbol{Ax} = \boldsymbol{b}$ 变成了 $\boldsymbol{QRx} = \boldsymbol{b}$，也就是三角方程组 $\boldsymbol{Rx} = \boldsymbol{Q}^{\mathrm{T}}\boldsymbol{b}$. 与利用 LU 分解求解线性方程组相比，三角方程组个数由 2 个降为 1 个并未带来算法复杂度的重大变化，但这里巧妙地利用了正交矩阵的特性即 $\boldsymbol{Q}^{-1} = \boldsymbol{Q}^{\mathrm{T}}$，从而避开了一般矩阵的求逆问题.

提炼一下上述的 Gram-Schmidt 过程，可得经典 Gram-Schmidt(CGS)算法，格式如下：

(1) 令 $\boldsymbol{\beta}_1 = \boldsymbol{\alpha}_1$，计算 $r_{11} = \|\boldsymbol{\beta}_1\|$ 及 $\boldsymbol{\varepsilon}_1 = \boldsymbol{\beta}_1 / r_{11}$；

(2) 对 $j = 2, 3, \cdots, n$.

① 计算 $r_{1j}, r_{2j}, \cdots, r_{j-1,j}$ 以及 $\boldsymbol{\beta}_j = \boldsymbol{\alpha}_j - \sum_{k=1}^{j-1} r_{kj}\boldsymbol{\varepsilon}_k$；

② 计算 $r_{jj} = \|\boldsymbol{\beta}_j\|$ 以及 $\boldsymbol{\varepsilon}_j = \boldsymbol{\beta}_j / r_{jj}$.

以 $n = 4$ 的情形为例，如图 3-2 所示，向量的产生过程为

$$\boldsymbol{\beta}_1 \to \boldsymbol{\varepsilon}_1 \to \boldsymbol{\beta}_2 \to \boldsymbol{\varepsilon}_2 \to \boldsymbol{\beta}_3 \to \boldsymbol{\varepsilon}_3 \to \boldsymbol{\beta}_4 \to \boldsymbol{\varepsilon}_4.$$

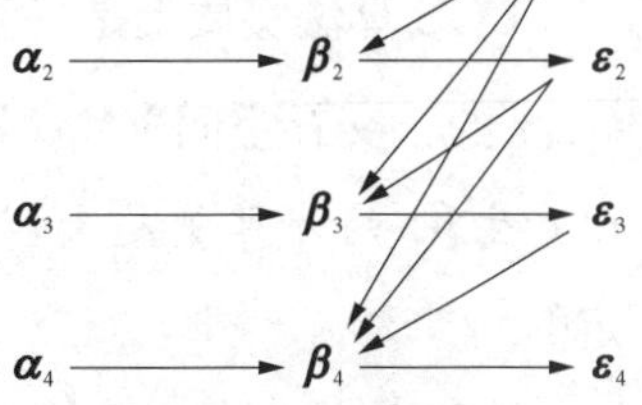

图 3-2 CGS 算法的向量产生过程

例 3.2.1 用 CGS 算法求矩阵 $\boldsymbol{A} = \begin{pmatrix} 0 & -3 & 1 \\ 2 & 1 & -6 \\ 0 & 4 & 2 \end{pmatrix}$ 的

完全 QR 分解.

解: $\boldsymbol{\alpha}_1=(0,\ 2,\ 0)^{\mathrm{T}}$, $\boldsymbol{\beta}_1=\boldsymbol{\alpha}_1=(0,\ 2,\ 0)^{\mathrm{T}}$, $r_{11}=\|\boldsymbol{\beta}_1\|=2$, $\boldsymbol{\varepsilon}_1=\dfrac{\boldsymbol{\beta}_1}{r_{11}}=(0,\ 1,\ 0)^{\mathrm{T}}$;

$r_{12}=(\boldsymbol{\alpha}_2,\ \boldsymbol{\varepsilon}_1)=1$, $\boldsymbol{\beta}_2=\boldsymbol{\alpha}_2-r_{12}\boldsymbol{\varepsilon}_1=(-3,\ 0,\ 4)^{\mathrm{T}}$, $r_{22}=\|\boldsymbol{\beta}_2\|=5$, $\boldsymbol{\varepsilon}_2=\dfrac{\boldsymbol{\beta}_2}{r_{22}}=\dfrac{1}{5}(-3,\ 0,\ 4)^{\mathrm{T}}$;

$r_{13}=(\boldsymbol{\alpha}_3,\ \boldsymbol{\varepsilon}_1)=-6$, $r_{23}=(\boldsymbol{\alpha}_3,\ \boldsymbol{\varepsilon}_2)=1$, $\boldsymbol{\beta}_3=\boldsymbol{\alpha}_3-r_{13}\boldsymbol{\varepsilon}_1-r_{23}\boldsymbol{\varepsilon}_2=\dfrac{1}{5}(8,\ 0,\ 6)^{\mathrm{T}}$, $r_{33}=\|\boldsymbol{\beta}_3\|=2$, $\boldsymbol{\varepsilon}_3=\dfrac{\boldsymbol{\beta}_3}{r_{33}}=\dfrac{1}{5}(4,\ 0,\ 3)^{\mathrm{T}}$.

故所求为 $\boldsymbol{A}=\boldsymbol{QR}$, 其中

$$\boldsymbol{Q}=(\boldsymbol{\varepsilon}_1,\ \boldsymbol{\varepsilon}_2,\ \boldsymbol{\varepsilon}_3)=\begin{pmatrix}0 & -\frac{3}{5} & \frac{4}{5}\\ 1 & 0 & 0\\ 0 & \frac{4}{5} & \frac{3}{5}\end{pmatrix},\ \boldsymbol{R}=\begin{pmatrix}r_{11} & r_{12} & r_{13}\\ & r_{22} & r_{23}\\ & & r_{33}\end{pmatrix}=\begin{pmatrix}2 & 1 & -6\\ 0 & 5 & 1\\ 0 & 0 & 2\end{pmatrix}.$$

注: 上述解法中逐个计算出了 $\boldsymbol{R}$ 的元素,作为对比,$\boldsymbol{R}$ 也可以通过矩阵乘法 $\boldsymbol{R}=\boldsymbol{Q}^{\mathrm{T}}\boldsymbol{A}$ 来算出.

MATLAB 提供了内置函数 qr,可用于计算可逆方阵 $\boldsymbol{A}$ 的完全 QR 分解,其调用格式为

```
[Q,R] = qr(A)
```

相应地,ATLAST 库中提供了 gschmidt 函数,其中详细列出了 CGS 算法的实现代码.不难发现两者的结果存在细微差别,这意味着什么呢?

本例的 MATLAB 代码实现,详见本书配套程序 exm302.

CGS 算法实质上是一种投影类方法,它将 $\mathbb{R}^n$ 正交投影到 $V_{j-1}=\mathrm{span}\{\boldsymbol{\varepsilon}_1,\ \boldsymbol{\varepsilon}_2,\ \cdots,\ \boldsymbol{\varepsilon}_{j-1}\}$ 的正交补空间 $V_{j-1}^{\perp}$ (具体含义请参阅 3.4 节).直观上不难发现,下标 j 越大,处理 $\boldsymbol{\alpha}_j$ 以产生 $\boldsymbol{\beta}_j$ 的计算量越大,这种现象带来的风险,就是 CGS 迭代算法在数值上是不稳定的.[2,18,36]

幸运的是,在 CGS 算法中 $\{\boldsymbol{\varepsilon}_i\}_1^n$ 是通过不断迭代逐步扩张后得到的,仅当需要计算 $\boldsymbol{\varepsilon}_j$ 时才用到 $\boldsymbol{\alpha}_j$,也就是说此前没有改动 $\boldsymbol{\alpha}_j$ 的值.这意味着只要进行一个简单修正,就可

以使问题得到改进,这就产生了 MGS(Modified Gram-Schmidt)算法:每当产生一个新方向 $\boldsymbol{\varepsilon}_j$ 后,就马上更新所有后续向量 $\boldsymbol{\alpha}_{j+1}$, $\boldsymbol{\alpha}_{j+2}$, $\cdots$, $\boldsymbol{\alpha}_n$,剔除其中包含的 $\boldsymbol{\varepsilon}_j$ 成分(即减掉与当前的新方向 $\boldsymbol{\varepsilon}_j$ 平行的分量),使得它们经过更新后都与已计算出的 $\{\boldsymbol{\varepsilon}_i\}_1^j$ 正交.这种算法实质上也是正交投影类方法,是处理大规模矩阵问题的子空间投影法的基础.

MGS 算法的计算格式如下:

(1) 令 $\boldsymbol{\beta}_1=\boldsymbol{\alpha}_1$;

(2) 对 $j=1, 2, 3, \cdots, n$

① 计算 $r_{jj}=\|\boldsymbol{\beta}_j\|$ 以及 $\boldsymbol{\varepsilon}_j=\boldsymbol{\beta}_j/r_{jj}$;

② 计算 $r_{j,j+1}, \cdots, r_{j,n}$ 以及 $\boldsymbol{\beta}_l=\boldsymbol{\alpha}_l-\sum\limits_{k=1}^{l-1}r_{kj}\boldsymbol{\varepsilon}_k$, $l=j+1, j+2, \cdots, n$.

仍以 $n=4$ 的情形为例,向量的产生过程如图 3-3 所示.

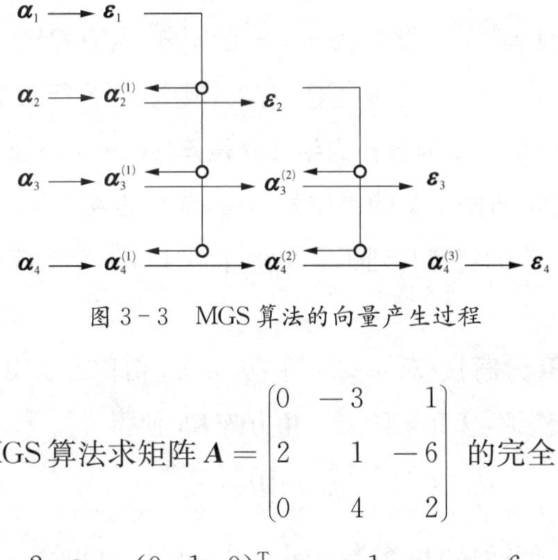

图 3-3 MGS 算法的向量产生过程

例 3.2.2 利用 MGS 算法求矩阵 $\boldsymbol{A}=\begin{pmatrix}0&-3&1\\2&1&-6\\0&4&2\end{pmatrix}$ 的完全 QR 分解.

解: $r_{11}=\|\boldsymbol{\alpha}_1\|=2$, $\boldsymbol{\varepsilon}_1=(0, 1, 0)^{\mathrm{T}}$, $r_{12}=1$, $r_{13}=-6$,

$\boldsymbol{\alpha}_2^{(1)}=\boldsymbol{\alpha}_2-r_{12}\boldsymbol{\varepsilon}_1=(-3, 0, 4)^{\mathrm{T}}$, $\boldsymbol{\alpha}_3^{(1)}=\boldsymbol{\alpha}_3-r_{13}\boldsymbol{\varepsilon}_1=(1, 0, 2)^{\mathrm{T}}$;

$r_{22}=\|\boldsymbol{\alpha}_2^{(1)}\|=5$, $\boldsymbol{\varepsilon}_2=\dfrac{\boldsymbol{\alpha}_2^{(1)}}{r_{22}}=\dfrac{1}{5}(-3, 0, 4)^{\mathrm{T}}$, $r_{23}=(\boldsymbol{\alpha}_3^{(1)}, \boldsymbol{\varepsilon}_2)=1$,

$\boldsymbol{\alpha}_3^{(2)}=\boldsymbol{\alpha}_3^{(1)}-r_{23}\boldsymbol{\varepsilon}_2=\dfrac{1}{5}(8, 0, 6)^{\mathrm{T}}$, $r_{33}=\|\boldsymbol{\alpha}_3^{(2)}\|=2$, $\boldsymbol{\varepsilon}_3=\dfrac{\boldsymbol{\alpha}_3^{(2)}}{r_{33}}=\dfrac{1}{5}(4, 0, 3)^{\mathrm{T}}$

故所求为 $\boldsymbol{A}=\boldsymbol{Q}\boldsymbol{R}$,其中 $\boldsymbol{Q}$, $\boldsymbol{R}$ 同例 3.2.1.

在 ATLAST 库函数 gschmidt 中,也列出了 MGS 算法的实现代码.其计算结果与使用 CGS 算法的结果完全相同,但与使用 MATLAB 内置函数 qr 的结果之间存在细微差别.

本例的MATLAB代码实现,详见本书配套程序exm303.

3.2.2 矩阵的QR分解

由式(3.2.2)可知,线性无关组$\{\boldsymbol{\alpha}_i\}_1^j$也可被改造成正交组$\{\boldsymbol{\varepsilon}_i\}_1^j$,且有

$$(\boldsymbol{\alpha}_1, \boldsymbol{\alpha}_2, \cdots, \boldsymbol{\alpha}_j) = (\boldsymbol{\varepsilon}_1, \boldsymbol{\varepsilon}_2, \cdots, \boldsymbol{\varepsilon}_j)\begin{pmatrix} r_{11} & \cdots & r_{1j} \\ & \ddots & \vdots \\ & & r_{jj} \end{pmatrix},$$

其中,$r_{ii} = \|\boldsymbol{\beta}_i\|$,$r_{il} = (\boldsymbol{\alpha}_i, \boldsymbol{\varepsilon}_l)(i, l = 1, 2, \cdots, j)$.使用矩阵语言来描述,就是$\boldsymbol{A} = \boldsymbol{QR}$,这里$\boldsymbol{A} = (\boldsymbol{\alpha}_1, \boldsymbol{\alpha}_2, \cdots, \boldsymbol{\alpha}_j)$是列满秩矩阵,$\boldsymbol{Q} = (\boldsymbol{\varepsilon}_1, \boldsymbol{\varepsilon}_2, \cdots, \boldsymbol{\varepsilon}_j)$是列正交矩阵,$\boldsymbol{R} = (r_{il})$是上三角阵.

定义 3.2.2(半正交矩阵[7]) 设$\boldsymbol{Q}$为$m \times n$阶矩阵,若有$\boldsymbol{Q}^{\mathrm{T}}\boldsymbol{Q} = \boldsymbol{I}_n$,则称$\boldsymbol{Q}$为**列正交矩阵**(column orthogonal matrix);若有$\boldsymbol{QQ}^{\mathrm{T}} = \boldsymbol{I}_m$,则称$Q$为**行正交矩阵**(row orthogonal matrix).列正交矩阵和行正交矩阵统称为**半正交矩阵**(semi-orthogonal matrix).

列正交矩阵的各列是两两正交的单位列向量,而行正交矩阵的各行是两两正交的单位行向量.易知行正交矩阵的转置是列正交矩阵.特别地,正交矩阵既是列正交矩阵,也是行正交矩阵.

定义 3.2.3(约化QR分解) 对$m \times n$阶($m \geqslant n$,俗称瘦长型)矩阵$\boldsymbol{A} \in \mathbb{R}^{m \times n}$,如果存在$m \times n$阶的列正交矩阵$\boldsymbol{Q}$和$n$阶上三角方阵$\boldsymbol{R}$,使得

$$\boldsymbol{A} = \boldsymbol{QR}, \tag{3.2.4}$$

则称式(3.2.4)为矩阵$\boldsymbol{A}$的**约化QR分解**(reduced QR decomposition),如图3-4所示.

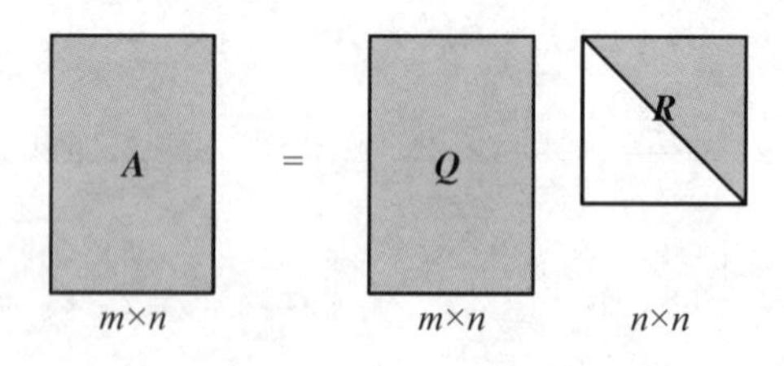

图3-4 矩阵$\boldsymbol{A}$的约化QR分解($m \geqslant n$)

显然,当长方阵$\boldsymbol{A}$特殊化为方阵(即$m = n$)时,式(3.2.4)就是式(3.2.3).因此完全QR分解可视为特殊的约化QR分解.

用矩阵语言描述 Gram-Schmidt 过程，不难得到下述的约化 QR 分解定理.同样地，不难发现上述两种算法(CGS 和 MGS)也适用于求列满秩阵的约化 QR 分解.

定理 3.2.1(列满秩阵的约化 QR 分解) 设 $m\times n$ 阶 $(m\geqslant n)$ 矩阵 $\boldsymbol{A}\in\mathbb{R}^{m\times n}$ 是列满秩阵，则必存在 $m\times n$ 阶列正交矩阵 $\boldsymbol{Q}$ 和 n 阶可逆上三角方阵 $\boldsymbol{R}$，使得矩阵 $\boldsymbol{A}$ 具有约化 QR 分解 $\boldsymbol{A}=\boldsymbol{QR}$. 特别地，若 $\boldsymbol{A}\in\mathbb{R}^{n\times n}$ 为 n 阶可逆矩阵，则存在 n 阶正交矩阵 $\boldsymbol{Q}$ 和 n 阶可逆上三角方阵 $\boldsymbol{R}$，使得矩阵 $\boldsymbol{A}=\boldsymbol{QR}$.

例 3.2.3 用 MGS 算法求矩阵 $\boldsymbol{A}=\begin{pmatrix}4&2&1\\2&0&1\\2&0&-1\\1&2&1\end{pmatrix}$ 的约化 QR 分解.

解：设 $\boldsymbol{A}=(\boldsymbol{\alpha}_1,\boldsymbol{\alpha}_2,\boldsymbol{\alpha}_3)$，则 $r_{11}=\|\boldsymbol{\alpha}_1\|=5$，$\boldsymbol{\varepsilon}_1=(0.8,0.4,0.4,0.2)^{\mathrm{T}}$，$r_{12}=2$，$r_{13}=1$，$\boldsymbol{\alpha}_2^{(1)}=\boldsymbol{\alpha}_2-r_{12}\boldsymbol{\varepsilon}_1=(0.4,-0.8,-0.8,1.6)^{\mathrm{T}}$，$\boldsymbol{\alpha}_3^{(1)}=\boldsymbol{\alpha}_3-r_{13}\boldsymbol{\varepsilon}_1=(0.2,0.6,-1.4,0.8)^{\mathrm{T}}$；

$r_{22}=\|\boldsymbol{\alpha}_2^{(1)}\|=2$，$\boldsymbol{\varepsilon}_2=(0.2,-0.4,-0.4,0.8)^{\mathrm{T}}$，$r_{23}=1$，$\boldsymbol{\alpha}_3^{(2)}=\boldsymbol{\alpha}_3^{(1)}-r_{23}\boldsymbol{\varepsilon}_2=(0,1,-1,0)^{\mathrm{T}}$；

$r_{33}=\|\boldsymbol{\alpha}_3^{(2)}\|=\sqrt{2}$，$\boldsymbol{\varepsilon}_3=\dfrac{\boldsymbol{\alpha}_3^{(2)}}{r_{33}}=\dfrac{1}{\sqrt{2}}(0,1,-1,0)^{\mathrm{T}}$.

故所求为 $\boldsymbol{A}=\boldsymbol{QR}$，其中

$$\boldsymbol{Q}=(\boldsymbol{\varepsilon}_1,\boldsymbol{\varepsilon}_2,\boldsymbol{\varepsilon}_3)=\begin{pmatrix}0.8&0.2&0\\0.4&-0.4&\sqrt{2}/2\\0.4&-0.4&-\sqrt{2}/2\\0.2&0.8&0\end{pmatrix},\ \boldsymbol{R}=\begin{pmatrix}r_{11}&r_{12}&r_{13}\\&r_{22}&r_{23}\\&&r_{33}\end{pmatrix}=\begin{pmatrix}5&2&1\\0&2&1\\0&0&\sqrt{2}\end{pmatrix}.$$

注：仍然可以通过 $\boldsymbol{R}=\boldsymbol{Q}^{\mathrm{T}}\boldsymbol{A}$ 来算出上三角矩阵 $\boldsymbol{R}$.

MATLAB 的内置函数 qr 也可用于计算瘦长型列满秩矩阵 $\boldsymbol{A}$ 的约化 QR 分解，其调用格式为

```
[Q,R] = qr(A, 0).
```

本题的 MATLAB 代码实现，详见本书配套程序 exm304.

例 3.2.4 用 MGS 算法求列空间 $R(\boldsymbol{A})$ 的标准正交基,其中 $\boldsymbol{A}=\begin{pmatrix}1&1&2\\1&2&3\\1&2&1\\1&1&6\end{pmatrix}$.

分析: 列满秩矩阵 $\boldsymbol{A}$ 的列向量组就是列空间 $R(\boldsymbol{A})$ 的一个基,将之标准正交化即得所求.

解: 易知 $r(\boldsymbol{A})=3$, 即 $\boldsymbol{A}$ 列满秩.设 $\boldsymbol{A}=(\boldsymbol{\alpha}_1, \boldsymbol{\alpha}_2, \boldsymbol{\alpha}_3)$, 令 $r_{11}=\|\boldsymbol{\alpha}_1\|=2$, 则

$$\boldsymbol{\varepsilon}_1=\frac{1}{2}(1, 1, 1, 1)^{\mathrm{T}}, \boldsymbol{\alpha}_2^{(1)}=\frac{1}{2}(-1, 1, 1, -1)^{\mathrm{T}}, \boldsymbol{\alpha}_3^{(1)}=(-1, 0, -2, 3)^{\mathrm{T}};$$

$$\boldsymbol{\varepsilon}_2=\frac{1}{2}(-1, 1, 1, -1)^{\mathrm{T}}, \boldsymbol{\alpha}_3^{(2)}=(0, -1, -3, 4)^{\mathrm{T}}; \boldsymbol{\varepsilon}_3=\frac{1}{\sqrt{10}}(-2, 1, -1, 2)^{\mathrm{T}}.$$

MATLAB提供了内置函数 orth,可用于求 $m\times n$ 阶矩阵$\boldsymbol{A}$ 的列空间$R(\boldsymbol{A})$ 的一个标准正交基,其调用格式为

```
Q = orth(A),
```

其中,返回的矩阵 $\boldsymbol{Q}$ 是 $m\times r$ 阶列正交矩阵,且 $r=r(\boldsymbol{A})$.

注意: 内置函数 orth 对矩阵是瘦长型 $(m\geqslant n)$ 还是矮胖型 $(m\leqslant n)$ 没有限制,但与使用内置函数 qr 的结果之间存在显著差别.

本例的 MATLAB 实现,详见本书配套程序 exm305.

如果将列正交矩阵扩张为正交矩阵,那么列满秩的长方阵也存在形式上的完全 QR 分解,如图 3-5 所示.

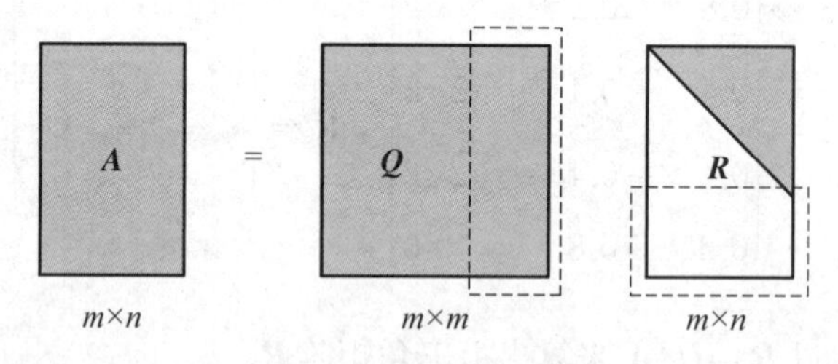

图 3-5 矩阵 $\boldsymbol{A}$ 的完全 QR 分解$(m\geqslant n)$

定理 3.2.2(列满秩阵的完全 QR 分解) 设 $m\times n(m\geqslant n)$ 阶矩阵 $\boldsymbol{A}\in\mathbb{R}^{m\times n}$ 是列满秩阵,则必存在 m 阶正交矩阵 $\boldsymbol{Q}$ 和 n 阶可逆上三角矩阵 $\boldsymbol{R}$, 使得矩阵 $\boldsymbol{A}$ 具有完全 QR 分解

$$\boldsymbol{A}=\boldsymbol{Q}\begin{pmatrix}\boldsymbol{R}\\\boldsymbol{O}\end{pmatrix}. \tag{3.2.5}$$

证明： 由定理 3.2.1 可知，存在 $m \times n$ 阶列正交矩阵 $\boldsymbol{Q}_1=(\boldsymbol{q}_1, \boldsymbol{q}_2, \cdots, \boldsymbol{q}_n)$ 和 n 阶可逆上三角矩阵 $\boldsymbol{R}$，使得 $\boldsymbol{A}=\boldsymbol{Q}_1\boldsymbol{R}$. 根据基的扩张定理，可将正交向量组 $\{\boldsymbol{q}_i\}_1^n$ 扩充为 $\mathbb{R}^m$ 的标准正交基 $\{\boldsymbol{q}_i\}_1^m$. 令 $\boldsymbol{Q}_2=(\boldsymbol{q}_{n+1}, \cdots, \boldsymbol{q}_m)$，则有

$$\boldsymbol{A}=\boldsymbol{Q}_1\boldsymbol{R}=\boldsymbol{Q}_1\boldsymbol{R}+\boldsymbol{Q}_2\boldsymbol{O}=(\boldsymbol{Q}_1, \boldsymbol{Q}_2)\begin{pmatrix}\boldsymbol{R}\\ \boldsymbol{O}\end{pmatrix}=\boldsymbol{Q}\begin{pmatrix}\boldsymbol{R}\\ \boldsymbol{O}\end{pmatrix}.$$

显然，在式(3.2.5)中只选取 $\boldsymbol{Q}$ 的前 n 列，组成列正交矩阵 $\boldsymbol{Q}_1$，即得同一个矩阵 $\boldsymbol{A}$ 的约化 QR 分解 $\boldsymbol{A}=\boldsymbol{Q}_1\boldsymbol{R}$. 遗憾的是，此时的 $\boldsymbol{Q}_1$ 不是方阵，不能直接求逆.因此实际使用时选择何种分解，需视具体情形而定.另外，矩阵 $\begin{pmatrix}\boldsymbol{R}\\ \boldsymbol{O}\end{pmatrix}$ 目前没有一个好的命名，本书有时宽泛地称为上三角矩阵.

例如，例 3.2.4 中矩阵 $\boldsymbol{A}$ 的完全 QR 分解为

$$\boldsymbol{A}=\begin{pmatrix}4&2&1\\2&0&1\\2&0&-1\\1&2&1\end{pmatrix}=\begin{pmatrix}0.8&0.2&0&-0.4\sqrt{2}\\0.4&-0.4&0.5\sqrt{2}&0.3\sqrt{2}\\0.4&-0.4&-0.5\sqrt{2}&0.3\sqrt{2}\\0.2&0.8&0&0.4\sqrt{2}\end{pmatrix}\begin{pmatrix}5&2&1\\0&2&1\\0&0&\sqrt{2}\\0&0&0\end{pmatrix}.$$

事实上，如果给上面的列满秩矩阵 $\boldsymbol{A}$ 补上单元列，即可将结果扩充为方阵的完全 QR 分解：

$$(\boldsymbol{A}, \boldsymbol{e}_4)=\begin{pmatrix}4&2&1&0\\2&0&1&0\\2&0&-1&0\\1&2&1&1\end{pmatrix}=\begin{pmatrix}0.8&0.2&0&-0.4\sqrt{2}\\0.4&-0.4&0.5\sqrt{2}&0.3\sqrt{2}\\0.4&-0.4&-0.5\sqrt{2}&0.3\sqrt{2}\\0.2&0.8&0&0.4\sqrt{2}\end{pmatrix}\begin{pmatrix}5&2&1&0.2\\0&2&1&0.8\\0&0&\sqrt{2}&0\\0&0&0&0.4\sqrt{2}\end{pmatrix}.$$

思考： 上述完全 QR 分解中，$\boldsymbol{Q}$ 和 $\boldsymbol{R}$ 的第四列都是怎么算出来的? 对行满秩的长方阵，按照类似的“扩充”“补零”措施，是否存在类似的 QR 分解?

既然列满秩矩阵可以通过“扩充”“补零”得到 QR 分解，那么对任意的瘦长型矩阵(未必列满秩)，是否也可以如法炮制呢?

定理 3.2.3(瘦长型矩阵的 QR 分解) 设 $m \times n$ $(m \geqslant n)$ 阶矩阵 $\boldsymbol{A} \in \mathbb{R}^{m\times n}$ 的秩 $r=r(\boldsymbol{A})>0$，则必存在 m 阶正交矩阵 $\boldsymbol{Q}$ 和 $r \times n$ 阶行满秩矩阵 $\boldsymbol{R}$，使得矩阵 $\boldsymbol{A}$ 具有完全 QR

分解 $\boldsymbol{A}=\boldsymbol{Q}\begin{pmatrix}\boldsymbol{R}\\\boldsymbol{O}\end{pmatrix}$ 以及约化 QR 分解 $\boldsymbol{A}=\boldsymbol{Q}_1\boldsymbol{R}$，这里 $\boldsymbol{Q}_1$ 是 $\boldsymbol{Q}$ 的前 r 列构成的列正交矩阵.

证明: 由于 $\boldsymbol{A}$ 存在满秩分解,故存在 $m\times r$ 阶列满秩矩阵 $\boldsymbol{B}$ 和 $r\times n$ 阶行满秩矩阵 $\boldsymbol{C}$，使得 $\boldsymbol{A}=\boldsymbol{BC}$. 由于 $m\geqslant n\geqslant r$，故对矩阵 $\boldsymbol{B}$，根据定理 3.2.2,又存在 m 阶正交矩阵 $\boldsymbol{Q}$ 和 r 阶可逆的上三角矩阵 $\boldsymbol{R}_1$，使得 $\boldsymbol{B}=\boldsymbol{Q}\begin{pmatrix}\boldsymbol{R}_1\\\boldsymbol{O}\end{pmatrix}$，因此 $\boldsymbol{A}=\boldsymbol{Q}\begin{pmatrix}\boldsymbol{R}_1\\\boldsymbol{O}\end{pmatrix}\boldsymbol{C}=\boldsymbol{Q}\begin{pmatrix}\boldsymbol{R}_1\boldsymbol{C}\\\boldsymbol{O}\end{pmatrix}=\boldsymbol{Q}\begin{pmatrix}\boldsymbol{R}\\\boldsymbol{O}\end{pmatrix}$，其中 $\boldsymbol{R}=\boldsymbol{R}_1\boldsymbol{C}$ 为 $r\times n$ 阶行满秩矩阵.作列分块 $\boldsymbol{Q}=(\boldsymbol{Q}_1,\boldsymbol{Q}_2)$，这里 $\boldsymbol{Q}_1$ 是 $m\times r$ 阶列正交矩阵，$\boldsymbol{Q}_2$ 是 $m\times(m-r)$ 阶列正交矩阵,则

$$\boldsymbol{A}=\boldsymbol{Q}\begin{pmatrix}\boldsymbol{R}\\\boldsymbol{O}\end{pmatrix}=(\boldsymbol{Q}_1,\boldsymbol{Q}_2)\begin{pmatrix}\boldsymbol{R}\\\boldsymbol{O}\end{pmatrix}=\boldsymbol{Q}_1\boldsymbol{R}+\boldsymbol{Q}_2\boldsymbol{O}=\boldsymbol{Q}_1\boldsymbol{R}.$$

思考: 既然瘦长型矩阵都存在 QR 分解,那么它的求解算法又是什么呢? Gram-Schmidt 过程是否还适用?

例 3.2.5 (Gram-Schmidt 过程不能用于列亏秩矩阵) 对矩阵 $\boldsymbol{A}=\begin{pmatrix}1&2&1\\0&0&1\\1&2&1\end{pmatrix}$ 使用 MGS 算法,计算可知 $\boldsymbol{\alpha}_2^{(1)}=\boldsymbol{0}$，无法生成第 2 个基向量 $\boldsymbol{\varepsilon}_2$，算法无法继续执行.用 ATLAST 库函数 gschmidt 进行机算,程序出现了中断现象(interruption phenomenon)，并返回错误提示语句“Column vectors are not linearly independent”(列向量组不是线性无关的).但是使用 MATLAB 内置函数 qr,却得到如下的完全 QR 分解(注意上三角矩阵 $\boldsymbol{R}$ 的第 2 个对角元为 0,正好与 $\boldsymbol{A}$ 中冗余的第 2 列相对应)

$$\begin{pmatrix}1&2&1\\0&0&1\\1&2&1\end{pmatrix}=\begin{pmatrix}\frac{1}{\sqrt{2}}&-\frac{1}{\sqrt{2}}&0\\0&0&1\\\frac{1}{\sqrt{2}}&\frac{1}{\sqrt{2}}&0\end{pmatrix}\begin{pmatrix}\sqrt{2}&2\sqrt{2}&\sqrt{2}\\0&0&0\\0&0&1\end{pmatrix},$$

和约化 QR 分解

$$\begin{pmatrix}1&2&1\\0&0&1\\1&2&1\end{pmatrix}=\begin{pmatrix}\frac{1}{\sqrt{2}}&0\\0&1\\\frac{1}{\sqrt{2}}&0\end{pmatrix}\begin{pmatrix}\sqrt{2}&2\sqrt{2}&\sqrt{2}\\0&0&1\end{pmatrix}.$$

本例的 MATLAB 代码实现，详见本书配套程序 exm306.

事实上，前面各例 MATLAB 实现的返回结果中，两种实现算法已多次出现“细微差别”.至此，不难作出猜测：MATLAB 内置函数 qr 不是基于 Gram-Schmidt 过程来实现的.那么问题又绕回来了：它到底是基于什么原理实现的呢？欲知详情，请移步 3.6.2 小节.

3.3　欧氏空间及其标准正交基

如图 3-6 所示，线性空间 V 是向量空间 $\mathbb{R}^n$ 的推广，反过来，线性空间 V 的问题借助于基又转化为向量空间 $\mathbb{R}^n$ 的问题.引入内积运算之后，向量空间 $\mathbb{R}^n$ 又特殊为欧氏空间 $\mathbb{R}^n$. 因此按照类比思维，通过在线性空间 V 中引入内积运算，也可将它特殊为欧氏空间 V. 相应地，引入标准正交基后，欧氏空间 V 中的内积运算也可转化成欧氏空间 $\mathbb{R}^n$ 中的内积运算.这也反映了正交性的重要性.事实上，在矩阵计算和微分方程数值解等学科中，许多重要的算法都与正交性有密切联系.

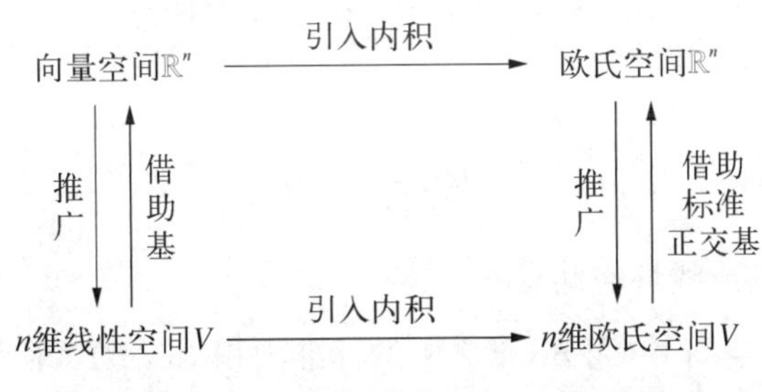

图 3-6　从线性空间 V 到欧氏空间 V

3.3.1　欧氏空间的定义和性质

上一章已经用公理化方法定义了线性空间 V，对于 V 中要引入的内积运算，自然也希望给出其公理化定义.注意到欧氏空间 $\mathbb{R}^n$ 的内积是从两个向量得到一个数，同时其性质已见 3.1 节，因此按照公理化的要求来定义内积时，不难发现只需选择其中的部分性质作为公理即可.

定义 3.3.1(欧氏空间及其内积)　设 V 是实数域 $\mathbb{R}$ 上的线性空间.对 V 中任意 α，$\beta \in V$，如果按照某种对应规则，都存在唯一的实数 $(\alpha, \beta) \in \mathbb{R}$ 与之对应，并且这种对应规则还满足以下四个公理(对任意 α，β，$\gamma \in V$ 及任意 $\lambda \in \mathbb{R}$)：

(1) 对称性：$(\alpha, \beta)=(\beta, \alpha)$；

(2) 可加性：$(\alpha+\beta, \gamma)=(\alpha, \gamma)+(\beta, \gamma)$;

(3) 齐次性：$(\lambda\alpha, \beta)=\lambda(\alpha, \beta)$;

(4) 正定性：$(\alpha, \alpha)\geqslant 0$，当且仅当 $\alpha=\theta$ 时，等号成立.

则称 (α, β) 为 α 与 β 的**内积**，称定义了内积的线性空间 V 为**欧氏空间**，也称为**实内积空间**(inner product space).

几点注意：

(1) 可加性和齐次性合称为内积的双线性性.事实上，内积是一种**双线性函数**，即 $(\cdot, \cdot): V\times V\mapsto\mathbb{R}$. 因此同一个线性空间中可定义多种内积，只要它们都满足上述四个公理.

(2) 欧氏空间 $\mathbb{R}^n$ 是一种特殊的欧氏空间，而欧氏空间 V 则是特殊的线性空间 V，即定义了内积的线性空间.

下面通过类比思维给出一些常用线性空间的内积.

例 3.3.1(无限维向量空间的内积) 将欧氏空间 $\mathbb{R}^n$ 的标准内积推广到无限维的情形.考虑实数列的集合 $\mathbb{R}^\infty=\{\alpha \mid \alpha=(a_1, a_2, \cdots)^{\mathrm{T}}\}$. 对任意 $\alpha=(a_1, a_2, \cdots)^{\mathrm{T}}$, $\beta=(b_1, b_2, \cdots)^{\mathrm{T}}\in\mathbb{R}^\infty$，规定

$$\alpha+\beta=(a_1+b_1, a_2+b_2, \cdots)^{\mathrm{T}},\ k\alpha=(ka_1, ka_2, \cdots)^{\mathrm{T}},$$

易知 $\mathbb{R}^\infty$ 对上述运算构成线性空间.

接下来，类比欧氏空间 $\mathbb{R}^n$ 可知，$\mathbb{R}^\infty$ 中的标准内积 (α, β)“形式上”应定义为

$$(\alpha, \beta)=\beta^{\mathrm{T}}\alpha=\alpha^{\mathrm{T}}\beta=a_1b_1+a_2b_2+\cdots=\sum_{n=1}^{\infty}a_nb_n. \tag{3.3.1}$$

问题是必须保证级数 $\sum\limits_{n=1}^{\infty}a_nb_n$ 是收敛的.特别地，级数 $(\alpha, \alpha)=\sum\limits_{n=1}^{\infty}a_n^2$ 也要收敛(即实数列的平方和要收敛)，记为 $\sum\limits_{n=1}^{\infty}a_n^2<+\infty$. 简单验算后，可知式(3.3.1)满足内积定义的四条公理，相应的欧氏空间记为 l^2，即

$$l^2=\{\alpha \mid \alpha=(a_1, a_2, \cdots)^{\mathrm{T}},\ \sum_{i=1}^{\infty}a_i^2<+\infty\}.$$

欧氏空间 $\mathbb{R}^n$ 的标准内积的矩阵形式与二次型类似，因此也可有如下推广.

例 3.3.2(A 内积) 在向量空间 $\mathbb{R}^n$ 中，对任意 $\boldsymbol{x}, \boldsymbol{y}\in\mathbb{R}^n$ 和实对称矩阵 $\boldsymbol{A}\in\mathbb{SR}^{n\times n}$，

定义**实双线性型**(bilinear form)：

$$(\boldsymbol{x}, \boldsymbol{y})_A = \boldsymbol{y}^{\mathrm{T}} \boldsymbol{A}\boldsymbol{x} = (\boldsymbol{A}\boldsymbol{x}, \boldsymbol{y}). \tag{3.3.2}$$

易知 $(\boldsymbol{A}\boldsymbol{x}, \boldsymbol{y}) = (\boldsymbol{x}, \boldsymbol{A}\boldsymbol{y})$，即 $(\boldsymbol{x}, \boldsymbol{y})_A = (\boldsymbol{y}, \boldsymbol{x})_A$. 更一般地，易证 $(\boldsymbol{x}, \boldsymbol{y})_A$ 是 $\mathbb{R}^n$ 的一个内积，称为 **$\boldsymbol{A}$ 内积**. 特别地，当 $\boldsymbol{x} = \boldsymbol{y}$ 时，$(\boldsymbol{x}, \boldsymbol{x})_A = \boldsymbol{x}^{\mathrm{T}} \boldsymbol{A}\boldsymbol{x}$ 就是 $\boldsymbol{A}$ 的二次型；当 $\boldsymbol{A} = \boldsymbol{I}$ 时，$(\boldsymbol{x}, \boldsymbol{y})_A$ 就是 $\mathbb{R}^n$ 的标准内积.

若函数能看成向量，那么内积也可以推广到函数空间.

先考虑折线函数的集合 $F = \{f \mid f = (f_1, f_2, \cdots, f_n)\}$. 对任意 $f, g \in F$，类比欧氏空间 $\mathbb{R}^n$，可知它们的内积"形式上"应定义为

$$(f, g) = f_1 g_1 + f_2 g_2 + \cdots + f_n g_n = \sum_{i=1}^{n} f_i g_i.$$

如果将函数曲线视为由无穷段微小折线段拼接而成，也即是将函数看成无穷个折线函数构成的向量，此时上面的内积定义又会变成什么形式呢？这里涉及到无限的函数求和……对，无限求和即积分！

例 3.3.3 **(函数空间的标准内积)**对任意 $f, g \in \mathbb{C}[a, b]$，容易验证映射

$$(f, g) = \int_a^b f(x) g(x) \mathrm{d}x \tag{3.3.3}$$

是 $\mathbb{C}[a, b]$ 的一个内积，称为**函数空间 $\mathbb{C}[a, b]$ 的标准内积**.

证明： 仅给出正定性中定性的证明，其余公理不难验证.

当 $(f, f) = \int_a^b f^2(x) \mathrm{d}x = 0$ 时，若有 $f(c) \neq 0$，$c \in (a, b)$. 则由函数的连续性，存在邻域 $N(c, \delta)$，使得其内任意点 x 的函数值都满足 $|f(x)| > \frac{1}{2} |f(c)|$，从而有

$$(f, f) = \int_a^b f^2(x) \mathrm{d}x = \int_{c-\delta}^{c+\delta} f^2(x) \mathrm{d}x > \frac{1}{4} \int_{c-\delta}^{c+\delta} f^2(c) \mathrm{d}x = \frac{1}{2} \delta f^2(c) > 0,$$

与 $(f, f) = 0$ 矛盾. 证毕.

多项式是特殊的连续函数，因此对任意多项式 $f, g \in \mathbb{P}[x]$，式 (3.3.3) 也是**多项式空间 $\mathbb{P}[x]$ 的标准内积**. 更特别地，式(3.3.3)也是多项式空间 $\mathbb{P}[x]_n$ 的标准内积.

例 3.3.4 已知多项式空间 $\mathbb{P}[t]_3$ 的标准内积为 $(f, g) = \int_{-1}^{1} f(t) g(t) \mathrm{d}t$，其中任意 $f, g \in \mathbb{P}[t]_3$. 试计算函数 $f(t) = 1 - t + t^2$，$g(t) = 1 - 4t - 5t^2$ 的内积.

解: $(f, g)=\int_{-1}^{1} f(t)g(t)\mathrm{d}t=\int_{-1}^{1}(1-5t+t^3-5t^4)\mathrm{d}t=2\int_{0}^{1}(1-5t^4)\mathrm{d}t=0.$

MATLAB中提供了内置函数 int,可用于积分 $\int_a^b f(x)\mathrm{d}x$ 的符号计算,调用格式为

```
int(sym(f), x,a, b)
```

本例的 MATLAB 代码实现,详见本书配套程序 exm307.

类似地,注意到矩阵可以按列优先依次排列成一个超级列向量,同时类比 $\mathbb{R}^n$ 标准内积的元素形式和矩阵形式,并借助于矩阵迹的定义和性质,即可得到矩阵空间 $\mathbb{R}^{m\times n}$ 标准内积的相应形式.

例 3.3.5 (矩阵空间的标准内积) 在矩阵空间 $\mathbb{R}^{m\times n}$ 中,对任意 $\boldsymbol{A}, \boldsymbol{B}\in\mathbb{R}^{m\times n}$,定义

$$(\boldsymbol{A}, \boldsymbol{B})=\sum_{i=1}^{m}\sum_{j=1}^{n}a_{ij}b_{ij}=\operatorname{tr}(\boldsymbol{B}^{\mathrm{T}}\boldsymbol{A})=\operatorname{tr}(\boldsymbol{A}^{\mathrm{T}}\boldsymbol{B}). \tag{3.3.4}$$

验算可知它是 $\mathbb{R}^{m\times n}$ 的一个内积,称为**矩阵空间 $\mathbb{R}^{m\times n}$ 的标准内积**,也称为 **Frobenius 内积**.特别地,当 $n=1$ 时,它退化为 $\mathbb{R}^m$ 的标准内积.

注: 矩阵迹有如下性质:

(1) $\operatorname{tr}(\boldsymbol{A}^{\mathrm{T}})=\operatorname{tr}(\boldsymbol{A})$;

(2) $\operatorname{tr}(k\boldsymbol{A}+l\boldsymbol{B})=k\operatorname{tr}(\boldsymbol{A})+l\operatorname{tr}(\boldsymbol{B})$, $\boldsymbol{A}, \boldsymbol{B}\in\mathbb{R}^{n\times n}$, $k, l\in\mathbb{R}$;

(3) $\operatorname{tr}(\boldsymbol{AB})=\operatorname{tr}(\boldsymbol{BA})$, $\boldsymbol{A}\in\mathbb{R}^{m\times n}$, $\boldsymbol{B}\in\mathbb{R}^{n\times m}$.

接下来,不难发现在一般的欧氏空间 V 中,重要性质 Cauchy-Schwarz 不等式也是成立的,而且其证明也与定理 3.1.2 基本相同.

定理 3.3.1(Cauchy-Schwarz 不等式) 对欧氏空间 V 中的任意 $\alpha, \beta\in V$,恒有

$$|(\alpha, \beta)|\leqslant\sqrt{(\alpha, \alpha)(\beta, \beta)}, \tag{3.3.5}$$

当且仅当 α, β 线性相关时,等号成立.

由于线性空间以及内积运算的抽象性与广泛性,Cauchy-Schwarz 不等式也有着广泛的应用.例如,在函数空间 $\mathbb{C}[a, b]$ 中,它就摇身一变,成了积分形式的不等式

$$\left|\int_a^b f(x)g(x)\mathrm{d}x\right|\leqslant\sqrt{\int_a^b f^2(x)\mathrm{d}x}\cdot\sqrt{\int_a^b g^2(x)\mathrm{d}x}. \tag{3.3.6}$$

德国数学家施瓦茨(H. A. Schwarz, 1843—1921)对几何有着非比常人的痴迷.正是这种深厚的感情所带来的直觉洞察力,使得他能够从更高层面看待不等式(3.3.6),并发现

这种观念适用于算术、几何、函数论等许多领域.换句话说,他已经意识到不等式(3.3.5),虽然其现代意义上的证明直到 1918 年才由德国数学家外尔(H. Weyl, 1885—1955)给出.

按照施瓦茨的观念,可以将 $\mathbb{R}^n$ 中的长度、角度等几何度量推广到一般的欧氏空间 V.

定义 3.3.2(范数,夹角和正交) 对欧氏空间 V 中的任意元 $\alpha \in V$, 称 $\sqrt{(\alpha, \alpha)}$ 为 α 的**范数**(norm),记为 $\|\alpha\|$. 特别地,称满足 $\|\alpha\|=1$ 的 α 为单位元.

对于欧氏空间 V 中的任意 $\alpha, \beta \in V$, 称 $\theta = \arccos \dfrac{(\alpha, \beta)}{\|\alpha\| \|\beta\|}$ 为 α 与 β 的**夹角**(angle).特别地,当 $(\alpha, \beta)=0$ 即 $\theta = 90^\circ$ 时,称 α 与 β **正交**(orthogonal),记为 $\alpha \perp \beta$.

易证欧氏空间 V 中的范数 $\|\alpha\|$ 也满足正定性、正齐性和三角不等式,以及平行四边形公式和勾股定理等性质.

在引入欧氏空间 V 的标准正交基之前,得先弄明白该如何判定 V 中元组的线性无关性.在上一章,对部分线性空间,用的是定义法,但现在的问题是有了内积的束缚.看来先得用相关工具把内积表示出来,这个工具就是……坐标! 对,通过给出欧氏空间 V 中内积的坐标表示形式,可以解决这个判定问题.

设 $\{\alpha_i\}_1^n$ 为欧氏空间 V 的任意一个基,任意 $\alpha, \beta \in V$ 在此基下的坐标向量分别 $\boldsymbol{x} = (x_1, x_2, \cdots, x_n)^{\mathrm{T}}$, $\boldsymbol{y} = (y_1, y_2, \cdots, y_n)^{\mathrm{T}}$, 利用内积的双线性性,可知

$$(\alpha, \beta) = \left(\sum_{i=1}^n x_i\alpha_i, \sum_{j=1}^n y_j\alpha_j\right) = \sum_{i=1}^n x_i\left(\alpha_i, \sum_{j=1}^n y_j\alpha_j\right) = \sum_{i=1}^n\sum_{j=1}^n x_i y_j(\alpha_i, \alpha_j).$$

类比二次型及其矩阵形式,上式可写成

$$(\alpha, \beta) = \boldsymbol{y}^{\mathrm{T}}\boldsymbol{G}\boldsymbol{x} = (\boldsymbol{x}, \boldsymbol{y})_G. \tag{3.3.7}$$

由于 $\boldsymbol{x}$, $\boldsymbol{y}$ 的任意性,显然矩阵 $\boldsymbol{G}$ 就代表了这个内积.这再次印证了"万物皆数".

定义 3.3.3(Gram 矩阵及度量矩阵) 设 $\{\alpha_i\}_1^s$ 为 n 维欧氏空间 V 的一个元组,令

$$g_{ij} = (\alpha_i, \alpha_j)\ (i, j = 1, 2, \cdots, s),$$

则称 s 阶方阵 $\boldsymbol{G} = (g_{ij})$ 为 $\{\alpha_i\}_1^s$ 的 **Gram 矩阵**.特别地,若 $\{\alpha_i\}_1^n$ 为 V 的一个基,则称其 Gram 矩阵为这个基的**度量矩阵**(metric matrix).

注: 度量矩阵的名称来源,是因为它完全确定了内积,而范数(长度)和角度等几何度量都可以用内积来刻画.

定理 3.3.2 设 $\boldsymbol{G}$ 是 n 维欧氏空间 V 的一个基 $\{\alpha_i\}_1^n$ 的度量矩阵,则:

(1) $\boldsymbol{G}$ 是对称矩阵;(2) $\boldsymbol{G}$ 是可逆矩阵;(3) $\boldsymbol{G}$ 是正定矩阵.

证明: (1) 显然成立.

(2) 若 $\boldsymbol{G}$ 不可逆,则齐次线性方程组 $\boldsymbol{Gx}=\boldsymbol{0}$ 有非零解 $\boldsymbol{x}\in\mathbb{R}^n$. 令 $\alpha=(\alpha_1, \alpha_2, \cdots, \alpha_n)\boldsymbol{x}$, 则 $\alpha\neq\theta$ (否则 $\boldsymbol{x}=\boldsymbol{0}$), 但 $(\alpha, \alpha)=\boldsymbol{x}^{\mathrm{T}}\boldsymbol{Gx}=\boldsymbol{x}^{\mathrm{T}}\boldsymbol{0}=0$, 与 $(\alpha, \alpha)>0$ 矛盾.因此 $\boldsymbol{G}$ 可逆.

(3) 对任意 $\alpha\in V\ (\alpha\neq\theta)$, 显然有 $(\alpha, \alpha)>0$. 令 $\alpha=(\alpha_1, \alpha_2, \cdots, \alpha_n)\boldsymbol{x}$, 则 $\boldsymbol{x}\in\mathbb{R}^n$ 也是任意的非零向量,且二次型 $\boldsymbol{x}^{\mathrm{T}}\boldsymbol{Gx}=(\alpha, \alpha)>0$, 即 $\boldsymbol{G}$ 为正定矩阵.

定理 3.3.3 n 维欧氏空间 V 在不同基下的度量矩阵是合同的.即若 $\boldsymbol{G}$, $\boldsymbol{G}'$ 分别是欧氏空间 V 的两个基 $\{\alpha_i\}_1^n$ 和 $\{\beta_i\}_1^n$ 的度量矩阵,并且有 $(\beta_1, \beta_2, \cdots, \beta_n)=(\alpha_1, \alpha_2, \cdots, \alpha_n)\boldsymbol{P}$, 则 $\boldsymbol{G}'=\boldsymbol{P}^{\mathrm{T}}\boldsymbol{GP}$.

证明: 设任意 α, $\beta\in V$ 在基 $\{\beta_i\}_1^n$ 下的坐标分别为 $\boldsymbol{x}$, $\boldsymbol{y}$, 则它们在基 $\{\alpha_i\}_1^n$ 下的坐标分别为 $\boldsymbol{Px}$, $\boldsymbol{Py}$, 因此 $(\alpha, \beta)=(\boldsymbol{Py})^{\mathrm{T}}\boldsymbol{G}(\boldsymbol{Px})=\boldsymbol{y}^{\mathrm{T}}(\boldsymbol{P}^{\mathrm{T}}\boldsymbol{GP})\boldsymbol{x}$. 又因为 $(\alpha, \beta)=\boldsymbol{y}^{\mathrm{T}}\boldsymbol{G}'\boldsymbol{x}$, 因此当 $\boldsymbol{x}=\boldsymbol{y}$ 时,可得 $\boldsymbol{x}^{\mathrm{T}}(\boldsymbol{P}^{\mathrm{T}}\boldsymbol{GP})\boldsymbol{x}=\boldsymbol{x}^{\mathrm{T}}\boldsymbol{G}'\boldsymbol{x}$, 再由 $\boldsymbol{x}$ 的任意性,即得 $\boldsymbol{P}^{\mathrm{T}}\boldsymbol{GP}=\boldsymbol{G}'$.

现在可以着手解决前面的判定问题了.按照上述"万物皆数"的逻辑,判定欧氏空间 V 中元组的线性无关性,就转化成了判定其 Gram 矩阵的奇异性.

定理 3.3.4 设 $\{\alpha_i\}_1^s$ 是 n 维欧氏空间 V 中的一个元组,则 $\{\alpha_i\}_1^s$ 线性无关的充要条件是它的 Gram 矩阵 $\boldsymbol{G}$ 可逆.

证明: 必要性.如果 $\{\alpha_i\}_1^s$ 线性无关,则它是 $\mathrm{span}\{\alpha_1, \alpha_2, \cdots, \alpha_s\}$ 的一个基,其 Gram 矩阵 $\boldsymbol{G}$ 即为其度量矩阵,根据定理 3.3.2,可知矩阵 $\boldsymbol{G}$ 是正定的,因此 $|\boldsymbol{G}|>0$, 即 $\boldsymbol{G}$ 可逆.

充分性.如果 $\{\alpha_i\}_1^s$ 线性相关,不妨令 $\alpha_s=t_1\alpha_1+t_2\alpha_2+\cdots+t_{s-1}\alpha_{s-1}$, 则

$$(\alpha_s, \alpha_j)=t_1(\alpha_1, \alpha_j)+t_2(\alpha_2, \alpha_j)+\cdots+t_{s-1}(\alpha_{s-1}, \alpha_j)\ (j=1, 2, \cdots, s).$$

这说明矩阵 $\boldsymbol{G}$ 的第 s 行可以表示成其余各行的线性组合,故 $|\boldsymbol{G}|=0$, 这与 $\boldsymbol{G}$ 可逆矛盾,所以 $\{\alpha_i\}_1^s$ 线性无关.

例 3.3.6 用矩阵方法重解例 3.3.4.

解: 取 $\mathbb{P}[t]_3$ 的自然基,即 $(f_1, f_2, f_3)=(1, t, t^2)$, 先求其度量矩阵 $\boldsymbol{G}=(g_{ij})$.

$$g_{11}=(f_1, f_1)=\int_{-1}^{1}1\cdot 1\mathrm{d}t=2,\ g_{12}=(f_1, f_2)=\int_{-1}^{1}1\cdot t\mathrm{d}t=0,\ g_{13}=(f_1, f_3)=\frac{2}{3},$$

$$g_{22}=(f_2, f_2)=\frac{2}{3},\ g_{23}=0,\ g_{33}=\frac{2}{5}.$$

由于度量矩阵 G 是对称矩阵，则 $G=\begin{pmatrix} 2 & 0 & \frac{2}{3} \\ 0 & \frac{2}{3} & 0 \\ \frac{2}{3} & 0 & \frac{2}{5} \end{pmatrix}$.

$f(t)$ 和 $g(t)$ 在自然基下的坐标向量分别是 $\boldsymbol{x}=(1, -1, 1)^{\mathrm{T}}$，$\boldsymbol{y}=(1, -4, -5)^{\mathrm{T}}$，故所求为

$$(f, g)=\boldsymbol{y}^{\mathrm{T}}\boldsymbol{G}\boldsymbol{x}=0.$$

本例的 MATLAB 代码实现，详见本书配套程序 exm308.

思考： 此例中 $(f, g)=0$，说明多项式 $f(t)$ 与 $g(t)$ 是互相正交，这如何理解？另外，与例 3.3.4 的解法相比，这里采用的矩阵方法，计算量更大，那么引入矩阵方法的意义又何在呢?

例 3.3.7 判定欧氏空间 $\mathbb{C}[0, 1]$ 中的函数组 1，$6x$，$2\mathrm{e}^x$ 是线性无关的.

解： 设 $f_1=1$，$f_2=6x$，$f_3=2\mathrm{e}^x$，计算可知 $G=\begin{pmatrix} 1 & 3 & 2(\mathrm{e}-1) \\ 3 & 12 & 12 \\ 2(\mathrm{e}-1) & 12 & 2(\mathrm{e}^2-1) \end{pmatrix}$，这里 $g_{ij}=(f_i, f_j)$，$i, j=1, 2, 3$. 由于 $|G|\neq 0$，根据定理 3.3.4，可知函数组 1，$6x$，$2\mathrm{e}^x$ 是线性无关的.

本例的 MATLAB 代码实现，详见本书配套程序 exm309.

注： 还可以使用朗斯基行列式（Wronskian determinant）来判定函数组线性无关，详情可参阅文献[78：P16 - 17].

3.3.2 欧氏空间的标准正交基

由式 (3.3.7) 可知，欧氏空间 V 中的内积变成了欧氏空间 $\mathbb{R}^n$ 中的 G 内积，且 Gram 矩阵 G 是 V 中某个基 $\{\alpha_i\}_1^n$ 的度量矩阵. 显然矩阵 G 越特殊，计算越简单. 特别地，如果 $G=I$，则式(3.3.7)变成了 $(\alpha, \beta)=\boldsymbol{y}^{\mathrm{T}}\boldsymbol{x}=(\boldsymbol{x}, \boldsymbol{y})$，已经简单到不能再简单，而且此时有 $(\alpha_i, \alpha_j)=\delta_{ij}(i, j=1, 2, \cdots, n)$，这显然是标准正交基的性质.

定义 3.3.4(标准正交基) 如果有限维欧氏空间 V 的一个基中各基元两两正交，则称为 V 的一个正交基. 如果这个正交基的每个基元又都是单位元，则称为 V 的一个标准正

交基.

在 $\mathbb{R}^n$ 中,正交性是特殊的线性无关性.再次审视定理 3.1.4 的证明,不难发现它完全适用于有限维欧氏空间 V. 因此同 $\mathbb{R}^n$ 一样,有限维欧氏空间 V 也可以有 Gram-Schmidt 正交化过程,进而有 CGS 算法和 MGS 算法.

定理 3.3.5 若 $\{\alpha_i\}_1^s$ 是有限维欧氏空间 V 中一组非零元的正交组,则 $\{\alpha_i\}_1^s$ 必线性无关.

定理 3.3.6 设 $\{\alpha_i\}_1^n$ 是 n 维欧氏空间 V 的一个基,则对 $j=1, 2, 3, \cdots, n$, 按下式

$$\beta_1=\alpha_1, \ \beta_j=\alpha_j-\sum_{k=1}^{j-1}\frac{(\alpha_j, \beta_k)}{(\beta_k, \beta_k)}\beta_k, \tag{3.3.8}$$

构造出的 $\{\beta_i\}_1^n$ 是欧氏空间 V 的一个正交基.

有限维欧氏空间中取标准正交基的种种益处,现在可概括为下面的定理.

定理 3.3.7 设 $\{\varepsilon_i\}_1^n$ 是 n 维欧氏空间 V 的一个标准正交基,则对任意 $\alpha=x_1\varepsilon_1+x_2\varepsilon_2+\cdots+x_n\varepsilon_n\in V$, 有 $x_i=(\alpha, \varepsilon_i)$ $(i=1, 2, \cdots, n)$, 即: **元的坐标分量是该元与相应基元的内积.**

定理 3.3.8 设 $\{\varepsilon_i\}_1^n$ 是 n 维欧氏空间 V 的一个标准正交基,且任意 $\alpha, \beta\in V$ 在 $\{\varepsilon_i\}_1^n$ 下的坐标向量分别为 $\boldsymbol{x}$, $\boldsymbol{y}$, 则有

$$(\alpha, \beta)=(\boldsymbol{x}, \boldsymbol{y}). \tag{3.3.9}$$

显然 n 维欧氏空间 V 中的**内积就是(标准正交基下)相应坐标向量的内积.**这样借助于基和坐标,各种有限维欧氏空间中的内积运算,都可转化为欧氏空间 $\mathbb{R}^n$ 中的内积运算.万物再一次皆数,毕达哥拉斯主义又胜一局.

再来看过渡矩阵.在有限维线性空间中,两组基之间的过渡矩阵是可逆矩阵.对于带内积的有限维线性空间(即欧氏空间)而言,标准正交基之间的过渡矩阵肯定要比可逆矩阵特殊.联想到 $\mathbb{R}^n$ 中标准正交基组成的矩阵是正交矩阵,而 $\mathbb{R}^n$ 是特殊的欧氏空间,因此自然会希望一般的有限维欧氏空间 V 也有如此好运.

定理 3.3.9 n 维欧氏空间的两组标准正交基之间的过渡矩阵是正交矩阵.

证明: 设 $\{\varepsilon_i\}_1^n$ 和 $\{\eta_i\}_1^n$ 是 n 维欧氏空间 V 的两组标准正交基,且有 $(\eta_1, \eta_2, \cdots, \eta_n)=(\varepsilon_1, \varepsilon_2, \cdots, \varepsilon_n)\boldsymbol{P}$, 其中 $\boldsymbol{P}=(\boldsymbol{p}_1, \boldsymbol{p}_2, \cdots, \boldsymbol{p}_n)$.

由于矩阵 $\boldsymbol{P}$ 的各列分别是 $\{\eta_i\}_1^n$ 在标准正交基 $\{\varepsilon_i\}_1^n$ 下的坐标,故由定理 3.3.8 可知

$$(\eta_i, \eta_j)=(\boldsymbol{p}_i, \boldsymbol{p}_j)=\boldsymbol{p}_j^{\mathrm{T}}\boldsymbol{p}_i=\boldsymbol{p}_i^{\mathrm{T}}\boldsymbol{p}_j \ (i, j=1, 2, \cdots, n).$$

注意到 $\{\eta_i\}_1^n$ 也是标准正交基，所以 $(\eta_i, \eta_j)=\delta_{ij}$，从而 $\boldsymbol{p}_i^{\mathrm{T}}\boldsymbol{p}_j=\delta_{ij}(i, j=1, 2, \cdots, n)$，也就是 $\boldsymbol{P}^{\mathrm{T}}\boldsymbol{P}=\boldsymbol{I}$，故矩阵 $\boldsymbol{P}$ 是正交矩阵. 证毕.

由定理 3.3.9，不难进一步想到，标准正交基 $\{\varepsilon_i\}_1^n$ 通过正交矩阵 $\boldsymbol{P}=(\boldsymbol{p}_1, \boldsymbol{p}_2, \cdots, \boldsymbol{p}_n)$ 过渡而来的元组 $\{\eta_i\}_1^n$ 一定也是标准正交基.因为

$$(\eta_i, \eta_j)=(\boldsymbol{p}_i, \boldsymbol{p}_j)=\boldsymbol{p}_j^{\mathrm{T}}\boldsymbol{p}_i=\boldsymbol{p}_i^{\mathrm{T}}\boldsymbol{p}_j=\delta_{ij}(i, j=1, 2, \cdots, n).$$

定理 3.3.10 若在 n 维欧氏空间 V 中，元组 $\{\eta_i\}_1^n$ 在标准正交基 $\{\varepsilon_i\}_1^n$ 下的坐标矩阵 $\boldsymbol{P}$ 是正交矩阵，则 $\{\eta_i\}_1^n$ 也是 V 的一个标准正交基.

例 3.3.8 在多项式空间 $\mathbb{R}[t]_4$ 中，定义权函数为 $w(t)=\dfrac{1}{\sqrt{1-t^2}}$ 的**带权内积**：

$$(f, g)=\int_{-1}^{1} w(t)f(t)g(t)\mathrm{d}t, \ f, g\in\mathbb{R}[t]_4,$$

试求 $\mathbb{R}[t]_4$ 的一个正交基.

解： 从 $\mathbb{R}[t]_4$ 的自然基 $1, t, t^2, t^3$ 出发，再应用 Gram-Schmidt 正交化过程即可.

令 $f_1=1, f_2=t, f_3=t^2, f_4=t^3$，则所求为：

$g_1=f_1=1$；

$(g_1, g_1)=\int_{-1}^{1}\dfrac{1}{\sqrt{1-t^2}}\cdot 1\cdot 1\mathrm{d}t=\pi$，$(f_2, g_1)=\int_{-1}^{1}\dfrac{1}{\sqrt{1-t^2}}\cdot t\cdot 1\mathrm{d}t=0$，$g_2=f_2-\dfrac{(f_2, g_1)}{(g_1, g_1)}g_1=t$；

$(f_3, g_1)=\dfrac{\pi}{2}$，$(f_3, g_2)=0$，$(g_2, g_2)=\dfrac{\pi}{2}$，$g_3=f_3-\dfrac{(f_3, g_1)}{(g_1, g_1)}g_1-\dfrac{(f_3, g_2)}{(g_2, g_2)}g_2=t^2-\dfrac{1}{2}$；

$(f_4, g_1)=0$，$(f_4, g_2)=\dfrac{3\pi}{8}$，$(f_4, g_3)=0$，$g_4=g_4-\dfrac{(f_4, g_1)}{(g_1, g_1)}g_1-\dfrac{(f_4, g_2)}{(g_2, g_2)}g_2-\dfrac{(f_4, g_3)}{(g_3, g_3)}g_3=t^3-\dfrac{3}{4}t$.

本例的 MATLAB 代码实现，详见本书配套程序 exm310.

注： (1) 因为 $(f_4, g_3)=0$，所以解答中的(g_3, g_3)不必计算出来.

(2) 因为权函数 $w(t)$ 不属于多项式空间 $\mathbb{R}[t]_4$，因此本题的内积计算无法转化为坐标的计算，即无法使用式(3.3.9).

(3) 将所得正交多项式的系数整数化(这不会改变正交性),即得**切比雪夫多项式**

$$T_0(t)=1,\ T_1(t)=t,\ T_2(t)=2t^2-1,\ T_3(t)=4t^3-3t.$$

一般地,切比雪夫多项式具有递推公式 $T_{n+1}(t)=2tT_n(t)-T_{n-1}(t)(n\geqslant 1)$.

切比雪夫多项式是俄罗斯数学家切比雪夫(Tschebyscheff, 1821—1894)在连杆设计中升华出来的理论结晶,是计算数学中的一类特殊函数,在逼近理论、信号处理与滤波器设计、GPS卫星定位、岩土工程可靠性分析等领域有着非常重要的作用.

例 3.3.9 已知子空间 $V=\{\boldsymbol{X}=(x_{ij})\mid x_{21}-x_{22}=0\}\subset\mathbb{R}^{2\times 2}$,按照矩阵空间的标准内积,求 V 的一个标准正交基,使得 V 中的线性变换 $\sigma(\boldsymbol{X})=\boldsymbol{X}\begin{pmatrix}1&2\\2&1\end{pmatrix}$ 在该基下的矩阵为对角矩阵.

解: 显然 $\mathbb{R}^{2\times 2}$ 的自然基不是 V 的基(为什么?).不难发现

$$\boldsymbol{X}_1=\begin{pmatrix}1&0\\0&0\end{pmatrix},\ \boldsymbol{X}_2=\begin{pmatrix}0&1\\0&0\end{pmatrix},\ \boldsymbol{X}_3=\begin{pmatrix}0&0\\1&1\end{pmatrix}$$

是 V 的一个基.由于

$$(\boldsymbol{X}_1,\boldsymbol{X}_2)=\operatorname{tr}(\boldsymbol{X}_1^{\mathrm{T}}\boldsymbol{X}_2)=0,\ (\boldsymbol{X}_1,\boldsymbol{X}_3)=\operatorname{tr}(\boldsymbol{X}_1^{\mathrm{T}}\boldsymbol{X}_3)=0,\ (\boldsymbol{X}_2,\boldsymbol{X}_3)=0,$$

因此 $\boldsymbol{X}_1,\boldsymbol{X}_2,\boldsymbol{X}_3$ 还是一个正交基,这样所求似乎就是它单位化后的结果,即

$$\boldsymbol{Y}_1=\frac{\boldsymbol{X}_1}{\sqrt{(\boldsymbol{X}_1,\boldsymbol{X}_1)}}=\begin{pmatrix}1&0\\0&0\end{pmatrix},\ \boldsymbol{Y}_2=\frac{\boldsymbol{X}_2}{\sqrt{(\boldsymbol{X}_2,\boldsymbol{X}_2)}}=\begin{pmatrix}0&1\\0&0\end{pmatrix},\ \boldsymbol{Y}_3=\frac{1}{\sqrt{2}}\begin{pmatrix}0&0\\1&1\end{pmatrix}.$$

遗憾的是,计算发现 $\boldsymbol{Y}_1,\boldsymbol{Y}_2,\boldsymbol{Y}_3$ 在线性变换 σ 下的矩阵不是对角矩阵.

"失败是成功之母",考虑到定理 3.3.10,问题变成了从 $\boldsymbol{Y}_1,\boldsymbol{Y}_2,\boldsymbol{Y}_3$ 出发,通过正交矩阵,将之过渡到欲求的标准正交基.联想到实对称矩阵可以正交对角化,因此可结合所给的线性变换 σ,寻找出相应的实对称矩阵.由于

$$\sigma(\boldsymbol{Y}_1)=\begin{pmatrix}1&2\\0&0\end{pmatrix}=\boldsymbol{Y}_1+2\boldsymbol{Y}_2,\ \sigma(\boldsymbol{Y}_2)=\begin{pmatrix}2&1\\0&0\end{pmatrix}=2\boldsymbol{Y}_1+\boldsymbol{Y}_2,\ \sigma(\boldsymbol{Y}_3)=\frac{1}{\sqrt{2}}\begin{pmatrix}0&0\\3&3\end{pmatrix}=3\boldsymbol{Y}_3.$$

此即 $\sigma(\boldsymbol{Y}_1,\boldsymbol{Y}_2,\boldsymbol{Y}_3)=(\boldsymbol{Y}_1,\boldsymbol{Y}_2,\boldsymbol{Y}_3)\begin{pmatrix}1&2&0\\2&1&0\\0&0&3\end{pmatrix}=(\boldsymbol{Y}_1,\boldsymbol{Y}_2,\boldsymbol{Y}_3)\boldsymbol{A}$. 矩阵 $\boldsymbol{A}$ 就是实对称

矩阵.

将实对称矩阵 $\boldsymbol{A}$ 正交对角化,可得正交矩阵 $\boldsymbol{Q}=\begin{pmatrix}0 & \sqrt{2}/2 & -\sqrt{2}/2\\ 0 & \sqrt{2}/2 & \sqrt{2}/2\\ 1 & 0 & 0\end{pmatrix}$,它使得

$$\boldsymbol{Q}^{-1}\boldsymbol{A}\boldsymbol{Q}=\boldsymbol{Q}^{\mathrm{T}}\boldsymbol{A}\boldsymbol{Q}=\boldsymbol{\Lambda}=\operatorname{diag}(3,\ 3,\ -1),$$

故由定理 3.3.10,令 $(\boldsymbol{Z}_1,\boldsymbol{Z}_2,\boldsymbol{Z}_3)=(\boldsymbol{Y}_1,\boldsymbol{Y}_2,\boldsymbol{Y}_3)\boldsymbol{Q}$, 其中 $\boldsymbol{Q}=(\boldsymbol{q}_1,\boldsymbol{q}_2,\boldsymbol{q}_3)$, 则所求为

$$\boldsymbol{Z}_1=(\boldsymbol{Y}_1,\boldsymbol{Y}_2,\boldsymbol{Y}_3)\boldsymbol{q}_1=\boldsymbol{Y}_3=\frac{1}{\sqrt{2}}\begin{pmatrix}0 & 0\\ 1 & 1\end{pmatrix},$$

$$\boldsymbol{Z}_2=(\boldsymbol{Y}_1,\boldsymbol{Y}_2,\boldsymbol{Y}_3)\boldsymbol{q}_2=\frac{1}{\sqrt{2}}\begin{pmatrix}1 & 1\\ 0 & 0\end{pmatrix},\ \boldsymbol{Z}_3=(\boldsymbol{Y}_1,\boldsymbol{Y}_2,\boldsymbol{Y}_3)\boldsymbol{q}_3=\frac{1}{\sqrt{2}}\begin{pmatrix}-1 & 1\\ 0 & 0\end{pmatrix}.$$

本例的 MATLAB 代码实现,详见本书配套程序 exm311.

3.4 正交投影与最小二乘法

3.4.1 正交分解、正交投影与最佳逼近

以正交的视角再次考察子空间及其直和分解,就得到了更特殊的正交子空间及其正交分解.

定义 3.4.1(正交子空间及正交和) 设 V_1, V_2 是欧氏空间 V 的两个子空间.对给定的 $\alpha\in V$, 如果对任意 $\beta\in V_1$, 都有 $(\alpha,\beta)=0$, 则称 α 与子空间 V_1 正交,记为 $\alpha\perp V_1$. 如果对任意 $\gamma\in V_1$, 都有 $\gamma\perp V_2$, 则称**子空间 V_1 与 V_2 正交**,记为 $V_1\perp V_2$, 并称它们的和为**正交和**,记为 $V_1\oplus V_2$.

特别地,如果有 $V=V_1\oplus V_2$, 则称之为欧氏空间 V 的**正交分解**,并称 V_2 为 V_1 的**正交补**(orthogonal complement),记为 $V_1^{\perp}=V_2$.

由于正交性是特殊的线性无关性,因此正交和 $V_1\oplus V_2$ 一定也是直和 $V_1\oplus V_2$, 即 $V_1\cap V_2=\{\theta\}$. 也就是说正交和是一种特殊的直和,但反之则未必.读者不难举出相应的反例.

有限维线性子空间的补子空间不唯一,那么问题来了:有限维欧氏空间的子空间的正交补呢?下面给出正交补存在且唯一的一个构造性证明.

定理 3.4.1(正交分解定理) 设 V_1 是有限维欧氏空间 V 的子空间,则存在 V_1 的唯一正交补 $V_1^{\perp}$,使得

$$V=V_1 \oplus V_1^{\perp}. \tag{3.4.1}$$

证明: 存在性.设 V_1 的维数为 m,且 $\{\varepsilon_i\}_1^m$ 是 V_1 的一个标准正交基.对任意 $\alpha \in V$,令

$$\alpha_1=(\alpha, \varepsilon_1)\varepsilon_1+(\alpha, \varepsilon_2)\varepsilon_2+\cdots+(\alpha, \varepsilon_m)\varepsilon_m, \ \alpha_2=\alpha-\alpha_1,$$

则 $\alpha_1 \in V_1$,且对 $i=1, 2, \cdots, m$,有

$$\begin{aligned}(\alpha_2, \varepsilon_i) &=(\alpha, \varepsilon_i)-(\alpha_1, \varepsilon_i)=(\alpha, \varepsilon_i)-\left(\sum_{j=1}^{m}(\alpha, \varepsilon_j)\varepsilon_j, \varepsilon_i\right) \\ &=(\alpha, \varepsilon_i)-(\alpha, \varepsilon_i)(\varepsilon_i, \varepsilon_i)=0.\end{aligned}$$

故 α_2 与 V_1 中的每个元都正交,即 $\alpha_2 \in V_1^{\perp}$.注意到 $\alpha=\alpha_1+\alpha_2$,因此有 $V=V_1+V_1^{\perp}$,再由 $V_1 \perp V_1^{\perp}$,即得正交分解 $V=V_1 \oplus V_1^{\perp}$.

唯一性.设 V_2,V_3 都是 V_1 的正交补,则对任意 $\alpha \in V_2 \subset V$,由存在性,有

$$\alpha=\alpha_1+\alpha_3, \ \alpha_1 \in V_1, \ \alpha_3 \in V_3.$$

又因为 $\alpha \in V_2 \perp V_1$,故 $\alpha \perp \alpha_1$,再结合 $\alpha_3 \perp \alpha_1$,可知

$$0=(\alpha, \alpha_1)=(\alpha_1+\alpha_3, \alpha_1)=(\alpha_1, \alpha_1)+(\alpha_3, \alpha_1)=(\alpha_1, \alpha_1),$$

从而有 $\alpha_1=\theta$,$\alpha=\theta+\alpha_3=\alpha_3 \in V_3$.故 $V_2 \subseteq V_3$.同理可证 $V_3 \subseteq V_2$.因此 $V_2=V_3$.

注: (1) 欧氏空间 V 的正交分解是特殊的直和分解.

(2) 欧氏空间 V 的正交分解可以推广到多个正交子空间的情形,即存在 V 的一组两两互相正交的子空间 $\{V_i\}_1^s$,使得 $V=V_1 \oplus V_2 \oplus \cdots \oplus V_s$.从基的角度并结合定理 2.3.9,说明将正交子空间 $\{V_i\}_1^s$ 的标准正交基拼合起来,即得 V 的一个标准正交基.

(3) 设 V_1 是 n 维欧氏空间 V 的子空间,$\dim V_1=n-1$,即 V_1 是超平面,且存在 $\eta \in V$ 满足 $\eta \perp V_1$,则不难想象 η 就是 V_1 的法向量.

类比 $\mathbb{R}^n$ 中的正交分解式(3.1.8),并将欧氏空间 V 的正交分解落实到分解式中各部分之间的关系之上,即得下述正交投影的概念.同时,正交分解定理就变形为下述的正交投影定理.

定义 3.4.2(正交投影) 设 V_1 是欧氏空间 V 的子空间.对任意 $\alpha \in V$,若有 $\alpha_1 \in V_1$,$\alpha_2 \in V_1^{\perp}$,使得 $\alpha=\alpha_1+\alpha_2$,则称 α_1 是 α 在 V_1 上的**正交投影**(orthogonal projection),称 α_2

是 α 在 $V_1^{\perp}$ 上的正交投影,并称 $\|\alpha_2\|$ 为 α 到 V_1 的距离,称 $\|\alpha_1\|$ 为 α 到 $V_1^{\perp}$ 的距离.

定理 3.4.2(正交投影定理) 设 V_1 是 n 维欧氏空间 V 的 $m(0\leqslant m\leqslant n)$ 维子空间,$\{\varepsilon_i\}_1^m$ 为 V_1 的一个标准正交基,则任意 $\alpha\in V$ 在 V_1 上存在唯一的正交投影

$$\alpha_1=(\alpha,\ \varepsilon_1)\varepsilon_1+(\alpha,\ \varepsilon_2)\varepsilon_2+\cdots+(\alpha,\ \varepsilon_m)\varepsilon_m. \tag{3.4.2}$$

例 3.4.1 已知 $\boldsymbol{\alpha}_1=(1,-1,1,-1)^{\mathrm{T}}$, $\boldsymbol{\alpha}_2=(0,1,1,0)^{\mathrm{T}}$, $W=\mathrm{span}\{\boldsymbol{\alpha}_1,\ \boldsymbol{\alpha}_2\}$ 是 $\mathbb{R}^4$ 的一个子空间.求向量 $\boldsymbol{\alpha}=(1,-3,1,-3)^{\mathrm{T}}$ 在 W 上的正交投影.

解法一:定义法.

令 $\boldsymbol{A}=(\boldsymbol{\alpha}_1,\ \boldsymbol{\alpha}_2)$,解得齐次线性方程组 $\boldsymbol{A}^{\mathrm{T}}\boldsymbol{x}=\boldsymbol{0}$ 的基础解系为

$$\boldsymbol{\alpha}_3=(2,1,-1,0)^{\mathrm{T}},\ \boldsymbol{\alpha}_4=(1,0,0,1)^{\mathrm{T}},$$

因此 $W^{\perp}=\mathrm{span}\{\boldsymbol{\alpha}_3,\ \boldsymbol{\alpha}_4\}$. 计算可知 $\alpha=2\boldsymbol{\alpha}_1-\boldsymbol{\alpha}_2-\boldsymbol{\alpha}_4=(2\boldsymbol{\alpha}_1-\boldsymbol{\alpha}_2)+(-1)\boldsymbol{\alpha}_4$,故所求为

$$2\boldsymbol{\alpha}_1-\boldsymbol{\alpha}_2=(2,-3,1,-2)^{\mathrm{T}}\in W.$$

解法二:QR 分解法.

令 $\boldsymbol{A}=(\boldsymbol{\alpha}_1,\ \boldsymbol{\alpha}_2)$,则其约化 QR 分解为 $\boldsymbol{A}=\boldsymbol{QR}$,其中

$$\boldsymbol{Q}=(\boldsymbol{q}_1,\ \boldsymbol{q}_2)=\begin{pmatrix}0.5 & 0\\ -0.5 & \sqrt{2}/2\\ 0.5 & \sqrt{2}/2\\ -0.5 & 0\end{pmatrix}.$$

根据式(3.4.2),可知所求为

$$(\boldsymbol{\alpha},\ \boldsymbol{q}_1)\boldsymbol{q}_1+(\boldsymbol{\alpha},\ \boldsymbol{q}_2)\boldsymbol{q}_2=4\boldsymbol{q}_1-\sqrt{2}\boldsymbol{q}_2=(2,-3,1,-2)^{\mathrm{T}}.$$

本例的 MATLAB 代码实现,详见本书配套程序 exm312.

众所周知,微积分的基础之一就是解析几何,因此微积分的许多知识(包括多元函数极值理论)都可以从几何视角来理解.例如,求 $\mathbb{R}^3$ 中定点 $P(a,\ b,\ c)$ 到平面 π 的最短距离问题,就是对任意 $Q(x,\ y,\ z)\in\pi$,求三元函数 $d(x,\ y,\ z)=|\overrightarrow{PQ}|=\sqrt{(x-a)^2+(y-b)^2+(z-c)^2}$ 的极小值问题,也就是找到某个 $Q_0(x_0,\ y_0,\ z_0)\in\pi$,使得 $d(x_0,\ y_0,\ z_0)=|\overrightarrow{PQ_0}|\leqslant|\overrightarrow{PQ}|=d(x,\ y,\ z)$.

将这种几何视角应用到一般的欧氏空间 V,并注意到范数是长度和距离的推广概念,

就得到了最佳逼近的几何概念.

定义 3.4.3(最佳逼近) 设V_1是有限维欧氏空间V的子空间.对给定的$\alpha \in V$及任意$\gamma \in V_1$,如果存在$\beta \in V_1$,使得$\| \beta - \alpha \| \leqslant \| \gamma - \alpha \|$,则称$\beta$为$\alpha$在子空间$V_1$上的**最佳逼近**(best approximation).

定理 3.4.3(最佳逼近定理) 设V_1是有限维欧氏空间V的子空间,则$\alpha_1 \in V_1$是给定的$\alpha \in V$在V_1上的最佳逼近的充要条件是$\alpha_2 = \alpha - \alpha_1 \in V_1^{\perp}$,即$\alpha_1$是$\alpha$在$V_1$上的正交投影.

证明: 必要性.设$\alpha_1 \in V_1$是α在V_1上的最佳逼近,但$\alpha_2 = \alpha - \alpha_1$不正交于$V_1$,则在$V_1$中至少有一个非零单位元$\beta$(取单位元是为了后续计算方便),使得$t = (\alpha_2, \beta) \neq 0$.

令$\gamma = \alpha_1 + t\beta$,则$\gamma \in V_1$,并且

$$\| \alpha - \gamma \|^2 = (\alpha_2 - t\beta, \alpha_2 - t\beta) = \| \alpha_2 \|^2 - t^2 = \| \alpha - \alpha_1 \|^2 - t^2.$$

因为$t^2 > 0$,所以$\| \alpha - \gamma \| < \| \alpha - \alpha_1 \|$. 因此$\alpha_1$不是$\alpha$在$V_1$上的最佳逼近.出现矛盾.

充分性.设$\alpha_1 \in V_1$且$\alpha_2 = \alpha - \alpha_1 \perp V_1$,则对任意的$\beta \in V_1$,显然有$\alpha_1 - \beta \in V_1$.故由勾股定理,有

$$\| \alpha - \beta \|^2 = \| (\alpha - \alpha_1) + (\alpha_1 - \beta) \|^2 = \| \alpha - \alpha_1 \|^2 + \| \alpha_1 - \beta \|^2 \geqslant \| \alpha - \alpha_1 \|^2,$$

因此α_1是α在V_1上的最佳逼近.

正交投影就是最佳逼近,这显然是正交投影所具有的良好几何性质,因此根据正交投影定理和最佳逼近定理,$\alpha \in V$在V_1上的最佳逼近α_1存在且唯一,其表达式就是式(3.4.2).

最后,用正交分解的视角来处理 2.1.1 小节末尾的思考题.易知齐次线性方程组$\boldsymbol{Ax} = \boldsymbol{0}$显然等价于$(\boldsymbol{\beta}_1, \boldsymbol{x}) = \boldsymbol{0}, (\boldsymbol{\beta}_2, \boldsymbol{x}) = \boldsymbol{0}, \cdots, (\boldsymbol{\beta}_m, \boldsymbol{x}) = \boldsymbol{0}$,这里$\{\boldsymbol{\beta}_i^{\mathrm{T}}\}_1^m$为矩阵$\boldsymbol{A}$的行向量组,即$\boldsymbol{A}^{\mathrm{T}} = (\boldsymbol{\beta}_1, \boldsymbol{\beta}_2, \cdots, \boldsymbol{\beta}_m)$. 因此求方程组$\boldsymbol{Ax} = \boldsymbol{0}$的解向量,就是求所有与向量组$\{\boldsymbol{\beta}_i\}_1^m$都正交的向量.换言之,求矩阵$\boldsymbol{A}$的零空间$N(\boldsymbol{A})$,就是求$\mathrm{span}\{\boldsymbol{\beta}_1, \boldsymbol{\beta}_2, \cdots, \boldsymbol{\beta}_m\} = R(\boldsymbol{A}^{\mathrm{T}})$的正交补空间.

定理 3.4.4 对任意$\boldsymbol{A} \in \mathbb{R}^{m \times n}$,有

$$R(\boldsymbol{A})^{\perp} = N(\boldsymbol{A}^{\mathrm{T}}),\ R(\boldsymbol{A}) \oplus N(\boldsymbol{A}^{\mathrm{T}}) = \mathbb{R}^m,$$
$$R(\boldsymbol{A}^{\mathrm{T}})^{\perp} = N(\boldsymbol{A}),\ R(\boldsymbol{A}^{\mathrm{T}}) \oplus N(\boldsymbol{A}) = \mathbb{R}^n.$$

证明: 设$\boldsymbol{A} = (\boldsymbol{\alpha}_1, \boldsymbol{\alpha}_2, \cdots, \boldsymbol{\alpha}_n) \in \mathbb{R}^{m \times n}$, $j = 1, 2, \cdots, n$,则

$$
\begin{aligned}
R(\mathbf{A})^{\perp} &= \{\boldsymbol{\beta} \mid \boldsymbol{\beta} \perp (k_1\boldsymbol{\alpha}_1 + k_2\boldsymbol{\alpha}_2 + \cdots + k_n\boldsymbol{\alpha}_n),\ k_j \in \mathbb{R}\} \\
&= \{\boldsymbol{\beta} \mid \boldsymbol{\beta} \perp \boldsymbol{\alpha}_j\} = \{\boldsymbol{\beta} \mid \boldsymbol{\alpha}_j^{\mathrm{T}}\boldsymbol{\beta} = 0\} = \{\boldsymbol{\beta} \mid \mathbf{A}^{\mathrm{T}}\boldsymbol{\beta} = \mathbf{0}\} = N(\mathbf{A}^{\mathrm{T}}),
\end{aligned}
$$

所以 $\mathbb{R}^m = R(\mathbf{A}) \oplus R(\mathbf{A})^{\perp} = R(\mathbf{A}) \oplus N(\mathbf{A}^{\mathrm{T}})$.

以矩阵 $\mathbf{A}^{\mathrm{T}}$ 替换上式中的 $\mathbf{A}$，即得 $R(\mathbf{A}^{\mathrm{T}}) \oplus N(\mathbf{A}) = \mathbb{R}^n$.

3.4.2 最小二乘法

一般将最小二乘法归功于高斯，因为他声称自己在1794年进行大地测量研究时首创了此法，并在1801年计算谷神星的轨道时使用了这种方法（正式发表于1809年）.但他与法国数学家勒让德（Legendre，1752—1833）之间存在优先权之争，因为后者在1805年正式出版的《计算彗星轨道的新方法》的附录之中叙述了最小二乘法的基本思路、具体做法及其优点.如今最小二乘法已广泛应用于信号处理、自动控制、物理学、统计学、经济学等科学与工程领域，以至于有数学史家不禁感慨："也许19世纪最为重要的统计方法非最小二乘法莫属"[84: P978].

例 3.4.2 试用代数多项式曲线拟合下列数据：

x_i	1	3	4	5	6	7	8	9	10
y_i	10	5	4	2	1	1	2	3	4

解：如图3-7所示，这组数据的变化趋势接近于抛物线，故设所求代数多项式为

$$y(x) = c_0 + c_1 x + c_2 x^2,$$

并记 $\mathbf{A} = (x_i^j)_{9\times 3}(i = 1, 2, \cdots, 9;\ j = 0, 1, 2)$，$\boldsymbol{c} = (c_0, c_1, c_2)^{\mathrm{T}}$，$\boldsymbol{b} = (10, 5, 4, 2, 1, 1, 2, 3, 4)^{\mathrm{T}}$，则问题转化为求解非齐次线性方程组 $\mathbf{A}\boldsymbol{c} = \boldsymbol{b}$.

问题是这个方程组显然无解，因为抛物线显然不经过所有的点.那么问题来了：在不允许丢弃部分数据点的前提下，如何用这9个数据点求出所需的3个系数？

在19世纪的天文学研究中，为了精准确定行星轨道的数学模型，需要观测数据，但由于仪器等的影响，观测存在无法控制的误差.好在天文学家能够对同一天体进行多次观测，这就产生了过量数据的问题.具体到他们最终需要求解的线性方程组 $\mathbf{A}\boldsymbol{x} = \boldsymbol{b}$，就是其中方程的数量远远超过了未知数的数量，即方程组是**超定的**（over-determined）.同时这些方程组一般也是不相容的（incompatible），即它没有理论解（精确解）.去掉一些方程（也就

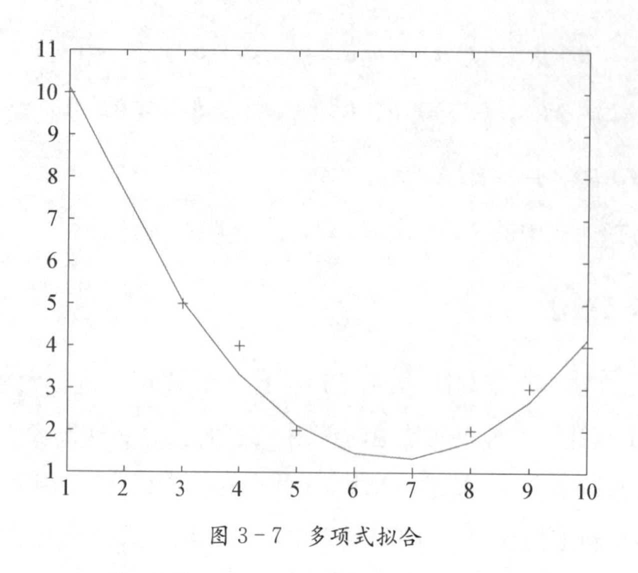

图 3-7 多项式拟合

是抛弃部分数据)使得方程组相容显然不是个好办法,于是高斯等数学家"退而求其次",改为找出它在某种规则下的最优近似解.最小二乘就是一种考虑误差的整体均衡性的典型规则.

定义 3.4.4(最小二乘解) 设 $\boldsymbol{A}=(a_{ij})\in\mathbb{R}^{m\times n}$, $\boldsymbol{b}=(b_1, b_2, \cdots, b_m)^{\mathrm{T}}\in\mathbb{R}^m$, $\boldsymbol{x}=(x_1, x_2, \cdots, x_n)^{\mathrm{T}}\in\mathbb{R}^n$. 对于不相容线性方程组 $\boldsymbol{Ax}=\boldsymbol{b}$, 若有 $\tilde{\boldsymbol{x}}=(\tilde{x}_1, \tilde{x}_2, \cdots, \tilde{x}_n)^{\mathrm{T}}\in\mathbb{R}^n$, 使得

$$\|\boldsymbol{A}\tilde{\boldsymbol{x}}-\boldsymbol{b}\|^2\leqslant\|\boldsymbol{Ax}-\boldsymbol{b}\|^2, \tag{3.4.3}$$

则称 $\tilde{\boldsymbol{x}}$ 为方程组 $\boldsymbol{Ax}=\boldsymbol{b}$ 的**最小二乘解**(least square solution),称其求法为**最小二乘法**(least square method).

根据微积分的多元函数极值理论,令

$$f(\boldsymbol{x})=\|\boldsymbol{Ax}-\boldsymbol{b}\|^2=\sum_{i=1}^{m}(a_{i1}x_1+a_{i2}x_2+\cdots+a_{in}x_n-b_i)^2,$$

则多元函数 $f(\boldsymbol{x})$ 的最小值满足条件 $\dfrac{\partial f}{\partial x_k}=0\ (k=1, 2, \cdots, n)$, 即

$$0=\sum_{i=1}^{m}2a_{ik}(a_{i1}x_1+\cdots+a_{in}x_n-b_i).$$

写成矩阵形式,则为

$$\begin{pmatrix} a_{11} & \cdots & a_{m1} \\ \vdots & \ddots & \vdots \\ a_{1n} & \cdots & a_{mn} \end{pmatrix} \begin{pmatrix} a_{11}x_1 + \cdots + a_{1n}x_n - b_1 \\ \vdots \\ a_{m1}x_1 + \cdots + a_{mn}x_n - b_m \end{pmatrix} = \begin{pmatrix} 0 \\ \vdots \\ 0 \end{pmatrix},$$

也就是

$$\boldsymbol{A}^{\mathrm{T}}(\boldsymbol{A}\boldsymbol{x} - \boldsymbol{b}) = \boldsymbol{0} \text{ 或 } \boldsymbol{A}^{\mathrm{T}}\boldsymbol{A}\boldsymbol{x} = \boldsymbol{A}^{\mathrm{T}}\boldsymbol{b}. \tag{3.4.4}$$

注：(1) 称式(3.4.4)为**法方程**(normal equation).最小二乘解虽然不是不相容线性方程组 $\boldsymbol{A}\boldsymbol{x}=\boldsymbol{b}$ 的理论解，它却是法方程(3.4.4)的理论解.

(2) 对原方程组 $\boldsymbol{A}\boldsymbol{x}=\boldsymbol{b}$ 两边左乘 $\boldsymbol{A}^{\mathrm{T}}$，就得到了法方程.对于瘦长型高维数据矩阵 $\boldsymbol{A}$，法方程系数矩阵 $\boldsymbol{A}^{\mathrm{T}}\boldsymbol{A}$ 的维数明显低的多，而且所有数据都参与了 $\boldsymbol{A}^{\mathrm{T}}\boldsymbol{A}$ 的构造，因此这种预处理操作起到了降维(dimension reduction)的效果.

上述最小二乘法的推导，依托的是多元函数极值理论，因此也可用最佳逼近来进行几何解释.如图 3-8 所示，范数 $r(\tilde{\boldsymbol{x}}) = \|\boldsymbol{A}\tilde{\boldsymbol{x}} - \boldsymbol{b}\|$ 表示 $\boldsymbol{b}$ 到 $\boldsymbol{A}\tilde{\boldsymbol{x}}$ 的距离，$r(\boldsymbol{x}) = \|\boldsymbol{A}\boldsymbol{x} - \boldsymbol{b}\|$ 则表示 $\boldsymbol{b}$ 到 $\boldsymbol{A}\boldsymbol{x}$ 的距离.显然 $\boldsymbol{A}\tilde{\boldsymbol{x}}$，$\boldsymbol{A}\boldsymbol{x} \in R(\boldsymbol{A})$，因此 $r(\tilde{\boldsymbol{x}}) \leqslant r(\boldsymbol{x})$ 即为在 $R(\boldsymbol{A})$ 中找出向量 $\boldsymbol{A}\tilde{\boldsymbol{x}}$，使得向量 $\boldsymbol{b}$ 到 $\boldsymbol{A}\tilde{\boldsymbol{x}}$ 的距离比 $\boldsymbol{b}$ 到子空间 $R(\boldsymbol{A})$ 中其他向量的距离都短，这样求最小二乘解的问题就转化为求向量 $\boldsymbol{b}$ 在 $R(\boldsymbol{A})$ 上的最佳逼近 $\boldsymbol{A}\tilde{\boldsymbol{x}}$，这在直观上显然又与正交投影有关.

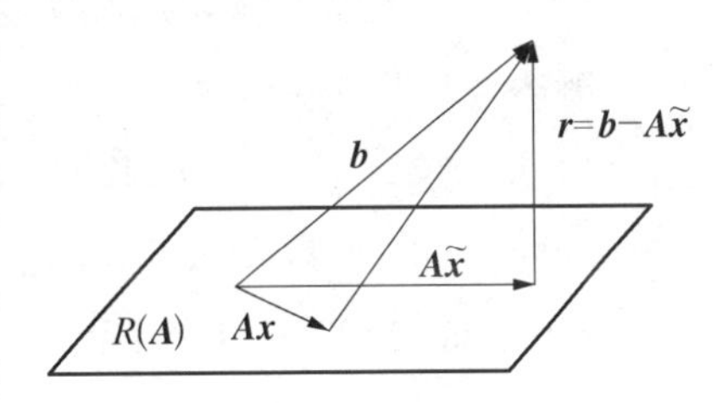

图 3-8 用最佳逼近解释最小二乘法

根据最佳逼近定理，令 $\boldsymbol{A}=(\boldsymbol{\alpha}_1, \boldsymbol{\alpha}_2, \cdots, \boldsymbol{\alpha}_n)$，并记 $\boldsymbol{r}=\boldsymbol{b}-\boldsymbol{A}\tilde{\boldsymbol{x}}$，则最小二乘解 $\tilde{\boldsymbol{x}}$ 满足 $\boldsymbol{r} \perp R(\boldsymbol{A})$. 因此 $\boldsymbol{r} \perp \boldsymbol{\alpha}_j$，$\boldsymbol{\alpha}_j^{\mathrm{T}}\boldsymbol{r}=0$ $(j=1, 2, \cdots, n)$，此即 $\boldsymbol{\alpha}_j^{\mathrm{T}}(\boldsymbol{b}-\boldsymbol{A}\tilde{\boldsymbol{x}})=0$，也就是 $\boldsymbol{\alpha}_j^{\mathrm{T}}\boldsymbol{A}\tilde{\boldsymbol{x}}=\boldsymbol{\alpha}_j^{\mathrm{T}}\boldsymbol{b}$，写成矩阵形式，就是 $\boldsymbol{A}^{\mathrm{T}}\boldsymbol{A}\tilde{\boldsymbol{x}}=\boldsymbol{A}^{\mathrm{T}}\boldsymbol{b}$，这说明最小二乘解 $\tilde{\boldsymbol{x}}$ 是法方程(3.4.4)的理论解.这就从几何角度解释了法方程的由来.

回到例 3.4.2，则其剩下的解答过程为：

方程 $\boldsymbol{A}\boldsymbol{c}=\boldsymbol{b}$ 两边左乘 $\boldsymbol{A}^{\mathrm{T}}$，即得法方程 $\boldsymbol{A}^{\mathrm{T}}\boldsymbol{A}\boldsymbol{c}=\boldsymbol{A}^{\mathrm{T}}\boldsymbol{b}$，其中

$$\boldsymbol{A}^{\mathrm{T}}\boldsymbol{A} = \begin{pmatrix} 9 & 53 & 381 \\ 53 & 381 & 3\,017 \\ 381 & 3\,017 & 25\,317 \end{pmatrix}, \quad \boldsymbol{A}^{\mathrm{T}}\boldsymbol{b} = \begin{pmatrix} 32 \\ 143 \\ 1\,025 \end{pmatrix},$$

解得 $\boldsymbol{c}=(\boldsymbol{A}^{\mathrm{T}}\boldsymbol{A})^{-1}(\boldsymbol{A}^{\mathrm{T}}\boldsymbol{b})=(13.459\,7, -3.605\,3, 0.267\,6)^{\mathrm{T}}$，故所求为

$$y = 13.459\,7 - 3.605\,3x + 0.267\,6x^2.$$

MATLAB 提供了内置函数 polyfit,可以实现多项式拟合,调用格式为

```
p = polyfit(x,y,n)
```

其中,$\boldsymbol{x}$, $\boldsymbol{y}$ 为数据的横坐标向量及纵坐标向量;n 为多项式的次数;返回的 $\boldsymbol{p}$ 为拟合多项式的系数向量,按降幂排列.

MATLAB 还提供了内置函数 pinv,可用于计算 $(\boldsymbol{A}^{\mathrm{T}}\boldsymbol{A})^{-1}\boldsymbol{A}^{\mathrm{T}}$, 这里 pinv 是 Moore-Penrose **p**seudo**inv**erse(M-P 伪逆或广义逆)的缩称.其调用格式为

```
B = pinv(A)
```

本例的 MATLAB 代码实现,详见本书配套程序 exm313.

最小二乘法也可用于求解例 3.4.1.

解法三: 最小二乘法.

令 $\boldsymbol{A}=(\boldsymbol{\alpha}_1, \boldsymbol{\alpha}_2)$, 可得最小二乘解 $\boldsymbol{c}=(\boldsymbol{A}^{\mathrm{T}}\boldsymbol{A})^{-1}\boldsymbol{A}^{\mathrm{T}}\boldsymbol{\alpha}=(2, -1)^{\mathrm{T}}$, 故所求为 $\boldsymbol{z}=\boldsymbol{A}\boldsymbol{c}=2\boldsymbol{\alpha}_1-\boldsymbol{\alpha}_2=(2, -3, 1, -2)^{\mathrm{T}}$. 这显然是定义法的程式化形式.

本解法的 MATLAB 代码实现,详见本书配套程序 exm312.

3.5 解大规模线性方程组的子空间迭代法

3.5.1 Galerkin 原理

在许多大规模计算问题中,矩阵 $\boldsymbol{A}$ 一般是稀疏矩阵.考虑大规模稀疏线性方程组

$$\boldsymbol{A}\boldsymbol{x}=\boldsymbol{b}, \tag{3.5.1}$$

其中 $\boldsymbol{A}\in\mathbb{R}^{n\times n}$ 是可逆矩阵, $\boldsymbol{b}\in\mathbb{R}^n$ 也是已知的向量.

将 $\boldsymbol{A}^{-1}$ 展开为已知矩阵 $\boldsymbol{A}$ 的多项式(即习题 2.60),以便使用迭代法.联想到 C-H 定理,设 $\boldsymbol{A}$ 的特征多项式为 $\varphi(\lambda)=\lambda^n+a_{n-1}\lambda^{n-1}+\cdots+a_1\lambda+a_0$, 则

$$\varphi(\boldsymbol{A})=\boldsymbol{A}^n+a_{n-1}\boldsymbol{A}^{n-1}+\cdots+a_1\boldsymbol{A}+a_0\boldsymbol{I}=\boldsymbol{O}.$$

两边乘以 $\boldsymbol{A}^{-1}$, 当 $a_0\neq 0$ 时(注意到 $a_0=\varphi(0)$, 因此 $a_0\neq 0$, 为什么?),有

$$\boldsymbol{A}^{-1}=-a_0^{-1}(\boldsymbol{A}^{n-1}+a_{n-1}\boldsymbol{A}^{n-2}+\cdots+a_1\boldsymbol{I}),$$

则线性方程组(3.5.1)的解为 $\boldsymbol{x}=\boldsymbol{A}^{-1}\boldsymbol{b}=-a_0^{-1}(\boldsymbol{A}^{n-1}\boldsymbol{b}+a_{n-1}\boldsymbol{A}^{n-2}\boldsymbol{b}+\cdots+a_1\boldsymbol{b})$, 这说明

$$\boldsymbol{x} \in \operatorname{span}\{\boldsymbol{b}, \boldsymbol{A}\boldsymbol{b}, \cdots, \boldsymbol{A}^{n-1}\boldsymbol{b}\}.$$

定义 3.5.1(Krylov 子空间) 对任意 $\boldsymbol{A} \in \mathbb{R}^{n\times n}$ 和向量 $\boldsymbol{r} \in \mathbb{R}^n$，记

$$K(\boldsymbol{A}, \boldsymbol{r}, k) = \operatorname{span}\{\boldsymbol{r}, \boldsymbol{A}\boldsymbol{r}, \cdots, \boldsymbol{A}^{k-1}\boldsymbol{r}\}, \tag{3.5.2}$$

并称它为 **Krylov 子空间**.

苏联数学家克雷洛夫(A. Krylov，1863—1945)于 1931 年建议用矩阵序列 $\boldsymbol{x}, \boldsymbol{A}\boldsymbol{x}, \boldsymbol{A}^2\boldsymbol{x}, \cdots$ (源自特征值数值计算的幂法)来确定特征多项式的系数，后人将此矩阵序列所张成的空间命名为 Krylov 子空间.

利用 Krylov 子空间，就可在 $K(\boldsymbol{A}, \boldsymbol{b}, k)$ 中计算出 $\boldsymbol{x}^{(k)}$，并随着 k 的递增逐步扩张到计算 $\boldsymbol{x}^{(n)} \in K(\boldsymbol{A}, \boldsymbol{b}, n)$. 理论上，只需要 n 步迭代，就可得到 $\boldsymbol{x}^{(n)} = \boldsymbol{x} = \boldsymbol{A}^{-1}\boldsymbol{b}$.

事实上，若令 $\boldsymbol{x} = \boldsymbol{x}^{(0)} + \boldsymbol{z}$，$\boldsymbol{r}^{(0)} = \boldsymbol{b} - \boldsymbol{A}\boldsymbol{x}^{(0)}$，则方程组(3.5.1)等价于方程组

$$\boldsymbol{A}\boldsymbol{z} = \boldsymbol{r}^{(0)}, \tag{3.5.3}$$

并且 $\boldsymbol{z} \in K(\boldsymbol{A}, \boldsymbol{r}^{(0)}, k)$. 记 $K_k = K(\boldsymbol{A}, \boldsymbol{r}^{(0)}, k)$，因此只需在 Krylov 子空间 K_k 中计算出 $\boldsymbol{z}^{(k)}$，进而可利用 $\boldsymbol{x}^{(k)} = \boldsymbol{x}^{(0)} + \boldsymbol{z}^{(k)}$ 来确定 $\boldsymbol{x}^{(k)}$.

问题是如何在 K_k 中确定 $\boldsymbol{z}^{(k)}$ 呢？也就是说采用什么样的原理，才能够在子空间 K_k 中得到方程组(3.5.3)的最佳近似解 $\boldsymbol{z}^{(k)}$ 呢？对，最佳逼近！$\boldsymbol{z}^{(k)}$ 应该是 K_k 中的最佳逼近.也就是说，残差 $\boldsymbol{r}^{(0)} - \boldsymbol{A}\boldsymbol{z}^{(k)}$ 应该与某个子空间 L_k 正交.

Galerkin 原理：在 K_k 中找方程组(3.5.3)的近似解 $\boldsymbol{z}^{(k)}$，使得残差 $\boldsymbol{r}^{(0)} - \boldsymbol{A}\boldsymbol{z}^{(k)}$ 和 L_k 中的所有向量都正交，即求 $\boldsymbol{z}^{(k)} \in K_k$，使得

$$\boldsymbol{r}^{(0)} - \boldsymbol{A}\boldsymbol{z}^{(k)} \perp \boldsymbol{w}^{(k)}, \quad \boldsymbol{w}^{(k)} \in L_k, \tag{3.5.4}$$

其中，$K_k = \operatorname{span}\{\boldsymbol{v}_1, \boldsymbol{v}_2, \cdots, \boldsymbol{v}_k\}$ 和 $L_k = \operatorname{span}\{\boldsymbol{w}_1, \boldsymbol{w}_2, \cdots, \boldsymbol{w}_k\}$ 都是 $\mathbb{R}^n$ 的 k 维子空间.

令 $\boldsymbol{V}_k = (\boldsymbol{v}_1, \boldsymbol{v}_2, \cdots, \boldsymbol{v}_k)$，$\boldsymbol{W}_k = (\boldsymbol{w}_1, \boldsymbol{w}_2, \cdots, \boldsymbol{w}_k)$. 由于 $\boldsymbol{z}^{(k)} \in K_k$，故 $\boldsymbol{z}^{(k)}$ 可表示为

$$\boldsymbol{z}^{(k)} = \boldsymbol{V}_k \boldsymbol{y}^{(k)}, \quad \boldsymbol{y}^{(k)} \in \mathbb{R}^k. \tag{3.5.5}$$

于是式(3.5.4)被改写为 $\boldsymbol{W}_k^{\mathrm{T}}(\boldsymbol{r}^{(0)} - \boldsymbol{A}\boldsymbol{V}_k\boldsymbol{y}^{(k)}) = \boldsymbol{0}$，也就是 Galerkin 原理的矩阵形式为

$$\boldsymbol{W}_k^{\mathrm{T}}\boldsymbol{A}\boldsymbol{V}_k\boldsymbol{y}^{(k)} = \boldsymbol{W}_k^{\mathrm{T}}\boldsymbol{r}^{(0)}. \tag{3.5.6}$$

假设系数矩阵 $\boldsymbol{B} = \boldsymbol{W}_k^{\mathrm{T}}\boldsymbol{A}\boldsymbol{V}_k$ 可逆，则由方程(3.5.6)可求出 $\boldsymbol{y}^{(k)}$，进而由式(3.5.5)即可得出方程组(3.5.3)的近似解 $\boldsymbol{z}^{(k)}$.

Galerkin 原理说明子空间 K_k 未必一定要选择 $K(\boldsymbol{A},\ \boldsymbol{r}^{(0)},\ k)$. 这就留下了巨大的选择空间,即如何选取 K_k 和 L_k,以及如何选择它们的基底 $\{\boldsymbol{v}_i\}_1^k$ 和 $\{\boldsymbol{w}_i\}_1^k$. 显然不同的选择给出了方程组(3.5.3)基于 Galerkin 原理的不同算法,统称为求解线性方程组的**投影类算法**(projection method),其中取 $K_k=K(\boldsymbol{A},\ \boldsymbol{r}^{(0)},k)$ 的算法统称为 **Krylov 子空间法**.从计算量来看,这些子空间的规模一般要远远小于原始矩阵 $\boldsymbol{A}$ 的规模,因此大规模问题被降维为中规模乃至小规模问题.这就解释了何以近几十年来,Krylov 子空间法事实上已成为破解"维数灾难"的"灵丹妙药".

3.5.2 FOM 法

在 Krylov 子空间法中,就 L_k 的选取而言,考虑到计算要简单,经常用到以下两种选择,其一是干脆直接取 $L_k=K_k$,这就是下面要讨论的 **Arnoldi 算法**,其中构造 K_k 的正交基 $\{\boldsymbol{v}_i\}_1^k$ 的过程被称为 **Arnoldi 过程**,正交基 $\{\boldsymbol{v}_i\}_1^k$ 被称为 **Arnoldi 向量.**

由于张成 K_k 的 $\boldsymbol{r}^{(0)},\ \boldsymbol{A}\boldsymbol{r}^{(0)},\ \cdots,\ \boldsymbol{A}^{k-1}\boldsymbol{r}^{(0)}$ 是线性无关的(留作练习),因此 Arnoldi 过程可采用 Gram-Schmidt 正交化过程,即

$$\boldsymbol{v}_1=\frac{\boldsymbol{r}^{(0)}}{\|\boldsymbol{r}^{(0)}\|},\ \widetilde{\boldsymbol{v}}_{k+1}=\boldsymbol{A}\boldsymbol{v}_k-\sum_{i=1}^{k}h_{ik}\boldsymbol{v}_i,\ \boldsymbol{v}_{k+1}=\frac{\widetilde{\boldsymbol{v}}_{k+1}}{\|\widetilde{\boldsymbol{v}}_{k+1}\|}, \tag{3.5.7}$$

其中,$h_{ik}=(\boldsymbol{A}\boldsymbol{v}_k,\ \boldsymbol{v}_i)$,并记 $h_{k+1,k}=\|\widetilde{\boldsymbol{v}}_{k+1}\|$. 变形式(3.5.7),可得

$$\begin{cases}\boldsymbol{A}\boldsymbol{v}_1=h_{11}\boldsymbol{v}_1+h_{21}\boldsymbol{v}_2,\\ \boldsymbol{A}\boldsymbol{v}_2=h_{12}\boldsymbol{v}_1+h_{22}\boldsymbol{v}_2+h_{32}\boldsymbol{v}_3,\\ \cdots\\ \boldsymbol{A}\boldsymbol{v}_k=h_{1k}\boldsymbol{v}_1+\cdots+h_{kk}\boldsymbol{v}_k+h_{k+1,k}\boldsymbol{v}_{k+1},\end{cases}$$

写成矩阵形式,就是

$$\boldsymbol{A}\boldsymbol{V}_k=\boldsymbol{V}_k\boldsymbol{H}_k+\boldsymbol{u}_k\boldsymbol{e}_k^{\mathrm{T}}=\boldsymbol{V}_{k+1}\widetilde{\boldsymbol{H}}_k, \tag{3.5.8}$$

其中,$\boldsymbol{V}_k=(\boldsymbol{v}_1,\ \boldsymbol{v}_2,\ \cdots,\ \boldsymbol{v}_k)$,$\boldsymbol{H}_k=\begin{pmatrix}h_{11} & h_{12} & \cdots & h_{1k}\\ h_{21} & h_{22} & \cdots & h_{2k}\\ & \ddots & \ddots & \vdots\\ & & h_{k,k-1} & h_{kk}\end{pmatrix}$ 是**上 Hessenberg 矩阵**;$\boldsymbol{u}_k=h_{k+1,k}\boldsymbol{v}_{k+1}$;$\boldsymbol{e}_k$ 是 k 阶单位矩阵的第 k 列;$\widetilde{\boldsymbol{H}}_k=\begin{pmatrix}\boldsymbol{H}_k\\ h_{k+1,k}\boldsymbol{e}_k^{\mathrm{T}}\end{pmatrix}$ 是 $(k+1)\times k$ 阶矩阵,其最后

一行除最后一个元素 $h_{k+1,k}$ 外全是零元素.

称式(3.5.8)为矩阵 $\boldsymbol{A}$ 的 **Hessenberg 分解**,其效果如图 3－9 所示.注意到 $\boldsymbol{V}_k^{\mathrm{T}}\boldsymbol{V}_k=\boldsymbol{I}$ 以及 $\boldsymbol{V}_k^{\mathrm{T}}\boldsymbol{v}_{k+1}=\boldsymbol{0}$, 用 $\boldsymbol{V}_k^{\mathrm{T}}$ 左乘式(3.5.8)两边,即得

$$\boldsymbol{V}_k^{\mathrm{T}}\boldsymbol{A}\boldsymbol{V}_k=\boldsymbol{H}_k. \tag{3.5.9}$$

取 $\boldsymbol{W}_k=\boldsymbol{V}_k$ 并令 $\beta_0=\|\boldsymbol{r}^{(0)}\|$, 则方程(3.5.6)变成了

$$\boldsymbol{V}_k^{\mathrm{T}}\boldsymbol{A}\boldsymbol{V}_k\boldsymbol{y}^{(k)}=\beta_0\boldsymbol{V}_k^{\mathrm{T}}\boldsymbol{v}_1. \tag{3.5.10}$$

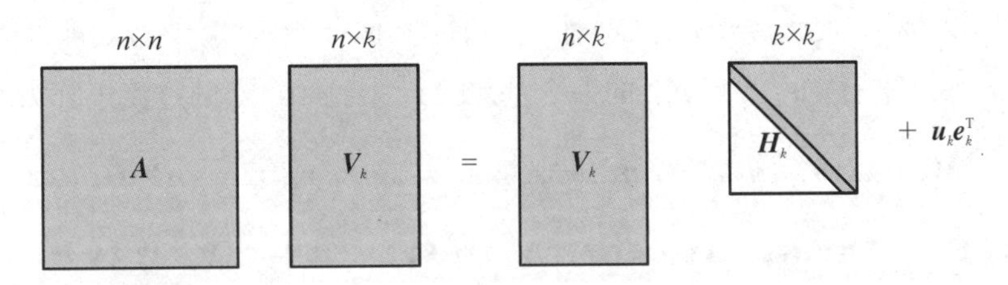

图 3－9　矩阵 $\boldsymbol{A}$ 的 Hessenberg 分解

注意到 $\boldsymbol{v}_1=\boldsymbol{V}_k\boldsymbol{e}_1$, 这里 $\boldsymbol{e}_1$ 是 k 阶单位矩阵的第一列,再结合式(3.5.9),可知

$$\boldsymbol{H}_k\boldsymbol{y}^{(k)}=\beta_0\boldsymbol{e}_1. \tag{3.5.11}$$

如果 $\boldsymbol{H}_k$ 可逆且 k 比较小,则可以用直接法求解方程组(3.5.11),进而求得原方程组(3.5.1)的近似解 $\boldsymbol{x}^{(k)}$. 这种求解方法称为 **Arnoldi 完全正交化法**(Full Orthogonalization Method),简称 **FOM 法**.显然 FOM 法最大的问题是 $\boldsymbol{H}_k$ 可能奇异,此时算法会出现恶性中断.

关于 Arnoldi 算法的敛散性,可以证明如下的误差估计式.

定理 3.5.1　用 FOM 法得到的近似解 $\boldsymbol{x}^{(k)}$ 的残差的大小为

$$\|\boldsymbol{r}^{(k)}\|=h_{k+1,k}\,|\,\boldsymbol{e}_k^{\mathrm{T}}\boldsymbol{y}_k\,|. \tag{3.5.12}$$

证明: 利用 $\boldsymbol{x}^{(k)}=\boldsymbol{x}^{(0)}+\boldsymbol{z}^{(k)}$, 式(3.5.8)及式(3.5.11),并注意到 $\boldsymbol{v}_1=\boldsymbol{V}_k\boldsymbol{e}_1$, 可知

$$\begin{aligned}\boldsymbol{r}^{(k)}&=\boldsymbol{b}-\boldsymbol{A}\boldsymbol{x}^{(k)}=\boldsymbol{b}-\boldsymbol{A}(\boldsymbol{x}^{(0)}+\boldsymbol{V}_k\boldsymbol{y}_k)=\boldsymbol{r}^{(0)}-\boldsymbol{A}\boldsymbol{V}_k\boldsymbol{y}_k=\beta_0\boldsymbol{v}_1-\boldsymbol{V}_k\boldsymbol{H}_k\boldsymbol{y}_k-\boldsymbol{u}_k\boldsymbol{e}_k^{\mathrm{T}}\boldsymbol{y}_k\\&=\beta_0\boldsymbol{v}_1-\boldsymbol{V}_k\beta_0\boldsymbol{e}_1-h_{k+1,k}\boldsymbol{v}_{k+1}\boldsymbol{e}_k^{\mathrm{T}}\boldsymbol{y}_k=-h_{k+1,k}(\boldsymbol{e}_k^{\mathrm{T}}\boldsymbol{y}_k)\boldsymbol{v}_{k+1}.\end{aligned}$$

由于 $\|\boldsymbol{v}_{k+1}\|=1$, 因此 $\|\boldsymbol{r}^{(k)}\|=h_{k+1,k}\,|\,\boldsymbol{e}_k^{\mathrm{T}}\boldsymbol{y}_k\,|$.

FOM 法的 MATLAB 代码实现,详见本书配套程序 fom,其中使用了 Nick Higham 开发的"The Matrix Function Toolbox"(即本书配套程序中的文件夹 mftoolbox).测试此

自定义函数 fom 的测试文件,详见本书配套程序 exm314.

3.5.3 GMRES 法

在 Krylov 子空间法中,选取 L_k 的另一种方式就是取 $L_k=\boldsymbol{A}K_k$(请读者思考一下怎么会想到这种取法?),这就得到了更有用的**广义极小残余法**(Generalized Minimum RESidual method),简称 **GMRES 法**,其好处是不会出现恶性中断,即式(3.5.6)中的矩阵 $\boldsymbol{B}=\boldsymbol{W}_k^{\mathrm{T}}\boldsymbol{A}\boldsymbol{V}_k$ 肯定是可逆的.

事实上,设 $\{\boldsymbol{w}_i\}_1^k$ 是 $L_k=\boldsymbol{A}K_k$ 的一个基,则每个 $\boldsymbol{w}_i(i=1,2,\cdots,k)$ 都可以写成 $\boldsymbol{w}_i=\boldsymbol{A}\boldsymbol{u}_i$,其中 $\boldsymbol{u}_i\in K_k$ 且 $\{\boldsymbol{u}_i\}_1^k$ 是 K_k 的一个基.设 $\{\boldsymbol{v}_i\}_1^k$ 到 $\{\boldsymbol{u}_i\}_1^k$ 的过渡矩阵为 $\boldsymbol{G}_k$,则

$$\boldsymbol{W}_k=\boldsymbol{A}(\boldsymbol{u}_1,\boldsymbol{u}_2,\cdots,\boldsymbol{u}_k)=\boldsymbol{A}(\boldsymbol{v}_1,\boldsymbol{v}_2,\cdots,\boldsymbol{v}_k)\boldsymbol{G}_k=\boldsymbol{A}\boldsymbol{V}_k\boldsymbol{G}_k,$$

从而 $\boldsymbol{B}=\boldsymbol{W}_k^{\mathrm{T}}\boldsymbol{A}\boldsymbol{V}_k=(\boldsymbol{A}\boldsymbol{V}_k\boldsymbol{G}_k)^{\mathrm{T}}\boldsymbol{A}\boldsymbol{V}_k=\boldsymbol{G}_k^{\mathrm{T}}(\boldsymbol{A}\boldsymbol{V}_k)^{\mathrm{T}}(\boldsymbol{A}\boldsymbol{V}_k)$,其中 $(\boldsymbol{A}\boldsymbol{V}_k)^{\mathrm{T}}(\boldsymbol{A}\boldsymbol{V}_k)>0$,注意到 $\boldsymbol{G}_k$ 可逆,因此矩阵 $\boldsymbol{B}$ 是可逆的.

GMRES 法之所以被命名为"广义极小残余法",是因为按这种选取方式,并基于 Galerkin 原理计算近似解 $\tilde{\boldsymbol{x}}$,等价于用 $\tilde{\boldsymbol{x}}$ 在 $\boldsymbol{x}^{(0)}+K_k$ 中极小化 $r(\boldsymbol{x})=\|\boldsymbol{A}\boldsymbol{x}-\boldsymbol{b}\|^2$.

定理 3.5.2 用 GMRES 法得到的近似解 $\tilde{\boldsymbol{x}}$ 极小化 $r(\boldsymbol{x})=\|\boldsymbol{A}\boldsymbol{x}-\boldsymbol{b}\|^2$,即

$$r(\tilde{\boldsymbol{x}})=\min r(\boldsymbol{x}),\ \boldsymbol{x}\in\boldsymbol{x}^{(0)}+K_k.$$

证明: 对任意 $\boldsymbol{x}\in\boldsymbol{x}^{(0)}+\mathcal{K}_k$,显然有

$$\begin{aligned}r(\boldsymbol{x})&=\|\boldsymbol{A}\boldsymbol{x}-\boldsymbol{b}\|^2=\|(\boldsymbol{A}\tilde{\boldsymbol{x}}-\boldsymbol{b})-\boldsymbol{A}(\tilde{\boldsymbol{x}}-\boldsymbol{x})\|^2\\&=r(\tilde{\boldsymbol{x}})-2(\boldsymbol{A}\tilde{\boldsymbol{x}}-\boldsymbol{b},\boldsymbol{A}(\tilde{\boldsymbol{x}}-\boldsymbol{x}))+\|\boldsymbol{A}(\tilde{\boldsymbol{x}}-\boldsymbol{x})\|^2\\&=r(\tilde{\boldsymbol{x}})+\|\boldsymbol{A}(\tilde{\boldsymbol{x}}-\boldsymbol{x})\|^2\geqslant r(\tilde{\boldsymbol{x}}),\end{aligned}$$

其中利用了 $(\boldsymbol{A}\tilde{\boldsymbol{x}}-\boldsymbol{b},\boldsymbol{A}(\tilde{\boldsymbol{x}}-\boldsymbol{x}))=0$,这是因为此时 $\boldsymbol{A}(\tilde{\boldsymbol{x}}-\boldsymbol{x})\in L_k=\boldsymbol{A}K_k$,因此根据 Galerkin 原理,$\boldsymbol{A}(\tilde{\boldsymbol{x}}-\boldsymbol{x})$ 与 $\boldsymbol{A}\tilde{\boldsymbol{x}}-\boldsymbol{b}$ 正交.这就证明了定理的必要性.充分性的证明留作习题.

仍用 Arnoldi 过程来构造 K_k 的正交基 $\{\boldsymbol{v}_i\}_1^k$.对任意 $\boldsymbol{x}\in\boldsymbol{x}^{(0)}+K_k$,有 $\boldsymbol{z}=\boldsymbol{x}-\boldsymbol{x}^{(0)}\in K_k$,因此存在 $\boldsymbol{y}\in\mathbb{R}^k$,使得 $\boldsymbol{z}=\boldsymbol{V}_k\boldsymbol{y}$,从而

$$\begin{aligned}\|\boldsymbol{A}\boldsymbol{x}-\boldsymbol{b}\|&=\|\boldsymbol{A}(\boldsymbol{x}^{(0)}+\boldsymbol{z})-\boldsymbol{b}\|=\|\boldsymbol{A}\boldsymbol{z}-\boldsymbol{r}^{(0)}\|=\|\boldsymbol{A}\boldsymbol{V}_k\boldsymbol{y}-\boldsymbol{r}^{(0)}\|\\&=\|\boldsymbol{V}_{k+1}\widetilde{\boldsymbol{H}}_k\boldsymbol{y}-\boldsymbol{r}^{(0)}\|_2=\|\boldsymbol{V}_{k+1}\widetilde{\boldsymbol{H}}_k\boldsymbol{y}-\beta_0\boldsymbol{v}_1\|\\&=\|\boldsymbol{V}_{k+1}\widetilde{\boldsymbol{H}}_k\boldsymbol{y}-\beta_0\boldsymbol{V}_{k+1}\boldsymbol{e}_1\|=\|\boldsymbol{V}_{k+1}(\widetilde{\boldsymbol{H}}_k\boldsymbol{y}-\beta_0\boldsymbol{e}_1)\|=\|\widetilde{\boldsymbol{H}}_k\boldsymbol{y}-\beta_0\boldsymbol{e}_1\|.\end{aligned}$$

其中，$\boldsymbol{e}_1=(1, 0, \cdots, 0)^{\mathrm{T}}\in\mathbb{R}^{k+1}$，另外最后一个等号利用了习题5.27.这样在$\boldsymbol{x}^{(0)}+K_k$中极小化$R(\boldsymbol{x})$也就是在$K_k$中极小化$\|\widetilde{\boldsymbol{H}}_k\boldsymbol{y}-\beta_0\boldsymbol{e}_1\|^2$.

当k很大时，Arnoldi过程非常耗时，而且$\boldsymbol{V}_{k+1}$和$\widetilde{\boldsymbol{H}}_k$的存储量也很大.对于大规模方程组，可限制$k$的最大值为$m$ ($m\ll n$)，即取固定的m，周期性地重新开始，这就得到了**GMRES(m)法**.

MATLAB提供了内置函数gmres，可用于求解大规模稀疏线性方程组$\boldsymbol{Ax}=\boldsymbol{b}$，其调用格式为

```
x = gmres(A,b,m,tol,maxit)
```

其中，m用于指定循环周期；tol用于指定计算精度，缺省值是10^{-6}；maxit用于指定最大迭代次数，缺省值是$\min(n/m, 20)$.

测试内置函数gmres的测试文件，详见本书配套程序exm315.

3.6 正交变换：Householder变换与Givens变换

上一章已指出$\mathbb{R}^2$中的图形经过旋转变换或反射变换后，长度、角度都保持不变，而这些几何度量都可以由内积来计算，因此变换前后的内积保持不变，即像的内积与原像的内积相等，这个想法自然可以推广到一般的欧氏空间. Householder变换（即反射变换）和Givens变换（即旋转变换）是两种最重要的正交变换，它们在矩阵计算中的作用主要是构造正交基.

3.6.1 正交变换及其矩阵

定义3.6.1(正交变换) 设σ是有限维欧氏空间V上的一个线性变换，如果σ保持V中的内积不变（简称保内积），即对任意$\alpha, \beta\in V$，都有

$$\sigma(\alpha, \beta)=(\sigma(\alpha), \sigma(\beta))=(\alpha, \beta), \tag{3.6.1}$$

则称σ为V上的一个**正交变换**(orthogonal transformation).

易证正交变换保持欧氏空间V中的范数、距离及夹角等几何度量不变.特别地，正交变换保持**正交性**：$\alpha\perp\beta\Leftrightarrow\sigma(\alpha)\perp\sigma(\beta)$.

注：平移变换虽然也保持距离及夹角等几何度量不变，但它不是线性变换，自然更不是正交变换.另外数乘变换也保持夹角不变，但它也不是正交变换.

定理3.6.1 设σ是有限维欧氏空间V上的一个线性变换，则下列命题是等价的：

(1) σ 是正交变换;

(2) σ 是保范的(保持范数不变),即 $\|\sigma(\alpha)\|=\|\alpha\|$;

(3) 若 $\{\varepsilon_i\}_1^n$ 是 V 的一个标准正交基,则 $\{\sigma(\varepsilon_i)\}_1^n$ 也是 V 的一个标准正交基;

(4) σ 在 V 的任意一个标准正交基下的矩阵为正交矩阵.

证明: (1)⇒(2). 根据正交变换的定义,显然成立.

(2)⇒(1). 若线性变换 σ 是保范的,则对任意 $\alpha,\beta\in V$,有 $\|\sigma(\alpha)\|^2=\|\alpha\|^2$, $\|\sigma(\beta)\|^2=\|\beta\|^2$,从而有

$$(\sigma(\alpha),\sigma(\alpha))=\|\sigma(\alpha)\|^2=\|\alpha\|^2=(\alpha,\alpha),\ (\sigma(\beta),\sigma(\beta))=(\beta,\beta).$$

类似地,还有 $(\sigma(\alpha+\beta),\sigma(\alpha+\beta))=(\alpha+\beta,\alpha+\beta)$,展开此式并化简,即得 $(\sigma(\alpha),\sigma(\beta))=(\alpha,\beta)$.

(1)⇒(3).显然成立.

(3)⇒(1).对任意 $\alpha,\beta\in V$,设 $\alpha=(\varepsilon_1,\varepsilon_2,\cdots,\varepsilon_n)\boldsymbol{x}$, $\beta=(\varepsilon_1,\varepsilon_2,\cdots,\varepsilon_n)\boldsymbol{y}$,则

$$\sigma(\alpha)=(\sigma(\varepsilon_1),\sigma(\varepsilon_2),\cdots,\sigma(\varepsilon_n))\boldsymbol{x},\ \sigma(\beta)=(\sigma(\varepsilon_1),\sigma(\varepsilon_2),\cdots,\sigma(\varepsilon_n))\boldsymbol{y}.$$

由于 $\{\sigma(\varepsilon_i)\}_1^n$ 仍然是 V 的一个标准正交基,再根据定理 3.3.8,可知

$$(\sigma(\alpha),\sigma(\beta))=(\boldsymbol{x},\boldsymbol{y})=(\alpha,\beta).$$

(3)⇒(4).设 σ 在 $\{\varepsilon_i\}_1^n$ 下的矩阵为 $\boldsymbol{A}$,即 $(\sigma(\varepsilon_1),\sigma(\varepsilon_2),\cdots,\sigma(\varepsilon_n)=(\varepsilon_1,\varepsilon_2,\cdots,\varepsilon_n)\boldsymbol{A}$. 由于 $\{\sigma(\varepsilon_i)\}_1^n$ 也是一个标准正交基,所以 $\boldsymbol{A}$ 是两组标准正交基间的过渡矩阵,故 $\boldsymbol{A}$ 是正交矩阵.

(4)⇒(3).设 σ 在标准正交基 $\{\varepsilon_i\}_1^n$ 下的矩阵 $\boldsymbol{A}=(\boldsymbol{\alpha}_1,\boldsymbol{\alpha}_2,\cdots,\boldsymbol{\alpha}_n)$ 是正交矩阵,则 $\sigma(\varepsilon_i),\sigma(\varepsilon_j)(i,j=1,2,\cdots,n)$ 在此基下的坐标向量分别为 $\boldsymbol{\alpha}_i,\boldsymbol{\alpha}_j$,故 $(\sigma(\varepsilon_i),\sigma(\varepsilon_j))=(\boldsymbol{\alpha}_i,\boldsymbol{\alpha}_j)=\delta_{ij}$,这说明 $\{\sigma(\varepsilon_i)\}_1^n$ 也是一个标准正交基.

因为正交矩阵的逆矩阵及乘积仍然是正交矩阵,因此根据正交变换与正交矩阵的关系,可知正交变换是可逆的且逆变换仍然是正交变换,而且正交变换的乘积也是正交变换.

从正交变换的视角,就能解释本章开始提出的问题: $\mathbb{R}^n$ 的标准内积为何定义为"对应分量的乘积和".以 $n=2$ 的情形为例,设正交变换对应的正交矩阵为 $\boldsymbol{A}=(\boldsymbol{\alpha}_1,\boldsymbol{\alpha}_2)=\begin{bmatrix}a_1 & b_1\\ a_2 & b_2\end{bmatrix}$,则自然基 $\boldsymbol{e}_1,\boldsymbol{e}_2$ 被变换成 $\boldsymbol{\alpha}_1,\boldsymbol{\alpha}_2$,它们的长度都为 1;向量 $\boldsymbol{e}=\boldsymbol{e}_1+\boldsymbol{e}_2$ 被变换

成 $\boldsymbol{\alpha}_1+\boldsymbol{\alpha}_2$，它们的长度都为 $\sqrt{2}$. 因此有 $2=(a_1+b_1)^2+(a_2+b_2)^2=2+2a_1b_1+2a_2b_2$，此即 $a_1b_1+a_2b_2=0$.

更一般地，正交变换可以推广为两个欧氏空间之间的保范同构映射.

定义 3.6.2(保范同构映射) 设 σ 是有限维欧氏空间 V_1 到 V_2 之间的同构映射，如果 σ 还是保内积的，即对任意 $\alpha_1,\beta\in V_1$，都有 $(\sigma(\alpha),\sigma(\beta))=(\alpha,\beta)$，则称 σ 是**保范同构映射**，称 V_1 和 V_2 保范同构.

不难证明 n 维欧氏空间 V 与 $\mathbb{R}^n$ 保范同构，所以 V 中的问题，借助于标准正交基都可以转化为 $\mathbb{R}^n$ 中的问题.这显然与定理 3.3.8 相呼应.

例 3.6.1 (HouseHolder 变换再探) 如图 3-10，设 $\boldsymbol{\varepsilon}_1,\boldsymbol{\varepsilon}_2$ 为 $\mathbb{R}^2$ 的一个标准正交基.对任意向量 $\boldsymbol{x}\in\mathbb{R}^2$，显然有正交分解 $\boldsymbol{x}=\boldsymbol{\alpha}+\boldsymbol{\beta}$，这里 $\boldsymbol{\alpha}=(\boldsymbol{x},\boldsymbol{\varepsilon}_1)\boldsymbol{\varepsilon}_1$，$\boldsymbol{\beta}=(\boldsymbol{x},\boldsymbol{\varepsilon}_2)\boldsymbol{\varepsilon}_2$，且 $\boldsymbol{\alpha}\perp\boldsymbol{\beta}$. 因此向量 $\boldsymbol{x}$ 关于“与 $\boldsymbol{\varepsilon}_2$ 轴正交的直线”(这里就是 $\boldsymbol{\varepsilon}_1$ 轴)对称的镜像向量 $\boldsymbol{y}=\mathcal{H}(\boldsymbol{x})\in\mathbb{R}^2$ 的表达式为

$$\boldsymbol{y}=\boldsymbol{x}-2\boldsymbol{\beta}=\boldsymbol{x}-2(\boldsymbol{x},\boldsymbol{\varepsilon}_2)\boldsymbol{\varepsilon}_2=\boldsymbol{x}-2\boldsymbol{\varepsilon}_2\boldsymbol{\varepsilon}_2^{\mathrm{T}}\boldsymbol{x}=(\boldsymbol{I}-2\boldsymbol{\varepsilon}_2\boldsymbol{\varepsilon}_2^{\mathrm{T}})\boldsymbol{x}=\boldsymbol{H}\boldsymbol{x}.$$

式(2.4.2)中的 HouseHolder 矩阵 $\boldsymbol{H}$ 涉及两向量夹角，形式上不易推广到高维空间，而这里的 $\boldsymbol{H}=\boldsymbol{I}-2\boldsymbol{\varepsilon}_2\boldsymbol{\varepsilon}_2^{\mathrm{T}}$，这种表示在形式上显然可以推广到高维的情形.

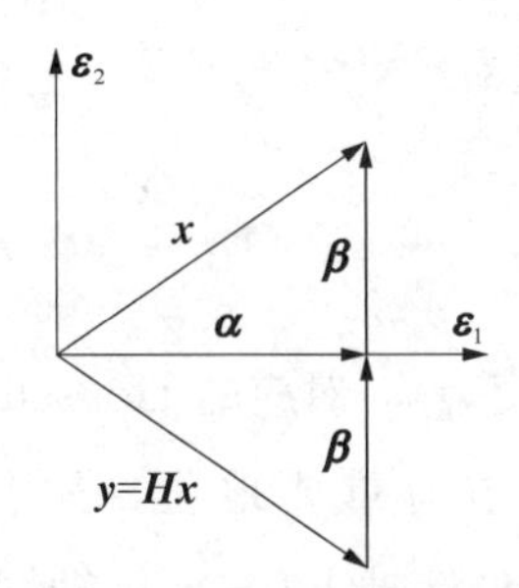

图 3-10 2 维 Householder 变换

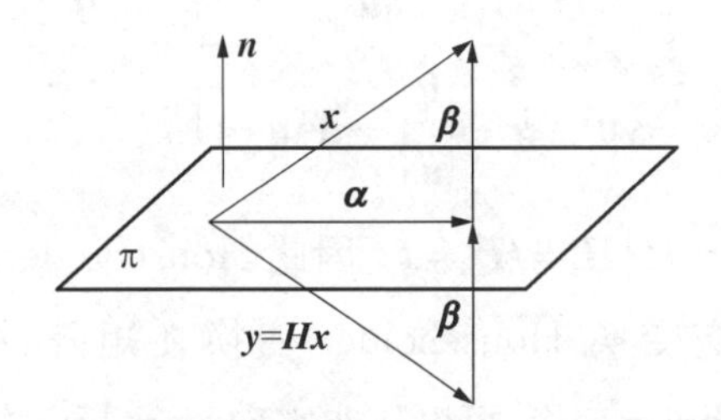

图 3-11 3 维 Householder 变换

如图 3-11，设 $\boldsymbol{n}\in\mathbb{R}^3$ 为平面 π 的单位法向量，对任意向量 $\boldsymbol{x}\in\mathbb{R}^3$，也有正交分解 $\boldsymbol{x}=\boldsymbol{\alpha}+\boldsymbol{\beta}$，这里 $\boldsymbol{\beta}=(\boldsymbol{x},\boldsymbol{n})\boldsymbol{n}$ 且 $\boldsymbol{\beta}\perp\pi$. 因此向量 $\boldsymbol{x}$ 关于“与 $\boldsymbol{n}$ 正交的平面”(这里是二维平面 π) 对称的镜像向量 $\boldsymbol{y}=\mathcal{H}(\boldsymbol{x})\in\mathbb{R}^3$ 的表达式为

$$\boldsymbol{y}=\boldsymbol{x}-2\boldsymbol{\beta}=\boldsymbol{x}-2(\boldsymbol{x},\boldsymbol{n})\boldsymbol{n}=\boldsymbol{x}-2\boldsymbol{n}\boldsymbol{n}^{\mathrm{T}}\boldsymbol{x}=(\boldsymbol{I}-2\boldsymbol{n}\boldsymbol{n}^{\mathrm{T}})\boldsymbol{x}=\boldsymbol{H}\boldsymbol{x}.$$

一般地，将向量 $\boldsymbol{x}\in\mathbb{R}^n$ 变换到向量 $\boldsymbol{y}=\mathcal{H}(\boldsymbol{x})\in\mathbb{R}^n$ 的镜像变换 $\mathcal{H}$，使得 $\boldsymbol{x},\boldsymbol{y}$ 关于“法向量为单位向量 $\boldsymbol{u}\in\mathbb{R}^n$ 的 $n-1$ 维**超平面**”对称，对应的矩阵形式上应是 $\boldsymbol{H}=\boldsymbol{I}-2\boldsymbol{u}\boldsymbol{u}^{\mathrm{T}}$.

定义 3.6.3(Householder 矩阵和 Householder 变换) 设 $\boldsymbol{u} \in \mathbb{R}^n$ 为单位向量,称矩阵

$$\boldsymbol{H} = \boldsymbol{I} - 2\boldsymbol{u}\boldsymbol{u}^{\mathrm{T}} \tag{3.6.2}$$

为 **Householder 矩阵或初等反射矩阵**,对应的变换 $\mathcal{H}$ 称为 **Householder 变换,或初等反射变换,或镜像变换**.

定理 3.6.2 Householder 矩阵 $\boldsymbol{H}$ 具有下列性质:

(1) $\boldsymbol{H}$ 为对称矩阵,即有 $\boldsymbol{H}^{\mathrm{T}} = \boldsymbol{H}$;

(2) $\boldsymbol{H}$ 为**对合矩阵(involutory matrix)**,即有 $\boldsymbol{H}^2 = \boldsymbol{I}$;

(3) $\boldsymbol{H}$ 的特征值为 $1(n-1$ 重$)$和 -1(单重),故 $\det\boldsymbol{H} = -1$;

(4) $\widetilde{\boldsymbol{H}} = \begin{pmatrix} \boldsymbol{I}_r & \boldsymbol{O} \\ \boldsymbol{O} & \boldsymbol{H} \end{pmatrix}$ 仍然是 Householder 矩阵.

证明: 设 $\boldsymbol{H} = \boldsymbol{I} - 2\boldsymbol{u}\boldsymbol{u}^{\mathrm{T}}$, 其中 $\boldsymbol{u} \in \mathbb{R}^n$ 且 $\boldsymbol{u}^{\mathrm{T}}\boldsymbol{u} = 1$.

(1)与(2)验算可知显然成立.

(3) 由迹的性质,可知 $\mathrm{tr}(\boldsymbol{H}) = \mathrm{tr}(\boldsymbol{I}) - 2\mathrm{tr}(\boldsymbol{u}\boldsymbol{u}^{\mathrm{T}}) = n - 2\mathrm{tr}(\boldsymbol{u}^{\mathrm{T}}\boldsymbol{u}) = n - 2$.

设有 $\boldsymbol{H\alpha} = \lambda\boldsymbol{\alpha}$, 则 $\boldsymbol{\alpha} = \boldsymbol{H}^2\boldsymbol{\alpha} = \lambda^2\boldsymbol{\alpha}$, 因此 $\lambda = \pm 1$. 设特征值 1 与 -1 的(代数)重数分别为 k_1 和 k_2, 则 $k_1 + k_2 = n$, $k_1 - k_2 = \mathrm{tr}(\boldsymbol{H}) = n - 2$, 解得 $k_1 = n - 1$, $k_2 = 1$.

(4) $\widetilde{\boldsymbol{H}} = \begin{pmatrix} \boldsymbol{I}_r & \boldsymbol{O} \\ \boldsymbol{O} & \boldsymbol{I} - 2\boldsymbol{u}\boldsymbol{u}^{\mathrm{T}} \end{pmatrix} = \boldsymbol{I}_{n+r} - 2\begin{pmatrix} \boldsymbol{0} \\ \boldsymbol{u} \end{pmatrix}(\boldsymbol{0}^{\mathrm{T}}, \boldsymbol{u}^{\mathrm{T}}) = \boldsymbol{I}_{n+r} - 2\tilde{\boldsymbol{u}}\tilde{\boldsymbol{u}}^{\mathrm{T}}$, 显然 $\tilde{\boldsymbol{u}} = \begin{pmatrix} 0 \\ \boldsymbol{u} \end{pmatrix} \in \mathbb{R}^{n+r}$

并且 $\tilde{\boldsymbol{u}}^{\mathrm{T}}\tilde{\boldsymbol{u}} = (\boldsymbol{0}^{\mathrm{T}}, \boldsymbol{u}^{\mathrm{T}})\begin{pmatrix} \boldsymbol{0} \\ \boldsymbol{u} \end{pmatrix} = \boldsymbol{u}^{\mathrm{T}}\boldsymbol{u} = 1$.

由于 $\boldsymbol{H}^{\mathrm{T}}\boldsymbol{H} = \boldsymbol{H}^2 = \boldsymbol{I}$, 因此 Householder 矩阵 $\boldsymbol{H}$ 是正交矩阵,对应的 Householder 变换是正交变换. Householder 变换在矩阵计算中之所以占有重要地位,是因为通过 Householder 变换,可以将非零向量 $\boldsymbol{x}$ 反射(镜射)到某个坐标轴上(与坐标轴同向或反向),从而可将向量 $\boldsymbol{x}$ 的其余 $n-1$ 个分量变为零.作为一种镜像变换,这个性质在几何上是非常明显的.

定理 3.6.3 对任意 $\boldsymbol{x} \in \mathbb{R}^n$ $(\boldsymbol{x} \neq \boldsymbol{0})$, 存在 Householder 矩阵 $\boldsymbol{H}$, 使得

$$\boldsymbol{Hx} = \pm \|\boldsymbol{x}\| \boldsymbol{e}_1, \tag{3.6.3}$$

其中, $\boldsymbol{e}_1 = (1, 0, \cdots, 0)^{\mathrm{T}}$ 为 $\mathbb{R}^n$ 的自然基的第一个基向量.

证明: (1) 若 $\boldsymbol{x} = \pm a\boldsymbol{e}_1$, 其中 $a = \|\boldsymbol{x}\|$, 则取单位列向量 $\boldsymbol{u} \perp \boldsymbol{e}_1$, 令 $\boldsymbol{H} = \boldsymbol{I} - 2\boldsymbol{u}\boldsymbol{u}^{\mathrm{T}}$, 则

$$Hx=(I-2uu^{\mathrm{T}})x=x-2(u,\ x)u=x=\pm ae_1.$$

(2) 若 $x\neq\pm ae_1$，令 $v=x\mp ae_1$，$u=\dfrac{v}{\|v\|}$，$H=I-2uu^{\mathrm{T}}$，验算可知 $\|v\|^2=2(v,\ x)$，则

$$Hx=x-2(u,\ x)u=x-2(v,\ x)\frac{v}{\|v\|^2}=x-v=\pm ae_1.$$

注：数值算法中，为了保证算法的稳定性，自然希望向量 x 在方向上不要太接近 $\|x\|e_1$. 设 $x=(x_1,\ x_2,\ \cdots,\ x_n)^{\mathrm{T}}$，如图3-12所示，几何上易知：$x_1>0$ 时 $\|x\|$ 前应取负号，$x_1<0$ 时则应取正号，即 $Hx=-\mathrm{sgn}(x_1)\|x\|e_1$.

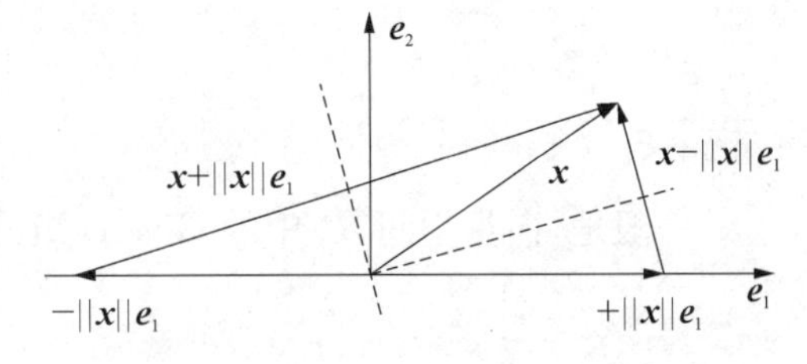

图 3-12　Householder 变换的稳定性问题

事实上，若取 $Hx=\mathrm{sgn}(x_1)\|x\|e_1$，则向量 $v=x-Hx=x-\mathrm{sgn}(x_1)\|x\|e_1$ 容易接近零向量. 例如，当 $x_1>0$ 时，若有 $x\approx\|x\|e_1$，则 $v=x-\|x\|e_1=(x_1-\sqrt{x_1^2+x_2^2+\cdots+x_n^2},\ x_2,\ \cdots,\ x_n)\approx\mathbf{0}$. 这是因为 v 的第一个分量近似为零，这导致 $x_2^2+x_3^2+\cdots+x_n^2\approx 0$，即 v 的其余分量也近似为零. 所以为了避免出现“几乎为零向量”的 v，应令 $v=x+\mathrm{sgn}(x_1)\|x\|e_1$，即取 $Hx=-\mathrm{sgn}(x_1)\|x\|e_1$，这样至少可保证 $\|v\|\geqslant\|x\|$. 至于 $x_1=0$ 时的情形，数值算法中一般规定取正号.[2:P85] 当然理论上及手算时，$\|x\|$ 前的两种符号都可以.

例 3.6.2　(Givens 变换) 式(2.4.1)中给出的 Givens 矩阵 G 是正交矩阵，因此对应一个正交变换. 在式(2.4.1)中，如果取 $\sin\theta=\dfrac{-\xi_2}{\sqrt{\xi_1^2+\xi_2^2}}$，$\cos\theta=\dfrac{\xi_1}{\sqrt{\xi_1^2+\xi_2^2}}$，则 $\eta_2=0$(这在几何上表示什么意思?)，此时 $x=(\xi_1,\ \xi_2)^{\mathrm{T}}\mapsto y=Gx=(\sqrt{\xi_1^2+\xi_2^2},\ 0)^{\mathrm{T}}$.

类似地，对任意向量 $x=(\xi_1,\ \xi_2,\ \xi_3)^{\mathrm{T}}\in\mathbb{R}^3$，也可先通过 Givens 变换

$$G_{12}(\theta_1)=\begin{pmatrix}\cos\theta_1 & \sin\theta_1 & 0\\ -\sin\theta_1 & \cos\theta_1 & 0\\ 0 & 0 & 1\end{pmatrix},$$

将 x 变换为 $y=(\sqrt{\xi_1^2+\xi_2^2},\ 0,\ \xi_3)^{\mathrm{T}}$，这里 $\sin\theta_1=\dfrac{\xi_2}{\sqrt{\xi_1^2+\xi_2^2}}$，$\cos\theta_1=\dfrac{\xi_1}{\sqrt{\xi_1^2+\xi_2^2}}$. 再通过

Givens 变换

$$\boldsymbol{G}_{13}(\theta_2)=\begin{pmatrix}\cos\theta_2 & 0 & \sin\theta_2\\ 0 & 1 & 0\\ -\sin\theta_2 & 0 & \cos\theta_2\end{pmatrix},$$

将 $\boldsymbol{y}$ 变换为 $\boldsymbol{z}=(\sqrt{\xi_1^2+\xi_2^2+\xi_3^2},\ 0,\ 0)^{\mathrm{T}}$，这里 $\sin\theta_2=\dfrac{\xi_3}{\sqrt{\xi_1^2+\xi_2^2+\xi_3^2}}$，$\cos\theta_2=\dfrac{\sqrt{\xi_1^2+\xi_2^2}}{\sqrt{\xi_1^2+\xi_2^2+\xi_3^2}}$.

一般地,向量空间 $\mathbb{R}^n$ 中的 Givens 矩阵为(其中 $c=\cos\theta$，$s=\sin\theta$)：

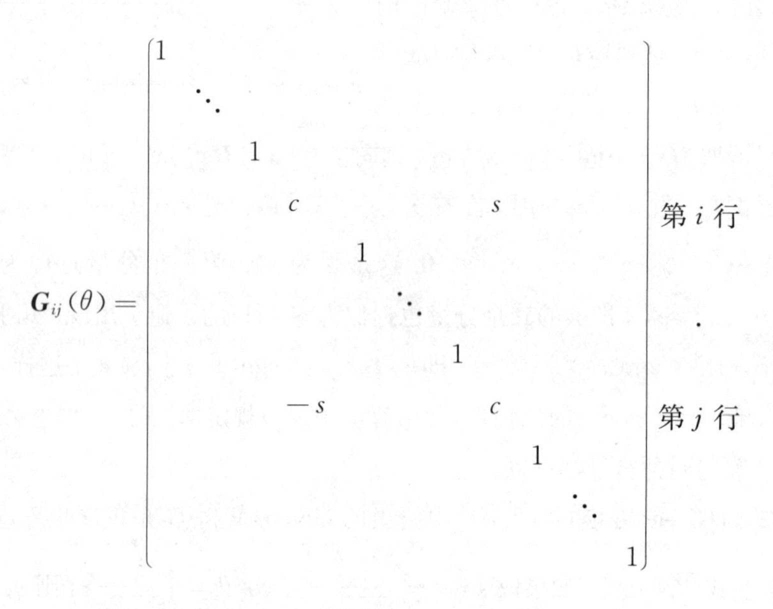

$$\boldsymbol{G}_{ij}(\theta)=\begin{pmatrix}1 &&&&&&&&&\\ &\ddots&&&&&&&&\\ &&1&&&&&&&\\ &&&c&&&s&&&\\ &&&&1&&&&&\\ &&&&&\ddots&&&&\\ &&&&&&1&&&\\ &&&-s&&&c&&&\\ &&&&&&&1&&\\ &&&&&&&&\ddots&\\ &&&&&&&&&1\end{pmatrix}\begin{matrix}\\ \\ \\ \text{第 } i \text{ 行}\\ \\ \\ \\ \text{第 } j \text{ 行}\\ \\ \\ \\ \end{matrix}.$$

第 i 列 第 j 列

MATLAB 提供了内置函数 givens,可用于生成 2 阶 Givens 矩阵.其调用格式为

```
G = givens(x,y)
```

例如,G = givens(3,4)的返回结果就是

```
G =

    0.6000    0.8000

   -0.8000    0.6000
```

MATLAB 还提供了更精细的内置函数 planerot，可用于计算 Givens 平面旋转的相关信息.其调用格式为

```
[G,y] = planerot(x),
```

其中，$\boldsymbol{x}$，$\boldsymbol{y}\in\mathbb{R}^2$，$\boldsymbol{y}=\boldsymbol{G}\boldsymbol{x}$ 且 $\boldsymbol{y}$ 的第 2 个分量为零.例如，对于 $\boldsymbol{x}=(3,\ 4)^{\mathrm{T}}$，返回的 Givens 矩阵 $\boldsymbol{G}$ 同内置函数 givens 一样，返回的 $\boldsymbol{y}=(5,\ 0)^{\mathrm{T}}$.

Givens 变换在矩阵计算中也很重要，这是因为通过有限次 Givens 变换，也可将非零向量 $\boldsymbol{x}$ 的 $n-1$ 个分量变为零，即可以通过有限次 Givens 变换将向量 $\boldsymbol{x}$ 旋转到某个坐标轴上.

定理 3.6.4　对任意 $\boldsymbol{0}\neq\boldsymbol{x}\in\mathbb{R}^n$，存在有限个 Givens 矩阵的乘积 $\boldsymbol{T}$，使得

$$\boldsymbol{T}\boldsymbol{x}=\pm\|\boldsymbol{x}\|\boldsymbol{e}_1, \tag{3.6.4}$$

其中，$\boldsymbol{e}_1=(1,\ 0,\ \cdots,\ 0)^{\mathrm{T}}$ 为 $\mathbb{R}^n$ 的自然基的第一个基向量.

证明： 例 3.6.2 中的分析表明，每个 Givens 变换可以将向量 $\boldsymbol{x}$ 的一个分量变成零，而向量 $\boldsymbol{x}$ 的维数是有限的.

3.6.2　求 QR 分解的 Householder 变换法

定理 3.2.3 已指出：任意 $m\times n$ 阶瘦长型（$m\geqslant n$）矩阵 $\boldsymbol{A}\in\mathbb{R}^{m\times n}$ 都存在 QR 分解，而例 3.2.6 则明确了 Gram-Schmidt 过程不是求解它的方法.事实上，Householder 变换才是那个“终极王者”：通过一组 Householder 变换，可将任意矩阵变换为上三角矩阵.

为叙述方便，以方阵 $\boldsymbol{A}=(\boldsymbol{\alpha}_1,\ \boldsymbol{\alpha}_2,\ \cdots,\ \boldsymbol{\alpha}_n)$ 为例，则具体步骤如下：

第一步，当 $\boldsymbol{\alpha}_1=\boldsymbol{0}$ 时，令 $\boldsymbol{H}_1=\boldsymbol{I}$，直接进行下一步；当 $\boldsymbol{\alpha}_1\neq\boldsymbol{0}$ 时，存在 Householder 矩阵 $\boldsymbol{H}_1$，使得（为讨论方便，都取正号）

$$\boldsymbol{H}_1\boldsymbol{\alpha}_1=+a_1\boldsymbol{e}_1，\text{其中 } \boldsymbol{e}_1=(1,\ 0,\ \cdots,\ 0)^{\mathrm{T}}\in\mathbb{R}^n,\ a_1=\|\boldsymbol{\alpha}_1\|,$$

$$\boldsymbol{H}_1\boldsymbol{A}=(\boldsymbol{H}_1\boldsymbol{\alpha}_1,\ \boldsymbol{H}_1\boldsymbol{\alpha}_2,\ \cdots,\ \boldsymbol{H}_1\boldsymbol{\alpha}_n)=\begin{pmatrix}+a_1 & \times\\ 0 & \boldsymbol{A}_1\end{pmatrix}.$$

第二步，对 $n-1$ 阶矩阵 $\boldsymbol{A}_1=(\boldsymbol{\beta}_2,\ \boldsymbol{\beta}_3,\ \cdots,\ \boldsymbol{\beta}_n)$，当 $\boldsymbol{\beta}_2=\boldsymbol{0}$ 时，令 $\boldsymbol{H}_2=\boldsymbol{I}$，直接进行下一步；当 $\boldsymbol{\beta}_2\neq\boldsymbol{0}$ 时，存在 Householder 矩阵 $\widetilde{\boldsymbol{H}}_2$，使得

$$\widetilde{\boldsymbol{H}}_2\boldsymbol{\beta}_2=+a_2\,\widetilde{\boldsymbol{e}}_1，\text{其中 } a_2=\|\boldsymbol{\beta}_2\|,\ \widetilde{\boldsymbol{e}}_1=(1,\ 0,\ \cdots,\ 0)^{\mathrm{T}}\in\mathbb{R}^{n-1},$$

$$\widetilde{\boldsymbol{H}}_2\boldsymbol{A}_1=(\widetilde{\boldsymbol{H}}_2\boldsymbol{\beta}_2,\ \cdots,\ \widetilde{\boldsymbol{H}}_2\boldsymbol{\beta}_n)=\begin{pmatrix}+a_2 & \times\\ 0 & \boldsymbol{A}_2\end{pmatrix}.$$

令 $\boldsymbol{H}_2=\begin{pmatrix}1 & 0^{\mathrm{T}}\\ 0 & \widetilde{\boldsymbol{H}}_2\end{pmatrix}$，则有 $\boldsymbol{H}_2\boldsymbol{H}_1\boldsymbol{A}=\begin{pmatrix}+a_1 & \times & \times\\ & +a_2 & \times\\ & & \boldsymbol{A}_2\end{pmatrix}$.

如此经过 $n-1$ 步,可找到 $n-1$ 个 Householder 矩阵 $\boldsymbol{H}_1,\ \boldsymbol{H}_2,\ \cdots,\ \boldsymbol{H}_{n-1}$，使得

$$\boldsymbol{H}_{n-1}\cdots\boldsymbol{H}_1\boldsymbol{A}=\boldsymbol{R}.$$

令 $\boldsymbol{Q}=(\boldsymbol{H}_{n-1}\cdots\boldsymbol{H}_2\boldsymbol{H}_1)^{-1}=\boldsymbol{H}_1^{-1}\boldsymbol{H}_2^{-1}\cdots\boldsymbol{H}_{n-1}^{-1}=\boldsymbol{H}_1\boldsymbol{H}_2\cdots\boldsymbol{H}_{n-1}$，易知 $\boldsymbol{Q}$ 为正交矩阵,从而由上述算法确实得到 $\boldsymbol{A}$ 的 QR 分解.

对于 $m\times n$ 阶瘦长型 $(m>n)$ 矩阵 $\boldsymbol{A}\in\mathbb{R}^{m\times n}$，采用类似的过程,可知需要经过 n 步,也即可以找到 n 个 Householder 矩阵 $\boldsymbol{H}_1,\ \boldsymbol{H}_2,\ \cdots,\ \boldsymbol{H}_n$，使得 $\boldsymbol{H}_n\cdots\boldsymbol{H}_1\boldsymbol{A}=\boldsymbol{R}$，且 $\boldsymbol{Q}=\boldsymbol{H}_1\boldsymbol{H}_2\cdots\boldsymbol{H}_n$.

注: (1) 上述的步数取的都是理论上限,这是因为一旦从某一步开始需要变换的都是零向量,那么相应的 Householder 矩阵都是单位矩阵,这些后续步骤自然就没必要再执行.

(2) 就 QR 分解而言,MGS 算法和 Householder 变换法都能从左上到右下逐步得到三角阵 $\boldsymbol{R}$ 的元素,但前者还能逐一得到正交矩阵 $\boldsymbol{Q}$ 的各列,后者直到最后才能计算出 $\boldsymbol{Q}$ 的元素.当然,“一俊遮百丑”的是,Householder 变换法适用于任意矩阵,包括瘦长型矩阵,也包括矮胖型矩阵.

事实上,对于 $m\times n$ 阶矮胖型 $(m<n)$ 矩阵 $\boldsymbol{A}\in\mathbb{R}^{m\times n}$，Householder 变换法也能求出其如下形式的完全 QR 分解:

$$\boldsymbol{A}=\boldsymbol{Q}\begin{pmatrix}\boldsymbol{R} & \boldsymbol{C}\\ \boldsymbol{O} & \boldsymbol{O}\end{pmatrix}=\boldsymbol{Q}\boldsymbol{R}',\tag{3.6.5}$$

以及如下形式的约化 QR 分解

$$\boldsymbol{A}=\boldsymbol{Q}_1(\boldsymbol{R},\ \boldsymbol{C})=\boldsymbol{Q}_1\boldsymbol{R}'',\tag{3.6.6}$$

其中,$\boldsymbol{Q}$ 为 m 阶正交矩阵,$\boldsymbol{Q}_1$ 是由 $\boldsymbol{Q}$ 的前 r 列构成的列正交矩阵,$\boldsymbol{R}$ 为 r 阶上三角矩阵,$\boldsymbol{C}$ 为 $r\times(n-r)$ 阶矩阵,$r=r(\boldsymbol{A})$.

式(3.6.5)可变形为

$$\boldsymbol{Q}^{\mathrm{T}}\boldsymbol{A}=\boldsymbol{Q}^{-1}\boldsymbol{A}=\boldsymbol{R}'.\tag{3.6.7}$$

这说明用正交矩阵 Q^{T} 对矮胖型矩阵 A 进行行变换，可得到一种特殊形式的 $m\times n$ 阶行阶梯形矩阵 R'（也可以看成 $m\times n$ 阶的上三角矩阵）.矩阵 R' 在列上自然"不太美观"，这是因为 Householder 变换法只对矩阵 A 进行了行变换.至此不难想到：如果再用正交矩阵对 R' 进行列变换，应该就可以得到更美观的结果.欲知详情，请移步至 4.1 节和 4.4 节.

(3) MATLAB 的内置函数 qr 也可用于求矮胖型矩阵的完全 QR 分解和约化 QR 分解.

例 3.6.3 用 Householder 变换法求矩阵 A 的 QR 分解，其中 $A=\begin{pmatrix}0 & -3 & 1\\ 2 & 1 & -6\\ 0 & 4 & 2\end{pmatrix}$.

解：令 $A=(\alpha_1, \alpha_2, \alpha_3)$，$e_1=(1, 0, 0)^{T}$，则

$$v_1=\alpha_1-\|\alpha_1\|e_1=(-2, 2, 0)^{T},\ u_1=\frac{v_1}{\|v_1\|}=\frac{1}{\sqrt{2}}(-1, 1, 0)^{T}.$$

故得 Householder 矩阵 $H_1=I-2u_1u_1^{T}=\begin{pmatrix}0 & 1 & 0\\ 1 & 0 & 0\\ 0 & 0 & 1\end{pmatrix}$，使得 $H_1A=\left(\begin{array}{c|cc}2 & 1 & -6\\ \hline 0 & -3 & 1\\ 0 & 4 & 2\end{array}\right)$.

几何解释：$H_1\alpha_1=(2, 0, 0)^{T}$，即 $\alpha_1=(0, 2, 0)^{T}$ 被 H_1 反射到 $(2, 0, 0)^{T}$，而 u_1 实际上是镜射平面 $-x+y=0$ 的法向量.

接下来，对向量 $\beta_2=(-3, 4)^{T}$，令 $\tilde{u}_2=\frac{1}{\sqrt{5}}(-2, 1)^{T}$（几何上看，$u_2=\begin{pmatrix}0\\ \tilde{u}_2\end{pmatrix}$ 是平面 $-2y+z=0$ 的法向量），可得 Householder 矩阵 $\tilde{H}_2=I-2\tilde{u}_2\tilde{u}_2^{T}$，因此取

$$H_2=\begin{pmatrix}1 & 0^{T}\\ 0 & \tilde{H}_2\end{pmatrix}=\begin{pmatrix}1 & 0 & 0\\ 0 & -\frac{3}{5} & \frac{4}{5}\\ 0 & \frac{4}{5} & \frac{3}{5}\end{pmatrix},$$

则 $H_2H_1A=\left(\begin{array}{cc|c}2 & 1 & -6\\ 0 & 5 & 1\\ \hline 0 & 0 & 2\end{array}\right)=R$，且 $Q=H_1H_2=\begin{pmatrix}0 & -\frac{3}{5} & \frac{4}{5}\\ 1 & 0 & 0\\ 0 & \frac{4}{5} & \frac{3}{5}\end{pmatrix}$，故所求为 $A=QR$.

除了直接用于计算 QR 分解的内置函数 qr，MATLAB 中还提供了内置函数 house，

可用于生成 Householder 矩阵，调用格式为

```
[v,beta,s] = gallery('house', x,k);H = eye(n) - beta*V*V'.
```

这里 $\boldsymbol{Hx}=s\boldsymbol{e}_1$. 具体可查询 MATLAB 中的测试矩阵库 gallery.

本例的 MATLAB 代码实现，详见本书配套程序 exm316.

例 3.6.4　用 Householder 变换法求矩阵 $\boldsymbol{A}$ 的 QR 分解，其中 $\boldsymbol{A}=\begin{pmatrix}1&1&2\\1&2&3\\1&2&3\\1&1&2\end{pmatrix}$.

解: 令 $\boldsymbol{A}=(\boldsymbol{\alpha}_1,\ \boldsymbol{\alpha}_2,\ \boldsymbol{\alpha}_3)$, $\boldsymbol{e}_1=(1,\ 0,\ 0,\ 0)^{\mathrm{T}}$, 则

$$\boldsymbol{v}_1=\boldsymbol{\alpha}_1-\|\boldsymbol{\alpha}_1\|\boldsymbol{e}_1=(-1,\ 1,\ 1,\ 1)^{\mathrm{T}},\ \boldsymbol{u}_1=\frac{1}{2}(-1,\ 1,\ 1,\ 1)^{\mathrm{T}},$$

于是有 $\boldsymbol{H}_1=\dfrac{1}{2}\begin{pmatrix}1&1&1&1\\1&1&-1&-1\\1&-1&1&-1\\1&-1&-1&1\end{pmatrix}$, $\boldsymbol{H}_1\boldsymbol{A}=\left(\begin{array}{c:cc}2&3&5\\\hdashline 0&0&0\\0&0&0\\0&-1&-1\end{array}\right)$.

对向量 $\boldsymbol{\beta}_2=(0,\ 0,\ -1)^{\mathrm{T}}$, 令 $\tilde{\boldsymbol{u}}_2=\dfrac{1}{\sqrt{2}}(-1,\ 0,\ -1)^{\mathrm{T}}$ (可正可负时 MATLAB 选择投向正半轴, $\tilde{\boldsymbol{u}}_2$ 实际上是平面 $x+z=0$ 的法向量), 可得 Householder 矩阵 $\widetilde{\boldsymbol{H}}_2=\boldsymbol{I}-2\tilde{\boldsymbol{u}}_2\tilde{\boldsymbol{u}}_2^{\mathrm{T}}$, 因此有

$$\boldsymbol{H}_2=\begin{pmatrix}1&0^{\mathrm{T}}\\0&\widetilde{\boldsymbol{H}}_2\end{pmatrix}=\begin{pmatrix}1&0&0&0\\0&0&0&-1\\0&0&1&0\\0&-1&0&0\end{pmatrix},\ \boldsymbol{H}_2\boldsymbol{H}_1\boldsymbol{A}=\left(\begin{array}{cc:c}2&3&5\\0&1&1\\\hdashline 0&0&0\\0&0&0\end{array}\right)=\begin{pmatrix}\boldsymbol{R}\\\boldsymbol{O}\end{pmatrix}.$$

由于剩下的向量 $\gamma_3=(0,\ 0)^{\mathrm{T}}$, 故最后一步可略去，从而所求的 QR 分解为

$$\boldsymbol{A}=\boldsymbol{H}_1\boldsymbol{H}_2\boldsymbol{H}_2\boldsymbol{H}_1\boldsymbol{A}=\boldsymbol{H}_1\boldsymbol{H}_2\begin{pmatrix}\boldsymbol{R}\\\boldsymbol{O}\end{pmatrix}=\frac{1}{2}\left(\begin{array}{cc:cc}1&-1&1&-1\\1&1&-1&-1\\1&1&1&1\\1&-1&-1&1\end{array}\right)\left(\begin{array}{ccc}2&3&5\\0&1&1\\\hdashline 0&0&0\\0&0&0\end{array}\right).$$

注意到 $r(\boldsymbol{A})=2$, 故可轻易写出 $\boldsymbol{A}$ 的约化 QR 分解.

本例的 MATLAB 代码实现,详见本书配套程序 exm316.

例 3.6.5　用 Householder 变换法求矩阵 $\boldsymbol{A}$ 的完全 QR 分解和约化 QR 分解,其中
$\boldsymbol{A}=\begin{pmatrix}3 & 6 & 9\\4 & 8 & 12\end{pmatrix}$.

解:计算可知 $\boldsymbol{Q}=\begin{pmatrix}0.6 & 0.8\\0.8 & -0.6\end{pmatrix}$,$\boldsymbol{R}=\begin{pmatrix}5 & 10 & 15\\0 & 0 & 0\end{pmatrix}$,故所求完全分解为 $\boldsymbol{A}=\boldsymbol{QR}$,约化 QR 分解为 $\boldsymbol{A}=\boldsymbol{Q}_1R''=\begin{pmatrix}0.6\\0.8\end{pmatrix}(5 \quad 10 \quad 15)$.

在文献[16]中,莫勒给出了 qrsteps 函数(参见 NCM 程序包),其中涉及到如何基于 Householder 变换实现矩阵 $\boldsymbol{A}$ 的 QR 分解,这是否可理解成是对 MATLAB 内部所采用算法的粗略描述呢?

3.7　酉空间、酉变换与酉矩阵

到目前为止,本书都小心翼翼地尽量避免涉及到复数.由于实数是特殊的复数,因此从实数到复数也是一种推广.比如考虑复数 $z\in\mathbb{C}$ 的模,若采用内积的记号,则有 $(z, z)=|z|^2=z\bar{z}=\bar{z}z=\overline{(z, z)}$,因此仅适用于欧氏空间的定义 3.3.1 必须做适度修改.尽管如此,当将欧氏空间中数域由实数域推广为复数域时,内积、标准正交基、正交变换等概念和结论都可以“平行地”推广过来.

定义 3.7.1(酉空间)　设 V 是复数域 $\mathbb{C}$ 上的线性空间.如果对 V 中任意 $\alpha, \beta\in V$,按照某种对应规则,都存在唯一的复数 $(\alpha, \beta)\in\mathbb{C}$ 与之对应,并且这种对应还满足下面四个公理(对任意 $\alpha, \beta, \gamma\in V$ 和任意 $\lambda\in\mathbb{C}$):

(1) 共轭对称性(Hermite 公理):$(\alpha, \beta)=\overline{(\beta, \alpha)}$;

(2) 左可加性:$(\alpha+\beta, \gamma)=(\alpha, \gamma)+(\beta, \gamma)$;

(3) 左齐次性:$(\lambda\alpha, \beta)=\lambda(\alpha, \beta)$;

(4) 正定性:$(\alpha, \alpha)\geqslant 0$,当且仅当 $\alpha=\theta$ 时,等号成立.

则称 (α, β) 为 α 与 β 的**复内积**,称定义了复内积的线性空间 V 为**酉空间**(unitary space),也称为**复内积空间**.

几点注意:

(1) 欧氏空间(实内积空间)与酉空间(复内积空间)统称为**内积空间**.

(2) 从定义看,复内积实际上也是一种映射,即 $(\cdot, \cdot): V\times V\mapsto\mathbb{C}$.

(3) 左可加性和左齐次性合称为复内积的左线性性.易知右可加性仍然成立:

$$(\alpha, \beta+\gamma)=\overline{(\beta+\gamma, \alpha)}=\overline{(\beta, \alpha)+(\gamma, \alpha)}=\overline{(\beta, \alpha)}+\overline{(\gamma, \alpha)}=(\alpha, \beta)+(\alpha, \gamma),$$

但右齐次性则变成了右共轭齐次性:

$$(\alpha, \lambda\beta)=\overline{(\lambda\beta, \alpha)}=\overline{\lambda(\beta, \alpha)}=\bar{\lambda}\ \overline{(\beta, \alpha)}=\bar{\lambda}(\alpha, \beta).$$

对于实内积,当 (α, β) 是实数时,共轭对称性就特殊化为对称性,而且左线性性等价于右线性性,即实内积是双线性的,而复内积则是一个半(即 1.5)线性的.

(4) 对 $\mathbb{C}^n$ 中任意向量 $\boldsymbol{x}=(x_1, x_2, \cdots, x_n)^{\mathrm{T}}$ 和 $\boldsymbol{y}=(y_1, y_2, \cdots, y_n)^{\mathrm{T}}$,定义 $\mathbb{C}^n$ 的**标准内积**为

$$(\boldsymbol{x}, \boldsymbol{y})=x_1\bar{y}_1+x_2\bar{y}_2+\cdots+x_n\bar{y}_n=\boldsymbol{y}^{\mathrm{H}}x\text{,其中 }\boldsymbol{y}^{\mathrm{H}}=\overline{\boldsymbol{y}^{\mathrm{T}}}=\bar{\boldsymbol{y}}^{\mathrm{T}}. \qquad (3.7.1)$$

由于内积的共轭对称性,易知 $\boldsymbol{x}^{\mathrm{H}}\boldsymbol{y}=(\boldsymbol{y}, \boldsymbol{x})=\overline{(\boldsymbol{x}, \boldsymbol{y})}=\overline{\boldsymbol{y}^{\mathrm{H}}\boldsymbol{x}}$.

(5) 酉(音 yǒu)是 unitary 的音译,而 unitary 的词根是 unit,表示万数之首,因此酉空间也就有了各类空间的根基所在的韵味,这充分反映了德国数学家希尔伯特(D. Hilbert, 1862—1943)的哲学思想.译者译以天干地支中的"酉",的确音神兼备.当然,有不同看法的读者,等以后有机会碰到希尔伯特先生,可以切磋一下.

到目前为止,读者已经接触了向量空间、线性空间、欧氏空间、酉空间等,它们之间的层次关系,大致如图 3-13 所示.

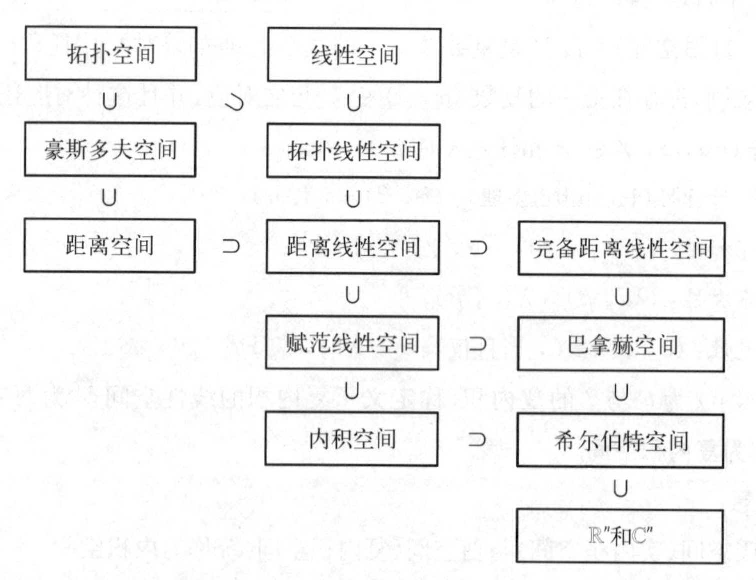

图 3-13 各类空间的层次关系(引自杜珣《现代数学引论》,北京大学出版社,P200)

定义 3.7.2(Hermite 矩阵与反 Hermite 矩阵)　对任意复矩阵 $\boldsymbol{A}=(a_{ij})\in\mathbb{C}^{m\times n}$，称 $\bar{\boldsymbol{A}}=(\overline{a_{ij}})$ 为 $\boldsymbol{A}$ 的**共轭矩阵**(conjugate matrix)，称 $\boldsymbol{A}^{\mathrm{H}}=(\bar{\boldsymbol{A}})^{\mathrm{T}}=\overline{\boldsymbol{A}^{\mathrm{T}}}$ 为矩阵 $\boldsymbol{A}$ 的**共轭转置矩阵**(conjugate transpose matrix).

特别地，对于复方阵 $\boldsymbol{A}\in\mathbb{C}^{n\times n}$，称满足 $\boldsymbol{A}^{\mathrm{H}}=\boldsymbol{A}$ 的矩阵 $\boldsymbol{A}$ 为 **Hermite 矩阵**，称满足 $\boldsymbol{A}^{\mathrm{H}}=-\boldsymbol{A}$ 的矩阵 $\boldsymbol{A}$ 为**反 Hermite 矩阵**.

显然对实矩阵 $\boldsymbol{A}\in\mathbb{R}^{m\times n}$，有 $\bar{\boldsymbol{A}}=\boldsymbol{A}$，故 $\boldsymbol{A}^{\mathrm{H}}=\boldsymbol{A}^{\mathrm{T}}$，因此共轭转置运算是转置运算的推广，Hermite 矩阵是实对称矩阵的推广，反 Hermite 矩阵是实反对称矩阵的推广.

不难证明下列性质：

(1) $\bar{\bar{\boldsymbol{A}}}=\boldsymbol{A}$，$(\boldsymbol{A}^{\mathrm{H}})^{\mathrm{H}}=\boldsymbol{A}$，其中 $\boldsymbol{A}\in\mathbb{C}^{m\times n}$.

(2) $\overline{\lambda\boldsymbol{A}+\mu\boldsymbol{B}}=\bar{\lambda}\bar{\boldsymbol{A}}+\bar{\mu}\bar{\boldsymbol{B}}$，$(\lambda\boldsymbol{A}+\mu\boldsymbol{B})^{\mathrm{H}}=\bar{\lambda}\boldsymbol{A}^{\mathrm{H}}+\bar{\mu}\boldsymbol{B}^{\mathrm{H}}$，其中 $\boldsymbol{A},\boldsymbol{B}\in\mathbb{C}^{m\times n}$，$\lambda,\mu\in\mathbb{C}$.

(3) $\overline{\boldsymbol{AB}}=\bar{\boldsymbol{A}}\bar{\boldsymbol{B}}$，$(\boldsymbol{AB})^{\mathrm{H}}=\boldsymbol{B}^{\mathrm{H}}\boldsymbol{A}^{\mathrm{H}}$，其中 $\boldsymbol{A}\in\mathbb{C}^{m\times n}$，$\boldsymbol{B}\in\mathbb{C}^{n\times p}$.

(4) 若 $\boldsymbol{A}\in\mathbb{C}^{n\times n}$ 可逆，则有 $\overline{\boldsymbol{A}^{-1}}=(\bar{\boldsymbol{A}})^{-1}$，$(\boldsymbol{A}^{-1})^{\mathrm{H}}=(\boldsymbol{A}^{\mathrm{H}})^{-1}$. 特别地，若 $\boldsymbol{A}\in\mathbb{R}^{n\times n}$ 可逆，则有 $(\boldsymbol{A}^{-1})^{\mathrm{T}}=(\boldsymbol{A}^{\mathrm{T}})^{-1}$. 故记 $\boldsymbol{A}^{-\mathrm{H}}=(\boldsymbol{A}^{-1})^{\mathrm{H}}$，$\boldsymbol{A}^{-\mathrm{T}}=(\boldsymbol{A}^{-1})^{\mathrm{T}}$.

(5) $\det(\boldsymbol{A}^{\mathrm{H}})=\det(\bar{\boldsymbol{A}})=\overline{\det(\boldsymbol{A})}$，$\mathrm{tr}(\boldsymbol{A}^{\mathrm{H}})=\mathrm{tr}(\bar{\boldsymbol{A}})=\overline{\mathrm{tr}(\boldsymbol{A})}$，$\boldsymbol{A}\in\mathbb{C}^{n\times n}$.

例 3.7.1　在向量空间 $\mathbb{C}^n$ 中，对任意 $\boldsymbol{x},\boldsymbol{y}\in\mathbb{C}^n$ 及任意 Hermite 矩阵 $\boldsymbol{A}\in\mathbb{C}^{n\times n}$，则 $\boldsymbol{x},\boldsymbol{y}$ 的**复双线性型**(complex bilinear form)

$$(\boldsymbol{Ax},\boldsymbol{y})=\boldsymbol{y}^{\mathrm{H}}\boldsymbol{Ax}\tag{3.7.2}$$

定义了 $\mathbb{C}^n$ 的一个内积，称为 $\mathbb{C}^n$ 的 $\boldsymbol{A}$ 内积，记为 $(\boldsymbol{x},\boldsymbol{y})_A$.

显然复双线性型是实双线性型的推广，$\mathbb{C}^n$ 的 $\boldsymbol{A}$ 内积是 $\mathbb{R}^n$ 的 $\boldsymbol{A}$ 内积的推广.

不难想到，$\mathbb{C}^n$ 的 $\boldsymbol{A}$ 内积作为 $\mathbb{C}^n$ 中的内积，也应该具有共轭对称性：

$$(\boldsymbol{x},\boldsymbol{y})_A=(\boldsymbol{Ax},\boldsymbol{y})=(\boldsymbol{x},\boldsymbol{Ay})=\overline{(\boldsymbol{y},\boldsymbol{x})_A}.\tag{3.7.3}$$

证明： 由于 $\boldsymbol{A}^{\mathrm{H}}=\boldsymbol{A}$，结合 $\mathbb{C}^n$ 的标准内积的共轭对称性，可知

$$(\boldsymbol{x},\boldsymbol{y})_A=\boldsymbol{y}^{\mathrm{H}}\boldsymbol{Ax}=\boldsymbol{y}^{\mathrm{H}}\boldsymbol{A}^{\mathrm{H}}\boldsymbol{x}=(\boldsymbol{Ay})^{\mathrm{H}}\boldsymbol{x}=(\boldsymbol{x},\boldsymbol{Ay})=\overline{(\boldsymbol{Ay},\boldsymbol{x})}=\overline{(\boldsymbol{y},\boldsymbol{x})_A}.$$

定义 3.7.3(酉变换与酉矩阵)　如果酉空间 V 中的线性变换 σ 是保内积的，即对任意 $\alpha,\beta\in V$，有 $\sigma(\alpha,\beta)=(\sigma(\alpha),\sigma(\beta))=(\alpha,\beta)$，则称 σ 为**酉变换**(unitary transformation)，其在 V 的任意一个标准正交基下的矩阵称为**酉矩阵**(unitary matrix).

根据定义，酉变换也保持酉空间中的范数、距离等几何度量不变，因此酉变换是正交变换的推广.不过对酉空间中的夹角，则不易定义，因为此时内积 (α,β) 是复数.当然作为

例外,正交是可以定义的,因为正交要求内积为零,进而可知酉变换也保持正交性:$\alpha \perp \beta \Leftrightarrow \sigma(\alpha) \perp \sigma(\beta)$.

定理 3.7.1 设 σ 是酉空间 V 上的一个线性变换,则下列命题是等价的:

(1) σ 是酉变换;

(2) σ 是保范的,即 $\|\sigma(\alpha)\| = \|\alpha\|$,其中范数 $\|\alpha\| = \sqrt{(\alpha, \alpha)}$;

(3) 若 $\{\varepsilon_i\}_1^n$ 是 V 的一个标准正交基,则 $\{\sigma(\varepsilon_i)\}_1^n$ 也是 V 的一个标准正交基;

(4) σ 在 V 的任意一个标准正交基下的酉矩阵 $\boldsymbol{U}$ 满足

$$\boldsymbol{U}^{\mathrm{H}}\boldsymbol{U} = \boldsymbol{U}\boldsymbol{U}^{\mathrm{H}} = \boldsymbol{I}. \tag{3.7.4}$$

注: (1) 酉矩阵是正交矩阵的推广.(2) 不要混淆酉矩阵与 Hermite 矩阵.

不难证明酉矩阵 $\boldsymbol{U}$ 的下列性质:

(1) 若 $\boldsymbol{U}$ 是酉矩阵,则 $|\boldsymbol{U}|=1$;

(2) 若 $\boldsymbol{U}$ 是酉矩阵,则 $\bar{\boldsymbol{U}}, \boldsymbol{U}^{\mathrm{T}}, \boldsymbol{U}^{\mathrm{H}}, \boldsymbol{U}^{-1}$ 都是酉矩阵,且 $\boldsymbol{U}^{-1} = \boldsymbol{U}^{\mathrm{H}}, \boldsymbol{U}^{-\mathrm{T}} = \bar{\boldsymbol{U}}$.

(3) 若 $\boldsymbol{U}_1, \boldsymbol{U}_2$ 是酉矩阵,则 $\boldsymbol{U} = \boldsymbol{U}_1\boldsymbol{U}_2$ 也是酉矩阵.

另外,将定理 3.7.1 中的命题(2)写成矩阵形式,就得到了范数的酉不变性.

定理 3.7.2(范数的酉不变性) 对任意酉矩阵 $\boldsymbol{U} \in \mathbb{C}^{n\times n}$ 以及任意 $\boldsymbol{x} \in \mathbb{C}^n$,有

$$\|\boldsymbol{U}\boldsymbol{x}\| = \|\boldsymbol{x}\|. \tag{3.7.5}$$

证明: $\|\boldsymbol{U}\boldsymbol{x}\|^2 = (\boldsymbol{U}\boldsymbol{x}, \boldsymbol{U}\boldsymbol{x}) = (\boldsymbol{U}\boldsymbol{x})^{\mathrm{H}}(\boldsymbol{U}\boldsymbol{x}) = \boldsymbol{x}^{\mathrm{H}}\boldsymbol{U}^{\mathrm{H}}\boldsymbol{U}\boldsymbol{x} = \boldsymbol{x}^{\mathrm{H}}\boldsymbol{x} = \|\boldsymbol{x}\|$.

酉空间 V 还有一些重要结论,罗列如下:

(1) 右共轭齐次性: $(\alpha, \lambda\beta) = \bar{\lambda}(\alpha, \beta)$;

(2) 右可加性: $(\alpha, \beta+\gamma) = (\alpha, \beta) + (\alpha, \gamma)$;

(3) $(\alpha, \theta) = (\theta, \beta) = 0$;

(4) Cauchy-Schwartz 不等式(注意不等式左侧是复内积 (α, β) 的模):

$$|(\alpha, \beta)| \leqslant \|\alpha\| \|\beta\|. \tag{3.7.6}$$

证明: 当 $\beta = \theta$ 时,显然成立.当 $\beta \neq \theta$ 时,有

$$0 \leqslant \|\alpha - k\beta\|^2 = (\alpha - k\beta, \alpha - k\beta) = (\alpha, \alpha) - \bar{k}(\alpha, \beta) - k(\beta, \alpha) + k\bar{k}(\beta, \beta).$$

在上式中,令 $k = \dfrac{(\alpha, \beta)}{(\beta, \beta)}$,并注意到 $|z|^2 = z\bar{z}$,则 $0 \leqslant (\alpha, \alpha) - \dfrac{(\alpha, \beta)(\beta, \alpha)}{(\beta, \beta)} =$

$\|\alpha\|^2-\frac{|(\alpha,\beta)|^2}{\|\beta\|^2}$，整理后即得 Cauchy-Schwartz 不等式.

(5) 任意 $\alpha\in V$ 的范数为 $\|\alpha\|=\sqrt{(\alpha,\alpha)}$，并且满足三角不等式

$$\|\alpha+\beta\|\leqslant\|\alpha\|+\|\beta\|.$$

证明： $\|\alpha+\beta\|^2=(\alpha+\beta,\alpha+\beta)=(\alpha,\alpha)+(\alpha,\beta)+(\beta,\alpha)+(\beta,\beta)$
$=(\alpha,\alpha)+2\mathrm{Re}(\alpha,\beta)+(\beta,\beta)\leqslant(\alpha,\alpha)+2|(\alpha,\beta)|+(\beta,\beta)$
$\leqslant\|\alpha\|^2+2\|\alpha\|\cdot\|\beta\|+\|\beta\|^2=(\|\alpha\|+\|\beta\|)^2$，

其中，$\mathrm{Re}(\alpha,\beta)$ 表示(α,β)的实部.

(6) 当 $\alpha,\beta\in V$ 的内积 $(\alpha,\beta)=0$ 时，称 α 与 β 正交；

(7) V 中的线性无关组仍然可以用 Gram-Schmidt 正交化过程正交化，并扩充成一个标准正交基，也就是说 $m\times n$ 阶的瘦长型 $(m\geqslant n)$ 列满秩复矩阵 $\boldsymbol{A}\in\mathbb{C}^{m\times n}$ 存在 **UR 分解**，即存在**列酉矩阵** $\boldsymbol{U}\in\mathbb{C}^{m\times n}$（即满足 $\boldsymbol{U}^{\mathrm{H}}\boldsymbol{U}=\boldsymbol{I}$）和对角元为正实数的上三角矩阵 $\boldsymbol{R}\in\mathbb{C}^{n\times n}$，使得

$$\boldsymbol{A}=\boldsymbol{UR}. \tag{3.7.7}$$

(8) 在标准正交基 $\{\varepsilon_i\}_1^n$ 下，任意 $\alpha,\beta\in V$ 的内积为

$$(\alpha,\beta)=x_1\bar{y}_1+x_2\bar{y}_2+\cdots+x_n\bar{y}_n=(\boldsymbol{x},\boldsymbol{y}), \tag{3.7.8}$$

其中，$\boldsymbol{x}=(x_1,x_2,\cdots,x_n)^{\mathrm{T}}$ 和 $\boldsymbol{y}=(y_1,y_2,\cdots,y_n)^{\mathrm{T}}$ 分别是 α,β 在 $\{\varepsilon_i\}_1^n$ 下的坐标向量，即 V 中的内积转化为 $\mathbb{C}^n$ 中的标准内积.

(9) 酉空间 V 可以正交分解为 $V=V_1\oplus V_1^{\perp}$，其中 V_1 是 V 的任意子空间.

(10) V 中任意两组标准正交基之间的过渡矩阵都是酉矩阵.

例 3.7.2 证明：(1) 酉矩阵的特征值之模为 1；(2) 酉矩阵的相异特征值对应的特征向量互相正交.

证明： (1) 设酉矩阵 $\boldsymbol{U}$ 有特征对 $(\lambda,\boldsymbol{x})$，即 $\boldsymbol{Ux}=\lambda\boldsymbol{x}$，考虑到 $\boldsymbol{U}$ 满足 $\boldsymbol{U}^{\mathrm{H}}\boldsymbol{U}=\boldsymbol{I}$，两边取共轭转置，则得 $\boldsymbol{x}^{\mathrm{H}}\boldsymbol{U}^{\mathrm{H}}=\bar{\lambda}\boldsymbol{x}^{\mathrm{H}}$，从而有 $\boldsymbol{x}^{\mathrm{H}}\boldsymbol{x}=\boldsymbol{x}^{\mathrm{H}}\boldsymbol{U}^{\mathrm{H}}\boldsymbol{Ux}=\lambda\bar{\lambda}\boldsymbol{x}^{\mathrm{H}}\boldsymbol{x}$. 注意到 $\boldsymbol{x}^{\mathrm{H}}\boldsymbol{x}=\|\boldsymbol{x}\|^2>0$，因此 $\lambda\bar{\lambda}=1$，此即模 $|\lambda|=1$.

(2) 设酉矩阵 $\boldsymbol{U}$ 有特征对 $(\lambda,\boldsymbol{x})$ 和 $(\mu,\boldsymbol{y})$，且 $\lambda\neq\mu$，即有 $\boldsymbol{Ux}=\lambda\boldsymbol{x}$ 以及 $\boldsymbol{Uy}=\mu\boldsymbol{y}$，两边取共轭转置，则得 $\boldsymbol{y}^{\mathrm{H}}\boldsymbol{U}^{\mathrm{H}}=\bar{\mu}\boldsymbol{y}^{\mathrm{H}}$，故 $\boldsymbol{y}^{\mathrm{H}}\boldsymbol{x}=\boldsymbol{y}^{\mathrm{H}}\boldsymbol{U}^{\mathrm{H}}\boldsymbol{Ux}=\lambda\bar{\mu}\boldsymbol{y}^{\mathrm{H}}\boldsymbol{x}$. 显然，当 $\lambda\bar{\mu}\neq1$ 时即得 $\boldsymbol{y}^{\mathrm{H}}\boldsymbol{x}=0$，也就是 $\boldsymbol{x}$ 与 $\boldsymbol{y}$ 正交.事实上，若有 $\lambda\bar{\mu}=1$，则 $\lambda\mu\bar{\mu}=\lambda|\mu|^2=\mu$. 注意到模 $|\mu|=$

1，因此 $\lambda=\mu$，与已知矛盾.

例 3.7.3　若 $\boldsymbol{S}$，$\boldsymbol{T}$ 分别是实对称矩阵和实反对称矩阵，且 $\det(\boldsymbol{I}-\boldsymbol{T}-\mathrm{i}\boldsymbol{S})\neq 0$，则

$$\boldsymbol{U}=(\boldsymbol{I}+\boldsymbol{T}+\mathrm{i}\boldsymbol{S})(\boldsymbol{I}-\boldsymbol{T}-\mathrm{i}\boldsymbol{S})^{-1}$$

是酉矩阵.

证明： 由题可知 $\boldsymbol{S}^{\mathrm{H}}=S$，$\boldsymbol{T}^{\mathrm{H}}=-\boldsymbol{T}$ 及 $(\mathrm{i}\boldsymbol{S})^{\mathrm{H}}=-\mathrm{i}\boldsymbol{S}$，注意到 $\boldsymbol{A}^{-\mathrm{H}}=(\boldsymbol{A}^{\mathrm{H}})^{-1}=(\boldsymbol{A}^{-1})^{\mathrm{H}}$，则

$$\begin{aligned}\boldsymbol{U}^{\mathrm{H}}\boldsymbol{U}&=[(\boldsymbol{I}+\boldsymbol{T}+\mathrm{i}\boldsymbol{S})(\boldsymbol{I}-\boldsymbol{T}-\mathrm{i}\boldsymbol{S})^{-1}]^{\mathrm{H}}(\boldsymbol{I}+\boldsymbol{T}+\mathrm{i}\boldsymbol{S})(\boldsymbol{I}-\boldsymbol{T}-\mathrm{i}\boldsymbol{S})^{-1}\\&=(\boldsymbol{I}-\boldsymbol{T}-\mathrm{i}\boldsymbol{S})^{-\mathrm{H}}(\boldsymbol{I}+\boldsymbol{T}+\mathrm{i}\boldsymbol{S})^{\mathrm{H}}(\boldsymbol{I}+\boldsymbol{T}+\mathrm{i}\boldsymbol{S})(\boldsymbol{I}-\boldsymbol{T}-\mathrm{i}\boldsymbol{S})^{-1}\\&=(\boldsymbol{I}+\boldsymbol{T}+\mathrm{i}\boldsymbol{S})^{-1}(\boldsymbol{I}-\boldsymbol{T}-\mathrm{i}\boldsymbol{S})(\boldsymbol{I}+\boldsymbol{T}+\mathrm{i}\boldsymbol{S})(\boldsymbol{I}-\boldsymbol{T}-\mathrm{i}\boldsymbol{S})^{-1}\\&=(\boldsymbol{I}+\boldsymbol{T}+\mathrm{i}\boldsymbol{S})^{-1}(\boldsymbol{I}+\boldsymbol{T}+\mathrm{i}\boldsymbol{S})(\boldsymbol{I}-\boldsymbol{T}-\mathrm{i}\boldsymbol{S})(\boldsymbol{I}-\boldsymbol{T}-\mathrm{i}\boldsymbol{S})^{-1}\\&=(\boldsymbol{I}-\boldsymbol{T}-\mathrm{i}\boldsymbol{S})(\boldsymbol{I}-\boldsymbol{T}-\mathrm{i}\boldsymbol{S})^{-1}=\boldsymbol{I}.\end{aligned}$$

其中的等式 $(\boldsymbol{I}-\boldsymbol{T}-\mathrm{i}\boldsymbol{S})(\boldsymbol{I}+\boldsymbol{T}+\mathrm{i}\boldsymbol{S})=(\boldsymbol{I}+\boldsymbol{T}+\mathrm{i}\boldsymbol{S})(\boldsymbol{I}-\boldsymbol{T}-\mathrm{i}\boldsymbol{S})$，两边分别展开即知显然成立.

3.8　本章总结及拓展

本章首先回顾了欧氏空间 $\mathbb{R}^n$ 的内积运算和性质，以及构造标准正交基的 Gram-Schmidt 正交化过程.改用矩阵语言描述正交化过程，就得到了可逆方阵和列满秩矩阵的 QR 分解，同时引申出了计算 QR 分解的 CGS 法和 MGS 法.接下来抽象出一般化的欧氏空间 V，同时将标准正交基推广到欧氏空间 V，得到欧氏空间 V 的正交分解和正交投影定理，并用法方程和最佳逼近解决了最小二乘问题.紧接着阐述了基于正交投影的 Krylov 子空间法在求解大规模线性方程组上的应用.然后接续上一章"矩阵即变换"的视角，讨论了欧氏空间 V 上的正交变换及其矩阵，并重点探讨了一般化的 Householder 变换及其矩阵，以及计算 QR 分解的 Householder 变换法.最后将数域推广到复数域，简述了酉空间、酉矩阵及酉变换的概念及性质.

内积空间及其上的线性算子，是本章及下章的主要内容，读者可在文献[62,69,72,76]中获得更深入的了解.其中文献[76]可以重点关注，因为该书大半的篇幅集中于这个主题.关于内积空间的更抽象阐述，则归属于泛函分析课程，可参阅文献[74].

矩阵 $\boldsymbol{A}$ 通过行变换 $\boldsymbol{P}$ 可化成行最简型 $\boldsymbol{U}_{\boldsymbol{A}}$，即存在分解 $\boldsymbol{P}\boldsymbol{A}=\boldsymbol{U}_{\boldsymbol{A}}$. 鉴于可逆矩阵 $\boldsymbol{P}$ 求逆的困难，而正交矩阵具有逆就是其转置的特性，因此改用正交变换后就得到了 $\boldsymbol{Q}^{\mathrm{T}}\boldsymbol{A}=$

$R' = \begin{pmatrix} R & C \\ O & O \end{pmatrix}$，这显然是 QR 分解 $A = QR'$ 的变形.当然作为均衡的代价，所得标准型就从 U_A 一般化为 R'，特别是其中各主元列的主元未必是 1.关于 QR 分解及其算法的全面描述，可见于经典文献[18,36].

最小二乘法被看作是 19 世纪最重要的统计方法.当时间来到 21 世纪，面对经济学、最优控制、生物医药、人工智能、国家和社会管理等领域的海量冗余数据，最小二乘法的降维和数据最优拟合的重要作用日益凸显，读者可在文献[29]中找到它的大量应用.需要更多理论知识的读者，建议深入阅读文献[81,86]，其中文献[86]是国内最小二乘法研究专家魏木生教授的力作.

子空间迭代法作为求解大规模线性系统 $Ax = b$ 的现代方法，已经被越来越多的文献和教材纳入视野.鼎鼎大名的用于求解对称正定线性系统的共轭梯度法，就是在 $K_k = K(A, b, k)$ 上选择 $x^{(k)}$ 来极小化 $(x - x^*)^{\mathrm{T}} A (x - x^*)$，因此也是一种子空间迭代法.需要深入了解的读者，我们推荐经典文献[85,87,88].

从最优化理论来看，最小二乘法和共轭梯度法都是求解极小化问题，因此都是优化方法.至于其中涉及的矩阵知识，则需要本书第 5 章和第 6 章阐述的矩阵分析视角，读者也可以参阅文献[81].需要进一步了解数值最优化知识的读者，建议去阅读经典文献[89].

思考题

3.1　为什么要在 $\mathbb{R}^n$ 中引入内积运算？如何理解内积运算从向量空间 $\mathbb{R}^n$ 中继承的双线性性？

3.2　如何理解范数运算从欧氏空间 $\mathbb{R}^n$ 中继承的性质？

3.3　为什么要讨论标准正交基？

3.4　如何理解“QR 分解就是施密特正交化过程的矩阵表示”，这对你有何启发？为什么要研究 QR 分解？

3.5　辨析施密特正交化过程、CGS 算法和 MGS 算法.为什么要用 MGS 算法改进 CGS 算法？

3.6　施密特正交化过程能否应用于列亏阵(即非列满秩阵)？为什么？

3.7 如何理解向量空间 $\mathbb{R}^n$、欧氏空间 $\mathbb{R}^n$、线性空间 V 和欧氏空间 V 四者之间的关系？

3.8 定义欧氏空间的几条公理中，哪些继承自线性空间？哪些是内积运算带来的？如何理解欧氏空间中内积运算的双线性性？

3.9 欧氏空间中的内积运算是否唯一？为什么？举例说明.

3.10 如何用类比思维来理解希尔伯特空间 ℓ_2、函数空间 $\mathbb{C}[a, b]$ 以及矩阵空间 $\mathbb{R}^{m\times n}$ 中的内积及其运算表达式？

3.11 如何理解两个多项式正交？对施密特引入的这些几何术语的巨大威力，你有何感受？

3.12 如何理解内积即度量矩阵？度量矩阵与 Gram 矩阵是何种关系？

3.13 如何理解欧氏空间中向量的内积就是相应坐标向量的内积？这意味着什么？

3.14 为什么要研究正交分解？子空间的正交补是否唯一？

3.15 如何理解最小二乘解？它是不是方程组 $\boldsymbol{Ax}=\boldsymbol{b}$ 的解？它是不是法方程的解？

3.16 为什么本章要重新定义 Househoulder 矩阵？

3.17 Househoulder 变换有何作用？如何选择反射方向？从变换的角度如何理解 Househoulder 矩阵的几个性质？

3.18 如何理解 Givens 变换？n 阶的 Givens 矩阵与 2 阶的 Givens 矩阵有何异同？Givens 变换与 Househoulder 变换之间有何关系？

3.19 简述 Househoulder 变换法求 QR 分解的原理和步骤.与 MGS 算法相比，Househoulder 变换法有何优点？

3.20 为什么复内积要满足共轭对称性？

3.21 解释酉矩阵与半酉矩阵，它们存在什么关系？什么是复矩阵的 UR 分解？

3.22 欧氏空间(实内积空间)与酉空间(复内积空间)有何联系与区别？

习 题 三

3.1 (1) 证明三角不等式：$|\ \|\boldsymbol{x}\| - \|\boldsymbol{y}\|\ | \leqslant \|\boldsymbol{x}-\boldsymbol{y}\|$，其中 $\boldsymbol{x}, \boldsymbol{y} \in \mathbb{R}^n$；

(2) 求函数 $f(x)=\sqrt{x^2-8x+20}-\sqrt{x^2+1}$ 的最大值.

3.2 求欧氏空间 $\mathbb{R}^4$ 中与 $\boldsymbol{\alpha}_1=(1, 1, -1, 1)^{\mathrm{T}}$, $\boldsymbol{\alpha}_2=(1, -1, -1, 1)^{\mathrm{T}}$, $\boldsymbol{\alpha}_3=(2, 1, 1, 3)^{\mathrm{T}}$ 都

正交的单位向量.

3.3　已知(I)：$\boldsymbol{\alpha}_1, \boldsymbol{\alpha}_2$ 和(II)：$\boldsymbol{\beta}_1, \boldsymbol{\beta}_2$ 是 $\mathbb{R}^n$ $(n \geqslant 4)$ 中两个线性无关的向量组，且两向量组互相正交，证明：$\boldsymbol{\alpha}_1, \boldsymbol{\alpha}_2, \boldsymbol{\beta}_1, \boldsymbol{\beta}_2$ 线性无关.

3.4　试把 $\boldsymbol{\alpha}_1=(1, 0, 1, 0)^{\mathrm{T}}$，$\boldsymbol{\alpha}_2=(0, 1, 0, 2)^{\mathrm{T}}$ 扩充为 $\mathbb{R}^4$ 的一个正交基，再改造成 $\mathbb{R}^4$ 的一个标准正交基.

3.5　设 $\boldsymbol{A}=\begin{pmatrix} a & b \\ c & d \end{pmatrix}$ 为正交矩阵，证明：$\boldsymbol{A}$ 必取下列两种形式之一：

$$\begin{pmatrix} \cos\theta & \sin\theta \\ -\sin\theta & \cos\theta \end{pmatrix} \text{或} \begin{pmatrix} \cos\theta & \sin\theta \\ \sin\theta & -\cos\theta \end{pmatrix} \quad (-\pi \leqslant \theta \leqslant \pi).$$

这个结果意味着什么？

3.6　设 $\boldsymbol{A}=\begin{pmatrix} a & b \\ c & d \end{pmatrix}$ 与正交矩阵相似，则 $|\boldsymbol{A}|=\pm 1$，且

(1) $|\boldsymbol{A}|=1 \Leftrightarrow \boldsymbol{A}=\pm \boldsymbol{I}$ 或 $-2<a+d<2$；(2) $|\boldsymbol{A}|=-1 \Leftrightarrow a=-d$.

3.7　试用 MGS 算法求矩阵 $\boldsymbol{A}$ 的 QR 分解，其中：

(1) $\boldsymbol{A}=\begin{pmatrix} 0 & 4 & 1 \\ 1 & 1 & 1 \\ 0 & 3 & 2 \end{pmatrix}$；(2) $\boldsymbol{A}=\begin{pmatrix} 1 & 0 \\ 1 & 1 \\ 0 & 1 \end{pmatrix}$.

3.8　设 $\boldsymbol{x}=(x_1, x_2)^{\mathrm{T}}$，$\boldsymbol{y}=(y_1, y_2)^{\mathrm{T}} \in \mathbb{R}^2$，判断 $\mathbb{R}^2$ 对下列内积定义是否构成欧氏空间：

(1) $(\boldsymbol{x}, \boldsymbol{y})=x_1y_1-x_2y_2$；(2) $(\boldsymbol{x}, \boldsymbol{y})=3x_1y_1+5x_2y_2$；

(3) $(\boldsymbol{x}, \boldsymbol{y})=|x_1y_1+x_2y_2|$.

3.9　设 $\boldsymbol{x}=(x_1, x_2, \cdots, x_n)^{\mathrm{T}}$，$\boldsymbol{y}=(y_1, y_2, \cdots, y_n)^{\mathrm{T}} \in \mathbb{R}^n$，证明：$(\boldsymbol{x}, \boldsymbol{y})=\sum_{k=1}^{n} kx_ky_k$ 是 $\mathbb{R}^n$ 的一个内积，并写出相应的 Cauchy-Schwarz 不等式.

3.10　证明：对任意 $\boldsymbol{A} \in \mathbb{R}^{m\times n}$ 及 $\boldsymbol{B} \in \mathbb{R}^{n\times m}$，有 $\mathrm{tr}(\boldsymbol{AB})=\mathrm{tr}(\boldsymbol{BA})$.

3.11　设(I)：$\boldsymbol{\alpha}_1=(1, 1)^{\mathrm{T}}$，$\boldsymbol{\alpha}_2=(1, -1)^{\mathrm{T}}$ 及(II)：$\boldsymbol{\beta}_1=(0, 2)^{\mathrm{T}}$，$\boldsymbol{\beta}_2=(6, 12)^{\mathrm{T}}$ 为欧氏空间 $\mathbb{R}^2$ 中的两组基，且按某种内积定义，有

$$(\boldsymbol{\alpha}_1, \boldsymbol{\beta}_1)=1,\ (\boldsymbol{\alpha}_1, \boldsymbol{\beta}_2)=15,\ (\boldsymbol{\alpha}_2, \boldsymbol{\beta}_1)=-1,\ (\boldsymbol{\alpha}_2, \boldsymbol{\beta}_2)=3.$$

求：(1) 基(I)和基(II)的度量矩阵；(2) $\mathbb{R}^2$ 的一个标准正交基.

3.12 设 $\{\alpha_i\}_1^n$ 为欧氏空间 V 的一个基,其度量矩阵为 $\boldsymbol{A}$, V 中向量组 $\{\beta_i\}_1^n$ 满足 $(\beta_1, \beta_2, \cdots, \beta_n)=(\alpha_1, \alpha_2, \cdots, \alpha_n)\boldsymbol{P}$, $\boldsymbol{P}\in\mathbb{R}^{n\times n}$. 证明: $\{\beta_i\}_1^n$ 是 V 的标准正交基的充要条件是 $\boldsymbol{P}^{\mathrm{T}}\boldsymbol{AP}=\boldsymbol{I}$. 特别地,当 $\{\alpha_i\}_1^n$ 是 V 的一个标准正交基时, $\{\beta_i\}_1^n$ 是 V 的标准正交基的充要条件是 $\boldsymbol{P}$ 为正交矩阵.

3.13 证明: 函数空间 $\mathbb{C}[0, 1]$ 中的函数组 x, e^x, $x\mathrm{e}^x$ 是线性无关的.

3.14 已知欧氏空间 $\mathbb{R}^{2\times 2}$ 的子空间 $V=\{\boldsymbol{X}=(x_{ij}) \mid x_{11}=x_{22}, x_{12}=x_{21}\}$ 及 V 中的线性变换

$$\sigma(\boldsymbol{X})=\boldsymbol{XP}+\boldsymbol{X}^{\mathrm{T}},\ \boldsymbol{X}\in V,\ \boldsymbol{P}=\begin{pmatrix}0 & 1\\ 1 & 0\end{pmatrix}.$$

求 V 的一个标准正交基,使得 σ 在该基下的矩阵为对角矩阵.

3.15 求 $\mathbb{R}[x]_3$ 在下列内积定义下的一个标准正交基:

(1) $(f, g)=\int_{-1}^{1} f(x)g(x)\mathrm{d}x$; (2) $(f, g)=\int_{0}^{1} f(x)g(x)\mathrm{d}x$;

(3) $(f, g)=\int_{0}^{+\infty} f(x)g(x)\mathrm{e}^{-x}\mathrm{d}x$.

3.16 已知欧氏空间 V 中一个基 $\{\alpha_i\}_1^3$ 的度量矩阵为 $\boldsymbol{A}=\begin{pmatrix}2 & 1 & 2\\ 1 & 1 & 1\\ 2 & 1 & 5\end{pmatrix}$, 试用 Gram-Schmidt 正交化方法求 V 的一个标准正交基.

3.17 已知 $\{\varepsilon_i\}_1^3$ 是欧氏空间 V 的一个标准正交基,且 $\alpha_1=\frac{1}{3}(2\varepsilon_1+2\varepsilon_2-\varepsilon_3)$, $\alpha_2=\frac{1}{3}(2\varepsilon_1-\varepsilon_2+2\varepsilon_3)$, 求 $\alpha_3\in V$, 使得 $\{\alpha_i\}_1^3$ 也是 V 的一个标准正交基.

3.18 设 $\{\alpha_i\}_1^n$ 为欧氏空间 V 的一个基.证明:

(1) 如果 $\alpha\in V$ 使得 $(\alpha, \alpha_i)=0\ (i=1, 2, \cdots, n)$, 那么 $\alpha=\theta$;

(2) 如果 $\alpha, \beta\in V$ 使得对任意 $\gamma\in V$, 都有 $(\alpha, \gamma)=(\beta, \gamma)$, 那么 $\alpha=\beta$.

3.19 **(Parseval 等式)** 设 $\{\alpha_i\}_1^n$ 为欧氏空间 V 的一个标准正交基,对任意 $\alpha, \beta\in V$, 证明:

(1) $(\alpha, \beta)=\sum_{i=1}^{n}(\alpha, \alpha_i)(\beta, \alpha_i)$; (2) $\|\alpha\|^2=\sum_{i=1}^{n}(\alpha, \alpha_i)^2$.

3.20 **(Bessel不等式)** 设 $\{\alpha_i\}_1^k$ 为欧氏空间 V 的一组两两正交的单位元,对任意 $\alpha\in V$, 证明:

(1) $\sum_{i=1}^{k}(\alpha,\ \alpha_i)^2 \leqslant \|\alpha\|^2$;

(2) $\gamma=\alpha-\sum_{i=1}^{k}(\alpha,\ \alpha_i)\alpha_i$ 与每个 α_i 都正交 $(i=1,\ 2,\ \cdots,\ k)$.

3.21 设 $\boldsymbol{\alpha}_1=(1,\ 0,\ 2,\ 1)^{\mathrm{T}}$, $\boldsymbol{\alpha}_2=(2,\ 1,\ 2,3)^{\mathrm{T}}$, $\boldsymbol{\alpha}_3=(0,\ 1,\ -2,\ 1)^{\mathrm{T}}$, $V_1=\mathrm{span}\{\boldsymbol{\alpha}_1,\ \boldsymbol{\alpha}_2,\ \boldsymbol{\alpha}_3\}$. 求 $V_1^{\perp}$ 的一个基.

3.22 设 $\eta\neq\theta$ 为 n 维欧氏空间 V 中的一个固定元素,证明:$V_1=\{\alpha\mid(\alpha,\ \eta)=0,\ \alpha\in V\}$ 的维数为 $n-1$. 几何上如何理解 V_1?

3.23 设 V_1, V_2 为 n 维欧氏空间 V 的两个子空间,且 $V=V_1\oplus V_2$. 证明:$V=V_1\,\text{⦹}\,V_2$ 的充要条件是 V_1 与 V_2 的基互相正交.

3.24 设 V_1, V_2 为欧氏空间 V 的两个子空间,证明:$(V_1+V_2)^{\perp}=V_1^{\perp}\cap V_2^{\perp}$, $(V_1\cap V_2)^{\perp}=V_1^{\perp}+V_2^{\perp}$.

3.25 求 $N(\boldsymbol{A})$ 的一个标准正交基及 $N(\boldsymbol{A})^{\perp}$ 的一个正交基,其中 $\boldsymbol{A}=\begin{pmatrix}2&1&-1&1\\1&1&-2&-1\end{pmatrix}$.

3.26 设 $\boldsymbol{A}\in\mathbb{C}^{n\times n}$ 且 $r(\boldsymbol{A}^2)=r(\boldsymbol{A})$. 证明:

(1) $N(\boldsymbol{A})+R(\boldsymbol{A})=\{\boldsymbol{0}\}$; (2) $\mathbb{C}^n=N(\boldsymbol{A})\,\text{⦹}\,R(\boldsymbol{A})$.

3.27 证明 Fredholm 定理:对任意 $\boldsymbol{A}\in\mathbb{R}^{m\times n}$, 线性方程组 $\boldsymbol{Ax}=\boldsymbol{b}$ 有解的充要条件是向量 $\boldsymbol{b}\in\mathbb{R}^n$ 与齐次线性方程组 $\boldsymbol{A}^{\mathrm{T}}\boldsymbol{y}=\boldsymbol{0}$ 的解空间正交.

3.28 用最佳逼近定理证明 $\mathbb{R}^3$ 中定点 $M(x_0,\ y_0,\ z_0)$ 到已知平面 π: $Ax+By+Cz=0$ 的距离等于

$$d=\frac{|Ax_0+By_0+Cz_0|}{\sqrt{A^2+B^2+C^2}}.$$

3.29 用法方程法求不相容线性方程组 $\boldsymbol{Ax}=\boldsymbol{b}$ 的最小二乘解,其中:

(1) $\boldsymbol{A}=\begin{pmatrix}1&1\\1&-1\\1&1\end{pmatrix}$, $\boldsymbol{b}=\begin{pmatrix}2\\1\\3\end{pmatrix}$; (2) $\boldsymbol{A}=\begin{pmatrix}1&0\\1&0\\1&0\end{pmatrix}$, $\boldsymbol{b}=\begin{pmatrix}1\\5\\6\end{pmatrix}$;

(3) $\boldsymbol{A}=\begin{pmatrix}1&1&0\\0&1&1\\1&2&1\\1&0&1\end{pmatrix}$, $\boldsymbol{b}=\begin{pmatrix}2\\3\\5\\6\end{pmatrix}$.

3.30 求拟合下列数据点的最佳直线和最佳抛物线：

(1) (0, 0), (1, 3), (2, 3), (5, 6); (2) (1, 2), (3, 2), (4, 1), (6, 3).

3.31 证明定理 3.5.2 的充分性.

3.32 设 $\{\alpha_i\}_1^n$ 为欧氏空间 V 的一个标准正交基，且 $\alpha_0 = \alpha_1 + 2\alpha_2 + \cdots + n\alpha_n$. 证明：线性变换 $\sigma(\alpha) = \alpha + k(\alpha, \alpha_0)\alpha_0 (k \neq 0)$ 是正交变换当且仅当 $k = -\dfrac{2}{1^2 + 2^2 + \cdots + n^2}$.

3.33 设 $\{\alpha_i\}_1^3$ 为欧氏空间 V 的一个标准正交基，求 V 的一个正交变换 σ，使得

$$\sigma(\alpha_1) = \frac{1}{3}(2\alpha_1 - 2\alpha_2 + \alpha_3),\ \sigma(\alpha_2) = \frac{1}{3}(2\alpha_1 + \alpha_2 - 2\alpha_3).$$

3.34 (1) 设 $\{\alpha_i\}_1^n$ 和 $\{\beta_i\}_1^n$ 为 n 维欧氏空间 V 的两个基，证明：存在正交变换 σ，使得 $\sigma(\alpha_i) = \beta_i$ 的充要条件是 $(\alpha_i, \alpha_j) = (\beta_i, \beta_j)$ $(i, j = 1, 2, \cdots, n)$.

(2) 设 $\{\varepsilon_i\}_1^k$ 和 $\{\eta_i\}_1^k$ 为 n 维欧氏空间 V 的两个标准正交组，证明：存在正交变换 σ，使得 $\sigma(\varepsilon_i) = \eta_i (i = 1, 2, \cdots, k)$.

3.35 设 $\boldsymbol{A}$ 为正交矩阵，证明：$\det \boldsymbol{A} = \pm 1$. 如果 $\det \boldsymbol{A} = 1$，则称相应的正交变换为**第一类正交变换**，否则称为**第二类正交变换**.试分别给出它们的例子.

3.36 证明：每个 Givens 矩阵可以分解为两个 Householder 矩阵的乘积.

3.37 设 $\boldsymbol{H}$ 是 n 阶 Householder 矩阵，证明：块对角矩阵 $\boldsymbol{H}' = \mathrm{diag}(\boldsymbol{I}_m, \boldsymbol{H}, \boldsymbol{I}_p)$ 也是 Householder 矩阵.

3.38 设 $\boldsymbol{G}$ 是 n 阶 Givens 矩阵，$\boldsymbol{H}, \boldsymbol{H}'$ 是 n 阶 Householder 矩阵，证明：$\boldsymbol{GHG}^{-1}$ 和 $\boldsymbol{H}'\boldsymbol{H}\boldsymbol{H}'^{-1}$ 都是 Householder 矩阵，但块对角矩阵 $\begin{pmatrix} \boldsymbol{H} & \\ & \boldsymbol{H}' \end{pmatrix}$ 不是 Householder 矩阵.

3.39 用 Givens 变换求矩阵 $\boldsymbol{A} = \begin{pmatrix} 2 & 2 & 1 \\ 0 & 2 & 2 \\ 2 & 1 & 2 \end{pmatrix}$ 的 QR 分解.

3.40 试用 Householder 变换法求矩阵 $\boldsymbol{A}$ 的 QR 分解，其中：

(1) $\boldsymbol{A} = \begin{pmatrix} 0 & 4 & 1 \\ 1 & 1 & 1 \\ 0 & 3 & 2 \end{pmatrix}$; (2) $\boldsymbol{A} = \begin{pmatrix} 1 & 0 \\ 1 & 1 \\ 0 & 1 \end{pmatrix}$; (3) $\boldsymbol{A} = \begin{pmatrix} 1 & 1 & 0 \\ 2 & 1 & 1 \\ 2 & 0 & 2 \end{pmatrix}$; (4) $\boldsymbol{A} = \begin{pmatrix} 1 & 2 & 0 \\ 1 & 2 & 0 \\ 0 & 0 & 1 \end{pmatrix}$.

3.41 **(极化恒等式)** 对酉空间 V 中的任意元 α, β，证明：

$$(\alpha, \beta)=\frac{1}{4}(\|\alpha+\beta\|^2-\|\alpha-\beta\|^2+\mathrm{i}\|\alpha+\mathrm{i}\beta\|^2-\mathrm{i}\|\alpha-\mathrm{i}\beta\|^2).$$

特别地，在欧氏空间 V 中，上式退化为

$$(\alpha, \beta)=\frac{1}{4}(\|\alpha+\beta\|^2-\|\alpha-\beta\|^2).$$

3.42 设 $\boldsymbol{A}\in\mathbb{C}^{m\times n}$，$\boldsymbol{D}$ 是对角元都为正数的对角矩阵.证明：(1) $\boldsymbol{A}^{\mathrm{H}}\boldsymbol{A}=\boldsymbol{D}$ 当且仅当 $\boldsymbol{A}$ 的列向量组互相正交；(2) $\boldsymbol{A}^{\mathrm{H}}\boldsymbol{A}=\boldsymbol{O}$ 当且仅当 $\boldsymbol{A}=\boldsymbol{O}$.

3.43 设 $\boldsymbol{B}\in\mathbb{C}^{m\times m}$，$\boldsymbol{C}\in\mathbb{C}^{n\times n}$ 且 $\boldsymbol{A}=\begin{pmatrix}\boldsymbol{B} & \boldsymbol{F}\\ & \boldsymbol{C}\end{pmatrix}$ 是酉矩阵，则 $\boldsymbol{B}$，$\boldsymbol{C}$ 都是酉矩阵，且 $\boldsymbol{F}=\boldsymbol{O}$.

3.44 设 $\boldsymbol{A}$，$\boldsymbol{B}\in\mathbb{C}^{n\times n}$，且对任意 $\boldsymbol{x}$，$\boldsymbol{y}\in\mathbb{C}^n$，都有 $(\boldsymbol{x}, \boldsymbol{A}\boldsymbol{y})=(\boldsymbol{B}\boldsymbol{x}, \boldsymbol{y})$，证明：$\boldsymbol{B}=\boldsymbol{A}^{\mathrm{H}}$.

3.45 **(Riesz 表示定理)** 设 σ 是 n 维酉空间 V 上的一个线性泛函，则对任意 $\alpha\in V$，都存在唯一的 $\beta\in V$，使得 $\sigma(\alpha)=(\alpha, \beta)$.

3.46 对任意 $\boldsymbol{A}$，$\boldsymbol{B}\in\mathbb{C}^{n\times n}$，验证 $(\boldsymbol{A}, \boldsymbol{B})=\mathrm{tr}(\boldsymbol{B}^H\boldsymbol{A})$ 为 $\mathbb{C}^{n\times n}$ 的一个内积.

3.47 设 $\boldsymbol{A}$，$\boldsymbol{B}\in\mathbb{R}^{n\times n}$. 证明：矩阵 $\boldsymbol{U}=\boldsymbol{A}+\mathrm{i}\boldsymbol{B}$ 是酉矩阵的充要条件是矩阵 $\boldsymbol{R}=\begin{pmatrix}\boldsymbol{A} & -\boldsymbol{B}\\ \boldsymbol{B} & \boldsymbol{A}\end{pmatrix}$ 是正交矩阵.

3.48 证明：酉空间 V 中的元 α，β 正交的充要条件是对任意复数 z，w，成立

$$\|z\alpha+w\beta\|=\|z\alpha\|+\|w\beta\|.$$

3.49 **(复矩阵的 UR 分解)** 已知矩阵 $\boldsymbol{A}=\begin{pmatrix}\mathrm{i} & 1\\ -1 & 0\end{pmatrix}\in\mathbb{C}^{2\times 2}$，求酉矩阵 $\boldsymbol{U}$ 和上三角矩阵 $\boldsymbol{R}$，使得 $\boldsymbol{A}=\boldsymbol{U}\boldsymbol{R}$.

第 4 章

特殊变换及其矩阵

相似变换具有大量代数不变量，正交变换具有大量几何不变量，对角矩阵则是相当典型的特殊矩阵，而实对称矩阵因为可以正交对角化而三者兼备，这种完美让人的心智无比震撼.因此进一步在酉空间中通过酉变换来探索矩阵对角化问题，既是数学上的自然推广，更是现代数学高度的抽象性和统一性的印证.

4.1　正规变换与正规矩阵

4.1.1　Schur 分解与正规变换

上一章在讨论矮胖型矩阵 $\boldsymbol{A}$ 的 QR 分解时，已得到

$$\boldsymbol{Q}^{-1}\boldsymbol{A}=\boldsymbol{Q}^{\mathrm{T}}\boldsymbol{A}=\boldsymbol{R}', \tag{4.1.1}$$

并指出了所得的行阶梯矩阵 $\boldsymbol{R}'$ 形式上“不太美观”，也就是说需要进一步进行列变换.注意到 $\boldsymbol{Q}$ 是正交矩阵，因此式(4.1.1)自然让人联想到正交相似.

定义 4.1.1(正交相似)　对于实方阵 $\boldsymbol{A}, \boldsymbol{B}\in\mathbb{R}^{n\times n}$，如果存在 n 阶正交矩阵 $\boldsymbol{Q}$，使得

$$\boldsymbol{Q}^{\mathrm{T}}\boldsymbol{A}\boldsymbol{Q}=\boldsymbol{Q}^{-1}\boldsymbol{A}\boldsymbol{Q}=\boldsymbol{B}, \tag{4.1.2}$$

则称 $\boldsymbol{A}$ **正交相似于** $\boldsymbol{B}$，并称矩阵 $\boldsymbol{Q}$ 为**正交相似矩阵**.

由于酉矩阵与正交矩阵对应，因此正交相似可推广为酉相似.

定义 4.1.2(酉相似)　对于复方阵 $\boldsymbol{A}, \boldsymbol{B}\in\mathbb{C}^{n\times n}$，如果存在 n 阶酉矩阵 $\boldsymbol{U}$，使得

$$\boldsymbol{U}^{\mathrm{H}}\boldsymbol{A}\boldsymbol{U}=\boldsymbol{U}^{-1}\boldsymbol{A}\boldsymbol{U}=\boldsymbol{B}, \tag{4.1.3}$$

则称 A **酉相似**(unitary similar)于 $\boldsymbol{B}$，并称矩阵 $\boldsymbol{U}$ 为**酉相似矩阵**.

请注意正交相似与正交变换的区别和联系.事实上，考虑 $\mathbb{R}^{n\times n}$ 中的线性变换

$$\mathcal{S}_{\boldsymbol{Q}}: \boldsymbol{A}\mapsto\boldsymbol{B}=\boldsymbol{Q}^{\mathrm{T}}\boldsymbol{A}\boldsymbol{Q}=\boldsymbol{Q}^{-1}\boldsymbol{A}\boldsymbol{Q}. \tag{4.1.4}$$

对任意 $\boldsymbol{A}_1, \boldsymbol{A}_2\in\mathbb{R}^{n\times n}$，按 $\mathbb{R}^{n\times n}$ 的标准内积，有

$$\begin{aligned}(\mathcal{S}_{\boldsymbol{Q}}(\boldsymbol{A}_1), \mathcal{S}_{\boldsymbol{Q}}(\boldsymbol{A}_2))&=(\boldsymbol{Q}^{\mathrm{T}}\boldsymbol{A}_1\boldsymbol{Q}, \boldsymbol{Q}^{\mathrm{T}}\boldsymbol{A}_2\boldsymbol{Q})=\mathrm{tr}(\boldsymbol{Q}^{\mathrm{T}}\boldsymbol{A}_2^{\mathrm{T}}\boldsymbol{Q}\boldsymbol{Q}^{\mathrm{T}}\boldsymbol{A}_1\boldsymbol{Q})\\&=\mathrm{tr}(\boldsymbol{Q}^{\mathrm{T}}\boldsymbol{A}_2^{\mathrm{T}}\boldsymbol{A}_1\boldsymbol{Q})=\mathrm{tr}(\boldsymbol{A}_2^{\mathrm{T}}\boldsymbol{A}_1\boldsymbol{Q}\boldsymbol{Q}^{\mathrm{T}})=\mathrm{tr}(\boldsymbol{A}_2^{\mathrm{T}}\boldsymbol{A}_1)=(\boldsymbol{A}_1, \boldsymbol{A}_2),\end{aligned}$$

即 $\mathcal{S}_Q$ 也是正交变换.从形式上,可将正交相似 $\mathcal{S}_Q$ 看成两个有关联的正交变换的复合变换,即在矩阵 $\boldsymbol{A}$ 左右两侧分别做了正交变换 $\boldsymbol{Q}^{\mathrm{T}}$ 与 $\boldsymbol{Q}$.

相似变换目前的最大成果是 Jordan 标准型理论: 任意复方阵 $\boldsymbol{A}$ 都可 **Jordan 化**,即存在相似变换矩阵 $\boldsymbol{P}$ 和相应的 Jordan 标准型 $\boldsymbol{J}$, 使得 $\boldsymbol{P}^{-1}\boldsymbol{A}\boldsymbol{P}=\boldsymbol{J}$.

问题是相似变换矩阵 $\boldsymbol{P}$ 一般不易求逆,而正交矩阵(酉矩阵)有着最引人注目的特性: 其逆矩阵就是转置矩阵(共轭转置矩阵).从平衡的视角看,由于 $\boldsymbol{P}$ 特殊为酉矩阵 $\boldsymbol{U}$, 那么 $\boldsymbol{T}=\boldsymbol{U}^{-1}\boldsymbol{A}\boldsymbol{U}$ 肯定比 Jordan 标准型 $\boldsymbol{J}$ 更一般些.考虑到 $\boldsymbol{J}$ 是特殊的带状上三角矩阵,因此 $\boldsymbol{T}$ 是不是也是带状上三角矩阵呢? 德国数学家舒尔(I. Schur, 1875—1941)在 1909 年给出了答案: 任何复方阵都可以**酉三角化**.[36: P24]

定理 4.1.1(Schur 引理) 任何复方阵 $\boldsymbol{A}$ 必酉相似于一个上三角阵 $\boldsymbol{T}$, 即存在酉矩阵 $\boldsymbol{U}$, 使得

$$\boldsymbol{U}^{\mathrm{H}}\boldsymbol{A}\boldsymbol{U}=\boldsymbol{U}^{-1}\boldsymbol{A}\boldsymbol{U}=\boldsymbol{T}. \tag{4.1.5}$$

证明: 设矩阵 $\boldsymbol{A}$ 的 Jordan 标准型为 $\boldsymbol{J}_A$, 即存在可逆矩阵 $\boldsymbol{P}\in\mathbb{C}^{n\times n}$, 使得 $\boldsymbol{P}^{-1}\boldsymbol{A}\boldsymbol{P}=\boldsymbol{J}_A$. 由于复方阵存在 UR 分解,故存在酉矩阵 $\boldsymbol{U}\in\mathbb{C}^{n\times n}$ 以及可逆的上三角矩阵 $\boldsymbol{R}$, 使得 $\boldsymbol{P}=\boldsymbol{U}\boldsymbol{R}$. 从而有 $\boldsymbol{R}^{-1}\boldsymbol{U}^{-1}\boldsymbol{A}\boldsymbol{U}\boldsymbol{R}=\boldsymbol{J}_A$, 此即 $\boldsymbol{U}^{-1}\boldsymbol{A}\boldsymbol{U}=\boldsymbol{R}\boldsymbol{J}_A\boldsymbol{R}^{-1}$. 记 $\boldsymbol{T}=\boldsymbol{R}\boldsymbol{J}_A\boldsymbol{R}^{-1}$, $\boldsymbol{T}$ 是三个上三角矩阵之积,仍然是上三角矩阵.

注: 注意到 $\boldsymbol{A}\boldsymbol{u}_1=\lambda_1\boldsymbol{u}_1$, 其中 $\boldsymbol{u}_1$ 为 $\boldsymbol{U}$ 的第一列, λ_1 为 $\boldsymbol{T}$ 的第一个对角元,即对任意复方阵 $\boldsymbol{A}$ 而言, $(\lambda_1, \boldsymbol{u}_1)$ 都是 $\boldsymbol{A}$ 的特征对.利用这个特性,通过对 $\boldsymbol{A}$ 的阶数使用数学归纳法,也可以证明 Schur 引理,详见文献[6: P163].

从矩阵分解的角度,将式(4.1.5)变形,可得

$$\boldsymbol{A}=\boldsymbol{U}\boldsymbol{T}\boldsymbol{U}^{\mathrm{H}}=\boldsymbol{U}\boldsymbol{T}\boldsymbol{U}^{-1}, \tag{4.1.6}$$

称式(4.1.6)为任意复方阵 $\boldsymbol{A}$ 的 **Schur 分解**(schur decomposition).

MATLAB 提供了内置函数 schur,用于计算矩阵 $\boldsymbol{A}$ 的 Schur 分解,其调用格式为

```
[U,T] = schur(A)
```

当 A 是实矩阵时,调用格式必须修改为

```
[U,T] = schur(A,'complex')
```

众所周知,对于一类特殊的实方阵即可对角化矩阵(特别是实对称矩阵),Jordan 化已经特

殊为相似对角化乃至于正交对角化，那么类比到复方阵，问题就来了：既然任意复方阵都可以 Jordan 化乃至于酉三角化，那么什么样的复方阵可以进一步**酉对角化**，即可以通过酉相似化为对角矩阵？

定义 4.1.3(正规变换)　对有限维酉空间 V 上的线性变换 σ，如果存在 V 的一个标准正交基 $\{\varepsilon_i\}_1^n$ 及对角矩阵 $\boldsymbol{\Lambda}=\mathrm{diag}(\lambda_1, \lambda_2, \cdots, \lambda_n)$，使得

$$\sigma(\varepsilon_1, \varepsilon_2, \cdots, \varepsilon_n)=(\varepsilon_1, \varepsilon_2, \cdots, \varepsilon_n)\boldsymbol{\Lambda}, \tag{4.1.7}$$

则称 σ 为 V 上的一个**正规变换**(normal transformation)，并称 V 在任意一个标准正交基 $\{\eta_i\}_1^n$ 下矩阵为**正规矩阵**(normal matrix).

这里给出的是正规矩阵的**几何定义**.按此定义，不难发现对角矩阵都是正规矩阵.

定理 4.1.2　正规变换在不同标准正交基下的正规矩阵是酉相似的.

证明：设正规变换 σ 在酉空间 V 的两个标准正交基 $\{\varepsilon_i\}_1^n$ 和 $\{\eta_i\}_1^n$ 下的矩阵分别为 $\boldsymbol{A}$ 和 $\boldsymbol{B}$，并设 $(\eta_1, \eta_2, \cdots, \eta_n)=(\varepsilon_1, \varepsilon_2, \cdots, \varepsilon_n)\boldsymbol{U}$，则过渡矩阵 $\boldsymbol{U}$ 是酉矩阵.

由于 $\sigma(\eta_1, \eta_2, \cdots, \eta_n)=(\eta_1, \eta_2, \cdots, \eta_n)\boldsymbol{B}$，又

$$\begin{aligned}\sigma(\eta_1, \eta_2, \cdots, \eta_n) &=\sigma((\varepsilon_1, \varepsilon_2, \cdots, \varepsilon_n)\boldsymbol{U})=\sigma(\varepsilon_1, \varepsilon_2, \cdots, \varepsilon_n)\boldsymbol{U}\\ &=(\varepsilon_1, \varepsilon_2, \cdots, \varepsilon_n)\boldsymbol{A}\boldsymbol{U}=(\eta_1, \eta_2, \cdots, \eta_n)\boldsymbol{U}^{\mathrm{H}}\boldsymbol{A}\boldsymbol{U},\end{aligned}$$

故 $\boldsymbol{B}=\boldsymbol{U}^{\mathrm{H}}\boldsymbol{A}\boldsymbol{U}$.　证毕.

由定理 4.1.2 易知，正规矩阵都可以酉对角化，即正规矩阵 $\boldsymbol{A}$ 必定酉相似于一个对角阵 $\boldsymbol{\Lambda}$，也就是存在酉矩阵 $\boldsymbol{U}$，使得

$$\boldsymbol{U}^{\mathrm{H}}\boldsymbol{A}\boldsymbol{U}=\boldsymbol{U}^{-1}\boldsymbol{A}\boldsymbol{U}=\boldsymbol{\Lambda}. \tag{4.1.8}$$

从矩阵分解的角度，可将上式变形为

$$\boldsymbol{A}=\boldsymbol{U}\boldsymbol{\Lambda}\boldsymbol{U}^{-1}=\boldsymbol{U}\boldsymbol{\Lambda}\boldsymbol{U}^{\mathrm{H}}. \tag{4.1.9}$$

类比可对角化矩阵，不难发现对角矩阵 $\boldsymbol{\Lambda}$ 是正规矩阵 $\boldsymbol{A}$ 的特征值矩阵，酉矩阵 $\boldsymbol{U}$ 是相应的特征向量矩阵，故称式(4.1.9)为正规矩阵 $\boldsymbol{A}$ 的**谱分解**(spectral decomposition).

反之不难想到，与对角矩阵 $\boldsymbol{\Lambda}$ 酉相似的矩阵 $\boldsymbol{A}$ 必定是正规矩阵，因为显然可用酉矩阵 $\boldsymbol{U}$ 从 $\boldsymbol{\Lambda}$ 对应的标准正交基过渡出 $\boldsymbol{A}$ 所对应的标准正交基.

定理 4.1.3　方阵 $\boldsymbol{A}$ 是正规的，当且仅当 $\boldsymbol{A}$ 与对角矩阵 $\boldsymbol{\Lambda}$ 酉相似，并且对角矩阵 $\boldsymbol{\Lambda}$ 就是矩阵 $\boldsymbol{A}$ 的特征值矩阵，酉相似矩阵 $\boldsymbol{U}$ 就是 $\boldsymbol{A}$ 的特征向量矩阵.

证明：必要性.证明思路前已述及,请读者自行完善.

充分性.若有 $U^{\mathrm{H}}AU=U^{-1}AU=\Lambda=\mathrm{diag}(\lambda_1, \lambda_2, \cdots, \lambda_n)$,任取酉空间 V 的一个标准正交基 $\{\varepsilon_i\}_1^n$,需要将它们变换成 $\lambda_1\varepsilon_1, \lambda_2\varepsilon_2, \cdots, \lambda_n\varepsilon_n$,由习题 2.33,存在 V 上唯一的线性变换 σ,使得 $\sigma(\varepsilon_1, \varepsilon_2, \cdots, \varepsilon_n)=(\varepsilon_1, \varepsilon_2, \cdots, \varepsilon_n)\Lambda$,这说明 σ 是更特殊的正规变换.令 $(\eta_1, \eta_2, \cdots, \eta_n)=(\varepsilon_1, \varepsilon_2, \cdots, \varepsilon_n)U^{\mathrm{H}}$,则 $\{\eta_i\}_1^n$ 也是 V 的一个标准正交基,且

$$\begin{aligned}\sigma(\eta_1, \eta_2, \cdots, \eta_n)&=\sigma((\varepsilon_1, \varepsilon_2, \cdots, \varepsilon_n)U^{\mathrm{H}})=\sigma(\varepsilon_1, \varepsilon_2, \cdots, \varepsilon_n)U^{\mathrm{H}}\\&=(\varepsilon_1, \varepsilon_2, \cdots, \varepsilon_n)\Lambda U^{\mathrm{H}}=(\eta_1, \eta_2, \cdots, \eta_n)U\Lambda U^{\mathrm{H}}\\&=(\eta_1, \eta_2, \cdots, \eta_n)A,\end{aligned}$$

即 A 是正规变换 σ 在标准正交基 $\{\eta_i\}_1^n$ 下的矩阵,故 A 是正规矩阵.

至此,用几何定义来判定一个矩阵是否是正规矩阵,就被等价地替换为判定它是否可以酉对角化.

众所周知,实对称矩阵拥有**完备正交系**,即两两互相正交的单位特征向量.定理 4.1.3 则指出了在正规矩阵中,这个性质得以保留.

定理 4.1.4 方阵 A 是正规的,当且仅当 A 有完备正交系.

4.1.2 正规矩阵的代数定义和性质

众所周知,方阵 A, B 互逆的充要条件是 $AB=BA=I$. 从纯代数角度看,如果去掉乘积为单位矩阵的限制,那么 A, B 是可交换矩阵.可交换矩阵太过宽泛,这一网撒得大了些.再联想到正交矩阵的逆即为其转置,故若再限定 A, B 互为转置,即要求成立 $AA^{\mathrm{T}}=A^{\mathrm{T}}A$,情况又如何?

显然,对称矩阵、反对称矩阵和正交矩阵都满足这个要求,因此具有性质 $AA^{\mathrm{T}}=A^{\mathrm{T}}A$ 的这类新矩阵就具有了普适性,能够"一统江湖".事实上,这个性质经常被当作正规矩阵的等价定义.为证明这个结论,必须先证明一个引理.

引理 4.1.5 满足 $TT^{\mathrm{H}}=T^{\mathrm{H}}T$ 的三角阵 T 必是对角阵.

证明：对上三角阵 $T=(t_{ij})$,比较等式 $TT^{\mathrm{H}}=T^{\mathrm{H}}T$ 两边的乘积矩阵在第 (i, i) 位置上的元素,并注意到 $t_{ij}=0\ (i>j)$,则对 $i=1, 2, \cdots, n$,有 $|t_{ii}|^2+\cdots+|t_{in}|^2=|t_{1i}|^2+\cdots+|t_{ii}|^2$. 特别地,当 $i=1$ 时,有 $|t_{11}|^2+|t_{12}|^2+\cdots+|t_{1n}|^2=|t_{11}|^2$,故 $t_{1j}=0\ (j=2, 3, \cdots, n)$. 对 i 施行归纳法,可得 $t_{ij}=0\ (i<j)$.

定理 4.1.6 方阵 A 是正规的,当且仅当 $AA^{\mathrm{H}}=A^{\mathrm{H}}A$.

证明：必要性.如果 $\boldsymbol{A}$ 是正规矩阵，则有谱分解 $\boldsymbol{A}=\boldsymbol{U\Lambda U}^{\mathrm{H}}$，因此

$$\boldsymbol{AA}^{\mathrm{H}}=(\boldsymbol{U\Lambda U}^{\mathrm{H}})(\boldsymbol{U\bar{\Lambda}U}^{\mathrm{H}})=\boldsymbol{U\Lambda\bar{\Lambda}U}^{\mathrm{H}}=\boldsymbol{U\bar{\Lambda}\Lambda U}^{\mathrm{H}}=(\boldsymbol{U\bar{\Lambda}U}^{\mathrm{H}})(\boldsymbol{U\Lambda U}^{\mathrm{H}})=\boldsymbol{A}^{\mathrm{H}}\boldsymbol{A}.$$

充分性.根据 Schur 引理，存在 Schur 分解 $\boldsymbol{A}=\boldsymbol{UTU}^{\mathrm{H}}$. 由于

$$\boldsymbol{AA}^{\mathrm{H}}=\boldsymbol{UTU}^{\mathrm{H}}\boldsymbol{UT}^{\mathrm{H}}\boldsymbol{U}^{\mathrm{H}}=\boldsymbol{UTT}^{\mathrm{H}}\boldsymbol{U}^{\mathrm{H}},\ \boldsymbol{A}^{\mathrm{H}}\boldsymbol{A}=\boldsymbol{UT}^{\mathrm{H}}\boldsymbol{TU}^{\mathrm{H}},$$

因此 $\boldsymbol{AA}^{\mathrm{H}}=\boldsymbol{A}^{\mathrm{H}}\boldsymbol{A}$ 等价于 $\boldsymbol{TT}^{\mathrm{H}}=\boldsymbol{T}^{\mathrm{H}}\boldsymbol{T}$，根据引理 4.1.5，$\boldsymbol{T}$ 是对角矩阵，故有 $\boldsymbol{A}=\boldsymbol{U\Lambda U}^{H}$，再由定理 4.1.3，可知 $\boldsymbol{A}$ 是正规矩阵. 证毕.

至此，比之于先前基于几何定义的繁琐方法(计算出所有特征对，然后判断矩阵是否可以酉对角化)，现在可用更方便的**代数定义**(即 $\boldsymbol{AA}^{\mathrm{H}}=\boldsymbol{A}^{\mathrm{H}}\boldsymbol{A}$) 来判定一个矩阵 $\boldsymbol{A}$ 是否为正规矩阵.特别地，可用 $\boldsymbol{AA}^{\mathrm{T}}=\boldsymbol{A}^{\mathrm{T}}\boldsymbol{A}$ 来判断一个实矩阵是否为实正规矩阵.

按代数定义，不难验证正规矩阵的下列性质：

(1) 正规矩阵的共轭矩阵、转置矩阵、共轭转置矩阵和逆矩阵(可逆时)仍然是正规矩阵.

(2) 块对角矩阵是正规矩阵的充要条件是各对角块都是正规矩阵.

矩阵即变换，但在正规矩阵这里代数的视角反而比变换的视角更优越.

例 4.1.1 判定下列矩阵都是正规矩阵：

(1) 实对称矩阵 ($\boldsymbol{A}^{\mathrm{T}}=\boldsymbol{A}$)； (2) 实反对称矩阵 ($\boldsymbol{A}^{\mathrm{T}}=-\boldsymbol{A}$)；

(3) 正交矩阵 ($\boldsymbol{A}^{\mathrm{T}}=\boldsymbol{A}^{-1}$)； (4) 酉矩阵 ($\boldsymbol{A}^{\mathrm{H}}=\boldsymbol{A}^{-1}$)；

(5) Hermite 矩阵 ($\boldsymbol{A}^{\mathrm{H}}=\boldsymbol{A}$)； (6) 反 Hermite 矩阵 ($\boldsymbol{A}^{\mathrm{H}}=-\boldsymbol{A}$)；

(7) 形如 $a\begin{pmatrix}1 & -1\\ 1 & 1\end{pmatrix}$ 的矩阵，其中 $a\in\mathbb{C}$.

解：按代数定义逐一验算即可.

举凡对称矩阵、正交矩阵、酉矩阵等诸般矩阵，尽管各具形态，如今却都“尽入正规矩阵之彀”，都团结在可以酉对角化的“好矩阵”[7]这面大旗之下.

定理 4.1.7 与正规矩阵酉相似的方阵仍然是正规矩阵.

证明：设 $\boldsymbol{A}$ 是正规的，即 $\boldsymbol{AA}^{\mathrm{H}}=\boldsymbol{A}^{\mathrm{H}}\boldsymbol{A}$. 如果存在酉矩阵 $\boldsymbol{U}$，使得 $\boldsymbol{B}=\boldsymbol{U}^{\mathrm{H}}\boldsymbol{AU}$，则

$$\begin{aligned}\boldsymbol{BB}^{\mathrm{H}}&=\boldsymbol{U}^{\mathrm{H}}\boldsymbol{AUU}^{H}\boldsymbol{A}^{\mathrm{H}}U=\boldsymbol{U}^{\mathrm{H}}\boldsymbol{AA}^{\mathrm{H}}U=\boldsymbol{U}^{\mathrm{H}}\boldsymbol{A}^{\mathrm{H}}\boldsymbol{AU}\\&=\boldsymbol{U}^{\mathrm{H}}\boldsymbol{A}^{\mathrm{H}}\boldsymbol{UU}^{\mathrm{H}}\boldsymbol{AU}=(\boldsymbol{U}^{\mathrm{H}}\boldsymbol{AU})^{\mathrm{H}}(\boldsymbol{U}^{\mathrm{H}}\boldsymbol{AU})=\boldsymbol{B}^{\mathrm{H}}\boldsymbol{B},\end{aligned}$$

故 $\boldsymbol{B}$ 也是正规矩阵.

结合定理 4.1.3 和 4.1.4，设正规矩阵 $\boldsymbol{A}$ 有谱分解 $\boldsymbol{A}=\boldsymbol{U\Lambda U}^{-1}=\boldsymbol{U\Lambda U}^{\mathrm{H}}$，并令 $\boldsymbol{U}=(\boldsymbol{u}_1, \boldsymbol{u}_2, \cdots, \boldsymbol{u}_n)$，$\boldsymbol{\Lambda}=\mathrm{diag}(\lambda_1, \lambda_2, \cdots, \lambda_n)$，$\boldsymbol{G}_i=\boldsymbol{u}_i\boldsymbol{u}_i^{\mathrm{H}}(i=1, 2, \cdots, n)$，则

$$\boldsymbol{A}=\boldsymbol{U\Lambda U}^{\mathrm{H}}=\lambda_1\boldsymbol{u}_1\boldsymbol{u}_1^{\mathrm{H}}+\lambda_2\boldsymbol{u}_2\boldsymbol{u}_2^{\mathrm{H}}+\cdots+\lambda_n\boldsymbol{u}_n\boldsymbol{u}_n^{\mathrm{H}}=\lambda_1\boldsymbol{G}_1+\lambda_2\boldsymbol{G}_2+\cdots+\lambda_n\boldsymbol{G}_n, \tag{4.1.10}$$

称上式为正规矩阵 $\boldsymbol{A}$ 的**谱分解展开式**，它同时也是正规矩阵 $\boldsymbol{A}$ 的**秩 1 分解**(rank one decomposition)，其中 $r(\boldsymbol{G}_i)=1\ (i=1, 2, \cdots, n)$. 关于秩 1 矩阵的性质，读者可参阅习题 4.8.

如果在复矩阵空间 $\mathbb{C}^{n\times n}$ 中引入标准内积 $(\boldsymbol{A}, \boldsymbol{B})=\mathrm{tr}(\boldsymbol{B}^{\mathrm{H}}\boldsymbol{A})$，则有

$$(\boldsymbol{G}_i, \boldsymbol{G}_j)=\mathrm{tr}(\boldsymbol{G}_j^{\mathrm{H}}\boldsymbol{G}_i)=\mathrm{tr}(\boldsymbol{u}_j\boldsymbol{u}_j^{\mathrm{H}}\boldsymbol{u}_i\boldsymbol{u}_i^{\mathrm{H}})=0\ (i\neq j),$$

$$(\boldsymbol{G}_i, \boldsymbol{G}_i)=\mathrm{tr}(\boldsymbol{G}_i^{\mathrm{H}}\boldsymbol{G}_i)=\mathrm{tr}(\boldsymbol{u}_i\boldsymbol{u}_i^{\mathrm{H}}\boldsymbol{u}_i\boldsymbol{u}_i^{\mathrm{H}})=\mathrm{tr}(\boldsymbol{u}_i\boldsymbol{u}_i^{\mathrm{H}})=\mathrm{tr}(\boldsymbol{u}_i^{\mathrm{H}}\boldsymbol{u}_i)=1.$$

这里的 $\{\boldsymbol{G}_i\}_1^n$ 是一个标准正交基(对应的酉空间是什么?).

思考: 谱分解展开式的意义何在?

例 4.1.2　求正规矩阵 $\boldsymbol{A}=\begin{pmatrix}1 & -1\\ 1 & 1\end{pmatrix}$ 的谱分解展开式.

解: 易知 $\boldsymbol{A}$ 的特征值矩阵和特征向量矩阵分别为

$$\boldsymbol{\Lambda}=\begin{pmatrix}1+\mathrm{i} & 0\\ 0 & 1-\mathrm{i}\end{pmatrix}, \boldsymbol{U}=(\boldsymbol{u}_1, \boldsymbol{u}_2)=\frac{1}{\sqrt{2}}\begin{pmatrix}\mathrm{i} & 1\\ 1 & \mathrm{i}\end{pmatrix}.$$

显然，$\boldsymbol{G}_1=\boldsymbol{u}_1\boldsymbol{u}_1^{\mathrm{H}}=\frac{1}{2}\begin{pmatrix}1 & \mathrm{i}\\ -\mathrm{i} & 1\end{pmatrix}$，$\boldsymbol{G}_2=\boldsymbol{u}_2\boldsymbol{u}_2^{\mathrm{H}}=\frac{1}{2}\begin{pmatrix}1 & -\mathrm{i}\\ \mathrm{i} & 1\end{pmatrix}$，故所求为

$$\boldsymbol{A}=\begin{pmatrix}1 & -1\\ 1 & 1\end{pmatrix}=(1+\mathrm{i})\cdot\frac{1}{2}\begin{pmatrix}1 & \mathrm{i}\\ -\mathrm{i} & 1\end{pmatrix}+(1-\mathrm{i})\cdot\frac{1}{2}\begin{pmatrix}1 & -\mathrm{i}\\ \mathrm{i} & 1\end{pmatrix}=\lambda_1\boldsymbol{G}_1+\lambda_2\boldsymbol{G}_2.$$

本题的 MATLAB 代码实现，详见本书配套程序 exm401.

例 4.1.3　设 $\boldsymbol{A}$ 为正规矩阵，且 $\boldsymbol{A}^3=\boldsymbol{A}^2$，则 $\boldsymbol{A}^2=\boldsymbol{A}$.

分析: 注意到正规矩阵未必是可逆矩阵，且代数定义也不适用，故考虑谱分解.

证明: 因为 $\boldsymbol{A}$ 是正规矩阵，有谱分解 $\boldsymbol{A}=\boldsymbol{U\Lambda U}^{\mathrm{H}}$，因此

$$\boldsymbol{A}^3=(\boldsymbol{U\Lambda U}^{\mathrm{H}})^3=(\boldsymbol{U\Lambda U}^{\mathrm{H}})(\boldsymbol{U\Lambda U}^{\mathrm{H}})(\boldsymbol{U\Lambda U}^{\mathrm{H}})=\boldsymbol{U\Lambda}^3\boldsymbol{U}^{\mathrm{H}}, \boldsymbol{A}^2=\boldsymbol{U\Lambda}^2\boldsymbol{U}^{\mathrm{H}}.$$

题设 $\boldsymbol{A}^3=\boldsymbol{A}^2$，故 $\boldsymbol{U\Lambda}^3\boldsymbol{U}^{\mathrm{H}}=\boldsymbol{U\Lambda}^2\boldsymbol{U}^{\mathrm{H}}$，这样 $\boldsymbol{\Lambda}^3=\boldsymbol{\Lambda}^2$，也就是 $\lambda_i^3=\lambda_i^2$，解得 $\lambda_i=0$ 或 1，

从而 $\boldsymbol{\Lambda}^2=\boldsymbol{\Lambda}$，进而可知 $\boldsymbol{A}^2=\boldsymbol{U}\boldsymbol{\Lambda}^2\boldsymbol{U}^{\mathrm{H}}=\boldsymbol{U}\boldsymbol{\Lambda}\boldsymbol{U}^{\mathrm{H}}=\boldsymbol{A}$.

4.2 Hermite 变换与 Hermite 矩阵

仅从变换的角度,很难把 Hermite 变换(对称变换)与正规变换联系起来.但按照“矩阵即变换”的眼光,从 Hermite 矩阵(对称矩阵)的定义,或者从 Hermite 矩阵(对称矩阵)都可对角化上却能找到两者的关联,这似乎例证了数学的“奇异美”.

4.2.1 Hermite 变换(Hermite 矩阵)的定义和性质

众所周知,实对称矩阵 $\boldsymbol{A}$ 满足关系式 $\boldsymbol{A}^{\mathrm{T}}=\boldsymbol{A}$，Hermite 矩阵 $\boldsymbol{A}$ 满足关系式 $\boldsymbol{A}^{\mathrm{H}}=\boldsymbol{A}$. 那么问题来了：既然“矩阵即变换”,那么它们对应的是什么样的线性变换呢?

设线性变换 σ 在酉空间 V 的一个标准正交基 $\{\varepsilon_i\}_1^n$ 下的矩阵为 $\boldsymbol{A}$，且 $\boldsymbol{A}^{\mathrm{H}}=\boldsymbol{A}$. 任取 $\alpha, \beta\in V$，令 $\alpha=(\varepsilon_1, \varepsilon_2, \cdots, \varepsilon_n)\boldsymbol{x}$，$\beta=(\varepsilon_1, \varepsilon_2, \cdots, \varepsilon_n)\boldsymbol{y}$，则 $\sigma(\alpha)=(\varepsilon_1, \varepsilon_2, \cdots, \varepsilon_n)\boldsymbol{A}\boldsymbol{x}$，$\sigma(\beta)=(\varepsilon_1, \varepsilon_2, \cdots, \varepsilon_n)\boldsymbol{A}\boldsymbol{y}$.

显然要分别考虑内积 $(\sigma(\alpha), \beta)$ 和 $(\alpha, (\sigma(\beta))$，因为它们中都会出现 $\boldsymbol{A}$，$\boldsymbol{x}$，$\boldsymbol{y}$，这样才有可能出现等式.事实上,由 $\boldsymbol{A}^{\mathrm{H}}=\boldsymbol{A}$ 及式(3.7.3)可知

$$(\sigma(\alpha), \beta)=(\boldsymbol{A}\boldsymbol{x}, \boldsymbol{y})=(\boldsymbol{x}, \boldsymbol{A}\boldsymbol{y})=(\alpha, \sigma(\beta)).$$

定义 4.2.1(Hermite 变换)　设 σ 是有限维酉空间 V 上的线性变换,且对任意 $\alpha, \beta\in V$，都有

$$(\sigma(\alpha), \beta)=(\alpha, \sigma(\beta)), \tag{4.2.1}$$

则称 σ 为 V 上的 **Hermite 变换或自伴变换**(self-adjoint transformation).

定义 4.2.2(对称变换)　设 σ 是有限维欧氏空间 V 上的线性变换,且对任意 $\alpha, \beta\in V$，式(4.2.1)都成立,则称 σ 为 V 上的**对称变换**(symmetric transformation).

定理 4.2.1　有限维酉空间 V 上的线性变换 σ 是 Hermite 变换的充要条件是 σ 在 V 的任意一个标准正交基下的矩阵 $\boldsymbol{A}$ 满足 $\boldsymbol{A}^{\mathrm{H}}=\boldsymbol{A}$，即 $\boldsymbol{A}$ 是 Hermite 矩阵.

证明: 充分性的证明前已给出.

必要性.设 σ 在 V 的一个标准正交基 $\{\varepsilon_i\}_1^n$ 下的矩阵为 $\boldsymbol{A}=(a_{ij})$. 由于

$$(\sigma(\varepsilon_i), \varepsilon_j)=(a_{1i}\varepsilon_1+a_{2i}\varepsilon_2+\cdots+a_{ni}\varepsilon_n, \varepsilon_j)=a_{ji}, (\sigma(\varepsilon_j), \varepsilon_i)=a_{ij},$$

所以 $a_{ji}=(\sigma(\varepsilon_i), \varepsilon_j)=(\varepsilon_i, \sigma(\varepsilon_j))=\overline{(\sigma(\varepsilon_j), \varepsilon_i)}=\overline{a_{ij}}$，故 $\boldsymbol{A}^{\mathrm{H}}=\boldsymbol{A}$.

推论 4.2.2 有限维欧氏空间V上的线性变换σ是对称变换的充要条件是σ在V的任意一个标准正交基下的矩阵$\boldsymbol{A}$满足$\boldsymbol{A}^{\mathrm{T}}=\boldsymbol{A}$，即$\boldsymbol{A}$是对称矩阵.

例 4.2.1 (方阵的笛卡尔分解)任意复方阵$\boldsymbol{A}$都可分解为$\boldsymbol{A}=\boldsymbol{H}_1+\mathrm{i}\boldsymbol{H}_2$，其中$\boldsymbol{H}_1$，$\boldsymbol{H}_2$都是Hermite矩阵.

证明: 若有$\boldsymbol{A}=\boldsymbol{H}_1+\mathrm{i}\boldsymbol{H}_2$，注意到$\boldsymbol{H}_1^{\mathrm{H}}=\boldsymbol{H}_1$，$\boldsymbol{H}_2^{\mathrm{H}}=\boldsymbol{H}_2$，则$\boldsymbol{A}^{\mathrm{H}}=\boldsymbol{H}_1^{\mathrm{H}}+(\mathrm{i}\boldsymbol{H}_2)^{\mathrm{H}}=\boldsymbol{H}_1-\mathrm{i}\boldsymbol{H}_2$，解得$\boldsymbol{H}_1=\dfrac{1}{2}(\boldsymbol{A}+\boldsymbol{A}^{\mathrm{H}})$，$\boldsymbol{H}_2=\dfrac{\mathrm{i}}{2}(\boldsymbol{A}^{\mathrm{H}}-\boldsymbol{A})$.

显然$\mathrm{i}\boldsymbol{H}_2$满足$(\mathrm{i}\boldsymbol{H}_2)^{\mathrm{H}}=-\mathrm{i}\boldsymbol{H}_2$，即$\mathrm{i}\boldsymbol{H}_2$是反Hermite矩阵，因此笛卡尔分解说的是任意复方阵都可分解为一个Hermite矩阵(称为该矩阵的**Hermite部分**)与一个反Hermite矩阵(称为该矩阵的**反Hermite部分**)之和.与之对应的，则是任意实方阵可分解为一个对称矩阵与一个反对称矩阵之和.如果再特殊到实函数，那就是任意实函数可分解为一个奇函数与一个偶函数之和.

既然提到了反Hermite矩阵和反对称矩阵，那么类似地可得以下定义和结论.

定义 4.2.3(反Hermite变换) 设σ是有限维酉空间V上的线性变换，且对任意α，$\beta\in V$，都有

$$(\sigma(\alpha),\ \beta)=-(\alpha,\ \sigma(\beta)),\tag{4.2.2}$$

则称σ为V上的**反Hermite变换**(anti-Hermite transformation)或**斜自伴变换**(skew self-adjoint transformation).

定义 4.2.4(反对称变换) 设σ是有限维欧氏空间V上的线性变换，且对任意α，$\beta\in V$，式(4.2.2)都成立，则称σ为V上的**反对称变换**(anti-symmetric transformation).

定理 4.2.3 有限维酉空间V上的线性变换σ是反Hermite变换的充要条件是σ在V的任意一个标准正交基下的矩阵$\boldsymbol{A}$满足$\boldsymbol{A}^{\mathrm{H}}=-\boldsymbol{A}$，即$\boldsymbol{A}$是反Hermite矩阵.

推论 4.2.4 有限维欧氏空间V上的线性变换σ是反对称变换的充要条件是σ在V的任意一个标准正交基下的矩阵$\boldsymbol{A}$满足$\boldsymbol{A}^{\mathrm{T}}=-\boldsymbol{A}$，即$\boldsymbol{A}$是反对称矩阵.

Hermite矩阵(实对称矩阵)和反Hermite矩阵(实反对称矩阵)都是正规矩阵，因此它们都具有正规矩阵的性质，相应的变换也都是正规变换.以Hermite矩阵为例，它作为特殊的正规矩阵，自然具有正规矩阵的所有性质.同时它作为实对称矩阵的推广，又同样保留了许多实对称矩阵的性质.

定理 4.2.5 正规矩阵$\boldsymbol{A}$是Hermite矩阵的充要条件是$\boldsymbol{A}$的特征值全是实数，即$\boldsymbol{A}$

酉相似于实对角矩阵$\boldsymbol{\Lambda}$.

证明：充分性.因为$\boldsymbol{A}$是正规矩阵，故有谱分解$\boldsymbol{A}=\boldsymbol{U\Lambda U}^{\mathrm{H}}$. 由于$\boldsymbol{A}$的特征值全是实数，所以$\boldsymbol{\Lambda}=\overline{\boldsymbol{\Lambda}}$，从而有$\boldsymbol{A}^{\mathrm{H}}=(\boldsymbol{U\Lambda U}^{\mathrm{H}})^{\mathrm{H}}=\boldsymbol{U}\overline{\boldsymbol{\Lambda}}\boldsymbol{U}^{\mathrm{H}}=\boldsymbol{U\Lambda U}^{\mathrm{H}}=\boldsymbol{A}$.

必要性.因为$\boldsymbol{A}=\boldsymbol{A}^{\mathrm{H}}$，又有谱分解$\boldsymbol{A}=\boldsymbol{U\Lambda U}^{\mathrm{H}}$，所以$\boldsymbol{U\Lambda U}^{\mathrm{H}}=(\boldsymbol{U\Lambda U}^{\mathrm{H}})^{\mathrm{H}}=\boldsymbol{U}\overline{\boldsymbol{\Lambda}}\boldsymbol{U}^{\mathrm{H}}$，从而有$\boldsymbol{\Lambda}=\overline{\boldsymbol{\Lambda}}$，即$\boldsymbol{\Lambda}$的对角元全是实数.

这说明 Hermite 矩阵$\boldsymbol{A}$具有与正规矩阵类似的谱分解

$$\boldsymbol{A}=\boldsymbol{U\Lambda U}^{-1}=\boldsymbol{U\Lambda U}^{\mathrm{H}}. \tag{4.2.3}$$

唯一的差别是其中的特征值矩阵$\boldsymbol{\Lambda}$是实对角矩阵(特征向量矩阵仍然是酉矩阵).同样地，Hermite 矩阵$\boldsymbol{A}$也具有谱分解展开式(4.1.10)，只是其中的特征值都是实数.

对于反 Hermite 矩阵，显然也存在类似结果.

定理 4.2.6　正规矩阵$\boldsymbol{A}$是反 Hermite 矩阵的充要条件是$\boldsymbol{A}$的特征值全是纯虚数(包括 0)，即$\boldsymbol{A}$酉相似于对角元为纯虚数(包括 0)的对角矩阵.

例 4.2.2　求 Hermite 矩阵$\boldsymbol{A}=\begin{pmatrix}1 & \mathrm{i}\\ -\mathrm{i} & 1\end{pmatrix}$的谱分解展开式.

解：计算可知$\boldsymbol{A}$的特征值矩阵和特征向量矩阵分别为

$$\boldsymbol{\Lambda}=\begin{pmatrix}2 & 0\\ 0 & 0\end{pmatrix},\ \boldsymbol{U}=\frac{1}{\sqrt{2}}\begin{pmatrix}\mathrm{i} & \mathrm{i}\\ 1 & -1\end{pmatrix},$$

因此$\boldsymbol{A}$的谱分解展开式为

$$\boldsymbol{A}=\begin{pmatrix}1 & \mathrm{i}\\ -\mathrm{i} & 1\end{pmatrix}=2\cdot\frac{1}{2}\begin{pmatrix}1 & \mathrm{i}\\ -\mathrm{i} & 1\end{pmatrix}+0\cdot\frac{1}{2}\begin{pmatrix}1 & -\mathrm{i}\\ \mathrm{i} & 1\end{pmatrix}=\lambda_1\boldsymbol{G}_1+\lambda_2\boldsymbol{G}_2.$$

本题的 MATLAB 代码实现，详见本书配套程序 exm401.

当 Hermite 矩阵特殊为实对称矩阵时，特征值仍然是实数，没有更特殊.但现在变得更特殊的是特征向量矩阵，它从酉矩阵特殊为正交矩阵.这是 Hermite 矩阵与实对称矩阵的一个重大区别.

定理 4.2.7　实对称矩阵可以正交对角化，即通过正交矩阵$\boldsymbol{Q}$，实对称矩阵$\boldsymbol{A}$正交相似于实对角矩阵$\boldsymbol{\Lambda}$，这里$\boldsymbol{\Lambda}$是$\boldsymbol{A}$的特征值矩阵，正交矩阵$\boldsymbol{Q}$是$\boldsymbol{A}$的特征向量矩阵.

证明：一个基于数学归纳法的证明可见于[58：P504 - 505].

由此定理即得实对称矩阵$\boldsymbol{A}$的**特征值分解**

$$A = Q\Lambda Q^{-1} = Q\Lambda Q^{\mathrm{T}}. \tag{4.2.4}$$

令正交矩阵$Q=(q_1, q_2, \cdots, q_n)$，$Q_i = q_i q_i^{\mathrm{T}}$，实对角矩阵$\Lambda = \mathrm{diag}(\lambda_1, \lambda_2, \cdots, \lambda_n)$，则上式可改写为

$$A = \lambda_1 q_1 q_1^{\mathrm{T}} + \lambda_2 q_2 q_2^{\mathrm{T}} + \cdots + \lambda_n q_n q_n^{\mathrm{T}} = \lambda_1 Q_1 + \lambda_2 Q_2 + \cdots + \lambda_n Q_n. \tag{4.2.5}$$

此即实对称矩阵A的**特征值分解展开式.**

遗憾的是,对于实反对称矩阵,却不完全有类似结果.

定理 4.2.8 实反对称矩阵的特征值全是纯虚数(包括 0).

注: 在正交相似下,实反对称矩阵的标准型却未必是对角矩阵.详见 4.5.1 小节.

例 4.2.3 求实对称矩阵$A = \begin{pmatrix} 3 & -1 \\ -1 & 3 \end{pmatrix}$的特征值分解展开式.

解: 计算可知A的特征值矩阵和特征向量矩阵分别为

$$\Lambda = \begin{pmatrix} 2 & 0 \\ 0 & 4 \end{pmatrix}, \quad Q = \frac{1}{\sqrt{2}}\begin{pmatrix} 1 & 1 \\ 1 & -1 \end{pmatrix},$$

因此A的特征值分解展开式为

$$A = \begin{pmatrix} 3 & -1 \\ -1 & 3 \end{pmatrix} = 2 \cdot \frac{1}{2}\begin{pmatrix} 1 & 1 \\ 1 & 1 \end{pmatrix} + 4 \cdot \frac{1}{2}\begin{pmatrix} 1 & -1 \\ -1 & 1 \end{pmatrix} = \lambda_1 G_1 + \lambda_2 G_2.$$

本题的 MATLAB 代码实现,详见本书配套程序 exm401.

例 4.2.4 **(Cayley 变换)** 如果实方阵A是反对称矩阵,那么$I \pm A$是可逆矩阵,并且 Cayley 变换矩阵$S = (I - A)(I + A)^{-1}$是正交矩阵.

证明: 由定理 4.2.8 可知,A的特征值为$a\mathrm{i}\ (a \in \mathbb{R})$,进而根据谱映射定理,可知$I \pm A$的特征值为$1 \pm a\mathrm{i} \neq 0$,即$I \pm A$没有零特征值,故矩阵$I \pm A$是可逆矩阵.

注意到$(I + A)(I - A) = (I - A)(I + A)$,所以

$$S^{\mathrm{T}} = (I + A)^{-\mathrm{T}}(I - A)^{\mathrm{T}} = [(I + A)^{\mathrm{T}}]^{-1}(I - A^{\mathrm{T}}) = (I - A)^{-1}(I + A),$$

$$\begin{aligned} S^{\mathrm{T}}S &= (I - A)^{-1}(I + A)(I - A)(I + A)^{-1} \\ &= (I - A)^{-1}(I - A)(I + A)(I + A)^{-1} = I. \end{aligned}$$

4.2.2 正定 Hermite 矩阵

众所周知,实对称矩阵常与实二次型紧密联系在一起.下面将它们推广到复数域.

定义 4.2.5(Hermite 二次型)　称 n 个复变量 $z_1, z_2, \cdots, z_n$ 和它们的共轭变量 $\bar{z}_1, \bar{z}_2, \cdots, \bar{z}_n$ 之间的复系数二次齐次复多项式

$$f(z_1, z_2, \cdots, z_n)=\sum_{i=1}^{n}\sum_{j=1}^{n}a_{ij}\bar{z}_i z_j,\ \bar{a}_{ij}=a_{ji} \tag{4.2.6}$$

为 n 元 **Hermite 二次型**(Hermite quadratic form)或**复二次型**(complex quadratic form)，写成矩阵形式，即为

$$f(\boldsymbol{z})=\boldsymbol{z}^{\mathrm{H}}\boldsymbol{A}\boldsymbol{z}, \tag{4.2.7}$$

这里 $\boldsymbol{z}=(z_1, z_2, \cdots, z_n)^{\mathrm{T}}$，并称矩阵 $\boldsymbol{A}=(a_{ij})$ 为此二次型的矩阵.

显然 Hermite 二次型的矩阵 $\boldsymbol{A}$ 是 Hermite 矩阵.一个 Hermite 矩阵与一个 Hermite 二次型一一对应，正如一个实对称矩阵与一个实二次型一一对应.实二次型可通过正交变换化成标准型，Hermite 二次型则可通过酉变换化成标准型.

定理 4.2.9(主轴定理)　存在酉变换 $\boldsymbol{z}=\boldsymbol{U}\boldsymbol{y}$，可将 Hermite 二次型 $f(\boldsymbol{z})=\boldsymbol{z}^{\mathrm{H}}\boldsymbol{A}\boldsymbol{z}$ 化为标准型

$$\varphi(\boldsymbol{y})=\lambda_1\bar{y}_1y_1+\lambda_2\bar{y}_2y_2+\cdots+\lambda_n\bar{y}_ny_n=\boldsymbol{y}^{\mathrm{H}}\boldsymbol{\Lambda}\boldsymbol{y}, \tag{4.2.8}$$

其中，$\boldsymbol{y}=(y_1, y_2, \cdots, y_n)^{\mathrm{T}}$，$\boldsymbol{\Lambda}=\mathrm{diag}(\lambda_1, \lambda_2, \cdots, \lambda_n)$ 是 Hermite 矩阵 $\boldsymbol{A}$ 的特征值矩阵.

证明： $f(\boldsymbol{z})=\boldsymbol{z}^{\mathrm{H}}\boldsymbol{A}\boldsymbol{z}=(\boldsymbol{U}\boldsymbol{y})^{\mathrm{H}}\boldsymbol{A}(\boldsymbol{U}\boldsymbol{y})=\boldsymbol{y}^{\mathrm{H}}(\boldsymbol{U}^{\mathrm{H}}\boldsymbol{A}\boldsymbol{U})\boldsymbol{y}=\boldsymbol{y}^{\mathrm{H}}\boldsymbol{\Lambda}\boldsymbol{y}=\varphi(\boldsymbol{y})$.

不难发现主轴定理实际上是用 Hermite 二次型语言重新叙述了 Hermite 矩阵的谱分解.

定理 4.2.10(惯性定理)　存在可逆的线性变换 $\boldsymbol{z}=\boldsymbol{P}\boldsymbol{y}$，可将 Hermite 二次型 $f(\boldsymbol{z})=\boldsymbol{z}^{\mathrm{H}}\boldsymbol{A}\boldsymbol{z}$ 化成规范型

$$\varphi(\boldsymbol{y})=\bar{y}_1y_1+\cdots+\bar{y}_py_p-\bar{y}_{p+1}y_{p+1}-\cdots-\bar{y}_ry_r=\boldsymbol{y}^{\mathrm{H}}\boldsymbol{D}\boldsymbol{y}, \tag{4.2.9}$$

其中，$r=r(\boldsymbol{A})$，$\boldsymbol{D}=\mathrm{diag}(\boldsymbol{I}_p, -\boldsymbol{I}_{r-p}, \boldsymbol{O}_{n-r})$ 且 p 由 $\boldsymbol{A}$ 唯一确定.

分别称式(4.2.9)中的正项个数 p 和负项个数 $r-p$ 为 Hermite 二次型的**正惯性指数**(positive index of inertia)和**负惯性指数**(negative index of inertia).

证明： $f(\boldsymbol{z})=\boldsymbol{z}^{\mathrm{H}}\boldsymbol{A}\boldsymbol{z}=(\boldsymbol{P}\boldsymbol{y})^{\mathrm{H}}\boldsymbol{A}(\boldsymbol{P}\boldsymbol{y})=\boldsymbol{y}^{\mathrm{H}}(\boldsymbol{P}^{\mathrm{H}}\boldsymbol{A}\boldsymbol{P})\boldsymbol{y}=\boldsymbol{y}^{\mathrm{H}}\boldsymbol{D}\boldsymbol{y}=\varphi(\boldsymbol{y})$.

例 4.2.5　**(实二元二次型的几何意义)**考察平面直角坐标系 Ox_1x_2 中的有心圆锥曲线

$$x^{\mathrm{T}}Ax = ax_1^2 + bx_1x_2 + cx_2^2 = 1, \tag{4.2.10}$$

其中,矩阵 $A=\begin{pmatrix} a & b \\ b & c \end{pmatrix}$ 且 $r=r(A)=2$. 设 λ_1, λ_2 是矩阵 A 的特征值,则按照主轴定理,曲线方程(4.2.10)可以通过正交变换化为新坐标系 Oy_1y_2 中的标准型:

$$\lambda_1 y_1^2 + \lambda_2 y_2^2 = 1. \tag{4.2.11}$$

标准型方程(4.2.11)的具体含义如下:(1) 当 $\lambda_1 \geqslant \lambda_2 > 0$ 时表示椭圆;(2) 当 $\lambda_1 > 0 > \lambda_2$ 时表示双曲线;(3) 当 $0 > \lambda_1 \geqslant \lambda_2$ 时表示虚椭圆(根本没有轨迹).

以例 4.2.3 为例,就是 $3x_1^2 - 2x_1x_2 + 3x_2^2 = 1$ 被正交变换 $x = Qy$ 化成了 $2y_1^2 + 4y_2^2 = 1$. 几何上看,就是通过坐标轴的旋转变换,Ox_1x_2 中的斜椭圆变成了 Oy_1y_2 中标准位置上的椭圆(如图 4-1 所示).注意椭圆位置没变,改变的仅仅是坐标系.本题的 MATLAB 代码实现,详见本书配套程序 exm402.

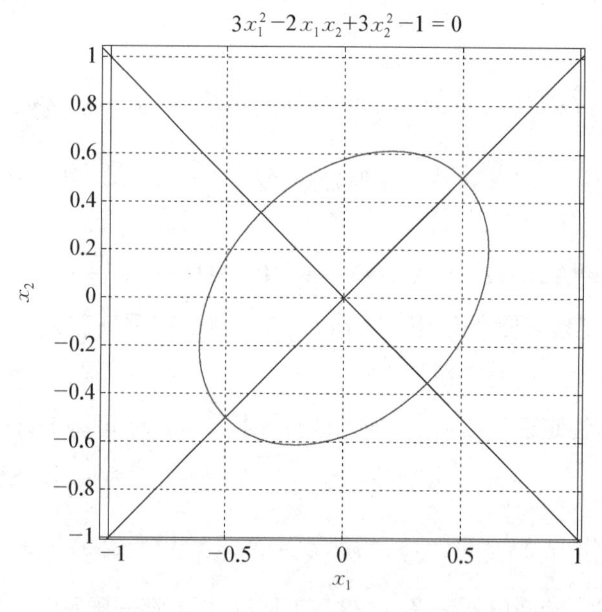

图 4-1 二次型的几何意义示例

平面直角坐标系 Ox_1x_2 中的可逆线性变换就是一系列初等变换的乘积,从几何上看,包括倍加(剪切变换)、数乘(一维伸缩变换)和交换(反射变换).如果采用可逆线性变换,按照惯性定理,则可将有心圆锥曲线(4.2.10)化为以下三种规范型之一:

$$y_1^2 + y_2^2 = 1,\ y_1^2 - y_2^2 = 1,\ -y_1^2 - y_2^2 = 1.$$

它们分别表示圆、等轴双曲线或根本没有轨迹(虚单位圆).

回到 n 元的情形,由于正惯性指数 p 与秩 r 之间满足 $0 \leqslant p \leqslant r \leqslant n$, 故 Hermite 二次型 $f(\boldsymbol{z})=\boldsymbol{z}^{\mathrm{H}}\boldsymbol{A}\boldsymbol{z}$ 可分为以下三种情况:

(1) 当 $p=r<n$ 时,规范形为 $\varphi(\boldsymbol{y})=\sum_{i=1}^{r}|y_i|^2$, 故对任意 $\boldsymbol{z}\in\mathbb{C}^n$ 有 $f(\boldsymbol{z})\geqslant 0$; 特别地,当 $r=n$ 时,规范形为 $\varphi(\boldsymbol{y})=\sum_{i=1}^{n}|y_i|^2$, 且当 $\boldsymbol{z}\neq\boldsymbol{0}$ 时 $\boldsymbol{y}\neq\boldsymbol{0}$, 从而有 $f(\boldsymbol{z})>0$.

(2) 当 $p=0$ 且 $r<n$ 时,规范形为 $\varphi(\boldsymbol{y})=-\sum_{i=1}^{r}|y_i|^2$, 故对任意 $\boldsymbol{z}\in\mathbb{C}^n$ 有 $f(\boldsymbol{z})\leqslant 0$; 特别地,当 $r=n$ 时,规范形为 $\varphi(\boldsymbol{y})=-\sum_{i=1}^{n}|y_i|^2$, 且当 $\boldsymbol{z}\neq\boldsymbol{0}$ 时 $\boldsymbol{y}\neq\boldsymbol{0}$, 从而有 $f(\boldsymbol{z})<0$.

(3) 当 $0<p<r\leqslant n$ 时,规范形为 $\varphi(\boldsymbol{y})=\sum_{i=1}^{p}|y_i|^2-\sum_{i=p+1}^{r}|y_i|^2$, 对不同的 $\boldsymbol{z}\in\mathbb{C}^n$, $f(\boldsymbol{z})$ 的取值可以大于0、小于0或等于0.

根据上面的讨论,可定义 Hermite 二次型的分类如下.

定义 4.2.6(二次型的分类)　设有 Hermite 二次型 $f(\boldsymbol{z})=\boldsymbol{z}^{\mathrm{H}}\boldsymbol{A}\boldsymbol{z}$, 即 $\boldsymbol{A}$ 是 Hermite 矩阵.

(1) 如果对任意 $\boldsymbol{z}\in\mathbb{C}^n$, 恒有 $f(\boldsymbol{z})\geqslant 0$, 则称 Hermite 二次型 $f(\boldsymbol{z})=\boldsymbol{z}^{\mathrm{H}}\boldsymbol{A}\boldsymbol{z}$ 为**半正定的**(semi-positive definite),矩阵 $\boldsymbol{A}$ 称为**半正定 Hermite 矩阵**,记为 $\boldsymbol{A}\geqslant 0$. 特别地,当 $\boldsymbol{z}\neq\boldsymbol{0}$ 时恒有 $f(\boldsymbol{z})>0$; 当且仅当 $\boldsymbol{z}=\boldsymbol{0}$ 时 $f(\boldsymbol{z})=0$, 则称 Hermite 二次型 $f(\boldsymbol{z})=\boldsymbol{z}^{\mathrm{H}}\boldsymbol{A}\boldsymbol{z}$ 为**正定的**(positive definite),矩阵 $\boldsymbol{A}$ 称为**正定 Hermite 矩阵**,记为 $\boldsymbol{A}>0$.

(2) 如果对任意 $\boldsymbol{z}\in\mathbb{C}^n$, 恒有 $f(\boldsymbol{z})\leqslant 0$, 则称 Hermite 二次型 $f(\boldsymbol{z})=\boldsymbol{z}^{\mathrm{H}}\boldsymbol{A}\boldsymbol{z}$ 为**半负定的**(semi-negative definite),矩阵 $\boldsymbol{A}$ 称为**半负定 Hermite 矩阵**,记为 $\boldsymbol{A}\leqslant 0$. 特别地,当 $\boldsymbol{z}\neq\boldsymbol{0}$ 时恒有 $f(\boldsymbol{z})<0$; 当且仅当 $\boldsymbol{z}=\boldsymbol{0}$ 时 $f(\boldsymbol{z})=0$, 则称 Hermite 二次型 $f(\boldsymbol{z})=\boldsymbol{z}^{\mathrm{H}}\boldsymbol{A}\boldsymbol{z}$ 为**负定的**(negative definite),矩阵 $\boldsymbol{A}$ 称为**负定 Hermite 矩阵**,记为 $\boldsymbol{A}<0$.

(3) 如果对不同的 $\boldsymbol{z}\in\mathbb{C}^n$, $f(\boldsymbol{z})$ 有时为正,有时为负,有时又为0,则称 Hermite 二次型 $f(\boldsymbol{z})=\boldsymbol{z}^{\mathrm{H}}\boldsymbol{A}\boldsymbol{z}$ 为**不定的**(undefinite),矩阵 $\boldsymbol{A}$ 称为**不定 Hermite 矩阵.**

特殊到实二次型,也可给出相应的分类定义如下.

定义 4.2.7　设有实二次型 $f(\boldsymbol{x})=\boldsymbol{x}^{\mathrm{T}}\boldsymbol{A}\boldsymbol{x}$, 即 $\boldsymbol{A}$ 是实对称矩阵.

(1) 如果对任意 $\boldsymbol{x}\in\mathbb{R}^n$, 恒有 $f(\boldsymbol{x})\geqslant 0$, 则称实二次型 $f(\boldsymbol{x})=\boldsymbol{x}^{\mathrm{T}}\boldsymbol{A}\boldsymbol{x}$ 为**半正定的**,对应的矩阵 $\boldsymbol{A}$ 称为**半正定矩阵**,记为 $\boldsymbol{A}\geqslant 0$. 特别地,当 $\boldsymbol{x}\neq\boldsymbol{0}$ 时恒有 $f(\boldsymbol{x})>0$; 当且仅

当 $\boldsymbol{x}=\boldsymbol{0}$ 时 $f(\boldsymbol{x})=0$，则称实二次型 $f(\boldsymbol{x})=\boldsymbol{x}^{\mathrm{T}}\boldsymbol{A}\boldsymbol{x}$ 为**正定的**，矩阵 $\boldsymbol{A}$ 称为**正定矩阵**，记为 $\boldsymbol{A}>0$.

(2) 如果对任意 $\boldsymbol{x}\in\mathbb{R}^n$，恒有 $f(\boldsymbol{x})\leqslant 0$，则称实二次型 $f(\boldsymbol{x})=\boldsymbol{x}^{\mathrm{T}}\boldsymbol{A}\boldsymbol{x}$ 为**半负定的**，矩阵 $\boldsymbol{A}$ 称为**半负定矩阵**，记为 $\boldsymbol{A}\leqslant 0$. 特别地，当 $\boldsymbol{x}\neq\boldsymbol{0}$ 时恒有 $f(\boldsymbol{x})<0$；当且仅当 $\boldsymbol{x}=\boldsymbol{0}$ 时 $f(\boldsymbol{x})=0$，则称实二次型 $f(\boldsymbol{x})=\boldsymbol{x}^{\mathrm{T}}\boldsymbol{A}\boldsymbol{x}$ 为**负定的**，矩阵 $\boldsymbol{A}$ 称为**负定矩阵**，记为 $\boldsymbol{A}<0$.

(3) 如果对不同的 $\boldsymbol{x}\in\mathbb{R}^n$，$f(\boldsymbol{x})$ 有时为正，有时为负，有时又为 0，则称实二次型 $f(\boldsymbol{x})=\boldsymbol{x}^{\mathrm{T}}\boldsymbol{A}\boldsymbol{x}$ 为**不定的**，矩阵 $\boldsymbol{A}$ 称为**不定矩阵**.

矩阵即变换，那么上述矩阵对应什么样的变换呢？考虑到 Hermite 变换要考察象与原象的内积，而正定性则要求向量的长度非负，因此要考察 $(\alpha,\sigma(\alpha))$ 的值.

定义 4.2.8(正定 Hermite 变换) 设 σ 是酉空间 V 上的 Hermite 变换，如果对任意 $\alpha\in V$，都有 $(\alpha,\sigma(\alpha))\geqslant 0$，则称 σ 为酉空间 V 上的**半正定 Hermite 变换**，记作 $\sigma\geqslant 0$. 特别地，若对 $\alpha\neq\theta$，都有 $(\alpha,\sigma(\alpha))>0$，则称 σ 为酉空间 V 上的**正定 Hermite 变换.**

设 $\{\varepsilon_i\}_1^n$ 为酉空间 V 的任意一个标准正交基，正定 Hermite 变换 σ 在其下的矩阵为 $\boldsymbol{A}$. 注意到定理 4.2.1 已证得 $\boldsymbol{A}^{\mathrm{H}}=\boldsymbol{A}$. 对任意 $\alpha\in V$，设 $\alpha=(\varepsilon_1,\varepsilon_2,\cdots,\varepsilon_n)\boldsymbol{z}$，则 $\sigma(\alpha)=(\varepsilon_1,\varepsilon_2,\cdots,\varepsilon_n)\boldsymbol{A}\boldsymbol{z}$. 当 $\alpha\neq\theta$ 时显然有 $\boldsymbol{0}\neq z\in\mathbb{C}^n$，从而有 $f(\boldsymbol{z})=\boldsymbol{z}^{\mathrm{H}}\boldsymbol{A}\boldsymbol{z}=(\boldsymbol{A}\boldsymbol{z},\boldsymbol{z})=(\boldsymbol{z},\boldsymbol{A}\boldsymbol{z})=(\alpha,\sigma(\alpha))>0$，这说明矩阵 $\boldsymbol{A}$ 是正定 Hermite 矩阵，即 $\sigma>0$ 等价于 $\boldsymbol{A}>0$. 类似地，可知 $\sigma\geqslant 0$ 等价于 $\boldsymbol{A}\geqslant 0$.

定义 4.2.9(正定变换) 设 σ 是欧氏空间 V 上的对称变换，如果对任意 $\alpha\in V$，都有 $(\alpha,\sigma(\alpha))\geqslant 0$，则称 σ 为欧氏空间 V 上的**半正定变换**，记作 $\sigma\geqslant 0$. 特别地，若对 $\alpha\neq\theta$，都有 $(\alpha,\sigma(\alpha))>0$，则称 σ 为欧氏空间 V 上的**正定变换.**

对欧氏空间，类似可证正定变换 σ 的矩阵 $\boldsymbol{A}$ 为正定矩阵，以及 $\sigma>0$ 等价于 $\boldsymbol{A}>0$，等等.

例 4.2.6 (二元函数的极值) 设二元光滑实函数 $z=f(x,y)$ 有驻点 $P(x_0,y_0)$，记 $h=x-x_0$，$k=y-y_0$，则 $f(x,y)$ 在点 $P(x_0,y_0)$ 有泰勒展开

$$f(x,y)=f(x_0,y_0)+\frac{1}{2}(ah^2+2bhk+ck^2)+\cdots$$

其中，$a=f_{xx}(x_0,y_0)$，$b=f_{xy}(x_0,y_0)$，$c=f_{yy}(x_0,y_0)$. 当 h 和 k 很小时，展开式中起支配作用的是变量 h 和 k 的实二次型 $ah^2+2bhk+ck^2$，其对应的矩阵 $\boldsymbol{A}=\begin{bmatrix}a & b\\ b & c\end{bmatrix}$. 如果

此二次型的秩为2，则根据例4.2.5的结果，它有三种规范型：

(1) $h'^2+k'^2$，此时 $f(x, y)\geqslant f(x_0, y_0)$（即 $\boldsymbol{A}\geqslant 0$），当且仅当 $h=k=0$ 时等号成立（即 $\boldsymbol{A}>0$），因此点 $P(x_0, y_0)$ 是极小值点；

(2) $-h'^2-k'^2$，此时 $f(x, y)\leqslant f(x_0, y_0)$（即 $\boldsymbol{A}\leqslant 0$），当且仅当 $h=k=0$ 时等号成立（即 $\boldsymbol{A}<0$），因此点 $P(x_0, y_0)$ 是极大值点；

(3) $h'^2-k'^2$，此时此二次型的值可正可负，即点 $P(x_0, y_0)$ 既不是极大值点也不是极小值点（即 $\boldsymbol{A}$ 为不定矩阵），而是鞍点.

易证正定（半正定）Hermite 矩阵具有下列性质：

(1) 单位矩阵 $\boldsymbol{I}>0$，同时也有 $\boldsymbol{I}\geqslant 0$；（此即内积的正性）

(2) 若 $\boldsymbol{A}>0$ 且 $\boldsymbol{B}>0$，则 $\boldsymbol{A}+\boldsymbol{B}>0$ 且 $k\boldsymbol{A}>0$（k 为任意正数）；

(3) 若 $\boldsymbol{A}\geqslant 0$ 且 $\boldsymbol{B}\geqslant 0$，则 $\boldsymbol{A}+\boldsymbol{B}\geqslant 0$.

正定 Hermite 矩阵还具有下列重要性质.

定理 4.2.11 对 n 阶 Hermite 矩阵 $\boldsymbol{A}$，下列命题是等价的：

(1) $\boldsymbol{A}$ 是正定 Hermite 矩阵；

(2) 对任意 n 阶可逆矩阵 $\boldsymbol{P}$，$\boldsymbol{B}=\boldsymbol{P}^{\mathrm{H}}\boldsymbol{A}\boldsymbol{P}$ 都是正定 Hermite 矩阵；

(3) $\boldsymbol{A}$ 的 n 个特征值全是正数；

(4) 存在 n 阶可逆矩阵 $\boldsymbol{P}$，使得 $\boldsymbol{B}=\boldsymbol{P}^{\mathrm{H}}\boldsymbol{A}\boldsymbol{P}=\boldsymbol{I}$；

(5) 存在 n 阶可逆矩阵 $\boldsymbol{Q}$，使得 $\boldsymbol{A}=\boldsymbol{Q}^{\mathrm{H}}\boldsymbol{Q}$；

(6) 存在 n 阶可逆 Hermite 矩阵 $\boldsymbol{H}$，使得 $\boldsymbol{A}=\boldsymbol{H}^2$.

证明： 首先按照(1)⇒(2)⇒(3)⇒(4)⇒(5)⇒(1)的循环路线来证明.

(1)⇒(2). 易证 $\boldsymbol{B}$ 是 Hermite 矩阵. 记 $\boldsymbol{y}=\boldsymbol{P}\boldsymbol{z}$，则 $\boldsymbol{z}^{\mathrm{H}}\boldsymbol{B}\boldsymbol{z}=\boldsymbol{z}^{\mathrm{H}}\boldsymbol{P}^{\mathrm{H}}\boldsymbol{A}\boldsymbol{P}\boldsymbol{z}=(\boldsymbol{P}\boldsymbol{z})^{\mathrm{H}}\boldsymbol{A}(\boldsymbol{P}\boldsymbol{z})=\boldsymbol{y}^{\mathrm{H}}\boldsymbol{A}\boldsymbol{y}$，且 $\boldsymbol{z}\neq\boldsymbol{0}\Leftrightarrow\boldsymbol{y}\neq\boldsymbol{0}$. 对任意 $\boldsymbol{z}\neq\boldsymbol{0}$，由(1)可得 $\boldsymbol{y}^{\mathrm{H}}\boldsymbol{A}\boldsymbol{y}>\boldsymbol{0}$，故 $\boldsymbol{z}^{\mathrm{H}}\boldsymbol{B}\boldsymbol{z}>\boldsymbol{0}$. 又 $\boldsymbol{z}=\boldsymbol{0}\Leftrightarrow\boldsymbol{y}=\boldsymbol{0}\Leftrightarrow\boldsymbol{y}^{\mathrm{H}}\boldsymbol{A}\boldsymbol{y}=\boldsymbol{0}\Leftrightarrow\boldsymbol{z}^{\mathrm{H}}\boldsymbol{B}\boldsymbol{z}=\boldsymbol{0}$. 因此矩阵 $\boldsymbol{B}=\boldsymbol{P}^{\mathrm{H}}\boldsymbol{A}\boldsymbol{P}$ 是正定 Hermite 矩阵.

(2)⇒(3). 因为 Hermite 矩阵 $\boldsymbol{A}$ 可以酉三角化，即有 $\boldsymbol{U}^{\mathrm{H}}\boldsymbol{A}\boldsymbol{U}=\boldsymbol{\Lambda}=\mathrm{diag}(\lambda_1, \lambda_2, \cdots, \lambda_n)$. 由于酉矩阵 $\boldsymbol{U}$ 可逆，故由(2)可知 $\boldsymbol{\Lambda}$ 是正定 Hermite 矩阵，即对任意 $\boldsymbol{0}\neq\boldsymbol{x}\in\mathbb{C}^n$，有 $\boldsymbol{x}^{\mathrm{H}}\boldsymbol{\Lambda}\boldsymbol{x}>0$. 取 $\boldsymbol{x}=\boldsymbol{e}_j(j=1, 2, \cdots, n)$ 即单位矩阵 $\boldsymbol{I}$ 的第 j 列，则 $\lambda_j=\boldsymbol{e}_j^{\mathrm{H}}\boldsymbol{\Lambda}\boldsymbol{e}_j>0$，故 $\boldsymbol{A}$ 的特征值全为正数.

(3)⇒(4). 因为 Hermite 矩阵 $\boldsymbol{A}$ 可以酉三角化，即有 $\boldsymbol{U}^{\mathrm{H}}\boldsymbol{A}\boldsymbol{U}=\boldsymbol{\Lambda}=\mathrm{diag}(\lambda_1, \lambda_2, \cdots, \lambda_n)$. 注意到 $\lambda_1, \lambda_2, \cdots, \lambda_n$ 均为正数，故令 $\boldsymbol{\Lambda}^{-1/2}=\mathrm{diag}(\lambda_1^{-1/2}, \lambda_2^{-1/2}, \cdots, \lambda_n^{-1/2})$ 且 $\boldsymbol{P}=\boldsymbol{U}\boldsymbol{\Lambda}^{-1/2}$，易知 $\boldsymbol{P}$ 是可逆矩阵，从而有

$$\boldsymbol{P}^{\mathrm{H}}\boldsymbol{AP}=(\boldsymbol{\Lambda}^{-1/2})^{\mathrm{H}}\boldsymbol{U}^{\mathrm{H}}\boldsymbol{AU\Lambda}^{-1/2}=\boldsymbol{\Lambda}^{-1/2}\boldsymbol{\Lambda\Lambda}^{-1/2}=\boldsymbol{I}.$$

(4)⇒(5). 由(4)知存在可逆矩阵 $\boldsymbol{P}$，使得 $\boldsymbol{P}^{\mathrm{H}}\boldsymbol{AP}=\boldsymbol{I}$，此即 $\boldsymbol{A}=(\boldsymbol{P}^{\mathrm{H}})^{-1}\boldsymbol{P}^{-1}=(\boldsymbol{P}^{-1})^{\mathrm{H}}\boldsymbol{P}^{-1}$，故令 $\boldsymbol{Q}=\boldsymbol{P}^{-1}$，即得 $\boldsymbol{A}=\boldsymbol{Q}^{\mathrm{H}}\boldsymbol{Q}$.

(5)⇒(1). 因为存在可逆矩阵 $\boldsymbol{Q}$，使得 $\boldsymbol{A}=\boldsymbol{Q}^{\mathrm{H}}\boldsymbol{Q}$，记 $\boldsymbol{y}=\boldsymbol{Qz}$，则 $\boldsymbol{z}^{\mathrm{H}}\boldsymbol{Az}=\boldsymbol{z}^{\mathrm{H}}\boldsymbol{Q}^{\mathrm{H}}\boldsymbol{Qz}=(\boldsymbol{Qz})^{\mathrm{H}}(\boldsymbol{Qz})=\boldsymbol{y}^{\mathrm{H}}\boldsymbol{y}$，且 $\boldsymbol{z}\neq\boldsymbol{0}\Leftrightarrow\boldsymbol{y}\neq\boldsymbol{0}$. 故对任意 $\boldsymbol{0}\neq\boldsymbol{z}\in\mathbb{C}^n$，有 $\boldsymbol{z}^{\mathrm{H}}\boldsymbol{Az}=(\boldsymbol{y},\boldsymbol{y})>0$，且 $\boldsymbol{z}=\boldsymbol{0}\Leftrightarrow\boldsymbol{y}=\boldsymbol{0}\Leftrightarrow\boldsymbol{y}^{\mathrm{H}}\boldsymbol{y}=0\Leftrightarrow\boldsymbol{z}^{\mathrm{H}}\boldsymbol{Az}=0$，因此 $\boldsymbol{A}$ 是正定 Hermite 矩阵.

下面证明(1)与(6)等价.

(1)⇒(6). 因为 $\boldsymbol{A}$ 是正定 Hermite 矩阵，所以 $\boldsymbol{A}$ 有谱分解 $\boldsymbol{A}=\boldsymbol{U\Lambda U}^{\mathrm{H}}$，其中 $\boldsymbol{\Lambda}=\mathrm{diag}(\lambda_1,\lambda_2,\cdots,\lambda_n)$ 的对角元全为正数. 令 $\boldsymbol{\Lambda}^{1/2}=\mathrm{diag}(\lambda_1^{1/2},\lambda_2^{1/2},\cdots,\lambda_n^{1/2})$，$\boldsymbol{H}=\boldsymbol{U\Lambda}^{1/2}\boldsymbol{U}^{\mathrm{H}}$，易证 $\boldsymbol{H}$ 是可逆的 Hermite 矩阵，且

$$\boldsymbol{A}=\boldsymbol{U\Lambda U}^{\mathrm{H}}=\boldsymbol{U\Lambda}^{1/2}\boldsymbol{I\Lambda}^{1/2}\boldsymbol{U}^{\mathrm{H}}=(\boldsymbol{U\Lambda}^{1/2}\boldsymbol{U}^{\mathrm{H}})(\boldsymbol{U\Lambda}^{1/2}\boldsymbol{U}^{\mathrm{H}})=\boldsymbol{H}^2.$$

(6)⇒(1). 因为存在可逆 Hermite 矩阵 $\boldsymbol{H}$，使得 $\boldsymbol{A}=\boldsymbol{H}^2=\boldsymbol{H}^{\mathrm{H}}\boldsymbol{H}$，因此类似于(5)⇒(1)可知 $\boldsymbol{A}$ 是正定 Hermite 矩阵. 证毕.

推广到半正定 Hermite 矩阵，有以下类似的重要性质.

定理 4.2.12 对 n 阶 Hermite 矩阵 $\boldsymbol{A}$，下列命题是等价的：

(1) $\boldsymbol{A}$ 是半正定 Hermite 矩阵；

(2) 对任意 n 阶可逆矩阵 $\boldsymbol{P}$，$\boldsymbol{P}^{\mathrm{H}}\boldsymbol{AP}$ 都是半正定 Hermite 矩阵；

(3) $\boldsymbol{A}$ 的特征值全是非负实数；

(4) 存在 n 阶可逆矩阵 $\boldsymbol{P}$，使得 $\boldsymbol{P}^{\mathrm{H}}\boldsymbol{AP}=\begin{bmatrix}\boldsymbol{I}_r & \boldsymbol{O}\\ \boldsymbol{O} & \boldsymbol{O}\end{bmatrix}$，这里 r 为 $\boldsymbol{A}$ 的秩；

(5) 存在秩为 r 的 n 阶矩阵 $\boldsymbol{Q}$，使得 $\boldsymbol{A}=\boldsymbol{Q}^{\mathrm{H}}\boldsymbol{Q}$，这里 r 为 $\boldsymbol{A}$ 的秩；

(6) 存在 n 阶 Hermite 矩阵 $\boldsymbol{H}$，使得 $\boldsymbol{A}=\boldsymbol{H}^2$.

例 4.2.7 对 n 阶 Hermite 矩阵 $\boldsymbol{A}$，证明：

(1) 若 $\boldsymbol{A}>0$，则 $\boldsymbol{A}^{-1}>0$ 且 $|\boldsymbol{A}|>0$；

(2) 若 $\boldsymbol{A}\geqslant 0$，则 $|\boldsymbol{A}|\geqslant 0$.

证明： (1) 设 $\boldsymbol{A}$ 的特征值为 $\lambda_1,\lambda_2,\cdots,\lambda_n$，由于 $\boldsymbol{A}>0$，故 $\lambda_1,\lambda_2,\cdots,\lambda_n$ 均为正数，则 $|\boldsymbol{A}|=\lambda_1\lambda_2\cdots\lambda_n>0$，且 $\lambda_1^{-1},\lambda_2^{-1},\cdots,\lambda_n^{-1}$ 也均为正数，由定理 4.2.11 可知 $\boldsymbol{A}^{-1}>0$.

(2)与(1)类似可证.

定理 4.2.13(块对角 Hermite 矩阵) 对 Hermite 矩阵 $\boldsymbol{A}_1\in\mathbb{C}^{k\times k}$ 及 $\boldsymbol{A}_2\in\mathbb{C}^{(n-k)\times(n-k)}$，

令 $\boldsymbol{A}=\mathrm{diag}(\boldsymbol{A}_1, \boldsymbol{A}_2)$. 证明 $\boldsymbol{A}>0$ 当且仅当 $\boldsymbol{A}_1>0$ 且 $\boldsymbol{A}_2>0$.

证明：若 $\boldsymbol{A}>0$，令 $\boldsymbol{z}=\begin{pmatrix}\boldsymbol{y}\\ \boldsymbol{0}\end{pmatrix}\in\mathbb{C}^n$，则 $\boldsymbol{y}^{\mathrm{H}}\boldsymbol{A}_1\boldsymbol{y}=\boldsymbol{z}^{\mathrm{H}}\boldsymbol{A}\boldsymbol{z}$，且 $\boldsymbol{y}\neq\boldsymbol{0}\Leftrightarrow\boldsymbol{z}\neq\boldsymbol{0}$. 故对任意 $\boldsymbol{y}\neq\boldsymbol{0}$，有 $\boldsymbol{y}^{\mathrm{H}}\boldsymbol{A}_1\boldsymbol{y}=\boldsymbol{z}^{\mathrm{H}}\boldsymbol{A}\boldsymbol{z}>0$，且 $\boldsymbol{y}=\boldsymbol{0}\Leftrightarrow\boldsymbol{z}=\boldsymbol{0}\Leftrightarrow\boldsymbol{z}^{\mathrm{H}}\boldsymbol{A}\boldsymbol{z}=\boldsymbol{0}\Leftrightarrow\boldsymbol{y}^{\mathrm{H}}\boldsymbol{A}_1\boldsymbol{y}=\boldsymbol{0}$，因此 $\boldsymbol{A}_1>0$. 同理可证 $\boldsymbol{A}_2>0$.

反之，令 $\boldsymbol{z}=\begin{pmatrix}\boldsymbol{x}\\ \boldsymbol{y}\end{pmatrix}\in\mathbb{C}^n$，$f=\boldsymbol{x}^{\mathrm{H}}\boldsymbol{A}_1\boldsymbol{x}$，$g=\boldsymbol{y}^{\mathrm{H}}\boldsymbol{A}_2\boldsymbol{y}$，则 $\boldsymbol{z}^{\mathrm{H}}\boldsymbol{A}\boldsymbol{z}=\boldsymbol{x}^{\mathrm{H}}\boldsymbol{A}_1\boldsymbol{x}+\boldsymbol{y}^{\mathrm{H}}\boldsymbol{A}_2\boldsymbol{y}=f+g$. 当 $\boldsymbol{z}\neq\boldsymbol{0}$ 时，由 $\boldsymbol{A}_1>0$，$\boldsymbol{A}_2>0$，可知 $f\geqslant 0$，$g\geqslant 0$，且 f 与 g 不同时为零(否则会怎样?)，故 $\boldsymbol{z}^{\mathrm{H}}\boldsymbol{A}\boldsymbol{z}>0$；又 $\boldsymbol{z}=\boldsymbol{0}\Leftrightarrow\boldsymbol{x}=\boldsymbol{y}=\boldsymbol{0}\Leftrightarrow f=g=\boldsymbol{0}\Leftrightarrow\boldsymbol{z}^{\mathrm{H}}\boldsymbol{A}\boldsymbol{z}=\boldsymbol{0}$，故 $A>0$.

例 4.2.8　(Schur 补) 设 n 阶 Hermite 矩阵 $\boldsymbol{A}$ 被四分块为 $\boldsymbol{A}=\begin{pmatrix}\boldsymbol{A}_{11} & \boldsymbol{A}_{12}\\ \boldsymbol{A}_{12}^{\mathrm{H}} & \boldsymbol{A}_{22}\end{pmatrix}$，其中 $\boldsymbol{A}_{11}\in\mathbb{C}^{k\times k}$，则 $\boldsymbol{A}>0$ 的充要条件是 $\boldsymbol{A}_{11}>0$ 且其 Schur 补 $[\boldsymbol{A}/\boldsymbol{A}_{11}]=\boldsymbol{A}_{22}-\boldsymbol{A}_{12}^{\mathrm{H}}\boldsymbol{A}_{11}^{-1}\boldsymbol{A}_{12}>0$.

证明：若 $\boldsymbol{A}>0$，类似于定理 4.2.13，易证 $\boldsymbol{A}_{11}>0$ 且 $[\boldsymbol{A}/\boldsymbol{A}_{11}]>0$.

反之，当 $\boldsymbol{A}_{11}>0$ 且 $[\boldsymbol{A}/\boldsymbol{A}_{11}]>0$ 时，由定理 4.2.13 可知 $\boldsymbol{D}=\mathrm{diag}(\boldsymbol{A}_{11}, [\boldsymbol{A}/\boldsymbol{A}_{11}])>0$. 又由式(1.2.12)可知

$$\begin{pmatrix}\boldsymbol{A}_{11} & \boldsymbol{A}_{12}\\ \boldsymbol{A}_{12}^{\mathrm{H}} & \boldsymbol{A}_{22}\end{pmatrix}=\begin{pmatrix}\boldsymbol{I}_k & \boldsymbol{O}\\ \boldsymbol{A}_{12}^{\mathrm{H}}\boldsymbol{A}_{11}^{-1} & \boldsymbol{I}_{n-k}\end{pmatrix}\begin{pmatrix}\boldsymbol{A}_{11} & \boldsymbol{O}\\ \boldsymbol{O} & [\boldsymbol{A}/\boldsymbol{A}_{11}]\end{pmatrix}\begin{pmatrix}\boldsymbol{I}_k & \boldsymbol{A}_{11}^{-1}\boldsymbol{A}_{12}\\ \boldsymbol{O} & \boldsymbol{I}_{n-k}\end{pmatrix},\tag{4.2.12}$$

记 $\boldsymbol{P}=\begin{pmatrix}\boldsymbol{I}_k & \boldsymbol{A}_{11}^{-1}\boldsymbol{A}_{12}\\ \boldsymbol{O} & \boldsymbol{I}_{n-k}\end{pmatrix}$，显然 $\boldsymbol{P}$ 可逆，注意到 $\boldsymbol{A}_{11}>0$，则 $\boldsymbol{A}_{11}^{-\mathrm{H}}=(\boldsymbol{A}_{11}^{\mathrm{H}})^{-1}=\boldsymbol{A}_{11}^{-1}$，$(\boldsymbol{A}_{11}^{-1}\boldsymbol{A}_{12})^{\mathrm{H}}=\boldsymbol{A}_{12}^{\mathrm{H}}\boldsymbol{A}_{11}^{-\mathrm{H}}=\boldsymbol{A}_{12}^{\mathrm{H}}\boldsymbol{A}_{11}^{-1}$，故 $\boldsymbol{P}^{\mathrm{H}}=\begin{pmatrix}\boldsymbol{I}_k & \boldsymbol{O}\\ \boldsymbol{A}_{12}^{\mathrm{H}}\boldsymbol{A}_{11}^{-1} & \boldsymbol{I}_{n-k}\end{pmatrix}$，从而式(4.2.12)即为 $\boldsymbol{A}=\boldsymbol{P}^{\mathrm{H}}\boldsymbol{D}\boldsymbol{P}$. 再由定理 4.2.11 可知 $\boldsymbol{A}>0$.　　证毕.

用于判定实正定矩阵的西尔维斯特定理也可以推广到正定 Hermite 矩阵.

定理 4.2.14(西尔维斯特定理)　设 $\boldsymbol{A}$ 是 n 阶 Hermite 矩阵，则 $\boldsymbol{A}>0$ 的充要条件是矩阵 $\boldsymbol{A}$ 的各阶顺序主子式 $D_k(k=1, 2, \cdots, n)$ 皆为正数.

推论 4.2.15　设 $\boldsymbol{A}$ 是 n 阶 Hermite 矩阵，则 $\boldsymbol{A}<0$ 的充要条件是 $(-1)^k D_k=|-\boldsymbol{A}_k|>0\ (k=1, 2, \cdots, n)$.

式(4.2.12)意味着实对称正定矩阵的楚列斯基分解也可推广到正定 Hermite 矩阵.

定理 4.2.16(楚列斯基分解定理) 设 $\boldsymbol{A}$ 是 n 阶 Hermite 矩阵,则 $\boldsymbol{A}>0$ 的充要条件是存在可逆的下三角矩阵 $\boldsymbol{L}$,使得

$$\boldsymbol{A}=\boldsymbol{L}\boldsymbol{L}^{\mathrm{H}}. \tag{4.2.13}$$

证明: 充分性由定理 4.2.11 即得.下证必要性.

由定理 4.2.11 可知 $\boldsymbol{A}=\boldsymbol{Q}^{\mathrm{H}}\boldsymbol{Q}$,这里 $\boldsymbol{Q}$ 为可逆矩阵.由 3.7 节可知,$\boldsymbol{Q}$ 有 UR 分解 $\boldsymbol{Q}=\boldsymbol{U}_1^{\mathrm{H}}\boldsymbol{R}$,这里 $\boldsymbol{U}_1$ 为酉矩阵,$\boldsymbol{R}$ 为对角元为正数的上三角矩阵,则 $\boldsymbol{A}=\boldsymbol{Q}^{\mathrm{H}}\boldsymbol{Q}=\boldsymbol{R}^{\mathrm{H}}\boldsymbol{U}_1\boldsymbol{U}_1^{\mathrm{H}}\boldsymbol{R}=\boldsymbol{R}^{\mathrm{H}}\boldsymbol{R}$. 令 $\boldsymbol{L}=\boldsymbol{R}^{\mathrm{H}}$,则 $\boldsymbol{A}=\boldsymbol{L}\boldsymbol{L}^{\mathrm{H}}$.

称式(4.2.13)为正定 Hermite 矩阵 $\boldsymbol{A}$ 的楚列斯基分解.可以证明,这个分解是唯一的.

4.3 投影变换与投影矩阵

正交投影和斜投影应用领域广泛.例如,在无线通信、雷达、时间序列分析和信号处理等领域中,经常需要提取某些所需要的信号,同时过滤掉所有干扰或噪声.这就仿佛拍照:留下了二维的平面影像,同时也抛弃了第三个维度的信息.从哲学本质看,就是丢掉次要因素和次要矛盾,紧紧抓住问题的主要矛盾.在大规模计算中,更需要通过投影方法将高维问题降维为低维问题,以降低计算量.在 3.4 节的基础上,本节继续研究正交投影中涉及的变换及其矩阵.

定义 4.3.1(正交投影变换及其矩阵) 如图 4-2 所示,若酉空间(欧氏空间) V 有直和分解 $V=V_1\oplus V_2$,即对任意 $\alpha\in V$,若有直和分解式

$$\alpha=\alpha_1+\alpha_2,\ \alpha_1\in V_1,\ \alpha_2\in V_2, \tag{4.3.1}$$

则称线性变换

$$\mathcal{P}:\alpha\mapsto\alpha_1 \tag{4.3.2}$$

是 V 沿 V_2 到(目标子空间) V_1 的**斜投影变换**(oblique projection transformation),称 $\mathcal{P}$ 在 V 的任意一个基下的矩阵 $\boldsymbol{P}$ 为**投影矩阵**(projection matrix). $\mathcal{P}$ 常被简称为**投影变换**或**投影算子**(projector).

特别地,如图 4-3 所示,当 V_1 与 V_2 正交,即 $V_2=V_1^{\perp}$ 时,称投影变换 $\mathcal{P}$ 为 V 到(目标子空间) V_1 的**正交投影变换**(orthogonal projection transformation)或**正交投影算子**(orthogonal projector),相应的矩阵 $\boldsymbol{P}$ 称为**正交投影矩阵**(orthogonal projection matrix).

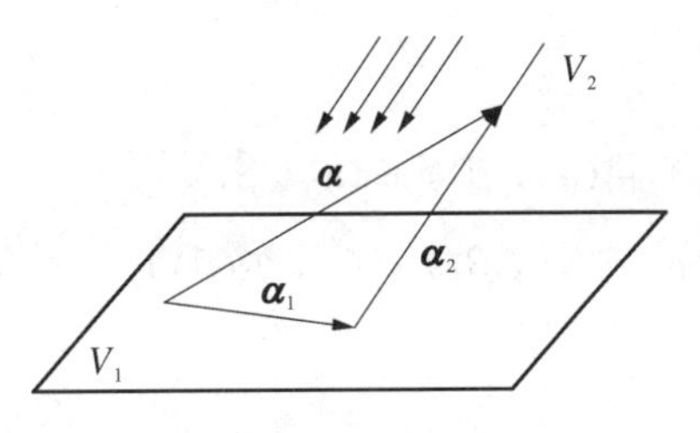

图 4-2 斜投影变换 $\mathcal{P}: \alpha \mapsto \alpha_1$

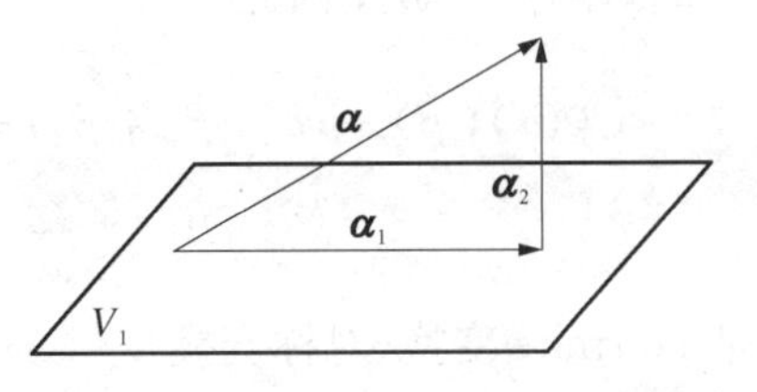

图 4-3 正交投影变换 $\mathcal{P}: \alpha \mapsto \alpha_1$

直观上,对任意 $\alpha \in V$, 不难发现投影变换 $\mathcal{P}$ 满足 $\mathcal{P}^2(\alpha)=\mathcal{P}(\mathcal{P}(\alpha))=\mathcal{P}(\alpha_1)=\alpha_1=\mathcal{P}(\alpha)$, 也就是 $\mathcal{P}^2=\mathcal{P}$, 即 $\mathcal{P}$ 是幂等变换.反之,可以证明酉空间(欧氏空间) V 的幂等变换 $\mathcal{P}$ 肯定是投影变换(习题 4.33).因此投影变换 $\mathcal{P}$ 就是幂等变换.

变换即矩阵,投影矩阵 $\boldsymbol{P}$ 就是**幂等矩阵**(idempotent matrix),即 $\boldsymbol{P}$ 满足 $\boldsymbol{P}^2=\boldsymbol{P}$. 不难发现例 2.4.4 中的投影矩阵 $\boldsymbol{P}$ 的确满足 $\boldsymbol{P}^2=\boldsymbol{P}$.

定理 4.3.1 设 $\mathcal{P}$ 是酉空间(或欧氏空间) V 中的一个线性变换,则 $\mathcal{P}$ 是投影变换的充要条件是 $\mathcal{P}$ 在任意一个基下的矩阵 $\boldsymbol{P}$ 为幂等矩阵.

证明: 设 $\mathcal{P}$ 在 V 的一个基 $\{\eta_i\}_1^n$ 下的矩阵为 $\boldsymbol{P}$, 则

$$\begin{aligned}
\mathcal{P}(\eta_1, \eta_2, \cdots, \eta_n) &= (\eta_1, \eta_2, \cdots, \eta_n)\boldsymbol{P}, \\
\mathcal{P}^2(\eta_1, \eta_2, \cdots, \eta_n) &= \mathcal{P}[(\eta_1, \eta_2, \cdots, \eta_n)\boldsymbol{P}] \\
&= \mathcal{P}(\eta_1, \eta_2, \cdots, \eta_n)\boldsymbol{P} = (\eta_1, \eta_2, \cdots, \eta_n)\boldsymbol{P}^2.
\end{aligned}$$

由于 $\mathcal{P}$ 是投影变换,即 $\mathcal{P}^2=\mathcal{P}$, 因此 $(\eta_1, \eta_2, \cdots, \eta_n)\boldsymbol{P}=(\eta_1, \eta_2, \cdots, \eta_n)\boldsymbol{P}^2$, 此即 $\boldsymbol{P}^2=\boldsymbol{P}$.

反之,若有 $\mathcal{P}(\eta_1, \eta_2, \cdots, \eta_n)=(\eta_1, \eta_2, \cdots, \eta_n)\boldsymbol{P}$, 且 $\boldsymbol{P}^2=\boldsymbol{P}$, 则

$$\mathcal{P}^2(\eta_1, \eta_2, \cdots, \eta_n)=(\eta_1, \eta_2, \cdots, \eta_n)\boldsymbol{P}^2=(\eta_1, \eta_2, \cdots, \eta_n)\boldsymbol{P}=\mathcal{P}(\eta_1, \eta_2, \cdots, \eta_n),$$

从而 $\mathcal{P}^2=\mathcal{P}$, 即 $\mathcal{P}$ 是投影变换.

思考: Householder 矩阵是幂等矩阵吗? 即 Householder 变换是投影变换吗?

正交投影变换 $\mathcal{P}$ (正交投影矩阵 $\boldsymbol{P}$) 作为特殊的投影变换(投影矩阵),其特殊性又在何处呢? 注意到此时在分解式(4.3.1)中, $(\alpha_1, \alpha_2)=0$, 即 $(\mathcal{P}(\alpha), \alpha_2)=0$, 因此 $(\mathcal{P}(\alpha), \alpha)=(\alpha_1, \alpha_1+\alpha_2)=(\alpha_1, \alpha_1)\geqslant 0$, 即正交投影变换 $\mathcal{P}$ 具有半正定 Hermite 变换的性质.当然,缺失的一环是必须证明 $\mathcal{P}$ 是 Hermite 变换(对称变换),补充如下.

设 $\mathcal{P}$ 为酉空间(欧氏空间) V 上的正交投影变换.对任意 $\alpha, \beta \in V$, 设 $\alpha=\alpha_1+\alpha_2$, $\beta=\beta_1+\beta_2$, 其中 $\alpha_1, \beta_1 \in V_1$, $\alpha_2, \beta_2 \in V_1^{\perp}$. 显然有 $(\alpha_1, \beta_2)=(\alpha_2, \beta_1)=0$, 以及

$\mathcal{P}(\alpha)=\alpha_1$, $\mathcal{P}(\beta)=\beta_1$, 因此

$$\begin{aligned}(\mathcal{P}(\alpha), \beta)&=(\alpha_1, \beta_1+\beta_2)=(\alpha_1, \beta_1)+(\alpha_1, \beta_2)=(\alpha_1, \beta_1)\\&=(\alpha_1, \beta_1)+(\alpha_2, \beta_1)=(\alpha_1+\alpha_2, \beta_1)=(\alpha, \mathcal{P}(\beta)),\end{aligned}$$

即 $\mathcal{P}$ 是 Hermite 变换(对称变换).

定理 4.3.2 设 $\mathcal{P}$ 是酉空间(欧氏空间) V 中的投影变换,则 $\mathcal{P}$ 是正交投影变换的充要条件是 $\mathcal{P}$ 是 Hermite 变换(对称变换).

证明: 必要性前已证明.下证充分性.

设 $\mathcal{P}$ 在酉空间 V 的一个基 $\{\eta_i\}_1^n$ 下的矩阵为 $\boldsymbol{P}$, 则 $\boldsymbol{P}^2=\boldsymbol{P}$ 且 $\boldsymbol{P}^{\mathrm{H}}=\boldsymbol{P}$. 设任意 $\alpha\in V$ 有直和分解式(4.3.1),且 $\alpha=(\eta_1, \eta_2, \cdots, \eta_n)\boldsymbol{x}$, 则 $\mathcal{P}(\alpha)=(\eta_1, \eta_2, \cdots, \eta_n)\boldsymbol{Px}$, 因此

$$\begin{aligned}(\alpha_1, \alpha_2)&=(\alpha_1, \alpha-\alpha_1)=(\alpha_1, \alpha)-(\alpha_1, \alpha_1)=(\mathcal{P}(\alpha), \alpha)-(\mathcal{P}(\alpha), \mathcal{P}(\alpha))\\&=(\boldsymbol{Px}, \boldsymbol{x})-(\boldsymbol{Px}, \boldsymbol{Px})=\boldsymbol{x}^{\mathrm{H}}\boldsymbol{Px}-\boldsymbol{x}^{\mathrm{H}}\boldsymbol{P}^{\mathrm{H}}\boldsymbol{Px}=\boldsymbol{x}^{\mathrm{H}}\boldsymbol{Px}-\boldsymbol{x}^{\mathrm{H}}\boldsymbol{P}^2\boldsymbol{x}=0,\end{aligned}$$

从而 $\mathcal{P}$ 是正交投影变换. 证毕.

矩阵即变换,用矩阵语言改写定理 4.3.2,就得到下面的定理.

定理 4.3.3 设 $\boldsymbol{P}\in\mathbb{C}^{n\times n}$ $(\mathbb{R}^{n\times n})$ 是投影矩阵,即 $\boldsymbol{P}^2=\boldsymbol{P}$, 则 $\boldsymbol{P}$ 是正交投影矩阵的充要条件是 $\boldsymbol{P}$ 是 Hermite 矩阵(对称矩阵),即 $\boldsymbol{P}^{\mathrm{H}}=\boldsymbol{P}$ $(\boldsymbol{P}^{\mathrm{T}}=\boldsymbol{P})$.

思考: Householder 矩阵是正交投影矩阵吗?

接下来问题来了:给定正交投影变换的目标子空间 V_1 后,又该如何构造相应的正交投影矩阵 $\boldsymbol{P}$ 呢?先从两个简单的情形来寻找规律.

考虑 $\mathbb{R}^2$ 中的正交投影变换 $\mathcal{P}$: $(x_1, x_2)^{\mathrm{T}}\to(x_1, 0)^{\mathrm{T}}$, 其目标子空间为 $V_1=\operatorname{span}\{(1, 0)^{\mathrm{T}}\}$. 易知 $\mathcal{P}$ 对应的矩阵 $\boldsymbol{P}=\begin{pmatrix}1&0\\0&0\end{pmatrix}$, 而且 V_1 的基 $(1, 0)^{\mathrm{T}}$ 满足 $\begin{pmatrix}1\\0\end{pmatrix}(1, 0)=\begin{pmatrix}1&0\\0&0\end{pmatrix}=\boldsymbol{P}$. 这是否意味着正交投影矩阵 $\boldsymbol{P}$ 可由目标子空间的基构造而成?

再看 $\mathbb{R}^3$ 中的情形.设有正交投影变换 $\mathcal{P}$: $(x_1, x_2, x_3)^{\mathrm{T}}\to(x_1, x_2, 0)^{\mathrm{T}}$, 其目标子空间为 $V_1=\operatorname{span}\{(1, 0, 0)^{\mathrm{T}}, (0, 1, 0)^{\mathrm{T}}\}$. 易知 $\mathcal{P}$ 对应的矩阵 $\boldsymbol{P}=\begin{pmatrix}1&0&0\\0&1&0\\0&0&0\end{pmatrix}$, 而且 V_1 的基满足

$$\begin{pmatrix}1&0\\0&1\\0&0\end{pmatrix}\begin{pmatrix}1&0&0\\0&1&0\end{pmatrix}=\begin{pmatrix}1&0&0\\0&1&0\\0&0&0\end{pmatrix}=\boldsymbol{P}.$$

上述结果可以一般化为下述定理.

定理 4.3.4(正交投影变换的矩阵表示 I)　设 V_1 为酉空间(欧氏空间) $V=\mathbb{C}^n$ ($V=\mathbb{R}^n$) 的 r 维子空间，$\mathcal{P}$ 为 V 中沿 $V_1^{\perp}$ 到 V_1 的正交投影变换，则 $\mathcal{P}$ 在 V_1 的任意一个标准正交基 $\{\boldsymbol{u}_i\}_1^r$ 下的矩阵为

$$\boldsymbol{P}_{V_1}=\boldsymbol{U}_1\boldsymbol{U}_1^{\mathrm{H}}, \tag{4.3.3}$$

其中，$\boldsymbol{U}_1=(\boldsymbol{u}_1,\ \cdots,\ \boldsymbol{u}_r)\in\mathbb{C}^{n\times r}$ ($\boldsymbol{U}_1\in\mathbb{R}^{n\times r}$) 是列酉矩阵(列正交矩阵)，且 $V_1=R(\boldsymbol{U}_1)$.

证明：根据 Gram-Schmidt 正交化过程，可知存在另一个列酉矩阵 $\boldsymbol{U}_2\in\mathbb{C}^{n\times(n-r)}$，使得 $\boldsymbol{U}=(\boldsymbol{U}_1,\boldsymbol{U}_2)$ 是酉矩阵，故对任意 $\boldsymbol{x}\in V$, 都有

$$\boldsymbol{x}=\boldsymbol{U}^{\mathrm{H}}\boldsymbol{U}\boldsymbol{x}=(\boldsymbol{U}_1,\boldsymbol{U}_2)\begin{pmatrix}\boldsymbol{U}_1^{\mathrm{H}}\\\boldsymbol{U}_2^{\mathrm{H}}\end{pmatrix}\boldsymbol{x}=\boldsymbol{U}_1\boldsymbol{U}_1^{\mathrm{H}}\boldsymbol{x}+\boldsymbol{U}_2\boldsymbol{U}_2^{\mathrm{H}}\boldsymbol{x},$$

其中 $\boldsymbol{U}_1\boldsymbol{U}_1^{\mathrm{H}}\boldsymbol{x}\in R(\boldsymbol{U}_1)$，$\boldsymbol{U}_2\boldsymbol{U}_2^{\mathrm{H}}\boldsymbol{x}\in R(\boldsymbol{U}_2)$ 且两者互相正交，从而有 $\boldsymbol{U}_1\boldsymbol{U}_1^{\mathrm{H}}\boldsymbol{x}=\boldsymbol{P}\boldsymbol{x}$，即 $\boldsymbol{P}_{V_1}=\boldsymbol{U}_1\boldsymbol{U}_1^{\mathrm{H}}$.

注：易知矩阵 $\boldsymbol{P}_{V_1}=\boldsymbol{U}_1\boldsymbol{U}_1^{\mathrm{H}}$ 满足 $\boldsymbol{P}^2=\boldsymbol{P}=\boldsymbol{P}^{\mathrm{H}}$，故 $\boldsymbol{P}_{V_1}$ 是正交投影矩阵.事实上，列酉矩阵 $\boldsymbol{U}_1$ 是酉矩阵 $\boldsymbol{U}$ 的前 r 列，它张成了子空间 V_1，同时 $\boldsymbol{U}_1$ 也是 V_1 中任意两个标准正交基之间的过渡矩阵.

由于 $\boldsymbol{U}_1=(\boldsymbol{u}_1,\boldsymbol{u}_2,\cdots,\boldsymbol{u}_r)=\boldsymbol{U}\begin{pmatrix}\boldsymbol{I}_r\\\boldsymbol{O}\end{pmatrix}$，记 $\boldsymbol{P}_1=\begin{pmatrix}\boldsymbol{I}_r&\boldsymbol{O}\\\boldsymbol{O}&\boldsymbol{O}\end{pmatrix}$，则有 $\boldsymbol{P}_{V_1}=\boldsymbol{U}\boldsymbol{P}_1\boldsymbol{U}^{-1}$，这说明 $\boldsymbol{P}_{V_1}$ 的特征值为 1 和 0(即 $\boldsymbol{P}_{V_1}\geqslant 0$)，而且

$$\boldsymbol{P}_{V_1}=\boldsymbol{U}_1\boldsymbol{U}_1^{\mathrm{H}}=1\cdot\boldsymbol{u}_1\boldsymbol{u}_1^{\mathrm{H}}+1\cdot\boldsymbol{u}_2\boldsymbol{u}_2^{\mathrm{H}}+\cdots+1\cdot\boldsymbol{u}_r\boldsymbol{u}_r^{\mathrm{H}}=\boldsymbol{E}_1+\boldsymbol{E}_2+\cdots+\boldsymbol{E}_r, \tag{4.3.4}$$

其中，$\boldsymbol{E}_i=\boldsymbol{u}_i\boldsymbol{u}_i^{\mathrm{H}}(i=1,\ 2,\ \cdots,\ r)$ 都是秩 1 矩阵.称式(4.3.3)为**正交投影矩阵的谱分解**，称相应的式(4.3.4)为**正交投影矩阵的谱分解展开式**.

思考：如何直观解释列酉矩阵 $\boldsymbol{U}_1$ 在定理 4.3.4 中的含义?

如果仅仅知道张成子空间 V_1 的列满秩矩阵 $\boldsymbol{W}\in\mathbb{C}^{n\times r}$，则由复矩阵的 UR 分解，必存在列酉矩阵 $\boldsymbol{U}_1\in\mathbb{C}^{n\times r}$ 和可逆的上三角矩阵 $\boldsymbol{R}\in\mathbb{C}^{r\times r}$，使得 $\boldsymbol{W}=\boldsymbol{U}_1\boldsymbol{R}$，即 $\boldsymbol{U}_1=\boldsymbol{W}\boldsymbol{R}^{-1}$ 且

$\boldsymbol{R}^{\mathrm{H}}\boldsymbol{R}=\boldsymbol{R}^{\mathrm{H}}\boldsymbol{U}_1^{\mathrm{H}}\boldsymbol{U}_1\boldsymbol{R}=\boldsymbol{W}^{\mathrm{H}}\boldsymbol{W}$，从而有

$$\boldsymbol{P}_{V_1}=\boldsymbol{U}_1\boldsymbol{U}_1^{\mathrm{H}}=\boldsymbol{W}\boldsymbol{R}^{-1}(\boldsymbol{W}\boldsymbol{R}^{-1})^{\mathrm{H}}=\boldsymbol{W}(\boldsymbol{R}^{\mathrm{H}}\boldsymbol{R})^{-1}\boldsymbol{W}^{\mathrm{H}}=\boldsymbol{W}(\boldsymbol{W}^{\mathrm{H}}\boldsymbol{W})^{-1}\boldsymbol{W}^{\mathrm{H}}.$$

定理 4.3.5(正交投影变换的矩阵表示 II)　设 V_1 为酉空间(欧氏空间) $V=\mathbb{C}^n$ ($V=\mathbb{R}^n$) 的 r 维子空间，$\mathcal{P}$ 为 V 中沿 $V_1^{\perp}$ 到 V_1 的正交投影变换，则 $\mathcal{P}$ 在 $\boldsymbol{V}_1$ 的任意一个基 $\{\boldsymbol{w}_i\}_1^r$ 下的矩阵为

$$\boldsymbol{P}=\boldsymbol{W}(\boldsymbol{W}^{\mathrm{H}}\boldsymbol{W})^{-1}\boldsymbol{W}^{\mathrm{H}},\tag{4.3.5}$$

其中，$\boldsymbol{W}=(\boldsymbol{w}_1,\boldsymbol{w}_2,\cdots,\boldsymbol{w}_r)\in\mathbb{C}^{n\times r}$ 是列满秩矩阵.

不难验证式(4.3.5)中的矩阵 $\boldsymbol{P}$ 也满足 $\boldsymbol{P}^2=\boldsymbol{P}=\boldsymbol{P}^{\mathrm{H}}$，因此它也是正交投影矩阵.这意味着现在能从任意的列满秩矩阵 $\boldsymbol{W}$ (注意 $\boldsymbol{W}$ 未必是方阵)构造出正交投影矩阵 $\boldsymbol{P}$. 至于更一般的投影矩阵的构造公式，请参阅文献[81：第九章].

例 4.3.1　用投影矩阵法重解例 3.4.1.

解法四：投影矩阵法.

因为 $\boldsymbol{W}=(\boldsymbol{\alpha}_1,\boldsymbol{\alpha}_2)=\begin{pmatrix}1&0\\-1&1\\1&1\\-1&0\end{pmatrix}$，$\boldsymbol{W}^{\mathrm{T}}\boldsymbol{W}=\begin{pmatrix}4&0\\0&2\end{pmatrix}$，所以正交投影矩阵

$$\boldsymbol{P}=\boldsymbol{W}(\boldsymbol{W}^{\mathrm{T}}\boldsymbol{W})^{-1}\boldsymbol{W}^{\mathrm{T}}=\frac{1}{4}\begin{pmatrix}1&-1&1&-1\\-1&3&1&1\\1&1&3&-1\\-1&1&-1&1\end{pmatrix},$$

且向量 $\boldsymbol{\alpha}$ 沿 $W^{\perp}$ 到 W 的投影为 $\boldsymbol{P\alpha}=(2,-3,1,-2)^{\mathrm{T}}$.

对比例 3.4.1 的已有解法，不难发现投影矩阵法比最小二乘法更加程式化，也更加通俗易懂.这是因为借助于正交投影变换，更容易理解所得的正交投影 $\boldsymbol{P\alpha}$ 作为 $\boldsymbol{\alpha}$ 的像的含义.

本解法的 MATLAB 代码实现，详见本书配套程序 exm312.

本书第 2 章从特殊的向量空间 $\mathbb{R}^n$ 逐步推广到一般的线性空间 V，第 3 章从欧氏空间 $\mathbb{R}^n$ 逐步推广到一般的欧氏空间 V，进而推广到酉空间 V. 本章则采取了一种“逆向工程”，即从最一般的正规变换(正规矩阵)特殊到 Hermite 变换(Hermite 矩阵)及半正定变换(半正定矩阵)，再特殊到正交投影变换(正交投影矩阵).这些变换(矩阵)之间的关系，大

致如图 4-4 所示.不难发现 Householder 矩阵是对合矩阵,因此不可能是投影矩阵,更不可能是正交投影矩阵!

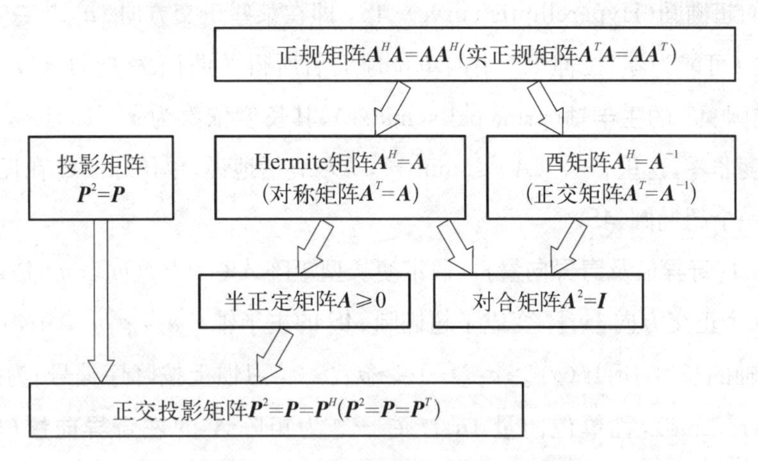

图 4-4　几种特殊矩阵(变换)之间的关系

4.4　矩阵的奇异值分解

从 1873 年被提出至今,奇异值分解(singular value decomposition, SVD)已经成为矩阵计算中最有用和最有效的工具之一,在最小二乘问题、最优化、统计分析、信号与图像处理、系统理论与控制等领域得到广泛应用.

4.4.1　SVD 的概念

如图 4-5 所示,单位圆 S 经过线性变换 $\mathcal{A}$ 的作用,变成了椭圆 $\mathcal{A}S$, 即单位圆在线性变换 $\mathcal{A}$ 下的像是一个椭圆,圆的正交方向 $\boldsymbol{v}_1$, $\boldsymbol{v}_2$ 分别变成了椭圆的长轴 $\sigma_1\boldsymbol{u}_1$ 和短轴 $\sigma_2\boldsymbol{u}_2$, 其中 $\boldsymbol{u}_1$ 和 $\boldsymbol{u}_2$ 为互相正交的单位向量.

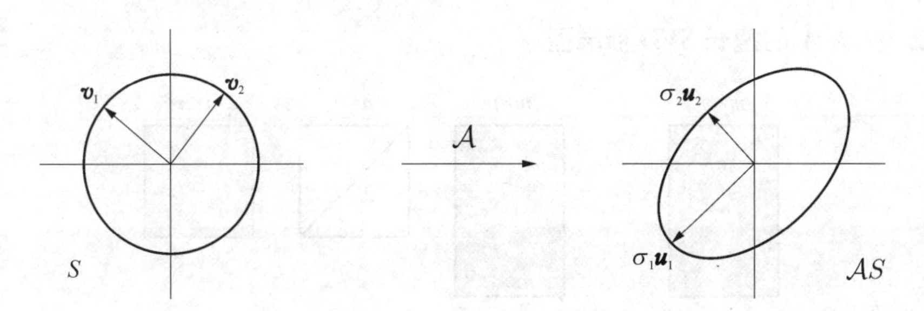

图 4-5　线性变换视角下 2×2 矩阵的 SVD

推广到高维后情况如何呢？设矩阵 $\boldsymbol{A}\in\mathbb{R}^{m\times n}$ 对应的线性映射为 $\mathcal{A}$. 一般地，$\mathbb{R}^n$ 中的单位球面 $S=\{\boldsymbol{x}=(x_1, x_2, \cdots, x_n)^{\mathrm{T}}\in\mathbb{R}^n$，其中 $\|\boldsymbol{x}\|=1\}$ 经过线性映射 $\mathcal{A}$ 作用后，变成了 $\mathbb{R}^m$ 中的**超椭圆**(Hyperelliptic curve) $\mathcal{A}S$，即在某些正交方向 $\{\boldsymbol{u}_i\}_1^m\in\mathbb{R}^m$ 上，以某些因子 $\{\sigma_i\}_1^m$(可能为零)拉伸 $\mathbb{R}^m$ 中的单位球面后所得的曲面. 称向量 $\sigma_1\boldsymbol{u}_1, \sigma_2\boldsymbol{u}_2, \cdots, \sigma_m\boldsymbol{u}_m$ 为超椭圆 $\mathcal{A}S$ 的**主半轴**(principal semiaxe)，其长度依次为 $\sigma_1, \sigma_2, \cdots, \sigma_m$，并且恰好有 r 个长度非零，这里 $r=r(A)\leqslant\min(m, n)$. 概括地说，单位球面 S 在任意线性映射 $\mathcal{A}$ 下的像是一个超椭圆 $\mathcal{A}S$.

定义 4.4.1(奇异值及奇异向量) 假定瘦长型矩阵 $\boldsymbol{A}\in\mathbb{R}^{m\times n}(m\geqslant n)$ 是列满秩矩阵，则 $\mathbb{R}^n$ 中的 n 个正交方向 $\{\boldsymbol{v}_i\}_1^n$ 变成了超椭圆 $\mathcal{A}S$ 的主半轴 $\sigma_1\boldsymbol{u}_1, \sigma_2\boldsymbol{u}_2, \cdots, \sigma_n\boldsymbol{u}_n$，称 $\mathcal{A}S$ 的 n 个主半轴的长度 $\{\sigma_i\}_1^n(\sigma_1\geqslant\sigma_2\geqslant\cdots\geqslant\sigma_n>0$，习惯上按降序编号)为矩阵 $\boldsymbol{A}$ 的**奇异值**(singular value)，称单位向量 $\{\boldsymbol{u}_i\}_1^n\in\mathbb{R}^m$ 为矩阵 $\boldsymbol{A}$ 的**左奇异向量**(left singular vector)，称它们的原象 $\{\boldsymbol{v}_i\}_1^n\in\mathbb{R}^n$ 为 $\boldsymbol{A}$ 的**右奇异向量**(right singular vector)，并称 $(\sigma_i, \boldsymbol{u}_i, \boldsymbol{v}_i)$ $(i=1, 2, \cdots, n)$ 为 $\boldsymbol{A}$ 的**奇异三元组**.

类似地，可以定义矮胖型矩阵 $(m\leqslant n)$ 的相应概念.

适当编号后，瘦长型列满秩矩阵 $\boldsymbol{A}(m\geqslant n)$ 的左右奇异向量应满足

$$\boldsymbol{A}\boldsymbol{v}_j=\sigma_j\boldsymbol{u}_j(j=1, 2, \cdots, n), \tag{4.4.1}$$

写成矩阵形式，即为

$$\boldsymbol{A}\boldsymbol{V}=\boldsymbol{U}_1\boldsymbol{\Sigma}_1, \tag{4.4.2}$$

其中，矩阵 $\boldsymbol{U}_1=(\boldsymbol{u}_1, \boldsymbol{u}_2, \cdots, \boldsymbol{u}_n)\in\mathbb{R}^{m\times n}$ 是列正交矩阵，$\boldsymbol{V}=(\boldsymbol{v}_1, \boldsymbol{v}_2, \cdots, \boldsymbol{v}_n)\in\mathbb{R}^{n\times n}$ 是正交矩阵，$\boldsymbol{\Sigma}_1=\mathrm{diag}(\sigma_1, \sigma_2, \cdots, \sigma_n)$. 式(4.4.2)两边右乘 $\boldsymbol{V}^{\mathrm{T}}$，就得到 $\boldsymbol{A}$ 的**瘦长**(thin)SVD(如图 4-6 所示)

$$\boldsymbol{A}=\boldsymbol{U}_1\boldsymbol{\Sigma}_1\boldsymbol{V}^{\mathrm{T}}, \tag{4.4.3}$$

其中的 $\boldsymbol{\Sigma}_1$ 称为 $\boldsymbol{A}$ 的**瘦长 SVD 标准型**.

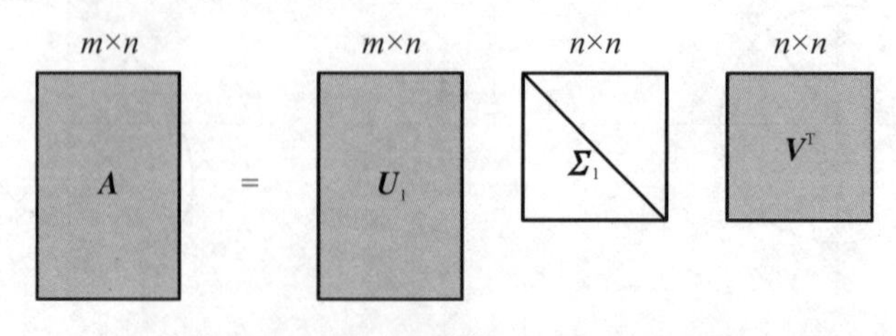

图 4-6 瘦长 SVD $(m\geqslant n)$

左右奇异向量似乎与图 4 - 5 中的左右方向相悖，为什么呢？仔细观察式(4.4.3)，读者不难理解左右奇异向量名称的来源.

同样地，将列正交矩阵 $\boldsymbol{U}_1$ 扩充为 m 阶正交矩阵 $\boldsymbol{U}$，并将 $\boldsymbol{\Sigma}_1$ 扩充为 $m\times n$ 阶矩阵 $\boldsymbol{\Sigma}=\begin{pmatrix}\boldsymbol{\Sigma}_1\\ \boldsymbol{O}\end{pmatrix}$，则得 $\boldsymbol{A}$ 的**完全奇异值分解**(完全 SVD，如图 4 - 7 所示)

$$\boldsymbol{A}=\boldsymbol{U}\boldsymbol{\Sigma}\boldsymbol{V}^{\mathrm{T}}, \tag{4.4.4}$$

也就是

$$\boldsymbol{U}^{\mathrm{T}}\boldsymbol{A}\boldsymbol{V}=\boldsymbol{\Sigma}. \tag{4.4.5}$$

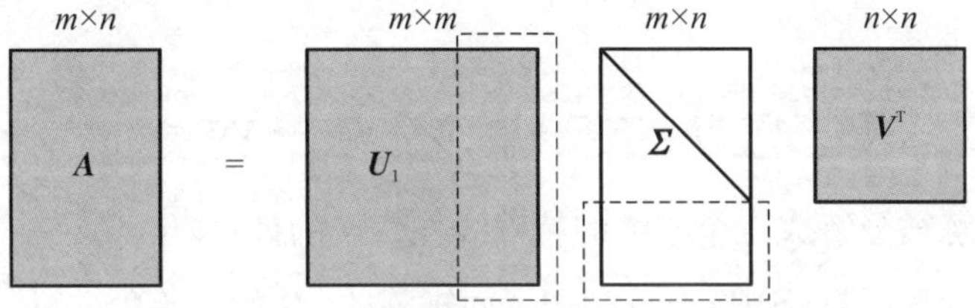

图 4 - 7　完全 SVD ($m\geqslant n$)

至此，给出完全 SVD 的正式定义如下.

定义 4.4.2(完全奇异值分解)　对任意矩阵 $\boldsymbol{A}\in\mathbb{C}^{m\times n}$ (不要求 $m\geqslant n$，也不要求 $\boldsymbol{A}$ 满秩)，称

$$\boldsymbol{A}=\boldsymbol{U}\boldsymbol{\Sigma}\boldsymbol{V}^{\mathrm{H}} \tag{4.4.6}$$

为矩阵 $\boldsymbol{A}$ 的**完全奇异值分解(完全 SVD)**，其中酉矩阵 $\boldsymbol{U}\in\mathbb{C}^{m\times m}$，酉矩阵 $\boldsymbol{V}\in\mathbb{C}^{n\times n}$，$\boldsymbol{\Sigma}=\begin{pmatrix}\boldsymbol{\Sigma}_1 & \boldsymbol{O}\\ \boldsymbol{O} & \boldsymbol{O}\end{pmatrix}$ 是 $m\times n$ 阶“对角矩阵”，称为矩阵 $\boldsymbol{A}$ 的**完全 SVD 标准型**，其主子矩阵 $\boldsymbol{\Sigma}_1=\mathrm{diag}(\sigma_1, \sigma_2, \cdots, \sigma_p)$ 的对角元就是 $\boldsymbol{A}$ 的奇异值，且 $\sigma_1\geqslant\sigma_2\geqslant\cdots\geqslant\sigma_p\geqslant 0$，其中 $p=\min(m, n)$.

注：(1) 当 $m>n$ 时，$\boldsymbol{\Sigma}$ 退化为 $\boldsymbol{\Sigma}=\begin{pmatrix}\boldsymbol{\Sigma}_1\\ \boldsymbol{O}\end{pmatrix}$，此时的 $\boldsymbol{\Sigma}_1$ 就是瘦长 SVD 标准型，且有 $\boldsymbol{A}=\boldsymbol{U}_1\boldsymbol{\Sigma}_1\boldsymbol{V}^{\mathrm{H}}$ (瘦长型 SVD)，其中列酉矩阵 $\boldsymbol{U}_1$ 为 $\boldsymbol{U}$ 的前 n 列；当 $m<n$ 时 $\boldsymbol{\Sigma}$ 退化为 $\boldsymbol{\Sigma}=(\boldsymbol{\Sigma}_1, \boldsymbol{O})$，此时的 $\boldsymbol{\Sigma}_1$ 称为**矮胖 SVD 标准型**，且有 $\boldsymbol{A}=\boldsymbol{U}\boldsymbol{\Sigma}_1\boldsymbol{V}_1^{\mathrm{H}}$(称为**矮胖 SVD**)，其中列酉矩阵 $\boldsymbol{V}_1$ 为 $\boldsymbol{V}$ 的前 m 列；特别地，当 $m=n$ 时，$\boldsymbol{\Sigma}=\boldsymbol{\Sigma}_1$，$\boldsymbol{U}_1=\boldsymbol{U}$，$\boldsymbol{V}_1=\boldsymbol{V}$，且有 $\boldsymbol{A}=\boldsymbol{U}_1\boldsymbol{\Sigma}_1\boldsymbol{V}^{\mathrm{H}}=$

$\boldsymbol{U\Sigma}_1\boldsymbol{V}_1^{\mathrm{H}}$(既是瘦长 SVD,也是矮胖 SVD,更是完全 SVD).

(2) 完全 SVD 为了保证 $\boldsymbol{U}, \boldsymbol{V}$ 都是方阵,以便于求逆,付出的代价则是 $\boldsymbol{\Sigma}$ 中加入了零子矩阵.

(3) 瘦长 SVD 也称为**经济**(economy-sized)SVD[18,90].本书将瘦长 SVD ($m \geqslant n$,包括方阵的情形)与矮胖 SVD ($m \leqslant n$,包括方阵的情形)合称为**约化**(reduced)SVD.

从变换的角度来看式(4.4.6),可知 $\mathbb{C}^n$ 中的单位球面 S 在任意线性映射 $\boldsymbol{A}=\boldsymbol{U\Sigma V}^{\mathrm{H}}$ 下的像一定是 $\mathbb{C}^m$ 中的一个超椭圆.具体地说,酉变换 $\boldsymbol{V}^{\mathrm{H}}$ 保持球面不变但旋转坐标系,对角矩阵 $\boldsymbol{\Sigma}$ 将球面拉伸为超椭圆,最后酉变换 $\boldsymbol{U}$ 再次旋转或镜射这个超椭圆,但不改变它的形状.如果将完全 SVD 用于线性方程组 $\boldsymbol{Ax}=\boldsymbol{b}$ 的求解,则当 $\boldsymbol{A}$ 可逆时,易知 $\boldsymbol{U}, \boldsymbol{\Sigma}, \boldsymbol{V}$ 都可逆,从而有

$$\boldsymbol{b} \xrightarrow{\boldsymbol{U}} \boldsymbol{U}^{\mathrm{H}}\boldsymbol{b}=\widetilde{\boldsymbol{b}} \xrightarrow{\boldsymbol{\Sigma}^{-1}} \boldsymbol{\Sigma}^{-1}\widetilde{\boldsymbol{b}}=\widetilde{\boldsymbol{x}} \xrightarrow{\boldsymbol{V}} \boldsymbol{V}\widetilde{\boldsymbol{x}}=\boldsymbol{x}, \tag{4.4.7}$$

即原方程组的求解被分解成三个相继的特殊线性变换的计算.

从矩阵等价的角度看,SVD 充分利用了两矩阵 $\boldsymbol{A}, \boldsymbol{B}$ 的**酉等价**(unitary equivalence),即存在酉矩阵 $\boldsymbol{U}, \boldsymbol{V}$ 使得 $\boldsymbol{UAV}=\boldsymbol{B}$. 这样的处理,实际上是放宽了 Schur 分解中酉相似的要求,也就是去掉了酉相似中酉矩阵 $\boldsymbol{U}, \boldsymbol{V}$ 之间的互逆约束关系(即要求 $\boldsymbol{UV}=\boldsymbol{I}$),但仍然保留了酉性(正交性)优越于等价性(可逆)的优点.作为失去约束关系的弥补,它自然收获了比 Schur 分解的上三角矩阵 $\boldsymbol{T}$ 更特殊的完全 SVD 标准型 $\boldsymbol{\Sigma}=\begin{bmatrix}\boldsymbol{\Sigma}_1 & \boldsymbol{O}\\ \boldsymbol{O} & \boldsymbol{O}\end{bmatrix}$,也就是与 $\boldsymbol{A}$ 的标准型 $\boldsymbol{N}=\begin{bmatrix}\boldsymbol{I}_r & \boldsymbol{O}\\ \boldsymbol{O} & \boldsymbol{O}\end{bmatrix}$ (参见定理 1.1.3)类似的标准型,区别仅在于 $\boldsymbol{N}$ 中的那些 1 被代之以相应的非零奇异值.在保持酉性(正交性)的约束下,这已是终极的标准型,无出其右.同时,从酉等价的视角看,求矩阵的完全 SVD 标准型,也就是将矩阵**酉等价对角化**.

定理 4.4.1(SVD 唯一存在定理) 对任意矩阵 $\boldsymbol{A} \in \mathbb{C}^{m\times n}$,都存在一个完全奇异值分解(4.4.6),并且奇异值 $\{\sigma_j\}$ 是唯一确定的,也就是任意矩阵都酉等价于一个 SVD 标准型.

此定理的证明在下一小节末尾给出.

SVD 与特征值分解有根本的区别.首先是基的数目不同:SVD 用了两个不同的基(左奇异向量和右奇异向量),而特征值分解只用了一个基(特征向量);其次是基的性质不一样:SVD 使用了正交基,而特征值分解所用的基未必是正交基;第三是适用的矩阵不一

样：SVD适用于所有矩阵(包括瘦长型矩阵和矮胖型矩阵)，而特征值分解只适用于特定的方阵(即可对角化矩阵)；最后则是应用范围不同：SVD趋于侧重包含矩阵自身及其逆的问题，而特征值分解则趋于侧重包含有迭代的问题(如矩阵的幂及矩阵指数函数).

MATLAB提供了内置函数svd，可用于求矩阵$\boldsymbol{A}$的各种奇异值分解.调用格式

```
[U,S,V] = svd(A)
```

返回$\boldsymbol{A}$的完全SVD，其中$\boldsymbol{S}$就是对应的完全SVD标准型.调用格式

```
[U,S,V] = svd(A,'econ')
```

返回$\boldsymbol{A}$的约化SVD：当$m \geqslant n$时返回的是瘦长SVD；当$m < n$时返回的是矮胖SVD.大概由于历史的原因，MATLAB还提供了另外一种调用格式svd(A,0).

MATLAB还提供了内置函数svds，可用于求矩阵$\boldsymbol{A}$的部分奇异三元组.例如，调用格式

```
svds(A),svd(A,k),svd(A,k,sigma)
```

分别返回矩阵$\boldsymbol{A}$的前6个奇异值、前k个最大奇异值和最接近参数sigma的k个奇异值.详见MATLAB帮助文档.

读者也可按方阵$m=n$(方阵)、$m>n$(瘦长型矩阵)以及$m<n$(矮胖型矩阵)三种类型来总结各种奇异值分解的调用格式.

4.4.2　由SVD导出的矩阵性质

SVD深刻地揭示了矩阵的结构，能很好地处理矩阵中的"黄金"，即矩阵的秩.

定理4.4.2　设r表示矩阵$\boldsymbol{A} \in \mathbb{C}^{m\times n}$的非零奇异值的数目($r \leqslant p$)，则$r=r(\boldsymbol{A})$.

证明：由于式(4.4.6)中的矩阵$\boldsymbol{U}$，$\boldsymbol{V}$都是满秩阵，因此$r(\boldsymbol{A})=r(\boldsymbol{\Sigma})=r$.

这个定理说明SVD可用于计算矩阵秩.事实上，MATLAB计算矩阵秩的内置函数rank，就是基于SVD实现的，其中涉及到一个缺省阈值tol，在数值计算中低于它的非零奇异值都会被视为0，因此称rank求出的秩为数值秩(numerical rank)，以区别于理论秩.要想得到更接近理论秩的结果，需要指定更小的阈值，其调用格式为rank(A,tol)，具体示例详见本书配套程序exm403.

另外，这个定理也深刻地解释了拥有零奇异值的方阵何以被称为是奇异的(即秩亏的).换句话说，零奇异值刻画了方阵的奇异性.而对于长方阵，显然零奇异值也意味着矩阵

不是满秩的(既不行满秩也不列满秩),即矩阵秩也是亏损的.

用矩阵 $\boldsymbol{A}$ 的左右奇异向量也可以非常方便地表示 $N(\boldsymbol{A})$ 和 $R(\boldsymbol{A})$.

定理 4.4.3 设矩阵 $\boldsymbol{A}\in\mathbb{C}^{m\times n}$ 的秩为 r,且有完全 SVD$\boldsymbol{A}=\boldsymbol{U\Sigma V}^{\mathrm{H}}$,令 $\boldsymbol{U}=(\boldsymbol{u}_1, \boldsymbol{u}_2, \cdots, \boldsymbol{u}_m)$, $\boldsymbol{V}=(\boldsymbol{v}_1, \boldsymbol{v}_2, \cdots, \boldsymbol{v}_n)$,则

$$R(\boldsymbol{A})=\mathrm{span}\{\boldsymbol{u}_1, \boldsymbol{u}_2, \cdots, \boldsymbol{u}_r\},\ N(\boldsymbol{A})=\mathrm{span}\{\boldsymbol{v}_{r+1}, \boldsymbol{v}_{r+2}, \cdots, \boldsymbol{v}_n\}, \tag{4.4.8}$$

证明: 由于 $0\leqslant r\leqslant \min(m, n)$,故将 $\boldsymbol{A}$ 的完全 SVD 分块为

$$\boldsymbol{A}=(\overset{r}{\boldsymbol{U}_r}, \overset{m-r}{\boldsymbol{U}_2})\begin{pmatrix}\boldsymbol{\Sigma}_r & \boldsymbol{O}\\ \boldsymbol{O} & \boldsymbol{O}\end{pmatrix}\begin{pmatrix}\boldsymbol{V}_r^{\mathrm{H}}\\ \boldsymbol{V}_2^{\mathrm{H}}\end{pmatrix}=\boldsymbol{U}_r\boldsymbol{\Sigma}_r\boldsymbol{V}_r^{\mathrm{H}}, \tag{4.4.9}$$

其中,$\boldsymbol{U}_r=(\boldsymbol{u}_1, \boldsymbol{u}_2, \cdots, \boldsymbol{u}_r)$, $\boldsymbol{U}_2=(\boldsymbol{u}_{r+1}, \boldsymbol{u}_{r+2}, \cdots, \boldsymbol{u}_m)$, $\boldsymbol{V}_r=(\boldsymbol{v}_1, \boldsymbol{v}_2, \cdots, \boldsymbol{v}_r)$, $\boldsymbol{V}_2=(\boldsymbol{v}_{r+1}, \boldsymbol{v}_{r+2}, \cdots, \boldsymbol{v}_n)$, $\boldsymbol{\Sigma}_r=\mathrm{diag}(\sigma_1, \sigma_2, \cdots, \sigma_r)$,则得 $\boldsymbol{A}$ 的另外一种 SVD

$$\boldsymbol{A}=\boldsymbol{U}_r\boldsymbol{\Sigma}_r\boldsymbol{V}_r^{\mathrm{H}}, \tag{4.4.10}$$

两边右乘 $\boldsymbol{V}_r\boldsymbol{\Sigma}_r^{-1}$,可得

$$\boldsymbol{U}_r=\boldsymbol{A}\boldsymbol{V}_r\boldsymbol{\Sigma}_r^{-1}. \tag{4.4.11}$$

于是有

$$R(\boldsymbol{A})=\{\boldsymbol{y}\mid \boldsymbol{y}=\boldsymbol{Ax}\}=\{\boldsymbol{y}\mid \boldsymbol{y}=\boldsymbol{U}_r(\boldsymbol{\Sigma}_r\boldsymbol{V}_r^{\mathrm{H}}\boldsymbol{x})\}\subset R(\boldsymbol{U}_r),$$
$$R(\boldsymbol{U}_r)=\{\boldsymbol{y}\mid \boldsymbol{y}=\boldsymbol{U}_r\boldsymbol{z}\}=\{\boldsymbol{y}\mid \boldsymbol{y}=\boldsymbol{A}(\boldsymbol{V}_r\boldsymbol{\Sigma}_r^{-1}\boldsymbol{z})\}\subset R(\boldsymbol{A}),$$

故 $R(\boldsymbol{A})=R(\boldsymbol{U}_r)=\mathrm{span}\{\boldsymbol{u}_1, \boldsymbol{u}_2, \cdots, \boldsymbol{u}_r\}$.

由于矩阵 $\boldsymbol{U}_r\boldsymbol{\Sigma}_r$ 列满秩($\boldsymbol{U}_r\boldsymbol{\Sigma}_r$ 的效果是 $\boldsymbol{U}_r$ 的各列乘以相应的倍数,显然不改变 $\boldsymbol{U}_r$ 各列之间的正交性,因此 $\boldsymbol{U}_r\boldsymbol{\Sigma}_r$ 的列向量组线性无关),故由习题 2.7,可知

$$\begin{aligned}N(\boldsymbol{A})&=\{\boldsymbol{x}\mid \boldsymbol{Ax}=\boldsymbol{0}\}=\{\boldsymbol{x}\mid (\boldsymbol{U}_r\boldsymbol{\Sigma}_r)(\boldsymbol{V}_r^{\mathrm{H}}\boldsymbol{x})=\boldsymbol{0}\}=\{\boldsymbol{x}\mid \boldsymbol{V}_r^{\mathrm{H}}\boldsymbol{x}=\boldsymbol{0}\}\\&=\{\boldsymbol{x}\mid \boldsymbol{x}\in\boldsymbol{V}_2\}=\mathrm{span}\{\boldsymbol{v}_{r+1}, \boldsymbol{v}_{r+2}, \cdots, \boldsymbol{v}_n\}.\end{aligned}$$

称式(4.4.10)为矩阵 $\boldsymbol{A}$ 的**紧凑(compact)**SVD[90],并称 $\boldsymbol{\Sigma}_r$ 为矩阵 $\boldsymbol{A}$ 的**紧凑 SVD 标准型**.显然,当 $r=p=\min(m, n)$ 时,$\boldsymbol{\Sigma}_r$ 就扩张为矩阵 $\boldsymbol{A}$ 的瘦长(或矮胖)SVD 标准型 $\boldsymbol{\Sigma}_1$.

矩阵的非零奇异值对应将球面拉伸为超椭圆时各主半轴的拉伸因子,而特征值也表示某种拉伸的倍数;将矩阵酉相似对角化,所得即为矩阵的特征值矩阵,而酉等价对角化是酉相似对角化的推广,因此将矩阵酉等价对角化所得的 SVD 标准型中的奇异值,自然

也可看成特征值的推广.那么两者之间到底存在什么关系呢？联想到特征值是方阵的性质,因此考虑矩阵 $\boldsymbol{A}^{\mathrm{H}}\boldsymbol{A}$ 和 $\boldsymbol{A}\boldsymbol{A}^{\mathrm{H}}$.

定理 4.4.4 设矩阵 $\boldsymbol{A}\in\mathbb{C}^{m\times n}$ 的完全 SVD 为 $\boldsymbol{A}=\boldsymbol{U\Sigma V}^{\mathrm{H}}$，且有非零奇异值 $\sigma_1\geqslant\sigma_2\geqslant\cdots\geqslant\sigma_r>0$，其中 $r=r(A)$. 则：

(1) $\boldsymbol{A}$ 的非零奇异值是 $\boldsymbol{A}^{\mathrm{H}}\boldsymbol{A}$ 和 $\boldsymbol{A}\boldsymbol{A}^{\mathrm{H}}$ 的非零特征值的平方根；

(2) $\boldsymbol{U}$ 是 $\boldsymbol{A}\boldsymbol{A}^{\mathrm{H}}$ 的特征向量矩阵，$\boldsymbol{V}$ 是 $\boldsymbol{A}^{\mathrm{H}}\boldsymbol{A}$ 的特征向量矩阵.

证明： 由 $\boldsymbol{A}=\boldsymbol{U\Sigma V}^{\mathrm{H}}$，可知 $\boldsymbol{A}^{\mathrm{H}}\boldsymbol{A}=(\boldsymbol{V\Sigma}^{\mathrm{H}}\boldsymbol{U}^{\mathrm{H}})(\boldsymbol{U\Sigma V}^{\mathrm{H}})=\boldsymbol{V}(\boldsymbol{\Sigma}^{\mathrm{H}}\boldsymbol{\Sigma})\boldsymbol{V}^{\mathrm{H}}$，这说明 n 阶方阵 $\boldsymbol{A}^{\mathrm{H}}\boldsymbol{A}$ 与对角矩阵 $\boldsymbol{\Sigma}^{\mathrm{H}}\boldsymbol{\Sigma}$ 酉相似，且酉矩阵 $\boldsymbol{V}$ 是 $\boldsymbol{A}^{\mathrm{H}}\boldsymbol{A}$ 的特征向量矩阵. 易知对角矩阵 $\boldsymbol{\Sigma}^{\mathrm{H}}\boldsymbol{\Sigma}$ 的 n 个特征值为 $\sigma_1^2,\ \sigma_2^2,\ \cdots,\ \sigma_r^2,\ 0,\ \cdots,\ 0$，因此 $\boldsymbol{A}^{\mathrm{H}}\boldsymbol{A}$ 的非零特征值 $\sigma_1^2,\ \sigma_2^2,\ \cdots,\ \sigma_r^2$ 的平方根就是 $\boldsymbol{A}$ 的非零奇异值 $\sigma_1,\ \sigma_2,\ \cdots,\ \sigma_r$.

对 m 阶方阵 $\boldsymbol{A}\boldsymbol{A}^{H}$，有类似的结论. 证毕.

不难想到,对于某些特殊矩阵,奇异值“几乎”就是特征值,除了符号上的差异(毕竟特征值可取任意实数,而奇异值只能是非负实数).

定理 4.4.5 Hermite 矩阵 $\boldsymbol{A}$ 的奇异值就是它的特征值的绝对值.

证明： 设 Hermite 矩阵 $\boldsymbol{A}$ 有谱分解 $\boldsymbol{A}=\boldsymbol{U\Lambda U}^{\mathrm{H}}$. 令 $|\boldsymbol{\Lambda}|=\mathrm{diag}(|\lambda_1|,\ |\lambda_2|,\ \cdots,\ |\lambda_n|)$，$\mathrm{sgn}(\boldsymbol{\Lambda})=\mathrm{diag}(\mathrm{sgn}(\lambda_1),\ \mathrm{sgn}(\lambda_2),\ \cdots,\ \mathrm{sgn}(\lambda_n))$，则

$$\boldsymbol{A}=\boldsymbol{U\Lambda U}^{\mathrm{H}}=\boldsymbol{U}\mid\boldsymbol{\Lambda}\mid\mathrm{sgn}(\boldsymbol{\Lambda})\boldsymbol{U}^{\mathrm{H}}. \tag{4.4.12}$$

由于 $\boldsymbol{U}^{\mathrm{H}}$ 是酉矩阵，而 $\mathrm{sgn}(\boldsymbol{\Lambda})\boldsymbol{U}^{\mathrm{H}}$ 的效果是各行乘以 $+1$ 或 -1，显然没有改变酉性，故 $\mathrm{sgn}(\boldsymbol{\Lambda})\boldsymbol{U}^{\mathrm{H}}$ 仍然是酉矩阵，所以式(4.4.12)就是 $\boldsymbol{A}$ 的一个 SVD.显然 $\boldsymbol{A}$ 的奇异值就是矩阵 $|\boldsymbol{\Lambda}|$ 的对角元，即 $\boldsymbol{A}$ 的特征值的绝对值.

推论 4.4.6 (1) 实对称矩阵的奇异值就是它的特征值的绝对值；(2) 正定 Hermite (正定对称)矩阵的奇异值就是它的特征值.

为了最终证明定理 4.4.1,先将需要的几个结论汇总为下述引理(参阅习题 2.8 和习题 3.42).

引理 4.4.7 设 $\boldsymbol{A}\in\mathbb{C}^{m\times n}$，$\boldsymbol{D}$ 为对角元为正数的对角矩阵，则：(1) $r(\boldsymbol{A}^{\mathrm{H}}\boldsymbol{A})=r(\boldsymbol{A})$；(2) $\boldsymbol{A}^{\mathrm{H}}\boldsymbol{A}=\boldsymbol{D}$ 当且仅当 $\boldsymbol{A}$ 的列向量组互相正交；(3) $\boldsymbol{A}^{\mathrm{H}}\boldsymbol{A}=\boldsymbol{O}$ 当且仅当 $\boldsymbol{A}=\boldsymbol{O}$.

证明： (1) 当 $\boldsymbol{Ax}=\boldsymbol{0}$ 时，两边左乘 $\boldsymbol{x}^{\mathrm{H}}$，得 $\boldsymbol{A}^{\mathrm{H}}\boldsymbol{Ax}=\boldsymbol{A}^{\mathrm{H}}\boldsymbol{0}=\boldsymbol{0}$. 反之，当 $\boldsymbol{A}^{\mathrm{H}}\boldsymbol{Ax}=\boldsymbol{0}$ 时，两边左乘 $\boldsymbol{x}^{\mathrm{H}}$，得 $0=\boldsymbol{x}^{\mathrm{H}}\boldsymbol{0}=\boldsymbol{x}^{\mathrm{H}}\boldsymbol{A}^{\mathrm{H}}\boldsymbol{Ax}=\|\boldsymbol{Ax}\|^2$，此即 $\boldsymbol{Ax}=\boldsymbol{0}$. 因此方程组 $\boldsymbol{A}^{\mathrm{H}}\boldsymbol{Ax}=\boldsymbol{0}$ 与 $\boldsymbol{Ax}=\boldsymbol{0}$ 同解，从而有 $n-r(\boldsymbol{A}^{\mathrm{H}}\boldsymbol{A})=n-r(\boldsymbol{A})$，此即 $r(\boldsymbol{A}^{\mathrm{H}}\boldsymbol{A})=r(\boldsymbol{A})$.

(2) 令 $\boldsymbol{B}=\boldsymbol{A}\boldsymbol{D}^{-1/2}$，则 $\boldsymbol{A}^{\mathrm{H}}\boldsymbol{A}=\boldsymbol{D}\Leftrightarrow\boldsymbol{B}^{\mathrm{H}}\boldsymbol{B}=\boldsymbol{I}$. 由于对角矩阵右乘一个矩阵的效果只是用相应的对角元拉伸该矩阵的相应列(参阅习题 1.1)，显然不改变该矩阵的列向量组的正交性，因此 $\boldsymbol{B}$ 的列向量组互相正交等价于 $\boldsymbol{A}$ 的列向量组互相正交.

(3) 当 $\boldsymbol{A}=\boldsymbol{O}$ 时，显然有 $\boldsymbol{A}^{\mathrm{H}}\boldsymbol{A}=\boldsymbol{O}$；反之，$\boldsymbol{A}^{\mathrm{H}}\boldsymbol{A}=\boldsymbol{O}\Rightarrow 0=\operatorname{tr}(\boldsymbol{A}^{\mathrm{H}}\boldsymbol{A})=(\boldsymbol{A},\boldsymbol{A})$，根据矩阵空间 $\mathbb{C}^{m\times n}$ 标准内积的正定性，即得 $\boldsymbol{A}=\boldsymbol{O}$. 也可逐个元素计算 $\boldsymbol{A}^{\mathrm{H}}\boldsymbol{A}$，再根据 $\boldsymbol{A}^{\mathrm{H}}\boldsymbol{A}=\boldsymbol{O}$ 列方程组，即可解得 $\boldsymbol{A}=\boldsymbol{O}$.

最后，给出定理 4.4.1 的证法如下. 注意其中不能使用前面除引理 4.4.7 之外的其他性质，以免循环论证.

证明： 记 $\boldsymbol{B}=\boldsymbol{A}^{\mathrm{H}}\boldsymbol{A}$，由于 $\boldsymbol{B}^{\mathrm{H}}=\boldsymbol{B}$，$\boldsymbol{x}^{\mathrm{H}}\boldsymbol{B}\boldsymbol{x}=(\boldsymbol{A}\boldsymbol{x})^{\mathrm{H}}(\boldsymbol{A}\boldsymbol{x})=\|\boldsymbol{A}\boldsymbol{x}\|^2\geqslant 0$，所以 $\boldsymbol{B}\geqslant 0$. 又由引理 4.4.7 可知 $r(\boldsymbol{B})=r(\boldsymbol{A})=r$，故可设 $\boldsymbol{B}$ 的谱分解为

$$\boldsymbol{V}^{\mathrm{H}}\boldsymbol{B}\boldsymbol{V}=\operatorname{diag}(\sigma_1^2,\sigma_2^2,\cdots,\sigma_n^2)=\boldsymbol{\Sigma}^2,\tag{4.4.13}$$

其中 $\boldsymbol{V}=(\boldsymbol{v}_1,\boldsymbol{v}_2,\cdots,\boldsymbol{v}_n)$，$\sigma_1\geqslant\cdots\geqslant\sigma_r>0=\sigma_{r+1}=\cdots=\sigma_n$，$\boldsymbol{\Sigma}=\operatorname{diag}(\sigma_1,\sigma_2,\cdots,\sigma_n)$.

令 $\boldsymbol{V}_r=(\boldsymbol{v}_1,\boldsymbol{v}_2,\cdots,\boldsymbol{v}_r)$，$\boldsymbol{V}_2=(\boldsymbol{v}_{r+1},\boldsymbol{v}_{r+2},\cdots,\boldsymbol{v}_n)$，$\boldsymbol{\Sigma}_r=\operatorname{diag}(\sigma_1,\sigma_2,\cdots,\sigma_r)$，则式(4.4.13)变形为

$$(\boldsymbol{V}_r,\boldsymbol{V}_2)\boldsymbol{B}\begin{pmatrix}\boldsymbol{V}_r^{\mathrm{H}}\\ \boldsymbol{V}_2^{\mathrm{H}}\end{pmatrix}=\begin{pmatrix}\boldsymbol{\Sigma}_r^2 & \boldsymbol{O}\\ \boldsymbol{O} & \boldsymbol{O}\end{pmatrix}.$$

计算可知

$$\boldsymbol{V}_r^{\mathrm{H}}\boldsymbol{B}\boldsymbol{V}_r=\boldsymbol{V}_r^{\mathrm{H}}\boldsymbol{A}^{\mathrm{H}}\boldsymbol{A}\boldsymbol{V}_r=\boldsymbol{\Sigma}_r^2,\ \boldsymbol{V}_2^{\mathrm{H}}\boldsymbol{B}\boldsymbol{V}_2=\boldsymbol{V}_2^{\mathrm{H}}\boldsymbol{A}^{\mathrm{H}}\boldsymbol{A}\boldsymbol{V}_2=\boldsymbol{O}.$$

结合引理 4.4.7，可知 $\boldsymbol{A}\boldsymbol{V}_r$ 的列互相正交，同时 $\boldsymbol{A}\boldsymbol{V}_2$ 的列都是零向量，即 $\boldsymbol{A}\boldsymbol{V}_2=\boldsymbol{O}$.

令 $\boldsymbol{U}_r=\boldsymbol{A}\boldsymbol{V}_r\boldsymbol{\Sigma}_r^{-1}$，则 $\boldsymbol{U}_r^{\mathrm{H}}\boldsymbol{U}_r=\boldsymbol{\Sigma}_r^{-\mathrm{H}}\boldsymbol{V}_r^{\mathrm{H}}\boldsymbol{A}^{\mathrm{H}}\boldsymbol{A}\boldsymbol{V}_r\boldsymbol{\Sigma}_r^{-1}=\boldsymbol{\Sigma}_r^{-1}\boldsymbol{\Sigma}_r^2\boldsymbol{\Sigma}_r^{-1}=\boldsymbol{I}$，即 $\boldsymbol{U}_r$ 是 $m\times r$ 阶列酉矩阵. 将 $\boldsymbol{U}_r$ 扩充为酉矩阵 $\boldsymbol{U}=(\boldsymbol{U}_r,\boldsymbol{U}_2)$，这里 $\boldsymbol{U}_2\in\mathbb{C}^{m\times(m-r)}$，则得 $\boldsymbol{A}$ 的紧凑型 SVD 即 $\boldsymbol{A}=\boldsymbol{U}_r\boldsymbol{\Sigma}_r\boldsymbol{V}_r^{\mathrm{H}}$. 同时有

$$\begin{aligned}&\boldsymbol{U}_r^{\mathrm{H}}\boldsymbol{A}\boldsymbol{V}_r=\boldsymbol{U}_r^{\mathrm{H}}\boldsymbol{U}_r\boldsymbol{\Sigma}_r\boldsymbol{V}_r^{\mathrm{H}}\boldsymbol{V}_r=\boldsymbol{\Sigma}_r,\ \boldsymbol{U}_r^{\mathrm{H}}\boldsymbol{A}\boldsymbol{V}_2=\boldsymbol{U}_r^{\mathrm{H}}\boldsymbol{O}=\boldsymbol{O},\\ &\boldsymbol{U}_2^{\mathrm{H}}\boldsymbol{A}\boldsymbol{V}_r=\boldsymbol{U}_2^{\mathrm{H}}\boldsymbol{U}_r\boldsymbol{\Sigma}_r\boldsymbol{V}_r^{\mathrm{H}}\boldsymbol{V}_r=\boldsymbol{O}\boldsymbol{\Sigma}_r=\boldsymbol{O},\ \boldsymbol{U}_2^{\mathrm{H}}\boldsymbol{A}\boldsymbol{V}_2=\boldsymbol{U}_2^{\mathrm{H}}\boldsymbol{O}=\boldsymbol{O}.\end{aligned}$$

因此

$$\boldsymbol{U}^{\mathrm{H}}\boldsymbol{A}\boldsymbol{V}=\begin{pmatrix}\boldsymbol{U}_r^{\mathrm{H}}\\ \boldsymbol{U}_2^{\mathrm{H}}\end{pmatrix}\boldsymbol{A}(\boldsymbol{V}_r,\boldsymbol{V}_2)=\begin{pmatrix}\boldsymbol{U}_r^{\mathrm{H}}\boldsymbol{A}\boldsymbol{V}_r & \boldsymbol{U}_r^{\mathrm{H}}\boldsymbol{A}\boldsymbol{V}_2\\ \boldsymbol{U}_2^{\mathrm{H}}\boldsymbol{A}\boldsymbol{V}_r & \boldsymbol{U}_2^{\mathrm{H}}\boldsymbol{A}\boldsymbol{V}_2\end{pmatrix}=\begin{pmatrix}\boldsymbol{\Sigma}_r & \boldsymbol{O}\\ \boldsymbol{O} & \boldsymbol{O}\end{pmatrix}=\boldsymbol{\Sigma},$$

从而得到 $\boldsymbol{A}$ 的完全奇异值分解 $\boldsymbol{A}=\boldsymbol{U\Sigma V}^{\mathrm{H}}$.

4.4.3 SVD的经典算法

根据定理4.4.1的证明过程以及定理4.4.4,可得计算完全SVD的经典算法:

(1) 形成 $\boldsymbol{A}^{\mathrm{H}}\boldsymbol{A}$, 计算其特征值分解 $\boldsymbol{A}^{\mathrm{H}}\boldsymbol{A}=\boldsymbol{V\Lambda V}^{\mathrm{H}}$, 并做分块 $\boldsymbol{V}=(\boldsymbol{V}_r, \boldsymbol{V}_2)$;

(2) 以 $\boldsymbol{\Lambda}$ 的非负对角元的平方根(约定从大到小排序)为对角元构造对角矩阵 $\boldsymbol{\Sigma}_r$, 计算 $\boldsymbol{U}_r=\boldsymbol{AV}_r\boldsymbol{\Sigma}_r^{-1}$, 则 $\boldsymbol{\Sigma}=\begin{pmatrix}\boldsymbol{\Sigma}_r & \boldsymbol{O}\\ \boldsymbol{O} & \boldsymbol{O}\end{pmatrix}$;

(3) 求零空间 $N(\boldsymbol{AA}^{\mathrm{H}})$ 的标准正交基,得 $\boldsymbol{U}_2$, 从而得 $\boldsymbol{U}=(\boldsymbol{U}_r, \boldsymbol{U}_2)$.

例 4.4.1 求下列矩阵的完全SVD、约化SVD和紧凑SVD:

$$(1)\ \boldsymbol{A}=\begin{pmatrix}1&0&1\\0&1&1\\0&0&0\end{pmatrix};\ (2)\ \boldsymbol{A}=\begin{pmatrix}1&0\\0&1\\1&0\end{pmatrix};\ (3)\ \boldsymbol{A}=\begin{pmatrix}2&0&1\\1&2&0\end{pmatrix}.$$

解: (1) $\boldsymbol{A}^{\mathrm{T}}\boldsymbol{A}=\begin{pmatrix}1&0&1\\0&1&1\\1&1&2\end{pmatrix}$, $\boldsymbol{AA}^{\mathrm{T}}=\begin{pmatrix}2&1&0\\1&2&0\\0&0&0\end{pmatrix}$.

计算可知矩阵 $\boldsymbol{A}^{\mathrm{T}}\boldsymbol{A}$ 的特征值分别为3, 1, 0, 对应的单位特征向量分别为

$$\varepsilon_1=\frac{1}{\sqrt{6}}(1,\ 1,\ 2)^{\mathrm{T}},\ \varepsilon_2=\frac{1}{\sqrt{2}}(1,\ -1,\ 0)^{\mathrm{T}},\ \varepsilon_3=\frac{1}{\sqrt{3}}(1,\ 1,\ -1)^{\mathrm{T}}.$$

因此 $\boldsymbol{V}=(\varepsilon_1, \varepsilon_2, \varepsilon_3)$, 由于 $r=r(\boldsymbol{A})=r(\boldsymbol{A}^{\mathrm{T}}\boldsymbol{A})=2$, 故 $\boldsymbol{V}_r=(\varepsilon_1, \varepsilon_2)$, $\boldsymbol{\Sigma}_r=\mathrm{diag}(\sqrt{3}, 1)$. 进一步计算得

$$\boldsymbol{U}_r=\boldsymbol{AV}_r\boldsymbol{\Sigma}_r^{-1}=\begin{pmatrix}\frac{1}{\sqrt{2}} & \frac{1}{\sqrt{2}}\\ \frac{1}{\sqrt{2}} & \frac{-1}{\sqrt{2}}\\ 0 & 0\end{pmatrix}.$$

解 $(\boldsymbol{AA}^{\mathrm{T}})\boldsymbol{y}=\boldsymbol{0}$, 得基础解系 $\boldsymbol{\beta}_3=(0, 0, 1)^{\mathrm{T}}$, 从而 $\boldsymbol{U}_2=\boldsymbol{\beta}_3$, $\boldsymbol{U}=(\boldsymbol{U}_r, \boldsymbol{U}_2)$, 故所求完全SVD和紧凑型SVD分别为

$$A=U\Sigma V^{\mathrm{T}}=U\begin{pmatrix}\Sigma_r & O\\ O & O\end{pmatrix}V^{\mathrm{T}}=U\left(\begin{array}{cc:c}\sqrt{3} & 0 & 0\\ 0 & 1 & 0\\ \hdashline 0 & 0 & 0\end{array}\right)V^{\mathrm{T}},\ A=U_r\Sigma_rV_r^{\mathrm{H}}.$$

由于 A 是方阵,故约化 SVD 与完全 SVD 相同.

注: 对于可逆方阵,不难证明完全 SVD 就是紧凑 SVD.本小题的 MATLAB 代码实现,详见本书配套程序 exm404.

(2) $A^{\mathrm{T}}A=\begin{pmatrix}2 & 0\\ 0 & 1\end{pmatrix}$, $AA^{\mathrm{T}}=\begin{pmatrix}1 & 0 & 1\\ 0 & 1 & 0\\ 1 & 0 & 1\end{pmatrix}$,矩阵 $A^{\mathrm{T}}A$ 的特征值分别为 2, 1,对应的正交特征向量分别为 $\varepsilon_1=(1,0)^{\mathrm{T}}$, $\varepsilon_2=(0,1)^{\mathrm{T}}$,由于 $r=r(A)=r(A^{\mathrm{T}}A)=2$,故 $V=(\varepsilon_1,\varepsilon_2)=V_r$, $\Sigma_r=\mathrm{diag}(\sqrt{2},1)$. 进一步计算可得

$$U_r=AV_r\Sigma_r^{-1}=\begin{pmatrix}\frac{1}{\sqrt{2}} & 0\\ 0 & 1\\ \frac{1}{\sqrt{2}} & 0\end{pmatrix}.$$

解 $(AA^{\mathrm{T}})y=0$,得其基础解系为 $\beta_3=\frac{1}{\sqrt{2}}(-1,0,1)^{\mathrm{T}}$,从而 $U_2=\beta_3$, $U=(U_r,U_2)$,因此所求完全 SVD 为

$$A=U\Sigma V^{\mathrm{T}}=U\begin{pmatrix}\Sigma_r\\ O\end{pmatrix}V^{\mathrm{T}}=U\left(\begin{array}{cc}\sqrt{2} & 0\\ 0 & 1\\ \hdashline 0 & 0\end{array}\right)V^{\mathrm{T}}.$$

由于 $r=2=n$,即矩阵 A 列满秩,故约化 SVD 与紧凑 SVD 相同,都为 $A=U_r\Sigma_rV_r^{\mathrm{T}}$.

注: 对于秩亏的瘦长型矩阵 $(m>n)$,不难证明三种 SVD 互不相同.本小题的 MATLAB 代码实现,详见本书配套程序 exm405.

(3) $A^{\mathrm{T}}A=\begin{pmatrix}5 & 2 & 2\\ 2 & 4 & 0\\ 2 & 0 & 1\end{pmatrix}$,其特征值分别为 7,3, 0,对应的单位特征向量分别为

$$\varepsilon_1=\frac{1}{\sqrt{14}}(3,\ 2,\ 1)^{\mathrm{T}},\ \varepsilon_2=\frac{1}{\sqrt{6}}(1,\ -2,\ 1)^{\mathrm{T}},\ \varepsilon_3=\frac{1}{\sqrt{21}}(2,\ -1,\ -4)^{\mathrm{T}},$$

从而 $\boldsymbol{V}=(\varepsilon_1,\ \varepsilon_2,\ \varepsilon_3)$. 由于 $r=r(\boldsymbol{A})=r(\boldsymbol{A}^{\mathrm{T}}\boldsymbol{A})=2$, 故 $\boldsymbol{V}_r=(\varepsilon_1,\ \varepsilon_2)$, $\boldsymbol{\Sigma}_r=\mathrm{diag}(\sqrt{7},\ \sqrt{3})$. 计算可得 $\boldsymbol{U}_r=\boldsymbol{A}\boldsymbol{V}_r\boldsymbol{\Sigma}_r^{-1}=\begin{pmatrix}\frac{1}{\sqrt{2}} & \frac{1}{\sqrt{2}}\\ \frac{1}{\sqrt{2}} & \frac{-1}{\sqrt{2}}\end{pmatrix}$. 令 $\boldsymbol{U}=\boldsymbol{U}_r$, 则所求完全 SVD 为

$$\boldsymbol{A}=\boldsymbol{U}\boldsymbol{\Sigma}\boldsymbol{V}^{\mathrm{T}}=\boldsymbol{U}(\boldsymbol{\Sigma}_r,\ \boldsymbol{O})\boldsymbol{V}^{\mathrm{T}}=\boldsymbol{U}\begin{pmatrix}\sqrt{7} & 0 & 0\\ 0 & \sqrt{3} & 0\end{pmatrix}\boldsymbol{V}^{\mathrm{T}}.$$

由于 $r=2=m$, 即矩阵 $\boldsymbol{A}$ 行满秩,故约化 SVD 与紧凑 SVD 相同,都为 $\boldsymbol{A}=\boldsymbol{U}_r\boldsymbol{\Sigma}_r\boldsymbol{V}_r^{\mathrm{T}}$.

注: 对于秩亏的矮胖型矩阵 ($m<n$), 不难证明三种 SVD 互不相同. 本小题的 MATLAB 代码实现,详见本书配套程序 exm406.

例 4.4.2[16]　**(奇异值的敏感性)** 对于 MATLAB 测试矩阵库中的 gallery(3),即矩阵

$$\boldsymbol{A}=\begin{pmatrix}-149 & -50 & -154\\ 537 & 180 & 546\\ -27 & -9 & -25\end{pmatrix}.$$

计算可知 $\boldsymbol{A}$ 的特征值矩阵 $\boldsymbol{\Lambda}=\mathrm{diag}(1,\ 2,\ 3)$, 特征向量矩阵 $\boldsymbol{X}=\begin{pmatrix}1 & -4 & 7\\ -3 & 9 & -49\\ 0 & 1 & 9\end{pmatrix}$, 而 $\boldsymbol{A}$ 的奇异值为 $\sigma_1=817.759\,7$, $\sigma_2=2.475\,0$, $\sigma_3=0.003\,0$. 注意到特征值之间差别不大,但奇异值之间却存在巨大的差别.这是因为在 SVD 经典算法中,SVD 问题被转化为特征值问题,但遗憾的是特征值问题对扰动可能有很高的灵敏性(详见 7.1.1 小节),尤其是对于非对称矩阵来说,因此 SVD 经典算法是不稳定的.

4.5　矩阵的标准型

4.5.1　实正规矩阵在正交相似下的标准型

通过酉相似矩阵 $\boldsymbol{U}$, 任意复方阵 $\boldsymbol{A}$ 可酉相似于上三角阵 $\boldsymbol{T}$. 当 $\boldsymbol{A}$ 特殊为实矩阵时,自

然希望$\boldsymbol{U}$特殊为正交矩阵$\boldsymbol{Q}$，同时$\boldsymbol{T}$也特殊成实上三角矩阵.遗憾的是这个要求难以满足，因为即使是实矩阵，也可能有复特征值.看来在保证正交矩阵$\boldsymbol{Q}$的同时，只能放宽对$\boldsymbol{T}$的要求.注意到复特征值$\lambda = a \pm b\mathrm{i}$以共轭形式成对出现，而$\lambda = a \pm b\mathrm{i}$是矩阵$\boldsymbol{S} = \begin{bmatrix} a & -b \\ b & a \end{bmatrix}$的特征值，因此合理的猜测是将$\boldsymbol{T}$放宽为**准上三角矩阵**(quasi-upper triangle matrix，也称**拟上三角矩阵**)，即实矩阵$\boldsymbol{T}$是对角线上具有1×1阶的实数和2×2阶的子矩阵$\boldsymbol{S}$的块上三角矩阵.

定理 4.5.1(实 Schur 标准型) 若$\boldsymbol{A}$是实方阵，则存在正交矩阵$\boldsymbol{Q}$，使得

$$\boldsymbol{Q}^{\mathrm{T}}\boldsymbol{A}\boldsymbol{Q} = \boldsymbol{Q}^{-1}\boldsymbol{A}\boldsymbol{Q} = \boldsymbol{T}_{\boldsymbol{A}}, \tag{4.5.1}$$

其中，$\boldsymbol{T}_{\boldsymbol{A}}$是准上三角矩阵，且矩阵$\boldsymbol{A}$的特征值就是矩阵$\boldsymbol{T}_{\boldsymbol{A}}$的对角块的特征值，即每个$1 \times 1$阶对角块对应一个特征值，每个$2 \times 2$阶对角块对应于一对共轭复特征值.

证明：一个基于数学归纳法的证明可参阅文献[6：P197 - 198]或[91：P133 - 137].

根据正规矩阵的经验，当实方阵$\boldsymbol{A}$特殊为实正规矩阵时，不难给出猜测：准上三角矩阵$\boldsymbol{T}_{\boldsymbol{A}}$应该特殊为**准对角矩阵**(quasi-diagonal matrix，也称**拟对角矩阵**)，即对角线上具有1×1阶的实数和2×2阶的子矩阵$\boldsymbol{S}$的块对角矩阵.

定理 4.5.2(实正规矩阵的正交相似标准型) 若n阶实方阵$\boldsymbol{A}$有p对共轭复特征值$a_k \pm b_k\mathrm{i}$和m个实特征值λ_j($k = 1, 2, \cdots, p$；$j = 2p+1, 2p+2, \cdots, 2p+m$且$2p+m = n$)，则$\boldsymbol{A}$是实正规矩阵的充要条件是存在正交矩阵$\boldsymbol{Q}$，使得

$$\boldsymbol{Q}^{\mathrm{T}}\boldsymbol{A}\boldsymbol{Q} = \boldsymbol{Q}^{-1}\boldsymbol{A}\boldsymbol{Q} = \boldsymbol{\Lambda}_{\boldsymbol{A}} = \mathrm{diag}(\boldsymbol{S}_1, \boldsymbol{S}_2, \cdots, \boldsymbol{S}_p, \lambda_{2p+1}, \lambda_{2p+2}, \cdots, \lambda_n), \tag{4.5.2}$$

其中，$\boldsymbol{S}_k = \begin{bmatrix} a_k & -b_k \\ b_k & a_k \end{bmatrix}$，且称$\boldsymbol{\Lambda}_{\boldsymbol{A}}$为**实正规矩阵$\boldsymbol{A}$的正交相似标准型**.

证明：充分性是显然的.必要性的证明可参阅文献[6：P198 - 200]或[91：P139 - 141].

特殊的实正规矩阵的标准型更特殊，例如：

(1) 正交矩阵$\boldsymbol{A}$(在正交相似$\boldsymbol{Q}$下)的标准型为

$$\boldsymbol{Q}^{\mathrm{T}}\boldsymbol{A}\boldsymbol{Q} = \boldsymbol{Q}^{-1}\boldsymbol{A}\boldsymbol{Q} = \mathrm{diag}(\boldsymbol{S}_1, \boldsymbol{S}_2, \cdots, \boldsymbol{S}_p, 1, \cdots, 1, -1, \cdots, -1),$$

其中，$\boldsymbol{S}_k = \begin{bmatrix} \cos\theta_k & \sin\theta_k \\ -\sin\theta_k & \cos\theta_k \end{bmatrix}$是二阶 Givens 矩阵$\boldsymbol{G}(\theta_k)$($k = 1, 2, \cdots, p$).

(2) 对称矩阵$\boldsymbol{A}$的标准型是实对角矩阵$\boldsymbol{Q}$，即$\boldsymbol{Q}^{\mathrm{T}}\boldsymbol{A}\boldsymbol{Q} = \boldsymbol{Q}^{-1}\boldsymbol{A}\boldsymbol{Q} = \boldsymbol{\Lambda}$.

(3) 反对称矩阵 $\boldsymbol{A}$ 的标准型为

$$\boldsymbol{Q}^{\mathrm{T}}\boldsymbol{A}\boldsymbol{Q}=\boldsymbol{Q}^{-1}\boldsymbol{A}\boldsymbol{Q}=\operatorname{diag}(\boldsymbol{S}_1,\ \boldsymbol{S}_2,\ \cdots,\ \boldsymbol{S}_p,\ 1,\ \cdots,\ 1,\ -1,\ \cdots,\ -1),$$

其中，$\boldsymbol{S}_k=\begin{pmatrix}0 & b_k\\ -b_k & 0\end{pmatrix}$，$\pm b_k\mathrm{i}$ 为矩阵 $\boldsymbol{A}$ 的特征值（$k=1,\ 2,\ \cdots,\ p$）.

在 MATLAB 中，当矩阵 $\boldsymbol{A}$ 是实矩阵时，调用格式 schur(A,'real')及其缺省形式 schur(A)返回的就是实 Schur 标准型.

4.5.2 各种矩阵标准型之间的关系

到目前为止，本书已介绍了很多标准型，它们大都可以归结为“**对何种矩阵采用何种变换得到何种标准型**”.一般来说，采用的变换越特殊，得到的标准型越一般，同时适用的矩阵也越特殊.毕竟“鱼与熊掌不可兼得”.以此为视角，可用图 4-8 来表示这些标准型之间的关系.图中有些标准型是以分解的名义给出的，例如 $\boldsymbol{P}^{-1}\boldsymbol{A}\boldsymbol{P}=\boldsymbol{\Lambda}$ 实际上等价于特征值分解 $\boldsymbol{A}=\boldsymbol{P}\boldsymbol{\Lambda}\boldsymbol{P}^{-1}$，前者强调所用的变换及得到的结果，后者则强调其运算意义.

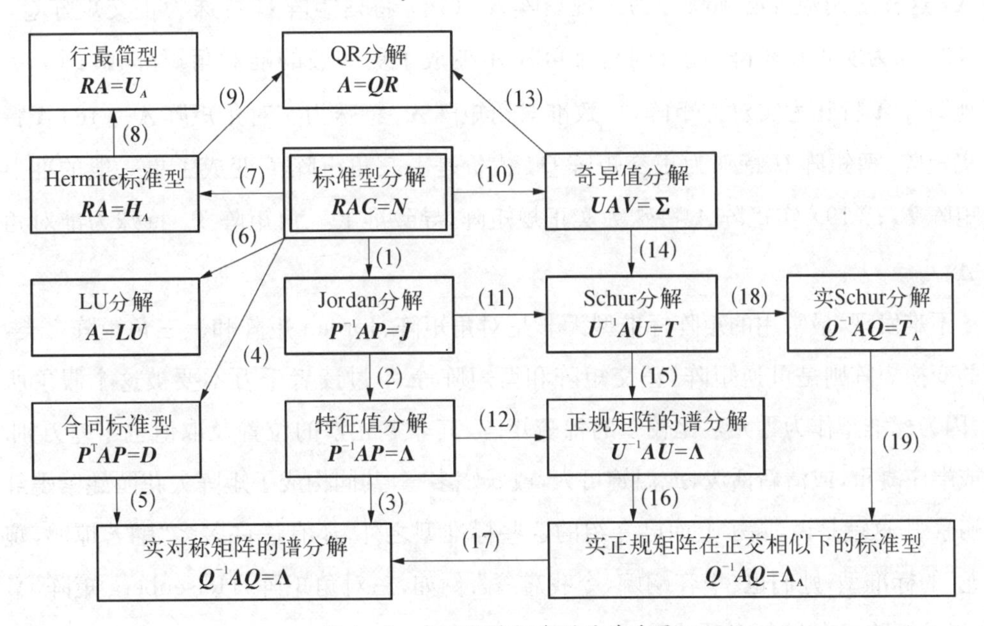

图 4-8 各种矩阵标准型的关系图

在图 4-8 中，(1) $\boldsymbol{A}$ 特殊为方阵，矩阵 $\boldsymbol{R}$，$\boldsymbol{C}$ 分别特殊为 $\boldsymbol{P}^{-1}$，$\boldsymbol{P}$，作为平衡的代价，标准型 $\boldsymbol{N}$ 被放宽为更一般的 Jordan 标准型 $\boldsymbol{J}$；(2) $\boldsymbol{J}$ 进一步特殊为特征值矩阵 $\boldsymbol{\Lambda}$（未必是

实对角矩阵),导致适用矩阵特殊为可对角化矩阵 $\boldsymbol{A}$;(3) 可逆矩阵 $\boldsymbol{P}$ 特殊为正交矩阵 $\boldsymbol{Q}$;(4) 限定 $\boldsymbol{R}=\boldsymbol{P}^{\mathrm{T}}$, $\boldsymbol{C}=\boldsymbol{P}$, 则 $\boldsymbol{N}$ 一般化为对角矩阵 $\boldsymbol{D}$;(5) 要求 $\boldsymbol{P}^{\mathrm{T}}=\boldsymbol{P}^{-1}$, 对角矩阵 $\boldsymbol{D}$ 一般化为特征值矩阵 $\boldsymbol{\Lambda}$;(6) 矩阵 $\boldsymbol{R}$, $\boldsymbol{C}$ 分别特殊为三角阵的逆矩阵 $\boldsymbol{L}^{-1}$, $\boldsymbol{U}^{-1}$, 同时标准型 $\boldsymbol{N}$ 特殊为单位矩阵 $\boldsymbol{I}$, 这是因为 $\boldsymbol{A}=\boldsymbol{LU}$ 可变形为 $\boldsymbol{L}^{-1}\boldsymbol{A}\boldsymbol{U}^{-1}=\boldsymbol{I}$, 这样任意矩阵 $\boldsymbol{A}$ 只能特殊为某些特殊方阵 $\boldsymbol{A}$ (所有顺序主子式为正);(7) 只采用行初等变换,即 $\boldsymbol{C}=\boldsymbol{I}$, 这样标准型 $\boldsymbol{N}$ 只能一般化为行阶梯矩阵 $\boldsymbol{H}_A$;(8) 将行阶梯矩阵 $\boldsymbol{H}_A$ 化成了更特殊的行最简矩阵 $\boldsymbol{U}_A$;(9) 行变换矩阵 $\boldsymbol{R}$ 取特殊的正交矩阵 $\boldsymbol{Q}^{\mathrm{T}}$, 因为 QR 分解 $\boldsymbol{A}=\boldsymbol{QR}$ 等价于 $\boldsymbol{Q}^{\mathrm{T}}\boldsymbol{A}=\boldsymbol{R}$, 这样 $\boldsymbol{H}_A$ 就变成了上三角矩阵 $\boldsymbol{R}$;(10)(11)(12) 都是将两边的矩阵特殊为酉矩阵或正交矩阵,其中(10)将 $\boldsymbol{R}$, $\boldsymbol{C}$ 分别特殊为酉矩阵 $\boldsymbol{U}$, $\boldsymbol{V}$, 代价是标准型 $\boldsymbol{N}$ 一般化为 $\boldsymbol{\Sigma}$;(11) 则是可逆矩阵 $\boldsymbol{P}$ 特殊为酉矩阵 $\boldsymbol{U}$, 代价是 Jordan 标准型 $\boldsymbol{J}$ 一般化为上三角矩阵 $\boldsymbol{T}$;(12) 也是可逆矩阵 $\boldsymbol{P}$ 特殊为酉矩阵 $\boldsymbol{U}$;(13) 酉矩阵 $\boldsymbol{V}$ 特殊为单位矩阵 $\boldsymbol{I}$, 代价是 $\boldsymbol{\Sigma}$ 一般化为上三角矩阵 $\boldsymbol{R}$, 这样奇异值分解就特殊为 UR 分解 $\boldsymbol{A}=\boldsymbol{UR}$ (实矩阵则是 QR 分解);(14) 限定 $\boldsymbol{A}$ 为方阵且 $\boldsymbol{U}$, $\boldsymbol{V}$ 互逆,代价是 $\boldsymbol{\Sigma}$ 变成了更一般的上三角矩阵 $\boldsymbol{T}$;(15) $\boldsymbol{T}$ 特殊为对角阵 $\boldsymbol{\Lambda}$, 这样适用矩阵必须特殊为正规矩阵 $\boldsymbol{A}$;(16) 将酉矩阵 $\boldsymbol{U}$ 特殊为正交矩阵 $\boldsymbol{Q}$, 同时 $\boldsymbol{A}$ 特殊为实正规矩阵,代价则是对角阵 $\boldsymbol{\Lambda}$ 变成了更一般的准对角矩阵 $\boldsymbol{\Lambda}_A$;(17) 实正规矩阵 $\boldsymbol{A}$ 特殊为实对称矩阵,导致准对角矩阵 $\boldsymbol{\Lambda}_A$ 特殊为实对角矩阵 $\boldsymbol{\Lambda}$;(18) $\boldsymbol{A}$ 特殊为实矩阵,酉矩阵 $\boldsymbol{U}$ 特殊为正交矩阵 $\boldsymbol{Q}$, 代价是上三角矩阵 $\boldsymbol{T}$ 变成了更一般的准上三角矩阵 $\boldsymbol{T}_A$;(19) 实矩阵 $\boldsymbol{A}$ 特殊为实正规矩阵,导致准上三角矩阵 $\boldsymbol{T}_A$ 特殊为准对角矩阵 $\boldsymbol{\Lambda}_A$.

不难发现,最常用的矩阵标准型无非是对角矩阵、Jordan 矩阵和上三角矩阵之类,常用的变换矩阵则是可逆矩阵、正交矩阵和酉矩阵等.不过读者千万不要被这个假象所迷惑,因为标准型作为零元素比较多的稀疏矩阵,其非零元素的位置及取值也千差万别.她们或端庄凝重,或清新活泼,或温婉可人,或妖娆多态,共同构成了矩阵大花园姹紫嫣红的瑰丽景观.这就是说,除了上面已介绍的这些标准型之外,还有许许多多"翩若惊鸿,婉若游龙"的标准型,她们也"华容婀娜,令我忘餐".例如,三对角矩阵,Heisenberg 矩阵,辛矩阵,以及矩阵 $\boldsymbol{C}$ 的特征多项式

$$\varphi(\lambda)=|\lambda\boldsymbol{I}-\boldsymbol{C}|=\lambda^n-p_{n-1}\lambda^{n-1}-\cdots-p_1\lambda-p_0=0$$

对应的**友矩阵**或 **Frobenius 标准型** $\boldsymbol{C}=\boldsymbol{C}_1$ 或 $\boldsymbol{C}=\boldsymbol{C}_2$, 其中

$$
\boldsymbol{C}_1=\begin{pmatrix} 0 & 1 & & & \\ & 0 & \ddots & & \\ & & \ddots & 1 & \\ & & & 0 & 1 \\ p_0 & p_1 & \cdots & p_{n-2} & p_{n-1} \end{pmatrix} \text{或} \begin{pmatrix} p_{n-1} & p_{n-2} & \cdots & p_1 & p_0 \\ 1 & 0 & & & \\ & 1 & \ddots & & \\ & & \ddots & \ddots & \\ & & & 1 & 0 \end{pmatrix},
$$

$$
\boldsymbol{C}_2=\begin{pmatrix} 0 & & & & p_0 \\ 1 & 0 & & & p_1 \\ & 1 & \ddots & & \vdots \\ & & \ddots & 0 & p_{n-2} \\ & & & 1 & p_{n-1} \end{pmatrix}.
$$

要提醒读者的是，面对这些“动无常则，进止难期”的标准型，请不要就此“夜耿耿而不寐”，因为标准型的美丽后面还会继续.

4.6　本章总结及拓展

矩阵即变换.如图 4－4 所示，本章前半部分从复方阵的酉三角化出发，接着特殊到酉对角化问题，引出正规变换（正规矩阵）的概念，以及正规矩阵的代数定义和性质.然后在正规变换中加入对称性，讨论了 Hermite 变换及其性质，紧接着加入正定性，引出了正定 Hermite 变换（正定 Hermite 矩阵）等概念及其性质，最后考察了最特殊的半正定 Hermite 变换，即投影变换（投影矩阵）.后半部分则话锋一转，通过类比特征值分解与 Jordan 分解的关系，转而将复方阵的酉三角化一般化到任意复矩阵的酉等价对角化，通过几何解释引出了矩阵的奇异值分解（SVD）的概念，推导了 SVD 的一些性质以及经典算法.最后汇总介绍了矩阵的各种标准型，如图 4－8 所示.

学了这么多年数学，读者对“数”又了解多少呢？仅就自然数而言，就有完全数、水仙花数、科幻名数等.事实上，每个数都是不同的个体，都有其特别之处.矩阵作为数的推广，亦应作如是观.因为矩阵将“一堆数”通过性质（特性矩阵）或结构（特型矩阵）聚集在一起，更能展示“万物皆数”的威力.诸如对称矩阵等特殊矩阵，恐怕只能算是“家常菜”.文献[80]中特辟专章论述了十几种特殊矩阵，文献[42]作为国内特殊矩阵领域最综合的专著，也仅仅涵盖了大约 300 种矩阵.文献[43]则另辟蹊径，将篇幅集中于具有广泛应用背景的非负矩阵、M 矩阵、H 矩阵等特殊矩阵类.

本章的大部分内容,读者都可在文献[76]中获得进一步的了解.矩阵即变换(算子),关于怎样从线性算子角度来阐述正规算子、Hermite算子(自伴算子)和半正定算子,可进一步阅读文献[64,69,72].文献[92]则提供了"手册"级的精练总结.这些变换(算子)中最值得关注的是对称性(及作为其推广的自伴性或Hermite性),既"可怕"更"可爱",建议读者深入阅读文献[93,94],前者首先通过对称性的几种几何形式(轴对称、平移对称、旋转对称、装饰对称、晶体对称等等)极大地丰富读者关于对称性的几何知识,最后则上升到数学上的一般抽象:组元的构形在其自同构变换群作用下所具有的不变性,从而把"对称性"与"变换不变性"联系起来;后者则有助于读者从哲学三论(本体论、认识论和方法论)角度去深入理解"对称性是变换中的不变性".

关于投影算子乃至投影分析,综合性的阐述可见于文献[81:第9章].从哲学上看,投影就是抓主要矛盾.随着海量数据的涌现和大规模计算的需要,大规模投影问题将越来越重要.与投影有密切联系的还有起源于绘画透视法的射影变换.人类文明发展到现在,信息的主流记录方式仍然没有突破书籍这种"平面国模型".随着计算机图形学和"灵境"技术(Virtual Reality,钱学森先生译为灵境,非常传神)的蓬勃发展,"影子模型"必将成为人类的主流信息记录方式.这方面的更多思考,有兴趣的读者可进一步参阅文献[50,51,95,125,126].关于空间思维的形象化展现,可观看科幻作品,比如刘慈欣的《三体》[127]、电影《降临》以及特德·姜的原著《你一生的故事》[128].

关于SVD的理论和应用综述可见于文献[81].至于其数值算法,由于SVD的计算本质上是Hermite矩阵特征对的计算,因此同特征值计算一样,可大致分为直接法(变换法)和迭代法.例如,求Hermite矩阵特征值的变换算法一般分两个阶段,即先把矩阵约化为三对角矩阵,再把三对角矩阵对角化.把这种方法应用到计算SVD,就得到了计算中小规模矩阵SVD的Golub-Kahan算法:先把矩阵化为双对角形式,再把双对角矩阵对角化(例如用QR算法).MATLAB中实际采用的就是这种算法[90].需要深入了解SVD数值算法的读者,建议进一步阅读文献[2,18,34-36,90,96-98].其中文献[96]是国内学者消化吸收最新成果后的精练综述.

思考题

4.1 如何理解正交相似也是一种正交变换?

4.2 为什么要研究正规变换？如何理解正规矩阵的谱分解？它有哪些特殊情况？正规矩阵的谱分解展开式有何意义？

4.3 如何理解 Schur 分解？它与正规矩阵的谱分解有何联系？

4.4 正规矩阵的代数等价定义是什么？为什么需要这种代数表达式？

4.5 正规矩阵有哪些性质？其中有哪些让你“似曾相识燕归来”？

4.6 什么是 Hermite 变换(矩阵)？与正规变换(矩阵)相比，它有何特殊性质？

4.7 什么是正定 Hermite 变换(矩阵)？与 Hermite 变换(矩阵)相比，它有何特殊性质？

4.8 正定(半正定)矩阵有何性质？如何理解？

4.9 投影变换的意义何在？投影变换对应的是什么矩阵？正交投影变换对应的又是什么矩阵？

4.10 Householder 变换是投影变换吗？是正交投影变换吗？为什么？

4.11 正交投影变换的两种矩阵表示分别是什么？有何联系？

4.12 本章介绍的几种特殊变换之间存在何种关系？

4.13 为什么要研究 SVD？有何意义？与之前的各种分解有何异同？如何从变换角度理解 SVD？

4.14 完全 SVD 分解与约化 SVD 分解有何联系？各有什么利弊？

4.15 简述 SVD 的经典算法.该算法依据的原理是什么？

4.16 奇异值分解与特征值分解有何异同？

4.17 如何理解各种矩阵标准型之间的关系？

习题四

4.1 若 $(\lambda, \boldsymbol{x})$ 是正规矩阵 $\boldsymbol{A}$ 的特征对，则 $(\bar{\lambda}, \boldsymbol{x})$ 是正规矩阵 $\boldsymbol{A}^{\mathrm{H}}$ 的特征对.

4.2 设 $\boldsymbol{A}$ 为正规矩阵，则对任意复数 z, w, $z\boldsymbol{A}+w\boldsymbol{A}^{\mathrm{H}}$ 必为正规矩阵.

4.3 设 $\boldsymbol{A}$ 为正规矩阵，则 $\boldsymbol{A}-\lambda\boldsymbol{I}$ 也是正规矩阵.

4.4 **(同时酉对角化)**设 $\boldsymbol{A}$ 为 n 阶正规矩阵，则存在同一个 n 阶酉矩阵 $\boldsymbol{U}$，使得 $\boldsymbol{U}^{\mathrm{H}}\boldsymbol{A}\boldsymbol{U}$ 和 $\boldsymbol{U}^{\mathrm{H}}\boldsymbol{A}^{\mathrm{H}}\boldsymbol{U}$ 都是对角矩阵.

4.5 设 $\boldsymbol{A}$ 为正规矩阵且 $\boldsymbol{A}=\boldsymbol{A}^2$，则 $\boldsymbol{A}=\boldsymbol{A}^{\mathrm{H}}$.

4.6 设复方阵 $\boldsymbol{A}$ 的笛卡尔分解为 $\boldsymbol{A}=\boldsymbol{B}+\mathrm{i}\boldsymbol{C}$，则 $\boldsymbol{A}$ 是正规矩阵的充要条件是 Hermite 矩阵 $\boldsymbol{B}$，$\boldsymbol{C}$ 可交换，即 $\boldsymbol{BC}=\boldsymbol{CB}$.

4.7 n 阶复矩阵 $\boldsymbol{A}$ 是正规矩阵的充要条件是存在正规矩阵 $\boldsymbol{B}$，使得 $\boldsymbol{B}^k=\boldsymbol{A}$，其中 k 是任意正整数.

4.8 **(秩 1 矩阵的性质)** 设 $\boldsymbol{A}\in\mathbb{C}^{n\times n}$ 且 $r(\boldsymbol{A})=1$，记 $k=\mathrm{tr}(\boldsymbol{A})$，则：
(1) $\boldsymbol{A}=\boldsymbol{\alpha}\boldsymbol{\beta}^{\mathrm{H}}$，其中 $\boldsymbol{\alpha}$，$\boldsymbol{\beta}\in\mathbb{C}^n$ 都是非零列向量；(2) $\boldsymbol{A}^n=k\boldsymbol{A}$，其中 $k=\boldsymbol{\beta}^{\mathrm{H}}\boldsymbol{\alpha}$；(3) $\boldsymbol{A}$ 的所有特征值为 $0, \cdots, 0, k$；(4) 当 $k=0$ 时，$\boldsymbol{A}$ 不可酉对角化.

4.9 求下列正规矩阵的谱分解展开式：

$$(1)\ \boldsymbol{A}=\begin{pmatrix}-1 & \mathrm{i} & 0\\ -\mathrm{i} & 0 & -\mathrm{i}\\ 0 & \mathrm{i} & -1\end{pmatrix};\ (2)\ \boldsymbol{A}=\begin{pmatrix}0 & -1 & \mathrm{i}\\ 1 & 0 & 0\\ \mathrm{i} & 0 & 0\end{pmatrix}.$$

4.10 证明：Hermite 矩阵 $\boldsymbol{A}$ 的整数次幂 $\boldsymbol{A}^k$ 仍然是 Hermite 矩阵，其中整数 k 为负整数时假定矩阵 $\boldsymbol{A}$ 可逆.

4.11 已知矩阵 $\boldsymbol{A}$，$\boldsymbol{B}$ 是 Hermite 矩阵，则 $\boldsymbol{AB}$ 也是 Hermite 矩阵的充要条件是 $\boldsymbol{AB}=\boldsymbol{BA}$.

4.12 设 $\boldsymbol{A}$，$\boldsymbol{B}$ 都是 Hermite 矩阵，则 $\boldsymbol{A}$ 与 $\boldsymbol{B}$ 相似的充要条件是它们的特征多项式相同.

4.13 证明：$\boldsymbol{A}$ 是 Hermite 矩阵的充要条件是对任意 $\boldsymbol{x}\in\mathbb{C}^n$，$\boldsymbol{x}^{\mathrm{H}}\boldsymbol{A}\boldsymbol{x}$ 是实数.

4.14 设酉矩阵 $\boldsymbol{U}$ 的特征值不等于 -1，则矩阵 $\boldsymbol{I}+\boldsymbol{U}$ 可逆，且 $\boldsymbol{H}=\mathrm{i}(\boldsymbol{I}-\boldsymbol{U})(\boldsymbol{I}+\boldsymbol{U})^{-1}$ 是 Hermite 矩阵.反之，若 $\boldsymbol{H}$ 是 Hermite 矩阵，则矩阵 $\boldsymbol{I}-\mathrm{i}\boldsymbol{H}$ 可逆，且 $\boldsymbol{U}=(\boldsymbol{I}+\mathrm{i}\boldsymbol{H})(\boldsymbol{I}-\mathrm{i}\boldsymbol{H})^{-1}$ 是酉矩阵.

4.15 设 $\boldsymbol{A}$ 是反 Hermite 矩阵，则 $\boldsymbol{I}\pm\boldsymbol{A}$ 都可逆，且 $\boldsymbol{C}=(\boldsymbol{I}-\boldsymbol{A})(\boldsymbol{I}+\boldsymbol{A})^{-1}$ 是特征值不为 -1的酉矩阵.

4.16 设 $\boldsymbol{A}$ 是正交矩阵，且 $\boldsymbol{I}+\boldsymbol{A}$ 是非奇异的，则 $\boldsymbol{A}$ 可表示为 $\boldsymbol{A}=(\boldsymbol{I}-\boldsymbol{S})(\boldsymbol{I}+\boldsymbol{S})^{-1}$，其中 $\boldsymbol{S}$ 是反对称矩阵.

4.17 设 $\boldsymbol{A}$，$\boldsymbol{B}$ 都是 n 阶实对称矩阵，证明：$\boldsymbol{A}$ 与 $\boldsymbol{B}$ 正交相似的充要条件是它们的特征值相同.

4.18 设 $\boldsymbol{A}$ 是 n 阶实对称矩阵，且 $\boldsymbol{A}^2=\boldsymbol{A}$，则存在正交矩阵 $\boldsymbol{Q}$ 和整数 r，使得 $\boldsymbol{Q}^{-1}\boldsymbol{A}\boldsymbol{Q}=\mathrm{diag}(\boldsymbol{I}_r, \boldsymbol{O})$.

4.19 设 $\boldsymbol{A}$ 是 n 阶实对称矩阵，且 $\boldsymbol{A}^2=\boldsymbol{I}$，则存在正交矩阵 $\boldsymbol{Q}$ 和整数 r，使得 $\boldsymbol{Q}^{-1}\boldsymbol{A}\boldsymbol{Q}=\mathrm{diag}(\boldsymbol{I}_r, -\boldsymbol{I}_{n-r})$.

4.20　设 $\boldsymbol{A}$ 是**幂零矩阵**(即存在正整数 k，使得 $\boldsymbol{A}^k=\boldsymbol{O}$) 且 $\boldsymbol{A}$ 是 Hermite 矩阵，则 $\boldsymbol{A}=\boldsymbol{O}$.

4.21　求 Hermite 矩阵 $\boldsymbol{A}=\begin{pmatrix} 1 & 0 & 2\mathrm{i} \\ 0 & 3 & 0 \\ -2\mathrm{i} & 0 & 1 \end{pmatrix}$ 的谱分解.

4.22　设 $\boldsymbol{A}$ 是实对称矩阵，证明：(1) 对任意奇数 m，必有实对称矩阵 $\boldsymbol{B}$，使得 $\boldsymbol{B}^m=\boldsymbol{A}$；(2) 当 $\boldsymbol{A}\geqslant 0$ 时，对任意正整数 m，必有实对称矩阵 $\boldsymbol{B}$，使得 $\boldsymbol{B}^m=\boldsymbol{A}$；(3) 当 $\boldsymbol{A}>0$ 时，对任意正整数 m，必有实对称正定矩阵 $\boldsymbol{B}$，使得 $\boldsymbol{B}^m=\boldsymbol{A}$.

4.23　设 $\boldsymbol{A}\in\mathbb{C}^{m\times n}$ 是 $m\times n$ 阶列满秩矩阵，则 $\boldsymbol{A}^{\mathrm{H}}\boldsymbol{A}>0$.

4.24　设 $\boldsymbol{A}>0$，$\boldsymbol{B}\in\mathbb{C}^{n\times n}$ 是 Hermite 矩阵，则 $\boldsymbol{AB}$ 和 $\boldsymbol{BA}$ 的特征值全是实数.

4.25　设 $\boldsymbol{A}\geqslant 0$ 且 $\boldsymbol{A}$ 是酉矩阵，则 $\boldsymbol{A}=\boldsymbol{I}$.

4.26　设 $\boldsymbol{A}\geqslant 0$，证明：$|\boldsymbol{I}+\boldsymbol{A}|\geqslant 1$，并且等号成立的充要条件是 $\boldsymbol{A}=\boldsymbol{O}$.

4.27　设 $\boldsymbol{A}$ 是 Hermite 矩阵，则存在 $t>0$，使得 $\boldsymbol{A}+t\boldsymbol{I}>0$ 且 $\boldsymbol{A}-t\boldsymbol{I}<0$.

4.28　设 $\boldsymbol{A}>0$，$\boldsymbol{B}>0$ 且 $\boldsymbol{AB}$ 是 Hermite 矩阵，证明：$\boldsymbol{AB}>0$.

4.29　证明：Hilbert 矩阵 $\boldsymbol{H}>0$.

4.30　设 $f(\boldsymbol{x})=\boldsymbol{x}^{\mathrm{T}}\boldsymbol{A}\boldsymbol{x}$ 是秩为 r 的 n 元半正定实二次型，证明：$f(\boldsymbol{x})=0$ 的全部实数解构成 $\mathbb{R}^n$ 上的 $n-r$ 维子空间 V_1.

4.31　证明：每个可逆实矩阵 $\boldsymbol{A}$ 都可以分解为 $\boldsymbol{A}=\boldsymbol{SQ}$，其中 $\boldsymbol{S}$ 为对称正定矩阵，$\boldsymbol{Q}$ 为正交矩阵.

4.32　**(同时合同对角化)** 设 $\boldsymbol{A}$，$\boldsymbol{B}$ 都是 n 阶实对称矩阵，且 $\boldsymbol{B}>0$，证明：存在 n 阶可逆矩阵 $\boldsymbol{P}$，使得 $\boldsymbol{P}^{\mathrm{T}}\boldsymbol{AP}$ 和 $\boldsymbol{P}^{\mathrm{T}}\boldsymbol{BP}$ 都是对角矩阵.

4.33　证明：酉空间(欧氏空间) $\boldsymbol{V}$ 中满足 $\mathcal{P}^2=\mathcal{P}$ 的线性变换 $\mathcal{P}$ 为投影变换.

4.34　设 $\boldsymbol{P}$ 是投影矩阵，证明：$\boldsymbol{I}-\boldsymbol{P}$ 也是投影矩阵，并从变换角度加以解释.

4.35　设 $\boldsymbol{P}$ 是投影矩阵，证明并从变换角度解释 $\boldsymbol{P}(\boldsymbol{I}-\boldsymbol{P})=(\boldsymbol{I}-\boldsymbol{P})\boldsymbol{P}=\boldsymbol{O}$.

4.36　设 $\boldsymbol{P}$ 是 n 阶投影矩阵，证明：$N(\boldsymbol{P})=R(\boldsymbol{I}-\boldsymbol{P})$，$N(\boldsymbol{I}-\boldsymbol{P})=R(\boldsymbol{P})$ 以及 $\mathbb{C}^n=R(\boldsymbol{P})\oplus N(\boldsymbol{P})$.

4.37　证明：投影矩阵的特征值只取 1 和 0 两个数值，并举例说明反之未必成立.

4.38　设 $\boldsymbol{P}$ 是 n 阶正交投影矩阵，证明：$\mathbb{C}^n=R(\boldsymbol{P})\oplus^{\perp} N(\boldsymbol{P})$.

4.39　证明：式(4.1.10)中的矩阵 $\boldsymbol{G}$ 是正交投影矩阵.据此，你对谱分解展开式是否有新的认识？

4.40　设 $\boldsymbol{P}$，$\boldsymbol{P}'$ 均为正交投影矩阵，则 $\boldsymbol{P}+\boldsymbol{P}'$ 为正交投影矩阵当且仅当 $\boldsymbol{PP}'=\boldsymbol{P}'\boldsymbol{P}=\boldsymbol{O}$.

4.41 设 $\boldsymbol{P}$, $\boldsymbol{P}'$ 均为正交投影矩阵,则 $\boldsymbol{P}-\boldsymbol{P}'$ 为正交投影矩阵当且仅当 $\boldsymbol{P}\boldsymbol{P}'=\boldsymbol{P}'\boldsymbol{P}=\boldsymbol{P}'$.

4.42 设 $\boldsymbol{P}$, $\boldsymbol{P}'$ 均为正交投影矩阵,且 $\boldsymbol{P}\boldsymbol{P}'=\boldsymbol{P}'\boldsymbol{P}$, 则 $\boldsymbol{P}\boldsymbol{P}'$ 也是正交投影矩阵.

4.43 求下列矩阵的完全 SVD 和约化 SVD:

(1) $\begin{pmatrix}-1 & 0 & 1\\ 0 & 1 & 0\\ 1 & 0 & -1\end{pmatrix}$; (2) $\begin{pmatrix}1 & 0\\ 0 & 1\\ 1 & 1\end{pmatrix}$; (3) $\begin{pmatrix}1 & 2\\ 1 & 2\\ 1 & 2\end{pmatrix}$; (4) $\begin{pmatrix}2 & 0\\ 0 & -\mathrm{i}\\ 0 & 0\end{pmatrix}$; (5) $\begin{pmatrix}0 & -1 & 1\\ 2 & 0 & 0\end{pmatrix}$.

4.44 举例说明相似矩阵的奇异值未必相同.

4.45 证明:方阵的行列式的绝对值为其所有奇异值之积.这个结论几何上意味着什么?

4.46 **(奇异值酉不变)** 设 $\boldsymbol{A}$ 与 $\boldsymbol{B}$ 酉等价.证明:$\boldsymbol{A}$ 与 $\boldsymbol{B}$ 的奇异值相同.它们的奇异向量有何关系?

4.47 已知 $\boldsymbol{B}=\begin{pmatrix}\boldsymbol{O} & \boldsymbol{A}\\ \boldsymbol{A}^{\mathrm{H}} & \boldsymbol{O}\end{pmatrix}$, 其中 $\boldsymbol{A}\in\mathbb{C}^{n\times n}$, 证明:$\boldsymbol{A}$ 的奇异值就是 $\boldsymbol{B}$ 的特征值的绝对值.

4.48 **(极分解)** 对任意 n 阶复矩阵 $\boldsymbol{A}$, 存在酉矩阵 $\boldsymbol{U}$ 和 $\boldsymbol{B}\geqslant 0$, $\boldsymbol{C}\geqslant 0$, 使得 $\boldsymbol{A}=\boldsymbol{B}\boldsymbol{U}=\boldsymbol{U}\boldsymbol{C}$, 且

$$\boldsymbol{B}^2=\boldsymbol{A}\boldsymbol{A}^{\mathrm{H}},\ \boldsymbol{C}^2=\boldsymbol{A}^{\mathrm{H}}\boldsymbol{A}$$

第 5 章

范数及其应用

在数学中，范数是线性空间中的元素到实数的一种映射(函数)，度量的是元素“数”的一面.范数的英文是 norm，其形容词则为 normal，在数学中有正规(矩阵)、正态(分布)、法(方程、向量)和标准(正交基)等译法，这让人不禁联想到《尚书·洪范》，“洪范”即“大法”之义.先辈选择了“范数”这个译名，可谓深谙个中三昧.

5.1　向量范数

5.1.1　范数的概念

先从实数的绝对值、复数的模以及向量的长度说起.鉴于需要考虑的是线性空间，因此仍把目光聚焦于加法和数乘运算，以揭示反映它们本质的性质.

例 5.1.1　实数 $a \in \mathbb{R}$ 的绝对值指的是度量 $|a| = a\operatorname{sgn}(a)$，它具有下列三条性质(对任意 $a, b \in \mathbb{R}$ 和任意 $\lambda \in \mathbb{R}$)：

(1) (非负性) $|a| \geqslant 0$，当且仅当 $a = 0$ 时，等号成立；

(2) (正齐性) $|\lambda a| = |\lambda||a|$；

(3) (绝对值不等式) $|a + b| \leqslant |a| + |b|$.

例 5.1.2　复数 $z = a + b\mathrm{i} \in \mathbb{C}$ 的长度或模指的是度量 $|z| = \sqrt{a^2 + b^2}$，它也具有下列三条性质(对任意 $z_1, z_2 \in \mathbb{C}$ 和任意 $\lambda \in \mathbb{R}$)：

(1) (非负性) $|z| \geqslant 0$，当且仅当 $z = 0$ 时，等号成立；

(2) (正齐性) $|\lambda z| = |\lambda||z|$；

(3) (三角不等式) $|z_1 + z_2| \leqslant |z_1| + |z_2|$.

对于实数和复数，绝对值和模度量了它们的大小(几何上就是长度)，进而可用于考察两个实数或复数的距离.

例 5.1.3　n 维欧氏空间 $\mathbb{R}^n$ 中向量 $\boldsymbol{x} = (x_1, x_2, \cdots, x_n)^{\mathrm{T}} \in \mathbb{R}^n$ 的长度为

$$\| x \| = \sqrt{(\boldsymbol{x}, \boldsymbol{x})} = \sqrt{x_1^2 + x_2^2 + \cdots + x_n^2}.$$

定理 3.1.3 已经指出，$\| \boldsymbol{x} \|$ 也具有非负性、正齐性和三角不等式这三条性质.

至此，利用公理化方法，可把上述概念推广到数域 $\mathbb{F}$ ($\mathbb{F} = \mathbb{R}$ 或 $\mathbb{C}$) 上的任意线性

空间.

定义 5.1.1(范数的定义) 设 V 是数域 $\mathbb{F}$ 上的线性空间，对任意 $\alpha \in V$, 按照某种对应规则，都有一个非负实数 $f(\alpha)$ 与之对应，并且 $f(\alpha)$ 满足下列三个公理(对任意 $k \in \mathbb{F}$ 及任意 $\alpha, \beta \in V$)：

(1) (**正定性**) $f(\alpha) \geqslant 0$, 当且仅当 $\alpha = \theta$ 时 $f(\alpha) = 0$;

(2) (**正齐性**) $f(k\alpha) = |k| f(\alpha)$;

(3) (**三角不等式**) $f(\alpha + \beta) \leqslant f(\alpha) + f(\beta)$.

则称 $f(\alpha)$ 是 α 的**范数**(norm)，称定义了范数 f 的线性空间 V 为**赋范空间**(normed linear space)，记为 (V, f).

注：(1) 范数 f 本质上是 $V \mapsto \mathbb{R}$ 的一个映射，并且满足上述三个公理.

(2) 考虑到直观性，一般更喜欢用与绝对值符号相似的记号 $\|\alpha\|$ 来表示 α 的范数，即 $f(\alpha) = \|\alpha\|$.

(3) 范数 f 不是线性空间 V 上的线性泛函，因为线性泛函的齐次性和可加性已分别被范数的正齐性和三角不等式取代.

思考：反过来，线性泛函是范数吗?

例 5.1.4 (内积空间是特殊的赋范空间) 设 V 是 $\mathbb{F}$ 上的内积空间，则由(参阅定义 3.3.2)

$$f(\alpha) = \|\alpha\| = \sqrt{(\alpha, \alpha)} \tag{5.1.1}$$

定义的 f 是 V 上的范数，称为由**内积**$(\cdot, \cdot)$**导出的范数**(induced norm).

这说明范数未必都可由内积导出，例如后面介绍的 $\|\cdot\|_\infty$ 和 $\|\cdot\|_1$. 因此内积空间是特殊的赋范空间(请参考图 3-14).

注：内积导出的范数源自内积空间，自然具有内积空间中很多与范数有关的性质.例如，平行四边形公式及勾股定理、Cauchy-Schwarz 不等式、单位化等.

例 5.1.5 (赋范空间是特殊的距离线性空间) 设 V 是数域 $\mathbb{F}$ 上的线性空间，对任意 α, $\beta \in V$, 按照某种对应规则，都有一个非负实数 $d(\alpha, \beta)$ 与之对应，并且 $d(\alpha, \beta)$ 满足下列三个公理(任意 $\alpha, \beta, \gamma \in V$)：

(1) (**对称性**) $d(\alpha, \beta) = d(\beta, \alpha)$;

(2) (**非负性**) $d(\alpha, \beta) \geqslant 0$, 当且仅当 $\alpha = \beta$ 时等号成立;

(3) (**三角不等式**) $d(\alpha, \gamma) \leqslant d(\alpha, \beta) + d(\beta, \gamma)$.

则称 $d(\alpha, \beta)$ 是 α, β 之间的**距离**，称定义了距离 d 的线性空间 V 为**距离线性空间**，

记为 (V, d).

特别地,在赋范线性空间 V 中,不难验证 $\alpha, \beta \in V$ 之间的距离为

$$d(\alpha, \beta)=f(\alpha-\beta)=\|\alpha-\beta\|, \tag{5.1.2}$$

并称此距离 $d(\cdot, \cdot)$ 为 V 中由**范数 f 导出的距离**.

这说明距离未必都可由范数导出,因此赋范空间是特殊的距离线性空间(请参考图 3-14). 同时这也意味着在内积空间 V 中可以由内积导出范数,进而导出距离,即对任意 $\alpha, \beta \in V$, 由内积 $(\cdot, \cdot)$ 导出的 α 与 β 之间的距离为

$$d(\alpha, \beta)=\|\alpha-\beta\|=\sqrt{(\alpha-\beta, \alpha-\beta)}. \tag{5.1.3}$$

从几何视角看,在距离线性空间 V 中,无非就是将元 $\alpha, \beta \in V$ 都视为"点",进而用 $d(\alpha, \beta)$ 表示这两个"点"之间的距离.特别是当 V 是函数空间时,这种几何视角明显突破了笛卡尔解析几何中"函数即图像"的思想.

有了上述几何视角和距离的概念,便可以给出收敛和完备的概念了.

例 5.1.6　(点列收敛)设 $\{\alpha_n\}_1^{\infty}$ 是距离线性空间 (V, d) 中的点列.若存在 $\alpha \in V$, 使得 $\lim\limits_{n\to\infty} d(\alpha_n, \alpha)=0$, 则称 $\{\alpha_n\}_1^{\infty}$ 收敛于 α, 记作 $\lim\limits_{n\to\infty} \alpha_n=\alpha$.

例 5.1.7　(基本列)设 $\{\alpha_n\}_1^{\infty}$ 是距离线性空间 (V, d) 中的点列. 如果 $\lim\limits_{m, n\to\infty} d(\alpha_m, \alpha_n)=0$, 则称 $\{\alpha_n\}_1^{\infty}$ 为基本列(柯西列).如果 (V, d) 中的所有基本列在该空间中都是收敛的,则称 (V, d) 是完备的.

特别地,一个实数列或复数列 $\{x_k\}$ 是**柯西数列**,指的是对任意 $\varepsilon>0$, 都存在正整数 $N(\varepsilon)$, 使得只要 $m, n>N(\varepsilon)$, 就有 $|x_m-x_n|<\varepsilon$. 一个实数列收敛于一个实数(一个复数列收敛于一个复数)的充要条件就是它是柯西数列.这实际上就是实数域 $\mathbb{R}$(复数域 $\mathbb{C}$)的**完备性**(completeness),因为数列 $\{x_k\}$ 的极限仍然属于 $\mathbb{R}(\mathbb{C})$.

进一步地,如果将赋范空间和内积空间中的元看成"点"(几何上)或"数"(代数上),那么借助于范数以及由内积导出的范数,也可以讨论它们的完备性问题,其中完备的赋范空间称为相应范数下的**巴拿赫**(Banach)**空间**,完备的内积空间称为相应内积下的**希尔伯特**(Hilbert)**空间**(参见图 3-14).

5.1.2　常用的向量范数

众所周知,线性空间 V 的问题借助于基都可以转化为向量空间 $\mathbb{C}^n$ 的问题.因此下面

把目光聚集到 $\mathbb{C}^n$ 中的常用向量范数,毕竟它们是应用中的主角.

例 5.1.8 (2 范数)对任意 $x=(x_1, x_2, \cdots, x_n)^{\mathrm{T}} \in \mathbb{C}^n$, 不难验证由

$$\|\boldsymbol{x}\|_2=\sqrt{|x_1|^2+|x_2|^2+\cdots+|x_n|^2}=\sqrt{\boldsymbol{x}^{\mathrm{H}}\boldsymbol{x}} \tag{5.1.4}$$

定义的 $\|\boldsymbol{x}\|_2$ 是 $\mathbb{C}^n$ 上的向量范数,称为向量 $\boldsymbol{x}$ 的 2 **范数**,也称为 **Euclid 范数**.

显然式(5.1.4)中的平方及开方运算可形式地推广到任意正实数 p.

例 5.1.9 (p 范数)对任意 $x=(x_1, x_2, \cdots, x_n)^{\mathrm{T}} \in \mathbb{C}^n$, 当 $p \geqslant 1$ 时,由

$$\|\boldsymbol{x}\|_p=(|x_1|^p+|x_2|^p+\cdots+|x_n|^p)^{1/p} \tag{5.1.5}$$

定义的 $\|\boldsymbol{x}\|_p$ 是 $\mathbb{C}^n$ 上的向量范数,称为向量 $\boldsymbol{x}$ 的 p **范数**,也称为 **Holder 范数**.

特别地,当 $p=1$ 时,由

$$\|\boldsymbol{x}\|_1=|x_1|+|x_2|+\cdots+|x_n| \tag{5.1.6}$$

定义的向量范数 $\|\boldsymbol{x}\|_1$ 称为向量 $\boldsymbol{x}$ 的 1 **范数**,也称**和范数**.

证明: $\|\boldsymbol{x}\|_p$ 满足非负性和齐次性是显然的.当 $p \geqslant 1$ 时,由 Minkowski 不等式,有

$$\begin{aligned}\|\boldsymbol{x}+\boldsymbol{y}\|_p=\left(\sum_{i=1}^{n}|x_i+y_i|^p\right)^{\frac{1}{p}} &\leqslant \left(\sum_{i=1}^{n}|x_i|^p\right)^{\frac{1}{p}}+\left(\sum_{i=1}^{n}|y_i|^p\right)^{\frac{1}{p}} \\ &\leqslant \|\boldsymbol{x}\|_p+\|\boldsymbol{y}\|_p,\end{aligned}$$

即三角不等式也成立.因此 $\|\boldsymbol{x}\|_p$ 是向量范数.

注: (1) Minkowski 不等式及其证明可参阅文献[6: P209]或[44: P171-172].

(2) $\|\boldsymbol{x}\|_1$ 被风趣地称为 **Manhattan 范数**.只要看一眼美国纽约曼哈顿地区的地图,读者就能对 $\|\boldsymbol{x}\|_1$ 有个直观形象的理解.

(3) 当 $0<p<1$ 时,由式(5.1.5)定义的映射不是 $\mathbb{C}^n$ 上的范数.例如,当 $n=2$ 且 $p=1/2$ 时,若取 $\boldsymbol{x}=(1, 0)^{\mathrm{T}}$, $\boldsymbol{y}=(0, 1)^{\mathrm{T}}$, 则 $\|\boldsymbol{x}\|_p=\|\boldsymbol{y}\|_p=1$, $\|\boldsymbol{x}+\boldsymbol{y}\|_p=4$, 从而有 $\|\boldsymbol{x}+\boldsymbol{y}\|_p>\|\boldsymbol{x}\|_p+\|\boldsymbol{y}\|_p$, 即三角不等式不成立.

如果将"∞"也看成数,那么在这种广义实数范围内, p 能否取到正无穷大呢?

对任意 $\boldsymbol{x}=(x_1, x_2, \cdots, x_n)^{\mathrm{T}} \in \mathbb{C}^n$, 显然可以"形式地"定义

$$\|\boldsymbol{x}\|_\infty=\lim_{p\to+\infty}\|\boldsymbol{x}\|_p. \tag{5.1.7}$$

不难证明 $\|\boldsymbol{x}\|_\infty$ 满足非负性和齐次性,并且对任意 $\boldsymbol{y} \in \mathbb{C}^n$, 利用 p 范数的三角不等式和极限的保序性,有

$$\|\boldsymbol{x}+\boldsymbol{y}\|_{\infty}=\lim_{p\to+\infty}\|\boldsymbol{x}+\boldsymbol{y}\|_{p}\leqslant\lim_{p\to+\infty}(\|\boldsymbol{x}\|_{p}+\|\boldsymbol{y}\|_{p})=\|\boldsymbol{x}\|_{\infty}+\|\boldsymbol{y}\|_{\infty}.$$

因此 $\|\boldsymbol{x}\|_{\infty}$ 是向量范数,称为向量 $\boldsymbol{x}$ 的**无穷范数**(infinite norm)或 ∞ **范数**.

问题是怎么计算无穷范数呢?联想到极限的三明治定理(夹逼定理),显然需要放缩式(5.1.5)右端的底数 $|x_1|^p+|x_2|^p+\cdots+|x_n|^p$,这进一步让人想到模最大的分量.令 $|x_j|=\max\limits_{1\leqslant i\leqslant n}|x_i|$,则有

$$|x_j|^p\leqslant|x_1|^p+|x_2|^p+\cdots+|x_n|^p\leqslant n|x_j|^p,$$

从而有

$$|x_j|\leqslant(|x_1|^p+|x_2|^p+\cdots+|x_n|^p)^{1/p}\leqslant n^{1/p}|x_j|.$$

两边取极限并注意到 $\lim\limits_{p\to+\infty}n^{1/p}=1$,则

$$\|\boldsymbol{x}\|_{\infty}=\lim_{p\to+\infty}\|\boldsymbol{x}\|_{p}=|x_j|=\max_{1\leqslant i\leqslant n}|x_i|,\tag{5.1.8}$$

即无穷范数 $\|\boldsymbol{x}\|_{\infty}$ 就是取向量分量模的最大值,因此也称为**最大模范数**.

例 5.1.10　计算向量 $\boldsymbol{x}=(3,-4\mathrm{i},0,12)^{\mathrm{T}}$ 的 p 范数,这里 $p=1,2,3,\infty$.(为了向伽莫夫致敬,请大声读出来:one, two, three, infinity).

解: $\|\boldsymbol{x}\|_1=\sum\limits_{k=1}^{4}|x_k|=|3|+|-4\mathrm{i}|+|12|=19$,

$\|\boldsymbol{x}\|_2=\left(\sum\limits_{k=1}^{4}|x_k|^2\right)^{\frac{1}{2}}=\sqrt{|3|^2+|-4\mathrm{i}|^2+|12|^2}=13$,

$\|\boldsymbol{x}\|_3=\left(\sum\limits_{k=1}^{4}|x_k|^3\right)^{\frac{1}{3}}=\sqrt[3]{|3|^3+|-4\mathrm{i}|^3+|12|^3}=\sqrt[3]{1\,819}$,

$\|\boldsymbol{x}\|_{\infty}=\max\limits_{1\leqslant k\leqslant 4}|x_k|=\max(3,4,0,12)=12$.

MATLAB 提供了内置函数 norm,可用于计算向量 $\boldsymbol{x}$ 的各种范数,其中 2 范数、1 范数、无穷范数和 p 范数的调用格式分别为

```
norm(x),norm(x, 1),norm(x,'inf'),norm(x,p).
```

显然,缺省的是 2 范数.

本例的 MATLAB 实现,详见本书配套程序 exm501.

上面这些向量范数在几何上如何理解呢?

以 $\mathbb{R}^2$ 为例,对任意 $\boldsymbol{x}=(x_1,x_2)\in\mathbb{R}^2$,其 2 范数闭单位圆 $\|\boldsymbol{x}\|_2\leqslant 1$ 即为 $x_1^2+x_2^2\leqslant 1$; 1 范数闭单位圆 $\|\boldsymbol{x}\|_1\leqslant 1$ 即为 $|x_1|+|x_2|\leqslant 1$; ∞ 范数闭单位圆 $\|\boldsymbol{x}\|_{\infty}\leqslant$

1 即为 $|x_1|\leqslant 1$, $|x_2|\leqslant 1$. 加上一般的 p 范数,向量 $\boldsymbol{x}$ 的几种范数的几何意义如图 5-1 所示.不难发现许多桌子采用了最后一个图形.

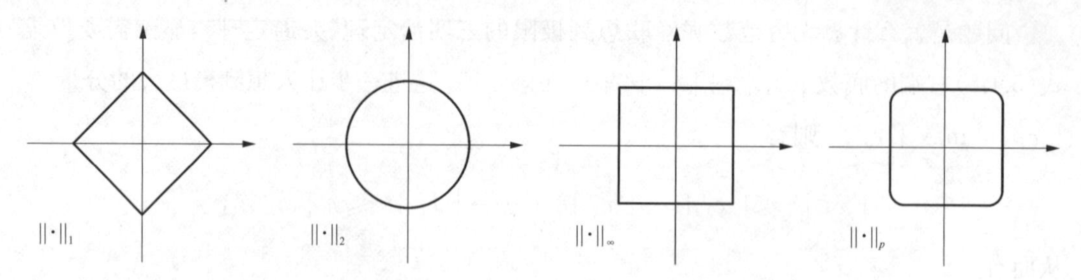

图 5-1 $\mathbb{R}^2$ 中几种向量范数的几何意义

对任意 $\boldsymbol{x}=(x_1, x_2, x_3)\in\mathbb{R}^3$, 2 范数闭单位球 $\|\boldsymbol{x}\|_2\leqslant 1$ 即为 $x_1^2+x_2^2+x_3^2\leqslant 1$; ∞ 范数单位球 $\|\boldsymbol{x}\|_\infty\leqslant 1$ 为正方体;1 范数单位球 $\|\boldsymbol{x}\|_1\leqslant 1$ 为 $|x_1|+|x_2|+|x_3|\leqslant 1$, 每个绝对值去掉后有正负两种符号,总共有 $2^3=8$ 种组合,对应八个面,因此对应的图形为正八面体.

例 5.1.11 **(椭圆范数)**若复矩阵 $\boldsymbol{A}>0$, 则对任意 $\boldsymbol{x}\in\mathbb{C}^n$, 由

$$\|\boldsymbol{x}\|_{\boldsymbol{A}}=\sqrt{\boldsymbol{x}^{\mathrm{H}}\boldsymbol{A}\boldsymbol{x}} \tag{5.1.9}$$

定义的 $\|\cdot\|_{\boldsymbol{A}}$ 是 $\mathbb{C}^n$ 上的向量范数.

证明: 当 $\boldsymbol{x}=\boldsymbol{0}$ 时, $\|\boldsymbol{x}\|_{\boldsymbol{A}}=\sqrt{\boldsymbol{0}^{\mathrm{H}}\boldsymbol{A}\boldsymbol{0}}=0$; 当 $\boldsymbol{x}\neq\boldsymbol{0}$ 时,由 $\boldsymbol{A}>0$ 可知 $\boldsymbol{x}^{\mathrm{H}}\boldsymbol{A}\boldsymbol{x}>0$, 即 $\|\boldsymbol{x}\|_{\boldsymbol{A}}>0$.

对任意 $k\in\mathbb{C}$, 有 $\|k\boldsymbol{x}\|_{\boldsymbol{A}}=\sqrt{(k\boldsymbol{x})^{\mathrm{H}}\boldsymbol{A}(k\boldsymbol{x})}=|k|\sqrt{\boldsymbol{x}^{\mathrm{H}}\boldsymbol{A}\boldsymbol{x}}=|k|\ \|\boldsymbol{x}\|_{\boldsymbol{A}}$.

由于 $\boldsymbol{A}>0$, 故由定理 4.2.11,存在可逆矩阵 $\boldsymbol{W}$, 使得 $\boldsymbol{A}=\boldsymbol{W}^{\mathrm{H}}\boldsymbol{W}$. 此时

$$\|\boldsymbol{x}\|_{\boldsymbol{A}}=\sqrt{\boldsymbol{x}^{\mathrm{H}}\boldsymbol{A}\boldsymbol{x}}=\sqrt{\boldsymbol{x}^{\mathrm{H}}\boldsymbol{W}^{\mathrm{H}}\boldsymbol{W}\boldsymbol{x}}=\sqrt{(\boldsymbol{W}\boldsymbol{x}, \boldsymbol{W}\boldsymbol{x})}=\|\boldsymbol{W}\boldsymbol{x}\|_2,$$

从而对任意 $\boldsymbol{x}, \boldsymbol{y}\in\mathbb{C}^n$, 有

$$\|\boldsymbol{x}+\boldsymbol{y}\|_{\boldsymbol{A}}=\|\boldsymbol{W}(\boldsymbol{x}+\boldsymbol{y})\|_2\leqslant\|\boldsymbol{W}\boldsymbol{x}\|_2+\|\boldsymbol{W}\boldsymbol{y}\|_2=\|\boldsymbol{x}\|_{\boldsymbol{A}}+\|\boldsymbol{y}\|_{\boldsymbol{A}},$$

即式(5.1.11)定义的 $\|\cdot\|_{\boldsymbol{A}}$ 是 $\mathbb{C}^n$ 上的向量范数.

从几何上看,范数 $\|\boldsymbol{x}\|_{\boldsymbol{A}}=\|\boldsymbol{W}\boldsymbol{x}\|_2$ 就是求像 $\boldsymbol{W}\boldsymbol{x}$ 的长度.特别地,如果 $\boldsymbol{W}=\mathrm{diag}(w_1, w_2, \cdots, w_n)$, 所求即为 $\|\boldsymbol{x}\|_{\boldsymbol{A}}=\|\boldsymbol{W}\boldsymbol{x}\|_2=(|w_1x_1|^2+|w_2x_2|^2+\cdots+|w_nx_n|^2)^{1/2}$, 因此称 $\|\boldsymbol{x}\|_{\boldsymbol{A}}$ 为向量 $\boldsymbol{x}$ 的**加权范数**(weighted norm)或**椭圆范数**(elliptic norm).如果 $\boldsymbol{W}$ 取更特殊的酉矩阵 $\boldsymbol{U}$，根据 2 范数的酉不变性，可得 $\|\boldsymbol{x}\|_{A}=\|\boldsymbol{Ux}\|_{2}=\|\boldsymbol{x}\|_{2}$.

注意到上述推导中只需要运算 $\boldsymbol{Wx}$ 成立即可，故矩阵 $\boldsymbol{W}$ 可放宽为列满秩矩阵.

上面用 2 范数定义了椭圆范数，这说明可以从已知范数构造出新的范数，而且因为正定 Hermite 矩阵是大量存在的，这就极大地扩展了范数的种类.例如，在现代控制理论中，称二次型函数 $\boldsymbol{V}(\boldsymbol{x})=\|\boldsymbol{x}\|_{\boldsymbol{P}}^{2}=\boldsymbol{x}^{\mathrm{H}}\boldsymbol{Px}$ 为李雅普诺夫(Lyapunov)函数，这里 $\boldsymbol{P}>0$. 众所周知，李雅普诺夫函数是讨论线性和非线性系统稳定性的重要工具.

例 5.1.12　**(模式分类问题)** 模式识别中的模式分类问题，指的是根据已知类型属性的观测样本的模式向量 $\boldsymbol{s}_1, \boldsymbol{s}_2, \cdots, \boldsymbol{s}_M$，判断未知类型属性的模式向量 $\boldsymbol{x}=(x_1, x_2, \cdots, x_n)^{\mathrm{T}}\in\mathbb{C}^n$ 归属于哪一类模式.其基本思想是测度 $\boldsymbol{x}$ 与模式样本向量 $\boldsymbol{s}_j\ (j=1, 2, \cdots, M)$ 的相似度，然后据此测度值作出判断.

最简单的一种方法是用两向量之间的距离来表示相似度，距离越小，相似度越大.最典型的距离测度是欧氏距离，即对任意 $\boldsymbol{x}=(x_1, x_2, \cdots, x_n)^{\mathrm{T}}$, $\boldsymbol{y}=(y_1, y_2, \cdots, y_n)^{\mathrm{T}}\in\mathbb{C}^n$，定义

$$d(\boldsymbol{x}, \boldsymbol{y})=\|\boldsymbol{x}-\boldsymbol{y}\|_2=\sqrt{(\boldsymbol{x}-\boldsymbol{y})^{\mathrm{H}}(\boldsymbol{x}-\boldsymbol{y})}=\left(\sum_{j=1}^{n}|x_j-y_j|^2\right)^{\frac{1}{2}}.$$

其他距离测度还包括：

(1) 绝对值距离(Manhantan 距离) $d(\boldsymbol{x}, \boldsymbol{y})=\|\boldsymbol{x}-\boldsymbol{y}\|_1=\sum\limits_{j=1}^{n}|x_j-y_j|$；

(2) 切氏(Chebyshev)距离 $d(\boldsymbol{x}, \boldsymbol{y})=\|\boldsymbol{x}-\boldsymbol{y}\|_{\infty}=\max\limits_{j}|x_j-y_j|$；

(3) 闵氏(Minkowski)距离 $d(\boldsymbol{x}, \boldsymbol{y})=\|\boldsymbol{x}-\boldsymbol{y}\|_m=\left(\sum\limits_{j=1}^{n}|x_j-y_j|^m\right)^{\frac{1}{m}}$；

(4) 马氏(Mahalanobis)距离 $d(\boldsymbol{x}, \boldsymbol{y})=\|\boldsymbol{x}-\boldsymbol{y}\|_{S^{-1}}=\sqrt{(\boldsymbol{x}-\boldsymbol{y})^{\mathrm{H}}\boldsymbol{S}^{-1}(\boldsymbol{x}-\boldsymbol{y})}$，这里 $\boldsymbol{x}, \boldsymbol{y}$ 是从总体 $N(\boldsymbol{\mu}, \boldsymbol{S})$ 中抽取的两个样本.如果 $\boldsymbol{x}, \boldsymbol{y}$ 来自两个数据集，则将 $\boldsymbol{S}$ 改为互协方差矩阵 $\boldsymbol{C}$.

更一般地，借助于基和坐标向量，可将线性空间 V 中的范数转化为 $\mathbb{F}^n$ 上的向量范数.

定理 5.1.1　设 V 是数域 $\mathbb{F}$ 上的线性空间，$\alpha_1, \alpha_2, \cdots, \alpha_n$ 为 V 的一组基，任意 $\alpha\in V$ 在这组基下的坐标向量为 $\boldsymbol{x}\in\mathbb{F}^n$，令

$$f(\alpha)=\|\boldsymbol{x}\|, \tag{5.1.10}$$

其中 $\|\boldsymbol{x}\|$ 为 $\mathbb{F}^n$ 上的向量范数,则 $f(\alpha)$ 是 V 上的范数.

证明: 对任意 $\alpha\in V$,若 $\alpha\neq\theta$,则 $\boldsymbol{x}\neq\mathbf{0}$,从而 $f(\alpha)=\|\boldsymbol{x}\|>0$;若 $\alpha=\theta$,则 $\boldsymbol{x}=\mathbf{0}$,从而 $f(\alpha)=\|\boldsymbol{x}\|=0$.

对任意 $k\in\mathbb{F}$,$k\alpha\in V$ 的坐标向量为 $k\boldsymbol{x}$,故

$$f(k\alpha)=\|k\boldsymbol{x}\|=|k|\,\|\boldsymbol{x}\|=|k|\,f(\alpha).$$

设任意 $\beta\in V$ 在基 $\alpha_1,\alpha_2,\cdots,\alpha_n$ 下的坐标向量为 $\boldsymbol{y}\in\mathbb{F}^n$,则 $\alpha+\beta$ 的坐标向量为 $\boldsymbol{x}+\boldsymbol{y}$,从而

$$f(\alpha+\beta)=\|\boldsymbol{x}+\boldsymbol{y}\|\leqslant\|\boldsymbol{x}\|+\|\boldsymbol{y}\|=f(\alpha)+f(\beta).$$

因此 $f(\alpha)$ 是 V 上的向量范数. 证毕.

显然式(5.1.10)可作为给一般的线性空间赋范的常见思路.

5.1.3 范数的等价性

在图 5-1 中,尽管几种范数对应的图形有差异,但它们都是封闭图形,都可以用一个圆心在原点的圆(2 范数意义下)来覆盖.这说明尽管各种范数大小不同,但作为度量用的不同“尺子”(测度),它们对外却表现出明显的一致性,正所谓“内斗外和”.这种性质就是范数的等价性.

定理 5.1.2(范数的等价性) 设 V 是数域 $\mathbb{F}$ 上的有限维线性空间,则 V 上的不同范数是等价的,即对任意 $\alpha\in V$ 及 V 上的任意范数 $f=f(\alpha)$ 和 $g=g(\alpha)$,必存在正数 c_1,c_2,使得

$$c_1g(\alpha)\leqslant f(\alpha)\leqslant c_2g(\alpha). \tag{5.1.11}$$

证明: 先证明等价性是可传递的.设 $\varphi(\alpha)$ 也为 V 上的范数,并且存在正数 c_1',c_2' 及 c_1'',c_2'',使得 $c_1'\varphi(\alpha)\leqslant f(\alpha)\leqslant c_2'\varphi(\alpha)$,$c_1''g(\alpha)\leqslant\varphi(\alpha)\leqslant c_2''g(\alpha)$,则 $c_1'c_1''g(\alpha)\leqslant f(\alpha)\leqslant c_2'c_2''g(\alpha)$.因此问题转化为对特殊的范数 $g(\alpha)$,证明式(5.1.11)成立即可.这让人自然想到了最熟悉的 2 范数.

设任意 $\alpha\in V$ 在 V 的一个基 $\alpha_1,\alpha_2,\cdots,\alpha_n$ 下的坐标向量为 $\boldsymbol{x}=(x_1,x_2,\cdots,x_n)^{\mathrm{T}}\in\mathbb{F}^n$,则由定理 5.1.1 可知 $f(\alpha)=\|\boldsymbol{x}\|$.对于特殊的 $g(\alpha)$,则有 $g(\alpha)=\|\boldsymbol{x}\|_2$.

下证 $f(\alpha)=\|\boldsymbol{x}\|$ 是连续函数.设任意 $\beta\in V$ 在 $\alpha_1,\alpha_2,\cdots,\alpha_n$ 下的坐标向量为 $\boldsymbol{y}=(y_1,y_2,\cdots,y_n)^{\mathrm{T}}\in\mathbb{F}^n$,则 $f(\beta)=\|\boldsymbol{y}\|$.由三角不等式以及柯西不等式,可得

$$
\begin{aligned}
|f(\alpha)-f(\beta)| &= |\,\|\boldsymbol{x}\|-\|\boldsymbol{y}\|\,| \leqslant \|\boldsymbol{x}-\boldsymbol{y}\| = \left\|\sum_{i=1}^{n}(x_i-y_i)\alpha_i\right\|, \\
&\leqslant \sum_{i=1}^{n}|x_i-y_i|\,\|\alpha_i\| \leqslant \sqrt{\sum_{i=1}^{n}\|\alpha_i\|^2}\sqrt{\sum_{i=1}^{n}|x_i-y_i|^2}.
\end{aligned}
$$

因此当$\boldsymbol{x}$，$\boldsymbol{y}$非常接近时，$f(\alpha)$，$f(\beta)$也非常接近，故$f(\alpha)=\|\boldsymbol{x}\|$是$\boldsymbol{x}$的连续函数.

根据多元连续函数的性质，在有界闭集$S=\{\boldsymbol{x}\in\mathbb{C}^n \mid \|\boldsymbol{x}\|_2=1\}$(即单位球面)上，函数$f(\alpha)=\|\boldsymbol{x}\|$可取到最大值$M$和最小值$m$，而且$m>0$(否则$\boldsymbol{x}=\boldsymbol{0}$，与$\boldsymbol{x}\in S$矛盾).

令$d=\|\boldsymbol{x}\|_2$，$\boldsymbol{z}=\dfrac{\boldsymbol{x}}{d}$，则$\|\boldsymbol{z}\|_2=\dfrac{1}{d}\|\boldsymbol{x}\|_2=1$，即$\boldsymbol{z}\in S$. 设$\boldsymbol{z}$是$\gamma\in V$在$\alpha_1$，$\alpha_2$，…，$\alpha_n$下的坐标向量，则范数$f(\gamma)=\|\boldsymbol{z}\|$满足$0<m\leqslant f(\boldsymbol{\gamma})=\|\boldsymbol{z}\|\leqslant M$. 又由于$\boldsymbol{x}=d\boldsymbol{z}$，从而

$$
f(\alpha)=\|\boldsymbol{x}\|=\|d\boldsymbol{z}\|=d\|\boldsymbol{z}\|=df(\gamma)=f(\gamma)g(\alpha),
$$

故有$mg(\alpha)\leqslant f(\alpha)\leqslant Mg(\alpha)$，即$f(\alpha)$与$g(\alpha)$等价.

注：(1) 范数的等价性对无限维线性空间未必成立.有兴趣的读者可对此进行深入研究.

(2) 根据范数的等价性，在处理问题(例如下一章的向量序列敛散性问题)时，可以基于一种范数来建立理论，而使用另一种范数来进行计算.

(3) 众所周知，统计学里的各种统计量是对原始数据不同方式的概括加工，以适应不同需求.类似地，向量范数(也包括矩阵范数)也是对向量所有元素构成的这堆原始数据的概括加工.

5.2　矩阵范数

5.2.1　矩阵范数的概念

对于矩阵，尽管可以从矩阵空间的内积来导出范数，但标准内积只有一种，其他内积则一时难以想象.但如果注意到$\mathbb{C}^n$中的向量是特殊的矩阵，同时一个$m\times n$阶的矩阵按列优先(或者按行优先)存储的话，也可以看成一个mn维向量，则不难想到将$\mathbb{C}^n$中的各种向量范数推广到相应的矩阵范数.

定义 5.2.1(矩阵范数) 对 $\mathbb{F}^{m\times n}$ 中的任意矩阵 $\boldsymbol{A}$，如果按照某种对应法则，都有一个非负实数 $\varphi(\boldsymbol{A})$ 与之对应，并且 $\varphi(\boldsymbol{A})$ 还满足下列三条性质(对任意 $\boldsymbol{A}, \boldsymbol{B}\in\mathbb{F}^{m\times n}$ 及任意 $\lambda\in\mathbb{F}$)：

(1) **(正定性)** $\varphi(\boldsymbol{A})\geqslant 0$，当且仅当 $\boldsymbol{A}=\boldsymbol{O}$ 时 $\varphi(\boldsymbol{A})=0$；

(2) **(正齐性)** $\varphi(\lambda\boldsymbol{A})=|\lambda|\varphi(\boldsymbol{A})$；

(3) **(三角不等式)** $\varphi(\boldsymbol{A}+\boldsymbol{B})\leqslant\varphi(\boldsymbol{A})+\varphi(\boldsymbol{B})$.

则称 $\varphi(\boldsymbol{A})$ 是矩阵 $\boldsymbol{A}$ 的**(广义)矩阵范数**(matrix norm)，记为 $\|\boldsymbol{A}\|_{\varphi}$. 在不致混淆的情况下，则简记为 $\|\boldsymbol{A}\|$.

显然映射 φ 将矩阵 $\boldsymbol{A}$ 映射为非负实数 $\varphi(\boldsymbol{A})=\|\boldsymbol{A}\|$，即 $\varphi: \boldsymbol{A}\mapsto\varphi(\boldsymbol{A})=\|\boldsymbol{A}\|$.

类比 $\mathbb{C}^n$ 上的向量范数，自然可猜想到 $\mathbb{C}^{m\times n}$ 上如下形式的相应矩阵范数.

例 5.2.1 (m_1 范数)对任意 $\boldsymbol{A}=(a_{ij})\in\mathbb{C}^{m\times n}$，由

$$\varphi(\boldsymbol{A})=\sum_{i=1}^{m}\sum_{j=1}^{n}|a_{ij}| \tag{5.2.1}$$

定义的 $\varphi(\boldsymbol{A})$ 是 $\mathbb{C}^{m\times n}$ 上的矩阵范数，称为矩阵 $\boldsymbol{A}$ 的 **m_1 范数**，记为 $\|\boldsymbol{A}\|_{m_1}$.

证明：正定性和齐次性是显然的.下证三角不等式.设任意 $\boldsymbol{B}=(b_{ij})\in\mathbb{C}^{m\times n}$，则

$$\begin{aligned}\varphi(\boldsymbol{A}+\boldsymbol{B})&=\sum_{i=1}^{m}\sum_{j=1}^{n}|a_{ij}+b_{ij}|\leqslant\sum_{i=1}^{m}\sum_{j=1}^{n}(|a_{ij}|+|b_{ij}|)\\&=\sum_{i=1}^{m}\sum_{j=1}^{n}|a_{ij}|+\sum_{i=1}^{m}\sum_{j=1}^{n}|b_{ij}|=\varphi(\boldsymbol{A})+\varphi(\boldsymbol{B}).\end{aligned}$$

因此 $\|\boldsymbol{A}\|_{m_1}$ 是矩阵范数.

例 5.2.2 (m_∞ 范数) 对任意 $\boldsymbol{A}=(a_{ij})\in\mathbb{C}^{m\times n}$，由

$$\varphi(\boldsymbol{A})=\max_{1\leqslant i\leqslant m,\ 1\leqslant j\leqslant n}|a_{ij}| \tag{5.2.2}$$

定义的 $\varphi(\boldsymbol{A})$ 是 $\mathbb{C}^{m\times n}$ 上的矩阵范数，称为矩阵 $\boldsymbol{A}$ 的 **m_∞ 范数**，记为 $\|\boldsymbol{A}\|_{m_\infty}$.

证明：留作练习.

例 5.2.3 (F 范数)对任意 $\boldsymbol{A}=(a_{ij})\in\mathbb{C}^{m\times n}$，类比式(5.1.4)和式(3.3.4)，可定义

$$\varphi(\boldsymbol{A})=\left(\sum_{i=1}^{m}\sum_{j=1}^{n}|a_{ij}|^2\right)^{\frac{1}{2}}=\sqrt{(\boldsymbol{A},\boldsymbol{A})}=(\operatorname{tr}(\boldsymbol{A}^{\mathrm{H}}\boldsymbol{A}))^{\frac{1}{2}}, \tag{5.2.3}$$

则 $\varphi(\boldsymbol{A})$ 是 $\mathbb{C}^{m\times n}$ 上的矩阵范数，称为矩阵 $\boldsymbol{A}$ 的 **Frobenius 范数**(简称 **F 范数**)或 **m_2 范数**，记为 $\|\boldsymbol{A}\|_F$ 或 $\|\boldsymbol{A}\|_{m_2}$.

证明： 正定性和齐次性是显然的.三角不等式即为 $p=2$ 时的 Minkowski 不等式.

注：(1) 由于 $\|\boldsymbol{A}\|_F^2=\sum_{j=1}^{n}\|\boldsymbol{\alpha}_j\|_2^2$，这里 $\boldsymbol{\alpha}_j$ 为 $\boldsymbol{A}$ 的第 j 列 $(j=1,2,\cdots,n)$，因此 F 范数也被称为 **Euclid 范数**.特别地，当 $n=1$ 时 F 范数退化为 $\mathbb{C}^m$ 上的 Euclid 范数.

(2) 显然 $\|\boldsymbol{A}^{\mathrm{H}}\|_F=\|\boldsymbol{A}^{\mathrm{T}}\|_F=\|\bar{\boldsymbol{A}}\|_F=\|\boldsymbol{A}\|_F$.

不妨将上述三种矩阵范数统称为矩阵的 **m 范数**(系列).显然，当 $n=1$ 时，矩阵的 m_1 范数、m_∞ 范数和 m_2 范数分别退化成了向量的 1 范数、∞ 范数和 2 范数.这其实就是前文将向量范数推广到矩阵 m 范数的出发点.

例 5.2.4　求矩阵 $\boldsymbol{A}=\begin{pmatrix}1 & 2\mathrm{i}\\ 3 & 4\mathrm{i}\end{pmatrix}$ 的三种 m 范数.

解： $\|\boldsymbol{A}\|_{m_1}=|1|+|2\mathrm{i}|+|3|+|4\mathrm{i}|=10$,

$\|\boldsymbol{A}\|_{m_\infty}=\max(|1|,|2\mathrm{i}|,|3|,|4\mathrm{i}|)=4$,

$\|\boldsymbol{A}\|_F=\sqrt{|1|^2+|2\mathrm{i}|^2+|3|^2+|4\mathrm{i}|^2}=\sqrt{30}$.

或者：$\boldsymbol{A}^{\mathrm{H}}\boldsymbol{A}=\begin{pmatrix}10 & 14\mathrm{i}\\ -14\mathrm{i} & 20\end{pmatrix}$，$\|\boldsymbol{A}\|_F=\sqrt{\mathrm{tr}(\boldsymbol{A}^{\mathrm{H}}\boldsymbol{A})}=\sqrt{30}$.

MATLAB 的内置函数 norm 也可用于计算矩阵 $\boldsymbol{A}$ 的 F 范数，调用格式为 `norm(A,'fro')`.至于另外两个 m 范数，可通过简单的编程来解决.

本例的 MATLAB 代码实现，详见本书配套程序 exm502.

5.2.2　算子范数及范数的相容性

矩阵即变换.矩阵不仅是向量的推广，还可以看成变换或算子.事实上，从算子或变换的角度来定义范数，能让人更深刻地理解矩阵范数.

定义 5.2.2(算子范数)　对任意 $\boldsymbol{A}\in\mathbb{F}^{m\times n}$，非负实数 $\varphi(\boldsymbol{A})$ 表示变换 $\boldsymbol{A}$ 可以“拉伸”任意向量 $\boldsymbol{x}\in\mathbb{F}^n$ 的最大倍数，也就是使不等式

$$u(\boldsymbol{A}\boldsymbol{x})\leqslant cv(\boldsymbol{x}) \tag{5.2.4}$$

成立的最小非负实数 c，其中 u，v 都为向量范数.称 φ 为向量范数 u 和 v **诱导出的矩阵范数**，简称**诱导范数**(induced norm)，也称**算子范数**(operator norm)，记为 $\|\boldsymbol{A}\|_{u,v}$.特别地，当 u 与 v 相同时，称算子范数 φ 为向量范数 u 诱导出的矩阵范数，记为 $\|\boldsymbol{A}\|_u$.在不致混淆的情况下，$\|\boldsymbol{A}\|_{u,v}$ 和 $\|\boldsymbol{A}\|_u$ 都可简记为 $\|\boldsymbol{A}\|$.

由矩阵范数的正齐性,可知 $\boldsymbol{A}$ 的作用是由它对(某个向量范数意义下的)单位向量的作用所决定的,因此可以等价地用单位向量在 $\boldsymbol{A}$ 作用下的像来定义算子范数,即

$$\varphi(\boldsymbol{A})=\max_{0\neq x}\frac{u(\boldsymbol{Ax})}{v(\boldsymbol{x})}=\max_{v(x)=1}u(\boldsymbol{Ax}).$$

若用 $\|\boldsymbol{x}\|_u$ 表示向量范数 $u(\boldsymbol{x})$, $\|\boldsymbol{x}\|_v$ 表示向量范数 $v(\boldsymbol{x})$,则上式也就是

$$\|\boldsymbol{A}\|=\max_{0\neq x}\frac{\|\boldsymbol{Ax}\|_u}{\|\boldsymbol{x}\|_v}=\max_{\|x\|_v=1}\|\boldsymbol{Ax}\|_u. \tag{5.2.5}$$

特别地,当 u 与 v 相同时,有

$$\|\boldsymbol{A}\|=\max_{0\neq x}\frac{\|\boldsymbol{Ax}\|_u}{\|\boldsymbol{x}\|_u}=\max_{\|x\|_u=1}\|\boldsymbol{Ax}\|_u. \tag{5.2.6}$$

从几何上看式(5.2.5),可知矩阵范数 $\|\boldsymbol{A}\|$ 反映了线性映射 $\boldsymbol{A}$ 把一个向量 $\boldsymbol{x}$ 映射为另一个向量 $\boldsymbol{Ax}$ 后,向量"长度"缩放比例的上界.

注意到 $\|\boldsymbol{A}\|\geqslant\frac{\|\boldsymbol{Ax}\|_u}{\|\boldsymbol{x}\|_v}$,即 $\|\boldsymbol{Ax}\|_u\leqslant\|\boldsymbol{A}\|\ \|\boldsymbol{x}\|_v$,这自然让人猜想矩阵乘积的范数不超过范数的乘积.考虑到矩阵乘法在矩阵运算中的重要地位,因此讨论矩阵范数时一般要附加下面的**相容性条件**.

定义 5.2.3(矩阵范数的相容性) 对任意 $\boldsymbol{A}\in\mathbb{F}^{m\times n}$, $\boldsymbol{B}\in\mathbb{F}^{n\times p}$ 及矩阵范数 ϕ, φ, γ,如果

$$\phi(\boldsymbol{AB})\leqslant\varphi(\boldsymbol{A})\gamma(\boldsymbol{B}), \tag{5.2.7}$$

也就是

$$\|\boldsymbol{AB}\|_\phi\leqslant\|\boldsymbol{A}\|_\varphi\|\boldsymbol{B}\|_\gamma, \tag{5.2.8}$$

则称矩阵范数 ϕ, φ 和 γ 是**相容的**(compatible).特别地,当矩阵范数 ϕ, φ 和 γ 相同时,式(5.2.8)就变成了

$$\|\boldsymbol{AB}\|_\varphi\leqslant\|\boldsymbol{A}\|_\varphi\|\boldsymbol{B}\|_\varphi. \tag{5.2.9}$$

此时称矩阵范数 φ 是**自相容的矩阵范数**,简称**相容矩阵范数**(compatible matrix norm).

另外,在式(5.2.8)中,如果矩阵 $\boldsymbol{B}$ 退化为列向量 $\boldsymbol{x}$,矩阵范数 ϕ, γ 退化为同一个向量范数 u 时,则得

$$\| Ax \|_u \leqslant \| A \|_\varphi \| x \|_u. \tag{5.2.10}$$

此时称**矩阵范数 φ 与向量范数 u 是相容的.**

按相容性条件来重新审查矩阵的三种 m 范数,可得到下述发现.

定理 5.2.1　矩阵的 m_1 范数和 F 范数都是相容矩阵范数,即对任意 $\boldsymbol{A} \in \mathbb{C}^{m\times n}$, $\boldsymbol{B} \in \mathbb{C}^{n\times p}$,有

$$\| \boldsymbol{AB} \|_{m_1} \leqslant \| \boldsymbol{A} \|_{m_1} \| \boldsymbol{B} \|_{m_1},\ \| \boldsymbol{AB} \|_F \leqslant \| \boldsymbol{A} \|_F \| \boldsymbol{B} \|_F. \tag{5.2.11}$$

证明: $\| \boldsymbol{AB} \|_{m_1} = \sum_{i=1}^m \sum_{j=1}^p \left| \sum_{k=1}^n a_{ik} b_{kj} \right| \leqslant \sum_{i=1}^m \sum_{j=1}^p \left(\sum_{k=1}^n | a_{ik} \| b_{kj} | \right)$ (绝对值不等式)

$$\begin{aligned}
&\leqslant \sum_{i=1}^m \sum_{j=1}^p \left[\left(\sum_{k=1}^n | a_{ik} | \right) \left(\sum_{k=1}^n | b_{kj} | \right) \right] \text{(Cauchy-Schwartz 不等式)} \\
&= \sum_{i=1}^m \left[\left(\sum_{k=1}^n | a_{ik} | \right) \left(\sum_{j=1}^p \sum_{k=1}^n | b_{kj} | \right) \right] \left(\sum_{k=1}^n | a_{ik} | \text{与 } j \text{ 无关,外提} \right) \\
&= \left(\sum_{i=1}^m \sum_{k=1}^n | a_{ik} | \right) \left(\sum_{j=1}^p \sum_{k=1}^n | b_{kj} | \right) \left(\sum_{j=1}^p \sum_{k=1}^n | b_{kj} | \text{与 } i \text{ 无关,外提} \right) \\
&= \| \boldsymbol{A} \|_{m_1} \| \boldsymbol{B} \|_{m_1}.
\end{aligned}$$

不难发现处理 F 范数的平方比直接处理 F 范数更方便.由于

$$\begin{aligned}
\| \boldsymbol{AB} \|_F^2 &= \sum_{i=1}^m \sum_{j=1}^p \left(\left| \sum_{k=1}^n a_{ik} b_{kj} \right|^2 \right) \leqslant \sum_{i=1}^m \sum_{j=1}^p \left(\sum_{k=1}^n | a_{ik} \| b_{kj} | \right)^2 \text{(绝对值不等式)} \\
&\leqslant \sum_{i=1}^m \sum_{j=1}^p \left[\left(\sum_{k=1}^n | a_{ik} |^2 \right) \left(\sum_{k=1}^n | b_{kj} |^2 \right) \right] \text{(Cauchy-Schwartz 不等式)} \\
&= \sum_{i=1}^m \sum_{k=1}^n | a_{ik} |^2 \cdot \sum_{j=1}^p \sum_{k=1}^n | b_{kj} |^2 \text{(外提)} \\
&= \| \boldsymbol{A} \|_F^2 \| \boldsymbol{B} \|_F^2, \text{故 } \| \boldsymbol{AB} \|_F \leqslant \| \boldsymbol{A} \|_F \| \boldsymbol{B} \|_F.
\end{aligned}$$

注: 矩阵的 m_∞ 范数不满足相容性条件.例如,当 $\boldsymbol{A} = \begin{pmatrix} 1 & 1 \\ 1 & 1 \end{pmatrix}$ 时,就有

$$\| \boldsymbol{A}^2 \|_{m_\infty} = \| 2\boldsymbol{A} \|_{m_\infty} = 2 > 1 = \| \boldsymbol{A} \|_{m_\infty}^2.$$

要使 m_∞ 范数也满足相容性条件,可以**修正其定义为**

$$\| \boldsymbol{A} \|_{m_\infty} = n \max_{1\leqslant i\leqslant m,\ 1\leqslant j\leqslant n} | a_{ij} |, \tag{5.2.12}$$

可以证明,按式(5.2.12)重新定义的 m_∞ 范数满足相容性条件(证明留作练习).因此

今后提到矩阵的 m_∞ 范数,一律需按新定义(5.2.12)来处理.

从亲缘关系上看,不难理解矩阵的某个 m 范数应该与相应的向量范数相容.这里给出 F 范数的证明,其他的留作习题.

定理 5.2.2 $\mathbb{C}^{m\times n}$ 上的 F 范数与 $\mathbb{C}^n$ 上的 2 范数是相容的.

证明:

$$\begin{aligned}\|\boldsymbol{Ax}\|_2^2&=\sum_{i=1}^{m}\left|\sum_{j=1}^{n}a_{ij}x_j\right|^2\leqslant\sum_{i=1}^{m}\left(\sum_{j=1}^{n}|a_{ij}||x_j|\right)^2\\&\leqslant\sum_{i=1}^{m}\left[\left(\sum_{j=1}^{n}|a_{ij}|^2\right)\left(\sum_{j=1}^{n}|x_j|^2\right)\right]\text{(Cauchy-Schwartz 不等式)}\\&=\left(\sum_{i=1}^{m}\sum_{j=1}^{n}|a_{ij}|^2\right)\left(\sum_{j=1}^{n}|x_j|^2\right)=\|\boldsymbol{A}\|_F^2\|\boldsymbol{x}\|_2^2,\end{aligned}$$

即 $\|\boldsymbol{Ax}\|_2\leqslant\|\boldsymbol{A}\|_F\|\boldsymbol{x}\|_2$.

5.2.3 算子范数的表示

根据算子范数的定义式(5.2.6),当向量范数 u 分别取 1 范数、2 范数、∞ 范数时,可分别诱导出与之相容的矩阵范数 φ,分别称为矩阵的 1 范数、2 范数、∞ 范数,并分别记为 $\|\boldsymbol{A}\|_1$、$\|\boldsymbol{A}\|_2$、$\|\boldsymbol{A}\|_\infty$.

下面先来推导 $\mathbb{C}^{m\times n}$ 上的 $\|\boldsymbol{A}\|_1$ 和 $\|\boldsymbol{A}\|_\infty$ 的表示定理.

设任意矩阵 $\boldsymbol{A}=(\boldsymbol{\alpha}_1,\cdots,\boldsymbol{\alpha}_n)\in\mathbb{C}^{m\times n}$,考虑向量 1 范数单位球

$$S=\{\boldsymbol{x}=(x_1,\cdots,x_n)^{\mathrm{T}}\in\mathbb{C}^n\mid\|\boldsymbol{x}\|_1=1\}$$

中任意向量 $\boldsymbol{x}$ 在 $\boldsymbol{A}$ 下的像 $\boldsymbol{Ax}$,由于 $\|\boldsymbol{\alpha}_j\|_1\leqslant\max\limits_{1\leqslant j\leqslant n}\|\boldsymbol{\alpha}_j\|_1$,则

$$\begin{aligned}\|\boldsymbol{Ax}\|_1&=\left\|\sum_{j=1}^{n}x_j\boldsymbol{\alpha}_j\right\|_1\leqslant\sum_{j=1}^{n}(|x_j|\,\|\boldsymbol{\alpha}_j\|_1)\text{(三角不等式和正齐性)}\\&\leqslant\left(\max_{1\leqslant j\leqslant n}\|\boldsymbol{\alpha}_j\|_1\right)\left(\sum_{j=1}^{n}|x_j|\right)=\left(\max_{1\leqslant j\leqslant n}\|\boldsymbol{\alpha}_j\|_1\right)\|\boldsymbol{x}\|_1=\max_{1\leqslant j\leqslant n}\|\boldsymbol{\alpha}_j\|_1,\end{aligned}$$

即有 $\|\boldsymbol{Ax}\|_1\leqslant\max\limits_{1\leqslant j\leqslant n}\|\boldsymbol{\alpha}_j\|_1$.

如果有 $\max\limits_{1\leqslant j\leqslant n}\|\boldsymbol{\alpha}_j\|_1=\|\boldsymbol{\alpha}_k\|_1$,则选取 $\boldsymbol{x}=\boldsymbol{e}_k$,此时由 $\|\boldsymbol{e}_k\|_1=1$,可得

$$\|\boldsymbol{Ae}_k\|_1=\|\boldsymbol{\alpha}_k\|_1=\max_{1\leqslant j\leqslant n}\|\boldsymbol{\alpha}_j\|_1.$$

因此 $\|\boldsymbol{A}\|_1=\max\limits_{1\leqslant j\leqslant n}\|\boldsymbol{\alpha}_j\|_1=\max\limits_{1\leqslant j\leqslant n}\sum\limits_{i=1}^{m}|a_{ij}|$,即 $\|\boldsymbol{A}\|_1$ 是 $\boldsymbol{A}$ 的各个列向量的 1 范数

的最大值，所以矩阵的1范数又称**列和范数**(column sum norm).

类似地，可得 $\|A\|_\infty=\max\limits_{1\leqslant i\leqslant m}\sum\limits_{j=1}^{n}|a_{ij}|$，即 $\|A\|_\infty$ 是 A 的各个行向量的1范数的最大值，所以矩阵的 ∞ 范数又称**行和范数**(row sum norm).

事实上，三种算子范数具有如下的表示定理.

定理 5.2.3(算子范数的表示定理)　对 $\mathbb{C}^{m\times n}$ 中的任意矩阵 A，有

$$\|A\|_1=\max_{1\leqslant j\leqslant n}\sum_{i=1}^{m}|a_{ij}|, \tag{5.2.13}$$

$$\|A\|_\infty=\max_{1\leqslant i\leqslant m}\sum_{j=1}^{n}|a_{ij}|, \tag{5.2.14}$$

$$\|A\|_2=\sqrt{\lambda_{\max}(A^{H}A)}. \tag{5.2.15}$$

证明： 前两个矩阵范数的表达式前文已证.下证矩阵2范数的表达式.

由于 $B=A^{H}A\geqslant 0$，故有谱分解 $U^{H}BU=\Lambda=\mathrm{diag}(\lambda_1,\cdots,\lambda_n)$，且 $\lambda_1\geqslant\cdots\lambda_n\geqslant 0$，则对于任意的2范数单位向量 $x\in\mathbb{C}^n$（即 $\|x\|_2=1$），必有 $x=Uz$，故 $1=\|x\|_2=\|Uz\|_2=\|z\|_2$，且

$$\begin{aligned}\|Ax\|_2^2&=x^{H}Bx=z^{H}U^{H}BUz=z^{H}\Lambda z=\lambda_1z_1\bar{z}_1+\cdots+\lambda_nz_n\bar{z}_n\\&\leqslant\lambda_1(z_1\bar{z}_1+\cdots+z_n\bar{z}_n)=\lambda_1\|z\|_2^2=\lambda_1,\end{aligned}$$

所以 $\|A\|_2=\max\limits_{\|x\|_2=1}\|Ax\|_2\leqslant\sqrt{\lambda_1}$.

注意到 $\|u_1\|_2=1$，且 $\|Au_1\|_2=u_1^{H}Bu_1=u_1^{H}\lambda_1u_1=\lambda_1$. 因此

$$\|A\|_2=\max_{\|x\|_2=1}\|Ax\|_2=\sqrt{\lambda_1}=\sqrt{\lambda_{\max}(A^{H}A)}.$$

注： (1) 矩阵的2范数涉及到特征值，故又称**谱范数**(spectral norm).

(2) 当矩阵 A 退化为列向量 $x\in\mathbb{C}^n$ 时，不难发现矩阵范数 $\|A\|_1$ 与向量范数 $\|x\|_1$ 一致，$\|A\|_\infty$ 与 $\|x\|_\infty$ 一致，同时 $x^{H}x$ 是一阶矩阵，特征值为其本身，故 $\|A\|_2=\sqrt{x^{H}x}$ 与 $\|x\|_2$ 也一致.

同样可以从几何上直观理解这三种算子范数.

例 5.2.5　分别求矩阵 $A=\begin{pmatrix}1&2\\0&2\end{pmatrix}$ 的三种算子范数，并考察对应的三种向量范数单位圆 $S=\{x\in\mathbb{C}^2\mid\|x\|=1\}$ 在矩阵 A 作用下的效果.

解: 计算可知 $\|\boldsymbol{A}\|_1=4$，$\|\boldsymbol{A}\|_\infty=3$，$\|\boldsymbol{A}\|_2=\sqrt{\frac{1}{2}(9+\sqrt{65})}\approx 2.920\,8$.

对 $\boldsymbol{e}_1=\begin{pmatrix}1\\0\end{pmatrix}$，$\boldsymbol{e}_2=\begin{pmatrix}0\\1\end{pmatrix}$，$\boldsymbol{e}_3=\boldsymbol{e}_1+\boldsymbol{e}_2=\begin{pmatrix}1\\1\end{pmatrix}$，有 $\boldsymbol{A}\boldsymbol{e}_1=\boldsymbol{e}_1$，$\boldsymbol{A}\boldsymbol{e}_2=\begin{pmatrix}2\\2\end{pmatrix}$，$\boldsymbol{A}\boldsymbol{e}_3=\begin{pmatrix}3\\2\end{pmatrix}$.

$\|\boldsymbol{e}_1\|_1=\|\boldsymbol{e}_1\|_2=\|\boldsymbol{e}_1\|_\infty=1$，$\|\boldsymbol{e}_2\|_1=\|\boldsymbol{e}_2\|_\infty=1$，$\|\boldsymbol{e}_3\|_\infty=1$；

$\|\boldsymbol{A}\boldsymbol{e}_1\|_1=\|\boldsymbol{e}_1\|_1$，$\|\boldsymbol{A}\boldsymbol{e}_2\|_1=\|(2,2)^{\mathrm{T}}\|_1=\|\boldsymbol{A}\|_1\|\boldsymbol{e}_2\|_1$；

$\|\boldsymbol{A}\boldsymbol{e}_1\|_2=\|\boldsymbol{e}_1\|_2$，$\|\boldsymbol{A}\boldsymbol{e}_2\|_2=\|(2,2)^{\mathrm{T}}\|_2=2\sqrt{2}\approx\|\boldsymbol{A}\|_2\|\boldsymbol{e}_2\|_2$；

$\|\boldsymbol{A}\boldsymbol{e}_2\|_\infty=\|(2,2)^{\mathrm{T}}\|_\infty=2\|\boldsymbol{e}_2\|_\infty$，$\|\boldsymbol{A}\boldsymbol{e}_3\|_\infty=\|\boldsymbol{A}\|_\infty\|\boldsymbol{e}_3\|_\infty$.

三种向量范数下的闭单位圆 S 在矩阵 $\boldsymbol{A}$ 作用下的相应效果如图 5-2 所示.

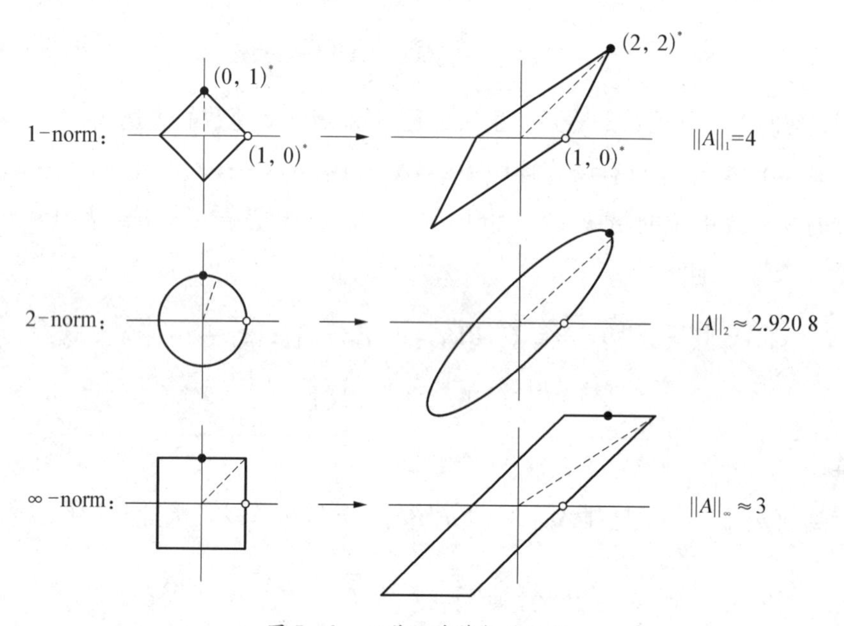

图 5-2　三种矩阵范数的效果

MATLAB 的内置函数 norm 同样可用于计算矩阵 $\boldsymbol{A}$ 的算子范数，调用格式分别为

`norm(A, 1)`，`norm(A,2)`，`norm(A,'inf')`，

其中，`norm(A,2)` 常缺省为 `norm(A)`.

本例的 MATLAB 代码实现，详见本书配套程序 exm503.

5.2.4　矩阵范数的性质

矩阵范数作为定义在矩阵空间 $\mathbb{C}^{m\times n}$ 上的范数，自然也存在等价性.

定理 5.2.4(矩阵范数的等价性) 对任意$\boldsymbol{A} \in \mathbb{C}^{m\times n}$，设$\varphi$和$\varphi$是$\mathbb{C}^{m\times n}$上的两个矩阵范数，则必存在正数$c_1$，$c_2$，使得

$$c_1\phi(\boldsymbol{A}) \leqslant \varphi(\boldsymbol{A}) \leqslant c_2\phi(\boldsymbol{A}). \tag{5.2.16}$$

证明：仿照定理 5.1.13 的证明过程，证明任意两个矩阵范数都与m_∞范数等价即可.

定理 5.2.5(谱范数的性质) $\mathbb{C}^{m\times n}$上的谱范数具有下列性质：

(1) $\|\boldsymbol{A}\|_2 = \max\limits_{\|\boldsymbol{x}\|_2=\|\boldsymbol{y}\|_2=1} |\boldsymbol{y}^{\mathrm{H}}\boldsymbol{A}\boldsymbol{x}|$，其中任意$\boldsymbol{x} \in \mathbb{C}^n$，$\boldsymbol{y} \in \mathbb{C}^m$且$\|\boldsymbol{x}\|_2 = \|\boldsymbol{y}\|_2 = 1$；

(2) $\|\boldsymbol{A}^{\mathrm{H}}\|_2 = \|\boldsymbol{A}^{\mathrm{T}}\|_2 = \|\bar{\boldsymbol{A}}\|_2 = \|\boldsymbol{A}\|_2$；

(3) $\|\boldsymbol{A}^{\mathrm{H}}\boldsymbol{A}\|_2 = \|\boldsymbol{A}\boldsymbol{A}^{\mathrm{H}}\|_2 = \|\boldsymbol{A}\|_2^2$.

证明：(1) 由 Cauchy-Schwartz 不等式，并注意到相容性，可得

$$|\boldsymbol{y}^{\mathrm{H}}\boldsymbol{A}\boldsymbol{x}| \leqslant \|\boldsymbol{y}\|_2\|\boldsymbol{A}\boldsymbol{x}\|_2 = \|\boldsymbol{A}\boldsymbol{x}\|_2 \leqslant \|\boldsymbol{A}\|_2\|\boldsymbol{x}\|_2 = \|\boldsymbol{A}\|_2.$$

设有$\boldsymbol{x}_0 \in \mathbb{F}^n$且$\|\boldsymbol{x}_0\|_2 = 1$使得$\|\boldsymbol{A}\boldsymbol{x}_0\|_2 = \|\boldsymbol{A}\|_2$，令$d = \|\boldsymbol{A}\boldsymbol{x}_0\|_2$，$\boldsymbol{y}_0 = d^{-1}\boldsymbol{A}\boldsymbol{x}_0$，则$\|\boldsymbol{y}_0\|_2 = 1$，且

$$|\boldsymbol{y}_0^{\mathrm{H}}\boldsymbol{A}\boldsymbol{x}_0| = d^{-1}(\boldsymbol{A}\boldsymbol{x}_0)^{\mathrm{H}}(\boldsymbol{A}\boldsymbol{x}_0) = d^{-1}\|\boldsymbol{A}\boldsymbol{x}_0\|_2^2 = \|\boldsymbol{A}\boldsymbol{x}_0\|_2 = \|\boldsymbol{A}\|_2,$$

因此$\|\boldsymbol{A}\|_2 = \max\limits_{\|\boldsymbol{x}\|_2=\|\boldsymbol{y}\|_2=1} |\boldsymbol{y}^{H}\boldsymbol{A}\boldsymbol{x}|$，$\boldsymbol{x} \in \mathbb{C}^n$，$\boldsymbol{y} \in \mathbb{C}^m$.

(2) 令$z = \boldsymbol{y}^{\mathrm{H}}\boldsymbol{A}\boldsymbol{x}$，则$\bar{z} = z^{\mathrm{H}} = (\boldsymbol{y}^{\mathrm{H}}\boldsymbol{A}\boldsymbol{x})^{\mathrm{H}} = \boldsymbol{x}^{\mathrm{H}}\boldsymbol{A}^{\mathrm{H}}\boldsymbol{y}$且$|\bar{z}| = |z|$，故由(1)可知

$$\begin{aligned}\|\boldsymbol{A}^{\mathrm{H}}\|_2 &= \max_{\|\boldsymbol{x}\|_2=\|\boldsymbol{y}\|_2=1} |\boldsymbol{y}^{\mathrm{H}}\boldsymbol{A}^{\mathrm{H}}\boldsymbol{x}| = \max_{\|\boldsymbol{y}\|_2=\|\boldsymbol{x}\|_2=1} |\boldsymbol{x}^{\mathrm{H}}\boldsymbol{A}^{\mathrm{H}}\boldsymbol{y}| \\ &= \max_{\|\boldsymbol{x}\|_2=\|\boldsymbol{y}\|_2=1} |\boldsymbol{y}^{\mathrm{H}}\boldsymbol{A}\boldsymbol{x}| = \|\boldsymbol{A}\|_2,\end{aligned}$$

$$\begin{aligned}\|\bar{\boldsymbol{A}}\|_2 &= \max_{\|\bar{\boldsymbol{x}}\|_2=\|\bar{\boldsymbol{y}}\|_2=1} |\bar{\boldsymbol{y}}^{\mathrm{H}}\bar{\boldsymbol{A}}\bar{\boldsymbol{x}}| = \max_{\|\boldsymbol{x}\|_2=\|\boldsymbol{y}\|_2=1} |\overline{\boldsymbol{y}^{\mathrm{H}}\boldsymbol{A}\boldsymbol{x}}| \\ &= \max_{\|\boldsymbol{x}\|_2=\|\boldsymbol{y}\|_2=1} |\boldsymbol{y}^{\mathrm{H}}\boldsymbol{A}\boldsymbol{x}| = \|\boldsymbol{A}\|_2,\end{aligned}$$

$$\|\boldsymbol{A}\|_2 = \|\boldsymbol{A}^{\mathrm{H}}\|_2 = \|\overline{\boldsymbol{A}^{\mathrm{H}}}\|_2 = \|\boldsymbol{A}^{\mathrm{T}}\|_2.$$

(3) 设有向量$\boldsymbol{x}_0 \in \mathbb{C}^n$且$\|\boldsymbol{x}_0\|_2 = 1$使得$\|\boldsymbol{A}\boldsymbol{x}_0\|_2 = \|\boldsymbol{A}\|_2$，则

$$\|\boldsymbol{A}^{\mathrm{H}}\boldsymbol{A}\|_2 = \max_{\|\boldsymbol{x}_0\|_2=1} |\boldsymbol{x}_0^{\mathrm{H}}\boldsymbol{A}^{\mathrm{H}}\boldsymbol{A}\boldsymbol{x}_0| = \max_{\|\boldsymbol{x}_0\|_2=1} \|\boldsymbol{A}\boldsymbol{x}_0\|_2^2 = \|\boldsymbol{A}\|_2^2.$$

上式中以$\boldsymbol{A}^{\mathrm{H}}$代$\boldsymbol{A}$并结合(2)，则有$\|\boldsymbol{A}\boldsymbol{A}^{\mathrm{H}}\|_2 = \|\boldsymbol{A}^{\mathrm{H}}\|_2^2 = \|\boldsymbol{A}\|_2^2$. 证毕.

向量的 Euclid 范数具有酉不变性，F 范数和谱范数作为它的两个推广是否也保留了

酉不变性呢？结论如下：

定理 5.2.6(矩阵范数的酉不变性) $\mathbb{C}^{m\times n}$ 上的 F 范数和谱范数都是酉不变的，即对任意 $\boldsymbol{A}\in\mathbb{C}^{m\times n}$，$m$ 阶酉矩阵 $\boldsymbol{U}$ 及 n 阶酉矩阵 $\boldsymbol{V}$，均有

$$\|\boldsymbol{UAV}\|_F=\|\boldsymbol{A}\|_F,\ \|\boldsymbol{UAV}\|_2=\|\boldsymbol{A}\|_2. \tag{5.2.17}$$

特别地，有

$$\|\boldsymbol{UA}\|_F=\|\boldsymbol{AV}\|_F=\|\boldsymbol{A}\|_F,\ \|\boldsymbol{UA}\|_2=\|\boldsymbol{AV}\|_2=\|\boldsymbol{A}\|_2. \tag{5.2.18}$$

证法一： 由式(5.2.3)以及迹的性质，有

$$\begin{aligned}\|\boldsymbol{UAV}\|_F^2&=\mathrm{tr}((\boldsymbol{UAV})^{\mathrm{H}}(\boldsymbol{UAV}))=\mathrm{tr}((\boldsymbol{V}^{\mathrm{H}}\boldsymbol{A}^{\mathrm{H}}\boldsymbol{AV}))=\mathrm{tr}(\boldsymbol{A}^{\mathrm{H}}\boldsymbol{AVV}^{\mathrm{H}})\\&=\mathrm{tr}(\boldsymbol{A}^{\mathrm{H}}\boldsymbol{A})=\|\boldsymbol{A}\|_F^2.\end{aligned}$$

根据定理 5.2.3，并注意到相似变换不改变特征值，可得

$$\|\boldsymbol{UAV}\|_2^2=\lambda_{\max}((\boldsymbol{UAV})^{\mathrm{H}}(\boldsymbol{UAV}))=\lambda_{\max}(\boldsymbol{V}^{\mathrm{H}}\boldsymbol{A}^{\mathrm{H}}\boldsymbol{AV})=\lambda_{\max}(\boldsymbol{A}^{\mathrm{H}}\boldsymbol{A})=\|\boldsymbol{A}\|_2^2,$$

再取 $\boldsymbol{U}=\boldsymbol{I}$ 或 $\boldsymbol{V}=\boldsymbol{I}$，即得式(5.2.18).

证法二： 令 $\boldsymbol{A}=(\boldsymbol{\alpha}_1,\boldsymbol{\alpha}_2,\cdots,\boldsymbol{\alpha}_n)\in\mathbb{C}^{m\times n}$，则列向量 $\boldsymbol{U\alpha}_j\ (j=1,2,\cdots,n)$ 满足

$$\|\boldsymbol{U\alpha}_j\|_F=\|\boldsymbol{U\alpha}_j\|_2=\|\boldsymbol{\alpha}_j\|_2,$$

从而有

$$\|\boldsymbol{UA}\|_F^2=\|(\boldsymbol{U\alpha}_1,\boldsymbol{U\alpha}_2,\cdots,\boldsymbol{U\alpha}_n)\|_F^2=\sum_{j=1}^n\|\boldsymbol{U\alpha}_j\|_F^2=\sum_{j=1}^n\|\boldsymbol{\alpha}_j\|_2^2=\|\boldsymbol{A}\|_F^2,$$

此即 $\|\boldsymbol{UA}\|_F=\|\boldsymbol{A}\|_F$. 接下来注意到 $\|\boldsymbol{A}^{\mathrm{H}}\|_F=\|\boldsymbol{A}\|_F$，则

$$\|\boldsymbol{UAV}\|_F=\|\boldsymbol{AV}\|_F=\|(\boldsymbol{AV})^{\mathrm{H}}\|_F=\|\boldsymbol{V}^{\mathrm{H}}\boldsymbol{A}^{\mathrm{H}}\|_F=\|\boldsymbol{A}^{\mathrm{H}}\|_F.$$

对于谱范数的情形，利用定义和向量 Euclid 范数的酉不变性，则有

$$\|\boldsymbol{UA}\|_2=\max_{\|\boldsymbol{x}\|_2=1}\|\boldsymbol{UAx}\|_2=\max_{\|\boldsymbol{x}\|_2=1}\|\boldsymbol{Ax}\|_2=\|\boldsymbol{A}\|_2.$$

同样地，注意到 $\|\boldsymbol{A}^{\mathrm{H}}\|_2=\|\boldsymbol{A}\|_2$，因此

$$\|\boldsymbol{UAV}\|_2=\|\boldsymbol{AV}\|_2=\|(\boldsymbol{AV})^{\mathrm{H}}\|_2=\|\boldsymbol{V}^{\mathrm{H}}\boldsymbol{A}^{\mathrm{H}}\|_2=\|\boldsymbol{A}\|_2.$$

证毕.

对于谱范数，式(5.2.18)的结论还可以推广到半酉矩阵 $\boldsymbol{U}$，$\boldsymbol{V}$，证明的快乐留给读者.

式(5.2.17)意味着酉等价不改变矩阵的 F 范数和谱范数，而酉等价的最好结果莫过

于完全 SVD 标准型,因此对矩阵这两种范数的研究就转化为对其完全 SVD 标准型的研究,也就是说它们的值可以用奇异值来表示出来.

定理 5.2.7(范数与奇异值)　对任意矩阵 $\boldsymbol{A} \in \mathbb{F}^{m\times n}$,设 $\sigma_1 \geqslant \sigma_2 \geqslant \cdots \geqslant \sigma_r > 0$ 表示矩阵 $\boldsymbol{A}$ 的 r 个非零奇异值,其中 $r = r(\boldsymbol{A})$,则

(1) $\|\boldsymbol{A}\|_2 = \sigma_1$, $\|\boldsymbol{A}\|_F = \sqrt{\sigma_1^2 + \sigma_2^2 + \cdots + \sigma_r^2}$;

(2) $\|\boldsymbol{A}\|_2 \leqslant \|\boldsymbol{A}\|_F$,等号成立当且仅当 $r(\boldsymbol{A}) = 1$.

证明: (1) 设有完全 SVD$\boldsymbol{A} = \boldsymbol{U\Sigma V}^{\mathrm{H}}$,则 $\boldsymbol{\Sigma}^{\mathrm{H}}\boldsymbol{\Sigma} = \mathrm{diag}(\sigma_1^2, \cdots, \sigma_r^2, 0, \cdots, 0)$,从而

$$\|\boldsymbol{A}\|_2 = \|\boldsymbol{U\Sigma V}^{\mathrm{H}}\|_2 = \|\boldsymbol{\Sigma}\|_2 = \sqrt{\lambda_{\max}(\boldsymbol{\Sigma}^{\mathrm{H}}\boldsymbol{\Sigma})} = \sqrt{\sigma_1^2} = \sigma_1,$$

$$\|\boldsymbol{A}\|_F = \|\boldsymbol{U\Sigma V}^{H}\|_F = \|\boldsymbol{\Sigma}\|_F = \sqrt{\sigma_1^2 + \sigma_2^2 + \cdots + \sigma_r^2}.$$

(2) 从(1)中可显然得出。

奇异值的几何意义是各正交方向的拉伸倍数,最大奇异值就是拉伸的最大倍数,既然矩阵的 2 范数就是它的最大奇异值,那么从 SVD 的视角看 2 范数,更强化了矩阵即变换的思想,也更容易从几何角度去理解算子范数.这仅仅是 SVD 小试牛刀,它的巨大威力后文还会逐渐展开.

定理 5.2.8(矩阵范数与向量范数的相容性)　设 φ 为 $\mathbb{C}^{n\times n}$ 上的任意矩阵范数,$\boldsymbol{y}_0 \in \mathbb{C}^n$ 为给定的非零向量,则

$$u(\boldsymbol{x}) = \varphi(\boldsymbol{x}\boldsymbol{y}_0^{\mathrm{H}}),\ \boldsymbol{x} \in \mathbb{C}^n$$

是与 φ 相容的向量范数.

证明: 当且仅当 $\boldsymbol{x} \neq \boldsymbol{0}$ 时 $\boldsymbol{x}\boldsymbol{y}_0^{\mathrm{H}} \neq \boldsymbol{O}$,即 $u(\boldsymbol{x}) = \varphi(\boldsymbol{x}\boldsymbol{y}_0^{\mathrm{H}}) > 0$;当且仅当 $\boldsymbol{x} = \boldsymbol{0}$ 时 $\boldsymbol{x}\boldsymbol{y}_0^{\mathrm{H}} = \boldsymbol{O}$,即 $u(\boldsymbol{x}) = \varphi(\boldsymbol{O}) = 0$.正齐性和三角不等式不难证明.因此 u 是 $\mathbb{C}^n$ 上的向量范数.

根据矩阵范数 φ 的相容性,对任意 $\boldsymbol{A} \in \mathbb{C}^{n\times n}$,有

$$u(\boldsymbol{Ax}) = \varphi(\boldsymbol{Ax}\boldsymbol{y}_0^{\mathrm{H}}) \leqslant \varphi(\boldsymbol{A})\varphi(\boldsymbol{x}\boldsymbol{y}_0^{\mathrm{H}}) = \varphi(\boldsymbol{A})u(\boldsymbol{x}).$$

因此 u 还是与 φ 相容的向量范数.　　证毕.

由于 $\boldsymbol{y}_0$ 不是唯一的,因此定理 5.2.8 中的向量范数 u 也不是唯一的.事实上,矩阵范数与向量范数的相容性关系比较复杂.概而言之,对任意给定的矩阵范数,与之相容的向量范数未必唯一;反之,对任意给定的向量范数,与之相容的矩阵范数也未必唯一.

对于与某向量范数 u 相容的矩阵范数 φ 而言,$\varphi(\boldsymbol{I}) = \|\boldsymbol{I}\| \geqslant 1$,因为 $u(\boldsymbol{x}) =$

$u(\boldsymbol{Ix}) \leqslant \varphi(\boldsymbol{I})u(\boldsymbol{x})$，但是对算子范数 φ（按定义 φ 与相应的向量范数相容），则有 $\varphi(\boldsymbol{I}) = \|\boldsymbol{I}\| = 1$，因为此时

$$\varphi(\boldsymbol{I}) = \max_{u(x)=1} u(\boldsymbol{Ix}) = \max_{u(x)=1} u(\boldsymbol{x}) = 1.$$

定理 5.2.8 也提供了一种从矩阵范数出发来构造向量范数的方法.事实上，当 $\boldsymbol{y}_0 = \boldsymbol{e}_i$ 即单位矩阵 $\boldsymbol{I}$ 的第 i 列时，若矩阵范数 φ 分别取 m_1 范数、F 范数、2 范数和 ∞ 范数，则向量范数 u 就是相应的 1 范数、2 范数、2 范数和 ∞ 范数.

思考：有限维线性空间中，为什么只研究了向量范数和矩阵范数这两种范数?

5.3 矩阵范数的几个应用

长度和距离在实分析(微积分)和复分析(复变函数)中有着大量应用，而范数是它们在线性空间上的推广，即线性空间上的一种特殊的映射.读者已经见识了线性空间的浩森波涛，再加上映射或变换的丰富多彩，如此就不难想象范数的深邃幽深了.

5.3.1 谱半径与矩阵范数

设 $(\lambda, \boldsymbol{x})$ 为方阵 $\boldsymbol{A} \in \mathbb{C}^{n\times n}$ 的任意特征对，即 $\boldsymbol{Ax} = \lambda\boldsymbol{x}$，考虑到范数相容性，可知 $|\lambda| \|\boldsymbol{x}\| = \|\lambda\boldsymbol{x}\| = \|\boldsymbol{Ax}\| \leqslant \|\boldsymbol{A}\| \|\boldsymbol{x}\|$. 因为 $\|\boldsymbol{x}\| \neq 0$(特征向量是非零向量)，所以 $|\lambda| \leqslant \|\boldsymbol{A}\|$. 这说明矩阵的特征值的模都不超过它的范数.这个结论怎么用数学语言描述呢?

定义 5.3.1(谱半径) 若 $\lambda_1, \lambda_2, \cdots, \lambda_n$ 为矩阵 $\boldsymbol{A} \in \mathbb{C}^{n\times n}$ 的特征值，则称集合 $\{\lambda_1, \lambda_2, \cdots, \lambda_n\}$ 为 $\boldsymbol{A}$ 的**谱**(spectrum)，记为 $\sigma(\boldsymbol{A})$，称 $\max\limits_{1\leqslant i\leqslant n} |\lambda_i|$ 为 $\boldsymbol{A}$ 的**谱半径**(spectral radius)，记为 $\rho(\boldsymbol{A})$.

注：相似变换不改变矩阵的谱半径；$\rho(a\boldsymbol{A} + b\boldsymbol{I}) = |a| \rho(\boldsymbol{A})$，$a, b \in \mathbb{C}$.

定理 5.3.1 对 $\boldsymbol{A} \in \mathbb{C}^{n\times n}$ 的任意矩阵范数 $\|\boldsymbol{A}\|$，恒有

$$\rho(\boldsymbol{A}) \leqslant \|\boldsymbol{A}\|. \tag{5.3.1}$$

特别地，当 $\boldsymbol{A}$ 是正规矩阵时，等号对 2 范数成立.

证明：$\rho(\boldsymbol{A}) \leqslant \|\boldsymbol{A}\|$ 的证明前已给出.

当 $\boldsymbol{A}$ 是正规矩阵时，有谱分解 $\boldsymbol{A} = \boldsymbol{U\Lambda U}^{\mathrm{H}}$，故 $\|\boldsymbol{A}\|_2 = \|\boldsymbol{U\Lambda U}^{\mathrm{H}}\|_2 = \|\boldsymbol{\Lambda}\|_2$. 由于 $\boldsymbol{\Lambda}$ 是 Hermite 矩阵，由定理 4.4.5 和定理 5.2.7，可知 $\|\boldsymbol{\Lambda}\|_2 = \max\limits_{1\leqslant i\leqslant n} |\lambda_i| = \rho(\boldsymbol{A})$，故

$\| \boldsymbol{A} \|_2 = \rho(\boldsymbol{A})$.

例 5.3.1　求矩阵 $\boldsymbol{A} = \begin{pmatrix} -1 & 1 & 0 \\ -4 & 3 & 0 \\ 1 & 0 & 2 \end{pmatrix}$ 的谱半径 $\rho(\boldsymbol{A})$.

解: 计算可知 $\boldsymbol{A}$ 的特征值为 $\lambda_1 = 2$, $\lambda_2 = \lambda_3 = 1$, 故 $\rho(\boldsymbol{A}) = 2$.

MATLAB 提供了内置函数 vrho,可用于计算方阵的谱半径.

本例的 MATLAB 代码实现,详见本书配套程序 exm504.

定理 5.3.1 给出了矩阵谱半径的一个上界,那么它的下界又是什么呢? 瑞士数学家奥斯特洛斯基(A. Ostrowski, 1893—1986)于 1960 年证明了下面这个优美的结果.

定理 5.3.2　对任意 $\boldsymbol{A} \in \mathbb{C}^{n\times n}$, 存在矩阵范数 $\varphi(\boldsymbol{A})$, 使得对任意 $\varepsilon > 0$, 恒有

$$\varphi(\boldsymbol{A}) - \varepsilon \leqslant \rho(\boldsymbol{A}). \tag{5.3.2}$$

注: 矩阵范数 $\varphi(\boldsymbol{A})$ 的构造与给定的矩阵 $\boldsymbol{A}$ 有关.

证明: 对任意方阵 $\boldsymbol{A}$, 存在 Jordan 标准型

$$\boldsymbol{P}^{-1}\boldsymbol{A}\boldsymbol{P} = \boldsymbol{J} = \begin{pmatrix} \lambda_1 & k_1 & & \\ & \lambda_2 & \ddots & \\ & & \ddots & k_{n-1} \\ & & & \lambda_n \end{pmatrix} = \begin{pmatrix} \lambda_1 & & & \\ & \lambda_2 & & \\ & & \ddots & \\ & & & \lambda_n \end{pmatrix} + \begin{pmatrix} 0 & k_1 & & \\ & 0 & \ddots & \\ & & \ddots & k_{n-1} \\ & & & 0 \end{pmatrix} = \boldsymbol{\Lambda} + \boldsymbol{N},$$

其中, $k_i = 0$ 或 1.令 $\boldsymbol{D} = \mathrm{diag}(1, \varepsilon, \cdots, \varepsilon^{n-1})$, $\boldsymbol{S} = \boldsymbol{P}\boldsymbol{D}$, 则

$$\boldsymbol{S}^{-1}\boldsymbol{A}\boldsymbol{S} = \boldsymbol{D}^{-1}\boldsymbol{P}^{-1}\boldsymbol{A}\boldsymbol{P}\boldsymbol{D} = \boldsymbol{D}^{-1}\boldsymbol{J}\boldsymbol{D} = \boldsymbol{\Lambda} + \varepsilon\boldsymbol{N}.$$

令 $\varphi(\boldsymbol{A}) = \| \boldsymbol{S}^{-1}\boldsymbol{A}\boldsymbol{S} \|_\infty$, 易证 $\varphi(\boldsymbol{A})$ 是 $\mathbb{C}^{n\times n}$ 上的一种矩阵范数,且

$$\varphi(\boldsymbol{A}) = \| \boldsymbol{\Lambda} + \varepsilon\boldsymbol{N} \|_\infty = \max_{1\leqslant i\leqslant n}(|\lambda_i| + \varepsilon k_i) \leqslant \max_{1\leqslant i\leqslant n}(|\lambda_i| + \varepsilon) = \rho(\boldsymbol{A}) + \varepsilon.$$

例 5.3.2　设 $\boldsymbol{\alpha} \in \mathbb{R}^n$ 为单位列向量,即 $\boldsymbol{\alpha}^{\mathrm{T}}\boldsymbol{\alpha} = 1$. 令 $\boldsymbol{B} = \boldsymbol{I} - \boldsymbol{\alpha}\boldsymbol{\alpha}^{\mathrm{T}}$, 则

(1) $\boldsymbol{B}^2 = \boldsymbol{B}$; (2) $\rho(\boldsymbol{B}) = 1$; (3) $\| \boldsymbol{B} \|_2 = 1$.

证明: (1) 因为 $\boldsymbol{\alpha}^{\mathrm{T}}\boldsymbol{\alpha} = 1$, 故 $\boldsymbol{\alpha}\boldsymbol{\alpha}^{\mathrm{T}}\boldsymbol{\alpha}\boldsymbol{\alpha}^{\mathrm{T}} = \boldsymbol{\alpha}(\boldsymbol{\alpha}^{\mathrm{T}}\boldsymbol{\alpha})\boldsymbol{\alpha}^{\mathrm{T}} = \boldsymbol{\alpha}\boldsymbol{\alpha}^{\mathrm{T}}$, 所以

$$\boldsymbol{B}^2 = \boldsymbol{I} - 2\boldsymbol{\alpha}\boldsymbol{\alpha}^{\mathrm{T}} + \boldsymbol{\alpha}\boldsymbol{\alpha}^{\mathrm{T}}\boldsymbol{\alpha}\boldsymbol{\alpha}^{\mathrm{T}} = \boldsymbol{I} - 2\boldsymbol{\alpha}\boldsymbol{\alpha}^{\mathrm{T}} + \boldsymbol{\alpha}\boldsymbol{\alpha}^{\mathrm{T}} = \boldsymbol{B}.$$

(2) 因为 $(\boldsymbol{\alpha}\boldsymbol{\alpha}^{\mathrm{T}})\boldsymbol{\alpha} = \boldsymbol{\alpha}(\boldsymbol{\alpha}^{\mathrm{T}}\boldsymbol{\alpha}) = \boldsymbol{\alpha} = 1\boldsymbol{\alpha}$, $r(\boldsymbol{\alpha}\boldsymbol{\alpha}^{\mathrm{T}}) = 1$, 并且 $\boldsymbol{\alpha}\boldsymbol{\alpha}^{\mathrm{T}}$ 是对称矩阵,所以 1 是矩阵 $\boldsymbol{\alpha}\boldsymbol{\alpha}^{\mathrm{T}}$ 唯一的非零特征值,即矩阵 $\boldsymbol{\alpha}\boldsymbol{\alpha}^{\mathrm{T}}$ 的特征值为 1, 0, 0, $\cdots$, 0, 根据特征值的谱映

射定理,矩阵 $\boldsymbol{B}$ 的特征值为 0, 1, 1, …, 1, 从而 $\rho(\boldsymbol{B})=\max\limits_{1\leqslant i\leqslant n}|\lambda_i|=1$.

(3) 证法一:因为 $\boldsymbol{B}^{\mathrm{T}}=\boldsymbol{B}$, 所以 $\boldsymbol{B}$ 是对称矩阵,当然也是正规矩阵,故由定理 5.3.1 可知, $\|\boldsymbol{B}\|_2=\rho(\boldsymbol{B})=1$.

证法二:因为 $\boldsymbol{B}^{\mathrm{T}}=\boldsymbol{B}$, 所以 $\boldsymbol{B}^{\mathrm{T}}\boldsymbol{B}=\boldsymbol{B}^2=\boldsymbol{B}$, 因此 $\|\boldsymbol{B}\|_2=\sqrt{\lambda_{\max}(\boldsymbol{B}^{\mathrm{T}}\boldsymbol{B})}=\sqrt{\lambda_{\max}(\boldsymbol{B})}=\sqrt{\rho(\boldsymbol{B})}=1$.

思考: 谱半径的计算显然比较复杂,而与之相比,其他矩阵范数几乎都只是对矩阵元素进行简单和低级的加工.如此说来,引入谱半径的意义又何在呢?

5.3.2 矩阵逆的扰动分析

本书已在多处提及数值稳定性问题,例如,例 1.2.5、CGS 算法以及对 $\boldsymbol{Hx}$ 两种方向的择优问题(见定理 3.6.3 注).

对于矩阵求逆而言,也存在数值稳定性问题.例如,原始的可逆矩阵 $\boldsymbol{A}$ 被 $\Delta\boldsymbol{A}$ 扰动后,变成了可逆矩阵 $\boldsymbol{B}=\boldsymbol{A}+\Delta\boldsymbol{A}$, 这里

$$\boldsymbol{A}=\begin{pmatrix}1 & 0.99\\ 0.99 & 0.99\end{pmatrix},\ \Delta\boldsymbol{A}=\begin{pmatrix}0 & 0\\ 0 & -0.001\end{pmatrix},\ \boldsymbol{B}=\begin{pmatrix}1 & 0.99\\ 0.99 & 0.989\end{pmatrix}.$$

通过简单的计算,不难发现(保留小数点后 3 位)

$$\boldsymbol{B}^{-1}-\boldsymbol{A}^{-1}\approx\begin{pmatrix}11.124 & -11.236\\ -11.236 & 11.349\end{pmatrix}.$$

仅仅 10^{-3} 级别的小扰动,却带来了 10^1 级别的大影响.之所以会出现这种"蝴蝶效应",直观上不难看出是因为矩阵 $\boldsymbol{A}$ 的列向量组几乎线性相关.问题是用什么量来度量这种效应的程度呢?

首先想到的自然是行列式,因为 $|\boldsymbol{A}|=0.0099\approx 0$ 几乎为零,即 $\boldsymbol{A}$ 是**几乎奇异矩阵**(almost singular matrix).问题是在用行列式来度量上存在反例(参阅习题 5.34),而且行列式只与矩阵 $\boldsymbol{A}$ 本身有关,而我们还需要度量扰动矩阵 $\Delta\boldsymbol{A}$ 带来的扰动效果,即 $\boldsymbol{B}^{-1}$ 与 $\boldsymbol{A}^{-1}$ 的近似程度.

由于 $\boldsymbol{B}^{-1}-\boldsymbol{A}^{-1}=\boldsymbol{A}^{-1}(\boldsymbol{A}-\boldsymbol{B})\boldsymbol{B}^{-1}=-\boldsymbol{A}^{-1}\Delta\boldsymbol{A}\cdot\boldsymbol{B}^{-1}$, 两边取范数并缩放,得

$$\|\boldsymbol{B}^{-1}-\boldsymbol{A}^{-1}\|\leqslant\|\boldsymbol{A}^{-1}\|\,\|\boldsymbol{B}^{-1}\|\,\|\Delta\boldsymbol{A}\|.$$

因此

$$\frac{\|B^{-1}-A^{-1}\|}{\|A^{-1}\|}\leqslant\|B^{-1}\|\ \|\Delta A\|\leqslant\|A\|\ \|B^{-1}\|\ \frac{\|\Delta A\|}{\|A\|}. \tag{5.3.3}$$

观察式(5.3.3)可知，下一步需要缩放 $\|B^{-1}\|$.

由于 $B=A+\Delta A=A(I+A^{-1}\Delta A)$，令 $C=-A^{-1}\Delta A$，若假定 $I-C$ 可逆，则 $B^{-1}=(I-C)^{-1}A^{-1}$，两边取范数，并缩放，得

$$\|B^{-1}\|\leqslant\|(I-C)^{-1}\|\ \|A^{-1}\|. \tag{5.3.4}$$

代入式(5.3.3)，可知

$$\frac{\|B^{-1}-A^{-1}\|}{\|A^{-1}\|}\leqslant\|A\|\ \|A^{-1}\|\ \|(I-C)^{-1}\|\ \frac{\|\Delta A\|}{\|A\|}. \tag{5.3.5}$$

显然在式(5.3.5)中，需要进一步缩放 $\|(I-C)^{-1}\|$.

由于 $I=(I-C)^{-1}(I-C)=(I-C)^{-1}-(I-C)^{-1}C$，即 $(I-C)^{-1}=I+(I-C)^{-1}C$，两边取范数并缩放，得

$$\|(I-C)^{-1}\|\leqslant\|I\|+\|(I-C)^{-1}\|\ \|C\|. \tag{5.3.6}$$

若添加条件 $\|C\|<1$，此时 C 的任意特征值 $|\lambda|\leqslant\|C\|<1$，从而由特征值的谱映射定理，可知矩阵 $I\pm C$ 的特征值 $1\pm\lambda\in(0,2)$ 或 $(-2,0)$，均不包含零，因此矩阵 $I\pm C$ 是可逆的.这样由式(5.3.6)，可知下面的式(5.3.7)成立.

定理 5.3.3　对任意 $C\in\mathbb{C}^{n\times n}$，如果 $\|C\|<1$，则矩阵 $I\pm C$ 可逆，且

$$\|(I-C)^{-1}\|\leqslant\frac{\|I\|}{1-\|C\|}. \tag{5.3.7}$$

回到式(5.3.5)，由于 $C=-A^{-1}\Delta A$，若将条件 $\|C\|<1$ 修改为 $\|A^{-1}\|\ \|\Delta A\|<1$，则

$$\|C\|=\|-A^{-1}\Delta A\|\leqslant\|A^{-1}\|\ \|\Delta A\|<1, \tag{5.3.8}$$

即仍有 $\|C\|<1$. 如果再假定 $\|I\|=1$(即矩阵范数是相容的)，则由定理 5.3.3 和式(5.3.8)，可知式(5.3.4)就变成了

$$\begin{aligned}\|B^{-1}\|&\leqslant\frac{1}{1-\|C\|}\|A^{-1}\|=\frac{1}{1-\|-A^{-1}\Delta A\|}\|A^{-1}\|\\&\leqslant\frac{1}{1-\|A^{-1}\|\cdot\|\Delta A\|}\|A^{-1}\|=\frac{1}{1-\|A\|\cdot\|A^{-1}\|\cdot\dfrac{\|\Delta A\|}{\|A\|}}\|A^{-1}\|.\end{aligned} \tag{5.3.9}$$

定义 5.3.2(条件数) 对可逆矩阵 $\boldsymbol{A}\in\mathbb{C}^{n\times n}$,称数 $\|\boldsymbol{A}^{-1}\|\,\|\boldsymbol{A}\|$ 为 $\boldsymbol{A}$ 关于求逆的**条件数**(condition number),记为 cond($\boldsymbol{A}$) 或 $\kappa(\boldsymbol{A})$, 简记为 κ. 特别地,使用的矩阵范数为 φ 时记为 $\kappa_\varphi(\boldsymbol{A})$, 例如 $\kappa_2(\boldsymbol{A})$ 表示使用的矩阵范数是 2 范数.

若令 $\gamma=1-\kappa\dfrac{\|\Delta\boldsymbol{A}\|}{\|\boldsymbol{A}\|}$, 则**绝对误差**(absolute error)**估计式**(5.3.9)就变成了 $\|\boldsymbol{B}^{-1}\|\leqslant\dfrac{1}{\gamma}\|\boldsymbol{A}^{-1}\|$. 代入式(5.3.3),即得**相对误差**(relative error)**估计式**

$$\frac{\|\boldsymbol{B}^{-1}-\boldsymbol{A}^{-1}\|}{\|\boldsymbol{A}^{-1}\|}\leqslant\frac{1}{\gamma}\|\boldsymbol{A}\|\,\|\boldsymbol{A}^{-1}\|\frac{\|\Delta\boldsymbol{A}\|}{\|\boldsymbol{A}\|}=\frac{\kappa}{\gamma}\frac{\|\Delta\boldsymbol{A}\|}{\|\boldsymbol{A}\|}.$$

定理 5.3.4 设 $\boldsymbol{A}\in\mathbb{C}^{n\times n}$ 可逆,且 $\|\boldsymbol{I}\|=1$. 如果扰动矩阵 $\Delta\boldsymbol{A}\in\mathbb{C}^{n\times n}$ 满足条件

$$\|\boldsymbol{A}^{-1}\|\,\|\Delta\boldsymbol{A}\|<1,\tag{5.3.10}$$

那么扰动后的矩阵 $\boldsymbol{B}=\boldsymbol{A}+\Delta\boldsymbol{A}$ 为可逆矩阵,且绝对误差估计式和相对误差估计式分别为

$$\|\boldsymbol{B}^{-1}\|\leqslant\frac{1}{\gamma}\|\boldsymbol{A}^{-1}\|,\quad\frac{\|\boldsymbol{B}^{-1}-\boldsymbol{A}^{-1}\|}{\|\boldsymbol{A}^{-1}\|}\leqslant\frac{\kappa}{\gamma}\frac{\|\Delta\boldsymbol{A}\|}{\|\boldsymbol{A}\|}.\tag{5.3.11}$$

显然在式(5.3.11)中,系数 κ 反映了扰动的相对误差对于求逆的相对误差的依赖程度. κ 越大,相对误差也越大.

MATLAB 提供了内置函数 cond,可用于计算矩阵 $\boldsymbol{A}$ 求逆的条件数,调用格式为

```
c = cond(A,p) , c = cond(A),
```

其中,p 可以是 1,2,Inf 或`'fro'`.缺省的是 2 范数.

一般而言,称条件数大的矩阵是**病态矩阵**(ill-conditioned matrix),但具体多大才算病态的,没有具体标准.实际使用中可参考 Hilbert 矩阵 $\boldsymbol{H}_n=(h_{ij})$, 其中 $h_{ij}=(i+j-1)^{-1}$, 它是最著名的病态矩阵,计算可知

$$\kappa_\infty(\boldsymbol{H}_3)\approx 748,\ \kappa_\infty(\boldsymbol{H}_6)\approx 2.91\times 10^7,\ \kappa_\infty(\boldsymbol{H}_{10})\approx 3.54\times 10^{13}.$$

上述扰动分析的 MATLAB 代码实现,详见本书配套程序 exm505.

5.3.3 矩阵的低秩逼近及其应用

一旦具有了逆向思维和计算思维,就会发现谱分解的应用非常广泛.比如正规矩阵 $\boldsymbol{A}$ 的谱分解 $\boldsymbol{A}=\boldsymbol{U\Lambda U}^{\mathrm{H}}$, 逆过来看,就意味着一旦给定特征向量矩阵 $\boldsymbol{U}$ 和特征值矩阵 $\boldsymbol{\Lambda}$, 就

能反过来重构出矩阵 $\boldsymbol{A}$，这就是所谓特征值反问题.而从计算角度查看正规矩阵 $\boldsymbol{A}$ 的谱分解展开式(4.1.10)，则意味着若令 $\boldsymbol{A}_k=\lambda_1\boldsymbol{u}_1\boldsymbol{u}_1^H+\lambda_2\boldsymbol{u}_2\boldsymbol{u}_2^H+\cdots+\lambda_k\boldsymbol{u}_k\boldsymbol{u}_k^H$，则随着 k 的递增，$\boldsymbol{A}_k$ 似乎越来越"逼近"最终的 $\boldsymbol{A}$. 这种思想显然类似于微积分中用次数递增的泰勒多项式逐步逼近函数 $f(x)$.

设矩阵 $\boldsymbol{A}\in\mathbb{C}^{m\times n}$ 的秩为 r，其完全 SVD 为 $\boldsymbol{A}=\boldsymbol{U\Sigma V}^{\mathrm{H}}$，且 $\boldsymbol{U}=(\boldsymbol{u}_1,\boldsymbol{u}_2,\cdots,\boldsymbol{u}_m)$，$\boldsymbol{V}=(\boldsymbol{v}_1,\boldsymbol{v}_2,\cdots,\boldsymbol{v}_n)$. 用基本矩阵将对角阵 $\boldsymbol{\Sigma}$ 分解为 $\boldsymbol{\Sigma}=\sigma_1\boldsymbol{E}_{11}+\sigma_2\boldsymbol{E}_{22}+\cdots+\sigma_r\boldsymbol{E}_{rr}$，其中 $\sigma_1\geqslant\sigma_2\geqslant\cdots\geqslant\sigma_r>0$，则

$$\begin{aligned}\boldsymbol{A}&=\boldsymbol{U\Sigma V}^{\mathrm{H}}=\sigma_1\boldsymbol{UE}_{11}\boldsymbol{V}^{\mathrm{H}}+\sigma_2\boldsymbol{UE}_{22}\boldsymbol{V}^{\mathrm{H}}+\cdots+\sigma_r\boldsymbol{UE}_{rr}\boldsymbol{V}^{\mathrm{H}}\\&=\sigma_1\boldsymbol{u}_1\boldsymbol{v}_1^{\mathrm{H}}+\sigma_2\boldsymbol{u}_2\boldsymbol{v}_2^{\mathrm{H}}+\cdots+\sigma_r\boldsymbol{u}_r\boldsymbol{v}_r^{\mathrm{H}}=\sigma_1\boldsymbol{E}_1+\sigma_2\boldsymbol{E}_2+\cdots+\sigma_r\boldsymbol{E}_r,\end{aligned}\tag{5.3.12}$$

其中，$\boldsymbol{E}_i=\boldsymbol{u}_i\boldsymbol{v}_i^{\mathrm{H}}\in\mathbb{C}^{m\times n}\ (i=1,2,\cdots,r)$. 易知 $r(\boldsymbol{E}_i)=1$，即矩阵 $\boldsymbol{E}_i$ 是**秩 1 矩阵**(rank one matrix)，因此称式(5.3.12)为任意矩阵 $\boldsymbol{A}$ 的**秩 1 分解**.

秩 1 分解显然类似于正规矩阵 $\boldsymbol{A}$ 的谱分解展开式(4.1.10).从动态逼近的眼光来看，若记

$$\boldsymbol{A}_k=\sigma_1\boldsymbol{E}_1+\sigma_2\boldsymbol{E}_2+\cdots+\sigma_k\boldsymbol{E}_k.\tag{5.3.13}$$

则随着 k 的递增，$\boldsymbol{A}_k$ 应该逐渐逼近 $\boldsymbol{A}$，而且是一种"由主到次的增量式逼近"，因为 $\sigma_1\geqslant\sigma_2\geqslant\cdots\geqslant\sigma_k$. 不仅如此，对某个固定的 k(这仿佛递增过程中的突然定格)，在所有秩为 k 的矩阵中，$\boldsymbol{A}_k$ 离矩阵 $\boldsymbol{A}$ 的"距离"最近，也即矩阵 $\boldsymbol{A}_k$ 是矩阵 $\boldsymbol{A}$ 的**最佳秩 k 逼近**(best rank-k approximation)，或者换句话说，秩 k 矩阵中包含 $\boldsymbol{A}$ 中的"能量"最多的是 $\boldsymbol{A}_k$.

定理 5.3.5(Eckhart-Young 定理)　设矩阵 $\boldsymbol{A}\in\mathbb{C}^{m\times n}$ 的秩为 r，其完全 SVD 为 $\boldsymbol{A}=\boldsymbol{U\Sigma V}^{\mathrm{H}}$，且 $\boldsymbol{U}=(\boldsymbol{u}_1,\boldsymbol{u}_2,\cdots,\boldsymbol{u}_m)$，$\boldsymbol{V}=(\boldsymbol{v}_1,\boldsymbol{v}_2,\cdots,\boldsymbol{v}_n)$，$\sigma_1\geqslant\cdots\geqslant\sigma_r>0$ 为 $\boldsymbol{A}$ 的非零奇异值.对任意 $1\leqslant k\leqslant r$，记

$$\boldsymbol{U}_k=(\boldsymbol{u}_1,\boldsymbol{u}_2,\cdots,\boldsymbol{u}_k),\ \boldsymbol{V}_k=(\boldsymbol{v}_1,\boldsymbol{v}_2,\cdots,\boldsymbol{v}_k),\ \boldsymbol{\Sigma}_k=\sigma_1\boldsymbol{E}_{11}+\sigma_2\boldsymbol{E}_{22}+\cdots+\sigma_k\boldsymbol{E}_{kk}.$$

若令

$$\boldsymbol{A}_k=\sigma_1\boldsymbol{u}_1\boldsymbol{v}_1^{\mathrm{H}}+\sigma_2\boldsymbol{u}_2\boldsymbol{v}_2^{\mathrm{H}}+\cdots+\sigma_k\boldsymbol{u}_k\boldsymbol{v}_k^{\mathrm{H}}=\boldsymbol{U}_k\boldsymbol{\Sigma}_k\boldsymbol{V}_k^{\mathrm{H}},\tag{5.3.14}$$

则

(1) $\min\limits_{r(\boldsymbol{B})=k}\|\boldsymbol{A}-\boldsymbol{B}\|_2=\|\boldsymbol{A}-\boldsymbol{A}_k\|_2=\sigma_{k+1}$;　(5.3.15)

(2) $\min\limits_{r(\boldsymbol{B})=k}\|\boldsymbol{A}-\boldsymbol{B}\|_1=\|\boldsymbol{A}-\boldsymbol{A}_k\|_1=\sigma_{k+1}$； (5.3.16)

(3) $\min\limits_{r(\boldsymbol{B})=k}\|\boldsymbol{A}-\boldsymbol{B}\|_F^2=\|\boldsymbol{A}-\boldsymbol{A}_k\|_F^2=\sigma_{k+1}^2+\sigma_{k+2}^2+\cdots+\sigma_r^2$. (5.3.17)

证明：可查阅文献[6：P227－228]以及[82：P350－353].

称式(5.3.14)为矩阵$\boldsymbol{A}$的秩k**截断奇异值分解**(truncated SVD)[90].

从几何上看，用σ_1，σ_2为长短半轴做成的椭圆是所有椭圆中离矩阵$\boldsymbol{A}$对应的超椭圆“距离”最近的椭圆；如果使用σ_1，σ_2，σ_3为半轴作成椭球体，则得到所有椭球体中离矩阵$\boldsymbol{A}$对应的超椭圆“距离”最近的椭球体……按这种方式，r步之后就得到了$\boldsymbol{A}$的全部信息.但即使执行到了第r步，也只利用了$r+mr+nr$个数据，即矩阵$\boldsymbol{A}$的全部非零奇异值和对应的左右奇异向量.这种思想可应用于图像压缩和泛函分析等不同的领域之中.

例 5.3.3 (基于SVD的图像压缩) 对于一幅用$m\times n$阶的像素矩阵$\boldsymbol{A}$表示的图像(如人造卫星的大部分图片为512＊512像素，包含262 144个数据)，如果传送所有mn个数据，显然数据量太大.因此需要在传输之前对数据进行压缩，这样就可以降低需要传输的数据量，当然在接收端必须能够根据接收到的数据重构原图像.如果从矩阵$\boldsymbol{A}$的SVD中选择前k个奇异三元组$(\sigma_i, \boldsymbol{u}_i, \boldsymbol{v}_i)$ $(i=1, 2, \cdots, k)$来逼近原图像，即用$(m+n+1)k$个数据代替像素矩阵$\boldsymbol{A}$.那么在接收端，可得矩阵$\boldsymbol{A}$的秩k截断奇异值分解$\boldsymbol{A}_k=\sum\limits_{i=1}^{k}\sigma_i\boldsymbol{u}_i\boldsymbol{v}_i^T=\boldsymbol{U}_k\boldsymbol{\Sigma}_k\boldsymbol{V}_k^{\mathrm{H}}$.由于$\boldsymbol{A}_k\approx\boldsymbol{A}$，从而在接收端可近似地重构出原图像.此时，图像的压缩比为$\rho=\dfrac{mn}{(m+n+1)k}$，其倒数称为图像的压缩率.

实际使用时可根据不同的需要选择适当的k值，而且一旦某个k满足$\sigma_k\gg\sigma_{k+1}$，即出现“断崖”，则可以止步于该$\boldsymbol{A}_k$.例如，在图5－3中，原始图像是MATLAB内置的“小丑图形”(顺便说一句，MATLAB中隐藏了很多图形).当$k=3$时，已经能够抽取到“小丑”的主要特征(比如鼻子)；当$k=20$时，已基本能够重构原来的图像，此时传送数据$(200+320+1)\times 20=10\ 420$个，压缩率约为0.162 8，非常之低.

本例的MATLAB代码实现，详见本书配套程序exm506.

要特别说明的是，工程实践中上面这种图像压缩技术并不是特别有效.事实上，莫勒指出，他的研究计算机图像处理的朋友们俏皮地称它为“image degradration”(图像退化)[16].

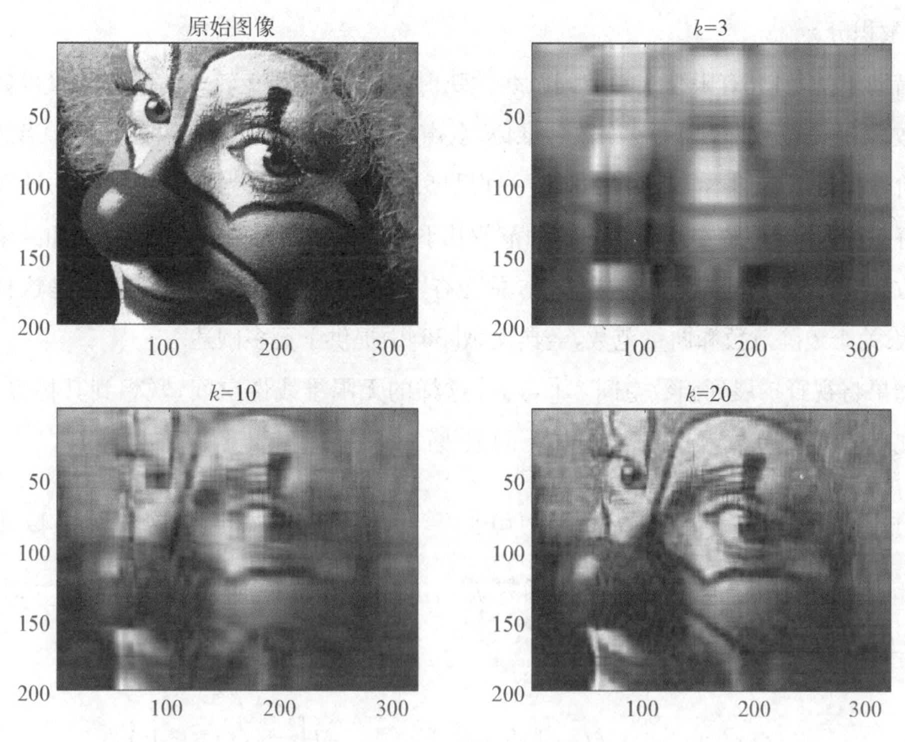

图 5-3　SVD 图像压缩效果图

5.4　本章总结及拓展

本章首先从绝对值、模和向量的长度出发，抽象出向量范数的公理化定义，然后给出了常用向量范数及其几何意义以及范数的等价性.接下来从向量范数出发类比出矩阵范数的概念以及常用的 m 范数(1 范数，m_∞ 范数和 F 范数)，然后从线性变换及范数的几何意义角度，引申出矩阵的算子范数和常用算子范数(1 范数，2 范数和 ∞ 范数)，以及它们的一些性质.最后则是范数理论的应用：先是应用到特征值问题，得到谱半径的概念及其上下界；然后应用到对矩阵逆的扰动分析，得到了误差估计式以及条件数的概念；最后结合 SVD,介绍了矩阵的低秩逼近及其应用，同时也为下一章的矩阵幂级数做了铺垫.

本章和下一章阐述的是矩阵分析的基本知识.与微积分教材的逻辑顺序正好相反的是，微积分有着"不合逻辑的发展"：先有积分，后有微分，最后才有极限.[99,100]几百年的微积分严格化(算术化)历程，最终将微积分建基于实数理论的基石之上.类似地，将微积分拓展到矩阵分析，需要范数理论这个基石.需要提升微积分思想水平的读者，可以阅读畅销书《微积分的力量》[101]，龚升先生的小册子《微积分五讲》[102]，乃至于齐名友先生的力作

《重温微积分》[103].

借助于基,研究有限维线性空间及线性映射的范数,本质上转化为研究向量范数和矩阵范数.问题是范数来自于"一堆数",难免"众声喧哗",于是出现了各种"尺度".当然范数的等价性保证了它们本质上可转化为一种尺度.在实际使用时当然希望尺度的计算越方便越好,这就不难理解本章介绍的各种范数几乎都仅仅涉及元素的六则运算(加减乘除乘方开方).当然,大千世界如此参差多态,总会有"一枝红杏出墙来",谱范数就是这种现象的代表.关于矩阵范数和向量范数,经典文献[56]中提供了更多阐述.

如果将视野扩展到函数空间 $\mathbb{C}[a, b]$ 这样的无限维线性空间,联想到其标准内积,并类比矩阵的 p 范数,则可以定义如下的范数:

对任意 $f(t) \in \mathbb{C}[a, b]$,由 $\| f(t) \|_p = \left(\int_a^b | f(t) |^p \mathrm{d}t\right)^{\frac{1}{p}}$ (这里 $p \geqslant 1$) 定义的 $\| \cdot \|_p$ 是 $\mathbb{C}[a, b]$ 上的范数,称为函数 $f(t)$ 的 L_p **范数**.特别地,$p=1, 2, \infty$ 时的 L_1 范数,L_2 范数和 L_∞ 范数分别为

$$\| f(t) \|_1 = \int_a^b | f(t) | \mathrm{d}t, \quad \| f(t) \|_2 = \left(\int_a^b | f(t) |^2 \mathrm{d}t\right)^{\frac{1}{2}},$$

$$\| f(t) \|_\infty = \max_{t \in [a, b]} | f(t) |.$$

这已经是泛函分析领域的研究对象了,有兴趣的读者可进一步阅读文献[74].

在具体应用学科中,则会根据需要定义自己的范数工具.比如控制理论中著名的 H_∞ 范数,指的就是矩阵函数 $F(s)$ 在开右半平面的最大奇异值的上界,其物理意义则是系统获得的最大能量增益.需要进一步了解的读者,可阅读经典文献[82].

思 考 题

5.1 引入范数的意义何在?如何理解范数的三性?

5.2 p 范数的定义什么?如何理解三种 m 型矩阵范数与相应向量范数之间的关系?以 2 阶矩阵为例,如何形象地理解 3 个常用 p 范数?

5.3 什么是算子范数?为什么要研究算子范数?

5.4 为什么要讨论矩阵范数的相容性？给出一些范数相容性的例子.

5.5 广义与狭义 m_∞ 范数分别是什么？为什么要引入狭义 m_∞ 范数？

5.6 什么是范数的等价性？有何用处？

5.7 什么是范数的酉不变性？有哪些范数有酉不变性？如何从变换的角度理解它们？

5.8 三种算子范数的表示分别是什么？以 2 阶矩阵为例，如何形象地理解它们？

5.9 范数与奇异值有何联系？

5.10 什么是谱半径？有何性质？有何用处？

5.11 为什么要引入条件数的概念？

5.12 从动态逼近的视角，如何理解矩阵的秩 1 分解？

习 题 五

5.1 设 $\boldsymbol{A}=\begin{pmatrix}2 & \mathrm{i} & 0 & 2\\ 0 & 3 & \mathrm{i} & 0\\ 0 & 0 & \mathrm{i} & -\mathrm{i}\end{pmatrix}$，$\boldsymbol{x}=(\mathrm{i},\ -2,\ 3+4\mathrm{i},\ 0)^{\mathrm{T}}$.

(1) 求 $\|\boldsymbol{x}\|_1$，$\|\boldsymbol{x}\|_2$ 和 $\|\boldsymbol{x}\|_\infty$；(2) 求 $\|\boldsymbol{Ax}\|_1$，$\|\boldsymbol{Ax}\|_2$ 和 $\|\boldsymbol{Ax}\|_\infty$.

5.2 **(压缩映射原理)** 设 f 是赋范线性空间 V 上的向量范数，则对任意 $\alpha,\beta\in V$，有

$$|f(\alpha)-f(\beta)|\leqslant|\alpha-\beta|.$$

5.3 设实数 $k_1, k_2>0$ 且 f, g 都是 $\mathbb{C}^n$ 上的向量范数，则 $F=\max(f, g)$ 和 $G=k_1f+k_2g$ 都是 $\mathbb{C}^n$ 上的向量范数.

5.4 给出 $\mathbb{C}^n$ 中分别满足等式 $|\boldsymbol{x}^{\mathrm{H}}\boldsymbol{y}|=\|\boldsymbol{x}\|_1\|\boldsymbol{y}\|_\infty$ 和 $|\boldsymbol{x}^{\mathrm{H}}\boldsymbol{y}|=\|\boldsymbol{x}\|_2\|\boldsymbol{y}\|_2$ 的向量 $\boldsymbol{x}, \boldsymbol{y}$.

5.5 对任意 $\boldsymbol{x}=(x_1, x_2)^{\mathrm{T}}\in\mathbb{R}^2$，证明：$\|\boldsymbol{x}\|=\max\left(|x_1|, |x_2|, \dfrac{2}{3}(|x_1|+|x_2|)\right)$ 是 $\mathbb{R}^2$ 上的向量范数，并绘出单位圆域 $\|\boldsymbol{x}\|\leqslant 1$ 的图形.

5.6 用图形描绘出 $\mathbb{R}^3$ 中的 1 范数单位球，2 范数单位球和 ∞ 范数单位球.

5.7 在 $\mathbb{R}^2$ 中，对于 1 范数和 ∞ 范数，举例说明勾股定理不成立，因此它们都不是由内积

导出的范数.

5.8 对任意 $\boldsymbol{x}=(x_1, x_2, \cdots, x_n)^{\mathrm{T}} \in \mathbb{C}^n$，证明下列不等式,并指出何时等号成立：

(1) $\frac{1}{n}\|\boldsymbol{x}\|_1 \leqslant \|\boldsymbol{x}\|_\infty \leqslant \|\boldsymbol{x}\|_2 \leqslant \|\boldsymbol{x}\|_1$；

(2) $\frac{1}{\sqrt{n}}\|\boldsymbol{x}\|_1 \leqslant \|\boldsymbol{x}\|_2 \leqslant \sqrt{n}\|\boldsymbol{x}\|_\infty$；

(3) $\|\boldsymbol{x}\|_2 \leqslant \sqrt{\|\boldsymbol{x}\|_1\|\boldsymbol{x}\|_\infty}$.

5.9 设 $f_1, f_2, \cdots, f_n$ 和 $g_1, g_2, \cdots, g_n$ 为数域 $\mathbb{R}$ 上的多项式空间 $\mathbb{P}[t]_n$ 的两组基,且 $(g_1, g_2, \cdots, g_n)=(f_1, f_2, \cdots, f_n)\boldsymbol{P}$. 任意 $f \in \mathbb{P}[t]_n$ 在这两组基下的坐标向量分别为 $\boldsymbol{x}$ 和 $\boldsymbol{y}$. 证明：$\|\boldsymbol{x}\|_2=\|\boldsymbol{y}\|_2$ 的充要条件是 $\boldsymbol{P}$ 为正交矩阵.

5.10 对任意 $\boldsymbol{A}=(a_{ij}) \in \mathbb{F}^{m\times n}$，判断 $f(\boldsymbol{A})=m \max\limits_{1\leqslant i, j\leqslant n} |a_{ij}|$ 是否为 $\mathbb{F}^{m\times n}$ 中的矩阵范数.

5.11 对任意 $\boldsymbol{A}=(a_{ij}) \in \mathbb{F}^{n\times n}$，证明：$f(\boldsymbol{A})=\|\boldsymbol{A}\|_F+2\|\boldsymbol{A}\|_2$ 是 $\mathbb{F}^{n\times n}$ 中的矩阵范数.

5.12 已知 $\boldsymbol{A}=\begin{pmatrix}-1 & -1 & 4\\ 1 & 1 & 2\\ 1 & -2 & 2\end{pmatrix}$，求 $\|\boldsymbol{A}\|_{m_1}$，$\|\boldsymbol{A}\|_F$，$\|\boldsymbol{A}\|_{m_\infty}$，$\|\boldsymbol{A}\|_1$，$\|\boldsymbol{A}\|_2$ 及 $\|\boldsymbol{A}\|_\infty$.

5.13 对任意 $\boldsymbol{A}=(a_{ij}) \in \mathbb{F}^{n\times n}$，设 $\det(\boldsymbol{A}) \neq 0$ 且 λ 为 $\boldsymbol{A}$ 的任意特征值,则对 $\mathbb{F}^{n\times n}$ 中任意算子范数 $\|\boldsymbol{A}\|$，有

(1) $\|\boldsymbol{A}^{-1}\|^{-1} \leqslant |\lambda| \leqslant \|\boldsymbol{A}\|$；(2) $\|\boldsymbol{A}^{-1}\|^{-1}=\min\limits_{x\neq 0}\frac{\|\boldsymbol{Ax}\|}{\|\boldsymbol{x}\|}$.

5.14 设 $\boldsymbol{A}=(a_{ij}) \in \mathbb{F}^{m\times n}$，则对 $\mathbb{F}^{m\times n}$ 中任意算子范数 $\|\boldsymbol{A}\|$，有 $\|\boldsymbol{A}\| \geqslant |a_{ij}|$.

5.15 设 $\boldsymbol{A}=(a_{ij}) \in \mathbb{F}^{n\times n}$，设 $\det(\boldsymbol{A}) \neq 0$，证明：$\|\boldsymbol{A}^{-1}\|_p\|\boldsymbol{A}\|_p \geqslant 1$，其中 $p=1, 2, \infty$.

5.16 证明：n 阶酉矩阵 $\boldsymbol{U} \in \mathbb{F}^{n\times n}$ 的 2 范数等于 1,F 范数等于 $\sqrt{n}$.

5.17 证明：排列矩阵的 p 范数等于 1,对角矩阵的 p 范数是其对角元的最大模,其中 $p=1, 2, \infty$.

5.18 对任意 $\boldsymbol{A}=(a_{ij}) \in \mathbb{F}^{m\times n}$，设 $r=r(\boldsymbol{A})$. 证明下列不等式：

(1) $\|\boldsymbol{A}\|_2 \leqslant \|\boldsymbol{A}\|_F \leqslant \sqrt{r}\|\boldsymbol{A}\|_2$；

(2) $\frac{1}{n}\|\boldsymbol{A}\|_{\infty} \leqslant \|\boldsymbol{A}\|_{1} \leqslant m\|\boldsymbol{A}\|_{\infty}$;

(3) $\frac{1}{\sqrt{n}}\|\boldsymbol{A}\|_{F} \leqslant \|\boldsymbol{A}\|_{1} \leqslant \sqrt{m}\|\boldsymbol{A}\|_{F}$;

(4) $\frac{1}{\sqrt{m}}\|\boldsymbol{A}\|_{F} \leqslant \|\boldsymbol{A}\|_{\infty} \leqslant \sqrt{n}\|\boldsymbol{A}\|_{F}$;

(5) $\frac{1}{\sqrt{n}}\|\boldsymbol{A}\|_{\infty} \leqslant \|\boldsymbol{A}\|_{2} \leqslant \sqrt{m}\|\boldsymbol{A}\|_{\infty}$;

(6) $\frac{1}{\sqrt{n}}\|\boldsymbol{A}\|_{2} \leqslant \|\boldsymbol{A}\|_{1} \leqslant \sqrt{m}\|\boldsymbol{A}\|_{2}$.

5.19 设 $\boldsymbol{A} \in \mathbb{F}^{n\times n}$，则对 $\mathbb{F}^{n\times n}$ 中任意相容范数 $\|\boldsymbol{A}\|$，有 $\|\boldsymbol{A}^k\| \leqslant \|\boldsymbol{A}\|^k$，$k \in \mathbb{Z}$.

5.20 (1) 证明：$\mathbb{F}^{m\times n}$ 上的 m_∞ 范数与 $\mathbb{F}^n$ 上的 ∞ 范数是相容的；

(2) 证明：$\mathbb{F}^{m\times n}$ 上的 m_1 范数与 $\mathbb{F}^n$ 上的 1 范数是相容的.

5.21 对任意 $\boldsymbol{A}=(a_{ij}) \in \mathbb{F}^{m\times n}$，设

$$f(\boldsymbol{A})=\sqrt{mn}\max_{1\leqslant i\leqslant m,\,1\leqslant j\leqslant n}|a_{ij}|,\quad g(\boldsymbol{A})=\max(m,\,n)\max_{1\leqslant i\leqslant m,\,1\leqslant j\leqslant n}|a_{ij}|.$$

(1) 证明：f 和 g 都是 $\mathbb{F}^{m\times n}$ 中的矩阵范数；

(2) 证明：f 与向量的 2 范数相容；

(3) 证明：g 与向量的 2 范数和 ∞ 范数都是相容的.

5.22 举例说明 $\mathbb{F}^{m\times n}$ $(n>1)$ 上的 1 范数与 $\mathbb{F}^n$ 上的 ∞ 范数不相容.

5.23 已知矩阵 $\boldsymbol{A} \in \mathbb{F}^{n\times n}$. 若 λ 为 $\boldsymbol{A}$ 的特征值，证明：$|\lambda| \leqslant \|\boldsymbol{A}^k\|^{\frac{1}{k}}$.

5.24 证明：任意算子范数与 ∞ 范数等价，即对任意 $\boldsymbol{A} \in \mathbb{F}^{n\times n}$ 和算子范数 $\|\boldsymbol{A}\|$，都存在正数 c_1, c_2，使得

$$c_1\|\boldsymbol{A}\|_{\infty} \leqslant \|\boldsymbol{A}\| \leqslant c_2\|\boldsymbol{A}\|_{\infty}.$$

5.25 设 $\boldsymbol{A} \in \mathbb{F}^{n\times n}$，证明：$\rho(\boldsymbol{A})$ 不是 $\mathbb{F}^{n\times n}$ 中的矩阵范数.

5.26 设 $\boldsymbol{A} \in \mathbb{F}^{n\times n}$，证明：(1) $\|\boldsymbol{A}^{\mathrm{H}}\|_{\infty} = \|\boldsymbol{A}\|_1$；(2) $\|\boldsymbol{A}\|_2^2 \leqslant \|\boldsymbol{A}\|_1\|\boldsymbol{A}\|_{\infty}$.

5.27 对半酉矩阵 $\boldsymbol{U}$, $\boldsymbol{V}$. 证明：$\|\boldsymbol{UAV}\|_2 = \|\boldsymbol{A}\|_2$ 及 $\|\boldsymbol{UAV}\|_F = \|\boldsymbol{A}\|_F$.

5.28 **(外积的范数)** 对任意 $\boldsymbol{x} \in \mathbb{C}^m$，$\boldsymbol{y} \in \mathbb{C}^n$，证明：$\|\boldsymbol{xy}^{\mathrm{H}}\|_2 = \|\boldsymbol{x}\|_2\|\boldsymbol{y}\|_2$ 及 $\|\boldsymbol{xy}^{\mathrm{H}}\|_{\infty} = \|\boldsymbol{x}\|_{\infty}\|\boldsymbol{y}\|_1$.

5.29 设 $\boldsymbol{A},\boldsymbol{B}\in\mathbb{F}^{n\times n}$,证明:矩阵的F范数和2范数是相容的,即

$$\|\boldsymbol{AB}\|_F\leqslant\|\boldsymbol{A}\|_F\|\boldsymbol{B}\|_2,\quad \|\boldsymbol{AB}\|_F\leqslant\|\boldsymbol{A}\|_2\|\boldsymbol{B}\|_F.$$

5.30 设 $\boldsymbol{A}\in\mathbb{F}^{n\times n}$,$\lambda_n$ 是 $\boldsymbol{A}$ 的模最小的特征值,σ_n 是 $\boldsymbol{A}$ 的最小奇异值.

(1) 如果 $\boldsymbol{A}$ 可逆,那么 $\rho(\boldsymbol{A}^{-1})=|\lambda_n^{-1}|$,$\|\boldsymbol{A}^{-1}\|_2=\sigma_n^{-1}$;

(2) 证明 $\sigma_n\leqslant|\lambda_n|$;

(3) $\sigma_n=0$ 当且仅当 $\lambda_n=0$.

5.31 **(矩阵的正规偏离度)**对任意 $\boldsymbol{A}=(a_{ij})\in\mathbb{F}^{n\times n}$,设 $\lambda_1,\lambda_2,\cdots,\lambda_n$ 为 $\boldsymbol{A}$ 的特征值.

(1) 证明:$\sum\limits_{i=1}^{n}|\lambda_i|^2\leqslant\sum\limits_{i=1}^{n}\sum\limits_{j=1}^{n}|a_{ij}|^2$,等号成立当且仅当 $\boldsymbol{A}$ 为正规矩阵.

(2) 解释度量 $\Delta_F\boldsymbol{A}=\sqrt{\sum\limits_{i=1}^{n}\sum\limits_{j=1}^{n}|a_{ij}|^2-\sum\limits_{i=1}^{n}|\lambda_i|^2}$ 的作用.

5.32 证明:$\kappa(\boldsymbol{A})=\dfrac{\max\|\boldsymbol{Ax}\|}{\min\|\boldsymbol{Ax}\|}$,其中 $\|\boldsymbol{x}\|=1$.

特别地,当 $\boldsymbol{A}$ 是正规矩阵时,$\kappa_2(\boldsymbol{A})=\dfrac{\max|\lambda|}{\min|\lambda|}=\dfrac{\sigma_1}{\sigma_n}$,其中 $\lambda\in\sigma(\boldsymbol{A})$,且 σ_1 和 σ_n 分别是 $\boldsymbol{A}$ 的最大奇异值和最小奇异值.

5.33 证明:(1) $\dfrac{1}{n}\leqslant\dfrac{\kappa_\infty(\boldsymbol{A})}{\kappa_2(\boldsymbol{A})}\leqslant n$;(2) $\dfrac{1}{n}\leqslant\dfrac{\kappa_1(\boldsymbol{A})}{\kappa_2(\boldsymbol{A})}\leqslant n$.

5.34 **(几乎奇异矩阵未必是病态矩阵)**

(1) 证明:对任意矩阵 $\boldsymbol{A}=(a_{ij})\in\mathbb{F}^{n\times n}$,证明 $\|\boldsymbol{A}\|_2\leqslant n\max\limits_{1\leqslant i,j\leqslant n}|a_{ij}|$;

(2) 对矩阵 $\boldsymbol{A}=\begin{bmatrix}\varepsilon & \varepsilon\\ 0 & \varepsilon\end{bmatrix}$,$0<\varepsilon\ll 1$,利用(1)的结论估计 $\kappa_2(\boldsymbol{A})$.

第 6 章

矩阵分析及其应用

微积分自正式诞生起，已在近代社会起到巨大作用，完全配得上“人类精神的最高胜利”[104]（恩格斯语）的美誉.将微积分中的极限、微分、积分、级数、微分方程等分析学的思想和方法与矩阵相结合，如此“强强联合”，将更是威力无比.事实上，在矩阵理论的三大模块中，矩阵分析模块处于核心位置.

6.1　矩阵序列与矩阵级数

尽管微积分的基础是实数理论，但许多读者本科阶段接触的仅仅是其中的极限理论及级数理论.若将矩阵看成一个“超数”（代数上）或“点”（几何上），则通过类比思维可得矩阵序列与矩阵级数.问题是需要度量的是两个“超数”或“点”之间的接近程度，这种度量工具就是范数.尽管使用坐标也可以描述两个矩阵的接近程度，但不难发现使用范数语言明显简洁明晰，而且非常有助于与微积分的类比和证明.

6.1.1　矩阵序列

定义 6.1.1(依元素收敛)　设有 $\mathbb{C}^{m\times n}$ 中的**矩阵序列**(matrix sequence)

$$\{\boldsymbol{A}_k\}=\boldsymbol{A}_1,\ \boldsymbol{A}_2,\ \cdots,\ \boldsymbol{A}_k,\cdots$$

其中，$\boldsymbol{A}_k=(a_{ij}^{(k)})$. 如果每个数列 $\{a_{ij}^{(k)}\}$ 都收敛，即有

$$\lim_{k\to\infty} a_{ij}^{(k)}=a_{ij}\,(i=1,\ 2,\ \cdots,\ m;\ j=1,\ 2,\ \cdots,\ n),\tag{6.1.1}$$

则称 $\{\boldsymbol{A}_k\}$ **收敛于极限**(convergent to limit) $\boldsymbol{A}=(a_{ij})\in\mathbb{C}^{m\times n}$，记为 $\lim\limits_{k\to\infty}\boldsymbol{A}_k=\boldsymbol{A}$. 否则就称 $\{\boldsymbol{A}_k\}$ 是**发散的**(divergent).

如果将矩阵序列看成“点”列，那么类比微积分中的数列极限性质，可得矩阵序列的下列性质.实际上，前者可视为后者的特殊情形，即矩阵的维数退化为 1×1 时的情形；后者则是前者在矩阵维数上的类比推广.值得庆幸的是这种推广保留了前者的许多性质.

定理 6.1.1(线性运算)　设 $\mathbb{C}^{m\times n}$ 中的 $\{\boldsymbol{A}_k\}$，$\{\boldsymbol{B}_k\}$ 分别收敛于 $\boldsymbol{A}$，$\boldsymbol{B}$，则对任意 $\lambda\in\mathbb{C}$，$\{\boldsymbol{A}_k\pm\boldsymbol{B}_k\}$ 收敛于 $\boldsymbol{A}\pm\boldsymbol{B}$，$\{\lambda\boldsymbol{A}_k\}$ 收敛于 $\lambda\boldsymbol{A}$，即 $\lim\limits_{k\to\infty}(\boldsymbol{A}_k\pm\boldsymbol{B}_k)=\boldsymbol{A}\pm\boldsymbol{B}$，$\lim\limits_{k\to\infty}(\lambda\boldsymbol{A}_k)=\lambda\boldsymbol{A}$.

定理 6.1.2(乘法运算)　设 $\mathbb{C}^{m\times p}$ 中的 $\{\boldsymbol{A}_k\}$ 收敛于 $\boldsymbol{A}$，$\mathbb{C}^{p\times n}$ 中的 $\{\boldsymbol{B}_k\}$ 收敛于 $\boldsymbol{B}$，则

$\mathbb{C}^{m\times n}$ 中的 $\{\boldsymbol{A}_k\boldsymbol{B}_k\}$ 收敛于 $\boldsymbol{AB}$，即 $\lim\limits_{k\to\infty}\boldsymbol{A}_k\boldsymbol{B}_k=\boldsymbol{AB}$.

推论 6.1.3 设 $\lim\limits_{k\to\infty}\boldsymbol{A}_k=\boldsymbol{A}\in\mathbb{C}^{m\times n}$，则 $\lim\limits_{k\to\infty}(\boldsymbol{PA}_k\boldsymbol{Q})=\boldsymbol{PAQ}$，其中 $\boldsymbol{P}\in\mathbb{C}^{p\times m}$ 和 $\boldsymbol{Q}\in\mathbb{C}^{n\times q}$ 为数字矩阵，也就是说左右两端的数字矩阵因子可以外提，但要保留原来的顺序，因为矩阵乘法不满足交换律.

定理 6.1.4（逆运算） 设 $\lim\limits_{k\to\infty}\boldsymbol{A}_k=\boldsymbol{A}\in\mathbb{C}^{n\times n}$，且 $\boldsymbol{A}$ 和所有的 $\boldsymbol{A}_k$ 都可逆，则 $\lim\limits_{k\to\infty}(\boldsymbol{A}_k)^{-1}=\boldsymbol{A}^{-1}$.

注: 条件"$\boldsymbol{A}$ 可逆"必不可少. 例如，对 $\{\boldsymbol{A}_k\}=\left\{\begin{pmatrix}1+k^{-1} & 1\\ 1 & 1\end{pmatrix}\right\}$，虽然 $\boldsymbol{A}_k$ 都可逆且 $\{\boldsymbol{A}_k\}$ 收敛于 $\boldsymbol{A}=\begin{pmatrix}1 & 1\\ 1 & 1\end{pmatrix}$，但矩阵 $\boldsymbol{A}$ 不可逆.

定理 6.1.5（块对角运算） 设 $\mathbb{C}^{p\times q}$ 中的 $\{\boldsymbol{A}_k\}$ 收敛于 $\boldsymbol{A}$，$\mathbb{C}^{(m-p)\times(n-q)}$ 中的 $\{\boldsymbol{B}_k\}$ 收敛于 $\boldsymbol{B}$，则 $\mathbb{C}^{m\times n}$ 中的 $\left\{\begin{pmatrix}\boldsymbol{A}_k & \\ & \boldsymbol{B}_k\end{pmatrix}\right\}$ 收敛于 $\begin{pmatrix}\boldsymbol{A} & \\ & \boldsymbol{B}\end{pmatrix}$，即 $\lim\limits_{k\to\infty}\begin{pmatrix}\boldsymbol{A}_k & \\ & \boldsymbol{B}_k\end{pmatrix}=\begin{pmatrix}\boldsymbol{A} & \\ & \boldsymbol{B}\end{pmatrix}$.

上述几个定理，一言以蔽之，就是求极限运算与相应的矩阵运算（线性运算，乘法运算和逆运算）可以交换运算顺序. 例如，"和的极限等于极限的和".

MATLAB 提供了内置符号函数 limit，可用于以依元素形式来计算矩阵序列的极限，调用格式为

```
A = limit(Ak,k,inf)
```

其中要求 k 为符号变量，且需给出矩阵 $\boldsymbol{A}_k$ 每个元素的通项公式. 详见本书配套程序 exm601.

在微积分中，$\lim\limits_{n\to\infty}a_k=a$ 可改写为 $\lim\limits_{n\to\infty}(a_k-a)=0$，也就是 $\lim\limits_{n\to\infty}|a_k-a|=0$. 这个想法可类比到矩阵序列，只要将其中的绝对值一般化为矩阵范数.

定理 6.1.6 $\mathbb{C}^{m\times n}$ 中的 $\{\boldsymbol{A}_k\}$ 收敛于 $\boldsymbol{A}\in\mathbb{C}^{m\times n}$ 的充要条件是对任意一种矩阵范数 $\|\cdot\|$，都有

$$\lim_{k\to\infty}\|\boldsymbol{A}_k-\boldsymbol{A}\|=0. \tag{6.1.2}$$

特别地，若 $\boldsymbol{A}=\boldsymbol{O}$，则

$$\lim_{k\to\infty}\boldsymbol{A}_k=\boldsymbol{O}\Leftrightarrow\lim_{k\to\infty}\|\boldsymbol{A}_k\|=0. \tag{6.1.3}$$

证明：设 $\boldsymbol{A}_k=(a_{ij}^{(k)})$，$\boldsymbol{A}=(a_{ij})$ $(i=1,\cdots,m;\ j=1,\cdots,n)$，则

$$\lim_{k\to\infty}\boldsymbol{A}_k=\boldsymbol{A}\Leftrightarrow\lim_{k\to\infty}a_{ij}^{(k)}=a_{ij}\Leftrightarrow\lim_{k\to\infty}(a_{ij}^{(k)}-a_{ij})=0$$

$$\Leftrightarrow\lim_{k\to\infty}\sqrt{\sum_{i=1}^{m}\sum_{j=1}^{n}|a_{ij}^{(k)}-a_{ij}|^2}=0\Leftrightarrow\lim_{k\to\infty}\|\boldsymbol{A}_k-\boldsymbol{A}\|_F=0.$$

由范数的等价性，对于 $\mathbb{C}^{m\times n}$ 上任意一种矩阵范数 $\|\cdot\|$，必存在正常数 c_1，c_2，使得

$$c_1\|\boldsymbol{A}_k-\boldsymbol{A}\|_F\leqslant\|\boldsymbol{A}_k-\boldsymbol{A}\|\leqslant c_2\|\boldsymbol{A}_k-\boldsymbol{A}\|_F,$$

再由数列极限的三明治定理(夹逼定理)，可得

$$\lim_{k\to\infty}\|\boldsymbol{A}_k-\boldsymbol{A}\|_F=0\Leftrightarrow\lim_{k\to\infty}\|\boldsymbol{A}_k-\boldsymbol{A}\|=0,$$

所以 $\lim\limits_{k\to\infty}\boldsymbol{A}_k=\boldsymbol{A}\Leftrightarrow\lim\limits_{k\to\infty}\|\boldsymbol{A}_k-\boldsymbol{A}\|=0.$ 证毕.

定义 6.1.2(依范数收敛) 设有 $\mathbb{C}^{m\times n}$ 中的 $\{\boldsymbol{A}_k\}$ 和矩阵 $\boldsymbol{A}$，如果对任意一种矩阵范数 $\|\cdot\|$，都有 $\lim\limits_{k\to\infty}\|\boldsymbol{A}_k-\boldsymbol{A}\|=0$，则称 $\{\boldsymbol{A}_k\}$ 收敛于 $\boldsymbol{A}$，记为 $\lim\limits_{k\to\infty}\boldsymbol{A}_k=\boldsymbol{A}$. 否则称 $\{\boldsymbol{A}_k\}$ 是发散的.即

$$\lim_{k\to\infty}\|\boldsymbol{A}_k-\boldsymbol{A}\|=0\Leftrightarrow\lim_{k\to\infty}\boldsymbol{A}_k=\boldsymbol{A}\Leftrightarrow\lim_{k\to\infty}a_{ij}^{(k)}=a_{ij}. \tag{6.1.4}$$

向量是特殊的矩阵，上述结论自然对向量也成立.

定理 6.1.7 设 $\{\boldsymbol{x}^{(k)}\}$ 为 $\mathbb{C}^n$ 中的向量序列，则

$$\lim_{k\to\infty}\boldsymbol{x}^{(k)}=\boldsymbol{x}^*\Leftrightarrow\lim_{k\to\infty}\|\boldsymbol{x}^{(k)}-\boldsymbol{x}^*\|=0, \tag{6.1.5}$$

其中的范数 $\|\cdot\|$ 是 $\mathbb{C}^n$ 中的任意一种向量范数.

显然矩阵序列的**依元素收敛或依坐标收敛**(pointwise convengence)等价于**依范数收敛**(normal convengence).前者从微观或元素的层面将矩阵看成“一堆数”，拘泥或纠缠于细枝末节；后者则从宏观的符号层面将矩阵看成一个“完全的抽象物”，即一个具有某些指定运算的数学对象或“算子”(几何上就是一个“点”).因此用矩阵的范数理论来研究矩阵序列的收敛性是矩阵分析中最常用且最简洁的方法.事实上，依元素收敛需要考虑 $\{\boldsymbol{A}_k\}$ 中所有 (i,j) 位置上的数列 $\{a_{ij}^{(k)}\}$ 是否都收敛，而依范数收敛则概括为只需要考虑一个由范数构成的数列 $\{\|\boldsymbol{A}_k-\boldsymbol{A}\|\}$ 是否收敛到零.当然，实际使用时，可以根据问题的需要在这两个层面之间灵活切换.

遗憾的是，$\{\boldsymbol{A}_k\}$ 的敛散性与其(任意)范数数列 $\{\|\boldsymbol{A}_k\|\}$ 的敛散性不等价.

定理 6.1.8 设 $\mathbb{C}^{m\times n}$ 中的 $\{\boldsymbol{A}_k\}$ 收敛于 $\boldsymbol{A}\in\mathbb{C}^{m\times n}$，则对任意一种矩阵范数 $\|\cdot\|$，都有 $\lim\limits_{k\to\infty}\|\boldsymbol{A}_k\|=\|\boldsymbol{A}\|$. 反之未必.

证明: 由范数的三角不等式 $|\,\|\boldsymbol{A}_k\|-\|\boldsymbol{A}\|\,|\leqslant\|\boldsymbol{A}_k-\boldsymbol{A}\|$，并结合式(6.1.4)，可知 $k\to\infty$ 时，有 $\|\boldsymbol{A}_k\|-\|\boldsymbol{A}\|\to 0$，此即 $\lim\limits_{k\to\infty}\|\boldsymbol{A}_k\|=\|\boldsymbol{A}\|$.

取 $\boldsymbol{A}_k=\begin{pmatrix}(-1)^k & k^{-1}\\ 1 & 0\end{pmatrix}$，$\boldsymbol{A}=\begin{pmatrix}1&0\\1&0\end{pmatrix}$，可知 $\lim\limits_{k\to\infty}\|\boldsymbol{A}_k\|_F=\sqrt{2}=\|\boldsymbol{A}\|_F$，但 $\lim\limits_{k\to\infty}\boldsymbol{A}_k$ 不存在.故逆命题不成立. 证毕.

矩阵序列(也包括向量序列)的敛散性问题，当然可以借助于范数转化为判断其范数序列是否为柯西序列.

定理 6.1.9 $\mathbb{C}^{m\times n}$ 中的 $\{\boldsymbol{A}_k\}$ 收敛于 $\boldsymbol{A}\in\mathbb{C}^{m\times n}$，等价于它关于任意一种矩阵范数 $\|\cdot\|$ 都是一个柯西数列，即对任意 $\varepsilon>0$，都存在正整数 $N(\varepsilon)$，使得只要 $m,n>N(\varepsilon)$，就有 $\|\boldsymbol{A}_m-\boldsymbol{A}_n\|<\varepsilon$.

下面考察最特殊的方阵幂序列 $\{\boldsymbol{A}^k\}$ 敛散性的判别法.

仍然采用类比思维，从等比数列的极限入手.等比数列 $\{q^n\}$ 满足 $\lim\limits_{n\to\infty}q^n=0\Leftrightarrow|q|<1$. 类似地，对于 $\{\boldsymbol{A}^k\}$，是否也有 $\lim\limits_{k\to+\infty}\boldsymbol{A}^k=\boldsymbol{O}\Leftrightarrow\|\boldsymbol{A}\|<1$ 呢?

以最特殊的对角矩阵 $\boldsymbol{\Lambda}=\mathrm{diag}(\lambda_1,\lambda_2)$ 来分析.由于 $\boldsymbol{\Lambda}^k=\mathrm{diag}(\lambda_1^k,\lambda_2^k)$，因此

$$\lim_{k\to\infty}\boldsymbol{\Lambda}^k=\boldsymbol{O}\Leftrightarrow\lim_{k\to\infty}\lambda_1^k=\lim_{k\to\infty}\lambda_2^k=0\Leftrightarrow|\lambda_i|<1\ (i=1,\ 2)\Leftrightarrow\rho(\boldsymbol{A})<1.$$

充要条件居然不是 $\|\boldsymbol{A}\|<1$，而是计算更复杂的 $\rho(\boldsymbol{A})<1$，引入谱半径的意义至少在这里露出了端倪.

定义 6.1.3(收敛矩阵) 如果 $\lim\limits_{k\to\infty}\boldsymbol{A}^k=\boldsymbol{O}$，即 $\{\boldsymbol{A}^k\}$ 收敛于 $\boldsymbol{O}$，则称方阵 $\boldsymbol{A}$ 是**收敛矩阵**(convergent matrix)，否则称 $\boldsymbol{A}$ 为**发散矩阵**(divergent matrix).

定理 6.1.10 $\mathbb{C}^{n\times n}$ 中的方阵 $\boldsymbol{A}$ 是收敛矩阵的充要条件是其谱半径小于 1，即

$$\boldsymbol{A}\text{ 是收敛矩阵}\Leftrightarrow\rho(\boldsymbol{A})<1. \tag{6.1.6}$$

证明: 设方阵 $\boldsymbol{A}$ 有 Jordan 分解 $\boldsymbol{A}=\boldsymbol{PJP}^{-1}$，这里 $\boldsymbol{J}=\mathrm{diag}(\boldsymbol{J}_1(\lambda_1),\ \boldsymbol{J}_2(\lambda_2),\ \cdots,\ \boldsymbol{J}_s(\lambda_s))$，其中 $\boldsymbol{J}_i(\lambda_i)\ (i=1,\ 2,\ \cdots,\ s)$ 为 m_i 阶约当块.则 $\boldsymbol{A}^k=\boldsymbol{PJ}^k\boldsymbol{P}^{-1}$，从而由推论 6.1.3 和式(2.7.5)可知

$$\lim_{k\to\infty}\boldsymbol{A}^k=\boldsymbol{O}\Leftrightarrow\lim_{k\to\infty}\boldsymbol{J}^k=\boldsymbol{O}\Leftrightarrow\lim_{k\to\infty}\boldsymbol{J}_i^k(\lambda_i)=\boldsymbol{O}$$

$$\Leftrightarrow \lim_{k\to\infty}\begin{pmatrix}\lambda_i^k & C_k^1\lambda_i^{k-1} & \cdots & C_k^{m_i}\lambda_i^{k-m_i+1}\\ & \lambda_i^k & \ddots & \vdots\\ & & \ddots & C_k^1\lambda_i^{k-1}\\ & & & \lambda_i^k\end{pmatrix}=\boldsymbol{O}\text{（其中 } l>k \text{ 时规定 } C_k^l=0\text{）}$$

$$\Leftrightarrow \lim_{k\to\infty}\lambda_i^k=0\Leftrightarrow |\lambda_i|<1\Leftrightarrow \rho(\boldsymbol{A})=\max_i|\lambda_i|<1.$$

谱半径不易计算，但注意到谱半径不超过任何一种矩阵范数，因此实际中常用矩阵范数来判断矩阵是否是收敛矩阵.考虑到定理 6.1.8 的逆命题不成立，因此需要限定所用的矩阵范数.

定理 6.1.11 $\mathbb{C}^{n\times n}$ 中的矩阵 $\boldsymbol{A}$ 是收敛矩阵的充分条件是存在一种矩阵范数 φ，使得

$$\varphi(\boldsymbol{A})<1.$$

证明： 由于 $\rho(\boldsymbol{A})\leqslant\varphi(\boldsymbol{A})$，而 $\varphi(\boldsymbol{A})<1$，故 $\rho(\boldsymbol{A})<1$. 根据定理 6.1.10，结论成立.

范数计算简易，但对于范数都不小于 1 的矩阵，使用范数无法判断其敛散性.

例 6.1.1 判断下列矩阵是否为收敛矩阵，其中

$$(1)\ \boldsymbol{A}=\begin{pmatrix}0.3+0.4\mathrm{i} & 1\\ 0 & -0.8\end{pmatrix};\ (2)\ \boldsymbol{A}=\begin{pmatrix}-1 & 1 & 0\\ -4 & 3 & 0\\ 1 & 0 & 2\end{pmatrix};\ (3)\ \boldsymbol{A}=\begin{pmatrix}0.6 & 0.2\\ 0.5 & 0.4\end{pmatrix}.$$

解： (1) $\boldsymbol{A}$ 的特征值为 $0.3+0.4\mathrm{i}$（模为 0.5）和 -0.8，故 $\rho(\boldsymbol{A})=\max(0.5, 0.8)=0.8<1$，由定理 6.1.10，可知 $\boldsymbol{A}$ 是收敛矩阵.

(2) $\boldsymbol{A}$ 的特征值为 2, 1, 1，所以 $\rho(\boldsymbol{A})=\max(2, 1, 1)=2>1$，即 $\boldsymbol{A}$ 是发散矩阵.

(3) 尽管 $\|\boldsymbol{A}\|_1=1.1$，但有 $\|\boldsymbol{A}\|_\infty=0.9<1$，故 $\boldsymbol{A}$ 是收敛矩阵.

例 6.1.2 已知矩阵 $\boldsymbol{A}=\begin{pmatrix}1 & 2 & 2\\ 2 & 1 & 2\\ 2 & 2 & 1\end{pmatrix}$，令 $\boldsymbol{B}=\dfrac{1}{\rho(\boldsymbol{A})}\boldsymbol{A}$，求 $\lim\limits_{k\to\infty}\boldsymbol{B}^k$.

解： 计算可知 $\boldsymbol{A}$ 有特征值分解 $\boldsymbol{A}=\boldsymbol{P\Lambda P}^{-1}$，其中

$$\boldsymbol{\Lambda}=\mathrm{diag}(5, -1, -1),\ \boldsymbol{P}=\begin{pmatrix}1 & -1 & -1\\ 1 & 1 & 0\\ 1 & 0 & 1\end{pmatrix}.$$

显然 $\rho(\boldsymbol{A})=5$，且 $\boldsymbol{B}=\dfrac{1}{\rho(\boldsymbol{A})}\boldsymbol{A}=\boldsymbol{PDP}^{-1}$，其中 $\boldsymbol{D}=\mathrm{diag}(1, -0.2, -0.2)$，因此

$\boldsymbol{D}^k=\mathrm{diag}[1, (-0.2)^k, (-0.2)^k]$,

$$\lim_{k\to\infty}\boldsymbol{B}^k=\lim_{k\to\infty}\boldsymbol{PD}^k\boldsymbol{P}^{-1}=\boldsymbol{P}(\lim_{k\to\infty}\boldsymbol{D}^k)\boldsymbol{P}^{-1}$$

$$=\begin{pmatrix}1&-1&-1\\1&1&0\\1&0&1\end{pmatrix}\begin{pmatrix}1&&\\&0&\\&&0\end{pmatrix}\cdot\frac{1}{3}\begin{pmatrix}1&1&1\\-1&2&-1\\-1&-1&2\end{pmatrix}=\frac{1}{3}\begin{pmatrix}1&1&1\\1&1&1\\1&1&1\end{pmatrix}.$$

本例的 MATLAB 代码实现，详见本书配套程序 exm602.

当 $|q|<1$ 时，公比 $|q|=\dfrac{|q^{n+1}|}{|q^n|}$ 刻画了等比数列 $\{q^n\}$ 收敛于 0 的收敛速率，类似地，对收敛矩阵 $\boldsymbol{A}$，其幂 $\boldsymbol{A}^k$ 收敛于 $\boldsymbol{O}$ 的**收敛速率**(convergence rate)可以通过 $r=\lim\limits_{k\to\infty}\dfrac{\|\boldsymbol{A}^{k+1}\|}{\|\boldsymbol{A}^k\|}$ 来加以刻画.为什么不是谱半径呢？有兴趣的读者可进一步阅读文献[6：P237－238]或[36：P33－36].

6.1.2 矩阵级数

数列 $\{a_n\}$ 所有项的和构成数项级数 $\sum\limits_{n=1}^{\infty}a_n$，由此衍生出的级数理论是微积分的基础理论，其中的许多概念和结论大都能类比到矩阵序列 $\{\boldsymbol{A}_k\}$.

定义 6.1.4(矩阵级数及其和) 设有 $\mathbb{C}^{m\times n}$ 中的矩阵序列 $\{\boldsymbol{A}_k\}$，则称

$$\sum_{k=1}^{\infty}\boldsymbol{A}_k=\boldsymbol{A}_1+\boldsymbol{A}_2+\cdots+\boldsymbol{A}_k+\cdots \tag{6.1.7}$$

为**矩阵级数**(matrix series).如果 $\sum\limits_{k=1}^{\infty}\boldsymbol{A}_k$ 的部分和序列 $\{\boldsymbol{S}_k\}$ 收敛于矩阵 $\boldsymbol{S}$，这里 $\boldsymbol{S}_k=\boldsymbol{A}_1+\boldsymbol{A}_2+\cdots+\boldsymbol{A}_k$，则称矩阵级数 $\sum\limits_{k=1}^{\infty}\boldsymbol{A}_k$ 收敛于 $\boldsymbol{S}$，称 $\sum\limits_{k=1}^{\infty}\boldsymbol{A}_k$ 的和为 $\boldsymbol{S}$，记为 $\sum\limits_{k=1}^{\infty}\boldsymbol{A}_k=\boldsymbol{S}$.

显然，若有 $\sum\limits_{k=1}^{\infty}\boldsymbol{A}_k=\boldsymbol{S}$，则 $\lim\limits_{k\to\infty}\boldsymbol{A}_k=\boldsymbol{O}$. 因为 $k\to\infty$ 时 $\boldsymbol{A}_k=\boldsymbol{S}_k-\boldsymbol{S}_{k-1}\to\boldsymbol{S}-\boldsymbol{S}=\boldsymbol{O}$. 这个结果与数项级数中的情形完全一致：$\sum\limits_{k=1}^{\infty}a_k=S\Rightarrow\lim\limits_{k\to\infty}a_k=0$.

类比数项级数理论，可得矩阵级数的下列性质：

(1) 设 $\mathbb{C}^{m\times n}$ 中的矩阵级数 $\sum\limits_{k=1}^{\infty}\boldsymbol{A}_k$，$\sum\limits_{k=1}^{\infty}\boldsymbol{B}_k$ 分别收敛于 $\boldsymbol{S}$，$\boldsymbol{T}\in\mathbb{C}^{m\times n}$，则对任意 $\lambda\in\mathbb{C}$，有

$$\sum_{k=1}^{\infty}(\boldsymbol{A}_k\pm\boldsymbol{B}_k)=\boldsymbol{S}\pm\boldsymbol{T},\ \sum_{k=1}^{\infty}\lambda\boldsymbol{A}_k=\lambda\boldsymbol{S}.$$

(2) 设 $\sum\limits_{k=1}^{\infty}\boldsymbol{A}_k=\boldsymbol{S}\in\mathbb{C}^{m\times n}$，则对任意数字矩阵 $\boldsymbol{P}\in\mathbb{C}^{p\times m}$ 和 $\boldsymbol{Q}\in\mathbb{C}^{n\times q}$，有

$$\sum_{k=1}^{\infty}\boldsymbol{P}\boldsymbol{A}_k\boldsymbol{Q}=\boldsymbol{P}\boldsymbol{S}\boldsymbol{Q}.\tag{6.1.8}$$

(3) 设 $\sum\limits_{k=1}^{\infty}\boldsymbol{A}_k=\boldsymbol{S}\in\mathbb{C}^{p\times q}$，$\sum\limits_{k=1}^{\infty}\boldsymbol{B}_k=\boldsymbol{T}\in\mathbb{C}^{(m-p)\times(n-q)}$，则

$$\sum_{k=1}^{\infty}\begin{pmatrix}\boldsymbol{A}_k & \\ & \boldsymbol{B}_k\end{pmatrix}=\begin{pmatrix}\boldsymbol{S} & \\ & \boldsymbol{T}\end{pmatrix}.\tag{6.1.9}$$

证明：(2) 根据矩阵级数的定义和矩阵序列的性质，可知

$$\lim_{k\to\infty}\sum_{i=1}^{k}\boldsymbol{P}\boldsymbol{A}_i\boldsymbol{Q}=\lim_{k\to\infty}\boldsymbol{P}\Big(\sum_{i=1}^{k}\boldsymbol{A}_i\Big)\boldsymbol{Q}=\boldsymbol{P}\Big(\lim_{k\to\infty}\sum_{i=1}^{k}\boldsymbol{A}_i\Big)\boldsymbol{Q}=\boldsymbol{P}\boldsymbol{S}\boldsymbol{Q},$$

因此 $\sum\limits_{k=1}^{\infty}\boldsymbol{P}\boldsymbol{A}_k\boldsymbol{Q}=\boldsymbol{P}\boldsymbol{S}\boldsymbol{Q}$. 其他不难证明.

由矩阵级数的定义，还可推出矩阵级数在矩阵与元素两个层面间的转换关系：

$$\sum_{k=1}^{\infty}\boldsymbol{A}_k=\boldsymbol{S}\Leftrightarrow\sum_{k=1}^{\infty}a_{ij}^{(k)}=s_{ij},\tag{6.1.10}$$

其中，$\boldsymbol{A}_k=(a_{ij}^{(k)})$，$\boldsymbol{S}=(s_{ij})$，$i=1,2,\cdots,m$；$j=1,2,\cdots,n$.

例 6.1.3 已知 $\boldsymbol{A}_k=\begin{pmatrix}\dfrac{1}{2^{k-1}} & \dfrac{3\pi}{4^k}\\ 0 & \dfrac{1}{k(k+1)}\end{pmatrix}$，求 $\sum\limits_{k=1}^{\infty}\boldsymbol{A}_k$ 的和 $\boldsymbol{S}$.

解：显然从元素层面入手较简单，即由式(6.1.10)，可知

$$\boldsymbol{S}=\sum_{k=1}^{\infty}\boldsymbol{A}_k=\begin{pmatrix}\sum\limits_{k=1}^{\infty}\dfrac{1}{2^{k-1}} & \sum\limits_{k=1}^{\infty}\dfrac{3\pi}{4^k}\\ 0 & \sum\limits_{k=1}^{\infty}\dfrac{1}{k(k+1)}\end{pmatrix}=\begin{pmatrix}2 & \pi\\ 0 & 1\end{pmatrix}.$$

从元素层面,也可以将数项级数的绝对收敛类比到矩阵级数.

定义 6.1.5(绝对收敛) 对于 $\mathbb{C}^{m\times n}$ 中的矩阵级数 $\sum_{k=1}^{\infty}\boldsymbol{A}_k$,这里 $\boldsymbol{A}_k=(a_{ij}^{(k)})$ $(i=1, 2, \cdots, m; j=1, 2, \cdots, n)$. 如果所有 mn 个数项级数 $\sum_{k=1}^{\infty}a_{ij}^{(k)}$ 都绝对收敛,则称矩阵级数 $\sum_{k=1}^{\infty}\boldsymbol{A}_k$ **绝对收敛**(absolutely convergent).

在微积分中,数项级数敛散性的判定大都转化为判定正项级数的敛散性,与之类似,判定矩阵级数是否绝对收敛也可借助范数理论转化为判定正项级数的敛散性.

定理 6.1.12 $\mathbb{C}^{m\times n}$ 中的矩阵级数 $\sum_{k=1}^{\infty}\boldsymbol{A}_k$ 绝对收敛的充要条件是正项级数 $\sum_{k=1}^{\infty}\|\boldsymbol{A}_k\|$ 收敛,这里的矩阵范数是任意的.

证明: 必要性.若矩阵级数 $\sum_{k=1}^{\infty}\boldsymbol{A}_k$ 绝对收敛,其中 $\boldsymbol{A}_k=(a_{ij}^{(k)})\in\mathbb{C}^{m\times n}(i=1, 2, \cdots, m; j=1, 2, \cdots, n)$,则正项级数 $\sum_{k=1}^{\infty}|a_{ij}^{(k)}|$ 都收敛.收敛必有界,故存在正数 M_{ij},使得 $\sum_{k=1}^{\infty}|a_{ij}^{(k)}|<M_{ij}$,从而

$$\sum_{k=1}^{\infty}\|\boldsymbol{A}_k\|_{m_1}=\sum_{k=1}^{\infty}\left(\sum_{i=1}^{m}\sum_{j=1}^{n}|a_{ij}^{(k)}|\right)=\sum_{i=1}^{m}\sum_{j=1}^{n}\left(\sum_{k=1}^{\infty}|a_{ij}^{(k)}|\right)<\sum_{i=1}^{m}\sum_{j=1}^{n}M_{ij}\leqslant mnM,$$

其中,$M=\max\limits_{i,j}M_{ij}$. 所以正项级数 $\sum_{k=1}^{\infty}\|\boldsymbol{A}_k\|_{m_1}$ 收敛(正项级数有界必收敛).由矩阵范数的等价性,可知对任意矩阵范数而言,正项级数 $\sum_{k=1}^{\infty}\|\boldsymbol{A}_k\|$ 都收敛.

充分性.若对任意矩阵范数,正项级数 $\sum_{k=1}^{\infty}\|\boldsymbol{A}_k\|$ 都收敛,则正项级数 $\sum_{k=1}^{\infty}\|\boldsymbol{A}_k\|_{m_1}$ 也收敛.由于 $|a_{ij}^{(k)}|\leqslant\sum_{i=1}^{m}\sum_{j=1}^{n}|a_{ij}^{(k)}|=\|\boldsymbol{A}_k\|_{m_1}$,根据正项级数的比较判别法("大敛则小敛"),可知正项级数 $\sum_{k=1}^{\infty}|a_{ij}^{(k)}|$ 也收敛,即正项级数 $\sum_{k=1}^{\infty}a_{ij}^{(k)}$ 绝对收敛,此即矩阵级数 $\sum_{k=1}^{\infty}\boldsymbol{A}_k$ 绝对收敛. 证毕.

在微积分及复变函数的级数理论中,发挥了重要作用的幂级数也可类比为矩阵幂级数.

思考: 微积分中,幂级数的重要性体现在何处?这对矩阵幂级数有何启发?

定义 6.1.6(矩阵幂级数)　称 $\mathbb{C}^{n\times n}$ 中的矩阵级数

$$\sum_{k=0}^{\infty} c_k \boldsymbol{A}^k = c_0 \boldsymbol{I} + c_1 \boldsymbol{A} + \cdots + c_k \boldsymbol{A}^k + \cdots$$

为矩阵 $\boldsymbol{A}$ 的幂级数，简称**矩阵幂级数**(matrix power series)，这里 $c_k \in \mathbb{C}$.

注：只有方阵才有矩阵幂级数.

复变量 z 的幂级数 $\sum\limits_{k=0}^{\infty} c_k z^k$ 显然是实变量 x 的幂级数 $\sum\limits_{k=0}^{\infty} c_k x^k$ 的推广，两者判断敛散性常用的都是收敛半径，而且前者的收敛圆与实轴的交集显然就是后者的收敛区间.作为两者的进一步类比推广，讨论矩阵幂级数的敛散性问题，使用的工具则是与收敛半径对应的谱半径.

定理 6.1.13　设 $\mathbb{C}$ 上的幂级数 $\sum\limits_{k=0}^{\infty} c_k z^k$ 的收敛半径为 R，则对矩阵 $\boldsymbol{A} \in \mathbb{C}^{n\times n}$ 的幂级数 $\sum\limits_{k=1}^{\infty} c_k \boldsymbol{A}^k$：(1) 当 $\rho(\boldsymbol{A}) < R$ 时 $\sum\limits_{k=0}^{\infty} c_k \boldsymbol{A}^k$ 绝对收敛；(2) 当 $\rho(\boldsymbol{A}) > R$ 时 $\sum\limits_{k=0}^{\infty} c_k \boldsymbol{A}^k$ 发散；(3) 当 $\rho(\boldsymbol{A}) = R$ 时无法判断.

证明：(1) 设 $\rho(\boldsymbol{A}) < R$，则存在正数 $\varepsilon > 0$，使得 $\rho = \rho(\boldsymbol{A}) + \varepsilon < R$. 由定理 5.3.2 可知，存在 $\mathbb{C}^{n\times n}$ 上的相容矩阵范数 φ，使得 $\varphi(\boldsymbol{A}) \leqslant \rho < R$. 再结合矩阵范数的正齐性和相容性，可得

$$0 \leqslant \varphi(c_k \boldsymbol{A}^k) \leqslant |c_k| \varphi(\boldsymbol{A}^k) \leqslant |c_k| (\varphi(\boldsymbol{A}))^k \leqslant |c_k| \rho^k.$$

因为 $\rho \in (-R, R)$，所以数项级数 $\sum\limits_{k=0}^{\infty} |c_k| \rho^k$ 绝对收敛，故此级数也收敛(数项级数绝对收敛必收敛)，于是由“大敛则小敛”可知正项级数 $\sum\limits_{k=0}^{\infty} \varphi(c_k \boldsymbol{A}^k)$ 收敛，即 $\sum\limits_{k=0}^{\infty} \varphi(c_k \boldsymbol{A}^k)$ 绝对收敛.再由定理 6.1.12，矩阵幂级数 $\sum\limits_{k=0}^{\infty} c_k \boldsymbol{A}^k$ 绝对收敛.

(2) 当 $\rho(\boldsymbol{A}) > R$ 时，设矩阵 $\boldsymbol{A}$ 的特征值为 $\lambda_1, \lambda_2, \cdots, \lambda_n$，则必有某个特征值 λ_0 满足 $|\lambda_0| > R$. 设有 Jordan 分解 $\boldsymbol{A} = \boldsymbol{PJP}^{-1}$，这里 $\boldsymbol{J} = \begin{pmatrix} \lambda_1 & k_1 & & \\ & \lambda_2 & \ddots & \\ & & \ddots & k_{n-1} \\ & & & \lambda_n \end{pmatrix}$，其中 $k_1, \cdots, k_{n-1} = 0$ 或 1.

注意到$\boldsymbol{A}^k=\boldsymbol{P}\boldsymbol{J}^k\boldsymbol{P}^{-1}$，因此$\sum\limits_{k=0}^{\infty}c_k\boldsymbol{A}^k=\sum\limits_{k=0}^{\infty}c_k\boldsymbol{P}\boldsymbol{J}^k\boldsymbol{P}^{-1}=\boldsymbol{P}\left(\sum\limits_{k=0}^{\infty}c_k\boldsymbol{J}^k\right)\boldsymbol{P}^{-1}$. 因为$\boldsymbol{J}^k$的对角元为$\lambda_i^k(i=1,2,\cdots,n)$，故矩阵幂级数$\sum\limits_{k=0}^{\infty}c_k\boldsymbol{J}^k$的对角元为$\sum\limits_{k=0}^{\infty}c_k\lambda_i^k$，由于其中的某个对角元$\sum\limits_{k=0}^{\infty}c_k\lambda_0^k$是发散的，所以矩阵幂级数$\sum\limits_{k=0}^{\infty}c_k\boldsymbol{J}^k$是发散的，从而矩阵幂级数$\sum\limits_{k=0}^{\infty}c_k\boldsymbol{A}^k$也发散.

注：当$\rho(\boldsymbol{A})=R$时，$\sum\limits_{k=0}^{\infty}c_k\boldsymbol{A}^k$的敛散性肯定是确定的，但不能用定理 6.1.13 来判定.

推论 6.1.14 设$\mathbb{C}$上的幂级数$\sum\limits_{k=0}^{\infty}c_kz^k$的收敛半径为$\infty$，即$\sum\limits_{k=0}^{\infty}c_kz^k$**处处绝对收敛**，则对$\mathbb{C}^{n\times n}$中的任意矩阵$\boldsymbol{A}$，矩阵幂级数$\sum\limits_{k=0}^{\infty}c_k\boldsymbol{A}^k$也**处处绝对收敛**.

例 6.1.4 判断下列矩阵幂级数$\sum\limits_{k=0}^{\infty}c_k\boldsymbol{A}^k$的敛散性，其中：

(1) $c_k=1$，$\boldsymbol{A}=\begin{pmatrix}0.3 & 0.5\\ 0.6 & 0.4\end{pmatrix}$；

(2) $c_k=\dfrac{1}{(k+1)^2}$，$\boldsymbol{A}=\begin{pmatrix}1 & 1\\ 0 & 1\end{pmatrix}$；

(3) $c_k=\dfrac{1}{k+1}$，$\boldsymbol{A}=\begin{pmatrix}-2 & 1\\ -1 & 0\end{pmatrix}$.

解：(1) 级数$\sum\limits_{k=0}^{\infty}z^k$的收敛半径为$R=1$，而$\|\boldsymbol{A}\|_1=0.9<R$，因此$\rho(\boldsymbol{A})\leqslant\|\boldsymbol{A}\|_1<R$，故该级数绝对收敛.

(2) $\sum\limits_{k=1}^{\infty}\dfrac{1}{(k+1)^2}z^k$的收敛半径为$R=1$，但$\boldsymbol{A}$的特征值为1，1，即$\rho(\boldsymbol{A})=1=R$，不能使用定理 6.1.13.注意到此时

$$\sum_{k=0}^{\infty}c_k\boldsymbol{A}^k=\sum_{k=0}^{\infty}\frac{1}{(k+1)^2}\begin{pmatrix}1 & 1\\ 0 & 1\end{pmatrix}^k=\sum_{k=1}^{\infty}\frac{1}{k^2}\begin{pmatrix}1 & k-1\\ 0 & 1\end{pmatrix}=\begin{pmatrix}\sum\limits_{k=1}^{\infty}\dfrac{1}{k^2} & \sum\limits_{k=1}^{\infty}\dfrac{k-1}{k^2}\\ 0 & \sum\limits_{k=1}^{\infty}\dfrac{1}{k^2}\end{pmatrix}.$$

由于p级数$\sum\limits_{k=1}^{\infty}\dfrac{1}{k^2}$收敛，调和级数$\sum\limits_{k=1}^{\infty}\dfrac{1}{k}$发散，故$\sum\limits_{k=1}^{\infty}\dfrac{k-1}{k^2}=\sum\limits_{k=1}^{\infty}\dfrac{1}{k}-\sum\limits_{k=1}^{\infty}\dfrac{1}{k^2}$发

散，从而原矩阵幂级数也发散.

(3) $\sum_{k=0}^{\infty} \frac{1}{k+1} z^k$ 的收敛半径为 $R=1$，且 $\rho(\boldsymbol{A})=1=R$，仍然不能使用定理 6.1.13.

计算可得 Jordan 分解 $\boldsymbol{A}=\boldsymbol{PJP}^{-1}$，其中 $\boldsymbol{J}=\begin{pmatrix} -1 & 1 \\ 0 & -1 \end{pmatrix}$，因此

$$\sum_{k=0}^{\infty} \frac{1}{k+1} \boldsymbol{A}^k = \boldsymbol{P}\left(\sum_{k=0}^{\infty} \frac{1}{k+1} \boldsymbol{J}^k\right) \boldsymbol{P}^{-1} = \boldsymbol{P}\left(\sum_{k=1}^{\infty} \frac{1}{k} \boldsymbol{J}^{k-1}\right) \boldsymbol{P}^{-1},$$

其中

$$\sum_{k=1}^{\infty} \frac{1}{k} \boldsymbol{J}^{k-1} = \sum_{k=1}^{\infty} \frac{1}{k} \begin{pmatrix} -1 & 1 \\ 0 & -1 \end{pmatrix}^{k-1} = \begin{pmatrix} \sum_{k=1}^{\infty} \frac{(-1)^{k-1}}{k} & \sum_{k=1}^{\infty} (-1)^k + \sum_{k=1}^{\infty} \frac{(-1)^{k-1}}{k} \\ 0 & \sum_{k=1}^{\infty} \frac{(-1)^{k-1}}{k} \end{pmatrix}.$$

虽然莱布尼兹级数 $\sum_{k=1}^{\infty} \frac{(-1)^{k-1}}{k}$ 收敛，但级数 $\sum_{k=1}^{\infty} (-1)^k$ 发散，因此矩阵幂级数 $\sum_{k=1}^{\infty} \frac{1}{k} \boldsymbol{J}^{k-1}$ 发散，从而原矩阵幂级数也发散.

MATLAB 提供了内置函数 symsum，可用于求级数的和以及部分和.调用格式为

```
symsum(S,v,a,b),
```

其中，v 为求和指标变量，[a,b]为求和区间，且 b 可取 inf.但是，当 S 是矩阵或向量时，求和是逐元素进行的，必须明确给出 S 中每个元素的通项公式.

本例的 MATLAB 代码实现，详见本书配套程序 exm603.

最后讨论最特殊的矩阵幂级数，即 **Neumann 级数**

$$\sum_{k=0}^{\infty} \boldsymbol{A}^k = \boldsymbol{I} + \boldsymbol{A} + \cdots + \boldsymbol{A}^k + \cdots$$

由于复变量幂级数 $\sum_{k=0}^{\infty} z^k$ 的收敛半径是 1，并且收敛于 $(1-z)^{-1}$. 类比矩阵幂级数，并结合定理 6.1.10 和定理 6.1.13，可得下列结论.

定理 6.1.15 $\mathbb{C}^{n\times n}$ 上的 Neumann 级数收敛于 $(\boldsymbol{I}-\boldsymbol{A})^{-1}$ 的充要条件是 $\rho(\boldsymbol{A})<1$，即

$$\sum_{k=0}^{\infty} \boldsymbol{A}^k = (\boldsymbol{I}-\boldsymbol{A})^{-1} \Leftrightarrow \rho(\boldsymbol{A}) < 1. \tag{6.1.11}$$

证明：充要性的证明留作练习.这里只证 Neumann 级数收敛于 $(\boldsymbol{I}-\boldsymbol{A})^{-1}$.

设 λ 为 $\boldsymbol{A}$ 的特征值,则 $1-\lambda$ 为 $\boldsymbol{I}-\boldsymbol{A}$ 的特征值,因为 $\rho(\boldsymbol{A})<1$, 所以 $|\lambda|<1$, 此即 $1-\lambda\in(0,\ 2)$, 因此矩阵 $\boldsymbol{I}-\boldsymbol{A}$ 可逆,并且 $\lim\limits_{k\to\infty}\boldsymbol{A}^k=\boldsymbol{O}$.

令 $\boldsymbol{S}=\sum\limits_{k=0}^{\infty}\boldsymbol{A}^k$, $\boldsymbol{S}_m=\sum\limits_{k=0}^{m-1}\boldsymbol{A}^k$, 则 $\boldsymbol{S}_m(\boldsymbol{I}-\boldsymbol{A})=\boldsymbol{I}-\boldsymbol{A}^m$, 从而 $\boldsymbol{S}_m=(\boldsymbol{I}-\boldsymbol{A})^{-1}-\boldsymbol{A}^m(\boldsymbol{I}-\boldsymbol{A})^{-1}$. 两边令 $m\to\infty$, 注意到 $\lim\limits_{m\to\infty}\boldsymbol{A}^m(\boldsymbol{I}-\boldsymbol{A})^{-1}=\boldsymbol{O}(\boldsymbol{I}-\boldsymbol{A})^{-1}=\boldsymbol{O}$, 则

$$\boldsymbol{S}=\lim_{m\to\infty}\boldsymbol{S}_m=(\boldsymbol{I}-\boldsymbol{A})^{-1}-\boldsymbol{O}=(\boldsymbol{I}-\boldsymbol{A})^{-1}.$$

定理 6.1.16 设 $\|\cdot\|$ 为 $\mathbb{C}^{n\times n}$ 上的相容矩阵范数,且对矩阵 $\boldsymbol{A}\in\mathbb{C}^{n\times n}$ 恒有 $\|\boldsymbol{A}\|<1$, 则有误差估计式

$$\left\|(\boldsymbol{I}-\boldsymbol{A})^{-1}-\sum_{k=0}^{m-1}\boldsymbol{A}^k\right\|\leqslant\frac{\|\boldsymbol{A}\|^m}{1-\|\boldsymbol{A}\|}.$$

证明：由于 $\rho(\boldsymbol{A})\leqslant\|\boldsymbol{A}\|<1$, 因此 Neumann 级数收敛,从而

$$(\boldsymbol{I}-\boldsymbol{A})^{-1}-\sum_{k=0}^{m-1}\boldsymbol{A}^k=\sum_{k=m}^{\infty}\boldsymbol{A}^k=\boldsymbol{A}^m\sum_{k=0}^{\infty}\boldsymbol{A}^k=\boldsymbol{A}^m(\boldsymbol{I}-\boldsymbol{A})^{-1},$$

两边取范数,并利用定理 5.3.3 和矩阵范数的相容性,即得

$$\left\|(\boldsymbol{I}-\boldsymbol{A})^{-1}-\sum_{k=0}^{m-1}\boldsymbol{A}^k\right\|\leqslant\|\boldsymbol{A}^m\|\,\|(\boldsymbol{I}-\boldsymbol{A})^{-1}\|\leqslant\|\boldsymbol{A}\|^m\frac{1}{1-\|\boldsymbol{A}\|}.$$

例 6.1.5 判定下列矩阵幂级数 $\sum\limits_{k=0}^{\infty}c_k\boldsymbol{A}^k$ 收敛并求出其和,其中:

(1) $c_k=1$, $\boldsymbol{A}=\begin{pmatrix}0.3 & 0.5\\ 0.6 & 0.4\end{pmatrix}$; (2) $c_k=k$, $\boldsymbol{A}=\begin{pmatrix}0.3 & 0.5\\ 0.6 & 0.4\end{pmatrix}$.

解：(1) 易知 $\boldsymbol{A}$ 的谱半径 $\rho(\boldsymbol{A})\leqslant\|\boldsymbol{A}\|_1=0.9<1$, 故矩阵幂级数 $\sum\limits_{k=0}^{\infty}\boldsymbol{A}^k$ 收敛,且

$$\sum_{k=0}^{\infty}\boldsymbol{A}^k=(\boldsymbol{I}-\boldsymbol{A})^{-1}=\frac{5}{6}\begin{pmatrix}6 & 5\\ 6 & 7\end{pmatrix}.$$

注：二阶矩阵求逆的“两调一除公式”为 $\begin{pmatrix}a & b\\ c & d\end{pmatrix}^{-1}=\dfrac{1}{ad-bc}\begin{pmatrix}d & -b\\ -c & a\end{pmatrix}$.

(2) 级数 $\sum\limits_{k=1}^{\infty}kz^k$ 的收敛半径是 $R=1$, $\rho(\boldsymbol{A})\leqslant\|\boldsymbol{A}\|_1<R$, 故 $\sum\limits_{k=1}^{\infty}k\boldsymbol{A}^k$ 收敛.

由于 $\sum_{k=0}^{\infty} z^k=(1-z)^{-1}$，两边对 z 求导，得 $\sum_{k=1}^{\infty} kz^{k-1}=(1-z)^{-2}$，故

$$\sum_{k=1}^{\infty} kz^k=z\sum_{k=1}^{\infty} kz^{k-1}=z(1-z)^{-2},\ \sum_{k=1}^{\infty} k\boldsymbol{A}^k=\boldsymbol{A}(\boldsymbol{I}-\boldsymbol{A})^{-2}=\frac{5}{36}\begin{pmatrix}294 & 295\\ 354 & 353\end{pmatrix}.$$

6.2 函数矩阵及 λ 矩阵

由于向量和数都可看成特殊的矩阵，因此函数 f 都可视为矩阵 $\boldsymbol{A}\in\mathbb{C}^{m\times n}$ 到矩阵 $\boldsymbol{B}\in\mathbb{C}^{p\times q}$ 的映射，即映射 $f:\mathbb{C}^{m\times n}\mapsto\mathbb{C}^{p\times q}$，只是不同的函数 f 依赖于不同的 $m,\ n,\ p,\ q$ 以及不同的对应规则.

依据定义域和值域的不同情形，可以将 f 大致分为如下四类：

(1) 传统函数：定义域是数集，值域也是数集.例如，一元实(复)函数，特别是五大基本初等函数.

(2) 标量函数：定义域是矩阵或向量，值域是数集.例如，行列式、秩、二次型、迹、范数以及多元实(复)函数.

(3) 函数矩阵：定义域是数集，值域是矩阵或向量.例如，梯度和 λ 矩阵.

(4) 矩阵值函数：定义域是矩阵或向量，值域也是矩阵或向量.例如，初等变换、相似变换、求特征值、求主元列等.

特别地，称 $m=n=p=q$ 的情形为矩阵函数，例如，矩阵多项式和矩阵指数函数.

显然后面几类都是传统函数在维度上的推广.由于传统函数和标量函数已众所周知，本节和下一节分别探讨函数矩阵和矩阵函数.

6.2.1 函数矩阵

同以前一样，既可以从微观的元素层面来处理函数矩阵，也可以从宏观的算子层面来研究函数矩阵.下文多使用后者来建立函数矩阵的微积分，因为它不仅简单，而且通过类比一元函数的微积分，还能揭示出概念形成的来源.

定义 6.2.1(函数矩阵) 若 $m\times n$ 阶矩阵 $\boldsymbol{A}(t)=(a_{ij}(t))$ 的元素 $a_{ij}(t)\ (i=1,\ 2,\ \cdots,\ m;\ j=1,\ 2,\ \cdots,\ n)$ 都为数域 $\mathbb{R}$ 上关于实数 t 的函数，则称 $\boldsymbol{A}(t)$ 为**函数矩阵**(function matrix).

特别地，当 $m=1$ 时 $\boldsymbol{A}(t)$ 是一个行向量函数；当 $n=1$ 时 $\boldsymbol{A}(t)$ 是一个列向量函数.两者统称**向量函数**(vector-valued function).

注: (1) 函数矩阵 $\boldsymbol{A}(t)$ 是实数域 $\mathbb{R}$ 到矩阵空间 $\mathbb{R}^{m\times n}$ 的映射,向量函数 $\boldsymbol{x}(t)$ 则是实数域 $\mathbb{R}$ 到向量空间 $\mathbb{R}^n$ 的映射.

(2) 为避免叙述繁琐,本小节限定 t 为实数,但这并不意味着不存在定义在 $\mathbb{C}$ 上的函数矩阵,比如下一小节的 λ 矩阵.

(3) 若视函数矩阵 $\boldsymbol{A}(t)$ 中的元素 $a_{ij}(t)$ 为"数",即将 t 固定,则函数矩阵特殊为数字矩阵.不难发现函数矩阵的线性运算、乘法、转置与数字矩阵的相应运算相同,方函数矩阵的行列式计算与数字矩阵也相同.因此为了行文简洁,同时凸显函数矩阵与数字矩阵的统一性,后文中有时略去了自变量 t (例如 $\boldsymbol{A}(t)$ 简写为 $\boldsymbol{A}$),读者不难根据上下文自行确定.

定义 6.2.2(可逆) 如果对 n 阶函数矩阵 $\boldsymbol{A}$,存在 n 阶函数矩阵 $\boldsymbol{B}$,使得

$$\boldsymbol{AB}=\boldsymbol{BA}=\boldsymbol{I}_n, \tag{6.2.1}$$

则称 $\boldsymbol{A}$ **可逆**(inverse),并称 $\boldsymbol{B}$ 为 $\boldsymbol{A}$ 的逆矩阵,记为 $\boldsymbol{B}=\boldsymbol{A}^{-1}$.

定理 6.2.1 n 阶函数矩阵 $\boldsymbol{A}$ 在 $[a, b]$ 上是可逆的,当且仅当 $\boldsymbol{A}$ 的行列式 $|\boldsymbol{A}|$ 在 $[a, b]$ 上处处不为零,且 $\boldsymbol{A}^{-1}=\dfrac{1}{|\boldsymbol{A}|}\operatorname{adj}\boldsymbol{A}$,这里 $\operatorname{adj}\boldsymbol{A}$ 为 $\boldsymbol{A}$ 的伴随矩阵.

注: 条件"处处不为零"的反面是"有的地方为零".例如,函数矩阵 $\boldsymbol{A}=\begin{pmatrix} t & 1 \\ 1 & t \end{pmatrix}$ 在 $[2,3]$ 上是可逆的,但在 $[0, 2]$ 上却不是可逆的,因为 $t=1$ 时 $|\boldsymbol{A}|=0$. 与数字矩阵不同的是,函数矩阵 $\boldsymbol{A}$ 是否可逆,与自变量 t 的取值有关.

函数矩阵里既然有函数,自然可以引入微积分中的极限、微分、积分等思想和方法.

定义 6.2.3(极限和连续:依元素形式) 设有函数矩阵 $\boldsymbol{A}(t)=(a_{ij}(t))_{m\times n}$. 如果 $\lim\limits_{t\to t_0} a_{ij}(t)=a_{ij}(i=1, 2, \cdots, m;\ j=1, 2, \cdots, n)$,则称 $\boldsymbol{A}(t)$ 在 $t=t_0$ 处有**极限** $\boldsymbol{A}=(a_{ij})_{m\times n}$,记为 $\lim\limits_{t\to t_0}\boldsymbol{A}(t)=\boldsymbol{A}$. 如果进一步有 $\boldsymbol{A}(t_0)=\boldsymbol{A}$,则称 $\boldsymbol{A}(t)$ 在 $t=t_0$ 处**连续**.

使用宏观视角,可重新给出函数矩阵依范数形式的如下定义.

定义 6.2.4(极限和连续:依范数形式) 设有函数矩阵 $\boldsymbol{A}(t)$. 如果 $\lim\limits_{t\to t_0}\|\boldsymbol{A}(t)-\boldsymbol{A}\|=0$,则称 $\boldsymbol{A}(t)$ 在 $t=t_0$ 处有**极限** $\boldsymbol{A}$,记为 $\lim\limits_{t\to t_0}\boldsymbol{A}(t)=\boldsymbol{A}$. 如果进一步有 $\boldsymbol{A}(t_0)=\boldsymbol{A}$,则称 $\boldsymbol{A}(t)$ 在 $t=t_0$ 处**连续**.

易知函数矩阵求极限的线性运算和乘法等运算法则与微积分中函数极限的相应运算法则相同.与此同时,向量函数作为特殊的函数矩阵,同时也作为传统函数在维数上的推广,自然也具有许多与传统函数类似的极限性质.

定理 6.2.2(向量函数的极限法则)

记 $\boldsymbol{x}=\boldsymbol{x}(t)$, $\boldsymbol{y}=\boldsymbol{y}(t)$, $\lambda=\lambda(t)$，则当 $\lim\limits_{t\to t_0}\boldsymbol{x}=\boldsymbol{a}$, $\lim\limits_{t\to t_0}\boldsymbol{y}=\boldsymbol{b}$, $\lim\limits_{t\to t_0}\lambda=k$ 时，有

(1) $\lim\limits_{t\to t_0}(\boldsymbol{x}\pm\boldsymbol{y})=\boldsymbol{a}\pm\boldsymbol{b}$;　　(2) $\lim\limits_{t\to t_0}\lambda\boldsymbol{x}=k\boldsymbol{a}$;

(3) $\lim\limits_{t\to t_0}\boldsymbol{x}\cdot\boldsymbol{y}=\boldsymbol{a}\cdot\boldsymbol{b}$;　　(4) $\lim\limits_{t\to t_0}\boldsymbol{x}\times\boldsymbol{y}=\boldsymbol{a}\times\boldsymbol{b}$.

极限法则本质上说的是求极限运算与向量函数的几个运算(线性运算和内外积)可以交换运算顺序.例如,“内积的极限等于极限的内积”.

定义 6.2.5(导数)　设有 $m\times n$ 阶函数矩阵 $\boldsymbol{A}=(a_{ij})$. 如果每个元素 $a_{ij}=a_{ij}(t)$ 在点 t 都可导,则称函数矩阵 $\boldsymbol{A}$ 在点 t **可导**,并称 $m\times n$ 阶矩阵 (a'_{ij}) 为其**导数**,记为 $\boldsymbol{A}'$ 或 $\dfrac{\mathrm{d}\boldsymbol{A}}{\mathrm{d}t}$. 若 $\boldsymbol{A}$ 在区间 (a, b) 内的每一点都可导,则称 $\boldsymbol{A}$ 在 (a, b) 内**可导**.

如果 $\boldsymbol{A}'$ 仍然是可导的函数矩阵,则称 $\boldsymbol{A}$ **二阶可导**,并称 $\dfrac{\mathrm{d}}{\mathrm{d}t}\boldsymbol{A}'(t)$ 为其**二阶导数**,记为 $\boldsymbol{A}''$ 或 $\dfrac{\mathrm{d}^2\boldsymbol{A}}{\mathrm{d}t^2}$. 类似地,不难定义函数矩阵的高阶导数.

特别地,如果向量函数 $\boldsymbol{x}(t)$ 在区间 $[t_1, t_2]$ 上有直到 k 阶的连续导数,则称 $\boldsymbol{x}(t)$ 是该区间上的 k 次**可导函数**或 C^k **类函数**.为统一起见,称连续函数为 C^0 **类函数**,同时称无限阶可微函数为 C^∞ **类函数**.

函数矩阵的导数运算也保留了许多传统函数的导数运算性质.

定理 6.2.3(求导法则)

(1) **(线性运算)**设函数矩阵 $\boldsymbol{A}$, $\boldsymbol{B}$ 都可导,任意 $k, l\in\mathbb{R}$,则 $\boldsymbol{A}$ 与 $\boldsymbol{B}$ 的线性组合仍然可导,且 $(k\boldsymbol{A}+l\boldsymbol{B})'=k\boldsymbol{A}'+l\boldsymbol{B}'$.

线性求导法则本质上说的是求导运算与线性运算可以交换运算顺序.

(2) **(乘积运算)**设函数矩阵 $\boldsymbol{A}$, $\boldsymbol{B}$ 都可导,则: ① $\boldsymbol{A}$, $\boldsymbol{B}$ 之积仍然可导,且 $(\boldsymbol{AB})'=\boldsymbol{A}'\boldsymbol{B}+\boldsymbol{AB}'$; ② k 与 $\boldsymbol{A}$ 的乘积仍然可导,且 $(k\boldsymbol{A})'=k'\boldsymbol{A}+k\boldsymbol{A}'$, 其中 $k=k(t)$ 为可导的传统函数;③ 特别地,若矩阵 $\boldsymbol{P}$ 是数字矩阵(即与 t 无关),则 $(\boldsymbol{PA})'=\boldsymbol{PA}'$.

(3) **(链式法则)**若 $u=f(t)$ 是 t 的可导函数,则 $\dfrac{\mathrm{d}}{\mathrm{d}t}\boldsymbol{A}(u)=f'(t)\dfrac{\mathrm{d}}{\mathrm{d}u}\boldsymbol{A}(u)$.

(4) **(内外积运算)**两个可导的向量函数的内积(外积)仍然可导,且

$$(\boldsymbol{x}, \boldsymbol{y})'=(\boldsymbol{x}', \boldsymbol{y})+(\boldsymbol{x}, \boldsymbol{y}'),\ (\boldsymbol{x}\times\boldsymbol{y})'=\boldsymbol{x}'\times\boldsymbol{y}+\boldsymbol{x}\times\boldsymbol{y}'.$$

证明: 仅证内积法则.由内积的矩阵表示和法则(1),可知

$$\text{左边}=(\boldsymbol{y}^{\mathrm{T}}\boldsymbol{x})'=(\boldsymbol{y}^{\mathrm{T}})'\boldsymbol{x}+\boldsymbol{y}^{\mathrm{T}}\boldsymbol{x}'=(\boldsymbol{y}')^{\mathrm{T}}\boldsymbol{x}+\boldsymbol{y}^{\mathrm{T}}\boldsymbol{x}'=\text{右边}.$$

(5) **(求逆)** 设 $\boldsymbol{A}$ 是可导且可逆的函数矩阵,则 $\boldsymbol{A}^{-1}$ 也可导,并且

$$(\boldsymbol{A}^{-1})'=-\boldsymbol{A}^{-1}\boldsymbol{A}'\boldsymbol{A}^{-1}. \tag{6.2.2}$$

特别地,当 $\boldsymbol{A}$ 退化为一元可导函数 $f=f(t)$ 时,上式即为 $(f^{-1})'=-f^{-2}f'=-f^{-1}f'f^{-1}$,其中假定 f 的倒数 f^{-1} 存在.

证明: 式(6.2.1)两边对 t 求导,得 $\boldsymbol{A}'\boldsymbol{B}+\boldsymbol{A}\boldsymbol{B}'=(\boldsymbol{I}_n)'=\boldsymbol{O}$, 即 $\boldsymbol{B}'=-\boldsymbol{B}\boldsymbol{A}'\boldsymbol{B}$,其中 $\boldsymbol{B}=\boldsymbol{A}^{-1}$.

注: 对函数矩阵而言,链式法则一般不成立.例如,对矩阵多项式 $p(\boldsymbol{A})=\boldsymbol{A}^2$,其中 $\boldsymbol{A}=\boldsymbol{A}(t)$ 可导,则

$$(\boldsymbol{A}^2)'=\boldsymbol{A}'\boldsymbol{A}+\boldsymbol{A}\boldsymbol{A}'\neq 2\boldsymbol{A}\boldsymbol{A}'.$$

不难发现,若补充条件 $\boldsymbol{A}'\boldsymbol{A}=\boldsymbol{A}\boldsymbol{A}'$,则链式法则对任意的矩阵多项式 $p(\boldsymbol{A})$ 都成立,即 $[p(\boldsymbol{A})]'=p'(\boldsymbol{A})\boldsymbol{A}'$.

例 6.2.1 设函数矩阵 $\boldsymbol{A}=\begin{pmatrix}1 & 3t^2\\ 2t & 0\end{pmatrix}$ $(t\neq 0)$,求 $(\boldsymbol{A}^{-1})'$.

解: $\boldsymbol{A}$ 是 2 阶的,且 $|\boldsymbol{A}|=-6t^3\neq 0$,故由"两调一除"公式,可得

$$\boldsymbol{A}^{-1}=\frac{1}{-6t^3}\begin{pmatrix}0 & -3t^2\\ -2t & 1\end{pmatrix}=\frac{1}{6}\begin{pmatrix}0 & 3t^{-1}\\ 2t^{-2} & -t^{-3}\end{pmatrix},\ (\boldsymbol{A}^{-1})'=\frac{1}{6}\begin{pmatrix}0 & -3t^{-2}\\ -4t^{-3} & 3t^{-4}\end{pmatrix}\ (t\neq 0).$$

例 6.2.2 设 n 阶函数矩阵 $\boldsymbol{A}=(a_{ij})$,证明: $(\mathrm{tr}\,\boldsymbol{A})'=\mathrm{tr}(\boldsymbol{A}')$.

证明: $(\mathrm{tr}\,\boldsymbol{A})'=(a_{11}+a_{22}+\cdots+a_{nn})'=a'_{11}+a'_{22}+\cdots+a'_{nn}=\mathrm{tr}(\boldsymbol{A}')$.

注: 此例说明求迹与求导可以交换运算次序.由于矩阵迹 $\mathrm{tr}\,\boldsymbol{A}$ 是 $\boldsymbol{A}$ 的线性的标量函数,即 $\mathrm{tr}(k\boldsymbol{A}+l\boldsymbol{B})=k\,\mathrm{tr}(\boldsymbol{A})+l\,\mathrm{tr}(\boldsymbol{B})$,那么对函数矩阵 $\boldsymbol{A}$ 的任意线性标量函数 $l=l(\boldsymbol{A})$,是否仍然成立 $[l(\boldsymbol{A})]'=l(\boldsymbol{A}')$ 呢? 不难证明这种推广也是正确的.

定理 6.2.4(向量函数的泰勒公式) 设向量函数 $\boldsymbol{x}(t)$ 是区间 $[t_0,\ t_0+\Delta t]$ 上的 C^{n+1} 类函数,则有泰勒展开式

$$\boldsymbol{x}(t_0+\Delta t)=\sum_{k=0}^{n}\frac{(\Delta t)^k}{k!}\boldsymbol{x}^{(k)}(t_0)+\frac{(\Delta t)^{n+1}}{(n+1)!}[\boldsymbol{x}^{(n+1)}(t_0)+\boldsymbol{\varepsilon}(t_0+\Delta t)],$$

其中, $\lim\limits_{\Delta t\to 0}\boldsymbol{\varepsilon}(t_0+\Delta t)=\boldsymbol{0}$.

下面考察函数矩阵的积分.

定义 6.2.6(积分)　设 $m \times n$ 阶函数矩阵 $\boldsymbol{A} = (a_{ij})$. 如果每个元素 a_{ij} 都在 $[a, b]$ 上可积,则称 $\boldsymbol{A}$ 在 $[a, b]$ 上**可积**,并称矩阵 $\left(\int_a^b a_{ij}\,\mathrm{d}t\right)$ 为其**积分**,记为 $\int_a^b \boldsymbol{A}(t)\,\mathrm{d}t$,或简记为 $\int_a^b \boldsymbol{A}\,\mathrm{d}t$.

类似地,可以定义函数矩阵的不定积分.

类比一元函数的定积分,容易验证函数矩阵的定积分具有下列性质.

定理 6.2.5(积分的性质)　设函数矩阵 $\boldsymbol{A} = \boldsymbol{A}(t)$, $\boldsymbol{B} = \boldsymbol{B}(t)$ 在 $[a, b]$ 上都可积,则

(1) **(线性运算)** $\int_a^b (\lambda \boldsymbol{A} + \mu \boldsymbol{B})\,\mathrm{d}t = \lambda \int_a^b \boldsymbol{A}\,\mathrm{d}t + \mu \int_a^b \boldsymbol{B}\,\mathrm{d}t$,其中任意 $\lambda, \mu \in \mathbb{R}$.

(2) **(乘积运算)** $\int_a^b \boldsymbol{PAQ}\,\mathrm{d}t = \boldsymbol{P}\left(\int_a^b \boldsymbol{A}\,\mathrm{d}t\right)\boldsymbol{Q}$,其中 $\boldsymbol{P}, \boldsymbol{Q}$ 为数字矩阵.

(3) **(内外积)** 向量函数 $\boldsymbol{x}(t)$ 与数字向量 $\boldsymbol{a}$ 满足:

$$\int_a^b \boldsymbol{a} \cdot \boldsymbol{x}\,\mathrm{d}t = \boldsymbol{a} \cdot \int_a^b \boldsymbol{x}\,\mathrm{d}t,\ \int_a^b \boldsymbol{a} \times \boldsymbol{x}\,\mathrm{d}t = \boldsymbol{a} \times \int_a^b \boldsymbol{x}\,\mathrm{d}t.$$

(4) **(微积分基本定理)** 对任意 $t \in (a, b)$,有 $\left(\int_a^t \boldsymbol{A}(s)\,\mathrm{d}s\right)' = \boldsymbol{A}(t)$.

(5) **(牛顿-莱布尼兹公式)** 设 $\boldsymbol{A}'(t)$ 在 $[a, b]$ 上连续,则 $\int_a^b \boldsymbol{A}'(t)\,\mathrm{d}t = \boldsymbol{A}(b) - \boldsymbol{A}(a)$.

注: 向量函数 $\boldsymbol{x} = \boldsymbol{x}(t)$ 作为特殊的矩阵函数,也具有上述定义和性质.

例 6.2.3　设函数矩阵 $\boldsymbol{A} = \begin{pmatrix} 1 & 3t^2 \\ 2t & 0 \end{pmatrix}$,求 $\int_a^b \boldsymbol{A}\,\mathrm{d}t$.

解: $$\int_a^b \boldsymbol{A}\,\mathrm{d}t = \begin{pmatrix} \int_a^b \mathrm{d}t & \int_a^b 3t^2\,\mathrm{d}t \\ \int_a^b 2t\,\mathrm{d}t & \int_a^b 0\,\mathrm{d}t \end{pmatrix} = \begin{pmatrix} b-a & b^3-a^3 \\ b^2-a^2 & 0 \end{pmatrix}.$$

MATLAB 提供了内置函数 diff,可用于对符号表达式进行微分运算.调用格式主要有:

```
diff(S),diff(S,v),diff(S,n),diff(S,v,n),
```

其中,S 既可以是多元函数,也可以是函数矩阵等符号矩阵;v 是被求导的自变量,可由 symvar 缺省指定;n 是要求导的阶数,缺省为 n=1.

MATLAB还提供了内置函数 int,可用于符号积分.调用格式主要有:

```
int(S),int(S,v),int(S,a,b),int(S,v,a,b),
```

其中,[a,b]为积分区间,且 b 可以取 inf.详情请查阅帮助文档.

例 6.2.1 和例 6.2.3 的 MATLAB 代码实现,详见本书配套程序 exm604.

6.2.2 λ 矩阵及其 Smith 标准型

对 λ 矩阵,读者并不陌生.事实上,矩阵 $\boldsymbol{A}$ 的特征矩阵 $\lambda\boldsymbol{I}-\boldsymbol{A}$ 就是最常见的 λ 矩阵.利用 λ 矩阵可以得到数字矩阵 Jordan 标准型的另一种计算方式,与 2.6 节给出的基于空间分解的算法相比,正可谓“殊途同归”.

定义 6.2.7(λ 矩阵) 设有 $m\times n$ 阶函数矩阵 $\boldsymbol{A}(\lambda)=(a_{ij}(\lambda))$,如果其元素 $a_{ij}(\lambda)$ 都为数域 $\mathbb{F}$ 上关于字母 λ 的多项式,则称 $A(\lambda)$ 为 λ **矩阵**.

注: (1) 使用 λ 而不是 x 来表示自变量只是历史的习惯.

(2) λ 矩阵是特殊的函数矩阵(即元素为多项式),具有函数矩阵的所有性质.

(3) 若将 λ 固定,则 λ 矩阵同样特殊化为数字矩阵,因此 λ 矩阵也具有数字矩阵的许多性质.

同样为了行文简洁,同时凸显 λ 矩阵与函数矩阵及数字矩阵的统一性,后文中有时也略去了自变量 λ(例如 $\boldsymbol{A}(\lambda)$ 简写为 $\boldsymbol{A}$).

(4) 由于多项式的线性运算和乘积仍然是多项式,因此 λ 矩阵的线性运算和乘积仍然是 λ 矩阵.

定理 6.2.6 λ 矩阵 $\boldsymbol{A}$ 可逆的充要条件是其行列式为非零的常数,即 $|\boldsymbol{A}|=c\neq 0$.

证明: 必要性.设函数矩阵 $\boldsymbol{A}$ 可逆,则有 λ 矩阵 $\boldsymbol{B}$,使得 $\boldsymbol{AB}=\boldsymbol{BA}=\boldsymbol{I}$.两边取行列式,由柯西定理可知 $|\boldsymbol{A}||\boldsymbol{B}|=|\boldsymbol{I}|=1$,因此 $|\boldsymbol{A}|$ 与 $|\boldsymbol{B}|$ 都只能是 λ 的零次多项式即非零常数(0 是零多项式,次数规定为负无穷).

充分性.设 $|\boldsymbol{A}|=c\neq 0$,则由定理 6.2.1,λ 矩阵 $\boldsymbol{A}$ 可逆,从而其逆矩阵为 $c^{-1}\operatorname{adj}\boldsymbol{A}$,显然这也是一个 λ 矩阵.

矩阵的初等变换是化简数字矩阵的重要工具,而 λ 矩阵是数字矩阵的类比推广,因此在 λ 矩阵中也可以引入这些工具.

定义 6.2.8(初等变换) 对 λ 矩阵 $\boldsymbol{A}$ 的**行初等变换**指的是下列三种变换:

(1) **交换**,即交换矩阵 $\boldsymbol{A}$ 的 i,j 两行,记为 r_{ij};

(2) **数乘**,即将 $\boldsymbol{A}$ 的第 i 行乘以非零常数 k, 记为 $r_i(k)$;

(3) **倍加**,即将 $\boldsymbol{A}$ 的第 i 行乘以多项式 $p=p(\lambda)$ 后加到 $\boldsymbol{A}$ 的第 j 行,记为 $r_{ij}(p)$.

类似地,可定义 λ 矩阵的三类列初等变换 c_{ij}, $c_i(k)$ 和 $c_{ij}(p)$. 行初等变换和列初等变换统称为初等变换.

思考: 在倍加变换上,数字矩阵乘的是数, λ 矩阵则推广为乘以多项式(当然也包括数,因为数也是多项式).为什么要如此推广呢?

定义 6.2.9(等价) 如果 λ 矩阵 $\boldsymbol{A}$ 经过有限次的初等变换化成 λ 矩阵 $\boldsymbol{B}$, 则称 $\boldsymbol{A}$ 与 $\boldsymbol{B}$ 等价,记为 $\boldsymbol{A}\sim\boldsymbol{B}$.

利用初等变换与初等矩阵的对应关系,即得下述定理.

定理 6.2.7 λ 矩阵 $\boldsymbol{A}$ 与 $\boldsymbol{B}$ 等价的充要条件是存在可逆的 λ 矩阵 $\boldsymbol{P}$ 和 $\boldsymbol{Q}$, 使得 $\boldsymbol{B}=\boldsymbol{PAQ}$.

对 $\boldsymbol{B}=\boldsymbol{PAQ}$ 两边求行列式,并注意到 $|\boldsymbol{P}|$ 和 $|\boldsymbol{Q}|$ 都是非零常数,因此 $|\boldsymbol{B}|$ 是 $|\boldsymbol{A}|$ 的常数倍,即等价的 λ 矩阵的行列式只能相差一个常数因子.

等价变换的终极目标是标准型,数字矩阵的标准型 $\boldsymbol{N}=\begin{pmatrix}\boldsymbol{I}_r & \boldsymbol{O}\\ \boldsymbol{O} & \boldsymbol{O}\end{pmatrix}$ 在 λ 矩阵中被推广为 Smith 标准型.

定义 6.2.10(Smith 标准型) 形如 $\boldsymbol{S}=\begin{pmatrix}\boldsymbol{D} & \boldsymbol{O}\\ \boldsymbol{O} & \boldsymbol{O}\end{pmatrix}$ 的 $m\times n$ 阶 λ 矩阵称为 **Smith 标准型** (Smith normal form),其中 $\boldsymbol{D}=\mathrm{diag}(d_1, d_2, \cdots, d_r)$, $0\leqslant r\leqslant\min(m, n)$, 这些非零对角元 $d_1, d_2, \cdots, d_r$ 都是关于 λ 的首一多项式(即首项系数为 1 的多项式),并且对 $i=1, 2, \cdots, r-1$, 都有 $d_i\mid d_{i+1}$.

定理 6.2.8 任意 $m\times n$ 阶的 λ 矩阵 $\boldsymbol{A}$ 都有与之等价的 Smith 标准型 $\boldsymbol{S}$.

证明: 可参阅文献[6: P267 - 268]或[52: P336 - 337].

定义 6.2.11(不变因子) 称 λ 矩阵 $\boldsymbol{A}$ 的 Smith 标准型 $\boldsymbol{S}$ 中的非零对角元 $d_1, d_2, \cdots, d_r$ 为 $\boldsymbol{A}$ 的**不变因子**(invariant factor).

例 6.2.4 求 λ 矩阵 $\boldsymbol{A}=\begin{pmatrix}0 & \lambda(\lambda-1) & 0\\ \lambda & 0 & \lambda+1\\ 0 & 0 & -\lambda+2\end{pmatrix}$ 的不变因子.

解法一: 初等变换法. 先求 Smith 标准型,再确定不变因子.

对 λ 矩阵 $\boldsymbol{A}$ 进行初等变换,可得

$$A=\begin{pmatrix}0&\lambda(\lambda-1)&0\\\lambda&0&\lambda+1\\0&0&-\lambda+2\end{pmatrix}\underset{c_{13}(-1)}{\overset{r_{12}}{\sim}}\begin{pmatrix}\lambda&0&1\\0&\lambda(\lambda-1)&0\\0&0&-\lambda+2\end{pmatrix}$$

$$\overset{c_{13}}{\sim}\begin{pmatrix}1&0&\lambda\\0&\lambda(\lambda-1)&0\\-\lambda+2&0&0\end{pmatrix}\underset{c_{13}(-\lambda)}{\overset{r_{13}(\lambda-2)}{\sim}}\begin{pmatrix}1&0&0\\0&\lambda(\lambda-1)&0\\0&0&\lambda(\lambda-2)\end{pmatrix}$$

(不是标准型!)

$$\underset{c_{23}(-1)}{\overset{r_{32}(1)}{\sim}}\begin{pmatrix}1&0&0\\0&\lambda(\lambda-1)&-\lambda\\0&0&\lambda(\lambda-2)\end{pmatrix}\overset{c_{23}}{\sim}\begin{pmatrix}1&0&0\\0&-\lambda&\lambda(\lambda-1)\\0&\lambda(\lambda-2)&0\end{pmatrix}$$

$$\underset{c_{23}(\lambda-1)}{\overset{r_{23}(\lambda-2)}{\sim}}\begin{pmatrix}1&0&0\\0&-\lambda&0\\0&0&\lambda(\lambda-1)(\lambda-2)\end{pmatrix}\overset{r_2(-1)}{\sim}\begin{pmatrix}1&0&0\\0&\lambda&0\\0&0&\lambda(\lambda-1)(\lambda-2)\end{pmatrix}=\boldsymbol{S}.$$

故所求为 1, λ 和 $\lambda(\lambda-1)(\lambda-2)$.

MATLAB 提供了内置函数 smithForm,可用于求函数矩阵的 Smith 标准型.调用格式主要有:

```
S = smithForm(A,v),  [U,V,S] = smithForm(A,v),
```

其中,v 是函数矩阵 $\boldsymbol{A}$ 的自变量,可由 symvar 缺省指定;返回的矩阵 $\boldsymbol{U}$, $\boldsymbol{V}$, $\boldsymbol{S}$ 满足

$$\boldsymbol{S}=\boldsymbol{UAV}. \tag{6.2.3}$$

若记 $\boldsymbol{P}=\boldsymbol{U}^{-1}$, $\boldsymbol{Q}=\boldsymbol{V}^{-1}$,则上式变形为

$$\boldsymbol{A}=\boldsymbol{PSQ}, \tag{6.2.4}$$

称式(6.2.4)为矩阵 $\boldsymbol{A}$ 的 **Smith 分解**,其中的 $\boldsymbol{A}$ 既可以是函数矩阵,也可以是数字矩阵.

例 6.2.4 的 MATLAB 代码实现,详见本书配套程序 exm605.

为了确定 Smith 标准型的唯一性,需要研究 λ 矩阵的秩和行列式因子.

定义 6.2.12(秩) 称 λ 矩阵 $\boldsymbol{A}$ 中不为零的子式的最高阶数 r 为 $\boldsymbol{A}$ 的**秩**,记为 $r(\boldsymbol{A})$. 零矩阵的秩规定为零.秩 $r(\boldsymbol{A})=n$ 的 n 阶方阵 $\boldsymbol{A}$ 称为**满秩阵**或**非奇异阵**.

定义 6.2.13(行列式因子)　λ 矩阵 $\boldsymbol{A}$ 的所有 k 阶非零子式的首一最大公因式称为 $\boldsymbol{A}$ 的 $\boldsymbol{k}$ **阶行列式因子**(determinantal divisor),记为 D_k.

注: λ 矩阵的行列式因子与子式容易混淆.

例 6.2.5　已知 λ 矩阵 $\boldsymbol{A}=\begin{pmatrix}\lambda & 1\\ 0 & \lambda\end{pmatrix}$, $\boldsymbol{B}=\begin{pmatrix}1 & 1\\ -\lambda & \lambda\end{pmatrix}$, $\boldsymbol{C}=\begin{pmatrix}\lambda & \lambda-1\\ 0 & 0\end{pmatrix}$.

计算可知, $r(\boldsymbol{A})=r(\boldsymbol{B})=2$, $r(\boldsymbol{C})=1$. 三个 λ 矩阵的行列式因子分别为

$$\boldsymbol{A}: D_1=1, D_2=\lambda^2;\ \boldsymbol{B}: D_1=1, D_2=\lambda;\ \boldsymbol{C}: D_1=1, D_2=0.$$

可以证明,初等变换不改变 λ 矩阵的秩,即等价的 λ 矩阵必等秩.反之,等秩的 λ 矩阵未必等价.例如,上例中的 λ 矩阵 $\boldsymbol{A}$ 与 $\boldsymbol{B}$ 尽管秩相等,却不等价,因为前已指出,等价的 λ 矩阵的行列式只能相差一个常数因子,而它们不满足这个要求.

既然初等变换不改变 λ 矩阵的秩,则从 λ 矩阵 $\boldsymbol{A}$ 的 Smith 标准型 $\boldsymbol{S}$ 可知, $r(\boldsymbol{A})$ 就是 $\boldsymbol{S}$ 中非零对角元的个数,也就是不变因子的个数.

定理 6.2.9　等价的 λ 矩阵具有相同的各级行列式因子.

证明: 可参阅文献[52: P339 - 340]或[44: P94].

定理 6.2.10　λ 矩阵 $\boldsymbol{A}$ 的 Smith 标准型 $\boldsymbol{S}$ 是唯一的,并且 $d_1=D_1$, $d_k=\dfrac{D_k}{D_{k-1}}$ $(k=2, 3, \cdots, r)$, 其中 $r=r(\boldsymbol{A})$.

证明: 计算可知 $D_1=d_1$, $D_2=d_1d_2$, $\cdots$, $D_r=d_1d_2\cdots d_r$, 此即

$$d_1=D_1,\ d_2=\frac{D_2}{D_1},\ \cdots,\ d_r=\frac{D_r}{D_{r-1}}. \tag{6.2.5}$$

这说明 λ 矩阵 $\boldsymbol{A}$ 的不变因子由 $\boldsymbol{A}$ 的行列式因子唯一确定,因此 $\boldsymbol{S}$ 是唯一的.

式(6.2.5)说明用行列式因子也可以确定不变因子.由此可得例 6.2.4 的第二种解法如下.

解法二: 行列式因子法. 先求各级行列式因子,再确定不变因子.其中 gcd 为 greatest common divisor(最大公约数)的缩写.

$$\gcd(\lambda, \lambda+1)=1,\ d_1=D_1=1.$$

四个 2 阶非零余子式依次为:

$$M_{12}=\begin{vmatrix}\lambda & \lambda+1\\0 & -\lambda+2\end{vmatrix}=-\lambda(\lambda-2),\ M_{21}=\begin{vmatrix}\lambda(\lambda-1) & 0\\0 & -\lambda+2\end{vmatrix}=-\lambda(\lambda-1)(\lambda-2),$$

$$M_{31}=\begin{vmatrix}\lambda(\lambda-1) & 0\\0 & \lambda+1\end{vmatrix}=\lambda(\lambda-1)(\lambda+1),\ M_{33}=\begin{vmatrix}0 & \lambda(\lambda-1)\\\lambda & 0\end{vmatrix}=-\lambda^2(\lambda-1),$$

故 $D_2=\gcd(M_{12},M_{21},M_{31},M_{33})=\lambda$，$d_2=\dfrac{D_2}{D_1}=\lambda$，

$$D_3=|\boldsymbol{A}(\lambda)|=\lambda^2(\lambda-1)(\lambda-2),\ d_3(\lambda)=\frac{D_3}{D_2}=\lambda(\lambda-1)(\lambda-2).$$

对低阶(特别是 2 阶)或特殊矩阵，行列式因子法更加程式化，计算过程也更加简便，但随着阶数递增，问题又化归为第一章的“四朵金花”问题，也就是说初等变换法“胜出”.还是那句话：变换是王道.

当 λ 矩阵 $\boldsymbol{A}$ 为满秩方阵时，由于 $\boldsymbol{A}\sim\boldsymbol{S}$，从而存在非零常数 c，使得

$$|\boldsymbol{A}|=c|\boldsymbol{S}|=cd_1\cdots d_n,$$

即每个不变因子 $d_k(\lambda)$ 都是行列式 $|\boldsymbol{A}|$ 的因子，而且是 $\boldsymbol{A}$ 的不变量，这正是“不变因子”得以命名的原因.

定理 6.2.11 λ 矩阵 $\boldsymbol{A}$ 与 $\boldsymbol{B}$ 等价的充要条件是它们有相同的行列式因子(或相同的不变因子).

证明： 根据式(6.2.5)，可知 λ 矩阵的行列式因子与不变因子互相确定.

必要性.由定理 6.2.9，显然成立.

充分性.若 λ 矩阵 $\boldsymbol{A}$ 与 $\boldsymbol{B}$ 有相同的不变因子，那么它们有相同的 Smith 标准型 $\boldsymbol{S}$，即它们与同一个 $\boldsymbol{S}$ 等价，根据等价关系的传递性，它们也互相等价.

6.2.3 λ 矩阵的初等因子

在例 6.2.4 中，不变因子 $d_3=\lambda(\lambda-1)(\lambda-2)$ 可被分解为三个一次因式的乘积，那么问题来了：这些一次因式起什么作用呢?

定义 6.2.14(初等因子) 将 λ 矩阵 $\boldsymbol{A}$ 的每个不是常数的不变因子分解为互不相同的一次因式方幂的乘积，所有不变因子的这些一次因式的方幂(相同的按出现的次数计算)统称为 λ 矩阵 $\boldsymbol{A}$ 的**初等因子**(elementary divisor).

例如，在例 6.2.4 中，λ 矩阵 $\boldsymbol{A}$ 的不变因子为 $d_1=1,\ d_2=\lambda,\ d_3=\lambda(\lambda-1)(\lambda-2)$，因此 $\boldsymbol{A}$ 的初等因子为来自 d_2 的 λ 以及来自 d_3 的 $\lambda,\ \lambda-1,\ \lambda-2$，也就是 $\lambda,\ \lambda,\ \lambda-1,\ \lambda-2$.

例 6.2.6　设 λ 矩阵 $\boldsymbol{A}$ 的不变因子为

$$d_1=1,\ d_2=\lambda(\lambda-1),\ d_3=\lambda(\lambda-1)^2(\lambda+1)^2,\ d_4=\lambda^2(\lambda-1)^3(\lambda+1)^3(\lambda-2),$$

则 $\boldsymbol{A}$ 的所有初等因子为 $\lambda,\ \lambda-1;\ \lambda,\ (\lambda-1)^2,\ (\lambda+1)^2;\ \lambda^2,\ (\lambda-1)^3,\ (\lambda+1)^3,\ \lambda-2$.

注： 对同一个 λ_i，不难发现后面的不变因子分解出的 $\lambda-\lambda_i$ 方幂（如果有的话）的次数不低于前面的不变因子的.

初等因子既然来自不变因子，那么反过来，如果知道 λ 矩阵 $\boldsymbol{A}$ 的所有初等因子，能否确定相应的不变因子?

遗憾地是，仅凭初等因子不能唯一地确定不变因子. 例如，对于 λ 矩阵 $\boldsymbol{A}$ 与 $\boldsymbol{B}$，其中

$$\boldsymbol{A}=\begin{bmatrix}1&0&0&0\\0&\lambda-2&0&0\\0&0&(\lambda-2)^2&0\end{bmatrix},\ \boldsymbol{B}=\begin{bmatrix}\lambda-2&0&0&0\\0&(\lambda-2)^2&0&0\\0&0&0&0\end{bmatrix}.$$

计算可知：它们的初等因子相同，但不变因子不相同；它们不等价，因为它们的秩不相等.

联想到等价矩阵具有相同的 Smith 标准，因此它们的初等因子显然相同，但反之也未必成立.

那么再补上什么条件就能够反过来确定相应的不变因子呢？注意到等价矩阵的秩也相等，反过来秩相等的矩阵也未必等价. 如此“同病相怜”的两个条件“弱弱联手”后，能否“杀出重围”呢?

定理 6.2.12　λ 矩阵 $\boldsymbol{A}$ 与 $\boldsymbol{B}$ 等价的充要条件是它们有相同的初等因子，并且秩相等.

证明： 必要性是显然的. 下证充分性.

设 $r(\boldsymbol{A})=r(\boldsymbol{B})=r$，且 λ 矩阵 $\boldsymbol{A}$ 与 $\boldsymbol{B}$ 都有下述形式的初等因子

$$\begin{cases}(\lambda-\lambda_1)^{k_{11}},\ (\lambda-\lambda_1)^{k_{12}},\ \cdots,\ (\lambda-\lambda_1)^{k_{1t}},\\ \qquad\qquad\cdots\cdots\\ (\lambda-\lambda_r)^{k_{r1}},\ (\lambda-\lambda_r)^{k_{r2}},\ \cdots,\ (\lambda-\lambda_r)^{k_{rt}},\end{cases}$$

其中，$k_{1j}\leqslant k_{2j}\leqslant\cdots\leqslant k_{rj}\ (j=1,\ 2,\ \cdots,\ t)$. 由初等因子的定义可知，$\boldsymbol{A}$ 与 $\boldsymbol{B}$ 的 r 阶不变因子 d_r^A 与 d_r^B 相等，即

$$d_r^A=(\lambda-\lambda_1)^{k_{r1}}(\lambda-\lambda_2)^{k_{r2}}\cdots(\lambda-\lambda_r)^{k_{rt}}=d_r^B.$$

同样地,对于任意的 k $(1\leqslant k\leqslant r)$ 阶不变因子,有 $d_k^A=d_k^B$,因此根据定理 6.2.11,$\boldsymbol{A}$ 与 $\boldsymbol{B}$ 等价.

证毕.

矩阵的秩 r 确定了不变因子的个数.同时,结合例 6.2.6 可知,同一个一次因式(比如 $\lambda-1$) 的方幂做成的初等因子中,方次最高的必在 d_r 的分解式中,比如 $(\lambda-1)^3$ 出现在 d_4 中;方次次高的出现在 d_{r-1} 的分解式中,比如 $(\lambda-1)^2$ 出现在 d_3 中.以此类推,比如剩下的一个 $(\lambda-1)^1$ 出现在 d_2 中,这说明属于同一个一次因式的方幂的初等因子在不变因子的分解式中出现的位置是唯一确定的.

关于等价的 λ 矩阵 $\boldsymbol{A}$ 与 $\boldsymbol{B}$ 与它们的三种因子(不变因子、行列式因子和初等因子)之间的关系,如图 6-1 所示.图中 $d_k^{\boldsymbol{A}}$、$D_k^{\boldsymbol{A}}$ 及 $e^{\boldsymbol{A}}$ 分别表示 $\boldsymbol{A}$ 的不变因子、行列式因子和初等因子,$d_k^{\boldsymbol{B}}$、$D_k^{\boldsymbol{B}}$ 及 $e^{\boldsymbol{B}}$ 分别表示 $\boldsymbol{B}$ 的不变因子、行列式因子和初等因子.

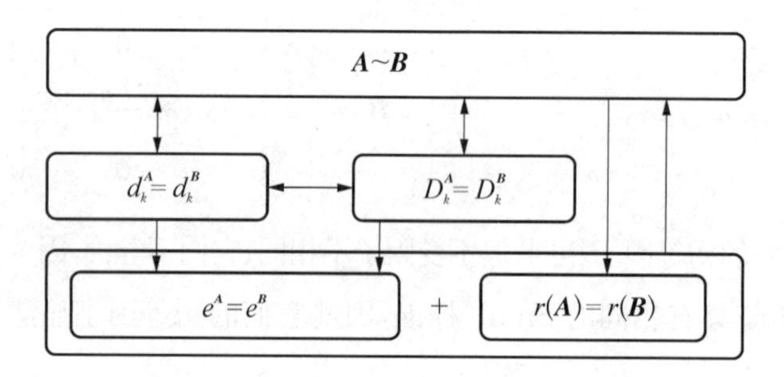

图 6-1 等价的 λ 矩阵与其三种因子之间的关系

例 6.2.7 求 λ 矩阵 $\boldsymbol{A}$ 的 Smith 标准型,其中

$$\boldsymbol{A}=\begin{pmatrix}\lambda-a & -1 & 0\\ 0 & \lambda-a & -1\\ 0 & 0 & \lambda-a\end{pmatrix}=\lambda\boldsymbol{I}-\boldsymbol{J}_3(a),\ \boldsymbol{J}_3(a)=\begin{pmatrix}a & -1 & 0\\ 0 & a & -1\\ 0 & 0 & a\end{pmatrix}.$$

解: $$\boldsymbol{A}\sim\begin{pmatrix}-1 & \lambda-a & 0\\ \lambda-a & 0 & -1\\ 0 & 0 & \lambda-a\end{pmatrix}\sim\begin{pmatrix}1 & 0 & 0\\ 0 & (\lambda-a)^2 & -1\\ 0 & 0 & \lambda-a\end{pmatrix}$$

$$\sim\begin{pmatrix}1 & 0 & 0\\ 0 & -1 & (\lambda-a)^2\\ 0 & \lambda-a & 0\end{pmatrix}\sim\begin{pmatrix}1 & 0 & 0\\ 0 & 1 & 0\\ 0 & 0 & (\lambda-a)^3\end{pmatrix}=\boldsymbol{S}.$$

上例中 3 阶 λ 矩阵 $\boldsymbol{A}$ 的不变因子为 $d_1=d_2=1$，$d_3=(\lambda-a)^3$，则初等因子为 $(\lambda-a)^3$. 如果还知道 $\boldsymbol{A}$ 的秩为 3，则可反过来确定 $\boldsymbol{A}$ 的三个不变因子，进而可确定 $\boldsymbol{A}$ 的 Smith 标准型 $\boldsymbol{S}$，并最终唯一确定相应的 Jordan 块，即

$$(\lambda-a)^3\leftrightarrow\lambda\boldsymbol{I}-\boldsymbol{J}_3(a)\leftrightarrow\boldsymbol{J}_3(a).$$

一般地，借助于特征矩阵 $\lambda\boldsymbol{I}-\boldsymbol{J}_n(a)$ 这个媒介，可将初等因子 $(\lambda-a)^n$ 与 Jordan 块 $\boldsymbol{J}_n(a)$ 一一对应起来.

例 6.2.8　求 Frobenius 标准型 $\boldsymbol{C}_2$ 的特征矩阵 $\lambda\boldsymbol{I}-\boldsymbol{C}_2$ 的 Smith 标准型，其中

$$\boldsymbol{C}_2=\begin{pmatrix}0 & & & & p_0\\ 1 & 0 & & & p_1\\ & 1 & \ddots & & \vdots\\ & & \ddots & 0 & p_{n-2}\\ & & & 1 & p_{n-1}\end{pmatrix}.$$

解：设 $\boldsymbol{C}_2$ 的特征多项式为

$$\varphi(\lambda)=|\lambda\boldsymbol{I}-\boldsymbol{C}_2|=\lambda^n-p_{n-1}\lambda^{n-1}-\cdots-p_1\lambda-p_0=0.$$

先对特征矩阵 $\lambda\boldsymbol{I}-\boldsymbol{C}_2$ 依次执行变换 $r_{21}(\lambda)$，$r_{31}(\lambda)$，…，$r_{n1}(\lambda^{n-1})$，再依次执行 r_{12}，r_{23}，…，$r_{n-1,n}$ 将第一行轮换为最后一行，即

$$\lambda\boldsymbol{I}-\boldsymbol{C}_2\sim\begin{pmatrix}0 & & & & \varphi(\lambda)\\ -1 & \lambda & & & -p_1\\ & -1 & \ddots & & \vdots\\ & & \ddots & \lambda & -p_{n-2}\\ & & & -1 & \lambda-p_{n-1}\end{pmatrix}\sim\begin{pmatrix}-1 & \lambda & & & -p_1\\ & -1 & \ddots & & \vdots\\ & & \ddots & \lambda & -p_{n-2}\\ & & & -1 & \lambda-p_{n-1}\\ & & & & \varphi(\lambda)\end{pmatrix},$$

接下来，依次执行 $c_{12}(\lambda)$，$c_{23}(\lambda)$，…，$c_{n-1,n}(\lambda)$ 以及其他列变换，可得

$$\lambda\boldsymbol{I}-\boldsymbol{C}_2\sim\begin{pmatrix}-1 & & & & -p_1\\ & -1 & & & \vdots\\ & & \ddots & & -p_{n-2}\\ & & & -1 & \lambda-p_{n-1}\\ & & & & \varphi(\lambda)\end{pmatrix}\sim\begin{pmatrix}1 & & & & \\ & 1 & & & \\ & & \ddots & & \\ & & & 1 & \\ & & & & \varphi(\lambda)\end{pmatrix},$$

因此所求 Smith 标准型是对角矩阵 $\mathrm{diag}(1, 1, \cdots, 1, \varphi(\lambda))$，

不难发现多项式 $\varphi(\lambda)$ 与 Frobenius 标准型 $\boldsymbol{C}_2$ 一一对应，因此多项式的问题可以借助 $\boldsymbol{C}_2$ 这样的友矩阵来进行研究.

数字矩阵 $\boldsymbol{A}$ 的 Jordan 标准型 $\boldsymbol{J}_A$ 是块对角矩阵，因此还必须考虑块对角 λ 矩阵的初等因子与其各对角子块的初等因子的关系.

定理 6.2.13 λ 矩阵 $\boldsymbol{A}=\begin{pmatrix}\boldsymbol{B} & \\ & \boldsymbol{C}\end{pmatrix}$ 的全部初等因子就是 λ 矩阵 $\boldsymbol{B}$ 和 $\boldsymbol{C}$ 的初等因子的全体.特别地，当 $\boldsymbol{B}$ 和 $\boldsymbol{C}$ 分别退化为多项式 $b(\lambda)$ 和 $c(\lambda)$ 时，$\boldsymbol{A}$ 的全部初等因子就是 $b(\lambda)$ 和 $c(\lambda)$ 的所有一次因式的幂积.

证明：请参阅文献[44：P99－101]或[91：P39－42].

对于有多个块对角元的块对角 λ 矩阵，应用归纳法不难证明类似的结论.

6.2.4 Smith 标准型的应用

至此可知，寻找与数字矩阵 $\boldsymbol{A}$ 相似的 Jordan 标准型 $\boldsymbol{J}_A$ 的问题，可转化成求其特征矩阵 $\lambda\boldsymbol{I}-\boldsymbol{A}$ 的 Smith 标准型.更一般地，数字矩阵的相似可以归结为它们特征矩阵的相似.

定理 6.2.14 数字矩阵 $\boldsymbol{A}$ 与 $\boldsymbol{B}$ 相似的充要条件是它们的特征矩阵 $\lambda\boldsymbol{I}-\boldsymbol{A}$ 与 $\lambda\boldsymbol{I}-\boldsymbol{B}$ 等价.

证明：只给出必要性的证明.充分性的证明可参阅文献[52]：P342－344.

若 $\boldsymbol{A}\simeq\boldsymbol{B}$，则存在可逆矩阵 $\boldsymbol{P}$，使得 $\boldsymbol{P}^{-1}\boldsymbol{A}\boldsymbol{P}=\boldsymbol{B}$，从而 $\boldsymbol{P}^{-1}(\lambda\boldsymbol{I}-\boldsymbol{A})\boldsymbol{P}=\lambda\boldsymbol{I}-\boldsymbol{B}$，因此 $\lambda\boldsymbol{I}-\boldsymbol{A}\sim\lambda\boldsymbol{I}-\boldsymbol{B}$.

定义 6.2.15(矩阵的三种因子) 分别称 n 阶数字矩阵 $\boldsymbol{A}$ 的特征矩阵 $\lambda\boldsymbol{I}-\boldsymbol{A}$ 的行列式因子、不变因子和初等因子为矩阵 $\boldsymbol{A}$ 的**行列式因子，不变因子**和**初等因子.**

定理 6.2.15 数字矩阵 $\boldsymbol{A}$ 与 $\boldsymbol{B}$ 相似的充要条件是它们有相同的行列式因子(或不变因子).

证明：结合定理 6.2.14 与定理 6.2.11 即可.

定理 6.2.16 复数域上两个数字矩阵 $\boldsymbol{A}$ 与 $\boldsymbol{B}$ 相似的充要条件是它们有相同的初等因子.

证明：注意到 $r(\lambda\boldsymbol{I}-\boldsymbol{A})=r(\lambda\boldsymbol{I}-\boldsymbol{B})=n$，再结合定理 6.2.15 与定理 6.2.12 即可.

关于相似的数字矩阵 $\boldsymbol{A}$ 与 $\boldsymbol{B}$ 与它们的三种因子之间的关系，如图 6－2 所示.图中 $\boldsymbol{M}=\lambda\boldsymbol{I}-\boldsymbol{A}$，$\boldsymbol{N}=\lambda\boldsymbol{I}-\boldsymbol{B}$ 分别表示 $\boldsymbol{A}$ 与 $\boldsymbol{B}$ 的特征矩阵，d_k^M、D_k^M 及 e^M 分别表示特征矩阵 $\boldsymbol{M}$ 的不变因子、行列式因子和初等因子，即 $\boldsymbol{A}$ 的不变因子、行列式因子和初等因子，d_k^N、

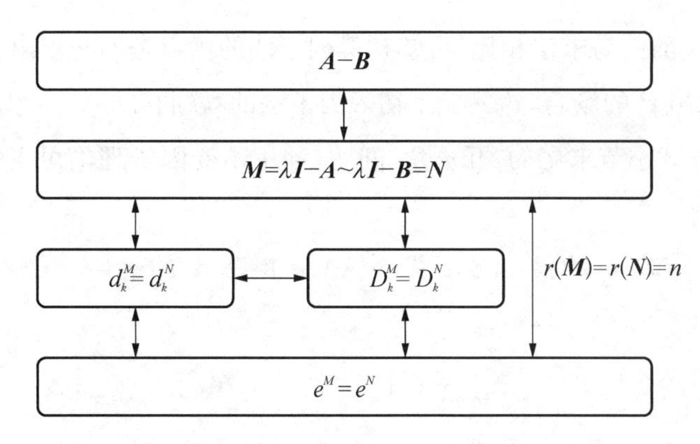

图 6-2　相似的数字矩阵与其三种因子之间的关系

D_k^N 及 e^N 分别表示矩阵 $\boldsymbol{B}$ 的不变因子、行列式因子和初等因子，条件 $r(\boldsymbol{M})=r(\boldsymbol{N})=n$ 是显然的.

设 $\boldsymbol{J}_A$ 为矩阵 $\boldsymbol{A}$ 的 Jordan 标准型.定理 6.2.13 指出 $\boldsymbol{J}_A$ 的所有初等因子是由其全部 Jordan 块的初等因子组成的，而每个 Jordan 块又与一个初等因子一一对应，因此一旦确定 $\boldsymbol{J}_A$ 的全部初等因子，就能唯一确定 $\boldsymbol{J}_A$（不考虑 Jordan 块的排列顺序）.由于 $\boldsymbol{A}\simeq\boldsymbol{J}_A$，$\lambda\boldsymbol{I}-\boldsymbol{A}\sim\boldsymbol{J}(\lambda)$，根据定理 6.2.16、定理 6.2.12 及定义 6.2.15，问题就转化为通过特征矩阵 $\lambda\boldsymbol{I}-\boldsymbol{A}$ 的 Smith 标准型来确定 $\boldsymbol{A}$ 的初等因子，进而确定 $\boldsymbol{A}$ 的 Jordan 标准型.

例 6.2.9　用初等因子法求矩阵 $\boldsymbol{A}=\begin{pmatrix}-1&1&0\\-4&3&0\\1&0&2\end{pmatrix}$ 的 Jordan 标准型 $\boldsymbol{J}_A$.

解法二：初等因子法.

$$\lambda\boldsymbol{I}-\boldsymbol{A}=\begin{pmatrix}\lambda+1&-1&0\\4&\lambda-3&0\\-1&0&\lambda-2\end{pmatrix}\sim\begin{pmatrix}-1&\lambda+1&0\\\lambda-3&4&0\\0&-1&\lambda-2\end{pmatrix}\sim\begin{pmatrix}-1&0&0\\0&(\lambda-1)^2&0\\0&-1&\lambda-2\end{pmatrix}$$

$$\sim\begin{pmatrix}1&0&0\\0&(\lambda-1)^2&(\lambda-2)(\lambda-1)^2\\0&-1&0\end{pmatrix}\sim\begin{pmatrix}1&0&0\\0&1&0\\0&0&(\lambda-2)(\lambda-1)^2\end{pmatrix}=\boldsymbol{S},$$

故 $\boldsymbol{A}$ 的初等因子为 $\lambda-2$，$(\lambda-1)^2$，从而所求 Jordan 标准型为 $\boldsymbol{J}_A=\begin{pmatrix}2&0&0\\0&1&1\\0&0&1\end{pmatrix}$.

注：与例 2.6.1 的简易求法相比，可知初等因子法的优点是不必求出 Jordan 变换矩阵 $\boldsymbol{P}$. 当然，在需要求出 $\boldsymbol{P}$ 的场合，这又成了初等因子法的"软肋".

至此，对于 2.7.3 小节末尾的"开盲盒"问题，利用不变因子理论可以完美地给出最小多项式的生成机制.

定理 6.2.17 矩阵 $\boldsymbol{A}$ 的最小多项式 $m(\lambda)$ 是矩阵 $\boldsymbol{A}$ 的最后一个不变因子 $d_n(\lambda)$，即若

$$\varphi(\lambda)=|\lambda \boldsymbol{I}-\boldsymbol{A}|=(\lambda-\lambda_1)^{m_1}(\lambda-\lambda_2)^{m_2}\cdots(\lambda-\lambda_s)^{m_s},$$

其中 $\lambda_1, \lambda_2, \cdots, \lambda_s$ 是相异特征值，则 $\boldsymbol{A}$ 的最小多项式为

$$m(\lambda)=(\lambda-\lambda_1)^{d_1}(\lambda-\lambda_2)^{d_2}\cdots(\lambda-\lambda_s)^{d_s},$$

这里 d_i 为 $\boldsymbol{A}$ 的 Jordan 标准型 $\boldsymbol{J}_A$ 中包含 λ_i 的最大 Jordan 块的阶数，即特征值 λ_i 的指标.

证明：设 $\boldsymbol{J}_A=\mathrm{diag}(\boldsymbol{J}_1, \boldsymbol{J}_2, \cdots, \boldsymbol{J}_s)$，其中 $\boldsymbol{J}_i(i=1, 2, \cdots, s)$ 是特征值 λ_i 的 m_i 阶 Jordan 子矩阵.易知 $\boldsymbol{J}_i$ 的最小多项式为 $m_i(\lambda)=(\lambda-\lambda_i)^{d_i}$，其中 d_i 为特征值 λ_i 的最大 Jordan 块的阶数.再根据最小多项式的性质(5)，可知 $\boldsymbol{J}_A$ 的最小多项式是各对角块 $\boldsymbol{J}_i$ 的最小多项式的最小公倍式.故 $\boldsymbol{J}_A$ 的最小多项式为

$$m(\lambda)=(\lambda-\lambda_1)^{d_1}(\lambda-\lambda_2)^{d_2}\cdots(\lambda-\lambda_s)^{d_s},$$

也就是 $\boldsymbol{J}_A$ 的第 n 个不变因子 $d_n(\lambda)$. 因为相似变换不改变最小多项式和不变因子，因此 $\boldsymbol{A}$ 与 $\boldsymbol{J}_A$ 有相同的最小多项式和不变因子. 证毕.

根据上面的定理，即得计算最小多项式的 **Smith 标准型法**：求出特征矩阵 $\lambda\boldsymbol{I}-\boldsymbol{A}$ 的 Smith 标准型，最后一个对角元就是最小多项式.

作为对比，下面介绍另一种**伴随矩阵法**：先求特征矩阵 $\lambda\boldsymbol{I}-\boldsymbol{A}$ 的伴随矩阵 $\boldsymbol{B}(\lambda)$，再求 $\boldsymbol{B}(\lambda)$ 中所有非零元素的最大公因式 $d(\lambda)$，则所求即为 $m(\lambda)=\dfrac{\varphi(\lambda)}{d(\lambda)}$，其中 $\varphi(\lambda)=|\lambda\boldsymbol{I}-\boldsymbol{A}|$. 方法的证明请参阅文献[91：P218-219].

思考：已知矩阵的最小多项式，能否确定其约当标准型？需要进一步添加什么条件？

例 6.2.10 求矩阵 $\boldsymbol{A}=\begin{pmatrix}-1 & 1 & 0\\ -4 & 3 & 0\\ 1 & 0 & 2\end{pmatrix}$ 的最小多项式 $m(\lambda)$.

解法一：尝试法.

矩阵 $\boldsymbol{A}$ 的特征多项式 $\varphi(\lambda)=(\lambda-1)^2(\lambda-2)$，验算发现 $(\boldsymbol{A}-2\boldsymbol{I})(\boldsymbol{A}-\boldsymbol{I})\neq\boldsymbol{O}$，故

$$m(\lambda)=\varphi(\lambda)=(\lambda-1)^2(\lambda-2).$$

解法二：Smith 标准型法.

例 6.2.9 中已求得特征矩阵 $\lambda\boldsymbol{I}-\boldsymbol{A}$ 的 Smith 标准型 $\boldsymbol{S}=\boldsymbol{S}(\lambda)$，因此

$$m(\lambda)=d_3(\lambda)=(\lambda-1)^2(\lambda-2).$$

解法三：伴随矩阵法.

矩阵 $\boldsymbol{A}$ 的特征多项式 $\varphi(\lambda)=(\lambda-1)^2(\lambda-2)$，而特征矩阵 $\lambda\boldsymbol{I}-\boldsymbol{A}$ 的伴随矩阵为

$$\boldsymbol{B}(\lambda)=\begin{pmatrix}(\lambda-2)(\lambda-3) & \lambda-2 & 0\\ 8-4\lambda & (\lambda+1)(\lambda-2) & 0\\ \lambda-3 & 1 & (\lambda-1)^2\end{pmatrix},$$

显然 $\boldsymbol{B}(\lambda)$ 中所有非零元素的最大公因式 $d(\lambda)=1$，故

$$m(\lambda)=\frac{\varphi(\lambda)}{d(\lambda)}=(\lambda-1)^2(\lambda-2).$$

MATLAB 提供了内置函数 minpoly，可用于计算矩阵的最小多项式.调用格式主要有：

```
p = minpoly(A), p = minpoly(A,v),
```

其中，v 是最小多项式的自变量，可由 symvar 缺省指定；返回的 p 是最小多项式的系数向量，按次数降幂排列.

本例的 MATLAB 代码实现，详见本书配套程序 exm606.

例 6.2.11　使用最小多项式重解例 2.7.1.

解法三：基于最小多项式的 C-H 法.

由例 6.2.10，可知 $\boldsymbol{A}$ 的最小多项式 $m(\lambda)=d_3(\lambda)=(\lambda-1)^2(\lambda-2)$. 而矩阵多项式 $f(\boldsymbol{A})$ 对应的多项式为 $f(\lambda)=\lambda^5-4\lambda^4+6\lambda^3-6\lambda^2+6\lambda-3$，由于 $f(\lambda)=(\lambda^2+1)m(\lambda)+\lambda-1$，所以

$$f(\boldsymbol{A})=(\boldsymbol{A}^2+\boldsymbol{I})m(\boldsymbol{A})+\boldsymbol{A}-\boldsymbol{I}=\boldsymbol{A}-\boldsymbol{I}=\begin{pmatrix}-2 & 1 & 0\\ -4 & 2 & 0\\ 1 & 0 & 1\end{pmatrix}.$$

本例的 MATLAB 代码实现，详见本书配套程序 exm607.

6.3 矩阵函数及其计算

矩阵函数在力学、控制理论及信号处理等学科中具有重要应用.作为传统函数的类比推广,矩阵函数的特殊之处在于其自变量与因变量都是同阶方阵.同样地,类比于传统函数的幂级数展开,也可以定义矩阵函数的幂级数表示,并进一步拓宽到矩阵函数的多项式表示.

6.3.1 矩阵函数的定义及性质

在第2章,对于代数多项式 $f(x)=a_m x^m+\cdots+a_1 x+a_0$,借助于 Jordan 分解,已将矩阵多项式 $f(\boldsymbol{A})=a_m\boldsymbol{A}^m+\cdots+a_1\boldsymbol{A}+a_0\boldsymbol{I}$ 的计算转化为矩阵多项式 $f(\boldsymbol{J})$ 的计算.

形式上对比 $f(x)$ 与 $f(\boldsymbol{A})$,无非是将自变量从实数 x (看成1阶矩阵)推广到 n 阶方阵 $\boldsymbol{A}$. 这个想法形式上显然可以从多项式函数推广到更一般的函数.

对一般的 $f(z)$ 和 $f(\boldsymbol{A})$,问题是这样的定义对函数 $f(z)$ 以及方阵 $\boldsymbol{A}$ 有什么要求呢? 注意到矩阵多项式是有限和,因此可以从无限和即幂级数着手.

定义 6.3.1(矩阵函数) 对于一元复值函数 $f(z)$,若有

$$f(z)=\sum_{k=0}^{\infty}c_k z^k(|z|<R), \tag{6.3.1}$$

则当 $\rho(\boldsymbol{A})<R$ 时,称 $f(\boldsymbol{A})=\sum_{k=0}^{\infty}c_k\boldsymbol{A}^k$ 为方阵 $\boldsymbol{A}$ 的**矩阵函数**.

定理 6.3.1 设一元复值函数 $f(z)$ 满足式(6.3.1).将 n 阶 Jordan 块 $\boldsymbol{J}_n(\lambda)$ 简记为 $\boldsymbol{J}$. 若谱半径 $\rho(\boldsymbol{J})<R$,则矩阵幂级数 $\sum_{k=0}^{\infty}c_k\boldsymbol{J}^k$ 收敛,其和为

$$f(\boldsymbol{J})=\sum_{k=0}^{\infty}c_k\boldsymbol{J}^k=\begin{pmatrix} f(\lambda) & \frac{1}{1!}f'(\lambda) & \cdots & \frac{1}{(n-1)!}f^{(n-1)}(\lambda) \\ & f(\lambda) & \ddots & \vdots \\ & & \ddots & \frac{1}{1!}f'(\lambda) \\ & & & f(\lambda) \end{pmatrix}. \tag{6.3.2}$$

证明: 令 $\boldsymbol{S}_m(\boldsymbol{J})=\sum_{k=0}^{m}c_k\boldsymbol{J}^k$, $S_m(\lambda)=\sum_{k=0}^{m}c_k\lambda^k$. 由式(2.7.5)可知

$$
\boldsymbol{S}_m(\boldsymbol{J})=\begin{pmatrix}
\sum_{k=0}^{m} c_k\lambda^k & \sum_{k=0}^{m} c_k C_k^1\lambda^{k-1} & \cdots & \sum_{k=0}^{n} c_k C_k^{n-1}\lambda^{k-n+1} \\
 & \sum_{k=0}^{m} c_k\lambda^k & \ddots & \vdots \\
 & & \ddots & \sum_{k=0}^{m} c_k C_k^1\lambda^{k-1} \\
 & & & \sum_{k=0}^{m} c_k\lambda^k
\end{pmatrix}
$$

$$
=\begin{pmatrix}
S_m(\lambda) & S'_m(\lambda) & \cdots & \frac{1}{(n-1)!}S_m^{(n-1)}(\lambda) \\
 & S_m(\lambda) & \ddots & \vdots \\
 & & \ddots & S'_m(\lambda) \\
 & & & S_m(\lambda)
\end{pmatrix},
$$

其中，$l>k$ 时规定 $C_k^l=0$.

因为多项式函数 $S_m(\lambda)=\sum_{k=0}^{m} c_k\lambda^k$ 的收敛半径为R，且 $|\lambda|<R$，故由级数的分析性质，可知 $S_m(\lambda)$，$S'_m(\lambda)$，…，$S_m^{(n-1)}(\lambda)$ 都收敛，且

$$
\lim_{m\to\infty}\boldsymbol{S}_m(\lambda)=f(\lambda),\ \lim_{m\to\infty}\boldsymbol{S}'_m(\lambda)=f'(\lambda),\ \cdots,\ \lim_{m\to\infty}\boldsymbol{S}_m^{(n-1)}(\lambda)=f^{(n-1)}(\lambda),
$$

从而有

$$
f(\boldsymbol{J})=\sum_{k=0}^{\infty} c_k\boldsymbol{J}^k=\lim_{m\to\infty}\boldsymbol{S}_m(\boldsymbol{J})=\begin{pmatrix}
f(\lambda) & \frac{1}{1!}f'(\lambda) & \cdots & \frac{1}{(n-1)!}f^{(n-1)}(\lambda) \\
 & f(\lambda) & \ddots & \vdots \\
 & & \ddots & \frac{1}{1!}f'(\lambda) \\
 & & & f(\lambda)
\end{pmatrix}.
$$

定理 6.3.2(Lagrange-Sylvester 定理)　设一元复变量函数 $f(z)$满足式(6.3.1).设有 Jordan 分解 $\boldsymbol{A}=\boldsymbol{PJP}^{-1}$，这里 $\boldsymbol{J}=\mathrm{diag}(\boldsymbol{J}_1,\boldsymbol{J}_2,\cdots,\boldsymbol{J}_s)$，其中 $\boldsymbol{J}_i(i=1,2,\cdots,s)$ 为 m_i 阶约当块.若谱半径 $\rho(\boldsymbol{A})<R$，则矩阵幂级数 $\sum_{k=0}^{\infty} c_k\boldsymbol{A}^k$ 收敛，其和为

$$f(\boldsymbol{A})=\sum_{k=0}^{\infty} c_k \boldsymbol{A}^k=\boldsymbol{P} f(\boldsymbol{J}) \boldsymbol{P}^{-1}=\boldsymbol{P} \operatorname{diag}(f(\boldsymbol{J}_1),\ f(\boldsymbol{J}_2),\ \cdots,\ f(\boldsymbol{J}_s)) \boldsymbol{P}^{-1}, \tag{6.3.3}$$

其中

$$f(\boldsymbol{J}_i)=\begin{pmatrix} f(\lambda_i) & \frac{1}{1!} f'(\lambda_i) & \cdots & \frac{1}{(m_i-1)!} f^{(m_i-1)}(\lambda_i) \\ & f(\lambda_i) & \ddots & \vdots \\ & & \ddots & \frac{1}{1!} f'(\lambda_i) \\ & & & f(\lambda_i) \end{pmatrix}. \tag{6.3.4}$$

特别地,如果 $\boldsymbol{A}$ 是可对角化矩阵,有特征值分解 $\boldsymbol{A}=\boldsymbol{P}\boldsymbol{\Lambda}\boldsymbol{P}^{-1}$, 其中 $\boldsymbol{\Lambda}=\operatorname{diag}(\lambda_1,\ \lambda_2,\ \cdots,\ \lambda_n)$. 则

$$f(\boldsymbol{A})=\boldsymbol{P} f(\boldsymbol{\Lambda}) \boldsymbol{P}^{-1}=\boldsymbol{P} \operatorname{diag}(f(\lambda_1),\ f(\lambda_2),\ \cdots,\ f(\lambda_n)) \boldsymbol{P}^{-1}. \tag{6.3.5}$$

证明: $$\begin{aligned} f(\boldsymbol{A}) &=\sum_{k=0}^{\infty} c_k \boldsymbol{A}^k=\sum_{k=0}^{\infty} c_k \boldsymbol{P} \boldsymbol{J}^k \boldsymbol{P}^{-1}=\boldsymbol{P}\Big(\sum_{k=0}^{\infty} c_k \boldsymbol{J}^k\Big) \boldsymbol{P}^{-1}=\boldsymbol{P} f(\boldsymbol{J}) \boldsymbol{P}^{-1} \\ &=\boldsymbol{P}\Big[\operatorname{diag}\Big(\sum_{k=0}^{\infty} c_k \boldsymbol{J}_1^k,\ \sum_{k=0}^{\infty} c_k \boldsymbol{J}_2^k,\ \cdots,\ \sum_{k=0}^{\infty} c_k \boldsymbol{J}_s^k\Big)\Big] \boldsymbol{P}^{-1} \\ &=\boldsymbol{P} \operatorname{diag}(f(\boldsymbol{J}_1),\ f(\boldsymbol{J}_2),\ \cdots,\ f(\boldsymbol{J}_s)) \boldsymbol{P}^{-1}. \end{aligned}$$

如果有 $\boldsymbol{A}=\boldsymbol{P}\boldsymbol{\Lambda}\boldsymbol{P}^{-1}$, 此时 $\boldsymbol{J}=\boldsymbol{\Lambda}$, 每个约当块都退化为 1 阶矩阵(即 $m_i=1$), 且约当块的个数 $s=n$, 故有 $f(\boldsymbol{J}_i)=f(\lambda_i)\ (i=1,\ 2,\ \cdots,\ s)$, 从而有

$$f(\boldsymbol{A})=\boldsymbol{P} f(\boldsymbol{\Lambda}) \boldsymbol{P}^{-1}=\boldsymbol{P} \operatorname{diag}(f(\lambda_1),\ f(\lambda_2),\ \cdots,\ f(\lambda_n)) \boldsymbol{P}^{-1}.$$

注: 实际上,式(6.3.2)是矩阵函数 $f(\boldsymbol{J})$ 的计算公式;式(6.3.3)和(6.3.4)是矩阵函数 $f(\boldsymbol{A})$ 的计算公式.特别地,对于可对角矩阵 $\boldsymbol{A}$, $f(\boldsymbol{A})$ 的计算公式为式(6.3.5).

思考: 式(2.7.5)实际上是矩阵幂函数 $f(\boldsymbol{J})=\boldsymbol{J}^n$ 的计算公式,其推导过程中利用了幂零矩阵 $\boldsymbol{N}=\boldsymbol{J}_m(0)$ 的性质,从而将无限和变成了有限和,这对理解矩阵函数 $f(\boldsymbol{A})$ 的计算公式有何启发?

在微积分(实分析)和复变函数(复分析)中,已经证明了下列幂级数展开式:

$$\mathrm{e}^z=\sum_{k=0}^{\infty} \frac{z^k}{k!},\ R=+\infty,$$

$$\sin z=\sum_{k=0}^{\infty}\frac{(-1)^k}{(2k+1)!}z^{2k+1},\ R=+\infty;\ \cos z=\sum_{k=0}^{\infty}\frac{(-1)^k}{(2k)!}z^{2k},\ R=+\infty,$$

$$(1-z)^{-1}=\sum_{k=0}^{\infty}z^k,\ R=1;\ \ln(1+z)=\sum_{k=0}^{\infty}\frac{(-1)^k}{k+1}z^{k+1},\ R=1.$$

相应地,对任意 $\boldsymbol{A}\in\mathbb{C}^{n\times n}$,按照 Lagrange-Sylvester 定理,有如下矩阵函数:

$$\mathrm{e}^{\boldsymbol{A}}=\sum_{k=0}^{\infty}\frac{\boldsymbol{A}^k}{k!},\ \sin\boldsymbol{A}=\sum_{k=0}^{\infty}\frac{(-1)^k}{(2k+1)!}\boldsymbol{A}^{2k+1},\ \cos\boldsymbol{A}=\sum_{k=0}^{\infty}\frac{(-1)^k}{(2k)!}\boldsymbol{A}^{2k},$$

$$(\boldsymbol{I}-\boldsymbol{A})^{-1}=\sum_{k=0}^{\infty}\boldsymbol{A}^k,\ \rho(\boldsymbol{A})<1;\ \ln(\boldsymbol{I}+\boldsymbol{A})=\sum_{k=0}^{\infty}\frac{(-1)^k}{k+1}\boldsymbol{A}^{k+1},\ \rho(\boldsymbol{A})<1,$$

以及**含参矩阵函数**(定义见 6.4.1 小节):

$$\mathrm{e}^{\boldsymbol{A}t}=\sum_{k=0}^{\infty}\frac{t^k}{k!}\boldsymbol{A}^k,\ \sin(\boldsymbol{A}t)=\sum_{k=0}^{\infty}\frac{(-1)^k}{(2k+1)!}t^{2k+1}\boldsymbol{A}^{2k+1},\ \cos(\boldsymbol{A}t)=\sum_{k=0}^{\infty}\frac{(-1)^k}{(2k)!}t^{2k}\boldsymbol{A}^{2k},$$

其中,矩阵函数 $\mathrm{e}^{\boldsymbol{A}}$, $\sin\boldsymbol{A}$, $\cos\boldsymbol{A}$ 分别称为方阵 $\boldsymbol{A}$ 的**矩阵指数(函数)**、**矩阵正弦(函数)**和**矩阵余弦(函数)**.

类比欧拉公式 $\mathrm{e}^{\mathrm{i}\theta}=\cos\theta+\mathrm{i}\sin\theta$ 等公式,可得下列性质.

定理 6.3.3　设 $\boldsymbol{A}\in\mathbb{C}^{n\times n}$ 有 Jordan 分解 $\boldsymbol{A}=\boldsymbol{PJP}^{-1}$,则:

(1) $\cos(-\boldsymbol{A})=\cos\boldsymbol{A}$, $\sin(-\boldsymbol{A})=-\sin\boldsymbol{A}$.

(2) **(欧拉公式)** $\mathrm{e}^{\mathrm{i}\boldsymbol{A}}=\cos\boldsymbol{A}+\mathrm{i}\sin\boldsymbol{A}$, $\cos\boldsymbol{A}=\frac{1}{2}(\mathrm{e}^{\mathrm{i}\boldsymbol{A}}+\mathrm{e}^{-\mathrm{i}\boldsymbol{A}})$, $\sin\boldsymbol{A}=\frac{1}{2\mathrm{i}}(\mathrm{e}^{\mathrm{i}\boldsymbol{A}}-\mathrm{e}^{-\mathrm{i}\boldsymbol{A}})$.

(3) $\mathrm{e}^{\boldsymbol{A}}=\boldsymbol{P}\mathrm{e}^{\boldsymbol{J}}\boldsymbol{P}^{-1}$, $\mathrm{e}^{\boldsymbol{A}t}=\boldsymbol{P}\mathrm{e}^{\boldsymbol{J}t}\boldsymbol{P}^{-1}$;

(4) $\det\mathrm{e}^{\boldsymbol{A}t}=\mathrm{e}^{(\mathrm{tr}\boldsymbol{A})t}$.

证明: (1) 在 $\cos\boldsymbol{A}$ 和 $\sin\boldsymbol{A}$ 的幂级数展开式中,用 $-\boldsymbol{A}$ 代 $\boldsymbol{A}$, 显然谱半径不变,故有

$$\cos(-\boldsymbol{A})=\sum_{k=0}^{\infty}\frac{(-1)^k}{(2k)!}(-\boldsymbol{A})^{2k}=\sum_{k=0}^{\infty}\frac{(-1)^k}{(2k)!}=\cos\boldsymbol{A},$$

$$\sin(-\boldsymbol{A})=\sum_{k=0}^{\infty}\frac{(-1)^k}{(2k+1)!}(-\boldsymbol{A})^{2k+1}=-\sum_{k=0}^{\infty}\frac{(-1)^k}{(2k+1)!}\boldsymbol{A}^{2k+1}=-\sin\boldsymbol{A}.$$

(2) 在 $\mathrm{e}^{\boldsymbol{A}}$ 的幂级数展开式中,用 $\mathrm{i}\boldsymbol{A}$ 代 $\boldsymbol{A}$, 显然谱半径不变,故有

$$\begin{aligned}\mathrm{e}^{\mathrm{i}\boldsymbol{A}}&=\sum_{k=0}^{\infty}\frac{\mathrm{i}^k}{k!}\boldsymbol{A}^k=\sum_{m=0}^{\infty}\frac{\mathrm{i}^{2m}}{(2m)!}\boldsymbol{A}^{2m}+\sum_{m=0}^{\infty}\frac{\mathrm{i}^{2m+1}}{(2k+1)!}\boldsymbol{A}^{2m+1}\\&=\sum_{m=0}^{\infty}\frac{(-1)^{2m}}{(2m)!}\boldsymbol{A}^{2m}+\mathrm{i}\sum_{m=0}^{\infty}\frac{(-1)^{2m}}{(2m+1)!}\boldsymbol{A}^{2m+1}=\cos\boldsymbol{A}+\mathrm{i}\sin\boldsymbol{A},\end{aligned}$$

在上式中用 $-\boldsymbol{A}$ 代 $\boldsymbol{A}$，可得

$$\mathrm{e}^{-\mathrm{i}\boldsymbol{A}}=\cos(-\boldsymbol{A})+\mathrm{i}\sin(-\boldsymbol{A})=\cos\boldsymbol{A}-\mathrm{i}\sin\boldsymbol{A},$$

再联立上面两式,解得

$$\cos\boldsymbol{A}=\frac{1}{2}(\mathrm{e}^{\mathrm{i}\boldsymbol{A}}+\mathrm{e}^{-\mathrm{i}\boldsymbol{A}}),\ \sin\boldsymbol{A}=\frac{1}{2\mathrm{i}}(\mathrm{e}^{\mathrm{i}\boldsymbol{A}}-\mathrm{e}^{-\mathrm{i}\boldsymbol{A}}).$$

(3) 令 $f(z)=\mathrm{e}^{zt}$，并注意到 $\boldsymbol{A}t=\boldsymbol{P}(\boldsymbol{J}t)\boldsymbol{P}^{-1}$，则由式(6.3.3),可知

$$\mathrm{e}^{\boldsymbol{A}t}=f(\boldsymbol{A}t)=\boldsymbol{P}f(\boldsymbol{J}t)\boldsymbol{P}^{-1}=\boldsymbol{P}\mathrm{e}^{\boldsymbol{J}t}\boldsymbol{P}^{-1},$$

令 $t=1$，即得 $\mathrm{e}^{\boldsymbol{A}}=\boldsymbol{P}\mathrm{e}^{\boldsymbol{J}}\boldsymbol{P}^{-1}$.

(4) 注意到 $\mathrm{e}^{\boldsymbol{J}t}$ 是上三角矩阵,故有

$$\begin{aligned}\det\mathrm{e}^{\boldsymbol{A}t}&=\det\boldsymbol{P}\det\mathrm{e}^{\boldsymbol{J}t}\det\boldsymbol{P}^{-1}=\det\mathrm{e}^{\boldsymbol{J}t}\\&=\det\begin{pmatrix}\mathrm{e}^{\lambda_1 t}&\times&\cdots&\times\\&\mathrm{e}^{\lambda_2 t}&\ddots&\vdots\\&&\ddots&\times\\&&&\mathrm{e}^{\lambda_n t}\end{pmatrix}=\prod_{i=1}^{n}\mathrm{e}^{\lambda_i t}=\mathrm{e}^{\sum\limits_{i=1}^{n}\lambda_i t}=\mathrm{e}^{(\mathrm{tr}\boldsymbol{A})t}.\end{aligned}$$

尽管微积分中函数 e^x，$\sin x$，$\cos x$ 的一些性质可被平行地类比到相应的矩阵函数,但也不乏下面这种令人非常遗憾的情形.

例 6.3.1 举例说明指数运算规则 $\mathrm{e}^{\boldsymbol{A}}\mathrm{e}^{\boldsymbol{B}}=\mathrm{e}^{\boldsymbol{B}}\mathrm{e}^{\boldsymbol{A}}=\mathrm{e}^{\boldsymbol{A}+\boldsymbol{B}}$ 一般不成立.

解: 令 $\boldsymbol{A}=\begin{pmatrix}1&1\\0&0\end{pmatrix}$，$\boldsymbol{B}=\begin{pmatrix}1&-1\\0&0\end{pmatrix}$，则 $\boldsymbol{A}^2=\boldsymbol{A}$，$\boldsymbol{B}^2=\boldsymbol{B}$，$(\boldsymbol{A}+\boldsymbol{B})^2=2(\boldsymbol{A}+\boldsymbol{B})$，即有递推式 $\boldsymbol{A}^k=\boldsymbol{A}$，$\boldsymbol{B}^k=\boldsymbol{B}$，$(\boldsymbol{A}+\boldsymbol{B})^k=2^{k-1}(\boldsymbol{A}+\boldsymbol{B})\ (k\geqslant 2)$，从而有

$$\mathrm{e}^{\boldsymbol{A}}=\boldsymbol{I}+\sum_{k=1}^{\infty}\left(\frac{1}{k!}\boldsymbol{A}\right)=\boldsymbol{I}+\left(\sum_{k=1}^{\infty}\frac{1}{k!}\right)\boldsymbol{A}=\boldsymbol{I}+(\mathrm{e}-1)\boldsymbol{A}=\begin{pmatrix}\mathrm{e}&\mathrm{e}-1\\0&1\end{pmatrix},$$

$$\mathrm{e}^{\boldsymbol{B}}=\boldsymbol{I}+(\mathrm{e}-1)\boldsymbol{B}=\begin{pmatrix}\mathrm{e}&1-\mathrm{e}\\0&1\end{pmatrix},$$

$$\mathrm{e}^{\boldsymbol{A}+\boldsymbol{B}}=\boldsymbol{I}+\sum_{k=1}^{\infty}\frac{1}{k!}2^{k-1}(\boldsymbol{A}+\boldsymbol{B})=\boldsymbol{I}+\frac{1}{2}(\mathrm{e}^2-1)(\boldsymbol{A}+\boldsymbol{B})=\begin{pmatrix}\mathrm{e}^2&0\\0&1\end{pmatrix}.$$

验算可知，$\mathrm{e}^{\boldsymbol{A}}\mathrm{e}^{\boldsymbol{B}}$，$\mathrm{e}^{\boldsymbol{B}}\mathrm{e}^{\boldsymbol{A}}$，$\mathrm{e}^{\boldsymbol{A}+\boldsymbol{B}}$ 确实两两不等.

MATLAB 提供了内置函数 expm,可用于计算矩阵指数.调用格式为

```
B = expm(A)
```

本例的 MATLAB 代码实现,详见本书配套程序 exm608.

既然这些指数运算规则一般不成立,那么问题来了:添加什么条件,它们才成立呢?

定理 6.3.4(可交换矩阵的公式) 设 $\boldsymbol{A},\boldsymbol{B}\in\mathbb{C}^{n\times n}$ 且 $\boldsymbol{AB}=\boldsymbol{BA}$,则:

(1) $\mathrm{e}^{\boldsymbol{A}}\mathrm{e}^{\boldsymbol{B}}=\mathrm{e}^{\boldsymbol{B}}\mathrm{e}^{\boldsymbol{A}}=\mathrm{e}^{\boldsymbol{A}+\boldsymbol{B}}$, $\mathrm{e}^{\boldsymbol{A}t}\mathrm{e}^{\boldsymbol{B}t}=\mathrm{e}^{\boldsymbol{B}t}\mathrm{e}^{\boldsymbol{A}t}=\mathrm{e}^{(\boldsymbol{A}+\boldsymbol{B})t}$.

特别地,当 $\boldsymbol{A}$ 可逆时,有 $(\mathrm{e}^{\boldsymbol{A}})^{-1}=\mathrm{e}^{-\boldsymbol{A}}$, $(\mathrm{e}^{\boldsymbol{A}t})^{-1}=\mathrm{e}^{-\boldsymbol{A}t}$, $(\mathrm{e}^{\boldsymbol{A}})^{k}=\mathrm{e}^{k\boldsymbol{A}}$, $(\mathrm{e}^{\boldsymbol{A}t})^{k}=\mathrm{e}^{(kt)\boldsymbol{A}}$ (任意 $k\in\mathbb{Z}$,且 k 为非负数时不需要假定 $\boldsymbol{A}$ 可逆).

(2) $\cos(\boldsymbol{A}+\boldsymbol{B})=\cos\boldsymbol{A}\cos\boldsymbol{B}-\sin\boldsymbol{A}\sin\boldsymbol{B}$, $\sin(\boldsymbol{A}+\boldsymbol{B})=\sin\boldsymbol{A}\cos\boldsymbol{B}+\cos\boldsymbol{A}\sin\boldsymbol{B}$.

特别地,当 $\boldsymbol{A}=\boldsymbol{B}$ 时,有 $\cos(2\boldsymbol{A})=\cos^2\boldsymbol{A}-\sin^2\boldsymbol{A}$, $\sin(2\boldsymbol{A})=2\sin\boldsymbol{A}\cos\boldsymbol{A}$.

证明: (1) 根据矩阵指数函数的幂级数展开式,有

$$
\begin{aligned}
\mathrm{e}^{\boldsymbol{A}}\mathrm{e}^{\boldsymbol{B}}&=\left(\boldsymbol{I}+\boldsymbol{A}+\frac{1}{2!}\boldsymbol{A}^2+\cdots\right)\left(\boldsymbol{I}+\boldsymbol{B}+\frac{1}{2!}\boldsymbol{B}^2+\cdots\right)\\
&=\boldsymbol{I}+(\boldsymbol{A}+\boldsymbol{B})+\frac{1}{2!}(\boldsymbol{A}^2+\boldsymbol{AB}+\boldsymbol{BA}+\boldsymbol{B}^2)+\cdots=\mathrm{e}^{\boldsymbol{A}+\boldsymbol{B}}.
\end{aligned}
$$

再注意到 $\mathrm{e}^{\boldsymbol{B}}\mathrm{e}^{\boldsymbol{A}}=\mathrm{e}^{\boldsymbol{B}+\boldsymbol{A}}=\mathrm{e}^{\boldsymbol{A}+\boldsymbol{B}}$,因此第 1 式成立.分别用 $\boldsymbol{A}t$, $\boldsymbol{B}t$ 代替其中的 $\boldsymbol{A}$, $\boldsymbol{B}$,即得第 2 式.

当 $\boldsymbol{A}$ 可逆时,显然有 $\mathrm{e}^{\boldsymbol{A}}\mathrm{e}^{-\boldsymbol{A}}=\mathrm{e}^{-\boldsymbol{A}}\mathrm{e}^{\boldsymbol{A}}=\boldsymbol{I}$,即 $(\mathrm{e}^{\boldsymbol{A}})^{-1}=\mathrm{e}^{-\boldsymbol{A}}$.当 $\boldsymbol{A}=\boldsymbol{B}$ 时,显然有 $(\mathrm{e}^{\boldsymbol{A}})^2=\mathrm{e}^{2\boldsymbol{A}}$.其他结论留作练习.

(2) 只证第 1 式,其余留作练习.根据欧拉公式和(1)中的结论,有

$$
\begin{aligned}
&\cos\boldsymbol{A}\cos\boldsymbol{B}-\sin\boldsymbol{A}\sin\boldsymbol{B}\\
&=\frac{1}{2}(\mathrm{e}^{\mathrm{i}\boldsymbol{A}}+\mathrm{e}^{-\mathrm{i}\boldsymbol{A}})\cdot\frac{1}{2}(\mathrm{e}^{\mathrm{i}\boldsymbol{B}}+\mathrm{e}^{-\mathrm{i}\boldsymbol{B}})-\frac{1}{2\mathrm{i}}(\mathrm{e}^{\mathrm{i}\boldsymbol{A}}-\mathrm{e}^{-\mathrm{i}\boldsymbol{A}})\cdot\frac{1}{2\mathrm{i}}(\mathrm{e}^{\mathrm{i}\boldsymbol{B}}-\mathrm{e}^{-\mathrm{i}\boldsymbol{B}})\\
&=\frac{1}{4}[\mathrm{e}^{\mathrm{i}(\boldsymbol{A}+\boldsymbol{B})}+\mathrm{e}^{-\mathrm{i}(\boldsymbol{A}+\boldsymbol{B})}+\mathrm{e}^{\mathrm{i}(\boldsymbol{A}-\boldsymbol{B})}+\mathrm{e}^{-\mathrm{i}(\boldsymbol{A}-\boldsymbol{B})}]+\frac{1}{4}[\mathrm{e}^{\mathrm{i}(\boldsymbol{A}+\boldsymbol{B})}+\mathrm{e}^{-\mathrm{i}(\boldsymbol{A}+\boldsymbol{B})}-\mathrm{e}^{\mathrm{i}(\boldsymbol{A}-\boldsymbol{B})}-\mathrm{e}^{-\mathrm{i}(\boldsymbol{A}-\boldsymbol{B})}]\\
&=\frac{1}{2}(\mathrm{e}^{\mathrm{i}(\boldsymbol{A}+\boldsymbol{B})}+\mathrm{e}^{-\mathrm{i}(\boldsymbol{A}+\boldsymbol{B})})=\cos(\boldsymbol{A}+\boldsymbol{B}).
\end{aligned}
$$

6.3.2 矩阵函数的计算

按照定义,矩阵函数的计算被归结为矩阵幂级数求和,其中占据核心地位的是矩阵高

次幂的计算.例 6.3.1 中结合矩阵函数的定义,已计算了几个矩阵函数,其中的主要思路是利用了递推式,这让人不难想到:如果各次方幂之间存在特殊的关系,计算就能得到极大的简化.这就是递推公式法的想法.

一、递推公式法

计算原理 通过方阵 $\boldsymbol{A}$ 的特征多项式或最小多项式,或者通过其他途径,得到矩阵方幂之间的递推关系式,代入相应的矩阵幂级数,从而将矩阵函数的计算转化为数项级数求和.

例 6.3.2 设 $\boldsymbol{y}$ 为 $\mathbb{R}^n$ 中的单位向量,令 $\boldsymbol{B}=\boldsymbol{I}-\boldsymbol{y}\boldsymbol{y}^{\mathrm{T}}$,求 $\mathrm{e}^{\boldsymbol{B}}$.

解: 易知 $\boldsymbol{B}^2=\boldsymbol{B}$ (参阅例 5.3.2),所以 $\boldsymbol{B}^k=\boldsymbol{B}\ (k\geqslant 2)$,从而

$$\mathrm{e}^{\boldsymbol{B}}=\sum_{k=0}^{\infty}\frac{\boldsymbol{B}^k}{k!}=\boldsymbol{I}+\sum_{k=1}^{\infty}\frac{\boldsymbol{B}^k}{k!}=\boldsymbol{I}+\boldsymbol{B}\sum_{k=1}^{\infty}\frac{1}{k!}=\boldsymbol{I}+(\mathrm{e}-1)\boldsymbol{B}.$$

例 6.3.3 设 4 阶矩阵 $\boldsymbol{A}$ 的特征值为 $\pi,\ -\pi,\ 0,\ 0$,求 $\sin\boldsymbol{A}$.

解: 由题可知 $\boldsymbol{A}$ 的特征多项式为 $\varphi(\lambda)=\lambda^2(\lambda-\pi)(\lambda+\pi)=\lambda^4-\pi^2\lambda^2$,故由 C-H 定理可知 $\boldsymbol{O}=\varphi(\boldsymbol{A})=\boldsymbol{A}^4-\pi^2\boldsymbol{A}^2$,于是有

$$\boldsymbol{A}^4=\pi^2\boldsymbol{A}^2,\ \boldsymbol{A}^5=\pi^2\boldsymbol{A}^3,\ \boldsymbol{A}^6=\pi^2\boldsymbol{A}^4=\pi^4\boldsymbol{A}^2,\ \boldsymbol{A}^7=\pi^4\boldsymbol{A}^3,\ \cdots,$$

$$\boldsymbol{A}^{2k}=\pi^{2k-2}\boldsymbol{A}^2,\ \boldsymbol{A}^{2k+1}=\pi^{2k-2}\boldsymbol{A}^3(k=1,\ 2,\ \cdots),$$

所以

$$\begin{aligned}\sin\boldsymbol{A}&=\sum_{k=0}^{\infty}\frac{(-1)^k}{(2k+1)!}\boldsymbol{A}^{2k+1}=\boldsymbol{A}+\sum_{k=1}^{\infty}\frac{(-1)^k}{(2k+1)!}\pi^{2k-2}\boldsymbol{A}^3\\&=\boldsymbol{A}+\frac{1}{\pi^3}\boldsymbol{A}^3\sum_{k=1}^{n}\frac{(-1)^k}{(2k+1)!}\pi^{2k+1}\\&=\boldsymbol{A}+\pi^{-3}(\sin\pi-\pi)\boldsymbol{A}^3=\boldsymbol{A}-\pi^{-2}\boldsymbol{A}^3.\end{aligned}$$

遗憾的是,递推公式法只适用于一些特殊矩阵,即矩阵 $\boldsymbol{A}$ 的递推关系式不太复杂的情形.例如,对下面例 6.3.4 中的方阵 $\boldsymbol{A}$,尽管只有 2 阶,尽管矩阵函数 $\mathrm{e}^{\boldsymbol{A}}=\mathrm{e}\boldsymbol{A}$,尽管只存在三项递推关系式 $\boldsymbol{A}^{k+1}=2\boldsymbol{A}^k-\boldsymbol{A}^{k-1}(k\geqslant 1)$,仍然会涉及大量复杂(甚至难以求和)的数项级数.

对于更一般的方阵 $\boldsymbol{A}$,只能回归到矩阵函数 $f(\boldsymbol{A})$ 最一般的计算公式.由于这种方法针对的是任意方阵,计算自然也不简单.

二、Jordan 分解法

计算原理 函数 $f(z)$ 可展开为收敛半径为 R 的幂级数.如果方阵 $\boldsymbol{A}$ 的谱半径 $\rho(\boldsymbol{A})<R$,则可按式(6.3.3)和式(6.3.4)来计算矩阵函数 $f(\boldsymbol{A})$.

例 6.3.4 已知矩阵 $\boldsymbol{A}=\begin{pmatrix}2 & -1\\1 & 0\end{pmatrix}$,求矩阵函数 $e^{\boldsymbol{A}}$ 和 $e^{\boldsymbol{A}t}$.

解: 易得 $\boldsymbol{A}$ 的 Jordan 分解 $\boldsymbol{A}=\boldsymbol{PJP}^{-1}$,其中 $\boldsymbol{P}=\begin{pmatrix}1 & 1\\1 & 0\end{pmatrix}$,$\boldsymbol{J}=\begin{pmatrix}1 & 1\\0 & 1\end{pmatrix}$.

当 $f(z)=e^z$ 时,$f(1)=e$,$f'(1)=e$,则

$$e^{\boldsymbol{A}}=\boldsymbol{P}\begin{pmatrix}e & e\\0 & e\end{pmatrix}\boldsymbol{P}^{-1}=\begin{pmatrix}2e & -e\\e & 0\end{pmatrix}=e\boldsymbol{A}.$$

当 $f(z)=e^{zt}$ 时(注意把 t 看成常数),$f(1)=e^t$,$f'(1)=te^t$,则

$$e^{\boldsymbol{A}t}=\boldsymbol{P}\begin{pmatrix}e^t & te^t\\0 & e^t\end{pmatrix}\boldsymbol{P}^{-1}=e^t\begin{pmatrix}1+t & -t\\t & 1-t\end{pmatrix}=e^t\begin{pmatrix}1 & 0\\0 & 1\end{pmatrix}+te^t\begin{pmatrix}1 & -1\\1 & -1\end{pmatrix}.$$

MATLAB 提供了通用的内置函数 funm,可用于计算任意的矩阵函数.调用格式为

```
funm(A,f), funm(A*t,f),
```

其中,f 为自定义函数接口,但必须保证相应的矩阵函数 $f(\boldsymbol{A})$ 有意义.

对几个特殊的函数(exp, sin, cos, log, sinh, cosh),MATLAB 已经内置了支持,调用格式如下所示:

```
funm(A,@exp),funm(A*t,@exp).
```

至于 funm(A,@exp)与 expm(A)哪一个更准确,依赖于具体的矩阵 $\boldsymbol{A}$.

本例的 MATLAB 代码实现,详见本书配套程序 exm609.

例 6.3.5 求矩阵函数 $\sin\boldsymbol{A}$ 和 $\sin(\boldsymbol{A}t)$,其中 $\boldsymbol{A}=\begin{pmatrix}-1 & 1 & 0\\-4 & 3 & 0\\1 & 0 & 2\end{pmatrix}$.

解: 例 2.6.1 中已求得 Jordan 分解 $\boldsymbol{A}=\boldsymbol{PJP}^{-1}$,其中

$$\boldsymbol{J}=\begin{pmatrix}2 & 0 & 0\\0 & 1 & 1\\0 & 0 & 1\end{pmatrix},\ \boldsymbol{P}=\begin{pmatrix}0 & 1 & 0\\0 & 2 & 1\\1 & -1 & -1\end{pmatrix}.$$

当 $f(z)=\sin z$ 时, $f(1)=\sin 1$, $f'(1)=\cos 1$, 则

$$\sin \boldsymbol{A}=\boldsymbol{P}\begin{pmatrix}\sin 2 & 0 & 0\\ 0 & \sin 1 & \cos 1\\ 0 & 0 & \sin 1\end{pmatrix}\boldsymbol{P}^{-1}$$

$$=\begin{pmatrix}\sin 1-2\cos 1 & \cos 1 & 0\\ -4\cos 1 & \sin 1+2\cos 1 & 0\\ \sin 1+2\cos 1-\sin 2 & -\sin 1-\cos 1+\sin 2 & \sin 2\end{pmatrix}.$$

当 $f(z)=\sin(zt)$ 时(注意 t 是常数), $f(1)=\sin t$, $f'(1)=t\cos t$, 则

$$\sin(\boldsymbol{A}t)=\boldsymbol{P}\begin{pmatrix}\sin 2t & 0 & 0\\ 0 & \sin t & t\cos t\\ 0 & 0 & \sin t\end{pmatrix}\boldsymbol{P}^{-1}$$

$$=\begin{pmatrix}\sin t-2t\cos t & t\cos t & 0\\ -4t\cos t & \sin t+2t\cos t & 0\\ \sin t+2t\cos t-\sin 2t & -\sin t-t\cos t+\sin 2t & \sin 2t\end{pmatrix}.$$

MATLAB 目前只支持通过通用内置函数 funm 来计算矩阵正弦函数.另外也可以利用欧拉公式来计算矩阵正弦函数.本例的 MATLAB 代码实现,详见本书配套程序 exm610.

例 6.3.6 设 $\boldsymbol{A}$ 的所有特征值的实部均小于零,证明: $\lim\limits_{t\to+\infty}\mathrm{e}^{\boldsymbol{A}t}=\boldsymbol{O}$.

证明: 设有 Jordan 分解 $\boldsymbol{A}=\boldsymbol{PJP}^{-1}$, 其中 $\boldsymbol{J}=\mathrm{diag}(\boldsymbol{J}_1, \boldsymbol{J}_2, \cdots, \boldsymbol{J}_s)$, $\boldsymbol{J}_k\,(k=1, 2, \cdots, s)$ 为 m_k 阶约当块.则

$$\mathrm{e}^{\boldsymbol{A}t}=\boldsymbol{P}\mathrm{e}^{\boldsymbol{J}t}\boldsymbol{P}^{-1}=\boldsymbol{P}\mathrm{diag}(\mathrm{e}^{\boldsymbol{J}_1t}, \mathrm{e}^{\boldsymbol{J}_2t}, \cdots, \mathrm{e}^{\boldsymbol{J}_st})\boldsymbol{P}^{-1},$$

其中, $$\mathrm{e}^{\boldsymbol{J}_kt}=\mathrm{e}^{\lambda_kt}\begin{pmatrix}1 & t & \cdots & \frac{1}{(m_i-1)!}t^{m_k-1}\\ & 1 & \ddots & \vdots\\ & & \ddots & t\\ & & & 1\end{pmatrix}.$$

设 $\lambda_k=a_k+\mathrm{i}b_k$, 由题知 $a_k<0\ (k=1, 2, \cdots, s)$, 因此 $0<\mathrm{e}^{a_k}<1$, 利用无穷小的特性(无穷小乘有界量仍然是无穷小), 则 $\lim\limits_{t\to+\infty}\mathrm{e}^{\lambda_kt}=\lim\limits_{t\to+\infty}(\mathrm{e}^{a_k})^t(\cos b_kt+\mathrm{i}\sin b_kt)=0$, 故

$\lim\limits_{t\to+\infty} \mathrm{e}^{J_k t} = \boldsymbol{O}$，从而有 $\lim\limits_{t\to+\infty} \mathrm{e}^{Jt} = \boldsymbol{O}$，$\lim\limits_{t\to+\infty} \mathrm{e}^{At} = \lim\limits_{t\to+\infty} \boldsymbol{P}\mathrm{e}^{Jt}\boldsymbol{P}^{-1} = \boldsymbol{P}(\lim\limits_{t\to+\infty} \mathrm{e}^{Jt})\boldsymbol{P}^{-1} = \boldsymbol{O}$.

当矩阵 $\boldsymbol{A}$ 可对角化时，Jordan 分解法就特殊为下面的特征值分解法.

三、特征值分解法

计算原理　函数 $f(z)$ 可展开为收敛半径为 R 的幂级数.如果方阵 $\boldsymbol{A}$ 可对角化，且 $\boldsymbol{A}$ 的谱半径 $\rho(\boldsymbol{A}) < R$，则可按式(6.3.5)来计算矩阵函数 $f(\boldsymbol{A})$.

例 6.3.7　求矩阵函数 e^{At} 和 $\cos \boldsymbol{A}$，其中 $\boldsymbol{A} = \begin{pmatrix} 3 & -1 \\ -1 & 3 \end{pmatrix}$.

解：易知 $\boldsymbol{A}$ 有特征值分解 $\boldsymbol{A} = \boldsymbol{P\Lambda P}^{-1}$，其中 $\boldsymbol{\Lambda} = \begin{pmatrix} 2 & 0 \\ 0 & 4 \end{pmatrix}$，$\boldsymbol{P} = \begin{pmatrix} 1 & 1 \\ 1 & -1 \end{pmatrix}$. 从而

$$\mathrm{e}^{At} = \boldsymbol{P}\mathrm{e}^{\Lambda t}\boldsymbol{P}^{-1} = \boldsymbol{P}\begin{pmatrix} \mathrm{e}^{2t} & \\ & \mathrm{e}^{4t} \end{pmatrix}\boldsymbol{P}^{-1} = \frac{1}{2}\begin{pmatrix} \mathrm{e}^{2t} + \mathrm{e}^{4t} & \mathrm{e}^{2t} - \mathrm{e}^{4t} \\ \mathrm{e}^{2t} - \mathrm{e}^{4t} & \mathrm{e}^{2t} + \mathrm{e}^{4t} \end{pmatrix}$$

$$= \frac{1}{2}\mathrm{e}^{2t}\begin{pmatrix} 1 & 1 \\ 1 & 1 \end{pmatrix} + \frac{1}{2}\mathrm{e}^{4t}\begin{pmatrix} 1 & -1 \\ -1 & 1 \end{pmatrix}.$$

$$\cos \boldsymbol{A} = \boldsymbol{P}(\cos \boldsymbol{\Lambda})\boldsymbol{P}^{-1} = \boldsymbol{P}\begin{pmatrix} \cos 2 & \\ & \cos 4 \end{pmatrix}\boldsymbol{P}^{-1} = \frac{1}{2}\begin{pmatrix} \cos 2 + \cos 4 & \cos 2 - \cos 4 \\ \cos 2 - \cos 4 & \cos 2 + \cos 4 \end{pmatrix}$$

$$= \frac{1}{2}(\cos 2)\begin{pmatrix} 1 & 1 \\ 1 & 1 \end{pmatrix} + \frac{1}{2}(\cos 4)\begin{pmatrix} 1 & -1 \\ -1 & 1 \end{pmatrix}.$$

本例的 MATLAB 代码实现，详见本书配套程序 exm611.

思考：仔细观察解答中得到的表达式 $\mathrm{e}^{At} = \mathrm{e}^{\lambda_1 t}\boldsymbol{Z}_1 + \mathrm{e}^{\lambda_2 t}\boldsymbol{Z}_2$ 和 $\cos \boldsymbol{A} = (\cos \lambda_1)\boldsymbol{Z}_1 + (\cos \lambda_2)\boldsymbol{Z}_2$，背后显然有更深刻的东西（西尔维斯特公式），有兴趣的读者可查阅文献[105：P111 - 115].

四、待定系数法

不难发现 Jordan 分解法和特征值分解法的计算过程中只涉及 $f(z)$ 在特征值处的函数值及一些指定阶的导数值.但按照 Jordan 分解法，要用矩阵幂级数求矩阵函数 $f(\boldsymbol{A})$，必须要保证相应的一元复值函数 $f(z)$ 有收敛的幂级数，这个条件一般不容易满足，因为它要求函数 $f(z)$ 无限阶可导.必须对此“松绑”，以拓宽矩阵函数 $f(\boldsymbol{A})$ 的适用范围，这就需要引入新的定义.

定义 6.3.2　如果矩阵 $\boldsymbol{A}$ 的最小多项式为 $m(\lambda) = (\lambda - \lambda_1)^{d_1}(\lambda - \lambda_2)^{d_2}\cdots(\lambda - \lambda_s)^{d_s}$，其中 $\lambda_1, \lambda_2, \cdots, \lambda_s$ 是相异特征值，则对于任意一元复值函数 $f(\lambda)$（变量特意换成了 λ），

只要

$$f(\lambda_i),\ f'(\lambda_i),\ \cdots,\ f^{(d_i-1)}(\lambda_i)\ (i=1,\ 2,\ \cdots,\ s)$$

都有意义,就称函数 $f(\lambda)$ **在 $\boldsymbol{A}$ 的谱 $\sigma(\boldsymbol{A})$ 上有定义**,并称这些值为函数 $f(\lambda)$ **在 $\boldsymbol{A}$ 的谱 $\sigma(\boldsymbol{A})$ 上的谱值**.

定义 6.3.3 设一元复值函数 $f(\lambda)$ 在矩阵 $\boldsymbol{A}$ 的谱 $\sigma(\boldsymbol{A})$ 上有定义,且有 Jordan 分解 $\boldsymbol{A}=\boldsymbol{PJP}^{-1}$,这里 $\boldsymbol{J}=\mathrm{diag}(\boldsymbol{J}_1,\ \boldsymbol{J}_2,\ \cdots,\ \boldsymbol{J}_s)$,$\boldsymbol{J}_i\,(i=1,\ 2,\ \cdots,\ s)$ 为 m_i 阶约当块,则矩阵函数 $f(\boldsymbol{A})$ 定义为

$$f(\boldsymbol{A})=\boldsymbol{P}\mathrm{diag}(f(\boldsymbol{J}_1),\ f(\boldsymbol{J}_2),\ \cdots,\ f(\boldsymbol{J}_s))\boldsymbol{P}^{-1},$$

其中,$f(\boldsymbol{J}_i)$ 与式(6.3.4)相同.

按照新定义,$f(\boldsymbol{A})$ 是否有意义,不仅取决于函数 $f(\lambda)$,还取决于矩阵 $\boldsymbol{A}$ 自己.例如,若 $f(\lambda)=\ln\lambda$,但 $\lambda=-2$ 是矩阵 $\boldsymbol{A}$ 的特征值,那么 $f(-2)$ 没有意义,进而导致 $f(\boldsymbol{A})$ 没有意义.

例 6.3.8 求矩阵对数函数 $\ln\boldsymbol{A}$ 和矩阵开方函数 $\sqrt{\boldsymbol{A}}$,其中矩阵 $\boldsymbol{A}=\begin{pmatrix}-1 & 1 & 0\\ -4 & 3 & 0\\ 1 & 0 & 2\end{pmatrix}$.

解: $\boldsymbol{A}$ 的 Jordan 分解见例 6.3.5.显然,$f(\lambda)=\ln\lambda$ 和 $g(\lambda)=\sqrt{\lambda}$ 在 $\lambda=1$ 和 $\lambda=2$ 都有意义,而且 $\lambda=1$ 时 $f'(1)=1$,$g'(1)=\dfrac{1}{2}$,即 $f(\lambda)$ 和 $g(\lambda)$ 在谱集 $\sigma(\boldsymbol{A})=\{1,\ 2\}$ 上有定义,因此矩阵函数 $\ln\boldsymbol{A}$ 和 $\sqrt{\boldsymbol{A}}$ 都有意义,且

$$\ln\boldsymbol{A}=\boldsymbol{P}(\ln\boldsymbol{J})\boldsymbol{P}^{-1}=\boldsymbol{P}\begin{pmatrix}\ln 2 & 0 & 0\\ 0 & \ln 1 & 1\\ 0 & 0 & \ln 1\end{pmatrix}\boldsymbol{P}^{-1}=\begin{pmatrix}-2 & 1 & 0\\ -4 & 2 & 0\\ -\ln 2+2 & \ln 2-1 & \ln 2\end{pmatrix},$$

$$\sqrt{\boldsymbol{A}}=\boldsymbol{P}\sqrt{\boldsymbol{J}}\boldsymbol{P}^{-1}=\boldsymbol{P}\begin{pmatrix}\sqrt{2} & 0 & 0\\ 0 & 1 & 0.5\\ 0 & 0 & 1\end{pmatrix}\boldsymbol{P}^{-1}=\begin{pmatrix}0 & 0.5 & 0\\ -2 & 2 & 0\\ 2-\sqrt{2} & -1.5+\sqrt{2} & \sqrt{2}\end{pmatrix}.$$

MATLAB 提供了内置函数 logm 和 sqrtm,可分别用于计算矩阵对数函数和矩阵开方函数.调用格式分别为 `logm(A)`, `sqrtm(A)`.另外,通用矩阵函数接口 funm 也可用于计算矩阵对数函数.调用格式为 `funm(A,@log)`.

本例的 MATLAB 代码实现,详见本书配套程序 exm612.

在新定义 6.3.3 中,矩阵函数 $f(\mathbf{A})$ 只与函数 $f(\lambda)$ 在 $\sigma(\mathbf{A})$ 上的谱值有关,而这些谱值的数目是有限的,这意味着按照多项式插值的思想,如果能求出一个尽可能简单的函数(比如多项式) $p(\lambda)$,使得

$$f(\lambda_i)=p(\lambda_i),\ f'(\lambda_i)=p'(\lambda_i),\ \cdots,\ f^{(d_i-1)}(\lambda_i)=p^{(d_i-1)}(\lambda_i)\ (i=1,\ 2,\ \cdots,\ s),\tag{6.3.6}$$

那么便应当有 $f(\mathbf{A})=p(\mathbf{A})$,从而实现了以简代繁.这简直就是矩阵函数版的"狸猫换太子".事实上,这样的多项式 $p(\lambda)$ 有很多,但是次数低于 $m=\sum_{i=1}^{s}d_i$ 的多项式 $p(\lambda)$ 是唯一的(称为 **Hermite 插值多项式**).读者可在文献[44: P208 - 209]或[79: P107 - 109]找到一个构造性证明.

若将 $f(\lambda)$ 视为无穷次多项式(特别是 $f(\lambda)$ 可以幂级数展开时),并且用零化多项式 $g(\lambda)$ 整除它,则形式上仍然有带余除法 $f(\lambda)=q(\lambda)g(\lambda)+p(\lambda)$,注意到 $g(\mathbf{A})=\mathbf{O}$,从而有 $f(\mathbf{A})=p(\mathbf{A})$. 这显然是计算矩阵有限次多项式的 C-H 法的推广.于是问题转化为能否由式(6.3.6)确定复系数多项式 $p(\lambda)$,这显然取决于具体的 $\mathbf{A}$.

可以证明下列性质(证明可参阅文献[91: P223 - 224]):

(1)矩阵 $\mathbf{A}$ 的最小多项式 $m(\lambda)$ 在谱 $\sigma(\mathbf{A})$ 上的谱值全为零,即 $m(\mathbf{A})=\mathbf{O}$.

(2) 对两个在谱 $\sigma(\mathbf{A})$ 上的谱值对应相等的一元多项式,它们的矩阵函数也相等.这就是说,对给定的矩阵 $\mathbf{A}$ 而言,任意矩阵多项式 $p(\mathbf{A})$ 仅由 $p(\lambda)$ 在 $\sigma(\mathbf{A})$ 上的谱值确定.

定义 6.3.4　设一元复值函数 $f(\lambda)$ 在矩阵 $\mathbf{A}$ 的谱 $\sigma(\mathbf{A})$ 上有定义,且 $\mathbf{A}$ 有最小多项式

$$m(\lambda)=(\lambda-\lambda_1)^{d_1}(\lambda-\lambda_2)^{d_2}\cdots(\lambda-\lambda_s)^{d_s},$$

其中 $\lambda_1,\lambda_2,\cdots,\lambda_s$ 是互异特征值.如果存在多项式 $p(\lambda)$,使得 $f(\lambda)$ 与 $p(\lambda)$ 在谱 $\sigma(\mathbf{A})$ 上有对应相等的谱值,则定义**矩阵函数** $f(\mathbf{A})$ 为 $f(\mathbf{A})=p(\mathbf{A})$.

至此,可以给出待定系数法的计算原理和方法.

计算原理　设矩阵 $\mathbf{A}$ 的最小多项式为 $m(\lambda)=(\lambda-\lambda_1)^{d_1}(\lambda-\lambda_2)^{d_2}\cdots(\lambda-\lambda_s)^{d_s}$,其中 $\lambda_1,\ \lambda_2,\ \cdots,\ \lambda_s$ 是互异特征值.由带余除法,设有 $f(\lambda)=m(\lambda)q(\lambda)+r(\lambda)$,则可由

$$f(\lambda_i)=r(\lambda_i),\ f'(\lambda_i)=r'(\lambda_i),\ \cdots,\ f^{(d_i-1)}(\lambda_i)=r^{(d_i-1)}(\lambda_i)\ (i=1,\ 2,\ \cdots,\ s)\tag{6.3.7}$$

确定出余式 $r(\lambda)$. 再根据上面的性质(1),对新定义 6.3.4,仍然有 $m(\boldsymbol{A})=\boldsymbol{O}$, 故有 $f(\boldsymbol{A})=r(\boldsymbol{A})$. 显然 $r(\lambda)$ 就是那个唯一的 Hermite 插值多项式 $p(\lambda)$.

例 6.3.9 求矩阵函数 $\mathrm{e}^{\boldsymbol{A}}$, 其中矩阵 $\boldsymbol{A}=\begin{pmatrix}-1 & 1 & 0\\ -4 & 3 & 0\\ 1 & 0 & 2\end{pmatrix}$.

解: 由例 6.2.10 可知 $\boldsymbol{A}$ 的最小多项式 $m(\lambda)=(\lambda-1)^2(\lambda-2)$. 设 $f(\lambda)=\mathrm{e}^{\lambda}$, 且

$$f(\lambda)=m(\lambda)q(\lambda)+r(\lambda)=m(\lambda)q(\lambda)+a+b\lambda+c\lambda^2,$$

则

$$\begin{cases}f(1)=\mathrm{e}=a+b+c=r(1),\\ f(2)=\mathrm{e}^2=a+2b+4c=r(2),\\ f'(1)=\mathrm{e}=b+2c=r'(1),\end{cases}$$

解得 $a=c=\mathrm{e}^2-2\mathrm{e}$, $b=-2\mathrm{e}^2+5\mathrm{e}$. 因此

$$f(\boldsymbol{A})=\mathrm{e}^{\boldsymbol{A}}=r(\boldsymbol{A})=a\boldsymbol{I}+b\boldsymbol{A}+c\boldsymbol{A}^2=\begin{pmatrix}-\mathrm{e} & \mathrm{e} & 0\\ -4\mathrm{e} & 3\mathrm{e} & 0\\ -\mathrm{e}^2+3\mathrm{e} & \mathrm{e}^2-2\mathrm{e} & \mathrm{e}^2\end{pmatrix}.$$

注: 本例中显然可用特征多项式代替最小多项式,从而节约计算最小多项式的成本.

例 6.3.10 已知矩阵 $\boldsymbol{A}=\begin{pmatrix}2 & 0 & 0\\ 1 & 1 & 1\\ 1 & -1 & 3\end{pmatrix}$, 求含参矩阵指数函数 $\mathrm{e}^{\boldsymbol{A}t}$.

解: 矩阵 $\boldsymbol{A}$ 的特征多项式为 $\varphi(\lambda)=(\lambda-2)^3$, 特征值为 $\lambda=2$(三重).

进一步计算可知 $r(\boldsymbol{A}-2\boldsymbol{I})=2$, 故 $\boldsymbol{A}$ 的最小多项式为 $m(\lambda)=(\lambda-2)^2$.

设 $f(\lambda)=\mathrm{e}^{\lambda t}$ (注意把 t 看成常数),且

$$f(\lambda)=m(\lambda)q(\lambda)+r(\lambda)=m(\lambda)q(\lambda)+a+b\lambda.$$

由于 $f'(\lambda)=t\mathrm{e}^{\lambda t}$, $r'(\lambda)=b$, 故

$$\begin{cases}f(2)=\mathrm{e}^{2t}=a+2b=r(2),\\ f'(2)=t\mathrm{e}^{2t}=b=r'(2),\end{cases}$$

解得 $a=\mathrm{e}^{2t}-2t\mathrm{e}^{2t}$, $b=t\mathrm{e}^{2t}$, 从而

$$e^{\boldsymbol{A}t}=a\boldsymbol{I}+b\boldsymbol{A}=\begin{pmatrix} e^{2t} & 0 & 0 \\ te^{2t} & (1-t)e^{2t} & te^{2t} \\ te^{2t} & -te^{2t} & (1+t)e^{2t} \end{pmatrix}.$$

6.3.3　矩阵指数函数的数值计算

熟悉现代控制理论的读者都知道矩阵指数 $e^{\boldsymbol{A}}$ 的重要性.对于它的数值计算问题,显然可利用矩阵幂级数 $e^{\boldsymbol{A}}=\sum\limits_{k=0}^{\infty}\dfrac{\boldsymbol{A}^k}{k!}$,此即 MATLAB 内置函数 expmdemo2 的实现原理,代码如下:

```
function E = expmdemo2(A)
E = zeros(size(A));F = eye(size(A));k = 1;
while norm(E+F-E, 1) > 0
  E = E + F;F = A*F/k;k = k+1;
end
```

遗憾的是,这个算法只适用于教学目的,碰到实际问题根本不可行.这是因为随着矩阵 $\boldsymbol{A}$ 的阶数和范数的增大,计算结果的准确性越来越差,时间成本也越来越大.究其原因,是因为即使 $\boldsymbol{A}$ 是稀疏的,$e^{\boldsymbol{A}}$ 一般也是稠密的.

对正规矩阵 $\boldsymbol{A}$,也可以借助于其谱分解 $\boldsymbol{A}=\boldsymbol{V\Lambda V}^{\mathrm{H}}$ 来计算 $e^{\boldsymbol{A}}$,此即 MATLAB 内置函数 expmdemo3 的实现原理,其代码如下:

```
function E = expmdemo3(A)
[V,D] = eig(A); E = V * diag(exp(diag(D))) / V;
```

同样遗憾的是,这种算法只对正规矩阵有效.当 $\boldsymbol{A}$ 是亏损矩阵时,此算法完全无效.因此这个算法也仅适用于教学.

这样看来如何有效又快速地计算 $e^{\boldsymbol{A}}$,就显得尤为重要.事实上,expm 是 1984 年 MATLAB 最早提供的 80 个内置函数之一,其理论基础则来自莫勒和范卢恩在 1978 年发表的那篇著名的综述性论文[106].该文中共列举了 19 种算法,其中基于 Padé 逼近的折半加倍法是使用最广泛的一种算法,内置函数 expm 就是根据这一方法来实现的.如今几十年过去了,Krylov 子空间法已经成为大规模计算的首选方法.[96]

事实上，e^A 的计算量是 $O(n^3)$，当 n 较大时，这也是“几乎不可能完成的任务”.当然绝大部分应用中,需要计算的不是矩阵 e^A，而是矩阵向量积 $e^A\boldsymbol{v}$，这里 $\boldsymbol{v}$ 是已知向量.因此用 Krylov 子空间法解决这一问题的思路,就是通过一个适当规模的“中小型问题”来近似计算大规模问题 $e^A\boldsymbol{v}$.[107] 例如,对非对称矩阵 $\boldsymbol{A}$，以 $\boldsymbol{v}$ 为初始向量,借助于 Arnoldi 过程,可得到 $\boldsymbol{A}$ 的 Hessenberg 分解 $\boldsymbol{V}_k^T\boldsymbol{A}\boldsymbol{V}_k=\boldsymbol{H}_k$，这样就有 $e^A\boldsymbol{v}\approx\boldsymbol{V}_k e^{\boldsymbol{H}_k}\boldsymbol{V}_k^T\boldsymbol{v}=\boldsymbol{V}_k e^{\boldsymbol{H}_k}e_1$，其中 e_1 为 k 阶单位矩阵的第一列.

6.4 矩阵的微分与积分

矩阵函数与函数矩阵的微分和积分在实际使用时常常同时出现.它们的研究对微分方程组以及优化问题等领域都非常重要.文献[81]中列出了矩阵分析的五大方法(梯度分析,奇异值分析,特征分析,子空间分析和投影分析),居首的就是梯度分析方法.

为避免叙述繁冗,本节和下节一律只讨论实数域上的情形.通过稍加修改,读者不难将相关结论推广至复数域.

6.4.1 含参矩阵函数的导数与积分

函数矩阵的导数和积分,6.2.1 小节中已经详细介绍,这里仅补充介绍函数矩阵与矩阵函数的交集即含参矩阵函数的导数和积分.

定义 6.4.1(含参矩阵函数) 设有矩阵函数 $f(\boldsymbol{A})$，其中 $\boldsymbol{A}\in\mathbb{R}^{n\times n}$ 为数字方阵,则 $f(\boldsymbol{A}t)$ 是关于参数 t 的函数矩阵,简称**含参矩阵函数**,其导数(如果存在的话)记为 $\dfrac{d}{dt}f(\boldsymbol{A}t)$，其积分可参照函数矩阵的积分.

设矩阵 $\boldsymbol{A}\in\mathbb{R}^{n\times n}$ 为任意数字方阵,利用矩阵幂级数知识,不难证明下列性质:

(1) $\dfrac{d}{dt}e^{\boldsymbol{A}t}=\boldsymbol{A}e^{\boldsymbol{A}t}=e^{\boldsymbol{A}t}\boldsymbol{A}$；

(2) $\dfrac{d}{dt}\cos(\boldsymbol{A}t)=-\boldsymbol{A}\sin(\boldsymbol{A}t)=-\sin(\boldsymbol{A}t)\boldsymbol{A}$；

(3) $\dfrac{d}{dt}\sin(\boldsymbol{A}t)=\boldsymbol{A}\cos(\boldsymbol{A}t)=\cos(\boldsymbol{A}t)\boldsymbol{A}$.

例 6.4.1 已知含参矩阵函数 $f(\boldsymbol{A}t)=\sin(\boldsymbol{A}t)=\begin{bmatrix}4\sin 2t & 2\sin t\\ -\sin t & 6\sin 2t\end{bmatrix}$.

(1) 求矩阵 $\boldsymbol{A}$；(2) 求 $\int_0^a f(\boldsymbol{A}t)\mathrm{d}t$.

解：(1) 两边对 t 求导，得 $\boldsymbol{A}\cos(\boldsymbol{A}t)=\begin{pmatrix}8\cos 2t & 2\cos t\\ -\cos t & 12\cos 2t\end{pmatrix}$. 注意到 $t=0$ 时，根据 $\cos\boldsymbol{A}$ 的幂级数表达式，有 $\cos(\boldsymbol{A}t)=\cos\boldsymbol{O}=\boldsymbol{I}$，因此 $\boldsymbol{A}=\boldsymbol{A}\cos\boldsymbol{O}=\begin{pmatrix}8 & 2\\ -1 & 12\end{pmatrix}$.

(2) 各元素分别对 t 求定积分，得

$$\int_0^a f(\boldsymbol{A}t)\mathrm{d}t=\begin{pmatrix}\int_0^a 4\sin 2t\,\mathrm{d}t & \int_0^a 2\sin t\,\mathrm{d}t\\ -\int_0^a \sin t\,\mathrm{d}t & \int_0^a 6\sin 2t\,\mathrm{d}t\end{pmatrix}=\begin{pmatrix}2-2\cos 2a & 2-2\cos a\\ \cos a-1 & 3-3\cos 2a\end{pmatrix}.$$

MATLAB的内置函数 diff 和 int，也可用于计算含参矩阵函数的导数和积分.

本例的 MATLAB 代码实现，详见本书配套程序 exm613.

6.4.2　函数对向量的导数

众所周知，若记 $\boldsymbol{x}=(x_1, x_2, \cdots, x_n)^{\mathrm{T}}$，则多元函数 $f(\boldsymbol{x})$ 是 $\mathbb{R}^n$ 到 $\mathbb{R}$ 的映射.类似地，多元函数的梯度也可视为一元函数的导数的推广，即对向量 $\boldsymbol{x}$ 的导数.

定义 6.4.2(梯度)　设有多元可微实函数 $f=f(\boldsymbol{x})$，其中 $\boldsymbol{x}=(x_1, x_2, \cdots, x_n)^{\mathrm{T}}\in\mathbb{R}^n$. 称 n 维列向量 $\left(\frac{\partial f}{\partial x_1}, \frac{\partial f}{\partial x_2}, \cdots, \frac{\partial f}{\partial x_n}\right)^{\mathrm{T}}$ 为函数 $f(\boldsymbol{x})$ 对列向量 $\boldsymbol{x}$ 的**导数或梯度**，记为 $\frac{\mathrm{d}f}{\mathrm{d}\boldsymbol{x}}$ 或 $\nabla_{\boldsymbol{x}}f$，也记为 $\mathrm{grad}\,f$. 在不致混淆的情况下，简记为 ∇f.

注：(1) 梯度 ∇f 与自变量 $\boldsymbol{x}$ 在形式上是同维的，即它们都是 n 维列向量，因此可将梯度推广到自变量为行向量的情形.称行向量 $\left(\frac{\partial f}{\partial x_1}, \frac{\partial f}{\partial x_2}, \cdots, \frac{\partial f}{\partial x_n}\right)$ 为函数 $f(\boldsymbol{x})$ 对行向量 $\boldsymbol{x}^{\mathrm{T}}$ 的**行导数或行梯度**，记为 $\mathrm{D}_{\boldsymbol{x}}f$ 或 $\nabla_{\boldsymbol{x}^{\mathrm{T}}}f$. 在不致混淆的确情况下，简记为 $\mathrm{D}f$.

(2) 不难发现行梯度的转置是梯度，即

$$\mathrm{D}_{\boldsymbol{x}}f=\nabla_{\boldsymbol{x}^{\mathrm{T}}}f=\nabla_{\boldsymbol{x}}^{\mathrm{T}}f. \tag{6.4.1}$$

(3) 梯度 ∇f 的各分量给出了标量函数 $f(\boldsymbol{x})$ 在该分量上的变化率，因此梯度 ∇f 给出了当自变量 $\boldsymbol{x}$ 增大时函数 $f(\boldsymbol{x})$ 的最大增长方向.相反，负梯度 $-\nabla f$ 则指出了当自变量 $\boldsymbol{x}$ 增大时函数 $f(\boldsymbol{x})$ 的最大减少方向.

可以证明梯度具有如下运算法则(其中 f, g 为多元函数, a, $b \in \mathbb{R}$):

(1) 线性法则: $\nabla(af+bg)=a\nabla f+b\nabla g$;

(2) 乘积法则: $\nabla(fg)=g\nabla f+f\nabla g$;

(3) 商法则: 若 $g\neq 0$, 则 $\nabla\left(\dfrac{f}{g}\right)=\dfrac{1}{g^2}(g\nabla f-f\nabla g)$.

例 6.4.2 设常向量 $\boldsymbol{a}\in\mathbb{R}^n$ 与向量 $\boldsymbol{x}\in\mathbb{R}^n$ 无关,则有

$$\nabla(\boldsymbol{a}^{\mathrm{T}}\boldsymbol{x})=\boldsymbol{a}=\nabla(\boldsymbol{x}^{\mathrm{T}}\boldsymbol{a}).\tag{6.4.2}$$

更一般地,若矩阵 $\boldsymbol{A}\in\mathbb{R}^{m\times n}$ 与 $\boldsymbol{y}\in\mathbb{R}^m$ 均与向量 $\boldsymbol{x}\in\mathbb{R}^n$ 无关,则有

$$\nabla_{\boldsymbol{x}}(\boldsymbol{y}^{\mathrm{T}}\boldsymbol{A}\boldsymbol{x})=\boldsymbol{A}^{\mathrm{T}}\boldsymbol{y}.\tag{6.4.3}$$

对于行梯度,类似的有

$$\mathrm{D}(\boldsymbol{a}^{\mathrm{T}}\boldsymbol{x})=\boldsymbol{a}^{\mathrm{T}}=\mathrm{D}(\boldsymbol{x}^{\mathrm{T}}\boldsymbol{a}),\tag{6.4.4}$$

$$\mathrm{D}_{\boldsymbol{x}}(\boldsymbol{y}^{\mathrm{T}}\boldsymbol{A}\boldsymbol{x})=\boldsymbol{y}^{\mathrm{T}}\boldsymbol{A}.\tag{6.4.5}$$

证明: 设 $\boldsymbol{a}=(a_1,a_2,\cdots,a_n)^{\mathrm{T}}\in\mathbb{R}^n$, $\boldsymbol{x}=(x_1,x_2,\cdots,x_n)^{\mathrm{T}}\in\mathbb{R}^n$, 则

$$f(\boldsymbol{x})=\boldsymbol{a}^{\mathrm{T}}\boldsymbol{x}=\boldsymbol{x}^{\mathrm{T}}\boldsymbol{a}=a_1x_1+a_2x_2+\cdots+a_nx_n.$$

注意到 $\dfrac{\partial f}{\partial x_i}=a_i(i=1,2,\cdots,n)$, 因此

$$\nabla(\boldsymbol{a}^{\mathrm{T}}\boldsymbol{x})=\nabla(\boldsymbol{x}^{\mathrm{T}}\boldsymbol{a})=(a_1,a_2,\cdots,a_n)^{\mathrm{T}}=\boldsymbol{a}.$$

令 $\boldsymbol{a}=\boldsymbol{A}^{\mathrm{T}}\boldsymbol{y}$, 则 $\boldsymbol{y}^{\mathrm{T}}\boldsymbol{A}\boldsymbol{x}=(\boldsymbol{A}^{\mathrm{T}}\boldsymbol{y})^{\mathrm{T}}\boldsymbol{x}=\boldsymbol{a}^{\mathrm{T}}\boldsymbol{x}$, 从而有

$$\nabla_{\boldsymbol{x}}(\boldsymbol{y}^{\mathrm{T}}\boldsymbol{A}\boldsymbol{x})=\nabla_{\boldsymbol{x}}(\boldsymbol{a}^{\mathrm{T}}\boldsymbol{x})=\boldsymbol{a}=\boldsymbol{A}^{\mathrm{T}}\boldsymbol{y}.$$

由于梯度的转置是行梯度,故式(6.4.4)和式(6.4.5)显然成立.

例 6.4.3 对矩阵 $\boldsymbol{A}\in\mathbb{R}^{n\times n}$ (未必对称)及向量 $\boldsymbol{x}\in\mathbb{R}^n$, 有

$$\nabla(\boldsymbol{x}^{\mathrm{T}}\boldsymbol{A}\boldsymbol{x})=(\boldsymbol{A}+\boldsymbol{A}^{\mathrm{T}})\boldsymbol{x}.\tag{6.4.6}$$

特别地,当 $\boldsymbol{A}$ 对称时,有

$$\nabla(\boldsymbol{x}^{\mathrm{T}}\boldsymbol{A}\boldsymbol{x})=2\boldsymbol{A}\boldsymbol{x}.\tag{6.4.7}$$

证明: 设 $\boldsymbol{A}=(a_{ij})$, $\boldsymbol{x}=(x_1,x_2,\cdots,x_n)^{\mathrm{T}}$, 则 $f(\boldsymbol{x})=\boldsymbol{x}^{\mathrm{T}}\boldsymbol{A}\boldsymbol{x}=\sum\limits_{i=1}^{n}\sum\limits_{j=1}^{n}a_{ij}x_ix_j$. 记 $\boldsymbol{A}$

的第 i 列为 $\boldsymbol{\alpha}_i(i=1, 2, \cdots, n)$，第 i 行为 $\boldsymbol{\beta}_i$，即 $\boldsymbol{\alpha}_i^{\mathrm{T}}$ 为 $\boldsymbol{A}^{\mathrm{T}}$ 的第 i 行，则

$$\frac{\partial f}{\partial x_i}=(a_{1i}x_1+a_{2i}x_2+\cdots+a_{ni}x_n)+(a_{i1}x_1+a_{i2}x_2+\cdots+a_{in}x_n)=\boldsymbol{\alpha}_i^{\mathrm{T}}\boldsymbol{x}+\boldsymbol{\beta}_i\boldsymbol{x},$$

$$\nabla f=\begin{pmatrix}\alpha_1^{\mathrm{T}}\boldsymbol{x}+\beta_1\boldsymbol{x}\\ \vdots\\ \alpha_n^{\mathrm{T}}\boldsymbol{x}+\beta_n\boldsymbol{x}\end{pmatrix}=\begin{pmatrix}\alpha_1^{\mathrm{T}}\\ \vdots\\ \alpha_n^{\mathrm{T}}\end{pmatrix}\boldsymbol{x}+\begin{pmatrix}\beta_1\\ \vdots\\ \beta_n\end{pmatrix}\boldsymbol{x}=\boldsymbol{A}^{\mathrm{T}}\boldsymbol{x}+\boldsymbol{A}\boldsymbol{x}=(A+\boldsymbol{A}^{\mathrm{T}})\boldsymbol{x}.$$

当 $\boldsymbol{A}$ 对称即 $\boldsymbol{A}^{\mathrm{T}}=\boldsymbol{A}$ 时，代入上式，即得式(6.4.7).　　证毕.

MATLAB 提供了内置函数 gradient，可用于标量函数 f 对向量 x（不区分行向量与列向量）的梯度的符号计算，调用格式为

```
G = gradient(f, x)
```

返回的一律是列向量，因此计算行梯度时，返回结果需要转置.

MATLAB 还提供了内置函数 jacobian，也可用于梯度的符号计算，调用格式为

```
J = jacobian(f, x)
```

其中，x 也不区分行与列，而且返回的一律是行梯度，因此计算梯度时，返回结果需要转置.

本例和上例的 MATLAB 代码验算，详见本书配套程序 exm614.

定理 6.4.1（变分原理或 Ritz 原理）　如果 n 阶实方阵 $\boldsymbol{A}>0$ 且 $\boldsymbol{b}\in\mathbb{R}^n$，则

$$\boldsymbol{A}\boldsymbol{x}^*=\boldsymbol{b}\Leftrightarrow\varphi(\boldsymbol{x}^*)=\min_{x\in\mathbb{R}^n}\varphi(\boldsymbol{x}),$$

其中，$\varphi=\varphi(\boldsymbol{x})$ 称为**二次泛函**，其表达式为

$$\varphi(\boldsymbol{x})=\frac{1}{2}\boldsymbol{x}^{\mathrm{T}}\boldsymbol{A}\boldsymbol{x}-\boldsymbol{b}^{\mathrm{T}}\boldsymbol{x}=\frac{1}{2}(\boldsymbol{x},\boldsymbol{A}\boldsymbol{x})-(\boldsymbol{x},\boldsymbol{b}).$$

证明：由式(6.4.2)和式(6.4.6)，可知 $\nabla\varphi=\boldsymbol{A}\boldsymbol{x}-\boldsymbol{b}$. 若有 $\boldsymbol{x}^*$ 使得 $\varphi(\boldsymbol{x}^*)=\min\limits_{x\in\mathbb{R}^n}\varphi(\boldsymbol{x})$，则由多元函数的极值理论，有 $\nabla\varphi(\boldsymbol{x}^*)=\boldsymbol{0}$，此即 $\boldsymbol{A}\boldsymbol{x}^*=\boldsymbol{b}$.

反之，若有 $\boldsymbol{A}\boldsymbol{x}^*=\boldsymbol{b}$，注意到 $\boldsymbol{A}>0$ 及 $\boldsymbol{y}^{\mathrm{T}}\boldsymbol{b}=\boldsymbol{b}^{\mathrm{T}}\boldsymbol{y}$，则对任意 $\boldsymbol{y}\in\mathbb{R}^n$，有

$$\begin{aligned}\varphi(\boldsymbol{x}^*+\boldsymbol{y})&=\frac{1}{2}(\boldsymbol{x}^*+\boldsymbol{y})^{\mathrm{T}}\boldsymbol{A}(\boldsymbol{x}^*+\boldsymbol{y})-\boldsymbol{b}^{\mathrm{T}}(\boldsymbol{x}^*+\boldsymbol{y})\\&=\frac{1}{2}(\boldsymbol{x}^*)^{\mathrm{T}}\boldsymbol{A}\boldsymbol{x}^*+\frac{1}{2}\boldsymbol{y}^{\mathrm{T}}\boldsymbol{A}\boldsymbol{x}^*+\frac{1}{2}\boldsymbol{y}^{\mathrm{T}}\boldsymbol{A}^{\mathrm{T}}\boldsymbol{x}^*+\frac{1}{2}\boldsymbol{y}^{\mathrm{T}}\boldsymbol{A}\boldsymbol{y}-\boldsymbol{b}^{\mathrm{T}}\boldsymbol{x}^*-\boldsymbol{b}^{\mathrm{T}}\boldsymbol{y}\end{aligned}$$

$$=\frac{1}{2}(\boldsymbol{x}^*)^{\mathrm{T}}\boldsymbol{A}\boldsymbol{x}^*+\frac{1}{2}\boldsymbol{y}^{\mathrm{T}}\boldsymbol{b}+\frac{1}{2}\boldsymbol{y}^{\mathrm{T}}\boldsymbol{b}+\frac{1}{2}\boldsymbol{y}^{\mathrm{T}}\boldsymbol{A}\boldsymbol{y}-\boldsymbol{b}^{\mathrm{T}}\boldsymbol{x}^*-\boldsymbol{b}^{\mathrm{T}}\boldsymbol{y}$$

$$=\varphi(\boldsymbol{x}^*)+\frac{1}{2}\boldsymbol{y}^{\mathrm{T}}\boldsymbol{A}\boldsymbol{y}\geqslant\varphi(\boldsymbol{x}^*),$$

即 $\boldsymbol{x}^*$ 使得 $\varphi(\boldsymbol{x})$ 达到极小值.

变分原理指出：求二次泛函 $\varphi(\boldsymbol{x})$ 的极值等价于解线性方程组 $\boldsymbol{A}\boldsymbol{x}=\boldsymbol{b}$. 前者系分析视角,后者则是代数视角,两者之间借助于变分原理实现了互相转化.事实上,矩阵理论作为多种数学工具互相渗透的典范,经常需要混用分析视角、代数视角与几何视角.

更进一步,如果将梯度中的因变量 $f(\boldsymbol{x})$ 推广到向量函数,就得到了梯度矩阵.

定义 6.4.3(梯度矩阵) 设 $f_1(\boldsymbol{x}), f_2(\boldsymbol{x}), \cdots, f_m(\boldsymbol{x})$ 都是 $\boldsymbol{x}=(x_1, x_2, \cdots, x_n)^{\mathrm{T}}$ 的多元可微实函数,则称 $n\times m$ 阶矩阵 $\left(\dfrac{\partial f_j}{\partial x_i}\right)$ 为行向量函数 $\boldsymbol{F}(\boldsymbol{x})=(f_1(\boldsymbol{x}), f_2(\boldsymbol{x}), \cdots, f_m(\boldsymbol{x}))$ 对列向量 $\boldsymbol{x}$ 的导数,简称**梯度矩阵**,记为 $\nabla_x\boldsymbol{F}$. 在不致混淆的情况下,简记为 $\nabla\boldsymbol{F}$.

显然 $\nabla\boldsymbol{F}=(\nabla f_1, \nabla f_2, \cdots, \nabla f_m)$,即 $\nabla\boldsymbol{F}(\boldsymbol{x})$ 的各列是 $\boldsymbol{F}(\boldsymbol{x})$ 的各分量对列向量 $\boldsymbol{x}$ 的梯度,这说明与梯度一样,梯度矩阵中自变量仍然按照垂直方向向下展开,函数按照水平方向向右展开.特别地,当 $m=1$ 时,$\nabla\boldsymbol{F}$ 退化为梯度 ∇f.

与梯度矩阵相伴的,是 Jacobi 矩阵,它在图像处理、机器人运动学等领域有大量应用.

定义 6.4.4(Jacobi 矩阵) 设 $f_1(\boldsymbol{x}), f_2(\boldsymbol{x}), \cdots, f_m(\boldsymbol{x})$ 都是 $\boldsymbol{x}=(x_1, x_2, \cdots, x_n)^{\mathrm{T}}$ 的多元可微函数,则称 $m\times n$ 阶矩阵 $\left(\dfrac{\partial f_i}{\partial x_j}\right)$ 为 $f_1(\boldsymbol{x}), f_2(\boldsymbol{x}), \cdots, f_m(\boldsymbol{x})$ 关于变量 $x_1, x_2, \cdots, x_n$ 的 **Jacobi 矩阵**,记为 $\dfrac{\partial(f_1, f_2, \cdots, f_m)}{\partial(x_1, x_2, \cdots, x_n)}$. 特别地,当 $m=n$ 时,称其行列式为 **Jacobi 行列式**.

若记 $\boldsymbol{F}(\boldsymbol{x})=(f_1(\boldsymbol{x}), f_2(\boldsymbol{x}), \cdots, f_m(\boldsymbol{x}))$,则 Jacobi 矩阵的各行是 $\boldsymbol{F}(\boldsymbol{x})$ 各分量对列向量 $\boldsymbol{x}$ 的行梯度,即 Jacobi 矩阵中自变量按照水平方向向右展开,函数按照垂直方向向下展开,故 Jacobi 矩阵可以记为 $\mathrm{D}_x\boldsymbol{F}$. 在不致混淆的情况下,简记为 $\mathrm{D}\boldsymbol{F}$. 特别地,当 $m=1$ 时,$\mathrm{D}\boldsymbol{F}$ 退化为行梯度 $\mathrm{D}f$.

不难发现,$m\times n$ 阶 Jacobi 矩阵 $\mathrm{D}_x\boldsymbol{F}$ 是 $n\times m$ 阶梯度矩阵 $\nabla\boldsymbol{F}$ 的转置矩阵,即

$$\nabla\boldsymbol{F}=\mathrm{D}_x^{\mathrm{T}}\boldsymbol{F}. \tag{6.4.8}$$

在二重积分中,经过极坐标变换 $x=r\cos\theta$, $y=r\sin\theta$, 有

$$\iint_D f(x, y)\mathrm{d}x\mathrm{d}y = \iint_D f(r\cos\theta, r\sin\theta)\left|\frac{\partial(x, y)}{\partial(r, \theta)}\right|\mathrm{d}r\mathrm{d}\theta,$$

其中的 Jacobi 行列式 $\left|\dfrac{\partial(x, y)}{\partial(r, \theta)}\right| = r$.

例 6.4.4　设 $\boldsymbol{A} = (\boldsymbol{\alpha}_1, \boldsymbol{\alpha}_2, \cdots, \boldsymbol{\alpha}_n) \in \mathbb{R}^{n\times n}$，$\boldsymbol{x} = (x_1, x_2, \cdots, x_n)^{\mathrm{T}} \in \mathbb{R}^n$，则

(1) $\nabla(\boldsymbol{x}^{\mathrm{T}}\boldsymbol{A}) = \boldsymbol{A}$，$\nabla(\boldsymbol{x}^{\mathrm{T}}) = \boldsymbol{I}$；(2) $\mathrm{D}(\boldsymbol{A}\boldsymbol{x}) = \boldsymbol{A}$，$\mathrm{D}(\boldsymbol{x}) = \boldsymbol{I}$.

证明：(1) $\boldsymbol{F}(\boldsymbol{x}) = \boldsymbol{x}^{\mathrm{T}}\boldsymbol{A} = (\boldsymbol{x}^{\mathrm{T}}\boldsymbol{\alpha}_1, \boldsymbol{x}^{\mathrm{T}}\boldsymbol{\alpha}_2, \cdots, \boldsymbol{x}^{\mathrm{T}}\boldsymbol{\alpha}_n)$. 由于 $\nabla(\boldsymbol{x}^{\mathrm{T}}\boldsymbol{\alpha}_j) = \boldsymbol{\alpha}_j\ (j = 1, 2, \cdots, n)$，故 $\nabla\boldsymbol{F} = \nabla(\boldsymbol{x}^{\mathrm{T}}\boldsymbol{A}) = (\boldsymbol{\alpha}_1, \boldsymbol{\alpha}_2, \cdots, \boldsymbol{\alpha}_n) = \boldsymbol{A}$.

特别地，当 $\boldsymbol{A} = \boldsymbol{I}$ 时，即得 $\nabla(\boldsymbol{x}^{\mathrm{T}}) = \boldsymbol{I}$.

(2) $\boldsymbol{F}(\boldsymbol{x}) = \boldsymbol{A}\boldsymbol{x} = x_1\boldsymbol{\alpha}_1 + x_2\boldsymbol{\alpha}_2 + \cdots + x_n\boldsymbol{\alpha}_n$，$\dfrac{\partial\boldsymbol{F}}{\partial x_j} = \boldsymbol{\alpha}_j\ (j = 1, 2, \cdots, n)$，故

$\mathrm{D}(\boldsymbol{A}\boldsymbol{x}) = (\boldsymbol{\alpha}_1, \boldsymbol{\alpha}_2, \cdots, \boldsymbol{\alpha}_n) = \boldsymbol{A}$.

特别地，当 $\boldsymbol{A} = \boldsymbol{I}$ 时，即得 $\mathrm{D}(\boldsymbol{x}) = \boldsymbol{I}$.

MATLAB 提供的内置函数 jacobian，望文生义应该是用于计算向量函数 f 对自变量构成的向量 x 的 jacobi 矩阵，调用格式仍然是

```
J = jacobian(f, x)
```

将返回的 jacobi 矩阵转置，即得行向量函数 f 对列向量 x 的梯度矩阵.

注意：按照定义，不区分 f 和 x 的行与列.

本例和前例的 MATLAB 代码验算，详见本书配套程序 exm615.

常用的梯度公式如表 6-1 所示，其中的 $\boldsymbol{A} \in \mathbb{R}^{n\times n}$ 和 $\boldsymbol{b} \in \mathbb{R}^n$ 分别是与 $\boldsymbol{x} \in \mathbb{R}^n$ 无关的数字矩阵和数字向量.

表 6-1　常用梯度公式

$f = f(\boldsymbol{x})$	∇f	$f = f(\boldsymbol{x})$	∇f
$\boldsymbol{a}\boldsymbol{x}$	$\boldsymbol{a}$	$\boldsymbol{b}^{\mathrm{T}}\boldsymbol{A}\boldsymbol{x}$	$\boldsymbol{A}^{\mathrm{T}}\boldsymbol{b}$
$\boldsymbol{b}^{\mathrm{T}}\boldsymbol{x}$ 或 $\boldsymbol{x}^{\mathrm{T}}\boldsymbol{b}$	$\boldsymbol{b}$	$\boldsymbol{x}^{\mathrm{T}}\boldsymbol{A}\boldsymbol{b}$	$\boldsymbol{A}\boldsymbol{b}$
$\boldsymbol{x}^{\mathrm{T}}\boldsymbol{x}$ 或 $\Vert\boldsymbol{x}\Vert_2^2$	$2\boldsymbol{x}$	$\boldsymbol{x}^{\mathrm{T}}\boldsymbol{A}\boldsymbol{x}$	$(\boldsymbol{A} + \boldsymbol{A}^{\mathrm{T}})\boldsymbol{x}$
$\mathrm{e}^{-\frac{1}{2}\boldsymbol{x}^{\mathrm{T}}\boldsymbol{A}\boldsymbol{x}}$，且 $\boldsymbol{A}$ 对称	$-\mathrm{e}^{-\frac{1}{2}\boldsymbol{x}^{\mathrm{T}}\boldsymbol{A}\boldsymbol{x}}\boldsymbol{A}\boldsymbol{x}$		

多元函数对向量的导数也可以推广到二阶的情形.

定义 6.4.5 对多元函数 $f=f(\boldsymbol{x})$, $\boldsymbol{x}=(x_1, x_2, \cdots, x_n)^{\mathrm{T}}\in\mathbb{R}^n$, 称 n 阶矩阵 $\dfrac{\partial}{\partial\boldsymbol{x}^{\mathrm{T}}}\left(\dfrac{\partial f}{\partial\boldsymbol{x}}\right)=\left(\dfrac{\partial^2 f}{\partial x_i\partial x_j}\right)$ 为 $f(\boldsymbol{x})$ 对列向量 $\boldsymbol{x}$ 的**二阶导数**,记为 $\nabla_x^2 f$ 或 $\dfrac{\partial^2 f}{\partial\boldsymbol{x}\partial\boldsymbol{x}^{\mathrm{T}}}$,并称此矩阵为 **Hessian 矩阵**.在不致混淆的情况下,简记为 $\nabla^2 f$.

显然 Hessian 矩阵实质上是梯度的梯度,即 $\nabla^2 f=\nabla_{x^{\mathrm{T}}}(\nabla_x f)$, 其第 j 行就是梯度 ∇f 第 j 个分量的行梯度.因此实际计算时,可先算出梯度 ∇f, 再计算 ∇f 对行向量 $\boldsymbol{x}^{\mathrm{T}}$ 的行梯度.

根据克莱罗定理(混合偏导数与顺序无关),显然 Hessian 矩阵是对称矩阵,且

$$\frac{\partial}{\partial\boldsymbol{x}^{\mathrm{T}}}\left(\frac{\partial f}{\partial\boldsymbol{x}}\right)=\left(\frac{\partial^2 f}{\partial x_i\partial x_j}\right)=\left(\frac{\partial^2 f}{\partial x_j\partial x_i}\right)=\frac{\partial}{\partial\boldsymbol{x}}\left(\frac{\partial f}{\partial\boldsymbol{x}^{\mathrm{T}}}\right).$$

例 6.4.5 当 $\boldsymbol{A}\in\mathbb{R}^{n\times n}$ 对称时,二次泛函 $\varphi=\dfrac{1}{2}\boldsymbol{x}^{\mathrm{T}}\boldsymbol{A}\boldsymbol{x}-\boldsymbol{b}^{\mathrm{T}}\boldsymbol{x}$ 的 Hessian 矩阵为 $\nabla^2\varphi=\boldsymbol{A}$. 如果矩阵 $\boldsymbol{A}$ 还是正定的,并且存在 $\boldsymbol{x}^*$, 使得 $\nabla f(\boldsymbol{x}^*)=\boldsymbol{A}\boldsymbol{x}^*-\boldsymbol{b}=\boldsymbol{0}$, 则由 $\nabla^2\varphi(\boldsymbol{x}^*)=\boldsymbol{A}>0$, 可知 $\boldsymbol{x}^*$ 是二次泛函 $\varphi(\boldsymbol{x})$ 的严格局部极小点.这个结论显然是二元函数极值判别法的推广形式.

MATLAB 提供了内置函数 hessian,可用于符号计算标量函数 f 对自变量构成的向量 x 的 Hessian 矩阵,调用格式为

```
H = hessian(f, x)
```

返回的是 Hessian 矩阵.由于克莱罗定理的缘故,注意这里的向量 x 不区分行与列.

本例的 MATLAB 代码验算,详见本书配套程序 exm616.

6.4.3 矩阵标量函数对矩阵的导数

实际应用中,经常要考虑诸如迹和行列式等矩阵标量函数与矩阵元素值变化之间的关系,比如扰动分析中某个矩阵元素值的变化对迹的影响,等等.矩阵标量函数显然可理解为 mn 元的函数,即 $f(\boldsymbol{A})=f(a_{11}, a_{12}, \cdots, a_{1n}, a_{21}, \cdots, a_{mn})$. 因此有必要将梯度推广到矩阵标量函数.

定义 6.4.6 设有矩阵标量函数 $f=f(\boldsymbol{A})$, 这里 $\boldsymbol{A}=(a_{ij})\in\mathbb{R}^{m\times n}$. 如果 $\dfrac{\partial f}{\partial a_{ij}}$ 都存在

$(i=1, 2, \cdots, m; j=1, 2, \cdots, n)$，则称 $m\times n$ 阶矩阵 $\left(\dfrac{\partial f}{\partial a_{ij}}\right)$ **为函数 $f(\mathbf{A})$ 对矩阵 $\mathbf{A}$ 的梯度矩阵**，记为 $\nabla_{\mathbf{A}} f$，并称其转置矩阵为**函数 $f(\mathbf{A})$ 对矩阵 $\mathbf{A}$ 的 Jacobi 矩阵**，记为 $\mathrm{D}_{\mathbf{A}} f$，即

$$\nabla_{\mathbf{A}} f=\mathrm{D}_{\mathbf{A}}^{\mathrm{T}} f. \tag{6.4.9}$$

注意：$\nabla_{\mathbf{A}} f$ 与其自变量 $\mathbf{A}$ 是同维矩阵.当 $\mathbf{A}$ 特殊为列向量 $\boldsymbol{x}$ 时，矩阵 $\nabla_{\mathbf{A}} f$ 特殊为梯度 $\nabla_{\boldsymbol{x}} f$. 对行梯度可做类似理解.

可以证明梯度矩阵具有如下运算法则（其中 f, g 为实方阵 $\mathbf{A}$ 的标量函数，a, $b\in\mathbb{R}$）：

(1) 线性法则：$\nabla_{\mathbf{A}}(af+bg)=a\nabla_{\mathbf{A}} f+b\nabla_{\mathbf{A}} g$；

(2) 乘积法则：$\nabla_{\mathbf{A}}(fg)=g\nabla_{\mathbf{A}} f+f\nabla_{\mathbf{A}} g$；

(3) 商法则：若 $g\neq 0$，则 $\nabla_{\mathbf{A}}\left(\dfrac{f}{g}\right)=\dfrac{1}{g^2}(g\nabla_{\mathbf{A}} f-f\nabla_{\mathbf{A}} g)$.

例 6.4.6　设 $\mathbf{A}\in\mathbb{R}^{n\times n}$，则 $\nabla_{\mathbf{A}}\mathrm{tr}(\mathbf{A})=\boldsymbol{I}$.

例 6.4.7　设 $\mathbf{A}\in\mathbb{R}^{m\times n}$，$\boldsymbol{x}\in\mathbb{R}^m$，$\boldsymbol{y}\in\mathbb{R}^n$，则 $\nabla_{\mathbf{A}}(\boldsymbol{x}^{\mathrm{T}}\mathbf{A}\boldsymbol{y})=\boldsymbol{x}\boldsymbol{y}^{\mathrm{T}}$.

证明：设 $\mathbf{A}=(a_{ij})$，$\boldsymbol{x}=(x_1, x_2, \cdots, x_m)^{\mathrm{T}}$，$\boldsymbol{y}=(y_1, y_2, \cdots, y_n)^{\mathrm{T}}$，则

$$f(\mathbf{A})=\boldsymbol{x}^{\mathrm{T}}\mathbf{A}\boldsymbol{y}=\sum_{i=1}^{m}\sum_{j=1}^{n}a_{ij}x_i y_j.$$

显然可得 $\dfrac{\partial f}{\partial a_{ij}}=x_i y_j\,(i=1, 2, \cdots, m; j=1, 2, \cdots, n)$，因此

$$\nabla_{\mathbf{A}} f=\begin{bmatrix} x_1y_1 & \cdots & x_1y_n \\ \vdots & & \\ x_my_1 & \cdots & x_my_n \end{bmatrix}=\begin{bmatrix} x_1 \\ \vdots \\ x_m \end{bmatrix}(y_1, \cdots, y_n)=\boldsymbol{x}\boldsymbol{y}^{\mathrm{T}}.$$

例 6.4.8　设 $\mathbf{A}\in\mathbb{R}^{n\times n}$，则 $\nabla_{\mathbf{A}}(|\mathbf{A}|)=(\mathrm{adj}\,\mathbf{A})^{\mathrm{T}}$.

证明：将 $|\mathbf{A}|$ 按第 i $(i=1, 2, \cdots, n)$ 行拉普拉斯展开，得 $|\mathbf{A}|=\sum\limits_{j=1}^{n}a_{ij}A_{ij}$，显然 $\dfrac{\partial}{\partial a_{ij}}|\mathbf{A}|=A_{ij}$，所以 $\nabla_{\mathbf{A}}(|\mathbf{A}|)=(A_{ij})=(\mathrm{adj}\,\mathbf{A})^{\mathrm{T}}$.

注：当 $\mathbf{A}$ 可逆时，有 $\mathbf{A}(\mathrm{adj}\,\mathbf{A})=|\mathbf{A}|\boldsymbol{I}$，故

$$\nabla_{\mathbf{A}}(|\mathbf{A}|)=(\mathrm{adj}\,\mathbf{A})^{\mathrm{T}}=(|\mathbf{A}|\mathbf{A}^{-1})^{\mathrm{T}}=|\mathbf{A}|(\mathbf{A}^{-1})^{\mathrm{T}}.$$

例 6.4.9 设 $\boldsymbol{A}\in\mathbb{R}^{m\times n}$，$\boldsymbol{B}\in\mathbb{R}^{n\times m}$，则对 $f(\boldsymbol{A})=\mathrm{tr}(\boldsymbol{AB})=\sum_{i=1}^{m}\sum_{j=1}^{n}a_{ij}b_{ji}$，有

$$(\nabla_{\boldsymbol{A}}f)_{ij}=\frac{\partial}{\partial a_{ij}}\left(\sum_{i=1}^{m}\sum_{j=1}^{n}a_{ij}b_{ji}\right)=b_{ji},$$

因此 $\nabla_{\boldsymbol{A}}\mathrm{tr}(\boldsymbol{AB})=(b_{ji})_{m\times n}=\boldsymbol{B}^{\mathrm{T}}$.

6.4.4 矩阵值函数对矩阵的导数

矩阵标量函数还可以进一步推广到因变量也是矩阵的函数.一般地，称映射

$$\boldsymbol{F}:\boldsymbol{A}\in\mathbb{R}^{m\times n}\mapsto\boldsymbol{F}(\boldsymbol{A})\in\mathbb{R}^{p\times q}$$

为**矩阵值函数**(matrix-valued function).

显然矩阵值函数 $\boldsymbol{F}(\boldsymbol{A})=(f_{kl}(\boldsymbol{A}))$ 的元素 $f_{kl}(\boldsymbol{A})$ 都是矩阵标量函数，而且前述所有函数都可视为矩阵值函数的特殊情形.特别地，当 $p=q=1$ 时，$\boldsymbol{F}(\boldsymbol{A})$ 退化为矩阵标量函数 $f(\boldsymbol{A})$.

定义 6.4.7 设矩阵值函数 $\boldsymbol{F}(\boldsymbol{A})=(f_{kl}(\boldsymbol{A}))\in\mathbb{R}^{p\times q}$ 的所有元素 $f_{kl}(\boldsymbol{A})$ $(k=1,2,\cdots,p;\ l=1,2,\cdots,q)$ 对矩阵 $\boldsymbol{A}=(a_{ij})\in\mathbb{R}^{m\times n}$ 的导数都存在，则称 $m\times n$ 阶分块矩阵 $\left(\frac{\partial\boldsymbol{F}}{\partial a_{ij}}\right)$ 为 **$\boldsymbol{F}(\boldsymbol{A})$ 对 $\boldsymbol{A}$ 的梯度矩阵**，记为 $\nabla_{\boldsymbol{A}}\boldsymbol{F}$，其中的元素 $\frac{\partial\boldsymbol{F}}{\partial a_{ij}}=\left(\frac{\partial f_{kl}}{\partial a_{ij}}\right)$ 都是 $p\times q$ 阶子块矩阵.同时，称 $\nabla_{\boldsymbol{A}}\boldsymbol{F}$ 的转置矩阵为**函数 $\boldsymbol{F}(\boldsymbol{A})$ 对矩阵 $\boldsymbol{A}$ 的 Jacobi 矩阵**，记为 $\mathrm{D}_{\boldsymbol{A}}\boldsymbol{F}$，即

$$\nabla_{\boldsymbol{A}}\boldsymbol{F}=\mathrm{D}_{\boldsymbol{A}}^{\mathrm{T}}\boldsymbol{F}.\tag{6.4.10}$$

注：(1) $\nabla_{\boldsymbol{A}}\boldsymbol{F}$ 分块前是 $pm\times qn$ 阶矩阵，按其自变量 $\boldsymbol{A}$ 的维数划分为 $m\times n$ 块.

(2) 在不致混淆时，$\nabla_{\boldsymbol{A}}\boldsymbol{F}$ 仍然简记为 $\nabla\boldsymbol{F}$.

例 6.4.10 设 $\boldsymbol{A}=(a_{ij})\in\mathbb{R}^{2\times 3}$，$\boldsymbol{y}=(y_1,y_2,y_3)^{\mathrm{T}}\in\mathbb{R}^3$，求 $\nabla_{\boldsymbol{A}}(\boldsymbol{Ay})$ 和 $\nabla_{\boldsymbol{A}}(\boldsymbol{Ay})^{\mathrm{T}}$.

解：因为 $\boldsymbol{Ay}=\begin{bmatrix}\sum_{k=1}^{3}a_{1k}y_k\\ \sum_{k=1}^{3}a_{2k}y_k\end{bmatrix}$，$(\boldsymbol{Ay})^{\mathrm{T}}=\left(\sum_{k=1}^{3}a_{1k}y_k,\sum_{k=1}^{3}a_{2k}y_k\right)$，

所以

$$\nabla_{\boldsymbol{A}}(\boldsymbol{A}\boldsymbol{y})=\begin{pmatrix}\dfrac{\partial}{\partial a_{11}}(\boldsymbol{A}\boldsymbol{y}) & \dfrac{\partial}{\partial a_{12}}(\boldsymbol{A}\boldsymbol{y}) & \dfrac{\partial}{\partial a_{13}}(\boldsymbol{A}\boldsymbol{y})\\ \dfrac{\partial}{\partial a_{21}}(\boldsymbol{A}\boldsymbol{y}) & \dfrac{\partial}{\partial a_{22}}(\boldsymbol{A}\boldsymbol{y}) & \dfrac{\partial}{\partial a_{23}}(\boldsymbol{A}\boldsymbol{y})\end{pmatrix}=\left(\begin{array}{c:c:c} y_1 & y_2 & y_3\\ 0 & 0 & 0\\ \hdashline 0 & 0 & 0\\ y_1 & y_2 & y_3\end{array}\right),$$

$$\nabla_{\boldsymbol{A}}(\boldsymbol{A}\boldsymbol{y})^{\mathrm{T}}=\left(\begin{array}{cc:cc:cc} y_1 & 0 & y_2 & 0 & y_3 & 0\\ \hdashline 0 & y_1 & 0 & y_2 & 0 & y_3\end{array}\right).$$

由于矩阵值函数求导的复杂性，可引入矩阵的向量化技术来简化表达.

定义 6.4.8　设 $\boldsymbol{A}=(a_{ij})\in\mathbb{R}^{m\times n}$，将矩阵 $\boldsymbol{A}$ 的元素按列优先排列成一个 mn 维列向量，称此向量为**矩阵 $\boldsymbol{A}$ 的向量化**(vectorization)，记为 $\mathrm{vec}(\boldsymbol{A})$，即

$$\mathrm{vec}(\boldsymbol{A})=(a_{11},\cdots,a_{m1},\cdots,a_{1n},\cdots,a_{mn})^{\mathrm{T}}.$$

按此视角，矩阵标量函数 $f(\boldsymbol{A})$ 对矩阵 $\boldsymbol{A}$ 的**行梯度**为

$$\mathrm{D}_{\mathrm{vec}\boldsymbol{A}}f=\left(\frac{\partial f}{\partial a_{11}},\cdots,\frac{\partial f}{\partial a_{m1}},\cdots,\frac{\partial f}{\partial a_{1n}},\cdots,\frac{\partial f}{\partial a_{mn}}\right).$$

以此为基础，矩阵值函数 $\boldsymbol{F}(\boldsymbol{A})$ 对矩阵 $\boldsymbol{A}$ 的 **Jacobi 矩阵**为

$$\mathrm{D}_{\boldsymbol{A}}\boldsymbol{F}=\nabla_{(\mathrm{vec}\boldsymbol{A})^{\mathrm{T}}}\mathrm{vec}\,\boldsymbol{F}\in\mathbb{R}^{pq\times mn},$$

其中，$\mathrm{vec}\,\boldsymbol{F}\in\mathbb{R}^{pq}$ 为 $\boldsymbol{F}(\boldsymbol{A})$ 的向量化，即 $\mathrm{vec}\,\boldsymbol{F}=(f_{11},\cdots,f_{p1},\cdots,f_{1q},\cdots,f_{pq})^{\mathrm{T}}$.

不难发现，$\mathrm{D}_{\mathrm{vec}\boldsymbol{A}}f$ 等于 Jacobi 矩阵 $\mathrm{D}_{\boldsymbol{A}}f$ 的转置的向量化的转置，即

$$\mathrm{D}_{\mathrm{vec}\boldsymbol{A}}f=(\mathrm{vec}(\mathrm{D}_{\boldsymbol{A}}^{\mathrm{T}}f))^{\mathrm{T}}.\tag{6.4.11}$$

根据矩阵的向量化思想，并借助于内置函数 reshape，可以实现例 6.4.7 和例 6.4.10 的 MATLAB 代码验算，详见本书配套程序 exm617.

6.4.5　矩阵函数的全微分

定义 6.4.9　设有 $m\times n$ 阶多元实函数矩阵 $\boldsymbol{A}=(a_{ij})$，其中的元素 a_{ij} 都是多元实函数，则称矩阵 $\mathrm{d}\boldsymbol{A}=(\mathrm{d}a_{ij})$ 为矩阵 $\boldsymbol{A}$ 的**全微分**.

例 6.4.11　设 $\boldsymbol{A}=\begin{pmatrix}2x & xy\\ 1 & x\mathrm{e}^y\end{pmatrix}$，$x, y\in\mathbb{R}$，则 $\mathrm{d}\boldsymbol{A}=\begin{pmatrix}2\mathrm{d}x & y\mathrm{d}x+x\mathrm{d}y\\ 0 & \mathrm{e}^y\mathrm{d}x+x\mathrm{e}^y\mathrm{d}y\end{pmatrix}$.

不难证明全微分有如下性质(其中 $\boldsymbol{A}$，$\boldsymbol{B}$ 为多元实函数矩阵，$k, l\in\mathbb{R}$)：

(1) $\mathrm{d}\boldsymbol{C}=\boldsymbol{O}$, $\boldsymbol{C}$ 为数字矩阵;

(2) (线性性质) $\mathrm{d}(k\boldsymbol{A}+l\boldsymbol{B})=k\,\mathrm{d}\boldsymbol{A}+l\,\mathrm{d}\boldsymbol{B}$;

(3) $\mathrm{d}(\boldsymbol{A}^{\mathrm{T}})=(\mathrm{d}\boldsymbol{A})^{\mathrm{T}}$, $\mathrm{d}(\mathrm{tr}(\boldsymbol{A}))=\mathrm{tr}(\mathrm{d}\boldsymbol{A})$, $\mathrm{d}(\mathrm{vec}(\boldsymbol{A}))=\mathrm{vec}(\mathrm{d}\boldsymbol{A})$;

(4) $\mathrm{d}(\boldsymbol{AB})=(\mathrm{d}\boldsymbol{A})\boldsymbol{B}+\boldsymbol{A}(\mathrm{d}\boldsymbol{B})$, $\mathrm{d}(\boldsymbol{PAQ})=\boldsymbol{P}(\mathrm{d}\boldsymbol{A})\boldsymbol{Q}$, $\boldsymbol{P}$, $\boldsymbol{Q}$ 为数字矩阵.

对于多元函数 $f=f(\boldsymbol{x})$,其中 $\boldsymbol{x}=(x_1, x_2, \cdots, x_n)^{\mathrm{T}}\in\mathbb{R}^n$,根据高等数学的全微分公式,可知

$$\mathrm{d}f=\frac{\partial f}{\partial x_1}\mathrm{d}x_1+\frac{\partial f}{\partial x_2}\mathrm{d}x_2+\cdots+\frac{\partial f}{\partial x_n}\mathrm{d}x_n=(\mathrm{D}f)\mathrm{d}\boldsymbol{x}, \tag{6.4.12}$$

其中 $\mathrm{d}\boldsymbol{x}=(\mathrm{d}x_1, \mathrm{d}x_2, \cdots, \mathrm{d}x_n)^{\mathrm{T}}$.

进一步考察矩阵标量函数 $f=f(\boldsymbol{X})$,其中 $\boldsymbol{X}=(\boldsymbol{x}_1, \boldsymbol{x}_2, \cdots, \boldsymbol{x}_n)\in\mathbb{R}^{m\times n}$. 为简化表达,下面仍然利用矩阵的向量化技术. 令 $\mathrm{d}(\mathrm{vec}\,\boldsymbol{X})=(\mathrm{d}x_{11}, \cdots, \mathrm{d}x_{m1}, \cdots, \mathrm{d}x_{1n}, \cdots, \mathrm{d}x_{mn})^{\mathrm{T}}$,则

$$\begin{aligned}\mathrm{d}f&=\frac{\partial f}{\partial \boldsymbol{x}_1}\mathrm{d}\boldsymbol{x}_1+\frac{\partial f}{\partial \boldsymbol{x}_2}\mathrm{d}\boldsymbol{x}_2+\cdots+\frac{\partial f}{\partial \boldsymbol{x}_n}\mathrm{d}\boldsymbol{x}_n\\&=\left(\frac{\partial f}{\partial x_{11}}, \cdots, \frac{\partial f}{\partial x_{m1}}, \cdots, \frac{\partial f}{\partial x_{1n}}, \cdots, \frac{\partial f}{\partial x_{mn}}\right)\mathrm{d}(\mathrm{vec}\,\mathrm{X})=(\mathrm{D}_{\mathrm{vec}\boldsymbol{A}}f)\mathrm{d}(\mathrm{vec}\,\boldsymbol{X}).\end{aligned}$$

对任意矩阵 $\boldsymbol{B}$, $\boldsymbol{C}\in\mathbb{R}^{m\times n}$,根据矩阵空间 $\mathbb{R}^{m\times n}$ 的标准内积定义,易知 $\mathrm{tr}(\boldsymbol{B}^{\mathrm{T}}\boldsymbol{C})=(\mathrm{vec}(\boldsymbol{B}))^{\mathrm{T}}\mathrm{vec}(\boldsymbol{C})$. 再由式(6.4.11),可知

$$\mathrm{d}f=(\mathrm{vec}(\mathrm{D}_{\boldsymbol{A}}^{\mathrm{T}}f))^{\mathrm{T}}\mathrm{d}(\mathrm{vec}\,\boldsymbol{X})=tr((D_{\boldsymbol{A}}f)\mathrm{d}\boldsymbol{X}). \tag{6.4.13}$$

当 $\boldsymbol{X}$ 退化为向量 $\boldsymbol{x}$ 时,相应的 $(\mathrm{D}f)\mathrm{d}\boldsymbol{x}$ 是一个数,此时式(6.4.13)退化为式(6.4.12).

注意到式(6.4.9),不难发现存在下列等价关系

$$\mathrm{d}f=\mathrm{tr}(\boldsymbol{D}\mathrm{d}\boldsymbol{X})\Leftrightarrow \nabla_{\boldsymbol{X}}f=\boldsymbol{D}^{\mathrm{T}}.$$

例 6.4.12 设 $f(\boldsymbol{X})=|\boldsymbol{X}|\neq 0$,求全微分 $\mathrm{d}f$.

解: 由例 6.4.8 可知,$\nabla_{\boldsymbol{X}}f=|\boldsymbol{X}|(\boldsymbol{X}^{-1})^{\mathrm{T}}$,故 $\boldsymbol{D}=\nabla_{\boldsymbol{X}}^{\mathrm{T}}f=|\boldsymbol{X}|\boldsymbol{X}^{-1}$,从而有

$$\mathrm{d}f=\mathrm{tr}(\boldsymbol{D}\mathrm{d}\boldsymbol{X})=\mathrm{tr}(|\boldsymbol{X}|\boldsymbol{X}^{-1}\mathrm{d}\boldsymbol{X})=|\boldsymbol{X}|\,\mathrm{tr}(\boldsymbol{X}^{-1}\mathrm{d}\boldsymbol{X}).$$

例 6.4.13 设 $f(\boldsymbol{X})=\mathrm{tr}(\boldsymbol{X}^{\mathrm{T}}\boldsymbol{X})$,利用矩阵全微分求 $\nabla_{\boldsymbol{X}}f$.

解：$\mathrm{d}f=\mathrm{d}(\mathrm{tr}(\boldsymbol{X}^{\mathrm{T}}\boldsymbol{X}))=\mathrm{tr}(\mathrm{d}(\boldsymbol{X}^{\mathrm{T}}\boldsymbol{X}))=\mathrm{tr}((\mathrm{d}\boldsymbol{X})^{\mathrm{T}}\boldsymbol{X}+\boldsymbol{X}^{\mathrm{T}}(\mathrm{d}\boldsymbol{X}))$

$=\mathrm{tr}((\mathrm{d}\boldsymbol{X})^{\mathrm{T}}\boldsymbol{X})+\mathrm{tr}(\boldsymbol{X}^{\mathrm{T}}\mathrm{d}\boldsymbol{X})=2\mathrm{tr}(\boldsymbol{X}^{\mathrm{T}}\mathrm{d}\boldsymbol{X})=\mathrm{tr}(2\boldsymbol{X}^{\mathrm{T}}\mathrm{d}\boldsymbol{X})$，

故 $\nabla_{\boldsymbol{X}}f=\boldsymbol{D}^{\mathrm{T}}=(2\boldsymbol{X}^{\mathrm{T}})^{\mathrm{T}}=2\boldsymbol{X}$.

结合本例，不难发现可以通过迹运算和矩阵全微分运算求出矩阵标量函数(包括退化的多元函数)的梯度矩阵，也就是说利用矩阵全微分可以直接辨识出相应的 Jacobi 矩阵.[81]

6.5　线性微分方程组及其应用

利用分析学的理论，可以将非线性问题近似成线性问题.例如，控制理论中最基本和最成熟的现代线性系统理论，研究对象一般是多变量线性系统；除输入变量和输出变量外，还需要着重考虑描述系统内部状态的状态变量；同时需要大量使用线性代数、矩阵理论和微分方程理论，其中就包括线性微分方程组和矩阵方程.特雷弗腾指出了数学科学的三大基础(微积分、微分方程和数值线性代数)[2：前言]，其中就包括微分方程，更有学者指出“微分方程是应用数学无冕之王”[108：前言].

说明：本节中函数自变量默认为 t (表示时间)，以便对接现代线性系统理论.为了凸显线性定常系统(linear time-invarying systems，LTI)与线性时变系统(linear time-varying systems，LTV)的统一表示形式，也为了表述简洁起见，行文中大都略去了函数自变量(例如 $\boldsymbol{x}(t)$ 简写为 $\boldsymbol{x}$)，读者不难根据上下文自行确定.

6.5.1　线性常系数微分方程组

众所周知，线性常系数齐次微分方程

$$x'=ax，x(t_0)=x_0 \tag{6.5.1}$$

的解为 $x=\mathrm{e}^{a(t-t_0)}x_0$.

将 x 和 x_0 分别推广到向量 $\boldsymbol{x}$ 和 $\boldsymbol{x}_0$，将系数 a 推广到对角矩阵乃至任意方阵 $\boldsymbol{A}$ (与 t 无关)，即得**线性常系数齐次微分方程组**

$$\boldsymbol{x}'=\boldsymbol{A}\boldsymbol{x}，\boldsymbol{x}(t_0)=\boldsymbol{x}_0. \tag{6.5.2}$$

那么问题来了：方程组(6.5.2)的解是否也可推广为 $\boldsymbol{x}=\mathrm{e}^{\boldsymbol{A}(t-t_0)}\boldsymbol{x}_0$？

与例 2.6.2 中类似，注意到 Jordan 分解 $\boldsymbol{A}=\boldsymbol{P}\boldsymbol{J}\boldsymbol{P}^{-1}$，则有 $\boldsymbol{x}'=\boldsymbol{A}\boldsymbol{x}=\boldsymbol{P}\boldsymbol{J}\boldsymbol{P}^{-1}\boldsymbol{x}$.同样地，令 $\boldsymbol{y}=\boldsymbol{P}^{-1}\boldsymbol{x}$，则方程组(6.5.2)的最简解为 $\boldsymbol{y}'=\boldsymbol{J}\boldsymbol{y}$.类比可得 $\boldsymbol{y}=\mathrm{e}^{\boldsymbol{J}(t-t_0)}\boldsymbol{y}_0=\mathrm{e}^{\boldsymbol{J}(t-t_0)}\boldsymbol{P}^{-1}\boldsymbol{x}_0$，从而有解 $\boldsymbol{x}=\boldsymbol{P}\boldsymbol{y}=\boldsymbol{P}\mathrm{e}^{\boldsymbol{J}(t-t_0)}\boldsymbol{P}^{-1}\boldsymbol{x}_0=\mathrm{e}^{\boldsymbol{A}(t-t_0)}\boldsymbol{x}_0$.

定理 6.5.1 线性常系数齐次微分方程组(6.5.2)的解为

$$\boldsymbol{x}=\mathrm{e}^{\boldsymbol{A}(t-t_0)}\boldsymbol{x}_0, \tag{6.5.3}$$

这里，$\boldsymbol{x}\in\mathbb{R}^n$ 为未知向量，n 阶矩阵 $\boldsymbol{A}$ 是数字矩阵，$\boldsymbol{x}_0=\boldsymbol{x}(t_0)$ 为初始条件.

证明: 由于 $(\mathrm{e}^{-\boldsymbol{A}t}\boldsymbol{x})'=\mathrm{e}^{-\boldsymbol{A}t}(-\boldsymbol{A})\boldsymbol{x}+\mathrm{e}^{-\boldsymbol{A}t}\boldsymbol{x}'=\boldsymbol{0}$，两边积分得 $\int_{t_0}^{t}(\mathrm{e}^{-\boldsymbol{A}s}\boldsymbol{x}(s))'\mathrm{d}s=\boldsymbol{0}$，此即 $\mathrm{e}^{-\boldsymbol{A}t}\boldsymbol{x}-\mathrm{e}^{-\boldsymbol{A}t_0}\boldsymbol{x}_0=\boldsymbol{0}$，于是有 $\boldsymbol{x}=\mathrm{e}^{\boldsymbol{A}(t-t_0)}\boldsymbol{x}_0$.

例 6.5.1 求线性常系数齐次微分方程组 $\boldsymbol{x}'=\boldsymbol{A}\boldsymbol{x}$ 满足初始条件 $\boldsymbol{x}_0=(1,1,3)^{\mathrm{T}}$ 的特解，其中

$$\boldsymbol{A}=\begin{pmatrix}-1 & 1 & 0\\ -4 & 3 & 0\\ 1 & 0 & 2\end{pmatrix}.$$

解: 矩阵 $\boldsymbol{A}$ 有 Jordan 分解 $\boldsymbol{A}=\boldsymbol{P}\boldsymbol{J}\boldsymbol{P}^{-1}$，其中

$$\boldsymbol{J}=\begin{pmatrix}2 & 0 & 0\\ 0 & 1 & 1\\ 0 & 0 & 1\end{pmatrix},\ \boldsymbol{P}=\begin{pmatrix}0 & 1 & 0\\ 0 & 2 & 1\\ 1 & -1 & -1\end{pmatrix}.$$

由于

$$\mathrm{e}^{\boldsymbol{A}t}=\boldsymbol{P}\mathrm{e}^{\boldsymbol{J}t}\boldsymbol{P}^{-1}=\boldsymbol{P}\begin{pmatrix}\mathrm{e}^{2t} & & \\ & \mathrm{e}^{t} & t\mathrm{e}^{t}\\ & & \mathrm{e}^{t}\end{pmatrix}\boldsymbol{P}^{-1}=\begin{pmatrix}\mathrm{e}^{t}-2t\mathrm{e}^{t} & t\mathrm{e}^{t} & 0\\ -4t\mathrm{e}^{t} & 2t\mathrm{e}^{t}+\mathrm{e}^{t} & 0\\ \mathrm{e}^{t}-\mathrm{e}^{2t}+2t\mathrm{e}^{t} & \mathrm{e}^{2t}-t\mathrm{e}^{t}-\mathrm{e}^{t} & \mathrm{e}^{2t}\end{pmatrix}.$$

故由定理 6.5.1，所求特解为

$$\boldsymbol{x}=\mathrm{e}^{\boldsymbol{A}t}\boldsymbol{x}(0)=\begin{pmatrix}-(t-1)\mathrm{e}^{t}\\ -(2t-1)\mathrm{e}^{t}\\ t\mathrm{e}^{t}+3\mathrm{e}^{2t}\end{pmatrix}=\mathrm{e}^{t}\begin{pmatrix}1\\1\\0\end{pmatrix}+t\mathrm{e}^{t}\begin{pmatrix}-1\\-2\\1\end{pmatrix}+\mathrm{e}^{2t}\begin{pmatrix}0\\0\\3\end{pmatrix}.$$

思考: 上式 $\boldsymbol{x}=\mathrm{e}^{t}\boldsymbol{\xi}_1+t\mathrm{e}^{t}\boldsymbol{\xi}_2+\mathrm{e}^{2t}\boldsymbol{\xi}_3$ 中，e^{t} 和 $t\mathrm{e}^{t}$ 显然来自于重特征值 1，e^{2t} 来自于特征值 2，问题是向量 $\boldsymbol{\xi}_1,\boldsymbol{\xi}_2,\boldsymbol{\xi}_3$ 与特征向量矩阵 $\boldsymbol{P}$ 有何联系呢？建议进一步阅读文献[108：P260－278].

非齐次的情形又如何呢？线性常系数非齐次微分方程

$$x'=ax+f,\ x(t_0)=x_0 \tag{6.5.4}$$

的通解为 $x=e^{a(t-t_0)}x_0+\int_{t_0}^{t}e^{a(t-s)}f(s)\mathrm{d}s$，即“非通＝齐通＋非特”(非齐次的通解是齐次的通解加上非齐次的特解).

根据前面的分析手法,问题自然来了：如果做与齐次类似的推广,可得**线性常系数非齐次微分方程组**

$$\boldsymbol{x}'=\boldsymbol{A}\boldsymbol{x}+\boldsymbol{f},\ \boldsymbol{x}(t_0)=\boldsymbol{x}_0, \tag{6.5.5}$$

那么其解是否也可以做类似的推广？

定理 6.5.2　线性常系数非齐次微分方程组(6.5.5)的解为

$$\boldsymbol{x}=e^{\boldsymbol{A}(t-t_0)}\boldsymbol{x}_0+\int_{t_0}^{t}e^{\boldsymbol{A}(t-s)}\boldsymbol{f}(s)\mathrm{d}s, \tag{6.5.6}$$

这里，$\boldsymbol{f}=(f_1,\ f_2,\ \cdots,\ f_n)^{\mathrm{T}}\in\mathbb{R}^n$，其他与定理 6.5.1 相同.

证明：用 $e^{-\boldsymbol{A}t}$ 左乘方程(6.5.5)两边,并整理得 $e^{-\boldsymbol{A}t}\boldsymbol{x}'+e^{-\boldsymbol{A}t}(-\boldsymbol{A})\boldsymbol{x}=e^{-\boldsymbol{A}t}\boldsymbol{f}$，此即 $(e^{-\boldsymbol{A}t}\boldsymbol{x})'=e^{-\boldsymbol{A}t}\boldsymbol{f}$. 两边积分,得 $e^{-\boldsymbol{A}t}\boldsymbol{x}-e^{-\boldsymbol{A}t_0}\boldsymbol{x}_0=\int_{t_0}^{t}e^{-\boldsymbol{A}s}\boldsymbol{f}(s)\mathrm{d}s$. 再用 $e^{\boldsymbol{A}t}$ 左乘此方程两边,整理后即得所需结论.

例 6.5.2　已知线性常系数非齐次微分方程组 $\boldsymbol{x}'=\boldsymbol{A}\boldsymbol{x}+\boldsymbol{f}$，这里 $\boldsymbol{A}$ 同例 6.5.1，$f=(e^t,\ e^t,\ e^{4t})^{\mathrm{T}}$，求其满足初始条件 $\boldsymbol{x}_0=(1,\ 1,\ 3)^{\mathrm{T}}$ 的解.

解：例 6.5.1 中已算得 $e^{\boldsymbol{A}t}$ 和齐次微分方程组的特解 $\boldsymbol{x}_h=e^{\boldsymbol{A}t}\boldsymbol{x}_0$，故

$$e^{-\boldsymbol{A}s}\boldsymbol{f}(s)=\begin{pmatrix}s+1\\2s+1\\e^{2s}-s\end{pmatrix},\ \int_0^t e^{-\boldsymbol{A}s}\boldsymbol{f}(s)\mathrm{d}s=\begin{pmatrix}\frac{1}{2}t(t+2)\\t(t+1)\\\frac{1}{2}e^{2t}-\frac{1}{2}t^2-\frac{1}{2}\end{pmatrix},$$

进而可得非齐次微分方程组的一个特解

$$\boldsymbol{x}_p=e^{\boldsymbol{A}t}\int_0^t e^{-\boldsymbol{A}s}\boldsymbol{f}(s)\mathrm{d}s=\begin{pmatrix}-\frac{1}{2}t(t-2)e^t\\-t(t-1)e^t\\\frac{1}{2}e^{4t}-\frac{1}{2}e^{2t}+\frac{1}{2}t^2e^t\end{pmatrix},$$

故所求特解为

$$x = x_h + x_p = \begin{pmatrix} -\frac{1}{2}(t^2-2)\mathrm{e}^t \\ -(t^2+t-1)\mathrm{e}^t \\ \frac{1}{2}\mathrm{e}^{4t} + \frac{5}{2}\mathrm{e}^{2t} + \frac{1}{2}t(t+2)\mathrm{e}^t \end{pmatrix}.$$

本例和前例的 MATLAB 实现,详见本书配套程序 exm618.

6.5.2 应用 I: 线性定常系统的状态转移矩阵

考虑线性定常连续系统的状态方程

$$\boldsymbol{x}' = \boldsymbol{A}\boldsymbol{x} + \boldsymbol{B}\boldsymbol{u},\ \boldsymbol{x}(t_0) = \boldsymbol{x}_0,\ t \geqslant t_0, \tag{6.5.7}$$

其中 $\boldsymbol{A}$, $\boldsymbol{B}$ 与 t 无关, $\boldsymbol{u} = \boldsymbol{u}(t)$. 按定理 6.5.2 可知,其通解为

$$\boldsymbol{x} = \mathrm{e}^{\boldsymbol{A}(t-t_0)}\boldsymbol{x}_0 + \int_{t_0}^{t} \mathrm{e}^{\boldsymbol{A}(t-s)}\boldsymbol{B}\boldsymbol{u}(s)\mathrm{d}s, \tag{6.5.8}$$

其中,右边第一项称为**零输入响应**,它是由初始状态引起的系统自由运动;右边第二项称为**零状态响应**,它是由控制输入 $\boldsymbol{u}(t)$ 所产生的受控运动.

在解(6.5.8)中,记 $\boldsymbol{\Phi} = \boldsymbol{\Phi}(t,\ t_0) = \mathrm{e}^{\boldsymbol{A}(t-t_0)}$, 则

$$\boldsymbol{x} = \boldsymbol{\Phi}\boldsymbol{x}_0 + \int_{t_0}^{t} \boldsymbol{\Phi}(t,\ s)\boldsymbol{B}\boldsymbol{u}(s)\mathrm{d}s, \tag{6.5.9}$$

其中的矩阵 $\boldsymbol{\Phi}$ 称为**状态转移矩阵**(state transition matrix),因为它起着一种状态转移的作用,表征了从初始状态 $\boldsymbol{x}_0 = \boldsymbol{x}(t_0)$ 到当前状态 $\boldsymbol{x} = \boldsymbol{x}(t)$ 的转移关系,即时刻 t_0 的状态 $\boldsymbol{x}_0$ 被线性变换到时刻 t 的状态 $\boldsymbol{x}(t)$. 事实上,从本质上看,无论是初始状态引起的零输入响应,还是由输入引起的零状态响应,都是一种状态转移,都可用状态转移矩阵来表示,因此状态转移矩阵是对线性系统进行运动分析的基本工具.这也解释了何以矩阵指数函数在现代控制理论中如此重要,何以控制界如此喜爱 MATLAB 软件.

另外一旦确定矩阵 $\boldsymbol{A}$, 就唯一地确定了矩阵指数函数 $\mathrm{e}^{\boldsymbol{A}}$, 进而唯一地确定了状态转移矩阵 $\boldsymbol{\Phi}$. 从这个意义上说,矩阵 $\boldsymbol{\Phi}$ 刻画了对象的运动,其本质是运动的描述.还是那句话,"矩阵即变换".

对于状态转移矩阵 $\boldsymbol{\Phi} = \boldsymbol{\Phi}(t,\ t_0)$, 易证它满足**矩阵微分方程**(参阅下一节)

$$\boldsymbol{\Phi}' = \boldsymbol{A}\boldsymbol{\Phi},\ \boldsymbol{\Phi}(t_0,\ t_0) = \boldsymbol{I},\ t \geqslant t_0, \tag{6.5.10}$$

并且具有以下性质：

$$\boldsymbol{\Phi}(t, t)=\boldsymbol{I},\ \boldsymbol{\Phi}^{-1}(t, t_0)=\boldsymbol{\Phi}(t_0, t),\ \boldsymbol{\Phi}(t_2, t_0)=\boldsymbol{\Phi}(t_2, t_1)\boldsymbol{\Phi}(t_1, t_0).$$

“矩阵即变换”，这些性质显然与下列变换关系是吻合的：

$$\boldsymbol{x}(t_0)\ \underset{\boldsymbol{\Phi}^{-1}(t_1, t_0)}{\overset{\boldsymbol{\Phi}(t_1, t_0)}{\longleftrightarrow}}\ \boldsymbol{x}(t_1)\ \underset{\boldsymbol{\Phi}^{-1}(t_2, t_1)}{\overset{\boldsymbol{\Phi}(t_2, t_1)}{\longleftrightarrow}}\ \boldsymbol{x}(t_2).$$

6.5.3　矩阵微分方程

考虑一系列线性微分方程组

$$\begin{cases}\boldsymbol{x}_1'=\boldsymbol{A}\boldsymbol{x}_1, & \boldsymbol{x}_1(t_0)=\boldsymbol{c}_1,\\ \cdots\cdots & \cdots\cdots\\ \boldsymbol{x}_n'=\boldsymbol{A}\boldsymbol{x}_n, & \boldsymbol{x}_n(t_0)=\boldsymbol{c}_n,\end{cases}\tag{6.5.11}$$

这里，$\boldsymbol{A}=\boldsymbol{A}(t)=(a_{ij})$ 是定义在区间 (t_0, t) 上的分段连续函数矩阵.由于这些方程组具有相同的系数矩阵，因此自然希望将它们合并在一起进行研究.

令函数矩阵 $\boldsymbol{X}=(\boldsymbol{x}_1, \boldsymbol{x}_2, \cdots, \boldsymbol{x}_n)$，$\boldsymbol{C}=(\boldsymbol{c}_1, \boldsymbol{c}_2, \cdots, \boldsymbol{c}_n)$，则式(6.5.11)变成了**矩阵微分方程**

$$\boldsymbol{X}'=\boldsymbol{A}\boldsymbol{X},\ \boldsymbol{X}(t_0)=\boldsymbol{C},\tag{6.5.12}$$

其中，$\boldsymbol{C}$ 称为**初始矩阵**(Initial matrix).方程(6.5.12)两边从 t_0 到 t 积分，即得其隐式解为

$$\boldsymbol{X}=\boldsymbol{C}+\int_{t_0}^{t}\boldsymbol{A}(s)\boldsymbol{X}(s)\mathrm{d}s.\tag{6.5.13}$$

定理 6.5.3　矩阵微分方程(6.5.12)的解 $\boldsymbol{X}=\boldsymbol{X}(t)$ 满足 **Liouville 公式**：

$$\det\boldsymbol{X}=\det\boldsymbol{C}\exp\left(\int_{t_0}^{t}\mathrm{tr}\,\boldsymbol{A}(s)\mathrm{d}s\right).\tag{6.5.14}$$

证明：行列式的加法和数乘是按列(行)进行的，求导也是，因此

$$\frac{\mathrm{d}|\boldsymbol{X}|}{\mathrm{d}t}=\sum_{i=1}^{n}\begin{vmatrix}x_{11} & \cdots & x_{1n}\\ \cdots & \cdots & \cdots\\ \dfrac{\mathrm{d}x_{i1}}{\mathrm{d}t} & \cdots & \dfrac{\mathrm{d}x_{in}}{\mathrm{d}t}\\ \cdots & \cdots & \cdots\\ x_{n1} & \cdots & x_{nn}\end{vmatrix}=\sum_{i=1}^{n}\begin{vmatrix}x_{11} & \cdots & x_{1n}\\ \cdots & \cdots & \cdots\\ \sum_{j=1}^{n}a_{ij}x_{j1} & \cdots & \sum_{j=1}^{n}a_{ij}x_{jn}\\ \cdots & \cdots & \cdots\\ x_{n1} & \cdots & x_{nn}\end{vmatrix}$$

$$=\sum_{i=1}^{n}\sum_{j=1}^{n}\begin{vmatrix} x_{11} & \cdots & x_{1n} \\ \cdots & \cdots & \cdots \\ a_{ij}x_{j1} & \cdots & a_{ij}x_{jn} \\ \cdots & \cdots & \cdots \\ x_{n1} & \cdots & x_{nn} \end{vmatrix}=\sum_{i=1}^{n}\begin{vmatrix} x_{11} & \cdots & x_{1n} \\ \cdots & \cdots & \cdots \\ a_{ii}x_{i1} & \cdots & a_{ii}x_{in} \\ \cdots & \cdots & \cdots \\ x_{n1} & \cdots & x_{nn} \end{vmatrix}$$

$$=\begin{vmatrix} x_{11} & \cdots & x_{1n} \\ \cdots & \cdots & \cdots \\ x_{i1} & \cdots & x_{in} \\ \cdots & \cdots & \cdots \\ x_{n1} & \cdots & x_{nn} \end{vmatrix}\left(\sum_{i=1}^{n}a_{ii}\right)=|\boldsymbol{X}|\operatorname{tr}\boldsymbol{A}.$$

于是 $\dfrac{\mathrm{d}|\boldsymbol{X}|}{|\boldsymbol{X}|}=\operatorname{tr}\boldsymbol{A}(t)\mathrm{d}t$. 两边从 t_0 到 t 积分，得 $\ln|\boldsymbol{X}|\Big|_{t_0}^{t}=\int_{t_0}^{t}\operatorname{tr}\boldsymbol{A}(s)\mathrm{d}s$，此即

$$\ln\frac{|\boldsymbol{X}|}{|\boldsymbol{C}|}=\int_0^t\operatorname{tr}\boldsymbol{A}(s)\mathrm{d}s,$$

因此 $|\boldsymbol{X}|=|\boldsymbol{C}|\exp\left(\int_0^t\operatorname{tr}\boldsymbol{A}(s)\mathrm{d}s\right)$. 证毕.

由 Liouville 公式可知，当且仅当 $|\boldsymbol{C}|\neq 0$ 即矩阵 $\boldsymbol{C}$ 可逆时，$|\boldsymbol{X}|\neq 0$ 即 $\boldsymbol{X}$ 也可逆.这说明初始矩阵 $\boldsymbol{C}$ 的奇异性决定了解 $\boldsymbol{X}$ 的奇异性，那么不同的 $\boldsymbol{C}$ 确定的解 $\boldsymbol{X}$ 之间又存在什么样的关系呢？先考虑最特殊的情形，即 $\boldsymbol{C}=\boldsymbol{I}$ 的情形.

考虑矩阵微分方程

$$\boldsymbol{X}'=\boldsymbol{A}\boldsymbol{X},\ \boldsymbol{X}(t_0)=\boldsymbol{I}, \tag{6.5.15}$$

并记其解为 $\boldsymbol{X}_0=\boldsymbol{X}_0(t)$.

注意到方程(6.5.12)的初始条件 $\boldsymbol{X}(t_0)=\boldsymbol{C}=\boldsymbol{I}\cdot\boldsymbol{C}=\boldsymbol{X}_0(t_0)\boldsymbol{C}$. 能否将 t_0 一般化为 t？也就是是否有 $\boldsymbol{X}=\boldsymbol{X}_0\boldsymbol{C}$？ 不难发现，如果此式成立，则 $\boldsymbol{X}=\boldsymbol{X}(t)$ 满足方程(6.5.12)，因为

$$\boldsymbol{X}'=\boldsymbol{X}_0'\boldsymbol{C}=\boldsymbol{A}\boldsymbol{X}_0\boldsymbol{C}=\boldsymbol{A}\boldsymbol{X},$$

这意味着方程(6.5.12)的解 $\boldsymbol{X}$ 可以用方程(6.5.15)的解 $\boldsymbol{X}_0$ 表示出来，故称 $\boldsymbol{X}_0$ 为 $\boldsymbol{A}$ 的**基本解矩阵**.

那么问题又来了：基本解矩阵 $\boldsymbol{X}_0$ 又如何表示呢？

注意到当 $\boldsymbol{X}$ 退到为列向量时，方程(6.5.15)退化为方程(6.5.2)，因此类比式(6.5.3)，

不难猜想到：方程(6.5.15)的解应该是

$$\boldsymbol{X}_0=\left(\exp\int_{t_0}^{t}\boldsymbol{A}(s)\mathrm{d}s\right)\boldsymbol{X}_0(t_0)=\exp\left(\int_{t_0}^{t}\boldsymbol{A}(s)\mathrm{d}s\right). \tag{6.5.16}$$

上式中出现了矩阵指数函数，故将 $\boldsymbol{X}_0$ 展开成矩阵幂级数：

$$\boldsymbol{X}_0=\exp\boldsymbol{L}=\boldsymbol{I}+\boldsymbol{L}+\frac{1}{2!}\boldsymbol{L}^2+\cdots$$

其中，$\boldsymbol{L}=\int_{t_0}^{t}\boldsymbol{A}(s)\mathrm{d}s$. 则 $\boldsymbol{L}'=\boldsymbol{A}$，从而

$$\boldsymbol{X}_0'=\boldsymbol{L}'+\frac{1}{2!}(\boldsymbol{L}^2)'+\cdots=\boldsymbol{A}+\frac{1}{2!}(\boldsymbol{AL}+\boldsymbol{LA})+\cdots$$

又因为 $\boldsymbol{AX}_0=\boldsymbol{A}\left(\boldsymbol{I}+\boldsymbol{L}+\frac{1}{2!}\boldsymbol{L}^2+\cdots\right)=\boldsymbol{A}+\boldsymbol{AL}+\frac{1}{2!}\boldsymbol{AL}^2+\cdots$，因此，当且仅当 $\boldsymbol{AL}=\boldsymbol{LA}$ 时，才有 $\boldsymbol{X}_0'=\boldsymbol{AX}_0$，此时矩阵微分方程(6.5.12)的解为

$$\boldsymbol{X}=\boldsymbol{X}_0\boldsymbol{C}=\left(\exp\int_{t_0}^{t}\boldsymbol{A}(s)\mathrm{d}s\right)\boldsymbol{C}, \tag{6.5.17}$$

而且当 $\boldsymbol{C}$ 可逆时，有 $\boldsymbol{X}_0=\boldsymbol{XC}^{-1}$，此时也称 $\boldsymbol{X}$ 为 $\boldsymbol{A}$ 的基本解矩阵.

6.5.4　应用 II：线性时变系统的状态转移矩阵

根据矩阵微分方程理论，当 $\boldsymbol{A}=\boldsymbol{A}(t)$ 时，线性时变系统的齐次状态方程

$$\boldsymbol{x}'=\boldsymbol{Ax},\ \boldsymbol{x}(t_0)=\boldsymbol{x}_0,\ t\geqslant t_0 \tag{6.5.18}$$

的解为

$$\boldsymbol{x}=\boldsymbol{X}_0\boldsymbol{x}_0=\left(\exp\int_{t_0}^{t}\boldsymbol{A}(s)\mathrm{d}s\right)\boldsymbol{x}_0, \tag{6.5.19}$$

其中，基本解矩阵 $\boldsymbol{X}_0$ 为下列方程的解：

$$\boldsymbol{X}'=\boldsymbol{AX},\ \boldsymbol{X}(t_0)=\boldsymbol{I}. \tag{6.5.20}$$

由式(6.5.19)可知基本解矩阵 $\boldsymbol{X}_0$ 仍然起到状态转移的效果，那么是否仍然有 $\boldsymbol{X}_0=\boldsymbol{\Phi}(t,t_0)$ 呢？

将方程(6.5.18)的解改记为 $\boldsymbol{x}=\boldsymbol{x}(t)=\phi(t;\boldsymbol{x}_0,t_0)$，容易验证此解对初始条件是线性的，即有

$$\phi(t;\ a\boldsymbol{x}_1+b\boldsymbol{x}_2,\ t_0)=a\phi(t;\ \boldsymbol{x}_1,\ t_0)+b\phi(t;\ \boldsymbol{x}_2,\ t_0).$$

因此,对于不同的初始条件 $\boldsymbol{a}_1,\ \boldsymbol{a}_2,\ \cdots,\ \boldsymbol{a}_n$,则 $\phi_1,\ \phi_2,\ \cdots,\ \phi_n$ 线性无关当且仅当 $\boldsymbol{a}_1,\ \boldsymbol{a}_2,\ \cdots,\ \boldsymbol{a}_n$ 线性无关,其中 $\phi_i=(t;\ \boldsymbol{a}_i,\ t_0)\ (i=1,\ 2,\ \cdots,\ n)$. 事实上,向量空间 $\mathbb{R}^n$ 与方程(6.5.18)的解空间 X 是同构的.

设 $\boldsymbol{x}_0=(k_1,\ k_2,\ \cdots,\ k_n)^{\mathrm{T}}=k_1\boldsymbol{e}_1+k_2\boldsymbol{e}_2+\cdots+k_n\boldsymbol{e}_n$,注意到解 $\boldsymbol{x}=\boldsymbol{x}(t)$ 对初始条件是线性的,因此

$$\boldsymbol{x}(t)=\phi(t;\ \boldsymbol{x}_0,\ t_0)=\sum_{i=1}^{n}k_i\phi_i=(\phi_1,\ \phi_2,\ \cdots,\ \phi_n)\boldsymbol{x}_0,\ \text{其中}\ \phi_i=(t;\ \boldsymbol{e}_i,\ t_0).$$

显然,上式中的矩阵 $(\phi_1,\ \phi_2,\ \cdots,\ \phi_n)$ 起到了 $\boldsymbol{\Phi}$ 的效果,仍记之为 $\boldsymbol{\Phi}=\boldsymbol{\Phi}(t,\ t_0)$. 易知 $\boldsymbol{\Phi}$ 满足方程(6.5.20),因此它就是基本解矩阵 $\boldsymbol{X}_0$,即 $\boldsymbol{X}_0=\boldsymbol{\Phi}$.

如果以方程(6.5.20)的 n 个线性无关解为列构成矩阵 $\boldsymbol{Y}=\boldsymbol{Y}(t)$,则有 $\boldsymbol{Y}=\boldsymbol{X}_0\boldsymbol{C}$,这里的初始矩阵 $\boldsymbol{C}=\boldsymbol{Y}(t_0)$,因此 $\boldsymbol{\Phi}=\boldsymbol{X}_0=\boldsymbol{Y}\boldsymbol{C}^{-1}$. 由此出发,也可以证明 $\boldsymbol{\Phi}$ 满足:

$$\boldsymbol{\Phi}(t,\ t)=\boldsymbol{I},\ \boldsymbol{\Phi}^{-1}(t,\ t_0)=\boldsymbol{\Phi}(t_0,\ t),\ \boldsymbol{\Phi}(t_2,\ t_0)=\boldsymbol{\Phi}(t_2,\ t_1)\boldsymbol{\Phi}(t_1,\ t_0).$$

这些结论同样与下列变换关系是吻合的:

$$\boldsymbol{x}(t_0)\ \underset{\boldsymbol{\Phi}^{-1}(t_1,\ t_0)}{\overset{\boldsymbol{\Phi}(t_1,\ t_0)}{\longleftrightarrow}}\ \boldsymbol{x}(t_1)\ \underset{\boldsymbol{\Phi}^{-1}(t_2,\ t_1)}{\overset{\boldsymbol{\Phi}(t_2,\ t_1)}{\longleftrightarrow}}\ \boldsymbol{x}(t_2).$$

定理 6.5.4 **对线性时变连续系统的非齐次状态方程**

$$\boldsymbol{x}'=\boldsymbol{A}\boldsymbol{x}+\boldsymbol{B}\boldsymbol{u},\ \boldsymbol{x}(t_0)=\boldsymbol{x}_0,\ t\geqslant t_0, \tag{6.5.21}$$

其中 $\boldsymbol{A}=\boldsymbol{A}(t)$, $\boldsymbol{B}=\boldsymbol{B}(t)$, $\boldsymbol{u}=\boldsymbol{u}(t)$. 类比可知,其解应为

$$\boldsymbol{x}=\exp\left(\int_{t_0}^{t}\boldsymbol{A}(\tau)\mathrm{d}\tau\right)\cdot\boldsymbol{x}_0+\int_{t_0}^{t}\exp\left(\int_{s}^{t}\boldsymbol{A}(\tau)\mathrm{d}\tau\right)\boldsymbol{B}(s)\boldsymbol{u}(s)\mathrm{d}s, \tag{6.5.22}$$

即

$$\boldsymbol{x}=\boldsymbol{\Phi}\boldsymbol{x}_0+\int_{t_0}^{t}\boldsymbol{\Phi}(t,\ s)\boldsymbol{B}(s)\boldsymbol{u}(s)\mathrm{d}s, \tag{6.5.23}$$

其中,右端第一项仍然是由初始状态引起的系统自由运动,因此仍然称为**零输入响应**;右端第二项仍然是由控制输入所产生的受控运动,因此仍然称为**零状态响应**.

证明: 根据前面的分析,线性时变系统的输出是零输入响应和零状态响应的叠加,因此可设方程(6.5.21)的通解为

$$x = \boldsymbol{\Phi} x_0 + \boldsymbol{\Phi} y. \tag{6.5.24}$$

两边对 t 求导,得

$$x' = \boldsymbol{\Phi}'(x_0 + y) + \boldsymbol{\Phi} y' = A\boldsymbol{\Phi}(x_0 + y) + \boldsymbol{\Phi} y' = Ax + \boldsymbol{\Phi} y' = x' - Bu + \boldsymbol{\Phi} y',$$

此即

$$y' = \boldsymbol{\Phi}^{-1} Bu = \boldsymbol{\Phi}(t_0, t) Bu.$$

对上式两边从 t_0 到 t 积分,并注意到 $y(t_0) = \mathbf{0}$, 即得

$$y = \int_{t_0}^{t} \boldsymbol{\Phi}(t_0, s) B(s) u(s) \mathrm{d}s.$$

将上式代入式(6.5.24),并注意到 $\boldsymbol{\Phi}$ 的传递性,即得

$$x = \boldsymbol{\Phi} x_0 + \boldsymbol{\Phi} \int_{t_0}^{t} \boldsymbol{\Phi}(t_0, s) B(s) u(s) \mathrm{d}s = \boldsymbol{\Phi} x_0 + \int_{t_0}^{t} \boldsymbol{\Phi}(t, s) B(s) u(s) \mathrm{d}s.$$

至此,线性定常系统和线性时变系统具有了统一的表示形式.当然前面已提及,当且仅当 $AL = LA$ 时,线性时变系统的状态响应才具有上述封闭形式.遗憾的是,这个条件在实际中一般不成立,因此这种统一的表示形式更具有理论意义.

6.6　本章总结及拓展

本章将微积分中的极限、导数、积分、级数、微分方程等分析工具推广至矩阵分析领域.首先通过类比数列极限和级数理论,得到矩阵序列的极限和矩阵级数,特别是矩阵幂级数及其敛散性判别法.接着重点考察了矩阵与函数的两种关系：(1) 第一种关系即函数矩阵及其特例 λ 矩阵,引入了 λ 矩阵的 Smith 标准型以及三种因子(不变因子,行列式因子和初等因子),并据此给出了 Jordan 标准型的第三种求法;(2) 第二种关系即矩阵函数,引入了它的定义和性质,以及各种计算方法.随后考察了矩阵的微分与积分,从简单到复杂依次讨论了四种情形(含参矩阵函数,标量函数对向量,矩阵标量函数对矩阵,矩阵值函数对矩阵).最后则是矩阵函数在线性系统中的应用,包括线性常系数微分方程组及矩阵微分方程.

文献[82]中给出了矩阵函数的概括性论述.文献[79]则将矩阵函数列为重点之一,并给出了全面又深刻的阐述.文献[42,109]就矩阵与函数这个话题(包括矩阵函数和函数矩阵)进行了详尽的论述.其中特别是文献[109],花费了该书三分之一的篇幅.文献[110]作为研究生暑期课程班讲义,特辟专讲概述了矩阵函数的理论与数值计算.需要了解矩阵指

数 e^A 的数值算法的读者,可进一步阅读文献[18,107].

关于计算矩阵函数的 Lagrange-Sylvester 插值公式法,读者可在文献[105]中找到比较详细的原理推导和例题,其中区分了三种情形(特征多项式只有单根,特征多项式有重根但最小多项式无重根,特征多项式和最小多项式都有重根).

在梯度和标量函数的梯度矩阵中,按照垂直方向向下展开的是自变量,而在行梯度和标量函数的 Jacobi 矩阵中,按照垂直方向向下展开的则是因变量.在学术界看来,这无非就是个规定,转置一下就行了,所以本质上是一回事,但在工业界则是个标准问题.正如文献[81]中指出的那样,这种规定的差异凸显在如何定义矩阵值函数 $\boldsymbol{F}(\boldsymbol{A})$ 对矩阵 $\boldsymbol{A}$ 的导数上,也就是在如何摆放所有 $mnpq$ 个元素上,出现了几种不同的处理方式,有的甚至出现错误.而采用向量化算子 $\mathrm{vec}(\boldsymbol{A})$ 的新处理方式,已有很多研究成果,而且在它的 Jacobi 矩阵 $\mathrm{D}_{\boldsymbol{A}}\boldsymbol{F}$ 中,每行是同一个因变量对自变量矩阵 $\boldsymbol{A}$ 的导数,每列是因变量矩阵 $\boldsymbol{F}(\boldsymbol{A})$ 对同一个自变量的导数,非常方便于内存的块操作,也非常有利于数据在线传输时的边传边用(比如大型场景渲染).希望学术界与工业界能够形成共识,以便加快学生的知识衔接.希望快速了解矩阵求导的读者,可以阅读知乎答主"长躯鬼侠"的文章《矩阵求导术》,进一步则可查阅文献[111].

特雷弗腾将微积分、微分方程与数值线性代数(矩阵计算)并列为数学学科的三大基础.这一方面强调了数值线性代数的重要性,也让人再次意识到微分方程的重要地位.在矩阵分析中,矩阵方程当仁不让地继承了微分方程的重要性.除了本书中已经介绍的微分方程组和矩阵微分方程,读者如果希望了解更多的矩阵方程知识,特别是线性矩阵方程 $\boldsymbol{AX}+\boldsymbol{XB}=\boldsymbol{C}$ 及其分析工具 Kronecker 积,可进一步阅读文献[44,81,82,109,110].众所周知,当 $\boldsymbol{B}=\boldsymbol{A}^{\mathrm{H}}$, $\boldsymbol{C}=-\boldsymbol{W}$ 时,线性矩阵方程特殊为控制学科里鼎鼎大名的李雅普诺夫(Lyapunov)方程 $\boldsymbol{AX}+\boldsymbol{XA}^{\mathrm{H}}=-\boldsymbol{W}$. 关于李雅普诺夫方程和代数黎卡提(Riccati)方程的数值算法,建议阅读文献[107].

在控制学科里具有重要应用的还有矩阵不等式,特别是线性矩阵不等式(linear matrix inequality, LMI).需要深入了解的读者,我们推荐经典文献[112],较新的专著则是[113].

思 考 题

6.1 从类比的角度,如何理解数列与矩阵序列的运算和性质?如何理解数项级数与矩阵级数的性质？

6.2　函数与矩阵之间存在何种关系？

6.3　从类比的角度，如何理解函数与函数矩阵的概念和性质？如何理解数字矩阵与λ矩阵的性质？

6.4　等价λ矩阵与各种因子有何关系？相似矩阵与各种因子有何关系？

6.5　最小多项式的生成机制是什么？

6.6　求矩阵的约当标准形的方法有哪些？

6.7　用矩阵幂级数定义矩阵函数的理论依据是什么？常用矩阵函数的幂级数定义式分别是什么？

6.8　矩阵指数函数有哪些性质？

6.9　就适用范围而言，递推公式法针对的是什么类型的矩阵？Jordan 分解法呢？

6.10　什么叫函数$f(x)$在矩阵$\boldsymbol{A}$的谱上有定义？为什么要引入这个概念？

6.11　待定系数法的理论依据是什么？与 Jordan 分解法相比，它的优缺点分别是什么？

6.12　从维数角度，如何理解函数对向量的导数、矩阵标量函数对矩阵的导数以及矩阵对矩阵的导数？

6.13　如何理解线性定常系统的状态转移矩阵？

6.14　Jacobi 恒等式的意义何在？如何理解其证明？

6.15　为什么要考虑基解矩阵？其思想来源是什么？矩阵微分方程何时才有基解矩阵？

6.16　如何证明线性时变齐次系统的状态方程的通解对初始条件是线性的？这对基解矩阵的构成有何启发？基解矩阵与线性定常系统的状态转移矩阵有何联系？

习 题 六

6.1　判断下列矩阵是否为收敛矩阵：

$$(1)\ \boldsymbol{A}=\frac{1}{6}\begin{pmatrix}1 & -8\\ -2 & 1\end{pmatrix};\ (2)\ \boldsymbol{A}=\begin{pmatrix}0.1 & -0.7 & 0.3\\ -0.3 & 0.1 & 0.1\\ 0.3 & 0 & 0.2\end{pmatrix}.$$

6.2 问 a 取何值时,矩阵 $\boldsymbol{A}=\begin{pmatrix}0 & a & a\\ a & 0 & a\\ a & a & 0\end{pmatrix}$ 是收敛矩阵?

6.3 对任意 $\boldsymbol{A}\in\mathbb{C}^{n\times n}$,都有 $\rho(\boldsymbol{A})=\lim\limits_{k\to\infty}\|\boldsymbol{A}^k\|^{\frac{1}{k}}$.

6.4 判断下列矩阵幂级数的敛散性:

(1) $\sum\limits_{k=1}^{\infty}\dfrac{1}{k^2}\boldsymbol{A}^k$,其中 $\boldsymbol{A}=\begin{pmatrix}-1 & 1\\ -1 & -3\end{pmatrix}$;(2) $\sum\limits_{k=1}^{\infty}\dfrac{k}{4^k}\boldsymbol{A}^k$,其中 $\boldsymbol{A}=\begin{pmatrix}1 & 2\\ 2 & 1\end{pmatrix}$.

6.5 试求矩阵幂级数 $\sum\limits_{k=0}^{\infty}\boldsymbol{A}^k$ 的和,其中 $\boldsymbol{A}=\begin{pmatrix}0.2 & 0.7\\ 0.5 & 0.1\end{pmatrix}$.

6.6 试求矩阵幂级数 $\sum\limits_{k=1}^{\infty}k^2\boldsymbol{A}^k$ 的和,其中 $\boldsymbol{A}$ 已知且 $\rho(\boldsymbol{A})<1$.

6.7 $\mathbb{C}^{n\times n}$ 上的 Neumann 级数收敛的充要条件是 $\rho(\boldsymbol{A})<1$.

6.8 设函数矩阵 $\boldsymbol{A}=\begin{pmatrix}\cos t & -\sin t\\ \sin t & \cos t\end{pmatrix}$,求 $\boldsymbol{A}'$, $[\boldsymbol{A}^{-1}]'$, $|\boldsymbol{A}|'$ 及 $|\boldsymbol{A}'|$.

6.9 设函数矩阵 $\boldsymbol{A}=\begin{pmatrix}2t & t\mathrm{e}^t\\ \cos t & 0\end{pmatrix}$,求 $\int_0^1\boldsymbol{A}\,\mathrm{d}t$.

6.10 求下列 λ 矩阵 $\boldsymbol{A}$ 的 Smith 标准型,并指出其不变因子、行列式因子和初等因子:

(1) $\boldsymbol{A}=\begin{pmatrix}\lambda^3-\lambda & 2\lambda^2\\ \lambda^2+5\lambda & 3\lambda\end{pmatrix}$;(2) $\boldsymbol{A}=\begin{pmatrix}\lambda^2-1 & 0\\ 0 & (\lambda-1)^3\end{pmatrix}$;

(3) $\boldsymbol{A}=\begin{pmatrix}1-\lambda & \lambda^2 & \lambda\\ \lambda & \lambda & -\lambda\\ 1+\lambda^2 & \lambda^2 & -\lambda^2\end{pmatrix}$.

6.11 判断下列 λ 矩阵是否等价:

$$\boldsymbol{A}=\begin{pmatrix}3\lambda+1 & \lambda & 4\lambda-1\\ 1-\lambda^2 & \lambda-1 & \lambda-\lambda^2\\ 2+\lambda+\lambda^2 & \lambda & 2\lambda+\lambda^2\end{pmatrix},\ \boldsymbol{B}=\begin{pmatrix}1+\lambda & \lambda-2 & \lambda^2-2\lambda\\ 2\lambda & 2\lambda-3 & \lambda^2-2\lambda\\ 2 & -1 & -1\end{pmatrix}.$$

6.12 求下列矩阵 $\boldsymbol{A}$ 的不变因子和初等因子:

(1) $\boldsymbol{A}=\begin{pmatrix}a & b_1 & \\ & a & b_2\\ & & a\end{pmatrix}$;(2) $\boldsymbol{A}=\begin{pmatrix}1 & 2 & 0\\ 0 & 2 & 0\\ -2 & -2 & -1\end{pmatrix}$;

(3) $\boldsymbol{A}=\begin{pmatrix}0 & 1 & & \\ & 0 & 1 & \\ & & 0 & 1 \\ -5 & -4 & -3 & -2\end{pmatrix}$.

6.13 已知 5 阶 λ 矩阵 $\boldsymbol{A}$ 的秩为 4，且其初等因子为 $\lambda+1,\ \lambda+1,\ (\lambda+1)^2,\ \lambda-1,\ (\lambda-1)^2$，求 $\boldsymbol{A}$ 的 Smith 标准型.

6.14 求矩阵 $\boldsymbol{A}$ 的最小多项式，其中

(1) $\boldsymbol{A}=\begin{pmatrix}-1 & -2 & 6 \\ -1 & 0 & 3 \\ -1 & -1 & 4\end{pmatrix}$；(2) $\boldsymbol{A}=\operatorname{diag}(\boldsymbol{J}_2(1),\ \boldsymbol{J}_3(1),\ \boldsymbol{J}_1(2),\ \boldsymbol{J}_2(2),\ \boldsymbol{J}_3(3))$.

6.15 证明：幂等矩阵一定相似于对角矩阵.

6.16 判断矩阵 $\boldsymbol{J}(a)=\begin{pmatrix}a & 1 & \\ & a & 1 \\ & & a\end{pmatrix}$ 与下列矩阵是否相似，并给出证明(其中 ε 为任意非零实数)：

(1) $\boldsymbol{A}=\begin{pmatrix}a & \varepsilon & \\ & a & \varepsilon \\ & & a\end{pmatrix}$；(2) $\boldsymbol{A}=\begin{pmatrix}a & 1 & \\ & a & 1 \\ \varepsilon & & a\end{pmatrix}$.

6.17 设 $\boldsymbol{A}\in\mathbb{C}^{n\times n}$，证明：

(1) $\sin^2\boldsymbol{A}+\cos^2\boldsymbol{A}=\boldsymbol{I}$；(2) $\sin(\boldsymbol{A}+2\pi\boldsymbol{I})=\sin\boldsymbol{A}$；(3) $\mathrm{e}^{\boldsymbol{A}+2\pi\mathrm{i}\boldsymbol{I}}=\mathrm{e}^{\boldsymbol{A}}$.

6.18 设 $\boldsymbol{A}\in\mathbb{C}^{n\times n}$，证明：$u(\mathrm{e}^{\boldsymbol{A}})\leqslant \mathrm{e}^{u(\boldsymbol{A})}$，其中的范数 u 为矩阵 $\boldsymbol{A}$ 的相容矩阵范数.

6.19 设 $\boldsymbol{A}\in\mathbb{C}^{n\times n}$. (1) 证明：$(\mathrm{e}^{\boldsymbol{A}})^{\mathrm{H}}=\mathrm{e}^{\boldsymbol{A}^{\mathrm{H}}}$；(2) 若 $\boldsymbol{A}$ 为反 Hermite 矩阵(实反对称矩阵)，证明：$\mathrm{e}^{\boldsymbol{A}}$ 为酉矩阵(正交矩阵).

6.20 已知 n 阶矩阵 $\boldsymbol{A}$ 满足 $\boldsymbol{A}^2=\boldsymbol{I}$，求 $\mathrm{e}^{\mathrm{i}\boldsymbol{A}}$，$\sin\boldsymbol{A}$ 和 $\cos\boldsymbol{A}$.

6.21 已知矩阵 $\boldsymbol{A}=\begin{pmatrix}-2 & 1 & 0 \\ -4 & 2 & 0 \\ 1 & 0 & 1\end{pmatrix}$，利用 C-H 定理求矩阵函数 $\mathrm{e}^{\boldsymbol{A}}$ 和 $\sin\boldsymbol{A}$.

6.22 已知矩阵 $\boldsymbol{A}=\begin{pmatrix}1 & 0 & 0 \\ -1 & 2 & -1 \\ 0 & 0 & 2\end{pmatrix}$，求矩阵函数 $\mathrm{e}^{\boldsymbol{A}t}$，$\sin\boldsymbol{A}$，$\cos(\pi\boldsymbol{A})$ 和 $\arctan\dfrac{\boldsymbol{A}}{4}$.

6.23 计算下列矩阵函数：

(1) 已知 $\boldsymbol{A}=\begin{pmatrix}0 & -1\\ 4 & 4\end{pmatrix}$，求 $\mathrm{e}^{\boldsymbol{A}t}$，$\boldsymbol{A}^{1/2}$ 及 $\ln\boldsymbol{A}$；

(2) 已知 $\boldsymbol{A}=\begin{pmatrix}2 & 1 & 0\\ 0 & 0 & 1\\ 0 & 1 & 0\end{pmatrix}$，求 $\arctan\boldsymbol{A}$；

(3) 已知 $\boldsymbol{A}=\mathrm{diag}(\boldsymbol{J}_2(1),\boldsymbol{J}_3(2))$，求 $\mathrm{e}^{\boldsymbol{A}t}$ 及 $\sin\boldsymbol{A}$.

6.24 设 $\boldsymbol{A}=\begin{pmatrix}a & b\\ -b & a\end{pmatrix}$，$a$，$b\in\mathbb{R}$，求 $\mathrm{e}^{\boldsymbol{A}t}$. 特别地，当 $a=0$ 且 $b=1$ 时，$\mathrm{e}^{\boldsymbol{A}t}=$?

6.25 已知矩阵 $\boldsymbol{A}=\begin{pmatrix}-1 & 1 & 0\\ -4 & 3 & 0\\ 1 & 0 & 2\end{pmatrix}$，求可逆矩阵 $\boldsymbol{P}_1$ 和 $\boldsymbol{P}_2$，使得 $\boldsymbol{P}_1^{-1}\mathrm{e}^{\boldsymbol{A}}\boldsymbol{P}_1$ 和 $\boldsymbol{P}_2^{-1}(\sin\boldsymbol{A})\boldsymbol{P}_2$ 均为 Jordan 标准型.

6.26 设 $f(\boldsymbol{A})$ 在 $\boldsymbol{A}$ 的谱 $\sigma(\boldsymbol{A})$ 上有定义，试证：$f(\boldsymbol{A}^{\mathrm{T}})$ 在 $\boldsymbol{A}$ 的谱 $\sigma(\boldsymbol{A})$ 上也有定义，并且 $f(\boldsymbol{A}^{\mathrm{T}})=(f(\boldsymbol{A}))^{\mathrm{T}}$.

6.27 设 $\boldsymbol{A}=\begin{pmatrix}2 & 0\\ 1 & 2\end{pmatrix}$，求 $\mathrm{e}^{\boldsymbol{A}t}$.

6.28 已知 $\sin(\boldsymbol{A}t)=\begin{pmatrix}\sin 5t+\sin t & 2\sin 5t-\sin t\\ \sin 5t-\sin t & 2\sin 5t+\sin t\end{pmatrix}$，求矩阵 $\boldsymbol{A}$.

6.29 设 $\boldsymbol{A}$ 是可逆矩阵，求 $\int_0^1\sin(\boldsymbol{A}t)\mathrm{d}t$.

6.30 当 $\boldsymbol{A}=(a_{ij})_{n\times n}$ 可逆时，证明：

(1) $\nabla\ln|\boldsymbol{A}|=(\boldsymbol{A}^{-1})^{\mathrm{T}}$；(2) $\nabla|\boldsymbol{A}^{-1}|=-|\boldsymbol{A}|^{-1}(\boldsymbol{A}^{-1})^{\mathrm{T}}$.

6.31 已知 $\boldsymbol{B},\boldsymbol{X}\in\mathbb{R}^{n\times n}$，设 $f(\boldsymbol{X})=\mathrm{tr}(\boldsymbol{X}^{\mathrm{T}}\boldsymbol{B}\boldsymbol{X})$，试求 $\nabla_{\boldsymbol{X}}f$.

6.32 设函数矩阵 $\boldsymbol{A}=\boldsymbol{A}(t)$ 是可积的，证明：对于 1 范数、∞ 范数和 m_1 范数，都有

$$\left\|\int_{t_0}^{t}\boldsymbol{A}(s)\mathrm{d}s\right\|\leqslant\int_{t_0}^{t}\|\boldsymbol{A}(s)\|\mathrm{d}s.$$

6.33 线性常系数齐次微分方程组

$$\begin{cases}x_1'=3x_1+8x_3,\\ x_2'=3x_1-x_2+6x_3,\\ x_3'=-2x_1-5x_3,\end{cases}$$

满足初始条件 $(x_1(0), x_2(0), x_3(0))^{\mathrm{T}}=(1, 0, 1)^{\mathrm{T}}$ 的解.

6.34　求微分方程组 $\boldsymbol{x}'=\boldsymbol{A}\boldsymbol{x}$ 满足初始条件 $\boldsymbol{x}(0)$ 的解,其中

$$(1)\ \boldsymbol{A}=\begin{pmatrix}3 & -1 & 1\\ 2 & 0 & -1\\ 1 & -1 & 2\end{pmatrix},\ \boldsymbol{x}(0)=\begin{pmatrix}1\\1\\0\end{pmatrix};\ (2)\ \boldsymbol{A}=\begin{pmatrix}2 & -1 & 1\\ 0 & 3 & -1\\ 2 & 1 & 3\end{pmatrix},\ \boldsymbol{x}(0)=\begin{pmatrix}1\\1\\1\end{pmatrix}.$$

6.35　求微分方程组 $\boldsymbol{x}'=\boldsymbol{A}\boldsymbol{x}+\boldsymbol{b}$ 满足初始条件 $\boldsymbol{x}_0$ 的解,其中

$$\boldsymbol{A}=\begin{pmatrix}2 & 2 & -2\\ 2 & 5 & -4\\ -2 & -4 & 5\end{pmatrix},\ \boldsymbol{b}=\mathrm{e}^{10t}\begin{pmatrix}1\\2\\-2\end{pmatrix},\ \boldsymbol{x}_0=\begin{pmatrix}0\\1\\1\end{pmatrix}.$$

6.36　验证 $\sin\boldsymbol{A}$ 和 $\cos\boldsymbol{A}$ 满足二阶矩阵微分方程 $\boldsymbol{X}''+\boldsymbol{A}^2\boldsymbol{X}=\boldsymbol{O}$,并且当 $\boldsymbol{A}$ 可逆时,此方程在给定初始条件 $\boldsymbol{X}(0)=\boldsymbol{X}_0$, $\boldsymbol{X}'(0)=\boldsymbol{X}_1$ 下的解为 $\boldsymbol{X}=\boldsymbol{X}_0\cos\boldsymbol{A}+\boldsymbol{A}^{-1}\boldsymbol{X}_1\sin\boldsymbol{A}$.

6.37　设 $\boldsymbol{X}'=\boldsymbol{A}_1\boldsymbol{X}$ 和 $\boldsymbol{X}'=\boldsymbol{A}_2\boldsymbol{X}$ 有相同的基本解矩阵 $\boldsymbol{X}$,则 $\boldsymbol{A}_1=\boldsymbol{A}_2$.

6.38　**(降阶法)**为了求高阶微分方程 $x^{(n)}+a_{n-1}x^{(n-1)}+\cdots+a_1x=0$ 的解 $x=x(t)$,一种技术是令

$$y_1=x,\ y_2=x',\ \cdots,\ y_n=x^{(n-1)},$$

则原高阶方程降阶为微分方程组

$$y_1'=y_2,\ \cdots,\ y_{n-1}'=y_n,\ y_n'=-a_{n-1}y_n-\cdots-a_2y_2-a_1y_1.$$

再利用矩阵技术求解上述微分方程组,从而求得 y_1 即 $\boldsymbol{x}=x(t)$.

根据上述说明,求下列微分方程的通解:

$$x''-3x'+2x=0,\ x(t_0)=c_1,\ x'(t_0)=c_2.$$

第 7 章

特征值问题

"特征"一词来自德语的 eigen,可翻译为"自身的""特定于……的""有特征的"或者"个体的",这些译法强调了特征对于定义特定的变换是很重要的,也反映了特征对于凸显个体"个性"的重要性.如今特征值问题早已成为线性代数的研究重点.理论上,矩阵的特征值上承泛函分析学科中线性算子的谱;应用上,微分方程、结构动力分析、信号处理、图像处理、模式识别等学科中经常需要求解特征值问题,其中最著名的莫过于谷歌的页面秩(PageRank)算法.

7.1　特征值的估计

计算矩阵尤其是大规模矩阵的精确特征值通常比较困难,而工程计算中有时只需要知道特征值在什么范围内变化或者落在什么区域内,例如,判断方阵的 Neumann 级数是否收敛,只要看方阵的谱半径是否小于 1,因此特征值的估计尤为必要.

7.1.1　从特征值问题的稳定性说起

工程计算中,求解特征值问题 $\boldsymbol{A}\boldsymbol{x}=\lambda\boldsymbol{x}$ 的特征对 $(\lambda, \boldsymbol{x})$ 时,由于数据往往带有误差,因此实际计算出的特征对 $(\tilde{\lambda}, \tilde{\boldsymbol{x}})$,一般与理论解 $(\lambda, \boldsymbol{x})$ 不相同,但可以看成是扰动解,即将矩阵 $\boldsymbol{A}$ 扰动成 $\tilde{\boldsymbol{A}}$ 之后的特征值问题 $\tilde{\boldsymbol{A}}\tilde{\boldsymbol{x}}=\tilde{\lambda}\tilde{\boldsymbol{x}}$ 的精确解.这种研究思路就是*向后误差分析法*.

最理想的状态当然是扰动 $\boldsymbol{E}=\tilde{\boldsymbol{A}}-\boldsymbol{A}=(\varepsilon_{ij})$ 对特征对 $(\lambda, \boldsymbol{x})$ 影响不大,即相应的特征值问题 $\boldsymbol{A}\boldsymbol{x}=\lambda\boldsymbol{x}$ 是稳定的.进一步地,有时还希望知道某些特定位置上的矩阵元素的变化对特征对的影响.由于一般只知道 $|\varepsilon_{ij}|$ 或 $\|\boldsymbol{E}\|$ 的某个上界,因此有必要研究如何利用这样的上界,以尽可能准确地估计 λ 与 $\tilde{\lambda}$ 以及 $\boldsymbol{x}$ 与 $\tilde{\boldsymbol{x}}$ 之间的差距,据此进一步确定特征值问题的稳定性.

由于矩阵特征多项式的系数是矩阵元素的连续函数,而特征多项式的根又都是其系数的连续函数,因此矩阵的特征值作为特征多项式的根都连续地依赖于矩阵的元素.这就意味着矩阵元素的连续变化必然导致对应特征值的连续变化.这种连续性的定量分析,由瑞士数学家奥斯特洛斯基(Ostrowski, 1893—1986)于 1957 年给出,具体如下.

定理 7.1.1(Ostrowski)　设方阵 $\boldsymbol{A}=(a_{ij}), \boldsymbol{B}=(b_{ij})\in\mathbb{C}^{n\times n}$ 的特征值分别为 λ_i, μ_i $(i=1, 2, \cdots, n)$.令

$$\delta=(n+2)(\max_{i,j}(|a_{ij}|,|b_{ij}|))^{1-\frac{1}{n}}\left(\frac{1}{n}\|\boldsymbol{B}-\boldsymbol{A}\|_{m_1}\right)^{\frac{1}{n}}, \tag{7.1.1}$$

则(1) 对 $\boldsymbol{A}$ 的任意特征值 λ_i，存在(未必唯一) $\boldsymbol{B}$ 的特征值 μ_j，使得 $|\lambda_i-\mu_j|<\delta$；

(2) 存在 1, 2, …, n 的排列 $\pi(1)$, $\pi(2)$, …, $\pi(n)$，使得 $|\lambda_i-\mu_{\pi(i)}|<(2n-1)\delta$.

证明：请参阅文献[39：P168-172].

定理 7.1.1 说明,当 $\boldsymbol{B}\to\boldsymbol{A}$ 时,存在 1, 2, …, n 的一个固定的排列 π，使得 $\mu_{\pi(i)}\to\lambda_i$，因此矩阵的特征值连续地依赖于矩阵元素.

遗憾的是,矩阵的特征向量一般不是矩阵元素的连续函数,因此不一定是稳定的.请看下例.

例 7.1.1 函数矩阵 $\boldsymbol{A}(\varepsilon)=\begin{pmatrix}1&0&0\\0&1+\varepsilon&1\\\varepsilon&0&1+\varepsilon\end{pmatrix}$ 的特征值为 $1+\varepsilon$ (二重)和 1，特征向量为 $(0,1,0)^{\mathrm{T}}$ 和 $(1,1/\varepsilon,-1)^{\mathrm{T}}$. 而矩阵 $\boldsymbol{A}(0)$ 的特征值为 1(三重)，特征向量为 $(0,1,0)^{\mathrm{T}}$ 和 $(1,0,0)^{\mathrm{T}}$. 显然当 $\varepsilon\to 0$ 时 $(1,1/\varepsilon,-1)^{\mathrm{T}}\to(1,0,0)^{\mathrm{T}}$ 不成立,因此函数矩阵 $\boldsymbol{A}(\varepsilon)$ 的特征向量在 $\varepsilon=0$ 处不连续.

7.1.2 盖尔定理

把矩阵 $\boldsymbol{A}$ 分裂成 $\boldsymbol{A}=\boldsymbol{D}+\boldsymbol{B}$，其中 $\boldsymbol{D}=\mathrm{diag}(a_{11},a_{22},\cdots,a_{nn})$ 为对角元矩阵,构造 $\boldsymbol{D}$ 的扰动矩阵 $\boldsymbol{A}(\varepsilon)=\boldsymbol{D}+\varepsilon\boldsymbol{B}$，显然 $\boldsymbol{A}(0)=\boldsymbol{D}$, $\boldsymbol{A}(1)=\boldsymbol{A}$.

有理由猜测：如果 ε 足够小,函数矩阵 $\boldsymbol{A}(\varepsilon)$ 的特征值将位于矩阵 $\boldsymbol{A}(0)$ 的特征值(即 $\boldsymbol{A}$ 的对角元 a_{11}, a_{22}, …, a_{nn}) 的某些小邻域内.苏联数学家盖尔(Gerschgorin, 1900—1931)于 1931 年提出的盖尔圆,就是刻画这些小邻域的一种方式.

定义 7.1.1(盖尔圆) 考察方阵 $\boldsymbol{A}=(a_{ij})\in\mathbb{C}^{n\times n}$ 的第 i $(i=1,2,\cdots,n)$ 行,称

$$G_i(\boldsymbol{A})=\{z\in\mathbb{C}\;\big|\;|z-a_{ii}|\leqslant R_i\} \tag{7.1.2}$$

为矩阵 $\boldsymbol{A}$ 的第 i 个**行盖尔**(Gerschgorin)**圆**,并称并集 $\bigcup_{i=1}^{n}G_i(\boldsymbol{A})$ 为矩阵 $\boldsymbol{A}$ 的**行盖尔区域**，其中 $R_i=\sum_{j=1,j\neq i}^{n}|a_{ij}|$. 类似地,可定义矩阵 $\boldsymbol{A}$ 的**列盖尔圆**和**列盖尔区域**.

按前述猜想,矩阵特征值应该位于盖尔圆之内,此即下述盖尔定理.

定理 7.1.2(盖尔定理) 设方阵 $\boldsymbol{A}=(a_{ij})\in\mathbb{C}^{n\times n}$，则：

(1) 矩阵 $\boldsymbol{A}$ 的特征值都位于其行盖尔区域内；

(2) 若矩阵 $\boldsymbol{A}$ 的所有行盖尔圆中，有 m $(1\leqslant m\leqslant n)$ 个行盖尔圆构成的并集 $\boldsymbol{G}$ 是连通区域(即区域内任何两点都可以用区域内的折线段连接起来)，且与其余 $n-m$ 个行盖尔圆均不相交，则 G 中恰好有 $\boldsymbol{A}$ 的 m 个特征值.

证明： (1) 设 $\boldsymbol{A}$ 有特征对 $(\lambda,\boldsymbol{x})$，这里 $\boldsymbol{x}=(x_1,x_2,\cdots,x_n)^{\mathrm{T}}$，则 $\sum\limits_{k=1}^{n}a_{jk}x_k=\lambda x_j$ $(j=1,2,\cdots,n)$.

令 $|x_p|=\max\limits_{j}|x_j|$，则 $|x_p|\neq 0$(否则 $\boldsymbol{x}=\boldsymbol{0}$，与 $\boldsymbol{x}$ 是特征向量相矛盾)，因此

$$
\begin{aligned}
|\lambda-a_{pp}||x_p|&=\left|\sum_{k=1,k\neq p}^{n}a_{pk}x_k\right|\leqslant\sum_{k=1,\,k\neq p}^{n}|a_{pk}||x_k|\leqslant|x_p|\sum_{k=1,\,k\neq p}^{n}|a_{pk}|\\
&=|x_p|R_p,
\end{aligned}
$$

从而有 $|\lambda-a_{pp}|\leqslant R_p$，即 $\lambda\in G_p(\boldsymbol{A})$.

(2) 假设 $\boldsymbol{A}$ 的前 m 个行盖尔圆构成连通区域 $G=\bigcup\limits_{i=1}^{m}G_i(A)$，且与后 $n-m$ 个盖尔圆分离.由(1)可知 $\sigma(\boldsymbol{A}(\varepsilon))\subset\bigcup\limits_{i=1}^{n}G_i(\boldsymbol{A}(\varepsilon))$，并且对 $i=1,2,\cdots,n$，都有

$$
G_i(\boldsymbol{A}(\varepsilon))\subset G_i(\boldsymbol{A}),\ G_i(\boldsymbol{A}(0))=G_i(\boldsymbol{D})=\{a_{ii}\},\ G_i(\boldsymbol{A}(1))=G_i(\boldsymbol{A}).\quad(7.1.3)
$$

根据定理 7.1.1，显然 $\boldsymbol{A}(\varepsilon)$ 的每个特征值 $\lambda_i(\varepsilon)$ 都连续地依赖于 $\varepsilon\in[0,1]$，因此当 ε 从 0 变化到 1 时，每个 $\lambda_i(\varepsilon)$ 表示了 $\mathbb{C}$ 中的一条始点为 $\lambda_i(0)=a_{ii}$，终点为 $\lambda_i(1)=\lambda_i$ 的连续曲线.而且当 ε 连续变化时，连通区域 G 始终与 $\boldsymbol{A}(\varepsilon)$ 的后 $n-m$ 个行盖尔圆分离.因此以 $a_{11},a_{22},\cdots,a_{mm}$ 为始点的 m 条连续曲线 $\lambda_1(\varepsilon),\lambda_2(\varepsilon),\cdots,\lambda_m(\varepsilon)$ 全部位于 G 中，所以它们的终点 $\lambda_1,\lambda_2,\cdots,\lambda_m$ 也位于 G 之中.

同理可证 G 中不含剩余的连续曲线 $\lambda_{m+1}(\varepsilon),\lambda_{m+2}(\varepsilon),\cdots,\lambda_n(\varepsilon)$，因此也不含它们的终点 $\lambda_{m+1},\lambda_{m+2},\cdots,\lambda_n$. 证毕.

注： (1) 盖尔定理并没有明确指明每个行盖尔圆内一定有且仅有一个特征值.

(2) 因为转置矩阵不改变特征值，所以盖尔定理对列盖尔圆也同样成立.

(3) 若某个盖尔圆与其余 $n-1$ 个均不相交，则此盖尔圆内恰好有一个特征值.

例 7.1.2 矩阵 $\boldsymbol{A}=\begin{pmatrix}20&5&0.8\\4&10&1\\1&2&10\mathrm{i}\end{pmatrix}$ 的三个行盖尔圆分别是：

$$G_1(\boldsymbol{A})=\{z\in\mathbb{C}\;\big|\;|z-20|\leqslant 5.8\},$$

$$G_2(\boldsymbol{A})=\{z\in\mathbb{C}\;\big|\;|z-10|\leqslant 5\},$$

$$G_3(\boldsymbol{A})=\{z\in\mathbb{C}\;\big|\;|z-10\mathrm{i}|\leqslant 3\}.$$

ATLAST 程序包中提供了函数 gersch,可用于绘制盖尔圆,其调用格式为

```
gersch(A,eigplot, color)
```

其中后两个参数可以使用缺省值.

本例的 MATLAB 实现,详见本书配套程序 exm701.程序运行结果如图 7-1 和图 7-2 所示.

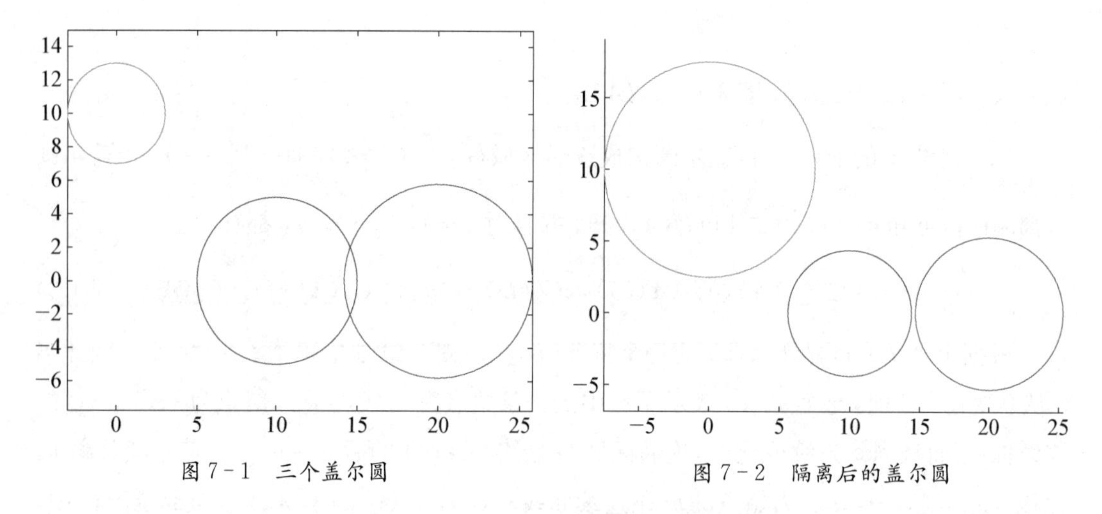

图 7-1 三个盖尔圆　　　　图 7-2 隔离后的盖尔圆

在图 7-1 中,注意到 $G_1(\boldsymbol{A})$ 与 $G_2(\boldsymbol{A})$ 有重叠,而我们最希望的当然是每个盖尔圆内有唯一的特征值,因此必须收缩这两个盖尔圆的半径.这种收缩最好不要改变矩阵的特征值,所以要考虑相似变换.在计算数学名著《代数特征值问题》[114]中,英国数学家威尔金森(J. H. Wilkinson, 1919—1986)指出,为了得到特征值的更加准确的估计,可以通过相似变换矩阵 $\boldsymbol{D}$,将矩阵 $\boldsymbol{A}$ 相似变换为矩阵 $\boldsymbol{B}=\boldsymbol{D}\boldsymbol{A}\boldsymbol{D}^{-1}$(思考:为什么不是 $\boldsymbol{B}=\boldsymbol{D}^{-1}\boldsymbol{A}\boldsymbol{D}$),以缩小盖尔圆的半径,达到隔离盖尔圆的目的.此即所谓**威尔金森技巧**.为计算方便,常常取 $\boldsymbol{D}$ 为对角矩阵.

设方阵 $\boldsymbol{A}=(a_{ij})\in\mathbb{C}^{n\times n}$ 且 $\boldsymbol{D}=\mathrm{diag}(d_1, d_2, \cdots, d_n)$ 的元素全为正数,其中某个 $d_i\neq 1$ 且剩余的 $d_j=1$ $(j\neq i)$,则矩阵 $\boldsymbol{B}=\boldsymbol{D}\boldsymbol{A}\boldsymbol{D}^{-1}$ 的 n 个行盖尔圆半径为

$$R'_i=\sum_{j=1,\, j\neq i}^{n}\left|a_{ij}\frac{d_i}{d_j}\right|=d_i\sum_{j=1,\, j\neq i}^{n}|a_{ij}|\frac{1}{d_j}=d_iR_i, \tag{7.1.4}$$

$$\begin{aligned}R'_k&=\sum_{j=1,\, j\neq k}^{n}\left|a_{kj}\frac{d_k}{d_j}\right|=d_k\sum_{j=1,\, j\neq k}^{n}|a_{kj}|\frac{1}{d_j}\\&=R_k+\left(\frac{1}{d_i}-1\right)|a_{ki}|\ (k=1,\ 2,\ \cdots,\ n,\ k\neq i).\end{aligned} \tag{7.1.5}$$

由式(7.1.4)和(7.1.5)可知,当 $d_i<1$ 时,$\boldsymbol{A}$ 的第 i 个行盖尔圆半径缩小,同时其余的 $n-1$ 个行盖尔圆半径都增大;当 $d_i>1$ 时 $\boldsymbol{A}$ 的第 i 个行盖尔圆半径增大,同时其余的 $n-1$ 个行盖尔圆半径都缩小.具体到图 7-1 中,应增大 $G_3(\boldsymbol{A})$ 的半径,这样就能同时缩小 $G_1(\boldsymbol{A})$ 与 $G_2(\boldsymbol{A})$ 的半径.

例 7.1.2(续)　矩阵 $\boldsymbol{A}$ 经过对角相似变换 $\boldsymbol{D}=\mathrm{diag}(1,\ 1,\ 2.5)$ 后,得

$$\boldsymbol{B}=\boldsymbol{DAD}^{-1}=\begin{pmatrix}20 & 5 & 0.32\\ 4 & 10 & 0.4\\ 2.5 & 5 & 10\mathrm{i}\end{pmatrix}.$$

$\boldsymbol{A}$ 的三个行盖尔圆分别放缩为(注意第 3 个圆的半径放大为原来的 $d_3=2.5$ 倍):

$$G'_1(\boldsymbol{B})=\{z\in\mathbb{C}\,\big|\,|z-20|\leqslant 5.32\},$$

$$G'_2(\boldsymbol{B})=\{z\in\mathbb{C}\,\big|\,|z-10|\leqslant 4.4\},$$

$$G'_3(\boldsymbol{B})=\{z\in\mathbb{C}\,\big|\,|z-10\mathrm{i}|\leqslant 7.5\}.$$

仅仅对矩阵元素进行简单的算术运算,就能够估计矩阵的特征值,盖尔定理的这种简洁性和优美性吸引了许多数学家,其中就包括德裔美籍数学家布劳尔(A. Brauer, 1894—1985),他于 1947 年发现优美的卡西尼卵形(oval of Cassini)也可以用于估计特征值.

定理 7.1.3(Brauer)　方阵 $\boldsymbol{A}=(a_{ij})\in\mathbb{C}^{n\times n}$ 的任意特征值 λ 都位于 $\dfrac{n(n-1)}{2}$ 个 Cassini 卵形的并集 B 内,即

$$\lambda\in B=\bigcup_{i,\, j=1,\, i\neq j}^{n}\{z\in\mathbb{C}\,\big|\,|z-a_{ii}||z-a_{jj}|\leqslant R_iR_j\}. \tag{7.1.6}$$

证明: 定理的证明与盖尔定理类似,区别仅在于要选择两个最大模分量.具体请参阅

文献[56：P356 - 357]或[115：P35 - 36].

不难发现布劳尔给出的卡西尼卵形区域是盖尔区域的子集.

7.1.3　矩阵的数值域

估计特征值的更一般性的思路,可以从矩阵的数值域入手.

定义 7.1.2(数值域和数值半径)　设方阵 $\boldsymbol{A} \in \mathbb{C}^{n\times n}$(未必是 Hermite 的),则称

$$W(\boldsymbol{A})=\{(\boldsymbol{Ax},\ \boldsymbol{x}) \mid \boldsymbol{x} \in \mathbb{C}^n,\ \|\boldsymbol{x}\|_2=1\} \tag{7.1.7}$$

为矩阵 $\boldsymbol{A}$ 的**数值域**(field of values),称

$$w(\boldsymbol{A})=\{|\boldsymbol{z}| \mid \boldsymbol{z} \in W(\boldsymbol{A})\} \tag{7.1.8}$$

为矩阵 $\boldsymbol{A}$ 的**数值半径**(numerical radius).

显然,当 $(\lambda,\ \boldsymbol{x})$ 是 $\boldsymbol{A}$ 的特征对(其中 $\|\boldsymbol{x}\|_2=1$),即 $\boldsymbol{Ax}=\lambda\boldsymbol{x}$ 时,内积 $(\boldsymbol{Ax},\ \boldsymbol{x})=\lambda(\boldsymbol{x},\ \boldsymbol{x})=\lambda$,即 $\lambda \in W(\boldsymbol{A})$. 这说明数值域具有**谱包含性**,即 $\lambda \in \sigma(\boldsymbol{A}) \subset W(\boldsymbol{A})$. 根据这个性质,马上可以再次推出下列特殊矩阵的特征值性质：Hermite 矩阵的特征值为实数,因为此时 $(\boldsymbol{Ax},\ \boldsymbol{x})$ 为实数,即 $W(\boldsymbol{A}) \subset \mathbb{R}$；反 Hermite 矩阵的特征值为纯虚数(包括 0),因为此时 $(\boldsymbol{Ax},\ \boldsymbol{x})$ 为纯虚数(包括 0),即 $W(\boldsymbol{A}) \subset \{bi,\ b \in \mathbb{R}\}$. 因此数值域的谱包含性正是用数值域估计特征值的根本大法.

联想到 $(\boldsymbol{Ax},\ \boldsymbol{x})$ 与范数的关系,以及范数的酉不变性,不难发现数值域的**酉不变性**：对任意酉矩阵 $\boldsymbol{U} \in \mathbb{C}^{n\times n}$,都有 $W(\boldsymbol{U}^{\mathrm{H}}\boldsymbol{AU})=W(\boldsymbol{A})$. 这是因为若记 $\boldsymbol{y}=\boldsymbol{Ux}$,则 $\|\boldsymbol{y}\|_2=\|\boldsymbol{Ux}\|_2=\|\boldsymbol{x}\|_2=1$,从而有 $(\boldsymbol{U}^{\mathrm{H}}\boldsymbol{AUx},\ \boldsymbol{x})=(\boldsymbol{AUx},\ \boldsymbol{Ux})=(\boldsymbol{Ay},\ \boldsymbol{y}) \in W(\boldsymbol{A})$,即 $W(\boldsymbol{U}^{\mathrm{H}}\boldsymbol{AU}) \subset W(\boldsymbol{A})$. 类似可得 $W(\boldsymbol{A}) \subset W(\boldsymbol{U}^{\mathrm{H}}\boldsymbol{AU})$.

从几何上看,$\boldsymbol{y}=\boldsymbol{Ux}$ 经常被理解为对向量 $\boldsymbol{x}$ 进行酉变换 $\boldsymbol{U}$(坐标轴的旋转变换或反射变换)后得到 $\boldsymbol{y}$,也就是点集 $W(\boldsymbol{A})$ 对应的图形不动,只旋转或反射坐标轴.进一步考虑数值域 $W(\boldsymbol{A})$ 的其他几何变换,不难发现数值域的平移变换和伸缩变换具有下列性质：$W(\alpha\boldsymbol{A}+\beta\boldsymbol{I})=\alpha W(\boldsymbol{A})+\beta$,对任意复数 $\alpha,\ \beta \in \mathbb{C}$.

上述的几何联想,实际上是基于 2 范数单位圆 $S=\{x \mid \boldsymbol{x} \in \mathbb{C}^n,\ \|\boldsymbol{x}\|_2=1\}$ 是个紧集(即在 $\mathbb{C}$ 中是有界闭集),而紧集在连续映射下的像也是紧集,因此 $W(\boldsymbol{A})$ 作为连续映射 $\boldsymbol{x} \mapsto (\boldsymbol{Ax},\ \boldsymbol{x})$ 下的像,自然也是紧集.

但从几何上看,上述的单位圆 S 还是个凸集,因此考察它在连续映射 $\boldsymbol{x} \mapsto (\boldsymbol{Ax},\ \boldsymbol{x})$ 下是否还保持凸性,就成了题中应有之义.

定理 7.1.4(Toeplitz-Hausdorff 定理) 方阵 $\boldsymbol{A} \in \mathbb{C}^{n\times n}$ 的 $W(\boldsymbol{A})$ 是凸集.

证明: 一个源自美国数学家哈尔莫斯(Halmos)的证明可见于文献[116: P8-9].

将 Toeplitz-Hausdorff 定理应用到 $n=2$ 的特殊情形,结合数值域的酉不变性以及平移变换和伸缩变换的性质,不难发现下述的椭圆域引理.

引理 7.1.5(椭圆域引理) 方阵 $\boldsymbol{A} \in \mathbb{C}^{2\times 2}$ 的 $W(\boldsymbol{A})$ 是复平面内一个以 $\boldsymbol{A}$ 的特征值为焦点的椭圆.特别地,如果 $\boldsymbol{A}=\begin{pmatrix}\lambda_1 & \alpha \\ 0 & \lambda_2\end{pmatrix}$,则:当 $\lambda=\lambda_1=\lambda_2$ 时,$W(\boldsymbol{A})$ 是一个以 λ 为圆心,以 $\frac{1}{2}|\alpha|$ 为半径的圆;当 $\lambda_1 \neq \lambda_2$ 且 $\alpha=0$ 时,$W(\boldsymbol{A})$ 是 λ_1 和 λ_2 的凸组合,即连接 λ_1 和 λ_2 的线段;当 $\lambda_1 \neq \lambda_2$ 且 $\alpha \neq 0$ 时,$W(\boldsymbol{A})$ 是一个以 λ_1 和 λ_2 为焦点,主轴与实轴夹角为某个 θ(即 $\lambda_1-\lambda_2$ 的主幅角)的椭圆.

证明: 参阅文献[113: P213-214]或[117: P4-5].

Toeplitz-Hausdorff 定理的证明方法很多,基于椭圆域引理的证明可见于文献[113: P214].

回到前面的根本大法,如果进一步考查更一般化的正规矩阵,需要引入向量集的**凸包**(convex hull)这个新工具,这里向量集 S 的凸包 $\mathrm{Co}(S)$ 指的是 S 中有限个点的所有凸组合的集合,它实际上是包含 S 的最小闭凸集.

定理 7.1.6(谱集的凸包) 正规矩阵 $\boldsymbol{A} \in \mathbb{C}^{n\times n}$ 的 $W(\boldsymbol{A})=\mathrm{Co}(\sigma(\boldsymbol{A}))$.

证明: 设 $\boldsymbol{A}$ 有谱分解 $\boldsymbol{A}=\boldsymbol{U}^{\mathrm{H}}\boldsymbol{\Lambda}\boldsymbol{U}$,其中 $\boldsymbol{\Lambda}=\mathrm{diag}(\lambda_1, \lambda_2, \cdots, \lambda_n)$ 为 $\boldsymbol{A}$ 的特征值矩阵,则 $W(\boldsymbol{A})=W(\boldsymbol{\Lambda})$. 注意到 $\boldsymbol{x}^{\mathrm{H}}\boldsymbol{\Lambda}\boldsymbol{x}=\sum_{i=1}^{n}\bar{x}_i x_i\lambda_i=\sum_{i=1}^{n}|x_i|^2\lambda_i$,且 $1=\boldsymbol{x}^{\mathrm{H}}\boldsymbol{x}=\sum_{i=1}^{n}|x_i|^2$,因此 $W(\boldsymbol{\Lambda})$ 是 $\boldsymbol{\Lambda}$ 的对角元的所有凸组合的集合,故 $W(\boldsymbol{A})=W(\boldsymbol{\Lambda})=\mathrm{Co}(\sigma(\boldsymbol{A}))$.

从几何上看,这意味着正规矩阵 $\boldsymbol{A}$ 的数值域 $W(\boldsymbol{A})$ 总是一个顶点为其所有特征值的凸多边形.特别地,当 $\boldsymbol{A}$ 是酉矩阵时,$W(\boldsymbol{A})$ 是 2 范数单位圆 $S=\{x \mid \boldsymbol{x} \in \mathbb{C}^n, \|\boldsymbol{x}\|_2=1\}$ 的内接多边形;当 $\boldsymbol{A}$ 是 Hermite 矩阵时,$W(\boldsymbol{A})$ 是实轴上端点分别为 $\boldsymbol{A}$ 的最小特征值和最大特征值的闭实线段.

对任意方阵 $\boldsymbol{A}, \boldsymbol{B} \in \mathbb{C}^{n\times n}$,还可以证明下列性质[109: P10-13]:

(1) $\mathrm{Co}(\sigma(\boldsymbol{A})) \subset W(\boldsymbol{A})$.

(2) 次可加性:$\sigma(\boldsymbol{A}+\boldsymbol{B}) \subset W(\boldsymbol{A}+\boldsymbol{B}) \subset W(\boldsymbol{A})+W(\boldsymbol{B})$;特别地,当 $\boldsymbol{A}, \boldsymbol{B}$ 是正规矩阵时,有 $\sigma(\boldsymbol{A}+\boldsymbol{B}) \subset \mathrm{Co}(\sigma(\boldsymbol{A}))+\mathrm{Co}(\sigma(\boldsymbol{B}))$.

(3) $W(\boldsymbol{A}+\boldsymbol{B})=\mathrm{Co}(W(\boldsymbol{A})\cup W(\boldsymbol{B}))$.

次可加性说明矩阵的数值半径是一个矩阵范数,因此有 $\rho(\boldsymbol{A})\leqslant w(\boldsymbol{A})$,这说明可以利用 $w(\boldsymbol{A})$ 寻找矩阵特征值的上界.

由于 Toeplitz-Hausdorff 定理对希尔伯特空间中的线性算子也成立,因此数值域的概念被进一步推广到了希尔伯特空间中的有界线性算子.相关的研究涉及算子理论、泛函分析、C*-代数、巴拿赫代数、数值分析、扰动理论、控制论以及量子力学等理论与应用科学,研究工具也涉及代数、分析、几何、组合理论、计算机编程等,因此受到诸多学者的广泛关注.有兴趣的读者可进一步参阅文献[117-118].

7.1.4 特征值的界

复数 $z=a+b\mathrm{i}=\mathrm{Re}\,z+\mathrm{i}\,\mathrm{Im}\,z$ 的实部 $\mathrm{Re}\,z$ 可以看成 z 在实轴上的投影,联想到方阵 $\boldsymbol{A}\in\mathbb{C}^{n\times n}$ 的笛卡尔分解 $\boldsymbol{A}=\boldsymbol{B}+\boldsymbol{C}$ 类似于复数.同时注意到 $\boldsymbol{B}$ 的数值域 $W(\boldsymbol{B})$ 是实轴上的闭实线段,而 $n=2$ 时 $W(\boldsymbol{A})$ 是一个椭圆,因此类比复数的情形,可将 $W(\boldsymbol{B})$ 可看成 $W(\boldsymbol{A})$ 在实轴上的投影.

定理 7.1.7(投影定理) 任意 $\boldsymbol{A}\in\mathbb{C}^{n\times n}$ 满足 $W(\boldsymbol{B})=\mathrm{Re}\,W(\boldsymbol{A})$,其中 $\boldsymbol{B}=\dfrac{1}{2}(\boldsymbol{A}+\boldsymbol{A}^{\mathrm{H}})$ 是 $\boldsymbol{A}$ 的 Hermite 部分.

证明: $\boldsymbol{x}^{\mathrm{H}}\boldsymbol{B}\boldsymbol{x}=\dfrac{1}{2}(\boldsymbol{x}^{\mathrm{H}}\boldsymbol{A}\boldsymbol{x}+\boldsymbol{x}^{\mathrm{H}}\boldsymbol{A}^{\mathrm{H}}\boldsymbol{x})=\dfrac{1}{2}(\boldsymbol{x}^{\mathrm{H}}\boldsymbol{A}\boldsymbol{x}+\overline{\boldsymbol{x}^{\mathrm{H}}\boldsymbol{A}\boldsymbol{x}})=\mathrm{Re}\,\boldsymbol{x}^{\mathrm{H}}\boldsymbol{A}\boldsymbol{x}$,因此 $W(\boldsymbol{B})$ 中每个点都可以写成 $\mathrm{Re}\,z$,其中 $z=\boldsymbol{x}^{\mathrm{H}}\boldsymbol{A}\boldsymbol{x}\in W(\boldsymbol{A})$.反之亦然.

投影定理意味着对任意 $\boldsymbol{A}\in\mathbb{C}^{n\times n}$,$\boldsymbol{A}+\boldsymbol{A}^{\mathrm{H}}$ 是正定的当且仅当 $W(\boldsymbol{A})$ 属于右半复平面(不含虚轴),$\boldsymbol{A}+\boldsymbol{A}^{\mathrm{H}}$ 是半正定的当且仅当 $W(\boldsymbol{A})$ 不属于左半复平面.这两个结论说明有时候仅仅通过估算 $W(\boldsymbol{A})$ 的范围,就可以确定相应矩阵的正定性(半正定性).

进一步地,利用矩阵的数值域理论,不仅可得到包含 $W(\boldsymbol{A})$ 的盖尔型区域,还可以进一步得到下述特征值估计不等式:

定理 7.1.8(数值半径的范数不等式) 对任意矩阵 $\boldsymbol{A}\in\mathbb{C}^{n\times n}$ 的任意相容范数,都有:

(1) $\rho(\boldsymbol{A})\leqslant w(\boldsymbol{A})\leqslant\|\boldsymbol{A}\|$,特别地,有 $\rho(\boldsymbol{A})\leqslant w(\boldsymbol{A})\leqslant\dfrac{1}{2}(\|\boldsymbol{A}\|_1+\|\boldsymbol{A}\|_\infty)$;

(2) $w(\boldsymbol{A})\leqslant\|\boldsymbol{A}\|\leqslant 2w(\boldsymbol{A})$.

证明: 留作习题.

同样地,按照投影定理,如果 $\boldsymbol{C}=\frac{1}{2}(\boldsymbol{A}-\boldsymbol{A}^{\mathrm{H}})=\boldsymbol{O}$, 则 $\boldsymbol{A}$ 是 Hermite 矩阵,特征值全为实数.而当 $\boldsymbol{C}$ 的元素在 0 附近变化时, $\boldsymbol{A}$ 的特征值会出现复数,因此矩阵 $\boldsymbol{C}$ 可用于确定矩阵 $\boldsymbol{A}$ 的特征值虚部的变化范围.德国数学家舒尔据此发现了估计特征值的下述不等式.

定理 7.1.9(Schur 不等式)　设 $\boldsymbol{A}\in\mathbb{C}^{n\times n}$ 的特征值为 $\lambda_1, \lambda_2, \cdots, \lambda_n$, $\boldsymbol{B}$, $\boldsymbol{C}$ 同前,则

(1) $|\lambda_1|^2+|\lambda_2|^2+\cdots+|\lambda_n|^2\leqslant\|\boldsymbol{A}\|_F^2$;

(2) $|\mathrm{Re}(\lambda_1)|^2+|\mathrm{Re}(\lambda_2)|^2+\cdots+|\mathrm{Re}(\lambda_n)|^2\leqslant\|\boldsymbol{B}\|_F^2$;

(3) $|\mathrm{Im}(\lambda_1)|^2+|\mathrm{Im}(\lambda_2)|^2+\cdots+|\mathrm{Im}(\lambda_n)|^2\leqslant\|\boldsymbol{C}\|_F^2$.

并且当且仅当 $\boldsymbol{A}$ 是正规矩阵时,等号成立.

证明: (1) 设 $\boldsymbol{A}$ 有 Schur 分解 $\boldsymbol{A}=\boldsymbol{UTU}^{\mathrm{H}}$, 易知上三角阵 $\boldsymbol{T}=(t_{rs})$ 的主对角元是矩阵 $\boldsymbol{A}$ 的特征值,于是根据 F 范数的酉不变性,有

$$\|\boldsymbol{A}\|_F^2=\|\boldsymbol{UTU}^H\|_F^2=\|T\|_F^2=\sum_{i=1}^n|\lambda_i|^2+\sum_{r<s}|t_{rs}|^2\geqslant\sum_{i=1}^n|\lambda_i|^2.$$

(2) 由于 $\boldsymbol{B}=\frac{1}{2}\boldsymbol{U}(\boldsymbol{T}+\boldsymbol{T}^{\mathrm{H}})\boldsymbol{U}^{\mathrm{H}}$, 因此

$$\begin{aligned}\|\boldsymbol{B}\|_F^2&=\left\|\frac{1}{2}(\boldsymbol{T}+\boldsymbol{T}^{\mathrm{H}})\right\|_F^2=\sum_{i=1}^n\left|\frac{1}{2}(\lambda_i+\bar{\lambda}_i)\right|^2+\sum_{r\neq s}\left|\frac{1}{2}(t_{rs}+\bar{t}_{sr})\right|^2\\&=\sum_{i=1}^n|\mathrm{Re}(\lambda_i)|^2+\frac{1}{2}\sum_{r<s}|t_{rs}|^2\geqslant\sum_{i=1}^n|\mathrm{Re}(\lambda_i)|^2.\end{aligned}$$

(3) 的证明与(2)类似,留作练习.

在上述证明中,当且仅当 $\boldsymbol{A}$ 是正规矩阵时,上三角阵 $\boldsymbol{T}$ 特殊为对角矩阵,即 $t_{rs}=0(r<s)$, 因此等号都成立.　证毕.

7.2　多项式特征值问题

标准特征值问题(standard eigenvalue problem, SEP) $\boldsymbol{Ax}=\lambda\boldsymbol{x}$ 可变形为

$$\boldsymbol{S}(\lambda)\boldsymbol{x}=(-\boldsymbol{A}+\lambda\boldsymbol{I})\boldsymbol{x}=\boldsymbol{0},$$

其中, λ 矩阵 $\boldsymbol{S}(\lambda)=-\boldsymbol{A}+\lambda\boldsymbol{I}$ 的对角元是关于 λ 的一次多项式,并且一次项系数都为 1.

按此视角,**广义特征值问题**(generalized eigenproblem, GEP) $\boldsymbol{Ax}=\lambda\boldsymbol{Bx}$ 即为

$$\boldsymbol{G}(\lambda)\boldsymbol{x}=(-\boldsymbol{A}+\lambda\boldsymbol{B})\boldsymbol{x}=\boldsymbol{0},$$

其中，λ 矩阵 $\boldsymbol{G}(\lambda)=-\boldsymbol{A}+\lambda\boldsymbol{B}$ 的元素是关于 λ 的一次多项式. 当 $\boldsymbol{B}=\boldsymbol{I}$ 时 GEP 退化为 SEP.

遵循历史习惯，称 λ 矩阵 $\boldsymbol{A}-\lambda\boldsymbol{B}$ 为**矩阵束**(matrix pencil)，记作 $(\boldsymbol{A},\boldsymbol{B})$，因此也将 $\boldsymbol{Ax}=\lambda\boldsymbol{Bx}$ 称为矩阵束 $(\boldsymbol{A},\boldsymbol{B})$ 的特征值问题. 用“束”是因为铅笔(pencil)一般是以捆扎成束的方式出售的.

类似地，有**二次特征值问题**(quadratic eigenproblem, QEP)

$$\boldsymbol{Q}(\lambda)\boldsymbol{x}=(\lambda^2\boldsymbol{M}+\lambda\boldsymbol{C}+\boldsymbol{K})\boldsymbol{x}=\boldsymbol{0},$$

这里，λ 矩阵 $\boldsymbol{Q}(\lambda)$ 为 λ 的二次矩阵多项式，其元素都是关于 λ 的二次多项式.

可继续推广到三次特征值问题(cubic eigenproblem, CEP)乃至更一般地的**多项式特征值问题**(polynomial eigenproblem, PEP)：

$$\boldsymbol{P}(\lambda)x=(\lambda^l\boldsymbol{A}_l+\cdots+\lambda\boldsymbol{A}_1+\boldsymbol{A}_0)\boldsymbol{x}=\boldsymbol{0}.$$

如果进一步将 λ 矩阵的元素推广为非线性函数，就有了**非线性特征值问题**(nonlinear eigenproblem, NEP)

$$\boldsymbol{T}(\lambda)\boldsymbol{x}=\boldsymbol{0},$$

这里，矩阵 $\boldsymbol{T}(\lambda)$ 的元素是关于 λ 的非线性函数.

由于二次多项式已经不是线性函数，因此一般将 QEP，CEP 等 PEP 看成特殊的 NEP，也就是说 QEP 是最特殊的 NEP. 当前的 NEP 研究聚焦于 PEP 领域. 至于更一般的 NEP，目前的主要算法基于的都是求解非线性方程组的 Newton 法及其变体，理论和算法都不成熟.

7.2.1 广义特征值问题

对于 GEP，称 $p(\lambda)=|\lambda\boldsymbol{B}-\boldsymbol{A}|$ 为其特征多项式，称满足 $p(\lambda)=0$ 的复数 λ 为矩阵束 $(\boldsymbol{A},\boldsymbol{B})$ 的特征值，记为 $\lambda(\boldsymbol{A},\boldsymbol{B})$ 或简记为 λ.

显然 $p(\lambda)$ 的次数 $d\leqslant n$，其根 λ 称为矩阵束 $(\boldsymbol{A},\boldsymbol{B})$ 的有限特征值. 当 $d<n$ 时，矩阵束 $(\boldsymbol{A},\boldsymbol{B})$ 有 $n-d$ 个无穷特征值. 例如，当 $\boldsymbol{A}=\mathrm{diag}(1,1,0)$，$\boldsymbol{B}=\mathrm{diag}(2,0,1)$ 时，矩阵束 $(\boldsymbol{A},\boldsymbol{B})$ 的特征值为 0.5，0 和 ∞.

注：(1) 当 λ 是有限特征值时，称满足 $\boldsymbol{Ax}=\lambda\boldsymbol{Bx}$ 的非零向量 $\boldsymbol{x}$ 为特征值 λ 的(右)特征向量，称 $(\lambda,\boldsymbol{x})$ 为矩阵束 $(\boldsymbol{A},\boldsymbol{B})$ 的特征对，称满足 $\boldsymbol{y}^{\mathrm{H}}\boldsymbol{A}=\lambda\boldsymbol{y}^{\mathrm{H}}\boldsymbol{B}$ 的非零向量 $\boldsymbol{y}$ 为特征

值λ 的左特征向量，称 $(\lambda, \boldsymbol{x}, \boldsymbol{y})$ 为矩阵束 $(\boldsymbol{A}, \boldsymbol{B})$ 的特征三元组(eigentriple).

(2) 当λ 是无穷特征值时，称满足 $\boldsymbol{Bx}=\boldsymbol{0}$ 的非零向量 $\boldsymbol{x}$ 为特征值λ 的(右)特征向量，称满足 $\boldsymbol{y}^{\mathrm{H}}\boldsymbol{B}=\boldsymbol{0}$ 的非零向量 $\boldsymbol{y}$ 为特征值λ 的左特征向量.

同 SEP 的情形类似，GEP 也未必存在 n 个线性无关的特征向量，即可能存在亏损特征值.特征值是亏损的，或者特征值是复数，在 SEP 中就极大地增加了问题的难度，更何况 GEP 中还可能会出现无穷特征值.无论是理论上还是算法上，这些情况都极大地增加了 GEP 的复杂程度.

同 SEP 类似，GEP 也存在等价变换.设 $\boldsymbol{X}, \boldsymbol{Y}$ 是可逆矩阵，则矩阵束 $(\boldsymbol{A}, \boldsymbol{B})$ 可通过等价变换 $\boldsymbol{X}, \boldsymbol{Y}$ 转化成矩阵束 $(\hat{\boldsymbol{A}}, \hat{\boldsymbol{B}})$，这里 $\hat{\boldsymbol{A}}=\boldsymbol{Y}^{\mathrm{H}}\boldsymbol{AX}$，$\hat{\boldsymbol{B}}=\boldsymbol{Y}^{\mathrm{H}}\boldsymbol{BX}$. 不难验证 $(\hat{\boldsymbol{A}}, \hat{\boldsymbol{B}})$ 与 $(\boldsymbol{A}, \boldsymbol{B})$ 的特征值相同，并且 $(\hat{\boldsymbol{A}}, \hat{\boldsymbol{B}})$ 的相应特征向量是 $\hat{\boldsymbol{x}}=\boldsymbol{X}^{-1}\boldsymbol{x}$，$\hat{\boldsymbol{y}}=\boldsymbol{Y}^{-1}\boldsymbol{y}$.

无论是理论上还是实际中，经常要处理的是特殊矩阵束 $(\boldsymbol{A}, \boldsymbol{B})$ 的特征值问题.

定义 7.2.1　在矩阵束 $(\boldsymbol{A}, \boldsymbol{B})$ 中，如果 $\boldsymbol{A}^{\mathrm{H}}=\boldsymbol{A}$，$\boldsymbol{B}^{\mathrm{H}}=\boldsymbol{B}$ 且 $\boldsymbol{B}>0$，则称 $(\boldsymbol{A}, \boldsymbol{B})$ 是**正定矩阵束.**

显然正定矩阵束 $(\boldsymbol{A}, \boldsymbol{B})$ 的 $p(\lambda)$ 的次数 $d=n$，因此 $(\boldsymbol{A}, \boldsymbol{B})$ 没有无穷特征值.

定理 7.2.1(正定矩阵束的性质)　若 $(\boldsymbol{A}, \boldsymbol{B})$ 是正定矩阵束，则：(1) $(\boldsymbol{A}, \boldsymbol{B})$ 的特征值全为实数，可以排序；(2) $(\boldsymbol{A}, \boldsymbol{B})$ 的特征向量对矩阵 $\boldsymbol{A}$ 加权正交，对矩阵 $\boldsymbol{B}$ 正交.

证明：(1) 由于 $\boldsymbol{B}>0$，故存在可逆矩阵 $\boldsymbol{Q}$，使得 $\boldsymbol{B}=\boldsymbol{Q}^{\mathrm{H}}\boldsymbol{Q}$，因此 $\boldsymbol{Q}^{-\mathrm{H}}\boldsymbol{AQ}^{-1}\boldsymbol{Qx}=\lambda\boldsymbol{Qx}$. 记 $\boldsymbol{S}=\boldsymbol{Q}^{-\mathrm{H}}\boldsymbol{AQ}^{-1}$，$\boldsymbol{y}=\boldsymbol{Qx}$，即得 $\boldsymbol{Sy}=\lambda\boldsymbol{y}$. 由于 $\boldsymbol{S}^{\mathrm{H}}=\boldsymbol{S}$，故 λ 都是实数.

(2) 对 $\boldsymbol{Ax}=\lambda\boldsymbol{Bx}$ 两边共轭转置，可得 $\boldsymbol{x}^{\mathrm{H}}\boldsymbol{A}=\lambda\boldsymbol{x}^{\mathrm{H}}\boldsymbol{B}$，即 $\boldsymbol{x}$ 也是特征值λ 的左特征向量.特别地，当$\boldsymbol{A}, \boldsymbol{B}$ 都是实矩阵时，特征值λ 对应的$\boldsymbol{x}$ 也是实向量.同 SEP 类似，也可以适当选取这些 $\boldsymbol{x}$，使得 $(\boldsymbol{x}_i, \boldsymbol{x}_j)_{\boldsymbol{B}}=\boldsymbol{x}_i^{\mathrm{H}}\boldsymbol{Bx}_j=\delta_{ij}$，即它们关于正定 Hermite 矩阵 $\boldsymbol{B}$ 正交.因此正定矩阵束 $(\boldsymbol{A}, \boldsymbol{B})$ 的特征对 $(\lambda_i, \boldsymbol{x}_i)$ 满足(其中 $i, j=1, 2, \cdots, n$)

$$\boldsymbol{Ax}_i=\lambda_i\boldsymbol{Bx}_i,\ \boldsymbol{x}_i^{\mathrm{H}}\boldsymbol{Bx}_j=\delta_{ij}, \tag{7.2.1}$$

也就是

$$\boldsymbol{x}_i^{\mathrm{H}}\boldsymbol{Ax}_j=\lambda_i\delta_{ij},\ \boldsymbol{x}_i^{\mathrm{H}}\boldsymbol{Bx}_j=\delta_{ij}. \tag{7.2.2}$$

这说明特征向量对矩阵 $\boldsymbol{A}$ 加权正交，即 $(\boldsymbol{x}_i, \boldsymbol{x}_j)_{\boldsymbol{A}}=\begin{cases}\lambda_i, & i=j,\\ 0, & i\neq j,\end{cases}$ 对矩阵 $\boldsymbol{B}$ 不仅加权正交，而且模已规范化，即 $(\boldsymbol{x}_i, \boldsymbol{x}_j)_{\boldsymbol{B}}=\delta_{ij}$.

若记 $\boldsymbol{X}=(\boldsymbol{x}_1, \boldsymbol{x}_2, \cdots, \boldsymbol{x}_n)$，$\boldsymbol{\Lambda}=(\lambda_1, \lambda_2, \cdots, \lambda_n)$，则式(7.2.2)的矩阵形式为

$$\boldsymbol{X}^{\mathrm{H}}\boldsymbol{AX}=\boldsymbol{\Lambda},\ \boldsymbol{X}^{\mathrm{H}}\boldsymbol{BX}=\boldsymbol{I}. \tag{7.2.3}$$

另外,由于 $\boldsymbol{x}_1, \boldsymbol{x}_2, \cdots, \boldsymbol{x}_n$ 两两 $\boldsymbol{B}$ 正交,因此它们也可以看成 $\mathbb{C}^n$ 的一组基,此时对任意 $\boldsymbol{x}\in\mathbb{C}^n$,显然有如下的展开定理 $\boldsymbol{x}=\alpha_1\boldsymbol{x}_1+\alpha_2\boldsymbol{x}_2+\cdots+\alpha_n\boldsymbol{x}_n$,其中的系数

$$\alpha_i=(\boldsymbol{x}, \boldsymbol{x}_i)_{\boldsymbol{B}}=\boldsymbol{x}_i^{\mathrm{H}}\boldsymbol{Bx}\ (i=1, 2, \cdots, n).$$

对正定矩阵束 $(\boldsymbol{A}, \boldsymbol{B})$,前述的等价变换也特殊为合同变换,即可令 $\hat{\boldsymbol{A}}=\boldsymbol{X}^{\mathrm{H}}\boldsymbol{AX}$, $\hat{\boldsymbol{B}}=\boldsymbol{X}^{\mathrm{H}}\boldsymbol{BX}$. 这显然相当于 $\boldsymbol{Y}=\boldsymbol{X}$ 的特殊情形.由于 $\hat{\boldsymbol{A}}$, $\hat{\boldsymbol{B}}$ 仍然是 Hermite 矩阵,并且 $\hat{\boldsymbol{B}}>\boldsymbol{0}$,因此 $(\hat{\boldsymbol{A}}, \hat{\boldsymbol{B}})$ 仍然是正定矩阵束.特别地,式(7.2.3)说明正定矩阵束 $(\boldsymbol{A}, \boldsymbol{B})$ 与正定矩阵束 $(\boldsymbol{\Lambda}, \boldsymbol{I})$ 是合同的,即两矩阵 $\boldsymbol{A}, \boldsymbol{B}$ 可同时合同对角化.

实际上,式(7.2.3)中实现同时合同对角化的矩阵 $\boldsymbol{X}$ 可放宽为可逆矩阵.

例 7.2.1 (同时合同对角化) 对正定矩阵束 $(\boldsymbol{A}, \boldsymbol{B})$ 的特征值问题,存在可逆矩阵 $\boldsymbol{P}$,使得

$$\boldsymbol{P}^{\mathrm{H}}\boldsymbol{AP}=\boldsymbol{\Lambda},\ \boldsymbol{P}^{\mathrm{H}}\boldsymbol{BP}=\boldsymbol{I}, \tag{7.2.4}$$

这里 $\boldsymbol{\Lambda}=\mathrm{diag}(\lambda_1, \lambda_2, \cdots, \lambda_n)$ 的对角元都是实数,且都是正定矩阵束 $(\boldsymbol{A}, \boldsymbol{B})$ 的特征值.

证明: 由于 $\boldsymbol{B}>0$,故存在可逆矩阵 $\boldsymbol{P}_1$,使得 $\boldsymbol{P}_1^{\mathrm{H}}\boldsymbol{BP}_1=\boldsymbol{I}$. 又 $\boldsymbol{A}^{\mathrm{H}}=\boldsymbol{A}$,因此 $\boldsymbol{P}_1^{\mathrm{H}}\boldsymbol{AP}_1$ 也是 Hermite 矩阵,故 $\boldsymbol{P}_1^{\mathrm{H}}\boldsymbol{AP}_1$ 酉相似于对角阵,即存在酉矩阵 $\boldsymbol{U}$ 及实对角阵 $\boldsymbol{\Lambda}=\mathrm{diag}(\lambda_1, \lambda_2, \cdots, \lambda_n)$,使得 $\boldsymbol{U}^{\mathrm{H}}(\boldsymbol{P}_1^{\mathrm{H}}\boldsymbol{AP}_1)\boldsymbol{U}=\boldsymbol{\Lambda}$. 令 $\boldsymbol{P}=\boldsymbol{P}_1\boldsymbol{U}$,则 $\boldsymbol{P}$ 可逆,且

$$\boldsymbol{P}^{\mathrm{H}}\boldsymbol{AP}=\boldsymbol{U}^{\mathrm{H}}\boldsymbol{P}_1^{\mathrm{H}}\boldsymbol{AP}_1\boldsymbol{U}=\boldsymbol{\Lambda},\ \boldsymbol{P}^{\mathrm{H}}\boldsymbol{BP}=\boldsymbol{U}^{\mathrm{H}}\boldsymbol{P}_1^{\mathrm{H}}\boldsymbol{BP}_1\boldsymbol{U}=\boldsymbol{U}^{\mathrm{H}}\boldsymbol{U}=\boldsymbol{I}.$$

由上面的第二式可得 $\boldsymbol{P}^{\mathrm{H}}=(\boldsymbol{BP})^{-1}$,代入第一式,得 $\boldsymbol{\Lambda}=\boldsymbol{P}^{\mathrm{H}}\boldsymbol{AP}=\boldsymbol{P}^{-1}\boldsymbol{B}^{-1}\boldsymbol{AP}$,这说明 $\lambda_1, \lambda_2, \cdots, \lambda_n$ 是矩阵 $\boldsymbol{B}^{-1}\boldsymbol{A}$ 的特征值,因此也是正定矩阵束 $(\boldsymbol{A}, \boldsymbol{B})$ 的特征值.

对于大规模稀疏矩阵 $\boldsymbol{A}, \boldsymbol{B}$ 的 GEP,当仁不让的仍然是投影类方法.这是一片浩瀚的海洋,存在大量文献.至于中小规模稠密矩阵 $\boldsymbol{A}, \boldsymbol{B}$ 的 GEP,可先采用等价变换将 GEP 转化为 SEP,同时保持变换前后的特征向量相同或存在线性关系,进而通过求解 SEP,解出变换前的 GEP.这类方法可统称为**谱变换**(spectral transformation)**方法**,具体如下.

楚列斯基分解法: 对正定矩阵束 $(\boldsymbol{A}, \boldsymbol{B})$ 的特征值问题,由于 $\boldsymbol{B}>0$,故有楚列斯基分解 $\boldsymbol{B}=\boldsymbol{LL}^{\mathrm{H}}$,从而 $\boldsymbol{Ax}=\lambda\boldsymbol{LL}^{\mathrm{H}}\boldsymbol{x}$, $\boldsymbol{y}^{\mathrm{H}}\boldsymbol{A}=\lambda\boldsymbol{y}^{\mathrm{H}}\boldsymbol{LL}^{\mathrm{H}}$,即

$$(\boldsymbol{L}^{-1}\boldsymbol{AL}^{-\mathrm{H}})(\boldsymbol{L}^{\mathrm{H}}\boldsymbol{x})=\lambda(\boldsymbol{L}^{\mathrm{H}}\boldsymbol{x}),\ (\boldsymbol{L}^{\mathrm{H}}\boldsymbol{y})^{\mathrm{H}}(\boldsymbol{L}^{-1}\boldsymbol{AL}^{-\mathrm{H}})=\lambda(\boldsymbol{L}^{\mathrm{H}}\boldsymbol{y})^{\mathrm{H}}.$$

令 $\hat{\boldsymbol{A}}=\boldsymbol{L}^{-1}\boldsymbol{A}\boldsymbol{L}^{-\mathrm{H}}$, $\hat{\boldsymbol{x}}=\boldsymbol{L}^{\mathrm{H}}\boldsymbol{x}$, $\hat{\boldsymbol{y}}=\boldsymbol{L}^{\mathrm{H}}\boldsymbol{y}$, 则得

$$\hat{\boldsymbol{A}}\hat{\boldsymbol{x}}=\lambda\hat{\boldsymbol{x}},\ \hat{\boldsymbol{y}}^{\mathrm{H}}\hat{\boldsymbol{A}}=\lambda\hat{\boldsymbol{y}}^{\mathrm{H}}, \tag{7.2.5}$$

显然算出 $\hat{\boldsymbol{A}}$ 的特征三元组 $(\lambda,\ \hat{\boldsymbol{x}},\ \hat{\boldsymbol{y}})$ 后,就可得到原 GEP 的特征三元组 $(\lambda,\ \boldsymbol{L}^{-\mathrm{H}}\hat{\boldsymbol{x}},\ \boldsymbol{L}^{-\mathrm{H}}\hat{\boldsymbol{y}})$.

值得欣喜的是,矩阵 $\hat{\boldsymbol{A}}$ 仍然是 Hermite 矩阵,因此楚列斯基分解法是一种保结构算法.但楚列斯基分解法要求矩阵束 $(\boldsymbol{A},\ \boldsymbol{B})$ 是正定的,这却极大地限定了它的适用范围.

另外尽管 $\boldsymbol{L}$ 是单位下三角矩阵,但 $\hat{\boldsymbol{A}}$ 却未必是稀疏的,这使得在求解相应的 SEP 时,享受不到三角分解的好处.实际中一般会避开直接求矩阵 $\hat{\boldsymbol{A}}$,而是代之以计算诸如 $\boldsymbol{r}=\hat{\boldsymbol{A}}\boldsymbol{q}$ 这样的矩阵向量积.

直接求逆法: 当矩阵 $\boldsymbol{B}$ 可逆时,显然广义特征值问题

$$\boldsymbol{A}\boldsymbol{x}=\lambda\boldsymbol{B}\boldsymbol{x},\ \boldsymbol{y}^{\mathrm{H}}\boldsymbol{A}=\lambda\boldsymbol{y}^{\mathrm{H}}\boldsymbol{B},$$

等价于下面的标准特征值问题:

$$(\boldsymbol{B}^{-1}\boldsymbol{A})\boldsymbol{x}=\lambda\boldsymbol{x},\ \hat{\boldsymbol{y}}^{\mathrm{H}}(\boldsymbol{B}^{-1}\boldsymbol{A})=\lambda\hat{\boldsymbol{y}}^{\mathrm{H}}, \tag{7.2.6}$$

其中 $\hat{\boldsymbol{y}}=\boldsymbol{B}^{\mathrm{H}}\boldsymbol{y}$, 或者等价于

$$(\boldsymbol{A}\boldsymbol{B}^{-1})\hat{\boldsymbol{x}}=\lambda\hat{\boldsymbol{x}},\ \boldsymbol{y}^{\mathrm{H}}(\boldsymbol{A}\boldsymbol{B}^{-1})=\lambda\boldsymbol{y}^{\mathrm{H}}, \tag{7.2.7}$$

其中 $\hat{\boldsymbol{x}}=\boldsymbol{B}\boldsymbol{x}$.

直接求逆法的优点是特征向量不变或存在线性关系,但缺点是矩阵 $\boldsymbol{B}$ 不可逆时不能使用,并且当矩阵 $\boldsymbol{B}>0$ 时,矩阵 $\boldsymbol{T}_I=\boldsymbol{B}^{-1}\boldsymbol{A}$ 或 $\boldsymbol{T}_I=\boldsymbol{A}\boldsymbol{B}^{-1}$ 一般不再是对称矩阵,即直接求逆法不是保结构的算法,这就使得相应 SEP 的计算变得十分复杂.

位移求逆法: 当矩阵 $\boldsymbol{A}$, $\boldsymbol{B}$ 都是不可逆的,或者矩阵 $\boldsymbol{B}$ 是病态矩阵时,显然无法使用式(7.2.5)、(7.2.6)或(7.2.7),此时一种常见的处理方式是通过适当选择位移(shift)或极点(pole) μ, 再通过直接求逆法,将之转化为 SEP:

$$\boldsymbol{T}_{SI}\boldsymbol{x}=\tau\boldsymbol{x},\ \boldsymbol{z}^{\mathrm{H}}\boldsymbol{T}_{SI}=\tau\boldsymbol{z}^{\mathrm{H}},$$

这里 $\boldsymbol{T}_{SI}=(\boldsymbol{A}-\mu\boldsymbol{B})^{-1}\boldsymbol{B}$, $\tau=(\lambda-\mu)^{-1}$, $z=(\boldsymbol{A}-\mu\boldsymbol{B})^{\mathrm{H}}\boldsymbol{y}$. 显然算出 $\boldsymbol{T}_{SI}$ 的特征三元组 $(\tau,\ \boldsymbol{x},\ \boldsymbol{z})$ 后,就可得到原 GEP 的特征值 $\lambda=\mu+\tau^{-1}$ 及相应的特征向量 $\boldsymbol{x}$ 和 $\boldsymbol{y}=(\boldsymbol{A}-\mu\boldsymbol{B})^{-\mathrm{H}}\boldsymbol{z}$.

位移求逆法(shift-and-invert, SI)的优点是特征向量不变或存在线性关系,矩阵 $\boldsymbol{B}$ 不

可逆时也可以使用,并且在求解邻近 μ 的特征值或绝对值很小的特征值时效率较高,因为通过特征值的倒数变换 $\tau=(\lambda-\mu)^{-1}$,原来靠得很近的特征值可以得到很好的分离.至于缺点,仍然是 $\boldsymbol{T}_{SI}$ 一般不是特殊矩阵.

例 7.2.2 求解广义特征值问题 $\boldsymbol{Ax}=\lambda\boldsymbol{Bx}$,其中 $\boldsymbol{A}=\begin{pmatrix}5&1\\1&1\end{pmatrix}$,$\boldsymbol{B}=\begin{pmatrix}18&2\\2&2\end{pmatrix}$.

解法一:直接计算法.

由于 $|\boldsymbol{A}-\lambda\boldsymbol{B}|=\begin{vmatrix}5-18\lambda&1-2\lambda\\1-2\lambda&1-2\lambda\end{vmatrix}=(1-2\lambda)(4-16\lambda)$,故所求特征值为 $\lambda_1=\dfrac{1}{2}$,$\lambda_2=\dfrac{1}{4}$.再分别解齐次线性方程组 $(\boldsymbol{A}-\lambda_1\boldsymbol{B})\boldsymbol{x}=\boldsymbol{0}$ 和 $(\boldsymbol{A}-\lambda_2\boldsymbol{B})\boldsymbol{x}=\boldsymbol{0}$,可得对应的特征向量分别为

$$\boldsymbol{x}_1=(0,\ 1)^{\mathrm{T}},\ \boldsymbol{x}_2=(1,\ -1)^{\mathrm{T}}.$$

解法二:直接求逆法.

$\boldsymbol{T}_I=\boldsymbol{B}^{-1}\boldsymbol{A}=\dfrac{1}{4}\begin{pmatrix}1&0\\1&2\end{pmatrix}$,$\boldsymbol{T}_I$ 的特征值为 $\lambda_1=\dfrac{1}{2}$,$\lambda_2=\dfrac{1}{4}$,此即所求特征值.再分别解齐次线性方程组 $(\boldsymbol{T}_I-\lambda_1\boldsymbol{I})\boldsymbol{x}=\boldsymbol{0}$ 和 $(\boldsymbol{T}_I-\lambda_2\boldsymbol{I})\boldsymbol{x}=\boldsymbol{0}$,可得对应的特征向量分别为

$$\boldsymbol{x}_1=(0,\ 1)^{\mathrm{T}},\ \boldsymbol{x}_2=(1,\ -1)^{\mathrm{T}}.$$

解法三:楚列斯基分解法.

易得楚列斯基分解 $\boldsymbol{B}=\boldsymbol{LL}^{\mathrm{H}}$,其中 $\boldsymbol{L}=\dfrac{1}{3}\begin{pmatrix}9\sqrt{2}&0\\\sqrt{2}&4\end{pmatrix}$,故 $\hat{\boldsymbol{A}}=\boldsymbol{L}^{-1}\boldsymbol{AL}^{-\mathrm{H}}=\dfrac{1}{36}\begin{pmatrix}10&2\sqrt{2}\\2\sqrt{2}&17\end{pmatrix}$,进而可得 $\hat{\boldsymbol{A}}$ 的特征值为 $\lambda_1=\dfrac{1}{2}$,$\lambda_2=\dfrac{1}{4}$,此即所求特征值.

分别解齐次线性方程组 $(\hat{\boldsymbol{A}}-\lambda_1\boldsymbol{I})\boldsymbol{x}=\boldsymbol{0}$ 和 $(\hat{\boldsymbol{A}}-\lambda_2\boldsymbol{I})\boldsymbol{x}=\boldsymbol{0}$,可得 $\hat{\boldsymbol{A}}$ 的特征向量分别为

$$\hat{\boldsymbol{x}}_1=(1,\ 2\sqrt{2})^{\mathrm{T}},\ \hat{\boldsymbol{x}}_2=(2\sqrt{2},\ -1)^{\mathrm{T}}.$$

由于 $\boldsymbol{L}^{-\mathrm{H}}\hat{\boldsymbol{x}}_1=\dfrac{3\sqrt{2}}{2}(0,\ 1)^{\mathrm{T}}$,$\boldsymbol{L}^{-\mathrm{H}}\hat{\boldsymbol{x}}_2=\dfrac{3}{4}(1,\ -1)^{\mathrm{T}}$,故所求特征向量可分别取为

$$\boldsymbol{x}_1=(0,\ 1)^{\mathrm{T}},\ \boldsymbol{x}_2=(1,\ -1)^{\mathrm{T}}.$$

MATLAB的内置函数 eig 也可用于计算矩阵束的特征对,其调用格式为

```
[V,D] = eig(A,B),[V,D] = eig(A,B,'chol').
```

返回的矩阵 $\boldsymbol{V}$ 和对角阵 $\boldsymbol{D}$ 满足 $\boldsymbol{AV}=\boldsymbol{BVD}$, 因此 $\boldsymbol{D}$ 的对角元是矩阵束 $(\boldsymbol{A},\boldsymbol{B})$ 的特征值, $\boldsymbol{V}$ 的列向量是相应的特征向量.当 $\boldsymbol{A}$ 是对称矩阵且 $\boldsymbol{B}$ 是对称正定矩阵时,可使用第二种调用格式,其效果与第一种等价.

MATLAB还提供了更加灵活的内置函数 eigs,可用于计算 SEP 和 GEP 的特征三元组的子集,具体请查询帮助文档.

本例的 MATLAB 代码实现,详见本书配套程序 exm702.

7.2.2 二次特征值问题

QEP 作为最简单的 NEP,正受到越来越多的关注,因为它广泛应用在结构动力分析、振动声学、多输入多输出系统分析、电路仿真、信号处理、流体力学、有限元分析、约束最小二乘问题等各个领域.

例如,对无外力作用但具有粘滞阻尼的结构系统,其运动方程为二阶微分方程

$$\boldsymbol{M}\ddot{\boldsymbol{x}}+\boldsymbol{C}\dot{\boldsymbol{x}}+\boldsymbol{K}\boldsymbol{x}=\boldsymbol{0}, \tag{7.2.8}$$

其中, $\boldsymbol{M}$ 表示质量矩阵(mass matrix),满足 $\boldsymbol{M}^{\mathrm{H}}=\boldsymbol{M}>0$; $\boldsymbol{C}$ 表示粘性阻尼矩阵(viscous damping matrix),满足 $\boldsymbol{C}^{H}=\boldsymbol{C}$; $\boldsymbol{K}$ 表示刚度矩阵(stiffness matrix),满足 $\boldsymbol{K}^{\mathrm{H}}=\boldsymbol{K}>0$; 向量 $\ddot{\boldsymbol{x}}$, $\dot{\boldsymbol{x}}$, $\boldsymbol{x}$ 分别表示加速度、速度和位移.将通解 $\boldsymbol{x}=\mathrm{e}^{\lambda t}\boldsymbol{u}$ 代入方程(7.2.8),即得特征方程

$$(\lambda^2\boldsymbol{M}+\lambda\boldsymbol{C}+\boldsymbol{K})\boldsymbol{u}=\boldsymbol{0},$$

这显然就是一个二次特征值问题.

抽去上述问题的物理意义,并放宽对矩阵 $\boldsymbol{M}$, $\boldsymbol{C}$, $\boldsymbol{K}$ 的要求,就得到了数学上的二次特征值问题(QEP):确定标量 $\lambda\in\mathbb{C}$ 和非零向量 $\boldsymbol{x}$, $\boldsymbol{y}\in\mathbb{C}^n$, 使得

$$\boldsymbol{Q}(\lambda)\boldsymbol{x}=\boldsymbol{0},\ \boldsymbol{y}^{\mathrm{H}}\boldsymbol{Q}(\lambda)=\boldsymbol{0}^{\mathrm{T}}, \tag{7.2.9}$$

其中, $\boldsymbol{Q}(\lambda)=\lambda^2\boldsymbol{M}+\lambda\boldsymbol{C}+\boldsymbol{K}$; λ 为特征值; $\boldsymbol{x}$, $\boldsymbol{y}$ 分别为 λ 对应的(右)特征向量和左特征向量.

如果对所有的 λ 值都有 $\det\boldsymbol{Q}(\lambda)$ 不恒等于 0(即不是零多项式),则称 $\boldsymbol{Q}(\lambda)$ 是**正则的**,否则就称为**奇异的**.显然 $\det\boldsymbol{Q}(\lambda)=\det(\boldsymbol{M})\lambda^{2n}+$ 低次项,所以当 $\boldsymbol{M}$ 可逆时, $\boldsymbol{Q}(\lambda)$ 是

正则的，并且有 $2n$ 个有限特征值.但当 $\boldsymbol{M}$ 不可逆时 $\det\boldsymbol{Q}(\lambda)$ 的次数 $r<2n$，此时 $\boldsymbol{Q}(\lambda)$ 只有 r 个有限特征值，同时存在 $2n-r$ 个无穷特征值.无穷特征值实际上对应的是逆二次多项式 $\lambda^2\boldsymbol{Q}(\lambda^{-1})=\lambda^2\boldsymbol{K}+\lambda\boldsymbol{C}+\boldsymbol{M}$ 的零特征值.另外对正则的 $\boldsymbol{Q}(\lambda)$ 而言，相异特征值可能对应同一个特征向量.因此 QEP 与 SEP 和 GEP 的一个主要代数区别在于：QEP 有 $2n$ 个特征值(有限或无穷大)，最多 $2n$ 个特征向量及最多 $2n$ 个左特征向量.这意味着如果 QEP 有 n 个以上的特征向量，它们显然构成了一个线性相关集.

例 7.2.3 求解二次特征值问题 $\boldsymbol{Q}(\lambda)\boldsymbol{x}=\boldsymbol{0}$，其中

$$\boldsymbol{M}=\begin{bmatrix}0&6&0\\0&6&0\\0&0&1\end{bmatrix},\ \boldsymbol{C}=\begin{bmatrix}1&-6&0\\2&-7&0\\0&0&0\end{bmatrix},\ \boldsymbol{K}=\begin{bmatrix}1&0&0\\0&1&0\\0&0&1\end{bmatrix}.$$

解： 易知 $\boldsymbol{Q}(\lambda)=\begin{bmatrix}\lambda+1&6\lambda^2-6\lambda&0\\2\lambda&6\lambda^2-7\lambda+1&0\\0&0&\lambda^2+1\end{bmatrix}$，而且 $\boldsymbol{Q}(\lambda)$ 是正则的，因为

$$\det\boldsymbol{Q}(\lambda)=-6\lambda^5+11\lambda^4-12\lambda^3+12\lambda^2-6\lambda+1.$$

解特征方程 $\det\boldsymbol{Q}(\lambda)=0$，得 5 个有限特征值为

$$\lambda_1=\frac{1}{3},\ \lambda_2=\frac{1}{2},\ \lambda_3=1,\ \lambda_4=\mathrm{i},\ \lambda_5=-\mathrm{i}.$$

接着依次解齐次方程组 $\boldsymbol{Q}(\lambda_k)\boldsymbol{x}=\boldsymbol{0}\ (k=1,2,\cdots,5)$，可得相应的特征向量分别为

$$\boldsymbol{x}_1=(1,1,0)^{\mathrm{T}},\ \boldsymbol{x}_2=(1,1,0)^{\mathrm{T}},\ \boldsymbol{x}_3=(0,1,0)^{\mathrm{T}},\ \boldsymbol{x}_4=(0,0,1)^{\mathrm{T}},\ \boldsymbol{x}_5=(0,0,1)^{\mathrm{T}}.$$

显然第 6 个特征值 $\lambda_6=\infty$，此时解齐次方程组 $(0^2\boldsymbol{K}+0\boldsymbol{C}+\boldsymbol{M})\boldsymbol{x}=\boldsymbol{0}$，即得 $\boldsymbol{x}_6=(1,0,0)^{\mathrm{T}}$.

MATLAB 没有专门为 QEP 提供内置函数，但其中用于求解 PEP 的内置函数 polyeig 当然可用来求解 QEP，其调用格式为

```
[X,e] = polyeig(K,C,M)
```

其中，向量 $\boldsymbol{e}$ 的元素为特征值.

关于 polyeig 函数，要特别注意的是参数的顺序.另外，`polyeig(A)`等价于 `eig(A)`，`polyeig(A,B)`等价于 `eig(A,-B)`.

本例的 MATLAB 代码实现,详见本书配套程序 exm703.

可以看出,本例中尽管 $\lambda_1 \neq \lambda_2$,可是却有 $\boldsymbol{x}_1 = \boldsymbol{x}_2$. 另外 λ_4, λ_5 对应的特征向量也相同.这样剩下 4 个不同的特征向量 $\boldsymbol{x}_1$, $\boldsymbol{x}_3$, $\boldsymbol{x}_4$, $\boldsymbol{x}_6$, 它们的一个极大无关组为 $\boldsymbol{x}_1$, $\boldsymbol{x}_3$, $\boldsymbol{x}_4$, 其中的向量个数正好是 $n=3$. 事实上,可以证明,如果正则的 $\boldsymbol{Q}(\lambda)$ 有 $2n$ 个两两不等的特征值(包括无穷特征值),那么它必有 n 个线性无关的特征向量组,正好可以构成 $\mathbb{C}^n$ 的一组基.这显然是对 SEP 和 GEP 中的相关结论所做的重要推广.

对于中小规模稠密矩阵,QEP 的求解方法可分成两类: 一类是通过分解 $\boldsymbol{Q}(\lambda)$, 将 QEP 转化为一次特征值问题(1 个 SEP 和 1 个 GEP);另一类则是通过线性化技术,将 QEP 转化为与之等价的 GEP.至于大规模稀疏矩阵的 QEP,主流的仍然是投影类方法.

分解法: 令 $\boldsymbol{Q}(\boldsymbol{S}) = \boldsymbol{MS}^2 + \boldsymbol{CS} + \boldsymbol{K}$, $\boldsymbol{S} \in \mathbb{C}^{n\times n}$, 则有

$$\boldsymbol{Q}(\lambda) - \boldsymbol{Q}(\boldsymbol{S}) = (\lambda\boldsymbol{M} + \boldsymbol{MS} + \boldsymbol{C})(\lambda\boldsymbol{I} - \boldsymbol{S}). \tag{7.2.10}$$

这就是所谓**广义 Bezout 定理**.显然,当 $\boldsymbol{Q}(\boldsymbol{S}) = \boldsymbol{O}$ 时,式(7.2.10)就特殊为

$$\boldsymbol{Q}(\lambda) = (\lambda\boldsymbol{M} + \boldsymbol{MS} + \boldsymbol{C})(\lambda\boldsymbol{I} - \boldsymbol{S}).$$

此时 $\det\boldsymbol{Q}(\lambda)=0$ 即为 $\det(\lambda\boldsymbol{M}+\boldsymbol{MS}+\boldsymbol{C})\det(\lambda\boldsymbol{I}-\boldsymbol{S})=0$, 因此原 QEP 分解为如下问题:

(1) 求 $\boldsymbol{Sx} = \lambda\boldsymbol{x}$ 的 n 个特征对;

(2) 求 $(\boldsymbol{MS}+\boldsymbol{C})\boldsymbol{x} = -\lambda\boldsymbol{Mx}$ 的 n 个特征对.

分解法存在二个困难.首先, $\boldsymbol{S}$ 可能不存在,即使存在,条件数实际中也不容易检验;其次, $\boldsymbol{S}$ 的计算也是件麻烦事,可能比求解该 QEP 更困难.

线性化方法: 对于微分方程(7.2.8)的解 $\boldsymbol{x} = \mathrm{e}^{\lambda t}\boldsymbol{u}$, 易知 $\dot{\boldsymbol{x}} = \lambda\mathrm{e}^{\lambda t}\boldsymbol{u} = \lambda\boldsymbol{x}$. 因此参考习题 6.38 的思路,若令

$$\boldsymbol{z} = \begin{bmatrix} \boldsymbol{x} \\ \lambda\boldsymbol{x} \end{bmatrix}, \ \boldsymbol{w} = \begin{bmatrix} (\lambda\boldsymbol{M} + \boldsymbol{C})^{\mathrm{H}}\boldsymbol{y} \\ \boldsymbol{y} \end{bmatrix}, \tag{7.2.11}$$

$$\boldsymbol{A} = \begin{bmatrix} \boldsymbol{O} & \boldsymbol{I} \\ -\boldsymbol{K} & -\boldsymbol{C} \end{bmatrix}, \ \boldsymbol{B} = \begin{bmatrix} \boldsymbol{I} & \boldsymbol{O} \\ \boldsymbol{O} & \boldsymbol{M} \end{bmatrix}, \tag{7.2.12}$$

则 QEP(7.2.9)被替换为如下的等价系统:

$$\boldsymbol{Az} = \lambda\boldsymbol{Bz}, \ \boldsymbol{w}^{\mathrm{H}}\boldsymbol{A} = \lambda\boldsymbol{w}^{\mathrm{H}}\boldsymbol{B} \tag{7.2.13}$$

称为原 QEP 的一个**线性化**(linearization).

注意到矩阵束 $(\boldsymbol{A}, \boldsymbol{B})$ 具有如下分解：

$$\boldsymbol{A}-\lambda\boldsymbol{B}=\begin{pmatrix}\boldsymbol{O} & \boldsymbol{I}\\ -\boldsymbol{I} & -\lambda\boldsymbol{M}-\boldsymbol{C}\end{pmatrix}\begin{pmatrix}\lambda^2\boldsymbol{M}+\lambda\boldsymbol{C}+\boldsymbol{K} & \boldsymbol{O}\\ \boldsymbol{O} & \boldsymbol{I}\end{pmatrix}\begin{pmatrix}\boldsymbol{I} & \boldsymbol{O}\\ -\lambda\boldsymbol{I} & \boldsymbol{I}\end{pmatrix},$$

因此根据 λ 矩阵的知识，可知

$$\boldsymbol{A}-\lambda\boldsymbol{B}\sim\begin{pmatrix}\lambda^2\boldsymbol{M}+\lambda\boldsymbol{C}+\boldsymbol{K} & \boldsymbol{O}\\ \boldsymbol{O} & \boldsymbol{I}\end{pmatrix},$$

并且 $\det(\boldsymbol{A}-\lambda\boldsymbol{B})=\det(\lambda^2\boldsymbol{M}+\lambda\boldsymbol{C}+\boldsymbol{K})$. 这意味着 GEP(7.2.13)的特征值就是原 QEP(7.2.9)的特征值，同时利用式(7.2.11)就可得到原 QEP(7.2.9)的特征向量.

上述线性化的缺点是矩阵 $\boldsymbol{A}, \boldsymbol{B}$ 未必是保结构的(即保持矩阵 $\boldsymbol{M}, \boldsymbol{C}, \boldsymbol{K}$ 的特殊性).例如，即使 $\boldsymbol{M}, \boldsymbol{C}, \boldsymbol{K}$ 都是 Hermite 矩阵时，矩阵 $\boldsymbol{A}$ 也未必是 Hermite 矩阵.好在这可以通过对 $\boldsymbol{A}, \boldsymbol{B}$ 的修改来弥补.因为线性化不是唯一的，所以可选择具有保结构功能的线性化.

实践中经常使用下述的**第一友型**和**第二友型**

$$L1: \boldsymbol{A}=\begin{pmatrix}\boldsymbol{O} & \boldsymbol{N}\\ -\boldsymbol{K} & -\boldsymbol{C}\end{pmatrix}, \boldsymbol{B}=\begin{pmatrix}\boldsymbol{N} & \boldsymbol{O}\\ \boldsymbol{O} & \boldsymbol{M}\end{pmatrix}.$$

$$L2: \boldsymbol{A}=\begin{pmatrix}-\boldsymbol{K} & \boldsymbol{O}\\ \boldsymbol{O} & \boldsymbol{N}\end{pmatrix}, \boldsymbol{B}=\begin{pmatrix}\boldsymbol{C} & \boldsymbol{M}\\ \boldsymbol{N} & \boldsymbol{O}\end{pmatrix}.$$

其中，$\boldsymbol{N}$ 可取任意的 n 阶可逆矩阵.选择第一友型还是第二友型，取决于 $\boldsymbol{M}$ 和 $\boldsymbol{K}$ 的奇异性.一般将 $\boldsymbol{N}$ 选为单位矩阵或其倍数，例如 $\|\boldsymbol{M}\|\boldsymbol{I}$ 或 $\|\boldsymbol{K}\|\boldsymbol{I}$. 不难发现 $\boldsymbol{N}=\boldsymbol{I}$ 的情形就是式(7.2.12).当 $\boldsymbol{M}, \boldsymbol{C}, \boldsymbol{K}$ 都是 Hermite 矩阵时，若 $\boldsymbol{K}$ 还是可逆矩阵，则可取 $\boldsymbol{N}=\boldsymbol{K}$，此时得到的矩阵 $\boldsymbol{A}, \boldsymbol{B}$ 都是 Hermite 矩阵.

谱变换法在 GEP 中发挥了重要作用，类似地，通过对 QEP 实施谱变换，也可以增强线性化方法的适用范围，具体请查阅文献.

7.3 瑞利商和广义瑞利商

英国物理学家瑞利勋爵(Lord Rayleigh, 1842—1919)在 19 世纪 70 年代研究振动系统的小振荡时，为了找到合适的广义坐标，提出了瑞利商.在物理和信息等学科的理论研究中，经常需要确定 Hermite 矩阵的瑞利商的极值，以及两个 Hermite 矩阵的广义瑞利商的极值.

7.3.1 瑞利商

考虑二次型 $\boldsymbol{x}^{\mathrm{H}}\boldsymbol{A}\boldsymbol{x}$，其中 $\boldsymbol{A}^{\mathrm{H}}=\boldsymbol{A}$ 且 $\|\boldsymbol{x}\|_2=1$. 如果存在 $\boldsymbol{A}\boldsymbol{x}=\lambda\boldsymbol{x}$，那么显然有 $\lambda=\boldsymbol{x}^{\mathrm{H}}\boldsymbol{A}\boldsymbol{x}=(\boldsymbol{A}\boldsymbol{x},\boldsymbol{x})$；如果 $\boldsymbol{A}\boldsymbol{x}\approx\lambda\boldsymbol{x}$，自然也希望 $\lambda\approx\boldsymbol{x}^{\mathrm{H}}\boldsymbol{A}\boldsymbol{x}=(\boldsymbol{A}\boldsymbol{x},\boldsymbol{x})$.

定义 7.3.1(瑞利商) 设 $\boldsymbol{A}$ 是 Hermite 矩阵,称 $R(\boldsymbol{x})=\boldsymbol{x}^{\mathrm{H}}\boldsymbol{A}\boldsymbol{x}$ ($\|\boldsymbol{x}\|_2=1$) 为矩阵 $\boldsymbol{A}$ 的**瑞利商**(rayleigh quotient).

不难发现 $R(\boldsymbol{x})$ 就是特殊的内积 $(\boldsymbol{A}\boldsymbol{x},\boldsymbol{x})$，因此根据定理 7.1.6,当 $\boldsymbol{A}$ 是 Hermite 矩阵时,$\boldsymbol{W}(\boldsymbol{A})$ 是实数轴上两端点分别为最小特征值和最大特征值的闭实线段.

定理 7.3.1(Rayleigh-Ritz) 设 $\boldsymbol{A}$ 是 Hermite 矩阵,其特征值为 $\lambda_1\leqslant\lambda_2\leqslant\cdots\leqslant\lambda_n$，则

$$\lambda_1=\min_{\boldsymbol{x}\neq 0}R(\boldsymbol{x})=\min_{\boldsymbol{x}^{\mathrm{H}}\boldsymbol{x}=1}\boldsymbol{x}^{\mathrm{H}}\boldsymbol{A}\boldsymbol{x},\ \lambda_n=\max_{\boldsymbol{x}\neq 0}R(\boldsymbol{x})=\max_{\boldsymbol{x}^{\mathrm{H}}\boldsymbol{x}=1}\boldsymbol{x}^{\mathrm{H}}\boldsymbol{A}\boldsymbol{x}. \tag{7.3.1}$$

证明: 由于 $\boldsymbol{A}$ 是 Hermite 矩阵,故有谱分解 $\boldsymbol{A}=\boldsymbol{U}\boldsymbol{\Lambda}\boldsymbol{U}^{\mathrm{H}}$，这里 $\boldsymbol{U}$ 是酉矩阵,则

$$R(\boldsymbol{x})=\boldsymbol{x}^{\mathrm{H}}\boldsymbol{A}\boldsymbol{x}=\boldsymbol{x}^{\mathrm{H}}\boldsymbol{U}\boldsymbol{\Lambda}\boldsymbol{U}^{\mathrm{H}}\boldsymbol{x}=(\boldsymbol{U}^{\mathrm{H}}\boldsymbol{x})^{\mathrm{H}}\boldsymbol{\Lambda}(\boldsymbol{U}^{\mathrm{H}}\boldsymbol{x}).$$

令 $\boldsymbol{\Lambda}=\mathrm{diag}(\lambda_1,\lambda_2,\cdots,\lambda_n)$，$\boldsymbol{U}^{\mathrm{H}}\boldsymbol{x}=\boldsymbol{y}=(y_1,y_2,\cdots,y_n)^{\mathrm{T}}$，则有

$$\|\boldsymbol{y}\|_2=\|\boldsymbol{U}^{\mathrm{H}}\boldsymbol{x}\|_2=\|\boldsymbol{x}\|_2=1,\ R(\boldsymbol{x})=\sum_{i=1}^{n}\lambda_i\,|\,y_i\,|^2,$$

所以

$$\lambda_1=\lambda_1\sum_{i=1}^{n}|\,y_i\,|^2\leqslant R(\boldsymbol{x})\leqslant\lambda_n\sum_{i=1}^{n}|\,y_i\,|^2=\lambda_n.$$

Rayleigh-Ritz 定理意味着 $R(\boldsymbol{x})\geqslant\lambda_1$，因此不断地改进 $\boldsymbol{x}$ 的取值,可以用 $R(\boldsymbol{x})$ 从右侧逼近 $\boldsymbol{A}$ 的最小特征值 λ_1. 类似地，$R(\boldsymbol{x})\leqslant\lambda_n$，因此不断地改进 $\boldsymbol{x}$ 的取值,也可以用 $R(\boldsymbol{x})$ 从左侧逼近 $\boldsymbol{A}$ 的最大特征值 λ_n.

更一般地,Hermite 矩阵的特征值具有如下的极值定理.

定理 7.3.2(Courant-Fischer) 设 $\boldsymbol{A}$ 是 Hermite 矩阵,其特征值为 $\lambda_1\leqslant\lambda_2\leqslant\cdots\leqslant\lambda_n$，则

$$\lambda_i=\max_{\dim(W_i)=n-i+1}\ \min_{\substack{\boldsymbol{x}\in W_i\subset\mathbb{C}^n,\\ \boldsymbol{x}^{\mathrm{H}}\boldsymbol{x}=1}}R(\boldsymbol{x}),\ \lambda_i=\min_{\dim(W_{n-i+1})=i}\ \max_{\substack{\boldsymbol{x}\in W_{n-i+1}\subset\mathbb{C}^n,\\ \boldsymbol{x}^{\mathrm{H}}\boldsymbol{x}=1}}R(\boldsymbol{x}). \tag{7.3.2}$$

证明: 请参阅文献[44：P163－164]或[56：P204－205].

根据 Courant-Fischer 定理,可以证明下面的交错定理.

定理 7.3.3(Sturm 交错定理) 设 $\boldsymbol{A}$ 是 Hermite 矩阵, $\boldsymbol{A}$ 的 r 阶主子矩阵 $\boldsymbol{A}_r$ 和 $r+1$ 阶主子矩阵 $\boldsymbol{A}_{r+1}$ 的特征值分别为 $\tau_1 \leqslant \tau_2 \leqslant \cdots \leqslant \tau_r$ 和 $\mu_1 \leqslant \mu_2 \leqslant \cdots \leqslant \mu_{r+1}$, 则

$$\mu_1 \leqslant \tau_1 \leqslant \mu_2 \leqslant \tau_2 \leqslant \cdots \leqslant \mu_r \leqslant \tau_r \leqslant \mu_{r+1}.$$

证明: 请参阅文献[114: P107 - 108].

例 7.3.1 考虑 pascal 矩阵

$$\boldsymbol{A} = \begin{pmatrix} 1 & 1 & 1 & 1 \\ 1 & 2 & 3 & 4 \\ 1 & 3 & 6 & 10 \\ 1 & 4 & 10 & 20 \end{pmatrix}.$$

显然, $\sigma(\boldsymbol{A}_1) = \{1\}$, $\sigma(\boldsymbol{A}_2) = \{0.382\,0,\ 2.618\,0\}$, $\sigma(\boldsymbol{A}_3) = \{0.127\,0,\ 1.000\,0,\ 7.873\,0\}$, $\sigma(\boldsymbol{A}_4) = \{0.038\,0,\ 0.453\,8,\ 2.203\,4,\ 26.304\,7\}$. 不难发现它们都满足 Sturm 交错定理.

7.3.2 广义瑞利商

定义 7.3.2(广义瑞利商) 设 $\boldsymbol{A}, \boldsymbol{B} \in \mathbb{C}^{n\times n}$ 都是 Hermite 矩阵且 $\boldsymbol{B} > 0$, 向量 $\|\boldsymbol{x}\|_2 = \boldsymbol{1}$, 则称

$$R(\boldsymbol{x}) = \frac{\boldsymbol{x}^{\mathrm{H}}\boldsymbol{A}\boldsymbol{x}}{\boldsymbol{x}^{\mathrm{H}}\boldsymbol{B}\boldsymbol{x}} \tag{7.3.3}$$

为矩阵 $\boldsymbol{A}$ 相对于矩阵 $\boldsymbol{B}$ 的**广义瑞利商**,简称正定矩阵束 $(\boldsymbol{A}, \boldsymbol{B})$ 的广义瑞利商.

由于 $\boldsymbol{B} > 0$, 根据定理 4.2.11,存在平方分解 $\boldsymbol{B} = \boldsymbol{H}^2$, 这里 $\boldsymbol{H} = \boldsymbol{B}^{1/2} > 0$. 令 $\boldsymbol{x} = \boldsymbol{H}^{-1}\boldsymbol{y}$, 则

$$R(\boldsymbol{x}) = \frac{\boldsymbol{y}^{\mathrm{H}}\boldsymbol{H}^{-1}\boldsymbol{A}\boldsymbol{H}^{-1}\boldsymbol{y}}{\boldsymbol{x}^{\mathrm{H}}\boldsymbol{H}^2\boldsymbol{x}} = \frac{\boldsymbol{y}^{\mathrm{H}}\hat{\boldsymbol{A}}\boldsymbol{y}}{\boldsymbol{y}^{\mathrm{H}}\boldsymbol{y}} \tag{7.3.4}$$

即广义瑞利商等价于 Hermite 矩阵 $\hat{\boldsymbol{A}} = \boldsymbol{H}^{-1}\boldsymbol{A}\boldsymbol{H}^{-1}$ 的瑞利商.因此讨论广义瑞利商的极性时,只需在椭球面

$$S_{\boldsymbol{B}} = \{\boldsymbol{x} \in \mathbb{C}^n \mid (\boldsymbol{x},\ \boldsymbol{x})_{\boldsymbol{B}} = \boldsymbol{x}^{\mathrm{H}}\boldsymbol{B}\boldsymbol{x} = 1\}$$

上讨论,注意内积现在是 $\boldsymbol{B}$ 内积.

由式(7.3.4)和 Rayleigh-Ritz 定理可知，当选出的 $\boldsymbol{y}$ 分别是 $\hat{\boldsymbol{A}}$ 的最小特征值和最大特征值所对应的特征向量时，广义瑞利商分别达到最小值和最大值.若设 $(\lambda, \boldsymbol{y})$ 为 $\hat{\boldsymbol{A}}$ 的特征对，则 $\boldsymbol{H}^{-1}\hat{\boldsymbol{A}}\boldsymbol{y}=\boldsymbol{H}^{-2}\boldsymbol{A}\boldsymbol{H}^{-1}\boldsymbol{y}=\lambda\boldsymbol{H}^{-1}\boldsymbol{y}$，此即 $\boldsymbol{B}^{-1}\boldsymbol{A}\boldsymbol{x}=\lambda\boldsymbol{x}$，也就是 $\boldsymbol{A}\boldsymbol{x}=\lambda\boldsymbol{B}\boldsymbol{x}$. 这说明广义瑞利商达到的是广义特征值问题 $\boldsymbol{A}\boldsymbol{x}=\lambda\boldsymbol{B}\boldsymbol{x}$ 的最值.

事实上，按照极值理论，易知广义瑞利商 $R(\boldsymbol{x})$ 的驻点 $\boldsymbol{x}_0$ 就是广义特征值问题 $\boldsymbol{A}\boldsymbol{x}=\lambda\boldsymbol{B}\boldsymbol{x}$ 的特征向量，$R(\boldsymbol{x}_0)$ 就是相应的特征值.这是因为式(7.3.3)可改写为 $(\boldsymbol{x}^{\mathrm{H}}\boldsymbol{B}\boldsymbol{x})R(\boldsymbol{x})=\boldsymbol{x}^{\mathrm{H}}\boldsymbol{A}\boldsymbol{x}$，两边求梯度，即得 $\nabla_x R=\dfrac{2}{\boldsymbol{x}^{\mathrm{H}}\boldsymbol{B}\boldsymbol{x}}(\boldsymbol{A}\boldsymbol{x}-R(\boldsymbol{x})\boldsymbol{B}\boldsymbol{x})$，因此 $\nabla_x R=\boldsymbol{0}$ 当且仅当 $\boldsymbol{A}\boldsymbol{x}_0=R(\boldsymbol{x}_0)\boldsymbol{B}\boldsymbol{x}_0$.

综合上述，即得推广的 Rayleigh-Ritz 定理.

定理 7.3.4(Rayleigh-Ritz)　设正定矩阵束 $(\boldsymbol{A}, \boldsymbol{B})$ 的特征值为 $\lambda_1\leqslant\lambda_2\leqslant\cdots\leqslant\lambda_n$，则

$$\lambda_1=\min_{\|\boldsymbol{x}\|_2=1}\frac{\boldsymbol{x}^{\mathrm{H}}\boldsymbol{A}\boldsymbol{x}}{\boldsymbol{x}^{\mathrm{H}}\boldsymbol{B}\boldsymbol{x}},\ \lambda_n=\max_{\|\boldsymbol{x}\|_2=1}\frac{\boldsymbol{x}^{\mathrm{H}}\boldsymbol{A}\boldsymbol{x}}{\boldsymbol{x}^{\mathrm{H}}\boldsymbol{B}\boldsymbol{x}}. \tag{7.3.5}$$

7.4　特征值问题的数值算法综述

由于存在大量应用，特征值的数值计算尤其是大规模数值计算如今已引起越来越多的关注.

在求解特征值问题时，需要考虑的因素远远多于求解线性方程组，而且这些不同的因素极大地决定了算法的不同选择.仅就标准特征值问题 $\boldsymbol{A}\boldsymbol{x}=\lambda\boldsymbol{x}$ 而言，就需要考虑下列因素：

(1) $\boldsymbol{A}$ 是实矩阵还是复矩阵?

(2) $\boldsymbol{A}$ 是否具有某些特殊性质，例如 $\boldsymbol{A}$ 是实对称矩阵、Hermite 矩阵抑或酉矩阵吗?

(3) $\boldsymbol{A}$ 是否具有某种特殊结构，例如 $\boldsymbol{A}$ 是带状矩阵、稀疏矩阵抑或 Toeplitz 矩阵吗?

(4) 需要求 $\boldsymbol{A}$ 的哪些特征值，比如最大的特征值、绝对值最小的特征值还是特征值的实部?

尽管如此，一般仍可将特征值问题的数值算法大致划分为求解中小型稠密矩阵全部特征值的变换类方法和求解大型稀疏矩阵部分特征值的投影类方法.前者以 QR 算法为代表，后者则以 Krylov 子空间类方法为标志.

7.4.1 扰动和敏感性

7.1.1 小节已经指出,矩阵的特征值是连续地依赖于矩阵元素的,但这种依赖关系对扰动的敏感程度却千差万别.以矩阵 $\boldsymbol{A}=\begin{bmatrix}2 & 1\\0 & 2\end{bmatrix}$ 为例,显然 $\boldsymbol{A}$ 的特征值为 $\lambda_1=\lambda_2=2$. 如果在 (1, 2) 位置有一处扰动 $\varepsilon>0$, 即扰动矩阵为 $\boldsymbol{E}=\begin{bmatrix}0 & \varepsilon\\0 & 0\end{bmatrix}$, 显然 $\boldsymbol{A}+\boldsymbol{E}$ 的特征值仍为 $\mu_1=\mu_2=2$, 即 $\boldsymbol{A}$ 的特征值不受影响;如果在 (1, 1) 或 (2, 2) 位置有一处扰动 $\varepsilon>0$, 则 $\boldsymbol{A}+\boldsymbol{E}$ 的特征值为 $\mu_1=2+\varepsilon$, $\mu_2=2$ 或 $\mu_1=2$, $\mu_2=2+\varepsilon$, 即特征值的扰动幅度与元素相同;如果在 (2, 1) 位置有一处扰动 $\varepsilon>0$, 则 $\boldsymbol{A}+\boldsymbol{E}$ 的特征值为 $\mu_1=2+\sqrt{\varepsilon}$, $\mu_2=2-\sqrt{\varepsilon}$, 不仅重特征值变成了相异特征值,使得特征子空间由 1 维变成了 2 维,即特征值问题的结构发生了变化,而且特征值的扰动幅度也比元素大得多(例如元素的扰动为 $\varepsilon=10^{-20}$ 时,特征值的扰动上升到 $\sqrt{\varepsilon}=10^{-10}$, 两者相差 10^{10} 倍之巨).如果矩阵有多处扰动,由此产生的复杂情况可想而知.

注意到上面的矩阵 $\boldsymbol{A}$ 是亏损矩阵,这说明非亏损矩阵(可对角化矩阵)的情况应该要简单一些.事实上,对非亏损矩阵,存在下面的扰动定理.

定理 7.4.1(Bauer-Fike) 设 $\boldsymbol{A}$, $\boldsymbol{B}=\boldsymbol{A}+\boldsymbol{E}\in\mathbb{C}^{n\times n}$, 其中 $\boldsymbol{A}$ 是非亏损矩阵,即 $\boldsymbol{A}$ 有特征值分解 $\boldsymbol{A}=\boldsymbol{P\Lambda P}^{-1}$, 则对任意 $\mu\in\sigma(\boldsymbol{B})$, 必存在 $\lambda\in\sigma(\boldsymbol{A})$, 使得

$$\min_{\lambda\in\sigma(\boldsymbol{A})}|\lambda-\mu|\leqslant\|\boldsymbol{P}\|_v\|\boldsymbol{P}^{-1}\|_v\|\boldsymbol{E}\|_v, \tag{7.4.1}$$

其中, $v=1, 2, \infty$.

证明: 当 $\mu\in\sigma(\boldsymbol{A})$ 时结论显然成立.设 $\mu\notin\sigma(\boldsymbol{A})$, 则 $\mu\boldsymbol{I}-\boldsymbol{A}$ 是可逆矩阵.设 $(\mu, \boldsymbol{x})$ 是矩阵 $\boldsymbol{B}$ 的特征对,则有 $\boldsymbol{Ex}=(\mu\boldsymbol{I}-\boldsymbol{A})\boldsymbol{x}$. 由于 $\mu\boldsymbol{I}-\boldsymbol{A}=\boldsymbol{PDP}^{-1}$, 其中 $\boldsymbol{D}=\mu\boldsymbol{I}-\boldsymbol{\Lambda}$, 则 $\boldsymbol{x}=\boldsymbol{PD}^{-1}\boldsymbol{P}^{-1}\boldsymbol{Ex}$. 两边取 v 范数 $(v=1, 2, \infty)$, 利用 $\|\boldsymbol{x}\|_v>0$ 及矩阵范数的相容性,可得

$$1\leqslant\|\boldsymbol{D}^{-1}\|_v\|\boldsymbol{P}\|_v\|\boldsymbol{P}^{-1}\|_v\|\boldsymbol{E}\|_v.$$

注意到对角矩阵 $\boldsymbol{D}^{-1}$ 的范数 $\|\boldsymbol{D}^{-1}\|_v=\max\limits_{\lambda\in\sigma(\boldsymbol{A})}|\lambda-\mu|^{-1}$, 因此定理成立.

由 Bauer-Fike 定理可知, $\kappa_v(\boldsymbol{P})=\|\boldsymbol{P}\|_v\|\boldsymbol{P}^{-1}\|_v$ 是特征值扰动估计中的放大系数.考虑到矩阵 $\boldsymbol{P}$ 不是唯一的,因此取 $\kappa_v(\boldsymbol{P})$ 的下确界 $\inf\kappa_v(\boldsymbol{P})$ 为特征值问题的条件数,

记为$\kappa_v(\boldsymbol{A})$，或简记为$\kappa(\boldsymbol{A})$. 显然对于正规矩阵$\boldsymbol{A}$而言，$\boldsymbol{P}$是酉矩阵，而且$\kappa_2(\boldsymbol{A})=1$，因此正规矩阵(特别是实对称矩阵和Hermite矩阵)都是良态矩阵(即所谓"好矩阵"，与"病态矩阵"相对).

要特别注意的是，关于特征值问题$\boldsymbol{Ax}=\lambda\boldsymbol{x}$的条件数$\kappa(\boldsymbol{A})=\inf\|\boldsymbol{P}\|_v\|\boldsymbol{P}^{-1}\|_v$，与关于矩阵$\boldsymbol{A}$求逆的条件数$\kappa(\boldsymbol{A})=\|\boldsymbol{A}\|\|\boldsymbol{A}^{-1}\|$是完全不同的两个概念，虽然它们的计算公式类似.例如，对矩阵$\boldsymbol{A}=\begin{pmatrix}10^{-10} & 0\\ 0 & 1\end{pmatrix}$，两者的$\kappa_2(\boldsymbol{A})$分别是1和$10^{10}$，可见一个是良态的，而另一个则严重病态.

如前所述，对亏损矩阵即非正规矩阵的扰动，情况非常复杂，其中既可能有对扰动很敏感的特征值，也可能有对扰动不敏感的特征值.因此有必要考虑单个特征值的扰动理论.

设$(\lambda,\boldsymbol{x},\boldsymbol{y})$为矩阵$\boldsymbol{A}$的特征三元组，且$\|\boldsymbol{x}\|_2=\|\boldsymbol{y}\|_2=1$. 再设$\boldsymbol{A}$有扰动$\varepsilon\boldsymbol{E}$，其中$\|\boldsymbol{E}\|_2=1$，且$\boldsymbol{A}+\varepsilon\boldsymbol{E}$的特征对为$(\lambda(\varepsilon),\boldsymbol{x}(\varepsilon))$. 显然$\lambda(0)=\lambda$，$\boldsymbol{x}(0)=\boldsymbol{x}$. 对等式$(\boldsymbol{A}+\varepsilon\boldsymbol{E})\boldsymbol{x}(\varepsilon)=\lambda(\varepsilon)\boldsymbol{x}(\varepsilon)$两边关于$\varepsilon$求导，并令$\varepsilon=0$，可得到$\boldsymbol{Ax}'(0)+\boldsymbol{Ex}=\lambda'(0)\boldsymbol{x}+\lambda\boldsymbol{x}'(0)$，再用$\boldsymbol{y}^{\mathrm{H}}$左乘两边，并注意到$\boldsymbol{y}^{\mathrm{H}}\boldsymbol{A}=\lambda\boldsymbol{y}^{\mathrm{H}}$，则有$\boldsymbol{y}^{\mathrm{H}}\boldsymbol{Ex}=\lambda'(0)\boldsymbol{y}^{\mathrm{H}}\boldsymbol{x}$，从而$|\lambda'(0)|=\left|\dfrac{\boldsymbol{y}^{\mathrm{H}}\boldsymbol{Ex}}{\boldsymbol{y}^{\mathrm{H}}\boldsymbol{x}}\right|\leqslant\dfrac{1}{|\boldsymbol{y}^{\mathrm{H}}\boldsymbol{x}|}=\dfrac{1}{\cos\theta}$，其中$\theta$为$\boldsymbol{x}$与$\boldsymbol{y}$之间的夹角.当取$\boldsymbol{E}=\boldsymbol{xy}^{\mathrm{H}}$时，等号成立.显然$s(\lambda)=|\boldsymbol{y}^{\mathrm{H}}\boldsymbol{x}|$的倒数反映了扰动的上界，称这个倒数为**单特征值$\lambda$的条件数**.

以上分析表明，当矩阵$\boldsymbol{A}$有量级为ε的扰动时，其特征值λ的扰动可能会达到$\varepsilon/s(\lambda)$，因此$s(\lambda)$很小时，就有理由相信λ是病态的.注意到$s(\lambda)$是左右特征向量$\boldsymbol{x}$与$\boldsymbol{y}$的夹角余弦$\cos\theta$，因此当λ是单特征值时$s(\lambda)$是唯一的.另外，当$\boldsymbol{x}$与$\boldsymbol{y}$接近于正交时，λ非常敏感；而当$\boldsymbol{x}$与$\boldsymbol{y}$接近于平行时，λ几乎不敏感.特别地，对实对称矩阵和Hermite矩阵，有$\boldsymbol{x}=\boldsymbol{y}$，$\cos\theta=1$，因此相应的$\lambda$是良态的，这与前面的分析吻合.

MATLAB早期的内置函数eig函数和eigs函数都没有计算单特征值的条件数，利用后来增加的polyeig，可以计算这些条件数.对于标准特征值问题，其调用格式为

```
[X, e, s] = polyeig(A, - I)
```

其中，向量s中就保存了各个特征值的条件数.

7.4.2 QR算法

QR算法是20世纪十大算法之一[3]，是计算中小型稠密矩阵$\boldsymbol{A}\in\mathbb{C}^{n\times n}$全部特征对最

常用和最有效的方法.实际上,MATLAB的内置函数eig就是基于QR算法来实现的.

最基本的QR算法基于的就是如下的QR迭代:

(1) 令 $\boldsymbol{A}_1=\boldsymbol{A}$;

(2) 对 $k=1, 2, \cdots$ 重复下列步骤,直至收敛:

① 对 $\boldsymbol{A}_k$ 做QR分解: $\boldsymbol{A}_k=\boldsymbol{Q}_k\boldsymbol{R}_k$;

② 将分解得到的 $\boldsymbol{Q}_k$ 和 $\boldsymbol{R}_k$ 颠倒相乘,得到 $\boldsymbol{A}_{k+1}$,即令 $\boldsymbol{A}_{k+1}=\boldsymbol{R}_k\boldsymbol{Q}_k$.

显然在上述基本QR算法中,$\boldsymbol{A}_k=\boldsymbol{Q}_k\boldsymbol{R}_k$,此即 $\boldsymbol{Q}_k^{\mathrm{H}}\boldsymbol{A}_k=\boldsymbol{R}_k$,因此

$$\begin{aligned}\boldsymbol{A}_{k+1}&=\boldsymbol{R}_k\boldsymbol{Q}_k=\boldsymbol{Q}_k^{\mathrm{H}}\boldsymbol{A}_k\boldsymbol{Q}_k=\boldsymbol{Q}_k^{\mathrm{H}}\boldsymbol{Q}_{k-1}^{\mathrm{H}}\boldsymbol{A}_{k-1}\boldsymbol{Q}_{k-1}\boldsymbol{Q}_k=\cdots\\&=\boldsymbol{Q}_k^{\mathrm{H}}\boldsymbol{Q}_{k-1}^{\mathrm{H}}\cdots\boldsymbol{Q}_1^{\mathrm{H}}\boldsymbol{A}_1\boldsymbol{Q}_1\cdots\boldsymbol{Q}_{k-1}\boldsymbol{Q}_k=\hat{\boldsymbol{Q}}_k^{\mathrm{H}}\boldsymbol{A}\hat{\boldsymbol{Q}}_k,\end{aligned}$$

其中,$\hat{\boldsymbol{Q}}_k=\boldsymbol{Q}_1\boldsymbol{Q}_2\cdots\boldsymbol{Q}_k$,因此迭代序列 $\{\boldsymbol{A}_k\}$ 保持 $\boldsymbol{A}$ 的特征值不变.

同时,由于 $\boldsymbol{A}_{k+1}=\boldsymbol{Q}_{k+1}\boldsymbol{R}_{k+1}$,$\hat{\boldsymbol{Q}}_{k+1}=\hat{\boldsymbol{Q}}_k\boldsymbol{Q}_{k+1}$,因此

$$\boldsymbol{A}\hat{\boldsymbol{Q}}_k=\hat{\boldsymbol{Q}}_k\boldsymbol{A}_{k+1}=\hat{\boldsymbol{Q}}_k\boldsymbol{Q}_{k+1}\boldsymbol{R}_{k+1}=\hat{\boldsymbol{Q}}_{k+1}\boldsymbol{R}_{k+1}.$$

令 $\hat{\boldsymbol{R}}_k=\boldsymbol{R}_k\boldsymbol{R}_{k-1}\cdots\boldsymbol{R}_1$,则 $\hat{\boldsymbol{R}}_{k+1}=\boldsymbol{R}_{k+1}\hat{\boldsymbol{R}}_k$,从而

$$\hat{\boldsymbol{Q}}_{k+1}\hat{\boldsymbol{R}}_{k+1}=\boldsymbol{A}\hat{\boldsymbol{Q}}_k\hat{\boldsymbol{R}}_k=\boldsymbol{A}(\boldsymbol{A}\hat{\boldsymbol{Q}}_{k-1}\hat{\boldsymbol{R}}_{k-1})=\cdots=\boldsymbol{A}^k\boldsymbol{Q}_1\boldsymbol{R}_1=\boldsymbol{A}^{k+1},$$

即 $\boldsymbol{A}^k=\hat{\boldsymbol{Q}}_k\hat{\boldsymbol{R}}_k$,其中 $\hat{\boldsymbol{Q}}_k$ 仍然是酉矩阵,$\hat{\boldsymbol{R}}_k$ 仍然是上三角矩阵,这说明QR迭代实际上也是对 $\boldsymbol{A}^k$ 作QR分解.

可以证明,上述基本QR算法满足如下的基本收敛定理.

定理 7.4.2 设 $\boldsymbol{A}\in\mathbb{C}^{n\times n}$ 有特征值分解 $\boldsymbol{A}=\boldsymbol{P}\boldsymbol{\Lambda}\boldsymbol{P}^{-1}$,并且其特征值按模是互不相同的,即

$$|\lambda_1|>|\lambda_2|>\cdots>|\lambda_n|>0. \tag{7.4.2}$$

设矩阵 $\boldsymbol{P}^{-1}$ 具有LU分解 $\boldsymbol{P}^{-1}=\boldsymbol{L}\boldsymbol{U}$,则上述基本QR算法产生的矩阵序列 $\{\boldsymbol{A}_k\}$ 基本收敛到上三角矩阵 $\boldsymbol{T}$,且 $\{\boldsymbol{A}_k\}$ 对角元的极限为

$$\lim_{k\to\infty}a_{ii}^{(k)}=\lambda_i(i=1, 2, \cdots, n),$$

这里 $\boldsymbol{A}_k=(a_{ii}^{(k)})_{n\times n}$.

此定理中的基本收敛指的是矩阵序列 $\{\boldsymbol{A}_k\}$ 的对角元均收敛,且 $\{\boldsymbol{A}_k\}$ 的严格下三角部分的元素都收敛到零.至于 $\{\boldsymbol{A}_k\}$ 的严格上三角部分的元素是否收敛,这里就不必关心了,因为对求 $\boldsymbol{A}$ 的特征值而言,基本收敛已经足够了.

此定理也说明QR迭代也可看成是对$\boldsymbol{A}$作Schur分解.特别地,如果$\boldsymbol{A}$是Hermite矩阵,那么上三角矩阵$\boldsymbol{T}$就变成了对角矩阵.也正是由于QR算法的成功,人们才开始重视起Schur分解,使得在数值计算中Schur分解最终取代Jordan分解,成为了大家最偏爱的矩阵标准型.

当$\boldsymbol{A}\in\mathbb{R}^{n\times n}$时,由于QR算法的计算量较大,出于节约计算成本的缘故,在数值实现时一般先通过正交相似将矩阵$\boldsymbol{A}$变换成上Hessenberg矩阵$\boldsymbol{H}$,然后再对$\boldsymbol{H}$使用QR迭代将之化成上三角矩阵$\boldsymbol{T}$. 特别地,当$\boldsymbol{A}$是实对称矩阵时,矩阵$\boldsymbol{A}$先被变换成三对角矩阵,然后再使用QR迭代化成了对角矩阵.

7.4.3　Krylov子空间法

本节仅考虑实矩阵.实际上,对复矩阵也有类似的Krylov子空间法.

对于大规模矩阵$\boldsymbol{A}$的特征值问题,同解线性方程组的情形一样,目前主流的方法仍然是Krylov子空间法,其中根据矩阵$\boldsymbol{A}$是否对称,又可细分为Arnoldi法和Lanczos法.

对标准特征值问题$\boldsymbol{Ax}=\lambda\boldsymbol{x}$,其中$\boldsymbol{A}\in\mathbb{R}^{n\times n}$, $\lambda\in\mathbb{C}$, $\boldsymbol{x}\neq\boldsymbol{0}$,仍然可以使用Galerkin原理.设$K_k=\mathrm{span}\{\boldsymbol{v}_1, \boldsymbol{v}_2, \cdots, \boldsymbol{v}_k\}$和$L_k=\mathrm{span}\{\boldsymbol{w}_1, \boldsymbol{w}_2, \cdots, \boldsymbol{w}_k\}$都为$k$维子空间,它们的标准正交基分别构成矩阵$\boldsymbol{V}_k=(\boldsymbol{v}_1, \boldsymbol{v}_2, \cdots, \boldsymbol{v}_k)$, $\boldsymbol{W}_k=(\boldsymbol{w}_1, \boldsymbol{w}_2, \cdots, \boldsymbol{w}_k)$. 若在$K_k$中已算得$\boldsymbol{A}$的近似特征向量$\boldsymbol{x}^{(k)}$,即$\boldsymbol{Ax}^{(k)}\approx\lambda_k\boldsymbol{x}^{(k)}$(否则已得到精确解$\boldsymbol{x}^*=\boldsymbol{x}^{(k)}$),则存在$\boldsymbol{y}^{(k)}\neq\boldsymbol{0}$,使得$\boldsymbol{x}^{(k)}=\boldsymbol{V}_k\boldsymbol{y}^{(k)}$. 记$\boldsymbol{r}^{(k)}=\boldsymbol{AV}_k\boldsymbol{y}^{(k)}-\lambda\boldsymbol{V}_k\boldsymbol{y}^{(k)}$,并仍取Galerkin条件$\boldsymbol{r}^{(k)}\perp L_k$,可得

$$(\boldsymbol{W}_k^{\mathrm{T}}\boldsymbol{AV}_k)\boldsymbol{y}^{(k)}=\lambda_k\boldsymbol{y}^{(k)}. \tag{7.4.3}$$

因此一旦算出中小规模的特征值问题(7.4.3)的特征对$(\lambda_k, \boldsymbol{y}^{(k)})$,就有可能算出矩阵$\boldsymbol{A}$的近似特征对$(\lambda_k, \boldsymbol{V}_k\boldsymbol{y}^{(k)})$.

如果仍然选取$L_k=K_k$,并用Arnoldi过程构造K_k的正交基$\boldsymbol{v}_1, \boldsymbol{v}_2, \cdots, \boldsymbol{v}_k$,则同样可得$\boldsymbol{A}$的Hessenberg分解

$$\boldsymbol{V}_k^{\mathrm{T}}\boldsymbol{AV}_k=\boldsymbol{V}_k\boldsymbol{H}_k+\boldsymbol{u}_k\boldsymbol{e}_k^{\mathrm{T}}, \tag{7.4.4}$$

其中, $\boldsymbol{H}_k$为上Hessenberg矩阵, $\boldsymbol{u}_k=h_{k+1,k}\boldsymbol{v}_{k+1}$,以及

$$\boldsymbol{V}_k^{\mathrm{T}}\boldsymbol{AV}_k=\boldsymbol{H}_k, \tag{7.4.5}$$

并且当$(\theta_k, \boldsymbol{y}^{(k)})$为$\boldsymbol{H}_k$的特征对时,有

$$(\boldsymbol{A}-\theta_k\boldsymbol{I})\boldsymbol{V}_k\boldsymbol{y}^{(k)}=h_{k+1,k}\boldsymbol{e}_k^{\mathrm{T}}\boldsymbol{y}^{(k)}\boldsymbol{v}_{k+1},$$

$$\|(\boldsymbol{A}-\theta_k\boldsymbol{I})\boldsymbol{V}_k\boldsymbol{y}^{(k)}\|_2=h_{k+1,k}\,|\,\boldsymbol{e}_k^{\mathrm{T}}\boldsymbol{y}^{(k)}\,|,$$

其中,θ_k 称为 **Ritz 值**,$\boldsymbol{x}^{(k)}=\boldsymbol{V}_k\boldsymbol{y}^{(k)}$ 称为 **Ritz 向量**.显然当 $h_{k+1,k}=0$ 时有 $\boldsymbol{A}\boldsymbol{x}^{(k)}=\theta_k\boldsymbol{x}^{(k)}$,即 Ritz 值 θ_k 和 Ritz 向量 $\boldsymbol{x}^{(k)}$ 分别为原矩阵 $\boldsymbol{A}$ 的最佳近似特征值 λ_k 和相应的特征向量.这就是 **Arnoldi 算法**的思想.

在 Arnoldi 算法中,如何计算上 Hessenberg 矩阵 $\boldsymbol{H}_k$ 的特征对 $(\theta_k,\ \boldsymbol{y}^{(k)})$ 呢?考虑到 $k\ll n$,因此 k 阶矩阵 $\boldsymbol{H}_k$ 显然是中小规模的矩阵,其特征对的计算可使用 QR 算法.

至此,可给出如下 Arnoldi 算法:

(1) 任取初始向量 $\boldsymbol{x}^{(0)}$,满足 $\|\boldsymbol{x}^{(0)}\|_2=1$;

(2) 对 $k=1,2,\cdots$ 重复下列步骤,直至余量范数 $h_{k+1,k}\,|\,\boldsymbol{e}_k^{\mathrm{T}}\boldsymbol{y}^{(k)}\,|$ 小于某个阀值:

① 使用 CGS 算法或 MGS 算法完成 k 步 Arnoldi 过程,得到上 Hessenberg 矩阵 $\boldsymbol{H}_k$;

② 使用 QR 算法或其他方法求出 $\boldsymbol{H}_k$ 的特征对 $(\theta_k,\ \boldsymbol{y}^{(k)})$;

③ 计算 $\boldsymbol{x}^{(k)}=\boldsymbol{V}_k\boldsymbol{y}^{(k)}$,并置 $\lambda_k=\theta_k$,从而得到 $\boldsymbol{A}$ 的近似特征对 $(\lambda_k,\ \boldsymbol{x}^{(k)})$.

Arnoldi 算法是求解大规模稀疏矩阵极端(最大和最小)特征值很有效的方法,其收敛速度比幂法快得多,而且可选用比 n 小得多的 $k\ll n$,因此所需的存储量也相当有限.

将 Arnoldi 算法应用到实对称矩阵时,就得到了 Lanczos 算法,因此 Lanczos 算法可视为 Arnoldi 算法的特殊情形,尽管在历史上两者是各自独立发展出来的.

设 $\boldsymbol{A}\in\mathbb{SR}^{n\times n}$,$\lambda\in\mathbb{C}$,$\boldsymbol{x}\neq\boldsymbol{0}$,并用与 Arnoldi 过程类似的过程构造 K_k 的正交基 $\boldsymbol{v}_1$,$\boldsymbol{v}_2$,$\cdots$,$\boldsymbol{v}_k$,则类似可得 $\boldsymbol{A}$ 的三对角分解

$$\boldsymbol{A}\boldsymbol{V}_k=\boldsymbol{V}_k\boldsymbol{T}_k+\boldsymbol{u}_k\boldsymbol{e}_k^{\mathrm{T}},\tag{7.4.6}$$

其中,$\boldsymbol{T}_k$ 为对称三对角矩阵,记为 $\boldsymbol{T}_k=\begin{bmatrix}\alpha_1&\beta_1&&\\\beta_1&\alpha_2&\ddots&\\&\ddots&\ddots&\beta_{k-1}\\&&\beta_{k-1}&\alpha_k\end{bmatrix}$,$\boldsymbol{u}_k=\beta_k\boldsymbol{v}_{k+1}$,以及

$$\boldsymbol{V}_k^{\mathrm{T}}\boldsymbol{A}\boldsymbol{V}_k=\boldsymbol{T}_k.\tag{7.4.7}$$

显然由式(7.4.6)可知

$$\boldsymbol{A}\boldsymbol{v}_i=\beta_{i-1}\boldsymbol{v}_{i-1}+\alpha_i\boldsymbol{v}_i+\beta_i\boldsymbol{v}_{i+1}\quad(i=1,2,\cdots,k),\tag{7.4.8}$$

其中约定 $\beta_0 \boldsymbol{v}_0 = \boldsymbol{0}$. 根据各 $\boldsymbol{v}_i$ 的相互正交性,用 $\boldsymbol{v}_i^{\mathrm{T}}$ 左乘式(7.4.8)两端,可得

$$\alpha_i = \boldsymbol{v}_i^{\mathrm{T}} \boldsymbol{A} \boldsymbol{v}_i \quad (i = 1, 2, \cdots, k). \tag{7.4.9}$$

记 $\boldsymbol{r}_i = \boldsymbol{A}\boldsymbol{v}_i - \beta_{i-1}\boldsymbol{v}_{i-1} - \alpha_i \boldsymbol{v}_i$, 则 $\boldsymbol{r}_i = \beta_i \boldsymbol{v}_{i+1}$ (假定 $\beta_i \neq 0$ 即 $\boldsymbol{r}_i \neq \boldsymbol{0}$, 否则会产生中断),且

$$\| \boldsymbol{r}_i \|_2 = \beta_i, \ \boldsymbol{v}_{i+1} = \frac{1}{\beta_i} \boldsymbol{r}_i \quad (i = 1, 2, \cdots, k). \tag{7.4.10}$$

至此,就得到了如下的 **Lanczos 过程**,其中的 $\boldsymbol{v}_i$ 称为 **Lanczos 向量**.

Lanczos 过程:对给定的实对称矩阵 $\boldsymbol{A}$,

(1) 选择初始向量 $\boldsymbol{v}_1$, 满足 $\| \boldsymbol{v}_1 \|_2 = 1$. 置 $\beta_0 = 0$, $\boldsymbol{v}_0 = \boldsymbol{0}$.

(2) 对 $i = 1, 2, \cdots, k$, 执行下列迭代:

① 令 $\boldsymbol{r}_i = \boldsymbol{A}\boldsymbol{v}_i - \beta_{i-1}\boldsymbol{v}_{i-1}$, 计算 $\alpha_i = (\boldsymbol{v}_i, \boldsymbol{r}_i)$, 然后更新 $\boldsymbol{r}_i$ 为 $\boldsymbol{r}_i - \alpha_i \boldsymbol{v}_i$;

② 置 $\beta_i = \| \boldsymbol{r}_i \|_2$, 如果 $\beta_i = 0$ 则停止迭代,否则置 $\boldsymbol{v}_{i+1} = \boldsymbol{r}_i / \beta_i$.

如果 Lanczos 过程在某一步产生中断,即 $\beta_i = \| \boldsymbol{r}_i \|_2 = 0$. 注意到此时式(7.4.6)中的 $\boldsymbol{u}_i = \boldsymbol{r}_i$, 因此可得到

$$\boldsymbol{A}\boldsymbol{V}_i = \boldsymbol{V}_i \boldsymbol{T}_i, \tag{7.4.11}$$

其中, $\boldsymbol{T}_i$ 是一个 i 阶对称三对角矩阵.若能计算出 $\boldsymbol{T}_i$ 的特征对 $(\theta_i, \boldsymbol{y}^{(i)})$, 则有 $\boldsymbol{A}\boldsymbol{V}_i \boldsymbol{y}^{(i)} = \theta_i \boldsymbol{V}_i \boldsymbol{y}^{(i)}$, 因此 Ritz 值 θ_i 和 Ritz 向量 $\boldsymbol{x}^{(i)} = \boldsymbol{V}_i \boldsymbol{y}^{(i)}$ 分别为原矩阵 $\boldsymbol{A}$ 的最佳近似特征值 λ_i 和相应的特征向量.这就是 **Lanczos 算法**的思想.

同样地,Lanczos 算法的误差具有下列性质:

(1) $(\boldsymbol{A} - \theta_i \boldsymbol{I})\boldsymbol{V}_i \boldsymbol{y}^{(i)} = \beta_i \boldsymbol{e}_i^T \boldsymbol{y}^{(i)} \boldsymbol{v}_{i+1}$; (2) $\| (\boldsymbol{A} - \theta_i \boldsymbol{I})\boldsymbol{V}_i \boldsymbol{y}^{(i)} \|_2 = \beta_i \, | \boldsymbol{e}_i^T \boldsymbol{y}^{(i)} | = \beta_i \, | y_i^{(i)} |$,

其中, $(\theta_i, \boldsymbol{y}^{(i)})$ 为 $\boldsymbol{T}_i$ 的特征对, $y_i^{(i)}$ 是 $\boldsymbol{y}^{(i)}$ 的最后一个分量.

至此,可给出如下 Lanczos 算法:

(1) 任取初始向量 $\boldsymbol{x}^{(0)}$, 满足 $\| \boldsymbol{x}^{(0)} \|_2 = 1$;

(2) 利用 Lanczos 过程产生对称三对角矩阵 $\boldsymbol{T}_k$, 假设没有中断;

(3) 使用对称 QR 算法或其他方法求出 $\boldsymbol{T}_k$ 的特征值即 Ritz 值 $\theta_1 \geqslant \theta_2 \geqslant \cdots \geqslant \theta_k$, 如果需要也可只计算极端特征值 θ_1 和 θ_k;

(4) 适当增加 k 到 k', 求得 $\boldsymbol{T}_k{}'$ 的 Ritz 值 $\theta_1' \geqslant \theta_2' \geqslant \cdots \geqslant \theta_k'$. 比较 θ_1 和 θ_1', 以及 θ_k 和 θ_k', 如果两者相差不大,就作为 λ_1 和 λ_k 的近似值,否则重复步骤(4).

在没有舍入误差的情况之下,至多 n 步,Lanczos 算法必然终止,因为此时它得到的

正交向量组 $\boldsymbol{v}_1, \boldsymbol{v}_2, \cdots, \boldsymbol{v}_n$ 已张满整个 $\mathbb{R}^n$. 但由于舍入误差的影响,计算得到的 Lanczos 向量很快失去正交性,对此,人们开发了各种重正交(reorthogonalization)技巧,有兴趣的读者请查阅相关文献.

7.5 本章总结及拓展

特征对(特征三元组)是矩阵的一类重要特征,甚至能反过来重构出矩阵,因此特征值问题一直是数值线性代数的三大核心研究领域之一(另外两个是线性方程组求解和最小二乘问题).

本章先从特征值问题的稳定性出发,引申出盖尔定理以及矩阵的数值域.然后从 λ 矩阵的视角,将标准特征值问题推广到广义特征值问题和二次特征值问题,并给出了它们的一些求解方法.接着介绍了物理和信息等学科中经常遇到的瑞利商和广义瑞利商.最后重点介绍了特征值问题的数值算法,包括求解中小规模特征值问题的 QR 法以及求解大规模特征值问题的 Krylov 子空间法.

关于盖尔型区域等特征值包含区域的更多知识,读者可查阅经典文献[56],需要更深入了解的读者,建议阅读 Varga 的专著[115].

文献[90]中将特征值问题及其算法分为六大类(Hermite 特征值问题、广义 Hermite 特征值问题、奇异值分解、非 Hermite 特征值问题、广义非 Hermite 特征值问题、非线性特征值问题),并为各种算法提供了详尽的模板,真可谓特征值问题领域"State-of-the-art(最先进的)"的文献.

Hermite 矩阵(对称矩阵)属于"好矩阵"的范畴,理论研究已比较完备.因此与之相关的特征值问题和广义特征值问题的理论以及数值算法,已存在大量经典文献,读者可在文献[2,18,36,56,90,97-98,119-121]中找到更多的内容.

关于二次特征值的文献也越来越丰富.文献[90]中特辟专节进行了概括,综述性的文献则是[122].

诸如哈密顿矩阵、辛矩阵、四元数矩阵等特殊矩阵的特征值问题,需要进一步考虑保结构的算法,更多内容可阅读文献[120].

给定特征值矩阵 $\boldsymbol{\Lambda}$ 和特征向量矩阵 $\boldsymbol{P}$ 后,可以根据特征值分解反过来确定矩阵 $\boldsymbol{A}=\boldsymbol{P\Lambda P}^{-1}$,这就是**逆特征值问题**(Inverse eigenvalue problem, IEP)的基本出发点.希望深入了解的读者,可阅读专著[123].国内的早期专著则有[124].

"浩浩汤汤,横无际涯,朝晖夕阴,气象万千",特征值问题的数值算法不仅如此"蔚为大观”,更是随着计算能力的发展而处于不断的流变之中,其中“新的方法不断地孕育、修正、调整,乃至最终被遗弃”[90].期待更多的读者能涉足其中,进而“心旷神怡,宠辱偕忘”.

思考题

7.1 特征值稳定性的定性结论和定量结论分别是什么?

7.2 什么是盖尔圆?什么情况下每个盖尔圆内有且仅有一个特征值?

7.3 引入威尔金森技巧的目的是什么?如何选取相似变换矩阵?

7.4 什么是GEP?什么是QEP?什么是PEP?什么学科里会遇到这样的问题?

7.5 正定矩阵束的GEP问题有什么特殊性质?

7.6 简要叙述GEP的各类谱变换方法。

7.7 什么是瑞利商?有何用处?

习题七

7.1 试利用盖尔定理确定矩阵 $\boldsymbol{A}=\begin{pmatrix}0 & -1 & 0\\ 1 & 5 & 1\\ -2 & -1 & 9\end{pmatrix}$ 的特征值的分布范围,并对盖尔圆进行适当的缩放,以确定 $\boldsymbol{A}$ 的特征值是实数还是复数.

7.2 已知矩阵 $\boldsymbol{A}=\begin{pmatrix}20 & 3 & 1\\ 2 & 10 & 2\\ 8 & 1 & 0\end{pmatrix}$. 试利用盖尔定理分别确定矩阵 $\boldsymbol{A}$ 和 $\boldsymbol{A}^{\mathrm{T}}$ 的盖尔圆,进而确定 $\boldsymbol{A}$ 的特征值的分布范围.

7.3 以2阶矩阵为例,举例说明两个相交的盖尔圆内,两个特征值只在其中一个盖尔圆内而另一个盖尔圆不包含特征值.

7.4 证明定理7.1.8.

7.5 设$\boldsymbol{A}=\begin{pmatrix}0 & 2\\ 2 & 0\end{pmatrix}$，$\boldsymbol{B}=\begin{pmatrix}1 & -1\\ -1 & 4\end{pmatrix}$，求解广义特征值问题$\boldsymbol{Ax}=\lambda\boldsymbol{Bx}$.

7.6 设$\boldsymbol{A}=(a_{ij})\in\mathbb{C}^{n\times n}$是Hermite矩阵，且$\lambda_1$和$\lambda_n$分别是$\boldsymbol{A}$的最小特征值和最大特征值，则

$$\lambda_1\leqslant a_{kk}\leqslant\lambda_n\quad(k=1,2,\cdots,n).$$

习题答案与提示

说明：计算题仅给出答案，个别再酌情给出适当提示；简单的证明题只给出概括性的提示，难题则酌情给出详细的提示乃至全部解答.除了篇幅因素之外，这种处理更多的考量是因为按照数学学习心理学的理论，数学学习需要强化和顿悟，只有通过适度的练习和思考，才能建立起自己的数学认知结构，进而深刻掌握数学知识、方法和思想.亲爱的读者们，just enjoy it!

习　题　一

1.1　提示：对角矩阵左乘的效果，就是各行均乘以对角矩阵相应行的对角元；对角矩阵右乘的效果，就是各列均乘以对角矩阵相应列的对角元.利用对角矩阵左乘效果可证明 LDU 定理.

1.2　提示：$\boldsymbol{B}=\boldsymbol{R}_{ij}\boldsymbol{A}$，$\boldsymbol{B}^{-1}=\boldsymbol{A}^{-1}\boldsymbol{R}_{ij}^{-1}=\boldsymbol{A}^{-1}\boldsymbol{C}_{ij}$，$\boldsymbol{A}\boldsymbol{B}^{-1}=\boldsymbol{C}_{ij}$.

1.3　(1) 略.　(2) $\boldsymbol{C}=\boldsymbol{R}_i\left(\dfrac{1}{k}\right)$.　(3) $\boldsymbol{A}\boldsymbol{B}^{-1}=\boldsymbol{R}_i\left(\dfrac{1}{k}\right)$；$\boldsymbol{B}\boldsymbol{A}^{-1}=\boldsymbol{R}_i(k)$. 提示：$\boldsymbol{B}=\boldsymbol{R}_i(k)\boldsymbol{A}$，$\boldsymbol{B}^{-1}=\boldsymbol{A}^{-1}[\boldsymbol{R}_i(k)]^{-1}=\boldsymbol{A}^{-1}\boldsymbol{R}_i\left(\dfrac{1}{k}\right)$.

1.4　$\begin{pmatrix}2&2&1\\3&4&2\\1&5&3\end{pmatrix}$. 提示：$\boldsymbol{A}\boldsymbol{B}=\boldsymbol{C}_{12}(-1)$，故 $\boldsymbol{A}^{-1}=\boldsymbol{B}(\boldsymbol{A}\boldsymbol{B})^{-1}=\boldsymbol{B}\boldsymbol{C}_{12}(1)$.

1.5　$\boldsymbol{B}=\boldsymbol{P}_1\boldsymbol{A}\boldsymbol{P}_2$.

1.6　(1) $\boldsymbol{L}=\begin{pmatrix}1&0&0\\\frac{1}{2}&1&0\\\frac{1}{2}&-1&1\end{pmatrix}$，$\boldsymbol{U}=\begin{pmatrix}2&3&4\\0&-\frac{1}{2}&7\\0&0&-1\end{pmatrix}$；$\boldsymbol{P}=\boldsymbol{I}$，其余同前.

(2) $\boldsymbol{L}=\begin{pmatrix}1&0&0\\\frac{3}{2}&1&0\\2&-6&1\end{pmatrix}$，$\boldsymbol{U}=\begin{pmatrix}2&3&4\\0&\frac{1}{2}&-4\\0&0&-2\end{pmatrix}$；

$$P=R_{13},\ L=\begin{pmatrix}1&0&0\\ \frac{3}{4}&1&0\\ \frac{1}{2}&\frac{6}{11}&1\end{pmatrix},\ U=\begin{pmatrix}4&3&30\\ 0&\frac{11}{4}&-\frac{41}{2}\\ 0&0&\frac{2}{11}\end{pmatrix}.$$

(3) $$L=\begin{pmatrix}1&0&0\\ -\frac{3}{2}&1&0\\ \frac{1}{12}&-\frac{5}{6}&1\end{pmatrix},\ U=\begin{pmatrix}12&-3&3\\ 0&-\frac{3}{2}&\frac{7}{2}\\ 0&0&\frac{11}{3}\end{pmatrix};$$

$$P=\begin{pmatrix}0&1&0\\0&0&1\\1&0&0\end{pmatrix},\ L=\begin{pmatrix}1&0&0\\ -\frac{1}{18}&1&0\\ -\frac{2}{3}&-\frac{6}{7}&1\end{pmatrix},\ U=\begin{pmatrix}-18&3&1\\ 0&\frac{7}{6}&\frac{19}{18}\\ 0&0&\frac{32}{7}\end{pmatrix}.$$

1.7 略.

1.8 利用习题 1.6(1)的结果,可得 $y=(1,-7.5,1)^{\mathrm{T}}$, $x=(1,1,-1)^{\mathrm{T}}$.

1.9 (1) $L=\begin{pmatrix}1&0&0\\2&1&0\\3&0&1\end{pmatrix},\ U=\begin{pmatrix}2&1&1\\0&0&-2\\0&0&-1\end{pmatrix}$ (答案不唯一,下同);

$$P=R_{13},\ L=\begin{pmatrix}1&0&0\\ \frac{2}{3}&1&0\\ \frac{1}{3}&\frac{1}{2}&1\end{pmatrix},\ U=\begin{pmatrix}6&3&2\\ 0&0&-\frac{4}{3}\\ 0&0&1\end{pmatrix}.$$

(2) $$L=\begin{pmatrix}1&0&0\\0.5&1&0\\1&2&1\end{pmatrix},\ U=\begin{pmatrix}2&-1&3\\0&2.5&-0.5\\0&0&0\end{pmatrix};$$

$$P=R_{23},\ L=\begin{pmatrix}1&0&0\\1&1&0\\0.5&0.5&1\end{pmatrix},\ U=\begin{pmatrix}2&-1&3\\0&5&-1\\0&0&0\end{pmatrix}.$$

1.10 设 A 的 r 阶顺序主子矩阵 A_r 有 LU 分解 $A_r=L_rU_r$,将 A 分块为 $A=\begin{pmatrix}A_r&A_{12}\\A_{21}&A_{22}\end{pmatrix}$,由于 $r(A_r)=r(A)=r$,因此 A 的后 $n-r$ 行可由前 r 行线性表示,即存在 $(n-r)\times r$ 阶矩阵 K,使得 $(A_{21},A_{22})=K(A_{11},A_{12})$,即 $A_{21}=KA_r$,$A_{22}=KA_{12}$,因此

$$A=\begin{pmatrix}I_r&O\\K&I_{n-r}\end{pmatrix}\begin{pmatrix}A_r&A_{12}\\O&O\end{pmatrix}=\begin{pmatrix}L_r&O\\KL_r&I_{n-r}\end{pmatrix}\begin{pmatrix}U_r&L_r^{-1}A_{12}\\O&O\end{pmatrix}=\begin{pmatrix}L_r&O\\KL_r&O\end{pmatrix}\begin{pmatrix}U_r&L_r^{-1}A_{12}\\O&I_{n-r}\end{pmatrix}.$$

此即 $A=LU$,且 L 或 U 是可逆矩阵.

1.11 $\Delta_1=0$，无 LU 分解；$\boldsymbol{P}=\begin{pmatrix}0&1\\1&0\end{pmatrix}$，$\boldsymbol{L}=\boldsymbol{U}=\boldsymbol{I}$.

1.12 $\boldsymbol{L}=\begin{pmatrix}1&&&\\1&1&&\\&1&1&\\&&0.5&1\end{pmatrix}$，$\boldsymbol{U}=\begin{pmatrix}1&1&&\\&1&1&\\&&2&1\\&&&3.5\end{pmatrix}$.

1.13 提示：对式(1.2.12)两边取行列式即可；对式(1.2.12)两边求逆.

1.14 $\begin{pmatrix}\boldsymbol{I}_m&\boldsymbol{O}\\-\boldsymbol{B}&\boldsymbol{I}_n\end{pmatrix}\begin{pmatrix}\boldsymbol{I}_m&\boldsymbol{A}\\\boldsymbol{B}&\boldsymbol{I}_n\end{pmatrix}=\begin{pmatrix}\boldsymbol{I}_m&\boldsymbol{A}\\\boldsymbol{O}&\boldsymbol{I}_n-\boldsymbol{BA}\end{pmatrix}$，$\begin{pmatrix}\boldsymbol{I}_m&-\boldsymbol{A}\\\boldsymbol{O}&\boldsymbol{I}_n\end{pmatrix}\begin{pmatrix}\boldsymbol{I}_m&\boldsymbol{A}\\\boldsymbol{B}&\boldsymbol{I}_n\end{pmatrix}=\begin{pmatrix}\boldsymbol{I}_m-\boldsymbol{AB}&\boldsymbol{O}\\\boldsymbol{B}&\boldsymbol{I}_n\end{pmatrix}$，则

$$\begin{pmatrix}\boldsymbol{I}_m&-\boldsymbol{A}\\\boldsymbol{O}&\boldsymbol{I}_n\end{pmatrix}\begin{pmatrix}\boldsymbol{I}_m&\boldsymbol{O}\\\boldsymbol{B}&\boldsymbol{I}_n\end{pmatrix}\begin{pmatrix}\boldsymbol{I}_m&\boldsymbol{A}\\\boldsymbol{O}&\boldsymbol{I}_n-\boldsymbol{BA}\end{pmatrix}=\begin{pmatrix}\boldsymbol{I}_m-\boldsymbol{AB}&\boldsymbol{O}\\\boldsymbol{B}&\boldsymbol{I}_n\end{pmatrix}.$$

上式两边再取行列式即可.

当 $m=1$ 时，记 $\boldsymbol{A}=\boldsymbol{\alpha}^{\mathrm{T}}$，$\boldsymbol{B}=\boldsymbol{\beta}$，则 $|\boldsymbol{I}_n-\boldsymbol{\beta}\boldsymbol{\alpha}^{\mathrm{T}}|=1-\boldsymbol{\alpha}^{\mathrm{T}}\boldsymbol{\beta}$.

1.15 提示：存在可逆矩阵 $\boldsymbol{R}$，$\boldsymbol{C}$，使得 $\boldsymbol{A}=\boldsymbol{R}\begin{pmatrix}\boldsymbol{I}_r&\boldsymbol{O}\\\boldsymbol{O}&\boldsymbol{O}\end{pmatrix}\boldsymbol{C}$，其中 $r=r(\boldsymbol{A})$，令 $\boldsymbol{CB}=\begin{pmatrix}\boldsymbol{F}_1\\\boldsymbol{F}_2\end{pmatrix}$，则 $\boldsymbol{AB}=\boldsymbol{R}\begin{pmatrix}\boldsymbol{F}_1\\\boldsymbol{O}\end{pmatrix}$. 故 $r(\boldsymbol{AB})=r(\boldsymbol{F}_1)\leqslant r=r(\boldsymbol{A})$. 于是有 $r(\boldsymbol{AB})=r(\boldsymbol{B}^{\mathrm{T}}\boldsymbol{A}^{\mathrm{T}})\leqslant r(\boldsymbol{B}^{\mathrm{T}})=r(\boldsymbol{B})$.

1.16 提示：$\begin{pmatrix}\boldsymbol{I}_m&-\boldsymbol{A}\\\boldsymbol{O}&\boldsymbol{I}_n\end{pmatrix}\begin{pmatrix}\boldsymbol{A}&\boldsymbol{O}\\\boldsymbol{I}_n&\boldsymbol{B}\end{pmatrix}\begin{pmatrix}\boldsymbol{B}&\boldsymbol{I}_n\\-\boldsymbol{I}_m&\boldsymbol{O}\end{pmatrix}=\begin{pmatrix}\boldsymbol{AB}&\boldsymbol{O}\\\boldsymbol{O}&\boldsymbol{I}_n\end{pmatrix}$，故

$$r(\boldsymbol{A})+r(\boldsymbol{B})\leqslant r\begin{pmatrix}\boldsymbol{A}&\boldsymbol{O}\\\boldsymbol{I}_n&\boldsymbol{B}\end{pmatrix}=r\begin{pmatrix}\boldsymbol{AB}&\boldsymbol{O}\\\boldsymbol{O}&\boldsymbol{I}_n\end{pmatrix}=r(\boldsymbol{AB})+n.$$

1.17 提示：设 $r=r(\boldsymbol{B})$ 且 $\boldsymbol{B}$ 有满秩分解 $\boldsymbol{B}=\boldsymbol{FG}$，其中 $\boldsymbol{F}$ 为 $n\times r$ 阶矩阵，$\boldsymbol{G}$ 为 $r\times p$ 阶矩阵，则有 $r(\boldsymbol{AB})\leqslant r(\boldsymbol{AF})$，$r(\boldsymbol{BC})\leqslant r(\boldsymbol{GC})$，再由西尔维斯特秩不等式，可知

$$r(\boldsymbol{ABC})\geqslant r(\boldsymbol{AF})+r(\boldsymbol{GC})-r\geqslant r(\boldsymbol{AB})+r(\boldsymbol{BC})-r(\boldsymbol{B}).$$

习 题 二

2.1 (1) $U=\{k\boldsymbol{e}_1\}$，$k\in\mathbb{Z}$；(2) $U=\operatorname{span}\{\boldsymbol{e}_1\}\cup\operatorname{span}\{\boldsymbol{e}_2\}$.

2.2 (1) $\left(\frac{5}{4},\frac{1}{4},-\frac{1}{4},-\frac{1}{4}\right)^{\mathrm{T}}$；(2) $(1,0,-1,0)^{\mathrm{T}}$.

2.3 (1) $\boldsymbol{P}=\begin{pmatrix}1&0&1\\0&1&1\\1&2&2\end{pmatrix}$；(2) $c(-2,3,-1)^{\mathrm{T}}$，c 为任意常数.

2.4 $N(\boldsymbol{A})=\operatorname{span}\{(0,0,1)^{\mathrm{T}}\}$，$R(\boldsymbol{A})=\mathbb{R}^2$，$R(\boldsymbol{A}^{\mathrm{T}})=\operatorname{span}\{(1,0,0)^{\mathrm{T}},(0,1,0)^{\mathrm{T}}\}$，$N(\boldsymbol{A}^{\mathrm{T}})=\{\boldsymbol{0}=(0,0)^{\mathrm{T}}\}$. 可以关注 $N(\boldsymbol{A})$ 与 $R(\boldsymbol{A}^{\mathrm{T}})$ 的关系.

2.5 提示：设 $\{\boldsymbol{\alpha}_i\}_1^r$ 为 U 的一个基，令 $\boldsymbol{A}=(\boldsymbol{\alpha}_1,\boldsymbol{\alpha}_2,\cdots,\boldsymbol{\alpha}_r)$，且 $\boldsymbol{Ax}=\boldsymbol{0}$ 的基础解系为 $\{\boldsymbol{\beta}_i\}_1^{n-r}$. 再令

$\boldsymbol{B}=(\boldsymbol{\beta}_1, \boldsymbol{\beta}_2, \cdots, \boldsymbol{\beta}_{n-r})$，则 $\boldsymbol{B}^{\mathrm{T}}\boldsymbol{x}=\boldsymbol{0}$ 的解空间即为 U.

2.6 提示：解集 V 不是向量空间.

2.7 提示：(1) $\boldsymbol{0}=\boldsymbol{A}\boldsymbol{x}=x_1\boldsymbol{\alpha}_1+x_2\boldsymbol{\alpha}_2+\cdots+x_m\boldsymbol{\alpha}_m$. (2) $\boldsymbol{0}=\boldsymbol{A}\boldsymbol{x}=\boldsymbol{B}\boldsymbol{C}\boldsymbol{x}$，且 $\boldsymbol{B}$ 列满秩.

2.8 提示：$\boldsymbol{A}^{\mathrm{T}}\boldsymbol{A}\boldsymbol{x}=\boldsymbol{0}\Rightarrow\boldsymbol{x}^{\mathrm{T}}\boldsymbol{A}^{\mathrm{T}}\boldsymbol{A}\boldsymbol{x}=0\Rightarrow\boldsymbol{A}\boldsymbol{x}=\boldsymbol{0}$，故 $n-r(\boldsymbol{A}^{\mathrm{T}}\boldsymbol{A})\leqslant n-r(\boldsymbol{A})$. 又由习题 1.15 知 $r(\boldsymbol{A}^{\mathrm{T}}\boldsymbol{A})\leqslant r(\boldsymbol{A})$. 故 $r(\boldsymbol{A}^{\mathrm{T}}\boldsymbol{A})=r(\boldsymbol{A})$. 以 $\boldsymbol{A}^{\mathrm{T}}$ 换 $\boldsymbol{A}$，即得 $r(\boldsymbol{A}\boldsymbol{A}^{\mathrm{T}})=r(\boldsymbol{A}^{\mathrm{T}})=r(\boldsymbol{A})$.

2.9 提示：$\boldsymbol{BCBC}=\boldsymbol{BC}$，则 $\boldsymbol{B}^{\mathrm{T}}\boldsymbol{B}(\boldsymbol{CB}-\boldsymbol{I})\boldsymbol{CC}^{\mathrm{T}}=\boldsymbol{O}$，再由 $r(\boldsymbol{B}^{\mathrm{T}}\boldsymbol{B})=r(\boldsymbol{B})=r=r(\boldsymbol{C})=r(\boldsymbol{CC}^{\mathrm{T}})$ 即证.

2.10 提示：必要性.设 $\boldsymbol{A}=(\boldsymbol{\alpha}_1, \boldsymbol{\alpha}_2, \cdots, \boldsymbol{\alpha}_n)$，因为 $\boldsymbol{\alpha}_i\in R(\boldsymbol{A})=R(\boldsymbol{AB})$，则有 $\boldsymbol{\alpha}_i=(\boldsymbol{AB})\boldsymbol{x}_i$. 令 $\boldsymbol{C}=(\boldsymbol{x}_1, \boldsymbol{x}_2, \cdots, \boldsymbol{x}_n)$，则有 $\boldsymbol{A}=(\boldsymbol{ABx}_1, \boldsymbol{ABx}_2, \cdots, \boldsymbol{ABx}_n)=\boldsymbol{ABC}$.

充分性.设任意 $\boldsymbol{x}\in R(\boldsymbol{A})=R(\boldsymbol{ABC})$，有 $\boldsymbol{x}=(\boldsymbol{ABC})\boldsymbol{y}\in R(\boldsymbol{AB})$，因此 $R(\boldsymbol{A})\subset R(\boldsymbol{AB})$. 同理，对任意 $\boldsymbol{x}\in R(\boldsymbol{AB})$，有 $\boldsymbol{x}=(\boldsymbol{AB})\boldsymbol{z}=\boldsymbol{A}(\boldsymbol{Bz})\in R(\boldsymbol{A})$，故 $R(\boldsymbol{AB})\subset R(\boldsymbol{A})$. 于是 $R(\boldsymbol{A})=R(\boldsymbol{AB})$.

2.11 (1) 是；(2) 是；(3) 不是；(4) 是.

2.12 提示：生成元组等价就是能互相线性表示.

2.13 提示：设 $k_1\cdot 1+k_2\cdot x+\cdots+k_n\cdot x^{n-1}=0$，任取两两不等的一组数 $x_1, x_2, \cdots, x_n\in\mathbb{R}$，则有

$$k_1\cdot 1+k_2\cdot x_i+\cdots+k_n\cdot x_i^{n-1}=0\ (i=1, 2, \cdots, n).$$

写成矩阵形式，即得矩阵方程 $\boldsymbol{V}^{\mathrm{T}}\boldsymbol{k}=\boldsymbol{0}$，其中 $\boldsymbol{V}$ 为范德蒙德矩阵.易知此方程只有零解.

2.14 提示：(1) 若条件(a)与(b)成立，而条件(c)不成立，则 $\boldsymbol{Pk}=\boldsymbol{0}$ 有非零解 $\boldsymbol{k}$，于是

$$(\beta_1, \beta_2, \cdots, \beta_n)\boldsymbol{k}=(\alpha_1, \alpha_2, \cdots, \alpha_n)\boldsymbol{Pk}=(\alpha_1, \alpha_2, \cdots, \alpha_n)\boldsymbol{0}=\theta.$$

即 $\{\beta_i\}_1^n$ 线性相关，这与条件(b)矛盾.

(2) 若条件(a)与(c)成立，而条件(b)不成立，则存在非零向量 $\boldsymbol{k}$，使得 $(\beta_1, \beta_2, \cdots, \beta_n)\boldsymbol{k}=\theta$. 令 $\boldsymbol{y}=\boldsymbol{Pk}$，显然 $\boldsymbol{y}\neq\boldsymbol{0}$，故可得 $(\alpha_1, \alpha_2, \cdots, \alpha_n)\boldsymbol{y}=(\alpha_1, \alpha_2, \cdots, \alpha_n)\boldsymbol{Pk}=\theta$，即 $\{\alpha_i\}_1^n$ 线性相关，这与条件(a)矛盾.

(3) 若条件(b)与(c)成立，而条件(a)不成立，则存在非零向量 $\boldsymbol{k}$，使得 $(\alpha_1, \alpha_2, \cdots, \alpha_n)\boldsymbol{k}=\theta$. 令 $\boldsymbol{y}=\boldsymbol{P}^{-1}\boldsymbol{k}$，显然 $\boldsymbol{y}\neq\boldsymbol{0}$，故可得 $(\beta_1, \beta_2, \cdots, \beta_n)\boldsymbol{y}=(\alpha_1, \alpha_2, \cdots, \alpha_n)\boldsymbol{k}=\theta$，即 $\{\beta_i\}_1^n$ 线性相关，这与条件(b)矛盾.

2.15 (1) 略；(2) $(1, 1, \cdots, 1)^{\mathrm{T}}$.

2.16 (1) $\boldsymbol{P}=\dfrac{1}{2}\begin{pmatrix}1 & 1 & -1 & -1\\ 1 & 5 & -1 & -1\\ 0 & -4 & 4 & 0\\ 1 & 1 & -1 & 3\end{pmatrix}$；(2) $(3, 2, -1, 0)^{\mathrm{T}}$ 和 $\left(4, -\dfrac{1}{2}, -1, -\dfrac{3}{2}\right)^{\mathrm{T}}$；(3) 零矩阵 $\boldsymbol{O}_2$.

2.17 (1) $\boldsymbol{P}=\begin{pmatrix}1 & 2 & -1\\ 1 & -1 & 0\\ -1 & 0 & 1\end{pmatrix}$；(2) $(1, 1, 1)^{\mathrm{T}}$.

2.18 提示：必要性.设 $\alpha=(\alpha_1, \alpha_2, \cdots, \alpha_n)\boldsymbol{x}=(\beta_1, \beta_2, \cdots, \beta_n)\boldsymbol{x}$，则 $\boldsymbol{Px}=\boldsymbol{x}=1\cdot\boldsymbol{x}$. 注意到 $\boldsymbol{x}\neq\boldsymbol{0}$，故 1 为矩阵 $\boldsymbol{P}$ 的特征值.

充分性.设有 $\boldsymbol{Px}=1\boldsymbol{x}$. 令 $\alpha=(\alpha_1, \alpha_2, \cdots, \alpha_n)\boldsymbol{x}$, 则 $\alpha=(\alpha_1, \alpha_2, \cdots, \alpha_n)\boldsymbol{x}=(\alpha_1, \alpha_2, \cdots, \alpha_n)\boldsymbol{Px}=(\beta_1, \beta_2, \cdots, \beta_n)\boldsymbol{x}$, α 即为所求.

2.19 提示：自然基为 $\boldsymbol{E}_{12}-\boldsymbol{E}_{21}, \cdots, \boldsymbol{E}_{1n}-\boldsymbol{E}_{n1}, \boldsymbol{E}_{23}-\boldsymbol{E}_{32}, \cdots, \boldsymbol{E}_{n-1,n}-\boldsymbol{E}_{n,n-1}$.

2.20 $\dim V=3$, 一个基为 $\boldsymbol{I}, \boldsymbol{A}, \boldsymbol{A}^2$.

2.21 提示：问题等价于 $\mathbb{R}^{n\times n}$ 中任意矩阵 $\boldsymbol{A}$ 与基本矩阵 $\boldsymbol{E}_{ij}(i, j=1, 2, \cdots, n)$ 可交换,即 $\boldsymbol{AE}_{ij}=\boldsymbol{E}_{ij}\boldsymbol{A}$.

2.22 (1) 是;(2) 是;(3) 是.

2.23 (1) 不是;(2) 不是;(3) 不是.

2.24 (1) 略;(2) $\begin{pmatrix}1&0\\0&1\end{pmatrix}, \begin{pmatrix}0&1\\-1&1\end{pmatrix}$, $\dim U=2$, $U=\begin{pmatrix}a&b\\-b&a+b\end{pmatrix}$, $a, b\in\mathbb{R}$.

2.25 $V_1\cap V_2$ 的基为 $-3\beta_1+\beta_2$, 维数为 1, V_1+V_2 的基为 $\alpha_1, \alpha_2, \beta_1$, 维数为 3.

2.26 提示：(1) $\dim(V_1\cap V_2)\geqslant 0$, 则 $\dim(V_1\cap V_2)>n-\dim(V_1+V_2)\geqslant 0$.

(2) 设 $\{\alpha_i\}_1^r$ 为 V_1 的一个基,若有 $\theta\neq\alpha\in V_2-V_1$, 则 $\{\alpha_i\}_1^r$, α 线性无关,从而有 $\dim V_2\geqslant r+1>\dim V_1$, 出现矛盾.

(3) 设有 $\alpha_1\in V-V_1$, $\alpha_2\in V-V_2$, 则当 $\alpha_1\in V-V_2$ 时取 $\alpha=\alpha_1$; 当 $\alpha_2\in V-V_1$ 时取 $\alpha=\alpha_2$; 当 $\alpha_1\in V_2$ 且 $\alpha_2\in V_1$ 时,取 $\alpha=\alpha_1+\alpha_2$.

(4) $V_i\cap U\subset V_i$, $V_i\subset V_1\oplus V_2$.

2.27 $f=\dfrac{1}{2}a_1(-1+2t-t^3)+\dfrac{1}{2}a_2(-1+2t^2-t^3)$.

(1) $\dim U=2$, 一个基为 $f_1=-1+2t-t^3$, $f_2=-1+2t^2-t^3$;

(2) 提示：$f_1=(1, t, t^2, t^3)\boldsymbol{\alpha}_1$, $f_2=(1, t, t^2, t^3)\boldsymbol{\alpha}_2$, 由 $\boldsymbol{\alpha}_1, \boldsymbol{\alpha}_2, \boldsymbol{e}_3, \boldsymbol{e}_4$ 线性无关,可得 $f_3=t^2$, $f_4=t^3$, 故所求为 $W=\mathrm{span}\{f_3, f_4\}$.

2.28 提示：$W=\mathrm{span}\{1, x^2\}$.

2.29 提示：$V_1=\mathrm{span}\{\boldsymbol{\alpha}_1, \boldsymbol{\alpha}_2, \cdots, \boldsymbol{\alpha}_{n-1}\}$, $V_2=\mathrm{span}\{\boldsymbol{\beta}\}$, 其中

$$\boldsymbol{\alpha}_1=(-1, 1, 0, \cdots, 0)^{\mathrm{T}}, \boldsymbol{\alpha}_2=(-1, 0, 1, 0, \cdots, 0)^{\mathrm{T}}, \cdots,$$
$$\boldsymbol{\alpha}_{n-1}=(-1, 0, \cdots, 0, 1)^{\mathrm{T}}, \boldsymbol{\beta}=(1, 1, \cdots, 1)^{\mathrm{T}}.$$

易知 $\boldsymbol{\alpha}_1, \boldsymbol{\alpha}_2, \cdots, \boldsymbol{\alpha}_{n-1}, \boldsymbol{\beta}$ 是 $\mathbb{R}^n$ 的一个基,其中的 $\{\boldsymbol{\alpha}_i\}_1^{n-1}$ 是 V_1 的一个基, $\boldsymbol{\beta}$ 是 V_2 的基,因此 $\mathbb{R}^n=V_1\oplus V_2$.

对任意 $\boldsymbol{\alpha}\in V_1\cap V_2$, 当 $\boldsymbol{A}$ 可逆时,易知 $\boldsymbol{\alpha}=\boldsymbol{0}$; 反之,若 $\mathbb{R}^n=V_1\oplus V_2$, 则 $\boldsymbol{A\alpha}=\boldsymbol{0}$, 即 $\boldsymbol{Ax}=\boldsymbol{0}$ 只有零解,因此 $\boldsymbol{A}$ 可逆.

2.30 提示：对 $\boldsymbol{z}=\boldsymbol{x}+\boldsymbol{y}\in N(\boldsymbol{A})+N(\boldsymbol{B})$, 有 $(\boldsymbol{AB})\boldsymbol{z}=\boldsymbol{B}(\boldsymbol{Ax})+\boldsymbol{A}(\boldsymbol{By})=\boldsymbol{0}$; 对 $\boldsymbol{z}\in N(\boldsymbol{AB})$, 有 $\boldsymbol{z}=\boldsymbol{Iz}=(\boldsymbol{AC}+\boldsymbol{BD})\boldsymbol{z}=\boldsymbol{ACz}+\boldsymbol{BDz}=\boldsymbol{x}+\boldsymbol{y}$, 易知 $\boldsymbol{Bx}=\boldsymbol{0}$, $\boldsymbol{Ay}=\boldsymbol{0}$; 对 $\boldsymbol{u}\in N(\boldsymbol{A})\cap N(\boldsymbol{B})$, 易知 $\boldsymbol{u}=\boldsymbol{Iu}=(\boldsymbol{AC}+\boldsymbol{BD})\boldsymbol{u}=\boldsymbol{CAu}+\boldsymbol{DBu}=\boldsymbol{0}$.

2.31 (1) 不是,例如 $\sigma(2, 0, 0)\neq 2\sigma(1, 0, 0)$; (2) 是;(3) 是.

2.32 提示：例如, $f(x_1, x_2)=\sqrt[3]{x_1^3+x_2^3}$.

2.33 (1) 对任意 $\alpha=(\alpha_1, \alpha_2, \cdots, \alpha_n)\boldsymbol{x}\in V$, 定义 $\sigma(\alpha)=(\beta_1, \beta_2, \cdots, \beta_n)\boldsymbol{x}$, 易证 σ 是线性变换.故对 $(\beta_1, \beta_2, \cdots, \beta_n)\boldsymbol{x}=\theta$, 有 $\theta=\sigma(\alpha)$. 当 σ 可逆时,此即 $\alpha=(\alpha_1, \alpha_2, \cdots, \alpha_n)\boldsymbol{x}=\sigma^{-1}(\theta)=\theta$,

可知 $\boldsymbol{x}=\boldsymbol{0}$, 因此 $\{\beta_i\}_1^n$ 也是 V 的基.

反之, $\sigma(\alpha)=\theta$ 即 $(\beta_1, \beta_2, \cdots, \beta_n)\boldsymbol{x}=\theta$, 因此 $\boldsymbol{x}=\boldsymbol{0}$, 故 $\alpha=(\alpha_1, \alpha_2, \cdots, \alpha_n)\boldsymbol{x}=\theta$, 从而 σ 可逆.

(2) 将两个线性无关组分别扩充为 V 的基即可.

2.34 必要性.任取 $\alpha\in\mathrm{Ker}(\sigma)$, 有 $\sigma(\alpha)=\theta'=\sigma(\theta)$, 因为 σ 是单射,故有 $\alpha=\theta$.

充分性.若有 $\alpha, \beta\in\mathrm{Ker}(\sigma)$, 满足 $\sigma(\alpha)=\sigma(\beta)$. 易知 $\sigma(\alpha-\beta)=\theta'$, 故 $\alpha-\beta\in\mathrm{Ker}(\sigma)$, 即 $\alpha-\beta=\theta$, 也就是 $\alpha=\beta$.

2.35 提示:令 $\boldsymbol{P}=(\boldsymbol{p}_1, \boldsymbol{p}_2, \cdots, \boldsymbol{p}_n)$, 根据线性变换的叠加性,可知 $\sigma(\beta_i)=\sigma(\alpha_1, \alpha_2, \cdots, \alpha_n)\boldsymbol{p}_i$.

2.36 考察 $x_1\alpha+x_2\sigma(\alpha)+\cdots+x_n\sigma^{n-1}(\alpha)=\theta$, 两边做 $n-1$ 次 σ 变换,由于 $\sigma^k(\alpha)=\theta\ (k\geqslant n)$, 因此

$$x_1\sigma^{n-1}(\alpha)+x_2\sigma^n(\alpha)+\cdots+x_n\sigma^{2n-2}(\alpha)=\sigma^{n-1}\theta=\theta,$$

即 $x_1\sigma^{n-1}(\alpha)=\theta$, 由于 $\sigma^{n-1}(\alpha)\neq\theta$, 因此 $x_1=0$. 类似地,可证 $x_2=\cdots=x_n=0$.

$\sigma(\alpha, \sigma(\alpha), \cdots, \sigma^{n-1}(\alpha))=(\alpha, \sigma(\alpha), \cdots, \sigma^{n-1}(\alpha))\boldsymbol{A}$, 其中 $\boldsymbol{A}=\begin{pmatrix}0 & & & \\ 1 & 0 & & \\ & \ddots & \ddots & \\ & & 1 & 0\end{pmatrix}$.

2.37 (1) $\boldsymbol{A}=\begin{pmatrix}-1 & 1 & -2\\ 2 & 2 & 0\\ 3 & 0 & 2\end{pmatrix}$; (2) $(-1, 0, 2)^{\mathrm{T}}$ 及 $(1, -1, 3)^{\mathrm{T}}$.

2.38 (1) $\boldsymbol{A}=\begin{pmatrix}0 & 1 & 1\\ -1 & -3 & -2\\ 2 & 4 & 4\end{pmatrix}$; (2) $\boldsymbol{C}=\begin{pmatrix}-2 & 5 & -2\\ -1 & 5 & -2\\ -1 & 4 & -2\end{pmatrix}$.

2.39 提示:取 U 的一个基,例如 $\boldsymbol{X}_1=\begin{pmatrix}1 & 0\\ 0 & -1\end{pmatrix}$, $\boldsymbol{X}_2=\begin{pmatrix}0 & 1\\ 0 & 0\end{pmatrix}$, $\boldsymbol{X}_3=\begin{pmatrix}0 & 0\\ 1 & 0\end{pmatrix}$ (不唯一),求出 σ 在这个基下的矩阵 $\boldsymbol{A}$, 进而求得 Jordan 分解 $\boldsymbol{A}=\boldsymbol{PJP}^{-1}$ ($\boldsymbol{P}$ 不唯一),则所求为

$$\boldsymbol{Y}_1=(\boldsymbol{X}_1, \boldsymbol{X}_2, \boldsymbol{X}_3)\boldsymbol{p}_1, \boldsymbol{Y}_2=(\boldsymbol{X}_1, \boldsymbol{X}_2, \boldsymbol{X}_3)\boldsymbol{p}_2, \boldsymbol{Y}_3=(\boldsymbol{X}_1, \boldsymbol{X}_2, \boldsymbol{X}_3)\boldsymbol{p}_3.$$

2.40 提示: $\sigma(\eta_k)=(\alpha_1, \alpha_2, \cdots, \alpha_n)\boldsymbol{A\beta}_k=\theta$. 对任意 $\alpha\in\mathrm{span}\{\eta_1, \eta_2, \cdots, \eta_{n-r}\}$, 可知 $\sigma(\alpha)=\theta$. 同时有 $\dim\mathrm{Ker}(\sigma)=n-r=\dim\mathrm{span}\{\eta_1, \eta_2, \cdots, \eta_{n-r}\}$.

2.41 $\mathrm{Ker}(\sigma)$ 的维数为 1,基为 $\boldsymbol{\beta}=(-1, -1, 0, 1)^{\mathrm{T}}$, $\mathrm{Im}(\sigma)$ 的维数为 3,一个基为

$$\boldsymbol{\alpha}_1=(1, 1, 0)^{\mathrm{T}}, \boldsymbol{\alpha}_2=(-1, 0, 1)^{\mathrm{T}}, \boldsymbol{\alpha}_3=(1, -1, 1)^{\mathrm{T}}.$$

提示: $\sigma(\boldsymbol{e}_1, \boldsymbol{e}_2, \boldsymbol{e}_3, \boldsymbol{e}_4)=(\boldsymbol{e}_1, \boldsymbol{e}_2, \boldsymbol{e}_3)\boldsymbol{A}$, 这里

$$\boldsymbol{A}=\begin{pmatrix}1 & -1 & 1 & 0\\ 1 & 0 & -1 & 1\\ 0 & 1 & 1 & 1\end{pmatrix}, N(\boldsymbol{A})=\mathrm{span}\{\boldsymbol{\beta}\}, R(\boldsymbol{A})=\mathrm{span}\{\boldsymbol{\alpha}_1, \boldsymbol{\alpha}_2, \boldsymbol{\alpha}_3\}.$$

2.42 $\mathrm{Ker}(\sigma)$ 的维数为 1,基为 $\boldsymbol{\beta}=(2, -1, 1)^{\mathrm{T}}$; $\mathrm{Im}(\sigma)$ 的维数为 2,一个基为 $\boldsymbol{\alpha}_1=(1, 0, 1)^{\mathrm{T}}$, $\boldsymbol{\alpha}_2=(1, 1, 2)^{\mathrm{T}}$.

2.43 (1) $\boldsymbol{A}=\begin{pmatrix}-3 & -2 & -6\\ -11 & -5 & -13\\ 6 & 3 & 8\end{pmatrix}$；(2) $-16+5t-10t^2$.

提示：设 $(f_1, f_2, f_3)=(1, t, t^2)\boldsymbol{P}_1$, $(g_1, g_2, g_3)=(1, t, t^2)\boldsymbol{P}_2$, $\sigma(g_1, g_2, g_3)=(1, t, t^2)\boldsymbol{B}$, $(g_1, g_2, g_3)=(f_1, f_2, f_3)\boldsymbol{P}$, $\sigma(f_1, f_2, f_3)=(f_1, f_2, f_3)\boldsymbol{A}$, 则 $\boldsymbol{P}=\boldsymbol{P}_1^{-1}\boldsymbol{P}_2$, 且

$$\sigma(f_1, f_2, f_3)=\sigma(g_1, g_2, g_3)\boldsymbol{P}^{-1}=(1, t, t^2)\boldsymbol{B}\boldsymbol{P}^{-1}=(f_1, f_2, f_3)\boldsymbol{P}_1^{-1}\boldsymbol{B}\boldsymbol{P}_2^{-1}\boldsymbol{P}_1,$$

于是 $\boldsymbol{A}=\boldsymbol{P}_1^{-1}\boldsymbol{B}\boldsymbol{P}_2^{-1}\boldsymbol{P}_1$.

设 $f=(1, t, t^2)\boldsymbol{x}$, $\sigma(f)=(1, t, t^2)\boldsymbol{y}$, 则 $\sigma(f)=\sigma(1, t, t^2)\boldsymbol{x}=\sigma(g_1, g_2, g_3)\boldsymbol{P}_2^{-1}\boldsymbol{x}=(1, t, t^2)\boldsymbol{B}\boldsymbol{P}_2^{-1}\boldsymbol{x}$, 因此 $\boldsymbol{y}=\boldsymbol{B}\boldsymbol{P}_2^{-1}\boldsymbol{x}$.

2.44 (1) $\mathrm{Ker}(\sigma)$ 的维数为 1,基为 $1+t+t^2$, $\mathrm{Im}(\sigma)$ 的维数为 2,基为 $1-t^2$, $-1+t$; (2) 不存在.

提示：σ 在自然基 $1, t, t^2$ 下的矩阵为 $\boldsymbol{A}=\begin{pmatrix}1 & -1 & 0\\ 0 & 1 & -1\\ -1 & 0 & 1\end{pmatrix}$, $N(\boldsymbol{A})=\mathrm{span}\{\beta\}$, $R(\boldsymbol{A})=\mathrm{span}\{\boldsymbol{\alpha}_1, \boldsymbol{\alpha}_2\}$, 其中 $\boldsymbol{\beta}=(1, 1, 1)^{\mathrm{T}}$, $\boldsymbol{\alpha}_1=(1, 0, -1)^{\mathrm{T}}$, $\boldsymbol{\alpha}_2=(-1, 1, 0)^{\mathrm{T}}$. 矩阵 $\boldsymbol{A}$ 有一对共轭特征值,因此 $\boldsymbol{A}$ 不可实对角化.

2.45 (1) $\boldsymbol{A}=\dfrac{1}{3}\begin{pmatrix}1 & 1\\ -7 & 5\end{pmatrix}$；(2) $(0, -4)^{\mathrm{T}}$.

提示：$\sigma(\alpha_1, \alpha_2)\begin{pmatrix}1\\ 2\end{pmatrix}=(\beta_1, \beta_2)\begin{pmatrix}1\\ 1\end{pmatrix}$, $\sigma(\alpha_1, \alpha_2)\begin{pmatrix}2\\ 1\end{pmatrix}=(\beta_1, \beta_2)\begin{pmatrix}1\\ -1\end{pmatrix}$, 因此 $\sigma(\alpha_1, \alpha_2)\boldsymbol{F}=(\beta_1, \beta_2)\boldsymbol{G}=(\alpha_1, \alpha_2)\boldsymbol{P}\boldsymbol{G}$, 即 $\sigma(\alpha_1, \alpha_2)=(\alpha_1, \alpha_2)\boldsymbol{P}\boldsymbol{G}\boldsymbol{F}^{-1}$, 从而 $\boldsymbol{A}=\boldsymbol{P}\boldsymbol{G}\boldsymbol{F}^{-1}$.

由于 $\beta_1=(\alpha_1, \alpha_2)\boldsymbol{p}_1$, 则 $\sigma(\beta_1)=\sigma(\alpha_1, \alpha_2)\boldsymbol{p}_1=(\alpha_1, \alpha_2)\boldsymbol{A}\boldsymbol{p}_1$.

2.46 (1) 对任意 $\alpha\in V_\lambda$, 有 $\sigma(\tau(\alpha))=(\sigma\tau)(\alpha)=(\tau\sigma)(\alpha)=\tau(\sigma(\alpha))=\tau(\lambda\alpha)=\lambda\tau(\alpha)$, 因此 $\tau(\alpha)\in V_\lambda$.

(2) 由于 $\dim V_\lambda\geqslant 1$, 因此由(1),存在数 μ 和非零向量 $\beta\in V_\lambda$, 使得 $\tau(\beta)=\mu\beta$. 故 $\beta\in V_\lambda$ 是所求的公共特征向量.

(3) 对任意 $\beta\in R(\tau)$, 存在 $\alpha\in V$, 使得 $\beta=\tau(\alpha)$, 从而

$$\sigma(\beta)=\sigma(\tau(\alpha))=(\sigma\tau)(\alpha)=(\tau\sigma)(\alpha)=\tau(\sigma(\alpha))\in R(\tau).$$

对任意 $\alpha\in N(\tau)$, 有 $\tau(\alpha)=\theta$, 从而

$$\tau(\sigma(\alpha))=(\tau\sigma)(\alpha)=(\sigma\tau)(\alpha)=\sigma_1(\tau(\alpha))=\sigma(\theta)=\theta.$$

故 $\sigma(\alpha)\in N(\tau)$.

2.47 (1) 略；(2) 略；

(3) 提示：因为 V 的维数是有限的,所以必存在某个正整数 k, 使得 $\mathrm{Ker}(\sigma^k)=\mathrm{Ker}(\sigma^{k+1})$. 对任意 $\alpha\in\mathrm{Ker}(\sigma^k)\cap\mathrm{Im}(\sigma^k)$, 存在 β, 使得 $\alpha=\sigma^k(\beta)$, 且 $\sigma^k(\alpha)=\theta$, 因此 $\sigma^{2k}(\beta)=\theta$, 即 $\beta\in\mathrm{Ker}(\sigma^{2k})=\mathrm{Ker}(\sigma^k)$, 从而有 $\alpha=\theta$.

2.48 $\boldsymbol{A}$ 的特征值为 4, 2, 2, 特征向量为 $\boldsymbol{p}_1=(1, 2, 1)^{\mathrm{T}}$, $\boldsymbol{p}_2=(0, 1, 0)^{\mathrm{T}}$, $\boldsymbol{p}_3=(-1, 0, 1)^{\mathrm{T}}$, 因此所求为

$$V_1 = \text{span}\{\boldsymbol{p}_1\},\ V_2 = \text{span}\{\boldsymbol{p}_2\},\ V_3 = \text{span}\{\boldsymbol{p}_3\},\ V_2 + V_3 = \text{span}\{\boldsymbol{p}_2,\ \boldsymbol{p}_3\},$$

并且 $\mathbb{R}^3 = V_1 \oplus V_2 \oplus V_3$.

2.49 2^n 个.提示：共有 n 个 1 维特征子空间,不变子空间的交与和也是不变子空间.

2.50 (1) $\boldsymbol{P} = \begin{pmatrix} -2 & 4 & 3 \\ 1 & -1 & -1 \\ 1 & -2 & -1 \end{pmatrix}$, $\boldsymbol{J} = \begin{pmatrix} -3 & 0 & 0 \\ 0 & 1 & 1 \\ 0 & 0 & 1 \end{pmatrix}$; (2) $\boldsymbol{P} = \begin{pmatrix} 1 & 3 & 1 \\ -1 & -2 & 0 \\ -1 & -1 & 0 \end{pmatrix}$, $\boldsymbol{J} = \begin{pmatrix} 1 & 1 & 0 \\ 0 & 1 & 1 \\ 0 & 0 & 1 \end{pmatrix}$;

(3) $\boldsymbol{P} = \begin{pmatrix} 1 & 1 & 1 \\ 2 & 0 & 0 \\ -1 & 0 & 1 \end{pmatrix}$, $\boldsymbol{J} = \begin{pmatrix} 1 & 1 & 0 \\ 0 & 1 & 0 \\ 0 & 0 & 1 \end{pmatrix}$; (4) $\boldsymbol{P} = \begin{pmatrix} 1 & 1 & 1 \\ -3 & 0 & 0 \\ -2 & 0 & 1 \end{pmatrix}$, $\boldsymbol{J} = \begin{pmatrix} 0 & 1 & 0 \\ 0 & 0 & 0 \\ 0 & 0 & 0 \end{pmatrix}$.

2.51 $\boldsymbol{A}_i$ 的 Jordan 标准型为 $\boldsymbol{P}_i^{-1}\boldsymbol{A}_i\boldsymbol{P}_i = \boldsymbol{J}_i\ (i = 1,\ 2)$, 其中

$$\boldsymbol{P}_1 = \begin{pmatrix} 2 & 1 \\ -4 & 0 \end{pmatrix},\ \boldsymbol{J}_1 = \begin{pmatrix} -1 & 1 \\ 0 & -1 \end{pmatrix},\ \boldsymbol{P}_2 = \begin{pmatrix} 0 & 1 & 0 \\ 0 & 0 & 1 \\ 2 & 0 & 0 \end{pmatrix},\ \boldsymbol{J}_2 = \begin{pmatrix} -1 & 1 & 0 \\ 0 & -1 & 0 \\ 0 & 0 & -1 \end{pmatrix}$$

因此 $\boldsymbol{A}$ 的 Jordan 标准型为 $\boldsymbol{P}^{-1}\boldsymbol{A}\boldsymbol{P} = \boldsymbol{J}$, 其中 $\boldsymbol{P} = \text{diag}(\boldsymbol{P}_1,\ \boldsymbol{P}_2)$, $\boldsymbol{J} = \text{diag}(\boldsymbol{J}_1,\ \boldsymbol{J}_2)$.

2.52 $x_1 = \mathrm{e}^{2t}(c_1 + c_2 + c_3 + c_2 t)$, $x_2 = -2\mathrm{e}^{2t}(c_1 + c_2 t)$, $x_3 = \mathrm{e}^{2t}(-c_1 + c_3 - c_2 t)$, 其中 $c_1,\ c_2,\ c_3 \in \mathbb{R}$.

2.53 $\boldsymbol{A}$ 的特征值为 $\lambda = 2$(三重),计算可得 $r_0 = 3,\ r_1 = 1,\ r_2 = r_3 = 0,\ d_1 = 2,\ d_2 = 1,\ d_3 = 0,\ \delta_1 = 1, \delta_2 = 1$.

令 $\boldsymbol{B} = \boldsymbol{A} - 2\boldsymbol{I}$, 由于 $\boldsymbol{B}^2 = \boldsymbol{O}$, 故取 $\boldsymbol{p}_1 = (1,\ 0,\ 0)^{\mathrm{T}}$, 则长为 2 的 Jordan 链为

$$\{\boldsymbol{B}\boldsymbol{p}_1 = (-6,\ -12,\ -6)^{\mathrm{T}},\ \boldsymbol{p}_1 = (1,\ 0,\ 0)^{\mathrm{T}}\}.$$

取 $\boldsymbol{p}_2 = (2,\ 0,\ 3)^{\mathrm{T}}$ 满足 $\boldsymbol{B}\boldsymbol{x} = \boldsymbol{0}$, 则另一个长为 1 的 Jordan 链为 $\{\boldsymbol{p}_2\}$.

2.54 证明 k 阶 Jordan 块 $\boldsymbol{J}_k(\lambda)$ 与 $\boldsymbol{J}_k^{\mathrm{T}}(\lambda)$ 相似即可.事实上,取 $\boldsymbol{P} = (\boldsymbol{e}_k,\ \boldsymbol{e}_{k-1},\ \cdots,\ \boldsymbol{e}_1)$, 其中 $\boldsymbol{e}_i$ 为 k 阶单位矩阵 $\boldsymbol{I}_k$ 的第 i 列 $(i = 1,\ 2,\ \cdots,\ k)$, 易知 $\boldsymbol{P}^{-1}\boldsymbol{J}_k(\lambda)\boldsymbol{P} = \boldsymbol{J}_k^{\mathrm{T}}(\lambda)$.

2.55 $2\mathrm{e}^x,\ 2x\mathrm{e}^x,\ x^2\mathrm{e}^x,\ \mathrm{e}^{2x}$ (不唯一).

2.56 $\dfrac{1}{3}\begin{pmatrix} 2 & 1 \\ -1 & 1 \end{pmatrix}$. 提示：$g(\boldsymbol{A}) = \boldsymbol{A} - \boldsymbol{I}$.

2.57 $\begin{pmatrix} 14 & -21 & -42 \\ -21 & 14 & 42 \\ 0 & 0 & -7 \end{pmatrix}$.

2.58 $\boldsymbol{A}^{2n} = \dfrac{1}{3}(2^{2n} - 1)\boldsymbol{A}^2 - \dfrac{1}{3}(2^{2n} - 4)\boldsymbol{I}$.

2.59 提示：利用 C-H 定理.

2.60 设 $\varphi(\lambda) = |\lambda\boldsymbol{I} - \boldsymbol{A}| = \lambda^n + a_{n-1}\lambda^{n-1} + \cdots + a_1\lambda + a_0$. 因为 $\boldsymbol{A}$ 可逆,所以 $a_0 = (-1)^n|\boldsymbol{A}| \neq 0$. 由 C-H 定理, $\varphi(\boldsymbol{A}) = \boldsymbol{A}^n + a_{n-1}\boldsymbol{A}^{n-1} + \cdots + a_1\boldsymbol{A} + a_0\boldsymbol{I} = \boldsymbol{O}$, 因此

$$\boldsymbol{A}(\boldsymbol{A}^{n-1} + a_{n-1}\boldsymbol{A}^{n-2} + \cdots + a_1\boldsymbol{I}) = -a_0\boldsymbol{I}.$$

从而所求即为

$$\boldsymbol{A}^{-1}=\frac{1}{-a_0}(\boldsymbol{A}^{n-1}+a_{n-1}\boldsymbol{A}^{n-2}+\cdots+a_1\boldsymbol{I})=\frac{(-1)^{n+1}}{|\boldsymbol{A}|}(\boldsymbol{A}^{n-1}+a_{n-1}\boldsymbol{A}^{n-2}+\cdots+a_1\boldsymbol{I}).$$

2.61 (1) $(\lambda+3)(\lambda-1)^2$；(2) $(\lambda-1)^3$；(3) $(\lambda-1)^2$；(4) λ^2.

习 题 三

3.1 提示：(1) $\boldsymbol{x}=(\boldsymbol{x}-\boldsymbol{y})+\boldsymbol{y}$，$\boldsymbol{y}=(\boldsymbol{y}-\boldsymbol{x})+\boldsymbol{x}$. (2) $\sqrt{17}$，令 $\boldsymbol{x}=(x-4,\ 2)$，$\boldsymbol{y}=(x,\ 1)$.

3.2 $\dfrac{1}{\sqrt{26}}(4,\ 0,\ 1,\ -3)^{\mathrm{T}}$.

3.3 考察 $k_1\boldsymbol{\alpha}_1+k_2\boldsymbol{\alpha}_2+l_1\boldsymbol{\beta}_1+l_2\boldsymbol{\beta}_2=\boldsymbol{0}$，两边分别用 $\boldsymbol{\alpha}_1$，$\boldsymbol{\alpha}_2$ 做内积，可得

$$k_1(\boldsymbol{\alpha}_1,\ \boldsymbol{\alpha}_1)+k_2(\boldsymbol{\alpha}_1,\ \boldsymbol{\alpha}_2)=0,\ k_1(\boldsymbol{\alpha}_2,\ \boldsymbol{\alpha}_1)+k_2(\boldsymbol{\alpha}_2,\ \boldsymbol{\alpha}_2)=0$$

易知系数行列式 $D>0$，解得 $k_1=k_2=0$. 再由 $\boldsymbol{\beta}_1$，$\boldsymbol{\beta}_2$ 线性无关可知 $l_1=l_2=0$.

3.4 正交基为 $\boldsymbol{\alpha}_1$，$\boldsymbol{\alpha}_2$，$\boldsymbol{\alpha}_3=(-1,\ 0,\ 1,\ 0)^{\mathrm{T}}$，$\boldsymbol{\alpha}_4=(0,\ -2,\ 0,\ 1)^{\mathrm{T}}$，单位化后即得标准正交基.

3.5 $D=|\boldsymbol{A}|=ad-bc=\pm1$，且 $\dfrac{1}{D}\begin{pmatrix}d & -b\\ -c & a\end{pmatrix}=\boldsymbol{A}^{-1}=\boldsymbol{A}^{\mathrm{T}}=\begin{pmatrix}a & c\\ b & d\end{pmatrix}$.

当 $D=1$ 时，$a=d$，$b=-c$ 且 $a^2+b^2=1$. 令 $a=\cos\theta\ (-\pi\leqslant\theta\leqslant\pi)$，则 $b=\sin\theta$，$c=-\sin\theta$，$d=\cos\theta$. 这是平面旋转变换.

当 $D=-1$ 时，$a=-d$，$b=c$ 且 $a^2+b^2=1$. 令 $a=\cos\theta\ (-\pi\leqslant\theta\leqslant\pi)$，则 $b=\sin\theta$，$c=\sin\theta$，$d=-\cos\theta$. 这是平面反射变换，反射轴为中与 x 轴正向夹角为 $\theta/2$ 且过原点的直线.

这个结果说明二维正交矩阵要么是 Givens 旋转矩阵，要么是 Householder 矩阵.

3.6 提示：设 $\boldsymbol{A}$ 相似于正交矩阵 $\boldsymbol{Q}$，注意到迹和行列式都是相似不变量，且 $\boldsymbol{Q}$ 具有上一题的两种形式之一.则：

$$|\boldsymbol{A}|=1\Leftrightarrow a+d=2\cos\theta\in[-2,\ 2];\ |\boldsymbol{A}|=1\Leftrightarrow a+d=\cos\theta-\cos\theta=0.$$

3.7 (1) $\boldsymbol{Q}=\begin{pmatrix}0 & \frac{4}{5} & -\frac{3}{5}\\ 1 & 0 & 0\\ 0 & \frac{3}{5} & \frac{4}{5}\end{pmatrix}$，$\boldsymbol{R}=\begin{pmatrix}1 & 1 & 1\\ 0 & 5 & 2\\ 0 & 0 & 1\end{pmatrix}$；(2) $\boldsymbol{Q}=\begin{pmatrix}\frac{1}{\sqrt{2}} & -\frac{1}{\sqrt{6}}\\ \frac{1}{\sqrt{2}} & \frac{1}{\sqrt{6}}\\ 0 & \frac{2}{\sqrt{6}}\end{pmatrix}$，$\boldsymbol{R}=\begin{pmatrix}\sqrt{2} & \frac{1}{\sqrt{2}}\\ 0 & \frac{\sqrt{6}}{2}\end{pmatrix}$.

3.8 (1) 不是，正定性不满足；(2) 是；(3) 不是，齐次性和可加性不满足.

3.9 证明略. $\left(\sum\limits_{k=1}^{n}kx_ky_k\right)^2\leqslant\left(\sum\limits_{k=1}^{n}kx_k^2\right)\left(\sum\limits_{k=1}^{n}ky_k^2\right)$.

3.10 提示：直接计算 $\boldsymbol{AB}$ 和 $\boldsymbol{BA}$ 的对角元.

3.11 (1) 注意题中所给内积不是 $\mathbb{R}^2$ 的标准内积.提示：用 $\boldsymbol{\alpha}_1$，$\boldsymbol{\alpha}_2$ 表示 $\boldsymbol{\beta}_1$，$\boldsymbol{\beta}_2$ 并代入已知内积，可解得内积 $(\boldsymbol{\alpha}_i,\ \boldsymbol{\alpha}_j)$，从而算得 $\boldsymbol{A}=\begin{pmatrix}2 & 1\\ 1 & 2\end{pmatrix}$. 易知 $\boldsymbol{\alpha}_1$，$\boldsymbol{\alpha}_2$ 到 $\boldsymbol{\beta}_1$，$\boldsymbol{\beta}_2$ 的过渡矩阵 $\boldsymbol{P}$，故 $\boldsymbol{B}=\boldsymbol{P}^{\mathrm{T}}\boldsymbol{AP}=$

$\begin{pmatrix} 2 & 12 \\ 12 & 126 \end{pmatrix}$.

(2) $\varepsilon_1 = \frac{\sqrt{2}}{2}(1, 1)^{\mathrm{T}}$, $\varepsilon_2 = \frac{\sqrt{6}}{6}(1, -3)^{\mathrm{T}}$.

3.12 提示：必要性.因为 $\boldsymbol{B} = \boldsymbol{P}^{\mathrm{T}}\boldsymbol{AP}$，且 $\boldsymbol{B} = \boldsymbol{I}$，所以 $\boldsymbol{P}^{\mathrm{T}}\boldsymbol{AP} = \boldsymbol{I}$.

充分性.由于 $\boldsymbol{P}^{\mathrm{T}}\boldsymbol{AP} = \boldsymbol{I}$，故基 $\beta_1, \beta_2, \cdots, \beta_n$ 的度量矩阵 $\boldsymbol{B} = \boldsymbol{P}^{\mathrm{T}}\boldsymbol{AP} = \boldsymbol{I}$，即此基是标准正交基.

特别地，当 $\{\alpha_i\}_1^n$ 是 V 的一组标准正交基时，$\boldsymbol{A} = \boldsymbol{I}$，故 $\{\beta_i\}_1^n$ 是 V 的标准正交基的充要条件是 $\boldsymbol{P}$ 为正交矩阵.(试与习题 2.13 进行对比)

3.13 提示：度量矩阵 $\boldsymbol{G}$ 可逆.

3.14 $\boldsymbol{Z}_1 = \frac{1}{2}\begin{pmatrix} 1 & 1 \\ 1 & 1 \end{pmatrix}$，$\boldsymbol{Z}_2 = \frac{1}{2}\begin{pmatrix} -1 & 1 \\ 1 & -1 \end{pmatrix}$. 对角矩阵为 $\boldsymbol{\Lambda} = \begin{pmatrix} 2 & 0 \\ 0 & 0 \end{pmatrix}$.

3.15 (1) $f_1 = \frac{\sqrt{2}}{2}$, $f_2 = \frac{\sqrt{6}}{2}x$, $f_3 = \frac{3\sqrt{10}}{4}\left(x^2 - \frac{1}{3}\right)$；

(2) $f_1 = 1$, $f_2 = 2\sqrt{3}\left(x - \frac{1}{2}\right)$, $f_3 = 6\sqrt{5}\left(x^2 - x + \frac{1}{6}\right)$；

(3) $f_1 = 1$, $f_2 = x - 1$, $f_3 = \frac{1}{2}x^2 - 2x + 1$.

3.16 $\varepsilon_1 = \frac{1}{\sqrt{2}}\alpha_1$, $\varepsilon_2 = \frac{1}{\sqrt{2}}(2\alpha_2 - \alpha_1)$, $\varepsilon_3 = \frac{1}{\sqrt{3}}(\alpha_3 - \alpha_1)$.

3.17 $\alpha_3 = \frac{1}{3}(-\varepsilon_1 + 2\varepsilon_2 + 2\varepsilon_3)$.

3.18 (1) 设 $\alpha = k_1\alpha_1 + k_2\alpha_2 + \cdots + k_n\alpha_n \neq \theta$，不等式两边用 α 做内积，则 $0 \neq 0$，矛盾；

(2) 显然 $(\alpha - \beta, \gamma) = 0$，再利用(1)的结论.

3.19 提示：(1) $\alpha = \sum_{i=1}^{n}(\alpha, \alpha_i)\alpha_i$，$\beta = \sum_{i=1}^{n}(\beta, \alpha_i)\alpha_i$. 再利用 $(\alpha, \beta) = (\boldsymbol{x}, \boldsymbol{y})$. (2) 略.

3.20 提示：(1) 由 Parseval 等式可知 $\|\alpha\|^2 = \sum_{i=1}^{k}(\alpha, \alpha_i)^2 + \sum_{i=k+1}^{n}(\alpha, \alpha_i)^2 \geqslant \sum_{i=1}^{k}(\alpha, \alpha_i)^2$；

(2) $(\gamma, \alpha_i) = (\alpha, \alpha_i) - \sum_{j=1}^{k}(\alpha, \alpha_j)(\alpha_j, \alpha_i) = (\alpha, \alpha_i) - (\alpha, \alpha_i)(\alpha_i, \alpha_i) = 0$.

3.21 $\boldsymbol{\beta}_1 = (-2, 2, 1, 0)^{\mathrm{T}}$, $\boldsymbol{\beta}_2 = (-1, -1, 0, 1)^{\mathrm{T}}$.

3.22 提示：$V_1^{\perp} = \mathrm{span}\{\eta\}$.

3.23 略.

3.24 若有任意 $\alpha \in (V_1 + V_2)^{\perp}$，则 $\alpha \perp (V_1 + V_2)$. 由于 $V_1 \subset (V_1 + V_2)$，因此 $\alpha \perp V_1$，即 $\alpha \in V_1^{\perp}$.

同理 $\alpha \in V_2^{\perp}$，因此 $\alpha \in V_1^{\perp} \cap V_2^{\perp}$. 反之，对任意 $\alpha \in V_1^{\perp} \cap V_2^{\perp}$，有 $\alpha \in V_1^{\perp}$ 且 $\alpha \in V_2^{\perp}$，故 $\alpha \perp V_1$ 且 $\alpha \perp V_2$. 于是 $\alpha \perp (V_1 + V_2)$，此即 $\alpha \in (V_1 + V_2)^{\perp}$.

在 $(V_1 + V_2)^{\perp} = V_1^{\perp} \cap V_2^{\perp}$ 中分别用 $V_1^{\perp}$ 换 V_1，用 $V_2^{\perp}$ 换 V_2，即得 $(V_1 \cap V_2)^{\perp} = V_1^{\perp} + V_2^{\perp}$.

3.25 $\boldsymbol{\alpha}_1=\dfrac{1}{\sqrt{11}}(-1,\ 3,\ 1,\ 0)^{\mathrm{T}}$，$\boldsymbol{\alpha}_2=\dfrac{1}{\sqrt{3}}(1,\ 0,\ 1,\ -1)^{\mathrm{T}}$；$\boldsymbol{\beta}_1=\dfrac{1}{\sqrt{7}}(2,\ 1,\ -1,\ 1)^{\mathrm{T}}$，$\boldsymbol{\beta}_2=\dfrac{1}{\sqrt{231}}(1,\ -3,\ 10,\ 11)^{\mathrm{T}}$.

3.26 (1) 反证法.假设存在 $\mathbf{0}\neq\boldsymbol{x}\in N(\boldsymbol{A})\cap R(\boldsymbol{A})$，使得 $\boldsymbol{x}\in N(\boldsymbol{A})$，即 $\boldsymbol{Ax}=\mathbf{0}$.
把 $\boldsymbol{x}$ 扩充为 $R(\boldsymbol{A})$ 的基 $\boldsymbol{x},\ \boldsymbol{\alpha}_2,\ \cdots,\ \boldsymbol{\alpha}_r$，则 $R(\boldsymbol{A})=\operatorname{span}\{\boldsymbol{x},\ \boldsymbol{\alpha}_2,\ \cdots,\ \boldsymbol{\alpha}_r\}$，从而

$$R(\boldsymbol{A}^2)=\boldsymbol{A}R(\boldsymbol{A})=\operatorname{span}\{\boldsymbol{Ax},\ \boldsymbol{A\alpha}_2,\ \cdots,\ \boldsymbol{A\alpha}_r\}=\operatorname{span}\{\boldsymbol{A\alpha}_2,\ \cdots,\ \boldsymbol{A\alpha}_r\},$$

即 $\dim R(\boldsymbol{A}^2)\leqslant r-1$，于是 $\dim R(\boldsymbol{A}^2)=r(\boldsymbol{A}^2)\neq r(\boldsymbol{A})=r$，出现矛盾.
(2) 由(1)及 $\dim N(\boldsymbol{A})+\dim R(\boldsymbol{A})=n$，即知结论成立.

3.27 必要性.由 $\boldsymbol{Ax}=\boldsymbol{b}$ 可得 $\boldsymbol{x}^{\mathrm{T}}\boldsymbol{A}^{\mathrm{T}}\boldsymbol{y}=\boldsymbol{b}^{\mathrm{T}}\boldsymbol{y}$. 再由 $\boldsymbol{y}\in N(\boldsymbol{A}^{\mathrm{T}})$ 得 $\boldsymbol{A}^{\mathrm{T}}\boldsymbol{y}=\mathbf{0}$，故 $\boldsymbol{b}^{\mathrm{T}}\boldsymbol{y}=0$.
充分性.由于 $\boldsymbol{A}^{\mathrm{T}}\boldsymbol{y}=\mathbf{0}$，因此 $\boldsymbol{y}\in N(\boldsymbol{A}^{\mathrm{T}})=R(\boldsymbol{A})^{\perp}$. 而由 $\boldsymbol{b}^{\mathrm{T}}\boldsymbol{y}=\mathbf{0}$ 可知 $\boldsymbol{b}\perp\boldsymbol{y}$，因此 $\boldsymbol{b}\in R(\boldsymbol{A})$，即 $\boldsymbol{Ax}=\boldsymbol{b}$ 有解.

3.28 提示：对任意点 $P\in\pi$，计算向量 $\overrightarrow{PM}$ 减去它在 π 内的正交投影所得残差向量的长度.

3.29 (1) $\tilde{\boldsymbol{x}}=(1.75,\ 0.75)^{\mathrm{T}}$；(2) 无最小二乘解；(3) $\tilde{\boldsymbol{x}}=(2.5,\ -0.5,3.5)^{\mathrm{T}}$.

3.30 (1) $y=\dfrac{15}{14}x+\dfrac{6}{7}$，$y=-\dfrac{30}{181}x^2+\dfrac{705}{362}x+\dfrac{63}{181}$；
(2) $y=\dfrac{2}{13}x+\dfrac{19}{13}$，$y=\dfrac{1}{6}x^2-\dfrac{79}{78}x+\dfrac{77}{26}$.

3.31 若有 $\tilde{x}\in\boldsymbol{x}^{(0)}+K_k$ 使得 $R(\boldsymbol{x})$ 取极小值，则对于任意实数 a 和任意向量 $\boldsymbol{v}\in K_k$，都有

$$\|\boldsymbol{A}(\tilde{\boldsymbol{x}}+a\boldsymbol{v}-\boldsymbol{b})\|_2^2\geqslant\|\boldsymbol{A}\tilde{\boldsymbol{x}}-\boldsymbol{b}\|_2^2.$$

令 $f(a)=\|\boldsymbol{A}(\tilde{\boldsymbol{x}}+a\boldsymbol{v})-\boldsymbol{b}\|_2^2$，由于 $a=0$ 时 $f(a)$ 取极小值，因此 $f'(0)=0$. 计算可知此即

$$(\boldsymbol{A}\tilde{\boldsymbol{x}}-\boldsymbol{b},\ \boldsymbol{Av})=0.$$

由于 a 的任意性，从而上式对 $L_k=\boldsymbol{A}K_k$ 都成立，此即 Galerkin 条件的矩阵表达形式.

3.32 $(\sigma(\alpha),\ \sigma(\alpha))=(\alpha,\ \alpha)+k(\alpha,\ \alpha_0)^2(2+k(\alpha_0,\ \alpha_0))$，因此 $\sigma(\alpha)$ 是正交变换当且仅当 $2+k(\alpha_0,\ \alpha_0)=0$，计算可知 $(\alpha_0,\ \alpha_0)=1^2+2^2+\cdots+n^2$.

3.33 取 $\sigma(\alpha_3)=\dfrac{1}{3}(\alpha_1+2\alpha_2+2\alpha_3)$ 即可.

3.34 (1) 必要性是显然的.下证充分性.设 $\sigma(\alpha_i)=\beta_i$，由习题 2.24 知 σ 是符合 $\sigma(\alpha_i)=\beta_i$ 的唯一线性变换，因此 $(\sigma(\alpha_i),\ \sigma(\alpha_j))=(\beta_i,\ \beta_j)=(\alpha_i,\ \alpha_j)$.
对任意 $\alpha,\ \beta\in V$，设 $\alpha=k_1\alpha_1+k_2\alpha_2+\cdots+k_n\alpha_n$，$\beta=l_1\alpha_1+l_2\alpha_2+\cdots+l_n\alpha_n$，则

$$(\alpha,\ \beta)=\sum_{i=1}^{n}\sum_{j=1}^{n}k_il_j(\alpha_i,\ \alpha_j),$$

$$\begin{aligned}(\sigma(\alpha),\ \sigma(\beta))&=(k_1\sigma(\alpha_1)+k_2\sigma(\alpha_2)+\cdots+k_n\sigma(\alpha_n),\ l_1\sigma(\alpha_1)+l_2\sigma(\alpha_2)+\cdots+l_n\sigma(\alpha_n))\\&=\sum_{i=1}^{n}\sum_{j=1}^{n}k_il_j(\sigma(\alpha_i),\ \sigma(\alpha_j))=\sum_{i=1}^{n}\sum_{j=1}^{n}k_il_j(\alpha_i,\ \alpha_j).\end{aligned}$$

因此 $(\sigma(\alpha),\ \sigma(\beta))=(\alpha,\ \beta)$.

(2) 将两个标准正交组分别扩充为标准正交基即可.

3.35 例如,旋转变换是第一类正交变换,镜面反射是第二类正交变换.

3.36 对矩阵 $\boldsymbol{G}_{ij}(\theta)$,令 $\boldsymbol{H}_1=\boldsymbol{I}-2\boldsymbol{u}\boldsymbol{u}^{\mathrm{T}}$,$\boldsymbol{H}_2=\boldsymbol{I}-2\boldsymbol{v}\boldsymbol{v}^{\mathrm{T}}$,其中

$$\boldsymbol{u}=\left(0,\ \cdots,\ 0,\ \sin\frac{\theta}{4},\ 0,\ \cdots,\ 0,\ \cos\frac{\theta}{4},\ 0,\ \cdots,\ 0\right)^{\mathrm{T}},$$

$$\boldsymbol{v}=\left(0,\ \cdots,\ 0,\ \sin\frac{3\theta}{4},\ 0,\ \cdots,\ 0,\ \cos\frac{3\theta}{4},\ 0,\ \cdots,\ 0\right)^{\mathrm{T}}.$$

计算可知 $\boldsymbol{G}_{ij}(\theta)=\boldsymbol{H}_2\boldsymbol{H}_1$.

3.37 提示:设 $\boldsymbol{H}=\boldsymbol{I}-2\boldsymbol{u}\boldsymbol{u}^{\mathrm{T}}$,则 $\boldsymbol{H}'=\boldsymbol{I}-2\boldsymbol{u}'\boldsymbol{u}'^{\mathrm{T}}$,其中 $\boldsymbol{u}'=\begin{pmatrix}\boldsymbol{0}\\ \boldsymbol{u}\\ \boldsymbol{0}\end{pmatrix}$,且 $\|\boldsymbol{u}'\|=\|\boldsymbol{u}\|=1$.

3.38 提示:设 $\boldsymbol{H}=\boldsymbol{I}-2\boldsymbol{u}\boldsymbol{u}^{\mathrm{T}}$,则 $\boldsymbol{G}\boldsymbol{H}\boldsymbol{G}^{-1}=\boldsymbol{I}-2(\boldsymbol{G}\boldsymbol{u})(\boldsymbol{G}\boldsymbol{u})^{\mathrm{T}}$,且 $\|\boldsymbol{G}\boldsymbol{u}\|=\|\boldsymbol{u}\|=1$.
类似地,$\boldsymbol{H}'\boldsymbol{H}\boldsymbol{H}'^{-1}=\boldsymbol{I}-2(\boldsymbol{H}'\boldsymbol{u})(\boldsymbol{H}'\boldsymbol{u})^{\mathrm{T}}$,且 $\|\boldsymbol{H}'\boldsymbol{u}\|=\|\boldsymbol{u}\|=1$.

3.39 $\boldsymbol{Q}=\boldsymbol{G}_{23}(\theta)\boldsymbol{G}_{13}\left(\frac{\pi}{4}\right)=\begin{pmatrix}\frac{1}{\sqrt{2}} & \frac{1}{3\sqrt{2}} & -\frac{2}{3}\\ 0 & \frac{4}{3\sqrt{2}} & \frac{1}{3}\\ \frac{1}{\sqrt{2}} & -\frac{1}{3\sqrt{2}} & \frac{2}{3}\end{pmatrix}$,$\boldsymbol{R}=\begin{pmatrix}2\sqrt{2} & \frac{3}{\sqrt{2}} & \frac{3}{\sqrt{2}}\\ 0 & \frac{3}{\sqrt{2}} & \frac{7}{3\sqrt{2}}\\ 0 & 0 & \frac{4}{3}\end{pmatrix}$,$\tan\theta=-\frac{\sqrt{2}}{4}$.

3.40 (1)(2)同习题 3.7

(3) $\boldsymbol{Q}=\frac{1}{3}\begin{pmatrix}1 & 2 & 2\\ 2 & 1 & -2\\ 2 & -2 & 1\end{pmatrix}$,$\boldsymbol{R}=\begin{pmatrix}3 & 1 & 2\\ 0 & 1 & -1\\ 0 & 0 & 0\end{pmatrix}$;

(4) $\boldsymbol{Q}=\begin{pmatrix}\frac{1}{\sqrt{2}} & \frac{1}{\sqrt{2}} & 0\\ \frac{1}{\sqrt{2}} & -\frac{1}{\sqrt{2}} & 0\\ 0 & 0 & 1\end{pmatrix}$,$\boldsymbol{R}=\begin{pmatrix}\sqrt{2} & 2\sqrt{2} & 0\\ 0 & 0 & 0\\ 0 & 0 & 1\end{pmatrix}$.

3.41 提示:直接计算右端即可,注意 $(\alpha,\ \mathrm{i}\beta)=-\mathrm{i}(\alpha,\ \beta)$,$(\mathrm{i}\beta,\ \alpha)=\mathrm{i}(\beta,\ \alpha)$.

3.42 提示:(1) 令 $\boldsymbol{B}=\boldsymbol{A}\boldsymbol{D}^{-1/2}$,则 $\boldsymbol{B}^{\mathrm{H}}\boldsymbol{B}=\boldsymbol{I}$. (2) 计算 $\boldsymbol{A}^{\mathrm{H}}\boldsymbol{A}$.

3.43 提示:计算 $\boldsymbol{A}^{\mathrm{H}}\boldsymbol{A}$ 并利用 $\boldsymbol{A}^{\mathrm{H}}\boldsymbol{A}=\boldsymbol{I}$.

3.44 提示:即证 $\boldsymbol{y}^{\mathrm{H}}(\boldsymbol{A}^{\mathrm{H}}-\boldsymbol{B})\boldsymbol{x}=0$. 注意 $\boldsymbol{e}_i^{\mathrm{T}}\boldsymbol{A}\boldsymbol{e}_j=a_{ij}$.

3.45 提示:注意到 $\alpha=\sum_{i=1}^{n}(\alpha,\ \varepsilon_i)\varepsilon_i$,其中 $\{\varepsilon_i\}_1^n$ 为 V 的一组标准正交基,故取 $\beta=\sum_{i=1}^{n}\overline{\sigma(\varepsilon_i)}\varepsilon_i$.

3.46 略.

3.47 计算可知 $\boldsymbol{U}^{\mathrm{H}}\boldsymbol{U}=(\boldsymbol{A}^{\mathrm{T}}\boldsymbol{A}+\boldsymbol{B}^{\mathrm{T}}\boldsymbol{B})+\mathrm{i}(\boldsymbol{A}^{\mathrm{T}}\boldsymbol{B}-\boldsymbol{B}^{\mathrm{T}}\boldsymbol{A})$,$\boldsymbol{R}^{\mathrm{T}}\boldsymbol{R}=\begin{pmatrix}\boldsymbol{A}^{\mathrm{T}}\boldsymbol{A}+\boldsymbol{B}^{\mathrm{T}}\boldsymbol{B} & -\boldsymbol{A}^{\mathrm{T}}\boldsymbol{B}+\boldsymbol{B}^{\mathrm{T}}\boldsymbol{A}\\ \boldsymbol{A}^{\mathrm{T}}\boldsymbol{B}-\boldsymbol{B}^{\mathrm{T}}\boldsymbol{A} & \boldsymbol{A}^{\mathrm{T}}\boldsymbol{A}+\boldsymbol{B}^{\mathrm{T}}\boldsymbol{B}\end{pmatrix}$,因此

矩阵 $\boldsymbol{U}$ 是酉矩阵的充要条件是 $\boldsymbol{A}^{\mathrm{T}}\boldsymbol{A}+\boldsymbol{B}^{\mathrm{T}}\boldsymbol{B}=\boldsymbol{I}$ 且 $\boldsymbol{A}^{\mathrm{T}}\boldsymbol{B}=\boldsymbol{B}^{\mathrm{T}}\boldsymbol{A}$，也就是矩阵 $\boldsymbol{R}$ 是正交矩阵.

3.48 必要性是显然的.下证充分性.对 $\|z\alpha+w\beta\|=\|z\alpha\|+\|w\beta\|$ 两边平方并化简，即得

$$\mathrm{Re}(z\alpha,\ w\beta)=\|z\alpha\|\ \|w\beta\|.$$

注意到 $\|z\alpha\|\ \|w\beta\|\geqslant|(z\alpha,\ w\beta)|$，故 $\mathrm{Re}(z\alpha,\ w\beta)\geqslant|(z\alpha,\ w\beta)|$. 由 z,w 的任意性，可知 $(\alpha,\ \beta)=0$.

3.49 $\boldsymbol{U}=\dfrac{\sqrt{2}}{2}\begin{pmatrix}\mathrm{i} & 1\\ -1 & -\mathrm{i}\end{pmatrix}$，$\boldsymbol{R}=\dfrac{\sqrt{2}}{2}\begin{pmatrix}2 & -\mathrm{i}\\ 0 & 1\end{pmatrix}$.

习 题 四

4.1 提示：将 $\boldsymbol{x}$ 扩充为酉矩阵 $\boldsymbol{U}=(\boldsymbol{x},\ \boldsymbol{u}_2,\ \cdots,\ \boldsymbol{u}_n)$，使得 $\boldsymbol{A}=\boldsymbol{U}\boldsymbol{\Lambda}\boldsymbol{U}^{\mathrm{H}}$，其中 $\boldsymbol{\Lambda}=(\lambda,\ \lambda_2,\ \cdots,\ \lambda_n)$，于是

$$\boldsymbol{A}^{\mathrm{H}}\boldsymbol{x}=\boldsymbol{U}\overline{\boldsymbol{\Lambda}}\boldsymbol{U}^{\mathrm{H}}\boldsymbol{x}=\boldsymbol{U}\overline{\boldsymbol{\Lambda}}\boldsymbol{e}_1=(\bar{\lambda}\boldsymbol{x},\ \bar{\lambda}_2\boldsymbol{u}_2,\ \cdots,\ \bar{\lambda}_n\boldsymbol{u}_n)\boldsymbol{e}_1=\bar{\lambda}\boldsymbol{x}.$$

4.2 提示：代数定义法，或者谱分解法.

4.3 提示：代数定义法，或者谱分解法.

4.4 提示：设有谱分解 $\boldsymbol{A}=\boldsymbol{U}\boldsymbol{\Lambda}\boldsymbol{U}^{\mathrm{H}}$，其中 $\boldsymbol{\Lambda}=(\lambda_1,\ \lambda_2,\ \cdots,\ \lambda_n)$，则由习题 4.1 可知，$\boldsymbol{A}^{\mathrm{H}}\boldsymbol{U}=\boldsymbol{U}\overline{\boldsymbol{\Lambda}}$.

4.5 提示：仿照例 4.1.3 的谱分解法.

4.6 计算可知 $\boldsymbol{A}^{\mathrm{H}}\boldsymbol{A}=(\boldsymbol{B}^{\mathrm{H}}B+\boldsymbol{C}^{\mathrm{H}}\boldsymbol{C})+\mathrm{i}(\boldsymbol{B}^{\mathrm{H}}\boldsymbol{C}-\boldsymbol{C}^{\mathrm{H}}\boldsymbol{B})$，$\boldsymbol{A}\boldsymbol{A}^{\mathrm{H}}=(\boldsymbol{B}\boldsymbol{B}^{\mathrm{H}}+\boldsymbol{C}\boldsymbol{C}^{\mathrm{H}})-\mathrm{i}(\boldsymbol{B}\boldsymbol{C}^{\mathrm{H}}-\boldsymbol{C}\boldsymbol{B}^{\mathrm{H}})$.

必要性.由 $\boldsymbol{A}^{\mathrm{H}}\boldsymbol{A}=\boldsymbol{A}\boldsymbol{A}^{\mathrm{H}}$ 知 $\boldsymbol{B}^{\mathrm{H}}\boldsymbol{C}-\boldsymbol{C}^{\mathrm{H}}\boldsymbol{B}=\boldsymbol{C}\boldsymbol{B}^{\mathrm{H}}-\boldsymbol{B}\boldsymbol{C}^{\mathrm{H}}$，又 $\boldsymbol{B}^{\mathrm{H}}=\boldsymbol{B}$，$\boldsymbol{C}^{\mathrm{H}}=\boldsymbol{C}$，故 $\boldsymbol{B}\boldsymbol{C}=\boldsymbol{C}\boldsymbol{B}$.

充分性.由 $\boldsymbol{B}\boldsymbol{C}=\boldsymbol{C}\boldsymbol{B}$ 及 $\boldsymbol{B}^{\mathrm{H}}=\boldsymbol{B}$，$\boldsymbol{C}^{\mathrm{H}}=\boldsymbol{C}$ 可知 $\boldsymbol{B}^{\mathrm{H}}\boldsymbol{C}-\boldsymbol{C}^{\mathrm{H}}\boldsymbol{B}=\boldsymbol{O}=\boldsymbol{C}\boldsymbol{B}^{\mathrm{H}}-\boldsymbol{B}\boldsymbol{C}^{\mathrm{H}}$，且 $\boldsymbol{B}^{\mathrm{H}}\boldsymbol{B}+\boldsymbol{C}^{\mathrm{H}}\boldsymbol{C}=\boldsymbol{B}^2+\boldsymbol{C}^2=\boldsymbol{B}\boldsymbol{B}^{\mathrm{H}}+\boldsymbol{C}\boldsymbol{C}^{\mathrm{H}}$，从而 $\boldsymbol{A}^{\mathrm{H}}\boldsymbol{A}=\boldsymbol{A}\boldsymbol{A}^{\mathrm{H}}$.

4.7 提示：$\boldsymbol{A}$，$\boldsymbol{B}$ 的谱分解分别为 $\boldsymbol{A}=\boldsymbol{U}\boldsymbol{\Lambda}\boldsymbol{U}^{\mathrm{H}}$，$\boldsymbol{B}=\boldsymbol{U}\boldsymbol{D}\boldsymbol{U}^{\mathrm{H}}$，其中

$$\boldsymbol{\Lambda}=(\lambda_1,\ \lambda_2,\ \cdots,\ \lambda_n),\ \boldsymbol{D}=\mathrm{diag}(d_1,\ d_2,\ \cdots,\ d_n),\ d_i^k=\lambda_i(i=1,\ 2,\ \cdots,\ n).$$

4.8 略.

4.9 (1) $\boldsymbol{A}=\lambda_1\boldsymbol{u}_1\boldsymbol{u}_1^{\mathrm{H}}+\lambda_2\boldsymbol{u}_2\boldsymbol{u}_2^{\mathrm{H}}+\lambda_3\boldsymbol{u}_3\boldsymbol{u}_3^{\mathrm{H}}$，其中

$$\lambda_1=1,\ \lambda_2=-1,\ \lambda_3=2,\ \boldsymbol{u}_1=\frac{1}{\sqrt{6}}(1,\ -2\mathrm{i},\ 1)^{\mathrm{T}},\ \boldsymbol{u}_2=\frac{1}{\sqrt{2}}(-1,\ 0,\ 1)^{\mathrm{T}},\ \boldsymbol{u}_1=\frac{1}{\sqrt{3}}(-1,\ -\mathrm{i},\ -1)^{\mathrm{T}}.$$

(2) $\boldsymbol{A}=\lambda_1\boldsymbol{u}_1\boldsymbol{u}_1^{\mathrm{H}}+\lambda_2\boldsymbol{u}_2\boldsymbol{u}_2^{\mathrm{H}}$，其中 $\lambda_1=\mathrm{i}\sqrt{2}$，$\lambda_2=-\mathrm{i}\sqrt{2}$，$\boldsymbol{u}_1=\dfrac{1}{2}(\sqrt{2},\ -\mathrm{i},\ 1)^{\mathrm{T}}$，$\boldsymbol{u}_2=\dfrac{1}{2}(\sqrt{2},\ \mathrm{i},\ -1)^{\mathrm{T}}$.

4.10 提示：对整数 k 使用归纳法.

4.11 必要性. $\boldsymbol{A}\boldsymbol{B}=(\boldsymbol{A}\boldsymbol{B})^{\mathrm{H}}=\boldsymbol{B}^{\mathrm{H}}\boldsymbol{A}^{\mathrm{H}}=\boldsymbol{B}\boldsymbol{A}$.　充分性. $(\boldsymbol{A}\boldsymbol{B})^{\mathrm{H}}=\boldsymbol{B}^{\mathrm{H}}\boldsymbol{A}^{\mathrm{H}}=\boldsymbol{B}\boldsymbol{A}=\boldsymbol{A}\boldsymbol{B}$.

4.12 提示：充分性. $\boldsymbol{U}^{\mathrm{H}}\boldsymbol{A}\boldsymbol{U}=\boldsymbol{\Lambda}$，$\boldsymbol{V}^{\mathrm{H}}\boldsymbol{B}\boldsymbol{V}=\boldsymbol{D}$，且 $\boldsymbol{\Lambda}=\boldsymbol{D}$. 故存在酉矩阵 $\boldsymbol{W}=\boldsymbol{U}\boldsymbol{V}^{\mathrm{H}}$，使得 $\boldsymbol{W}^{\mathrm{H}}\boldsymbol{A}\boldsymbol{W}=\boldsymbol{B}$.

4.13 提示：充分性. $\boldsymbol{x}^{\mathrm{H}}\boldsymbol{A}\boldsymbol{x}$，$\boldsymbol{y}^{\mathrm{H}}\boldsymbol{A}\boldsymbol{y}$ 和 $(\boldsymbol{x}+\boldsymbol{y})^{\mathrm{H}}\boldsymbol{A}(\boldsymbol{x}+\boldsymbol{y})$ 都是实数，故 $z=\boldsymbol{x}^{\mathrm{H}}\boldsymbol{A}\boldsymbol{y}+\boldsymbol{y}^{\mathrm{H}}\boldsymbol{A}\boldsymbol{x}$ 也是实数.取 $\boldsymbol{x}=\boldsymbol{e}_j$，$\boldsymbol{y}=\boldsymbol{e}_k$，则 $z=a_{jk}+a_{kj}\in\mathbb{R}$；取 $\boldsymbol{x}=\mathrm{i}\boldsymbol{e}_j$，$\boldsymbol{y}=\boldsymbol{e}_k$，则 $z=-\mathrm{i}a_{jk}+\mathrm{i}a_{kj}\in\mathbb{R}$，因此 $a_{jk}=\bar{a}_{kj}$.

4.14 $|I+U|\neq 0$, 否则 -1 为 U 的特征值.由于 $(I+U)^{-1}(I-U)=(I-U)(I+U)^{-1}$ 且 $U^{H}U=I$, 因此

$$\begin{aligned} H^{H} &= -\mathrm{i}(I+U)^{-H}(I-U)^{H} = -\mathrm{i}(U^{H}U+U^{H})^{-1}(U^{H}U-U^{H}) \\ &= -\mathrm{i}(U+I)^{-1}(U^{H})^{-1}U^{H}(U-I) = \mathrm{i}(I-U)(I+U)^{-1} = H. \end{aligned}$$

同理, $|I-\mathrm{i}H|=|(-\mathrm{i})(H+\mathrm{i}I)|=|H+\mathrm{i}I|\neq 0$, 否则 $-\mathrm{i}$ 为 H 的特征值,这与 Hermite 矩阵 H 的特征值为实数相矛盾.由于 $H^{H}=H$, 因此

$$\begin{aligned} U^{H}U &= (I-\mathrm{i}H)^{-H}(I+\mathrm{i}H)^{H}(I+\mathrm{i}H)(I-\mathrm{i}H)^{-1} \\ &= (I+\mathrm{i}H)^{-1}(I-\mathrm{i}H)(I+\mathrm{i}H)(I-\mathrm{i}H)^{-1} \\ &= (I+\mathrm{i}H)^{-1}(I+\mathrm{i}H)(I-\mathrm{i}H)(I-\mathrm{i}H)^{-1} = I. \end{aligned}$$

4.15 提示: $|I\pm A|\neq 0$, 否则 ± 1 为 A 的特征值,这与 A 的特征值为纯虚数相矛盾.计算可知 $C^{H}C=I$, 且 $C+I=2(I+A)^{-1}$, 故 $|C+I|\neq 0$, 即 -1 不是 C 的特征值.

4.16 提示: 即证 $S=(I+A)^{-1}(I-A)$ 是反对称矩阵.

4.17 提示: $Q_1^{T}AQ_1=\Lambda=Q_2^{T}BQ_2$, 令 $Q=Q_1Q_2^{-1}$, 则有 $Q^{T}AQ=B$.

4.18 提示: 仿照例 4.1.3 的谱分解法,这里使用特征值分解 $A=Q\Lambda Q^{-1}$.

4.19 提示: 类似上一题,可知 $\lambda_i=-1$ ($n-r$ 重)或 1 (r 重).

4.20 提示: 类似上一题,可知 $\Lambda^{k}=O$, 即 $\lambda_i=0$, 于是 $\Lambda=O$, 即 $A=O$.

4.21 $A=\lambda_1u_1u_1^{H}+\lambda_2u_2u_2^{H}+\lambda_3u_3u_3^{H}$, 其中

$$\lambda_1=-1,\ \lambda_2=\lambda_3=3,\ u_1=\frac{\sqrt{2}}{2}(\mathrm{i},\ 0,\ -1)^{T},\ u_2=\frac{\sqrt{2}}{2}(\mathrm{i},\ 0,\ 1)^{T},\ u_3=(0,\ \mathrm{i},\ 0)^{T}.$$

4.22 提示: 使用特征值分解 $A=Q\Lambda Q^{-1}$, 取 $B=Q\sqrt[m]{\Lambda}Q^{-1}$, 其中 $\sqrt[m]{\Lambda}=\mathrm{diag}(\sqrt[m]{\lambda_1},\ \cdots,\ \sqrt[m]{\lambda_n})$.

4.23 提示: $x^{H}A^{H}Ax=\|Ax\|^{2}\geqslant 0$, $\|Ax\|^{2}=0\Leftrightarrow Ax=0$. 因为 A 列满秩,此即 $x=0$.

4.24 提示: 存在可逆矩阵 Q 使得 $A=Q^{H}Q$, 因此

$$0=|\lambda I-AB|\Leftrightarrow 0=|\lambda A-ABA|=|Q^{H}\|\lambda I-QBQ^{H}\|Q|,$$

即 AB 与 QBQ^{H} 的特征值相同.注意到 QBQ^{H} 是 Hermite 矩阵,故 AB 的特征值为实数.同理可知 BA 的特征值也为实数.

4.25 提示: 设有谱分解 $A=U\Lambda U^{H}$, 其中 Λ 的对角元 $\lambda_i\geqslant 0$. 又由 $A^{H}A=U\Lambda^{2}U^{H}=I$ 可知 $\Lambda^{2}=I$, 故 $\Lambda=I$, 进而有 $A=I$.

4.26 提示: $I+A$ 的特征值 $1+\lambda_i\geqslant 1$, 故 $|I+A|\geqslant 1$. 等号成立时 $I+A$ 的所有特征值都为 1, 即 A 的所有特征值都为零,故 $A=O$.

4.27 提示: 设 A 的特征值为 $\lambda_1,\ \cdots,\ \lambda_n$, 取 $t>\max\{|\lambda_1|,\ \cdots,\ |\lambda_n|\}$, 则 $A+tI>0$. 类似地,存在 $0<t<\min\{|\lambda_1|,\ \cdots,\ |\lambda_n|\}$, 使得 $A-tI<0$.

4.28 提示: 存在可逆 Hermite 矩阵 H, 使得 $A=H^{2}$, 故 $H^{-1}ABH=HBH=H^{H}BH$, 即矩阵 AB 与矩阵 $H^{H}BH$ 的特征值相同.由于 $H^{H}BH>0$, 故 $H^{H}BH$ 的特征值全为正实数.

4.29 提示: 因为 $H^{T}=H$ 且 $D_k=|H_k|>0$ ($k=1,\ 2,\ \cdots,\ n$).

4.30 提示: 设 $Ax=0$ 的解空间为 W, 证明 $W=V_1$ 即可.注意 $A\geqslant 0$ 意味着存在 $B\geqslant 0$, 使得

$A = B^{\mathrm{T}} B$.

4.31 提示：$AA^{\mathrm{T}} > 0$，有谱分解 $AA^{\mathrm{T}} = U\Lambda U^{\mathrm{T}}$，其中 Λ 的对角元都为正实数.令 $S = P\sqrt{\Lambda}P^{-1}$，易知 $S^2 = AA^{\mathrm{T}}$ 且 $S > 0$. 令 $Q = S^{-1}A$，可得 $QQ^{\mathrm{T}} = I$.

4.32 提示：由于 $B > 0$，故存在可逆矩阵 C，使得 $C^{\mathrm{T}}BC = I$，从而有正交矩阵 Q，使得 $Q^{\mathrm{T}}(C^{\mathrm{T}}AC)Q = \Lambda$. 取 $P = CQ$ 即可.

4.33 提示：对任意 $\alpha \in V$，有 $\mathcal{P}(\alpha) \in \operatorname{Im}\mathcal{P}$，设 $\alpha = \mathcal{P}(\alpha) + \alpha_2$，则 $\mathcal{P}(\alpha) = \mathcal{P}^2(\alpha) + \mathcal{P}(\alpha_2) = \mathcal{P}(\alpha) + \mathcal{P}(\alpha_2)$，$\mathcal{P}(\alpha_2) = \theta$，即 $\alpha_2 \in \ker\mathcal{P}$.

4.34 提示：证明 $I - P$ 是幂等矩阵.

4.35 略.

4.36 略.

4.37 提示：设投影矩阵 P 有谱分解 $P = U\Lambda U^H$，则由 $P = P^2$ 可知 $\Lambda = \Lambda^2$，即 $\lambda_i = 0$ 或 1. 反例请考虑约当标准型，例如 $P = \operatorname{diag}(J, 0)$，其中 $J = \begin{pmatrix} 1 & 1 \\ 0 & 1 \end{pmatrix}$.

4.38 提示：由上题，并注意到 $R(P) \cap N(P) = \{\mathbf{0}\}$.

4.39 提示：即证 $G_i = u_i u_i^{\mathrm{H}}$ 是 Hermite 矩阵和幂等矩阵.

4.40 提示：改记 $A = P$，$B = P'$，则由 $A^2 = A$，$B^2 = B$ 及 $(A+B)^2 = A + B$ 可知 $AB + BA = O$. 从而

$$A^2B + ABA = AB + ABA = O,\ ABA + BA^2 = ABA + BA = O,$$

两式相减，得 $AB = BA$，因此 $AB = BA = O$.

4.41 提示：仿照上一题，改记 $A = P$，$B = P'$，可知 $AB + BA = 2B$. 从而

$$BAB + B^2A = BAB + BA = 2B^2 = 2B,\ AB^2 + BAB = AB + BAB = 2B^2 = 2B,$$

两式相减，得 $AB = BA$，因此 $AB = BA = B$.

4.42 提示：改记 $A = P$，$B = P'$，可知 $(AB)^2 = A(BA)B = A(AB)B = A^2B^2 = AB$.

4.43 (1) $\begin{pmatrix} -\frac{\sqrt{2}}{2} & 0 & \frac{\sqrt{2}}{2} \\ 0 & 1 & 0 \\ \frac{\sqrt{2}}{2} & 0 & \frac{\sqrt{2}}{2} \end{pmatrix} \begin{pmatrix} 2 & 0 & 0 \\ 0 & 1 & 0 \\ 0 & 0 & 0 \end{pmatrix} \begin{pmatrix} \frac{\sqrt{2}}{2} & 0 & -\frac{\sqrt{2}}{2} \\ 0 & 1 & 0 \\ \frac{\sqrt{2}}{2} & 0 & \frac{\sqrt{2}}{2} \end{pmatrix}$，约化型 SVD 与完全 SVD 相同；

(2) $\begin{pmatrix} \frac{1}{\sqrt{6}} & -\frac{\sqrt{2}}{2} & \frac{1}{\sqrt{3}} \\ \frac{1}{\sqrt{6}} & \frac{\sqrt{2}}{2} & \frac{1}{\sqrt{3}} \\ \frac{2}{\sqrt{6}} & 0 & -\frac{1}{\sqrt{3}} \end{pmatrix} \begin{pmatrix} \sqrt{3} & 0 \\ 0 & 1 \\ 0 & 0 \end{pmatrix} \begin{pmatrix} \frac{\sqrt{2}}{2} & \frac{\sqrt{2}}{2} \\ -\frac{\sqrt{2}}{2} & \frac{\sqrt{2}}{2} \end{pmatrix}$，$\begin{pmatrix} \frac{1}{\sqrt{6}} & -\frac{\sqrt{2}}{2} \\ \frac{1}{\sqrt{6}} & \frac{\sqrt{2}}{2} \\ \frac{2}{\sqrt{6}} & 0 \end{pmatrix} \begin{pmatrix} \sqrt{3} & 0 \\ 0 & 1 \end{pmatrix} \begin{pmatrix} \frac{\sqrt{2}}{2} & \frac{\sqrt{2}}{2} \\ -\frac{\sqrt{2}}{2} & \frac{\sqrt{2}}{2} \end{pmatrix}$；

(3) $\begin{pmatrix} \frac{1}{\sqrt{3}} & \frac{2}{\sqrt{6}} & 0 \\ \frac{1}{\sqrt{3}} & -\frac{1}{\sqrt{6}} & \frac{\sqrt{2}}{2} \\ \frac{1}{\sqrt{3}} & -\frac{1}{\sqrt{6}} & -\frac{\sqrt{2}}{2} \end{pmatrix} \begin{pmatrix} \sqrt{15} & 0 \\ 0 & 0 \\ 0 & 0 \end{pmatrix} \begin{pmatrix} \frac{1}{\sqrt{5}} & \frac{2}{\sqrt{5}} \\ -\frac{2}{\sqrt{5}} & \frac{1}{\sqrt{5}} \end{pmatrix}$, $\begin{pmatrix} \frac{1}{\sqrt{3}} & \frac{2}{\sqrt{6}} \\ \frac{1}{\sqrt{3}} & -\frac{1}{\sqrt{6}} \\ \frac{1}{\sqrt{3}} & -\frac{1}{\sqrt{6}} \end{pmatrix} \begin{pmatrix} \sqrt{15} & 0 \\ 0 & 0 \end{pmatrix} \begin{pmatrix} \frac{1}{\sqrt{5}} & \frac{2}{\sqrt{5}} \\ -\frac{2}{\sqrt{5}} & \frac{1}{\sqrt{5}} \end{pmatrix}$;

(4) $\begin{pmatrix} 1 & 0 & 0 \\ 0 & -\mathrm{i} & 0 \\ 0 & 0 & 1 \end{pmatrix} \begin{pmatrix} 2 & 0 \\ 0 & 1 \\ 0 & 0 \end{pmatrix} \begin{pmatrix} 1 & 0 \\ 0 & 1 \end{pmatrix}$, $\begin{pmatrix} 1 & 0 \\ 0 & -\mathrm{i} \\ 0 & 0 \end{pmatrix} \begin{pmatrix} 2 & 0 \\ 0 & 1 \end{pmatrix} \begin{pmatrix} 1 & 0 \\ 0 & 1 \end{pmatrix}$;

(5) $\begin{pmatrix} 0 & 1 \\ 1 & 0 \end{pmatrix} \begin{pmatrix} 2 & 0 & 0 \\ 0 & \sqrt{2} & 0 \end{pmatrix} \begin{pmatrix} 1 & 0 & 0 \\ 0 & -\frac{\sqrt{2}}{2} & \frac{\sqrt{2}}{2} \\ 0 & -\frac{\sqrt{2}}{2} & -\frac{\sqrt{2}}{2} \end{pmatrix}$, $\begin{pmatrix} 0 & 1 \\ 1 & 0 \end{pmatrix} \begin{pmatrix} 2 & 0 \\ 0 & \sqrt{2} \end{pmatrix} \begin{pmatrix} 1 & 0 & 0 \\ 0 & -\frac{\sqrt{2}}{2} & \frac{\sqrt{2}}{2} \end{pmatrix}$.

4.44 例如矩阵 $\boldsymbol{A} = \begin{pmatrix} 0 & 1 \\ 0 & 0 \end{pmatrix}$ 与 $\boldsymbol{B} = \begin{pmatrix} 0 & 2 \\ 0 & 0 \end{pmatrix}$.

4.45 提示：设方阵 $\boldsymbol{A}$ 有 $\boldsymbol{A} = \boldsymbol{U\Sigma V}^{\mathrm{H}}$，其中 $\boldsymbol{\Sigma} = \mathrm{diag}(\sigma_1, \sigma_2, \cdots, \sigma_n)$ 的对角元为非负实数，故有

$$\det \boldsymbol{A} = \det \boldsymbol{U} \det \boldsymbol{\Sigma} \det \boldsymbol{V}^{\mathrm{H}} = \pm \sigma_1 \sigma_2 \cdots \sigma_n.$$

4.46 提示：设有 $\boldsymbol{B} = \boldsymbol{UAV}$，则 $\boldsymbol{B}^{\mathrm{H}}\boldsymbol{B} = \boldsymbol{V}^{\mathrm{H}}\boldsymbol{A}^{\mathrm{H}}\boldsymbol{U}^{\mathrm{H}}\boldsymbol{UAV} = \boldsymbol{V}^{\mathrm{H}}(\boldsymbol{A}^{\mathrm{H}}\boldsymbol{A})\boldsymbol{V}$，故 $\boldsymbol{B}^{\mathrm{H}}\boldsymbol{B}$ 与 $\boldsymbol{A}^{\mathrm{H}}\boldsymbol{A}$ 酉相似，即它们的特征值相同.若 $\boldsymbol{A}$ 的 SVD 为 $\boldsymbol{A} = \boldsymbol{U}_1\boldsymbol{\Sigma V}_1^{\mathrm{H}}$，则 $\boldsymbol{B}$ 的 SVD 为 $\boldsymbol{B} = (\boldsymbol{UU}_1)\boldsymbol{\Sigma}(\boldsymbol{V}_1^{\mathrm{H}}\boldsymbol{V})$.

4.47 提示：设有 $\boldsymbol{A} = \boldsymbol{U\Sigma V}^{\mathrm{H}}$，考虑 $\boldsymbol{B} = \begin{pmatrix} \boldsymbol{U} & \\ & \boldsymbol{V} \end{pmatrix} \begin{pmatrix} \boldsymbol{\Sigma} & \\ & \overline{\boldsymbol{\Sigma}} \end{pmatrix} \begin{pmatrix} & \boldsymbol{U}^{\mathrm{H}} \\ \boldsymbol{V}^{\mathrm{H}} & \end{pmatrix}$.

4.48 提示：$\boldsymbol{A} = \boldsymbol{U}_1\boldsymbol{\Sigma V}_1^{\mathrm{H}} = (\boldsymbol{U}_1\boldsymbol{\Sigma U}_1^{\mathrm{H}})(\boldsymbol{U}_1\boldsymbol{V}_1^{\mathrm{H}}) = (\boldsymbol{U}_1\boldsymbol{V}_1^{\mathrm{H}})(\boldsymbol{V}_1\boldsymbol{\Sigma V}_1^{\mathrm{H}})$. 令 $\boldsymbol{U} = \boldsymbol{U}_1\boldsymbol{V}_1$，$\boldsymbol{B} = \boldsymbol{U}_1\boldsymbol{\Sigma U}_1^{\mathrm{H}}$，$\boldsymbol{C} = \boldsymbol{V}_1\boldsymbol{\Sigma V}_1^{\mathrm{H}}$，则 $\boldsymbol{U}$ 是酉矩阵，且 $\boldsymbol{B}^2 = \boldsymbol{U}_1\boldsymbol{\Sigma}^2\boldsymbol{U}_1^{\mathrm{H}} = \boldsymbol{AA}^{\mathrm{H}}$，$\boldsymbol{C}^2 = \boldsymbol{V}_1\boldsymbol{\Sigma}^2\boldsymbol{V}_1^{\mathrm{H}} = \boldsymbol{A}^{\mathrm{H}}\boldsymbol{A}$.

习 题 五

5.1 (1) 8，$\sqrt{30}$，5；(2) $5+\sqrt{109}$，$\sqrt{134}$，$\sqrt{109}$.

5.2 提示：根据定理 5.1.1,问题转化为证明 $|\ \|\boldsymbol{x}\| - \|\boldsymbol{y}\|\ | \leqslant \|\boldsymbol{x}-\boldsymbol{y}\|$.

5.3 略.

5.4 略.

5.5 提示：图形第一象限部分的边界线为 $x_1 = 1$，$x_2 = 1$ 和 $\frac{2}{3}(x_1 + x_2) = 1$.

5.6 略.

5.7 提示：考察 $\mathbb{R}^2$ 的自然基 $\boldsymbol{e}_1$，$\boldsymbol{e}_2$.

5.8 (1) $\|x\|_1 \leqslant n \max\limits_i |x_i| = n\|x\|_\infty$, $\|x\|_\infty^2 = (\max\limits_i |x_i|)^2 \leqslant \sum\limits_i |x_i|^2 = \|x\|_2^2$,

$\|x\|_2^2 = \sum\limits_i |x_i|^2 \leqslant \left(\sum\limits_i |x_i|\right)^2 = \|x\|_1^2$;

(2) $\|x\|_1^2 = \left(\sum\limits_i 1\cdot|x_i|\right)^2 \leqslant \left(\sum\limits_i 1\right)\left(\sum\limits_i |x_i|^2\right) = n\|x\|_2^2$,

$\|x\|_2^2 \leqslant n \max\limits_i |x_i|^2 \leqslant n\|x\|_\infty^2$;

(3) $\|x\|_2^2 = \sum\limits_i |x_i|^2 \leqslant (\max\limits_i |x_i|)\sum\limits_i |x_i| = \|x\|_\infty \|x\|_1$.

5.9 充分性易证.必要性提示：$\|x\|_2 = \|y\|_2 \Leftrightarrow x^{\mathrm{T}}x = y^{\mathrm{T}}P^{\mathrm{T}}Py = y^{\mathrm{T}}y$，由 y 的任意性，可知 $P^{\mathrm{T}}P - I = O$.

5.10 略.

5.11 略.

5.12 15，$\sqrt{33}$，12，8，$\sqrt{15+\sqrt{117}}$，6.

5.13 提示：(1) $\|x\| = \|A^{-1}(Ax)\| \leqslant \|A^{-1}\|\,\|Ax\|$，特别地，当 $Ax = \lambda x$ 时，有 $\|x\| \leqslant \|A^{-1}\|\cdot|\lambda|\,\|x\|$. 另外有 $|\lambda| \leqslant \rho(A) \leqslant \|A\|$.

(2) $\|A^{-1}\| = \max\limits_{x\neq 0}\dfrac{\|A^{-1}x\|}{\|x\|} = \max\limits_{y\neq 0}\dfrac{\|y\|}{\|Ay\|}$ (令 $y = A^{-1}x$) $= \max\limits_{x\neq 0}\dfrac{\|x\|}{\|Ax\|}$.

5.14 提示：$\|A\| \geqslant \|Ae_j\| \geqslant |a_{ij}|$.

5.15 提示：$\|A^{-1}\|_p \|A\|_p \geqslant \|I\|_p = 1$.

5.16 提示：$\|U\|_2^2 = \lambda_{\max}(U^{\mathrm{H}}U)$，$\|U\|_F^2 = \mathrm{tr}(U^{\mathrm{H}}U)$.

5.17 提示：(1) Px 重排 x 的各分量，故 $\|Px\|_p = \|x\|_p$，则 $\|P\|_p = \max\limits_{x\neq 0}\dfrac{\|Px\|_p}{\|x\|_p} = 1$;

(2) 设 $d = \max\limits_i |d_i|$，则 $\|Dx\|_p^p = \sum\limits_i |d_i x_i|^p \leqslant d^p \sum\limits_i |x_i|^p$，故

$\|D\|_p = \max\limits_{x\neq 0}\dfrac{\|Dx\|_p}{\|x\|_p} = d$.

5.18 提示：(1) $\|A\|_2^2 \leqslant \sum\limits_i \lambda_i(A^{\mathrm{H}}A) = \mathrm{tr}(A^{\mathrm{H}}A) = \|A\|_F^2$,

$\|A\|_F^2 = \sum\limits_i \lambda_i(A^{\mathrm{H}}A) = \sum\limits_i \sigma_i^2 \leqslant r\sigma_1^2 = r\|A\|_2^2$.

(2) $\|A\|_\infty \leqslant \sum\limits_{i=1}^m\sum\limits_{j=1}^n |a_{ij}| = \sum\limits_{j=1}^n\sum\limits_{i=1}^m |a_{ij}| \leqslant n\max\limits_j\left(\sum\limits_{i=1}^m |a_{ij}|\right) = n\|A\|_1$,

$\|A\|_1 \leqslant \sum\limits_{j=1}^n\sum\limits_{i=1}^m |a_{ij}| = \sum\limits_{i=1}^m\sum\limits_{j=1}^n |a_{ij}| \leqslant m\max\limits_i\left(\sum\limits_{j=1}^n |a_{ij}|\right) = m\|A\|_\infty$.

(3) $\|A\|_F^2 \leqslant \sum\limits_{j=1}^n\left(\sum\limits_{i=1}^m |a_{ij}|\right)^2 \leqslant n\left(\max\limits_j\sum\limits_{i=1}^m |a_{ij}|\right)^2 = n\|A\|_1^2$,

$\|A\|_1^2 \leqslant \sum\limits_{j=1}^n\left(\sum\limits_{i=1}^m |a_{ij}|\right)^2 \leqslant \sum\limits_{j=1}^n\left[\left(\sum\limits_{i=1}^m 1\right)\left(\sum\limits_{i=1}^m |a_{ij}|^2\right)\right] \leqslant m\sum\limits_{j=1}^n\sum\limits_{i=1}^m |a_{ij}|^2 = m\|A\|_F^2$.

(4) $\|A\|_F^2 \leqslant \sum\limits_{i=1}^m\left(\sum\limits_{j=1}^n |a_{ij}|\right)^2 \leqslant m\left(\max\limits_i\sum\limits_{j=1}^n |a_{ij}|\right)^2 = m\|A\|_\infty^2$,

$\|A\|_\infty^2 \leqslant \sum\limits_{i=1}^m\left(\sum\limits_{j=1}^n |a_{ij}|\right)^2 \leqslant \sum\limits_{i=1}^m\left[\left(\sum\limits_{j=1}^n 1\right)\left(\sum\limits_{j=1}^n |a_{ij}|^2\right)\right] \leqslant n\sum\limits_{i=1}^m\sum\limits_{j=1}^n |a_{ij}|^2 = n\|A\|_F^2$.

(5) $\|A\|_2 \leqslant \|A\|_F \leqslant \sqrt{m}\,\|A\|_\infty$. 由习题 5.8 可知 $\frac{1}{\sqrt{n}}\|x\|_2 \leqslant \|x\|_\infty \leqslant \|x\|_2$，故

$$\|A\|_\infty = \max \frac{\|Ax\|_\infty}{\|x\|_\infty} \leqslant \sqrt{n} \max \frac{\|Ax\|_2}{\|x\|_2} = \sqrt{n}\,\|A\|_2.$$

(6) $\|A\|_2 \leqslant \|A\|_F \leqslant \sqrt{n}\,\|A\|_1$. 由习题 5.7，$\|x\|_2 \leqslant \|x\|_1 \leqslant \sqrt{n}\,\|x\|_2$，故

$$\|A\|_1 = \max \frac{\|Ax\|_1}{\|x\|_1} \leqslant \sqrt{m} \max \frac{\|Ax\|_2}{\|x\|_2} = \sqrt{m}\,\|A\|_2.$$

5.19 提示：利用范数相容性.

5.20 提示：(1) $\|Ax\|_\infty \leqslant \max\limits_i \sum\limits_{j=1}^n |a_{ij}||x_j| \leqslant \left(\max\limits_i \sum\limits_{j=1}^n |a_{ij}|\right)(\max\limits_j |x_j|)$

$$\leqslant [\max_i(n \max_j |a_{ij}|)](\max_j |x_j|) = \|A\|_{m_\infty}\|x\|_\infty.$$

(2) $\|Ax\|_1 \leqslant \sum\limits_{i=1}^m \sum\limits_{j=1}^n |a_{ij}||x_j| \leqslant \sum\limits_{i=1}^m \left[\left(\sum\limits_{j=1}^n |a_{ij}|\right)\left(\sum\limits_{j=1}^n |x_j|\right)\right]$

$$= \left(\sum_{i=1}^m \sum_{j=1}^n |a_{ij}|\right)\left(\sum_{j=1}^n |x_j|\right)\Bigg] = \|A\|_{m_1}\|x\|_1.$$

5.21 提示：(2) $\|Ax\|_2^2 = \sum\limits_{i=1}^m \left|\sum\limits_{j=1}^n a_{ij}x_j\right|^2 \leqslant \sum\limits_{i=1}^m \left(\sum\limits_{j=1}^n |a_{ij}|^2 \cdot \sum\limits_{j=1}^n |x_j|^2\right)$

$$= \left(\sum_{i=1}^m \sum_{j=1}^n |a_{ij}|^2\right)\left(\sum_{j=1}^n |x_j|^2\right)$$

$$\leqslant mn \max_{i,j} |a_{ij}|^2 \|x\|_2^2 = f^2(A)\|x\|_2^2.$$

(3) $\|Ax\|_2^2 \leqslant mn \max\limits_{i,j} |a_{ij}|^2 \|x\|_2^2 \leqslant [\max(m,n)]^2 \max\limits_{i,j} |a_{ij}|^2 \|x\|_2^2 = g^2(A)\|x\|_2^2$，

$$\|Ax\|_\infty \leqslant \max_i \left|\sum_{k=1}^n a_{ik}x_k\right| \leqslant \max_i \sum_{k=1}^n |a_{ik}||x_k| \leqslant \left(\max_i \sum_{k=1}^n |a_{ik}|\right)(\max_j |x_j|)$$

$$\leqslant (n \max_{i,j} |a_{ij}|)\|x\|_\infty \leqslant [\max(m,n) \max_{i,j} |a_{ij}|]\|x\|_\infty = g(A)\|x\|_\infty.$$

5.22 例如取 $A = \begin{pmatrix} 1 & 1 \\ 0 & 0 \end{pmatrix}$，$x = \begin{pmatrix} 1 \\ 1 \end{pmatrix}$，则有 $\|Ax\|_\infty > \|A\|_1 \|x\|_\infty$.

5.23 提示：$Ax = \lambda x \Rightarrow A^k x = \lambda^k x$. 两边取范数,并利用相容性.

5.24 由向量范数的等价性,可得 $c_1\|A\|_\infty = c_1\|Ax\|_\infty \leqslant \|Ax\| \leqslant c_2\|Ax\|_\infty$，故

$$c_1\|A\|_\infty = c_1 \max_{\|x\|=1}\|Ax\|_\infty \leqslant \|A\| = \max_{\|x\|=1}\|Ax\| \leqslant c_2 \max_{\|x\|=1}\|Ax\|_\infty = c_2\|A\|_\infty.$$

5.25 提示：不满足三角不等式,例如,取 $A = \begin{pmatrix} 0 & 1 \\ 0 & 0 \end{pmatrix}$，$B = \begin{pmatrix} 0 & 0 \\ 1 & 0 \end{pmatrix}$，则有 $\rho(A+B) > \rho(A) + \rho(B)$.

5.26 (1) 提示：A 中的最大列显然就是 A^H 中的最大行.

(2) $\|A\|_2^2 = \lambda_{\max}(A^H A) = \rho(A^H A) \leqslant \|A^H A\|_1 \leqslant \|A^H\|_1 \|A\|_1 = \|A\|_1 \|A\|_\infty$.

5.27 提示：$\|UA\|_2^2 = \lambda_{\max}[(UA)^H(UA)] = \lambda_{\max}(A^H A) = \|A\|_2^2$，$\|AV\|_2 = \|(AV)^H\|_2 = \|V^H A^H\|_2 = \|A^H\|_2 = \|A\|_2$.

5.28 $\|xy^H\|_2 = \max\limits_{\|z\|_2=\|w\|_2=1} |w^H(xy^H)z| = \max\limits_{\|w\|_2=1} |x^H w| \max\limits_{\|z\|_2=1} |y^H z| = \|x\|_2\|y\|_2$，

$\|xy^H\|_\infty = \max\limits_{\|z\|_\infty=1} \|(xy^H)z\|_\infty = \|x\|_\infty \max\limits_{\|z\|_\infty=1} |y^H z| = \|x\|_\infty \|y\|_1$.

5.29 设 $\boldsymbol{B}=(\boldsymbol{b}_1, \cdots, \boldsymbol{b}_n)$，显然 $\|\boldsymbol{A}\boldsymbol{b}_i\|_2 \leqslant \|\boldsymbol{A}\|_2 \|\boldsymbol{b}_i\|_2$，因此

$$\|\boldsymbol{AB}\|_F^2 = \sum_{i=1}^{n} \|\boldsymbol{A}\boldsymbol{b}_i\|_2^2 \leqslant \|\boldsymbol{A}\|_2^2 \sum_{i=1}^{n} \|\boldsymbol{b}_i\|_2^2 = \|\boldsymbol{A}\|_2^2 \|\boldsymbol{B}\|_F^2.$$

同时 $\|\boldsymbol{AB}\|_F = \|(\boldsymbol{AB})^{\mathrm{H}}\|_F = \|\boldsymbol{B}^{\mathrm{H}}\boldsymbol{A}^{\mathrm{H}}\|_F \leqslant \|\boldsymbol{B}^{\mathrm{H}}\|_2 \|\boldsymbol{A}^{\mathrm{H}}\|_F = \|\boldsymbol{B}\|_2 \|\boldsymbol{A}\|_F$.

5.30 (1) 提示：$\boldsymbol{A}=\boldsymbol{U\Sigma V}^{\mathrm{H}}$，则 $\boldsymbol{A}^{-1}=\boldsymbol{V\Sigma}^{-1}\boldsymbol{U}^{\mathrm{H}}$，故 $\boldsymbol{A}$ 的最大奇异值为 σ_n^{-1}；

(2) 提示：如果 $\boldsymbol{A}$ 可逆，$|\lambda_n^{-1}|=\rho(\boldsymbol{A}^{-1}) \leqslant \|\boldsymbol{A}^{-1}\|_2=\sigma_n^{-1}$；如果 $\boldsymbol{A}$ 不可逆，则 $|\boldsymbol{A}|=0$，$\lambda_n = \sigma_n = 0$.

(3) 提示：如果 $\sigma_n=0$，则 $r(A)<n$，$\boldsymbol{A}$ 有 0 特征值，即 $\lambda_n=0$.

5.31 (1) 设有 Schur 分解 $\boldsymbol{A}=\boldsymbol{UTU}^{\mathrm{H}}$，则 $\boldsymbol{T}$ 的对角元为 $\lambda_1, \lambda_2, \cdots, \lambda_n$. 由 F 范数的酉不变性，有

$$\|\boldsymbol{A}\|_F = \|\boldsymbol{UTU}^{\mathrm{H}}\|_F = \|\boldsymbol{T}\|_F \geqslant \sum_{i=1}^{n} |\lambda_i|^2.$$

易知等号成立时矩阵 $\boldsymbol{T}$ 为对角矩阵，即 $\boldsymbol{A}$ 为正规矩阵.

(2) 显然 $\Delta_F\boldsymbol{A}$ 刻划了矩阵 $\boldsymbol{A}$ 偏离正规矩阵的程度.

5.32 由习题 5.13 可知 $\kappa(\boldsymbol{A}) = \|\boldsymbol{A}\| \|\boldsymbol{A}^{-1}\| = \dfrac{\max\limits_{\|\boldsymbol{x}\|=1} \|\boldsymbol{Ax}\|}{\min\limits_{\|\boldsymbol{x}\|=1} \|\boldsymbol{Ax}\|}$. 当 $\boldsymbol{A}$ 是正规矩阵时，

$$\kappa_2(\boldsymbol{A}) = \|\boldsymbol{U\Sigma V}^H\|_2 \|\boldsymbol{V\Sigma}^{-1}\boldsymbol{U}^H\|_2 = \|\boldsymbol{\Sigma}\|_2 \|\boldsymbol{\Sigma}^{-1}\|_2 = \frac{\sigma_1}{\sigma_n} = \frac{\max\limits_{\lambda\in\sigma(\boldsymbol{A})}|\lambda|}{\min\limits_{\lambda\in\sigma(\boldsymbol{A})}|\lambda|}$$

5.33 提示：利用习题 5.18 中的结论(5)和(6).

5.34 提示：(1) 设 $\|\boldsymbol{x}\|_2=1$，计算 $\|\boldsymbol{A}\|_2^2 = \boldsymbol{x}^{\mathrm{H}}\boldsymbol{A}^{\mathrm{H}}\boldsymbol{Ax}$；

(2) 由 $\rho(\boldsymbol{A}) \leqslant \|\boldsymbol{A}\|_2 \leqslant n \max\limits_{1\leqslant i,\, j\leqslant n} |a_{ij}|$，可知 $\varepsilon \leqslant \|\boldsymbol{A}\|_2 \leqslant 2\varepsilon$，$\varepsilon^{-1} \leqslant \|\boldsymbol{A}^{-1}\|_2 \leqslant 2\varepsilon^{-1}$，从而 $1 \leqslant \kappa_2(\boldsymbol{A}) \leqslant 4$.

习 题 六

6.1 (1) 收敛. $\boldsymbol{A}$ 的特征值为 $\dfrac{5}{6}$ 和 $-\dfrac{1}{2}$；(2) 收敛. $\|\boldsymbol{A}\|_1=0.8$.

6.2 $\boldsymbol{A}$ 的特征值为 $-2a$ 和 a，故 $|a|<0.5$ 时矩阵 $\boldsymbol{A}$ 是收敛的.

6.3 提示：由习题 5.23，可知 $\rho(\boldsymbol{A}) \leqslant \|\boldsymbol{A}^k\|^{\frac{1}{k}}$. 构造矩阵 $\boldsymbol{B}=(\rho(\boldsymbol{A})+\varepsilon)^{-1}\boldsymbol{A}$，则由 $\rho(\boldsymbol{B})<1$ 可知 $\boldsymbol{B}$ 为收敛矩阵，故 $\|\boldsymbol{B}^k\| \to 0$，从而有 $\|\boldsymbol{B}^k\| \leqslant 1$，故 $\boldsymbol{A}^k = (\rho(\boldsymbol{A})+\varepsilon)^k\boldsymbol{B}^k$，即 $\|\boldsymbol{A}^k\|^{\frac{1}{k}} \leqslant \rho(\boldsymbol{A})+\varepsilon$.

6.4 (1) $\boldsymbol{J}=\begin{pmatrix}-2 & 1\\ 0 & -2\end{pmatrix}$，$\sum\limits_{k=1}^{\infty}\dfrac{1}{k^2}\boldsymbol{J}^k$ 发散；(2) $\boldsymbol{J}=\begin{pmatrix}-1 & 0\\ 0 & 3\end{pmatrix}$，$\sum\limits_{k=1}^{\infty}\dfrac{k}{4^k}\boldsymbol{J}^k$ 收敛.

6.5 $(\boldsymbol{I}-\boldsymbol{A})^{-1} = \dfrac{10}{37}\begin{pmatrix}9 & 7\\ 5 & 8\end{pmatrix}$.

6.6 $\boldsymbol{A}(\boldsymbol{A}+\boldsymbol{I})(\boldsymbol{I}-\boldsymbol{A})^{-3}$. 提示：$\sum\limits_{k=1}^{\infty}k^2x^k = x(x+1)(1-x)^{-3}$，$R=1$.

6.7 提示：若 Neumann 级数收敛，则 $\sum\limits_{k=0}^{\infty}\|\boldsymbol{A}\|^k$ 收敛，故 $\|\boldsymbol{A}\|^k \to 0$，即 $\boldsymbol{A}^k \to \boldsymbol{O}$，从而 $\rho(\boldsymbol{A})<1$. 反之

显然成立.

6.8 $\begin{pmatrix} -\sin t & -\cos t \\ \cos t & -\sin t \end{pmatrix}$, $\begin{pmatrix} -\sin t & \cos t \\ -\cos t & -\sin t \end{pmatrix}$, 0, 1.

6.9 $\begin{pmatrix} 1 & 1 \\ \sin 1 & 0 \end{pmatrix}$.

6.10 (1) $\begin{pmatrix} \lambda & \\ & \lambda(\lambda^2-10\lambda-3) \end{pmatrix}$; (2) $\begin{pmatrix} \lambda-1 & 0 \\ 0 & (\lambda-1)^3(\lambda+1) \end{pmatrix}$; (3) $\begin{bmatrix} 1 & & \\ & \lambda & \\ & & \lambda(\lambda+1) \end{bmatrix}$.

6.11 等价,因为 Smith 标准型相同,都为 $\mathrm{diag}(1, (\lambda-1), (\lambda-1)^2)$.

6.12 (1) $\mathrm{diag}(1, 1, (\lambda-a)^3)$; (2) $\mathrm{diag}(1, 1, (\lambda+1)(\lambda-1)(\lambda-2))$;

(3) $\mathrm{diag}(1, 1, 1, \lambda^4+2\lambda^3+3\lambda^2+4\lambda+5)$.

6.13 $\mathrm{diag}(1, \lambda+1, (\lambda+1)(\lambda-1), (\lambda+1)^2(\lambda-1)^2, 0)$.

6.14 (1) $(\lambda-1)^2$; (2) $(\lambda-1)^3(\lambda-2)^2(\lambda-3)^3$.

6.15 提示:利用 2.6.3 小节最小多项式的性质(6),由 $\boldsymbol{A}^2=\boldsymbol{A}$ 可知 $m(\lambda)=\lambda(\lambda-1)$,无重根.

6.16 (1) 相似;(2) 不相似.提示:考虑两个矩阵的不变因子是否相同.

6.17 略.

6.18 设 $\boldsymbol{S}_m=\sum_{k=0}^{m}\frac{1}{k!}\boldsymbol{A}^k$,则 $\lim\limits_{m\to\infty}\boldsymbol{S}_m=\mathrm{e}^{\boldsymbol{A}}$,且有 $u(\boldsymbol{S}_m)\leqslant\sum_{k=0}^{m}\frac{1}{k!}u(\boldsymbol{A}^k)\leqslant\sum_{k=0}^{m}\frac{1}{k!}[u(\boldsymbol{A})]^k\to$ $\mathrm{e}^{u(\boldsymbol{A})}$,以及 $|u(\boldsymbol{S}_m)-u(\mathrm{e}^{\boldsymbol{A}})|\leqslant u(\boldsymbol{S}_m-\mathrm{e}^{\boldsymbol{A}})\to 0$,故 $u(\mathrm{e}^{\boldsymbol{A}})=\lim\limits_{m\to\infty}u(\boldsymbol{S}_m)\leqslant\mathrm{e}^{u(\boldsymbol{A})}$.

6.19 提示:(1) 考虑 $(\mathrm{e}^{\boldsymbol{A}})^{\mathrm{H}}$ 的矩阵幂级数.(2) 证明:$(\mathrm{e}^{\boldsymbol{A}})^{\mathrm{H}}\mathrm{e}^{\boldsymbol{A}}=\boldsymbol{I}$.

6.20 $\boldsymbol{I}\cos 1+\mathrm{i}\boldsymbol{A}\sin 1$, $\boldsymbol{A}\sin 1$, $\boldsymbol{I}\cos 1$.

6.21 $\boldsymbol{I}+\boldsymbol{A}+(e-2)\boldsymbol{A}^2$, $\boldsymbol{A}+(\sin 1-1)\boldsymbol{A}^2$.

6.22 $\begin{bmatrix} \mathrm{e}^t & 0 & 0 \\ \mathrm{e}^t-\mathrm{e}^{2t} & \mathrm{e}^{2t} & -t\mathrm{e}^{2t} \\ 0 & 0 & \mathrm{e}^{2t} \end{bmatrix}$, $\begin{bmatrix} \sin 1 & 0 & 0 \\ \sin 1-\sin 2 & \sin 2 & -\cos 2 \\ 0 & 0 & \sin 2 \end{bmatrix}$, $\begin{bmatrix} -1 & 0 & 0 \\ -2 & 1 & 0 \\ 0 & 0 & 1 \end{bmatrix}$,

$$\begin{bmatrix} \arctan\frac{1}{4} & 0 & 0 \\ \arctan\frac{1}{4}-\arctan\frac{1}{2} & \arctan\frac{1}{2} & -\frac{1}{5} \\ 0 & 0 & \arctan\frac{1}{2} \end{bmatrix}$$

6.23 (1) $\begin{pmatrix} (1-2t)\mathrm{e}^{2t} & -t\mathrm{e}^{2t} \\ 4t\mathrm{e}^{2t} & (2t+1)\mathrm{e}^{2t} \end{pmatrix}$, $\frac{\sqrt{2}}{4}\begin{pmatrix} 2 & -1 \\ 4 & 6 \end{pmatrix}$, $\begin{pmatrix} \ln 2-1 & -0.5 \\ 2 & \ln 2+1 \end{pmatrix}$;

(2) $\begin{bmatrix} \arctan 2 & -\frac{1}{3}\arctan 1+\frac{2}{3}\arctan 2 & -\frac{2}{3}\arctan 1+\frac{1}{3}\arctan 2 \\ 0 & 0 & \arctan 1 \\ 0 & \arctan 1 & 0 \end{bmatrix}$;

(3) $e^{\boldsymbol{A}t}=\mathrm{diag}(e^{\boldsymbol{J}_2(1)t},\ e^{\boldsymbol{J}_3(2)t})$，其中 $e^{\boldsymbol{J}_2(1)}=\begin{pmatrix}e^t & te^t\\ & e^t\end{pmatrix}$，$e^{\boldsymbol{J}_3(2)}=\begin{pmatrix}e^{2t} & te^{2t} & 0.5t^2e^{2t}\\ & e^{2t} & te^{2t}\\ & & e^{2t}\end{pmatrix}$，

$\sin\boldsymbol{A}=\mathrm{diag}(\sin\boldsymbol{J}_2(1),\ \sin\boldsymbol{J}_3(2))$，其中 $\sin\boldsymbol{J}_2(1)=\begin{pmatrix}\sin 1 & \cos 1\\ & \sin 1\end{pmatrix}$，

$$\sin\boldsymbol{J}_3(2)=\begin{pmatrix}\sin 2 & \cos 2 & -0.5\sin 2\\ & \sin 2 & \cos 2\\ & & \sin 2\end{pmatrix}.$$

6.24 $e^{at}\begin{pmatrix}\cos bt & \sin bt\\ -\sin bt & \cos bt\end{pmatrix}$，$\begin{pmatrix}\cos t & \sin t\\ -\sin t & \cos t\end{pmatrix}$.

6.25 $\boldsymbol{P}^{-1}e^{\boldsymbol{A}}\boldsymbol{P}=\begin{pmatrix}e^2 & 0 & 0\\ 0 & e & e\\ 0 & 0 & e\end{pmatrix}$，其中 $\boldsymbol{P}=\begin{pmatrix}0 & 1 & 0\\ 0 & 2 & 1\\ 1 & -1 & -1\end{pmatrix}$. 令 $\boldsymbol{M}=\mathrm{diag}(1,\ 1,\ e^{-1})$，则 $\boldsymbol{P}_1=\boldsymbol{PM}$.

同理，$\boldsymbol{P}^{-1}(\sin\boldsymbol{A})\boldsymbol{P}=\begin{pmatrix}\sin 2 & 0 & 0\\ 0 & \sin 1 & \cos 1\\ 0 & 0 & \sin 1\end{pmatrix}$. 令 $\boldsymbol{N}=\mathrm{diag}(1,\ 1,\ (\cos 1)^{-1})$，则 $\boldsymbol{P}_2=\boldsymbol{PN}$.

6.26 由于 $\boldsymbol{A}$ 与 $\boldsymbol{A}^{\mathrm{T}}$ 相似，故它们的 Jordan 标准型相同，且有相同的最小多项式，所以 $f(\lambda)$ 在 $\boldsymbol{A}$ 的谱集 $\sigma(\boldsymbol{A})$ 上有定义，并且 $\boldsymbol{A}$ 与 $\boldsymbol{A}^{\mathrm{T}}$ 的多项式 $p(\lambda)$ 可以是相同的，故 $f(\boldsymbol{A})=p(\boldsymbol{A})$，从而

$$f(\boldsymbol{A}^{\mathrm{T}})=p(\boldsymbol{A}^{\mathrm{T}})=[p(\boldsymbol{A})]^{\mathrm{T}}=[f(\boldsymbol{A})]^{\mathrm{T}}.$$

6.27 设 $\boldsymbol{B}=\boldsymbol{A}^{\mathrm{T}}$，则 $e^{\boldsymbol{B}t}=\begin{pmatrix}e^{2t} & te^{2t}\\ 0 & e^{2t}\end{pmatrix}$，从而 $e^{\boldsymbol{A}t}=(e^{\boldsymbol{B}^{\mathrm{T}}t})=(e^{\boldsymbol{B}t})^{\mathrm{T}}=\begin{pmatrix}e^{2t} & 0\\ te^{2t} & e^{2t}\end{pmatrix}$.

6.28 $\boldsymbol{A}=\begin{pmatrix}6 & 9\\ 4 & 11\end{pmatrix}$.

6.29 $\int_0^1\sin(\boldsymbol{A}t)\mathrm{d}t=-\boldsymbol{A}^{-1}\int_0^1[\cos(\boldsymbol{A}t)]'\mathrm{d}t=-\boldsymbol{A}^{-1}(\cos\boldsymbol{A}-\boldsymbol{I})$.

6.30 提示：$\dfrac{\partial|\boldsymbol{A}|}{\partial a_{ij}}=A_{ij}$，$\dfrac{\partial}{\partial a_{ij}}(\ln|\boldsymbol{A}|)=\dfrac{1}{|\boldsymbol{A}|}A_{ij}$，$\dfrac{\partial|\boldsymbol{A}^{-1}|}{\partial a_{ij}}=\dfrac{\partial|\boldsymbol{A}|^{-1}}{\partial a_{ij}}=-|\boldsymbol{A}|^{-2}A_{ij}$.

6.31 设 $\boldsymbol{X}=(\boldsymbol{x}_1,\ \boldsymbol{x}_2,\ \cdots,\ \boldsymbol{x}_n)$，则 $f(\boldsymbol{X})=\mathrm{tr}(\boldsymbol{X}^{\mathrm{T}}\boldsymbol{BX})=\boldsymbol{x}_1^{\mathrm{T}}\boldsymbol{Bx}_1+\boldsymbol{x}_2^{\mathrm{T}}\boldsymbol{Bx}_2+\cdots+\boldsymbol{x}_n^{\mathrm{T}}\boldsymbol{Bx}_n$，

$$\begin{aligned}\nabla_X f&=(\nabla_{x_1}f,\ \nabla_{x_2}f,\ \cdots,\ \nabla_{x_n}f)=((\boldsymbol{B}+\boldsymbol{B}^{\mathrm{T}})\boldsymbol{x}_1,\ (\boldsymbol{B}+\boldsymbol{B}^{\mathrm{T}})\boldsymbol{x}_2,\ \cdots,\ (\boldsymbol{B}+\boldsymbol{B}^{\mathrm{T}})\boldsymbol{x}_n)\\&=(\boldsymbol{B}+\boldsymbol{B}^{\mathrm{T}})\boldsymbol{X}.\end{aligned}$$

6.32 提示：$\max\limits_j\sum\limits_{i=1}^m\left|\int_{t_0}^t a_{ij}(s)\mathrm{d}s\right|\leqslant\max\limits_j\sum\limits_{i=1}^m\int_{t_0}^t|a_{ij}(s)|\mathrm{d}s=\int_{t_0}^t\left(\max\limits_j\sum\limits_{i=1}^m|a_{ij}(s)|\right)\mathrm{d}s$. 其他范数类似可证.

6.33 $x_1=(1+12t)e^{-t}$，$x_2=9te^{-t}$，$x_3=(1-6t)e^{-t}$.

6.34 (1) $\boldsymbol{x}=(e^{2t},e^{2t},\ 0)^{\mathrm{T}}$；(2) $\boldsymbol{x}=e^{2t}(-2t+e^{2t},2t-e^{2t}+2,\ 2t+e^{2t})^{\mathrm{T}}$.

6.35 $\boldsymbol{x}=(te^{10t},\ e^t+2te^{10t},\ e^t-2te^{10t})^{\mathrm{T}}$.

6.36 提示：验证可知 $\boldsymbol{X}=\boldsymbol{C}_1\cos\boldsymbol{A}+\boldsymbol{C}_2\sin\boldsymbol{A}$ 是所给二阶矩阵微分方程的解，其中 $\boldsymbol{C}_1=\boldsymbol{X}_0$，$\boldsymbol{C}_2=$

$\boldsymbol{A}^{-1}\boldsymbol{X}_1$.

6.37 提示：基本阶矩阵是可逆的.

6.38 $y_1' = y_2$, $y_2' = 3y_2 - 2y_1$. $x = y_1 = (2c_1 - c_2)\mathrm{e}^t + (c_2 - c_1)\mathrm{e}^{2t} = C_1\mathrm{e}^t + C_2\mathrm{e}^{2t}$.

习 题 七

7.1 $G_1(\boldsymbol{A}) = \{z \mid |z| \leqslant 1\}$, $G_2(\boldsymbol{A}) = \{z \mid |z-5| \leqslant 2\}$, $G_3(\boldsymbol{A}) = \{z \mid |z-9| \leqslant 3\}$.

取 $\boldsymbol{D} = \mathrm{diag}(2, 1, 1)$，则 $\boldsymbol{B} = \boldsymbol{DAD}^{-1}$ 的三个分离盖尔圆为

$$G_1'(\boldsymbol{B}) = \{z \mid |z| \leqslant 2\},\ G_2'(\boldsymbol{B}) = \{z \mid |z-5| \leqslant 1.5\},\ G_3'(\boldsymbol{B}) = \{z \mid |z-9| \leqslant 2\}.$$

因为 $\boldsymbol{B}$ 的每个盖尔圆内有且仅有一个特征值，因此矩阵 $\boldsymbol{B}$ 没有复特征值，注意到 $\boldsymbol{A}$ 与 $\boldsymbol{B}$ 的特征值相同，所以 $\boldsymbol{A}$ 的特征值满足

$$-2 \leqslant \lambda_1 \leqslant 2,\ 3.5 \leqslant \lambda_2 \leqslant 6.5,\ 7 \leqslant \lambda_3 \leqslant 11.$$

7.2 $G_1(\boldsymbol{A}) = \{z \mid |z-20| \leqslant 4\}$, $G_2(\boldsymbol{A}) = \{z \mid |z-10| \leqslant 4\}$, $G_3(\boldsymbol{A}) = \{z \mid |z| \leqslant 9\}$.

$G_1'(\boldsymbol{A}^{\mathrm{T}}) = \{z \mid |z-20| \leqslant 10\}$, $G_2'(\boldsymbol{A}^{\mathrm{T}}) = \{z \mid |z-10| \leqslant 4\}$, $G_3'(\boldsymbol{A}^{\mathrm{T}}) = \{z \mid |z| \leqslant 3\}$.

显然 G_1 孤立，其中含 $\boldsymbol{A}$ 的一个特征值，记作 λ_1，则 $16 \leqslant \lambda_1 \leqslant 24$；$G_3'$ 孤立，其中含 $\boldsymbol{A}^{\mathrm{T}}$ 的一个特征值，它也是 $\boldsymbol{A}$ 的特征值，记作 λ_3，显然 $-3 \leqslant \lambda_3 \leqslant 3$. 设 $\boldsymbol{A}$ 剩下的特征值为 λ_2，则 $\lambda_2 \in G_2 \cup G_3$，且 $\lambda_2 \in G_1' \cup G_2'$，因此 $\lambda_2 \in (G_2 \cup G_3) \cap (G_1' \cup G_2') = G_2$，即 $6 \leqslant \lambda_2 \leqslant 14$.

7.3 $\boldsymbol{A} = \begin{pmatrix} 0 & -0.4 \\ 0.9 & 1 \end{pmatrix}$.

7.4 提示：(1) 根据 Cauchy-Schwarz 不等式和范数相容性，有 $|(\boldsymbol{Ax}, \boldsymbol{x})| \leqslant \|\boldsymbol{Ax}\| \|\boldsymbol{x}\| \leqslant \|\boldsymbol{A}\| \|\boldsymbol{x}\|^2 = \|\boldsymbol{A}\|$，$w(\boldsymbol{A}) \leqslant \|\boldsymbol{A}\|$，再结合 $\rho(\boldsymbol{A}) \leqslant w(\boldsymbol{A})$.

(2) 考虑极化恒等式(习题 3.41)，并令 $\|\boldsymbol{x}\|_2 = \|\boldsymbol{y}\|_2 = 1$，可知 $4|(\boldsymbol{Ax}, \boldsymbol{y})| \leqslant 4w(\boldsymbol{A})(\|\boldsymbol{x}\|_2^2 + \|\boldsymbol{y}\|_2^2) = 8w(\boldsymbol{A})$. 再结合 $\|\boldsymbol{Ax}\| \leqslant \max\limits_{\|\boldsymbol{y}\|_2=1} |(\boldsymbol{Ax}, \boldsymbol{y})|$，$\|\boldsymbol{A}\| \leqslant \max\limits_{\|\boldsymbol{x}\|_2=1} \|\boldsymbol{Ax}\|$ 即可.

7.5 $\lambda_1 = 2$, $\boldsymbol{x}_1 = (2, 1)^{\mathrm{T}}$；$\lambda_2 = -2/3$, $\boldsymbol{x}_2 = (2, -1)^{\mathrm{T}}$.

7.6 根据 $\lambda_1 \leqslant R(\boldsymbol{x}) \leqslant \lambda_n$，取 $\boldsymbol{x} = \boldsymbol{e}_k$ 即单位矩阵的第 i 列，则 $\lambda_1 \leqslant R(\boldsymbol{e}_k) = a_{kk} \leqslant \lambda_n$.

参考文献

[1] 克莱因.古今数学思想：第3册[M].万伟勋，石生明，孙树本，等译.上海：上海科学技术出版社，2002.

[2] 特雷弗腾，鲍.数值线性代数[M].陆金甫，关冶，译.北京：人民邮电出版社，2006.

[3] B. A. Cipra. The best of the 20th century: editors name top 10 algorithms[J]. SIAM News, Vol 33 (4), 2000.

[4] 郭书春.中国科学技术史：数学卷[M].北京：科学出版社，2010.

[5] 胡作玄.数学是什么[M].北京：北京大学出版社，2008.

[6] 李继根，张新发.矩阵分析与计算[M].武汉：武汉大学出版社，2013.

[7] 张跃辉.矩阵理论与应用[M].北京：科学出版社，2021.

[8] 钱旭红.改变思维(新版)[M].上海：上海文艺出版社，2020.

[9] 石钟慈.第三种科学方法：计算机时代的科学计算[M].北京：清华大学出版社，2000.

[10] 张奠宙，王振辉.关于数学的学术形态和教育形态：谈"火热的思考"与"冰冷的美丽"[J].天津：数学教育学报，2002，11(2)：1-4.

[11] 李士锜，吴颖康.数学教学心理学[M].上海：华东师范大学出版社，2011.

[12] 何小亚.数学学与教的心理学(第二版)[M].广州：华南理工大学出版社，2016.

[13] 张苍，耿寿昌.九章算术[M].曾海龙，译解.南京：江苏人民出版社，2011.

[14] 郭书春.九章筭术译注[M].上海：上海古籍出版社，2009.

[15] 卡兹.简明数学史：第一卷　古代数学[M].董晓波，顾琴，邓海荣，等译.北京：机械工业出版社，2016.

[16] 莫勒.MATLAB数值计算(典藏版)[M].喻文健，译.北京：机械工业出版社，2020.

[17] 喻文健.数值分析与算法[M].3版.北京：清华大学出版社，2020.

[18] 戈卢布，范洛恩.矩阵计算[M].4版.程晓亮，译.北京：人民邮电出版社，2020.(英文版.北京：人民邮电出版社，2020.)

[19] 李庆扬，王能超，易大义.数值分析[M].5版.武汉：华中科技大学出版社，2018.

[20] 雷，雷，麦克唐纳.线性代数及其应用(原书第5版)[M].刘深泉，张万芹，陈玉珍，等译.北京：机械工业出版社，2018.

[21] Leon, Herman, Faulkenberry. ATLAST computer exercises for linear algebra(2e)[M]. Upper

Saddle River：Prentice Hall，2003.
[22] 陈怀琛，龚杰民.线性代数实践及 MATLAB 入门[M].2 版.北京：电子工业出版社，2009.
[23] 李继根.线性代数及其 MATLAB 实验[M].上海：华东师范大学出版社，2017.
[24] 薛定宇.薛定宇教授大讲堂(卷 III)：MATLAB 线性代数运算[M].北京：清华大学出版社，2019.
[25] 陈建龙，周建华，张小向，等.线性代数[M].2 版.北京：科学出版社，2017.
[26] 任广千，谢聪，胡翠芳.线性代数的几何意义[M].西安：西安电子科技大学出版社，2019.
[27] 孟岩.理解矩阵[OL].https：//blog.csdn.net/myan/.2006.
[28] 利昂.线性代数(原书第 9 版)[M].张文博，张丽静，译.北京：机械工业出版社，2015.
[29] 博伊德，范登伯格.应用线性代数：向量、矩阵及最小二乘[M].张文博，张丽静，译.北京：机械工业出版社，2020.
[30] 白峰杉.数值计算引论[M].2 版.北京：高等教育出版社，2010.
[31] 周国标，谢建利.数值计算[M].2 版.北京：高等教育出版社，2013.
[32] 萨奥尔.数值分析(原书第 2 版)[M].裴玉茹，马赓宇，译.北京：机械工业出版社，2014.
[33] 金凯德，切尼.数值分析(原书第 3 版)[M].王国荣，余耀明，徐兆亮，译.北京：机械工业出版社，2005.
[34] 德梅尔.应用数值线性代数[M].王国荣，译.北京：人民邮电出版社，2007.
[35] Stewart. Matrix Algorithms，Volume I：Basic Decompositions[M]. Philadelphia：SIAM，1998.
[36] Stewart. Matrix Algorithms，Volume II：Eigensystems[M]. Philadelphia：SIAM，2001.
[37] 徐树方，高立，张平文.数值线性代数[M].2 版.北京：北京大学出版社，2013.
[38] 金小庆，魏益民.数值线性代数及其应用(英文版)[M].北京：科学出版社，2016.
[39] 孙继广.矩阵扰动分析[M].2 版.北京：科学出版社，2016.
[40] Kato. A Short Introduction to Perturbation Theory for Linear Operators[M]. New York：Springer-Verlag New York Inc.，1982.
[41] Kato. Perturbation theory for linear operators[M].北京：世界图书出版公司，2016.
[42] 陈景良，陈向晖.特殊矩阵[M].北京：清华大学出版社，2001.
[43] 黄廷祝，杨传胜.特殊矩阵分析及应用[M].北京：科学出版社，2020.
[44] 戴华.矩阵论[M].北京：科学出版社，2001.
[45] 方保镕.矩阵论[M].3 版.北京：清华大学出版社，2021.
[46] 王国荣.矩阵与算子广义逆[M].北京：科学出版社，1994.
[47] 王国荣，魏益民，乔三正.广义逆：理论与计算(英文版)[M].2 版.北京：科学出版社，2018.
[48] 罗素.数理哲学导论[M].晏成书，译.北京：商务印书馆社，1982.
[49] 列维-布留尔.原始思维[M].丁由，译.北京：商务印书馆社，1981.
[50] 艾勃特.平面国：多维空间传奇往事[M].鲁东旭，译.上海：上海文化出版社，2020.
[51] 加来道雄.超越时空：通过平行宇宙、时间卷曲和第十维度的科学之旅[M].刘玉玺，曹志良，译.上海：上海科技教育出版社，2009.
[52] 北京大学数学系前代数小组.高等代数[M].5 版.北京：高等教育出版社，2019.
[53] 陈维翰.线性关系及其应用[M].重庆：重庆大学出版社，1989.
[54] 伯克霍夫，麦克莱恩.近世代数概论[M].5 版.王连祥，徐广善，译.北京：人民邮电出版社，2008.

[55] 王卿文.线性代数核心思想及应用[M].北京：科学出版社，2016.
[56] 霍恩，约翰逊.矩阵分析[M].2 版.张明尧，张凡，译.北京：机械工业出版社，2014.
[57] 拉克斯.线性代数及其应用[M].2 版.傅莺莺，沈复兴，译.北京：人民邮电出版社，2009.
[58] 李尚志.线性代数(数学专业用)[M].北京：高等教育出版社，2006.
[59] 张嗣瀛，高立群.现代控制理论[M].2 版.北京：清华大学出版社，2017.
[60] 曾祥金，吴华安.矩阵分析及其应用[M].武汉：武汉大学出版社，2007.
[61] 李忠华.线性代数讲义(上册)[M].上海：同济大学出版社，2021.
[62] 李忠华.线性代数讲义(下册)[M].上海：同济大学出版社，2022.
[63] 阿波斯托尔.线性代数及其应用导论[M].沈灏，沈佳辰，译.北京：人民邮电出版社，2010.
[64] 阿克斯勒.线性代数应该这样学[M].3 版.杜现昆，刘大艳，马晶，译.北京：人民邮电出版社，2021.
[65] 阿廷.代数[M].2 版.姚海楼，平艳茹，译.北京：机械工业出版社，2015.
[66] 卡特.群论彩图版[M].郭小强，罗翠玲，译.北京：机械工业出版社，2019.
[67] 龚升.线性代数五讲[M].北京：科学出版社，2005.
[68] 科斯特利金.代数学引论(第一卷)：基础代数[M].2 版.张英伯，译.北京：高等教育出版社，2006.
[69] 科斯特利金.代数学引论(第二卷)：线性代数[M].3 版.牛凤文，译.北京：高等教育出版社，2008.
[70] 科斯特利金.代数学引论(第三卷)：基本结构[M].2 版.郭文彬，译.北京：高等教育出版社，2007.
[71] 席南华.基础代数：第一卷(修订版)[M].北京：科学出版社，2021.
[72] 席南华.基础代数：第二卷[M].北京：科学出版社，2018.
[73] 席南华.基础代数：第三卷[M].北京：科学出版社，2021.
[74] 孙炯，贺飞，郝晓玲，等.泛函分析[M].2 版.北京：高等教育出版社，2018.
[75] 郭树理，韩丽娜.控制科学与工程中的泛函分析基础[M].北京：科学出版社，2021.
[76] 加西亚，霍恩.线性代数高级教程：矩阵理论及应用[M].张明尧，译.北京：机械工业出版社，2020.
[77] 许以超.线性代数与矩阵论[M].2 版.北京：高等教育出版社，2008.
[78] 丘维声.高等代数(下)[M].2 版.北京：清华大学出版社，2019.
[79] 陈公宁.矩阵理论与应用[M].2 版.北京：科学出版社，2021.
[80] 张凯院，徐仲，等.矩阵论[M].北京：科学出版社，2013.
[81] 张贤达.矩阵分析与应用[M].2 版.北京：清华大学出版社，2013.
[82] 黄琳.系统与控制理论中的线性代数(全两册)[M].2 版.北京：科学出版社，2018.
[83] Gohberg，Lancaster，Rodman. Matrix Polynomials[M]. New York：Academic Press，1982.
[84] 卡兹.简明数学史：第四卷　近代数学[M].董晓波，张滦云，廖大见，等译.北京：机械工业出版社，2016.
[85] Van der Vorst. Iterative Krylov Methods for Large Linear Systems[M]. Cambridge：Cambridge University Press，2003.
[86] 魏木生，李莹，赵建立.广义最小二乘问题的理论和计算[M].2 版.北京：科学出版社，2020.
[87] 萨阿德.稀疏线性系统的迭代方法(影印版)[M].2 版.北京：科学出版社，2009.
[88] Berry，Chan，Demmel，etc.. Templates for the Solution of Linear Systems：Building Blocks for Iterative Methods[M]. Philadelphia：SIAM，1994.
[89] 劳斯特，瑞特.数值最优化[M].2 版.北京：科学出版社，2019.

[90] 白照音(柏兆俊),德梅尔,唐加拉,etc..求解代数特征值问题模板实用指南(影印版)[M].北京：清华大学出版社,2011.
[91] 王朝瑞,史荣昌.矩阵分析[M].北京：北京理工大学出版社,1989.
[92] 陈辉.近世代数观点下的高等代数[M].杭州：浙江大学出版社,2009.
[93] 外尔.对称[M].冯承天,陆继宗,译.北京：北京大学出版社,2018.
[94] 董春雨.对称性与人类心智的冒险[M].北京：北京师范大学出版社,2007.
[95] 罗宾.时空投影：第四维在科学和现代艺术中的表达[M].潘可慧,潘涛,译.北京：新星出版社,2020.
[96] 徐树方,钱江.矩阵计算六讲[M].北京：高等教育出版社,2011.
[97] Saad. Numerical Methods For Large Eigenvalue Problems[M]. 2nd. Philadelphia：SIAM, 2011.
[98] Van der Vorst. Computational Methods for Large Eigenvalue Problems[R]. Lecture notes, 2000.
[99] 李继根.数学大观园[M].上海：华东理工大学出版社,2022.
[100] 邓纳姆.微积分的历程：从牛顿到勒贝格[M].李伯民,汪军,张怀勇,译.北京：人民邮电出版社,2020.
[101] 斯托加茨.微积分的力量[M].任烨,译.北京：中信出版社,2021.
[102] 龚升.微积分五讲[M].北京：科学出版社,2004.
[103] 齐名友.重温微积分[M].北京：高等教育出版社,2008.
[104] 恩格斯.自然辩证法[M].中共中央马克思恩格斯列宁斯大林著作编译局,编译.北京：人民出版社,2018.
[105] 吴昌悫,刘向丽,尤彦玲.矩阵理论与方法[M].2版.北京：电子工业出版社,2013.
[106] Moler, Van Loan. Nineteen Dubious Ways to Compute the Exponential of a Matrix, Twenty-Five Years Later[J]. SIAM Review, 2003 , 45(1)：3-49.
[107] 徐树方.控制论中的矩阵计算[M].北京：高等教育出版社,2011.
[108] 郭真华,方莉,赵婷婷.现代常微分方程教程[M].北京：高等教育出版社,2022.
[109] 霍恩,约翰逊.矩阵分析：卷2(英文版)[M].北京：人民邮电出版社,2005.
[110] 柏兆俊,高卫国,苏仰锋.矩阵函数与矩阵方程(英文版)[M].北京：高等教育出版社,2015.
[111] Peterson, Pederson. The Matrix Cookbook[OL]. http://matrixcookbook.com.
[112] 王松桂,吴密霞,贾忠贞.矩阵不等式[M].2版.北京：科学出版社,2018.
[113] 燕子宗,余瑞艳,熊勤学.矩阵不等式[M].上海：同济大学出版社,2012.
[114] 威尔金森.代数特征值问题[M].石钟慈,邓健新,译.北京：科学出版社,2018.
[115] Varga. Gersgorin and His Circles[M]. Berlin：Springer-Verlag, 2004.
[116] 詹兴致.矩阵论[M].北京：高等教育出版社,2008.
[117] 吴德玉,阿拉坦仓,黄俊杰,等.Hilbert空间中线性算子数值域及其应用[M].北京：科学出版社,2018.
[118] PeiYuan Wu, Hwa-Long Gau. Numerical Range of Hilbert space operators[M]. NewYork：Cambridge university press, 2021.
[119] Golub, Van der Vorst. Eigenvalue computation in the 20th century[J]. Journal of Computational and Applied Mathematics, 2000(123)：35-65.

[120] Kressner. Numerical Methods for General and Structured Eigenvalue Problems[M]. Berlin: Springer-Verlag, 2005.

[121] Watkins. The Matrix Eigenvalue Problem: GR and Krylov Subspace Methods[M]. Philadelphia: SIAM, 2007.

[122] Francoise, Meerbergen. The quadratic eigenvalue problem[J]. SIAM Rev., 2001(43): 235-286.

[123] Chu, Golub. Inverse Eigenvalue Problems: Theory, Algorithms and Applications[M]. London: Oxford University Press, 2005.

[124] 周树荃,戴华.代数特征值反问题[M].郑州:河南科学技术出版社,1991.

[125] 朱伟勇,朱海松.时空简史:从芝诺悖论到引力波[M].北京:电子工业出版社,2018.

[126] 龚海.空间启示录[M].北京:北京联合出版公司,2018.

[127] 刘慈欣.三体(新版全3册)[M].重庆:重庆出版社,2022.

[128] 特德·姜.你一生的故事[M].南京:译林出版社,2016.

[129] Israel Kleiner. A History of Abstract Algebra[M]. Boston: Birkhauser, 2007.

[130] 德比希尔.代数的历史:人类对未知量的不舍追踪[M].冯速,译.北京:人民邮电出版社,2021.

[131] 塔巴克.代数学:集合、符号和思维的语言[M].邓明立,胡俊美,译.北京:商务印书馆,2007.

[132] 郭龙先.代数学思想史的文化解读[M].上海:上海三联书店,2011.

[133] 李尚志.线性代数教学改革漫谈[J].教育与现代化,2004(1):30-33.

[134] 陈怀琛.论工科线性代数的现代化与大众化[J].高等数学研究,2012,15(2):34-39.

[135] 斋藤正彦.线性代数入门[M].游杰,段连连,康建召,译.北京:人民邮电出版社,2023.

[136] 张贤达.人工智能的矩阵代数:数学基础[M].张远声,译.北京:高等教育出版社,2022.

[137] 陈跃,裴玉峰.高等代数与解析几何(上下册)[M].北京:科学出版社,2019.

[138] 沙法列维奇,雷米佐夫.线性代数与几何[M].宴国将,译.哈尔滨:哈尔滨工业大学出版社,2023.

名词索引

J

K

L

M

N

O

P

Q

R

S

内容简介

本书基于编著者多年从事矩阵理论与计算课程的教学改革实践经验,并结合学生的实际情况编写而成,可作为高等院校理工科和经济等专业研究生和工程硕士学习矩阵理论及矩阵计算等相关课程的教材,也非常适合理工科高年级本科生学完线性代数课程后进一步学习之用.

全书分为线性方程组、线性空间与线性变换、内积空间、特殊变换及其矩阵、范数及其应用、矩阵分析及其应用、特征值问题等七章.书中既注意系统性又注重体现工科特色,深广度适中,并适当略去了一些定理的证明.书中非常注重学生此前线性代数学习的实际效果,采用启发式教学,以多种方式自然地引入基本概念和基本方法,同时行文时非常注重几何直观及类比思维,力争做到深入浅出、简洁易懂,以便于自学.书中还穿插了许多矩阵计算知识,并附有大量 MATLAB 代码,以渗透科学计算思维.